国家科学技术学术著作出版基金资助出版

作物种质资源学

刘　旭　主编

科 学 出 版 社
北　京

内 容 简 介

作物种质资源学是研究作物及其野生近缘植物多样性及其利用的科学，涵盖多样性形成、保护、研究与利用的理论、技术与管理体系。本书首次构建了学科理论框架和技术框架，在结构上先以“绪论”为纲引领全书，以基本理论阐述继之作为理论指引，后续各章聚焦调查与收集、安全保护、表型鉴定与评价、基因型鉴定与基因资源挖掘、种质创新、多组学研究、大数据构建、共享利用、价值评估与产权保护和高效管理等种质资源工作链条上的关键环节的技术方法与重要进展。在写作上突出学术性与通俗性的有机结合，充分体现了学科发展的先进性和前瞻性。

本书可作为种质资源工作者的工具书、研究生教学的参考书，也可作为作物遗传育种和相关基础研究工作者的参考书。

审图号：GS京（2024）0039号

图书在版编目（CIP）数据

作物种质资源学/刘旭主编. —北京：科学出版社，2024.6

ISBN 978-7-03-077581-8

Ⅰ.①作…　Ⅱ.①刘…　Ⅲ.①作物–种质资源　Ⅳ.①S32

中国国家版本馆 CIP 数据核字（2024）第 014780 号

责任编辑：王　静　李秀伟　赵小林／责任校对：严　娜

责任印制：吴兆东／封面设计：无极书装

科学出版社 出版

北京东黄城根北街 16 号

邮政编码: 100717

http://www.sciencep.com

涿州市般润文化传播有限公司印刷

科学出版社发行　各地新华书店经销

*

2024 年 6 月第　一　版　开本：787×1092　1/16

2025 年 8 月第四次印刷　印张：40 1/2

字数：950 000

定价：528.00 元

（如有印装质量问题，我社负责调换）

《作物种质资源学》编委会名单

前　　言

作物种质资源是保障粮食安全、绿色发展和种业安全的战略性资源，乃国之重器。党和政府高度重视种质资源事业的发展，习近平总书记强调指出："加强种质资源收集、保护和开发利用"。然而，尽管以作物种质资源为研究对象的学科孕育和发展已经百年，但学科理论和技术体系尚不完善，严重阻碍了作物种质资源事业的可持续发展。

作物种质资源是保障我国种业安全的源头和源泉，作物种质资源学则是伴随着作物种质资源事业发展而兴起的一门新兴学科。作物种质资源学是研究作物及其野生近缘植物多样性和利用的科学，涵盖多样性形成、保护、研究与利用的理论、技术与管理体系。我国在此前曾出版过《园艺植物种质资源学》（2005）、《热带作物种质资源学》（2008）、《园艺作物种质资源学》（2009）、《伞形科蔬菜种质资源学》（2019）等著作，重点总结了专门作物类别的种质资源发展情况。2022 年，正好是作物种质资源学奠基人之一苏联科学家瓦维洛夫首次提出"遗传变异的同源系列定律"一百周年。在这百年的科学技术史上，作物种质资源事业的发展经历了从无到有、从弱小到繁荣的历程。在此背景下，《作物种质资源学》应运而生，是深入学习贯彻习近平新时代中国特色社会主义思想的成果。

《作物种质资源学》首次构建了学科理论框架，把栽培植物起源中心理论、遗传变异的同源系列定律和作物及其种质资源与人文环境的协同演变学说作为作物种质资源学的三大基本理论，把遗传多样性、遗传完整性、遗传特异性与遗传累积性作为作物种质资源的四大基本特性。同时，首次提出了学科技术框架，涵盖"广泛调查、全面保护、充分评价、深入研究、积极创新、共享利用"六大技术体系，重点阐述了调查与收集、安全保护、表型鉴定与评价、基因型鉴定与基因资源挖掘、种质创新、多组学研究、大数据构建、共享利用、价值评估与产权保护和高效管理的理论基础、技术方法、重要进展及发展趋势，对作物种质资源调查、保护、评价、研究、创新、利用与管理等方面的理论、技术与重大进展进行了全面论述。

《作物种质资源学》立足国际发展前沿，提出了本学科的基本理论，详尽地介绍了技术突破。不仅回顾了学科的百年发展历史，而且在全面评估当今学科发展现状的基础上，提出了未来理论和技术的发展趋势与重点方向，特别是强调组学技术、生物技术与信息技术在作物种质资源学中的作用，充分体现了学科发展的先进性和前瞻性。《作物种质资源学》是国内外第一部系统、全面阐述作物种质资源学科理论与实践的学术专著，它的出版将填补一个学科空白，促进本学科跨越式发展，强化种质资源专业人才培养，对种质资源事业的持续发展起到重要的指导作用，对作物遗传育种等其他学科的发展起到重要的支撑作用。《作物种质资源学》理论性、科学性、系统性和创新性强，可作为作物种质资源工作者的工具书、研究生教学的参考书，也可作为作物遗传育种和相关基础研究工作者的参考书。

《作物种质资源学》的编著者均为在作物种质资源一线工作的专家，大家在忙于推进研究工作的同时，殚精竭虑，为编著本书付出了大量的时间和精力。本书是中国农业科学院研究生“十四五”规划教材建设的内容之一，并得到该专项的支持，同时本书出版还有幸得到国家科学技术学术著作出版基金、农业农村部农作物种质资源保护利用专项的支持。最后，本书得以出版，主要是各位顾问、各位编委、各位著者、各位编辑，以及为本书写作做出努力的其他专家共同协作、辛勤付出的结果，在此一并表示衷心感谢！

刘旭

2022年1月

目　　录

第一章　绪　　论

据估计，地球上至少有 75 万种植物，其中 30 万～50 万种为高等植物，约 3 万种是可食植物，7000 种在历史上被人类采集或栽培（Wilson，1992）。中国有 9631 个粮食和农业植物物种，其中栽培植物及其野生近缘植物物种 3269 个，采集与放牧植物物种 4144 个，田间杂草与有毒植物物种 2218 个；作物种类多样，总计有 870 种（类）作物，包括 1281 个栽培种和 3308 个野生近缘种，其中粮食作物 38 种（64 个物种），野生近缘植物 372 个物种；经济作物 62 种（99 个物种），野生近缘植物 541 个物种；蔬菜作物 176 种（156 个物种），野生近缘植物 209 个物种；果树作物 86 种（142 个物种），野生近缘植物 501 个物种；饲用及绿肥作物 80 种（180 个物种），野生近缘植物 196 个物种；花卉 128 种（203 个物种），野生近缘植物 595 个物种（刘旭等，2008）。从全球整体来看，约 120 种作物较为重要，其中 30 种作物提供了热量和蛋白质的 95%，17 种作物（依次为小麦、水稻、玉米、马铃薯、大麦、甘薯、木薯、大豆、燕麦、高粱、珍珠粟、黑麦、花生、蚕豆、豌豆、香蕉、椰子）占用了世界耕地的 75%，但贡献了世界食物的 90%，特别是小麦、水稻和玉米提供了全球植物来源能量摄入的 50% 以上。需要指出的是，不同作物在不同地区的重要性有很大差异，如在非洲中部地区木薯贡献了植物来源能量的一半以上。

作物的产生与发展过程是一个典型的从驯化到改良的动态过程，在此过程中由于自然选择和人工选择形成了丰富多彩的种质资源。在最初阶段，人类根据需要对野生植物进行驯化，逐步形成了原始地方品种；由于各种人为因素，这些原始地方品种从起源地向外传播，形成了适应不同自然环境或人文环境的地方品种；在过去的一二百年中，随着现代遗传学的出现与发展，人们对地方品种进行遗传改良，培育出了产量、品质、抗性等重要农艺性状得到大幅度提升的现代品种。

作物种质资源是保障国家粮食安全和绿色发展的战略资源，是农业科技原始创新与现代种业发展的物质基础。作物种质资源学是以栽培植物起源中心理论、遗传变异的同源系列定律和作物及其种质资源与人文环境的协同演变学说为基础，依托遗传多样性、遗传完整性、遗传特异性与遗传累积性技术体系，研究作物及其野生近缘植物多样性与利用的科学。作物种质资源学是其他农业科学的基础。

第一节　作物种质资源学的目的、意义与由来

一、作物种质资源学的目的与意义

作物种质资源学是研究作物及其野生近缘植物多样性与利用的科学，涵盖作物种质资源调查、保护、评价、研究、创新与共享服务的理论、技术、管理及其体系。

作物就是栽培植物。按主要用途，作物可分为粮食作物、经济作物、园艺作物、饲用作物、绿肥作物等。粮食作物是主要供人类作主食的作物，包括谷类作物（如禾本科的水稻、小麦、大麦、燕麦、黑麦、玉米、高粱、粟、黍稷等，蓼科的荞麦）、豆类作物（如大豆、绿豆、蚕豆）和薯类作物（如马铃薯、甘薯、木薯）。经济作物又称工业原料作物，根据用途可细分为：纤维作物（如棉花、麻类作物、竹类作物）、油料作物（如大豆、花生、油菜、芝麻、蓖麻、向日葵）、糖料作物、嗜好作物（如烟草、茶）、药用作物、芳香作物、调料作物（如胡椒、八角）、产胶作物（如橡胶树、橡胶草）。园艺作物包括果树、蔬菜和观赏植物（如牡丹、郁金香、山茱萸、杜鹃花、玫瑰、康乃馨等）。饲用作物一般是指以饲养动物为主要目的的栽培植物，包括收获茎叶的饲草作物（如豆科的紫花苜蓿、红三叶草、百脉根、柱花草等，禾本科的多年生黑麦草、猫尾草、羊草等）和以收获籽粒、块根、块茎和青叶等为主的饲料作物。从广义上讲，栽培的林木和药用植物也属于作物范畴。由此可见，作物是农业的根基，与人类生存与发展的命运紧密相连。

多样性（diversity）是世界万物的普遍特征，在生物界也一样，因为任何生物都存在变异。由于生命在基因、细胞、器官、个体、物种、种群、群落、生态系统等任何一个水平上都有不同类型的变化，因此，多样性是生物系统的基本特征。生物及其所组成的系统所有变异的集合就是生物多样性。生物多样性通常包含三个层次，即生态系统多样性（ecosystem diversity）、物种多样性（species diversity）和遗传多样性（genetic diversity）。生物多样性是地球上的生命经过几十亿年演化的结果，是人类赖以生存和可持续发展的物质基础。因此，生物多样性保护对文明延续和未来发展的意义不言而喻。

作物种质资源学主要聚焦作物及其野生近缘植物的遗传多样性。由于作物关乎农业、林业、渔业、牧业甚至工业的可持续发展，对生物多样性进行保护和开发利用关乎人类衣食住行，关乎人民对美好生活的向往，不仅关系到当下的社会经济发展，而且关系到子孙后代的生存与发展。因此，作物种质资源学的发展对国家、对人类具有极其重要的现实意义和战略意义。

二、作物种质资源学的由来

1831 年，英国博物学家达尔文（C.R. Darwin，1809～1882）参加“贝格尔号”的环球旅行，通过沿途考察各地的地质特征和动植物特性，发现每个地区都存在着既相似又不一样的物种。之后，又开展了古生物学、生物地理学、形态学、胚胎学和分类学等大量研究，1859 年，达尔文的著作《物种起源》正式出版，该书从人工选择、生存竞争和适应等多个方面论证了物种起源和生命自然界的多样性与统一性，提出物种起源的自然选择学说，成为进化论的奠基人（Darwin，1859）。1868 年，达尔文的著作《动物和植物在家养下的变异》正式出版，该书详细描述了小麦、玉米、豌豆、果树等栽培植物中存在广泛变异，探讨了这些变异的来源和规律，以及遗传和选择所发挥的巨大作用（Darwin，1868）。达尔文的进化论和遗传变异理论为探索栽培作物起源拉开了序幕。

19 世纪末，瑞士植物学家康多尔（P. A. de Candolle，1806～1893）从历史、语言、考古和植物学等角度，首次从生物进化的角度结合历史地理分布，系统研究了栽培植物的起源问题，1883 年其专著《栽培植物起源》出版，提出中国、西南亚和埃及、热带美洲为世界上最先驯化植物的地区（de Candolle，1883）。

1894 年俄国成立应用植物学局，1916 年该局更名为应用植物学和育种部，专门从事栽培植物收集和研究，主要收集欧洲大麦、小麦、苜蓿等资源材料。1922 年苏联成立后，该机构更名为全苏应用植物学和新作物研究所，1930 年重组为全苏植物研究所，遗传学家瓦维洛夫（N. I. Vavilov）成为所领导，从此全球植物考察和资源收集工作得到蓬勃发展。1916～1940 年，瓦维洛夫领导的团队开展了 180 余次植物科学考察，其中 40 次在国外，考察的国家和地区超过 50 个，涉足亚洲、欧洲、非洲、北美洲和南美洲。其中，1929 年，瓦维洛夫组织了对中国、日本和朝鲜半岛的植物考察收集活动。通过全球考察和材料交换活动，瓦维洛夫收集到 25 万余份种质资源，其中小麦多达 3.6 万余份，豆类作物和禾草均超 2.3 万余份，蔬菜近 1.8 万份，果树 1.2 万余份，玉米 1 万份。这些材料在苏联各试验站进行了性状鉴定，成为瓦维洛夫及其他苏联科学家开展细胞学、遗传学和育种研究的宝贵材料。瓦维洛夫在全球大规模植物考察的基础上，1922 年首次提出“遗传变异的同源系列定律”（Vavilov，1922），1926 年首次提出“作物起源中心理论”（Vavilov，1926），是最先提出异生境保护种质资源的科学家，成为作物种质资源学的奠基人。为了纪念瓦维洛夫的功绩，全苏植物研究所后来更名为瓦维洛夫全俄植物遗传资源研究所（VIR）。

1898 年，美国农业部成立种子和植物引进局，每年资助全球植物考察 10 余项，通过一批植物探险家的全球资源收集活动，种质资源收集数量急剧增加，目前美国种质库中 80%以上种质资源来自境外就有他们的贡献。其中要特别提到的是美国植物探险家和大麦育种家哈里·哈兰（Harry V. Harlan，1882～1944），他在 1921 年任美国大麦项目负责人时与瓦维洛夫相识并成为朋友，后来多次参与全球植物考察，成为世界上最早提出植物种质资源受到消失威胁观点的科学家，这个理念深深影响着他的儿子杰克·哈兰（Jack R. Harlan，1917～1998）。杰克·哈兰历经 35 年在全球 45 个国家进行了植物考察（其中 1974 年来过中国），收集了大量种质资源，故他对作物驯化有着深刻的理解。他认为瓦维洛夫提出的作物起源中心是多样性中心而不一定是作物进化或驯化中心，在提出“泛区”概念（指作物驯化散布在 5000～10 000km 大小的区域）的基础上，对瓦维洛夫作物起源和多样性中心理论进行了完善（Harlan，1971）。他认为异生境保护对进化已达数千年的作物种质资源来说十分必要，鉴于野生近缘种对作物育种有巨大利用价值，野生近缘植物还应实施原生境保护，他还提出“三级基因源”概念，为作物种质资源收集保护和种质创新奠定了理论基石（Harlan，1975）。杰克·哈兰是国际农业研究磋商组织（Consultative Group on International Agricultural Research，CGIAR）下设国际植物遗传资源委员会（后更名为国际植物遗传资源研究所）的倡导者之一。

另一位美国作物种质资源学史上的重要人物是植物探险家佛兰克·梅尔（Frank N. Meryer，1875～1918）。梅尔于 1905 年来到中国，后来又到蒙古、俄罗斯、阿富汗、朝鲜和日本等地开展植物考察。他首次在中国发现野生银杏，并通过建立干旱地区农作物资源调查方法、海上长途运输活体植物材料保存技术、标本采集干燥与保存技术等，从世界各地为美国引进了 2500 多种植物，如中国的山核桃、山桃、榆树、黄连木等，还引进了桃、梨、山楂、枣、柿、柠檬、栗树等优良地方品种，为美国果树、观赏树种和绿化树种品种培育做出了重要贡献。此外，他引入的小麦、大麦、高粱、苜蓿、冰草、菠菜等种质资源现在仍保存在美国国家种质库，特别是从中国引进了数以千计的大豆地方品种，为美国大豆遗传改良和产业发展奠定了材料基础（谭继清等，2021）。

1947 年，美国农业部和国家农业试验站共同规划建设地区性植物引种体系。在美国建立了 4 个植物引种站，即纽约州东北部植物引种站、佐治亚州南部植物引种站、艾奥瓦州中北部植物引种站，以及华盛顿州西部植物引种站。1958 年，美国建立世界上第一个国家种质库。美国也是世界上较早开始研究作物种质资源学的国家之一。

中国是世界上重要的作物起源中心和多样性中心之一，在长期的自然选择与人工选择的共同作用下，形成了丰富多样的地方品种，在漫长的农耕史上，农民世代种植地方品种是主要的原始保存形式。从 19 世纪 40 年代开始，中国沦为半殖民地半封建国家，对于作物种质资源，国家无力收集与保存，民众也缺乏主动保护意识。直到 20 世纪上半叶，一些留学归国的科学家如金善宝、丁颖等由于研究工作需要收集了一些小麦和水稻资源，并开展了种质资源鉴定和利用工作，成为中国作物种质资源学的开拓者。在金善宝、戴松恩等老一辈科学家呼吁下，1955～1956 年由农业部连续发文征集全国农作物种质资源，共征集各类作物种质资源 21 万余份，并分散保存于中国农业科学院和各省区相关农业科研院所中（刘旭等，2018）。

1959 年，种质资源学家董玉琛先生从苏联瓦维洛夫全俄植物遗传资源研究所留学归来，分析了中国作物种质资源的现状，并提出“作物品种资源”的概念，标志着作物种质资源学科在中国开始形成。随后，董玉琛先生对中国小麦野生近缘植物进行了广泛系统的调查，查明了小麦族植物 10 个属 110 个物种在中国北方的分布及其生境；在国际上首次将冰草属、旱麦草属、新麦草属与小麦成功杂交，并获得一批多花多实、抗性突出、品质优异的品系；同时在小麦稀有种质资源中发现 2 份与山羊草、黑麦等属间杂种（F_1）染色体能自然加倍、结实的四倍体小麦，并摸清了杂种染色体自然加倍的细胞学机制，创造了 20 余个双二倍体。董玉琛先生是中国作物种质资源学的奠基人。

第二节 作物种质资源学的概念、内涵与作用

一、基本概念与内涵

作物是指由野生植物驯化而来并为满足人类需要而栽培的植物。从植物学、农艺学和遗传学角度看，作物和它的野生祖先在形态、生育习性上有很大差别，但它在遗传上与其野生祖先仍可杂交结实，在现代植物分类学上有人建议归入同一个“种”。

由魏斯曼（A. Weismann）命名的种质（germplasm）最先是指生物体亲代传递给子代的遗传物质（Weismann，1893），现在又拓展到包括遗传物质的载体。种质资源（germplasm resources）是指具有实际或潜在利用价值的、携带生物遗传信息的载体，又称为遗传资源（genetic resources），俗称品种资源。在实际应用中，种质资源与种质通用。当获得基因相关信息后，种质资源可被称为基因资源（gene resources）。

作物种质资源是指携带作物及其野生近缘种遗传信息且具有实际或潜在利用价值的载体。其表现形态包括植株，种子，根、茎、叶、芽等无性繁殖器官和营养器官，以及愈伤组织、分生组织、花粉、合子、细胞、染色体、染色体片段、基因组区段、基因、核酸等。

“份”（accession）为作物种质资源在保护和利用中的基本单元。一份种质资源一般具有遗传结构相对稳定、特征明显、可自我繁殖或复制等特点。在实际工作中，作物一个品种、野生植物一个居群或亚居群或新类型就是一份种质资源。种质资源库圃中保存的种质资源份数是指保存在种质库（圃）等保护设施中具有正式编号的种质资源数量，每一份种质资源具有特定的编号及对应的实物。

二、作物种质资源的类型

作物种质资源的主要类型包括野生近缘植物、地方品种、创新种质、育种品系、育成品种、遗传材料等。

野生近缘植物（wild relative）是指作为栽培作物祖先的野生植物，或与栽培物种有共同原始祖先但未被驯化为人工栽培对象的植物，它们在基因组构成上具有同源或部分同源性。此外，还存在杂草近缘植物（weedy relative），是指与栽培作物亲缘关系很近、在野生植物被驯化为作物过程中形成的伴生植物或作物退化成杂草类型的近缘植物。

地方品种（landrace）又称为农家品种或传统品种，是指经农民用传统方法选择若干代后所形成的作物品种，是长期自然选择和人工选择的结果。这些品种往往只在局部地区栽培，具有特定环境的适应性和抗逆性，适合当地特殊的饮食或观赏消费习惯和栽培习惯。在作物驯化后及现代杂交育种之前的数千年时间里，世界各国种植的都是地方品种，即使在现代育种开始之后，地方品种也存在了相当长的一段时间。但随着生产水平的提高，地方品种也暴露出许多明显的缺点。但地方品种往往具有某些独特性状，具备一些在目前看来并不重要但在未来可能变得重要，或在这里看来并不重要但在其他地方可能变得重要的特殊经济价值，因此地方品种是具有重要育种应用潜力的一类种质资源。事实上，少量优良地方品种目前在农业生产中仍有种植，最初的育成品种也都是用地方品种为亲本育成的，当今的育成品种也大多含有地方品种的血缘。

创新种质（enhanced germplasm/pre-breeding line）是指通过常规杂交、远缘杂交、染色体工程、基因操作等技术手段诱发遗传重组或突变，然后经过人工选择对目标性状进行改良后获得的遗传稳定的新种质，其显著特点是目标性状突出，但综合性状不一定突出。与原种质相比，创新种质更易被育种家利用。

育种品系（breeding line）是指利用现代遗传改良技术获得、遗传稳定，但在农业生产中还不能直接应用的品系或中间材料，也包括尚未通过品种审定或登记程序的高代育种材料、新品种和杂交种的直接亲本（如自交系）。

育成品种（modern variety/cultivar）是指育种家利用现代遗传改良技术获得的、可在农业生产中直接应用的植物材料，在中国需要通过审定或登记程序方可成为品种。因此育成品种包括三类：第一类是过去在生产中应用但目前没有应用的老品种；第二类是目前仍在生产中应用的品种；第三类是通过审定或登记但在生产中没有应用的品种。一般来说，育成品种遗传多样性低于地方品种，但适应当前新的消费习惯和生产方式，具有较好的丰产性、较好的品质、较强的抗逆性和较广的适应性。外地（或外国）引入的品种对本地（或本国）特殊气候条件的适应性往往比本地（本国）的主栽品种差。育成品种是育种的基本材料，也是一类重要的种质资源。

遗传材料或基因组学材料（genetic stock/genomic stock）是指主要用于遗传学或基因组学研究的植物材料，包括突变体、人工诱变的多倍体、体细胞融合材料、远缘杂交材料（如附加系、代换系、易位系等）、转基因材料、基因编辑材料、渐渗系、作图群体等。

根据在育种利用中的难易程度，Harlan 和 de Wet（1971）提出基因源（gene pool）的概念，把种质资源分为以下三类。

一级基因源（primary gene pool，GP-1）相当于生物学上的一个种，包括作物及其野生近缘植物，彼此之间容易杂交，杂种可育（染色体配对和基因分离正常），无生殖隔离。

二级基因源（secondary gene pool，GP-2）包括彼此之间具有一定的生殖隔离，可发生基因转移但有一定难度的种，杂交后形成的杂种不育情况严重（染色体配对差），获得的 F_1 长势弱且难以生长发育到成熟，F_1 也有一定程度的不育，在后代中获得期望类型的新种质较难。GP-2 涵盖的一般是栽培作物同一属的近缘种，但并非该属的所有种都属于 GP-2，如大麦属（*Hordeum*）中仅有球茎大麦（*Hordeum bulbosum* L.）为二级基因源；也有可能不是该属的也属于二级基因源，如山羊草属（*Aegilops*）的种就划在普通小麦（*Triticum aestivum* L.）的二级基因源中。

三级基因源（tertiary gene pool，GP-3）包括那些与栽培作物不能杂交或杂种异常、致死或完全不育的种，主要涵盖栽培作物其他属的亲缘关系相对较远的近缘植物。作物与 GP-3 中的种发生基因转移非常困难，需要胚拯救、染色体加倍或桥梁种（栽培作物先与它杂交获得杂种后再与 GP-3 种杂交）才能获得杂种。

三、作物种质资源的形成

（一）野生植物驯化与作物的形成

栽培作物源于野生植物的驯化，是农业起源的基础。但是，作物起源与农业起源并不等同，很多作物的栽培远早于农耕定居生活，农耕是农业起源的直接特征。

研究表明，世界农业在 6～8 个地区独立起源，发生在 12 000 年前的冰河时代晚期之后。多年来，考古学家认为农业起源最先发生于位于近东称为“新月沃地”（Fertile Crescent）的狭窄区域，人们很快学会种植谷物，并把这种生活方式传播到其他地方。然而，近年来的考古证据表明，从野生植物到作物和从野生动物到家畜的驯化时间应该大大提前，农业起源是一个漫长的、复杂的渐进过程，而不是一场急进革命。在此基础上，科学家总结出持久驯化模型（protracted domestication model）（Lev-Yadun et al.，2000）。例如，近东的原始植物采集人最早于13 000年前就开始种植黑麦，但随后的一两千年中还在延续植物采集活动，大约10 500年前才完全过上定居生活，并在此时开始驯化小麦和大麦。以前曾认为植物驯化最先发生在约旦山谷及黎凡特南部地区（现在的以色列和约旦），但后来的植物学、遗传学和考古学证据指向新月沃地中一个范围并不大的区域，那里位于当今土耳其东南部和叙利亚北部的底格里斯河和幼发拉底河上游地区。近东地区的新石器时代农业主要涉及小麦和大麦等谷类作物及小扁豆、豌豆、鹰嘴豆等豆类作物，这些作物的野生种和栽培类型在新月沃地核心地区的多个新石器时代遗址均有发现。此后，这些作物才传播到黎凡特中部和南部地区。

尽管作物栽培最早发生于近东，但其他地区也在独立驯化其栽培植物，如11 000年前在中国长江流域沼泽地沿岸就已经开始驯化水稻，而栽培稻变成主粮大约是在7000年前，在此期间的4000多年中还广泛存在植物采集活动，并且人们也在不断驯化野生和半野生植物，以及选择好的栽培品种。

墨西哥是农业起源中心之一，也是玉米起源地。玉米驯化于墨西哥西南部的巴尔萨斯（Balsas）河中游地区（这里是有季节性干旱的热带森林地区），在至少6000年前向外传播，并在传播过程中还存在继续驯化，其证据包括在墨西哥湾热带海岸地区圣安德列斯（San Andrés）发现7100年前的玉米花粉遗存，在瓦哈卡（Oaxaca）山谷发现6000年前的玉米穗轴遗存，在中美洲南部和南美洲北部地区发现有6000～7700年前的玉米花粉和淀粉粒遗存。此外，10 000～11 000年前在厄瓜多尔热带海岸地区驯化出瓜类作物，远远早于农耕村社出现之前。

由于不同植物种在地球上的地理分布不同，作物的最初驯化地（也就是作物起源地）也不同。不仅作物的野生近缘植物是作物种质资源的重要组成部分，驯化初期形成的原始地方品种甚至半驯化的地方品种也是重要的种质资源来源。

（二）作物传播与地方品种的形成

在作物被驯化后，人类会将其带到新的地区进行种植。但由于新地区的环境条件（如温度、降水量、日照、土壤、病虫害等）往往不同，作物必须产生新的适应性，其命运有两种：一是不能在新环境下存活下来而被淘汰；二是形成新的品种类型，也就是产生新的地方品种。另外，不同地区的居民可能有不同的生活、文化或宗教习俗，农民通过人为有意识或无意识的选择，也可形成有特殊用途的地方品种，甚至不同地区的农民有不同的作物栽培（如播种、收获等）和收后处理（如加工、贮藏、运输等）方法与习惯，由此也会带来丰富多彩的不同的地方品种类型。

总体来看，东半球的大多数作物是在新石器时代被驯化的，其传播的第一阶段源于农业的早期扩张，阿拉伯半岛、东非、欧洲和亚洲之间的贸易路线对作物在地区间传播起到了至关重要的作用。作物传播的第二阶段则源于海洋探险，特别是在 1492 年人们发现美洲大陆后，把全球种质资源交换推向高潮。作物传播带来的一个重要结果是产生了一批次生多样性中心（secondary center of diversity），即该作物传播到一个新地区后多样性得到大幅度提高。例如，菜豆、玉米和木薯从拉丁美洲传播到非洲和亚洲后，形成了大量丰富多彩的地方品种；龙爪稷在几千年前从东非传播到南亚后多样性大增。但也要注意到，随着作物的广泛传播，有一些栽培作物在特定地区被边缘化了，这种情况在美洲相当普遍。

（三）作物改良与现代种质资源的形成

在孟德尔提出三大遗传学定律后，以专业作物育种家为主力军的科学育种成为品种改良的主要手段，其结果是作物改良速度大幅度加快。育种家在科学的遗传育种理论指导下，利用栽培作物的野生近缘植物和地方品种，不断创新育种技术和方法，创制了满足不同目的和适应不同环境的新种质与新品种。特别要提到的是，新的农作系统对种质资源形成也有重要影响，例如，现代化农业生产给作物育种提出了新要求，新品种往往既需要抗倒伏、抗病虫、抗逆、品质好、高产，还需要适合机械化作业。这些品种又被后来的育种家作为基础种质资源用于育种实践，从而产生了形形色色的育种品系和后续品种，它们也是作物种质资源的重要组成部分。

此外，遗传学研究人员创制了大量遗传研究材料；在最近二三十年里，基因组学研究人员又创制了大量基因组学研究材料，它们也是种质资源的重要组成部分。

四、作物种质资源的地位与作用

（一）作物种质资源的历史作用

作物种质资源是农耕文明形成的物质基础，正是植物资源的采集、驯化和利用，才有了农耕活动，人类才得以发展。在不同自然和人文环境的作用下，驯化作物的种类不断增多、各种地方品种不断出现促进了农耕文明的发展，由此形成一系列适应农业生产、生活需要的国家制度、礼俗制度、文化教育等的文化集合。

1. 作物种类多样性催生世界农耕文明

古人驯化植物在世界各地几乎是同时开始的，因此在世界各地形成各不相同的作物种类，如水稻、小麦、大麦、玉米、大豆等，由此开启农耕时代，以原始农业、古人类的定居生活等为标志，使人类从食物的猎取和采集者变为食物的生产者，大幅度提升了人类的生产力，由此在全球形成了多个农耕文明发源地。

1）中国农耕文明

在距今 8000～10 000 年前，中国早期农业已形成了以水稻为代表的南方水田农业和以谷子（粟）为代表的北方旱作农业两大系统，即南稻北粟格局。南方的原始农耕以稻作农业为特色。长江中下游以南地区雨多湿润，所以选择了喜水作物水稻作为主要农作物。北方的原始农耕以旱地农业为特色，这与黄河流域的自然条件有密切关系，春秋冬三季干旱寒冷，夏季高温多雨，所以选择对肥力水分要求不高、幼苗期能抗旱的谷子作为主要农作物。在悠久的农耕文明发展过程中，除了水稻、谷子，中国先民还驯化了其他众多农作物，包括大豆、黍稷、荞麦、白菜、桃、杏、李、梨、橙和荔枝等。

2）古巴比伦农耕文明

公元前 9000～前 8000 年，生活于底格里斯河和幼发拉底河流域的苏美尔人开始了农业生产，主要栽培大麦、小麦等作物。在这片沃土上，人类驯化的作物包括小麦、大麦、燕麦、无花果、黑麦、豌豆、扁豆、椰枣等。大约公元前 7000 年，两河流域的先民还驯化了绵羊、山羊、猪等牲畜。大约公元前 5000 年，苏美尔人开创了农田灌溉技术，促进了数学、天文、建筑等的发展。在随后的千年中，气候逐渐变得干旱，同时，苏美尔人的过度灌溉令土壤沙化、盐碱化，主要作物小麦的种植面积不断减少，直至公元前 1800 年的古巴比伦王朝，小麦已无法种植。农业衰落令资源枯竭，苏美尔人的帝国覆灭，致使最早的农耕文明消失。

3）古埃及农耕文明

大约公元前 5000 年，古埃及人开始开垦土地，种植大麦、小麦，另外，尼罗河流域的人们还种植蚕豆、洋葱、莴苣、黄瓜、亚麻、橄榄、葡萄等作物。大约公元前 3200 年，埃及人开始了农田水利建设，并逐步驯化了尼罗河鹅、驴和猫。大约公元前 2000 年，埃及已经发明了牛拉的木犁、碎土的木耙和金属制作的镰刀等。大约公元前 3500 年，尼罗河流域开始出现小的国家，公元前 3100 年，美尼斯统一埃及。埃及文明持续了数千年后，于公元前 671 年被亚述人征服；公元前 525 年被波斯人征服；公元前 323 年被亚历山大大帝征服，古埃及文明从此没落。

4）古印度农耕文明

公元前 6000～前 4000 年，印度河流域的人们开始发展原始农业，种植大麦、小麦，驯化了枣树，印度还是棉花的原产地。公元前 2500 年，印度已经普遍种植水稻、小麦和大麦，另外，还驯化了牛、羊、猪、鸡等牲畜和家禽，是世界最早的农耕文明之一，在公元前 2600 年的巅峰时期，这里的人口可能超过 500 万，但人们对其详细情况所知甚少。

5）安第斯地区农耕文明

美洲农业的主要发源地有中美洲和安第斯中部地区两个区域。公元前 6000 年，秘鲁一带的印第安人就开始种植菜豆、藜麦等作物，并在公元前 5000～前 4000 年开始种植玉米、马铃薯、南瓜和辣椒等。当地印第安人培育的农作物还包括番茄、花生、西葫芦、草莓等。另外，当地印第安人种植的农作物还有甘薯、牛油果（鳄梨）、可可、向日葵等作物。中、南美洲农耕文明的发展推动了印第安文明的萌芽及发展，主要包括玛雅文明、阿兹特克文明和印加文明。

2. 作物品种多样性丰富人类农耕经济生活

人类所种植的原始栽培植物与现在我们所种植的同类植物在许多方面大不相同：当我们吃着硕大、甜美的梨或苹果时，你肯定不会相信它们的祖先仅仅是一些又酸又涩、既硬且小的果实；而现在播种后发芽整齐、种子成熟一致、非常便于人们收获和栽培管理的禾谷类作物，其祖先不过是一些果穗脆弱、籽粒成熟期不一致、成熟后又很容易散落的“杂草”罢了。番茄是现今人们非常喜爱的蔬菜之一，原产于南美洲安第斯山区的北部，随着新大陆的发现，被西班牙殖民者带到了欧洲，当时果实很小，又有棱角，而且枝叶有一种难闻的气味。但是，经过了人们的长期培育，番茄的果实由小变大，外形由多角变为圆形，果肉变厚，难闻的气味消失。现今，世界上许多主要的农作物，如小麦、大麦、水稻、玉米、甘蔗、亚麻、棉花和多种蔬菜、豆类等，都是在很早以前的原始社会就被人们种植了。现在，人类赖以生存的栽培植物在 1 万多年以前并不存在于自然界中，它们是祖祖辈辈的艰辛劳动为我们留下的宝贵遗产。

随着生产工具的不断改进、水利设施日益完善及生产组织方式的小型化，中华大地上出现了高度发达的农耕文明，形成了精耕细作的农业生产体系。中国古代人民很早就认识到，在一定的土壤和气候条件下要种植相应的作物和品种，每种作物和品种都有其所适宜的环境或者能满足人类的不同需求。在当地自然或栽培条件下，每一种作物在农民选择下形成了很多各具特色的品种，这些品种的出现，极大地促进了农耕文明的繁荣和发展。初期的农耕文明仅限于平原地带和湿润温暖的平原地区，随着适应不同生态环境条件品种的出现，农耕向更广阔的地区迅速扩展，耕地面积扩大，农业经济也有了巨大发展，可以养活更多的人口。驯化和栽培作物种类的增多，满足了人类吃穿住行各个方面的需求，包括粮油作物、果蔬作物、纤维作物、特种作物等。不同品种类型的出现和应用，也丰富了食物市场，提高了人们的生活水平。多样化生产系统的建立，包括间种、套种、种养结合方式，提高了农业生产效率。

随着农耕文明的兴起，人类可以根据生活习惯或者需求有意识地培育作物的品种，使得人类社会经济发生了巨大变化。对具有早熟特性作物的培育，可以使人类向寒冷和生育期较短地区移居，例如，荞麦就是适合冷凉高海拔环境的早熟作物，为彝族在中国四川省凉山地区的生存与发展提供了重要食物来源，形成了极具特色的彝族荞麦文化。其他作物的早熟品种的培育和发展，使人类能够在较短的时间内生产出粮食，满足粮食急需或者在应对自然灾害方面发挥重要作用。对抗旱作物的培育，使得人类向环境条件较为恶劣的干旱地区发展，例如，中国西部地区常年干旱，种植谷子、黍稷等抗旱作物就使得人们可以迁移到黄土高原，形成西北黄土高原干旱农业生产系统。多品种的应用有效防止了病虫害的发生，保障每个生长季节都有一定收成。更重要的是，人类在长期的生产实践中，培育了很多优质品种，包括口感好、营养成分丰富的品种，为提高人类生活水平起到了重要作用。有些品种还被列为“贡品”，例如，北京玉泉山下种植的‘京西稻’即是著名的贡稻品种。

3. 作物景观多样性铸就中华农业文化遗产

中国悠久灿烂的农耕文化历史，加上不同地区自然与人文的巨大差异，创造了种类繁多、特色明显、经济与生态价值高度统一的重要农业文化遗产。这些都是中国劳动人民凭借着独特而多样的自然条件和他们的勤劳与智慧，创造出的农业文化典范，蕴含着天人合一的哲学思想，具有较高的历史文化价值。重要农业文化遗产是指中国人民在与所处环境长期协同发展中世代传承并具有丰富的农业生物多样性、完善的传统知识与技术体系、独特的生态与文化景观的农业生产系统。

1）基于地方品种的生产系统

在现存的农业文化遗产中，地方品种通常是最核心的组成部分，而且多样性也是最丰富的。例如，2012 年被认定为全球重要农业文化遗产的内蒙古敖汉旗，是世界旱作农业的发源地，目前收集到的谷子、玉米、高粱、黍稷、芝麻、蔬菜等传统旱作品种就有 218 个；2014 年被认定为中国重要农业文化遗产的河北涉县旱作梯田系统，仅在遗产核心区的王金庄村就保留着 171 个传统地方品种，其中粮食作物 15 个、蔬菜作物 31 个、油料作物 5 个、干鲜果作物 14 个、药用植物及纤维烟草等 12 个；2010 年被列为全球重要农业文化遗产、2013 年被列为世界文化遗产的云南红河哈尼梯田，当地水稻品种有近 200 个。

2）基于地方品种的利用知识和耕作技术

很多农业文化遗产都围绕地方品种创造了很多保护和利用方面的知识与耕作技术，在中国的农业文化遗产中尤为突出，如种养结合技术、旱作技术等。种养结合技术的例子如青田稻-鱼共生系统，浙江青田县稻田养鱼历史悠久，至今已有 1200 多年的历史。《青田县志》曾记载："田鱼，有红、黑、驳数色，土人在稻田及圩池中养之。"在稻鱼共生系统也就是稻田养鱼中，水稻为鱼类提供庇荫和有机食物，鱼则发挥耕田除草、松土增肥、提供氧气、吞食害虫等功能，这种生态循环大大减少了系统对外部化学物质的依赖，不需使用化肥农药，还可提高土壤通气性，改善土壤环境，保证了农田的生态平衡。谷子和黍稷栽培距今已有 8000 多年的历史，考古和遗传学都表明谷子起源于太行山东麓到燕山一带的山前丘陵地带，黍稷起源于黄河中游的黄土高原，正是这些突出的抗旱作物及其多样性，成就了旱地农业生产技术和中国古代北方旱作农业，成为今天的主要农业文化遗产。

3）基于地方品种的独特生态景观

在很多农业文化遗产中，可以看到作物种质资源的利用、传统知识和技术与农田、村落和环境的完美结合，形成独特的农业生态景观，支撑当地社会、经济的可持续发展。元阳哈尼梯田就是典型的例子，哈尼梯田位于云南省红河州元阳县的哀牢山南部，是哈尼族人世世代代留下的杰作，由水稻、梯田、水系、村落、山林等组成，一年四季，梯田皆有其美。哈尼族人习惯在每年六月插秧，因此夏天的元阳，到处是一片青葱稻浪。到了十月，随着作物的成熟，漫山遍野都变成了金黄色，但看梯田最美的季节永远是冬天，因为注水后的梯田会闪现出银白色的光芒，从而凸显出梯田婀娜曲折的轮廓。这一美景已经延续了几百年，成为重要的农业文化遗产。

（二）作物种质资源的战略地位

由于人类的生存和生活必须依赖来自植物的食物、纤维、燃料、人居、医药、工业等产品，以及以植物为食物的动物产品，而这些植物往往又被人类驯化栽培为作物，故作物种质资源的重要性不言而喻。

作物种质资源是实现农业可持续发展，保障粮食安全、农业绿色发展、营养健康安全，以及种业安全的战略资源，是人类社会生存与可持续发展不可或缺、生命科学原始创新、获得知识产权及生物产业的物质基础。纵观作物遗传育种的历史，各种突破性成就都与关键种质资源的发现和利用密切相关。

1. 作物种质资源是保障粮食安全的战略资源

据统计，1961～2020 年，水稻、小麦、玉米的世界平均产量分别增长了 146.6%、219.1%和 196.3%（分别达到 4608.9kg/hm^2、3474.4kg/hm^2 和 5754.7kg/hm^2），遗传改良对增产起到了举足轻重的作用，种质资源在遗传改良过程中所发挥的作用至关重要。例如，20 世纪 50～60 年代，国际玉米小麦改良中心（Centro Internacional de Mejoramiento de Maíz y Trigo，CIMMYT）利用日本小麦地方品种中的半矮秆基因 *Rht1* 和 *Rht2*，国际水稻研究所（International Rice Research Institute，IRRI）利用中国台湾水稻地方品种‘低脚乌尖’（携带半矮秆基因 *sd1*），通过降低株高、提高抗倒伏性和耐密性及最终的产量，从而催生了第一次“绿色革命”，使世界上饥饿人口大幅度减少。20 世纪 70 年代中国发现水稻野生不育种质（含细胞质雄性不育基因 *WA532*），对其科学利用促成了中国杂交水稻的三系配套和推广，水稻单产得到大幅度提高。小麦‘矮孟牛’和‘繁六’、玉米‘黄早四’等优异种质资源在育种中得到有效利用，使中国小麦和玉米育种取得了巨大突破，为保障中国粮食安全做出了重要贡献。

2. 作物种质资源是支撑农业绿色发展的战略资源

绿色发展是以高效、和谐、可持续为目标的经济增长和社会发展方式。发掘抗病抗虫、节水节肥的作物种质资源并培育资源高效的作物新品种，大幅度减少农药水肥用量，是支撑农业绿色发展的重要途径。例如，在尼瓦拉野生稻（*Oryza nivara*）中发现的一份抗水稻草丛矮缩病种质解决了 20 世纪 70 年代以来在东南亚各国流行的重大病害危害问题；中国对上万份水稻种质资源进行鉴定评价，筛选出抗黑条矮缩病的种质资源，培育出抗性好、高产优质新品种，攻克了“水稻癌症”问题。90 年代初期，赤霉病每年给美国小麦生产造成高达 20 亿美元的经济损失，后来利用中国育成品种‘苏麦 3 号’（含抗赤霉病基因 *Fhb1*）基本解决了小麦赤霉病所造成的危害。在美国，大豆胞囊线虫病每年造成 10 亿美元以上的经济损失，科学家利用大豆地方品种‘北京小黑豆’（含抗性基因 *Rhg1* 和 *Rhg4*）培育出系列抗病品种，挽救了美国大豆生产。

3. 作物种质资源是保障营养健康安全的战略资源

挖掘优质专用优异种质资源是培育营养功能型突破性新品种、提升人民健康水平的基础。例如，科学家发现玉米 *Opaque-2* 高赖氨酸基因后，已培育出一批比普通玉米杂交种赖氨酸含量高出一倍的杂交种，色氨酸含量也有所提高，显著提升了玉米食用和饲用价值。CIMMYT 鉴定出锌含量高达 96μg/g 的热带玉米种质，育成的 11 个高锌玉米品种部分解决了拉丁美洲锌缺乏的“隐性饥饿”问题。中国从上千份燕麦种质资源中鉴定筛选并选育出富含亚油酸和 β-葡聚糖功能成分的专用品种，证明其有明显的降脂和调节血糖的功效。

4. 作物种质资源是提升种业竞争力的战略资源

品种培育是种业发展的核心，而种质资源可看作品种培育的芯片。古语说得好，“巧妇难为无米之炊”，没有种质资源，就不可能进行品种培育；没有好的种质资源，品种培育就不可能成功，种业的原始创新就难以为继，提升种业竞争力就成为空中楼阁。科迪华等跨国公司的玉米杂交种在国际种子市场占有重要地位的主要原因就是它掌握了世界上大部分玉米种质资源，并且对其进行了深度挖掘与利用。

此外，由于植物在医药、能源、人居、燃料、娱乐和文化等方面的用途不断被发现，创制专用的作物新品种成为多元消费升级的必然要求，因此作物种质资源在产业拓展中也具有十分重要的作用。

五、作物种质资源促进世界农业发展

（一）遗传脆弱性

在谈到作物种质资源的战略地位时，常常提到遗传脆弱性（genetic vulnerability）的概念，它是指广泛种植少数几个遗传单一的作物品种对生物或非生物逆境变化存在的潜在风险程度。评估遗传脆弱程度主要考虑两个因素，一个是每个品种的相对面积，另一个是品种间同一化程度（遗传相关程度）。

种植遗传基础狭窄的多个品种，或较大面积地种植同一品种，会带来严重的遗传单一现象（genetic uniformity）。这样的例子举不胜举，如在荷兰，9 种作物中排名前 3 的品种的种植面积各占其总面积的 81%～99%，甚至 94%的大麦面积种植的是同一个品种。1983 年，孟加拉国小麦栽培面积的 67%种植的是同一个品种‘Sonalika’，1984 年印度小麦面积的 30%种植的也是这个品种。1982 年，水稻品种‘IR36’在亚洲种植面积达 1100 万 hm^2；1990 年时中国所有杂交水稻携带的是同一个雄性不育基因，甚至所有现代水稻品种都携带着同一个矮秆基因，这也是一种典型的遗传单一现象。

遗传单一不一定带来即时的巨大损失，但其风险不能被低估。因遗传单一带来巨大损失最著名的例子是 1845～1848 年爱尔兰大饥荒，死亡 150 多万人，其主要原因是当时种植的马铃薯是从南美洲传到欧洲的 2～4 个地方品种，遗传非常单一，造成马铃薯晚疫病席卷爱尔兰。这种遗传脆弱性的威胁并未断绝，在 20 世纪 80 年代，马铃薯晚疫病的一个新小种 A2 袭击了欧洲、亚洲和拉丁美洲；1992 年，在墨西哥又出现了一个对所有抗病基因都有抗性的新小种，此后在北美地区很多地方都检测到了这个快速突变的小种。

另一个例子是 1970 年，由于在美国大面积种植遗传单一的玉米杂交种（85%以上杂交种携带有细胞质雄性不育基因 *cms-T*），携带有该类型细胞质的玉米对小斑病高度感病，这一年小斑病大流行，造成美国玉米产量损失 15%以上，南部各州玉米产量损失更大，严重地块造成绝收，全国经济损失在 10 亿美元以上。发生该事件的另一个后果是通过人工或机械方式去雄来生产杂交种子的方式延续至今。

其他著名的例子包括：1943 年，由于品种单一导致水稻褐斑病（病原菌为 *Helminthosporium oryzae*）大暴发，加上台风袭击，导致孟加拉大饥荒，200 多万人丧失生命。1972 年，冬小麦品种‘Bezostaya’在苏联有 1500 万 hm^2 的种植面积，但由于这个冬天比往年更加严寒，这个品种被彻底摧毁了。20 世纪 70～80 年代，中国长江流域大面积种植大麦品种‘早熟 3 号’，病毒病大暴发后造成大麦大幅度减产。1979 年，古巴全国甘蔗栽培面积的 40%种植的是同一个品种，由于锈病暴发，损失了 100 多万吨糖，价值 5 亿美元。在中美洲，全部 5 个香蕉品种都衍生自品种‘Cavendish’，因此都对一种真菌病害（black Sigatoka）敏感，在洪都拉斯和其他中美洲国家每年造成约 47%的产量损失。

（二）遗传侵蚀

遗传侵蚀（genetic erosion）概念是联合国粮食及农业组织（Food and Agriculture Organization of the United Nations，FAO）在 1967 年于罗马举行的植物遗传资源考察、利用和保护技术会议上首先提出的。遗传侵蚀是指遗传多样性降低的现象，包括单个基因的丢失和一组基因（如在地方品种中存在的特殊等位变异组合）的丢失。广义的遗传侵蚀也指品种的丢失，即现代品种或新物种代替了地方品种，使种植的地方品种数量大幅度减少甚至消失。例如，在中国，1949 年种植的小麦品种近 10 000 个，20 世纪 50 年代地方品种数量占品种总数的 81%，到 70 年代地方品种数量则减少到约 1000 个，占品种总数的 5%。在美国，1804～1904 年，86%的苹果、95%的白菜、91%的玉米、94%的豌豆、81%的番茄地方品种都丢失了。但要注意到，这种品种丢失的现象可能导致遗传多样性的降低，但也并非必然，因为在某丢失的品种中的基因可能在其他现代品种中存在。

此外，新农业系统的建立常常带来生境破坏，如灌溉系统和农化物资大量使用等对作物野生近缘植物带来重大影响。过度放牧、过度开采、毁林造地、新型病虫害、城市化、战争等都有可能带来作物种质资源的遗传侵蚀。

（三）世界农业发展对作物种质资源具有全球依赖性

研究表明，世界上的不同作物起源于地球上的不同地理区域，并有聚集性起源现象。这些作物传播到地球上其他区域后，在不同国家的重要性出现了很大差异。也就是说，世界上不同国家的农业发展在很大程度上依赖于起源于其他地方的作物种质资源。例如，就世界上最重要的 17 种作为食物来源的栽培作物而言，如果用产量来衡量，北美和澳大利亚 100%依赖于来自其他地区的作物，中国的依赖度约为 62%，依赖度最低的地区是中亚西部，但也达到了 31%。如果纳入更多的食用作物，上述结论也是完全成立的。总体上来看，美洲和欧洲对其他地区的种质资源依赖性较高，亚洲相对较低，但其农业发展也需要其他地区种质资源的支撑。以中国为例，在以产量排名的前 30 位作物中，多种作物起源于国外。其中，排名第一的玉米起源于墨西哥，排名第三的小麦起源于西亚，中国最重要的粮食作物中有两个来自国外；此外，甘薯、马铃薯、黄瓜、番茄、茄子、西瓜、甘蔗、棉花等重要作物均引自国外。总体上，中国对国外种质资源的依赖度为 46%～55%（Flores-Palacios，1998）。由此可见，中国的粮、棉、油、糖、烟、果、菜等产业的发展均离不开世界上其他地区的种质资源。

另外，不同地区之间作物种质资源的交换和利用对世界农业发展起着极其重要的作用。例如，“第一次绿色革命”是利用日本小麦种质资源和中国台湾水稻种质资源，使拉丁美洲和东南亚粮食生产实现了跨越。美国利用中国的小麦种质‘苏麦 3 号’和大豆种质‘北京小黑豆’，解决了小麦和大豆生产上的关键问题，而中国利用美国玉米种质‘Mo17’和欧洲小麦种质 1B/1R 易位系，实现了玉米和小麦抗病性与产量的大幅度提高。

第三节　作物种质资源学的基本理论、任务与研究方向

一、作物种质资源学的基本理论

（一）栽培植物起源中心理论

瑞士植物学家康多尔最早提出栽培植物应有起源中心，并认为大部分栽培植物起源于旧大陆。苏联遗传学家瓦维洛夫于 1926 年提出的栽培植物起源中心理论影响很大，他认为世界上存在 8 个作物起源中心（包括中国-东亚、印度、中亚、近东、地中海、埃塞俄比亚、墨西哥南部-中美、南美），外加 3 个亚中心（印度-马来亚、智利、巴西-巴拉圭），这些中心有作物的野生近缘种存在，可称为“原生起源中心（primary centers of origin）”。瓦维洛夫还发现在远离原生起源中心的地方有时也会存在一些原生起源中心没有的变异，遗传多样性也很丰富，称为“次生起源中心（secondary centers of origin）”（Vavilov，1926）。1940 年之后，作物起源中心理论不断得到修正，较为著名的包括 1975 年瓦维洛夫的学生茹科夫斯基（P. M. Zhukovsky）和荷兰育种家泽文（A. C. Zeven）等在瓦维洛夫 8 个起源中心基础上增加了 4 个起源中心，称为“栽培植物基因大中心（megacenter）”，认为全球有 12 个大中心（Zeven and Zhukovsky，1975）。美国遗传学家哈兰认为瓦维洛夫提出的作物起源中心实际是农业发祥最早的地区，遗传多样性中心不一定就是起源中心，有些物种可能起源于几个不同的地区，因此在 1971 年提出了“作物起源的中心与泛区理论”（center and noncenter of crop origin）（近东、中国、中美洲三个中心和非洲、东南亚、南美三个泛区）（Harlan，1971）。哈兰后来又提出“作物扩散起源理论”，认为作物起源在时间和空间上可以扩散（Harlan，1986）。英国育种家霍克斯（J. G. Hawkes）认为作物起源中心应该与农业起源地区别开来，提出了一套新的作物起源中心理论，在该理论中把农业起源地称为核心中心（nuclear center），把作物从核心中心传播出来后形成的类型丰富地区称为多样性地区（region of diversity）（Hawkes，1983）。

虽然这些栽培植物起源中心理论（the theory of centers of origin of cultivated plant）存在不同的说法，但共同点是作物驯化发生在世界上的不同地方，并且有聚集现象，但作物多样性中心不一定是起源中心。作物起源中心理论可在理论上指导作物种质资源的调查与收集。例如，在作物起源中心和多样性中心开展深度与系统的调查收集，

更容易获得多样性很高的种质资源。

（二）遗传变异的同源系列定律

瓦维洛夫于1922年最先提出遗传变异的同源系列定律（the law of homologous series in variation），认为在同一个地理区域，在不同的作物中可以发现相似的变异，即在某一地区如果在一种作物中发现存在某一特定性状或表型，那么也就可以在该地区的另一种作物中发现同一种性状或表型（Vavilov，1922）。现代比较基因组学和分子生物学研究结果也支持该定律，认为在相同或相似环境下，由于自然选择和人工选择的共同作用，在不同作物中控制特定性状的基因发生了相同或相似的突变，从而产生了同种表型。

遗传变异的同源系列定律现已有所拓展，在同一生态区不同物种呈现趋同进化现象，在不同生态区同一物种呈现趋异进化现象。趋同进化（convergent evolution）是指不同物种在进化过程中，由于适应相同或相似的环境而呈现出形态、生理和分子水平的相似性。例如，喜马拉雅山脉区域的鹰嘴豆、蚕豆等作物都具有小粒小荚特性，而地中海各国的亚麻、小麦、大麦都具有大粒的特性。趋异进化（divergent evolution）则是指来源于同一物种的不同类群，由于长期生活在不同的环境中，产生了多个方向的变异特征或不同的生态型，甚至分化成多个在形态、生理上各不相同的种。趋同进化和趋异进化是自然界生物进化的普遍形式，是作物种质资源多样性产生的基础。

（三）作物及其种质资源与人文环境的协同演变学说

作物及其种质资源与人文环境的协同演变学说（synergistic evolution theory of crop germplasm resources and cultural environment）是关于作物及其种质资源与人文环境相互影响、相互作用和相互发展的理论（刘旭等，2022）。其核心内容包括两方面：一方面，在一个特定环境中种植不同的作物或不同类型的作物会导致形成相应的饮食习惯与人文环境；另一方面，饮食习惯与人文环境又会对作物及其种质资源产生深刻影响，甚至可以引领其演变。中国传统饮食文化习用体系中，以糯性为核心、以蒸煮为主体、以口味为特色、以多用为拓展等内容，可完美体现作物及其种质资源与人文环境协同演变的关系。

作物及其种质资源与人文环境的协同演变学说对现代作物种质资源工作和育种均有指导作用，如强调地方品种的高效利用，在作物种质资源保护和利用中要重视农民权利与作物传统生境保护等。

二、作物种质资源的基本特性

作物种质资源学的基本任务是研究种质资源的四大基本特性，包括遗传多样性、遗传特异性、遗传完整性和遗传累积性，其中遗传多样性是核心与基础。遗传多样性和遗传特异性分别从总体和个体角度来描述遗传变异的总体情况与特殊情况，个体的遗传特异性构成整体的遗传多样性，这是调查与评价的主要对象；遗传完整性是种质资源收集和保护的根本，要求不能丢失遗传多样性；遗传累积性是种质创新的根本，要求实现原有遗传特异性的最优组合后创造新的特异性。

（一）遗传多样性

广义的遗传多样性（genetic diversity）是指地球上生物所携带的各种遗传信息的总和，而狭义的遗传多样性主要是指生物种内遗传变异。遗传多样性可用遗传变异程度的高低来衡量，遗传变异是生物体内遗传物质发生变化而造成的一种可以遗传给后代的变异。因此，遗传多样性可从全基因组、基因组区段、基因等不同水平来进行评估。近年来发现，还有一种包括 DNA 与组蛋白甲基化、乙酰化等的表观遗传变异，基因表达发生改变但不涉及 DNA 序列的变化。需要注意的是，由个体构成的群体或居群（population）是进化的基本单位，因此遗传多样性不仅包括遗传变异大小，还包括遗传变异分布格局，即群体遗传结构。

若干研究表明，从野生近缘植物到地方品种再到现代品种，遗传多样性呈降低趋势。一般来说，野生近缘植物和地方品种的多样性很高，特别是对玉米和珍珠粟等异花授粉作物来说，地方品种的多样性非常高，水稻、小麦和大麦等自花授粉作物、马铃薯和香蕉等营养繁殖作物的单个品种之间变异相对较小但品种数量很多。但需要注意的是，野生近缘植物的遗传多样性也有可能降低，其原因在于生境发生改变；由于广泛种植现代品种，很多地区的地方品种在生产上逐步消失，生产中应用品种的遗传多样性大幅度降低；现代品种遗传一致性往往有增加趋势，特别是如果重大品种的衍生品种过多，遗传多样性会大幅度降低。

遗传多样性研究具有重要的理论和实践意义。第一，遗传多样性研究可揭示物种或居群的进化历史（包括作物起源时间、地点、方式，作物改良过程中受选择程度和选择靶点等），为进一步分析其进化和改良潜力提供重要信息，尤其有助于揭示物种稀有或濒危原因及过程。第二，遗传多样性研究可阐明种内遗传变异的大小、时空分布及其与环境条件的关系，有助于采取科学有效的措施来收集和保护种质资源，因此遗传多样性是保护生物学研究的核心对象之一。在种质资源收集和保护过程中，最重要的考虑因素就是大尺度下的遗传多样性，是否收集到遗传多样性最高的系列样本并加以有效保护，是种质资源收集保护成功的衡量指标，这也是为什么要广泛开展国内种质资源收集和国外种质资源引进的理论基础。第三，遗传多样性研究有助于认识生物多样性的起源和进化，特别是加深对微观进化的认识。第四，遗传多样性评估特别是在表型和基因水平上开展深度鉴定评价，有助于筛选出目标性状突出的优异资源、创制出育种家更愿利用的优异种质，为种质资源高效利用提供支撑。

由此可见，遗传多样性是作物种质资源形成、保护与利用的基石，开展遗传多样性研究贯穿种质资源收集、保护、鉴定与创新全链条，其研究重点对象是指定地理范围内的种质资源、库圃保存的种质资源、能代表库存资源的核心种质，以及特定类型的种质资源等。

（二）遗传特异性

不同种质资源之间，甚至同一份种质资源（如地方品种）不同个体之间，它们在遗传组成或基因组构成上均可能存在差异。遗传特异性（genetic specificity）是指不同种质资源的不同目的基因具有特有的等位变异或等位变异组合，并进而影响到外在的性状表型。然而，任何一种表型均是基因与基因之间、基因与环境之间互作的结果，在评估遗传特异性的同时，有必要阐明基因与基因、基因与环境的互作特点，从而深刻理解从基因型到表型的内在关系。遗传特异性与遗传多样性既有联系又有区别，二者有内涵上的显著差别，前者强调个体，后者强调总体。

因此，收集保护的实质是对有遗传特异性的不同种质资源进行有效保护，鉴定评价的实质是鉴别种质资源的遗传特异性，筛选出在特定环境下单一或者多个目标性状突出的优异资源，种质创新的实质是转移特异资源中具有遗传特异性的突出性状到主栽品种中，并得到进一步改良和利用。

（三）遗传完整性

遗传完整性（genetic integrity）是指种质资源收集或保护对象携带的所有遗传信息。

一般来说，作物的野生近缘植物和地方品种具有遗传异质性特征，即野生近缘植物居群间和居群内，或地方品种的个体间，存在遗传变异，在遗传上处于杂合状态，因而在种质资源收集过程中科学采样至关重要，必须保证所获得样品的遗传多样性能代表保护对象的遗传多样性，即保持其遗传完整性。

在种质资源异生境保护中，不管保护时间有多长、繁殖更新怎么做，要求受到保护的种质资源在遗传上没有变化，至少基因组突变在合理的范围里，没有发生显著的遗传漂变（genetic drift）。对于原生境保护的种质资源来说，野生近缘植物或地方品种与环境的共进化是必然的，也会出现一定程度的基因组突变，但不能因人为因素或自然灾害出现遗传完整性的显著降低（如部分居群丢失）。

因此，为确保遗传完整性，在种质资源收集前，需开展种质资源广泛调查，研究科学的采样技术方法；在种质资源保护中，需开展有效保护技术研究，建立高效的监测与预警技术，研发科学的繁殖更新技术方法，从而实现种质资源有效且安全的保护。

（四）遗传累积性

在植物基因组中，一般有 5 万～6 万个基因，在遗传改良（包括种质创新和育种两个阶段，前者也称为前育种）时，对这些基因的不同等位变异进行广泛重组和聚合，即遗传累积性（genetic accumulativeness）。针对控制重要性状的绝大多数基因，都能找到满足人类不同需求的所谓“有利的”等位变异，种质创新的实质就是使这些有利等位变异发生不同程度的聚合，在保持优良性状的同时，通过消除遗传累赘来克服不良性状，如果要转移来自野生近缘种的外源基因，首先必须攻克杂交不亲和与后代不育两大难题。对同一性状来说，不同有利等位变异的聚合产生累积效应，对不同性状来说，不同等位变异的聚合产生综合效应。

因此，要加强种质资源深入研究，应用组学理论和方法，开展重要性状基因资源发掘，获得关键基因及其优异等位基因或单倍型，最终实现等位变异最优组合的智能设计，创制出新型基因资源和优异种质。

三、作物种质资源的外延特征

作物种质资源学的任务还包括研究种质资源的五个外延特征，外延特征包括可共进化，这是种质资源原生境保护和不定期调查收集的理论指引；可更新性，这是种质资源实物共享利用的基础；可增值性，这是强化种质资源信息共享利用的基础；可价值化、可法制化，可实现对种质资源的价值评估和依法管理。

（一）可共进化

种质资源原生境保护是指作物野生近缘种在原栖息地不受外界人为干扰状态下的保护方式，广义的原生境保护也包括种质资源农田保存，即作物地方品种在原产地农田中由农民自繁自育进行保护的方式。在这两种方式下作物种质资源均受到自然选择，农田保存方式下还受到人工选择。由于选择而产生的自然突变会不断积累，种质资源与环境呈现共进化现象。种质资源的可共进化强调的是“变”，即在保护过程中遗传多样性的提高或降低，会出现携带适应自然环境或人文环境的表型，这是原生境保护和不定期调查收集的理论基础。

（二）可更新性

种质资源异生境保护主要通过保存种子、植株、试管苗、组织或器官（如块根、块茎、鳞茎、茎尖、休眠芽、花粉、种胚等），这些种质可通过有性繁殖、营养繁殖或组织培养等方式产生后代的新个体，从而扩大个体数量，满足种质分发（germplasm distribution）的需求。种质资源的可更新性强调的是在更新过程中遗传多样性不能提高和降低，这是种质资源共享利用的基础。

（三）可增值性

在种质资源收集、保护、鉴定、研究和创新过程中，会产生海量信息，形成种质资源大数据。种质资源的可增值性是指种质资源大数据具有强大的增值功能。但要指出的是，种质资源大数据本身不能产生价值，只有对大数据进行科学有效的专业化分析和深度挖掘，揭示各个变量之间可能的关联，解读大数据分析的结论，提出解决问题的方案，才能彰显数据价值。

（四）可价值化

可价值化是指可采用经济学方法对作物种质资源进行价值评估。通过构建作物种质资源价值模型，对作物种质资源的使用价值和非使用价值进行系统评估，突出其对社会经济和人文科技发展的重要作用；通过建立和完善作物种质资源产权制度，加强对作物种质资源基本权、知识产权和财产权的认知、实施和管理，以维护国家利益和作物种质资源安全；通过价值化的市场运作，合理配置各种优异资源，最大限度地发挥作物种质资源的效用，提高种质资源利用效率，促进种业创新发展，保障国家粮食安全。

（五）可法制化

1992 年《生物多样性公约》（Convention on Biological Diversity，CBD）、2001 年《粮食和农业植物遗传资源国际条约》（International Treaty on Plant Genetic Resources for Food and Agriculture，ITPGRFA），以及 2022 年 3 月 1 日实施的《中华人民共和国种子法》规定，国家对种质资源享有主权；明确了种质资源中携带有什么样的基因/等位变异或找到其标记，在此基础上创制出新的基因资源，均可获得专利或植物新品种权等知识产权。由此可见，种质资源管理实现法制化，对促进种质资源的有效保护和合理利用具有重要意义。

四、作物种质资源学的研究方向

“广泛调查、全面保护、充分评价、深入研究、积极创新、共享利用”是中国作物种质资源工作的二十四字方针，也是种质资源学研究的重点任务。总体上来看，作物种质资源学工作可分为基础性工作、应用基础研究、基础研究这三个相互衔接、相互融合的部分。其中，基础性工作主要包括考察收集、基本性状鉴定、编目登记、安全保护、监测预警、繁殖更新、供种分发、信息系统构建、种质资源管理等；应用基础研究主要包括技术规范研制、鉴定评价、基因资源发掘、种质创新等；基础研究主要解决作物种质资源保护与利用中存在的若干重大科学问题，包括作物种质资源形成与演化规律、种质资源的保护生物学基础等。

作物种质资源学的理论与实践贯穿于作物种质资源工作全链条，解决种质资源保护利用的重大科学问题、攻克关键技术难题，以及推动工作体系正常运行是其核心任务。

（一）广泛调查

广泛调查是指开展作物种质资源的全面和深入调查，并采集样本。调查（survey）的目的是探明作物及其种质资源的种类、分布区域与多样性状况，揭示其时空动态变化规律，并提出总体保护方案；种质资源普查属于调查的一种方式，是指针对某一特定行政或地理区域上门登记相关信息。种质资源收集（collecting）的目的有三类：一是为研究遗传多样性进行样品收集；二是为保护和利用种质资源进行广泛的样本收集；三是针对珍稀濒危种质资源进行收集。收集包括特定区域内的种质资源收集，以及从其他国家的种质资源引进，引进亦可通过国际交换进行。在种质资源调查的同时，可从农民或资源拥有者手中征集种质资源，或从现场采集样本（特别是从自然环境中采集样本对野生近缘植物保护尤为重要）。

（二）全面保护

全面保护是指在广泛调查的基础上，提出作物种质资源整体保护总体方案，进行顶层设计和科学规划，采用各种保护方式和技术对野生近缘植物、地方品种、创新种质、育种品系、育成品种、育成材料等所有种质资源类型进行安全保护，做到应保尽保，并保障作物种质资源的遗传完整性。

种质资源保护（conservation）一般可分为异生境保护（*ex situ* preservation）与原生境保护（*in situ* conservation）两大类方式。异生境保护主要包括种质库（genebank）和种质圃（germplasm repository 或 field genebank），种质库主要保存种子、组织、器官、DNA 等，种质圃主要保存植株。针对不同保存目的，种子库可分为长期保存种质库［保存的种质资源称为基础收集品（base collection）］、中期保存种质库［保存的种质资源称为活动收集品（active collection）］和短期保存种质库［保存的种质资源称为工作收集品（working collection）］。由于作物野生近缘植物的种子往往具有顽拗型、休眠期长、难发芽的特性，异生境保护有很多技术困难，加上需要其与环境共进化，因此主要目标为保护作物野生近缘种的原生境保护成为种质资源保护的重要方式之一。此外，由农民在地方品种原产地农田中自繁自育进行地方品种保护本质上也属于原生境保护的一种方式。

要做到种质资源的安全保护，保护设施完善、尽量减少人为干扰等极其关键。但研究表明，在种质库（圃）或原生境保护点（区）得到保护的样本往往还存在丧失遗传完整性的可能，因此必须对其进行监测；如果达到某种阈值（如生活力下降到拐点），则需要发出预警信号，种质库（圃）则要对样本进行繁殖（multiplication）和更新（regeneration）。

在进入种质资源保护程序之前，应对种质资源进行编目（documentation）。一般来说，编目是指在送交种质库保存之前，须对收集到的种质资源进行基本性状鉴定，然后按特定规则对样本进行编号，并附上基本的护照信息（passport data，指来源等基本信息）和形态学及基本农艺性状信息等；给定的编号在世界上是唯一的，类似居民身份证号码；对植株活体保存而言，要求先送交种质圃进行保存，同时开展基本性状鉴定，再进行编目；对原生境保护而言，需在鉴定居群的基础上进行编目。

种质资源登记（registering）与种质资源编目有所不同，主要针对种质资源管理混乱的问题开展有序的信息登录，也给予统一身份号码；种质资源登记的范围比编目种质资源广，包括已入库保存的公共种质、通过鉴定评价获得的优异种质、通过常规手段获得的改良种质或遗传材料、通过生物技术手段获得的创新种质或遗传材料、获得植物新品种权的育种材料和育成品种等。在有条件的情况下，经过登记的种质资源可以进行编目，然后送交种质资源库圃保存。

（三）充分评价

充分评价是指在对种质资源重要性状表型和基因型进行鉴定的基础上，对种质资源进行全面评价，科学评估种质资源遗传多样性和遗传特异性，挖掘出目标性状突出的优异种质资源。

鉴定（characterization）和评价（evaluation）在含义上有些区别，一般来说，鉴定是指对单一性状或基因组区段/基因进行评判，而评价是指围绕该性状或基因组区段/基因还要对多份种质资源进行综合分析，或对多个性状或多个基因组区段/基因进行整合分析。鉴定评价包括两大类对象，第一类是对表型（phenotype）进行鉴定评价（称为phenotyping），第二类是对基因型（genotype）进行鉴定评价（称为 genotyping）。种质资源的精准鉴定（precision characterization）有三层含义：一是在多环境下开展目标性状鉴定；二是在全基因组水平或基因水平开展基因型鉴定；三是对种质资源进行综合评价，获得目标性状突出、遗传背景清楚的优异种质。

（四）深入研究

深入研究是指应用现代遗传学、生理生化、组学和分子生物学等理论和方法，攻克种质资源收集、保护、鉴定、创新等过程中涉及的科学问题和技术难题，把种质资源转变为基因资源是深入研究的中心任务。

作物种质资源保护与利用中存在若干重大科学问题，包括作物种质资源形成与演化规律、种质资源的民族植物学基础、种质资源的保护生物学基础、种质资源安全保存的生理生化与组学基础、优异种质资源遗传构成与利用效应的生物学基础、规模化种质创新与有效利用的生物学基础、种质资源价值评估等。针对这些重大科学问题开展的基础研究是支撑作物种质资源学理论发展的基石。应用系统生物学理论和方法整合分析基因组学、表观组学、转录组学、蛋白质组学、代谢组学和表型组学等多组学大数据的种质资源全景组学（panomics）研究，是解决种质资源保护与利用中的重大科学问题的重要途径，是当今和未来的重要国际前沿领域。

由于种质资源有国家主权，但没有知识产权，而基因可以拥有知识产权，因此加强基因资源发掘，阐明从基因型到表型（genotype to phenotype，G to P）的内在关系，包括种质资源基因型与环境互作关系，把种质资源转变为基因资源是未来种质资源深入研究的核心。基因资源发掘包括两大任务：一是基因发掘（gene discovery），指发现新基因并对其进行功能分析，对控制目标性状的基因组区段进行作图、进一步的精细定位、基因克隆、功能验证等是基因发现的重要内容；二是等位变异挖掘（allele mining），指阐明目标性状基因在种质资源中的等位变异大小、表现形式及其遗传效应，挖掘有利等位基因或单倍型（haplotype），并提出高效利用方案。随着基因组学的飞速发展，现在发现很多性状的表型与基因周围的 DNA 序列如调控序列有关，因此基因资源发掘已延伸到基因之外，而不仅仅限于基因本身。要特别指出的是，基因资源发掘的重点任务是等位变异挖掘，但其基础是基因发掘。

（五）积极创新

积极创新是指应用常规方法、生物技术和信息技术等各种技术手段，通过重构现有遗传变异组合提高种质资源的利用效率，同时创造现有种质资源中不存在的新变异类型，从而为育种改良和作物科学基础研究提供优异材料。其基本技术途径是种质创新（germplasm enhancement）。

种质创新又称为前育种（pre-breeding），是指利用各种自然或人工变异，创造新作物、新类型、新材料的科研活动。自然变异一般来自种质库圃中保存的种质资源；人工变异是指利用转座子插入、理化诱变、转基因、基因编辑等方法创造出的自然界不存在的遗传变异。种质创新的目的是把那些育种不好用的种质资源变成育种好用的材料、把环境不适应的外来种质变成本地能用的育种材料，从而拓宽现代主栽品种的遗传多样性。育种不好用的种质资源主要包括野生近缘植物、地方品种和人工变异材料，而外来种质主要是指在特定地区适应性不佳而难以在育种中马上利用的地方品种、开放授粉品种、群体、杂交种、自交系等。因此，种质创新是连接种质资源和遗传育种的桥梁，创新种质也可称为桥梁种质。作物种质创新周期长、见效慢、挑战大，但一旦成功就会带来作物育种改良的突破性飞跃。

（六）共享利用

种质资源是国家的战略资源，有效保护和高效利用种质资源是种质资源学发展的重要任务，实现“在保护中利用、在利用中保护”。因此，种质资源的共享利用是种质资源发挥作用的必然途径，构建种质资源大数据是促进种质资源有效保护和高效利用，以及有序管理的基础，种质分发和信息共享是共享利用的主要技术途径。

种质资源在生产中的直接利用、在育种中的间接利用、用于科学研究和科学宣传等，均需要通过种质分发来实现。种质资源大数据（germplasm bigdata）或种质资源信息系统（information system）涵盖种质库（圃）中的种质资源管理系统、种质资源收集编目登记信息、鉴定评价数据等，以及种质分发情况，对种质资源应收尽收、应保尽保、应用尽用至关重要。

五、作物种质资源学研究的显著特点

（一）基础性

作物种质资源研究的基础性主要体现在种质资源是作物育种的源头基础，种质资源是品种培育的“芯片”，是种业发展的基础种源。没有好的种质资源，品种培育就会遇到极大的困难，“巧妇难为无米之炊”就是其生动写照。例如，迄今为止，在玉米等多种作物的种质资源中很少发现有育种利用价值的抗虫资源，因此，抗虫育种不得不费时费力地跨物种寻找新抗源，采取转基因等策略来解决问题。如果夯实了种质资源基础，品种培育就有了实现突破的可能。其范例不胜枚举，如矮秆种质的发现和利用带来第一次绿色革命等。另外，作物种质资源调查、收集、保护、鉴定与共享等基本上属于日常工作，具有基础性工作的性质。

（二）公益性

作物种质资源是保障粮食安全、绿色发展、营养健康安全及种业安全的战略性资源，种质资源研究的宗旨是为科技进步和社会发展提供公共产品，具有显著的公益性特点。根据《中华人民共和国种子法》（第三次修正，2022 年 3 月 1 日起施行）第十一条，国家对种质资源享有主权。因此，种质资源研究项目往往属于公益性项目，以谋求社会效应为目的，具有一般规模大、投资多、受益面宽、服务年限长、影响深远等特征。需要指出的是，种质资源的公益性并非对等于种质资源无价值，种质资源不

仅能创造巨大的社会效益，而且可带来重要生态效益和经济效益，对种质资源进行价值评估是种质资源学的重点研究内容之一。

（三）长期性

作物种质资源工作的性质决定了其长期性特征。一方面，气候、环境、经济与人类社会活动的变化，地方品种和野生近缘植物等种质资源丧失现象十分严重；另一方面，随着基因组学等各种组学研究的不断深入，细胞学、遗传学、分子生物学等新技术大量涌现，使得种质资源保护的概念由保护生命个体或群体外延到 DNA 和基因，决定了作物种质资源调查、收集、保护、研究、创新、利用等工作必须持之以恒。

（四）综合性

作物种质资源学的主要任务是开展作物种质资源收集、保护、研究及利用，涵盖基础性工作、基础研究和应用基础研究；其研究对象包括所有栽培作物本身及其野生近缘植物；不仅与自然科学中生物学领域的植物分类学、遗传学、基因组学、细胞学、植物学、动物学、微生物学、生态学、植物生理学、生物化学、分子生物学，农学领域的作物育种学、病理学、昆虫学、栽培学，信息领域的信息系统、大数据、互联网、物联网等学科密切相关，而且与社会科学中的政治、经济及文化有着密切的联系。因此，作物种质资源学涉及多学科理论和技术的交叉融合及其综合应用，是一门覆盖面广、交叉性强的综合学科。

正因为种质资源研究具有基础性、公益性、长期性和综合性等显著特点，种质资源学的发展需要政府部门、技术部门和全社会的共同参与，作物种质资源管理成为一项高度复杂的系统工程。

第四节　作物种质资源学的历史、现状与趋势

一、作物种质资源学的发展历程

根据不同发展阶段的特点，作物种质资源学的发展历程可分为三个阶段。

（一）第一阶段：以种质资源收集和初步研究为重点的学科形成阶段

1. 国际作物种质资源学的形成

19 世纪中叶达尔文进化论的问世和遗传变异理论的提出，为探索栽培作物起源拉开了序幕。1883 年，瑞士植物学家康多尔的《栽培植物起源》一书出版，该书对作物种质资源学的萌芽有重要推动作用。作物种质资源学真正发端于 20 世纪初的全球种质资源考察收集。特别是 20 世纪 20～40 年代，苏联著名科学家瓦维洛夫及其团队先后到达亚、欧、美、非洲 50 多个国家，收集各类作物种质资源 25 万余份，通过深入的表型多样性和地理分布研究，提出了“作物起源中心学说”和“遗传变异的同源系列定律”等。自此之后，作物种质资源研究逐步发展成为一个独立

的学科。

1898 年，美国农业部成立植物引种办公室。自此之后，美国共派出专业考察队赴世界各地收集种质资源 200 余次，目前已拥有各类种质资源 60 万余份，其中 80%以上来自国外收集，成为世界植物种质资源第一大国。1946 年美国通过《农业市场法案》，之后建立了系列区域性植物引种站，进一步加强了全球种质资源收集，种质资源学研究走上正轨。

2. 中国作物种质资源学的形成

在 20 世纪前半叶，只有少数农业科学家进行过一些零散的主要作物地方品种的比较、分类及整理工作。1925 年，中国作物种质资源学的先驱者金善宝从全国 26 个省份 790 个县，收集到 900 多个小麦品种，就其形态作多年之精密观察，于 1928 年 5 月发表了《中国小麦分类之初步》。这是中国第一篇关于小麦分类的科学论文。

1926 年，中国作物种质资源学的先驱者丁颖在广州市附近的犀牛尾沼泽地发现野生稻，并取得野生稻与当地栽培稻自然杂交种种茎及自然杂种，1927～1930 年经过分株系种植选择、鉴定，获得‘W2-2’稳定系；在产量比较试验中，连续 3 年名列第一，于 1933 年定名为‘中山 1 号’。这是中国育成的具有野生稻亲缘的第一个水稻品种。

中央农业实验所于 1931 年成立，当年该所从国外征集了一些小麦品种（其中美国 207 个、苏联 205 个），又在黄河及长江流域采集小麦单穗 3959 个；1932 年，组织购进英国小麦专家潘希维尔氏收集的一套世界小麦共 1700 多份品种；在洛夫（时任该所总技师）的倡导下，由沈宗瀚主持小麦地方品种适应性比较试验，试验点涉及 8 省 39 处，试验持续数年，之后又将试验范围扩大到 11 个省。

1937 年，金善宝从云南征集的小麦品种中，发现有一类小麦品种性状特殊；1942 年，他去云南实地考察，当地人多将这类小麦称为‘铁壳麦’，他一共收集到这类小麦 15 个品种。经多年研究与考证，1959 年金善宝把这一小麦新类型定名为普通小麦“云南小麦”亚种（*Triticum aestivum* ssp. *yunnanense*）。

在 20 世纪 50 年代农业合作化高潮中，农业部组织全国力量不失时机地进行了全国性地方品种大规模征集，共收集各类农作物品种（类型）21 万余份，当时称为“原始材料”。中国作物种质资源学的奠基人董玉琛先生于 1959 年从苏联留学回国后，提出“作物品种资源”的概念，中国农业科学院作物育种栽培研究所从各个作物室抽调从事资源研究的科技人员组建作物品种资源研究室，下设小麦、水稻、玉米、高粱、谷子和国外引种组。该研究室除完成本职研究工作外，还负责全国有关业务的组织协调工作。这时已标志着中国作物种质资源学科的形成。1978 年 4 月 18 日经农林部批准成立中国农业科学院作物品种资源研究所，从此中国作物种质资源学科进入了全面发展时期。

（二）第二阶段：以种质资源收集保护和初步鉴定为重点的学科发展阶段

1. 国际作物种质资源学的发展

自 20 世纪 60 年代以来，作物种质资源学科得到了迅速的发展，世界上许多国家如苏联、美国、日本和澳大利亚等都对本国已有的作物种质资源机构加强了建设和完善，还有些国家正在或已经建立种质资源研究机构。许多国家和国际研究机构纷纷建立了现代化的作物种质库，如美国于 1958 年在科罗拉多州柯林斯堡（Fort Collins）创建国家种子贮藏实验室（National Seed Storage Laboratory，NSSL），建立了世界上第一座用于长期种子保存的现代化种质低温保存库，1991 年就已保存了 23 万份种质资源。目前，美国保存植物种质资源总数近 62 万份，位列世界第一。近年来，印度、巴西等发展中国家，对种质资源收集给予了高度关注，分别保存种质资源 39 万余份和 29 万余份。此后，世界各国和国际农业研究组织相继建立现代化种质库，至 2008 年全世界作物种质库已达 1750 多座，保存的作物种质资源数量达 740 多万份，其中 70%～75%是重复保存的材料。

国际农业研究磋商组织（CGIAR）下属的研究中心，如设在菲律宾的国际水稻研究所（IRRI）、设在墨西哥的国际玉米小麦改良中心（CIMMYT）、设在印度的国际半干旱热带地区作物研究所（International Crops Research Institute for the Semi-Arid Tropics，ICRISAT）、设在秘鲁的国际马铃薯中心（International Potato Center，CIP）等，拥有 11 个种质库；此外，世界蔬菜中心（World Vegetable Center）和热带农业研究和高等教育中心（Centro Agronómico Tropical de Investigación y Enseñanza，CATIE）也建有种质库，共保存有近 70 万份种质资源。特别要提到的是，2008 年在挪威建成了斯瓦尔巴全球种子窖（Svalbard Global Seed Vault，SGSV），目前保存种质资源 112 万余份作为安全备份，涉及 5481 个物种，其中保存最多的是水稻和小麦，超过 15 万份，其他包括大麦 8 万份、高粱 5 万份、菜豆 4 万份、玉米 3.5 万份、豇豆 3 万份、大豆 2.5 万份、鹰嘴豆 2 万份；送到这里的种子来自不同国家和国际组织（特别是 CGIAR 系统下属的研究所）的 89 个种质库。

1974 年，CGIAR 成立国际植物遗传资源委员会（International Board for Plant Genetic Resources，IBPGR），构建了全球植物遗传资源协作网，该委员会后来演变为国际植物遗传资源研究所（International Plant Genetic Resources Institute，IPGRI）和目前的国际生物多样性中心（Bioversity International）。同时，FAO 在全球建立了 18 个地区性植物遗传资源协作网。

2. 中国作物种质资源学的发展

1986 年 10 月 15 日，中国农业科学院国家作物种质库南库落成典礼举行，这是中国种质资源学科发展的重要标志性事件。该库创建了长期库、复份库、中期库、种质圃、与原生境保护点相配套的种质资源保存体系，并建立了确保入库（圃）种质遗传完整性的综合技术体系。目前，建成 1 座国家种质资源长期库、1 座复份库、10 座中期库、43 个种质圃、224 个原生境保护点，以及种质资源信息系统，保存 54 万余份 350 多种农作物的种质资源，保存数量位居世界第二，基本建立了国家主导的农作物种质资源保护和管理体系，为作物科学和遗传育种提供了雄厚的物质基础。构建国家农作物种质资源管理信息系统，包括农作物种质资源编目数据库、普查数据库、引种数据库、保存数据库、监测数据库、评价鉴定数据库、分子数据库、图像数据库和分发利用数据库等 700 多个数据库（集），共 210 多万条数据记录。于 1997 年建成并开通中国作物种质信息网，向社会提供种质信息的在线查询、分析和共享，以及实物资源的在线索取等服务，目前网站年访问量达 40 万人次以上，也为作物种质资源学科的发展奠定了坚实的基础。

同时，通过广泛鉴定和深入分析，刘旭及其研究团队提出了粮食和农业植物种质资源概念范畴和层次结构理论，首次明确中国有 9631 个粮食和农业植物物种，其中栽培及野生近缘植物物种 3269 个，阐明了 528 种农作物栽培历史、利用现状和发展前景，查清了中国农作物种质资源本底的物种多样性。提出了中国农作物种质资源分布与不同作物的起源地、种植历史、热量和水分资源，以及地理环境条件密切相关，明确了中国 110 种农作物种质资源的分布规律和富集程度。针对中国农作物种质资源收集、整理、保存、鉴定、评价和利用不规范、缺乏质量控制手段和操作技术手册、缺少科研和生产急需的技术指标等突出问题，从技术指标、技术规范、规范体系 3 个层次开展了跨部门、跨地区、多作物、多学科综合研究，系统研制了 366 个针对 120 类农作物的种质资源描述规范、数据规范和数据质量控制规范，创建了农作物种质资源分类、编目和描述技术规范体系，使农作物种质资源工作基本实现了标准化、规范化和全程质量控制，对中国及世界农作物种质资源的深入研究、科学管理与共享利用具有重大意义。

（三）第三阶段：以种质资源创新和深入研究为重点的学科繁荣阶段

1. 国际作物种质资源学的快速发展

尽管有大量的护照信息和鉴定评价信息，但庞大的种质资源数量使种质资源管理和精准鉴定成为一个难题。因此，1984 年，澳大利亚科学家 O. H. Frankel 和 A. H. D. Brown 提出了构建“核心种质”的思路，即用大约 10%的样本（或 2000～3000 份）来代表原收集品的多样性（Frankel and Brown，1984）。由于不同作物的种质资源的遗传多样性高低和分布都不一样，科学家在理论和实践两个方面均进行了深入探讨。迄今为止，全球有 60 个以上作物构建了核心种质。

种质创新和深入研究是强化种质资源利用的基础，近 20 年来得到国际上广泛重视。例如，CGIAR 系统启动的世代挑战计划（Generation Challenge Programme，GCP）与 54 个国家 200 多家单位合作，对种质资源遗传多样性进行评估，对重要性状进行深入评价鉴定，发掘重要性状基因，创制新种质。2010 年 CGIAR 又启动了农业生物多样性计划，多个国际研究机构和国家组织参加。此外，还针对一些具体对象成立了专项计划，如针对小麦条锈病的 Borlaug 全球锈病倡议（Borlaug Global Rust Initiative，BGRI）、针对马铃薯晚疫病的全球晚疫病倡议（Global initiative on Late Blight，GiLB）等。

针对玉米，相关各国在 20 世纪就实施了拉丁美洲玉米计划（Latin American Maize Project，LAMP），从 12 113 份南美地方品种中，经初步鉴定选出 11 个国家的 813 份材料，通过在 21 个试验点进行农艺性状评价，又进一步筛选出 270 份材料进行配合力分析（用当地的优良自交系、单交种和综合种作为测验种），鉴定出了一批可用于温带玉米育种的热带亚热带种质。1994 年，美国在此基础上启动实施了玉米种质创新（Germplasm Enhancement of Maize，GEM）计划，其基本思路是用非玉米带的马齿型热带亚热带玉米种族的种质与温带的优良自交系杂交，用以拓展美国育种遗传基础。GEM 材料一般携带 25%或 50%的热带亚热带种质，不仅在温带玉米育种中可以利用，在热带玉米育种中也有应用潜力。目前，GEM 计划不仅有 48 个美国单位参加（包括 26 个公司、21 个公立科研单位、1 个非政府组织），还有 16 个美国之外的单位参加（包括 12 个国际公司、4 个国际公立科研单位）。最近，美国 GEM 计划中设立了一个等位基因多样性项目，利用加倍单倍体（doubled haploid，DH）技术加速玉米地方品种纯系创制。

2012 年，墨西哥政府和 CIMMYT 联合启动实施了一个为期 7 年的种质资源精准鉴定和种质创新计划——“发现种子计划”（Seeds of Discovery，SeeD），其目的是鉴定和利用地方品种遗传多样性，其技术途径是利用高密度分子标记对 CIMMYT 种质库中的 2.8 万余份玉米种质资源和 15 万份小麦种质资源进行基因型鉴定和重要性状鉴定评价。筛选出目标性状突出（目标性状是营养成分、耐热性、抗旱性、抗病性、耐土壤瘠薄等）的优异资源后，创制含 75%或更多成分的优良自交系基因组、25%或更少的地方品种基因组的桥梁种质，然后提供给全球的育种家利用。

2. 中国作物种质资源学的快速发展

进入 21 世纪以来，在中国农作物种质资源保护专项、国家科技支撑、973 计划和 863 计划，以及国家重点研发计划等的资助下，作物种质资源工作者制订了收集、繁殖更新、入库（圃）保存、精准鉴定等技术规范，提出了“在利用中保存与在保存中利用”的新观点，阐明了依据基因组重排创制遗传平衡且易被育种利用的新种质的理论基础，明确了种质资源学科如何针对作物育种（综合性状协调）和基础研究（特异资源）的需求进行有针对性的研究等新理念，促进了作物种质资源学科的进一步发展，跨入作物种质资源研究国际前列。

开展多种农作物种质资源精准鉴定评价，基因资源发掘取得显著成效。随着气候环境变化，以及对绿色环保的要求和人民生活水平的提高，生产上对品种的要求愈发严格。为此，在对种质库、圃、试管苗库保存的所有种质资源进行基本农艺性状鉴定的基础上，中国对 30%以上的库存资源进行了抗病虫、抗逆和品质特性评价，并对筛选出的 1.7 万余份水稻、小麦、玉米、大豆、棉花、油菜、蔬菜等种质资源的重要农艺性状进行了多年多点的表型鉴定评价，发掘出一批作物育种急需的优异种质。近年来，中国科学家牵头完成了对水稻、小麦、棉花、油菜、黄瓜等多种农作物的全基因组草图和精细图的绘制，给全基因组水平的基因型鉴定带来了机遇。迄今，利用测序、重测序、单核苷酸多态性（single nucleotide polymorphism，SNP）芯片技术对水稻、小麦、玉米、大豆、棉花、谷子、黄瓜、西瓜等农作物 7 万余份种质资源进行了高通量基因型鉴定。此外，在全基因组水平上对水稻、棉花、芸薹属作物、柑橘、苹果、枇杷等农作物的起源、驯化、传播等进行了分析，获得了一些新认识。应用关联分析等方法在多种农作物中获得一批控制重要农艺性状的重要基因，并深入研究了部分基因在种质资源中的等位变异类型、分布及其遗传效应，为种质资源的进一步利用提供了解决方案。中国还是世界上首个大规模开展核心种质研究的国家，在 973 计划等项目的支持下，对水稻、小麦、大豆等作物构建了核心种质，还建立了以利用特定性状种质资源为目标的应用核心种质，中国在该领域居国际领先地位。

高效作物种质创新及其利用技术不断完善，并在作物育种中发挥了重要作用。事实上，种质创新在20世纪就已取得重大突破，在21世纪得到飞速发展。例如，以国家最高科学技术奖获得者袁隆平院士为代表的科学家，通过创制野败型、冈D型、印水型、红莲型和温敏不育系等新种质并将其广泛利用，使中国杂交水稻育种处于国际领先地位。1969年，四川农业大学严济教授等创新出小麦'繁六'新种质，广泛用作育种亲本并育成一系列大面积推广的小麦品种；山东农业大学李晴祺教授等创新出小麦'矮孟牛'新种质，利用其作为育种亲本育成13个小麦品种，1983～1996年累计推广面积206万hm^2；国家最高科学技术奖获得者李振声院士系统研究了小麦与偃麦草远缘杂交，将小麦野生近缘种偃麦草中的多种优良基因转移到小麦中，育成了'小偃四号''小偃五号''小偃六号'等一系列小麦新品种，'小偃六号'到1988年累计推广面积360万hm^2，不仅为中国小麦育种做出了杰出贡献，而且为小麦染色体工程育种奠定了基础；南京农业大学陈佩度教授等将小麦野生近缘种簇毛麦中的抗白粉病基因*Pm21*导入小麦，培育出一批对多种白粉病菌生理小种均表现高抗或免疫的新品种。此后，中国农业科学院作物科学研究所的科研人员通过创建基于生理发育指标和单一受体亲本回交等克服远缘杂交障碍、活体花器官不同发育时期辐照提高异源易位诱导频率、开发高密度特异标记追踪小片段易位或基因等新技术，实现了外源基因规模化转移与有效利用，在国际上率先获得了小麦与新麦草属、冰草属和旱麦草属间的杂种及其衍生后代，并首次育成携带冰草属P基因组优异基因的小麦新品种7个，以及覆盖中国9个麦区的一大批后备新品种（系），解决了利用冰草属P基因组改良小麦的国际难题，实现了从技术创新、材料创新到产品创新的全程覆盖，为引领小麦育种发展新方向奠定了坚实的物质和技术基础。

创造性提出骨干亲本概念并在理论上揭示其内在规律。鉴于育种经验在新品种选育中具有重要作用，在1983年出版《中国小麦品种及其系谱》的基础上，庄巧生院士又在2003年主编了《中国小麦品种改良及系谱分析》专著，从选用亲本与配置组合的角度，系统总结了新中国成立50多年来中国育种工作的主要成就与经验。特别值得一提的是，庄巧生院士创造性地提出了骨干亲本概念。其后，团队对不同时期、不同生态区的37个骨干亲本及其衍生品种进行了表型和基因芯片分析，发现骨干亲本在产量、抗病、抗逆等育种关键目标性状上显著优于主栽品种；具有与产量、抗病、抗逆等性状密切相关的众多优异基因/QTL簇的基因组区段，而且区段内的等位变异能够表现出更强的育种效应。对水稻、玉米等作物的骨干亲本研究，亦获得了相似的结论，进而从理论上揭示了骨干亲本形成与利用效应的内在规律，以及骨干亲本衍生近似品种与培育突破性新品种的遗传机制，对今后全面提升粮食作物育种水平具有重要的理论指导意义。

作物种质资源学理论和技术基础逐步夯实。刘旭等（2023）构建了作物种质资源学理论框架，对基本概念和特征特性进行了界定，认为作物种质资源学是以栽培植物起源中心理论、遗传变异的同源系列定律和作物及其种质资源与人文环境及社会发展的协同演变学说为基础，依托遗传多样性、遗传完整性、遗传特异性与遗传累积性技术体系，研究作物及其野生近缘植物多样性与利用的科学，涵盖作物种质资源调查、保护、评价、研究、创新与共享服务的理论、技术、管理及其体系，进一步明确了作物种质资源工作的二十四字方针，即“广泛调查、全面保护、充分评价、深入研究、积极创新、共享利用”。

全球和中国作物种质资源学发展简史分别见专栏 1-1 和 1-2。

专栏 1-1 全球作物种质资源学发展简史（改编自 Frison et al.，2011）

10 000 年前：作物驯化和地理传播

- 人类开始由动物狩猎者和植物采集人变为定居农民

过去 1000 年中：农业发展和农业生物多样性拓展

- 文化交流带来作物进一步传播和种质资源全球流动
- 苏美尔人和埃及人开始收集种质资源
- 发现美洲大陆，带动了洲际间种质资源交换

19 世纪以来：遗传多样性的价值和应用潜力得到科学认识

- 19 世纪 40 年代的欧洲大饥荒证明了遗传多样性在农业中的重要作用（爱尔兰等国家马铃薯品种丧失晚疫病抗性，导致马铃薯生产被彻底摧毁）
- 达尔文和孟德尔的科学发现证实了遗传多样性在生物进化和适应中的重要作用
- 20 世纪 20～30 年代，瓦维洛夫提出作物起源中心理论和遗传变异的同源系列定律

20 世纪中叶：公益机构加强种质资源研究；关注遗传侵蚀和遗传脆弱性

- 1958 年，美国在科罗拉多州柯林斯堡建成了世界上第一座国家级种质库
- 20 世纪 60～70 年代，第一次绿色革命提高了产量，但降低了遗传多样性
- 1972 年，联合国人类环境斯德哥尔摩会议呼吁加强种质资源保护活动
- 1972 年，由于美国南部各州玉米流行小斑病导致 25%的产量损失，美国国家科学院提出应对因遗传一致性导致的遗传脆弱性给予高度关注
- 1980 年，美国在俄勒冈州科瓦利斯建立了世界上第一个国家级种质圃
- 1984 年，澳大利亚科学家弗兰克尔（Frankel）和布朗（Brown）提出了“核心种质”概念

至 21 世纪：种质资源管理政策得到突破，全球种质资源法律框架得到确立，

国际农业研究中心更多参与种质资源保护与利用

- 1961 年，国际植物新品种保护联盟（International Union for the Protection of New Varieties of Plants，UPOV）成立；各国加强了种质资源立法，包括相关知识产权立法
- 1974 年，国际植物遗传资源委员会（IBPGR）成立，该委员会在 1991 年演变成国际农业研究磋商组织（CGIAR）支持下的国际植物遗传资源研究所（IPGRI），2006 年重组为国际生物多样性中心（Bioversity International），2018 年与国际热带农业中心（Centro Internacional de Agricultura Tropical，CIAT）成立联盟，主要负责全球植物种质资源的协调工作
- 1979 年之后，联合国粮食及农业组织（FAO）成员国和非政府组织着手种质资源政策和立法磋商
- 1983 年，联合国粮食及农业组织（FAO）成立粮食和农业遗传资源委员会（Commission on Genetic Resources for Food and Agriculture）
- 1992 年，联合国环境规划署（United Nations Environment Programme，UNEP）《生物多样性公约》（CBD）生效，这是第一个生物多样性全球协议
- 1996 年，联合国粮食及农业组织制定《粮农植物遗传资源保护和持续利用全球行动计划》
- 2001 年，《粮食和农业植物遗传资源国际条约》（ITPGRFA）签署；2004 年 6 月 29 日生效
- 2004 年，国际农业研究磋商组织（CGIAR）启动以国际农业研究中心为主体的全球世代挑战计划（GCP），执行期 10 年
- 2004 年，联合国粮食及农业组织和国际生物多样性中心联合成立全球作物多样性信托基金（Global Crop Diversity Trust，GCDT）
- 2008 年，在联合国粮食及农业组织和挪威等国政府的支持下，建成斯瓦尔巴全球种子窖（Svalbard Global Seed Vault，SGSV）
- 2011 年，联合国粮食及农业组织制定《粮农植物遗传资源第二轮全球行动计划》
- 2011 年，Genesys 上线，截至 2022 年，全球作物多样性信托基金负责管理的该数据库整合了全球 450 余个基因库近 430 万份种质资源数据
- 2014 年，在墨西哥政府支持下，国际玉米小麦改良中心（CIMMYT）联合全球相关单位启动实施“发现种子计划”（SeeD）

专栏 1-2　中国作物种质资源学发展简史

作物驯化与传播

- 约 10 000 年前，黍、粟在中国被驯化，随后旱作农业开始形成
- 约 10 000 年前，水稻在中国被驯化，随后稻作农业开始形成
- 5000 多年前，小麦传入中国
- 16 世纪，玉米、甘薯、烟草等从美洲到欧洲再传入中国

作物种质资源学形成与发展

- 1955～1958 年，农业部组织第一次全国农作物种质资源征集工作
- 1959 年，董玉琛首次提出“作物品种资源”的概念
- 1964 年，由金善宝、刘定安主编的《中国小麦品种志》出版，该书为中国第一本作物品种志
- 1978 年，中国农业科学院作物品种资源研究所成立
- 20 世纪 70 年代末之后的 30 年中，组织开展了全国农作物种质资源补充征集，以及重点地区重点作物种质资源专项考察收集
- 1981 年，许运天、董玉琛著《作物品种资源》由农业出版社出版
- 1982 年，《作物品种资源》创刊
- 1984 年，国家作物种质库北库在中国农业科学院投入使用
- 1986 年，国家作物种质库南库在中国农业科学院落成
- 1986 年，中国农学会遗传资源分会成立
- 1994 年，《中国作物遗传资源》由中国农业出版社出版
- 1998 年，“农作物核心种质构建、重要新基因发掘与有效利用研究”成为中国首批立项实施的 973 计划项目
- 1999 年，董玉琛当选中国工程院院士
- 2000 年，《植物遗传资源学报》创刊
- 2001 年，农业部启动实施“农作物种质资源保护与利用专项”
- 2003 年 10 月 1 日，《农作物种质资源管理办法》施行
- 2003 年，“中国农作物种质资源收集保存评价与利用”成果获国家科技进步奖一等奖（集体奖）
- 2004 年，建成农作物基因资源与基因改良国家重大科学工程
- 2005 年，中国发起并召开“第一届基于基因组学的植物种质资源研究国际学术研讨会”
- 2006 年，973 计划项目“主要农作物骨干亲本遗传构成和利用效应的基础研究”立项实施

- 2006年，董玉琛和刘旭为总主编的“中国作物及其野生近缘植物”丛书由中国农业出版社出版
- 2009年，“中国农作物种质资源本底多样性和技术指标体系及应用”成果获国家科技进步奖二等奖
- 2009年，刘旭当选中国工程院院士
- 2015年，农业部、国家发展改革委、科技部联合发布《全国农作物种质资源保护与利用中长期发展规划（2015—2030年）》
- 2015年，农业部组织第三次全国农作物种质资源普查与收集行动
- 2019年，国务院办公厅发布《关于加强农业种质资源保护与利用的意见》（国办发〔2019〕56号）
- 2021年，国家作物种质库新库在中国农业科学院建成并试运行
- 2021年，国家重点研发计划“农业生物种质资源挖掘与创新利用”重点专项启动实施
- 2021年，农业农村部启动实施“农作物种质资源精准鉴定专项”
- 2022年，作物基因资源与育种全国重点实验室批复建设
- 2022年，农业农村部首次公告国家农作物种质资源库（圃）名单

二、作物种质资源学发展现状与趋势

随着现代科学技术的飞速发展和国际政治经济贸易格局的变化，作物种质资源学发展呈现出新的趋势，如收集范围全球化，保护体系整体化，研究利用规范化、产权化和垄断化等。

（一）作物种质资源收集从广泛收集向针对性收集转变

通过数十年的努力，全球作物种质资源收集已取得显著成效，约有740万份种质资源收集保存于种质库（圃）中。未来的种质资源收集主要着眼于特异性和多样性种质资源收集，各国将通过国际交换主要收集种质库（圃）中缺乏的资源，或与现保存种质存在显著遗传差异的资源，重点瞄准含有新基因或特殊序列的种质资源；同时，作物起源中心或多样性地区的种质资源仍是今后的考察收集重点。主要研究方向包括取样策略研究、新物种和新类型的发现与研究、物种及其种群分布规律与起源演化研究、作物种质资源多样性富集中心与演化趋势研究等。

（二）作物种质资源保护从只重视数量向数量与质量同步提升转变

近年来，随着各种技术的不断进步，大多数国家建立了原生境保护与异生境保护相结合的标准化、规模化和智能化的保存体系。异生境保护包括长期库、复份库、中期库、种质圃等多种方式。同时，种质库保存方式也由原来以低温库保存种子，发展

到现在低温种质库、试管苗库、超低温库、DNA 库等多种保存方式相互配套的现代保存体系，确保被保护种质资源的遗传完整性。目前中国建立了 224 个原生境保护点，已走在原生境保护的世界前列。总体来看，种质资源保护呈现出从一般保护到依法保护、从单一方式保护到多种方式配套保护、从种质资源主权保护到基因资源产权保护的发展态势。根据已编目入库（圃）种质资源的特征特点，重点突出特异性与多样性种质资源保护，并以充分保障其遗传多样性、遗传完整性和生活力为前提，采取恰当的方式实现安全保护。主要研究方向包括农民、环境与作物种质资源协同进化规律和有效保护机制研究、种质资源安全保护的生理生化与遗传基础研究、种质资源保护的数量与质量同步提升规律研究、延长种质资源寿命的保护技术研究、保护过程中的遗传漂变研究，以及保护预警技术研究等。

（三）作物种质资源鉴定评价从全面鉴定向精准鉴定转变

近年来，表型组学的发展和表型鉴定设施的完善，显著提高了承载通量和测量通量，为种质资源的规模化鉴定评价提供了可能。澳大利亚、英国、法国、德国等国也都建立了国家级的作物表型精准鉴定平台，拜耳、科迪华、先正达等跨国种业公司也将表型组学鉴定平台作为种质资源精准鉴定评价的核心技术。同时，SNP 标记、基因芯片、重测序等技术被广泛应用于种质资源的基因型鉴定。高通量的表型和基因型鉴定，以及组学技术的普及大幅度提高了基因资源发掘效率，知识产权保护意识得到进一步加强。在种质资源的精准鉴定中，以满足粮食安全、绿色发展、健康安全、产业发展、人民美好生活向往、美丽乡村建设和科学发展的重大需求为导向，精准评判种质资源的可利用性。主要研究方向包括研发智能化鉴定评价关键技术，规模化精准鉴定和深度发掘优异资源和优异基因，开展重要目标性状与综合性状协调表达及其遗传基础研究，开展特殊类型种质资源（地方品种、骨干亲本等）遗传构成与利用效应基础研究等。

（四）作物种质创新从传统方法向新技术多目标转变

未来的种质资源将更强调规模化创制关键性状突出、遗传基础明确、育种家想用、育种中好用的突破性新种质，为育种取得新突破提供关键亲本材料。一方面，种质创新手段呈现多元化，除传统的远缘杂交、染色体工程、细胞工程、诱变、群体改良等手段外，近年来兴起的基因编辑技术、外源基因导入技术、全基因组选择技术等开始用于种质创新，甚至衍生出从头驯化、重新驯化、去驯化等种质创新形式。另一方面，除高产、优质、抗病虫、抗逆等重要目标性状外，绿色环保、资源高效、宜机化，以及功能型种质创新越来越受到重视，并且综合性状协调表达成为热点。主要研究方向包括规模化种质创新新技术研发、基因聚合设计技术与遗传效应研究、目标性状基因高效检测与追踪技术与遗传效应研究、目标性状与综合性状协调表达技术与育种效应研究等。

（五）作物种质资源共享利用从发放资源向定向化服务转变

2004 年，国际上正式实施《粮食和农业植物遗传资源国际条约》（ITPGRFA），建立了一个种质资源获取和惠益共享多边体系；2007 年开始用条约统一的《标准材料转让协议》（Standard Material Transfer Agreement，SMTA）来分发种质资源。未来的作物种质资源利用将围绕粮食安全、绿色发展、健康安全、产业发展、满足人民美好生活向往、美丽乡村建设和科学发展等不同需求，通过实施种质资源登记制度，开展种质资源实物和信息的定向服务，其目标是促进种质资源的有效利用，并实现惠益分享。

（本章作者：刘　旭　黎　裕　张宗文　武　晶）

参 考 文 献

刘旭, 李立会, 黎裕, 等. 2018. 作物种质资源研究回顾与发展趋势. 农学学报, 8(1): 1-6.

刘旭, 李立会, 黎裕, 等. 2022. 作物及其种质资源与人文环境的协同演变学说. 植物遗传资源学报, 23(1): 1-11.

刘旭, 黎裕, 李立会, 等. 2023. 作物种质资源学理论框架与发展战略. 植物遗传资源学报, 24(1): 1-10.

刘旭, 郑殿升, 董玉琛, 等. 2008. 中国农作物及其野生近缘植物多样性研究进展. 植物遗传资源学报, 9(4): 411-416.

谭继清, 白史且, 蔡信杰, 等. 2021. 佛兰克·梅尔——美国现代植物探险家. 台北: 长青文化事业股份有限公司.

Darwin C R. 1859. On the Origin of Species by Means of Natural Selection, or the Preservation of Favoured Races in the Struggle for Life. London: John Murray.

Darwin C R. 1868. The Variation of Animals and Plants under Domestication. London: John Murray.

de Candolle P A. 1883. Origine des Plantes cultivées. Paris: Germer, Baillière et Cie.

Flores-Palacios X. 1998. Contribution to the Estimation of Countries' Interdependence in the Area of Plant Genetic Resources. Rome: Commission on Genetic Resources for Food and Agriculture, Background Study Paper No. 7, Rev. 1 (Food and Agriculture Organization of the United Nations).

Frankel O H, Brown A H D. 1984. Plant genetic resources today: a critical appraisal//Holden J H W, Williams J T. Crop Genetic Resources: Conservation and Evaluation. London: George Allen and Unwind: 249-257.

Frison C, López F, Esquinas-Alcazar J T. 2011. Plant Genetic Resources and Food Security: Stakeholder Perspectives on the International Treaty on Plant Genetic Resources for Food and Agriculture. Issues in Agricultural Biodiversity (Rome: the Food and Agriculture Organization of the United Nations and Bioversity International).

Harlan J R. 1971. Agricultural origins: centers and noncenters. Science, 174(4008): 468-474.

Harlan J R. 1975. Crops and Man. Madison: American Society of Agronomy, Crop Science of America.

Harlan J R. 1986. Plant domestication: diffuse origins and diffusions. Developments in Agricultural and Managed Forest Ecology, 16: 21-34.

Harlan J R, de Wet J M J. 1971. Toward a rational classification of cultivated plants. Taxon, 20(4): 509-517.

Hawkes J W. 1983. The Diversity of Crop Plants. Cambridge: Harvard University Press.

Lev-Yadun S, Gopher A, Abbo S. 2000. The cradle of agriculture. Science, 288(5471): 1602-1603.

Vavilov N I. 1922. The law of homologous series in variation. Journal of Genetics, 12(1): 47-89.

Vavilov N I. 1926. Centres of origin of cultivated plants. Bulletin of Applied Botany of Genetics and

Plant-breeding, 16: 1-248.

Weismann A. 1893. The Germ-Plasm: a Theory of Heredity. Parker W N, Rönnfeldt H, trans. New York: Scribner.

Wilson E O. 1992. The Diverisity of Life. Cambridge: Harvard University Press.

Zeven A C, Zhukovsky P M. 1975. Dictionary of Cultivated Plants and their Centres of Diversity, Excluding Ornamentals, Forest Trees and Lower Plants. Wageningen: Centre for Agricultural Publishing and Documentation.

第二章 作物种质资源学基本理论

作物种质资源学科是 20 世纪发展起来的。研究者最初运用形态学、考古学、历史学等方法进行作物起源、驯化、变异、演变的探索。随着遗传学、基因组学等的发展，多种现代生物技术方法也被广泛用于探讨作物起源与进化的研究，并取得了突破性进展，相继发展出栽培植物起源中心理论、遗传变异的同源系列定律、作物及其种质资源与人文环境的协同演变学说，为作物种质资源学的发展奠定了理论基础。

第一节 栽培植物起源中心理论

一、理论概述

了解作物是在何地起源、由何种野生植物进化而来，对于收集种质资源、制定种质创新策略具有重要意义。一百余年以来，世界上的作物遗传学家和植物学家等对作物起源做了大量的研究，多方探究确认作物起源地，提出了不同的假说，其中，瓦维洛夫作物起源中心理论获得了最为广泛的认同。

（一）康多尔作物起源理论

作物的起源地早就为植物学家、作物育种学家及栽培学家所重视，前人曾经做了大量的研究。近代用科学方法探讨作物起源，则始于瑞士植物学家康多尔。他利用自然分类学、植物地理学、考古学、历史学和语言学等方法对多种作物进行了研究，提出栽培植物野生祖先的生长地即是它最初被驯化的地方，也就是起源地，作物最初驯化的地区可能在中国、西南亚（包括埃及）和热带美洲等 3 处，其著作《栽培植物起源》于 1883 年出版。限于当时条件，此书所收集的资料还不够充分且缺少细胞遗传学、分子生物学等证据，甚至有些资料是错误的，但其对于研究作物起源问题仍有重大参考价值。

（二）瓦维洛夫作物起源中心理论

苏联遗传学家瓦维洛夫不仅是研究作物起源的著名学者，同时也是植物种质资源学科的奠基人。1916～1940 年，他组织植物远征考察队先后到 50 多个国家和地区，足迹遍及四大洲进行考察活动，采集到 25 余万份作物及野生近缘种的标本和种子，借助形态分类、杂交试验、细胞学和免疫学研究等，并利用植物地理学区分法，结合考古学、历史学和语言学等，形成了一套作物起源理论以探究栽培植物地理起源中心。

瓦维洛夫在分析了 600 多个植物表型遗传多样性的地理分布后，在著名的《主要栽培植物的世界起源中心》中指出主要作物有 8 个起源中心，外加 3 个亚中心。这些中心（亚中心）分别是：①中国-东亚起源中心：包括中国中部和西部山区及其毗邻的低地；②印度起源中心：包括缅甸和印度东部的阿萨姆及Ⅱa. 印度-马来亚（今马来西亚）亚中心；③中亚起源中心：包括印度西北部（旁遮普，西北沿边界各省，克什米尔），阿富汗、塔吉克斯坦和乌兹别克斯坦，以及天山西部；④近东起源中心：包括小亚细亚内部，外高加索全部，伊朗和山地土库曼（今土库曼斯坦）；⑤地中海起源中心；⑥埃塞俄比亚起源中心：包括埃塞俄比亚和厄立特里亚山区；⑦墨西哥南部-中美起源中心：包括安的列斯群岛；⑧南美起源中心：包括秘鲁、厄瓜多尔、玻利维亚，以及Ⅷa. 智利和Ⅷb. 巴西-巴拉圭两个亚中心（图 2-1）。这 8 个中心被沙漠、山岳或者海洋阻隔，具有相当多的多样性变异材料和待发掘植物，是作物资源的宝库（瓦维洛夫，1982）。

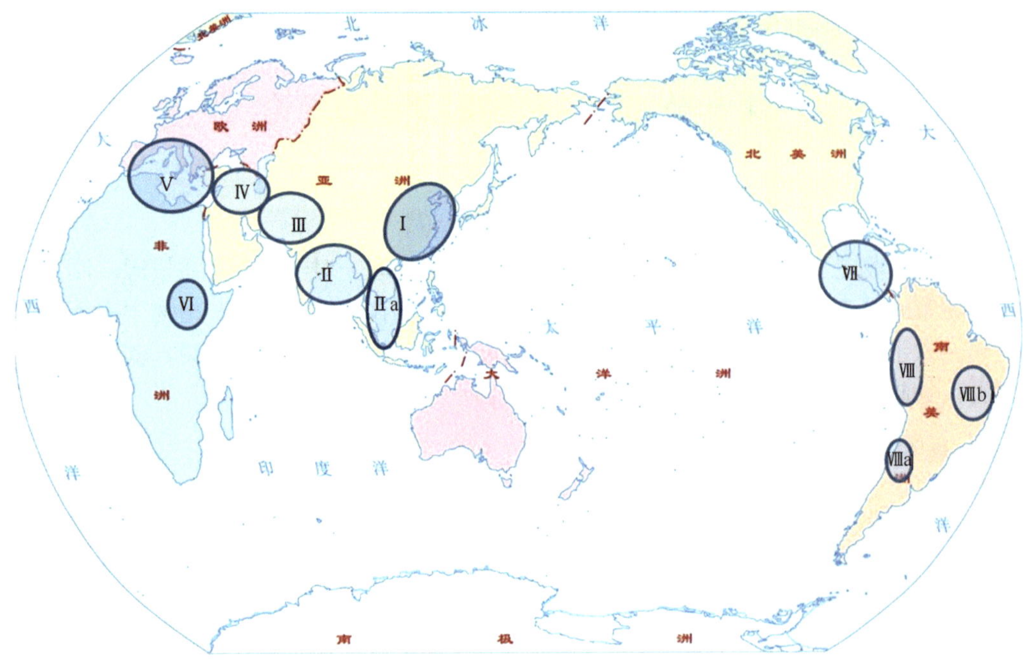

图 2-1　瓦维洛夫 8 个起源中心示意图（瓦维洛夫，1982）

Ⅰ. 中国-东亚中心；Ⅱ. 印度中心；Ⅱa. 印度-马来亚亚中心；Ⅲ. 中亚中心；Ⅳ. 近东中心；Ⅴ. 地中海中心；Ⅵ. 埃塞俄比亚中心；Ⅶ. 墨西哥南部-中美中心；Ⅷ. 南美中心；Ⅷa. 智利亚中心；Ⅷb. 巴西-巴拉圭亚中心

此外，瓦维洛夫还提出了“原生作物（primary crop）”和“次生作物（secondary crop）”的概念。“原生作物”是指那些很早就进行了栽培的古老作物，如普通小麦（*Triticum aestivum* L.）、大麦（*Hordeum vulgare* L.）等；“次生作物”是指那些开始是田间的杂草，混生在初生作物中并引入栽培而成的作物，如黑麦（*Secale cereale* L.）、裸燕麦（*Avena nuda* L.）等。瓦维洛夫对地方品种、外国和外地材料的意义、引种的理论等方面都有重要论断，他的作物起源中心学说及其相关理论对作物育种工作具有特别重要的指导作用。

（三）茹科夫斯基作物起源中心理论

瓦维洛夫的“作物八大起源中心”提出之后，瓦维洛夫的学生茹科夫斯基和荷兰育种家泽文对其理论进行了修正，于 1975 年发表了《栽培植物及其变异中心检索》，将瓦维洛夫的 8 个起源中心所包括的地区范围扩大，并新增加了 4 个起源中心，称为“栽培植物基因大中心（megacenter）理论”，该理论认为作物起源有 12 个大中心，这些大中心几乎覆盖了整个世界。包括：①中国-日本中心；②东南亚洲中心；③澳大利亚中心；④印度中心；⑤中亚细亚中心；⑥西亚细亚中心；⑦地中海中心；⑧非洲中心；⑨欧洲-西伯利亚中心；⑩南美中心；⑪中美和墨西哥中心；⑫北美中心（Zeven and Zhukovsky，1975）。

茹科夫斯基还认为野生种分布很窄，因此提出了原生基因小中心（primary gene microcenter）的概念，用来描述有野生种分布而栽培种最初起源的狭窄区域；而栽培种分布广泛且变异丰富，它们传播到的广大地区被称为次生基因大中心（secondary gene megacenter）。

（四）哈兰作物起源中心理论

美国遗传学家哈兰认为瓦维洛夫提出的作物起源中心实际上是农业发祥最早的地区，但部分作物及其野生祖先不存在变异中心。遗传多样性中心不一定就是起源中心，起源中心不一定是多样性的基因中心，有些物种可能起源于几个不同的地区。例如，近东地区的覆盖范围较小，却集中分布着小麦野生种及野生变异种，可以称为小麦起源中心。但撒哈拉以南地区和赤道以北地区到处存在高粱［*Sorghum bicolor* (L.) Moench］的野生种及不同变异类型，高粱的驯化可能高度分散，哈兰把这种地区称为“泛区（noncenter）”，并在 1971 年提出了“作物起源的中心与泛区理论”（A1 近东、B1 中国、C1 中美洲 3 个中心和 A2 非洲、B2 东南亚、C2 南美 3 个泛区）（图 2-2）（Harlan，1971）。后来，Smith（1989）又补充了北美洲起源中心。

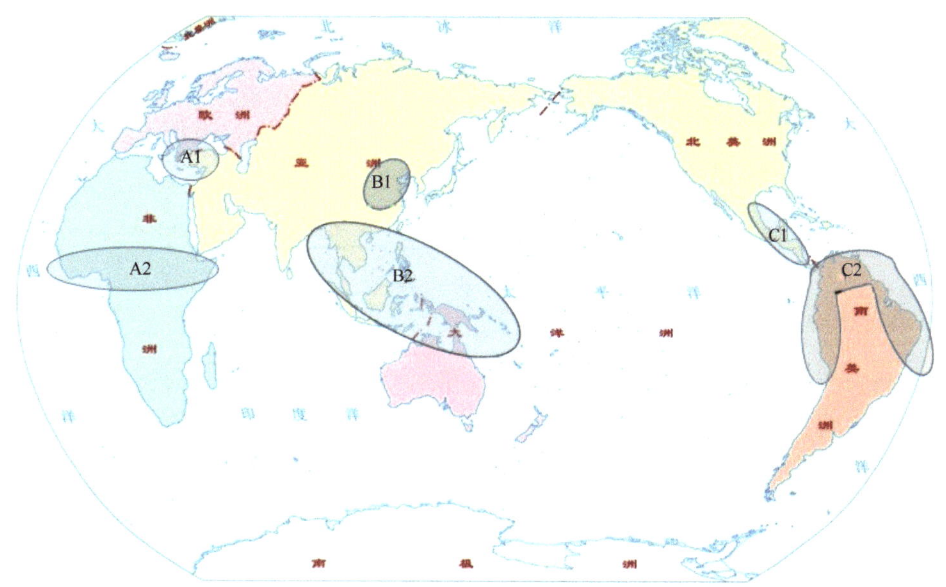

图 2-2　中心和泛区体系示意图（Harlan，1971）

A1. 近东中心；B1. 中国中心；C1. 中美洲中心；A2. 非洲泛区；B2. 东南亚泛区；C2. 南美泛区

研究发现，作物传播过程中不同地区选择压力不同，特定地区的作物形态和野生种差异巨大，作物起源在时间和空间上具有扩散性。因此哈兰又提出“作物扩散起源理论（diffuse origin）”，根据作物进化的时空因素，把作物分为以下几类：①在一个地区被驯化栽培，并且以后也很少传播的土著（endemic）作物；②起源于一个地区但有适度传播的半土著（semi-endemic）作物；③起源于一个地区但传播广泛且无次生多样性中心的单中心（monocentric）作物；④起源于一个地区但传播广泛且有一个或多个次生多样性中心的寡中心（oligocentric）作物；⑤在广阔地域均有驯化的非中心（noncentric）作物（Harlan，1976）。

（五）霍克斯作物起源中心理论

英国植物育种家霍克斯认为作物起源中心应该与农业的起源地区别开来，从而提出了一套新的作物起源中心理论，在该理论中把农业起源的地方称为核心中心，而把作物从核心中心传播出来，又形成类型丰富的地区称为多样性地区（表 2-1）。同时，霍克斯用“小中心”（minor center）来描述那些只有少数几种作物起源的地方（Hawkes，1983）。

表 2-1　霍克斯作物起源中心理论

核心中心	多样性地区	外围小中心
A. 中国北部（黄河以北的黄土高原地区）	中国	1. 日本
	印度	2. 新几内亚
	东南亚	3. 所罗门群岛、斐济、南太平洋
B. 近东（新月沃地地带）	中亚	4. 欧洲西北部
	近东	
	地中海	
	埃塞俄比亚	
	西非	
C. 墨西哥南部	中美洲	5. 美国、加拿大
		6. 加勒比海地区
D. 秘鲁中部至南部（安第斯地区、安第斯坡地东部、海岸带）	安第斯地区北部（委内瑞拉至玻利维亚）	7. 智利南部
		8. 巴西

（六）各起源中心理论小结

作物起源学说的科学研究从康多尔到瓦维洛夫，经茹科夫斯基等修正，由哈兰等学者提出不同的起源观点。以瓦维洛夫为代表的学者主要根据地球上栽培植物种类分布的不平衡性，将种类异常丰富、存在着大量变异的几个地区命名为作物起源中心，并据此确定了 8 个起源中心。而以哈兰为代表的学者发现有些作物的原生起源中心并非就是显性基因集中的地区，有些作物起源中心与变异中心并不一致，瓦维洛夫提出的起源中心可能只是全球农业发祥最早的地区，作物的驯化存在中心和泛区体系，有的作物是分散起源，甚至没必要再讨论起源中心（表 2-2）。

表 2-2 作物起源中心代表理论

代表人物	康多尔	瓦维洛夫	茹科夫斯基	哈兰	霍克斯
主要观点	1. 栽培植物的野生祖先的生长地即是它最初被驯化的地方，也就是起源地 2. 人类最初驯化的地区有3处	1. 遗传变异的同源系列定律 2. 作物八大起源中心 3. 原生起源中心和次生起源中心 4. 原生作物和次生作物	1. 存在12个栽培植物基因大中心； 2. 原生基因小中心和次生基因大中心	1. 作物起源的中心与泛区理论 2. 作物扩散起源理论	1. 核心中心 2. 多样性地区 3. 小中心

虽然这些学说存在不同的观点，但共同点是植物驯化发生在世界上不同地方，作物可以在不同的起源或者驯化区域存在大量的遗传多样性群体。近代的作物育种实践表明，瓦维洛夫所提出的作物起源中心理论及其后继者所发展的有关理论对作物育种工作有重要的指导作用，可以有效指导种质资源的收集。由于起源中心存在着各种基因，且在一定条件下趋于平衡，与复杂的生态环境建立了平衡生态系统，各种基因并存、并进，从而使物种不至于毁灭，因此在起源中心能找到更多所需的材料，如不育基因与恢复基因并存于起源中心，可在起源中心得到抗性材料。同时随着人口的增长和经济发展，生态环境恶化，耕作制度改变，一些重要的作物种质资源正在急剧减少甚至灭绝，起源中心理论可以有效指导引种，避免毁灭性灾害。近几十年来，各国收集遗传资源的重点都放在这些起源中心区域，到这些地区收集可以获得最多的遗传多样性材料。例如，苏联从1925年起就不断派人到墨西哥、秘鲁和玻利维亚等国考察，到1991年时收集达到9000多份马铃薯种质资源。部分作物的起源中心信息见附表1，中国起源的主要作物信息见附表2。

二、作物起源的研究方法

如何确定某一种特定栽培植物的起源地，是作物起源研究的中心课题。作物起源的研究方法主要是利用形态学、细胞学等确定作物的分类，明确野生种及其近缘种的分布，综合考古学、历史学方法研究作物的起源和传播。随着现代生物技术的发展，利用细胞学、分子标记和基因组学等遗传学和分子生物学技术进行研究也成为越来越重要的研究手段。

（一）形态学

早期交通不便，互通较少，限制了人类的活动范围，人类种植作物只能就地取材，很难从其他地方进行引种驯化培育，因此通过形态学调查发现野生种及其近缘种的广泛变异分布，是论证作物起源的非常重要的证据。

研究者通过查找确定作物的祖先种或者野生种大量分布的地区获得了丰富的研究成果。例如，大豆起源于中国是学术界公认的，野生大豆是栽培大豆的祖先，中国发现并收集了占世界90%以上的野生大豆资源，各地不仅存在典型的野生大豆、栽培大豆，还有很多介于两者之间的一系列过渡类型；野生甘蓝广泛分布于地中海海边悬崖，西班牙北部、法国西部和英国南部及西南部，西西里可能是甘蓝的原始起源中心；普通小麦是由栽培二粒小麦与一种野生山羊草属植物节节麦（*Aegilops tauschii* Coss.）

天然杂交形成的，野生节节麦的分布区主要在外高加索地区至中亚一线，因此普通小麦的起源地就是该地，此结论也得到了分子生物学相关研究的证明（Pont et al.，2019）；此外，在中国西南地区分布着荞麦属已知的所有野生种，近年的基因组学研究也证明了该地区是栽培荞麦的起源中心（Zhang et al.，2021b）。

由于印度发现有野生茶树，国外有学者最初认为茶树起源于此，后来我国科学家在西南山区找到了大批野生种茶树，又在神农架地区找到灌木型茶树，后经考证，印度发现的野生茶树与从中国引入印度的茶树同属中国茶树之变种，确认中国是茶树的原产地。而近年来茶树［*Camellia sinensis*(L.)O. Ktze.］染色体级别的高质量参考基因组的获得，揭示了栽培茶树适应性进化机制，也进一步确认茶树起源于我国西南地区（Xia et al.，2020）。

野生种分布的多样性也提示某些作物可能多中心起源。现代大麦的起源地最初认为只有一个，就是现今伊拉克、叙利亚、黎巴嫩和以色列等国所处的新月沃地，直到中国学者在青藏高原的多个地方都发现了野生大麦的大量分布，且西藏野生大麦的遗传多样性也比中东野生大麦更为丰富，推断青藏高原及周边地区也是栽培大麦的一个起源和进化中心，后续的基因组测序等工作也进一步证明了该观点（Mascher et al.，2017；Dai et al.，2012）。华德生、瓦维洛夫等最先提出玉米起源地在中美洲的墨西哥、危地马拉和洪都拉斯，直到现在那里还有很多地方可以找到玉米的野生祖先——大刍草。

（二）植物考古学

植物考古学是研究作物起源最重要的方法之一。特别是随着浮选技术的出现，考古学家能够科学采集遗址中的植物遗存以探讨作物起源等重大学术问题。

1. 考古学对主粮作物起源的探究

水稻的起源，特别是亚洲栽培稻（*Oryza sativa* L.）的起源一直存在异议。中国科学家发掘的新石器文化遗址中存在碳化的米粒和用骨头、石头和陶瓷制成的原始工具，可以追溯到公元前7000年。在长江流域（公元前6500年）和河南贾湖北部（公元前7000～前5500年）更是发现了最古老的稻米。早期水稻最好、最完整的存在证据来源于彭头山文化（公元前7500～前6100年）的彭头山和八十垱两处遗址。因此水稻可能起源于长江流域，距今有7000多年。而Silva等（2015）对来自东亚、东南亚及南亚的400个水稻遗址建立了水稻考古遗存证据数据库并分析了水稻的起源中心，认为中国是水稻的起源地，且长江中游和长江下游是两个双重起源中心。

小麦起源于西亚新月沃地，考古发现最早的小麦遗存出土于早前陶新石器时代B期（early pre-pottery neolithic B，EPPNB）时的考古遗址中，绝对年代在距今9500～10 500年前。而小麦在我国种植的考古证据最为确切的当属甘肃民乐东灰山遗址，先后经我国著名的农学家李璠先生、甘肃省文物考古研究所和吉林大学考古系，以及中国和美国考古学者联合考察队最终鉴定确认，东灰山遗址的文化堆积及其包含的小麦遗存应该属于四坝文化时期，绝对年代在距今3600年前。

2. 考古学对其他作物起源的探究

荞麦是起源于中国青藏高原及周边地区的作物之一，在中华民族的农业发展史和饮食文化史上具有重要地位。中国研究人员在甘肃民乐县东灰山遗址利用遗址剖面文化层土壤样本浮选法，获得了一批碳化植物样本。在这些植物样本中，首次发现和鉴定了 3 粒完整的碳化荞麦籽粒。经碳同位素测年鉴定，该籽粒距今 3458～3610 年。这一发现说明，早在新石器时代荞麦已作为农作物在河西地区种植，也为荞麦起源于中国青藏高原地区提供了新的证据。

河北省武安市磁山文化遗址距今约 10 300 年，此处遗址发现了天下第一粮仓，88 个窖穴的粮食质量超 5 万 kg。中国科学院研究团队对部分灰化样品进行植硅体的系统分析和碳-14 年代学测定，确认早期农作物黍距今 8700～10 000 年，粟距今 7500～8700 年，是目前黍、粟出土年代最早的证据，说明黍粟可能是从黄河中下游地区起源的（吕厚远，2017）。

（三）历史语言学

作物最早栽培应用时，当地人必然给予这种作物一种名字，并且由于它与当时人民生活息息相关，从而留下相关的性状、名字记载，甚至神话传说。如果在当地历史上没有相关作物的记载，很难说明该作物是由本地驯化栽培，甚至原产地都很难确认。因此通过文献记载、历史传说等可以对作物起源进行推定。

小麦最晚在距今 3000 年前后的殷商时期就已经传入中国。商族人在创造甲骨文时，给小麦造了一个象形字—來，上半部像成熟的麦穗，下半部像麦根。《左传·成公十八年》记载："周子有兄而无慧，不能辨菽麦，故不可立。"从这个故事可以看出，早在春秋战国时期中国北方地区就已经开始广泛种植小麦。19 世纪中叶以前，人们认为桃树原产地在波斯，但是达尔文根据桃在波斯没有古老的希伯来文名称否认桃树起源于波斯，又根据自己收集的各地桃核标本进行研究，推断桃起源于我国西北部。我国战国以前的《山海经》第一次出现夸父追日，身体化为桃林的传说，《诗经》《尚书》《左传》中也都对桃有相应的记载，至少可以追溯到 5000～8000 年前，证明桃起源于我国。我国是大豆的起源中心，也是最早驯化和种植大豆的国家，栽培历史至少已有 5000 年。汉司马迁编的《史记》中写道："炎帝欲侵陵诸侯，诸侯咸归轩辕。轩辕乃修德振兵，治五气，蓺五种，抚万民，度四方"。其中的"五种"就包括"菽"，由此可见轩辕黄帝时已种菽，而菽就是大豆。文字记载最早见于《诗经》，云"七月烹葵及菽"。大量的文字记载和传说为大豆起源考证提供了较多的佐证。

然而，在研究作物起源时，需要谨慎对待历史记录的证据和语言学证据。由于绝大多数作物的驯化出现在文字出现之前，后来的历史记录往往源于民间传说或神话，并且在很多情况下以讹传讹地流传下来。例如，罗马人认为桃来自波斯，因为他们在波斯发现了桃，故而把桃的拉丁文学名定为 *Prunus persica*，而事实上桃最先在中国驯化，然后在罗马时代传到波斯。谷子的拉丁文学名为 *Setaria italica* 也属于类似情况。因此，在研究作物起源时，历史语言学证据应当只能作为补充和辅助性依据。

（四）遗传学

近些年来，遗传学得到快速发展，特别是 DNA 分子标记、基因序列分析等多种现代生物技术方法被广泛用于探讨多种作物起源与进化的研究，取得了较多突破性的进展，为起源进化提供了更准确的证据。

为探究亚洲栽培稻的起源，Sun 等（2001）利用限制性酶切片段长度多态性（restriction fragment length polymorphism，RFLP）标记对 122 份野生稻（*Oryza rufipogon* Griff.）和 75 份栽培水稻进行研究分析，发现中国野生稻可分为原始型、偏籼型和偏粳型，而南亚野生稻只有偏籼型和原始型，没有偏粳型，因此中国野生稻的遗传多样性更为丰富。Londo 等（2006）利用水稻和野生稻的 3 个基因的单核苷酸多态性（single nucleotide polymorphism，SNP）进行分析，认为籼稻（*Oryza sativa* L. subsp. *indica* Kato）最早驯化于喜马拉雅山脉南部区域，即今印度东部、缅甸和泰国一带，而粳稻（*Oryza sativa* L. subsp. *japonica* Kato）则最早驯化于中国南部。Wei 等（2012）利用 6 个基因片段和 211 份水稻材料来分析栽培稻与中国野生祖先之间的关系，结果表明籼稻和粳稻起源于不同的野生稻群体，野生稻的多样性中心在中国南部。

用以上 4 种方法推断水稻起源中心的主要证据整理如表 2-3 所示。

表 2-3　水稻栽培起源主要证据

野生种及近缘种的广泛变异	植物考古学证据	历史语言学证据	遗传学研究
中国东起台湾、西迄云南、南到海南岛、北至北回归线都有野生稻生长和繁殖的痕迹，具有代表性的有以下几种野生稻： （1）华南野生稻生长在淹水较深的沼泽地，有横卧水中的匍匐茎和多年宿根，容易落粒；与籼稻杂交可以结实，一般被认为是籼稻的野生祖先 （2）巢湖一带发现过野生稻，其可在深浅不同的水中生长，穗有芒，籽粒短、易脱落、颖片灰褐色，米微红，称“穞稻”，一般被认为是粳稻的野生祖先 （3）广东海康曾发现过“鬼禾”野生稻 （4）宋代《禾谱》中对品种种类记录不详，宋代《新安志》中记载了新安地区水稻有二三十个品种；明代黄省曾在《稻品》中明确记载了以苏州地区为主的水稻品种 41 个。全国究竟有多少水稻品种，尚无精确统计	（1）1991 年在河南贾湖遗址发现栽培稻距今约 9000～7500 年；1973 年浙江河姆渡遗址发现大量的稻谷、稻叶、谷壳、茎秆，距今约 7000 年（泰国最早的稻粒遗存距今 5500 年，巴基斯坦最早的稻谷遗存距今约 4500 年）。全国现已发现新石器时代的水稻遗存地址有 50 多处 （2）1997 年，在苏州发现距今 6000 余年的古稻田遗址 450m²，除有散落的粳稻碳化米外，还有灌溉设施 （3）河南渑池县仰韶文化遗址中发现有栽培稻的植株遗存和印在陶片上的谷粒痕迹等	（1）甲骨文中有“稻”字的多种写法 （2）《诗经》中有“黍稷稻粱”等字，此后“稻”的文献资料极其丰富 （3）宋代曾安止有《禾谱》专著（已佚），部分内容保存在明清地方志中 （4）明代黄省曾撰有《稻品》，是现存完整的最早水稻专著 （5）其他农书中关于水稻及其栽培方法更是屡见不鲜	（1）限制性酶切片段长度多态性研究发现，中国野生稻可分为原始型、偏籼型和偏粳型，而南亚野生稻只有偏籼型和原始型，没有偏粳型，因此中国野生稻的多样性更为丰富 （2）单核苷酸多态性分析表明，粳稻起源于中国，籼稻则起源于印度东部、缅甸和泰国一带 （3）野生稻的多样性中心在中国南部

（五）基因组学在作物起源研究中的应用

随着高通量测序技术和生物信息学的快速发展，很多作物的参考基因组不断被公布，基因组学数据迅速积累。特别是全基因组测序和重测序等技术的出现，产生了大量可利用的基因组信息，促进了基于全基因组序列的作物比较基因组学和进化基因组学等学科的发展，为全面理解和诠释作物驯化起源历史及全基因组的遗传变异特征奠定了基础。

亚洲栽培稻有单一起源（粳稻和籼稻皆从野生稻驯化而来）和多起源（粳稻和籼稻是从亚洲不同地方驯化而来）两种假说，一直是科学争论的焦点问题之一。测序技术的发展为其确定提供了很好的方案。Wei 等（2012）对叶绿体、线粒体基因间序列，以及核基因组进行测序，利用生物信息学方法进行比对分析，发现所有与中国栽培稻亲缘关系较近的普通野生稻均来源于华南地区，该地是亚洲栽培稻的起源中心，并由此制定了以华南地区为主的野生稻原生境保护策略。2018 年，由中国农业科学院作物科学研究所联合 16 家单位，针对 3010 份亚洲栽培稻进行基因组变异研究，发现籼稻携带的很多基因不存在于粳稻中，粳稻的很多基因也不存在于籼稻中，首次提出了“籼”“粳”亚种的独立多起源假说，并呼吁恢复使用“籼”（*Oryza sativa* subsp. *xian*）、“粳”（*Oryza sativa* subsp. *geng*）亚种的命名，使中国源远流长的稻作文化得到正确认识和传承，也从侧面印证了 2011 年斯坦福大学、纽约大学等研究团队联合研究成果证明的观点：水稻驯化发生在 10 000 年前的中国长江中下游流域，这是目前我们所知的最可靠的水稻起源图景（Wang et al.，2018b）。但水稻单一起源和多起源假说争论仍在持续。

马铃薯起源也同样存在单系和多系假说，且马铃薯在美洲的驯化过程尚不清楚。研究人员对来自美国南部、中美洲和南美洲的马铃薯野生种和栽培种的基因组进行了深度测序和基因组的系统比较分析，认为南美马铃薯栽培种是单系起源于秘鲁南部，由野生种 *Solanum candolleanum* Berthault 驯化而来（Li et al.，2018）。2019 年，一个国际研究团队对 88 个包括现代品种、地方品种、历史标本等不同来源的马铃薯材料进行测序，发现早期欧洲的马铃薯与安第斯山脉的祖先亲缘关系非常接近。但随着时间的推移，基因变化悄然而至，使得 19 世纪以后的欧洲马铃薯对长日照更具适应性，体现了基因组学在作物起源和适应新环境研究中的利用价值（Gutaker et al.，2019）。

利用高通量测序及生物信息学技术，科研人员将在新疆采集的 15 份野苹果种质资源与世界范围的苹果属 117 份种质资源进行了全基因组重测序，研究发现，采集自新疆境内的塞威氏苹果［新疆野苹果，*Malus sieversii* (Ledeb.) M. Roem.］保持较高的同源性、最原始，而同属中亚地区的哈萨克斯坦境内的塞威氏苹果基因杂合度相对较高，证明世界栽培苹果可能起源于中国新疆（Duan et al.，2017）。

国际大麦测序联盟耗费了近 10 年时间，综合运用包括染色体构象作图和生物纳米作图等多种最先进的测序和组装技术，组装完成了一个包含 4.79Gb 的大麦高质量参考基因组序列，研究发现中东新月沃地地区和我国青藏高原地区野生大麦基因组对现代栽培大麦基因组的贡献大致相当，但存在明显的染色体及其片段上的差异，证明了现代栽培大麦基因组源于上述两地（Mascher et al.，2017）。

中国农业科学院荞麦资源团队利用二代测序技术对 510 份苦荞核心种质资源进行了基因组测序，挖掘到超过 109 万个 SNP 位点，全面系统地构建了苦荞基因组变异图谱，解析了苦荞种质资源的遗传多样性和群体结构，揭示了苦荞的起源和传播路径，挖掘出多个中国南、北两个群体间的独立驯化区间，明确了我国西南地区作为全世界苦荞多样性中心和栽培苦荞起源中心的独特地位（Zhang et al.，2021b）。

德国慕尼黑路德维希-马克西米利安大学等研究团队对数百个人工栽培西瓜品种和 6 种野生西瓜材料进行了基因组测序，发现原产于苏丹的科尔多凡甜瓜（*Citrullus lanatus* subsp. *cordophanus* Ter-Avan.）和现代西瓜的基因非常相似，更可能是现代西瓜的祖先。这一发现改写了驯化西瓜的起源，揭示西瓜祖先最有可能来自非洲东北部而不是之前认为的南非（Renner et al.，2021）。

学者对大多数作物起源进行了较为系统的研究，虽然由于样本量和样本代表性的差异，可能存在一定的争议，但随着研究的深入，技术的进步和新证据的发现，以及考古学、现代生物技术等的发展，许多历史上争论了上百年的学术问题将得以解决。

三、作物驯化

作物驯化主要是指在人工选择作用下野生种逐渐进化为栽培种以满足人类需求的过程。驯化过程中作物失去其野生祖先的部分生理、形态和遗传特征，而人们需要的性状不断积累和加强。

（一）作物主要驯化性状

作物从野生状态进化为栽培状态的过程中发生了一系列性状的改变，通常表现为落粒性丢失、分蘖减少、果实增大且苦涩味降低、种子休眠减弱、株型由匍匐变为直立等，这些相似性状被称为驯化综合征（domestication syndrome）。作物在驯化过程中，被选择的性状很多，其中有些性状受到特别关注，可能是人们驯化过程中最为需求的性状，主要有以下几类：①落粒性。落粒性使植物可以自我繁殖，种群得以延续，但严重影响作物的产量。一般情况下，谷类作物的野生种落粒性严重，栽培种的落粒性丢失。落粒性丢失是谷类作物驯化过程中的关键事件和首要性状。②株型。株型在人类驯化过程中产生了明显的变化，以利于人们的生产应用。水稻从匍匐生长转变为直立生长，产量也大幅度提高，是水稻驯化过程中的重要事件。玉米野生祖先种大刍草分蘖多，具有多个茎秆分枝，栽培玉米不进行分蘖，仅有一个茎秆，株型发生了很明显的变化。③粒重与果实大小。籽粒灌浆与谷粒质量、产量密切相关。在番茄驯化过程中，长期的人工选择使得果实变大、果重增加，产量也得到了极大的提高。而直接影响黄瓜产量和品质的果长也是黄瓜的重要驯化性状之一。④果实口感。果实苦涩味降低是驯化过程中重要的品质性状之一，通常与果实中代谢物含量积累变化相关。番茄碱是一类具有苦涩味的毒性抗营养因子，经过长期的人工选择和驯化，栽培番茄中番茄碱含量比野生种降低，果实苦涩味减轻。黄瓜果实苦涩味主要与葫芦素含量有关，栽培种内关键位点突变导致相关基因表达水平降低，葫芦素积累减少，果实苦涩味降低。

野生稻驯化为栽培稻的过程中经历了落粒性丢失（Li et al.，2006）、休眠减弱（Wang et al.，2018b）、由匍匐生长转向直立生长（Tan et al.，2008）、芒长变短（Hua et al.，2015）、穗型结构改变（Zhu et al.，2013）、种子灌浆能力增强（Wang et al.，2008）等。落粒性的丢失大大提高了水稻产量，被认为是野生稻被驯化的最直接形态学证据（Jones and Liu，2009）。株型由匍匐生长变成直立生长使得水稻可进行密植生产，是水稻驯化过程中的关键事件。此外，由匍匐生长变成直立生长使得水稻抗倒伏性增强，稻穗数增加（Tan et al.，2008），产量得到大幅度提高（图 2-3）。

图 2-3　野生稻（*Oryza rufipogon* Griff.）（左）与栽培稻（*Oryza sativa* L.）（右）株型

一般认为，玉米的起源中心在墨西哥，考古学家曾在墨西哥南部的特万特佩克地峡遗迹中发现了最古老的野生玉米果穗。玉米从野生祖先种大刍草驯化为现代栽培种的过程中主要经历了株型（Wang et al.，1999）、穗型、行粒数改变（Bommert et al.，2013）、籽粒稃壳消失（Wang et al.，2005）、颖壳硬度降低等性状变化（Dong et al.，2019）。紧凑、合理的株型与玉米能否耐密植、产量提高密切相关。分蘖数和叶夹角大小是玉米株型改变过程中的重要性状。大刍草具有多个分蘖，在野外环境中生存具有明显的进化优势，栽培玉米通常只有一个茎秆，不产生分蘖（Doebley et al.，1997）（图 2-4）。

图 2-4　小颖大刍草［*Zea mays* subsp. *parviglumis* (Iltis et Doebley)］（左）和栽培玉米（*Zea mays* L.）（右）

小麦起源于亚洲西部，在西亚和西南亚一带至今还广泛分布有野生一粒小麦

［*Triticum monococcum* subsp. *aegilopoides* (Link) Thell.］、野生二粒小麦［*Triticum turgidum* L. var. *dicoccoides* (Koern.) Bowden］及与普通小麦亲缘关系密切的节节麦。大麦起源于中东，如今仍旧可以在中东发现钝稃野大麦（*Hordeum spontaneum* K. Koch）。小麦驯化过程中穗粒数发生改变，并由尖穗变成长方穗，非裸粒变成裸粒，使小麦收获和打碾更加方便（Simons et al.，2006）。大麦从野生大麦驯化成栽培大麦主要经历了落粒性丢失（Pourkheirandish et al.，2015）、出现六棱穗（Ramsay et al.，2011）、出现无稃籽粒（Taketa et al.，2008）等。野生大麦穗为脆穗轴，种子容易脱落，栽培大麦为非脆穗轴，种子不易脱落。大麦穗的结构非常独特，每个穗节点上有 3 个小穗。野生大麦的中间小穗可育，侧生小穗不可育。驯化后，栽培大麦中出现了六棱穗，中间和侧生小穗都可育，使得产量大幅度提高。裸颖果驯化性状是大麦中重要的农艺性状，裸大麦的种子颖果和稃壳分离，更加便于食用，但同时造成了种子数量减少、粒重减轻等。

番茄起源于南美洲安第斯山脉，在墨西哥完成驯化，于 16 世纪传到欧洲。番茄驯化过程中，果实大小发生了明显改变，野生醋栗番茄仅有 1～2g，经过长期的人工选择，现代栽培番茄果重显著增加，为野生番茄的 100 多倍（Lin et al.，2014）（图 2-5）。此外，与野生番茄相比，栽培番茄果实的苦涩味降低，更有利于食用（Zhu et al.，2018）。

图 2-5　野生醋栗番茄（*Solanum pimpinellifolium* L.）（左）和栽培番茄（*Solanum lycopersicum* L.）（右）

（二）驯化机制研究方法

驯化过程中作物失去其野生祖先的部分生理、形态和遗传特征，而人们需要的性状得到不断积累和加强。作物驯化究其根本是作物重要性状遗传机制的改变。目前，针对作物驯化机制的相关研究主要有两种手段：基于连锁遗传的数量性状位点（又称数量性状基因座，quantitative trait loci，QTL）分析手段和基于重测序的群体遗传学分析手段。

1. 基于连锁遗传的数量性状位点（QTL）分析手段

连锁遗传的 QTL 分析手段作为经典的遗传分析手段在研究作物驯化中起重要作用，主要利用分子标记与 QTL 之间的连锁关系，把目标基因定位在遗传图谱上，分析其遗传效应。首先根据所研究基因表型性状建立群体，一般是重组自交系（recombinant inbred line，RIL）、加倍单倍体（doubled haploid，DH）群体、F_2群体，然后将群体及亲本在多个年份和多个环境下种植，以获得该群体的表型数据。然后选择 SNP 或者简单重复序列（simple sequence repeat，SSR）标记对该群体进行基因型检测，进行初定位，针对相关 QTL 区间构建近等基因系（near-isogenic line，NIL）等次级分离群体，进行进一步验证和精细定位。

例如，Konishi 等（2006）在水稻落粒品种‘Kasalath’和不落粒品种‘Nipponbare’群体中精细定位到控制水稻落粒的主效 QTL 即 *qSH1*；玉米的一个驯化基因 *tga1* 能够编码一个 SBP 转录因子，能使籽粒被较长的坚硬稃壳包裹性状（大刍草）转变成为无壳且柔软的性状（玉米）。该 QTL 最开始被定位到玉米 4 号染色体的一个孟德尔位点，之后几年内被成功克隆。

2. 基于重测序的群体遗传学分析手段

通过比较栽培种与野生种基因组的遗传多样性，解析栽培种遗传多样性降低的选择清除区域，对研究作物驯化有着十分重要的意义。近年来，随着第二代、第三代测序技术的迅速发展和普及，测序成本不断降低，高通量基因组学技术被广泛应用于作物驯化机制的研究中。利用全基因组重测序方式结合目标性状的全基因组关联分析（genome-wide association study，GWAS）结果，可确定目标性状的驯化区域，为研究作物驯化提供有利参考。目前，这些方法广泛应用于水稻、玉米、大豆、番茄、西瓜、甜瓜等作物的选择区域检测。

水稻中，Huang 等（2012）对 446 份野生稻和 1083 份栽培稻种质资源进行全基因组重测序，通过计算野生群体和栽培群体间的遗传多样性降低参数，鉴定出 55 个水稻驯化过程中的选择清除区域，其中部分区域与已报道的 QTL 定位区间重叠，并且水稻中已知的驯化基因，如种皮颜色基因 *Bh4*、落粒性基因 *sh4*、株型基因 *PROG1*、种子宽基因 *qSW5*、叶鞘颜色基因 *OsC1* 等均位于解析到的选择清除区间内。Hufford 等（2012）对 75 份玉米野生种材料、地方品种和自交系进行全基因组重测序，通过进行跨群体复合似然比检验（the cross-population composite likelihood ratio test，XP-CLR），鉴定出 484 个驯化相关的选择清除区域，挖掘出一系列已知和未知的玉米驯化相关基因。Zhou 等（2015）对 62 份大豆野生种材料、130 个地方品种、110 个育成品种进行全基因组重测序，同样进行 XP-CLR 计算分析，鉴定出 121 个大豆驯化相关的选择清除区域，并发现这些区域包括大部分已报道的驯化相关 QTL，但这些驯化区域长度比已知 QTL 区间小，这一研究表明基于重测序的群体遗传学手段解析到的驯化区域精度优于传统 QTL；同时，通过结合大豆驯化性状的 GWAS，鉴定到与大豆茎秆形成、籽粒重、种皮颜色、种子含油量等重要农艺性状相关的驯化位点。Lin 等（2014）对 360 份番茄种质进行全基因组重测序，鉴定出 186 个番茄驯化过程中的选择清除区间，总长度 64.6Mb，占基因组的 8.3%，涵盖了 5605 个基因，其中有 5 个驯化区间与已知的果实大小相关 QTL 重叠。Guo 等（2019）对现存 7 个种的 414 份西瓜种质进行全基因组重测序，鉴定到黏籽西瓜驯化成栽培西瓜过程中的 151 个清除区间，累计长度为

24.8Mb，涵盖了 771 个基因，这些区间涵盖了已知的果实大小、果实风味和果肉颜色相关 QTL。

（三）作物驯化的分子机制

近年来，随着分子生物学、遗传学等学科研究手段的不断提高和测序技术的迅速发展与普及，通过综合利用 QTL 定位、GWAS 及多组学分析等手段，作物驯化的基因调控机制研究得到进一步解析。作物驯化的分子机制主要分为结构基因和调控基因作用两类。结构基因是指某些能决定某种多肽链（蛋白质）或酶分子结构的基因。结构基因的突变可导致特定蛋白质（或酶）一级结构的改变或影响蛋白质（或酶）量的改变。调控基因是指某些可调节控制结构基因表达的基因，主要包括转录因子家族基因，植物中包含诸多类型的转录因子，其中包括 MYB、CBF/DREB1、HSF、TGA6、BOS1、bZIP 和 AP2/EREBP 等。调控基因的突变可以影响一个或多个结构基因的功能，或导致一个或多个蛋白质（或酶）的改变，它们对于植物的生长发育和对环境的适应性都有重要作用。

1. 调控基因

1）落粒性

Li 等（2006）利用籼稻和野生稻的 QTL 定位群体，鉴定到调控落粒性的关键基因 *sh4*，并证明 *sh4* 参与护颖与花梗的接合处离层的形成。Lin 等（2007）的进一步研究发现，*sh4* 属于 trihelix 转录因子家族，其 trihelix 功能域中关键位点突变导致栽培稻出现落粒性状。Konishi 等（2006）鉴定到关键调控基因 *qSH1*，该基因编码一个 BEL1 型同源异型蛋白，其 5′调控区域单位点突变会导致护颖与花梗的接合处不能形成离层而丧失落粒性。为了进一步深入研究水稻落粒性的调控机制，Zhou 等（2012）将野生稻 *O. rufipogon* W1943 的第 4 号染色体的片段引入栽培稻 *O. sativa* subsp. *indica* cv. Guangluai 4（GLA4）中，构建了染色体片段代换系 SL4，并通过 ^{60}Co 伽马射线处理得到不落粒突变体 *shat1*，通过图位克隆分析发现，*SHAT1* 编码一个 AP2 转录因子，其编码区发生单位点突变导致蛋白质翻译提前终止。这一研究还发现，*SH4* 正调控 SHAT1 在离层区域的表达水平，*SHAT1* 和 *SH4* 作用于 *qSH1* 上游，共同调控水稻离层形成。Wu 等（2017）通过在光稃稻（*O. glaberrima* Steud.）中构建染色体片段代换系，鉴定到一个控制粒长和落粒性的基因 *GL4*，该基因属于 MYB 转录因子家族。研究发现，栽培稻中 GL4 编码区的单位点突变造成蛋白质翻译提前终止，导致不能形成离层，从而落粒性丢失。小麦中的 *Q* 基因，编码一个 AP2 转录因子成员。作为小麦驯化的关键基因之一，*Q* 基因参与多个生长发育过程，能够影响麦穗的脆性，减少麦粒脱落，也是调控裸粒性的重要基因。其编码区位点突变使小麦由尖穗变成长方穗，非裸粒变成裸粒（Simons et al.，2006）。高粱中，Lin 等（2012）利用落粒的野生种和不落粒的栽培种构建杂交群体，通过图位克隆鉴定到高粱落粒性基因 *Sh1*，其编码一个 YABBY 家族转录因子。栽培高粱中 *Sh1* 存在 3 种不同的突变，启动子和内含子区域的位点突变导致 *Sh1* 表达水平降低；编码区 2.2kb 片段缺失造成第二和第三外显子缺失，产生截断蛋白；第四内含子内的 GT 向 GG 的剪切位点突变造成了第四外显子的移除。进一步研究发现，水稻中的同源基因 *OsSh1* 和玉米中的同源基因 *ZmSh1-1* 和 *ZmSh1-5.1+ZmSh1-5.2* 同样控制落粒性，与高粱 *Sh1* 具有相似功能。由此说明，*Sh1* 在高粱、水稻、玉米落粒性驯化中具有保守性。

2）株型

Zhu 等（2013）利用元江普通野生稻和地方品种'特青'构建的野生稻渗入系 YIL31 群体，克隆到控制野生稻穗型松散的关键基因 *QsLG1*，该基因属于 SBP-domain 转录因子家族。栽培稻中，*QsLG1* 上游 11kb 顺式调控区域发生单位点突变，导致花序中的细胞形态发生变化，穗型由野生种的松散型变成栽培种的紧凑型，这一研究表明驯化位点可能位于基因的顺式调控区域。

玉米野生祖先种大刍草分蘖多，具有多个茎秆分枝，栽培玉米不进行分蘖，仅有一个茎秆，株型发生了很明显的变化。*TB1* 是玉米驯化过程中的关键基因，Doebley 等（1997）的研究发现 *TB1* 是控制玉米顶端分化的主效 QTL。该基因属于 TCP 转录因子家族，通过竞争性结合细胞周期基因启动子区域的 TCP 元件，抑制细胞周期基因表达，进而负调控细胞周期，抑制顶端分枝的形成（Li et al.，2005）。Studer 等（2011）的研究发现，与大刍草相比，栽培玉米中 *TB1* 上游存在一个增强型的转座子 Hopscotch，*TB1* 表达水平增加，顶端优势增强，分蘖减少，说明转座子可以有效推动基因组进化。

3）粒重与果实大小

Muños 等（2011）在一个调控番茄茎细胞周期基因 *WUSCHEL* 的下游鉴定到两个与心室数目相关的 SNP，表明 *WUSCHEL* 可能是心室数量的关键调控基因。Cong 等（2008）通过图位克隆确定了番茄中的一个 YBBAY-like 转录因子基因 *fas*，该基因表达水平的降低可以促使心室数目增加，进而使得果实变大。

黄瓜野生种果实小且圆，长度仅有 3～5cm，栽培种果实较长，不同种质间的长度区别较大，长度范围为 5～40cm。为了研究驯化过程中调控果实伸长的分子机制，Zhao 等（2019）对 150 份不同果实长度的黄瓜种质进行序列分析，挖掘到一个 MADS-box 家族的转录因子基因 *CsFUL1*，该基因编码区存在一个 A/C 碱基的单位点突变，其中 A 型仅存在于东亚型栽培种长果黄瓜中，C 型存在于野生种、半野生种及其他栽培种黄瓜中，深入研究发现 *CsFUL1A* 可结合细胞分裂基因 *CsSUP* 启动子区域的 CArG-box，抑制 *CsSUP* 的表达，进而抑制细胞分裂和扩张。此外，*CsFUL1A* 可以抑制生长素运输蛋白 PIN1 和 PIN7 的表达，减少生长素积累。

4）果实口感

Zhu 等（2018）对包括野生种和栽培种在内的 610 份番茄材料进行基因组学、转录组学和代谢组学综合分析，并结合代谢物全基因组关联分析（metabolite genome-wide association study，mGWAS）、遗传多样性分析等手段，解析到 5 个番茄碱相关的驯化区间。通过对这些驯化区间进行深入分析，挖掘到两个主效位点，分别位于 1 号和 10 号染色体。在 1 号染色体驯化区间中鉴定到一个转录因子基因 *GAME9*，该基因编码区发生非同义突变，形成两种单倍型，低番茄碱含量相关的倍型仅存在于栽培番茄中，说明 *GAME9* 在番茄碱驯化过程中起到重要作用。

2. 结构基因

1）落粒性

Pourkheirandish 等（2015）在野生大麦和栽培大麦的远缘杂交群体中鉴定到大麦落粒基因 *Btr1* 和 *Btr2*，*Btr1* 编码一个膜蛋白，*Btr2* 编码一个可溶性蛋白（包含 CAR 和 PIP 结构域）。野生大麦中，小穗轴部细胞的细胞壁薄，脆性大，容易落粒。栽培大麦中 *Btr1* 和 *Btr2* 分别发生 1bp 和 11bp 的碱基缺失，导致翻译蛋白不完整，小穗轴部细胞的细胞壁变厚，脆性减弱，不易落粒。

2）株型

水稻从匍匐生长转变为直立生长，株型发生了明显的改变，同时产量也大幅度提高，是水稻驯化过程中的重要事件。为了研究水稻驯化过程中株型改变的分子机制，Tan 等（2008）利用元江普通野生稻和‘特青’构建了野生稻渗入系 YIL18，图位克隆到调控野生稻匍匐生长的关键基因 *PROG1*，该基因编码一个锌指蛋白，栽培稻中 *prog1* 发生突变，功能缺失，导致植株变成直立生长，同时穗粒数和产量增加。

3）粒重和果实大小

为了研究水稻籽粒的灌浆机制，Wang 等（2008）进行了突变体筛选并得到一个比野生稻灌浆慢的突变体‘*gif1*’。图位克隆发现 *GIF1* 编码一个细胞壁蔗糖酶基因，负责灌浆早期碳的分配，突变体中 *GIF1* 基因编码区发生单位点缺失，造成蛋白质翻译提前终止，影响籽粒灌浆。与野生稻相比，栽培稻中 *GIF1* 具有严格的组织表达特异性，用 35S 或 Waxy 启动子驱动 *GIF1* 异位表达严重影响栽培稻籽粒灌浆，导致籽粒偏小，用 *GIF1* 自身启动子驱动则明显促进籽粒灌浆，粒重增加。这一研究表明驯化基因可以通过改变表达模式影响驯化性状。Sosso 等（2015）在玉米中发现一个与碳水化合物运输相关的基因 *ZmSWEET4c*，该基因编码一个己糖转运蛋白，参与调控葡萄糖、蔗糖等从胚乳基部向种子运输的过程。与大刍草相比，栽培玉米中 *ZmSWEET4c* 的遗传多样性降低，表达水平提高，促进了种子灌浆，籽粒变大，粒重增加，研究还发现，水稻中的同源基因 *OsSWEET4* 发生突变后同样会影响籽粒灌浆，导致籽粒变小，粒重减轻，说明水稻和玉米籽粒灌浆的驯化过程可能经历了平行选择。小麦籽粒中的淀粉含量是影响粒重的一个重要因素，主要在蔗糖合酶的催化作用下由蔗糖转化而来。Hou 等（2014）的研究发现，蔗糖合酶基因 *TaSUS1-7A* 在小麦驯化过程中受到强烈的选择，出现多个突变位点，导致其催化活性发生变化，影响籽粒重。

番茄驯化过程中，经过长期的人工选择，果实变大、果重增加，产量得到了极大提高。番茄果实大小的改变主要经历了两个过程：细胞分裂增加和心室数目增加。*fw2.2* 是番茄中第一个被克隆并成功转化的数量性状基因，Frary 等（2000）的研究证明 *fw2.2* 负调控细胞分裂，进而影响心皮的细胞数目，其可能是番茄最早的变异基因之一。*fw3.2* 是另一个控制番茄果实大小的 QTL，Chakrabarti 等（2013）通过图位克隆鉴定到该位点的关键基因是一个细胞色素 P450 酶（CYP78A）。栽培番茄中该基因启动子区域发生单碱基突变，致其表达水平升高，细胞数目增加，果实增大。目前的研究发现有两个 QTL 与番茄心室数目有关，分别是 *lcn* 和 *fas*；*lcn* 对心室数目的影响较小，可使心室由 2 个增加到 3～4 个，而 *fas* 能够使心室提高到 6 个。

4）果实口感

Zhu 等（2018）对包括野生种和栽培种在内的 610 份番茄材料进行基因组学、转录组学和代谢组学综合分析，在 10 号染色体驯化区间发现一个包含 P450 氧化还原酶、酰基转移酶和糖基转移酶的基因簇，其中糖基转移酶编码区在栽培种内发生单位点突变，造成蛋白质翻译提前终止，导致番茄碱含量降低。

Shang 等（2014）对黄瓜野生种和栽培种的遗传多样性进行比较，发现栽培种内控制果实苦味的 *Bt* 基因附近区域的遗传多样性降低，该基因上游调控区域发生插入和多个位点突变等多处变异，这些变异在驯化过程中受到不同程度的选择。栽培种内关键位点突变导致该基因表达水平降低，葫芦素积累减少，果实苦涩味降低。

四、起源中心理论对作物种质资源学研究的指导作用

作物是从哪种野生植物演变形成的？人类从何时何地开始驯化这些作物？这些一直是受到广泛关注的科学问题，起源中心或者次中心区域作物野生近缘种群体遗传多样性高于栽培群体，且保存着大量未经驯化的遗传资源，作物起源中心理论为作物种质资源收集、保护与利用提供了重要的理论指导。

（一）栽培植物起源中心理论指导作物种质资源收集与保护

研究表明作物种质资源的遗传多样性从野生近缘种到地方品种再到育成品种呈现不断下降的趋势。瓶颈效应和选择性清除是造成遗传多样性降低的重要原因：瓶颈效应作用下，基因组各区段的多样性都相应地降低；而选择性清除则是针对目标基因区域（一般是较优异的农艺性状基因），使得该基因及其邻近区域的遗传多样性降低，从而导致现代作物的遗传多样性降低，限制了作物产量的提高，同时狭窄的遗传基础会导致作物对生物或非生物胁迫的抗性降低，作物极易受到病虫害侵袭，甚至造成产量灾难性损失。19 世纪爱尔兰马铃薯晚疫病事件、孟加拉大饥荒、美国玉米小斑病大发生都是典型的例子。

根据栽培植物起源中心理论，起源中心存在多样性丰富的野生近缘种和地方品种，这为作物种质资源的收集、保护和利用提供了重要的方向指引。例如，美国遗传学家哈兰于 1948 年在小麦起源中心土耳其东部收集到一份小麦地方品种（编号 PI178383），农艺性状和品质都很差，不抗叶锈病，育种家当时未给予足够重视，一直到 1963 年美国西北地区突然发生条锈病大暴发，研究人员对全球收集到的小麦种质资源进行广泛鉴定，最终发现了这份地方品种抗条锈 4 个生理小种，对其他 4 种病害也具有很强抗性，育种家利用这份种质资源培育出系列品种，其种植和推广对小麦条锈病起到了良好的控制作用。

（二）栽培植物起源中心的野生近缘植物是作物遗传改良的重要种质资源

作物起源中心的野生近缘种生于自然植被中或作为杂草生于田间，由于长期在自然逆境中生存，而多演化为携带抗病、抗虫、抗逆性基因的重要载体，有的还含有细

胞质不育、无融合生殖及其他有用的特殊生殖生理和生长发育基因等，可供育种家利用。李振声院士通过小麦与长穗偃麦草杂交培育抗病性强的小麦品种，育成的‘小偃6号’是我国小麦育种的重要骨干亲本，衍生出50多个品种，累计推广2000多万公顷，增产超75亿kg；中国农业科学院小麦资源团队攻克了利用冰草属P基因组改良小麦的国际难题，培育出一批新品种，创造了小麦新的遗传变异，拓宽了小麦遗传多样性，为兼具抗寒抗旱抗病及优质高效的小麦品种改良提供了难得的种质资源（Luan et al.，2010）；河南农业科学院将大刍草导入自交系‘掖478’‘8112’等优良自交系，并从中选出抗逆性强的‘郑远36’‘郑远37’等品系；近年在栽培荞麦的起源中心即我国西南地区发现的长花柱野荞麦（*Fagopyrum longistylum* M. Zhou et Y. Tang），具有栽培甜荞欠缺但急需的单性花、自交可育特性，为荞麦产量育种提供了重要的材料基础（Zhang et al.，2021a）。

（三）作物驯化研究为从头驯化提供重要的基因信息

作物驯化的过程非常缓慢，人工选择花费了几千至上万年的时间才获得了今天的作物。随着现代科学技术的快速发展，可以从自然界的野生植物中选择最好的起始原材料，根据人类的自身需求，通过对重要驯化性状关键基因进行精准改变，在较短时间内将自然界中的野生植物转变为栽培作物。作物的从头驯化应具备优异的野生种质资源、明确的驯化基因、高效的基因操作技术等必要条件，找到适合“编辑”的野生或半野生植物是最关键的第一步。许多具有独特优势的野生物种也可能适合作为从头驯化的起始原材料。例如，异源四倍体野生稻具有生物量大、自带杂种优势、环境适应能力强等优势。但它们同时也具有非驯化特征，无法进行农业生产，中国科学院李家洋团队首次提出了异源四倍体野生稻快速从头驯化的新策略，最重要的第一阶段即为收集并筛选综合性状最佳的异源四倍体野生稻种质资源，以此为材料基础，才能高效地建立野生稻的快速从头驯化体系，进行品种分子设计和快速驯化，最终实现推广利用（Yu et al.，2021）。小宗作物灯笼果（*Physalis peruviana* L.）属于茄科，具有优异的逆境耐受能力、丰富的营养成分和特别的风味物质，冷泉港李普曼（Lippman）研究组利用基因组编辑技术，使得灯笼果花期提前、株型紧凑、产量提高，增加了灯笼果果实大小，改良了灯笼果的食用品质和园艺性状，实现了灯笼果的快速驯化（Lemmon et al.，2018）。可见，明确作物的起源中心，进而寻找大量的作物野生近缘种遗传资源，利用驯化研究鉴定出的重要性状驯化基因，对于从头驯化等新型育种策略意义巨大。

第二节 遗传变异的同源系列定律

一、理论概述

遗传变异的同源系列定律是瓦维洛夫作物遗传理论体系中的重要组成部分。该理论认为，亲缘关系相近的种和属，会出现一系列相似的遗传变异，如果在一个种出现了一系列的类型，那么其他种属中也会出现平行的相应类型，例如，普通小麦中观察到的麦穗有芒/无芒性状、被毛/光滑性状、黄色/红色/蓝紫色性状都能在硬粒小麦等小麦属作物，甚至同为禾本科的黑麦等作物中被发现；从另一个角度来看，植物的变异是如此广泛，自然条件下甚至可能不存在严格意义上的单型种（monotypic species），同一种作物为适应不同生态环境会产生不同的变异，典型的例子包括作物的冬性和春性变异（如小麦），自花授粉和异花授粉变异如家山黧豆（*Lathyrus sativus* L.）等（瓦维洛夫，1982；Vavilov，1922）。

遗传变异的同源系列理论随着时间的推移而逐渐完善，尤其是在进化的方向性表述方面变得更加明确，进而形成了趋同进化（convergent evolution）和趋异进化（divergent evolution）两部分内容，即不同类型，同一生态区，趋同进化；同一类型，不同生态区，趋异进化（Chen，2022；Wang，2020）（图 2-6）。过去相当长一段时间，作物的遗传变异研究主要停留在表型性状层面，随着分子生物学及测序等技术的发展，该理论在分子和基因水平上得到了进一步的验证。

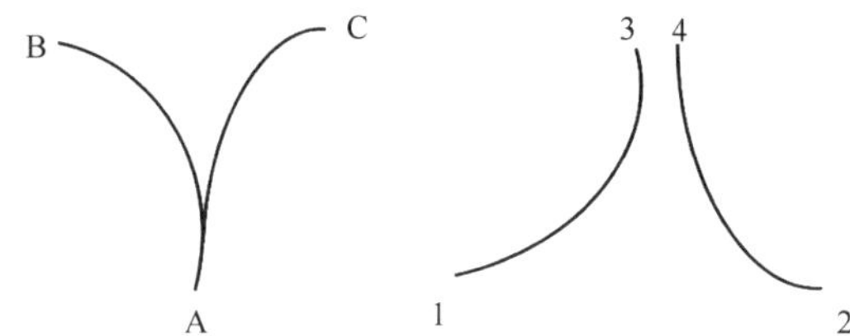

图 2-6 遗传变异的同源系列定律示意图

A 类群经趋异进化产生 B、C 类群；3、4 类群分别由 1 和 2 类群趋同进化产生，它们来源于不同的祖先，但具有相似性

二、趋同进化和趋异进化

（一）不同类型，同一生态区，趋同进化

趋同进化在植物层面是指两种或两种以上亲缘关系甚远的植物在进化过程中，由于适应相同或相似的环境而呈现出形态及生理上的相似性，分子水平上则是指不同起源的核酸分子或基因、蛋白质等出现相似的结构和功能。

1. 形态、生理水平的趋同进化

作为最直观的性状之一，形态学水平的趋同进化被发现广泛存在于自然界中，并拥有非常丰富的例证。瓦维洛夫很早就观察到喜马拉雅山脉区域的鹰嘴豆、蚕豆等作物都具有小粒小荚特性，而地中海各国的亚麻、小麦、大麦都具有大粒的特性（瓦维洛夫，1982）；植物花柱异长独立进化超过了 20 次，这个复杂的多态现象被作为趋同进化的经典案例，并被生物学教科书广泛采纳（Fornoni and Domínguez，2015）；在喜马拉雅地区植物调查中发现，早春低温时期，大多数高海拔植物的花芽苞片具有浓密柔毛形态特征，花芽或花序苞片上具有浓密柔毛的植物称为“花芽被毛植物”，其被毛特征是植物对早春低温环境适应性趋同进化的结果；美国南部的星球属（*Astrophytum*）植物和非洲的大戟属（*Euphorbia*）的某些植物物种之间尽管各自祖先不同，但为了适

应干热的气候条件，在形态上都具有无叶、具有刺、多棱、肉质茎等特征。

2. 分子水平的趋同进化

分子生物学研究手段的逐步成熟与发展，测序技术的发展，测序成本的迅速下降，越来越多的全基因组研究相继开展，使得人们可以更好地了解物种适应性进化问题，探索分子水平趋同进化现象也逐步成为研究相似环境下不同物种适应性进化的重要内容。

在作物驯化的过程中，不同作物的许多性状都经历了趋同选择，并在分子水平上得到证明。例如，水稻的同源染色体对 11 号和 12 号染色体与高粱的 5 号和 8 号染色体，以及谷子的 3 号、7 号和 8 号染色体在基因组进化过程中可能发生了基因置换，也即同源的染色体对间存在趋同进化。中国科学院遗传与发育生物学研究所鉴定得到的特异控制大豆种皮绿色和种子休眠调控的 *G* 基因及其同源基因在大豆、水稻和番茄的驯化过程中均受到选择，并且在大豆、水稻和拟南芥中都参与种子休眠的调控，是首个被报道的在多个科作物驯化中受到平行选择的基因（Wang et al.，2018a）。Chen 等（2022）通过构建重组自交系群体、图位克隆、基因编辑等多种手段，揭示了玉米 *KRN2* 与水稻 *OsKRN2* 基因的趋同进化，通过增加穗粒数从而提高玉米与水稻产量的机制；此外，还通过对大量玉米和水稻材料测序结果的全基因组水平的选择分析，鉴定出 490 对物种间的同源基因，其中 67.8%的基因位于水稻和玉米的共线性区间内，且同源基因出现的比例显著高于随机发生的概率，进而从单基因和全基因组 2 个层次系统地解析了玉米和水稻趋同进化的遗传基础（图 2-7）。

（二）同一类型，不同生态区，趋异进化

来源于共同祖先的一个种或一个植物类群，由于长期生活在不同的环境，产生了两个或两个以上方向的变异特征，则被称为趋异进化。生态型是植物趋异进化的体现。趋异进化的结果使一个物种适应多种不同的环境而分化成多个在形态、生理上各不相同的种，形成一个同源的辐射状的进化系统，即适应辐射（adaptive radiation），从而可产生新的种或类群。趋异进化是自然界生物进化的普遍形式，是分化式（植物种类或类型由少到多）进化的基本方式，是植物多样性的基础。

1. 形态、生理水平的趋异进化

和趋同进化一样，形态学水平的趋异变化丰富多样，广泛存在。例如，亚洲栽培稻分为适应于热带和亚热带等低纬度地区耐湿耐热的籼稻和适应于高纬度和高海拔地区耐寒耐弱光的粳稻 2 个亚种，它们之间不仅产生了生殖隔离的基因库，还在形态特征、农艺性状和生理生化反应等方面存在明显的差异，此外，在东南亚地区还存在较为特殊的深水稻（deep water rice）和浮水稻（floating rice）等生态群，其茎不仅较普通水稻更长（图 2-8），甚至还能适应水位上涨而快速伸长，体现出栽培稻对深水环境和季节性积水的适应性（Oladosu et al.，2020）。春大豆生育期短，感光性弱，多为有限结荚习性，籽粒以中小粒为主；夏大豆生育期长，感光性较弱至较强，有限

图 2-7　玉米和水稻基因层面的趋同进化导致从野生种到栽培种形态上的趋同进化（修改自 Chen et al.，2022）

图 2-8　高地旱稻（A）、低地旱稻（B）、普通水稻（C）、深水稻（D）、浮水稻（E）为适应不同水位的生长环境，茎长产生趋异进化（修改自 Oladosu et al.，2020）

结荚习性品种约占一半，籽粒以中大粒为主；秋大豆生育期短，营养生育期更短，感光性强，以亚有限和无限结荚习性品种为主，籽粒以大粒为主。小麦又分为冬小麦和春小麦等，形态和生理性状也各不相同。

2. 分子水平的趋异进化

分子技术和基因测序技术也为趋异进化提供了更多的研究方法。Doebley 等

（1991）研究表明，普通玉米与大刍草间一些差异性状，如有柄小穗的有无是由作用均衡的多个基因控制，而壳斗行数等性状是由一个主效基因加上几个修饰基因控制的；Wang 等（2020）利用基因组重测序，推断以色列卡梅尔山“进化峡谷”的祖先野生二粒小麦种群由于遗传漂变，分化产生了三个亚群：通过提高抗病能力适应生物胁迫的朝北斜坡（north-facing slope，NFS）群体、位于朝南斜坡（south-facing slope，SFS）的耐高光强辐射适应的 SFS1 群体以及通过早花以规避高温干旱等非生物胁迫的 SFS2 群体。

对于趋同进化和趋异进化的研究将有助于我们更好地了解物种的“前世今生”，探索在物种进化过程中环境的作用及其背后的分子机制；也有助于我们充分挖掘在物种进化过程中发挥着重要作用的关键基因，为今后的功能研究及成果应用奠定坚实的基础；更有助于我们更好地了解物种演化的轨迹，尽我们最大的可能去认知、去实践、去完善人类的发展轨迹。

三、遗传进化研究方法

（一）形态学研究

无论是相同物种的趋异进化还是不同物种的趋同进化，在形态上往往会有很多的变异和特点。植物因生境而改变，容易造成形态上的趋同或者趋异进化，特别是一些容易被外界影响的性状，如株高、株型、种子大小及形态等。例如，具有蒴果的百合科植物往往分布在开旷的草地灌丛等非林地，而浆果类的百合科植物往往分布在林地中，这也是一种形态上的趋同进化，这种趋同进化有利于其在相同环境下的种子传播。低温早花植物为了应对寒冷气候均发展出具有被毛这一特征，这也是一种趋同进化引起形态改变的现象，花芽苞片上的柔毛能够吸收太阳光中的热量，海拔越高，苞片具有越浓密的柔毛，并且柔毛能防止花芽内部热量散失，使幼嫩的花芽在冬季或早春低温环境下免受低温影响。

（二）生理生化研究

植物进化的发生是植物为了适应环境的改变而发生的改变。这种改变不仅会发生在形态上，也会发生在植物体内生理生化反应的相关过程中，特别是生活在不良环境中的不同植物，往往会进化出相同或相似的防御机制，如通过渗透调节物质、光合速率、呼吸速率等的变化以应对不良环境。所以在对一些逆境中生长的不同种类植物要特别注意其生理生化方面的趋同进化及其与不同环境中的相同植物的趋异进化。例如，羊草在不同环境中会发生脯氨酸含量等的趋异进化以应对不良环境。

（三）基因组研究

无论是趋同进化还是趋异进化，其变化的根源在于遗传物质的改变。先前的研究主要是利用分子标记或者单基因的克隆，寻找它们在结构和数目上的变化来说明相关科学问题。趋同进化在基因水平上会表现出相似性，趋异进化则相反，表现为基因水平上的差异性。因此，利用基因组上相似性或者差异性进行趋同或者趋异进化的研究具有非常重要的意义。例如，杨昆等（2015）在甘蓝和白菜中对 *EXO70* 基因进行研究时发现，这个基因在两个物种内的倍增表现出趋异进化，外显子数目差异尤其明显，这使得尽管 *EXO70* 基因在两个物种中的倍增模式相近，但整体来看在甘蓝中的倍增程度高于白菜，这可能预示着其产生新功能基因的频率更高，对环境适应能力更强。近年来随着测序技术的飞速发展，测序成本大大降低，为全基因组水平研究进化提供了极大的便利。利用全基因组重测序手段，比较在不同环境中的相同物种基因组水平上的差异可以更加清楚地看出哪些基因的选择和改变导致了趋异进化的发生，进而从基因组层面解释趋异进化的发生原因及过程。同样地，对相同环境的不同物种基因组层面的比较可以明确在相同环境中哪些基因的选择和改变造成了趋同进化的发生。例如，Zhou 等（2020）对小麦属和山羊草属的 414 份材料进行重测序和比较分析，揭示了小麦在从野生型到栽培型驯化过程中发生的趋同进化过程，这使得不同倍性、不同地域的小麦在平行的选择事件中，共同受到选择的基因相对于随机条件下产生了 2～16 倍的富集，反复经历独立的人工选择形成的一系列同源基因成为小麦在不同环境下塑造重要农艺性状、保持产量稳定的关键。有趣的是，通过对栽培大豆和野生大豆进行基因组学和群体遗传学分析，发现一个在高纬度（长日照）地区控制大豆开花的新位点 *Tof5* 在两者中出现了平行选择现象，虽然栽培大豆主要经历人工选择，而野生大豆主要经历自然选择，然而从结果上来看，相同位点在基因层面的改变都同样使得大豆能够在长日照条件下正常开花，提高了其在高纬度地区的适应性（Dong et al.，2022）。

四、作物的传播与分化

作物在起源中心地具有丰富的遗传多样性，经过人们的选择、驯化，随人类活动得到更大范围的传播，在同一生境下不同作物发生趋同进化，从而适应当地的气候条件，而不同地区同种作物则根据当地的需求，获得新的遗传变异，形成不同的种质资源，经过千百年的筛选，培育形成了满足人们生产生活所需的地方品种，并占据较强的优势，从而得到更为广泛的传播。

（一）作物传播的分子基础

在作物的进化传播过程中，野生近缘物种经过自然和人工选择，形成原始驯化品种，并不断积累有益等位变异，成为栽培品种，向其他地域扩散，产生分化地方品种，加上人为遗传改良，得到广泛应用的优良栽培品种。许多作物从原始的驯化起源地向新的区域不断传播和扩张，一些新育成的品种跨纬度推广种植，抽穗期相关的光周期、温度等相关基因的自然变异与农作物驯化后的传播紧密相关，能够使得作物准时启动生殖发育相关基因的表达，使营养生长转入生殖生长，完成一次生命周期的循环。

CCT（CO，CO-like，and TOCI）类转录因子对于作物光周期的调控意义重大，在水稻、玉米、小麦、高粱等多种作物中都发现有其同源基因。Kim 等（2008）发现，水稻中的 CCT 家族成员 *OsCO3* 可通过剂量效应影响 *Hd1* 基因的表达，继而使得水稻在短日照条件下抽穗期延迟；此外，水稻中 2 个驯化相关的 CCT 家族成员 *DTH2* 和 *Ehd4* 也相继被发现，它们通过与 MADS-box 转录因子作用在不同光照条件下调控抽穗期，在水稻从南向北的传播及品种改良中发挥了很重要的作用（Wu et al.，2013）。玉米中的 *ZmCCT9* 能够负调控成花素基因 *ZCN8* 的表达，从而导致长日照条件下玉米开花出现延迟，群体遗传学分析表明，*ZmCCT9* 中 Harbinger-like 转座子的插入和另一个 CCT 同源基因 *ZmCCT10* 中 CACTA 类转座子的插入，使得玉米能够适应高纬度地区（Huang et al.，2018）。小麦中光周期基因 *Ppd-1* 的表达上调能够明显促进抽穗、开花，在我国及全球一年两熟地区主要以对光照长度不敏感的类型为主，而春麦区主要是光敏感类型，该基因的不同表达模式对于小麦在不同熟制地区间的传播至关重要（Guo et al.，2010）。*SbGhd7* 和 *SbPRR37* 的表达能够提高高粱对光周期的敏感性，当两者缺失的情况下，无论长日照还是短日照均能促进植株开花，有利于高粱的传播和扩张。

春化（vernalization）是指低温诱导植物开花的现象，春化是影响植物物候期和地理分布的另一重要因素，春化相关基因的顺利表达是作物在新环境中成功由营养生长阶段过渡到生殖生长阶段的关键。在小麦和大麦等温带作物中，春化促进开花途径受到 *VRN1*、*VRN2*、*VRN3* 和 *VRN-D4* 等春化基因的调控，其中 *VRN1* 编码一个类似 FRUITFULL 的 MADS-box 转录因子，在春化过程中起到至关重要的促进作用；在小麦中，另一春化调控基因 *VER2* 在春化过程中通过改变 RNA 结合蛋白 GRP2 的亚细胞定位，解除 GRP2 对 *TaVRN1* 前体 mRNA 可变剪接的抑制作用，促进小麦开花；而 TaGRP2 结合 *VRN1* 的 RIP3 基序决定了小麦的春冬性，以上基因在小麦的传播中都起到了非常重要的作用（Xu and Chong，2018）。甘蓝型油菜具有 9 个 *FLC* 的同源基因，其中 *BnaFLC.A10* 启动子区一个 MITE 转座子的插入在很大程度上决定了冬性甘蓝型油菜对春化的需求，而 *BnaFLC.A2* 则是决定半冬性油菜春化需求的关键基因。带有 MITE 的 *BnaFLC.A10* 是决定甘蓝型油菜较强春化需求和晚开花的关键基因；无 MITE 存在时，不具有任何插入的 *BnaFLC.A2* 则是决定春化需求、影响开花时间的关键基因，FLC 家族基因表达模式的多样性使得甘蓝型油菜在不同气候条件下均能顺利完成开花（Yin et al.，2020）。

（二）作物的分化

作物在起源中心形成之后，要向世界各地传播。在传播的过程中，会进入到各种不同类型的生态环境中，原始的作物会通过基因组上的改变去适应环境，这样的过程就是作物的分化。作物的分化伴随着适应性品种的形成。品种（variety 或 cultivar）是一个农业专用名词，指人类在一定生态条件和经济条件下，根据人们的需要所选育的某种作物的一定群体。这种群体具有相对一致性，与同一作物的其他群体在特征、特性上有所区别；在相应地区和耕作条件下种植，在产量、抗性、品质等方面能符合生产发展的需要。作物野生祖先（如普通野生稻、大刍草等）在最初驯化阶段，在对当时各种环境条件的适应性选择过程中，产生了一系列广泛种植的水稻、玉米等作物品种，即原始的作物地方品种。因此，原始的作物地方品种是伴随作物的驯化而产生的，然而这部分品种在作物地方品种总体中所占的比例极少，更多的作物地方品种（包括开放性授粉品种）等则是在作物向世界各地的传播与对那些地区的环境条件的适应，以及当地人们的实际需要等因素的共同作用下逐渐形成的。由于地方品种经过了复杂的地理环境适应和长期的人工选择，因此具有丰富的遗传多样性（Zohary et al.，2012）。

在此方面水稻研究相对较多。由中国农业科学院作物科学研究所领衔，对来自全球 89 个国家和地区，代表全球 78 万份水稻种质资源约 95%的遗传多样性的 3010 份水稻进行基因组测序研究，检测到 3200 万个高质量 SNP 和插入/缺失标记（InDel），对亚洲栽培稻群体的结构和分化进行了更为细致和准确的描述和划分，将传统的 5 个群体增加到 9 个，分别是东亚（中国）的籼稻、南亚的籼稻、东南亚的籼稻和现代籼稻品种等 4 个籼稻群体，东南亚的温带粳稻、热带粳稻、亚热带粳稻等 3 个粳稻群体，以及来自印度和孟加拉国的 Aus 和香稻，剖析了水稻核心种质资源的基因组遗传多样性（Wang et al.，2018b）。中国科学院上海生命科学研究院从 5 万余份水稻资源中挑选出 517 份具有广泛代表性的地方品种，利用全基因组重测序的方法鉴定其基因型，构建了地方品种的高密度单倍型图谱，结果表明这些地方品种遗传多样性至少代表了 80%的全球水稻资源遗传变异，并发现籼稻地方品种的遗传多样性高于粳稻地方品种，且籼粳地方品种间的分化系数高达 0.55。水稻在驯化过程和地方品种分化中形成了高度的遗传多样性（Huang et al.，2010）。

小麦作为主粮作物，一直以来人们就非常重视其传播和分化。新月沃地的小麦向西传播至欧洲的路线已被充分讨论。在公元前 6500 年到达希腊和塞浦路斯，公元前 6000 年后不久到达埃及，公元前 5000 年到达德国和西班牙，公元前 3000 年，小麦已经到达大不列颠群岛和斯堪的纳维亚（Zohary et al.，2012）。Ling 等（2018）通过对乌拉尔图小麦材料‘G1812’进行基因组测序和精细组装，绘制出了小麦 A 基因组 7 条染色体的分子图谱，注释出了 41 507 个蛋白质编码基因，群体遗传学分析显示来自新月沃地的乌拉尔图小麦可分为三个亚群，其遗传多样性与海拔密切相关，并证明海拔在乌拉尔图小麦分化以适应环境和白粉病抗性等重要性状的形成中起到重要作用。Cheng 等（2019）对 93 个小麦及其近缘种材料进行了重测序分析，包括 20 个野生二粒小麦、5 个粗山羊草、5 个硬粒小麦［*T. turgidum* L. var. *durum* (Desf.) Yan. ex P. C. Kuo］、29 个六倍体地方品种和 34 个现代品种。发现 B 亚基因组比 A 和 D 亚基因组具有更多的变异，包括更加丰富的 SNP 位点和拷贝数变异（copy number variation，CNV）。群体遗传学分析认为来自黎凡特北部的野生二粒小麦为驯化小麦的单系起源，然而黎凡特南部地区的小麦群体在 AB 亚基因组中也贡献了大量基因组片段并且在着丝粒区域中富集。这一 AB 亚基因组的基因渗入事件发生在小麦物种形成的早期阶段，有助于小麦丰富遗传多样性的形成。而小麦从新月沃地开始向外传播后，不同基因组在不同地区又得到了进一步的分化。

玉米也是人们研究较多的重要作物。Hufford 等（2012）对 75 个玉米株系（包括野生玉米、美洲各地的传统品种和现代改良玉米品系）进行全基因组重测序，并对玉米的分化进行了全面的评估分析，研究发现玉米在经过人工驯化之后又产生了新的遗传多样性，并推测这很有可能是由野生近缘物种的基因渗入所导致的。刘志斋等

（2010）利用 55 对 SSR 标记对 9 个玉米种族中的 224 份代表性地方品种进行了基因型鉴定，结果表明中国玉米地方品种中具有丰富的遗传多样性。玉米的地方品种研究为未来应用提供了良好的基础。

其他作物地方品种的传播和分化也开展了大量研究，并取得了一定进展。例如，中国农业科学院作物科学研究所荞麦基因资源团队利用来自 14 个国家的 510 份苦荞核心资源进行全基因组重测序之后，发现苦荞起源于我国西南地区之后经南北两条路径分化，形成南北栽培苦荞的两个独立分支（Zhang et al.，2021b）。

当作物由其原生起源中心向外扩散传播到新的地区后，在新的生存条件下，经过了长期的自然选择和人工选择，再加上自然隔离作用，可能会形成与原生起源中心的同种作物差异很大、遗传多样性丰富的大量新类型，这样的新地区称为作物的次生起源中心（secondary center of origin）或新的多样性中心（瓦维洛夫，1982）。一个典型的例子就是普通小麦，其原产于新月沃地，传播到中国后经过漫长的栽培和选择历史，形成 6000 多个类型，80 多个变种的种质资源材料，遗传变异非常丰富，因此，中国是普通小麦的次生起源中心。

地方品种的分化和高度遗传多样性，为作物遗传改良提供了丰富的遗传资源。系统整理、筛选和改良地方品种是拓宽作物种质基础，克服遗传基础狭窄的重要途径。对地方品种的发掘利用，有助于发掘地方品种蕴藏的丰富的遗传变异，在作物遗传育种中有着举足轻重的地位，是中国未来作物育种的基本保证。

五、遗传变异的同源系列定律对作物种质资源工作的指导作用

遗传变异的同源系列定律揭示了作物种质资源多样性的基础，是研究作物演化、进行性状筛选、挖掘优质基因的重要理论依据，也是作物种质资源学的基本原理之一，在多项作物种质资源工作中发挥着指导作用。

（一）为阐明丰富种质资源形成和演化机制提供了指导

植物从起源中心起源后，向世界各地扩散传播，主要是两种方式：第一是自然扩散，通过风力、候鸟的迁徙和洋流传播到世界各地。马春晖等（2017）在对山东长岛梨属植物资源进行分析时发现，许多野生梨属植物杂乱分布在同一地带，其果实是众多鸟类的食物，推测鸟类参与了其扩散。第二是人为传播，不同国家和地区的人互相交流，有意无意携带了植物种子，例如，我国历史上著名的张骞出使西域，开辟了丝绸之路，促进了汉王朝与西域之间的文化和商业往来，也为内地引进了葡萄、苜蓿、石榴、胡麻、芝麻等农作物，加速了相关作物的传播与分化。随着这些植物陆续传入到世界各地，为适应当地环境，物种不断进行自然和人工选择，产生了各种各样的变异类型。这些变异类型极大地丰富了生物种质资源的多样性，同时也为研究趋同和趋异进化提供了基础。

甜瓜是全球十大水果之一，深受全世界人民的喜爱。甜瓜种的起源中心在非洲埃塞俄比亚高原及其毗邻地区。在非洲大陆产生之后，逐步向各大洲传播，现已广泛分

布于亚洲、非洲、欧洲、美洲的多个国家，并分化出 2 个亚种和 16 个变种。这些变种的产生为研究甜瓜的传播动力学和趋异进化奠定了基础。

（二）为鉴定和筛选优异种质资源提供了指导

植物经各种原因传播后，在不同的生态环境中趋异进化，产生了各种生态型。某一生态型能够适应某一种特定的生态环境类型。生态型相似是确保引种成功的基础。引种依据的基本原理是气候相似论原理和生态型相似性原理，即我们在引种的过程中要特别注意拟引进品种与引进区域的气候和生态型是否相似。因此研究植物的传播与分化路径，明确植物现存的生态型可以有针对性地指导我们的引种实践，避免产生毁灭性灾害。例如，美国加利福尼亚地区的小麦品种成功引种到希腊。最经典生态型相似性原理利用的例子是水稻的引种，要考虑在热带、亚热带高温、高湿、短日照环境引进籼稻；而温带和热带高海拔、长日照环境则考虑引进粳稻。

植物由于传播与分化产生的各种生态型都是自然选择和人工选择的产物，因此每一种生态型为适应当地环境都具有其独特的特点。这些具有丰富变异的生态型为我们实现作物的遗传育种改良奠定了材料基础。特别是一些生长在不良环境中的生态型，如高温、高寒、干旱、涝渍、病虫害环境中的生态型为我们发掘抗逆基因资源、改良作物品种提供了重要的材料来源。

例如，在油菜育种方面，我国传统种植白菜型和芥菜型油菜，其适应性广、早熟，在我国已有数千年的栽培历史。在不同生态环境下，形成了许多具有特殊优良性状的农家种种质资源，如‘上党油菜’（山西）等具有较强的抗寒能力，‘永寿油菜’（陕西）耐旱、‘姜黄种’和‘灯笼种’（浙江）植株丛生型、株矮、抗寒、抗风，‘小叶芥油菜’（甘肃）和‘遵义蛮菜籽’（贵州）秆硬抗倒，‘雅安油菜’（四川）和‘长秆油白菜’（浙江）耐迟播迟栽，这些优异的农家种加快了我国油菜育种事业的前进步伐，利用这些农家种，我国育成了许多优良品种。20 世纪 70 年代末，我国启动了油菜品质育种，利用由加拿大、澳大利亚、德国、法国和瑞典等国引进的‘奥罗’（Oro）、‘托尔’（Tower）、‘米达斯’（Midas）、‘马努’（Marnoo）、‘里金特’（Regent）等低芥酸、低硫苷优质资源，结合杂种优势利用，突破品质与产量、品质与抗性之间的矛盾，成功培育出一批高产、多抗、甘蓝型油菜双低品种。在小麦育种方面，我国西北地区广阔的地域和较为恶劣的自然环境孕育了一系列具有优良抗性的农家品种，如在青海等地区广泛种植的农家种‘小红麦’具有优良的干旱、盐碱抗性，适应力极强，是极具价值的抗性育种材料；陕西地区农家品种‘蚂蚱麦’除抗旱、越冬性能良好外，还具有丰产稳产的特性，更为重要的是，‘蚂蚱麦’的丰产性和广适应性的遗传力很强，配合力高，这使得‘蚂蚱麦’成为我国北方，尤其是黄淮冬麦区小麦品种选育的原始骨干亲本，为我国小麦品种改良做出了重大的贡献。

（三）为挖掘基因资源提供了指导

不同作物在相似的自然环境或人工选择压力下发生的适应性进化，不仅可能导致形态学上的趋同，也会在基因水平上呈现出相似性，这一点在发掘新的基因资源用于分子育种方面具有重大的意义。

不同作物在驯化过程中经历了极为相似的落粒性消失、休眠减少等“驯化综合征”，某个作物中鉴定出的驯化基因在其他作物中可能也发挥着相似的作用。例如，科学家最早在大豆中鉴定到的 *G* 基因能控制种子的休眠，而进一步研究发现，*G* 基因在水稻和番茄中同样保守地具有控制种子休眠的功能，这不仅有助于促进对作物种子休眠机制的理解，也为其他新作物的加速驯化提供了有效的参考基因位点（Wang et al.，2018a）。

第三节 作物及其种质资源与人文环境的协同演变学说

作物种质资源随自然环境和人文环境而演变的现象称为作物种质资源的协同演变（刘旭等，2022）。作物种质资源协同演变实质上是作物在驯化、传播和改良过程中受到自然选择和人工选择的双重压力，导致形成类型丰富、特色各异的种质资源。自然界中与之类似的是物种共同进化理论（co-evolution），主要用来描述物种之间通过源于相互作用的自然选择发生遗传变化的现象，一个典型例子是榕属植物和榕小蜂在长期的共进化中形成了稳定的专性互惠共生关系。一种榕树一般只对应一种特异的传粉榕小蜂，其果实大小与对应榕小蜂的体型能够精确匹配，雌花期榕果释放的挥发性物质也与榕小蜂的嗅觉识别机制一一对应，这是榕树群体分化的重要原因之一。人工选择关乎物种内基因和性状丰度与广度。例如，小麦经过数千年的栽培和选择，形成了强筋、中筋、弱筋等种类繁多的类型，以满足制作不同食品的需要。自然选择和人工选择并不是完全独立的。栽培燕麦和栽培黑麦都曾是小麦田里的杂草，在与小麦竞争的过程中，燕麦芒刺逐渐消失，黑麦从多年生变成了一年生，燕麦和黑麦最终都成为栽培作物。从遗传和分子角度看，作物在特定的自然环境中发生了基因突变，而这种突变有利于作物的生存，或适应于当地的人文环境，受到人们的喜爱或偏好，进而通过自然选择和（或）人工选择，使作物某个性状或基因由低频率突发事件演变为高频率普遍现象。

民以食为天，农业生产的首要目的就是满足人类对于食物的需求。作物在从野生种到栽培种的驯化早期，选择重点聚焦在落粒性、休眠性、株型等几个关键性状上，以提高产量为主要目标。当人类生产生活资料有了更多富余之后，对作物种质资源的追求从“吃饱”向“吃好”转变，开始以特殊口感口味偏好为目的进行性状选择。“北人食面，南人食米”“南人嗜咸，北人嗜甘”等俗语充分体现了我国不同地区民众有不同饮食习俗，并持续影响着作物种质资源的演变。

作物不仅为“食”提供保障，人类生活中的“衣”（纤维）、“住”（建材）、“行”（燃料）等方方面面也都离不开作物。充分利用作物的茎秆叶等不能食用的部分，实现物尽其用，是我国人民的传统智慧。仅秸秆就被用于制作席、帚、垫、篓、鞋、篱等多种用具。用途越广泛的作物，被选育分化出的品种就越丰富，而品种越丰富，可供人类选择栽培的空间也变得越大。因此，人类对作物多样化的利用方式促进了作物种质资源多样性的形成。

中华文明以农耕文明为主体，中国是世界农耕文明发展进程中唯一没有中断的国家，延绵数千年的文明史也是一部农业史，既出现了水稻、谷子（又称为粟）、玉米、高粱等起源于世界不同地区的谷物在中国均形成糯性种质的“趋同选择”，又出现了小麦传入中国（特别是东部）后适应了蒸煮方式烹制馒头、面条，而在其他地区适合烘烤制作面包和馕的“趋异选择”。中国传统饮食习用体系以植物性原料为主，糯性是核心，蒸煮是主体，口味是特色，物尽其用是扩展。从中国传统饮食习用体系入手来考察作物种质资源的演化，可揭示饮食习用等人文环境与作物种质资源形成之间的协同进化规律。

一、喜食喜用糯性食材促进了粮食作物糯性基因的定向积累

自古以来，中国人民就习惯用糯性食材制作糕点、酿造粮食酒。糯性食物所特有的黏性含有团结一致的意义，分享糯性食物有助于加强和维系家庭、社会的凝聚力，因此糯性食材被广泛用于祭祀和重大节庆，被赋予了象征性与神性（Fuller and Rowlands，2011）。在起源于中国的粮食作物中，黍稷、水稻的糯性品种早在商周时期就有所记载。此外，我国野生稻中也发现了糯性种质，可见，稻的糯性资源在物种形成的过程中就已存在。但是，糯性种质在中华文明的幼年时期似乎是珍稀且罕见的资源。一方面，文献描述糯米主要用于酿酒、祭祀而非日常主食（如商代卜辞中的“鬯”，《诗经》中的“黍”和“稌”）；另一方面，在目前已发掘的考古遗址中出土的糯稻相比籼稻、粳稻更少且晚（最早的已鉴定糯稻在西汉马王堆汉墓）。还有研究表明，糯性基因自然突变的频率相较于其他基因也较低一些。因此，糯性种质资源的出现，可能最初只是群体内的小概率事件。然而，中国传统人文环境中对食材糯性的偏爱，促进了古人对粮食作物糯性突变的发现和定向积累，经过长期的自然选择和人工选择，极大地扩展了糯性种质资源的规模。

（一）糯性种质资源在我国的发展和传播

晋代（约公元 4 世纪）《字林》中首次出现了“糯，黏稻也”的记载，是现代“糯”的语源。稍后成书的《齐民要术》中已记载了多达 11 个糯稻品种。西南地区的侗族等少数民族逐渐将糯米作为主食并发展出了独具特色的以糯性为核心的节俗文化。中国各族人民不仅将本土起源的谷子、黍稷、水稻的糯性品种逐步培育出来，这些作物糯性品种的进化，又强化了中国传统饮食习用体系中糯性的核心地位。域外作物在我国的传播过程中也体现了这一点。以玉米为例，玉米起源于墨西哥，在明代传入中国。玉米在传入中国之前并没有糯性品种。引入中国后，中国饮食习俗对玉米糯性的需求促使人们有意识地去发现和定向积累玉米的糯性突变。据考证，在 1760 年以前糯玉米已经在中国形成，中国成为糯玉米起源中心。类似的是，高粱、大麦在其各自原产地都未见糯性种质的报道，而传播至我国后却形成了丰富的糯性种质资源（Fuller and Castillo，2015）。有多种证据表明，中国是禾谷类作物糯性基因的起源中心（刘旭等，2008）。截至 2019 年，中国国家作物种质库保存有谷子糯性资源 2748 份，黍稷糯性

资源 4035 份，高粱糯性资源 792 份，水稻糯性资源 9928 份，玉米糯性资源 1020 份，糯性禾谷类作物种质资源保存数量居世界前列。

（二）糯性种质的意义、用途和多样性

糯性粮食受到我国人民的青睐并非偶然。如果籽粒中直链淀粉含量极低，几乎完全为支链淀粉，这种特殊的淀粉性状就会赋予禾谷类作物食材的黏性，继而赋予众多社会学和宗教学意义（Fuller and Rowlands，2011）。糯性食材制作的食物具有不易回生、耐饥饿、香滑味甘、不依赖配菜等突出优点，且便于携带和保存，是农民田间劳作时理想、经济的食物选择。对糯性食物的偏好已经深深地根植于中华民族的传统饮食习惯中直至现代。此外，糯性种质在供食用之外还发挥着多种功能，如糯稻、糯小米、糯高粱等自古以来就是优质的酿酒原料（Fuller and Rowlands，2011），糯米灰浆是我国传统的生物黏合剂，糯稻根具有药用价值。自然界本无天然的糯性小麦资源，但在 20 世纪末，日本和中国科学家相继成功育成了糯性小麦（仍是属于东亚文化圈），可见对糯性食物的偏好至今仍在作物的演变中发挥作用。

在古代，农民只能通过糯性口感来粗略判断糯性，而到了现代，对谷物食品的糯性一般依据其直链淀粉含量高低来进行鉴定。淀粉与碘形成复合物，并具有特殊颜色反应，支链淀粉遇碘呈红色，直链淀粉遇碘呈深蓝色。结合分光光度法，即可测得直链与支链淀粉的比例。我国国家标准规定，糯玉米杂交种籽粒中的直链淀粉含量不得超过 5%。但是，一些研究也表明，淀粉不仅只有直链与支链之分，还存在一些中间类型的淀粉，而一些支链淀粉的超长支链也会表现出直链淀粉的性质。此外，目前国内的糯稻一般也仅按照籼性和粳性分为籼糯、偏籼糯、粳糯、偏粳糯等，而各个糯稻品种之间的直链淀粉含量差异却并不显著。因此，人类对于糯性的认识还有待进一步加深。未来淀粉学等学科的最新发现将有助于更加深入地理解支链淀粉含量与糯性强度之间的对应关系，进而形成糯性种质资源相关分类分级标准，以指导糯性谷物的选育和鉴定。

（三）作物糯性形成的遗传学基础

虽然适当的烹饪方法（尤其是蒸法）也能够在一定程度上提高食物的糯性，但是从遗传学角度来看，谷物中 *Waxy*（*wx*）基因突变提高支链淀粉含量进而形成糯性种质更为关键（Fuller and Castillo，2015）。在糯稻中，*wx* 基因的一个单碱基突变就可导致颗粒结合型淀粉合成酶Ⅰ（GBSSⅠ）表达水平降低，进而导致直链淀粉含量降低（Olsen and Purugganan，2002），且糯稻几乎全部为粳稻而非籼稻，也与 *wx* 基因鲜少渗入籼稻群体有关（Mikami et al.，2008）。糯高粱的糯性来源于 *wx* 基因上一个 SNP 位点的非同义突变引发的谷氨酸/组氨酸（Glu/His）替换（McIntyre et al.，2008）；糯大麦的起源推测为一次基因缺失事件，这些事件可能是在传入东亚后才发生的。玉米淀粉代谢中的关键基因不仅只有 *wx*，还包括 *ae1*、*bt2*、*su1* 等，但是通过选择分析发现，*wx* 是玉米糯性遗传改良过程中唯一的靶基因，*wx* 的 1 个隐性突变就使得 GBSSⅠ失活，继而导致胚乳中直链淀粉的合成受阻，表现出糯性，在较短时间内实现了玉米糯性种

质资源的从无到有（姚坚强等，2013）。谷子起源于我国，继而传播到世界各地，在向西传播到中亚、西亚、北非的过程中，基本未产生糯性种质，而通过对 *wx* 基因的追踪，发现在朝鲜、日本、缅甸等地区，谷子至少经历了 3 次重要的突变，糯性谷子被持续选择保留，体现了在中国文化影响下东亚、东南亚地区对糯性口感的喜爱（Fukunaga et al.，2006）。薏苡是东亚和东南亚常见的粮食作物，目前大部分薏苡栽培种胚乳为糯性，但其野生祖先种的胚乳却不具糯性。研究发现，日本和韩国薏苡栽培种中 *wx* 基因普遍存在 1 个 275bp 的缺失，赋予了栽培种的糯性特质（Hachiken et al.，2012）。此外，在籽粒苋中同样发现了因 *wx* 基因突变形成的糯性种质，并被保存至今（Park et al.，2012）。六倍体小麦中已鉴定出 *Wx-A1*、*Wx-B1*、*Wx-D1* 等 3 个 *wx* 基因位点与糯性形成有关，且均为隐性遗传。只有 3 个位点全为隐性时，六倍体小麦才能表现出全糯性，这个概率非常低以至于至今仍未发现全糯性的天然突变体，所以才必须借助人工杂交技术以育成全糯性小麦。直链和支链淀粉占据了淀粉颗粒干重的 98%以上，但是不同作物乃至同一作物不同组织间直链和支链淀粉的比例都不尽相同，这个比例在很大程度上决定了植物籽粒的加工用途与品质性状。随着 *wx* 基因在谷物及荞麦、豌豆等更多作物中的克隆与鉴定，其作用机制逐渐明晰，为日后定向培育高或低支链淀粉含量（糯或非糯）的作物品种奠定了基础。

（四）人文环境对糯性种质资源形成的影响

除野生稻外，其他谷物的糯性野生种都鲜有报道，但如今以糯米为主的各类糯性食物却在东亚、东南亚地区的饮食体系中占据重要的地位，多个国家也相继产生了各具特色的糯性种质资源（表 2-4）。研究表明，糯性种质资源的表型和基因多样性非常丰富，但是却又仅局限于深受中国传统文化影响的东亚、东南亚地区，而处在类似纬度和气候，同样以水稻为主食，文化传统与中国差异较大的印度人却并不偏爱糯稻（Fuller and Rowlands，2011）。与此类似的，玉米 16 世纪传入中国，18 世纪就培育出了糯性玉米地方品种，而欧美国家却更偏爱甜玉米，尤其是美国，是世界上最大的甜玉米生产国和消费国；另一个有趣的事实是，美国的农业生产中虽然不时有玉米糯性突变的报道，却一直未能找到糯性玉米地方品种。因此，糯性突变虽然是在整个世界的谷物栽培中都能自发出现的小概率事件，但还需要基于对糯性偏爱的人文环境进行长期地选择、固定和发扬，最终方能在自然选择和人工选择的双重作用下，形成特色各异的糯性资源。

表 2-4 东亚、东南亚各国的部分糯米食物和特色糯稻种质资源

国别	糯米食物	特色糯稻种质
中国	黑糯糍粑，用黑糯米打制成的糍粑	肇兴黑糯
日本	镜饼，糯米制成的圆盘状糕点	乳井-莫基
朝鲜、韩国	松片，新月形的糯米饼	尤克恰
越南	方粽，用糯米、绿豆等蒸制的方形糕点	内普推廷
泰国	椰米粽，将糯米与椰肉混合，再用香蕉叶包好蒸制的甜点	和糯那
老挝	糯米饭，老挝人的日常主食	考凯内

二、以蒸煮为主的烹饪方式促进了作物进化契合蒸煮食味品质

在文明的早期，蒸煮制和烘烤制是两种主要的食物烹饪加工方法。生活在我国的先民因为较早发展出灿烂的陶器文化，开启了延绵至今的以蒸煮制为主体的烹饪方式。陶器的发明和蒸煮制的确立对人类文明的形成和早期发展具有重大的意义。首先，蒸煮制确立了禾本科谷物作为人类主食的重要地位。烤制技术虽然先于蒸煮技术被先民掌握，而谷物虽然营养丰富，产量较高，容易储存，但是籽粒却很小，烤制极不方便。利用陶器蒸煮可以一次性地加工出大量的粥或干饭以供食用。此外，煮食使得谷物中的淀粉能溶解于水，保存了营养，提高了消化吸收效率，对于先民的体质改善大有好处。有了蒸煮制，谷物就自然地成为人类的主食。此外，蒸煮还有改良口感、去涩、去毒的作用，使得橡子等本来不堪食用的植物也能被人类利用，大大地拓展了人类的食谱。

（一）小麦在我国的引入、传播及对于蒸煮制的适应

小麦是世界上最主要的作物之一，原产于西亚的新月沃地地带。小麦被引种传播到不同地域后，深受人类饮食习用方法的影响。中亚地区的先民将小麦面粉用于烤制面饼进而形成了“馕”，更便于游牧民族储藏和携带。古埃及人在利用小麦面粉烤制面饼中，偶然发现了通过发酵来烘烤面包的方法，从而发明了发酵面包。随后，古希腊人和古罗马人对面包的烘烤制作技术进行了改进，面包逐渐在欧洲国家流行起来，并成为主食。与之相应的，小麦在欧洲的演化结果是欧洲的小麦品种更适合制作面包。

小麦在中国的引入、传播和改良更加充分地体现出了对蒸煮制的适应。小麦大约于 5000 年前传入中国，但在相当长时间里，小麦也和谷子、水稻等一样蒸煮后粒食，称为“麦饭”，因口感粗糙，长期被认为是穷人的食物而不受青睐。在我国早期的小麦选择中，呈现出与现代育种截然相反的选择小粒小麦的倾向性，这与适应蒸煮习惯有关。到了西汉末年，随着粮食加工工具的进步，尤其是石转磨的发明，可以将小麦精细化加工成面粉，小麦制作成面食的品质优势体现出来，小麦食品的接受度逐渐提高。精益求精的中国人民还发现不同硬度的小麦磨粉品质差异很大，硬质品种更适于制作中式面条和馒头，而软质品种更适于制作糕点。于是，不同硬度的小麦地方品种也被进一步选择分化出来。在蒸煮体系下，小麦适合面食的突变被逐步发现和定向积累，加速了中国南北方主食“粒食”和“面食”的分化。“面食”的推广，又加速了小麦种质资源的演变，使得小麦逐步成为中国主要的粮食作物。

（二）我国小麦种质资源适应蒸煮制的遗传学基础

从现代遗传学的角度看小麦在我国的演变，可以发现它们与自己的中亚祖先已有了极大程度的分化。最近的研究表明，我国先民进行的小麦小粒选择（以适应蒸煮制）和早熟选择（以适应一年两熟）等，使得小麦这一外来物种得以适应中国的饮食与耕作制度。Wang 等（2021b）研究发现，我国小麦地方品种在染色体 3B 和 7A 上呈现出

独特的单倍型，成为其形成的重要遗传学基础。小麦籽粒的硬度是主基因+多基因控制的复杂性状，与小麦磨粉品质和最终用途密切相关。*Puroindoine a*（*Pina*）和 *Puroindoline b*（*Pinb*）是两个控制硬度的主效基因，其中一个或同时发生变异都将提升籽粒的硬度。中式面条和馒头都对籽粒硬度要求较高，通过对我国小麦种质资源中这两个基因的等位变异进行分析，发现了多达 15 种的突变类型，且中国地方品种中的 *Pina* 变异相比于现代品种来说更加丰富（Li et al.，2019a）。此外，一个等位变异 *Pinb-D1p* 几乎只在中国小麦地方品种中存在，其对小麦籽粒硬度的贡献低于 *Pina-D1b* 等变异，该等位变异在较长时间内广泛分布于以甘肃省为主的小麦地方品种中，而在过去几十年育成的小麦品种中频率却逐渐下降，另一变异 *Pinb-D1b* 的频率却显著提升（Chen et al.，2006）。另有研究表明，我国北方小麦品种自 21 世纪以来的硬度指数明显高于之前育成的品种，这都反映出中国小麦品种的硬度选择的持续变化。有趣的是，另一个小麦品质性状位点 *Glu-1*（高分子量麦谷蛋白亚基，HMW-GS）在东西方小麦育种中的地位截然不同。该位点与小麦的烘烤品质密切相关，特定的亚基组合能赋予面团很好的弹性和韧性，经烘烤后蓬松、有嚼劲且仍能保持形状，因此在重视面包用途的欧美小麦育种工作中，*Glu-1* 中适宜烘烤的优质亚基受到了强烈的选择，适合制作面包（适应烘烤）的品种得以大量出现，而与之相对的，21 世纪以前我国的小麦育种中却几乎未对 *Glu-1* 进行任何直接选择，各种等位基因的频率均衡发展，这与我国更重视小麦的面食用途，面包加工业相对弱势且缺乏面包专用小麦品种的历史事实相符合（张学勇等，2002）。

（三）人文环境对我国小麦种质资源形成的影响

有学者认为小麦是中国古代引进最为成功的一种作物，“麦子在改变中国人食物结构的同时，也在接受中国人对麦子的改变以适应中原的风土人情：如冬小麦取代春小麦，粒食改面食等，结果是我们虽然接受了麦子但没有选择面包”（曾雄生，2007）。受烹饪习惯的影响，经过数千年的演变，中国小麦地方品种的性状特征已更适应蒸煮而非烤制。这充分体现了人类饮食习用与作物种质资源进化间的双向互动作用。中国饮食以蒸煮为主的加工方式，也决定了我们接受并不断改造小麦，发展和丰富了面食，但没有像以烘烤为主的地区一样选择面包。

三、喜食蔬果且偏好多样化促进了特色作物种质资源的形成

浙江余姚河姆渡遗址和陕西半坡遗址出土的植物种子表明，在距今 6000～7000 年的新石器时代，中国已经开始栽培葫芦、白菜或芥菜。先秦时期，蔬菜即指人工栽培蔬菜也包括采集而来的野菜，此时期的果品有枣、栗、橘等多种，但是这些果树大多是野生的。据考证，《诗经》中记载的栽培蔬菜有 8 种，野生蔬菜 37 种。周代不仅人民广泛采集和栽培利用蔬菜，官方还设置了掌管蔬菜采集的官职。据《周礼》记载，“场人，掌国之场圃，而树之果蓏珍异之物，以时敛而藏之。凡祭祀、宾客，共其果蓏。享如之。”“场人”负责经营王室场圃，种植蔬菜果树等，按时收获，妥善保存，

供给王室贵族饮食和祭祀。此外，还有“甸师”需要采集野生果蔬供祭祀用，“泽虞”负责提供水生类野菜以供王室烹饪。随着对蔬菜需求的增长及对口味丰富的喜爱，人们不断发现、培育了新的蔬菜品种，推进蔬菜专业化生产。春秋时期，私人经营的蔬菜种植业开始兴起，以蔬菜瓜果为主的园圃业开始从农业中逐渐分离出来。战国至秦汉时期园圃业快速发展，已有“五菜”之称。蔬菜生产的专业化，更加促进了人们对各类蔬菜品种的引种和培育，极大地丰富了我国作物种类。据统计，汉代栽培蔬菜有 20 多种，魏晋时期达 35 种，清代增至 176 种。具有中国特色的腌制菜，也促进了对多种蔬菜品种的选育和改良利用。《周礼》中记载了祭祀用的七种腌菜“七菹”，《礼记》记载了利用芥菜作酱。起源于中国的芥菜，尤其适合制作腌菜，经人工选育形成了 20 多个变种，在中国各地广泛栽培，并经过杂交渐渗，沿茶马古道和丝绸之路传播至印度、巴基斯坦和中东中亚各国。

（一）多样化需求偏好促成蔬果特色种质资源

我国人民在蔬果形态、口味、口感等方面的多样化需求偏好促进了多种蔬果特色种质资源的演化与形成。从形态多样化来看，白菜类蔬菜在史前时期即被中国先民食用，古称“菘”。中国最早形成的白菜种类可能是白菜或芥菜，在距今 6000 多年的陕西半坡遗址的陶罐中就有种子遗存，经过劳动人民长期的选择，形成了以采收叶球、花薹、膨大根茎等不同目的、形态各异的亚种或变种，在食用、制酱调味、腌制咸菜、榨油等不同方面各有优势。中国是白菜、大白菜、油菜、芥菜、芜菁等种类繁多的白菜类蔬菜的起源地，仅大白菜就有散叶型、花叶型、结球型、半结球型等多种类型。从口味多样性来看，早在《礼记》中已载“五味”，郑玄注为“酸、苦、辛、咸、甘”，《黄帝内经》中将五菜与五味相应“葵甘、韭酸、藿咸、薤苦、葱辛”。可见，蔬菜是多种滋味的来源，是重要的调味佐餐品，尤其是近代辣椒的引进与品种培育更加凸显中国饮食体系重口味的偏好对作物演化的作用。辣椒传入之初主要用作观赏，后以温味和脾、化毒解瘴的功效而成为蔬菜。辣椒传入中国不过 400 余年，但因其“辣”的口味契合中国饮食重口味偏好，迅速传遍中国，改变了中国传统“五味”有辛无辣的口味构成。辣椒在传入中国后，其品种也不断被人们改良，在中国进化形成了多个变种，适合甜辣、辛辣、香辣等不同口味，能够满足微辣、中辣、重辣等不同辣度的需求，云南地区气候潮湿，加之少数民族习惯将蔬菜用清水煮熟后搭配辣椒等调制的蘸水食用，因此，云南成为我国辣椒资源最丰富的省份之一（郑殿升等，2012b）。从口感多样性来看，桃原产于我国西南地区，适应性极强，在古代即已流行于我国不同地区，自古就有“桃李满天下”的说法，然而我国沿海低海拔地区的桃地方品种口感较为绵软，而内陆高海拔地区的地方品种口感更硬而脆，这不仅与古代内陆地区交通不便、硬桃更耐储存的环境因素有关，也体现了我国不同地区人民的口感偏好（Li et al.，2019b）。

（二）蔬果特色种质资源形成的遗传学基础

人类基于多样化的需求偏好对蔬果特色性状的长期选择，最终导致了基因层面的多样性分化，并在近年来通过生物信息学研究得以验证。我国科学家通过对 16 份不同白菜资源进行泛基因组分析，不仅鉴定出了非常丰富的与白菜种间分化相关的结构变异（structural variation），提示结构变异在白菜不同形态驯化中起到重要作用，还发掘出 *BrPIN3.3* 等 4 个可能参与白菜叶球形成的重要候选基因（Cai et al.，2021）。此外，我国完成了以自主选育的辣椒栽培品种‘遵辣一号’及其野生祖先种［*Capsicum annuum* L. var. *glabriusculum* (Dunal) Heiser et Pickersgill］的全基因组测序工作，发现 *AT3-D1* 和 *AT3-D2* 这两个酰基转移酶基因与辣椒素合成密切相关，初步解释了不同辣椒辣味不同的分子机制（Qin et al.，2014）。Pan 等（2015）通过 14 个不同肉质类型桃品种的研究发现，一个生长素通路的限速酶基因 *PpYUC11* 与果实中的生长素含量及乙烯释放量密切相关，继而影响了桃果肉的硬度，可能是形成了桃不同类型的口感的关键所在。

（三）人文环境对特色蔬果种质资源形成的影响

得益于我国丰富多样的地理气候类型及不同地区迥异的人文环境，在自然和人工选择的双重作用下，不同的有利或偏爱性状被不断选择，最终形成了各具特色、种类丰富的蔬果种质资源。从世界范围来看，对蔬果种质资源的选择方向也是非常多样化的，一个典型的例子是起源于我国继而风靡于全世界的桃，我国等东方国家的桃地方品种普遍为纯甜口味，而西方国家的桃地方品种却普遍为酸甜口味，通过基因组分析，在西方国家桃群体的第 5 号染色体上发现了一个特殊的基因位点与桃的固酸比密切相关，继而导致了桃酸甜口味的分化（Li et al.，2019a）。与东方以粮食为主的酿酒体系不同，西方国家普遍使用葡萄等水果酿酒，久而久之也导致了一系列酿酒专用水果品种的产生，西方常见的酿酒用葡萄品种甜度高、风味足，但是籽大果肉少不适合鲜食，而东方偏爱的鲜食葡萄品种皮薄肉厚、口感出色但风味较淡薄不适合酿酒。现代遗传学研究表明，酿酒葡萄和鲜食葡萄可能有着共同的祖先，但是在大约 2500 年前就因为不同的人工选择而分化（Zhou et al.，2017）。此外，通过基因组测序发现酿酒葡萄中存在异常丰富的萜类和单宁酸合成相关基因，为从分子水平解析葡萄酒多样化的香味和口感奠定了基础（Jaillon et al.，2007）。

四、物尽其用的探索催生了新型作物种质资源

在漫长的作物栽培与利用历史中，除食用外，人类将作物材料灵活运用为生活、生产用具，充分发掘作物茎秆叶等废弃物的价值，资源化利用，变废为宝，物尽其用，如用作编织原料（图 2-9）、燃料、肥料、饲料等，从而影响了作物种质资源的演变，形成了功用各异的新种质资源。

（一）物尽其用促使作物新特性新种质的发现

人类对作物各部分物尽其用的探索，发现作物的新特性新种质，经过长期的定向人工选择形成了新的种质资源，不仅极大拓展了作物的功用甚至颠覆其主要用途。这在我国突出表现在棉、麻（包括苎麻、大麻等多种植物）、桑等经济作物的演变上。

图 2-9 作物秸秆及其编织成的工艺品

A. 采集自山东泰安的紫秆高粱和编织成的篓；B. 河南濮阳莛子麦植株；C. 莛子麦编织成的麦秆画

例如，生活在广西的上甲人的传统丧服为土黄色，最初是利用黄泥浆将白棉布染色；后来人们偶然发现了棉花的淡褐色纤维自然变异种质，织成丧服后无须染色，且不会褪色，因此便将其保留下来，称为“彩棉”，并世代种植至今。更为典型的是我国麻类作物由最初的粮食作物逐步演变成为纤维作物。麻类曾是中国古代重要的粮食作物之一，《吕氏春秋·十二纪》记四时之食为“麦、菽、稷、麻、黍”，东汉郑玄注《周礼》中“五谷”，将麻列为五谷之首：“麻、黍、稷、麦、豆”。不过，随着时代的发展，相较于食用价值，麻的纤维特性更多地被人类所倚重，在《尚书·禹贡》中已经将丝、枲（雄麻）并称，可见先秦时期已经利用麻制作衣物，在人类长期栽培过程中，更偏向其纤维好、出麻多等特性，并进行定向积累和选择，促进其向纤维作物发展，而作为粮食作物的高产适口等特性逐步被淡化，从而形成了更多的纤维用麻类作物种质资源。桑椹在中国自古就是美食，《诗经·鲁颂·泮水》有云：“翩彼飞鸮，集于泮林。食我桑黮，怀我好音”。然而，桑树在我国并没有向着适合食用的果桑方向演进，而是更多向采叶养蚕的叶桑演变，蚕丝是丝绸最主要的来源，丝绸在古代中国乃至世界的经济生活和文化历史中占有非常重要的地位，欧亚大陆间的长途商业贸易和文化交流线路也因此被称为“丝绸之路”。经过长期的选育，我国形成了鲁桑、湖桑等多个叶桑地方品种，其中湖桑具有生长旺盛、叶大多汁、高产优质、高适应性等突出优点，对于我国丝绸产业的发展贡献巨大。《齐民要术》记载湖桑“叶厚大而疏”但“少椹”，说明其经过强烈的人工选择，早在 1000 多年前就已成为叶桑专用品种，这正是由于我国古代蚕桑业的发展对桑叶需求更大而影响了其品种演变的方向（Jiao et al.，2020）。

（二）物尽其用促成特殊作物种质资源的遗传学基础

对彩棉的有色纤维基因遗传进行分析发现，棕色纤维由 6 个基因控制（*Lc1*～*Lc6*），绿色纤维由一对主效基因（*Lg*）控制，对这些基因的鉴定和深入理解有助于选择合适的亲本进行杂交，在维持纤维有色性状的同时改良品质。Wang 等（2021a）通过将栽培种苎麻［*Boehmeria nivea* (L.) Gaudich.］‘中饲苎 1 号’与其野生祖先种青叶苎麻［*Boehmeria nivea* (L.) Gaudich. var. *tenacissima* (Gaudich.) Miq.］进行基因组组装和比较，发现了一个位于第 13 号染色体的大片段插入变异，该插入有利于苎麻中活性赤霉素积累，进而促进了纤维的延伸和株型的显著增高，显著提高了纤维产量。通过分析中国和日本的 134 个栽培桑树品种的重测序数据，发现湖桑与来自我国北方和西南的桑树品种都具有明显的分化距离，且遗传多样性显著降低，同时在 4 号染色体上发现一个 375kb 的片段具有非常强烈的选择信号，与植株发育和病虫害防御等功能密切相关，说明湖桑品种是经过了长时期强烈的人工选择而形成的一个独特的品种支系，这与自宋代以来，蚕丝业生产区转移至杭嘉湖地区，选育出优质高产抗逆的湖桑品种的历史相吻合（Jiao et al.，2020）。

（三）人文环境对特殊用途种质资源形成的影响

生物普遍存在着遗传和变异的特性，然而对于作物物尽其用的探索，更加体现了人文环境对于品种形成的重要性，通过不断保存对人类有利的变异，最终形成全新的种质资源为人类所用。高粱可谓是“物尽其用”造就多种不同类型种质资源的范例。高粱对土壤、水分、温度等条件的适应性很强，广泛种植于世界多个地区，也因不同的选择目的而形成了用途各异、性状丰富的高粱品种。与以粒食为主要用途的常见高粱品种相比，产自上海的糖用高粱品种‘甘蔗芦穄’的茎秆部分含糖量高，口感爽脆，可鲜食或榨汁食用。产自贵州仁怀的酿酒高粱品种‘红缨子’支链淀粉含量更高（糯性好），种皮更厚，耐蒸煮，单宁含量较高，酿造性能突出。产自黑龙江的帚用高粱品种‘龙帚 2 号’分蘖能力强，穗型更散，分支长且柔韧以适应其制帚用途。饲用高粱种类也很丰富，苏丹草广泛栽培于全国，生长迅速，耐刈割，适口性好，青饲、青贮、制干草皆宜，是家畜的良好饲料。此外，甜高粱还能用于大量制备生物燃料乙醇，是新兴的能源作物，红高粱壳用水煮后形成天然的染料，各类高粱的秸秆还能用于编制篦子、凉席等。多样性的用途也造就了高粱极高的表型多样性和遗传多样性，形成了丰富多彩的种质资源。

五、作物及其种质资源与人文环境的协同演变学说对作物种质资源学研究的指导作用

作物及其种质资源与人文环境的协同演变是关于作物及其种质资源与人文环境相互促进、相互作用和相互发展的理论。不同人文环境会孕育相应的作物类型，不同的作物类型又会形成相应的饮食习用，进而影响人文环境。人文环境会对作物及其种质资源形成深刻的影响，甚至引领其演变。作物及其种质资源协同演变的本质是作物及其种质资源在自然环境中孕育出了呈现在作物某些性状上明显差异的小概率突变，在人文环境的作用下，不断被加以定向固定，在整个群体中的基因频率逐渐提高，并成为大概率事件，产生基因型上的分化，最终形成新的作物种质资源。从实践意义上来看，不论是传统作物选种还是现代作物育种，人们在改造作物及其种质资源的过程中都有意或无意地在遵循着“有差异，就选择；能遗传，可定向”的基本原则。作物及其种质资源的协同演变造就了种类丰富、特色各异的种质资源，是现代种质资源收

集、保护和鉴定评价的理论基础。现代作物育种在一定程度上也受作物及其种质资源与人文环境的协同演变学说的指导，并且极大加速了作物及其种质资源的演变进程。该理论对未来的育种和种质资源工作有着多方面的启示作用。

（一）揭示了人文环境对作物种质资源形成的重要影响

在人类饮食习俗、生活习俗和民族文化的内在需求驱动下，人类不断地对作物进行驯化、传播和改良，推动了作物种质资源的协同演变，极大地丰富了作物的种质资源。小麦在传入中国后，如果未能经受住东亚地区自然环境选择和中国先民的人工选择，演变出小粒、早熟等特色性状，就不可能成为中国人民的主食之一，灿烂丰富的面食文化也就无从谈起。

（二）揭示了传统知识习俗和农民参与对种质资源保护的重要意义

从中国传统饮食习用与作物种质资源形成的相互作用可以看出，文化习俗和农耕传统促进了作物类型和作物种质资源的演变。另外，农作物种质资源也是这些习俗和传统的重要载体，对文化和习俗的产生、发展和传递具有重大作用。保护传统文化和保护作物种质资源有着密不可分的关系。农民是作物种质资源的直接管理者，是地方品种的守护者，他们持续种植、保护着很多古老的地方品种，在种质资源保护和利用中应充分调动农民的积极性，发挥农民的主动作用。作物传统生境是作物在长期的演化过程中所形成的最适宜的自然和人文环境，是保护作物种质资源最好的环境条件，应加大作物传统生境的保护力度，注重作物种质资源的就地保护。

（三）揭示了基因组学研究对于种质资源形成的重要作用

现代遗传学研究表明，作物种质资源的形成和演进与基因组层面的结构变异密切相关，部分重要性状的改良甚至是由单基因突变导致的（如 *wx* 基因与糯性）。因此，通过基因组学方法锁定关键基因，对于实现定向育种、加快育种改良进程意义重大。

（四）揭示了地方品种是品种选育的重要材料

地方品种是在漫长的自然和人工双重选择后保存下来的遗传资源，通常对当地特定的农艺-气候条件具有较强的适应性，相较于育成品种，遗传多样性也更为丰富（如中国小麦地方品种中的 *Pina* 突变类型）。因此，地方品种不仅可用于发掘优良基因，也是良好的育种亲本。

（本章作者：刘　旭　周美亮　黎　裕）

参考文献

刘旭, 李立会, 黎裕, 等. 2022. 作物及其种质资源与人文环境的协同演变学说. 植物遗传资源学报, 23(1): 1-11.

刘旭, 郑殿升, 董玉琛, 等. 2008. 中国农作物及其野生近缘植物多样性研究进展. 植物遗传资源学报, 9(4): 411-416.

刘志斋, 宋燕春, 石云素, 等. 2010. 中国玉米地方品种的种族划分及其特点. 中国农业科学, 43(5): 899-910.

吕厚远. 2017. 中国史前农业起源演化研究新方法与新进展. 中国科学: 地球科学, 47(2): 181-199.

马春晖, 李鼎立, 王秀娟, 等. 2017. 山东长岛梨属植物资源分布及演化分析. 植物遗传资源学报, 18(2): 193-200.

瓦维洛夫 НИ. 1982. 主要栽培植物的世界起源中心. 董玉琛译. 北京: 农业出版社: 12-77.

杨昆, 吕俊, 张毅, 等. 2015. *EXO70* 基因在甘蓝和白菜基因组中的倍增与趋异进化. 科学通报, 60(24): 2304-2314.

姚坚强, 鲍坚东, 朱金庆, 等. 2013. 中国糯玉米 *wx* 基因种质资源遗传多样性. 作物学报, 39(1): 43-49.

曾雄生. 2007. 从"麦饭"到"馒头"——小麦在中国. 生命世界, 9: 8-13.

张学勇, 庞斌双, 游光霞, 等. 2002. 中国小麦品种资源 Glu-1 位点组成概况及遗传多样性分析. 中国农业科学, 35(11): 1302-1310.

郑殿升, 刘旭, 黎裕. 2012a. 起源于中国的栽培植物. 植物遗传资源学报, 13(1): 1-10.

郑殿升, 游承俐, 高爱农, 等. 2012b. 云南及周边地区少数民族对农业生物资源的保护与利用. 植物遗传资源学报, 13(5): 699-703.

Bommert P, Nagasawa N S, Jackson D. 2013. Quantitative variation in maize kernel row number is controlled by the *FASCIATED EAR2* locus. Nature Genetics, 45(3): 334-337.

Cai X, Chang L, Zhang T, et al. 2021. Impacts of allopolyploidization and structural variation on intraspecific diversification in *Brassica rapa*. Genome Biology, 22(1): 1-24.

Chakrabarti M, Zhang N A, Sauvage C, et al. 2013. A cytochrome P450 regulates a domestication trait in cultivated tomato. Proceedings of the National Academy of Sciences of the United States of America, 110(42): 17125-17130.

Chen F, He Z H, Xia X C, et al. 2006. Molecular and biochemical characterization of puroindoline a and b alleles in Chinese landraces and historical cultivars. Theoretical and Applied Genetics, 112(3): 400-409.

Chen W, Chen L, Zhang X, et al. 2022. Convergent selection of a WD40 protein that enhances grain yield in maize and rice. Science, 375(6587): eabg7985.

Cheng H, Liu J, Wen J, et al. 2019. Frequent intra-and inter-species introgression shapes the landscape of genetic variation in bread wheat. Genome Biology, 20(1): 1-16.

Cong B, Barrero L S, Tanksley S D. 2008. Regulatory change in YABBY-like transcription factor led to evolution of extreme fruit size during tomato domestication. Nature Genetics, 40(6): 800-804.

Dai F, Nevo E, Wu D, et al. 2012. Tibet is one of the centers of domestication of cultivated barley. Proceedings of the National Academy of Sciences of the United States of America, 109(42): 16969-16973.

Doebley J, Stec A. 1991. Genetic analysis of the morphological differences between maize and teosinte. Genetics, 129(1): 285-295.

Doebley J, Stec A, Hubbard L. 1997. The evolution of apical dominance in maize. Nature, 386(6624): 485-488.

Dong L, Cheng Q, Fang C, et al. 2022. Parallel selection of distinct *Tof5* alleles drove the adaptation of cultivated and wild soybean to high latitudes. Molecular Plant, 15(2): 308-321.

Dong Z, Alexander M, Chuck G. 2019. Understanding grass domestication through maize mutants. Trends in Genetics, 35(2): 118-128.

Duan N, Bai Y, Sun H, et al. 2017. Genome re-sequencing reveals the history of apple and supports a two-stage model for fruit enlargement. Nature Communications, 8(1): 1-11.

Fornoni J, Domínguez C A. 2015. Beyond the heterostylous syndrome. New Phytologist, 206(4): 1191-1192.

Frary A, Nesbitt T C, Grandillo S, et al. 2000. fw2.2: a quantitative trait locus key to the evolution of tomato fruit size. Science, 289(5476): 85-88.

Fukunaga K, Ichitani K, Kawase M. 2006. Phylogenetic analysis of the rDNA intergenic spacer subrepeats and its implication for the domestication history of foxtail millet, *Setaria italica*. Theoretical and Applied Genetics, 113(2): 261-269.

Fuller D, Castillo C. 2015. Diversification and cultural construction of a crop: the case of glutinous rice and waxy cereals in the food cultures of Eastern Asia. Oxford: Oxford University Press: 1-18.

Fuller D, Rowlands M. 2011. Ingestion and food technologies: maintaining differences over the long-term in West, South and East Asia//Wilkinson T C, Sharratt S, Bennet J. Interweaving Worlds-Systematic Interactions in Eurasia, 7th to 1st Millenn BC. Oxford: Oxbow Books: 37-60.

Guo S, Zhao S, Sun H, et al. 2019. Resquencing of 414 cultivated and wild watermelon accessions identifies selection for fruit quality traits. Nature Genetics, 51(11): 1616-1623.

Guo Z, Song Y, Zhou R, et al. 2010. Discovery, evaluation and distribution of haplotypes of the wheat *Ppd - D1* gene. New Phytologist, 185(3): 841-851.

Gutaker R M, Weiß C L, Ellis D, et al. 2019. The origins and adaptation of European potatoes reconstructed from historical genomes. Nature Ecology & Evolution, 3(7): 1093-1101.

Hachiken T, Masunaga Y, Ishii Y, et al. 2012. Deletion commonly found in *Waxy* gene of Japanese and Korean cultivars of Job's tears (*Coix lacryma-jobi* L.). Molecular Breeding, 30(4): 1747-1756.

Harlan J R. 1971. Agricultural Origins: Centers and Noncenters: agriculture may originate in discrete centers or evolve over vast areas without definable centers. Science, 174(4008): 468-474.

Harlan J R. 1976. Plant and animal distribution in relation to domestication. Philosophical Transactions of the Royal Society of London. B, Biological Sciences, 275: 13-25.

Hawkes J G. 1983. The diversity of crop plants. Cambrige: Harvard University Press.

Hou J, Jiang Q, Hao C, et al. 2014. Global selection on sucrose synthase haplotypes during a century of wheat breeding. Plant Physiology, 164(4): 1918-1929.

Hua L, Wang D R, Tan L, et al. 2015. *LABA1*, a domestication gene associated with long, barbed awns in wild rice. The Plant Cell, 27(7): 1875-1888.

Huang C, Sun H, Xu D, et al. 2018. *ZmCCT9* enhances maize adaptation to higher latitudes. Proceedings of the National Academy of Sciences of the United States of America, 115(2): E334-E341.

Huang X, Kurata N, Wei X, et al. 2012. A map of rice genome variation reveals the origin of cultivated rice. Nature, 490(7421): 497-501.

Huang X, Sang T, Zhao Q, et al. 2010. Genome-wide association studies of 14 agronomic traits in rice landraces. Nature Genetics, 42(11): 961-967.

Hufford M B, Xu X, Van Heerwaarden J, et al. 2012. Comparative population genomics of maize domestication and improvement. Nature Genetics, 44(7): 808-811.

Jaillon O, Aury J M, Noel B, et al. 2007. The grapevine genome sequence suggests ancestral hexaploidization in major angiosperm phyla. Nature, 449(7161): 463-467.

Jiao F, Luo R, Dai X, et al. 2020. Chromosome-level reference genome and population genomic analysis provide insights into the evolution and improvement of domesticated mulberry (*Morus alba*). Molecular Plant, 13(7): 1001-1012.

Jones M K, Liu X. 2009. Origins of agriculture in East Asia. Science, 324(5928): 730-731.

Kim S K, Yun C H, Lee J H, et al. 2008. *OsCO3*, a *CONSTANS-LIKE* gene, controls flowering by negatively regulating the expression of *FT*-like genes under SD conditions in rice. Planta, 228(2): 355-365.

Konishi S, Izawa T, Lin S Y, et al. 2006. An SNP caused loss of seed shattering during rice domestication. Science, 312(5778): 1392-1396.

Lemmon Z H, Reem N T, Dalrymple J, et al. 2018. Rapid improvement of domestication traits in an orphan crop by genome editing. Nature Plants, 4(10): 766-770.

Li C, Potuschak T, Colón-Carmona A, et al. 2005. *Arabidopsis* TCP20 links regulation of growth and cell division control pathways. Proceedings of the National Academy of Sciences of the United States of America, 102(36): 12978-12983.

Li C, Zhou A, Sang T. 2006. Rice domestication by reducing shattering. Science, 311(5769): 1936-1939.

Li X, Li Y, Zhang M, et al. 2019a. Diversity of *Puroindoline* genes and their association with kernel hardness in Chinese wheat cultivars and landraces. Molecular Breeding, 39(4): 1-13.

Li Y, Cao K, Zhu G, et al. 2019b. Genomic analyses of an extensive collection of wild and cultivated accessions provide new insights into peach breeding history. Genome Biology, 20(1): 1-18.

Li Y, Colleoni C, Zhang J, et al. 2018. Genomic analyses yield markers for identifying agronomically important genes in potato. Molecular Plant, 11(3): 473-484.

Lin T, Zhu G, Zhang J, et al. 2014. Genomic analyses provide insights into the history of tomato breeding. Nature Genetics, 46(11): 1220-1226.

Lin Z, Griffith M E, Li X, et al. 2007. Origin of seed shattering in rice (*Oryza sativa* L.). Planta, 226(1): 11-20.

Lin Z, Li X, Shannon L M, et al. 2012. Parallel domestication of the *Shattering1* genes in cereals. Nature Genetics, 44(6): 720-724.

Ling H Q, Ma B, Shi X, et al. 2018. Genome sequence of the progenitor of wheat A subgenome *Triticum urartu*. Nature, 557(7705): 424-428.

Londo J P, Chiang Y C, Hung K H, et al. 2006. Phylogeography of Asian wild rice, *Oryza rufipogon*, reveals multiple independent domestications of cultivated rice, *Oryza sativa*. Proceedings of the National Academy of Sciences of the United States of America, 103(25): 9578-9583.

Luan Y, Wang X, Liu W, et al. 2010. Production and identification of wheat-*Agropyron cristatum* 6P translocation lines. Planta, 232(2): 501-510.

Mascher M, Gundlach H, Himmelbach A, et al. 2017. A chromosome conformation capture ordered sequence of the barley genome. Nature, 544(7651): 427-433.

McIntyre C L, Drenth J, Gonzalez N, et al. 2008. Molecular characterization of the waxy locus in sorghum. Genome, 51(7): 524-533.

Mikami I, Uwatoko N, Ikeda Y, et al. 2008. Allelic diversification at the *wx* locus in landraces of Asian rice. Theoretical and Applied Genetics, 116(7): 979-989.

Muños S, Ranc N, Botton E, et al. 2011. Increase in tomato locule number is controlled by two single-nucleotide polymorphisms located near *WUSCHEL*. Plant Physiology, 156(4): 2244-2254.

Oladosu Y, Rafii M Y, Arolu F, et al. 2020. Submergence tolerance in rice: review of mechanism, breeding and, future prospects. Sustainability, 12(4): 1-16.

Olsen K M, Purugganan M D. 2002. Molecular evidence on the origin and evolution of glutinous rice. Genetics, 162(2): 941-950.

Pan L, Zeng W F, Niu L, et al. 2015. *PpYUC11*, a strong candidate gene for the stony hard phenotype in peach (*Prunus persica* L. Batsch), participates in IAA biosynthesis during fruit ripening. Journal of Experimental Botany, 66(22): 7031-7044.

Park Y J, Nishikawa T, Tomooka N, et al. 2012. The molecular basis of mutations at the *Waxy* locus from *Amaranthus caudatus* L.: evolution of the waxy phenotype in three species of grain amaranth. Molecular Breeding, 30(1): 511-520.

Pont C, Leroy T, Seidel M, et al. 2019. Tracing the ancestry of modern bread wheats. Nature Genetics, 51(5): 905-911.

Pourkheirandish M, Hensel G, Kilian B, et al. 2015. Evolution of the grain dispersal system in barley. Cell, 162(3): 527-539.

Qin C, Yu C, Shen Y, et al. 2014. Whole-genome sequencing of cultivated and wild peppers provides insights into *Capsicum* domestication and specialization. Proceedings of the National Academy of Sciences of the United States of America, 111(14): 5135-5140.

Ramsay L, Comadran J, Druka A, et al. 2011. *INTERMEDIUM-C*, a modifier of lateral spikelet fertility in barley, is an ortholog of the maize domestication gene *TEOSINTE BRANCHED 1*. Nature Genetics, 43(2): 169-172.

Renner S S, Wu S, Pérez-Escobar O A, et al. 2021. A chromosome-level genome of a Kordofan melon illuminates the origin of domesticated watermelons. Proceedings of the National Academy of Sciences of the United States of America, 118(23): e2101486118.

Shang Y, Ma Y, Zhou Y, et al. 2014. Biosynthesis, regulation, and domestication of bitterness in cucumber. Science, 346(6213): 1084-1088.

Silva F, Stevens C J, Weisskopf A, et al. 2015. Modelling the geographical origin of rice cultivation in Asia using the rice archaeological database. PLoS One, 10(9): e0137024.

Simons K J, Fellers J P, Trick H N, et al. 2006. Molecular characterization of the major wheat domestication gene *Q*. Genetics, 172(1): 547-555.

Smith B D. 1989. Origins of agriculture in eastern North America. Science, 246(4937): 1566-1571.

Sosso D, Luo D, Li Q B, et al. 2015. Seed filling in domesticated maize and rice depends on SWEET-mediated hexose transport. Nature Genetics, 47(12): 1489-1493.

Studer A, Zhao Q, Ross-Ibarra J, et al. 2011. Identification of a functional transposon insertion in the maize domestication gene *tb1*. Nature Genetics, 43(11): 1160-1163.

Sun C Q, Wang X K, Li Z C, et al. 2001. Comparison of the genetic diversity of common wild rice (*Oryza rufipogon* Griff.) and cultivated rice (*O. sativa* L.) using RFLP markers. Theoretical and Applied Genetics, 102(1): 157-162.

Taketa S, Amano S, Tsujino Y, et al. 2008. Barley grain with adhering hulls is controlled by an ERF family transcription factor gene regulating a lipid biosynthesis pathway. Proceedings of the National Academy of Sciences of the United States of America, 105(10): 4062-4067.

Tan L, Li X, Liu F, et al. 2008. Control of a key transition from prostrate to erect growth in rice domestication. Nature Genetics, 40(11): 1360-1364.

Vavilov N I. 1922. The law of homologous series in variation. Journal of Genetics, 12(1): 47-89.

Wang E, Wang J, Zhu X, et al. 2008. Control of rice grain-filling and yield by a gene with a potential signature of domestication. Nature Genetics, 40(11): 1370-1374.

Wang H, Nussbaum-Wagler T, Li B, et al. 2005. The origin of the naked grains of maize. Nature, 436(7051): 714-719.

Wang H, Yin H, Jiao C, et al. 2020. Sympatric speciation of wild emmer wheat driven by ecology and chromosomal rearrangements. Proceedings of the National Academy of Sciences of the United States of America, 117(11): 5955-5963.

Wang M, Li W, Fang C, et al. 2018a. Parallel selection on a dormancy gene during domestication of crops from multiple families. Nature Genetics, 50(10): 1435-1441.

Wang R L, Stec A, Hey J, et al. 1999. The limits of selection during maize domestication. Nature, 398(6724): 236-239.

Wang W, Mauleon R, Hu Z, et al. 2018b. Genomic variation in 3,010 diverse accessions of Asian cultivated rice. Nature, 557(7703): 43-49.

Wang Y, Li F, He Q, et al. 2021a. Genomic analyses provide comprehensive insights into the domestication of bast fiber crop ramie (*Boehmeria nivea*). The Plant Journal, 107(3): 787-800.

Wang Z, Hao C, Zhao J, et al. 2021b. Genomic footprints of wheat evolution in China reflected by a Wheat 660K SNP array. The Crop Journal, 9(1): 29-41.

Wei X, Qiao W H, Chen Y T, et al. 2012. Domestication and geographic origin of *Oryza sativa* in China: insights from multilocus analysis of nucleotide variation of *O. sativa* and *O. rufipogon*. Molecular Ecology, 21(20): 5073-5087.

Wu W, Liu X, Wang M, et al. 2017. A single-nucleotide polymorphism causes smaller grain size and loss of seed shattering during African rice domestication. Nature Plants, 3(6): 1-7.

Wu W, Zheng X M, Lu G, et al. 2013. Association of functional nucleotide polymorphisms at *DTH2* with the northward expansion of rice cultivation in Asia. Proceedings of the National Academy of Sciences of the United States of America, 110(8): 2775-2780.

Xia E, Tong W, Hou Y, et al. 2020. The reference genome of tea plant and resequencing of 81 diverse accessions provide insights into its genome evolution and adaptation. Molecular Plant, 13(7): 1013-1026.

Xu S, Chong K. 2018. Remembering winter through vernalisation. Nature Plants, 4(12): 997-1009.

Yin S, Wan M, Guo C, et al. 2020. Transposon insertions within alleles of *BnaFLC.A10* and *BnaFLC.A2* are associated with seasonal crop type in rapeseed. Journal of Experimental Botany, 71(16): 4729-4741.

Yu H, Lin T, Meng X, et al. 2021. A route to *de novo* domestication of wild allotetraploid rice. Cell, 184(5): 1156-1170.

Zeven A C, Zhukovsky P M. 1975. Dictionary of Cultivated Plants and Their Centres of Diversity: Excluding Omamentals, Forest Trees Andlower Plants. Wageningen: Centre for Agricultural Publicationsand Documentation.

Zhang K, Fan Y, Weng W, et al. 2021a. *Fagopyrum longistylum* (Polygonaceae), a new species from Sichuan, China. Phytotaxa, 482(2): 173-182.

Zhang K, He M, Fan Y, et al. 2021b. Resequencing of global Tartary buckwheat accessions reveals multiple domestication events and key loci associated with agronomic traits. Genome Biology, 22(1): 1-17.

Zhao J, Jiang L, Che G, et al. 2019. A functional allele of *CsFUL1* regulates fruit length through repressing *CsSUP* and inhibiting auxin transport in cucumber. The Plant Cell, 31(6): 1289-1307.

Zhou Y, Lu D, Li C, et al. 2012. Genetic control of seed shattering in rice by the APETALA2 transcription factor *SHATTERING ABORTION1*. The Plant Cell, 24(3): 1034-1048.

Zhou Y, Massonnet M, Sanjak J S, et al. 2017. Evolutionary genomics of grape (*Vitis vinifera* ssp. *vinifera*) domestication. Proceedings of the National Academy of Sciences of the United States of America, 114(44): 11715-11720.

Zhou Y, Zhao X, Li Y, et al. 2020. *Triticum* population sequencing provides insights into wheat adaptation. Nature Genetics, 52(12): 1412-1422.

Zhou Z, Jiang Y, Wang Z, et al. 2015. Resequencing 302 wild and cultivated accessions identifies genes related to domestication and improvement in soybean. Nature Biotechnology, 33(4): 408-414.

Zhu G, Wang S, Huang Z, et al. 2018. Rewiring of the fruit metabolome in tomato breeding. Cell, 172(1-2): 249-261.

Zhu Z, Tan L, Fu Y, et al. 2013. Genetic control of inflorescence architecture during rice domestication. Nature Communications, 4(1): 1-8.

Zohary D, Hopf M, Weiss E. 2012. Domestication of plants in the Old World: the origin and spread of domesticated plants in Southwest Asia, Europe, and the Mediterranean Basin. 4th edition. Oxford: Oxford University Press.

附表 1 部分作物起源中心（参考瓦维洛夫，1982）

作物名称	起源中心
粮食作物	
非洲栽培稻 *Oryza glaberrima* Steud.	撒哈拉沙漠以南非洲地区
亚洲栽培稻 *Oryza sativa* L.	中国、南亚
波斯小麦 *Triticum turgidum* L. var. *carthlicum* (Nevski) Yan ex P. C. Kuo	中东、埃塞俄比亚
密穗小麦 *Triticum compactum* Host	中亚
普通小麦 *Triticum aestivum* L.	近东
茹科夫斯基小麦 *Triticum zhukovskyi* A. M. Menabde et Eritzjan	西亚
斯卑尔脱小麦 *Triticum spelta* L.	中亚
提莫菲维小麦 *Triticum timopheevii* (Zhuk.) Zhuk.	格鲁吉亚西部
印度圆粒小麦 *Triticum sphaerococcum* Percival	西南亚
硬粒小麦 *Triticum turgidum* L. var. *durum* (Desf.) Yan. ex P. C. Kuo	地中海沿岸
圆锥小麦 *Triticum turgidum* L.	地中海沿岸
栽培二粒小麦 *Triticum dicoccum* Schrank ex Schübl.	中东新月沃地地带
栽培一粒小麦 *Triticum monococcum* L.	西欧到小亚细亚
玉米 *Zea mays* L.	墨西哥西南部
大麦 *Hordeum vulgare* L.	近东

续表

作物名称	起源中心
高粱 *Sorghum bicolor* (L.) Moench	非洲
黑麦 *Secale cereale* L.	叙利亚
苦荞 *Fagopyrum tataricum* (L.) Gaertn.	中国西南地区
藜 *Chenopodium quinoa* Willd.	安第斯山区
龙爪稷、穇子 *Eleusine coracana* (L.) Gaertn.	印度
裸燕麦 *Avena nuda* L.	中国
食用稗 *Echinochloa crusgalli* (L.) Beauv.	热带亚洲
黍稷、糜子 *Panicum miliaceum* L.	黄土高原
粟、谷子 *Setaria italica* (L.) Beauv. var. *germanica* (Mill.) Schred.	华北
甜荞 *Fagopyrum esculentum* Moench	中国西南地区
燕麦 *Avena sativa* L.	地中海沿岸
薏苡 *Coix lacryma-jobi* L.	东南亚
珍珠粟 *Cenchrus americanus* (L.) Morrone	非洲撒哈拉西部
绿豆 *Vigna radiata* (L.) Wilczeke	印度、中亚、中国
黎豆 *Mucuna capitata* Wight et Arn.	洪都拉斯
小豆、红小豆 *Vigna angularis* (Willd.) Ohwi et Ohashi	中国
黑吉豆 *Vigna mungo* (L.) Hepper	东南亚
普通菜豆 *Phaseolus vulgaris* L.	中美洲、南美洲
鹰嘴豆 *Cicer arietinum* L.	西亚、地中海沿岸
甘薯 *Dioscorea esculenta* (Lour.) Burkill	秘鲁、厄瓜多尔、墨西哥一带
马铃薯 *Solanum tuberosum* L.	中美洲、南美洲
蔬菜作物	
长豆角 *Vigna unguiculata* (L.) Walp. subsp. *sesquipedalis* (L.) Verdc.	地中海东部
扁豆 *Lablab purpureus* (L.) Sweet	印度、东南亚
蚕豆 *Vicia faba* L.	近东
小扁豆 *Polygala tatarinowii* Regel	亚洲西南部、地中海东部地区
丛林菜豆 *Phaseolus coccineus* subsp. *polyanthus* (Greenm.) Marechal, Mascherpa et Stainier	墨西哥到危地马拉一带
刀豆 *Canavalia gladiata* (Jacq.) DC.	东亚
多花菜豆 *Phaseolus coccineus* L.	墨西哥、中美洲
豇豆 *Vigna unguiculata* (L.) Walp.	非洲
宽叶菜豆 *Phaseolus acutifolius* A. Gray	美国西南部、墨西哥北部
利马豆、小菜豆 *Phaseolus lunatus* L.	墨西哥、秘鲁
番茄、西红柿 *Lycopersicon esculentum* Mill.	秘鲁、厄瓜多尔、玻利维亚
甘蓝 *Brassica oleracea* L.	地中海沿岸如西西里
菜薹、菜心 *Brassica parachinensis* L. H. Bailey	中国南部
大白菜 *Brassica rapa* L.	中国
芥蓝 *Brassica alboglabra* L. H. Bailey	中国南部
豌豆 *Pisum sativum* L.	中亚、近东、非洲北部
乌头叶菜豆 *Vigna aconitifolius* (Jacq.) Marechal	印度
普通白菜、小白菜、青菜、油菜 *Brassica chinensis* L.	中国

续表

作物名称	起源中心
经济作物	
大豆 *Glycine max* (L.) Merr.	中国
花生 *Arachis hypogaea* L.	南美洲
木豆 *Cajanus cajan* (L.) Millsp.	印度
四棱豆 *Psophocarpus tetragonolobus* (L.) DC.	毛里求斯到新几内亚
埃塞俄比亚芥 *Brassica carinata* A. Braun	埃塞俄比亚
白菜型油菜 *Brassica chinensis* L. var. *oleifera* Makino et Namot	中国
木薯 *Manihot esculenta* Crantz	中美洲、南美洲
普通山药 *Dioscorea oppositifolia* L.	亚洲、非洲、美洲热带亚热带地区
田薯 *Parietaria micrantha* Ledeb.	亚洲、非洲、美洲热带亚热带地区
蓖麻 *Ricinus communis* L.	非洲东部
草棉 *Gossypium herbaceum* L.	非洲
茶树 *Camellia sinensis* (L.) O. Ktze.	中国
甘蓝型油菜 *Brassica napus* L.	地中海地区
甘蔗中国种（竹蔗）*Saccharum sinense* Roxb.	南太平洋群岛、新几内亚、中国
海岛棉 *Gossypium barbadense* L.	南美洲、中美洲、加勒比地区等
黑芥 *Brassica nigra* (L.) W. D. J. Koch	地中海周边
红麻 *Girardinia suborbiculata* subsp. *grammata* (C. J. Chen) C. J. Chen	非洲
剑麻 *Agave sisalana* Perr. ex Engelm.	墨西哥
蕉麻、马尼拉麻 *Musa textilis* Née	菲律宾
结球甘蓝 *Brassica oleracea* var. *capitata* L.	地中海至北海沿岸
芥菜 *Brassica juncea* (L.) Czern. et Coss.	中东、地中海沿岸
芥菜型油菜 *Brassica juncea* var. *gracilis* Tsen et Lee.	油用起源于中东和印度、叶用起源于中国
陆地棉 *Gossypium hirsutum* L.	墨西哥高地、加勒比地区
罗布麻 *Apocynum venetum* L.	中国
葡萄 *Vitis vinifera* L.	西南亚
茄子 *Solanum melongena* L.	印度
青麻 *Abutilon theophrasti* Fisch. Medik.	中国、印度西北部
球茎甘蓝 *Brassica caulorapa* Pasq.	地中海至北海沿岸
薹菜 *Brassica campestris* L.	中国南部
桃 *Amygdalus persica* L.	中国
甜瓜 *Cucumis melo* L.	非洲
乌塌菜 *Brassica narinosa* L. H. Bailey	中国
向日葵 *Helianthus annuus* L.	北美
亚麻 *Linum usitatissimum* L.	地中海沿岸、外高加索、波斯湾、中国
亚洲棉 *Gossypium arboreum* L.	西亚、南亚
油桐 *Vernicia fordii* (Hemsl.) Airy Shaw	中国
圆果黄麻 *Corchorus capsularis* L.	中国南部-印度-缅甸
芸薹、芜菁 *Brassica rapa* L.	欧洲、中国

续表

作物名称	起源中心
长果黄麻 *Corchorus olitorius* L.	非洲东部、中国南部-印度-缅甸
芝麻 *Sesamum indicum* L.	印度
苎麻 *Boehmeria nivea* (L.) Gaudich.	中国

附表 2 起源于中国的主要作物（参考郑殿升等，2012b）

作物名称	物种及其学名
粮食作物	
稻	亚洲栽培稻* *Oryza sativa* L.
小麦	普通小麦** *Triticum aestivum* L.
大麦	大麦** *Hordeum vulgare* L.
燕麦	裸燕麦（莜麦）** *Avena nuda* L.（*A. sativa* var. *nuda* Mordv.，*A. sativa* subsp. *nudisativa* (Husnot.) Rod. et Sold.，*A. chinensis* Metzg.）
黍稷	黍稷 *Panicum miliaceum* L.
粟（谷子）	谷子 *Setaria italic* (L.) Beauv.
高粱	中国高粱** *Sorghum bicolor* (L.) Moench subsp. *bicolor* race bicolor (kaoliang group)
䅟子	䅟子（鸡脚稗、龙爪稷）*Eleusine coracana* (L.) Gaertn.
稗	食用稗 *Echinochloa crusgalli* (L.) Beauv.
绿豆	绿豆* *Vigna rudiata* (L.) Wiczek
小豆	小豆 *Vigna anglaris* (Willd.) Ohwi et Ohashi
饭豆	饭豆* *Vigna umbellate* (Thunb.) Tateishi et Maxted
黎豆	黎豆（狗爪豆）*Mucuna pruriens* var. *utilis* (Wall. ex Wight.) Baker ex Burck
荞麦	甜荞 *Fagopyrum esculentum* Moench.
	苦荞 *Fagopyrum tataricum* Gaertn.
经济作物	
大豆	大豆 *Glycine max* (L.) Merr.
油菜	白菜型油菜 *Brassica campestris* var. *oleifera* Makino et Nemoto
	芥菜型油菜 *Brassica juncea* var. *gracilis* Jsen et Lee.
紫苏	紫苏 *Perilla frutescens* (L.) Britt.
蓝花子	蓝花子（油萝卜）*Raphanus sativus* var. *oleifera* Makino
油茶	油茶 *Camellia oleifera* Abel.
	浙江红山茶 *Camellia Chekiang-oleosa* Hu
油桐	油桐 *Vernicia fordii* Airyshaw
文冠果	文冠果 *Xanthoceras sorbifolia* Bunge
油渣果	油渣果 *Hodgsonia macrocarpa* (Bl.) Cogn.
木棉	木棉 *Bombax malabaricum* DC.
苎麻	苎麻 *Boehmeria nivea* (L.) Gaudich.
黄麻	长果黄麻 *Corchorus olitorius* L.
	圆果黄麻 *Corchorus capsularis* L.
亚麻	栽培亚麻* *Linum usitatissimum* L.

续表

作物名称	物种及其学名
大麻	大麻 *Cannabis sativa* L.
青麻	青麻（苘麻）*Abutilon theophrasti* Fisch. Medik.
罗布麻	罗布麻 *Apocynum venetum* L.
棕榈	棕榈 *Trachycarpus fortunei* (Hook.) Wendland
构树	构树 *Broussonetia papyrifera* (L.) Vent.
芦苇	芦苇 *Phragmites communis* Trin.
荻	荻 *Miscanthus sacchariflеus* (Maxim.) Benth. et Hook f.
甘蔗	中国种甘蔗 *Saccharum sinense* Roxb.
茶	茶 *Camellia sinensis* (L.) O. Ktze.
	多脉茶 *C. polyneura* Chang et Tang
	防城茶 *C. fangchengensis* Liang et Zhang
	阿萨姆(普洱茶)*C. assamica* (Mast.) Chang
桑	鲁桑 *Morus multicaulis* Perr.
	广东桑 *M. atropurpurea* Roxb.
	白桑 *M. alba* L.
	瑞穗桑 *M. mizuho* Hotta.
橡胶草	橡胶草* *Taraxacum kok-saghyz* Rodin
啤酒花	啤酒花* *Humulus lupulus* L.
花椒	花椒 *Zanthoxylum bungeanum* Maxim.
香椒子	香椒子 *Zanthoxylum schinifolium* Sieb. et Zicc.
八角	八角茴香 *Illicium verm* Hook. f.
肉桂	肉桂 *Cinnamomum cassia* Presl.
樟	樟 *Cinnamomum camphora* (L.) Presl.
香蒲	长苞香蒲 *Typha angustata* Bory et Chaub.
	水烛香蒲 *T. angustifolia* L.
灯心草	灯心草 *Juncus effusus* L.
紫草	紫草 *Lithospermum erythrorhizon* Sieb. et Zucc.
蓼蓝	蓼蓝 *Polygonum tinctorium* Ait.
菘蓝	菘蓝 *Isatis ındıgotica* Fort.
木蓝	木蓝 *Indigofera tinctoria* L.
茜草	茜草 *Rubia cordifolia* L.
蒲葵	蒲葵 *Livistona chinensis* (Jacq.) R. Br.
漆树	漆树 *Toxicodendron verniciflum* (Stokes) F. A. Barkl.（*Rhus verniciflua* Stokes）
皂荚	皂荚 *Gleditsia sinensis* Lam.
肥皂荚	肥皂荚 *Gymnocladus chinensis* Baill.
雷公藤	雷公藤 *Tripterygium wilfordii* HK.
芨芨草	芨芨草 *Achnatherum splendens* (Trin.) Nevsk.
蔬菜作物	
萝卜	中国萝卜** *Raphanus sativa* L. var. *longipinnatus* Bailey
小白菜	小白菜 *Brassica rapa* subsp. *chinensis* Makino（*B. campestris* subsp. *chinensis* Makino）

续表

作物名称	物种及其学名
大白菜	大白菜 *Brassica rapa* subsp. *pekinensis* Hanelt（*B. campestris* subsp. *pekinensis* Olsson）
芥菜	芥菜* *Brassica juncea* (L.) Czern et Coss.
芥蓝	芥蓝 *Brassica alboglabra* L. H. Bailey（*B. oleracea* var. *alboglabra* Bailey）
乌塌菜	乌塌菜（塌棵菜）*Brassica rapa* L. var. *rosularis* Tsen et Lee（*B. narinosa* Bailey）
芜菁	芜菁* *Brassica rapa* var. *rapifera* Matzg（*B. campestris* subsp. *rapifera* Matzg）
菜薹	菜薹 *Brassica rapa* subsp. *chinensis* var. *tsai-tai* Hort.
荠菜	荠菜 *Capsella bursa-pastoris* (L.) Medic.（*Bursabursa pastoris* Boch.）
甜瓜	厚皮甜瓜** *Cucumis melon* subsp. *melo* Pang.
	薄皮甜瓜 *Cucumis melon* subsp. *conomon* (Thunb.) Greb.
冬瓜	冬瓜** *Benincasa hispida* (Thunb.) Cogn.
瓠瓜	瓠瓜** *Lagenaria siceraria* (Molina) Standl.
豇豆	长豇豆** *Vigna unguiculata* subsp. *sesquipedalis* (L.) Verdc.（*V. sinensis* Enal.）
茄子	茄子* *Solanum melongena* L.
茭白	茭白（菰）*Zizania latifolia* Turcz.
冬寒菜	冬寒菜（冬葵）*Malva crispa* L.
茼蒿	小叶茼蒿 *Chrysanthemum coronarium* L.
菊花脑	菊花脑 *Chrysanthemum nankingense* H. M.
牛蒡	牛蒡 *Arctium lappa* L.
莴笋	茎用莴苣* *Lactuca sativa* L. var. *asparagina* Baiey
草石蚕	甘露子（草石蚕）*Stachys siobeldii* Miq.
藿香	藿香 *Agastache rugosa* (Fisch. et Mey.) O. Kuntze.
黄花菜	北黄花菜 *Hemerocallis lilio-asphodelus* L.（*H. flava* L.）
卷丹百合	卷丹百合 *Lilium lancifolium* Thunb.（*L. tigrinum* Ker-Gawl.）
百合	龙牙百合 *Lilium brownii* var. *viridulum* Baker
藠头	藠头（薤、荞头）*Lilium chinense* G. Don
韭菜	韭菜 *Allium tuberosum* Rottl. ex Spreng.
大葱	大葱 *Allium fistulosum* L. var. *giganteum* Makino
蕹菜	蕹菜 *Ipomoea aquatica* Forsk.
水芹	水芹 *Oenanthe javanica* (Bl.) DC. et Pro.
莼菜	莼菜 *Brasenia schreberi* J.F. Gmel.
慈姑	慈姑 *Sagittaria trifolia* L. var. *sinensis* (Sims) Makino
荸荠	荸荠 *Eleocharis tuberosa* (Roxb.) Roem. et Schult（*Heleocharis tuberose* Roem. et Schult.）
菱	红菱（乌菱）*Trapa bicornis* Osbeck.
莲藕	莲藕* *Nelumbo nucifera* Gaertn.
芡实	芡实 *Euryale ferox* Salisb.
香椿	香椿 *Toona sinensis* (A. Juss.) Roem.
姜	姜 *Zingiber officinale* Rosc.
蘘荷	蘘荷 *Zingiber mioga* (Thunb.) Rosc.
芋	芋 *Colocasia esculenta* (L.) Schott.
魔芋	花魔芋* *Amorphophallus konjac* K. Koch

续表

作物名称	物种及其学名
土人参	土人参 *Talinum paniculatum* (Jacq.) Caertn（*Talinum crassifolium* Willd.）
苋菜	苋菜* *Amaranthus mangostanus* L.
枸杞	枸杞 *Lycium chinense* Mill.
	宁夏枸杞 *L. barbarum* L.
黑木耳	黑木耳 *Auricularia auricula-judae* (Bull.) Quél.
毛木耳	毛木耳 *Auricularia polytricha* (Mont.) Sacc.
金针菇	金针菇 *Flammulina velutipes* (Curtis) Sing.
香菇	香菇 *Lentinula edodes* (Berk.) Pegler
草菇	草菇 *Volvariella volvacea* (Bull.) Sing.
银耳	银耳 *Tremella fuciformis* Berk.
金耳	金耳 *Tremella aurantialba* Bandoni et M. Zang
鲍鱼菇	鲍鱼菇 *Pleurotus abolanus* Han. K. M. Chen et S. Cheng（*P. cystidiosus* O. K. Mill.）
榆黄菇	榆黄菇 *Pleurotus citrinopileatus* Sing.
白灵侧耳	白灵侧耳（白灵菇）*Pleurotus nebrodensis* (Inzen.) Quel.（*P. eryngii* var. *tuoliensis* C. J. Mou）
竹荪	长裙竹荪 *Dictyophora indusiatus* Vent.
亚侧耳	亚侧耳（元蘑）*Hohenbuehelia serotina* (Pers.:Fr.) Sing.（*Panellus serotinus* (Pers.) Kühner）
榆耳	榆耳 *Gloeostereum incarnatum* S. Ito et S. Imai
褐灰口蘑	香杏丽蘑 *Calocybe gambosa* (Fr.) Donk.
绣球菌	绣球菌 *Sparassis crispa* (Wulf.) Fr.
蛹虫草	蛹虫草 *Cordyceps militaris* (L.) Link
蜜环菌	蜜环菌 *Armillaria mellea* (Vahl.) P. Kumm.
长根菇	长根菇 *Oudemansiella radicata* (Relhan. :Fr.) Sing.（*Xerula radicata* (Relhan) Dörfelt）
猴头	猴头 *Hericium erinaceus* (Bull.) Pers.
果树作物	
中国苹果	花红（林檎、槟子）*Malus asiatica* Nakai
	楸子（海棠果）*M. prunifolia* (Wilid.) Borkh.
	绵苹果（中国苹果）*M. domestica* subsp. *chinensis* Li
梨	秋子梨 *Pyrus ussuriensis* Maxim.
	白梨 *P. bretschneideri* Rehd.
	砂梨 *P. pyrifolia* (Burm.) Nakai
山楂	山楂* *Crataegus pinnatifida* Bunge.
桃	桃 *Prunus persica* (L.) Batsch（*Amygdalus persia* L.）
杏	杏 *Armeniaca vulgaris* Lam.（*Prunus armeniaca* L.）
	李梅杏 *A. limeisis* Zang J. Y. et Wang Z. M.
	紫杏 *A. dasycarpa* (Ehrh.) Borkh.（*Prunus dasycarpa* Ehrh.）
李	李（中国李）*Prunus salicina* Lindl.
梅（果梅）	梅 *Prunus mume* (Sieb.) Sieb. et Zucc.（*Armeniaca mume* Sieb.）
樱桃	中国樱桃 *Prunus pseudocerasus* (Lindl.) G. Don（*Cerasus pseudocerasus* Lindl.）
	毛樱桃（山豆子）*P. tomentosa* (Thunb.) Wall.（*Cerasus tomentosa* Thunb.）
枣	枣 *Ziziphus jujuba* Mill.

续表

作物名称	物种及其学名
柿	柿 *Diospyros kaki* L.（*D. sinensis* Bl.）
	油柿 *D. oleifera* Cheng（*D. kaki* var. *sylvestris* Makino）
	台湾柿 *D. discolor* Willd.（*D. mobola* Roxb.）
	君迁子 *D. lotus* L.
	罗浮柿 *D. morrisiana* Hance
	毛柿 *D. strigosa* Hemsl.
	老鸦柿 *D. rhombifolia* Hemsl.
	乌柿 *D. cathayensis* A. N. Steward
核桃	核桃* *Juglans regia* L.（*J. sinensis* Dode.）
	山核桃 *Carya cathayensis* Sarg.
	铁核桃 *J. sigillata* Dode
银杏	银杏 *Ginkgo biloba* L.
沙枣	沙枣 *Elaeagnus angustifolia* L.
板栗	茅栗 *Castanea seguinii* Dode
	板栗 *C. mollissima* Bl.
	丹东栗 *C. dandonensis* Lieolishe
	锥栗 *C. henryi* (Skan) Rehd. et Wils.
榛子	平榛 *Carylus heterophylla* Fisch.
猕猴桃	中华猕猴桃 *Actinidia chinensis* Planch.
	美味猕猴桃 *A. deliciosa* (A. Chev.) C. F. Liang et A. R. Fergucon
香蕉	香蕉* *Musa nana* Lour.
枇杷	枇杷 *Eriobotrya japonica* (Thunb.) Lindl.
荔枝	荔枝 *Litchi chinensis* Sonn.
龙眼	龙眼 *Dimocarpus longna* Lour.（*Nephelium longna* Camb.）
杨梅	杨梅 *Myrica rubra* Sieb. et Zucc.
橄榄	橄榄 *Canarium album* Raeusch.
榧	香榧 *Torreya grandis* Fort. ex Lindl.
黄皮	黄皮 *Clausena lansium* (Lour.) Skeels（*C. wampi* Blanco）
刺梨	刺梨 *Rosa roxburghii* Tratt.
沙棘	沙棘* *Hippophae rhamnoides* L.
木瓜	木瓜 *Chaenomeles sinensis* (Thouin) Koehe
欧李	欧李 *Cerasus humilis* (Bge.) Sok.（*Prunus humilis* Bge.）
忍冬	蓝靛果忍冬 *Lonicera caerulea* var. *edulis* Turcz. ex Herd.
栒子	水栒子* *Cotoneaster multiflorus* Bge.
	黑果栒子* *C. melanocarpus* Lodd.
	西南栒子* *C. franchetii* Bois.
	柳叶栒子 *C. salicifolius* Franch.
	麻核栒子 *C. foveolatus* Rehd. et Wils.
	川康栒子 *C. ambiguus* Rehd. et Wils.
	毡毛栒子 *C. pannosus* Franch.

续表

作物名称	物种及其学名
枳	枳（枸橘）*Poncirus trifoliata* Raf.
金柑	圆金柑 *Fortunella japonica* Swingle
	金弹 *F. classifolia* Swingle
	山金柑 *F. hindisii* Swingle
	长寿金柑（月月橘）*F. obavata* Tanaka
柑橘	橘（宽皮柑橘）*Citrus reticulata* Blanco
	甜橙* *C. sinensis* Osbeck
	酸橙* *C. aurantium* L.
	柚* *C. grandis* Osbeck
	葡萄柚* *C. paradisii* Macf.
	枸橼* *C. medica* L.
	金橘* *C. microcarpa* Bunge.（*C. mitis* Blanco）
	来檬* *C. aurantifolia* Swingle
枳椇	枳椇（拐枣、鸡爪）*Hovenia dulcis* Thunb.

*起源地之一；**次生起源

第三章　作物种质资源调查与收集

调查与收集（简称为“调查收集”）是作物种质资源最基础性的工作，通过科学规范的调查收集可以获得更多、更全、更具价值的种质资源。国外种质资源引进（简称为“国外引种”）是作物种质资源调查收集的组成部分，通过国外引种既可增加国内作物种类，又可丰富国内种质资源多样性，为作物基础研究、基因发掘和育种等提供丰富的基因源。只有国内调查收集和国外引种协调发展，才能保证作物种质资源的全面性和完整性。检疫是决定国外引种成功与否的关键因素，通过检疫避免有害生物传入是保障生产安全、生态安全和人民健康的第一道屏障。

第一节　国内外作物种质资源调查收集简史

作物种质资源调查是在植物资源调查的基础上发展起来的。植物资源调查是指为了解某一区域植物资源种类、储量、用途，以及地理分布、生态条件、利用现状、资源消长变化及更新能力，在植物分类学、植物地理学、植物生态学及植物资源学等基本理论的指导下，在正确认识收集来的植物资源数据及其自然现状的基础上，科学评判利用现状和开发利用潜力，为制定区域植物资源的保护措施及开发利用策略提供理论支撑（张存叶，2020）。作物种质资源调查是为全面掌握作物种质资源相关信息而进行的普查或实地考察，其目的是获取某一区域作物种质资源的种类、数量、分布或某一作物在较大范围（如全球、国家或区域）的分布、数量、生态环境、伴生物种、特征特性及其相关传统知识等重要信息，从而查清作物种质资源现状，揭示作物种质资源地理分布、遗传演化、生态适应性及其客观规律。

作物种质资源收集是在科学调查的基础上，针对种质资源的遗传多样性、遗传完整性、遗传特异性等特点，采集作物具有代表性的遗传材料，为未来作物育种和种业发展储备丰富的种质资源。调查收集是作物种质资源保护、鉴定评价、基因发掘和创新利用的基础，是作物种质资源工作不可或缺的基础环节。因此，作物种质资源调查收集一直受到国内外政府和科学家的高度重视，并逐渐形成了比较完善的作物种质资源调查收集的理论和技术体系。

一、国外作物种质资源调查收集简史

国外植物资源调查收集可以追溯至 2000 多年前的古希腊时期，以古希腊狄奥费拉斯特（Theophrastus）的《对植物的探索》（*Historia Plantarum*）和《植物的缘由》（*Causa Plantarum*）为代表的著作奠定了植物学的基础，植物学的发展进入了一个系统调查和记载的新阶段（汪振儒，2002）。现代植物资源调查与收集应归功于文艺复

兴时期欧洲药用植物园的蓬勃发展，植物学家强烈意识到增加收集品种类的重要性，遂派出专业队伍赴近东、美洲、南非、澳大利亚和远东地区进行调查与收集，不仅获得了大量药用植物资源，还收集到大量作物、果树和园艺等植物资源，开启了全球植物调查收集的先河（Heywood，1990）。19 世纪末期，瑞士植物学家康多尔在广泛的植物资源调查基础上出版了专著《栽培植物起源》后，全球兴起了植物资源调查与收集的热潮，其中规模最大、影响力最深远的调查收集活动当属全苏植物研究所的瓦维洛夫（详见第一章）。

由于我国地域辽阔、资源众多，因此也成为发达国家掠夺种质资源的首选地。鸦片战争后，西方人利用不平等条约获得在我国内地自由往来的权力，为掠夺我国自然资源提供了极大便利。英国率先在我国开展植物采集活动，采集引种经济作物和花卉品种；法国传教士积极参与植物种苗和生物情报的收集整理工作，协助各国植物猎人开展采集活动；沙俄则采取武装科考方式，普热瓦尔斯基率领武装人员在我国东北、西北等地区开展动植物资源考察活动（罗桂环，2005）。1898 年，美国农业部植物产业局成立“外国种子和植物引进办公室”，专门负责采集引进世界各地新作物和具有经济价值的植物品种，先后派遣欧内斯特·威尔逊（Ernest H. Wilson）、弗兰克·迈耶（Frank N. Meyer）、约瑟夫·洛克（Joseph F. Rock）、戴维·费尔柴尔德（David Fairchild）等资深植物猎人和植物学家来华开展采集引种活动。除大量的珍稀树种外，他们还利用多种途径把我国的果树作物、蔬菜作物、粮食作物及重要经济作物引种到美国，及时缓解了美国农业生产快速发展与作物种质资源短缺的矛盾（刘琨，2018）。

二、我国作物种质资源调查收集简史

我国作物种质资源调查收集历史与欧洲相似，古代人民对植物的关心基本上从实际出发，出于农业种植或医疗药用需求，开展植物的调查收集活动，通过对植物进行广泛调查后记录其实用价值，并编纂出如《神农本草经》和《齐民要术》等对植物记载的典型书籍。

我国现代作物种质资源调查收集虽早在 20 世纪初就已开始，如中国农业科学院第一任院长、中国科学院学部委员丁颖教授于 1927 年在广州郊区考察时，首次在犀牛尾沼泽地及其周围发现了普通野生稻（*Oryza rufipogon* Griff.）。但那只是农学家自发的、分散的调查活动。20 世纪 50 年代起，我国政府开始重视作物种质资源调查收集。1956～1957 年，农业部组织全国力量进行了全国性地方品种大规模征集，共收集 53 种大田作物品种（类型）21 万余份、88 种蔬菜作物约 1.7 万份种质资源，当时称为原始材料，后来因保存条件简陋等，有许多种质资源丧失了生活力。1978 年 4 月 18 日经农林部批准成立中国农业科学院作物品种资源研究所后，作物种质资源调查收集工作开始步入系统化、规范化道路。1979 年 6 月 4 日国家科委、农林部联合发文，统一部署作物种质资源补充征集工作。中国农业科学院作物品种资源研究所遂组织全国科研力量，于 1979～1983 年对农作物种质资源进行了第二次大规模补充征集，共补充征集到 60 种作物的 11 万余份种质资源，这些种质资源分散保存在各省（自治区、直辖市）农业科学院和中国农业科学院相关专业研究所。在此期间，还进行了云南作物品种资源考察、全国野生稻、野生大豆、野生茶树等作物野生近缘植物资源的专业性考察，收集资源近万份。从我国第六个五年计划（1981～1985年，简称“六五”）开始，又相继开展了西藏、海南岛、神农架及三峡地区、黔南桂西、川东北和大巴山、赣南粤北、三峡库区、西北地区、沿海地区和云南及周边地区等重点地区的作物种质资源考察，共收集到各种作物的栽培种、野生种、野生近缘植物和药用、特用植物的种子或营养体等大量种质资源（杨庆文等，1994）。2015年，农业部（现农业农村部）启动了“第三次全国农作物种质资源普查与收集行动”，计划完成全国2228个农业县（市、区）的作物种质资源普查，以及其中665个县（市、区）的系统调查与收集，预计收集作物种质资源10万份，入库（圃）保存7万份（刘旭等，2018）。

三、我国引进国外作物种质资源简史

国外引种是指从国外引进作物种质资源到国内类似的生态环境区域，通过隔离检疫和适应性种植后，直接用于生产或作为育种亲本的过程。我国从国外引进作物种质资源的历史可追溯至2000多年前。公元前138～前115年，张骞两次出使西域，带回了9种作物（核桃、蚕豆、芝麻、葡萄、石榴、芫荽、胡萝卜、黄瓜、大蒜）的不同品种，在我国不同地区种植成功后成为极受欢迎的作物。目前我国主要栽培的约600种作物中，300余种是从国外引进的。玉米、甘薯、马铃薯等主要粮食作物，棉花、甜菜、甘蔗、花生、芝麻、向日葵、可可、咖啡、烟等主要经济作物，苹果、葡萄、甜橙、香蕉、番木瓜、杧果、石榴、核桃、菠萝等主要果树都是从国外引进的。玉米原产美洲，目前在我国已经成为种植面积最大和总产量最高的粮食作物。棉花是我国最重要的经济作物之一，而引进的陆地棉是我国目前栽培面积最大、产量最高、纤维品质最好的棉花主栽种。甜菜和甘蔗也成为我国最主要的糖料作物，花生、芝麻当属我国极其重要的油料作物，它们都是从国外引进的作物。我国现有栽培蔬菜约250种，其中国外引进的约占80%，如姜、黄瓜、芫荽、番茄、辣椒、南瓜、西葫芦、笋瓜、菜豆、甘蓝、菊芋、洋葱等都是从国外引进的。众多的引进作物，不仅大大丰富了我国的作物种类，有效地改善了种植结构，而且大大地增加了我国的产品数量，提高了人民的生活水平。

20世纪40年代前我国从国外引进种质资源较为零散，直到1946年小麦育种家蔡旭留学归国时带回国外冬春小麦种质资源约3000份并取得了巨大成功，才开始重视规模化引进。20世纪50年代起，针对当时我国主要作物如水稻、小麦、棉花等产量低的问题，我国政府和科学家非常注重从国外引进种质资源并在生产上直接推广利用。例如，我国从日本和国际水稻研究所（IRRI）引进了大量水稻品种直接用于生产，如日本的农垦系列品种、国际水稻研究所的IR系列品种，均在生产上发挥了重要作用。棉花的国外引种使我国有了陆地棉和海岛棉的栽培，引进的岱字棉品种成为我国20世纪中期的主栽品种。从欧美国家引进的低芥酸和低硫代葡萄糖苷油菜品种‘奥罗’‘米达斯’‘托尔’等，还有大量果树品种，如苹果品种‘金冠’‘红星’‘国光’‘青香蕉’‘红玉’‘赤阳’‘祝光’‘倭锦’‘红富士’‘新红星’，葡萄品种‘玫瑰香’‘无核白’‘保尔加尔’‘莎巴珍珠’‘玫瑰露’‘康拜尔’‘巨峰’等都是国外引进直接利用的优良品种。

随着我国作物育种水平的不断提高，引进国外品种直接用于生产的越来越少，但将引进品种作为育种亲本更受到育种家的重视。例如，我国从引进的水稻材料中，经测选、杂交等途径获得籼型杂交水稻强优势恢复系‘泰引 1 号’‘密阳 46’‘明恢 63’等共 66 个，对我国籼型杂交水稻的培育和发展起到了重大作用。我国从欧美引进‘阿夫’‘阿勃’‘欧柔’，以及含有小麦与黑麦 1B/1R 染色体易位系‘洛夫林 10 号’‘洛夫林 13 号’等，对我国小麦育种工作起到了推动作用，育成了‘泰山 1 号’‘鲁麦 1 号’‘陕 7859’等大面积推广品种。引进的澳大利亚小麦品种‘碧玉麦’与我国古老地方品种‘蚂蚱麦’杂交，育成小麦品种‘碧蚂 1 号’。中国农业科学院作物科学研究所等单位从国际玉米小麦改良中心（CIMMYT）引进 1.8 万份有一定利用价值的小麦种质资源，并筛选出兼抗白粉、条锈和叶锈病的成株抗性品种，育成农艺性状优良的兼抗型育种材料 100 多份，并助力育成新品种 260 多个。引进的玉米优良自交系 Mo17，经测配培育出‘中单 2 号’‘丹玉 13’‘烟单 4 号’等高产、抗病、适应性好的优良单交种，对于我国作物育种起到了积极的推动作用（佟大香和朱志华，2001）。

第二节　作物种质资源调查与收集的理论基础

作物种质资源调查收集属于作物种质资源的基础性工作，国内外尚未形成完整的理论体系，但与之相关的理论对于指导作物种质资源调查收集具有极其重要的作用。例如，苏联著名遗传学家瓦维洛夫提出的八大作物起源中心理论，是确定作物种质资源调查与收集重点地区、指导作物种质资源国外引种等最重要的理论基础。

作物种质资源是在长期的自然选择和人为选择压力下形成的，其多样性受时空和人文因素影响甚大。在空间尺度上，纬度梯度和分布地环境差异等因素造成了种质资源区域分布的不平衡性；在时间尺度上，气候变化、生态群落演替、季节周期等使种质资源产生了长期和连续性变异；另外，种质资源作为生物多样性的组成部分，与文化多样性息息相关，受民族文化和传统知识等人类文明的影响形成了种质资源的区域特异性。本节重点介绍作物种质资源分布的不平衡性、种质资源变异的长期性和连续性，以及种质资源受人类活动影响形成的区域特异性等理论基础，为作物种质资源调查收集的全面性、完整性和代表性提供科学依据。图 3-1 展示了自然和人为因素对作物种质资源形成的影响。

一、作物种质资源分布的不平衡性

作物种质资源的多样性一般表现为植物物种的多样性和作物品种多样性两个方面，因此物种分布的不平衡和品种分布的不平衡均会导致作物种质资源的不平衡性。

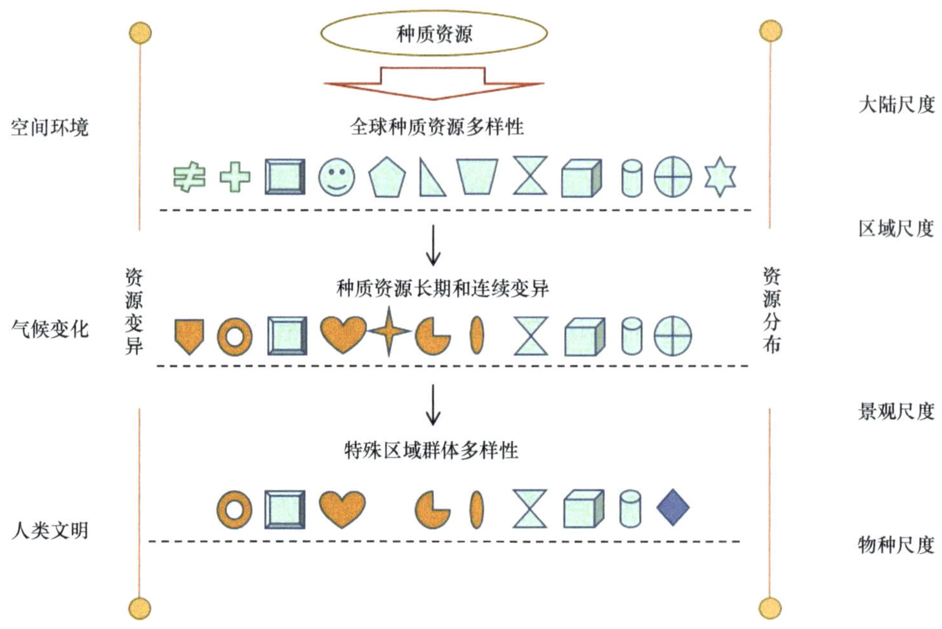

图 3-1　作物种质资源多样性形成的影响因素

（一）植物物种分布的不平衡性

植物物种与其他生物物种一样，其分布具有显著的空间地理分布格局，随纬度、海拔和降水量等发生变化，主要是受热量和光照因素影响（表 3-1）。气候是影响物种生存繁衍的决定性因素，不同纬度或海拔气候条件不同，导致物种分布差异巨大。即使在相同的气候条件下，物种之间的能量分配不均、物种自身特点、物种间的竞争，以及物种与其他因素之间的相互关系，致使物种分布不均衡。

表 3-1　相关种质资源多样性空间格局的影响因子

影响因子	解释
气候	适宜的气候允许较多物种生存
气候变化	稳定的气候为物种分化创造了先决条件
生物异质性	生物因子的复杂性孕育了较多的生态位
能量	物种丰富性由每个物种所分配到的能量所决定
竞争	竞争有利于减小生态位宽度；竞争排斥减小物种数目
捕食	捕食减缓了竞争排斥
干扰	中等干扰减缓了竞争排斥

第一，全球物种分布并不均匀，包括巴西、哥伦比亚、中国等在内的 12 个物种多样性特别丰富的国家拥有世界 60%～70%的生物多样性（McNeely，1990）。研究表明，越近赤道，物种数量越多，但各个物种的分布范围越小。同样，山区物种的垂直分布也是越近山顶物种数量越少。因此，在等量的空间里，热带比温带可容纳更多的物种（Rapoport，1975）。据统计，全球热带雨林的面积不足陆地面积的 6%，但却蕴藏着一半以上的生物物种（Wilson，1992）。第二，在纬度分布上，从低纬度到高纬度

物种数量及其多样性逐渐减少，随着纬度的升高，温度逐渐下降，而大多数生物耐受低温能力较弱，所以纬度越高物种数量越少，无论陆地、海洋和淡水环境都有类似趋势。第三，在陆地高山上，随海拔增高，会出现热带、温带、寒带环境，而物种多样性受温度影响随海拔升高而逐渐降低。例如，我国植物物种多样性垂直分布范围很广，但主要集中于 801～1600m 的低山和中山的海拔范围内，海拔梯度呈现单峰规律。第四，降水量大的地区物种多样性丰富，降水量少的地区物种多样性少，主要是受水分因素影响。在植物物种方面，表现为全球的植物物种和我国的植物物种分布分别具有不同的特点。

1. 全球植物物种分布特点

植物物种多样性不仅具有上述生物物种分布特点，并且植物物种多样性受地域面积、时间和气候三大因素决定。地域面积就是物种分布的范围，研究认为，面积每增加 10 倍，物种数就增加 1 倍，因为较大的面积可以让更多的物种找到适合的栖息地，为多样性演化达到较高程度提供各种不同的舞台。时间即植物演化需要的时间，足够的时间让植物完成同生过程，竞争程度缓和，自然灭绝率降低，物种得以聚集，才能出现大容量的生物群。在面积和时间都具备的前提下，植物的多样性程度还取决于稳定的气候（应俊生，2001）。地球板块构造的研究表明，地球在 1500 万年前的中新世中期之前，中国、欧洲和北美的植物区系十分类似，物种丰富度也相当。但受第四纪冰川作用影响，欧洲大陆因多东西走向的山脉受到冰川强烈影响植物类群变化最大；北美山脉属于南北走向，植物迁移受阻较少，植物类群变化小于欧洲；而中国没有大规模的冰川且地形复杂多样，植物类群变化不大，植物种类也较欧洲和北美多。因此植物物种在世界各国的分布是不平衡的（Axelrod et al.，1998）。

2. 我国植物物种分布特点

我国是北半球乃至世界唯一具有热带、亚热带至寒温带连续完整的所有植被类型的国家。我国的物种分布格局与全球是一致的，我国的热带季雨区、雨林区虽已是热带北缘，面积不足全国陆地面积的十分之一，却占全国种子植物物种总数的一半以上。各种植被的连续性也为我国蕴藏大量物种提供了优越条件，我国几乎拥有全球全部的木本属植物，尤其华中地区是落叶木本植物最丰富的地区。此外，我国植物物种的分布还具有三大特点。①我国种子植物的分布主要受制于地理条件所引起的水、热分配差异，绝大部分分布于东南半壁，即若将黑龙江黑河的爱辉区和西藏的墨脱县连成一线，我国全部植物种类的 90%出现于此线以东地区，东南半壁种子植物丰富度及其特有性程度，大体上由北往南递增。②我国种子植物最丰富和特有性最强的地区主要集中在北纬 20°～35°的亚热带常绿阔叶林区域。③横断山脉地区无论是种子植物的丰富度还是特有性程度都是全国最高的，其次是岭南地区和华中地区，这三个地区自然条件和植物区系背景具有明显的差异（应俊生，2001）。造成上述特点的主要原因是，东南半壁受季风影响，气候湿润，地形多变，蕴藏着我国种子植物的绝大多数物种，而青藏高原和蒙新高原区的高寒及干旱环境条件均不利于植物物种多样性的发展。

（二）作物品种分布的不平衡性

作物在受到生物或非生物胁迫下，不断变异和进化以适应变化中的生态环境，同时在人类的选择中优胜劣汰，从而导致作物品种（或类型）的差异，在地理分布上表现出不平衡性。水稻是我国重要的粮食作物，我国水稻品种数量华南地区最多，但特殊类型的水稻品种是云贵高原最丰富，随着纬度升高品种数量和特殊类型均呈下降趋势。我国水稻的野生近缘种资源十分丰富，但是随着地理位置的差异出现了不同程度的演变和进化。研究表明，不管地理上物理距离的远近，在相似生态环境下的水稻野生近缘种都会表现出较小的遗传分化。例如，在海南北部、广西东南部、广东西南部的研究发现，这个三角地带以其独特的气候及地理条件形成了一个普通野生稻的遗传多样性中心（Yang et al.，2022；Song et al.，2005）。同时还发现不同地方的野生稻在进化过程中，地理环境对基因序列的影响所占的比例较大，一般而言，山谷地区的野生稻传播受限，野生稻的多样性受山谷阻隔其基因多样性不同，而同一河流的不同流域同样具有不同的分化体系（Wang et al.，2020b）。

二、作物种质资源变异的长期性和连续性

农作物在原生境中随时间的改变而产生适应性进化，不断产生新的遗传变异，使其遗传多样性不断得以丰富。通过研究 150 多个国家种植的 339 种作物的生产数据，量化 1961～2017 年全球范围内作物丰富度和均匀度的变化，发现自 1961 年以来，几乎全球各国的作物丰富度和多样性均显著提高。

通过对来自中国和亚洲其他地区的 1070 个水稻品种进行重测序，发现从 20 世纪 50～80 年代以来，南亚和东南亚的水稻品种的广泛使用导致了中国水稻基因组的重大变化（Ge et al.，2022）。水稻基因组从南亚种质资源导入中国水稻种质资源的比例从 0.38%上升到 35.5%，导致中国水稻品种的遗传多样性增加。育种进程的推进和育种材料的交流导致了国外水稻品种和国内育种系的片段导入中国水稻品种，极大地影响了中国水稻品种的基因组、表型性状和系统发育关系。基因组导入可以将外来基因引入物种，从而改变物种的形态特征，并导致种群之间的地理分化。

中国小麦种质资源多样性的变化显示，20 世纪 50～60 年代的品种基因组组成以我国地方品种为主，而 70～80 年代则以引进品种为主，80 年代中后期引进品种的贡献达到顶峰。基于 SNP 数据集和主成分分析的 145 份小麦材料之间的系统发育关系可知，中国小麦的现代育成品系和地方品种间存在显著差异。此外，在不同的时间尺度上，小麦品种的遗传多样性也存在明显的差异，地方品种的连锁不平衡（linkage disequilibrium，LD）范围最大，而现代育成品种 LD 衰减率增强。现代育成品种具有最高的遗传多样性，而地方品种的多样性较低（Hao et al.，2020）。

在现代玉米育种过程中，通过对 20 世纪 60～70 年代、80～90 年代及 21 世纪第 1 个十年 3 个时期的中国材料进行分析发现，中美两国的玉米育种材料都经历了向着更低的穗位、更少的雄穗分枝数、更紧凑的叶夹角及更早的开花期方向发展的趋同选

择，表明这 4 个性状的改良对玉米耐密性提高的重要性（Wang et al.，2020a）。同时在这些育种材料中与上述 4 个关键性状相关的有利等位基因频率随着时间的推移而显著增加，育种者逐渐保留好的等位基因并消除差的等位基因。与玉米驯化、早期改良及热带到温带扩张的过程有很大的不同，现代玉米育种过程主要选择了生物及非生物胁迫抗性、植物激素代谢及信号、光信号及开花期调控通路相关的基因，预示了现代玉米育种过程中的选择规律。

三、作物种质资源受人类活动影响形成的区域特异性

种质资源的多样性是随着自然环境和人文环境而发生改变的，其实质则是作物在驯化、传播和改良过程中受到自然选择和人工选择的双重压力，从而导致了类型丰富、特色各异的种质资源。民以食为天，农业生产的目的便是给人类提供足够的食物，而人类生活和不同饮食习惯持续影响着种质资源的遗传多样性，形成了种质资源的区域特异性。

（一）自然选择与人工选择

自然选择和人工选择是种质资源多样性形成的决定性因素。自然选择是在基因发生突变后，其遗传结构发生变异并表现在性状上，发生变异的个体在适宜于当地气候、环境等条件时就会继续生存下去，这些变异也就会保留下来，而不适宜的变异个体则会被自然淘汰，这是自然选择的必然结果，也是决定作物野生近缘植物种质资源多样性形成的主要因素。人工选择是指在人为干预下，按人类的要求对作物加以选择的过程，结果是把合乎人类要求的性状保留下来，使控制这些性状的基因频率逐代增大，从而使作物的基因源朝着一定方向改变。人工选择自古以来就是推动作物生产发展的重要因素。在野生近缘植物进化为作物的早期，人们对作物（以禾谷类作物为例）的选择主要从以下两个方面进行：一是与收获有关的性状，结果是种子落粒性减弱、强化了有限生长、穗变大或穗变多、花的育性增加等，总的趋势是提高种子生产能力；二是与幼苗竞争有关的性状，结果是通过种子变大、种子中蛋白质含量变低且碳水化合物含量变高，使幼苗活力提高。另外通过去除休眠、减少颖片和其他种子附属物使发芽更快。现代人们还对产品的颜色、风味、质地及储藏品质等进行选择，这样就形成了不同用途或不同类型的品种。由于在传统农业时期人们偏爱种植混合了多个穗子的种子，因此形成的地方品种（农家品种）具有较高的遗传多样性（董玉琛和郑殿升，2006）。

自然选择和人工选择均是改变基因频率的重要因素，选择对野生居群和栽培群体的作用是有巨大差别的。例如，整齐的发芽能力对栽培作物来说非常重要，而对野生植物来说却是不利的。人工选择是作物品种改良的重要手段，但在人类选择自己需要的性状时常常无意中把很多基因丢掉，使遗传多样性变得狭窄。

（二）人类文明与种质资源的形成

农业开启了文明的大门，不仅引导人类步入文明的殿堂，也成就了四大文明古国

的辉煌，无论古巴比伦、古埃及、古印度还是中国，孕育古文明的土壤都是农业。农业的基础是作物，无论是八大作物起源中心还是三大农业起源中心（详见本书第一章），都是人类文明进步的见证。大量考古与遗传学研究结果表明，植物的驯化存在于自然条件适合的任何地方，但世界农业起源中心只有三处，即西亚、中国，以及自墨西哥至南美安第斯山区。这些被相互分隔在幼发拉底河、底格里斯河、尼罗河、黄河、长江流域，以及墨西哥的里约巴尔萨斯地区与南美安第斯山区的区域，为何会成为世界上仅有的农业起源中心呢？其实，无论西亚、北非还是中国黄河流域、墨西哥及南美安第斯山区，都属于半湿润、半干旱地区。半湿润、半干旱条件意味着降水量不多，这对植物生长不能算作理想的条件，因此植物种群的密度与种类并不特别丰富，人类采集供食用的对象较温暖湿润地区要少得多。食物短缺的压力迫使人们将获取食物的途径投向原本依靠采集的植物的培育。大自然的赏赐越欠缺，人类越需要通过劳动、技术探索与发明创造来弥补资源的不足，也许正是这样的原因，农业起源中心不在雨量充沛、绿野青山的西欧、中欧，而落在这些干旱的大河流域（韩茂莉，2019）。农业生产活动不是简单的体力付出，创造与发明伴随着生产中的每一个环节，刀耕火种驯化作物、筑堤挖渠兴修水利、扶犁耕作打造工具等，一步步推动人类社会从蒙昧走向文明的同时，选育了延续数千年满足人类食物需要和适应当地气候、环境的品种，保留了丰富的各类作物种质资源。

世界四大文明发源地的古埃及、古巴比伦、古印度和中国不仅创造了人类文明，而且是最先驯化农作物的地区，如水稻、大麦、小麦、亚麻、谷子等都起源于这些地区。中国是世界上三大农业起源地之一。我国先民在原始时代首先驯化栽培了粟、黍、菽、稻、麻和许多果树蔬菜等作物，成为世界上重要的栽培植物起源中心之一。我国所有考古发现的农作物中，以水稻为最多，在 130 多处新石器时代遗址中均有稻谷遗存，绝大部分分布于长江流域及其以南的广大华南地区。在长江流域中下游地区，早在六七千年前就已经普遍种植水稻，这是当时的生态条件和气候条件决定的（刘旭，2012）。

（三）文化多样性与品种演化

生物多样性与文化多样性相互影响，相互促进。种质资源作为生物多样性的组成部分，与文化多样性息息相关，受民族文化与传统知识的影响较为深刻（王艳杰等，2015）。国内外相关学者进行的大量研究表明，农作物品种的多样性与文化习俗有关，甚至与不同民族的饮食习惯或口味偏好有关，品种多样性保持的重要原因是满足当地的传统饮食文化需求。世界四大文明发源地同时也是众多民族的集聚地，各民族独特的传统和习俗又进一步丰富了作物的品种类型。

我国各民族在数千年的农业生产实践中，培育了大量的农作物地方品种，极大地丰富了种质资源多样性，并在长期的生产生活中形成了独特的食用、药用等传统习俗，保护和延续了农作物地方品种。水稻作为起源于中国的农作物，人们对其的驯化过程具有较强的目的性。中国人民自古以来习惯使用糯性食物来进行糕点的制作、粮食酒的酿造及祭祀用品的制作。但是考古发现，糯性水稻在中国古代属于稀缺食物，伴随着古人对糯稻需求的增加而逐渐增多，至北魏时期糯稻已达到了 11 种之多，并且西南地区的侗族等少数民族逐渐将糯米作为主食并发展出了独具特色的以糯性食物为核心的节俗文化。在云南，徐福荣等（2012）发现元阳哈尼梯田的水稻品种多样性与高度异质的生态环境和民族文化习俗密切相关，并揭示了云南省 15 个少数民族保持稻、麦和玉米等地方品种多样性的主要驱动力是满足这些民族传统文化习俗的生活需求。伍绍云等（2000）揭示了云南澜沧县哈尼族、傣族、佤族、拉祜族等少数民族丰富的传统知识对陆稻品种多样性的促进作用。少数民族人口越多，民族传统文化保留越好，表明了民族传统文化在农作物品种多样性形成与保持中的重要作用。在贵州，黔东南地区丰富的水稻地方品种（糯禾）保存下来的决定性因素是当地丰富的民族传统文化。崔海洋（2009）通过对黔东南黎平县双江镇黄岗村的调查发现，当地不仅侗族传统文化保留完好，而且在约 $100hm^2$ 的土地上同时种植有几十种传统糯稻品种，这说明传统文化与地方品种保持着相互依存关系。在海南，长期生活在高山上的黎族居民，利用刀耕火种方式沿袭几千年，长期种植的水稻品种俗称“山栏稻”，形成了海南独特的旱稻类型。每年阴历三月初三是黎族重要节日“三月三”，每家每户将自家种植的山栏稻红米、黑米、白米等做成五色饭，再奉上利用黎族特有工艺酿造的“山栏酒”，已成为这一重大节日必不可少的食品。因此山栏稻品种不仅类型多，而且作为传承黎族文化的典型象征被一代又一代保留至今。

正因为中国人民对于糯性食物的追求，使得一些从国外引进的作物在本土同样演化出了糯性品种，比如玉米在传入中国之前并没有糯玉米，但是通过中国人民对糯性变异的选择，1760 年前后糯性玉米开始在中国驯化出现。类似的是，高粱、大麦在其各自原产地都未见糯性种质的报道，而传播至我国后却形成了丰富的糯性品种。

人类文明的多样性与种质资源特异性的依存关系不仅体现在粮食作物中，也存在于瓜果蔬菜中。据统计，我国在新石器时代主要种植葫芦、白菜或芥菜等少数蔬菜，而汉代栽培蔬菜有 20 多种，魏晋时期达 35 种，清代增至 176 种。同时，伴随着人们口味的变化，不同种类的蔬菜也出现了多种多样的品种，例如，大白菜仅在株型上便具有散叶型、花叶型、结球型、半结球型等多种形态。由此可知，种质资源作为生物多样性的组成部分与文化多样性息息相关，受不同民族文化的影响较为深刻，从而出现同一样食物在不同地区人民的驯化下可以发展成截然不同的品种的现象。同时，伴随着人类文明不同时期的不同需求，种质资源多样性也会表现出特异性。

第三节 作物种质资源调查与收集技术

虽然作物种质资源调查和收集是两种不同的方法，但两者又密不可分，只有在调查获得准确信息的基础上，收集的种质资源才更具价值。作物种质资源调查收集的一般程序为：调查收集区域的选择、调查收集准备工作、实地调查与样本采集、样本编号与保存、样本整理与归类、总结报告和资料归档等（曹家树和秦岭，2005），见图 3-2。

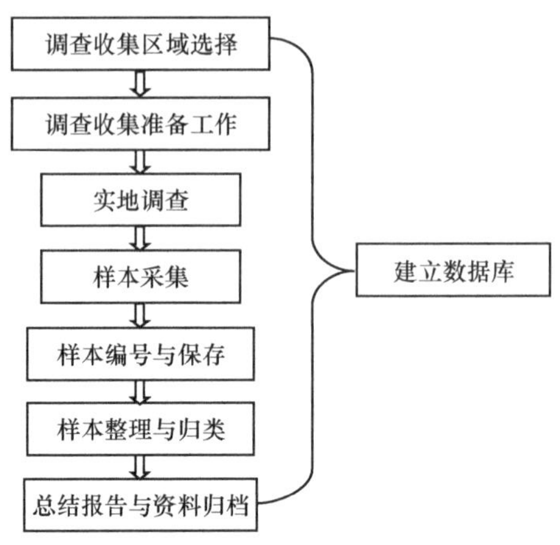

图 3-2 作物种质资源调查收集程序

一、调查收集优先区域的选择

作物种质资源调查收集往往受资金和人力限制，不可能覆盖所有分布区，必须按照作物的分布特点选择优先区域进行调查和收集。从瓦维洛夫的八大作物起源中心理论、达尔文的遗传变异理论到本章第二节介绍的作物种质资源分布的不平衡性、种质资源变异的长期性和连续性、种质资源受人类活动影响形成的区域特异性等理论基础可以看出，优先区域一般按照下列原则选择：①某作物的起源中心、次生起源中心或遗传多样性中心，因为这些中心往往具有丰富的植物物种多样性、作物野生近缘种资源和地方品种资源的多样性，不仅收集的作物种类多，而且收集到的遗传多样性也更丰富。②少数民族多、民族文化多样的区域，在这些区域即使受到新品种、新技术的影响较大，但因为民族文化传统的传承需要，一些具有民族特色的品种仍然会保留下来。更为重要的是，随着各民族之间文化交流增加，承载民族文化的相关作物种质资源也在文化交流过程中得到改良，形成了更多具有新的遗传变异和蕴含更丰富文化内涵的作物种质资源，从这些区域收集到具有特异性资源的概率更高。③环境变化剧烈的区域，如青藏高原，因为在进化过程中，剧烈的环境变化更容易使作物发生遗传变异，新的遗传变异就可能形成新的种质资源。④种质资源受威胁最大、濒危程度最高的地区，这些地区的种质资源如不进行抢救性调查和收集，一些珍贵的种质资源可能将永久消失。⑤尚未进行系统调查和收集的地区。受社会经济发展速度的影响，越是经济发展落后的地区，交通条件越差，对外交流也越少，新品种新技术对地方品种的冲击越小，受交通条件限制以往开展作物种质资源调查和收集的机会也越少，因而这些地区保留下来的作物种质资源也越丰富。

二、作物种质资源调查技术

作物种质资源调查是一项技术性较强的工作，需要专业技术人员或在专业技术人员指导下进行，因此对调查人员及其对相关技术掌握程度的要求甚高。

（一）调查队伍组建

作物种质资源调查收集要根据调查方式组建合理的调查队伍。对于区域性综合调查，调查队伍的组建主要关注四个方面。一是专业搭配，调查人员应包括调查主要作物所涉及的相关专业，必要时还应有植物分类学、生态学等专业人员。二是年龄结构，老中青相结合，以专业基础扎实、知识面广的中青年专家为主。三是主持人素质，调查队伍的主持人是决定调查可否取得成果和工作有效性的关键因素，主持人应具有专业水平高、经验丰富、管理能力强等素质。四是邀请县级农业农村部门委派 1～2 名熟悉业务和全县基本情况的专业人员参加调查队伍。对于单一作物的系统性调查收集，调查队伍主要由与本作物相关的专业人员组成，必要时邀请分类学专家参与。但每到一地，还需邀请县级农业农村部门委派 1～2 名熟悉业务和全县基本情况的专业人员加入调查队伍。

（二）调查季节的选择

由于各类作物对温度、光照等条件的适应性不同，调查时间也应不同。我国的作物种类基本可分为夏季作物和秋季作物，所以调查时间也相对集中于夏季作物成熟和秋季作物成熟的时期进行，这样能够获得大多数作物的生长繁殖信息。对于重点地区的综合调查收集，调查时间按大多数作物成熟的时期分夏季和秋季两次集中进行，集中调查期间尚未成熟或已过成熟期的作物，可以采取重要作物调查的方式进行补充调查。对于重要作物的调查收集，根据作物温光反应规律按成熟时期确定调查收集顺序，一般夏季作物从南到北、秋季作物从北到南依次进行，由于海拔越高气温越低，作物的成熟季节相对较晚，因此同一种作物在相同纬度的调查收集一般从低海拔到高海拔进行。

（三）调查方法

作物种质资源调查方法一般包括文献法、访谈法和实地调查法三种。

（1）文献法。查阅文献是调查前期必需的准备工作。对于重点地区的综合调查，调查队员应根据专业分工，广泛查阅有关区域人口、社会、经济、生产、民族、习俗、地理、气候、植被、土壤等文献资料，详细了解当地的植物资源、作物种类、种植结构等基本信息，掌握栽培作物及野生近缘植物的种类、分布和特征特性。通过《中国植物志》及地方植物志等志书查找各种植物在当地的分布及其生态环境。对于重要作物的调查，除查阅上述文献外，还要对调查的作物在全国和调查区域的种类、分布、植物学特征、生物学特性和生态环境等特点进行全面了解。

（2）访谈法。访谈法分为三个阶段，即县级访谈、乡镇级访谈和村级访谈。调查队在确定调查县并在到达调查县之前，准备好在县里需要了解的信息，并形成问题提纲。及时与县农业农村部门取得联系，由参加调查队伍的县级调查队员召开县级座谈会。座谈会参加人员应包括农业农村部门主要领导、业务骨干、退休干部、老农技员等熟悉县内作物生产和农村情况的人员。座谈会在介绍调查目的和任务后，按照准备的问题提纲以问答方式详细了解所需要的信息。在此基础上，与参会人员共同商定拟调查的重点乡镇。重点乡镇的确定原则参考本节中“调查收集优先区域的选择”。乡镇级座谈方式与县级类似，村级座谈则应更注重座谈人员和座谈方式。村级座谈人员应尽量包括在村里从事农业的农民、合作社成员及村里的新老村干部，还要注重那些药农、村医等经常跋山涉水走村串户的人员，因为他们对村里的情况更熟悉。村级座谈方式以聊天为主，引导农民讲述种植作物的故事，从中发现与种质资源有关的信息。座谈中还应注意有些不善言辞的农民可能也掌握有种质资源的信息，就要作为重点单独走访。

（3）实地调查法。实地调查应坚持“进村、入户、下田、上山”的原则。在通过座谈了解到基本信息后，首先对村庄内房前屋后种植的树木、花草、蔬菜等进行调查，一般农民喜欢在房前屋后种植一些自己喜欢的植物，株数不多但可能具有较特别的利用价值。其次到农民的住宅（含正房、偏房、储物间、阁楼等）内外收集已收获或数年内并未种植、存放在瓦罐、箩筐、编织袋、塑料袋甚至矿泉水瓶中的种子，再向农民详细询问每一份种子的名称、用途、特性、储存时间等，有时一家农户可以收集到上百份资源。再次是在生长季节到农田、菜园等地实地查看栽培作物的类型和品种，包括农田、菜园周围田埂、沟渠中是否存在野生近缘植物资源。然后，对于分布于山区的野生近缘植物，调查队员要亲自上山寻找可能存在的野生资源。最后，还要关注农民的晒场和村镇的集市，这些地方往往也可以发现我们所需要的资源，特别是在集市上，具有地方特色的蔬菜比较普遍。

（四）调查注意事项

作物种质资源调查也是一项经验性很强的工作，在调查过程中往往需要注意一些细节，在提高调查效率的同时，避免出现安全等问题。

（1）讲究访谈艺术。作物种质资源调查的访谈对象要么是地方工作人员，要么是农民，特别是一些年龄较大的访谈对象，往往普通话较差，也不善于表达。所以在进行访谈时不能生硬地提出问题，而应针对不同访谈对象使用不同的访谈语言，让被访谈人感到亲切和容易理解。当被访谈人答非所问时不要纠正，而是循循善诱地引导他们，尽量保持以听故事的态度与他们沟通。听不懂方言或访谈对象听不懂访谈的问题时，要请地方陪同人员予以翻译和解释，细心地捕捉被访谈人提供的每一个线索。

（2）调查要依靠向导。调查进入到陌生区域时，如无当地人作为向导，容易出现迷失方向或误入危险境地等情况，所以无论在村里还是上山都要请向导帮忙，一个合格的向导一定是熟悉村民和当地语言，了解当地的地形地貌、山间小路，方位感强且身强力壮、容易沟通的村民。在进入村庄和与村民座谈时通过向导更容易与农民沟通，在去野外调查时，需要向导带路。

（3）注意安全。作物种质资源调查不是探险，安全始终是第一要务，出现任何安全问题都会影响作物种质资源的调查和收集效果。进入村庄要防狗咬，到野外要防蛇、防兽等，还要防止跌打损伤或掉进农民捕捉猎物的陷阱。调查时要求至少两人同行，不能单独行动。

（4）尊重当地民族的风俗习惯。在少数民族聚居区调查时，调查队应了解所调查地区的民族习俗，尊重他们的习俗。只有这样，才能得到各民族群众的支持和帮助。森林和荒山上野果和野菜很多，有些可食，有些有毒，在不了解情况时，切勿随意试尝野果和野菜，以防中毒。

（5）严格执行国家法律法规。在森林地区调查要注意防火，必须用火时，调查人员应在一起，彼此互相监督，用完火后，用水把火浇灭，再挖些土将灰烬掩埋。在国境线地区调查时，一定要听从当地向导和公安人员的指挥，不得随意乱走。

（6）注重农民认知的挖掘。农民认知也被称为传统知识。农民对自己种植的品种或看到的野生植物特征特性最了解，特别是一些拥有抵抗生物或非生物胁迫能力、具有某些特殊风味或特殊价值（如药用等），以及适合当地人某些习惯或传统等资源，他们最有发言权。在调查时要特别注重对这些传统知识的发掘，要刨根问底，详细了解这些种质资源的特点，以便收集后有目的地开展鉴定评价，发掘其中的优良基因。

三、作物种质资源收集方法

作物种质资源收集包括栽培品种收集和野生近缘植物收集两种。

（一）栽培品种收集方法

（1）收集的资源类型。收集的作物种质资源是用于繁殖的器官，根据作物繁殖方式不同，收集的资源类型也不同。一般对于有性繁殖作物，只收集种子保存在种质库即可，对于无性繁殖作物则收集块根、块茎、枝条等。有些既有有性繁殖又有无性繁殖的作物，根据其主要繁殖方式和遗传稳定性选择收集部位，也可以根据研究和生产需要分别收集种子和无性繁殖器官。例如，马铃薯既可有性繁殖也可无性繁殖，一般以收集块茎方式用于繁殖，但也收集种子用于科学研究或育种。

（2）收集时间。视作物的成熟期而定，种子应在充分成熟时收集，无性繁殖器官根据作物收获期或易于繁殖的时期收集。收集的资源应最大限度保证其繁殖能力，剔除混杂、霉变、病变、虫蛀等劣质繁殖体。

（3）收集数量。以种子繁殖的作物每个品种收集 50 个以上单株的种了混合作为 1 份资源，每个单株采集 1 个穗子，种子数量达到 2500 粒为宜，特大粒作物（如花生、蓖麻、蚕豆）的数量可根据需求酌情少取一些，而特小粒作物（如粒用苋、烟草）的数量可多些。无性繁殖作物每个品种应采集 10～15 个单株的繁殖体混合作为 1 份资源，每个单株只采集 1 个繁殖体（块根、块茎、枝条等）。无论是有性繁殖作物还是无性繁殖作物，单株之间应根据品种种植面积间隔一定的距离，且取样距离越远越好。

（二）作物野生近缘植物收集方法

作物野生近缘植物收集除与上述栽培品种收集的三个方面一致，还应考虑居群的划分和每个居群的取样原则两个方面。

（1）居群和亚居群的划分。作物野生近缘植物在野外有些是集中分布，有些是大面积连续分布，有些是零星分布，因此居群和亚居群的划分尤为重要，资源的收集也应按照居群或亚居群采集。对于集中分布的野生近缘植物，将其集中分布区作为一个居群；对于大面积连续分布和大面积零星分布的野生近缘植物，要根据地形地貌和小生境划分居群，一般将由自然屏障（如山脊、溪流、村庄、农田等）隔开的区域划分为不同的居群，如果居群仍然较大（如大于 $100hm^2$），则再根据小生境划分为亚居群；对于小面积零星分布、数量极少的野生近缘植物，做到应采尽采，可以收集所有的单株，待保存后再剔除重复。

（2）居群内取样原则。居群和亚居群确定后，每个居群（或亚居群）的取样数量和取样距离因物种特性而异，不同物种在收集前应利用遗传多样性研究方法确定每个居群的取样数量和距离。

一般而言，异花授粉植物居群内随机选择 100 个单株，单株间距离 20m 以上，每个单株采集 1 个穗子，混合作为 1 份资源。自花授粉植物居群内随机选择 20 个以上的单株，单株间距离 10m 以上，每个单株采集 1 个穗子，混合作为 1 份资源。例如，普通野生稻居群取样数量为 20～30 株，可以代表居群遗传多样性的 85%～95%，取样距离大于 12m，基本不出现重复（王效宁等，2010）。一年生野生大豆居群取样数量为 25～52 株，可以代表居群遗传多样性的 95%，取样距离大于 18m，基本不出现重复（朱维岳等，2006）。无性繁殖植物应每居群中随机从 5～10 株上采集样本（块根、块茎、根茎、球茎、鳞茎、枝蔓、根丛、幼株、幼芽等），每个个体上采集 2～3 个即可，个体间距离 10m 以上。

（3）种质资源收集。作物野生近缘植物即使以有性繁殖为主且能够收集到种子，也需要采集无性繁殖体进行保存。例如，野生稻属于兼具有性繁殖和无性繁殖特性的植物，但有性繁殖的种子由于遗传异质性高，后代分离严重，除收集种子保存外，还需收集种茎进行种质圃保存，以保持其遗传特性。收集的作物野生近缘植物一般将一个居群或亚居群采集的材料在保存时作为 1 份种质资源，但因单株间遗传结构差异较大，单株采集的种子或种茎仍然需要单独保存和种植，便于优异资源的鉴定评价和开展相关研究工作。

（三）收集注意事项

（1）所有居群或亚居群均需定位。在调查收集中，利用定位仪对调查收集的居群或亚居群进行定位并估算面积，记录种质资源分布区的经度、纬度和海拔，便于未来对居群或亚居群变化情况进行监测。

（2）同一个居群或亚居群给予且只给予一个编号。每个居群或亚居群都应给予一个特定的编号，并且该居群或亚居群所有的样本、标本和照片的编号必须相同。一个编号对应一份种质资源，在采集的样本、标本或照片多于 1 个时，采用“编号-序号”的方式表示。

（3）采集的样本要照相。对样本采集地的生态环境、样本的植物学特征、典型性状、特有性状、特殊用途等要通过照片展示，照片一般应包括全景（生境、群落）、植株整株、关键部位（根、茎、叶、花、果实）等。照片大小不低于 5M。

（4）及时整理与临时保存收集的资源。经过一段时间的调查收集后，要对所收集的资源进行整理，核对每份资源的实物样本、编号、标本、照片、调查信息等是否一致、完整，及时纠错或补充相关信息。采集的资源要妥善保存，根据样本类型（种子、种茎、枝条、块根等）进行相应的处理（干燥、保湿、消毒等），还要防鼠、防虫、防止混杂。

（5）发掘潜在优异资源。调查收集过程中要充分了解农民对每份资源的认知，如实记录农民对资源优良特性的描述，如抗病虫、抗逆境或在食用、保健等方面具有的特殊用途等，为未来种质资源的深入鉴定评价和发掘优异基因奠定基础。

四、标本采集方法

种质资源的收集一般只采集繁殖体，但对于分类不明确的作物野生近缘植物或栽培品种的珍稀资源还需要采集标本。标本的采集与制作参见《生物标本的采集、制作、保存与管理》（伍玉明等，2010）。

第四节 作物种质资源的国外引种

作物种质资源的国外引种是伴随着植物调查收集而逐渐发展起来的。自欧洲文艺复兴时期开始，欧洲派出专业队伍赴近东、美洲、南非、澳大利亚和远东地区进行植物资源调查与收集，带回大量作物、果树和园艺植物资源，但有些植物资源并不能适应当地的环境，造成了部分资源的得而复失，引起了植物学家对引进植物的生态、气候等适应性的重视，从而推动了种质资源国外引种理论和技术的发展。

一、国外引种的重要性

从本章第二节中物种分布的不平衡性、遗传变异的长期性和连续性，以及人类文明对种质资源形成的影响等分析可以看出，世界上任何一个国家或地区都不可能拥有所有的植物物种，更不可能拥有所有作物的品种或其野生近缘植物的变异类型，即世界上任何一个国家或地区的作物种质资源都是不完全的，也不可能完全满足当地作物生产对种质资源的需求。因此，引进国外作物种质资源对任何一个国家或地区都是十分必要的，既可增加作物种类，也能够丰富作物品种或遗传材料的类型，以促进种业发展，保障粮食安全。引进国外作物种质资源能够对种业发展和农业生产起到巨大作用。例如，美国自建国后就重视从国外引进各种植物种质资源，使美国从一个种质资源贫乏的国家变成了世界第一种质资源大国和种业强国（佟大香，1991）。我国现有栽培作物约600种，但仅约一半起源于我国，其他作物均是从国外引进的，这些作物对于丰富我国米袋子、菜篮子和果盘子均起到了巨大作用，其中最突出的例子是玉米的引进。玉米起源于中南美洲，大约500年前引入我国，其后迅速成为我国主要的粮食作物，并于2012年播种面积和产量均超过水稻，成为我国第一大粮食作物。

我国属于全球生物多样性大国之一，作物种类及其种质资源也十分丰富，位列世界各国前列。但是，就全球而言，我国作物种类所占比例并不高。据估计，全世界栽培作物达 2300 多种，而我国约有 600 种，不足全球的 1/4。2008 年我国种质库和种质圃保存的作物种质资源仅为 39.7 万份（王述民等，2011），与全球保存种质资源 740 万余份（FAO，2010）相比，仅占 5.4%。我国地域辽阔，南北跨越 5 个气候带，且地貌复杂，有世界最高的山峰和最低的盆地，多样的气候和复杂的地貌形成了丰富多样的生态环境，为容纳更多的栽培植物种类提供了基础条件，加上我国人口众多，需要更多的作物种质资源用于生产和育种。因此，国外作物种质资源的引进无论是过去、现在还是将来，对我国农业可持续发展都具有十分重要的意义。

二、国外引种的原理

本书第二章介绍的栽培植物起源中心理论、遗传变异的同源系列定律和作物与人文环境的协同演变学说均为国际上植物引种提供了重要的理论依据。其中，作物起源中心学说是引种的方向指引。由于每个起源中心作物种类差别巨大，且每类作物在起源中心的遗传变异最丰富，因此可以根据作物起源中心理论选择合适的国家或地区引进新的作物或不同类型的品种，起源中心是作物育种家探寻新基因的宝库。遗传变异的同源系列定律和作物与人文环境的协同演变学说是引种的理论基础，通过引入地理隔离较远的同类作物的品种，能够获得更多的遗传变异，在引种过程中充分尊重人文环境，可将引进的资源直接利用或用于育种，有利于不断培育出新的品种和类型。

此外，气候相似论对于国外引种也具有十分重要的指导意义，因此，本章将主要阐述气候相似论及其在种质资源引进中的应用。

20 世纪初，德国林学家迈尔（H. Mayer）在研究树木引种时首次提出气候相似论原理，他提出该原理的目的是使农业生产合理充分利用气候资源。迈尔认为木本植物引种成功的最大可能性是要看原产地气候条件与引种地的气候条件是否相似。后来的生产实践证明，将某一物种引到相似气候环境的地区时，成功的概率较大，这就是农业气候相似论。气候相似论认为两地气候或农业气候的相似程度与引种成功的概率呈正相关。相似程度与气象要素，如温度、降水和光照等有关，相似程度高时更容易引种成功。

气候相似论是引种成功的重要因素，为了保证引种成功率，应该首先对计划引进品种分布区的地理环境、生态特征、气候特征等进行细致研究，从而提出适合引进的品种类型。随着科技水平的提高，特别是生物技术的发展，气候相似论在作物引种中的影响逐渐减弱，但仍然适用于直接引进栽培的种质资源。

三、国外引种技术

国外引种分为国外实地调查与引进、协议引进、国际交换三种方式，引进方式的不同所涉及的技术和程序也不同。

（一）国外实地调查与引进

国外种质资源的实地调查与引进是第二次世界大战前世界各国的普遍做法，受信息不畅等因素的影响，各国为了获取其他国家的作物种质资源，主要采取派出考察团赴国外进行实地调查的方式收集种质资源。例如，美国自 19 世纪末期开始，先后派专家或驻华使团人员在我国考察作物种质资源 100 余次，收集了大量起源于我国的大豆、蔬菜及果树资源。国外实地调查与引进的技术类似于国内作物种质调查与收集，因此本章第三节介绍的技术同样适用于国外种质资源的实地调查与引进工作，但因国外的地形地貌、生态环境、法律法规、民族文化、传统习俗、语言文字等与国内相差甚远，需要投入更多精力进行前期准备，并且侧重于某一种重要作物的调查与引进。具体做法包括以下几方面。

（1）全面了解拟调查国家的法律法规。近年来，世界各国均加强了生物多样性保护的力度，特别是对外国人开展生物资源调查方面，制定了适合本国国情的法律法规和政策，有些国家甚至完全禁止外国人从事生物资源调查工作。因此，在确定拟开展调查与引进作物种质资源的国家时，首先应该全面查清和了解该国有关的法律法规和政策，也包括其国内不同地区（如省、州、邦等）的地方性法规和政策，避免因违反该国家或地区的法律法规而引起纠纷或刑事责任。

（2）准确掌握拟引进作物的分布范围和突出特点。对国外作物种质资源调查与引进的目的性应该非常清楚，要明确引进什么作物、需要哪些性状、适应什么样的生态环境、引进后的主要种植区域和用途等，从而根据引进目的有针对性地进行实地调查，按照对引进资源的需求进行收集。

（3）找好国外合作伙伴。国外合作伙伴是保证在国外顺利开展调查的必要条件，无论通过什么样的合作关系，一定要找好合作伙伴，与合作伙伴谈好调查区域和路线、合作方式、资金投入、人员安排、交通保障、资源共享等具体事项，并确定好领头人和向导。向导最好找熟悉当地社会、文化、环境等条件的华人华侨。

（二）协议引进

协议引进是目前国外引种的主要方式，随着现代信息渠道的畅通，特别是互联网的高速发展，能够很容易获得各国作物种质资源信息，以此为基础，通过签订官方协议就可以引进国外的种质资源。具体做法包括以下几方面。

（1）拟定引种清单。根据引种目的，确定需要引进种质资源的类型和产地，通过文献、网络等多种途径收集目标种质资源的相关信息，如目标性状（高产、优质、高抗等）、地理环境（经纬度、海拔）、气候（光照、温度、降水量等），从而判断种质引进后的适宜生长区域。同时，需要对引种材料的类型、保存（或育成）年代、繁种地、来源地等信息进行收集整理，列出拟引种清单。

（2）选择引种渠道。引种清单确立后，通过外交、商贸、学术交流等途径找到合适的引种渠道，根据资源提供方的有关规定和国际规则进行有效沟通，获取资源提供方所需要的引种条件，包括材料转移协议、资源进出口许可、官方证明和检疫证书等，列出引种所需要的书面材料清单。

（3）制定引种计划。包括引进资源的检疫流程，临时保存地点和方法，计划种植的区域、时间和面积等，种植特殊材料还需要准备好温室或隔离室等必要设施。

（4）发出引种指令。确定引种可以实施后，向对方有关单位或个人发出包含引种清单的引种请求，并确认获得资源提供方的同意。按对方要求提交有关书面材料和引种信息，要注意证明或证书的有效期，避免有效期过期带来的风险。将办理好的引种书面材料提供给资源提供方，要注意对方要求的是原件还是影印件。

（5）资源获取。资源提供方在办理完植物检疫等有关手续后，将资源样本发送给引种方，引种方需要向海关提供有关证明或证书等书面材料，获取资源样本。

（三）国际交换

作物种质资源国际交换是指我国与其他国家（地区）或国际机构进行的双边或多边互惠互利的作物种质资源交换。作物种质资源国际交换是在资源提供国和我国法律法规的框架下进行的作物种质资源交换活动。作物种质资源国际交换程序主要包括作物种质资源合作协议的签署、材料转移协议的签署、国外作物种质资源引进、我国作物种质资源对国外提供、作物种质资源的出入境检疫等。作物种质资源国际交换与协议引进唯一不同点在于国际交换需要向对方提供我国的种质资源。向对方提供的种质资源应符合我国法律法规，并按照种质资源出口管理规定履行审批手续。

近年来，作物种质资源国际交换的主要做法已从双边交换逐渐发展到多边交换，按照联合国粮食及农业组织（FAO）制定的《粮食和农业植物遗传资源国际条约》的规定，各缔约方均需将公共管理的作物种质资源纳入到《粮食和农业植物遗传资源国际条约》下的多边体系中，任何缔约方需要获取其他缔约方的作物种质资源时，只需按照多边体系的管理规则，签署事先知情同意书、标准材料转让协议、获取与惠益分享协议等相关文本，多边体系即可提供所需的作物种质资源。目前，由于我国尚未加入《粮食和农业植物遗传资源国际条约》，还无法按照多边体系的规定实施作物种质资源的国际交换。

四、国外引种注意事项

根据国外作物种质资源引进的技术和程序可以看出，从国外引进作物种质资源应特别关注下列事项。

（一）熟悉被引进作物或品种的特性

作物种质资源国外引进是希望引入的资源能够解决当前或未来作物生产存在的重大问题，具有很强的目的性。一方面，引进的资源应具有我国现有资源没有或少有的优良性状，国外引进应对被引入的作物种类或品种的特性进行详细了解，要根据引进的相关理论对本地生态条件进行分析，掌握国内外有关种质资源的信息，如品种的历史、生态类型、品种的温光反应特性，以及原产地的自然条件和耕作制度等。另一方面，要按照气候相似论理论确定引进资源的适应性，以及在我国可能的适应范围，首先从生育期上估计该品种类型具有适应哪些地区的生态环境和生产要求的可能性，从而确定引进的品种类型及范围。根据需要，可到产地现场进行考察收集，也可向产地征集或向有关单位转引，但都必须附带有关的资料。

（二）遵守国际国内法律法规

作物种质资源国外引种既涉及国际法、国外法，也涉及国内法，因此在操作时应掌握并遵守相关法律法规，才能保证成功。在国际法方面，包括《生物多样性公约》《〈生物多样性公约〉关于获取遗传资源和公正公平分享其利用所产生惠益的名古屋议定书》和联合国粮食及农业组织制定的《粮食和农业植物遗传资源国际条约》，均对遗传资源（种质资源）的国际交流、交换做出了具体规定。国外法主要是资源提供国在遗传资源保护方面的法律法规，对于任何一个主权国家而言，其国内法优先于国际法，即使在国际法允许的框架下实施引进工作，也可能因为违反资源提供国的法律法规而导致失败，所以，在引进之前必须掌握资源提供国具体的法律法规。

在国内法方面，《中华人民共和国农业法》《中华人民共和国种子法》《中华人民共和国卫生检疫法》等都针对国外引种进行了相关规定。一方面为防止病虫草等有害生物随资源引进而传入、扩散，给生产带来威胁，引进单位必须严格遵守种子检疫和检验制度，严防检疫性病虫害或杂草等有害生物乘虚而入。引进后，应在特设的检疫圃内隔离种植，并进行生长期有害生物检测。在鉴定中如发现有新的危险性病虫害和杂草，应及时采取除害措施。另一方面，引进材料经过检疫合格后，必须在本地试种。以当地代表性的良种为对照，进行包括生育期、产量性状、产品品质及其抗性等系统的比较观察鉴定，根据在当地种植条件下的具体表现评定其实际利用价值，进而再推广利用。

第五节　引进作物种质资源的检疫

引进作物种质资源的检疫是为了防止外来危险性病、虫、杂草等有害生物随国外引进的种子、苗木等传入我国而采取的隔离、消毒、销毁等强制性预防措施。国外引种与植物检疫关系密不可分，相辅相成，二者必须兼顾。国外引种必须通过检疫的过滤作用，阻隔外来有害生物入侵。世界各国的实践证明，对引进的作物种质资源实施检疫、加强隔离试种及疫情监测是确保入境安全利用的重要保证（王春林等，2005）。

一、检疫的必要性

（一）检疫直接关系社会经济稳定和国计民生安全

种质资源作为生物活体，从国外引进的同时，不可避免地也会带来检疫性有害生物随种子、苗木传入的潜在风险，一旦新的危险性或检疫性有害生物传入，不仅毁灭引种成果，还会给农林业生产带来巨大的威胁，同时也影响国内农产品的出口和对外贸易（赵骏杰，2016）。由于在引种初期无论是科学家还是政府都未充分意识到引种可能带来的风险，因此国际上检疫工作远远迟滞于引种的发展。因种子、苗木等的引进或调运导致有害生物在世界各国的广泛传播和扩展蔓延，给农业生产造成重大损失的事例很多。最典型的案例是震惊世界的爱尔兰大饥荒。19 世纪 40 年代，欧洲从美洲调运马铃薯种薯时引入了马铃薯晚疫病，引起了马铃薯晚疫病在欧洲的流行和蔓延，给马铃薯种植带来了毁灭性的打击，导致爱尔兰马铃薯几乎绝收，造成 100 余万人饿死、200 万人移居海外，爱尔兰人口锐减四分之一。我国于 1934 年和 1935 年从美国引进棉花种子时，分别带入了棉花枯萎病和黄萎病的病菌，并很快扩展蔓延，给棉花生产造成了严重的经济损失，这两种病害至今仍然是我国棉花生产上的较难防治的重要病害（洪霓和高必达，2005）。历史上棉铃象鼻虫、棉花红铃虫、小麦吸浆虫、松树松毛虫、甘薯黑斑病等病虫害随种子先后传入我国，均造成了巨大的危害。近十几年来，我国发生的许多重大植物疫情，如稻水象甲、美洲斑潜蝇、葡萄根瘤蚜、黄瓜绿斑驳花叶病毒、假高粱等，也均与种苗传带直接相关（李潇楠等，2013）。引种通过植物检疫防患于未然，我国植物检疫工作在历史上发挥了重要作用（黄冠胜等，2013），是我国保护农业生产安全和人民身体健康的重要措施。

（二）检疫是种质资源安全引进的重要保障

随着全球经济一体化的快速发展，国际社会交往与国际贸易的与日俱增，我国进出口贸易日趋频繁。随着进境植物种类及数量的增加，外来检疫性有害生物传入我国的风险日趋严重，我国已经成为世界上受外来检疫性有害生物威胁最为严重的国家之一（段维军等，2017）。康克功等（2004）对我国口岸截获的植物检疫性病害及病原的调查和分析表明，1980～2000 年共检出植物检疫性病害 112 批次，病原 116 种（属），包括重要农作物和蔬菜上的重要病害，如小麦矮腥黑穗病、小麦印度腥黑穗病、大豆紫斑病、大豆疫霉根腐病、大豆花叶病毒、烟草环斑病毒、番茄环斑病毒、黄瓜花叶病毒、南方根结线虫、松材线虫、菟丝子等。这些有害生物一旦入境传播，将对我国农业生产安全造成较大的威胁。通过检疫将危险性有害生物拒之于国门之外是最经济和有效的方法，既可防止危险性病害、虫害、杂草及其他有害生物等的传入及传播，又保障了种质资源安全引进。

二、检疫的依据

国外引进种质资源的检疫是植物检疫的重要组成部分，在管理上也属于植物检疫。植物检疫是通过法律、行政和技术等手段，防止危险性植物病、虫、杂草和其他有害生物的人为传播，保障农林业的生产生态安全，促进贸易发展的措施。植物检疫是一项特殊形式的植物保护措施，涉及法律规范、国际贸易、行政管理、技术保障和信息管理等诸多方面的综合管理体系。

植物检疫主要是依据相关法律法规结合有害生物风险分析采取相关的检疫措施，以降低或控制有害生物传入和传出的风险。《国际植物保护公约》（International Plant

Protection Convention，IPPC）和《实施卫生与植物卫生措施的协定》（Agreement on the Application of Sanitary and Phytosanitary Measures，简称《SPS 协定》）均要求各国植物检疫部门在拟定检疫措施时，必须参照现有国际标准，并具有相同的科学依据，在风险分析的基础上制定相应的检疫措施。

（一）植物检疫的法律法规

为了使植物检疫工作顺利进行，实现植物检疫的目的和任务，由权威性国际组织、国家或地方政府制定、颁布植物检疫法规，包括有关植物的法律、条例、实施细则、办法和其他单项规定等。植物检疫法律法规种类很多，按照制定它的权力机构和法规所起作用的地理范围，可将这些法规分为国际性法规、国家性法规和地方性法规。

目前，国际上与植物检疫有关的最重要的公约是《国际植物保护公约》（IPPC），其是联合国粮食及农业组织（FAO）于 1952 年正式通过的多边条约。这是一项用来保护植物物种、防止植物及植物产品携带的有害生物在国际上扩散的公约，主要目标是促进国际贸易、减少病虫害传播。IPCC 秘书处是《国际植物检疫措施标准》（International Standards for Phytosanitary Measure，ISPM）的制定机构。国际上与植物检疫有关的法律法规还包括世界贸易组织（World Trade Organization，WTO）制定的《SPS 协定》和《技术性贸易壁垒协议》（Agreement on Technical Barriers to Trade，TBT 协议）。目前，《SPS 协定》也是国际贸易关系中大部分国家进出境动植物检验检疫行为实施的国际准则。我国是 FAO 成员国，也是 IPPC 的缔约方，且于 2001 年加入了 WTO，因此，在植物检验检疫工作中，必然要遵守《SPS 协定》所规定的各项要求。目前，全世界有 9 个区域性的植物保护组织，每个组织都有自己的章程和规定。另外，还有双边检疫协定、协议及合同条款中的检疫规定。世界各国植物检验检疫相关法律法规的颁布实施，体现了植物检疫在国家政治经济中的重要地位。

我国在植物检疫方面已颁布了多项相关的法律、法规、规章和其他规范性文件。主要包括《中华人民共和国进出境动植物检疫法》《中华人民共和国进出境动植物检疫法实施条例》《中华人民共和国植物检疫条例》《中华人民共和国种子法》，以及我国已颁布的与植物检疫有关的国家标准和行业标准，我国与其他国家签署的协定、协议等法律、法规及一系列配套规章制度。其中最为重要的是《中华人民共和国进出境动植物检疫法》，明确规定了进出境动植物检验检疫的目的，即防止有害外来动植物传入、传出我国国境。同时公布了《全国植物检疫对象和应施检疫的植物、植物产品名单》《国外引种检疫审批管理办法》。这些检疫法律法规是我国植物检疫工作的基本规章制度，也是植物检疫人员执法的主要依据。目前，我国已形成了较为系统的植物检验检疫法律、法规体系及各级检验检疫机构，保证了我国动植物检验检疫的顺利实施。

（二）有害生物风险分析

有害生物风险分析（pest risk analysis，PRA）又称有害生物危险性分析，是指为防止有害生物传入，对有关植物有害生物按一定的科学方法进行分析，以确定其危险程度，并减少其传入风险的决策过程，即评价有害生物危险程度，确定检疫对策的科学决策过程（徐文兴和王英超，2018）。PRA 主要是根据有害生物的传播方式和途径、分类地位及其发生、分布、危害和控制情况、在国内的适生性、可能产生的经济影响等制定相应的降低风险的措施和管理方法等。

按照《国际植物保护公约》（IPPC）的定义和《国际植物检疫措施标准》，根据有害生物的发生、分布、危害性和经济重要性在植物检疫中的重要性等，可将其区分为非限定性有害生物（non-regulated pest，NRP）和限定性有害生物（regulated pest，RP）两类。非限定性有害生物是指已经广泛发生或普遍分布的有害生物，官方不要求采取植物检疫措施。限定性有害生物又分为检疫性有害生物（quarantine pest，QP）和限定的非检疫性有害生物（regulated non-quarantine pest，RNQP）。尚未发生但对某一地区的经济具有潜在威胁，或已发生但分布不广且正由官方控制的有害生物，为检疫性有害生物。限定的非检疫性有害生物是对输入地可能在生态、经济与社会等方面产生潜在威胁并需要采取相关管理措施的有害生物。

PRA 主要包括三个方面的内容：有害生物风险分析的起点（启动）、有害生物风险评估（pest risk assessment）和有害生物风险管理（pest risk management），其中风险评估和风险管理是 PRA 的核心内容。有害生物风险分析的起点阶段是提出有害生物风险分析的目标和需要解决的问题，并提出需要进行下阶段危险性分析的有害生物名单。有害生物风险评估是指确定有害生物是否为检疫性有害生物，并评价其传入和扩散的可能性及有关潜在经济影响的过程。风险评估主要包括有害生物名单的初步确定、检疫性有害生物的确定、对有害生物传入的可能性进行评估三个内容。风险评估重点是对有害生物传入和扩散的可能性进行分析，最后确定有害生物的危险程度。如果传入和扩散的可能性大，则风险性就大，反之则小。有害生物风险管理是指评价和选择降低检疫性有害生物传入和扩散风险的决策过程。这个阶段是依据风险评估，提出减少风险的具体检疫措施和办法，通过评价措施对降低风险的效率和作用，决定应采取的检疫措施（徐文兴和王英超，2018）。

种质资源是有害生物传播的载体，种质资源的调运是有害生物远距离传播的主要途径。为了控制或降低有害生物传入的风险，避免有害生物入侵对我国农林业生产造成经济损失，引进种质资源的同时必须强制性实施植物检验检疫。

三、检疫性有害生物的传播途径

在自然界中，植物有害生物由于地理条件的阻隔及自然生态环境条件的差异，其分布呈现一定的区域性特点。有害生物在其分布的地理区域内产生适应性，形成了各自的适生区域和传播途径。

有害生物的传播和扩散有多种途径，若按照其传播的性质可将有害生物的传播途径划分为主动传播和被动传播。通过自身运动实现的传播为主动传播；借助自然界的风、雨、水、气流、生物介体及其他载体进行的传播为被动传播。若按照其传播方式可将有害生物传播的途径划分为自然传播、人为传播和自身扩散。自然传播多数是在有害生物发生区内部或其周围的中、短距离传播，少数也可以通过迁飞或者气流完成远距离传播。人为传播是有害生物远距离传播的主要途径。自身扩散主要是指病原菌的孢子放射、游动、菌丝生长等，主要是短距离传播。

（一）自然传播途径

自然传播通常是指有害生物通过气流（风力）、水流、媒介生物（昆虫、鸟类）、土壤等途径进行的传播。自然传播往往发生于周边国家或地区。有些真菌产生的孢子或者孢子囊较轻且数量大，容易随气流传播，如锈菌和黑粉菌等，气流传播的距离一般较远。有些有害生物的孢子可以产生黏液或者出现鞭毛，主要靠雨水的溅射或在水中靠鞭毛游动进行传播。有些病毒、类病毒、植原体和细菌等可借助媒介生物进行传播，例如，蚜虫、飞虱、叶蝉等是常见的病毒传播媒介，叶蝉还可以传播植原体，而甲虫等昆虫还是细菌的传播媒介。此外，鸟类和天牛等也是有害生物的主要传播媒介。

（二）人为传播途径

人为传播主要是有害生物随种子、苗木、农产品及其包装材料和交通工具等载体的调运而进行的传播。随着人类社会和经济的发展，国际或国内植物及植物产品调运规模不断扩大，人为传播已成为许多有害生物远距离迁移的主要途径。在诸多人为传播载体中，植物种子、苗木和其他繁殖材料尤为重要。有害生物可以通过潜伏在植物种子、苗木、植物产品等的内部，或黏附在外表，或混杂于其间，随着调运、携带、邮寄等进行传播。大多数被人为传播的真菌为了在植物种子上生存，具有抵抗干燥环境的能力，有些真菌能产生耐干燥的繁殖体，如厚垣孢子、分生孢子、菌核等。细菌常附着在种子表面或存活于种皮内，一般能在种子上存活 1～2 年。随种子传播的病毒一般存在于种胚内部，而线虫则以幼虫状态潜伏在种皮内或以虫瘿的状态混杂于种子中。

检疫性有害生物通过自然传播的距离是有限的，并且遵循一定生物学路径，自然传播会存在一定的天然障碍，例如，种子在气流中不可能逆风飞行，在河流中不可能逆流而上。但是，人类活动可以打破自然路径，一些人为作用可以使外来入侵有害生物扩散到其自然传播所不能到达的地区。因此，人为传播是有害生物传播的主要途径。

四、植物检疫措施

植物检疫措施是为防止检疫性有害生物传入和（或）扩散，或限定的非检疫性有害生物对经济影响的有关法律、法规或官方程序。为规范出入境植物检验检疫，提升检验检疫工作质量，我国针对进出境植物检疫相继制定并颁布了一系列出入境检验检疫行业标准。《进出境植物种子检疫规程》（SN/T 1809—2006）适用于进出境植物种子的出入境检疫，规定了进出境种子的检疫方法及处理原则。《境外引进植物隔离检疫规程》（NY/T 1217—2006）规定了植物检疫机构对从境外引进的植物在植物检疫隔离场实施隔离检疫的程序、技术和方法。该标准适用于对引进的具有潜在高风险的植物的隔离检疫。《进出境植物种子种传病原检测操作规程》（SN/T 2367—2009）规定了植物种子传播的病原真菌、细菌、病毒（包括类病毒）和线虫等病原微生物的检疫鉴定的程序和一般方法。《进境植物繁殖材料隔离检疫操作规程》（SNT 2542—2010）规定了进境植物繁殖材料隔离检疫程序。《种苗隔离检疫操作规程》（SN/T 3072—2011）规定了种苗隔离检疫的操作程序，适用于对种苗进行隔离检疫时的检查或检测。

出入境种质资源检疫一般包括海关现场检验、隔离种植检疫、实验室检疫。通过海关现场检验、隔离种植后发现的一些可疑有害生物，需要进一步进行实验室检验，以确定其种类，明确是否为检疫性有害生物。

（一）检疫方式

1. 海关检疫

检疫部门对引进的种质资源检疫检验，是严防检疫性有害生物人为传播扩散的关键环节。引进的种质资源在进入国家海关时，无论是通过物流、科技合作、赠送、援助，还是通过旅客携带等都要进行检验检疫。引进的种质资源为种子时，以随机抽样的方式进行取样，种子量较大时采用对角线或分层取样方法抽取样品，以回旋法或电动振动筛振荡，使样品充分分离后，随机选择样品进行实验室检验。种质资源为种苗时，在不同种苗上取相应的组织（根、茎、叶）进行实验室检验。

海关检疫的方法主要包括直接检疫、过筛检验和 X 射线检验。直接检验主要通过肉眼或借助放大镜及检验犬，检查植物及相关产品、包装、运载工具等是否带有或混有检疫性有害生物。过筛检验是根据植物籽粒大小确定标准筛的孔径和层数，然后将样品倒入规定孔径和层数的标准分样筛中过筛，而后检查各层筛的筛上物和筛下物，通过实验室检验确定是否含有检疫性有害生物。X 射线检验是利用 X 射线能够透视、摄影的特性，准确挑选出遭受虫害的种子，统计虫害率，研究种子及其他植物组织内蛀性害虫的生长发育情况。

经过检疫部门严格检疫，确实证明不带检疫对象后可出具检疫证书，由引种单位携带检疫证书提取种质资源。

2. 隔离种植检疫

海关检疫通过后，引种单位要将引进的种质资源委托给相关部门指定的隔离检疫场所（基地、中心等）进行隔离种植及检疫。种子经过全生育期的隔离种植，真菌、细菌、病毒等在海关现场检疫中难以发现的有害生物可能会在生长期间被发现和鉴定。因此，为了保障种质的安全，必须加强隔离试种与生长期的疫情监测。

我国早在 20 世纪 80 年代就重视国外引种的隔离检疫。原中国农业科学院作物品种资源研究所作为引种归口管理单位，认识到必须建立隔离检疫圃才是安全引种的可靠途径，遂提出农作物国外引种隔离检疫基地建设项目的建议，并于 1987 年获国家计划委员会批复，被命名为“国家农作物引种隔离检疫基地”。从此，我国科研引种单位有了符合植物检疫要求的种苗隔离检疫设施。2006 年该检疫基地搬迁至中国农业科学院作物科学研究所昌平试验基地。同时，作为不同生态条件，在福建厦门鼓浪屿建了农作物国外引种隔离检疫基地的一个分站。国家农作物国外引种隔离检疫基地用于对境外引进的可能潜伏危险病虫害的种子、苗木及其他繁殖材料进行隔离试种、繁育及各种检疫试验，保证了我国农业不会因引进种质而遭受病虫害的侵袭，支撑了我们农业领域的科研工作。随着我国隔离检疫设施的快速发展及进出口种质资源的增多，为满足市场需求和社会发展需要，提升引种检疫检验水平，以确保引种质量，国家农作物国外引种隔离检疫基地已升级改造成标准化、现代化、智能化的国家农作物种质资源隔离检疫圃，将加速国外农作物种质资源安全、快速、有效利用。为确保引进种质资源的安全有效隔离种植及检疫，我国制定了《进境植物繁殖材料隔离检疫操作规程》（SN/T 2542—2010）、《境外引进植物隔离检疫规程》（NY/T 1217—2006）和隔离圃建设标准《进境植物隔离检疫圃的设计和操作》（GB/T 36814—2018）及行业标准《植物隔离检疫圃分级标准》（SN/T 1619—2017）等，规定了引进资源登记、引进资源初检、制定隔离种植计划、隔离种植期日常管理、隔离种植期疫情监测和检疫处理等环节的管理制度。

引进的种质资源进入植物隔离检疫圃后，首先进行信息登记，主要包括材料名称、产地、数量、引种单位、入境口岸、入境和入圃的时间、引种用途等。登记后进入实验室初检，确认是否携带有禁止进境的检疫性有害生物，一旦发现检疫性有害生物立即予以销毁或除害处理；初检未发现检疫性有害生物或经除害处理后的种质资源进行隔离种植。根据资源数量按比例随机抽取样品后，根据种质风险等级在相应风险等级的隔离温室种植。隔离种植期进行正常的水、肥管理并给予合适的温度、湿度及光照等基本条件，保证植物能够健康成长，完成整个生长周期。在整个种植周期中，定期观察隔离种植材料的生长情况及有害生物发生情况，在生长期一旦发现可疑的有害生物，立即取样。若检测出检疫性有害生物，第一时间向相关管理部门报告，在海关等监管下立即采取检疫处理措施。

3. 实验室检疫

实验室检疫是借助实验室专业仪器设备并按照相关检疫标准和操作规程对种子、苗木、隔离种植材料中的有害生物检查、鉴定的法定检验程序。通常情况下可分为常规检验方法和现代生物技术检验方法。

1）常规检验方法

常规检验方法主要包括比重检验、洗涤检验、染色检验、保湿萌芽检验、接种检验、分离培养检验、噬菌体检验、血清学检验等。针对不同有害生物，常常采用不同的常规检验方法。

常规检验方法一般针对有害生物种类的不同采取不同的方法。对真菌性病害常用的检验方法有：洗涤检验、种子保湿培养检验、种了萌发检验、分离培养检验等。对于细菌性病害常用的检验方法有：染色检验、噬菌体检验、血清学检验、种子保湿培养检验、种子萌发检验、分离培养检验等。对病毒性病害常用的检验方法有：生物学测定、电子显微镜技术、血清学检验、免疫电镜技术等。对线虫的检验方法有：分离检验、染色检验等。对植物害虫常用的检验方法有：比重检验、染色检验、剖开检验、饲养检验等。对杂草常用的检验方法有：解剖法、生长检验、种植检验、电镜观察等。

2）现代生物技术检验方法

随着现代生物技术的突飞猛进，越来越多的有害生物检验通常采用更加敏感、特异的分子生物学诊断技术，可通过对有害生物基因序列和结构直接测定进行快速检测。分子生物学诊断技术以不同生物的特异性核酸序列为基础，开发出聚合酶链反应（polymerase chain reaction，PCR）、核酸杂交、DNA 测序、DNA 芯片、环介导等温扩增（loop mediated isothermal amplification，LAMP）等方法。

聚合酶链反应（PCR）是根据病原物、害虫、杂草等有害生物中某些特定基因的核酸序列，通过与已知检疫性有害生物的相应基因核酸序列进行比较，快速鉴定出是否为检疫性有害生物。核酸杂交是碱基互补的两条单链核酸在经过退火后能够形成稳定的双链结构。基于此原理，将已知有害生物的特异性单链核酸作为探针，与待测样品进行共同处理，可以检测待测样品中是否含有目标有害生物的核酸。因不同生物的核酸序列均存在一定差异，DNA 测序是对病原进行测序后，经过序列比对区分不同有害生物种。DNA 芯片是将已知有害生物的 DNA 片段有序地固定于支持物的表面，组成特定的排列方式，然后与已标记的待测样品中靶分子杂交，通过特定仪器设备读取杂交信号，从而判断样品中靶分子的数量。在一个 DNA 芯片上，可以实现同时对多种有害生物的检测，可实现有害生物高通量检测。环介导等温扩增（LAMP）技术是一种新的、高效的分子诊断方法，不需要特定的仪器设备、操作简便、成本低廉，可以实现大量样品的快速检测。

（二）检疫程序

为了加强对国外引进种子、苗木和其他繁殖材料的检疫管理，根据《中华人民共和国植物检疫条例》第十二条的规定，农业农村部制定了《国外引种检疫审批管理办法》，规定了国外引种检疫程序，主要包括国外引种检疫申请和审批、口岸检疫和入境后隔离试种检疫等三项内容。首先是通过农业农村部全国一体化在线政务服务平台获得引种许可后，根据《国外引种检疫审批管理办法》提交申请获得引种检疫审批。

（1）引种检疫申请。引种者或引种单位提出申请并办理国外引种检疫审批手续。引种单位应掌握拟引进的作物种质资源在原产地的病虫发生情况，并在申请时向检疫审批单位提供有关疫情资料，对于引进数量较大、疫情不清，与农业安全生产密切相关的种苗，引种单位应事先进行有检疫人员参加的种苗原产地疫情调查。引种单位在申请引进前，还应安排好隔离试种计划。

（2）引种检疫审批。引种检疫审批由农业农村部和各省、自治区、直辖市农业农村厅（局）两级负责。国务院和中央各部门所属在京单位的引种，由农业农村部全国农业技术推广服务中心审批；各省、自治区、直辖市有关单位和中央京外单位的引种由所在地的农业农村厅（局）植物检疫机构审批，引种数量超过审批限量的，由省、自治区、直辖市农业农村厅（局）植物检疫机构签署意见后，报由农业农村部全国农业技术推广服务中心审批；热带作物种质资源引进由农业农村部农垦局签署意见后，报农业农村部全国农业技术推广服务中心审批。

（3）引进资源入境后隔离检疫。种子、种苗引进后，引种单位必须按照《引进种子、苗木检疫审批单》上指定的地点进行隔离试种。在隔离种植期间，发现疫情的，引进单位必须在检疫部门的指导和监督下，及时采取封锁、控制和消灭等检疫措施，严防疫情扩散。

引进种质资源的检疫程序如图 3-3 所示。

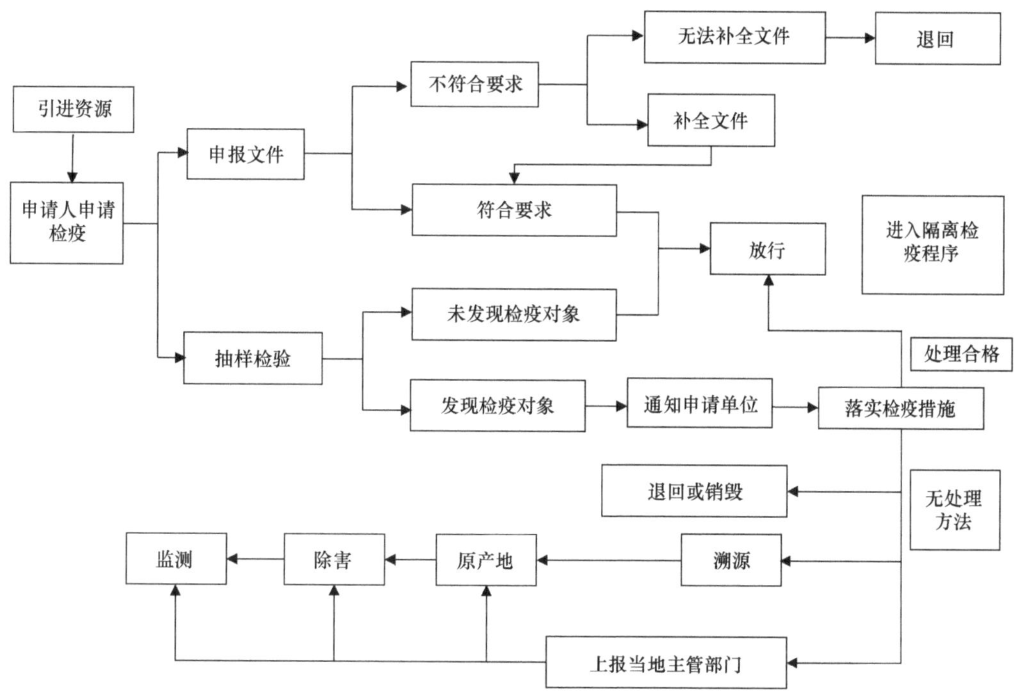

图 3-3　引进种质资源的检疫程序（资料提供者：张国良）

（三）检疫处理

检疫过程中，在引进的种质资源中确认发现检疫性有害生物时，应立即向当地检疫部门报告，严格按照植物检疫法律法规的规定对其进行处理，并根据实际情况启动应急治理预案，采取适当的植物检疫措施，防止疫情进一步传播、扩散和定殖。同时立即追溯该批种质资源的来源，并将相关调查情况上报资源引进目的地的检疫部门和外来入侵生物管理部门。

检疫处理可采取除害、销毁、退回、封存及预防控制等多种检疫处理措施，其中除害处理是检疫处理的主要方式。除害处理是通过物理、化学或其他方法直接铲除有害生物而保障引种的安全，常用的方法是化学处理和物理处理。化学处理是利用熏蒸剂及其他化学药剂杀死或抑制有害生物。物理处理是利用高温、低温、微波、高频、超声波及辐射照等方法进行处理。销毁、退回和封存也是重要的检疫处理措施，当不合格的种子、苗木没有有效的除害处理方法时，或者虽有方法，但是经济成本太高或时间不允许，应退回、封存或采用焚烧、深埋等方法进行销毁。

五、检疫检验技术

引种检疫主要是对种子进行检疫，防止有害生物随种子入侵及传播。为了实现“检得出、检得准、检得快”的要求，有害生物的检测方法已由传统形态学鉴定发展到了以分子生物学为基础的多种快速检测方法，并在种子检验检疫中得以运用，而这些快速检测技术根据待检测物的处理方式不同，又可分为有损检测和无损检测两类（李艳华和马亚楠，2014）。

（一）有损检测技术

有损检测技术是指需要将待测物进行破坏、损伤的检测方法，如将种子进行解剖、染色、提取核酸等操作之后对待测物进行检测。以分子生物学技术为基础的检测方法以其准确性高、周期较短、灵敏度高、可定量统计的优势得到众多关注。例如，多重PCR（multiplex polymerase chain reaction）技术、环介导等温扩增（LAMP）技术、随机扩增多态性DNA（randomly amplified polymorphic DNA，RAPD）标记技术、限制性片段长度多态性（restriction fragment length polymorphism，RFLP）分析技术、DNA条形码技术、生物芯片技术、高通量测序技术等。

（1）多重PCR技术是在普通PCR基础上发展而来，可以同时检测两个或两个以上目的基因片段的PCR方法。我国多重PCR技术早已在一些检疫性病毒病害中应用，比如番茄环斑病毒（ToRSV）、烟草环斑病毒（TRSV）等（薛杨等，2005）。

（2）环介导等温扩增（LAMP）技术是一种新的基因诊断技术。在已开发的检测体系中，可以对多种检疫性病毒病害进行检测（Bartolone et al.，2018；Çelik and Ertunç，2021）。

（3）随机扩增多态性DNA（RAPD）标记技术是利用PCR技术进行随机扩增，根据DNA条带的多态性对待检测物进行分类的技术方法。国内外利用RAPD技术已开展了小条实蝇属、果实蝇属中多种实蝇的分子鉴定研究，已经可以将重点检疫对象寡鬃实蝇族昆虫进行分类鉴定（张亮和张智英，2007）。

（4）限制性片段长度多态性（RFLP）分析技术是利用限制性内切酶能识别DNA分子的特异序列，对不同种群的生物个体进行分类鉴定的技术方法。用限制性内切酶处理DNA序列时，就会产生不同长度大小、不同数量的DNA片段，分析这些多态性片段就可以对不同物种进行分类鉴定。

（5）DNA条形码（DNA barcoding）技术是利用标准的、有足够变异的、易扩增且相对较短的、种间差距显著大于种内差异的DNA片段来鉴别物种的新技术（Hebert et al.，2003）。DNA条形码可以实现无目标检测，进行新物种的快速鉴定。由于不同物种及同类物种不同生物之间DNA的差异，这种差异性的存在为植物DNA条形码技术在出入境植物检疫的应用带来了全新的契机。目前，DNA条形码技术在出入境检疫中成功检获杂草、昆虫等有害生物。但是，DNA条形码技术在实际应用中依然存在不足，比如DNA条形码数据库不完善、DNA序列的差异程度的评价尚未达成一致的标准等（于璇等，2017）。

（6）生物芯片，又称蛋白质芯片或基因芯片，是通过微加工技术将大量可识别的分子如核酸片段、多肽分子、细胞、组织等按照预先设计的排列方式固定在芯片片基上，使芯片上每个坐标点代表一个探针分子，利用生物分子之间的特异性亲和反应，以实现对细胞、蛋白质、核酸及其他生物组分的准确、快速、大信息量的检测。

（7）高通量测序技术能够一次性检测得到样品中可能感染的多种病原物，对两种甚至多种不同病原物混合侵染的样品进行病原物鉴定时有着较好的应用。2014 年，在法国蒙彼利埃，利用该技术从一批进口的甘蔗中不仅检测到了已知病毒，还发现了 1 种新的双生病毒，即甘蔗白条纹病毒（SWSV），而传统的检测方法并没有发现 SWSV（Candresse et al.，2014）。

（二）无损检测技术

无损检测技术是在不破坏待测物原来状态、化学性质等前提下检测待测物的方法，具有自动化、高效、省时省力等特点。经过多年发展，先后出现了声音测绘法、电子鼻检测法、X 射线法、机器视觉技术检测法、近红外光谱技术检测法、高光谱成像技术检测法等多种无损检测方法。

（1）声音测绘法主要是借助声学特征对种子展开无损检测，主要针对害虫活动时各个身体部位发出来的频率进行分析，根据实际采集的信息进行整合，从而有效确定害虫的种类。声音测绘法可以检测成虫、幼虫的活动，检测轻便、方法简单。但是，对于不能发出声音的虫卵和死虫却无法检测，同时还容易受环境噪声和传感器灵敏度的影响（娄定风等，2013）。

（2）电子鼻又称气味扫描仪，能够感知和识别气体，对鉴别产毒真菌和非产毒真菌、区分发霉和非发霉谷物，以及对真菌毒素的定性与定量检测具有实用价值（Santana et al.，2019）。利用电子鼻对含有检疫病原物小麦矮腥黑穗病菌（TCK）的不同冬孢子数的小麦进行检测后发现，可以将不含 TCK 冬孢子的小麦和含 TCK 冬孢子的小麦区分开来（曹学仁等，2011）。

（3）X 射线法因其具有穿透物质的能力，可以用来透视检测种子中的害虫。其原理是根据种子和害虫的物质组成不同，且组织密度大小不一样，能穿透的 X 射线量也有差别，从而区分有无害虫。这项技术在目前植物检疫特别是种子检疫工作中得到广泛应用。利用 X 射线的自动识别算法，通过对小麦籽粒中幼虫期的赤拟谷盗进行检测表明，该算法的分类精度与人类评估 X 射线片图像的精度相似（Haff and Pearson，2007）。虽然 X 射线在植物检疫方面得到一定应用，但是其检测系统的制备成本高及辐射问题还有待完善。

（4）机器视觉技术是以计算机和图像获取部分为工具，以图像处理、分析技术为依托，从图像中获取某些特定信息，利用计算机模拟人的判别准则，对目标物进行识别和分类（孙群等，2012）。机器视觉技术可以实时、客观、无损害地对种子进行检测，但是该技术对种子内部检测困难。

（5）近红外光谱技术是利用被测种子中的有机物或有机分子接触到红外线照射后

发生共振，同时吸收近红外光对应部分的能量，通过测量其吸收光，得到复杂的图谱，对图谱进行分析、计算能够观察到检疫样品的状况。利用近红外识别玉米黄曲霉菌污染的准确率可以达到 97.78%（Tao et al.，2019）。

（6）高光谱成像技术是集合了光谱与图像的新型分析技术，能够同时收集样本的光谱和空间特性，获得内外部的品质信息，具有超多波段、光谱高分辨率和图谱合一的特点。与近红外光谱技术不同之处在于，近红外光谱只能获取待检测物体的光谱信息，而高光谱成像技术不仅能够获取其反应内部成分的光谱信息，而且能够获取待测物体的空间信息（魏利峰和纪建伟，2016）。在种子的害虫检测方面，利用透射方式对菜用大豆内的豆荚螟进行了识别分类，得到了很高的分类精度（Huang et al.，2013）。在种子病害检测方面，利用高光谱成像系统结合机器学习开发出对大量小麦赤霉病籽粒样本快速可视化识别的算法，最终测试准确率可以达到 98%（刘爽等，2019）。相比于单一的机器视觉技术或光谱分析技术，高光谱成像技术可以提供包含被测对象的形态学信息、内部结构特征信息和化学信息，在检验检疫领域的应用正在不断扩大。

随着科技的进步，新的检测方法在种子快速检测上的应用也得到了长足的发展，但这些方法依然具有一定局限性。如何完善检测技术，是今后研究的一个长期任务。相信在不久的将来，应用种子快检技术后，种质资源引进周期必将大幅度缩短，为我国作物新品种培育提供助力。

第六节　作物种质资源调查收集发展趋势

一、国内调查收集成就与发展趋势

（一）调查收集成就

新中国成立以来，我国先后开展了 3 次全国性大规模的农作物种质资源征集及多次专项考察收集，挽救了一大批濒临灭绝的地方品种和野生近缘种及其特色资源，建立了国家农作物种质资源保存长期库、中期库、种质圃、原生境保护点和国家基因库相结合的种质资源保护体系。截至 2020 年底，我国保存农作物种质资源 52 万份，其中国家作物种质库（含试管苗库）保存 350 多种农作物的种质资源 44 万份，种质资源圃保存 8 万份，位居世界第二。我国作物种质资源调查收集主要分为 3 个方面，即征集和普查收集、重点地区调查收集、重要作物调查收集。

1. 征集和普查收集

在 20 世纪前半叶，只有少数农业科学家进行了一些零散的主要作物地方品种的比较、分类及整理工作，但没有进行系统的研究，绝大部分作物种质资源散落在田间及农户家中。新中国成立以来曾先后开展了 3 次全国性大规模的农作物种质资源收集，其中前两次为征集，第三次为普查收集。1956～1957 年，农业部组织全国力量不失时机地进行了全国性地方品种大规模征集活动，共征集到 53 种大田作物品种（类型）21 万份，88 种蔬菜约 1.7 万份种质资源，当时称为原始材料，后来有许多种质丧失了生活力。1978 年中国农业科学院作物品种资源研究所成立后，1979～1983 年遂对农作物种质资源进行了第二次大规模征集，被称为补充征集，共征集到 60 种作物的 11 万份种质资源，这些种质资源分散保存在各省（自治区、直辖市）农业科学院和中国农业科学院有关专业研究所。30 多年来，气候、自然环境、种植业结构和土地经营形式发生了很大变化，农作物种质资源分布状况也发生了显著改变。因此，农业部（现农业农村部）于 2015 年启动了“第三次全国农作物种质资源普查与收集行动”，至 2020 年底，所有普查工作已全面启动，完成了 2323 个县（市、区）的普查与征集和 491 个县（市、区）的系统调查与收集，共收集各类作物种质资源共 5.3 万份。

2. 重点地区调查收集

中国农业科学院作物品种资源研究所成立后，将重点地区考察收集作为丰富作物种质资源的主要方式，主要开展了下列工作。

（1）云南作物种质资源考察。1979～1983 年，云南省农业科学院和中国农业科学院作物品种资源研究所共同主持，对云南作物种质资源进行了全面考察，收集稻种资源 2051 份、麦类资源 802 份、蔬菜资源 550 多份、茶树资源 339 份、饲用植物资源 930 份、玉米 82 份、豆类 334 份，还有麻类、柑橘等作物种质资源。查明了海拔 2650m 是当时我国水稻种植最高点；摸清了云南 3 种野生稻的地理分布，为我国云南是世界水稻起源中心之一的学说提供了证据。在所收集的普通小麦中，有 8 个变种是国外有报道而国内首次发现的，有 15 个变种是国内外尚未报道的，其中地方品种‘怒江小麦’的蛋白质含量高达 8%。还发现了被称为“辣椒之王”的‘涮椒’和多年生辣椒树等珍稀种质资源（杨庆文和黄亨履，1994）。

（2）西藏作物品种资源考察。1981～1984 年，由西藏农牧科学院和中国农业科学院作物品种资源研究所共同主持，有 30 个单位的 200 余人次参加，考察了西藏所有的农业和半农半牧业县，收集各类作物种质资源 1000 余份，发现了 45 个大麦新变种，20 多个小麦新变种；收集了 253 份西藏特有的碎穗半野生小麦，分属 20 多个变种或类型，其中 8 个类型是未曾报道的；查明西藏青稞的垂直分布上限达 4720m，当地地方品种具有耐寒、耐旱、多花多实、粒大等特点，分布在海拔 4000m 左右的青稞种‘孔仁’在无霜期仅 50～60 天的条件下也能成熟，且品质优良。此外，还发现了树龄 153 年的光核桃树、树龄 976 年的核桃树和树龄 200 余年的葡萄树；在林芝发现的桑树树龄高达 1650 年，可称为“桑树之王”（西藏作物品种资源考察队，1987）。

（3）神农架及三峡地区种质资源考察收集。神农架位于湖北省西北部房县、巴东和兴山县的交界处，为大巴山系东延余脉。神农架的地貌特征为山高坡陡谷深，气候不仅寒冷、多雨、湿润，而且具有明显的垂直变异的特点，形成了明显的“立体气候”，植物资源非常丰富。神农架及三峡地区作物种质资源考察是“七五”国家重点科技攻关项目“主要农作物品种资源研究”的一个专题。1986～1990 年组织了有关单位的 50 余名科技人员，8 个专业组对神农架及三峡地区包括湖北省西部的神农架、房县、竹山、竹溪、保康、杏山、秭归、宜昌、枝城、长阳、五峰、来凤、宣恩、咸丰、鹤峰、恩施、利川、建始、巴东，四川省东部的奉节、巫山、巫溪，共 22 个县（市）进行了综合考察，收集各种作物种质资源样本 9526 份，其中包括 24 种粮食作物的种质资源 2391 份，属于 33 个物种，类型相当丰富。发现湖北省新记录种 29 个，神农架林区新记录种 116 个。通过考察基本查清了该地区粮食作物的种类及分布情况，主要有玉米、水稻、麦类、食用豆类等，经过对样本的初步研究，还发现一批具有特异性状及稀有的资源材料，包括‘九月寒’玉米、‘黄腊头’谷子、‘咸丰红小豆’等生产上可以直接利用的品种，以及粉质玉米、有稃玉米、紫米水稻等稀有资源材料（郑殿升和吴伯良，1992）。

（4）海南岛作物种质资源考察。1986～1990 年，由华南热带作物科学研究院和中国农业科学院作物品种资源研究所共同主持，考察了海南岛 19 个县（市），收集了各类作物种质资源 4922 份。收集到具有重要价值的我国特有种孑遗植物观光木等单属植物 5 种，发现中国新记录种 8 个、海南新记录种 93 个。挽救了一批如耐盐碱性强的‘红芒’水稻品种等濒危、稀有作物种质资源。筛选出 400 余份丰产、优质、抗性强、早花、矮秆等作物种质资源（华南热带作物科学研究院和中国农业科学院作物品种资源研究所，1992）。

（5）川陕黔桂作物种质资源考察。1991～1995 年，对大巴山及川西南和黔南桂西山区 62 个县（市）的作物种质资源进行了综合考察，共收集各类作物种质资源 14 689 份，并入库入圃保存。发现了水生薏苡、长圆苎麻两个新分布种，以及幼果三角形的野生荔枝、微型南瓜、小金瓜等 11 个新类型和野生山龙眼、荆豆等 20 余个省份内的新记录种（变种）（杨庆文等，1998）。

（6）三峡库区和赣南粤北种质资源抢救性收集。三峡库区位于我国中亚热带北部地区，独特的地理位置和优越的自然环境给库区植物生长与繁衍提供了得天独厚的自然条件，具有物种多样性和生态系统多样性的优势。三峡工程的兴建给三峡库区的珍稀濒危动植物与保护植物带来一定的影响。为了保护三峡库区的多种植物资源，采取设施保存、基因库保存等和建立自然保护区、植物园多地点保育相结合的方式对三峡库区荷叶铁线蕨、疏花水柏枝、川明参等珍稀植物进行了相应的保护（刘旭等，2018）。

（7）西北作物种质资源调查与收集。2011～2015 年，对陕西、山西、内蒙古、宁夏、甘肃、青海和新疆等 7 个省（自治区）的 80 个县（市、区、旗）抗逆农作物种质资源基础数据进行了全面普查，对其中 49 个县（市、区、旗）进行了重点调查。通过普查和调查，基本摸清了最近 30 年普查区气候和植被的变化情况，掌握了主要农作物种植面积、产量和品种变化情况，初步明确了农业总产值及占比变化情况，收集农作物种质资源 5302 份，筛选出了抗旱、耐盐、抗寒、抗病、优质农作物种质资源 603 份，以及濒危农作物种质及其野生近缘植物 6 份。同时，对西部地区野生大豆进行了系统考察，收集野生大豆资源 192 份，根据蛋白质组学（胰蛋白酶抑制剂蛋白）和代谢组学（皂角苷）类型分析结果，确认我国西部甘陕地区的渭河流域是最早的栽培大豆驯化地，提出了作物种质资源有效保护与高效利用的建议（王述民和景蕊莲，2018）。

（8）沿海地区抗旱耐盐碱农作物种质资源调查。以我国沿海地区 11 个沿海省（自治区、直辖市）的125个临海县（市、区）为调查范围，主要针对农作物种质资源的种类、地理分布、生态环境、生物学特性、利用价值、濒危状况等基础数据展开调查，采集基础样本，进行耐盐性鉴定评价，从中筛选耐盐碱优异种质资源。结果表明，我国沿海地区耕地面积所占比例越来越小，沿海地区农作物种质资源地方品种濒临灭绝，单一品种种植比例越来越大。在沿海地区收集资源4635份，作物种类541类，种质类型包括地方品种、野生资源、选育品种和其他类型的资源分别为3538份、599份、365份和133份。通过对1030份资源（包括水稻、野生大豆、高粱、豇豆、绿豆、小豆等）进行耐盐性鉴定，筛选出芽期、苗期及全生育期耐盐资源分别为97份、343份和56份（唐俊源，2013）。

（9）云南及周边地区农业生物种质资源调查。2006～2011年，对云南31个县、四川8个县和西藏2个县的农业生物资源进行了系统调查。系统调查的41个县的地形、地貌十分多样，气候类型很多，有“一山有四季，十里不同天”的说法。加之这些县都聚居有少数民族，少数民族有各自的传统文化和生活习俗，从而赋予了农业生物资源丰富的民族文化内涵。正因为这里的多样性气候和各异的民族文化，造就了丰富的农业生物资源。通过调查获得了大量基础数据和信息，收集到5300多份农业生物种质资源，其中发现一批稀有种质资源对相应农业生物的起源进化和系统分类研究，以及新品种选育都具有重要利用价值。此次调查刷新了部分作物分布的海拔上限，如水稻原记载分布的最高海拔为2690m，此次发现在海拔2790m仍有水稻种植；大豆分布的最高海拔曾被认为是2500m，此次确认其分布的最高海拔为3095m。这些发现对于耐冷种质资源发掘及耐冷性研究均具有重要价值。

3. 重要作物调查收集

为了查清各类作物种质资源家底，我国科学家在国家、区域和省级层面开展了许多作物的种质资源专项调查与收集，以下简要介绍几个具有代表性的全国作物种质资源调查与收集活动。

（1）全国野生稻资源考察。1978～1982年，由中国农业科学院作物品种资源研究所主持，全国数百家单位参与，开展了全国野生稻的全面考察与收集工作，共考察了306个县、3531个公社（乡镇），发现我国共分布有3种野生稻，即普通野生稻、药用野生稻和疣粒野生稻。普通野生稻分布最为广泛，分布在广东、广西、云南、海南、福建、江西、湖南等南方7个省（自治区）；药用野生稻分布于广东、广西、云南和海南，而疣粒野生稻因对生态条件要求较严格，仅分布于云南、海南两省。此次考察共在137个县（市）发现2696个分布点，共收集到3238份野生稻资源。在江西省地处北纬28°14′的东临新区（原东乡县）发现了普通野生稻，扭转了过去认为普通野生稻分布北限为25°的观点，向北推移了3°多，这是目前世界上普通野生稻分布的最北限。同时，在福建漳浦、湖南的茶陵和江永也找到了普通野生稻，从而填补了北纬25°～28°野生稻分布的空白，使我国野生稻在不同纬度呈连续分布，对研究我国稻种起源具有重要意义（全国野生稻资源考察协作组，1984）。

2002～2009年，针对野生稻种质资源急剧减少的问题，中国农业科学院作物科学研究所组织南方 7 省（自治区）再次开展了全国野生稻种质资源调查收集工作。发现我国仍然只有 3 种野生稻，且未发现新的分布省。原记载的 3 种野生稻 2696 个居群仅存 636 个，丧失了 76.41%。其中，普通野生稻、药用野生稻和疣粒野生稻丧失率分别为 78.53%、72.79%和 46.39%，濒危状况十分严重。收集到的野生稻种质资源经整理整合后为 19 153 份，其中普通野生稻 16 417 份、药用野生稻 2498 份、疣粒野生稻 238 份，是我国 1996 年保存总数（5599 份）的 3.42 倍，极大地丰富了我国野生稻基因库。

（2）全国野生大豆资源考察。1979～1983 年农业部组织开展了全国性的野生大豆资源考察，考察了 1189 个县（市），其中 821 个县（市）有野生大豆分布，共采集不同类型种子 6200 余份，使我国成为拥有野生大豆资源最多的国家。考察发现了未见报道的白花、细叶、长花序、直筒茎和种子无泥膜等新类型，筛选出一批高蛋白材料，如在黑龙江、吉林和辽宁发现了蛋白质含量分别高达 54.06%、55.37%和 51.59%的材料，其含量比栽培大豆高出 10%左右。还收集到一批植株高（6m 以上）、节数多（45 个节）、结荚多（4000 多个）、分枝多（近 100 条）及抗病虫性强的材料（董英山，2008）。

（3）其他作物种质资源考察。全国猕猴桃资源考察，遍及 22 个省（自治区、直辖市），发现了 2 个新种、7 个新变种，筛选出维生素 C 含量高达 300mg/100g 的优良株系。全国饲用植物资源考察，从 1973 年开始，历时 10 年，采集标本 21 964 号，收集种质 456 份，发现了世界上著名的优良栽培牧草，如鸭茅、梯牧草、百脉根、白三叶、柱花草等，还有粗蛋白质含量高达 25.39%的优良品种，也有抗旱性强、抗风沙能力强的种质材料（杨庆文和黄亨履，1994）。

（二）调查收集的理论贡献

我国经过 70 年作物种质资源调查和收集，基本查清了我国作物种质资源的现状，收集的作物种类较全面，品种也较丰富，保存的作物种质资源数量居世界第二位。通过对各地调查收集和保存的作物种质资源种类、数量和分布的深入分析，明确了我国两大作物种质资源富集中心和水稻、小麦、大豆的遗传多样性中心。

1. 云贵高原及周边地区作物种质资源富集中心

云贵高原包括云南东部、贵州全省，以及四川、湖北、湖南和广西等省（自治区）云贵高原毗邻区，为亚热带季风气候。云贵高原丰富多样的自然环境，造就了生物的多样性和文化的多样性，是中国少数民族种类最多的地区，各民族保留了丰富多彩的文化传统，孕育了十分丰富的作物种质资源。据中国作物种质信息网数据，云南和贵州分别是入国家作物种质库保存数量较多的省份，且在重庆、湖南和湖北入库保存的种质资源中，也是武陵山区的资源占比较高。同时，通过对云南及周边地区的调查获得的稀有种质资源中，有些对研究作物起源进化具有重要价值的资源。例如，稻种资源中的光壳稻，属云南特有类型，稃壳无毛，并且籼粳分化不明显；‘四路糯’是糯玉米品种，其每个果穗只有 4 行籽粒；西双版纳黄瓜无刺、圆形、果肉橘黄色或白色，且白色果肉类型的雌性发育较橘黄色果肉类型的早很多，果皮颜色和果形多样性较高，是研究西双版纳黄瓜起源进化的宝贵种质资源；涮辣是云南特有的辣椒资源，其中有多年生的大涮辣和一年生的涮辣，它们的辣椒素含量很高，无疑是研究辣椒起源进化和辣椒素遗传的重要材料。由此可以推断，云贵高原及周边地区应属于我国一个重要的作物种质资源富集中心。

2. 黄土高原及周边地区作物种质资源富集中心

黄土高原在我国北方地区与西北地区的交界处，东起太行山，西至乌鞘岭，南连秦岭，北抵长城，主要包括山西、陕西，以及甘肃、青海、宁夏、内蒙古等省（区）的部分地区。黄土高原虽然气候较干旱，降水集中，植被稀疏，但黄土颗粒细，土质松软，含有丰富的矿物质，有利于耕作，盆地和河谷农垦历史悠久，加上陕西的关中平原，被公认为中华文明的发祥地。早在80万年前，蓝田猿人就生活在这里，并且有最具原始社会氏族文化的代表，也有世界四大古都的长安，是世代景仰的人文初祖炎帝和黄帝的诞生地。从轩辕黄帝在这里铸鼎、分华夏为九州，到中华农耕文明的始祖后稷在这里教授先民从事农业生产；从秦始皇统一中国，到灿烂辉煌的汉唐盛世；从张骞出使西域到丝绸之路的繁荣，这里是古代中国的政治、经济、文化中心之一。悠久的历史文化和农耕文明造就了黄土高原丰富而独特的作物种质资源。据中国作物种质信息网数据，山西是我国入国家作物种质库保存数量最多的省份，且在列入统计的79类作物中有45类作物在山西种植，位居北方省份第一。同时，谷子、黍稷、枣树等作物被认为起源于山西、陕西及周边的黄土高原。因此，黄土高原及周边地区是我国北方耐旱作物的种质资源富集中心。

3. 水稻、小麦、大豆的种质资源富集中心

我国是公认的大豆起源中心、水稻起源中心之一，以及小麦的次生起源中心，这三类作物及其野生近缘植物资源极其丰富。

（1）一般认为，水稻起源于热带的普通野生稻，最早适合于南方种植，随着人类的不断选择和改良，逐渐向北迁移。我国的水稻属于亚洲栽培稻，国际上关于亚洲栽培稻起源地的研究至今未有明确定论。归纳起来主要有印度起源说、印度阿萨姆-中国云南起源说和中国起源说。而亚洲栽培稻在中国的起源也存在三种主要学说，即华南起源说、云贵高原起源说和长江流域起源说，每个学说均有不同的证据支撑（李自超，2013）。但从种质资源多样性证据来看，我国华南地区至少是水稻的遗传多样性中心，原因为：一是从历次作物种质资源调查收集和国家种质资源保存数量可以看出，我国华南地区的福建、广东、广西、海南 4 省份的水稻地方品种数量约占全国的 33.7%，而 4 省份的野生稻种质资源数量占全国的比例高达 85%；二是普通野生稻遗传多样性研究结果表明，广东南部的湛江地区及海南北部为普通野生稻的遗传多样性中心；三是基于基因组测序的水稻起源研究结果表明，珠江流域下游为我国水稻起源中心。由此可以推断，华南地区是我国水稻种质资源的遗传多样性中心，也称为富集中心。

（2）小麦起源于中亚西亚的“新月沃地”，而我国属于普通小麦的次生起源中心。在古文化遗址中，在距今 4000 多年前的新疆孔雀河古尸的小袋中，以及楼兰古城遗址的内墙抹泥墙中发现了普通小麦种子和小花。一般认为，普通小麦是在大约 5000 年前传入到我国黄河流域的汉文化中心，再传播到云南、西藏及其他地区，并形成了三个独特的普通小麦亚种（云南小麦、西藏半野生小麦和新疆小麦）。虽然小麦不起源于我国，但我国存在大量的小麦野生近缘植物，特别是我国西北地区，小麦族植物物种和变种均较丰富。在我国已收集的小麦稀有种资源中，来自陕西、甘肃、新疆、宁夏、青海和内蒙古的种质资源占全国的一半以上。因此，我国西北地区可能是小麦族种质资源富集中心。

（3）我国是大豆起源地，栽培大豆遍布我国各省（自治区、直辖市），野生大豆也分布于除海南、青海、台湾外的所有省份。但通过对大豆种质资源收集和野生大豆分布及其遗传多样性研究，发现我国东北和黄淮流域是两个大豆品种和野生大豆分布较为集中的区域。例如，在大豆种质资源保存方面，我国东北三省保存的栽培大豆约占全国的 15%，野生大豆保存量却接近全国的一半（48.9%），而且东北三省几乎随处可见野生大豆的分布。我国黄淮流域 9 个省份收集保存的大豆种质资源占全国三分之一以上。因此，说明我国东北地区和黄淮流域是大豆种质资源的两个富集中心。

（三）调查收集发展趋势

作物种质资源调查收集是一项长期性工作，只有不断地进行调查和收集，才能获得更加丰富的种质资源。未来的作物种质资源调查和收集将从遗传多样性、遗传完整性和遗传特异性三个方面开展更加深入全面的工作。

（1）继续进行国内重点区域的调查和收集。分作物类别梳理种质资源调查和收集的空白区域，特别是以往因交通不便尚未到达的偏远地区和少数民族地区，对这些地区进行补充调查和收集。对调查收集年代较长（如超过 30 年）的区域再次对作物的地方品种及其野生近缘植物进行调查和收集，因为这些地方品种能够被长期种植，一定具有当地人民喜好的优良特性，且长期种植过程中可能发生了有益的遗传变异，否则就已被淘汰，因此具有潜在利用价值。而野生近缘植物在自然条件下也会发生遗传变异，新收集的野生近缘植物资源与以往收集的资源相比可能具有不同的遗传结构，也就是新的种质资源。通过上述调查和收集，从而丰富作物种质资源的遗传多样性。

（2）逐步扩大国外调查和收集范围。虽然我国已保存的作物种质资源位居世界第二，但与美国相比，我国保存的资源 80%以上是国内收集的，国外资源占比较低，而美国正好相反。为了进一步提高我国作物种质资源的种类和数量，需要广泛开展国外调查和收集，特别是对于国外起源的作物，应深入到作物的起源中心和次生起源中心进行系统调查，查清作物在起源中心和次生起源中心的种类、分布和特点，有针对性地收集当地古老的地方品种及其野生近缘植物资源，以弥补我国作物种质资源遗传完整性的不足。

（3）重点收集作物育种急需的种质资源。随着生产水平的不断提升，作物育种目标性状也在不断变化中，作物种质资源工作也应随着育种目标进行调整，以满足育种需求。例如，近几年耐盐水稻育种已成为水稻育种家追求的重要研究方向，种质资源工作一方面应重点到沿海地区或内陆盐碱化严重地区收集可能具有耐盐碱能力的地方品种及其野生近缘植物，特别是海水倒灌区的野生稻可能具有较强的耐盐性，收集到的野生稻资源用于耐盐水稻育种的成功率也更高。因此，针对不同育种目标性状收集遗传特异性资源是未来种质资源调查收集的重点任务。

二、国外引种的成就与发展趋势

（一）我国引进国外作物种质资源的成就

我国从国外引进的品种一般都具有综合性状好、适应性强等特点，经试验示范后，可直接在生产中利用，也可用于作物育种，有效地提高我国的作物产量和品质，并迅即产生巨大的经济效益。

1. 直接引进利用

水稻是我国最重要的粮食作物，新中国成立以来，生产上直接推广利用的引进水稻品种，面积在 100 万亩[①]（$6.67\times10^4hm^2$）以上的有 19 个。从日本引进的粳稻品种‘世界一’（‘农垦 58’）、‘金南凤’（‘农垦 57’）、‘丰锦’（‘农林 199’）、‘秋光’（‘农林 238’）最大推广面积均达到 300 万亩（$2.00\times10^5hm^2$）以上，其中‘金南凤’最大年推广面积达 936 万亩（$6.24\times10^5hm^2$），而‘世界一’最大年推广面积达 5600 多万亩（$3.73\times10^6hm^2$）。引自菲律宾国际水稻研究所的籼稻品种‘IR24’直接推广利用面积达 649 万亩（$4.33\times10^5hm^2$），‘IR8’矮秆、高产，推广面积达到 1370 万亩（$9.14\times10^5hm^2$）。日本品种‘山风不知’（‘农林 118’），在北方稻区的宁夏推广种植 20 年不衰，种植面积曾占宁夏水稻种植面积的 2/3 以上。这些引进优良品种的直接推广利用，曾促使我国水稻品种一次又一次的更新换代，进而带动我国水稻产量的不断提高。

小麦优良品种的引进在我国小麦生产上有着重要地位。直接推广利用的引进品种就有近百个，其中推广面积超过 50 万亩（$3.34\times10^4hm^2$）的品种近 30 个，超过百万亩（$6.67\times10^4hm^2$）的 15 个，超过千万亩（$6.67\times10^5hm^2$）的 6 个。著名的小麦品种‘南大 2419’，是引进意大利小麦‘Mentana’，经过驯化系选，在我国推广面积曾达 7000 万亩（$4.667\times10^6hm^2$）。意大利小麦品种‘阿夫’（‘Funo’）、‘阿勃’（‘Abbondanza’）、‘郑引 1 号’（‘st1472/506’）、美国品种‘甘肃 96’（‘CI12203’）、澳大利亚品种‘碧玉麦’（‘Quality’或‘Florence’）都曾在我国直接推广利用千万亩（$6.67\times10^5hm^2$）以上。而每次主栽品种的更替，都使我国的小麦生产达到一个新的水平。

棉花的引种使我国有了陆地棉和海岛棉的栽培，引进的岱字棉品种成为我国 20 世纪中期的主栽品种。仅‘岱字棉 15 号’在 1960 年种植面积就达 6000 多万亩（$6.00\times10^6hm^2$），占当时全国棉田面积的 84%以上，成为我国种植面积最大的棉花品种。

从欧美国家引进的低芥酸和低硫代葡萄糖苷油菜品种‘奥罗’‘米达斯’‘托尔’等，直接在我国推广应用，累计推广面积超 2000 多万亩（$1.34\times10^6hm^2$），大大提高了食用油的质量。我国现有的大量果树品种，如苹果品种‘金冠’‘红星’‘国光’‘青

---

① 1 亩≈$666.7m^2$

香蕉’‘红玉’‘赤阳’‘祝光’‘倭锦’‘红富士’‘新红星’，葡萄品种‘玫瑰香’‘无核白’‘保尔加尔’‘莎巴珍珠’‘玫瑰露’‘康拜尔’‘巨峰’等都是国外引进直接利用的优良品种。其他如美国的脐橙、夏橙、葡萄柚、柠檬等果树品种的推广利用也都大大提高了我国的果树生产水平。

2. 育种利用

随着我国作物育种水平的不断提高，引进国外品种直接用于生产的越来越少，但将引进品种作为育种亲本更受到育种家的重视。例如，我国从引进的水稻材料中，经测选、杂交等途径获籼型杂交水稻强优势恢复系如‘泰引 1 号’‘密阳 46’‘明恢 63’等共 66 个，对我国籼型杂交水稻的培育和发展起了重大作用。引进的澳大利亚小麦品种‘碧玉麦’与我国品种‘蚂蚱麦’杂交，育成‘碧蚂 1 号’小麦品种，在我国推广面积曾达 9000 多万亩（$4.00\times10^{6}\text{hm}^{2}$），是我国历史上推广面积最大的小麦品种。引进的玉米优良自交系 Mo17，经测配培育出‘中单 2 号’‘单玉 13’‘烟单 4 号’等高产、抗病、适应性好的优良单交种，大幅度地提高了我国的玉米产量，仅‘中单 2 号’就已累计推广 3 亿多亩（$2.00\times10^{7}\text{hm}^{2}$），增加产量达 150 多亿千克（佟大香和朱志华，2001）。

（二）国外引种的发展趋势

进入 21 世纪以来，人类社会面临着粮食短缺、能源危机、资源枯竭、环境污染和人口剧增等世界性难题。作物种质资源在解决这些问题中的重要性凸显出来，越来越多的国家意识到占有全球作物遗传资源的重要性，一场争夺种质资源的没有硝烟的战争正在世界范围内展开。我国保存的作物种质资源数量虽然已居世界第二位，但其中 80%是国内收集的，国外资源比例远远低于美国等发达国家。我国是世界上人口最多的发展中国家，广泛收集世界各国作物种质资源，对于保障我国粮食安全和国民经济可持续发展具有重要的战略意义。加强作物种质资源的引进已成为种质资源工作者的共识，未来必将通过大量引种来丰富我国的作物种质资源。未来引种和交换的重点应侧重于以下 3 个方面：一是积极参与《粮食和农业植物遗传资源国际条约》和《<生物多样性公约>关于获取遗传资源和公正公平分享其利用所产生惠益的名古屋议定书》等国际条约的谈判，按照国际规则进行引进和交换；二是通过多边、双边等合作方式，引进国外种质资源；三是利用我国主导的国际合作机制，特别是“一带一路”等合作平台，深入到作物起源中心、次生起源中心和农业文化丰富的地区开展作物种质资源调查和收集，引进具有特色的作物种质资源。

（本章作者：杨庆文　孙素丽　孙希平　高爱农　胡小荣　乔卫华　郑晓明）

参考文献

曹家树, 秦岭. 2005. 园艺植物种质资源学. 北京: 中国农业出版社: 41-48.

曹学仁, 詹浩宇, 周益林, 等. 2011. 电子鼻技术在快速检测小麦矮腥黑穗病菌中的应用. 生物安全学报, 20(2): 171-174.

崔海洋. 2009. 从糯稻品种的多样并存看侗族传统文化的生态适应成效. 学术探索, (4): 74-79.
董英山. 2008. 中国野生大豆研究进展. 吉林农业大学学报, 30(4): 394-400.
董玉琛, 郑殿升. 2006. 中国作物及其野生近缘植物 粮食作物卷. 北京: 中国农业出版社: 11-22.
段维军, 严进, 蔡磊, 等. 2017. 我国进境植物检疫性菌物截获现状与展望. 菌物学报, 36(10): 1311-1331.
韩茂莉. 2019. 世界农业起源地的地理基础与中国的贡献. 历史地理研究, 39(1): 114-124.
洪霓, 高必达. 2005. 植物病害检疫学. 北京: 科学出版社: 5-8.
华南热带作物科学研究院, 中国农业科学院作物品种资源研究所. 1992. 海南岛作物(植物)种质资源考察文集. 北京: 农业出版社.
黄冠胜, 赵增连, 周明华, 等. 2013. 论中国特色进出境动植物检验检疫. 植物检疫, 27(6): 20-29.
康克功, 孙丙寅, 段宏斌, 等. 2004. 进境植物检疫性病害的疫情评述. 西北林学院学报, 19(4): 103-108.
李潇楠, 王福祥, 吴立峰, 等. 2013. 国外引种检疫工作的现状及思考. 中国植保导刊, 33(6): 60-63.
李艳华, 马亚楠. 2014. 植物检疫中无损检测技术进展与应用. 植物检疫, 28(6): 19-26.
李自超. 2013. 中国稻种资源及其核心种质研究与利用. 北京: 中国农业大学出版社: 12-14.
刘琨. 2018. 美国农业发展的中国元素分析——基于作物引种视角. 中国农史, 37(6): 23-32.
刘爽, 谭鑫, 刘成玉, 等. 2019. 高光谱数据处理算法的小麦赤霉病籽粒识别. 光谱学与光谱分析, 39(11): 3540-3546.
刘旭. 2012. 中国作物栽培历史的阶段划分和传统农业形成与发展. 中国农史, (2): 3-16.
刘旭, 李立会, 黎裕, 等. 2018. 作物种质资源研究回顾与发展趋势. 农学学报, 8(1): 1-6.
娄定风, 周红生, 刘新娇, 等. 2013. 木材钻蛀害虫声测传声器的研究. 植物检疫, 27(6): 46-50.
罗桂环. 2005. 近代西方识华生物史. 济南: 山东教育出版社: 16-17.
全国野生稻资源考察协作组. 1984. 我国野生稻资源的普查与考察. 中国农业科学, 17(6): 27-34.
孙群, 王庆, 薛卫青, 等. 2012. 无损检测技术在种子质量检验上的应用研究进展. 中国农业大学学报, 17(3): 1-6.
唐俊源. 2013. 沿海地区抗旱耐盐碱优异性状农作物种质资源调查. 山东师范大学硕士学位论文.
佟大香. 1991. 我国国外农作物引种的重要意义和现状. 作物品种资源, (4): 1-3.
佟大香, 朱志华. 2001. 国外农作物引种与中国种植业. 中国农业科技导报, 3(3): 48-52.
汪振儒. 2002. 人类认识植物的历史(一). 生物学通报, 37(7): 53-55.
王春林, 张宗益, 黄幼玲. 2005. 外来植物有害生物入侵及其对策. 植物保护学报, 32(1): 104-108.
王述民, 景蕊莲. 2018. 西北地区抗逆农作物种质资源调查. 北京: 科学出版社.
王述民, 李立会, 黎裕, 等. 2011. 中国粮食和农业植物遗传资源状况报告(I). 植物遗传资源学报, 12(1): 1-12.
王效宁, 杨庆文, 云勇, 等. 2010. 普通野生稻居群异位保护取样策略研究. 中国农学通报, 26(7): 303-306.
王艳杰, 王艳丽, 焦爱霞, 等. 2015. 民族传统文化对农作物遗传多样性的影响——以贵州黎平县香禾糯资源为例. 自然资源学报, 30(4): 617-628.
魏利峰, 纪建伟. 2016. 高光谱图像技术检测玉米种子真伪的研究进展. 湖北农业科学, 55(21): 5445-5448, 5478.
伍绍云, 游承俐, 戴陆园, 等. 2000. 云南澜沧县陆稻品种资源多样性和原生境保护. 植物资源与环境学报, 9(4): 39-43.
伍玉明, 等. 2010. 生物标本的采集、制作、保存与管理. 北京: 科学出版社: 297-377.
西藏作物品种资源考察队. 1987. 西藏作物品种资源考察文集. 北京: 中国农业科技出版社.
徐福荣, 杨雅云, 张恩来, 等. 2012. 云南15个特有少数民族当前农家保护的稻、麦、玉米地方品种多样性. 遗传, 34(11): 1465-1474.

徐文兴, 王英超. 2018. 植物检疫原理与方法. 北京: 科学出版社.
薛杨, 安德荣, 李明福. 2005. 葡萄的两种检疫性病毒的多重 RT-PCR 检测. 植物病理学报, (S1): 14-17.
杨庆文, 黄亨履. 1994. 我国作物种质资源考察的成就与展望. 作物品种资源, (1): 1-3.
杨庆文, 黄亨履, 王天云, 等. 1998. 川陕黔桂作物种质资源考察与研究. 作物品种资源, (1): 5-7.
应俊生. 2001. 中国种子植物物种多样性及其分布格局. 生物多样性, 9(4): 393-398.
于璇, 何瑞芳, 彭梅. 2017. 出入境检验检疫领域中植物 DNA 条形码技术的应用探究. 中国新技术新产品, (8): 14-15.
张存叶. 2020. 植物资源综述及调查方法信息化研究. 科学技术创新, 2: 56-57.
张亮, 张智英. 2007. 云南六种实蝇的 RAPD 快速鉴定. 应用生态学报, 18(5): 1163-1166.
赵骏杰. 2016. 近十年中国生物入侵研究进展. 科技经济导刊, (2): 137.
郑殿升, 吴伯良. 1992. 神农架及三峡地区作物种质资源. 作物品种资源, (1): 1-3.
朱维岳, 周桃英, 钟明, 等. 2006. 基于遗传多样性和空间遗传结构的野生大豆居群采样策略. 复旦学报(自然科学版), (3): 321-327.
Axelrod D I, Al-Shehbaz I, Raven P H. 1998. History of modern flora of China//Zhang A, Wu S. Floristic Characteristics and Diversity of East Asian Plants. Beijing: China Higher Education Press; New York: Springer-Verlag Press: 43-55.
Bartolone S N, Tree M O, Conway M J, et al. 2018. Reverse transcription-loop-mediated isothermal amplification (RT-LAMP) assay for Zika virus and housekeeping genes in urine, serum, and mosquito samples. Journal of Visualized Experiments, (139): e58436.
Candresse T, Filloux D, Muhire B, et al. 2014. Appearances can be deceptive: revealing a hidden viral infection with deep sequencing in a plant quarantine context. PLoS One, 9(7): e102945.
Çelik A, Ertunç F. 2021. Reverse transcription loop-mediated isothermal amplification (RT-LAMP) of plum pox potyvirus Turkey (PPV-T) strain. Journal of Plant Diseases and Protection, 128(3): 663-671.
FAO. 2010. Second Report on the State of the World's Plants Genetic Resources for Food and Agriculture. Commission on Genetic Resources for Food and Agriculture. Rome: Food and Agriculture Organization of the United Nations: 47.
Ge J Y, Wang J R, Pang H B, et al. 2022. Genome-wide selection and introgression of Chinese rice varieties during breeding. Journal of Genetics and Genomics, 49(5): 492-501.
Haff R P, Pearson T C. 2007. An automatic algorithm for detection of infestations in X-ray images of agricultural products. Sensing and Instrumentation for Food Quality and Safety, 1(3): 143-150.
Hao C Y, Jiao C Z, Hou J, et al. 2020. Resequencing of 145 landmark cultivars reveals asymmetric sub-genome selection and strong founder genotype effects on wheat breeding in China. Molecular Plant,13(12): 1733-1751.
Hebert P D, Cywinska A, Ball S L, et al. 2003. Biological identifications through DNA barcodes. Proceedings of the Royal Society Biological Sciences, 270(1512): 313-321.
Heywood V H. 1990. Botanical gardens and the conservation of plant resources. Impact of Science on Society, 158: 121-132.
Huang M, Wan X M, Zhang M, et al. 2013. Detection of insect-damaged vegetable soybeans using hyperspectral transmittance image. Journal of Food Engineering, 116(1): 45-49.
McNeely J A, Miller K R, Reid W V. 1990. Conserving the World's Biological Diversity. Gland, Switzerland, and Washington, D.C. International Union for the Conservation of Nature and Natural Resources, World Resources Institute, Conservation International, WWF US and World Bank: 18.
Rapoport E H. 1975. Areography: geographical strategies of species. Translated by Drausal B. Pergamon: Pergamon Press: 269.
Santana O I, da Silva Junior A G, de Andrade C A S, et al. 2019. Biosensors for early detection of fungi spoilage and toxigenic and mycotoxins in food. Current Opinion in Food Science, (29): 64-79.
Song Z P, Li B, Chen J K, et al. 2005. Genetic diversity and conservation of common wild rice (*Oryza rufipogon*) in China. Plant Species Biology, 20: 83-92.

Tao F F, Yao H B, Zhu F L, et al. 2019. A rapid and nondestructive method for simultaneous determination of aflatoxigenic fungus and aflatoxin contamination on corn kernels. Journal of Agricultural and Food Chemistry, 67(18): 5230-5239.

Wang B B, Lin Z C, Li X, et al. 2020a. Genome-wide selection and genetic improvement during modern maize breeding. Nature Genetics, 52(6): 565-571.

Wang J R, Shi J X, Liu S, et al. 2020b. Conservation recommendations for *Oryza rufipogon* Griff. in China based on genetic diversity analysis. Scientific Reports, 10: 143.

Wilson E O. 1992. The Diversity of Life. Cambridge Mass: The Belknap Press of Harvard University Press: 424.

Yang Z Y, Xu Z J, Yang Q W, et al. 2022. Conservation and utilization of genetic resources of wild rice in China. Rice Science, 29(3): 216-224.

第四章　作物种质资源保护

20世纪20～30年代，苏联植物遗传学家与育种家瓦维洛夫从世界各地收集25万余份作物古老地方品种和作物野生近缘种，为培育高产、环境适应性和抗逆性强的作物品种提供亲本材料，该行动被广泛认为是现代作物种质资源保护的先驱性工作（Hawkes，1983）。经过近百年的发展，作为种质资源保存载体，从最初的种子扩展到植株、块根、块茎、鳞茎、试管苗、茎尖、休眠芽、花粉、种胚等，保护设施也从最早的低温种质库拓展到种质圃、试管苗库、超低温库、原生境保护点、DNA库等。全球保存设施已达1750多座，收集保存资源总量达740万余份，基本形成了异位保存与原生境保护相结合的整体保护体系。本章主要阐述作物种质资源保护理论基础、技术，以及国内外研究进展与趋势。

第一节　作物种质资源保护理论基础

一、保护的概念与意义

（一）保护的概念

1. 保护的基本概念

在作物种质资源保护工作中，常涉及“保护”（conservation）和“保存”（preservation）两个用语。世界自然保护联盟（International Union for Conservation of Nature，IUCN）对“保护”的定义是人类通过对生物圈（全体生物）的管理和利用，使其能给当代人最大的持久利益，同时保持它的遗传潜力以满足后代人的需要和愿望（IUCN-UNEP-WWF，1980）。保护包括资源的保存和资源的进化，保护的目的是维持生物、栖息地，以及生物与其生境之间相互关系的多样性（Spellerberg and Hardes，1992）。保存常指通过一定的技术措施，使种质资源繁殖体的生命力得到延长和遗传完整性得到维持的过程，一般常用的具体技术有种子保存、植株保存、离体种质保存等（卢新雄等，2019a）。通常保护是较为广义的概念，包括异生境种质资源的完整性保存，原生境种质资源维持进化潜力保存，以及通过对种质资源的加以管理以保持可持续利用。因此，在涉及多种保存技术的综合应用与资源管理利用时，常用保护这一用语，如异生境保护和原生境保护。

2. 保护的研究范畴

重点研究环境或人类活动等因素对作物不同水平的多样性（遗传群体、物种和生态系统）的影响，并研究防止或延缓作物多样性（变异性）和遗传完整性丧失的技术措施，包括作物基因源丢失的影响因素及其保护策略，异生境保护（种子保存、植株保存、离体种质保存、DNA 保存等）延长种质寿命和维持遗传完整性的原理及其技术，以及原生境保护维持物种自然进化和防止物种多样性丧失的原理与技术。

异生境保护工作范畴：基本农艺性状鉴定、整理编目、繁殖更新、入库（圃）保存、保存监测和共享分发等。重点侧重于异生境保护设施（种质库、试管苗库、超低温库、种质圃）中，为延长其生命力和保证其遗传完整性或遗传稳定性而进行一系列操作处理，包括种质入库（圃）获得高初始质量的操作处理，如净度、生活力、健康度检测和干燥脱水等；保存过程生活力寿命的维持、延长和避免活力降至过低的操作处理，如生活力（活力）、长势、数量的监测与预警等，以及维持种质遗传完整性的繁殖更新操作处理等。

原生境保护工作范畴：调查和整理野生近缘植物在野外生境中的植物学特征、生物学特性、生态环境、濒危程度、致濒因素等，确定原生境保护选点原则，筛选优先保护野生近缘植物的居群，建立原生境保护点，并按照监测预警技术规程进行跟踪监测和管理。对于作物的古老地方品种，通过农民参与式的农场保护或庭院保护，使地方品种在年复一年的种植过程中维持其进化途径。

（二）保护的意义

物种或种质资源的重要属性之一是不可再生性，即一旦灭绝后，就不可能再恢复。20 世纪 30 年代，美国科学家就提出了栽培植物遗传多样性受到威胁的论点，但直到第二次世界大战之后，栽培植物遗传多样性丧失问题才受到重视（Singh and Williams，1984）。一方面，小麦、水稻等作物高产新品种快速出现并进入传统农业种植地区，迭代更替了原有栽培品种，导致生产上种植品种基因源遗传一致性增强。另一方面，自然生境被迅速破坏，导致作物野生资源的遗传侵蚀一年比一年严重，并可能对人类生存和农业生产产生重大的影响。因此，人们迫切需要进行种质资源收集保护，防止其消失和多样性丧失。此外，保护设施中种质资源的开发和利用，已产生了巨大的社会和经济效益，这也凸显出了种质资源保护的重要性。

1. 保护作物种质资源遗传的多样性和完整性

1）避免老旧品种的消失

新品种或杂交种的选育和推广，使得很多古老品种特别是许多地方品种逐渐被淘汰，若得不到有效保护，就会永远消失。有学者估计，现在中国生物物种正以每天一个物种的速度走向濒危甚至灭绝，而农作物栽培品种正以每年 15%的速度递减，对中国农业产生的负效应难以估量（薛达元，2005）。在相当长的历史时期内，生产上种植应用的品种数量总体呈现明显的下降趋势，且少数品种就占据了相当大的种植面积。例如，美国 1969 年种植的食用菜豆、陆地棉、豌豆、马铃薯、水稻和甘薯等作物，仅少数几个品种就占据了各自作物一半以上的种植面积（Wilkes，1983）。20 世纪 40 年代中国种植的水稻品种有 46 000 多个，到 21 世纪初种植的不到 1000 个，其中面积在 1 万 hm^2 以上的只有 300 个左右，而且半数以上是杂交稻；20 世纪 40 年代中国种植的小麦品种有13 000多个，其中80%以上是地方品种，而20世纪末种植的品种只有500～600个，其中90%以上是选育品种（王述民等，2011）。为此，收集保存被新品种替代的老旧品种是非常必要的。

2）避免因环境恶化的危害而导致资源的消失

生态环境的改变，使得许多作物的野生近缘种日趋减少，有的甚至濒临灭绝。例如，东乡普通野生稻是迄今发现的世界上分布最北的野生稻，自1978年在江西省东乡县（现东乡区）东源公社（现岗上积镇）发现以后至1982年，共发现3处9个居群，生长面积为2～3hm^2，这些群落主要分布在沼泽、水沟和水塘的四周。但至2014年，仅存2处3个居群，且处于原生境保护点状态下，其他6个居群已经完全消失了（卢新雄等，2019a）。广西贵港麻柳塘原有28.33hm^{2}的普通野生稻，由于其原生境被破坏，1996年已全部消失（陈成斌，2005）。云南景洪、勐腊、绿春、潞西（现为芒市）、盈江、龙陵等地的疣粒野生稻自然居群，至1995年所存面积不到原来的5%，湖南茶陵1982年有连片的3.3hm^{2}普通野生稻，到1995年已灭绝（高立志等，1996）。对杂交水稻起主要贡献的野生稻雄性不育株（简称“野败”）发现地——海南三亚南红农场的野生稻也已在1991年完全绝迹了。小麦野生近缘植物是小麦、大麦品种改良的优异基因供体，是防沙、固沙重要的植物和优异牧草，由于干旱、过度放牧和草原荒漠化，一些重要的物种处于濒危状态，有的已经消失。《中国植物志》记载的分布于中国的小麦近缘植物有152个种或亚种，其中至少有64个种或亚种已在原产地无法找到（李立会等，2000）。中国新疆的李、杏、石榴、苹果等树种及其野生资源极其丰富，但破坏现象也很严重，许多资源已经难以找到。中国西部特有的桑树如‘川桑’‘滇桑’，如果不及时抢救保护，也会面临灭绝的危险。

3）避免因病虫危害而导致资源的消失

新疆伊犁地区的野生苹果资源分布面积大、种类组成丰富，是世界野生苹果种质资源的重要组成部分（Christopher et al.，2009），也是现代栽培苹果的原始祖先，其丰富的遗传多样性是苹果育种的重要基础材料，极为珍贵。但由于过度放牧和开荒，伊犁地区的野生苹果林生境遭到严重破坏，特别是1993年苹果小吉丁虫传入伊犁地区，1999年开始严重为害野生苹果林，危害程度达到80%以上，使野生苹果林濒临灭绝。通过拯救技术，将受苹果小吉丁虫严重危害的野生苹果抢救性收集保存到国家梨苹果种质资源圃（兴城）和国家野生苹果种质资源圃（伊犁），避免了珍贵的野生苹果资源永久消失。已抢救性收集保存新疆野生苹果资源300余份，这些珍贵资源为未来苹果育种及其野生苹果林的重建奠定了可靠的物质基础（卢新雄等，2019a）。

2. 拓宽作物育种和农业科技原始创新的遗传基础

许多国家种植的地方特有作物和品种正在被外来作物和新品种替代而消失，使得种植品种的多样性减少和一致性增强。病虫害一旦发生，就可能大面积暴发，造成灾难，进而危及人类的生存。最著名的例子是19世纪40年代马铃薯晚疫病的流行成为“爱尔兰大饥荒”的生物致因。这场大饥荒导致爱尔兰人口因死亡或移居减少四分之一（Crist，1971）。现代的例子则是1970年，一种危害叶片的病菌突变体——玉米小斑病菌（*Helminthosporium maydis*）引起玉米小斑病，使美国玉米平均减产15%，给农民造成了数亿美元的损失。柑橘溃疡病菌（*Xanthomonas campestris* pv. *citri*）的一个新菌系威胁着美国佛罗里达州的柑橘、葡萄、柠檬和酸橙幼树的生长。佛罗里达州只种植了为数不多的柑橘品种，这些品种都高度感染了溃疡病，该病原菌很容易侵染全州，以及邻近的得克萨斯州和加利福尼亚州的柑橘。1984年夏末，位于佛罗里达州中心的主要苗圃开始出现这种致病菌，同年10月该病菌便毁灭了300万棵柑橘苗，约占该州柑橘苗圃种苗的1/5（Sun，1984）。

在中国，种植的水稻、玉米、小麦等作物品种的遗传基础日趋狭窄。据王述民等（2011）报道，中国大面积推广种植的杂交稻，其不育系大多为野败型，恢复系则以IR系为主。占全国栽培面积60%左右的玉米杂交种仅来自6个骨干自交系（‘Mo17’‘黄早四’‘E28’‘自330’‘掖478’‘丹340’），若按自交系应用面积在10万 hm^2 以上统计，也只涉及18个自交系。50%以上的小麦品种带有‘南大2419’‘阿勃’‘阿夫’‘欧柔’4个品种的血缘。黄淮海地区221个大豆育成品种中，61.99%的品种（137个）来自‘齐黄1号’等4个系谱。在1376个陆地棉品种中，1113个品种的亲本主要来源于美国和苏联的11个品种。种植品种的遗传基础日趋狭窄，存在着遗传脆弱性和突发毁灭性病害的隐患。在20世纪50～60年代，小麦育成品种‘碧蚂一号’被大面积推广，导致主要由条锈菌1号生理小种引起的条锈病大流行；60年代中期，‘阿勃’及其系列小麦品种的种植，促成了条锈菌18号和19号生理小种的流行；70年代，小麦品种‘泰山一号’在华北和西北地区的推广，促使条锈菌24号和25号生理小种成为当时的优势生理小种，再次造成了较大区域小麦产量损失；‘洛夫林’系列品种在80年代大范围种植，不但使条锈菌28号和29号生理小种流行加剧，而且使小麦的白粉病抗性丧失；90年代中期，‘繁62’绵阳系列抗条锈病小麦的推广，诱发了条锈菌30号和31号生理小种的流行。

因此，育种亲本遗传的高度一致性存在巨大的安全隐患，而通过收集保存种质资源，可有效拓宽育种亲本的遗传基础，以避免育种亲本种质遗传一致性的危险。

3. 库、圃保存资源已发挥重要作用

根据联合国粮食及农业组织（Food and Agriculture Organization of the United Nations，FAO）报道，全球已建立农业与粮食作物种质库1750多座，妥善保存种质资源740万余份（FAO，2010），保存资源已在作物育种、农业生产和乡村振兴等方面发挥了重要作用。

在国际农业研究磋商组织（Consultative Group on International Agricultural Research，CGIAR）下设的11个涉及作物遗传改良的农业中心，均建有中期库保存设施，合计收集74万余份种质，实践也证明了其保存资源对作物改良项目的成功起到了决定性作用。例如，国际水稻研究所（International Rice Research Institute，IRRI）培育的‘IR36’就是成功例子之一。1982年，‘IR36’在亚洲地区种植面积达到1100万 hm^2，成为历史上全世界种植最广泛的水稻品种，其原始亲本材料有1份是从国际水稻研究所种质库保存材料中筛选出来的水稻野生近缘种——一年生尼瓦拉野生稻（*Oryza nivara*)，该份材料可抗草丛矮缩病，利用该种质材料解决了20世纪70年代以来东南亚各国水稻品种广受草丛矮缩病危害的问题（Plucknett et al.，1987）。

美国国家植物种质资源系统（National Plant Germplasm System，NPGS）是世界上最大的作物种质资源收集保存系统，保存资源64万份，每年对外提供种质材料25万份（Byrne et al.，2018）。1995～1999年，仅小麦、大麦、玉米、大豆、水稻、食用豆类、棉花、马铃薯、高粱、南瓜10类作物就对外提供分发了300 317份种质样品，其中236 762份样品分发给美国国内用户，63 555份样品分发给国外用户。在这些资源中，有25 705份样品被应用于育种项目，占总分发份数的8.56%。进一步分析发现，私有公司把种质样品用于育种计划的百分比最高，达14%，因其要求有资金回报，所以更侧重于栽培种的改良，在申请和选择种质材料时，其目的性很强并且很仔细（Rubenstein et al.，2006）。20世纪90年代初期，赤霉病每年给美国小麦生产造成高达20亿美元的经济损失，后来美国利用中国的小麦地方品种‘望水白’和育成品种‘苏麦3号’，解决了小麦的赤霉病问题。据统计，在20世纪70年代，种质材料对美国农业生产所做的贡献每年约为10亿美元（Myers，1983）。

中国已建立了国家农作物种质资源库（圃）保存设施体系，已抢救性地收集分散在全国各地的珍稀、濒危、古老地方品种，以及野生近缘种、国外引进品种，合计52万份，居世界第二位，为中国农业的可持续发展奠定了雄厚的物质基础。1998年以来，已有云南省农业科学院、山西省农业科学院、山东省农业科学院、江苏省盐城市盐都区农业科学研究所、湖南省水稻研究所、湖南省原子能农业应用研究所、中国农业科学院烟草研究所、中国农业科学院作物科学研究所等上百家原繁种单位，以及10个国家作物种质中期库和全国各省市作物种质中期库等单位，从国家长期库取出外界已绝种的20万余份种质，作为繁殖更新原种、育种亲本材料及国家重大科技项目原始创新材料等。随着保存时间的延长，种质库保存资源将发挥越来越重要的作用。

在中国也有许多案例表明，国家种质库圃保存的特色资源在支持产业发展方面的作用日益显著。例如，国家枣葡萄种质资源圃（太谷）自2000年以来为新疆提供了‘骏枣’‘壶瓶枣’‘新郑灰枣’‘七月鲜’等品种，支撑了新疆枣产业的迅速发展。目前，新疆红枣初级产品价值超过千亿元，约占全国红枣初级产品总价值的 1/4，新疆已成为全球最大的优质红枣生产栽培区域。国家寒地果树种质资源圃（公主岭）从所收集保存的苹果优异资源中，选育了中国第一个具有自主知识产权的苹果品种‘金红苹果’，该品种已成为中国寒冷地区的主栽苹果品种，至 2016 年全国栽培面积 200 万亩，产量 40 亿 kg，产值 80 亿元。国家核桃板栗种质资源圃（泰安）利用板栗优异资源，育成优质大果型板栗‘岱岳早丰’和‘鲁岳早丰’等新品种，2014 年在山东省枣庄市推广 2 万亩，并建立板栗深加工企业，创经济效益 1 亿多元，产品出口到日本、韩国，每年出口创汇1000多万元。国家柑橘种质资源圃（重庆）引进‘默科特’和‘塔罗科’血橙新系，培育了‘不知火’和‘春见’等大量晚熟柑橘品种，为重庆三峡库区晚熟柑橘的发展提供了重要的品种支撑。绿肥行业科技体系以国家长期库提供的 600 份绿肥资源为基础，挖掘了稻区生产中濒临消失的种质资源，并以此为技术手段，以冬闲田削减、化肥减施、耕地质量提升、稻米清洁生产为主要目标，组织南方

8 省份开展了大规模联合试验示范，建立了适应现代农业需要的绿肥-水稻高产高效清洁生产的技术体系。

此外，库圃收集保存的资源本身就是展示作物的花、果实、种子等器官的多样性，以及进行生物多样性保护教学与宣传的基本素材，因此种质库圃也是重要的科普教育基地。

二、保护的基本原理/原则

（一）整体保护全基因源

1. 整体保护的含义

现代作物种质资源保护方式始于种子保存，如苏联植物遗传学家和育种家瓦维洛夫和美国4个地区引种站早期收集保存材料都是种子样品。20世纪40年代，美国4个区域引种站发现其收集储藏的16万余份种子样品，仅5%～10%样品能在田间出苗。为避免种子得而复失，延长种子样品的保存寿命，同时也便于资源的规模化集中存放和育种家随时提取利用，他们利用空调技术建造低温冷库，由此诞生了低温种质资源库（Hyland，1977）。1958年美国在科罗拉多州的柯林斯堡建成了世界上第一座国家级种质库，开启了种质资源的长期战略保存。1992年重新扩建，以期为收集全世界重要资源和可持续利用提供设施条件（Damania，2008），保存容量扩增到150万份。此外，1980年在美国俄勒冈州的科瓦利斯（Corvallis）建成了世界上第一个专门用于保存果树种质资源的国家级种质圃（Postman and Hummer，2006），保存无性繁殖作物种质资源的植株、块根、块茎和鳞茎等。亨肖（G. G. Henshaw）在1975年首次提出利用试管苗和超低温离体技术保存植物种质的策略，尤其在马铃薯、甘薯、香蕉、苹果、桑树等作物得到普遍的应用，保存载体包括试管苗、茎尖、休眠芽、花粉、种胚等。目前全球已建设1750多座种质库、种质圃、试管苗库和超低温库等保存设施，收集保存种质资源达740万余份，涉及1.3万余个物种，包括栽培种及其野生近缘种（FAO，2010）。保护对象扩展到作物物种多样性和种内遗传多样性的全体基因源，种质类型包括野生材料、地方品种、育成品种、特殊遗传材料等。种质载体也从种子扩展到植株、块根、块茎、鳞茎、试管苗、茎尖、休眠芽、花粉、种胚等；保护方式形成了异生境保护与原生境保护的互补保护策略，保护设施从最早的低温种质库拓展到现代低温种质库、种质圃、试管苗库、超低温库、DNA 库、原生境保护点等。

在 20 世纪 90 年代初，鉴于环境条件恶化、人为破坏加剧，加之人类期望野生资源维持其进化潜力的需求，国际上开始呼吁通过原生境保护点或在自然保护区就地保护野生近缘植物，或者以农场保护等方式保护作物的地方品种，以维持其遗传进化潜力，从而为人类提供更多可利用的遗传变异（即遗传多样性），此种保护方式被称为原生境保护，与异生境保护形成“互补保护策略”（complementary conservation strategy）（Maxted et al.，1997）。与此同时，国际上也提出了全基因源整体保护概念，即对于某一作物，应综合原生境和异生境、传统的和现代的保存方法来整体保护该作物的全部基因源。

结合在作物种质资源整体安全保存方面的研究（卢新雄等，2019a），整体保护是指通过多种方式保存作物种质资源的遗传多样性，以最大程度地保护种质资源整体原有的遗传多样性和进化潜力。国内外形成了异生境与原生境互为补充的整体保护体系。异生境保护是指多种保存技术使种质资源繁殖体的生命力和遗传多样性得到维持的过程，包括：低温种质库的种子保存、种质圃的植株保存、试管苗库和超低温库的离体种质保存。原生境保护是在自然条件下对作物野生近缘种及其进化过程进行保护，维持其进化潜力，保护物种与环境互作的进化过程，包括：野生近缘植物的原生境保护点的物理隔离和主流化保护，古老地方品种的农场保护。

整体保护实践应包括三方面：①在“种质”层面，各类型种质都有其适宜保存技术，如水稻、小麦等作物的栽培种，其适宜保存方式为种子保存于低温种质库中，而马铃薯、甘薯等无性繁殖类作物的栽培种，其适宜保存方式为块茎、块根保存于种质圃，试管苗保存于离体库，野生近缘植物的适宜保存方式为原生境保护点。②在“作物”层面，每一种作物种质资源需多种保存方式组合，实现其全基因源保护。例如，对于小麦作物种质资源，需通过种质库、种质圃和原生境保护点来整体保存小麦这一作物的全部基因源，包括栽培种与野生近缘植物种质资源。③在“国家”或“区域”层面，需采用原生境和异生境保护相结合的方式，同时对所有资源实行中、长期与备份保存，以实现种质资源多样性、完整性和安全性的保护，提高资源的共享可持续利用能力（辛霞等，2022）。作物种质资源整体保护示意图见图 4-1。

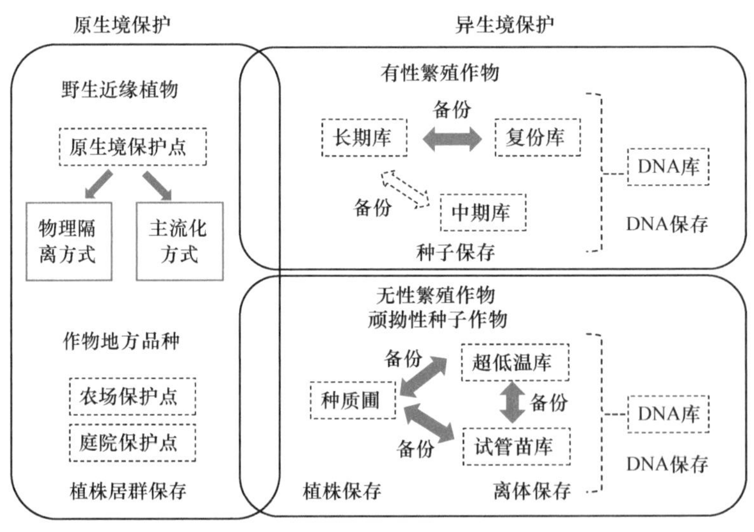

图 4-1　作物种质资源整体保护示意图

2. 整体保护的科学基础

整体保护的科学基础主要包括种质资源生物学特性，其决定着资源的适宜保存方式；其次是资源的不可再生特性及其保护的目的需求、保护成本等问题，其决定着资源需采取多种保存方式的互补组合或备份保存方式，也是影响整体保护的重要因素。

1）种质资源的生物学特性

种质资源的生物学特性，如有性繁殖和无性繁殖，正常性、顽拗性和中间性种子储藏习性，种质遗传组成（野生或栽培类型），以及一年生和多年生等生物学因素，决定着各种类型种质的适宜保存方式。图 4-2 列出了各类作物栽培种类型，及其野生种和野生近缘种类型的适宜保存方式。

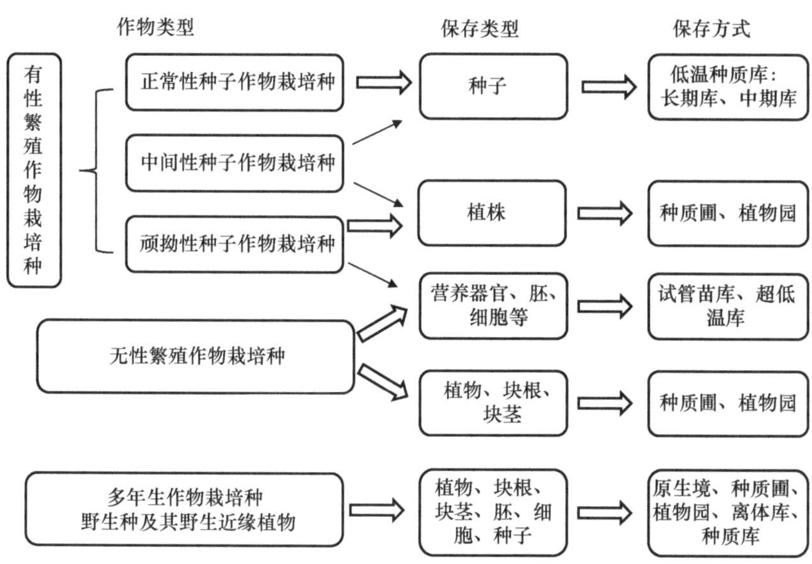

图 4-2　各类作物种质资源（类型）的适宜保存方式（卢新雄等，2019a）

对于有性繁殖作物栽培类型，种子保存是其最主要的保存方式。一方面，种子是大多数作物的繁殖器官，且种子蕴藏着亲本物种（种质）所固有的全部遗传物质，能使物种（种质）遗传特性稳定延续，因此通过保存种子可实现作物种质资源的世代延续。另一方面，水稻、小麦、玉米、大豆等作物，产生正常性种子，这类种子耐低温耐干燥，在一定低温低含水量范围内，其寿命可显著延长。在中国国家长期库，储藏温度−18℃，种子含水量 5%～7%，种子密封包装，储藏 26 年后，水稻、小麦、玉米、大豆等作物种子发芽率仍保持在 90%以上（卢新雄等，2019a）。因此，通过低温库的种子保存，能较长时间维持种质资源的高生活力和遗传完整性。而传统保种每隔 2～3 年繁殖更新一次的做法，不仅繁殖更新成本很高，而且由于更新频繁，资源易遭受外源花粉污染而造成种质遗传完整性丧失。

对于产生顽拗性种子有性繁殖作物，因顽拗性种子既不耐脱水，即种子含水量低于 20%（干重）时种子一般就不存活，又不耐低温储藏，因含水量较高在 0℃以下产生大量冰晶导致种子的死亡，所以种子不适宜作为顽拗性作物种质资源的保存载体（Walters，2015）。因此，可可、橡胶树等热带作物，杧果、榴梿等热带果树，以及菱、茭白等水生蔬菜，不能像正常性种子那样，采用低温种质库进行种质资源保存，其主要是通过种质圃植株方式进行保存；对于产生中间性种子的作物，主要还是采用低温库种子保存方式，但要控制种子含水量不能脱水过度，或不能在–18℃低温库保存（Walters，2015）。因此种子储藏习性也是影响资源种质资源保护方式的重要因素。

对于无性繁殖作物栽培类型，如果树作物，其多以异花授粉为主，且有一定数量的多倍体物种，遗传背景复杂。种子多为雌雄株产生的自然杂种，利用实生种子繁殖常会产生分离和变异，与亲本植物在遗传和表型上不一致，而且需要多代甚至不可能产生具有稳定遗传特性的种子。因此这类作物种质资源不能通过种子保存方式来维持其种质基因型的稳定性。另外，有些植物是不育的，不能产生种子或只能产生少量种子，如山药、芋头、香蕉、马铃薯、甘薯、木薯、菠萝和甘蔗；西米椰子只能产生不育种子，种子只有在胚拯救的情况下才能萌发。这些物种往往具有无性繁殖特性，即其繁殖不经过雌、雄性细胞的结合而由母体直接产生子代，其植株营养体部分具有再生繁殖的能力，如植株的根、茎、芽、叶等营养器官及其变态器官块根、球茎、鳞茎、匍匐茎、地下茎等，可利用其再生能力，采取分根、扦插、压条、嫁接等方法繁殖后代，即所谓的营养繁殖。基于细胞全能性原理，这类作物通过营养繁殖方式，从母本营养器官中产生后代的新个体，其包含的整套遗传信息与母本相同，可维持物种遗传稳定性的延续。因此，这些作物主要采用种质圃植株方式进行保存。

对于野生种及野生近缘植物，主要保存方式是就地建立保护区或保护地，使其完成自我繁衍以达到保护的目的，它既保护了遗传材料又保护了能够带来多样性的进化，是一种动态保存方式，即从环境生态系统、物种及居群水平上进行保护。同时，野生资源也常收集保存于种质圃、离体库和种质库中，作为原生境保护的补充。

2）种质资源的不可再生性及其资源保护经济性和便利性

种质资源很重要的属性之一是不可再生性，即一旦灭绝后，就不可能再恢复了。此外，种质圃植株保存种质资源存在以下缺点或风险（卢新雄等，2019a）：一是某些物种资源保存数量较大，需耗费大量土地来种植，或者需要较大空间来储藏带有休眠芽的越冬繁殖体，如马铃薯、甘薯等薯类作物，若种质资源数量较大时，需要大量人力和物力来收获薯块在储藏窖中越冬，实施操作难度很大。二是由于资源保存在野外环境，易受火灾、洪水、地震、泥石流、低温冻害等自然灾害危害，以及病虫害的侵袭，资源易得而复失。三是种苗、枝条或块根、块茎等植物繁殖体上所携带的病原物难以去除，当种质资源引到其他地方种植，或进行国际资源交换时，易传播一些检疫性的病虫害。因此，人们期望找到一种室内保存途径，能起到对种质圃种质资源备份安全保存的作用，同时也便于迅速扩繁，以供科学研究及育种等利用。基于植物细胞全能性原理，这类作物通过组织培养方式获得试管苗进行离体保存，或采用茎尖、休眠芽（枝条）、合子胚（胚轴）、花粉等外植体进行超低温保存，可维持物种遗传稳定性的延续。利用组织培养技术和冷冻技术，发展形成了缓慢生长（或称限制性生长）的中期保存和暂停生长的长期保存技术体系，有上千种植物进行了繁殖体收集、扩繁和种质资源保存，即通过试管苗库和超低温库分别实现离体种质资源中期和长期保存（Pence et al.，2020）。另外，对于多年生有性繁殖的近缘野生植物，如野生稻、小麦野生近缘植物、多年生牧草等，其生长期多是在两年以上的开花植物，种子成熟期不一致，且易落粒，不易采集到足够量的种子。因此，这类多年生作物也主要采用田间种质圃植株保存方式。植株可多年生长存活，处于一个随时可用于鉴定评价与利用状态，便于利用。同时这类资源一般也可能采集种子，保存于低温种质库，与种质圃、原生境保护点的保存构成互补。

因此，其不可再生特性、资源安全性、保护的目的需求和保护成本等因素，决定着资源整体保护方式的组合，即需多种保存方式的组合互补，或者中长期备份保存机制。

（二）延长种质资源寿命和维持种质遗传完整性

异生境保护也称异地（异位）保护，是将种质资源转移到一个适宜的环境条件集中保存，即不是在植物原来的生长环境中保存，主要有种子保存、植株（块根、块茎、鳞茎等）保存、离体种质（试管苗、茎尖、休眠芽、花粉、胚等）保存和 DNA 保存等方式。种质资源异生境安全保存的核心是延长种质资源寿命和维持种质遗传完整性，但不同的保存方式，其寿命延长和遗传完整性维持机制是不同的，下面分别加以阐述。

1. 种子保存

1）种子寿命延长机制

i. 双低理论

著名的种子生理学家 Harrington（1963）首次提出延长种子寿命的双低理论，即种子含水量每降低 1%（含水量适应范围为 4%～14%）或储藏温度每降低 5℃（储藏温度适应范围为 1～50℃），寿命可延长 1 倍。其实双低原理早在古代就应用于良种储藏，如把种子装在坛罐中，并存放于地窖，同时在坛罐的底部和上部铺上石灰，其原理就是利用相对低的储藏温度和种子含水量，延长种子寿命。20 世纪 40 年代，美国区域作物引种站首先建造低温冷库来保存种质材料，之后随着美国等国家建设国家级低温种质库用于集中保存大批量收集的资源。在保存温度恒定的条件下，只有在适宜的含水量下，种子寿命才能得到最大程度的延长，Vertucci 等（1994）及 Vertucci 和 Roos（1993）进一步完善了双低理论，提出了“种子适宜含水量”保存，主要包括每种作物或物种种子的适宜含水量是在温度 20℃、相对湿度 10%～15%的条件下达到的平衡含水量，换算质量百分比的含水量为 3%～9%；在种子含水量恒定的条件下，种子寿命与储藏温度（一定范围内）呈负相关关系，即在含水量得到控制的情况下，降低储藏温度是延长种子储藏寿命的关键因素；但当温度低至一定程度时，若进一步降低种了储藏温度，则其对种子寿命的影响程度逐渐降低。随着种子储藏习性的正常性和顽拗性的划分，以及随后中间性的储藏习性的提出，进一步完善了双低理论的实践应用，指出双低理论只适于正常性种子，而大多数农作物种子的储藏习性是正常性，因此低温种质库成为种质资源保存主体。椰子、杧果等热带经济作物种子属于顽拗性种子，其具有不耐干燥脱水和不耐低温的储藏习性，不适于采用低温种质库方式进行保存。

FAO 和国际植物遗传资源研究所（International Plant Genetic Resources Institute,

IPGRI）依据双低理论，提出了种质库长期储藏标准（FAO/IPGRI，1994）：种子含水量 3%～7%（依作物而定），储藏温度–18℃（可接受最低储藏温度为<0℃），同时也对每份种质保存粒数、监测、更新等指标，以及供电、防火等安全性等指标做出了规定。该标准的制定有力地推动了种质库建设，种质库及其保存种质的数量剧增。从 20 世纪 70 年代初期种质库数量不足 10 个，储存的种质数量仅有 50 万份；到 1996 年，世界上已建成了 1300 多座种质库，保存了 610 万份种质资源（含重复），其中低温种质库达 550 万份（FAO，1996）。

该理论后来得到不断完善，即含水量不是越低越好，FAO 在 2014 年制定的种质库标准中，推荐种子保存含水量为在温度 5～20℃、相对湿度 10%～25%条件下达到的平衡含水量（含水量一般为 3%～9%），而不再推荐以质量百分比表示的含水量，适宜含水量下限值就是干燥极限，没有必要再进一步干燥脱水，干燥脱水过度，对种子储藏反而有害（胡群文等，2012；Ellis et al.，1990）。在此适宜含水量范围内，降低储藏温度则是延长种子储藏寿命的关键，但并不是越低越好，国际上推荐–18℃和 3%～7%含水量作为种子长期储藏的标准，这是一个折中的方案，一方面，难有实验数据来证明种子在–30℃或更低温度下的储藏寿命比–20℃条件下延长多少；另一方面，获得–20℃储藏条件的制冷工艺较易实现且运行成本相对较低（Ellis et al.，1990）。

ii. 双低理论的机制

种子含水量和储藏温度是影响种子保存寿命的关键因素，当种子干燥脱水至相对低的适宜含水量时，细胞内游离水几乎被去除，细胞质呈一种无定型不平衡的高度黏滞态，即玻璃态，此时分子运动几乎停止。对温度诱导的玻璃化，其发生点的温度称为玻璃化转变温度（glass transition temperature，Tg）（Williams，1994）。在低含水量和低温条件下，生物组织容易形成玻璃态，对细胞起到了重要的保护作用，主要体现在三个方面：第一，玻璃化时细胞有很高的黏度，可有效抑制分子扩散，显著减缓了有害化学反应的发生，各种生物降解过程受抑制；第二，细胞内的自由水体积减小，因而可防止细胞裂解；第三，在 Tg 值以下时体系中没有热转换，因而可以忍耐极端的温度变化，防止无序化的溶质过分集中，从而可避免离子强度或 pH 的剧烈变化和细胞质成分的结晶（Leopold，1990）。许多研究证实了种子形成玻璃态，是抑制种子劣变、延长种子寿命的生物物理学基础。例如，在高温高湿条件下，玉米、大豆种子细胞质玻璃态的消失，导致种子劣变速率急剧增加。进一步模拟分析表明，在种子长期储藏含水量为 5%～8%的状态下，玉米、大豆和豌豆种子所需求的长期储藏临界温度都接近或低于玻璃化转变温度，即在种质长期库储藏条件下（温度–18℃，含水量 5%～8%），种子的细胞质呈玻璃态（Sun，1997）。

种子含水量和储藏温度也影响着种子细胞的分子移动性。分子移动性是生物组织储藏稳定性的关键因子，分子移动性越大，有害反应速率越大。采用电子顺磁共振和动态力学分析，从力学角度研究储藏温度和种子含水量与种子寿命的关系，发现种子寿命与细胞质内分子移动性呈负相关关系，即分子移动性最小时的含水量与种子寿命达到最大值时的含水量接近。分子迁移率与种子老化速率密切相关，分子迁移动力驱动了种子的劣变反应，从而导致了种子生活力丧失。Ballesteros 和 Walters（2011）利用动态力学分析研究了不同含水量和储藏温度条件下种子细胞的分子移动性与种子老化速率的关系，发现与 Tg 相似的 α 弛豫和种子的老化不相关（除非在高热或高湿条件下），但 β 弛豫与种子的老化相关，表明通过 β 弛豫的分析，可用来研究探讨减缓种子老化的储藏条件。通过差示扫描量热法（differential scanning calorimetry，DSC）验证温度对分子移动性的影响发现，当种子含水量为 7%时，Tg 为 28℃，因此对于低温库种质保存，当保存温度为−18～4℃时，种子的含水量没必要过低（Buitink and Leprince，2008）。种子含水量每降低 1%，Tg 值则升高 5～10℃。但一些种子含水量降低到一定值后，其生活力反而会降低（Vertucci et al.，1994）。这可能是因为细胞玻璃态的水属于结合水，这些结合水是细胞内生物结构关键的组成部分，移除这些结合水会损伤细胞组成物质的生物学结构，因而威胁到种子存活，降低了种子生活力（Sun and Leopold，1997）。另外，含水量过低时会加剧种子老化，其原因可能是细胞结合水脱水伤害抵消了玻璃态所产生的保护作用。虽然干燥脱水作用会使 Tg 值上升而形成玻璃态，从而引起保护作用的增强；但过度脱水会引起结合水的丧失而降低大分子的稳定性。对于一些淀粉类作物，过度脱水会造成种子干燥损伤、生活力下降、寿命缩短（胡群文等，2009）。种子细胞质玻璃态中的水是一种可塑剂，可影响 Tg、细胞质黏度和细胞内分子移动性。根据优化后的 WLF（Williams-Landel-Ferry）方程，当保存温度 T>Tg 时，种子生活力与 T-Tg 的关系可以用来代表种子含水量对种子存活环境稳定性的影响，含水量降低可引起 Tg 的增加，从而延长种子寿命（Sun，1997）。

低含水量和低温条件使酶代谢活动处于钝化状态。酶由蛋白质组成，具有复杂的分子结构，一方面许多酶（尤其是变构酶）的分子结构会因含水量降低而钝化或失活；另一方面种子含水量降低到一定程度时，底物和辅酶就难以运转到酶附近，同时辅助因子 Mg^{2+}、Ca^{2+}、K^{+}、Na^{+}等也不能运转到相应的部位，即使有催化产物生成，也会因缺水而影响扩散，结果使后续反应无法进行。莴苣种子含水量在 5.7%以上时，种子处于非玻璃态，含水量降低到 2.9%～4.8%时则处于玻璃态，玻璃态种子的保存寿命比非玻璃态种子长。检测种子代谢产物发现，玻璃态种子中依赖的酶代谢活动处于钝化状态，其代谢以非酶促反应“阿马道里-美拉德反应”为主，终产物主要是醇类、醛类、烷类和酮类等脂质过氧化产物；而非玻璃态种子因细胞质处于液态，生化反应强烈，以糖酵解为主，其终产物主要是甲醇和乙醇等。相比于非玻璃态，玻璃态为维持种子生活力创造了最佳生存环境，既形成了一个防御系统以防止或减缓氧化损伤，又避免了储藏蛋白、淀粉、糖类等物质的降解，确保种子在吸胀萌发时能利用储藏蛋白，以维持供应能量代谢系统的稳定，从而使其寿命得到显著延长。

FAO/IPGRI（1994）提出了种质储藏的技术标准为：长期储藏温度−18℃，种子含水量 5%～7%，其中大豆 8%。在此保存条件下，种子达到了玻璃化状态，分子流动性达到最小，大多数的酶处于钝化状态，生化反应不能或者很缓慢地进行，新陈代谢几乎处于停止状态，因此，可有效延长种子保存寿命。

2）避免生活力降至过低的机制

在低含水量和低温保存的条件下，种子生活力仍会丧失，最终导致发芽能力下降。例如，保存 36 年的 3635 份大豆种子，平均发芽率从初始的 92%降低到 21%，保存 34

年的 780 份花生种子，平均发芽率从初始的 89%降低到 6%，且有部分种子发芽率降至零（Walters et al.，2005）。中国国家库种子生活力监测结果也表明，1.4 万余份种子储藏 20 年后，发芽率降至 70 %以下的种子占到被监测种子的 1.1%（辛霞等，2011）。此外，种子生活力下降导致了种质资源的遗传完整性丧失，甚至有报道指出个别种质库经更新后，多达 50%的原始种质样品丧失了发芽能力或发生了遗传漂变（Singh and Williams，1984）。因此，种质库管理者面临的首要课题是如何避免库存种质出现发芽率降至过低或导致种质遗传完整性丧失。

（1）种质衰老拐点理论：卢新雄等（2003）报道在低温库的储藏条件下，小麦种子生活力存活曲线也显现出反“S”形，即在储藏的前 11 年，种子处于高生活力平台期，生活力几乎没有明显下降，储藏 11 年的种子发芽率仍高达 90.4%，而在随后 3 年间（储藏年限 12～15 年），种子发芽率从 83%快速下降至 20.1%，储藏年限 16～20 年发芽率下降又相对缓慢，因此储藏 12～15 年为生活力骤降期阶段。种子生活力由平台期转向骤降期的过渡区，称为种子衰老拐点。同一作物种子在不同保存条件下其生活力丧失的拐点基本相近，其发芽率范围大多为 70%～85%（卢新雄等，2019a，2019b，2003；辛霞等，2013；卢新雄和陈晓玲，2002）。换言之，种子储藏过程中的存活曲线呈反“S”形和存在衰老拐点特性是作物种子的共有特性，其不受保存条件、种子含水量、初始发芽率等影响（辛霞等，2013；卢新雄等，2003）。进一步研究表明，水稻、小麦、玉米、大豆、蚕豆等作物种质发芽率低于衰老拐点更新，群体遗传完整性丧失（王栋等，2010a，2010b；任守杰等，2006；张晗等，2005），表明种质安全保存年限应为生活力从起始降至拐点的年限（高生活力平台期）。由此，提出了维持高于拐点生活力以保障遗传完整性的安全保存拐点理论（尹广鹍等，2022；卢新雄等，2019a，2019b），见图 4-3，其内涵为：在种质资源保存环节，尽可能延缓衰老拐点，即延长种质保存寿命，更为关键的是需能监测预警出生活力降至拐点的种质，避免生活力降至过低；在种质繁殖更新环节中，需安全更新拐点种质，维持种质遗传完整性；在种质入库的初始环节，起始生活力需高于拐点。该理论内涵提出，为避免种子生活力降至过低和维持种质遗传完整性的技术体系的建立提供了理论基础。

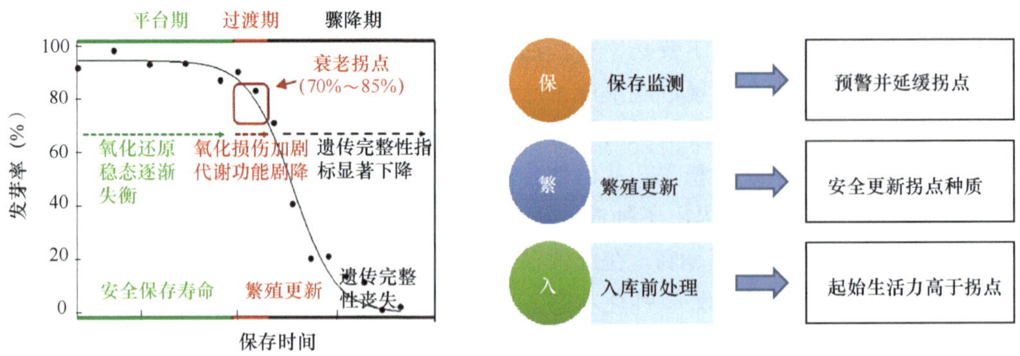

图 4-3　作物种质资源安全保存的拐点理论示意图

（2）种质衰老拐点理论的机制：基于种质衰老拐点的活性氧积累、氧化还原态紊乱、蛋白羰基化修饰等研究，探明了种质衰老拐点的生理生化基础是氧化损伤加剧导致脂质、线粒体能量等代谢功能剧降。在衰老拐点，与种子生活力密切相关的生理生化活动变化剧烈，主要体现在两方面：一方面，发生氧化损伤和线粒体损伤。氧化损伤主要体现为非酶促抗氧化剂（抗坏血酸和谷胱甘肽）水平降低，抗氧化酶及其基因表达受到抑制，导致抗氧化酶活性显著下调，超氧阴离子自由基（O_2^-）和过氧化氢（H_2O_2）含量增加，活性氧（reactive oxygen species，ROS）积累，脂质过氧化损伤，引起膜系统完整性降低，同时生成活性羰基（reactive carbonyl species，RCS）或者挥发性物质，RCS 会攻击蛋白质，导致参与逆境防御的蛋白质，锰-超氧化物歧化酶（Mn-superoxide dismutase，MnSOD）、热激蛋白 70（heat shock protein 70，HSP70）、抗坏血酸过氧化物酶（ascorbate peroxidase，APX）等和能量代谢（糖酵解、戊糖磷酸途径和三羧酸循环）的蛋白质羰基化修饰水平上调，即发生蛋白质氧化损伤（Chen et al.，2021，2018；Fu et al.，2018；Yin et al.，2017，2014；Xin et al.，2011）。线粒体损伤主要体现为线粒体的结构和功能发生损伤。在平台期，种子吸胀时，线粒体能够修复、发育成完整的结构，包括外膜、内膜、嵴和基质，为种子萌发生长提供能量；在衰老拐点，线粒体数量明显减少，膜结构不完整，很难辨别出内膜和外膜，嵴数量较少；低于拐点，难以观察到线粒体，无法提取到完整的线粒体。在衰老拐点，线粒体结构的损伤也显著影响了线粒体的活性、电子传递链活性等，抑制了 ATP 的生成和中间物质的生理代谢，并导致 ROS 积累等（Yin et al.，2016；Xin et al.，2014）。另一方面，在衰老拐点，线粒体发生损伤并诱导反馈机制，主要通过调控电子传递途径及其复合体组成，以及诱导交替氧化酶、解偶联蛋白和交替 NADH 脱氢酶的表达，以弥补细胞色素途径因活性降低而导致的电子和质子传递效率下降，从而维持线粒体具有一定的 ATP 合成能力，同时减缓 ROS 过量积累和氧化损伤。当种子生活力低于拐点时，氧化损伤加剧，反馈机能丧失，导致线粒体等细胞器结构瓦解，代谢功能崩溃，促使种子生活力由平台期转向骤降期（Yin et al.，2016）。

基于拐点理论的生理生化基础，发掘出可作为种子生活力拐点的预警指标，包括氧化损伤指标，如醇、醛、酮等挥发性物质组分含量，抗氧化酶的蛋白表达量（APX 和过氧化氢酶），羰基小分子醛［4-羟基-(*E*)-2-壬烯醛和丁烯醛］含量，关键蛋白（MnSOD、HSP70、APX 等）羰基化修饰水平。线粒体损伤指标，包括线粒体膜系统结构、耗氧呼吸水平、电子传递途径关键蛋白（细胞色素 c 和交替氧化酶）表达量等，以及在骤降期无法分离纯化出线粒体。种子衰老拐点的生物学机制及其特征指标的揭示，为研发种子衰老拐点预警技术，避免生活力降至过低提供了重要理论依据。

3）种质遗传完整性维持机制

遗传完整性（genetic integrity）是指种质的原始遗传组成状态。一份种质的遗传完整性是指该份种质遗传变异的总和。种质遗传完整性变化有两方面含义：一是指种质本身在储藏过程中的遗传变化，如染色体畸变、DNA 突变等，以及所产生的遗传效应；二是指种质繁殖后，其子代种质群体的遗传组成与亲代种质群体相比较发生了变化。在种质资源保存实践中，减少或避免种质保存和繁殖过程中遗传组成（结构）的变化，以及基因丢失或污染，是维持种质遗传完整性的核心。

维持种质遗传完整性最为关键的是维持种质的高生活力。拐点理论揭示，当种子衰老生活力降至拐点时，生活力会出现骤降，则常导致种质生活力降至过低或完全丧失。同时种质发芽率低于衰老拐点更新，群体遗传完整性丧失，也就是说当种子生活力下降衰老拐点时，就应当进行更新，以维持种质的遗传完整性。种子生活力下降，使得某些个体在种植过程中不能正常发育或最终死亡，表现为个体携带的基因型在群体遗传结构中消失，从而导致群体在等位基因数目、等位基因频率、稀有等位基因频率等方面发生变化，最终引起种质遗传完整性的变化。尤其是遗传上异质的种质群体，往往存在不同的基因型，而不同基因型个体之间存在着存活差异。对于群体中存活能力差的基因型，若更新发芽率低，则繁殖更新过程中遭受遗传选择的危险性也大（Murata et al.，1984）。除基因型外，还有一些遗传上受基因控制的性状，其在一定程度上也间接影响种子潜在寿命。例如，成熟性状，在同一母株上有的种子已生理成熟，有的种子还未生理成熟。因此，如果一份异质种质材料，不同基因型个体间存在成熟差异，同一基因型个体间也存在成熟差异，但若在同一日期收获，种子存活寿命就存在着长短差异，这是一种间接的遗传效应。在种子老化和更新过程中存在着遗传选择，混合群体中发生了遗传漂移（genetic shift），遗传多样性显著降低。经过 15 次种子老化和更新，其中 6 个品种几乎从这一混合群体中消失（Roos，1984a，1984b）。另外，遗传漂移并不总是通过表现型或数量性状表现出来。研究发现小麦地方品种‘Sadovo1’含有 A、B、C、D 4 种生物型（biotype），当种子发芽率下降到 30%以下时，仅个别D型和大部分B型生物型植株存活，而C型和A型生物型已消失（Stoyanova，1992）。

防止在种质田间繁殖过程中发生遗传漂变（genetic drift）和遗传漂移。遗传漂变和遗传漂移是繁殖过程中导致种质遗传完整性变化的主要因素。遗传漂变是指机会差异，如取样误差和无法控制的微环境差异对种质生长、存活及繁殖的影响，引起种质遗传结构的随机改变，表现为等位基因频率的变化。在自花授粉混合群体、异花授粉群体种质材料繁殖更新中，繁殖群体大小是影响种质遗传漂变的主要因素，而纯系品种则与繁殖群体大小无关。遗传漂移是指由自然选择而导致群体遗传结构或等位基因频率相应改变。遗传漂变是人为的、随机的，频繁繁种、取样误差和方法不当都会造成遗传漂变，而遗传漂移是自然的、有方向的，主要表现为染色体结构发生了变异。对于很小的群体而言，遗传漂变所造成的遗传损失比遗传漂移所造成的遗传损失更大（Crow and Kimura，1970）。因此，在种质繁殖更新过程中，通过对繁殖群体量、繁殖地点、繁殖世代数、繁育系统、授粉方式、种植方式等因素调节控制，也是维持种质遗传完整性的重要机制。

i. 有效繁殖群体量

有效繁殖群体量（Ne）一般是指种质在繁殖过程中保持遗传完整性的最低植株群体数量。有效繁殖群体量对种质遗传完整性维持的影响：一是保持亲本杂合性（遗传变异）的比例。根据哈迪-温伯格（Hardy-Weinberg）定律，在一个无限大的群体里，在没有迁入、迁出、突变和自然选择时，若个体间随机交配，则该群体中基因和基因型频率将在未来世代中保持不变。但实际上群体不可能无限大，而往往是很小的，在这样一个小群体中，由于后代个体间关联度的增加，将会发生近交，因此将会出现等位基因频率的随机波动，导致等位基因丢失（遗传漂变）。在有限的随机交配群体中，由近交引起的遗传异质性种质的比例下降，这种下降与等位基因丢失相关，每次繁殖后遗传异质性种质的丢失比例为 1/2Ne，经过 *t* 次繁殖（假设有效繁殖群体量不变）后保留的杂合性和遗传异质性就仅剩(1–1/2Ne)*t*。从繁殖第一代起，杂合性就开始丢失，即基因结构发生变化，因此对于种质异质性群体，要求足够数量的繁殖群体。100 株有效繁殖群体保持亲本杂合性的比例要高于 50 株、25 株或 10 株有效繁殖群体，而这种效应随着繁殖世代数的增加更加显著，如繁殖世代数为 100 时，100 株有效繁殖群体保持亲本杂合性的比例仍高达 95%，而 10 株有效繁殖群体仅为 60%。二是保留亲本等位基因频率。Gale 和 Lawrence（1984）发现对于在有限群体中，等位基因在繁殖过程中是逐步丢失的，但频率较低的稀有等位基因比普通等位基因丢失得更快，因此，稀有等位基因保存起来更困难一些。在繁殖中也要考虑繁殖群体量的“瓶颈”效应。对于最小的有效繁殖群体量为 50 株的有效繁殖群体量要求，这种某次繁殖时采用过低的群体量的操作是不能维持群体遗传完整性的，这就是所谓的“瓶颈”效应。

ii. 繁殖地点

在适宜生态区进行种质资源繁殖是维持种质资源遗传完整性的基本条件。对于一些从野生群体筛选育成的品种，其群体内个体间存在着异质性，即使在相似生态地区繁殖，由于与原生境的差异，不同基因型的种子间的生产力也会产生差异，这种基因型与环境条件之间的相互作用会带来遗传漂移。有报道指出，将三叶草育成品种‘Pilgrim’种植于 3 个异生境地点，从植株大小、开花和种子生产可以看出，基因型和环境的互作非常明显。异生境子代的 4 个标记位点的基因频率发生了显著变化，开花时间也发生了明显变化。适于放牧的异交黑麦草是另外一个典型的例子。适应强度放牧的黑麦草群体，通常植株平卧、开花晚、多年生，它们产生分蘖的能力强，无性繁殖的能力也较强，当它们进行有性繁殖时，选择压力向有利于种子生产的方向发展，生育期长。但是试图用这些植株生产商业种子时，这种杂合性群体很快就失去了原有的适应性特点，朝着生育期短、直立茎和早开花等类型发展。2007 年，美国北方中部地区引种试验站（North Central Regional Plant Introduction Station）对其种质库保存的来自 28 个国家的 598 份甘蓝种质在两个地点进行开花期、生活型鉴定与 SSR 分析，鉴定数据补充到种质数据库，在该工作中观察到一些材料的开花期在不同地点出现遗传漂移（Cruz et al.，2007）。

iii. 繁殖世代数

繁殖世代数是指种质从入库保存之后所繁殖的次数。Tao 等（1992）报道指出，3 份属于异质种质（heterogeneous accession）的意大利地方品种硬粒小麦，经 8 个繁殖世代更新后，其中 2 个品种的普通小麦所占百分比分别从 11%和 3%增加到 95%和 98%，这表明硬粒小麦占主导成分的地方品种，经多代繁殖更新后，变成了由普通小麦占主导成分。Roos（1984a，1984b）用 8 个不同种子壳色和荚果颜色的菜豆品种混合为一个群体，经过 15 次种子老化和更新，其中 6 个品种从这一群体中消失。Chebotar 等（2003）利用 SSR 分子标记技术对 6 份黑麦 14 个亚群体进行了遗传完整性变化的分析，结果表明，繁殖了7～14世代的亚群体，丢失了原有约50%的等位基因，但在最新繁殖的亚群体中也出现了原始亚群体中不存在的等位基因。因此种子繁殖造成的“瓶颈”效应，不可避免地产生了遗传丢失、基因掺杂和自然选择，经多世代繁殖后，原始群体遗传结构可能已发生改变。如图4-4所示，某种质的原始群体含有4种生物型，图中用4种颜色表示。在繁殖世代1的群体中，黄色的生物型已丢失，到繁殖世代2的群体，红色的生物型又丢失，这时种质群体的遗传组成已发生了明显改变。因此，要尽可能收集野外原始材料进行入库保存，以保持野生材料丰富的遗传多样性变异；对于种质库管理者而言，要尽可能减少种质的更新频率，尤其是异花授粉作物，减少繁殖更新次数也就大大地降低了因繁殖群体的“瓶颈”效应和异源花粉的渗入而引起的种质遗传漂移的危险（Breese，1989）。

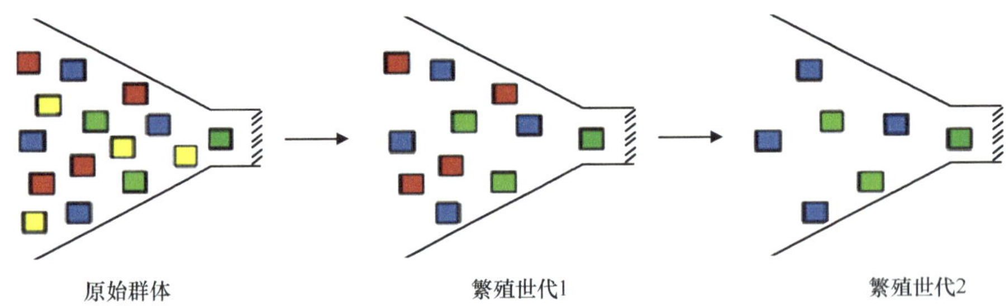

图4-4　种质繁殖世代对遗传完整性的影响

iv. 繁育系统

繁育系统（breeding system）通常是指直接影响后代遗传组成的所有有性特征（Wyatt，1983），包括花形态特征、开花、传粉、受精、种子发育机制、花器官各部位的寿命、传粉者种类和传粉频率、自交亲和程度及交配系统等，它们成为影响后代遗传组成和适合度的主要因素，其中交配系统是核心。尽管繁育系统中花的开放式样、花的形态特征及花器官各部位的寿命等因素严重影响植物的交配系统，但交配系统严格地说是指群居个体之间的交配式样，即自交和近交状态的总和，也就是谁和谁交配及其频率。从广义上说，植物的繁育系统包括植物对下一代个体有关性表达的所有特征；从狭义上讲，是指控制居群或分类群中异交或自交相对频率的各种生理和形态机制。繁育系统决定生态差异的模式，最终支配每代的表现。繁殖方式、繁育系统和染色体的（基因的）系统构成遗传系统。这三个因素在控制和调节变异性表现时是相互重叠又相互作用的。完全自花授粉是近交的极端类型，自花授粉作物由于长期自花授粉，加上定向选择，因此绝大多数个体的基因型是纯合的，而且个体间的基因型也是同质的，其表现型整齐一致；异花授粉作物的有性繁殖过程涉及杂交、分离和重组。异花授粉作物群体在长期自由授粉的条件下，基因型是高度杂合的，群体内各个个体的基因型是异质的，没有基因型完全相同的个体，其表现型多种多样，没有表现型完全相同的个体，缺乏整齐一致性，构成一个遗传基础复杂又维持遗传平衡的异质群体（潘家驹，1994）。与近交种相比，它们的群体中明显的多位点结构组织较少，但是重要的适应性等位基因组合在有性繁殖中通过染色体连锁而得到保存，而表现型的一致性进一步通过有利等位基因的显性和上位性得以保持。在繁殖过程中保持群体的遗传完整性，重要的是保持杂合和纯合的平衡（Breese，1989）。对于栽培材料，主要是朝均一的方向发展，随着自花授粉的增加，自交繁殖的后代增多。异花授粉植物通过自交产生的后代生活力衰退，称为近交衰退（inbreeding depression），表现为长势下降，繁殖力、抗逆性减弱，产量降低，这些性状多属于多基因控制的数量性状；多基因系统等位基因的纯合过程是缓慢的，一般情况下自交代数越高，衰退程度越严重。因此，作为种质库管理者，非常重要的是首先要了解作物繁育系统，即其属于近交种、异交种还是常异交种，同时了解种质材料的遗传组成特性，即属于遗传上异质群体还是遗传上同质群体，以便制定出能维持种质遗传完整性的繁殖策略。例如，原始农家种及其野生近缘种很可能是兼性的近交种或异交种，要根据作物的繁育系统特性，制定适宜繁殖方法，以避免多基因型混合的农家种在繁殖更新过程中由于长期自交而发生遗传变化，成为基因型单一的品种。

v. 授粉方式

确保繁殖材料之间适当的隔离，阻止花粉交换，是保持异花授粉作物和常异花授粉作物繁殖材料种质遗传完整性的关键，一般常采取以下方法来阻断异源花粉之间的污染：空间或时间隔离；自然的或人为的屏障；花序套袋并人工辅助授粉。具体采取何种措施取决于繁殖作物的授粉方法（虫媒或风媒）和繁殖生物学特性。对于珍珠粟，开放授粉并在具有良好灌溉条件下繁殖更新，种子质量最好，而单穗或邻近几株一起套袋，或者在缺水条件下繁殖，种子质量都较差（Rao et al.，2002）。因此，要获得高质量种子需综合考虑作物授粉方式和繁殖环境条件等。

vi. 收获方式

作物种质资源繁殖更新时，种子收获方式主要有两种：混合法和等量法，等量法也称平衡法。混合法是指混合收获全部植株种子，随机取样形成下一轮保存样本，该法具有田间操作容易的优点；等量法是指从每一个植株上收获相同数量的种子，形成下一轮保存样本，其相对费时、费力。Schoen 等（1998）通过对 25 个、50 个、75 个和 100 个单株的不同繁殖群体 50 个连续繁殖世代的模拟计算，发现混合法收获可降低种质资源保存过程中基因突变的累积效应。异花授粉作物胡萝卜和黑麦种质资源更新的田间试验显示，等量法对更新种质资源原始基因频率的影响要小于混合法（Le Clerc et al.，2003），表明等量法可较好地减少遗传漂变而造成遗传完整性丧失的风险。对于玉米地方品种，在繁殖群体量相同的情况下，从不同穗上获取等量种子作为种质库保存材料，其群体的多样性要高于从同一个穗中取样。

vii. 植株密度

生命形式之间最重要的相互作用就是对有限资源（光、水和土壤中的营养物质）的竞争，很显然竞争与植株密度相关。竞争可以提高混合基因型群体的表现，种植混合基因型群体得到的相对产量总值（RYT）比单种植一个基因型的高，即所谓的超补偿；作为一种不连续的选择力量，有利于增加遗传多样性；但也可以作为一种稳定的力量使遗传多样性减少或消失。植株密度大会导致竞争，对所有个体都有不利的影响，但是影响程度不同。如果竞争发生在苗期，而且十分严重，就会有一些选择性的消亡。

例如，Charles（1964）在研究牧草栽培品种混合种植时，观察到 90%的幼苗在起始 9 个月就死掉了，不仅各栽培品种的比例受影响，而且有的栽培品种发生了遗传漂移，这种遗传漂移的方向和大小取决于植株密度、种植管理与生长环境。植株密度主要的影响可以归纳为以下几点：①幼龄植株死亡（也就是不同的成活率）；②所有个体均受到影响，植株变小，繁殖力降低；③与相邻的大植株相比，竞争力不强的（较小的）植株大小和产量都会不同比例地变小和降低。

2. 离体保存

离体保存包括试管苗保存和超低温保存。对于试管苗保存，研究焦点侧重于延长种质寿命和遗传稳定性，而超低温保存侧重于冷冻降温过程中存活机制和遗传稳定性。

1）试管苗种质寿命延长机制

试管苗保存主要通过限制幼苗生长来延长种质保存寿命，即在维持试管苗种质遗传稳定性不发生改变的前提下，采取相应限制性生长措施，如降低保存温度或在基本培养基中添加生长抑制剂等，使细胞在培养保存过程中的生长速度减缓，延长试管苗成苗培养及存活周期，减少种质资源试管苗保存过程中继代培养次数，以达到种质资源保存的目的。例如，试管苗培养保存温度低于细胞最适生长温度时，细胞生长的代谢活动将减缓，如西洋梨（*Pyrus communis* L.）茎尖在 5℃和 1℃的变温保存条件下，保存 12 个月后，成活率在 60%以上（Moriguchi et al.，1990）；降低光照强度时，培养物由于光合作用弱，生长缓慢而有利于保存，如草莓在 4℃低温的黑暗条件下，茎尖培养物可保持生活力长达 6 年（Mullin and Schlegel，1976）；Cha-um 和 Kirdmanee（2007）试验表明，有限空间的培养容器可通过限制气体交换、生长空间和营养供应，使植物生长发育限制在最低程度。

植物生长过程中养分供应不足同样能抑制细胞生长，使植株生长缓慢，寿命延长。调整培养基养分水平，如基本培养基的种类和成分，激素及碳源的种类和含量，仅仅满足试管苗最基本的生理需要，使试管苗生长代谢活动处于最低程度，可有效延长培养物的保存时间。渗透性化合物如高浓度蔗糖、甘露醇、山梨醇等能够提高培养基的渗透势负值（Rajasekharan and Sahijram，2015），造成水势逆境，降低细胞膨压，使细胞吸水困难，新陈代谢活动减弱，同时细胞壁酶的作用受到抑制，细胞生长受到阻碍。生长抑制剂具有较强的抑制细胞生长的生理活性，添加适量的生长抑制剂，也可以延长培养物的保存时间，从而延长试管苗继代培养的时间间隔期。不同生长抑制剂的抑制作用方式不同。例如，多效唑、呋嘧醇和烯唑醇，其主要干扰植物体内赤霉素的生物合成，抑制细胞的伸长及茎尖生长点的细胞分裂和增大，导致茎伸长延缓（Grossmann，1990）。氨基环丙烷-1-羧酸是乙烯的直接前体，通过抑制细胞伸长来抑制茎和节间的伸长（Sauerbrey et al.，1987）。

2）超低温保存的存活机制

超低温保存过程涉及脱水、冷冻、化冻和再生培养等过程，目前主要从低温物理学和冷冻生物学角度来研究超低温保存的存活机制。

低温物理学研究主要集中在水的相变及低温下的分子运动模型方面，脱水过程和水的相变关系到植物能否经受得住低温的考验。一般认为，当植物细胞处于玻璃态时即可避免细胞内形成冰晶而损伤细胞膜。玻璃化转变温度是使细胞脱水达到细胞内部为黏稠状液体但不足以结冰的温度。低于此温度时，细胞内将不发生扩散作用，细胞停止代谢。种质材料的水分状态和玻璃化转变温度是维持保存种质稳定性的关键参数，可为建立稳定可靠的种质超低温保存操作标准流程提供重要依据。Volk 和 Walters（2006）建议在玻璃化转变温度下超低温保存种质，降低细胞的黏度，以增加长期保存种质的成活率。

冷冻生物学研究主要涉及超低温条件对细胞结构、抗氧化系统、膜脂、细胞可溶性糖含量和蛋白质表达的影响等方面。有研究表明，细胞超微结构的破坏主要发生在脱水、冷冻和解冻过程中，若材料在冷冻前经适宜的保护性处理，尤其是维持了细胞的物理稳定性，则冷冻和化冻过程基本不对细胞产生新的损伤（Benson et al.，2011）。超低温保存过程中水分和低温对细胞产生了胁迫，一方面会诱导细胞的 ROS 防御体系发生改变，另一方面会促进 ROS 的产生，加速细胞内有害代谢产物的积累，造成次生伤害，进而引发脂质过氧化作用。同时，细胞也存在可以通过多种途径产生超氧化物歧化酶、过氧化氢酶、谷胱甘肽硫转移酶等在内的保护酶系统及内源抗氧化剂，减少或防止脂质过氧化。在植物超低温保存机制研究中，已发现抗氧化酶活性快速响应及·OH 产生会引起严重的脂质过氧化反应，后者与超低温保存体细胞和幼苗成活率的降低有关（Chen et al.，2015），研究表明超低温保存花粉活力退化与 ROS 诱导的氧化应激密切相关（Jia et al.，2017）。通过添加抗氧化剂可减轻氧化损伤，提高超低温保存植物材料的再生率，以超低温保存黑莓茎尖材料为例，添加维生素 E 可以显著降低丙二醛（malondialdehyde，MDA）的含量，提高其再生率（Uchendu et al.，2010）。因此在超低温条件下，ROS 和自由基调节影响种质细胞的耐受性，最终影响保存材料的成活率和再生率。

膜体系是生命活动的基础，超低温保存中细胞膜结构的损坏是影响超低温保存效果的主要因素之一。膜脂是细胞膜的基本骨架，脂质结构的稳定对于稳定细胞骨架、提高超低温保存成活率有积极作用。此外，膜脂中的脂类和脂肪酸会影响膜脂的物理特性，尤其是相变温度和水合特性等，从而影响超低温保存成活率。MDA 的积累是脂质过氧化反应的一个重要标志，可被广泛用作氧化应激的指示剂（Kaczmarczyk et al.，2012）。

可溶性糖在超低温保存中对细胞具有重要的保护作用。可溶性糖浓度的变化与植物的低温耐性呈显著的正相关关系，可溶性糖参与调控植物抗冷冻。也有报道指出，细胞的可溶性糖含量与其耐液氮冻融性呈正相关关系。在超低温保存马铃薯茎尖实验中发现，通过变温预培养茎尖材料，其可溶性糖含量增加，促进了茎尖再生能力的提高。植物可以通过累积可溶性糖等渗透调节物质来抵御氧化胁迫（Uchendu et al.，2010）。可溶性糖主要是通过降低自由水的含量、提高细胞内溶质溶度和稳固膜脂双分子层来保护胁迫条件下的植物。例如，包括寡糖、糖醇、棉子糖在内的可溶性糖在正常情况下或胁迫条件下处于高水平时，可作为抗氧化剂来保护植物细胞，使其避免氧化损伤，并维持体内氧化还原平衡（Nishizawa-Yokoi et al.，2008）。

超低温保存前的预培养、低温锻炼、脱水处理等，会诱导与能量代谢、脱落酸合成等密切相关的新蛋白质的合成，对增强植物抗冻性起到了积极的作用。这些新蛋白质多数为糖蛋白，可以进入膜内或是附着于膜表面，对膜起稳定作用。例如，对超低温保存的脱水敏感和耐受基因型的香蕉茎尖分生组织进行蛋白质组分析，发现响应高浓度蔗糖预处理的茎尖差异性表达蛋白主要是涉及糖酵解和与维持细胞壁完整性有关的蛋白质（Carpentier et al.，2007）。研究发现，在低温锻炼过程中，脂蛋白和ERD14蛋白（脱水早期响应蛋白）表达增加。对苹果（*Malus domestica*）茎尖超低温处理后的蛋白质组分析，鉴定出6个与胁迫响应相关、涉及细胞周期的蛋白质（Forni et al.，2010）；铁皮石斛类原球茎严重脱水后，分子质量分别为28.7 kDa和34.3 kDa的两个热稳定蛋白大量积累，经免疫检测两个蛋白均为脱水蛋白，推测脱水蛋白可能保护细胞免受脱水胁迫伤害。

3）离体保存种质遗传稳定性维持机制

从理论上讲，植物细胞都具有全能性，若条件合适，都能再生培养成完整的植株，因此任何组织和器官都可作为离体种质保存材料。在实践中，主要有两类外植体：第一类是具有完整的细胞生长发育信息的外植体，如茎尖和腋芽；第二类是或多或少有组织分化状态的外植体，如体细胞胚及经过愈伤组织阶段培养形成的不定芽，这类材料在扩繁和频繁继代更新过程中，可能会发生遗传变异。因此，选用茎尖、休眠芽、胚、子叶、根茎、块茎和球茎等作为离体种质保存材料，可维持其遗传稳定性。

离体种质保存主要是基于植物细胞全能性原理，将组织、细胞等组织培养物，以及试管苗、休眠芽作为种质材料的保存载体，通过营养繁殖方式，从母本营养器官中产生后代的新个体，其包含的整套遗传信息与母本相同，维持物种遗传稳定性的延续。

3. 植株保存

苹果、梨、柑橘、香蕉等果树作物，马铃薯、甘薯、木薯等薯类作物，橡胶、椰子、油棕等热带经济作物，水生蔬菜，多年生牧草，以及野生稻、小麦近缘野生植物等种质资源，一般不能采用低温种质库种子保存方式，而是需采用植株或块根、块茎、鳞茎、种茎等载体，在种质资源圃（简称种质圃）进行种植保存，从保存角度属于“种质圃保存作物”或称“圃位保存作物”。这类作物对于提高人们生活质量，促进农业可持续发展起到了重要作用，且在国民经济发展中具有重要地位，因此世界各国都非常重视对这类作物种质资源的收集保存与利用，可以说种质圃的植株保存是作物种质资源多样性整体保护不可或缺的重要途径之一。

1）延长植株保存寿命

首先在作物的原产地或最适生长发育的生态地区建立种质圃，为植株生长提供最适的生境条件，以持久维持种质群体遗传特性的稳定，也有利于种质群体在一个世代周期内达到最大存活寿命，从而减少繁殖更新次数。其次对植株进行精心种植和维护管理，如常对果树资源采用抗重茬、抗逆性砧木，可显著提高其抗性，使植株存活寿命得到进一步延长。同时通过定期监测和种植管理技术措施，及时更新和复壮长势衰弱、病虫害严重的资源，以保证保存资源的世代延续。选择保存地点须避开自然灾害和环境污染的危害。配备温室、大棚或网室等配套设施，可以增强圃存资源抗自然灾害的危害的能力。种质圃也应建设供电系统、排灌系统、水肥一体化设施和物联网工作系统等配套设施，为最大限度延长种质存活寿命提供必要的条件。

2）圃存资源遗传完整性的维持机制

由于种质圃保存资源都是从原先生长发育环境移植到另一个适宜环境种植的，受植物本身遗传特性及环境的影响，在种质圃保存的资源有时会出现性状的遗传变异，造成原有遗传特性的改变。

一是需从生态适应性方面来考虑。生态适应性是植物在长期自然选择过程中形成的。不同种类的生物长期生活在相同环境条件下会形成相同的生活类型，它们的外形特征和生理特性具有相似性，这种适应性变化称为趋同适应。例如，许多温带果树在自然情况下必须经过一定时间的低温环境条件，即冷温需求量，才能使芽发生质变——萌芽，开始新枝梢生长和开花结果。若同种生物长期生活在不同条件下，它们为了适应所处的环境，会在外形、习性和生理特性方面表现出明显差别，这种适应性变化称为趋异适应。例如，果树的冷温需求量虽然具有遗传性，即不同树种、品种的果树冷温需求量存在差异，但同一树种、品种在年际间也存在差异，不同纬度地区之间差异更大。这可能与植物本身的生态适应性有关，不同地区有不同的气候环境，环境因子影响相关基因的表达程度和进程，影响树体内部的生理代谢，进而影响植物体本身的生物学特性和对不同地区的生态适应性。因此，在某一生态地区建立种质圃，它仅能适宜保存该地区的活体植物种质资源，或是生态习性近似的种质资源。尤其是对于古老地方品种和野生资源，应该进行种质圃和原生境或产地的同时保存。

二是需从繁育系统来考虑。许多野生果树种质材料在种质圃种植一定时间后，会丧失原有的一些野性特征。对野生资源野性特征丧失起主要作用的是繁育系统。传统上，繁育系统是指代表直接影响后代遗传组成的所有有性特征（Wyatt，1983），主要包括花的综合特征、花器官各部位的寿命、花开放式样、自交亲和程度和交配系统，它们结合传粉者和传粉行为成为影响后代遗传组成和适合度的主要因素，其中交配系统是核心。以无性繁殖作物种质资源为主要保存对象的种质圃，之前较少关注繁育系统对种质资源安全保存的影响。但多年生野生近缘种质圃、热带顽拗性种子作物种质圃，以及致力于果树野生资源收集保存的作物种质圃，需关注繁育系统对野生种质资源遗传稳定性的影响。国内许多种质圃保存野生资源的植株数量非常有限，野生资源仅以小居群的形式存在，近交便成了不可避免的问题，近交群体中由于遗传漂变积累的影响，群体间遗传分化和群体内遗传一致性增强，而遗传一致性大的居群对可变环境的适应能力差。同时由于生境与其原始的自然生境有很大差异，它们的自然演化过程被中断，丧失了它们在长期演化过程中所形成的繁殖和自我防卫两大能力。因此，在对野生资源（尤其是濒危野生近缘植物）进行取样移位保护或繁育时，需要根据濒危植物的交配系统来制定遗传多样性的取样和繁育策略。从交配系统对种群遗传变异分布型的影响来看，近交种的不同种群间存在较多的遗传变异，因此取样保护这样的种群时，就必须尽可能在不同的种群内采种育苗；相反，异交种的遗传变异大部分集中在种群内，需要对种群内尽可能多的个体进行采种育苗；采集的野生资源在种质圃种植繁育时，常出现不开花或开花不结籽的情况，这可能是因为：①没有适于繁殖生长的生态条件；②缺乏原有的传粉机制，如原先小生境固有的生物组成环境改变了，某些昆虫消失了，导致传粉昆虫数量减少或缺乏；③自交率太高。对于以近交、自交为主的濒危野生植物，迁地移植较少的个体就能够进行开花结果，而以异交为主的物种，必须移植一定数量的个体才可能繁育出生活力强的后代。

（三）维持种质资源遗传进化潜力

原生境保护是在自然条件下对作物野生近缘种及其进化过程进行保护，维持其进化潜力，保护物种与环境互作的进化过程（Meilleur and Hodgkin，2004；Dulloo et al.，2010）。原生境保护让植物种群始终暴露在自然选择和适度的人类干扰作用下，不仅能够维持其自身遗传多样性，同时使其保持进化潜力（Jarvis et al.，2000）。原生境保护强调的保护对象不仅仅是种质资源本身，而且包括当地的生态环境。在中国，原生境保护常被称为原地保护、就地保护、原位保护等，但这些概念都缺乏生态环境保护的理念。作物种质资源原生境保护的对象主要有作物野生近缘植物和作物地方品种两类，地方品种的原生境保护也被称为农场或农家保护（on-farm conservation）。中国已开展了作物野生近缘植物的原生境保护实践并取得显著成效，在农场保护方面也进行了一些探索，但尚无系统的原生境保护理论研究，主要以保护生物学相关的理论为开展原生境保护提供科学依据。

1. 保护生物学相关理论

保护生物学是研究直接或间接受人类活动或其他因素干扰的物种、群落和生态系统的生物学，其目的是为保护生物多样性提供原理和方法。因此保护生物学从一开始就将重点放在濒危物种及其生态系统的自然保护上，其相关理论也以指导建立自然保护区为主，如岛屿生物地理学理论、异质种群理论、种群遗传学理论、进化生物学理论，以及相关生态学和环境学的理论、相关自然资源管理和环境保护方面的理论等。与自然保护区以防止动植物物种灭绝为目的不同，作物野生近缘植物原生境保护并不以物种保护为目的，而是以保护居群的遗传多样性为目的。但是，就其保护对象（野生植物）和保护方式（生态系统）而言，保护生物学的基础理论也适合于作物野生近缘植物原生境保护，其中岛屿生物地理学理论和种群遗传学理论在作物野生近缘植物原生境保护点建设和管理中尤为重要。

1）岛屿生物地理学

岛屿生物地理学是1967年由MacArthur 和 Wilson创立的。岛屿生物地理学认为岛屿中的物种多样性取决于物种的迁入率和灭绝率，而迁入率和灭绝率与岛屿的面积、隔离程度及年龄等有关。当迁入率和灭绝率相等时，岛屿物种数达到动态的平衡状态，即物种的数目相对稳定，但物种的组成却不断变化和更新，一个岛屿物种的数目代表了迁入和灭绝之间的一种平衡。岛屿上的物种数目取决于迁入物种和灭亡物种的平衡，而且是一种动态平衡，即不断有物种灭绝，由同种或别种的迁入而得到补偿。

大岛屿比小岛屿能维持更多的物种数，随岛屿离大陆距离由近到远，平衡点的种数逐渐降低。物种随岛屿面积增加而增加的现象称为“面积效应”。小岛屿上物种灭绝率要比大岛屿快，这是因为小岛屿有限的空间使得物种之间对资源的竞争加剧，允许容纳的物种数就相对较少，并且每个物种的种群数量也小。如果岛屿的面积相等，岛屿与陆地和其他岛屿之间的距离越远，其上的物种的迁入就越慢。这就是所谓“距离效应”，即岛屿离陆地和其他岛屿越远，其上的物种数目就越少。

2）种群遗传学理论

种群是指在一定的时间和空间内能相互杂交、具有一定遗传特性的同种个体的集合。种群遗传学主要研究种群的遗传过程对种群遗传结构的影响。在影响种群遗传结构的众多因子中，扩散、环境因子和渐渗杂交被认为是最重要的三大影响因子。扩散是一种进化的动力，是种群开拓和再开拓生境的重要方式，生境的扩张（扩散）可导致种群的遗传多样性和遗传结构均发生剧烈变化。在扩散过程中，自然选择可能发生改变，强大的选择压力可能只让部分基因型留存下来，因此种群的扩散地经常会因为遗传漂变或基因流匮乏等导致遗传多样性降低。环境因子通过影响种群个体的表现型和适合度，间接作用于基因型，改变其遗传结构。任何一个环境因子对生物的分布、行为、生理和遗传结构都会产生一定影响，因此种群的遗传结构是在适应环境、不断进化中形成的（Stone et al.，2002）。渐渗杂交是指近缘种的一个物种的基因通过杂交渗入到另一个物种的基因库，渐渗杂交被认为是植物进化的重要因素。近缘种间的渐渗可能增加种群的遗传多样性，从而对其适合度和适应性有利，但渐渗也可能带入不利基因导致危害种群安全，或发生远交衰退现象。

2. 保护生物学相关理论在原生境保护中的应用

1）岛屿生物地理学与原生境保护点设计

岛屿生物地理学选择岛屿作为研究单元，主要是为了在确定相关研究的参数时避免因物种的连续分布造成的干扰，由此得出的结论虽然在应用于大陆分布区域的研究时会有一定的出入，但形成的理论基础仍然适用于大多数生物多样性的分布区，因此，该理论已成为自然保护区建设的重要理论基础，并被广泛应用于自然保护区的设计中。按照岛屿生物地理学理论，在自然保护区设计中确定了以下原则：①保护区面积越大越好；②一个大保护区比具有相同面积的几个小保护区好；③对某些特殊生境和生物类群最好设计几个保护区，且相互间距离越近越好；④几个分隔的小保护区排列越紧凑越好，线性排列最差；⑤自然保护区之间最好用通道相连以增加迁入率；⑥为了避免半岛效应，保护区以圆形为最佳。

生境破碎化（又称生境片段化）是指人为或自然原因使得原来大面积连续分布的生境变成空间上相对隔离的小生境的现象，生境破碎化不仅使得生境的面积减少，同时使得各个小生境之间产生一定空间距离隔离、中心离边界的距离变小。生境破碎化将物种种群分割为若干个小种群，影响物种的迁入和迁出，基因的流动受阻，遗传变异丧失，加之小种群易于灭绝，结果使种群遗传多样性减少，从而加速物种灭绝的进程，生境破碎化是生物多样性大量丧失的主要原因之一。生境破碎化后形成的斑块类似于独立的小岛屿，因此岛屿生物地理学理论也适用于生境破碎化的种群。

由于作物野生近缘植物主要分布于人类活动较为频繁的农区、牧区或农林、农牧交错带，受人类活动影响较大，生境破碎化严重，导致作物野生近缘植物分布区面积都较小，难以按照自然保护区设计进行较大范围的保护。同时，作物野生近缘植物的保护是以保护单一或少数物种为主的小型或微型自然保护区，并且以遗传多样性、遗传完整性和遗传特异性保护为目的，与以生态系统或物种保护为目的的自然保护区存在较大不同。但是，无论是自然保护区还是作物野生近缘植物原生境保护点，都属于区域性保护，也都具有岛屿特点，自然保护区设计的原则也基本适用于原生境保护点。因此，在原生境保护点设计中，第一，要考虑目标物种的分布状况，如果在某一区域呈连续分布，则尽量使保护点覆盖该物种的分布区域；第二，如果因土地权属等限制无法覆盖所有分布区域时，应考虑根据不同的生境建立几个保护点，且彼此间最好建立廊道；第三，所有被保护的区域内应包括最大的遗传多样性，且应包括所有具有特异性的个体；第四，原生境保护点建设应不阻碍生物和环境因子的自由交流，一般应以开放的保护方式最佳，如必须物理隔离，则以围栏为好。

2）岛屿生物地理学与原生境保护点管理

岛屿生物地理学的核心内容是生态平衡（ecological equilibrium）。生态平衡是指在一定时间内生态系统中的生物和环境之间、生物各个种群之间，通过能量流动、物质循环和信息传递，使它们相互之间达到高度适应、协调和统一的状态。也就是说当生态系统处于平衡状态时，系统内各组成成分之间保持一定的比例关系，能量、物质的输入与输出在较长时间内趋于相等，结构和功能处于相对稳定状态，在受到外来干扰时，能通过自我调节恢复到初始的稳定状态。在生态系统内部，生产者、消费者、分解者和非生物环境之间，在一定时间内保持能量与物质输入、输出动态的相对稳定状态。

原生境保护点建成后，保护点范围内与外界相对隔离，形成“岛屿”状的生态系统。由于保护设施的阻隔人类活动减少，保护点内物种之间的竞争平衡被打破，为了达到新的平衡，物种消长现象比较普遍，导致被保护物种可能缺乏竞争力反而逐渐衰退，与保护目标不相符。例如，野生大豆一般与灌木或杂草伴生，在未保护状态下，因人为砍伐灌木或牛羊啃食杂草，为野生大豆提供了一个相对稳定的生长条件。为了避免过度砍伐或过度放牧引起野生大豆消失，需要通过建立原生境保护点对野生大豆进行保护，但保护点建成后，原来的威胁因素消失了，保护点内的灌木或杂草可能出现疯长，而野生大豆缺乏竞争力会逐渐减少。因此，原生境保护不是简单地建立保护点就万事大吉了，而是应以保护点建设初期的状态为基线，通过监测各物种特别是目标物种的变化，适当采取人为干预，使之恢复到初始状态。

3）种群遗传学理论与原生境保护点管理

与以保护生态系统和物种为目的的自然保护区不同，以遗传多样性保护为目的的原生境保护点管理的核心就是维持被保护种群的遗传结构，这也正是种群遗传学的主要研究内容。种群是一个动态单位，在遗传上严格适应环境，并在一定限度内对环境条件的任何变化在遗传变异上发生反应。种群结构是种群最基本的特征，是同种生物的个体之间、种群之间在遗传、生态方面的一切关系的总和。种群的遗传特征是通过选择、基因流、突变和遗传漂变等形式，导致种群遗传结构发生改变。

原生境保护点在建立之初，种群遗传结构处于相对稳定状态。原生境保护点建立之后，是否能够维持种群的遗传结构取决于保护点的管理水平。一方面，原生境保护点的建设可能导致保护点内外生态因子和环境因子的改变，既可能发生基因突变频率的变化，又可能引起遗传漂变；另一方面，管理者的差别化管理和保护设施的隔离也会形成选择和基因流的变化，这些变化都可能反映在遗传结构的变化上。因此，原生境保护点的管理除尽量维持原有生态系统的平衡外，还需通过遗传结构的变化趋势对管理措施进行调整。遗传结构的变化可通过形态和分子水平的检测进行判断，以遗传多样性指数为依据，以原生境保护点建设初期的遗传多样性指数为基线，根据遗传多样性指数的变化，查明变异与生态及环境的关系，从而调整原生境保护点的管理措施。

第二节　异生境保护技术

异生境保护也称异地（异位）保护，是将种质资源转移到一个相对适合的环境条件中集中保存，即不是在植物原来的生长环境中保存，通常通过低温种质库、种质圃、试管苗库、超低温库、DNA 库等设施，采用种子保存、植株（块根、块茎、鳞茎等）保存、离体种质（试管苗、茎尖、休眠芽、花粉、胚等）保存和 DNA 保存等方式，对各类作物种质资源进行妥善保存。

一、种子保存技术

种子保存的主要对象是产生正常性种子的作物种质资源。正常性种子最主要的特点是耐低温和耐干燥脱水，且随储藏温度降低其寿命可大大延长，无论是早期保存方法还是现代保存方法，都是利用低温低湿原理来延长种子保存寿命的。早期由于没有制冷除湿设备，主要采用诸如坛罐储存、干燥器储存、自然库储存、室温储存等简易方法来保存种子。坛罐储存一般需将种子晒干，放入酒缸或陶缸等坛罐中，并在罐底层和上层铺上生石灰，然后密封罐口，定期更换生石灰。有条件的地方可将坛罐存放到地窖中，从而为种子创造低温低湿的储藏环境条件。干燥器储存一般也是先将种子晒干，然后将种子放入干燥器内，干燥器内需放硅胶、氯化钙或生石灰作为干燥剂，密封保存，定期更换干燥剂。自然库储存是将种子存放到简易自然存放库中储存。种子用纸袋、布袋、金属盒包装。自然库储存一般利用地洞或废弃的矿洞，或建在干燥冷凉地区，如中国青海、新疆、西藏等地的自然种质库。干燥器和自然库储存一般能使耐储藏作物种子寿命延长到 8～10 年。传统方法保存种子寿命短，需频繁进行繁殖更新，使得异花授粉作物资源，在更新时易受异源花粉污染并发生遗传漂变。20 世纪 40 年代以来，利用制冷和除湿技术创造了低温低湿保存条件，使种子的保存寿命得到了大大延长，在−18℃低温冷库中，多数作物种质安全保存寿命（发芽率不低于 70%）可延长至 20 年以上，禾谷类作物甚至可达到 50 年以上。

目前，低温种质库是种质资源最佳保存途径，并已建立了相应种子入库保存处理规程与标准（IBPGR，1985；FAO，2014；卢新雄等，2008），主要操作技术参见图 4-5。此外，超干储存方法在 20 世纪 90 年代曾是研究热点之一。超干储存的研究目的是通过将种子含水量干燥至 2%～5%，并在室温下储存，以期能达到中期保存年限，即种子保存寿命 10 年左右。实践表明，超干储存对于油脂类种子是可行的，但对于淀粉类、蛋白质类超干种子，其保存寿命并不是随含水量持续下降而一直延长的。许多所谓的超干储存，其实不是真正意义上的超干储存，而是适宜含水量储存，即在室温储存条件下，各种作物有一个适宜含水量水平使其保存寿命达到最长，而这个含水量不一定是 2%～5%水平，也有可能大于 5%，因作物而异。在中国青海西宁和黑龙江哈尔滨等北方地区，大豆等作物的适宜含水量种子在室温储藏条件下可达到中期保存效果（周静等，2014）。此外，美国遗传资源保存国家实验室（National Laboratory for Genetic Resources Preservation，NLGRP）利用液氮罐超低温保存种子资源，称为种子超低温保存，主要保存小粒作物种子。

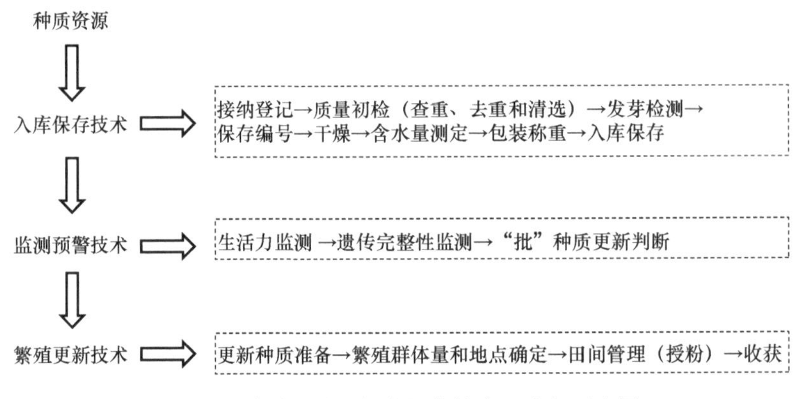

图 4-5 种质库种子保存操作技术及流程示意图

（一）入库保存技术

种子入库保存技术，即在种子收获、入库前处理等环节，建立适宜的种子操作处理技术与标准，以获得高初始质量的种子，即种子净度高、生活力高，且未携带有致病性的种传病原菌，其次是将种子含水量干燥至适宜的含水量（一般是 3%～8%），并密封包装，以最大限度延长种子储藏寿命。

1. 入库种子质量检测

入库种子质量检测包括对种子生活力、净度、健康度等质量指标的检测。在 2014 年 FAO 制定的种质库标准中，要求栽培种的种子入库初始发芽率应高于 85%，而在 1994 年 FAO/IPGRI 版本的种质库标准中未作要求。Ellis 和 Roberts（1981）曾用 3 批 10.1%含水量但不同初始质量的玉米种子在 40℃条件下储藏，发现储藏寿命与初始质量呈正相关关系。对中国国家作物种质库−18℃储藏 10～12 年的花生和粳稻种子监测表明，初始发芽率低的粳稻种子（90%～91%）和花生种子（85%～86%）生活力下降程度明显大于初始发芽率高的种子（95%～96%，或＞99%）（卢新雄等，2001）。因此获得入库种子高初始质量也是延长种子寿命的重要手段。种子高初始质量的指标为：种子应是当季繁殖的，发芽率 90%以上；种子净度高于 98%，去除破碎粒、虫蚀粒、无胚粒、秕粒、瘦小粒、杂粒等；种子无明显病虫损害，未受损伤、未拌有药物或无包衣处理。

2. 种子干燥处理

首先是收获时的干燥处理，即通过太阳干燥、风干室内晾干、热空气干燥等方法，将粮食作物种子含水量降至 10%～14%，油料作物种子含水量降至 8%～12%，这也是一般粮食或良种储藏的安全含水量。种子送交到种质库后，需进一步降低含水量至 3%～7%（FAO/IPGRI，1994）。种质库种子干燥处理，大多采用热空气干燥法。但各种质库所采用的干燥温度和相对湿度差别较大。例如，IRRI 采用的是温度 38℃和相对湿度 8%（Hay et al.，2013），美国长期库采用的是温度 5℃和相对湿度 23%，中国国家库采用的干燥条件为温度 30～35℃和相对湿度 7%±2%（卢新雄和张云兰，2003）。热空气干燥若采用 40℃以上温度则会造成种子内在损伤，有时这种伤害在干燥当时不能反映出来，只有储藏一段时间以后才能表现出来。此外，当种子含水量较高时，高温干燥也易造成种子老化伤害，也有些物种对高温敏感，在高温干燥时易受到损伤（Cromarty et al.，1982）。因此国际上推荐种质库种子干燥宜采用温度为 10～25℃、相对湿度为 10%～15%的条件，即所谓的“双十五”干燥法（FAO/IPGRI，1994），近年又修改为干燥温度为 5～20℃，相对湿度为 10%～25%（FAO，2014）。但对于热带地区的种质库，因收获时种子含水量往往较高，直接采用“双十五”干燥条件效果反而不好。例如，IRRI 研究证明，采用热空气干燥（45℃，每天干燥 8h，连续 6 天）水稻种子的效果好于“双十五”干燥法。这与传统认知相矛盾，一般认为若各种作物种子初始含水量高于粮食或良种储藏的安全含水量，则应先进行预干燥，一般建议在温度 17～20℃、相对湿度 40%～50%条件下进行预干燥，以避免高含水量种子在干燥过程中遭受热伤害，待含水量降至 13%以下，再进行第二阶段的干燥（Cromarty et al.，1982）。因此，在选择种子干燥条件时，需考虑种子本身的因素，如含水量、化学成分（主要是含油量）、大小、结构等，尤其是收获时种子的含水量，或者种质库接收到种子的初始含水量。在确定干燥温度和相对湿度的同时，也应考虑空气流速、干燥时间等因素。

（二）监测预警技术

库存种子生活力监测预警技术，即在研究获得各类作物库存种子生活力丧失特性及曲线、生活力丧失的关键节点及关键节点的预警指标等基础上，建立库存种子生活力监测与预警技术，提前预测出需繁殖更新种子（即种子何时降至更新临界值），以避免种子生活力降至过低而导致资源的损失。

种子生活力监测是种质库监测工作的核心，包括监测方法、监测间期、监测方式的选择及监测结果的统计分析等。种子生活力监测常采用标准发芽试验法，但为节约种子，每次测定用种量减少至 50～100 粒；也可采用序列发芽测定法，该法每次测定用种量为 20～40 粒。监测间期，FAO（2014）推荐，对于可通过种子寿命公式计算种子寿命的物种，首次监测间期为根据种子寿命公式得出种子生活力降至初始生活力 85%时寿命时间的 1/3，但不能超过 40 年；而对于无法通过种子寿命公式预估的物种种子，长寿命物种种子的监测间期为 10 年，短寿命物种种子的监测间期为 5 年。监测方式是抽测还是逐份监测，应根据实际情况进行。在种子储藏初期，即多数种子生活力处于前一个平台期，可采用抽测方式；当多数种子生活力处于相对快速下降阶段时，就不能再采用抽测方式了，而应采用逐份监测方式。监测结果统计分析，即对种子生活力监测结果进行归类或归批次统计和分析，以便为判断种子是否继续储藏或繁殖更新提供依据。以“批”为单元，进行整批次的逐份监测和统计分析，以便于种质库监测预警与更新管理。预测低温库种子的保存寿命是很重要和必要的，因为若能预测出种子发芽率何时降至更新水平，则能有效安排种子进行繁殖更新，确保种质安全保存。目前，邱园（Kew Garden）网站专门提供了在线计算服务，但在实际应用该公式时，所预测出的种子寿命较难以应用。库存种质保存数量的监测也是种质库一项重要监测工作，相对简单。一般可根据监测生活力计算出每份种质存活的种子数量，从而根据存活保存数量标准要求来判断是否应该更新。

预警是指种子在储藏过程中，有哪些指标可预示种子发芽率处于或即将处于快速下降阶段，通过分析预警指标以便让种质库管理者做出预测或决策，如决策保存种子生活力的监测频率，以避免保存种子的生活力已降至更新临界值以下。按国际上的标准（FAO，2014），种质生活力监测间期为 5 年或 10 年。当库存种子生活力处于丧失的关键节点时，若仍按 5 年或 10 年安排生活力监测，则到下次监测时种子生活力有可能已经很低甚至完全丧失。因此，在库存种子生活力监测中，应根据种子生活力丧失特性，优化监测间期，即在平台期可适当延长监测间期，而在临近关键节点则缩短监测间期。其次是指导筛选预示种子即将转向骤降期的监测预警指标，并建立有效的监测预警方法，以便能够及时发现生活力过低的种质材料。

种子是否更新一般根据生活力和数量监测结果来确定。若一份种子的监测发芽率或数量低于更新临界值，则需要安排更新。建议以“批”（同一作物在同一地点同一季节繁殖的一批种子）作为更新决策的基本单元。在中国，若以“份”为更新决策单元，一方面，不符合以“批”为单元的种子繁种入长期库管理方式；另一方面，往往给监测更新安排与管理上造成很大的不便，给工作人员增加很多的工作量，操作过程中也容易出错。因此，在实践操作上应以“批”为单元来决策管理，即整批安排到原产地种植更新，并整批进行重新入库处理。

中国国家库从 1995 年开始跟踪监测库存种子生活力变化，20 多年已监测了 130 余种作物 12 万余份种子生活力。在总结库存种子生活力监测结果的基础上，提出了一套可行的库存种子监测预警方案，能有效监测和预测出需更新的种子。主要内容包括：一是首先将“批”（同一作物在同一地点同一季节繁殖的一批种子）作为监测评价的基本单元。二是采用具有预警能力的监测方法。传统的方法只监测发芽率，缺乏预警能力。中国国家库目前采用基于发芽试验的活力指标预警法，并结合基于种子生理生化指标的预警法，获得发芽率、发芽势、逐日萌发数、活力指标、生理生化指标等信息。三是评价判断，首先以发芽率、发芽势、活力指标、生理生化指标等为核心，以作物基因型、繁殖地点及气候条件等数据信息为辅，建立监测评价数据库，并构建种质安全监测管理系统。在此基础上，以“批”为单元，利用“85%判断法”，预测库存种子生活力和遗传完整性变化趋势，调整监测间期、预测更新时间，从而实现对库存种子生活力的有效监测预警和安全更新。若以“份”为单元，则种质是更新还是继续保存，判断起来较为简单，即对降至更新临界值的种子进行更新，但对于保存 45 万余份种质资源的种质库来说，工作量太大，是不可行的。

“85%判断法”是指对于一般种质的更新判断，若某“批”种质总份数为 *A*，监测发芽率低于 85%的种质份数为 *B*，“更新指数（*R*）”为监测发芽率低于 85%的种质所占的比例，即 *B*/*A*。判断标准如下。

当 *R*＞50%、监测发芽率平均值＜85%且萌发起始日和高峰值日均推迟 1 天以上时，需更新。

当 20%＜*R*≤50%时则可继续保存，但需结合监测发芽率平均值、萌发生理等指标调整监测间期。

当 *R*≤20%时则继续保存。

对于野生种和特殊遗传材料等种质，由于其入库时发芽率可能低于 85%，则在计算更新指数时，应将监测发芽率换算为相对发芽率，即监测发芽率/初始发芽率。表 4-1 是国家作物种质库应用该方法，对库存高粱种子监测结果进行预测判断实例。

表 4-1　国家作物种质库保存 30 年高粱种子监测风险判断

单位	种质份数（*A*）	平均发芽率（%）		监测发芽率低于 85%的种质		监测发芽率低于初始值 85%的种质		结果判断
		初始	监测	份数（*B*）	更新指数 *R*（%）	份数（*B*）	更新指数 *R*（%）	
赤峰市农业科学研究所	209	97.5	93.9	9	4.3	1	0.5	继续保存
唐山市农业科学研究所	156	95.6	91.2	21	13.5	9	5.8	继续保存
四川省农科院水稻高粱研究所	52	87.4	76.9	40	76.9	19	36.5	可继续保存，但需缩短监测间期

（三）繁殖更新技术

繁殖是植物形成新个体的过程，即扩增种子数量的过程。种质库管理人员需根据作物的繁殖特性和遗传特点，制定各作物的适宜繁殖更新临界值标准，因为繁殖更新是一项费时、费力且代价、风险很高的工作，繁殖更新过程中种质不仅容易受到异源花粉的污染，而且会发生遗传漂移或遗传漂变，有时还会受到病虫害和极端天气的危害而造成种子繁殖更新的失败。因此，种质保存要尽可能延长种质更新周期，这样种质发生遗传完整性变化或遗传多样性丧失的风险就会小很多，但储藏过程中种子劣变也会引起储藏种质材料遗传完整性丧失。种质库管理者要在更新过程中基因丧失的危害性和储藏过程中种子劣变引起种质材料遗传完整性丧失的风险性之间做出选择。

FAO（2014）推荐，当种子的发芽率降至初始发芽率的85%时，或种子数量减少到低于完成繁殖该物种3次所需的有效繁殖群体量时，就要安排更新。美国长期库规定，种质材料尽可能在种子发芽率降至85%时更新，并规定下列情况下也必须更新：①针对起始发芽率较低的种质，尤其是野生种，发芽率降至初始发芽率的85%；②长期保存存活的种子数量低至250粒，中期保存数量降至1500粒时。种质库管理者可根据FAO推荐标准制定出各作物适宜更新发芽率标准，同时对于一些难繁殖的异花授粉作物、野生材料或特殊遗传材料，适当降低繁殖更新临界值标准是必要的。根据国家作物种质库多年来的研究结果，对于栽培作物的地方品种和育成品种，推荐种子更新发芽率为85%，但最低发芽率临界值不得低于70%；对于野生种和特殊遗传材料等种质，由于其入库时发芽率可能低于85%，推荐种子更新发芽率为初始发芽率的85%（卢新雄等，2019a）。

种质库繁殖工作包括新增收集资源初次的繁种入库和保存资源的繁殖更新。繁种前应做好繁种计划，估算出每份所需繁种的种子数量，种子数量估算一般包括长期库保存、中期库分发，以及品质、抗病虫性、抗逆性鉴定等的用种量。在繁殖和收获过程中，最为核心的是确保在繁殖过程中维持种质遗传完整性和获得高生活力的种子，严格按照各《作物种质资源繁殖更新技术规程》进行，重点把握好以下的技术环节。繁殖地点应遵循选择最适宜生态区或原产地，并在最佳生长繁殖季节种植，引进资源则选择近似生态区进行繁殖的原则。但在实践中，在遵循上述原则的基础上，有必要选择几个非农作物病害疫区的农业气候生态地点，专门作为资源繁殖更新基地，多数种子可安排在这几个地点进行集中繁殖更新，这有利于保证繁殖质量管理。例如，从中国国家库监测结果来看，从国外引进的小麦在新疆进行繁殖，其监测平均发芽率往往高于在其他生态地点繁殖的种子。繁殖有效群体数应保证足以维持种质亲代群体的遗传特性；田间管理按繁殖地管理方法，做好水肥管理，以及防治病虫草害、防止鼠雀害和防倒伏等措施。收获应在最佳成熟期及时收获，且收获没有受病虫侵害的健康种子，种子收获后需尽快进行晾干或干燥，即种子的初步干燥，若采用室内热空气干燥，则干燥温度建议不超过43℃，且空气必须流通，即在短时间内将含水量降至安全含水量范围；脱粒考种时，建议采用人工脱粒方式和人工清选方式，挑选饱满、色泽好且整齐度一致的种子作为种质资源保存样本。在运输环节，避免在高温高湿环境条件下进行密封包装托运。各种作物种质资源的具体繁种和收获方法，可进一步参考这方面的专业图书（王述民等，2014；Hamilton et al.，1997）。

种子类作物保存的典型案例见表4-2，主要分为自花授粉作物、常异花授粉作物、异花授粉作物。

二、植株保存技术

植株保存（plant preservation）的主要对象是无法或难以通过种子保存的作物种质资源，如无性繁殖作物、顽拗性种子植物，以及部分多年生野生近缘植物等，这些作物常以植株、块根、块茎等方式维持自身的生存。植物自身的生存时间是有限的，有

表 4-2　种子类作物保存技术案例

作物类别	作物	保存指标		繁殖更新指标	
		推荐保存量	含水量（%）	繁殖方式	繁殖群体量
自花授粉作物	水稻	200g	5～8	设保护行，自然授粉	地方品种≥150 株 其他类型≥100 株
	小麦	240g	5～8	设保护行，自然授粉	地方品种≥300 株 育成品种≥200 株
常异花授粉作物	棉花	200g	5～8	套袋或扎花隔离，自交	亚洲棉和草棉≥40 株 陆地棉和海岛棉≥50 株
	蚕豆	1250～1500 粒	5～8	网棚或距离隔离，昆虫授粉	各类型均≥100 株
异花授粉作物	玉米	350g	5～8	套袋或距离隔离，混合授粉	地方品种 50～200 株 育成品种 30～100 株
	大白菜	100g	5～8	网棚隔离，昆虫或人工授粉	各类型均≥60 株

注：数据来源于卢新雄等（2019a）

的长有的短，都要经过生长、衰老阶段，以致最终的死亡。在它们生长发育到一定阶段的时候或在衰老死亡之前，通过营养繁殖或种子繁殖，从而产生新的个体来延续后代。针对这类作物的生长与繁殖特性，需专门建设田间保存设施来保存这类作物的种质资源。人们把这类专门以保护作物种质资源多样性和遗传完整性为目的，且以植株、块根、块茎为保存载体的野外田间保存设施称为种质资源圃（简称种质圃或资源圃），又称田间种质库。这种田间保存设施需建在作物生长发育最适宜的生态地区，并建设和配备一整套适合该类作物种质资源收集引进、隔离种植、鉴定评价、监测更新、安全防护的条件设施和技术管理措施，从而有利于保存资源的持久存活和遗传稳定，并便于利用。此外，植物园也是植物遗传多样性保存方式之一，但主要关注物种水平的多样性，而种质圃除了保存作物物种水平的多样性，重点是物种种内遗传多样性和遗传完整性的保存。种质圃植株保存操作技术参见图 4-6。

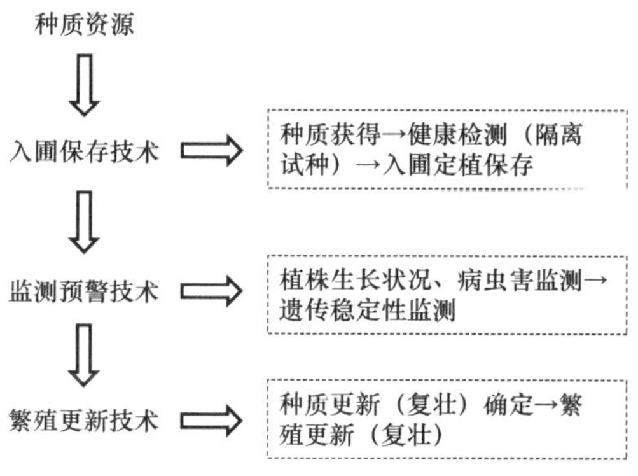

图 4-6　种质圃植株保存操作技术及流程示意图

（一）入圃保存技术

种质入圃操作处理内容主要包括种质获得、隔离检疫、试种观察、编目与繁殖、入圃定植保存、田间管理等。操作处理主要为保障健壮、无携带病虫害的健康植株入圃保存，从而尽可能延长植株的健壮存活期时间，减少更新复壮频率，最大限度减少基因丢失和突变的危险，维持保存资源的遗传稳定性。

（1）种质获得。种质圃接收获得的种质材料应为能够直接再生成植株的繁殖器官，包括种子、接穗、插条、幼苗、块根、块茎、根茎、球茎、鳞茎、根蘖、吸芽等。材料要尽量在休眠期，这样可以保证成活率。为保证种质材料的遗传完整性，优先收集无性系材料。

（2）隔离检疫。隔离检疫是种质资源安全迁移的重要组成部分。FAO 和 IPGRI 自 20 世纪 80 年代以来制定了几十种作物的安全迁移技术规程，包括核果类、浆果类、柑橘、葡萄、甘薯、山药、木薯、椰子、可可、甘蔗、芭蕉属、香草、食用天南星科植物等种质圃保存作物，且这些规程仍在不断修订更新之中，以适应种质资源安全迁移的需要。许多种质材料首先应作脱毒处理，脱毒后种植在隔离检疫圃内，要经过较长时间观察检疫，才能确定是否携带检疫病菌、病毒，一般需 2～3 年的观察。经隔离检疫证明无检疫性病原物后，方可分发利用。病毒检测的方法包括植物学症状鉴定法、指示植物鉴定法、电子显微镜技术检测法、血清学检测法和分子生物学检测法，不同的检测方法各有其优点和局限性，在应用时进行合理选择。

（3）试种观察。在入圃定植保存之前，通过种植，观察记载种质的生物学特性、植物学特征和农艺性状，即目录性状初步鉴定，同时对某些未知的种质材料进行植物学分类鉴定，进一步核实确认其身份，并进行相关典型特征特性的记载，剔除与圃内保存种质有重复或没有特殊保存价值的种质。在试种观察阶段，有必要了解种质的环境适应性、繁殖特性和病虫害发生情况。对于以接穗引种的果树类种质，为使引进种质尽快结果，可直接高接在成年树上进行观察，因此初步鉴定圃内要预留一定的成年植株用于引进种质的高接。在初步鉴定圃内种质的高接或定植数量不受限制。通过试种观察的初步鉴定，确认种质具有保存和利用价值，且与圃内资源不重复，方可编目、繁殖、入圃保存。对于遗传和引种背景明确的种质，在确保无重复和保存价值的前提下，也可以直接编目、繁殖、入圃保存。试种观察的初步鉴定周期至少为 2 个生长周期。

入圃种植时需选择具有本品种典型特征、无病虫害、无损伤、储藏良好的材料。资源在入圃保存前，首先需明确维持每份资源遗传多样性最少的群体数，确定圃基本单元区，即种质圃中用于每份种质保存所需的最小单位面积，其大小由每份种质保存株数和株行距决定。国际上没有统一标准要求（FAO，2014），具体取决于作物种类、多年生或一年生、珍稀濒危程度，以及种质圃土地资源充足度等因素。Maghradze 等（2015）根据 FAO“种质圃标准”，制定了“葡萄种质圃标准”，以供欧盟国家的葡萄种质资源保存应用。该标准针对葡萄种质资源的田间保存需求，提出了操作标准的具体要求。例如，每份葡萄种质保存的株数至少 4 株，株距 0.8～1.0m，行距至少 2.0m。在中国，2008 年《农作物种质资源保存技术规程》中制定了“农作物种质资源圃保存技术规程”（卢新雄等，2008），这是国内外首次较为系统地提出了种质圃种质入圃操作处理规范与操作处理标准。在该规范的基础上，进一步在种质材料获得、种质保存株数、株行距、更新复壮指标等方面，完善了各作物种质资源入圃保存的具体操作标准要求。例如，对于果树资源，一般每份种质保存数量不应低于 3 株，珍稀濒危种质资源可适当增加保存数量。株行距的确定应考虑作物的生长习性，尤其是植株成年期的株型大小，以及保存过程中方便田间观察和机械管理作业；同时为了延长种质圃种质的保存年限，原则上是宽行稀植；果树种质圃的种植株行距可参照生产果园种植的密度。脱毒的种苗采用网室矮化砧木或盆栽的密植保存方法进行栽培。

种植苗核对的主要依据是每份种质原有的植物学特征和生物学特性。如果发现错乱，要及时查找原因并更正；如有丢失，要立即进行补充征集和重新培育苗木，并及时修正圃位图。核对工作本身就是种质资源的系统性状鉴定过程。种植当年依据枝条和叶片进行植物学特性核对，开花结果后，核对花期、果实性状和物候期等。核对工作往往要持续2～6年。

（4）田间管理。种质圃田间管理是资源入圃定植保存以后的日常栽培管理，其主要目的是确保资源的健康成长，以便在需要时能及时提供。各种作物需制定植株保存过程中的管理制度，即对施肥、灌溉、中耕除草、修剪整枝、病虫害防治、更新复壮等常规管理做出明确规定。

（二）监测预警技术

种质资源在种质圃保存过程中，应定期对每份种质的存活株数、植株生长势状况、病虫害、土壤状况、自然灾害风险等进行观察监测，以确保保存植株的纯度或遗传稳定性。监测项目和具体内容包括以下几方面。

1. 生长状况

根据树体的生长势、产量、成枝力等树相指标，将果树类作物生长状况分为健壮、一般、衰弱3级；对于衰弱严重的植株，要及时在当年进行更新；对于衰弱的植株，要做好更新准备或加强管理，使得树体的生长势得到恢复。多年生草本类作物花期株高、花期丛幅或冠幅、分枝分蘖数、枯枝数量、生长天数等，每年观察监测一次。薯类作物根据不同块根块茎作物的植株长势、退化程度、产量等指标，将生长状况分为健壮、一般、衰弱3级；对于衰弱的植株，要做好更新准备或加强管理，使得种质的生长势得到恢复；对于退化严重的植株，要及时进行更新复壮。

2. 病虫害状况

根据不同树种主要病虫害的发生规律进行预测预报，确保病虫害在严重发生前得到有效控制；加强病毒病的检测、预防和植株脱毒工作；制定突发性病虫害预警预案。常见病菌、害虫包括昆虫、螨类、真菌、细菌、线虫、病毒、类病毒、螺原体、支原体、鼻涕虫等。感染病毒的无性繁殖体，主要是活力受损害，此外，植物耐逆性和嫁接的不亲和性等也受到了损害。主要的病虫害检测方法包括外观检查、隔离琼脂板法/平板划线分离法、孵化、接种、电子显微镜观察，以及酶联免疫吸附分析法等。其中酶联免疫吸附分析法容易操作，已经用于块根作物（木薯、马铃薯、甜菜等）的病虫害检测。

3. 土壤条件状况

对土壤的物理状况及大量元素、微量元素、有机质含量等进行检测，每3～5年检测一次。种质遇到特殊灾害后应及时进行观察监测和记载。

4. 遗传变异状况

根据已经调查的植物学、生物学等特征特性，对种质进行性状的稳定性检测，及时发现遗传变异，确保保存种质的纯度。

（三）繁殖更新技术

1. 更新复壮指标

出现下列情况之一时及时进行更新复壮：①植株数量减少到原保存量的 50%。②植株出现显著的衰老症状，如果树类作物萌芽率降低，芽、叶长势减弱，分枝分蘖量减少，枯枝数量增多，开花结实量下降，年生长期缩短等；多年生草本类作物株丛长势明显减弱，分枝分蘖显著减少，生物量明显下降，枯枝数量增多，生长期缩短。③植株遭受严重自然灾害或病虫害后生机难以恢复。

2. 繁殖更新

当果树等无性繁殖作物种质资源需更新时，可参照《作物种质资源繁殖更新技术规程》（王述民等，2014）中的繁殖更新技术规程及时进行更新。某些植株长势或树势衰弱时，可及时通过加强土壤管理、修剪树体、疏花疏果、产量控制等栽培技术措施，使植株的生长势得到恢复，达到复壮的目的。但要注意，大多数果树种质资源的无性繁殖技术是成熟的，但同一种果树中不同物种或不同类型之间其繁殖技术是有差异的。

三、离体保存技术

40 多年来，逐步形成了试管苗离体种质中期保存和超低温离体种质长期保存的技术体系，为无性繁殖作物、顽拗性种子作物、珍稀特异资源的离体种质中长期安全保存提供了可靠的技术保障（卢新雄等，2019a）。离体库种质保存操作技术参见图 4-7。

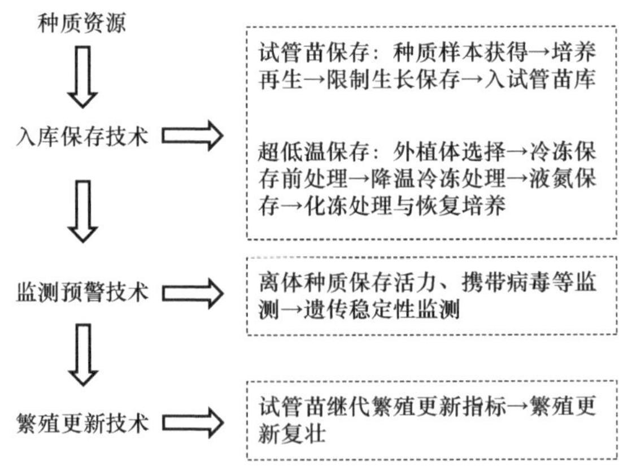

图 4-7　离体库种质保存操作技术及流程示意图

（一）入离体库保存技术

1. 试管苗保存技术

试管苗种质保存也称限制生长保存，是 20 世纪 70 年代发展起来的新兴作物种质资源保存方法，将植物的外植体如茎尖培养再生成完整的小植株，即所谓的试管苗或培养物，并在维持试管苗种质遗传稳定性不发生改变的前提下，采取相应限制性生长措施（Koeda et al.，2018），减少保存过程中继代培养次数，以达到种质资源保存的目的。试管苗保存可作为无性繁殖作物种质资源的离体中期保存形式（卢新雄等，2019a）。为了确保种质的遗传稳定性，需从种质样本获得、培养再生、限制生长保存等环节，建立和完善试管苗保存技术。

（1）种质样本获得：主要是外植体选择。在已成功的植物组织培养中，所使用的外植体几乎包括了植物体的各个器官部位，如茎（茎段、鳞茎、球茎）、茎尖、根、叶（子叶、叶片）、胚、胚珠、花药、花瓣、块茎、块根等。但在资源保存实践中，初始组织材料主要来自两类外植体：第一类是具有完整的细胞生长发育信息的外植体，如茎尖和腋芽；第二类是或多或少有组织分化状态的外植体，如体细胞胚及经过愈伤组织阶段培养形成的不定芽。这类材料在扩繁和频繁继代更新过程中，可能会发生遗传变异。因此，为了确保遗传稳定性，茎尖、休眠芽、胚、子叶、根茎、块茎和球茎等是用来进行离体保存的主要初始培养材料。

（2）培养再生：需在适宜温度下将茎尖置于再生培养基中进行培养，培养基以 MS 为基本培养基，生长调节物质包括萘乙酸、吲哚乙酸、6-苄基腺嘌呤、激动素、赤霉素等。植物生长调节物质的选择及其浓度对于试管苗形态建成和维持遗传稳定性十分重要。

（3）限制生长保存：采取的主要技术措施有改变培养保存环境条件、调整培养基养分水平和渗透调节物质、添加生长抑制剂等。环境条件，主要通过降低温度、降低光照强度、限制光周期、缩小生长空间和控制 O_2 等来实现。试管苗培养保存温度低于细胞最适生长温度时，细胞生长的代谢活动将减缓。但也应注意物种保存温度特异性。通常情况下，温带物种通常为 2～12℃，热带物种为 15～22℃。对于光照条件既能使培养物处于最小量生长状态而不旺长，又能使培养物维持生长而不死亡。降低保存温度，同时结合降低光照强度，对一些作物限制生长保存效果更佳。例如，低光照强度（1000lx）和低温（15℃）可使芭蕉离体试管苗生长延长至 13～17 个月；草莓在 4℃低温的黑暗条件下，茎尖培养物可保持生活力长达 6 年（Mullin and Schlegel，1976）。

植物生长过程中养分供应不足同样能抑制细胞生长，使植株生长缓慢。因此，调整培养基养分水平，如基本培养基的种类和成分，激素及碳源的种类和含量，满足试管苗最基本的生理需要，使试管苗生长代谢活动处于最低程度，可有效延长培养物的保存时间。对许多植物，在培养基中添加 3%～6%（m/V）的甘露醇和山梨醇，可实现限制生长保存（Rajasekharan and Sahijram，2015）。例如，陈辉等（2006）通过在培养基中添加蔗糖、甘露醇、山梨醇等渗透剂，将百合保存继代周期延长 3 倍以上。生长抑制剂具有较强的抑制细胞生长的生理活性，添加适量的生长抑制剂同样可以延长培养物的保存时间，从而延长试管苗继代培养的时间间隔期。在试管苗保存中，尤其是在常温保存条件下，使用生长抑制剂可延长试管苗保存时间6～12个月，尤其对于无法提供低温保存条件的研究保存机构而言，这是一种简便、有效且经济的延长试管苗继代保存时间的方法。但需注意的是，使用生长抑制剂，可能会造成植物发育不良，生长异常，因此要在确保遗传稳定性的前提下使用。

植物组织培养和试管苗保存具有很强的物种依赖性和基因型特异性，物种间或不同基因型材料需要进行参数指标的优化调整，以确保不同种质的活力和遗传稳定性。中国国家作物种质库已建立了包含 40 余种作物的珍稀特异资源试管苗保存平台，大大丰富了试管苗保存资源的物种多样性，包括马铃薯、甘薯块根块茎类，以及鳞茎、球茎、果树类等作物。

2. 超低温保存技术

超低温保存是利用液氮条件（–196℃）长期保存材料活力及其遗传稳定性（Panis and Lambardi，2006）。超低温保存主要处理环节包括保存外植体的选择、降温处理、化冻处理、恢复培养等，其过程较为复杂，若处理不当会造成种质材料致死性的伤害或非致死性生理生化变化，若细胞的修复功能无法使细胞恢复正常生理功能，将会引起细胞死亡（Keller et al.，2006）。在液氮冷源稳定的条件下，为了确保植物种质资源超低温保存存活、遗传稳定性维持，需从保存外植体的选择、冷冻保存前的处理、降温冷冻处理，以及化冻处理与恢复培养等关键环节，建立和完善超低温保存技术。

（1）外植体选择：与植物组织培养和试管苗保存一样，对于超低温种质资源保存，外植体应选择经过操作处理与保存后可存活且不易发生遗传变异的材料，目前，成功进行超低温保存的外植体包括茎尖、休眠芽、花粉、合子胚（胚轴）、体细胞胚、胚性细胞悬浮系、愈伤组织、原生质体等（Reed，2008）。不同超低温保存材料类型的特点及适用物种不同（陈晓玲等，2013）。茎尖分生组织细胞具有分化程度低、保存后易再生、遗传变异低的特点，所需保存空间较小，适用植物范围广（温带和热带植物），是无性繁殖作物超低温保存的理想材料。休眠芽段超低温保存操作简单，可适用于避免超低温保存后进行组织培养的耐寒木本植物，但需专用仪器设备如程序降温仪等来精确控制降温速度，取材时间受季节限制，所需保存空间较大。花粉超低温保存操作简单，可保持特定的基因型，解决杂交育种。

（2）冷冻保存前处理：冷冻保存前处理是避免外植体在–196℃液氮保存条件下不被冻伤或冻死，是超低温保存存活和遗传稳定性的关键。不同物种或不同种质材料类型所要求的冷冻前处理方法不同。一般情况下，正常性种子和花粉通过自然脱水，不需要进行防冻前处理就可以进行超低温保存。但对于休眠芽、茎尖、合子胚（胚轴）和体细胞胚等外植体，由于其含有较高的水分，在进行超低温保存前需进行人为脱水处理，以避免细胞内水结晶成冰而对细胞造成损害（Mazur，1984）。干燥（脱水）法有慢速脱水、中速脱水、快速脱水、超速干燥等方法，主要应用于合子胚（胚轴）冷冻保存前的干燥脱水处理。预培养方法是将种质材料在加有冷冻保护剂的培养基中预培养不同时间后，直接投入液氮中进行快速冷冻。预培养结合干燥法是将种质材料在加有冷冻保护剂的培养基中进行预培养后，在无菌空气流或硅胶中进行干燥脱水，然后直接投入液氮中进行快速冷冻。包埋脱水法基于人工种子包被原理，将种质材料用海藻酸盐包埋成球后用 0.3～1.5mol/L 高浓度蔗糖培养液进行几小时至几天的预培养后，置于流动的无菌空气流或硅胶中进行脱水，使种质材料含水量降至 20%左右（以鲜重为基础）后快速投入液氮中进行保存。目前，新方法主要基于玻璃化法保存（Fahy et al.，1984），包括包埋脱水法、玻璃化法、滴冻法，以及在这 3 种方法基础上改良的方法。玻璃化过程十分关键，将种质材料用高浓度植物玻璃化液（plant vitrification solution，PVS）进行脱水处理，使种质材料连同植物玻璃化液发生玻璃化转变，进入玻璃态，需精确调控超低温保护剂，使样品充分脱水的同时避免化学毒害和渗透胁迫带来的伤害。

（3）降温冷冻处理：将经过冷冻前处理的种质材料装入容器如冷冻管等中投入液氮。慢速降温法是用程序降温仪等设备控制降温速度，比较适于液泡化程度较高的植物材料，如原生质体、胚性细胞悬浮系等细胞类型一致的培养物。逐级降温法是将种质材料逐级通过零下温度，如–10℃、–15℃、–20℃、–30℃等，并在每级温度处停留一定时间，然后浸入液氮。两步降温法是慢速降温法和逐级降温法相结合的一种方法。快速降温法是将种质材料从 0℃或者其他预处理温度或不经预冷直接投入液氮保存，降温速度达 200℃/min，该方法适用于已高度脱水的种质材料，如花粉、抗寒木本作物枝条或休眠芽、用植物玻璃化液处理过的材料。

（4）化冻处理与恢复培养：化冻处理与恢复培养是确保超低温保存成功和维持遗传稳定性的重要环节。化冻处理的关键是要保证种质材料在复温过程中不受损伤，主要是避免复温过程中再结冰而对细胞造成伤害。恢复培养的关键在于能否获得适宜的恢复培养基质条件，为化冻后种质材料提供一个最适宜的再生长条件，使培养材料能积极生长恢复到原有典型植物状态，其标志是无性繁殖体在恢复培养阶段不经过愈伤组织过程，以最大程度维持其种质遗传稳定性。

据报道，全世界已有 200 多种植物用于开展超低温保存技术研究（Engelmann，2011）。由于物种间甚至品种间存在很大差异，许多作物仍需要研究解决其超低温保存的关键技术，如优化保存载体材料的选择、预处理、脱水、冷冻方法等条件和参数。中国国家作物种质库首创了基于物理化学胁迫平衡调控的超低温保存技术，突破了茎尖等载体存活率低的技术瓶颈，还利用差示扫描量热进行热力学事件测定，如菊芋和白术茎尖通过 DSC 模拟超低温保存过程中的放热峰和冷却峰，观察热力学事件获得最适合的装载液组成成分和最佳处理时间。目前已构建了基于茎尖、休眠芽和花粉的超低温保存技术体系，其中马铃薯、香蕉、李、甘薯、香石竹、矮牵牛、百合、白术、山葵等作物保存载体为离体茎尖，桑和苹果等作物保存载体为休眠芽段，桃、梨、柚、橙等作物保存载体为茎尖和花粉，获国家发明专利 7 项，破解了珍稀特异资源因生态适应性差，以及季节、病毒等影响而难以常规保存的难题，开启了中国无性繁殖作物超低温保存实践，成功保存了 29 种作物种质资源 623 份资源（卢新雄等，2019b）。

（二）监测预警技术

离体保存种质材料的监测预警技术，即研究获得各类无性繁殖作物离体保存种质材料更新的生物学指标，同时对其遗传稳定性进行监测。

试管苗植株保存活力和遗传稳定性的维持主要依靠培养基供给营养与植株的光合作用自养。由于试管中培养基供给植株营养是有限的，因此，需要不断地进行更新继代培养，才能延续试管苗的保存。试管苗保存种质定期监测指标，需包括试管苗生长性状，如芽尖、茎尖、叶片、苗、茎基部和根发育状况，气生根状况，培养基变化状况，污染情况，试管苗成活率，继代保存时间等，还包括离体保存种质培养物的衰弱指标及其携带病毒指标等。更新培养的标准为保存的试管苗成活率降到50%左右。更新时取出植株转接到新配制的保存培养基上，常规培养 15～30 天后再转入试管苗库保存。要注意的是，每株存活苗都要切取一定数量的茎段接种，以保持品种的种性或遗传稳定性。超低温保存过程中，需定期监测保存过程中材料的活力（成活率、成苗率）。保存过程中的活力监测方法与进行液氮保存前的活力检测方法相同。

在进行大批量种质资源离体保存时，需进行遗传稳定性监测，通过长期监测，明确影响遗传稳定性的关键因素，并将监测结果反过来作为完善、改进保存条件的依据。对于新研发的超低温保存作物，尤其要从表型性状变异、基因组稳定性、表观遗传学和超低温保存的筛选效应等方面来监测保存种质的遗传稳定性，为种质离体安全保存提供技术支撑。试管苗保存遗传稳定性检测可包括组织培养/限制生长保存前、组织培养/限制生长保存后，以及对田间种植材料的检测；超低温保存遗传稳定性检测可包括超低温保存前后，以及对田间种植材料的检测。评价遗传稳定性的方法可采用形态、细胞、蛋白质、分子等手段，包括：①形态水平，观测特征特性和生长发育状况；②细胞水平，分析细胞组织完整性、染色体稳定性和染色体倍性状态等；③蛋白质水平，可溶性蛋白和同工酶都是基因表达的产物，能够部分反映保存后植物材料在蛋白质水平上的遗传稳定性；④分子水平，利用分子标记技术对 DNA 水平进行检测。常用的方法有 RAPD、扩增片段长度多态性（amplified fragment length polymorphism，AFLP）、SSR、甲基化敏感扩增多态性法（methylation-sensitive amplification polymorphism，MSAP）等；⑤表观遗传学分析，如 DNA 甲基化等；⑥生物化学和代谢产物分析，主要是分析次生代谢产物的产生。

与田间保存条件相比，试管苗和超低温等保存条件尽管不同，但从目前研究结果来看，马铃薯等作物在采用最佳保存材料和最适宜保存条件下，种质遗传稳定性可确保维持。例如，应用形态性状、同工酶谱和 SSR 标记等，对国家马铃薯试管苗库和田间种质圃两种保存方式下的种质材料进行遗传稳定性检测，结果表明经过 5～10 年保存后遗传稳定。在超低温保存方面，许多研究报道指出，经过超低温保存后材料遗传稳定，超低温保存处理没有诱导发生体细胞无性系变异，种质材料经过超低温保存后遗传稳定，如马铃薯（Kaczmarczyk et al.，2012）、山葵（Matsumoto et al.，2013）、苹果（Hao et al.，2001）、蓝莓（Wang et al.，2017）等。但也有一些研究表明，在超低温保存的组织培养阶段检测到一些遗传变异，但多数是表观遗传上的变异。

（三）繁殖更新技术

随着试管苗继代培养次数的增加，频繁继代的试管苗易发生染色体和基因型的变异，如产生多倍体、非整倍体、染色体缺失和异位等结构变异。因此各种作物的继代培养次数需控制在一定范围内，到一定次数后需重新移植到田间种植，然后从田间繁殖体采集外植体，在试管苗库中进行组织培养再生成完整的小植株，如此循环往复，可使作物种质资源长久保存下去。从维持最佳遗传稳定性角度考虑，利用离体试管苗种质继代培养次数有一定限制，因此各作物试管苗保存寿命=每次继代保存时间×最佳继代保存次数，之后这些试管苗保存材料需重新到田间种植更新，再从田间植株采集外植体进行组织培养获得保存试管苗，进行新一轮的种质离体保存。从目前保存实践来看，试管苗的保存寿命可达 10 年，因此人们把试管苗库保存称为离体种质的中期保存。

离体保存的典型案例：试管苗保存典型案例——马铃薯，见表 4-3；茎尖超低温保存典型案例——香蕉，见表 4-4；休眠芽段超低温保存典型案例——桑，见表 4-5；花粉超低温保存典型案例——柚，见表 4-6。

表 4-3　试管苗保存典型案例——马铃薯

	操作处理	指标范围	适宜值推荐
入库保存	种质样本获得	茎尖 2～3mm	茎尖 2～3mm，带有 1～2 个叶原基
	培养再生	MS+0.05～0.1mg/L GA_3，温度 20～25℃	MS+ 0.1mg/L GA_3+2.5%蔗糖+0.6%琼脂，温度 20～25℃
	限制生长保存	MS 培养基+3%～6%山梨醇，温度 6～10℃	MS+4%山梨醇+2%蔗糖+0.7%琼脂，温度 6～8℃
保存监测	活力监测	植株健康	叶片颜色、茎颜色、黄化现象程度
	遗传稳定性监测	形态性状、同工酶谱和 SSR 标记等	SOD、过氧化物酶（POD）、SSR 等
繁殖更新	试管苗继代	继代周期范围 8～36 个月	24 个月

注：数据来源于国际马铃薯中心（CIP）

表 4-4　茎尖超低温保存典型案例——香蕉

	操作处理	指标范围	适宜值推荐
入库保存	外植体选择	茎尖 1～2mm	茎尖 1.5～2mm，带有 1～2 个叶原基
	冷冻保存前处理	含 0.3mol/L 蔗糖 MS 培养液预培养 0～2 天；装载 30min～4h；PVS2 渗透保护 30～60min；形成玻璃化小滴	无须预培养；装载 30min；PVS2 渗透保护 50min；形成玻璃化小滴
	降温冷冻处理	无	无
	液氮保存	包装于冻存管内，置于液氮保存	包装于冻存管内，置于液氮液相保存
	化冻处理	室温化冻；卸载洗涤	室温化冻；含 1.2mol/L 蔗糖 MS 培养液卸载洗涤
	恢复培养	先置于半固体培养基避光培养，再转入含有 6-BA 的 MS 培养基恢复培养，后转入正常光照培养	先置于半固体培养基避光培养 2 天，再转入 MS+0.5mg/L 6-BA 避光培养 7 天，后转入正常光照培养
保存监测	活力监测	茎尖颜色、再生植株健康	茎尖再生，不经愈伤组织，再生植株健康再生率平均 46.9%
	遗传稳定性监测	形态性状、同工酶谱和 SSR 标记等	形态性状、同工酶谱和 SSR 标记等

注：数据来源于卢新雄等（2019a）

表 4-5　休眠芽段超低温保存典型案例——桑

	操作处理	指标范围	适宜值推荐
入库保存	外植体选择	冬季深度休眠芽	12 月至次年 1 月中下旬休眠芽
	冷冻保存前处理	脱水至含水量 20%～40%；密封包装	脱水至含水量 20%～30%；冻存管或热缩管密封包装
	降温冷冻处理	逐级缓慢降温	5℃、1 天，0℃、1 天，–5℃、1 天，–10℃、1 天，–15℃、1 天，–20℃、1 天，–30℃、2 天
	液氮保存	液氮保存	液氮气相保存
	化冻处理	室温化冻 1～4h；低温回湿 24～48h	室温化冻 4h；低温回湿 24h
	恢复培养	切取带有 1 个休眠芽的芽片，嫁接到砧木条上	切取带有 1 个休眠芽的芽片，嫁接到砧木条上
保存监测	活力监测	芽接后正常生长	存活率 83%～95%
	遗传稳定性监测	形态性状、同工酶谱和 SSR 标记等	形态性状、同工酶谱和 SSR 标记等

注：数据来源于卢新雄等（2019a）

表 4-6　花粉超低温保存典型案例——柚

	操作处理	指标范围	适宜值推荐
入库保存	外植体选择	花粉	花粉
	冷冻保存前处理	干燥至适宜含水量 10%～20%；密封包装	干燥至适宜含水量 10%；密封包装
	降温冷冻处理	无	无
	液氮保存	液氮保存	液氮气相保存
	化冻处理	在 25～37℃条件下化冻 5～15min；室温回湿 0～3h	37℃条件下化冻 5min；室温回湿 3h
	恢复培养	离体萌发，在含有 100～150g/L 蔗糖、0.1g/L 硼酸、0.1g/L 硝酸钾、0.3～1.0g/L 硝酸钙、0～0.3g/L 硫酸镁和 0～10g/L 琼脂的花粉离体萌发培养基上，24～26℃暗培养 16～20h	离体萌发，在含有 150g/L 蔗糖、0.1g/L 硼酸、0.1g/L 硝酸钾、1.0g/L 硝酸钙、0.3g/L 硫酸镁、0～10g/L 琼脂的花粉离体萌发培养基上，25℃暗培养 16～20h
保存监测	活力监测	花粉管伸长萌发	离体萌发率 70%
	遗传稳定性监测	形态性状、同工酶谱和 SSR 标记等	形态性状、同工酶谱和 SSR 标记等

注：数据来源于卢新雄等（2019a）

四、DNA 保存技术

DNA 库主要服务作物 DNA 库提取、保存，用于科学研究，如筛选和鉴定具有重要价值的功能基因等，是保存珍稀濒危物种遗传资源的另一种手段。同时，随着分子生物学与生物工程技术的发展，携带生命体生长与发育等所必需的所有遗传信息的 DNA 分子，正逐渐成为可通过生物技术手段操作与利用的特殊材料。目前，与其相关的研究有植物总 DNA 的提取与超低温保存，种群遗传关系的随机扩增多态性 DNA 分子标记的初步研究，扩增片段长度多态性、单核苷酸多态性等分子标记辅助育种等一系列内容。由于 DNA 携带信息的全面性，DNA 保存被视为对种质资源保存的特有形式，它是传统保存手段的重要补充，是保存种质资源的新途径，是保存濒危物种等种质资源遗传信息的良好措施。DNA 保存植物种质资源不仅具备其他种质保存方法的一般特点，还具备占用空间小、保存条件易于控制、便于采用生物技术手段进行研究等优势。因此，DNA 保存也是未来资源收集保存的重要方向。DNA 保存主要采用超低温冰箱或自动化低温冰柜等设备。

第三节　原生境保护技术

原生境保护是在自然条件下对作物野生近缘种及其进化过程进行保护，维持其进化潜力，保护物种与环境互作的进化过程（Meilleur and Hodgkin，2004；Dulloo et al.，2010）。原生境保护让植物种群始终暴露在自然选择和适度的人类干扰作用下，不仅能够维持其自身遗传多样性，同时使其保持进化潜力。同时，原生境保护可以在一个地点对多种遗传资源进行保护，不需要设置多种储存条件来满足不同种质的保护需要。根据保护对象和保护方式的不同，原生境保护可以分为物理隔离（physical isolation）保护、主流化（mainstreaming）保护、农场保护等三种类型（郑殿升和杨庆文，2014）。物理隔离保护和主流化保护技术主要用于野生植物特别是作物野生近缘植物的保护，农场保护技术主要用于栽培作物的古老地方品种的保护。物理隔离保护是在作物野生近缘种生存地建立保护区或保护点，采用物理隔离的方法简单有效地阻止人畜进入保护区，保护植物原生境不受人类社会的干扰和破坏，从而起到保护作物野生近缘种的作用。主流化保护是借助作物野生近缘种所在地农牧民的积极主动参与，达到保护作物野生近缘种的目的。但是主流化保护方法的效果严重依赖当地农牧民的参与保护意识，因此主流化保护方法一般在环保意识比较强、经济较发达的国家和地区比较适合（郑殿升和杨庆文，2014）。农场保护是农民在作物驯化地的农业生态条件下连续栽培和管理各种不同多样性的群体（Bellon et al.，1997）。农场保护涉及整个农业生态系统，包括能够很快被利用的物种（如栽培作物、牧草等），同时也包括生长在它们周围的野生物种和野生近缘种。

一、物理隔离保护技术

（一）物理隔离保护的技术路线

物理隔离原生境保护由于其自身的优势已成为作物野生近缘植物保护的主要方式，广泛应用于濒危作物野生近缘种的遗传多样性保护。原生境保护的基础是通过对地球上物种形成机制的了解，以及调查人类活动对物种遗传变异和生态系统的影响，建立可操作的方法来保护和恢复生物群落及其生态功能，保持野生植物的遗传多样性（Muñoz-Rodríguez et al.，2016）。物理隔离就是将确定的保护区域利用物理设施与外界进行隔离，阻止人畜进入，使被保护区域内各物种及其生态环境按照其自身规律发展。物理隔离原生境保护的技术路线和流程如图 4-8 所示。

（二）物理隔离保护技术

物理隔离保护方法是中国农业野生植物原生境保护最先采用的方法，即利用围

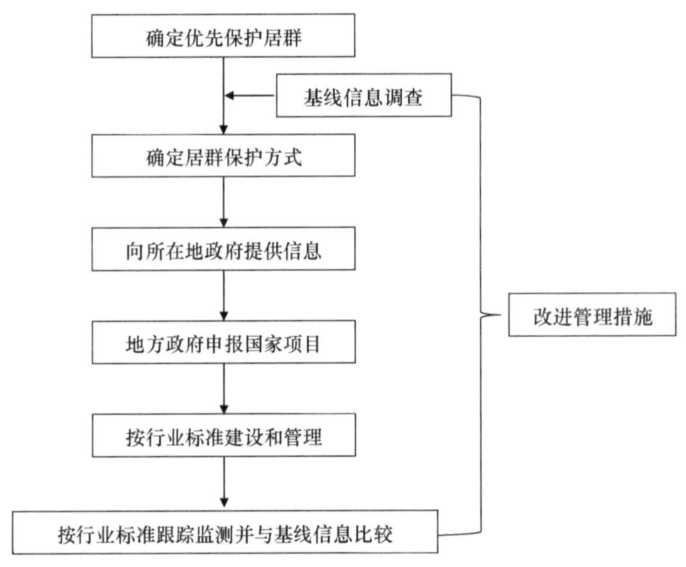

图 4-8 物理隔离原生境保护技术路线图

墙、铁丝网围栏、生物围栏（带刺植物）等隔离设施将农业野生植物分布地区及周边环境保护起来，防止人和畜禽进入产生干扰，保证农业野生植物的正常生存繁衍（杨庆文等，2013）。物理隔离保护方法一般包括下列几个方面的内容。

1. 被保护物种的选择方法

中国国家级农业野生植物原生境保护的物种范围为《国家重点保护野生植物名录》中的农业类野生植物，省、县级农业野生植物原生境保护的物种范围为省、县级地方政府颁布的《重点保护野生植物名录》中的农业类野生植物。目前，中国国家级重点保护农业野生植物物种的依据是国家林业和草原局、农业农村部 2021 年联合发布的《国家重点保护野生植物名录》中的农业类野生植物（http://www.forestry.gov.cn/main/3457/20210915/143259505655181.html）。

2. 保护点建设地址的选择方法

由于中国农业野生植物种类多，分布广，确立合理的选点原则直接关系到农业野生植物原生境保护的科学性和可持续性。为此，农业野生植物原生境保护点的选择应重点考虑下列几个条件：①被保护物种分布比较集中，面积大，遗传多样性丰富；②保护点所在地生态环境属于被保护物种生存繁衍的典型类型或具有一定的代表性；③保护点所在地被保护物种致濒因素复杂，濒危状况严重；④当地农民和地方政府具有一定的生物多样性保护意识，积极配合开展保护工作；⑤保护点建成后能够长期维持，并对未来的生物多样性保护具有积极的推动作用。

3. 保护点设施及布局

利用物理隔离方法开展农业野生植物原生境保护点建设应按照《农业野生植物原生境保护点建设技术规范》（NY/T 1668—2008）和《农业野生植物自然保护区建设标

准》（NY/T 3069—2016）执行。原生境保护点一般包括核心区、缓冲区、异位保存区、试验区、附属设施区、道路和排灌设施等。

1）核心区与缓冲区的布局

核心区也称隔离区，是保护点内被保护的野生植物分布比较集中的区域，核心区内禁止除科学研究外的一切人类活动。核心区面积应以被保护的农业野生植物集中分布面积而定。缓冲区是对核心区起保护作用的缓冲地带，缓冲区内可在符合相关管理规定的情况下从事科学研究、试验观测、人工繁育等与保护和利用相关的活动。缓冲区范围根据核心区外是否种植有与被保护的农业野生植物具有亲缘关系的栽培作物而定。如无栽培作物种植，按照自然地理边界确定，缓冲区和核心区的边界可以部分重合；如有栽培作物种植，自花授粉植物的缓冲区应为核心区边界外 30～50m 的区域，异花授粉植物的缓冲区应为核心区边界外 50～150m 的区域。核心区和缓冲区外围应设置隔离设施，但有天然屏障隔离的区域可以不建隔离设施。

2）异位保存区和试验区的布局

异位保存区是人工种植从原生境保护点（区）及周边收集的农业野生植物的区域。试验区主要用于开展农业野生植物繁殖、鉴定和利用等田间试验的区域。异位保存区和试验区总面积 5～10 亩，一般设置于缓冲区外，并建设隔离设施。异位保存区、试验区也可以设置于缓冲区内，但与核心区的距离应符合缓冲区范围的确定原则。

3）附属设施区的布局

附属设施包括看护房、工作间、展览室、标志碑、生活设施等，一般设置于缓冲区大门外。

4）道路和排灌设施的布局

道路分为连接路和巡护路，连接路是连接进入保护点最近的公路（含村村通道路）与保护点大门之间的道路，巡护路是为巡查保护点建设的道路，一般沿缓冲区外围建设。排灌设施是为蓄水或排涝修建的堤坝、机井、沟渠等，一般设置于缓冲区外或缓冲区内不影响野生植物繁衍的区域。

4. 保护点建设

1）隔离设施建设

隔离设施一般采用围栏。围栏又分为陆地围栏和水面围栏。陆地围栏建设标准为：立柱高 2.2m，地上高 1.5m，埋入地下 0.7m，120mm×120mm 钢筋混凝土立柱，立柱基础用 C25 混凝土浇筑，断面尺寸为 600mm×600mm×700mm。围栏钢丝网片组成为：网片尺寸 2.76m×1.7m，离地高度为 10cm，网孔尺寸为 70mm×150mm，钢丝网片单块长度为 3m。

水面围栏视水面的大小和深度而定，立柱应为直径不小于 5cm 的不锈金属管，立柱高度=最高水位的水面深度+露出水面高度（不低于 1.5m），立柱埋入地下深度应为 0.5m 以上。立柱之间用防锈钢丝网，防锈钢丝网设置按陆地围栏标准执行，高度从最低水位线到立柱顶端。

2）附属设施建设

看护房、工作间、展览室、生活区等附属设施总建筑面积 180～200m^2，设计按《建筑抗震设计规范》（GBJ 50011—2016）执行。

3）其他设施建设

标志碑为 3.5m×2.4m×0.2m 的混凝土预制板碑面，底座为钢混结构，至少埋入地下 0.5m，高度 0.5m。连接道路按县级村村通道路工程标准建设，巡护道路采用沙石覆盖，不宽于 2m。拦水坝根据蓄水量设计建设标准，蓄水高度应保持核心区原有水面高度。排水沟采用水泥面 U 底梯形结构，上、下底宽和高度视当地洪涝灾害严重程度而定。

5. 保护点配套设备

1）警示牌

警示牌为 60cm×40cm 规格的不锈钢或铝合金板材，设置于醒目位置，间距不大于 100m。

2）监控设备

监控设备包括图像采集、安防预警、数据传输、数据存储等。监控设备布置于保护点（区）的制高点或关键区域，用于远程实时监控保护点（区）生境，以及防灾（火灾、水灾、地质灾害、面源污染等）监控。监控点全部采用全景联动巡视摄像机、室外高清球机和室外高清枪机，远程闭路摄像监控系统实现对核心区、缓冲区进行全天候、全方位的实时监视和录像，监控中心能随时掌握各处情况。在监控中心可以切换看到核心区和缓冲区的所有的图像，监控中心可以通过电视幕墙对不同的闭路监控设备定位。闭路监控部分有不间断或分时段录像和录像保存功能，出现异常情况，系统自动报警并在电子地图上显示报警的地点信号。

监控设备组成部分及关系见图 4-9。

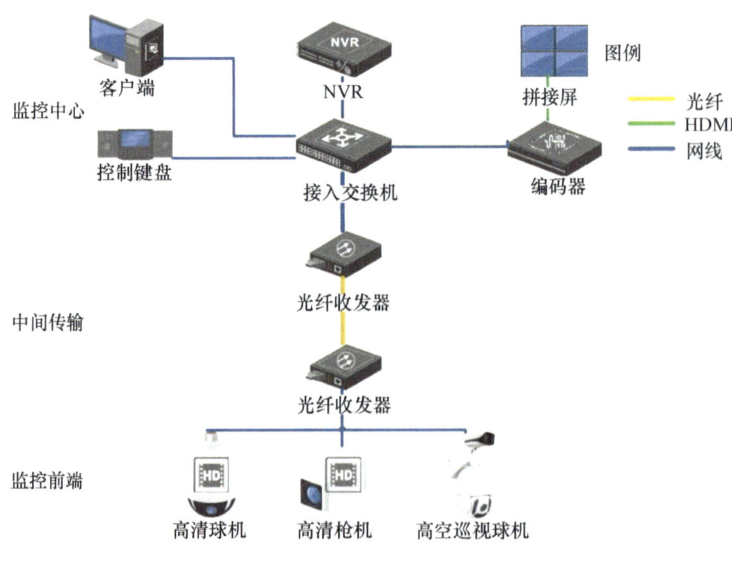

图 4-9　监控设备关系图

3）监测设备

监测设备包括气象设备、环境监测设备等。气象设备布置于保护区中心位置，用于远程实时监测保护区空气温度、空气湿度、太阳总辐射、光合有效辐射、大气压强、风向、风速和降水量等气象环境指标，传感器获得的监测数据可通过网络传输至控制中心。土壤监测设备布置于被保护陆生野生植物集中分布区，用于远程实时监测该区域土壤含水率、温度、电导率、盐分、pH 等土壤状况指标，传感器获得的监测数据可通过网络传输至控制中心。水体监测设备布置于被保护水生野生植物集中分布区，用于远程实时监测该区域水体的温度、pH、溶解氧、化学需氧量、生化需氧量、色度、浊度、电导率、悬浮物和有毒物质等水质状况指标，传感器获得的监测数据可通过网络传输至控制中心。虫情监测设备布置于保护区虫害易发生区，可以利用灯光无公害诱捕杀虫，同时利用无线网络，定时采集捕获虫体图像，自动上传到远端的控制中心，工作人员可随时远程监测保护区虫情情况与变化，制定防治措施。

4）其他设备

其他设备包括消防设备（油锯、灭火机、灭火器、防火服等）、排灌设备（水泵、排灌管网等）、电力设备（小型发电机、输电网等）、管护设备（小型农机、农具等）、办公设备（笔记本电脑、台式电脑、打印机、对讲机、定位仪、办公家具等），按需购置，妥善保存。

二、主流化保护技术

（一）技术路线

主流化保护的主要特点是不需要建设物理隔离设施，因此主流化保护技术路线如图 4-10 所示。

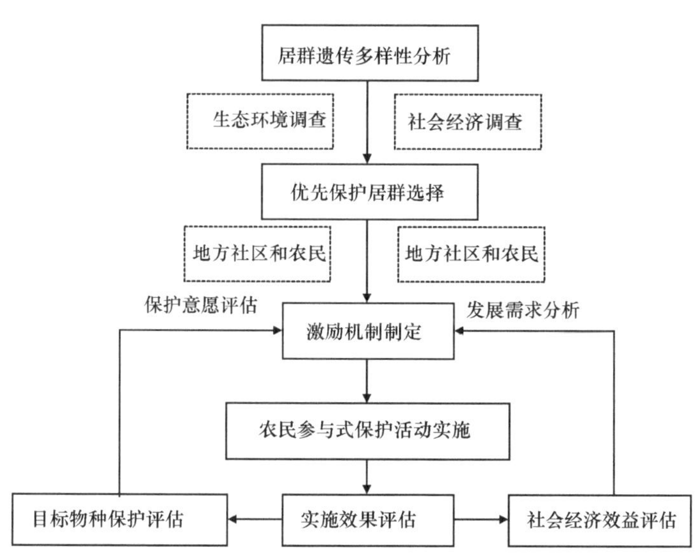

图 4-10　原生境保护的主流化保护技术路线

（二）保护方法

主流化保护方法也被称为与农业生产相结合或农民参与式的保护方法，即在不影响农业生产前提下，通过农民的积极参与，达到保护农业野生植物的目的。所谓主流化保护，就是紧紧围绕农业野生植物保护工作，以保护点农牧民生产生活的需求为重心，坚持实地调查研究，充分调动地方政府和农牧民主动参与保护的积极性，与地方政府现有惠民政策相结合，以有限的引导性资金撬动地方政府、企业和农牧民的大量投入，通过解决农牧民生产生活问题，消除威胁被保护物种主要因素的根源，达到可持续保护农业野生植物与农业生产相结合的目的。主流化保护方法的核心内容是对保护点所在地的地方政府工作人员和农牧民开展宣传、教育、培训等能力建设活动，因此，除在物种选择和保护点选择方面与物理隔离保护方法一致外，主流化保护方法一般还包含下列 4 个方面的内容。

（1）以政策法规为先导，通过约束人的行为减少对农业野生植物的威胁。首先在国家和省级层面建立健全生物多样性保护相关法律法规、在县级层面颁布相关政策、在乡镇和村级层面制定乡规民约和村规民约等，建立从中央到地方直至乡村系统的法律法规和政策，克服农业野生植物原生境保护的法律法规和政策障碍。

（2）以生计替代为核心，通过改善农牧民生产生活条件提高他们保护农业野生植物的能力。针对每个保护点的威胁因素，分析导致农业野生植物受威胁的根源，通过广泛调研，从而提出农牧民开展生计替代的方式，如解决交通、品种、技术、水源、能源等生产生活问题，从根本上解决长期困扰农牧民发展的障碍和瓶颈，使农牧民生产力得到有效释放，最终提高他们的生产生活水平。

（3）以资金激励为后盾，引导农牧民逐步融入市场经济。通过小额信贷贴息等方式，与各类金融机构合作，为农牧民开展生物多样性友好型的生产提供资金支持，同时给予部分贴息，使农牧民能够可持续地自主发展生产，从而实现生产生活水平的持久改善。

（4）以意识提高为纽带，通过广泛的宣传、教育和培训活动，营造农业野生植物保护的氛围，特别注重对中小学学生和妇女的教育，使农业野生植物保护的理念深入到每个家庭中的每个成员，从而从根本上消除威胁农业野生植物生存繁衍的根源。

三、农场保护技术

农场保护是指农户通过不断种植作物地方品种使其得到保存的一种原生境保护方式。由当地农民在自家农田和庭园延续种植各种作物的品种，在使这些品种得到世代流传的同时，也使其不断经历自然和人工选择。作物种质资源丢失对全球粮食安全和农业可持续发展构成威胁，尽管利用种质库保存种质资源很有效，但所保存的种子不能经历自然选择和人工选择，难以对新出现的病虫害产生抗性和对气候变化产生适应性。因此，20 世纪 90 年代国际上提出作物种质资源农场保护的概念，尝试由农民延续种植地方品种，进行利用性保护，建立一种与种质库（圃）互补的原生境保护途径（ECPGR，2017）。

农场保护的主要做法是首先选择适合的传统农业社区作为保护点，确定拟保护的作物及其地方品种，调查这些作物和地方品种的多样性现状，实施保护措施，并定期监测保护效果。保护措施主要是如何激励农民不断种植地方品种，包括：①口感好的各类品种，这样农民就可以自愿不断种植、利用和选择下去；②提升农民保留传统品种的环境、文化、经济、社会产品和服务价值，增加市场需求，提高种植户收入，也能使地方品种保留下来；③国家给予优惠政策，通过种子补贴、有机生产补助和生态补偿方式，支持农民种植传统品种。国际生物多样性中心等国际组织在中国四川凉山开展了苦荞地方品种的农场保护探索，认为结合苦荞地方特色产业开发、增加农民收入的方式对利用和保护当地优异的苦荞种质资源有很好的促进作用。

在开展农场保护过程中，应定期开展调查和监测工作。调查间隔的时间长短取决于研究人员的第一次调查得出的结论。如果农民表现出不久将转变种植现代品种的愿望，则应在第一次调查后的一或两年后进行调查和监测，否则建议间隔 5～10 年调查一次。然而，实施农场保护的机构和科学家应保持与保护点农民之间的定期交流，以便及时解决因病虫害或其他原因可能导致地方品种损失的问题，同时也能了解一些农民种植地方品种的情况（Long et al.，2000）。

四、保护点监测与预警技术

保护点监测与预警按照《农业野生植物原生境保护点监测预警技术规程》（NY/T 2216—2012）执行。

（一）目标物种动态监测

为科学确定原生境保护资源动态变化状况，提供保护管理及合理开发利用的依据，通过定期开展原生境保护点实地调查获取基础数据资料，按照科学的评估方法，对被保护的目标物种进行跟踪评估，以评估保护实施效果，并为进一步制定管理措施提供科学依据。

1. 资源变化监测指标的确定原则

为了使资源变化监测的结果科学、规范、可靠，借鉴生物多样性保护资源监测的方法，结合作物野生近缘植物资源特点，确定作物野生近缘植物资源监测指标应具有代表性、可操作性和适用性的特点。

1）代表性

指标应能够反映作物野生近缘植物资源的主要特征，以保证监测评估结果客观、准确、真实地反映保护点作物野生近缘植物资源的状况。

2）可操作性

指标应少、精、简，其量化数据易于获得和更新。

3）适用性

指标应能够对不同区域、不同物种保护点作物野生近缘植物资源状况做出客观评价。

2. 监测指标的确定

由于能够反映保护点作物野生近缘植物资源变化的指标较多，为了使确定的指标符合代表性、可操作性和适用性的原则，首先将所有可能的指标列表，并说明每一指标的特点及其与资源变化的关系，最终确定作物野生近缘植物的分布面积、种群密度、目标物种丰富度、生长状况等四个指标作为监测指标，并对每个监测指标进行定义。

1）分布面积

分布面积是指作物野生近缘植物保护点内目标物种的分布范围，用“hm^2”表示。其测量方法是手持GPS仪沿目标物种分布边界走完一个闭合轨迹后，计算围测面积。在测量时若出现沟壑等天然障碍物难以连续测量时，可以选择点对点测量方法，但最终测定的范围仍然是一个闭合的路线。

2）种群密度

种群密度是指作物野生近缘植物保护点内单位面积目标物种的株数，用“株/hm^2”表示。其测定方法首先是根据保护点面积大小，将保护点划分为 1～100m^2 面积相等的方格，按照十字交叉法、对角线法、“S”形曲线法等随机选择方法，选取 20～100 个样地。其次采取实地调查方法，对样地内的目标物种株数进行统计。最后，计算所有样地目标物种的总株数和样地总面积，按照下列公式计算种群密度：

种群密度＝目标物种总株数/样地总面积

3）目标物种丰富度

目标物种丰富度是指作物野生近缘植物保护点内目标物种株数占所有植物物种株数的比例，用百分数表示。

目标物种丰富度数据的获取方法为：首先采取实地调查方法，对样地的目标物种和伴生植物物种的数量进行调查，其次计算所有样地的目标物种总数和伴生植物总数后，按下列计算方法确定：

目标物种丰富度＝（目标物种总株数/样地内所有植物的总株数）×100%

4）生长状况

生长状况是指作物野生近缘植物保护点内目标物种的自然生长状况，用良好、一般、较差表示。采取目测法对样地目标物种生长状况进行评价。

3. 各项监测指标的赋值与权重

第一次调查时，分布面积、种群密度、目标物种丰富度均赋值 100，以后每次的调查结果与第一次的结果进行比较。分布面积、种群密度、目标物种丰富度增加 10%及以上时，赋值 120；减少 10%以下时，赋值 70；减少 10%及以上时，赋值 40。

生长状况指标良好、一般、较差分别赋值 100 分、70 分、40 分。

指标权重设置如下：分布面积：0.4；种群密度：0.4；目标物种丰富度：0.1；生

长状况：0.1。

4. 资源状况指数的计算

资源状况指数是反映作物野生近缘植物保护点资源状况的综合评价指标，采用最常用的线性加权和合成法进行计算，公式为

$$y_i = w_i \times 赋值$$

$$y = \sum_{i=1}^{n} y_i$$

式中，y 为资源状况指数，y_i 为指标参数值，w_i 为指标权重。

（二）威胁因素动态监测

作物野生近缘植物原生境保护项目面临的最大问题是可持续性，无论保护点建设取得的成绩如何，如果影响作物野生近缘植物的威胁因素没有得到彻底根除或有效控制，这些威胁因素还可能继续或重新导致作物野生近缘植物资源遭受破坏，从而使保护成果前功尽弃。因此，进行科学规范的威胁因素监测是为管理部门制定决策的重要依据。原生境保护点的威胁因素一般有人为因素、环境因素、气候因素等。

1. 人为活动监测

随时掌握保护点内人为活动状况，如出现采挖、过度放牧、砍伐、火烧等破坏农业野生植物正常生长情况时，应统计其破坏面积，分析其对该保护点农业野生植物的影响。

2. 环境因素监测

对保护点内及其周边的水体、林地、荒地、耕地、道路、村庄、厂（矿）企业、养殖场等进行调查，监测各项环境因素在规模和结构上是否有明显变化，如有明显变化，则评估其变化是否对保护点内的农业野生植物正常生长状况构成威胁及威胁程度。必要时还应实地调查保护点内及其周边是否存在地表污染物（如废水、废气、废渣等），若存在持续性废水、废气、废渣，应查清其污染源。

3. 气候监测

通过当地气象部门，记录保护点所在区域当年降水量、活动积温、平均温度、最高和最低温度、自然灾害发生情况等信息。对每年获得的气象记录和自然灾害发生情况等信息进行比较和分析，评估其对保护点内农业野生植物正常生长状况的影响。

（三）预警

预警是在监测的基础上，通过对监测数据和以往积累的经验的综合分析，按照不同监测因素设定需要采取措施的阈值，一旦某项监测指标达到该阈值，自动启动预警程序，由相关部门或单位采取具体措施以消除主要的威胁因素。因此，预警包括下列主要内容。

1. 监测数据库的建立

根据监测所获得的数据和信息，填写调查监测表，建立农业野生植物原生境保护点监测数据库。

2. 一般性预警

对每个农业野生植物原生境保护点的定期监测结果进行整理和分析，形成监测报告，定期向上级管理机构上报。上级主管部门根据上报的信息和数据，提出应对措施，并指导实施。

3. 应急性预警

遇到紧急突发事件时，撰写预警监测报告，并上报至国家主管部门。国家主管部门根据分析结果，提出应对措施，并指导实施。

第四节　国内外研究进展与趋势

一、异生境保护

（一）国际发展现状与趋势

1. 整体保护体系构建

在种质资源保存实践中，许多国家都致力于构建原生境与异生境的互为补充的整体保护体系。尤其在异生境保护体系方面，无论是国际组织、国家层面上，都构建了类型多样且互为备份的整体安全保护设施体系，以确保各类种质资源的安全，并能够有效提供利用。

CGIAR 是国际上实施种质资源整体保护策略的典范，其下属 11 个农业研究机构建设了低温种质库、种质圃、试管苗库、超低温库等保存设施，满足了各类种质资源整体保护需求。CGIAR 与挪威政府合作，在斯瓦尔巴群岛建设全球种质库，实施了种子类资源的备份保存策略（Westengen et al.，2013）。斯瓦尔巴全球种质库一方面为国际组织提供资源备份保存，另一方面也为世界各国提供备份保存。国际马铃薯中心（International Potato Center，CIP）收集保存了来自全球的马铃薯、甘薯和安第斯山块根茎作物种质资源，至 2020 年底试管苗库保存资源合计 11 000 份。对于野生资源，主要是种质圃保存植株，同时收集种子保存于–20℃低温库；对于栽培种的资源，采用试管苗和种质圃块根块茎保存，块根类收获后存储在 20℃的贮藏室中，块茎类存储在 7℃的冷室中。在备份保存方面，每年新增超低温长期保存份数 400 份（Vollmer et al.，2017），离体超低温长期保存占 CIP 资源数量的 25%以上。此外，CIP 还将野生种子送到斯瓦尔巴全球种质库备份保存，马铃薯试管苗库资源备份保存到巴西的农业研究机构中，甘薯试管苗库资源备份保存到哥伦比亚的国际热带农业中心。

在国家层面上，美国最早开始整体保护体系建设，且较为成功。在科罗拉多州的柯林斯堡建成了世界上第一座国家级种质库，负责全美种子类作物种质资源的长期保存，并与 15 个种子类资源中期库相互构成了备份保存机制。美国在俄勒冈州的科瓦利斯建立了世界上第一个国家级种质圃，专门保存果树等无性繁殖作物种质资源，随后建设了 8 个国家级种质圃（Postman et al.，2006）。至 2017 年，美国的无性系植物种质资源主要收集保存在 NPGS 的 9 个种质圃和其他 6 个保存点中，在圃中保存的资源有 41 500 份，其中 4425 个物种的 31 070 份资源已被鉴定，并可供分发（Jenderek and Reed，2017）。每个种质圃基本上均建立试管苗库和超低温库，对圃里珍稀资源进行离体种质的备份保存。1992 年美国在柯林斯堡的国家种质库也建立了超低温库，负责全美无性繁殖类资源的离体长期保存，与各个种质圃构成了互为备份保存机制。在美国整体保护体系中，至 2021 年 9 月收集保存种质资源 64 万份，物种 1.5 万余个。种子类资源和无性繁殖类资源的长期备份保存比例分别为 86%和 15%（Byrne et al.，2018）。在原生境保护方面，美国早在 20 世纪 90 年代就开展葡萄属近缘野生种原生境保护工作，之后相继开展了葱、山黧豆、辣椒、山核桃等野生近缘种就地保护工作，发布了野生近缘种保护的国家指南（Meilleur and Hodgkin，2004）。美国作物种质资源整体保护策略的成功实践，使其收集保存数量一直处于世界领先地位，每年分发资源数量 25 万份次，是美国乃至其他一些国家作物育种亲本材料的主要来源（Byrne et al.，2018）。

其他作物种质资源大国也建立了类似的整体保护设施体系。印度国家种质库集低温种子库、试管苗库、超低温库、DNA 库于一体，保存容量为 100 万份，其中超低温库的保存容量为 25 万份。韩国国家种质库（水原）也包括低温种子库、试管苗库、超低温库、DNA 库，低温种子库保存容量为 50 万份，其冷库的存取系统为全自动化。在 2014 年，韩国又在全州新建了一座种质库，其整体功能和面积与水原基本相同，而水原种质库则为全州种质库的复份库。

2. 珍稀濒危和特异资源的抢救保护

据 2017 年估计，全球植物物种总数大约 391 000 个，其中超过 75 000 个物种面临灭绝的风险。对于大多数植物种质资源，低温种子保存和传统繁殖方法是实现全球植物保护战略目标 8“异地保存和恢复保护”的最有效方式。然而，有 5000 多个物种不能采用这些传统方法保存，主要是由于这些特殊的物种多是具有顽拗型种子或产生很少乃至不产生种子的物种（Pence et al.，2020）。而离体保存为这些物种的繁殖和长期保存提供了重要途径。例如，因独特的植物多样性受到各种环境威胁，所以澳大利亚重点开展了珍稀濒危和特有植物种质的超低温保存技术研究，尤其是澳大利亚特有植物物种 *Loxocarya cinerea* 等不能用传统方法保存的顽拗型种子类群或具有短寿命种子的物种。据报道，夏威夷群岛本土植物物种受到当地栖息地丧失和入侵物种竞争的严峻威胁，238 种夏威夷特有植物物种在野外仅剩不到 50 个个体，此时植物组织培养扩繁技术成为关键的异地保护方法。通过建立试管苗组织培养体系、利用茎尖超低温保存技术，成功保存了全球极度濒危物种 *Castilleja levisecta*，并在再生后重新引回了野外自然生境。在一些国家的植物种质库、植物园中已应用试管苗和超低温技术保护濒危物种，如英国皇家植物园邱园以试管苗的方式保存了很多来自世界各地的濒危物种；美国濒危野生生物保护与研究中心利用离体保存方法对美国濒危物种进行抢救、长期保存、恢复重新引回自然生境。

尽管超低温保存技术能够为某些植物物种提供长期保存途径，但超低温保存技术的研发因其物种特异性和复杂性，仍是一个渐进的过程。加速研发和优化某一物种（种质类型）的超低温保存技术的关键，在于对其影响因素的深入研究，包括这一物种的遗传稳定性、蛋白质组和代谢组的组成、细胞膜特性和抗氧化防御系统等植物生理学特性研究，以及其对组织剥离损伤、干燥损伤、渗透保护剂毒性、冰晶损伤等超低温保存处理胁迫的响应。越来越多的研究团队已利用蛋白质组学、转录组等多组学技术，结合采用生理生化测定、生物信息学分析等技术，解析脱水胁迫、恢复培养等处理过程如何维持种质活力和遗传完整性，以及如何选择适宜的外植体材料、调控细胞生理状态以适应超低温和脱水胁迫的生物学机制等，为提高超低温保存后存活再生、加速技术研发、提升技术适用性、规模化保存提供理论指导。今后需重点开展超低温保存细胞存活机制的研究，以及超低温保存技术研发优化，为濒危物种种质资源抢救保护提供理论和技术支撑。

3. 种质衰老监测预警与遗传完整性维持机制的研究

在低温种质库中，种子寿命可以延长至数十年甚至百年以上，但因物种间种子耐储性差异，以及种子储藏前所处环境条件存在较大差异，且种子生活力丧失机制仍不是很清楚，因此构建种质衰老监测预警技术体系，预测出种质降至拐点水平，以防止库存种质生活力降至过低，从而确保库存种质的遗传完整性，是种质库种质安全保存研究最重要的目标之一。例如，IRRI 种质库牵头的 CGIAR 下属 11 个作物种质库，与美国国家种质库合作，进行规模化库存种质生活力监测，并结合其他种质库的生活力监测数据，基于种质寿命方程式来预测低温库保存种子寿命，重点分析影响生活力丧失特性的因素，如物种遗传特性、种质类型（育成品种和地方品种）、种子收获的成熟度和批次等（Hay et al.，2019）。

发展无损、快速的种子衰老预警技术是确保库存种质安全保存的关键。首先要加强种质衰老机制的研究，发掘可预示和预警种子衰老的预警指标。基于种子寿命的生物学机制研究，已发现种子衰老与氧化还原稳态、蛋白质的氧化损伤、DNA 和 RNA 的完整性、脂类物质的成分和组成等密切相关（Zinsmeister et al.，2020；Fleming et al.，2019；Nagel et al.，2019）。与此同时，在不破坏种子的状态和化学性质等前提下，监测预警指标并获取种子活力等相关信息，正受到种质库科技人员的高度重视。随着现代工业和科学技术快速发展，多光谱成像技术、电子鼻技术、拉曼增强技术、近红外增强技术、微流控技术等无损检测技术越来越多地应用于研发种子生活力的监测预警和数据分析中。

维持种质遗传完整性是种质保存最主要目标。随着基于遗传完整性的繁殖更新技术体系的建立和广泛应用，维持种质遗传完整性机制的研究进入到新的水平，如从单粒种子的分子层面维持每份种质的遗传结构、评估该份种质的遗传多样性等。利用快速、高效、低成本基因型检测技术及其数据挖掘和生物信息分析，更科学精准地保存农作物种质资源完整性和多样性，以确保优异基因源的持续利用。

（二）国内主要进展与成就

国内主要进展与成就主要体现在初步建成了整体保护设施体系，发展了基于拐点理论的种质资源安全保存技术体系，保存资源数量和物种数均居世界前列。

1. 初步建成作物种质资源整体保护设施体系

经过近 40 年发展，中国初步建成以国家作物种质库为核心，以中期库、种质圃为依托，以原生境保护点为互补的整体保护设施体系，见图 4-11。尤其是保存容量为 150 万份的国家作物种质库新库建成，中国作物种质资源进入一个立体、互为安全备份、全方位的整体保护新阶段，将对中国作物育种和农业发展起到更加重要的支撑作用。新库保存设施集种子长期库、超低温库、试管苗库和 DNA 库为一体，种子长期保存容量 110 万份、超低温离体保存容量 20 万份、试管苗保存 10 万份、DNA 保存 10 万份。

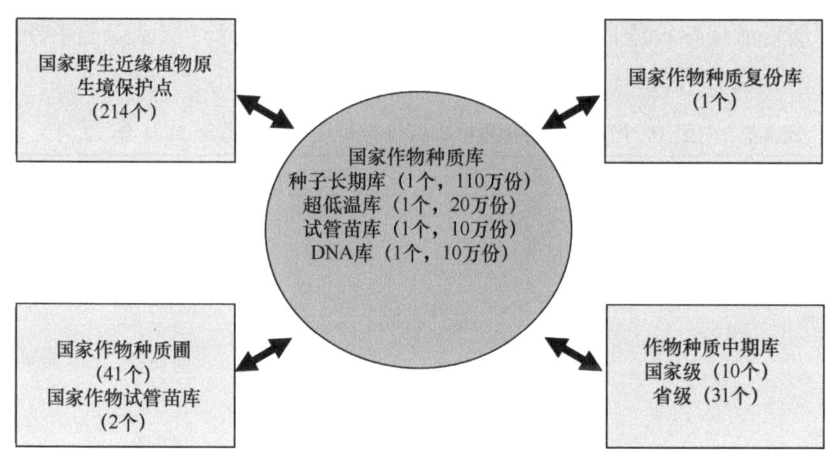

图 4-11 中国作物种质资源整体保护设施体系

中国现代作物种质资源保护设施建设可追溯至 20 世纪 70 年代，为集中保存分散在全国各地基层单位的种质资源，尤其是地方品种资源，中国政府在北京、河北、广西和湖北等地投资建设低温种质库。1975 年中国政府批复同意在北京中国农业科学院立项建设国家作物种质库 1 号库［农林部（75）农林（基）字第 82 号文件］，以承担全国作物种质资源的长期保存工作，该库总建筑面积为 1100m^2，储藏温度为–10℃和 0℃，未控制空气相对湿度，保存容量为 23 万份，于 1984 年 8 月落成并于 1985 年投入使用。2000 年对该库进行改建，建设国家农作物种质保存中心，于 2002 年竣工，其功能改为承担国家粮食作物种质资源的中期保存。在美国洛克菲勒基金会和国际植物遗传资源委员会的资助下，1981 年 6 月中国开始筹建国家作物种质库 2 号库，1984 年 8 月在北京开工建设，1986 年 10 月落成并投入使用，该库建筑面积为 3200m^2，储藏温度为–18℃±2℃，相对湿度为 50%±7%，保存容量为 40 万份。该库降温设备采用进口的风冷式制冷机组，除湿方式是冷冻除湿，是当时世界上较为先进的低温种质库。1991 年，经国家科学技术委员会（现为科技部）和农业部（现为农业农村部）批准，在青海省农林科学院建设国家长期库的复份库，用于备份保存国家作物种质库的种质资源，于 1992 年 6 月建成，后于 2008 年进行改扩建，储藏温度–18℃。

由于国家作物种质库保存容量仅为 40 万份，库容量已严重不足，且没有试管苗库、超低温库和 DNA 库等保存设施，远不能满足国家对种质资源保存、研究和利用的发展需求。因此，中国政府于 2015 年批复立项国家作物种质库新库建设项目（以下简称国家库新库），总投资 2.6 亿元，使得中国作物种质资源长期保存容量从 40 万份提升到 150 万份，保存方式从单一种子保存拓展到种子、试管苗、超低温、DNA 等多种方式保存，从而使中国国家作物种质库的保存能力和设施水平跨入世界领先水平。在此期间，在中国农业科学院的蔬菜花卉研究所、棉花研究所、油料作物研究所、麻类研究所、甜菜研究所、草原研究所、郑州果树研究所、烟草研究所及中国水稻研究所相继建设专业作物种质资源中期库，中国作物种质资源中期库达到 10 座(表 4-7)。此外，全国各省（自治区、直辖市）也陆续建设了 30 余座省级中期库。至此，中国种子类种质资源保存设施体系形成中期库、长期库、备份库，国家专业中期库与地方中期库互为补充的两级保存供种分发设施体系。

表 4-7　中国 10 个国家作物种质中期库保存种质情况（截至 2021 年 12 月）

序号	种质库名称	作物名称	种质份数	物种数（含亚种）
1	国家粮食作物种质资源中期库（北京）	野生稻	800	3
		栽培稻	43 596	2
		小麦	29 214	65
		玉米	23 472	2
		栽培大豆	30 374	1
		野生大豆	4 996	1
		大麦	19 072	1
		燕麦	5 124	8
		荞麦	665	3
		谷子	28 367	1
		高粱	21 437	1
		豌豆	7 002	2
		蚕豆	7 013	1
		鹰嘴豆	2 273	1
		山黧豆	936	12
		小扁豆	1 628	1
		羽扇豆	755	41
		木豆	323	1
		普通菜豆	5 350	
		多花菜豆	145	
		利马豆	24	

续表

序号	种质库名称	作物名称	种质份数	物种数（含亚种）
1	国家粮食作物种质资源中期库（北京）	扁豆	23	
		绿豆	6 098	1
		小豆	4 799	1
		豇豆	1 743	1
		饭豆	1 629	1
		刀豆	6	1
		黎豆	17	1
		四棱豆	34	1
2	国家水稻种质资源中期库（杭州）	水稻	80 868	13
3	国家棉花种质资源中期库（安阳）	棉花	12 466	4
4	国家麻类作物种质资源中期库（长沙）	红麻	2 242	18
		黄麻	1 685	12
		亚麻胡麻	6 478	10
		大麻	721	2
		青麻	254	1
5	国家油料作物种质资源中期库（武汉）	油菜	9 637	20
		花生	9 320	2
		芝麻	7 115	4
		蓖麻	3 131	1
		向日葵	3 224	2
		红花	3 449	2
		苏子	582	0
6	国家蔬菜种质资源中期库（北京）	有性繁殖蔬菜	33 221	100
7	国家甜菜种质资源中期库（哈尔滨）	甜菜	1 728	1
8	国家烟草种质资源中期库（青岛）	烟草	6 102	42
9	国家西瓜甜瓜种质资源中期库（郑州）	西瓜	1 855	7
		甜瓜	1 456	15
10	国家北方饲草种质资源中期库（呼和浩特）	牧草	18 287	625
	合计		450 736	1 035

中国作物种质资源圃建设始于 20 世纪 80 年代初期，农业部通过世界银行贷款建设了国家果树种质资源圃 15 个，至 2000 年，在科技部科技攻关项目的支持下，又相继建设种质资源圃 15 个，包括试管苗库 2 个，总数达到 30 个，涉及果树、橡胶、茶、桑、马铃薯、甘薯、甘蔗、水生蔬菜、野生稻、多年生牧草、小麦近缘野生植物等。从 2001 年开始，国家种质圃主要由农业部种子工程等项目支持建设。截至 2021 年 12 月，共建成了 43 个国家级种质资源圃（含 2 个试管苗库）（表 4-8）。

1986 年，中国在黑龙江克山和江苏徐州分别建立了国家马铃薯和甘薯种质资源试管苗库，承担全国马铃薯和甘薯种质资源的收集保存工作。国家作物种质库在 2000 年又重新开始进行试管苗保存技术研究及试管苗保存工作，以承担除马铃薯、甘薯以

表 4-8　中国 43 个国家作物种质圃的无性繁殖作物保存情况（截至 2021 年 12 月）

序号	种质圃名称	作物	种质份数	物种数（含亚种）
1	国家作物种质北京桃、草莓圃	桃	473	6
		草莓	379	11
2	国家作物种质太谷枣、葡萄圃	枣	891	2
		葡萄	716	14
3	国家作物种质兴城梨、苹果圃	梨	1 318	14
		苹果	1 324	24
4	国家作物种质沈阳山楂圃	山楂	403	19
		榛	162	4
5	国家作物种质熊岳李、杏圃	杏	905	10
		李	763	10
6	国家作物种质公主岭寒地果树圃	苹果	507	12
		梨	249	4
		李等其他 12 种作物	739	79
7	国家作物种质左家山葡萄圃	山葡萄	430	4
8	国家作物种质克山马铃薯试管苗库	马铃薯	2 321	2
9	国家作物种质徐州甘薯试管苗库	甘薯	1 301	16
10	国家作物种质镇江桑树圃	桑树	2 519	16
11	国家作物种质南京桃、草莓圃	桃	724	6
		草莓	426	20
12	国家作物种质南京果梅、杨梅圃	果梅	290	1
		杨梅	215	1
13	国家作物种质杭州茶树圃	茶树	2 359	7
14	国家作物种质福州龙眼、枇杷圃	龙眼	383	2
		枇杷	689	15
15	国家作物种质福州红萍圃	红萍	597	6
16	国家作物种质泰安核桃、板栗圃	核桃	485	10
		板栗	425	8
17	国家作物种质郑州葡萄、桃圃	桃	1 055	7
		葡萄	1 421	28
18	国家作物种质武汉水生蔬菜圃	莲	674	2
		芋	540	6
		茭白等其他 10 种作物	1 055	28
19	国家作物种质武汉猕猴桃圃	猕猴桃	1 386	63
		三叶木通	140	2
		泡泡果	32	1
20	国家作物种质武昌野生花生圃	野生花生	266	36
21	国家作物种质武昌砂梨圃	梨	1 280	8
22	国家作物种质长沙苎麻圃	苎麻	2 066	19（8）
23	国家作物种质广州野生稻圃	野生稻	5 188	20

续表

序号	种质圃名称	作物	种质份数	物种数（含亚种）
24	国家作物种质广州荔枝、香蕉圃	荔枝	348	1
		香蕉	358	9
25	国家作物种质广州甘薯圃	甘薯	1 400	1
26	国家作物种质南宁野生稻圃	野生稻	5 522	16
27	国家作物种质重庆柑桔圃	柑橘	1 821	80
28	国家作物种质昆明云南特有果树及砧木圃	猕猴桃	272	40
		梨	224	7
		苹果等其他 38 种作物	939	138
29	国家作物种质开远甘蔗圃	甘蔗	3 559	16
30	国家作物种质勐海大叶茶树圃	茶树	1 810	7
31	国家作物种质杨凌柿圃	柿	882	9
32	国家作物种质轮台新疆名特果树及砧木圃	杏	242	2
		苹果	217	5
		梨等其他 9 种作物	453	19
33	国家作物种质伊犁野生苹果圃	野生苹果	248	1
34	国家作物种质三亚野生棉种质圃	野生棉	810	43
35	国家作物种质儋州橡胶圃	橡胶树	6 190	6
36	国家作物种质儋州木薯圃	木薯	811	2
37	国家作物种质儋州热带牧草圃	热带牧草	566	64
38	国家作物种质热带棕榈圃	油棕	86	2
		椰子	214	1
		槟榔	113	1
39	国家作物种质兴隆热带香料饮料圃	胡椒	56	25
		咖啡	117	4
		香草兰	24	4
		可可	107	4
40	国家作物种质湛江热带果树圃	杧果	262	3
		香蕉	178	2
		菠萝等其他 13 种作物	867	20
41	国家作物种质廊坊小麦野生近缘植物圃	小麦野生近缘植物	1 757	202
42	国家作物种质北京多年生蔬菜圃	无性繁殖蔬菜	1 290	102
43	国家作物种质呼和浩特多年生牧草圃	牧草	670	112
合计			69 509	1 472

外所有重要的无性繁殖作物种质资源，以及国外引进和新考察收集的无性繁殖作物种质资源的试管苗保存。国家作物种质库早在 20 世纪 80 年代就开始进行了花粉超低温保存技术研究，并从 2001 年起以花粉、茎尖、休眠芽（段）和胚轴为主要保存载体，开展了多种无性繁殖作物种质资源超低温保存技术研究，抢救保存了一批珍稀物种资源。随着国家作物种质库新库超低温和试管苗保存设施的投入使用，珍稀濒危物种资源离体种质抢救性保存和无性繁殖重要作物种质资源的离体种质备份保存工作将进

入新的发展阶段。

2. 发展了作物种质资源安全保存理论与技术体系

经过 20 多年的深入研究，国家作物种质库研究团队提出种质衰老的拐点理论，研发了基于衰老拐点的库存种质监测预警技术，构建了作物种质资源安全保存技术体系，为大容量种质资源安全保存管理提供了中国国家作物种质库的解决方案。

（1）提出种质衰老拐点安全保存机制。探明了低温储藏条件下，种子生活力存活曲线也呈反“S”形，种子衰老存在由高生活力平台期到骤降期的拐点，发芽率范围多数为 70%～85%。揭示了处于衰老拐点时，氧化损伤加剧，脂质、线粒体等代谢功能剧降。种质发芽率低于衰老拐点时，更新种质群体遗传完整性指标显著下降，表明衰老拐点是保障种质遗传完整性的生活力底线。明确了保存过程“预警拐点、延缓拐点（延长保存寿命）”、繁殖过程“安全更新拐点种质”、入库圃过程“获得拐点以上生活力”是实现资源安全保存的关键，从而提出了种质安全保存的拐点理论，即维持高于拐点生活力以保障遗传完整性，为种质资源安全保存技术体系提供了理论指导。

（2）在库存监测预警和繁殖更新技术方面取得新进展。针对庞大数量库存种质及时监测预警的世界性难题，国际首创了快速无损监测与更新批量决策相结合的种质衰老拐点高效监测预警系统。从水稻、小麦、大豆、油菜等作物 692 个氧化损伤指标中，发掘了与拐点高度相关的异丙烯基丙酮、耗氧呼吸等预警指标 5 项，建立了基于电子鼻和光纤氧电极的拐点快速无损监测预警技术，监测速度由 7 天减少到 3～5min，准确性 98%以上；研究揭示同一作物在同一时间、同一地点繁殖的一“批”种质的安全保存寿命大多基本相近，建立了以“批”为单元的预警更新决策专家系统，显著提高了繁殖更新决策效率。利用该系统对国家库保存资源实现全覆盖监测预警，能有效预警出需更新种质。构建了基于拐点发芽率、繁殖群体量等关键指标以维持遗传完整性的繁殖更新技术，针对如何保障类型多样资源繁殖更新维持遗传完整性的问题，研制了分子标记与形态标记相结合的种质遗传完整性检测技术，明确了各类型种质维持遗传完整性的关键因素，在确立种质衰老拐点为发芽率临界阈值基础上，构建了以衰老拐点种质为更新对象，以繁殖的地点、方式、群体量等为关键的繁殖更新技术。

（3）在离体保存技术方面，研发了马铃薯、苹果等超低温保存技术，明确了脱水、恢复培养等关键处理技术指标，成活率达 65%～95%；研制的桑树休眠芽段超低温保存技术、白术茎尖超低温保存技术、菊芋茎尖超低温保存技术等，获国家发明专利授权 10 项（卢新雄等，2019a）。以茎尖、休眠芽等为研究对象，利用生理生化测定、细胞显微结构观察等手段，开展超低温保存胁迫响应及存活再生影响研究，发现玻璃化渗透保护处理时诱发细胞显微结构变化和 ROS 响应（Huang et al.，2018；Zhang et al.，2015a，2014），明确了超低温处理条件下不同组织细胞存活特征，利用差示扫描量热测定热力学事件快速获得适宜玻璃化渗透保护条件（Zhang et al.，2015a，2015b），结合细胞学存活鉴别，使得研发效率提高 4 倍以上，建成了以花粉、茎尖、休眠芽（段）和胚轴为主要保存载体的国家库超低温保存技术研发平台，破解了珍稀特异资源因生态适应性差，以及季节、病毒等影响而难以常规保存的难题（卢新雄等，2019a；Zhang et al.，2014），并利用超低温保存技术，抢救古桑王、野苹果等 29 种作物种质资源 623 份，开启了中国无性繁殖作物种质资源超低温保存实践。

研究制定作物种质资源安全保存技术规范 132 个，其中：①种质库、种质圃、离体库的设施建设技术规范 3 个，是国际上较早专门制定的保存设施建设规范；②种质库、种质圃、试管苗库、超低温库的种质保存操作技术和描述规范 5 个；③种质库和种质圃资源繁殖更新技术规范 124 个。技术规范的制定和应用确保了中国作物种质资源保存寿命的延长、种质遗传完整性的维持和资源的有效共享利用。

3. 作物种质资源收集保存数量与质量居世界前列

截至 2021 年底，中国作物种质资源长期保存总数量为 52 万份，其中近 80%（40 万份）是中国的本土资源，且有 28 万份本土资源在外界或生产上已消失。保存数量、保存物种数和备份保存覆盖率均位居世界前列。国家作物种质库保存种子类种质资源 45.8 万份，隶属物种 890 个；无性繁殖类种质资源 6.9 万余份，隶属 1469 个物种（含亚种）。保存的战略资源，每年向社会供种分发 12 万余份次，库圃保存资源被利用的比例占到 56%。此外，国家作物种质库新库设施于 2021 年开始试运行，保存容量 150 万份，是世界上最大的国家级种质库之一。

国家库于 1986 年开始长期保存种质资源，对初始生活力有要求，粮食作物栽培种一般要求高于 90%，种子含水量 4%～8%（大豆 9%），密封包装。自 1996 年起对国家库保存种质进行生活力监测，至 2021 年总计监测 12.5 万份次，与入库初始生活力相比，整体上监测生活力平均值没有显著下降。但监测生活力低于 70%的份数与总监测份数的比值：储存 20 年为 0.5%，储存 30 年的则上升为 1%。对储存 18～28 年的 38 种作物 6650 份种质监测数据分析表明（表 4-9），所有监测作物平均发芽率都高于 70%（更新发芽率标准为 70%），其安全保存年限都高于 20 年（除莴苣储藏年限 18 年外），最长为 28 年。在耐储性方面，水稻、玉米、大豆、海岛棉、大麦、燕麦、小扁豆、绿豆、菜豆、豌豆、花生、芝麻、西瓜等作物种子表现出较好的耐储性，胡萝卜、莴苣、洋葱、甘蓝等蔬菜作物种子耐储性较差。总体上，国家长期库安全保存年限可达 30 年以上，与国外主要种质库相比，保存效果相对较好，其原因：一是保存条件维持较好，储藏温度为–18℃，相对湿度低于 50%；二是制定了种了入库操作与保存质量标准，保证了种子具有高的入库初始发芽率和适宜储藏的含水量等；三是制定了各作物种质资源繁殖更新规程，要求在原产地或相近生态区进行繁殖，重视收获前种植管理和收获时种子干燥脱水等操作处理要求，确保了种子的繁殖质量。

二、原生境保护

（一）国际发展趋势

1. 深化原生境保护理论研究

在未来作物野生近缘种原生境保护研究中，需首先考虑居群取样原则，同时充分

表 4-9 国家作物种质长期库种子生活力监测情况

作物		监测份数	测定发芽率（%）		保存年限（年）
			初始均值	监测均值	
水稻		1000	98.8	97.9	27
小麦		2000	94.5	90.5	27
玉米		500	98.8	95.7	27
高粱		1000	94.3	88.3	27
大麦		500	96.5	96.2	26
燕麦		200	98.1	97.1	28
荞麦		100	96.3	94.4	26
大豆		1000	98.5	96.2	27
菜豆		100	98.6	96.6	27
豌豆		100	98.3	96.2	26
小扁豆		100	98.2	98.4	25
绿豆		100	98.9	98.9	26
棉花	海岛棉 陆地棉	300	95.0	94.6	26
亚麻		200	98.0	95.3	25
红麻		100	93.4	89.0	24
芝麻		200	95.7	95.2	27
红花		100	93.5	91.7	22
向日葵		100	96.8	93.4	26
花生		200	97.7	97.3	27
蓖麻		100	95.5	93.5	24
烟草		200	94.2	82.9	27
西瓜		100	96.9	97.5	21
甜瓜		100	93.3	90.5	21
甜菜		100	93.7	87.6	24
蔬菜	芹菜	50	94.4	83.6	25
	胡萝卜	100	85.0	74.9	22
	莴苣	100	92.5	78.9	18
	芥菜	50	97.4	90.3	27
	甘蓝	50	98.3	80.1	26
	萝卜	100	98.6	90.7	26
	菠菜	50	93.2	88.2	24
	洋葱	40	88.3	75.4	24
	黄瓜	100	99.3	95.0	26
	南瓜	100	96.6	90.5	25
	辣椒	100	91.5	90.4	26
	番茄	100	98.2	93.8	26
	秋葵	10	95.2	95.4	23
牧草	禾本科	200	88.1	84.2	25

利用基因组、表型组及环境信息等大数据体系，进行原生境保护理论研究。有效监测原生境保护群体等位基因频率的变化，评估遗传漂变、选择和基因流对原生境保护群体的影响。结合环境气候因子的变化，阐明群体适应环境变化的遗传因素，揭示物种灭绝与濒危机制。在此基础上，分析现有原生境保护群体结构特征、阐明生物群落遭受破坏的机制和恢复基础等，为作物野生近缘种制定保护计划和应用策略提供依据，从而提高对作物野生近缘种原生境保护点管理的能力。

2. 重点关注气候变化对原生境保护的影响

作物野生近缘种原生境保护与管理中，增强对气候变化对作物野生近缘种生物群落影响的认识，充分考虑作物野生近缘种适应气候变化的能力，将气候变化的理念融入作物野生近缘种原生境保护机制中。确定对气候变化敏感的植物多样性关键区，重点关注对气候变化敏感的植物类群，加强气候要素改变对作物野生近缘种及其生物群落影响研究。在气候变化的大背景下，利用基因组数据对作物野生近缘种的遗传多样性及其变化进行系统调查研究，系统地追踪监测，建立有效的数据库，发展作物野生近缘种的信息网络，制定有关作物野生近缘种对气候变化响应的量化指标及相应的模型，为作物应对气候变化的动态育种做好充足的准备。

3. 研究制定物理隔离和主流化相结合的原生境保护策略

不采取任何人为措施是原生境保护的最佳状态，但是，由于社会经济发展与生物多样性保护之间的矛盾日益突出，如不采取人为措施很难达到保护目的。因此，一方面应利用物理隔离方式对一些作物野生近缘植物的濒危居群进行强制性保护，避免一些重要居群的野外灭绝，另一方面则应利用生物多样性主流化方式动员全社会的保护力量，实现可持续保护。生物多样性主流化就是将生物多样性纳入到各级政府的政治、经济、社会、军事、文化及生态环境保护、自然资源管理等发展建设主流的过程中。生物多样性主流化已被证明是最有效的生物多样性保护与可持续利用措施之一。通过生物多样性的主流化，将生物多样性纳入到经济、社会发展的主流，从而避免先破坏后保护，做到防患于未然，使生物多样性保护与经济发展得以同步进行。生物多样性主流化，实现了生物多样性保护由行政命令向综合运用法律、经济、技术和必要的行政办法的转变，可以从根本上解决生物多样性的保护与可持续利用问题。

（二）国内主要成就

中国利用物理隔离方式开展作物野生近缘植物的原生境保护可以追溯至1985年，当时位于江西省东乡县全球分布最北的普通野生稻分布点的9个居群面临被破坏的威胁，中国水稻研究所与江西省农业科学院对其进行了围墙隔离，最终使该分布点的3个居群都得到了保护，而其他未保护的居群已全部被破坏了。2001年，农业部设立专项启动了利用物理隔离方式开展的作物野生近缘植物原生境保护工作。至2022年底，共利用物理隔离方式建设原生境保护点224个，保护物种39个，分布于27个省（自治区、直辖市）。

中国开展作物野生近缘植物的主流化保护较少，目前仅通过执行一个全球环境基金项目进行了尝试。该项目由联合国开发计划署和我国农业部共同执行，于 2007～2013 年分别在海南、广西、云南选择 3 个野生稻分布点，在河南、吉林、黑龙江选择 3 个野生大豆分布点，在新疆和宁夏选择 2 个小麦野生近缘植物分布点进行主流化保护方式示范。项目示范的主要做法是因地制宜地建立了适合不同物种、不同地点的原生境保护激励机制，这些激励机制可概括为：以政策法规为先导，通过约束人的行为减少对作物野生近缘植物及其栖息地的破坏；以生计替代为核心，切实帮助农牧民解决生计问题，降低农牧民对作物野生近缘植物及其栖息地的依赖程度；以资金激励为后盾，引导农牧民逐步适应市场经济发展模式，充分利用国家灵活的农村金融政策，持续发展生物多样性友好型家庭经济；以增强意识为纽带，通过精神和物质奖励鼓励农牧民主动参与作物野生近缘植物的保护活动。通过总结 8 个示范点的经验，项目将其推广至另外 64 个推广点。因此，中国利用主流化保护方式建立的作物野生近缘植物原生境保护点共有 72 个，保护物种 31 个，分布于 15 个省（自治区、直辖市）。

（本章作者：卢新雄　辛　霞　杨庆文　尹广鹍　张金梅）

参 考 文 献

陈成斌. 2005. 广西野生稻资源研究. 南宁: 广西民族出版社.

陈辉, 陈晓玲, 陈龙清, 等. 2006. 百合种质资源限制生长法保存研究. 园艺学报, 33(4): 789-793.

陈晓玲, 张金梅, 辛霞, 等. 2013. 植物种质资源超低温保存现状及其研究进展. 植物遗传资源学报, 14(3): 414-427.

高立志, 张寿洲, 周毅, 等. 1996. 中国野生稻的现状调查. 生物多样性, 4(3): 160-166.

胡群文, 卢新雄, 辛萍萍, 等. 2009. 水稻种子在不同气候区室温贮藏的适宜含水量及存活特性. 中国水稻科学, 23(6): 621-627.

胡群文, 辛霞, 陈晓玲, 等. 2012. 水稻种子室温贮藏的适宜含水量及其生理基础. 作物学报, 38(9): 1665-1671.

李立会, 杨欣明, 李秀全, 等. 2000. 中国小麦野生近缘植物的研究与利用. 中国农业科技导报, 2(6): 73-76.

刘旭, 曹永生, 张宗文, 等. 2008. 农作物种质资源基本描述规范和术语. 北京: 中国农业出版社.

卢新雄, 陈叔平, 刘旭, 等. 2008. 农作物种质资源保存技术规程. 北京: 中国农业出版社.

卢新雄, 陈晓玲. 2002. 水稻种子贮藏过程中生活力丧失特性及预警指标的研究. 中国农业科学, 35(8): 975-979.

卢新雄, 崔聪淑, 陈晓玲, 等. 2001. 国家种质库部分作物种子生活力监测结果与分析. 植物遗传资源科学, 2(2): 1-5.

卢新雄, 崔聪淑, 陈晓玲, 等. 2003. 小麦种质贮藏过程中生活力丧失特性及田间出苗率表现. 植物遗传资源学报, 4(3): 220-224.

卢新雄, 辛霞, 刘旭. 2019a. 作物种质资源安全保存原理与技术. 北京: 科学出版社.

卢新雄, 辛霞, 尹广鹍, 等. 2019b. 中国作物种质资源安全保存理论与实践. 植物遗传资源学报, 20(1): 1-10.

卢新雄, 张云兰. 2003. 国家种质库种子干燥处理技术的建立与应用. 植物遗传资源学报, 4(4): 365-368.

潘家驹. 1994. 作物育种学总论. 北京: 中国农业出版社.

任守杰, 张志娥, 陈晓玲, 等. 2006. 基于醇溶蛋白的 20 份小麦种质遗传完整性分析. 植物遗传资源学报, 7(1): 44-48.

王栋, 卢新雄, 张志娥, 等. 2010a. SSR 标记分析种子老化及繁殖世代对大豆种质遗传完整性的影响. 植物遗传资源学报, 11(2): 192-199.

王栋, 张志娥, 陈晓玲, 等. 2010b. AFLP 标记分析生活力影响大豆中黄 18 种质遗传完整性. 作物学报, 36(4): 555-564.

王述民, 李立会, 黎裕, 等. 2011. 中国粮食和农业植物遗传资源状况报告(I). 植物遗传资源学报, 12(1): 1-12.

王述民, 卢新雄, 李立会. 2014. 作物种质资源繁殖更新技术规程. 北京: 中国农业科学技术出版社.

辛霞, 陈晓玲, 张金梅, 等. 2011. 国家库贮藏 20 年以上种子生活力与田间出苗率监测. 植物遗传资源学报, 12(6): 934-940.

辛霞, 陈晓玲, 张金梅, 等. 2013. 小麦种子在不同保存条件下的生活力丧失特性研究. 植物遗传资源学报, 14(4): 588-593.

辛霞, 尹广鹍, 张金梅, 等. 2022. 作物种质资源整体保护策略与实践. 植物遗传资源学报, 23(3): 636-643.

薛达元. 2005. 中国生物遗传资源现状与保护. 北京: 中国环境科学出版社.

杨庆文, 秦文斌, 张万霞, 等. 2013. 中国农业野生植物原生境保护实践与未来研究方向. 植物遗传资源学报, 14(1): 1-7.

尹广鹍, 辛霞, 张金梅, 等. 2022. 种质库种质安全保存理论研究的进展与展望. 中国农业科学, 55(7): 1263-1270.

张晗, 卢新雄, 张志娥, 等. 2005. 种子老化对玉米种质资源遗传完整性变化的影响. 植物遗传资源学报, 6(1): 271-275.

郑殿升, 杨庆文. 2014. 中国作物野生近缘植物资源. 植物遗传资源学报, 15(1): 1-11.

周静, 辛霞, 尹广鹍, 等. 2014. 大豆种子在不同气候区室温贮藏的适宜含水量与寿命关系研究. 大豆科学, 33(5): 685-690.

Ballesteros D, Walters C. 2011. Detailed characterization of mechanical properties and molecular mobility within dry seed glasses: relevance to the physiology of dry biological systems. The Plant Journal, 68(4): 607-619.

Bellon M R, Phan J L, Jackson M T. 1997. Genetic conservation: a role for rice farmers: 261-289//Maxted N, Ford-Lloyd B V, Hawkes J G. Plant Genetic Conservation: The *in situ* Approach. Dordrecht: Kluwer Academic Publishers.

Benson E E, Harding K, Debouck D, et al. 2011. Refinement and Standardization of Storage Procedures for Clonal Crops-Global Public Goods Phase 2: Part I. Project Landscape and General Status of Clonal Crop *in vitro* Conservation Technologies. Rome: System-wide Genetic Resources Programme.

Breese E L. 1989. Regeneration and Multiplication of Germplasm Resources in Seed Genebanks: the Scientific Background. Rome: IBPGR.

Buitink J, Leprince O. 2008. Intracellular glasses and seed survival in the dry state. Comptes Rendus Biologies, 331(10): 788-795.

Byrne P K, Volk G M, Gardner C, et al. 2018. Sustaining the future of plant breeding: the critical role of the USDA-ARS National Plant Germplasm System. Crop Science, 58(2): 1-18.

Carpentier S, Witters E, Laukens K, et al. 2007. Banana (*Musa* spp.) as a model to study the meristem proteome: acclimation to osmotic stress. Proteomics, 7(1): 92-105.

Charles A H. 1964. Differential survival of plant types in swards. Grass and Forage Science, 19(2):

198-204.

Cha-um S, Kirdmanee C. 2007. Minimal growth *in vitro* culture for preservation of plant species. Fruit, Vegetable and Cereal Science and Biotechnology, 1: 13-25.

Chebotar S, Röder M S, Korzun V, et al. 2003. Molecular studies on genetic integrity of open-pollinating species rye (*Secale cereale* L.) after long-term genebank maintenance. Theoretical and Applied Genetics, 107(8): 1469-1476.

Chen G Q, Ren L, Zhang J, et al. 2015. Cryopreservation affects ROS-induced oxidative stress and antioxidant response in *Arabidopsis* seedlings. Cryobiology, 70(1): 38-47.

Chen X L, Börner A, Xin X, et al. 2021. Comparative proteomics at the critical node of vigor loss in wheat seeds differing in storability. Frontiers in Plant Science, 12: 707184.

Chen X L, Yin G K, Börner A, et al. 2018. Comparative physiology and proteomics of two wheat genotypes differing in seed storage tolerance. Plant Physiology and Biochemistry, 130: 455-463.

Christopher M R, Gayle M V, Ann A R, et al. 2009. Genetic diversity and population structure in *Malus sieversii*, a wild progenitor species of domesticated apple. Tree Genetics and Genomes, 5(2): 339-347.

Crist R E. 1971. Migration and population change in the Irish Republic. American Journal of Economics and Sociology, 30(3): 253-258.

Cromarty A S, Ellis R H, Roberts E H. 1982. Handbooks for Genebanks No. 1: the Design of Seed Storage Facilities for Genetic Conservation. Rome: IBPGR.

Crow J F, Kimura M. 1970. An Introduction to Population Genetics Theory. New York: Harper and Row.

Cruz V M V, Luhman R, Marek L F, et al. 2007. Characterization of flowering time and SSR marker analysis of spring and winter type *Brassica napus* L. germplasm. Euphytica, 153(1-2): 43-57.

Damania A B. 2008. History, achievements, and current status of genetic resources conservation. Agronomy Journal, 100(1): 9-21.

Dulloo M E, Hunter D, Borelli T, et al. 2010. *Ex situ* and *in situ* conservation of agricultural biodiversity: major advances and research needs. Notulae Botanicae Horti Agrobotanici Cluj-Napoca, 38(2): 114-122.

ECPGR 2017. ECPGR Concept for on-farm conservation and management of plant genetic resources for food and agriculture. European Cooperative Programme for Plant Genetic Resources, Rome, Italy.

Ellis R H, Hong T D, Roberts E H, et al. 1990. Low moisture content limits to relations between seed longevity and moisture. Annals of Botany, 65(5): 493-504.

Ellis R H, Roberts E H. 1980. Improved equations for the prediction of seed longevity. Annals of Botany, 45(1): 13-30.

Ellis R H, Roberts E H. 1981. The quantification of ageing and survival in orthodox seeds. Seed Science and Technology, 9(2): 373-409.

Engelmann F. 2011. Cryopreservation of embryos: an overview//Thorpe T A, Yeung E C. Methods in Molecular Biology. Vol. 710. Plant Embryo Culture. Clinfton: Humana Press: 155-183.

Fahy G M, MacFarlane D R, Angell C A, et al. 1984. Vitrification as an approach to cryopreservation. Cryobiology, 21(4): 407-426.

FAO. 1996. Report on the state of the world's plants genetic resources. Leipzig: International Technical Conference on Plant Genetic Resources.

FAO. 2010. Second report on the state of the world's plants genetic resources for food and agriculture. Rome: Commission on Genetic Resources for Food and Agriculture, Food and Agriculture Organization of the United Nations: 47.

FAO. 2014. Genebank Standards for Plant Genetic Resources for Food and Agriculture. Rome: FAO.

FAO/IPGRI. 1994. Genebank Standards. Rome: FAO/IPGRI.

Fleming M B, Hill L M, Walters C. 2019. The kinetics of ageing in dry-stored seeds: a comparison of viability loss and RNA degradation in unique legacy seed collections. Annals of Botany, 123(7):

1133-1146.

Forni C, Braglia R, Beninati S, et al. 2010. Polyamine concentration, transglutaminase activity and changes in protein synthesis during cryopreservation of shoot tips of apple variety Annurca. Cryo Letters, 31(5): 413-425.

Fu S Z, Yin G K, Xin X, et al. 2018. The levels of crotonaldehyde and 4-hydroxy-(*E*)-2-nonenal and expression of genes encoding carbonyl-scavenging enzyme at critical node during rice seed aging. Rice Science, 25(3): 152-160.

Gale J S, Lawrence M J. 1984. The decay of variability//Holden J H W, Williams J T. Crop Genetic Resources: Conservation and Evaluation. London: George Allen and Unwin.

Grossmann K. 1990. Plant growth retardants as tools in physiological research. Physiologia Plantarum, 78: 640-648.

Hamilton S N R, Chorlton K H, Engels J. 1997. Handbooks for Genebanks No. 5: Regeneration of Accession in Seed Collections: A Decision Guide. Rome: IPGRI.

Harrington J F. 1963. Practical advice and instructions on seed storage. Proceedings of the International Seed Testing Association, 28: 989-994.

Hao Y J, Liu Q L, Deng X X. 2001. Effect of cryopreservation on apple genetic resources at morphological, chromosomal, and molecular levels. Cryobiology, 43: 46-53.

Hay F R, de Guzman F, Ellis D, et al. 2013. Viability of *Oryza sativa* L. seeds stored under genebank conditions for up to 30 years. Genetic Resources and Crop Evolution, 60: 275-296.

Hay F R, Probert R J. 2013. Advances in seed conservation of wild plant species: a review of recent research. Conservation Physiology, 1(1): cot030.

Hay F R, Valdez R, Lee J S, et al. 2019. Seed longevity phenotyping: recommendations on research methodology. Journal of Experimental Botany, 70: 425-434.

Hawkes J W. 1983. The Diversity of Crop Plants. London, England: Harvard University Press.

Henshaw G G. 1975. Technical aspects of tissue culture storage for genetic conservation//Frankel O, Hawkes J G. Crop Genetic Resources for Today and Tomorrow. Cambridge: Cambridge Press: 349-358.

Huang B, Zhang J M, Chen X L, et al. 2018. Oxidative damage and antioxidative indicators in 48h germinated rice embryos during the vitrification-cryopreservation procedure. Plant Cell Reports, 37(9): 1325-1342.

Hyland H L. 1977. History of plant introduction. Environmental Review, 4(77): 26-33.

IBPGR. 1985. Handbook of Seed Technology for Genebanks. Vol. II. Compendium of Specific Germination Information and Test Recommendations. Rome: IBPGR.

IUCN-UNEP-WWF. 1980. World Conservation Strategy. Gland: IUCN.

Jarvis D I, Myer L, Klemick H, et al. 2000. A Training Guide for *in situ* Conservation On-Farm. Rome, Italy: Inter-national Plant Genetic Resource Institute, Version 1.

Jenderek M M, Reed B M. 2017. Cryopreserved storage of clonal germplasm in the USDA National Plant Germplasm System. *In Vitro* Cellular & Developmental Biology-Plant, 53: 299-308.

Jia M X, Shi Y, Di W, et al. 2017. ROS-induced oxidative stress is closely related to pollen deterioration following cryopreservation. *In Vitro* Cellular & Developmental Biology-Plant, 53: 433-439.

Kaczmarczyk A, Funnekotter B, Menon A, et al. 2012. Current Issues in Plant Cryoprcservation//Katkov I I. Current Frontiers in Cryobiology. Rijeka: IntechOpen: 417-438.

Keller E R J, Senula A, Leunufna S, et al. 2006. Slow growth storage and cryopreservation-tools to facilitate germplasm maintenance of vegetatively propagated crops in living plant collections. International Journal of Refrigeration, 29(3): 411-417.

Koeda S, Matsumoto S, Matsumoto Y, et al. 2018. Mediumterm *in vitro* conservation of virus-free parthenocarpic tomato plants. *In vitro* Cellular & Developmental Biology-Plant, 54(4): 392-398.

Le Clerc V, Briard M, Granger J, et al. 2003. Genebank biodiversity assessments regarding optimal sample size and seed harvesting techniques for the regeneration of carrot accessions. Biodiversity and Conservation, 12: 2227-2236.

Leopold A C. 1990. Coping with desiccation//Alscher R G, Cumming J R. Stress responses in plants: adaptation and acclimation mechanisms. New York: Wiley-Liss: 57-86.

Long J, Cromwell E, Gold K. 2000. On-farm management of crop diversity: an introductory bibliography. London: Overseas Development Institute for ITDG: 42.

Maghradze D, Maletic E, Maul E, et al. 2015. Field genebank standards for grapevines (*Vitis vinifera* L.). Vitis, 54(Special issue): 273-279.

Matsumoto T, Akihiro T, Maki S, et al. 2013. Genetic stability assessment of wWasabi plants regenerated from long-term cryopreserved shoot tips using morphological, biochemical and molecular analysis. Cryo Letters, 34: 128-136.

Maxted N, Ford-Lloyd B V, Hawkes J G. 1997. Complementary conservation strategies//Maxted N, Ford-Lloyd B V, Hawkes J G. Plant Genetic Conservation. London: Chapman and Hall: 15-39.

Mazur P. 1984. Freezing of living cells: mechanisms and implications. American Journal of Physiology, 247: 125-142.

Meilleur B A, Hodgkin T. 2004. *In situ* conservation of crop wild relatives: status and trends. Biodiversity and Conservation, 13: 663-684.

Moriguchi T, Kozaki I, Yamaki S, et al. 1990. Low temperature storage of pear shoots *in vitro*. Bulletin of the Fruit Tree Research Station, 17: 11-18.

Mullin R H, Schlegel D E. 1976. Cold storage maintenance of strawberry meristem plantlets. Hortscience, 11(1): 100-101.

Muñoz-Rodríguez P, Munt D D, Saiz J C M. 2016. Global strategy for plant conservation: inadequate *in situ*, conservation of threatened flora in Spain. Israel Journal of Plant Science, 63: 1-12.

Murata M, Tsuchiya T, Roos E E. 1984. Chromosome damage induced by artificial seed aging in barley. Theoretical and Applied Genetics, 67(2-3): 161-170.

Myers N. 1983. A Wealth of Wild Species: Storehouse for Human Welfare. Colorado: Westview Press.

Nagel M, Seal C E, Colville L, et al. 2019. Wheat seed ageing viewed through the cellular redox environment and changes in pH. Free Radical Research, 53(6): 641-654.

Nishizawa-Yokoi A, Yabuta Y, Shigeoka S. 2008. The contribution of carbohydrates including raffinose family oligosaccharides and sugar alcohols to protection of plant cells from oxidative damage. Plant Signaling and Behavior, 3(11): 1016-1018.

Panis B, Lambardi M. 2006. Status of cryopreservation technologies in plants (crops and forest trees)//Ruane J, Sonnino A. The role of biotechnology in exploring and protecting agricultural genetic resources. Turin: International Workshop: 61-78.

Pence V C, Ballesteros D, Walters C, et al. 2020. Cryobiotechnologies: tools for expanding long-term *ex situ* conservation to all plant species. Biological Conservation, 250: 108736.

Plucknett D L, Smith N J H, Williams J T, et al. 1987. Gene Banks and the World's Food. Princeton: Princeton University Press.

Postman J, Hummer K, Stover E, et al. 2006. Fruit and nut Genebanks in the U.S. National Plant Germplasm System. Hortscience, 41(5): 1188-1194.

Rajasekharan P E, Sahijram L. 2015. *In vitro* conservation of plant germplasm//Bahadur B, Venkat Rajam M, Sahijram L, et al. Plant Biology and Biotechnology. New Delhi: Springer: 417-443.

Rao N K, Bramel P J, Reddy K N, et al. 2002. Optimizing seed quality during germplasm regeneration in pearl millet. Genetic Resources and Crop Evolution, 49(2): 153-157.

Reed B M. 2008. Cryopreservation-Practical considerations//Reed B M. Plant Cryopreservation: A Practical Guide. New York: Springer Science and Business Media LLC: 10-13.

Roos E E. 1984a. Genetic shifts in mixed bean populations. Ⅰ. Storage effects. Crop Science, 24(2): 240-244.

Roos E E. 1984b. Genetic shifts in mixed bean populations. Ⅱ. Effect of regeneration. Crop Science, 34(4): 711-715.

Rubenstein K D, Smale M, Widrlechner M P. 2006. Demand for genetic resources and the U. S. National

Plant Germplasm System. Crop Science, 46(3): 1021-1031.

Sauerbrey E, Grossmann K, Jung J. 1987. Influence of growth retardants on the internode and ethylene production of sunflower plants. Physiologia Plantarum, 70(1): 8-12.

Schoen D J, David J L, Bataillon T M. 1998. Deleterious mutation accumulation and the regeneration of genetic resources. Proceedings of the National Academy of Sciences of the United States of America, 95: 394-399.

Singh R B, Williams J T. 1984. Maintenance and multiplication of plant genetic resources//Holden J H W, Williams J T. Crop Genetic Resources: Conservation and Evaluation. London: George Allen and Unwin Press.

Spellerberg I E, Hardes S R. 1992. Biological Conservation. Cambridge: Cambridge University Press.

Stone G N, Aikinson R J, Brown G, et al. 2002. The population genetic consequences of range expansion: a review of the pattern and process, and the value of oak gallwasps as a model system. Biodiversity Science, 10(1): 80-97.

Stoyanova S D. 1992. Effect of seed ageing and regeneration on the genetic composition of wheat. Seed Science and Technology, 20(3): 489-496.

Sun M. 1984. The mystery of Florida's citrus canker. Science, 226: 322-323.

Sun W Q. 1997. Glassy state and seed storage stability: the WLF kinetics of seed viability loss at T>Tg and the plasticization effect of water on storage stability. Annals of Botany, 79(3): 291-297.

Sun W Q, Leopold A C. 1997. Cytoplasmic vitrification and survival of anhydrobiotic organisms. Comparative Biochemistry and Physiology Part A: Physiology, 117(3): 327-333.

Tao K L, Perrino P, Spagnoletti P L. 1992. Rapid and nondestructive method for detecting composition change in wheat germplasm. Crop Science, 32: 1032-1042.

Uchendu E E, Leonard S W, Trabe M G, et al. 2010. Vitamins C and E improve regrowth and reduce lipid peroxidation of blackberry shoot tips following cryopreservation. Plant Cell Reports, 29(1): 25-35.

Vertucci C W, Roos E E. 1993. Theoretical basis of protocols for seed storage Ⅱ. The influence of temperature on optimal moisture levels. Seed Science Research, 3(3): 201-213.

Vertucci C W, Roos E E, Crane J. 1994. Theoretical basis of protocols for seed storage: Ⅲ. Optimum moisture contents for pea seeds stored at different temperatures. Annals of Botany, 74(5): 531-540.

Volk G M, Walters C. 2006. Plant vitrification solution 2 lowers water content and alters freezing behavior in shoot tips during cryoprotection. Cryobiology, 52(2): 48-61.

Vollmer R, Villagaray R, Cardenas J, et al. 2017. A large-scale viability assessment of the potato cryobank at the International Potato Center (CIP). *In Vitro* Cellular & Developmental Biology-Plant, 53(4): 309-317.

Walters C. 2015. Orthodoxy, recalcitrance and in-between: describing variation in seed storage characteristics using threshold responses to water loss. Planta, 242: 397-406.

Walters C, Wheeler L M, Grotenhuis J M. 2005. Longevity of seeds stored in a genebank: species characteristics. Seed Science Research, 15(1): 1-20.

Wang L, Li Y, Sun H, et al. 2017. An efficient droplet-vitrification cryopreservation for valuable blueberry germplasm. Scientia Horticulturae, 219: 60-69.

Westengen O T, Jeppson S, Guarino L. 2013. Global *ex-situ* crop diversity conservation and the Svalbard Global Seed Vault: assessing the current status. PLoS One, 8(5): e64146.

Wilkes H G. 1983. Current status of crop plant germplasm. CRC Critical Reviews in Plant Science, 1(2): 133-181.

Williams R J. 1994. Methods for determination of glass transitions in seeds. Annals of Botany, 74: 525-530.

Wyatt R. 1983. Pollinator-plant interactions and the evolution of plant breeding systems//Real L. Pollination Biology. Orlando: Academic Press: 51-95.

Xin X, Lin X H, Zhou Y C, et al. 2011. Proteome analysis of maize seeds: the effect of artificial ageing. Physiologia Plantarum, 2: 126-138.

Xin X, Tian Q, Yin G K, et al. 2014. Reduced mitochondrial and ascorbate glutathione activity after artificial ageing in soybean seed. Journal of Plant Physiology, 171(2): 140-147.

Yin G K, Whelan J, Wu S H, et al. 2016. Comprehensive mitochondrial metabolic shift during the critical node of seed ageing in rice. PLoS One, 11(4): e0148013.

Yin G K, Xin X, Fu S Z, et al. 2017. Proteomic and carbonylation profile analysis at the critical node of seed ageing in *Oryza sativa*. Scientific Reports, 7: 40611.

Yin G K, Xin X, Song C, et al. 2014. Activity levels and expression of antioxidant enzymes in the ascorbate-glutathione cycle in artificially aged rice seed. Plant Physiology and Biochemistry, 80: 1-9.

Zhang J M, Huang B, Lu X X, et al. 2015a. Cryopreservation of *in vitro*-grown shoot tips of Chinese medicinal plant *Atractylodes macrocephala* Koidz. using a droplet-vitrification method. Cryo Letters, 36(3): 195-204.

Zhang J M, Huang B, Zhang X L, et al. 2015b. Identification of a highly successful cryopreservation method (droplet-vitrification) for petunia. *In Vitro* Cellular & Developmental Biology-Plant, 51(4): 445-451.

Zhang J M, Xin X, Yin G K, et al. 2014. *In vitro* conservation and cryopreservation in National Genebank of China. Acta Horticulturae, 1039: 309-317.

Zinsmeister J, Leprince O, Buitink J. 2020. Molecular and environmental factors regulating seed longevity. Biochem J, 477(2): 305-323.

第五章　作物种质资源表型鉴定与评价

表型鉴定是作物种质资源最基本的任务。农艺性状、抗性性状、品质性状、代谢性状等特性构成作物种质资源的表型，种质资源间遗传物质的多态性和表观修饰的差异性使得各类性状表型在不同环境下表达呈现多样性。特异性是作物种质资源的重要特征之一，特异性种质资源构成了培育不同育种阶段、不同生产区域高产稳产优质作物新品种的基础。表型性状鉴定就是在丰富多样性的作物种质资源群体中发掘具有突破当前育种瓶颈或具有未来育种价值但尚未被充分利用的特异种质，如丰产性、广适性、抗病虫性、抗旱耐盐耐热等抗逆性、高油分、专用营养等种质，是一项在鉴定内容、鉴定技术、评价标准等方面需要不断调整的基础性、长期性工作。

第一节　作物种质资源表型鉴定基本原理与方法

表型性状鉴定是支撑作物种质资源研究的基础。广义的作物表型是指在正常或有胁迫因素存在的生长环境下，作物遗传控制的基因与环境互作后表现出的各种外部和内部的特性，如株高、产量、品质、抗性等。作物种质资源表型鉴定更关注与产量形成相关的性状，同时由于大量作物具有群体生产特性，许多表型性状表达需要在群体水平上实施鉴定。

一、表型鉴定对作物种质资源研究和新品种培育的重要性

（一）表型是认知和利用作物种质资源的基础

1. 作物种质资源表型多样性是品种选育的原动力

不同生态环境中进化的植物在人类驯化与选择下成为现今的农作物。随着从原生地（起源中心）向世界各地的扩散种植，作物既保留了自身的主要遗传性状，亦失去了一些原始表型性状，同时形成了大量的变异类型，呈现出表型多样性。例如，普通小麦在驯化中形成适应不同冬夏温度和日照长度的大量地方品种，但落粒性状则发生退化（Matsuoka，2011），玉米雄穗在驯化中体积减小、分枝减少（Xu et al.，2017），驯化使大豆裂荚性和落粒性减弱，茎从无限生长进化为有限生长（Sedivy et al.，2017）。不同种质资源间抗病虫和抗逆境能力的多样化来自作物与生物及非生物环境胁迫的长期互作选择，如普通小麦及其他栽培小麦中一些抗病基因是来自小麦族物种的长期进化与基因转移（Krattinger and Keller，2016），不同作物耐旱性也具有丰富的表型和复杂的调控机制（Tardieu et al.，2018）。品质的多样化与种植环境及不同地域人们的食用选择密切相关。近 20 年来，分子生物学研究的发展使人类对各类作物的微观遗

传构成有了充分的认识，基因型研究方兴未艾，表型性状鉴定的准确与可靠是基因型解析的关键前提，也是作物基因功能分析的重要基础。作物种质资源性状的表型鉴定是探索基因型的基础，又是基因型研究后种质进入育种利用的归宿。通过各种技术方法开展作物表型鉴定是人类认知、利用和管理农作物的基础（Pieruschka and Schurr，2019）。多种多样的自然环境赋予了中国农作物种类和野生资源的多样性，近万年的农耕史形成了表型与遗传特性丰富的地方品种和选育品种（刘旭，2012；董玉琛和郑殿升，2006）。40 年持续性的表型性状鉴定促进了人们对中国农作物种质资源多样性、本底性、特异性的系统认知，构成了不同作物育种目标下新品种选育的动力。

2. 作物种质资源的环境适应性是培育不同类型品种的基础

植物进化的目的是适应波动的环境以保护自己并使个体得以传代，因而逐渐形成了对环境变化的适应性，有些作物种质/品种在栽培驯化和人工选择中甚至对不同地域间差异极大的光温环境表现为钝感，具有对生长环境的广适性及产量或抗性的稳定性特征。例如，作为短日照作物的大豆对光照较为敏感，经人工选育逐渐培育出许多光温钝感、可广地域种植的品种（Zhang et al.，2020）。环境适应性强的作物种质资源在获得准确表型鉴定后，将成为育种家培育可大范围推广种植品种的重要育种亲本（Laitinen and Nikoloski，2019）。同样，多数作物种质的表型性状表达具有区域环境下的稳定性与优异性特点，这类种质可以成为区域化育种的重要基础材料（Cortinovis et al.，2020）。

3. 作物种质资源的特异性是突破育种瓶颈和生物技术研究的材料基础

随着全球气候变暖，作物生产面临前所未有的非生物与生物胁迫逆境：降水异常导致干旱和渍（涝）害频发，环境温度改变加剧热害、冷（冻）害和病虫草害发生，化石燃料过度利用和高温促使大气中二氧化碳浓度升高与臭氧增加等（Pareek et al.，2020），由此将引发玉米、水稻、大豆和小麦等主要作物大幅度减产。为保护作物生产，急需从大量作物种质资源中发掘出能够有效克服或耐受相关逆境胁迫的特异种质，如抗旱玉米、耐热小麦、多小种广谱抗病性水稻和马铃薯、抗虫水稻等种质，以培育能抵御不良生物与非生物环境的作物新品种。

对作物重要性状控制基因挖掘是当前热点之一。通过精准的表型性状鉴定，从大量作物种质资源中发现重要性状的优异表型并解析其基因型，从而为新基因挖掘与克隆提供材料。面对不同作物面临的育种瓶颈，科学家加强了从作物近缘种、野生种甚至不同物种中寻找可以耐受由气候改变而引发更强逆境的特异性种质，克隆控制这些表型性状的优异等位基因，并采用生物技术将其转入相同或相异作物中。近年还提出对作物种质资源通过现代技术进行重新驯化的策略，以选择出适应未来农业生产的新品种（Fernie and Yan，2019）。

（二）高效准确的作物种质资源新表型发掘支撑现代育种发展

1. 具有优异农艺和产量性状的种质是育种的基础

作物育种是将优异性状集中到新品种的过程，而优异性状的获得需要对大量种质资源的高效准确鉴定，还需将这些优异性状向育种群体或亲本中转移。作物种质的基本性状特征影响产量形成的各个方面，因此，围绕产量性状构成，系统鉴定作物种质的基本农艺性状已成为种质资源发掘和利用的第一步，也是新品种选育的重要基础环节。以玉米为例，全生育期日数、株高、穗位高、主茎叶片数、穗型、穗长、百粒重、单穗产量等主要农艺性状都与群体产量形成或田间生产管理措施制定密切相关，是新品种选育关注的重要基础表型。

2. 适应生产全程机械化性状是对作物种质表型鉴定的新要求

伴随中国作物生产产业化发展的提速，分散、个体、手工的传统作物生产方式正快速被规模化、集约化、机械化的现代生产方式所取代。对粮食、蔬菜等作物而言，育种家在新品种选育中更为关注作物群体产量相关优异表型性状，通过培育矮秆、耐密、抗倒品种提升土地单位面积产量，与机械化收获相关的籽粒灌浆脱水快、不裂荚、熟期短等性状已成为种质资源特性挖掘与育种利用的重点。

3. 抗性优异和生态友好型作物品种是可持续农业的重要保障

全球气候改变加剧了各类逆境的发生，干旱、渍害、高温热害、低温冷害、土壤盐渍化、新发病虫害对作物生产形成巨大威胁。针对性地从大量种质资源中挖掘和利用对生物与非生物胁迫具有良好抗性的材料，已成为各类作物改良和选育稳产高产新品种亲本的选材重点。面对农业结构调整、退耕还林还草，以及自然灾害损毁、建设占地、工业化等对耕地减少的影响，发掘适应瘠薄地、滩涂地、盐碱地、寒地种植的特殊种质并培育新品种是有效解决耕地减少、土壤质量偏低问题的重要途径，相关作物种质资源鉴定工作正在快速发展。

随着生态保护意识的提高，农业生产过程更注重对环境的保护和资源的可持续利用。作物种质中一些新的表型性状逐步得到鉴定与育种利用，如对土壤养分、水分和光温资源高效利用、抗新病虫害等表型的发掘对于培育环境友好型“绿色”品种和提高产品质量至关重要（Li et al.，2018），低甲烷排放种质对水稻育种和生态保护具有重大意义。

4. 品质优异和特殊营养及加工用途种质资源成为新需求

人们对高品质农产品的需求日益提升，故品质优异或满足特定人群营养需求的品种培育得以快速发展。与品质密切相关的表型主要包括：影响不同产品加工质量的小麦谷蛋白亚基组分，适用于糖尿病和肾病患者食用大米中高抗性淀粉和低谷蛋白含量，对人无过敏原（蛋白/酶等）大豆、花生、菜豆，维生素 C、花色苷等具有抗氧化活性和具有生理活性的微量元素等功能物质含量。这些表型均能够采用特定技术从大量的种质资源中进行准确鉴定，并培育出专用新品种。

农产品的工业化、规模化精深加工需要各类适宜的、专用的农作物品种作为原料，通过对包含野生种在内的各类种质资源的鉴定，可以发掘出高淀粉、高蛋白、高脂肪、高赖氨酸、低直链淀粉、高生物活性物质和高功能活性物质等特异性状的种质，从而培育出适宜各类高效深加工专用的品种。

二、作物种质资源表型鉴定的基本原理及环境控制

（一）作物表型定义与内涵

植物或作物的表型（phenotype，*P*）可以简单分解为基因型效应（genotype，*G*）、环境型效应（environment，*E*）、基因与环境互作效应（$G\times E$），即 $P=G+E+G\times E$。基因型由作物种质个体的遗传所决定，是相对固定的。环境包括植物内部环境因子（水、营养、共生微生物等）和植物外部环境因子，主要为土壤（养分、水分供应、根际微生物）、气候（光照、温度、降水、风等）、生物与非生物胁迫（病虫害、干旱与渍涝等），以及人为控制的耕作制度与田间管理。考虑到作物种植的广泛性和在不同环境下性状表达的差异性，可将在不同环境下或生态条件下获得的表型称为环境型（envirotype）（Resende et al.，2021；Xu，2016）或生态型（ecotype）。由于大量的作物种质资源表型鉴定是在开放的田间环境下进行的，在当前科学水平下作物内部与外部的生物与生态环境无法完全达到准确控制，对作物表型的精准鉴定尚处在一个初期阶段。

对于作物种质资源，表型性状主要包括以下基本类型：基本农艺和产量性状（植株个体的植物学形态与产量性状、群体的物候学特性）、品质特性（植株食用部分的主要或特殊营养成分、加工或饲用部分的化学成分）、生物胁迫抗性（对病虫草害的抵抗能力）、非生物胁迫抗性（又称抗逆性，是指对旱涝、低温高温、土壤环境中盐碱/养分缺乏/重金属等的耐受能力）、环境资源利用性状（对土壤中水分和养分、大气中光和温度等的利用效率）、适宜机收性状（抗倒折性、早熟性、果荚抗裂性、籽粒脱水性）等。

（二）作物表型鉴定基本原理

作物表型是作物基因型与环境互作所形成的可观察或可测定的性状。在基因型固定的条件下，环境决定着表型性状表达的程度。对于作物种质资源，表型性状鉴定的基本原理就是在一定的田间或控制环境下使作物种质资源中不同遗传背景的基因型得以充分表达，使种质群体展现出某种鉴定性状的多样性，从中发掘具有育种或研究利用价值的性状特异性种质。作物表型的鉴定既可以是在单一环境下，也可以是在多年异地的多环境下；既可以是在该作物的正常生长环境下，也可以是在有生物或非生物胁迫压力的异常环境下。在鉴定过程中，表型性状的充分和有效表达既受鉴定场圃所处的大环境（土壤环境、气候环境）的影响，也受鉴定作物群体密度这一生物环境的影响。

对于单一种质，在不同的时空鉴定中，其表型性状会因环境的不同而表现出变异性，但若采用多年多点多重复的鉴定，则表型性状能够呈现一定的变异范围。对于同类作物种质，即使是在单一环境中鉴定，其表型性状也会因种质间遗传背景（基因型）及性状表观修饰水平的不同而呈现差异，形成鉴定性状的多样性范畴。因此，在表型

鉴定中确保作物种质性状的充分表达，是研究种质特性和利用种质进行品种选育的基础。作物简单性状表型可为单基因或多基因控制，而复杂性状表型则为多基因控制。控制表型基因数量的增多导致鉴定过程中基因型与环境互作的复杂性增加，在多环境鉴定中对多基因控制表型的表达效应预测更加不确定。

作物种质资源表型性状鉴定与选育品种的表型性状鉴定既有相同也有相异。品种的表型鉴定以生产可利用性状为重点，侧重于产量及相关性状、生产环境适应性、部分抗病虫特性及相关品质性状。而作物种质资源的表型性状鉴定除同样关注生产可利用性状外，更要鉴定大量的基础性状、对不同生物胁迫和非生物胁迫的抗性、广泛的品质性状及其他性状，以适应为育种提供可用亲本材料、改良形成育种基础材料、为种质创新提供基因源材料、为生态保护和景观利用筛选材料等多种利用目的的需求。

根据不同的利用目的，作物种质资源表型性状鉴定可以分为三类。

（1）以种质本底性信息采集为目的的鉴定：鉴定具有大批量（基因型多）、单份材料小群体的特点，在单一环境下对基础性状和相关特性进行鉴定，以获得种质的基本特性。例如，从 1986 年开始的中国作物种质资源项目，以农艺性状和产量性状为主、结合抗病虫抗逆及品质性状，持续对 52 万份各类作物种质进行了系统的基础性鉴定；1987～1992 年 12 个国家参与的拉丁美洲玉米项目（Latin American Maize Program，LAMP）对 12 113 份美洲玉米种质围绕产量为中心的农艺性状及抗倒性、早熟性等重要性状的鉴定，发掘出 260 余份可用于温带玉米育种的热带亚热带种质（Pollak，2003）。

（2）以解决特定需求为目的的鉴定：鉴定的目的性状指向明确，采用连续多年或多点的联合性专项鉴定，通过规模化鉴定获得特定的种质资源以解决生产中的重大问题。例如，国际水稻研究所（International Rice Research Institute，IRRI）于 1975 年实施“国际水稻耐盐观察圃计划”，筛选出一批耐盐种质资源，推动了国际重要耐盐水稻品种的育成（Moeljopawiro and Ikehashi，1981）。苏联的科学家在人工控制环境下对上万份小麦种质进行抗旱性鉴定，率先建立了小麦抗旱基因库（胡荣海和昌小平，1996）。美国在 2011～2017 年实施的东部地区冬小麦种质改良计划（Winter Wheat Germplasm Improvement for the Mid-Atlantic），通过对数千份抗性组合的小麦种质进行表型的多年多点鉴定和分子标记鉴定，最终创制出抗赤霉病的新种质，成功解决了抗病育种亲本问题。为解决 2011 年以来在非洲东部流行的玉米致死性坏死病问题，国际玉米小麦改良中心（Centro Internacional de Mejoramiento de Maíz y Trigo，CIMMYT）自 2013 年以来对 20 万份次各类玉米种质资源和品种进行了人工接种条件下的抗病性鉴定，通过病害高压力下的连续选择发现了一批可用的具有稳定耐病性的种质。

（3）以育种利用为目的的鉴定：鉴定时选择育种基础性状较好的种质，采用多年多点重点性状的精准鉴定，以获得综合性状好、特异性状突出、遗传背景清晰、育种可直接利用的优异种质。例如，中国在 2016～2020 年实施的主要粮食作物/主要经济作物种质资源精准鉴定与创新利用项目。CIMMYT 与墨西哥政府联合组织的“发现种子计划”（The Seeds of Discovery，SeeD），组织世界多地研究机构对大量小麦和玉米种质进行多种表型性状和基因型鉴定，通过 SeeD 技术平台建立了多样性遗传资源挖掘与信息有效利用的途径。

作物种质资源表型形成是长期进化与驯化的结果。作物种质的价值主要体现在育种等不同目的的利用，因此作物种质资源表型鉴定与性状选择需在接近生产条件的环境中进行，而田间多变环境中鉴定所获得的表型性状数据对育种家更具参考价值（Pieruschka and Schurr，2019），田间鉴定方式也是作物表型鉴定从单一性状研究走向育种综合应用的必然。

作物不同性状的表型鉴定具有各自的特点。农艺和产量表型可通过人的直接观察和仪器度量进行描述，但鉴定受年度间气候和鉴定地域环境影响较大。生物胁迫抗性表型则由于环境对作物/有害生物各自的影响及两者互作的复杂过程而降低了年度间、不同地点间鉴定结果的重演性。非生物胁迫抗性表型和环境资源利用表型需要对鉴定环境进行必要调控才可获得准确可靠的结果，但与农艺性状鉴定相似，年度间和不同地点间鉴定结果会产生一定偏差。在室内环境下采用仪器测定的品质性状表型鉴定精度高，样本可重复，但同一种质鉴定样本质量受不同种植地域及不同种植年度环境的影响。

（三）作物表型性状鉴定的环境控制

1. 农艺和产量性状表型鉴定的环境控制

作物种质资源的利用以培育高产、优质新品种为主要目的，因此应在适宜作物生长的环境条件下进行农艺性状和产量性状的鉴定。鉴定过程中应按照作物生长需求，提供必要的养分和水分，开展正常的田间管理和防控病虫害，准确记载相关气候信息。若要考察其性状的稳定性或变异范围（环境型），宜采取多年多点（多环境）方式进行鉴定（Millet et al.，2019；Xu，2016）。许多农作物具有群体生产特性，如水稻、小麦等粮食作物，番茄、黄瓜等蔬菜作物，棉花、麻类等经济作物。因此，这些作物的农艺和产量性状鉴定要以适宜的与生产实际接近的种植密度为基础，采用群体性状鉴定方法。

2. 生物与非生物逆境抗性表型鉴定的环境控制

采用中等偏高水平的生物胁迫强度（控制病原物接种浓度或释放的害虫数量）与非生物胁迫强度（控制适度的干旱、渍涝、土壤盐分等胁迫强度和养分等水平）可使大量鉴定种质资源的抗性/耐性以不同水平获得表达，有利于育种家在兼顾产量等性状的同时选用不同水平的抗性种质。当抗性/耐性标准以产量为参考值时，大规模的种质资源鉴定中更应给予适当的胁迫水平，不宜采用高强度的胁迫，如作物耐盐性鉴定时的盐浓度控制、抗旱鉴定中土壤含水量控制。在高强度胁迫下，大量种质表现为植株死亡的表型，无法展现不同类型、不同水平的抗性/耐性。

3. 以基因挖掘为目的的表型鉴定的环境控制

采用高强度的逆境胁迫进行表型性状鉴定，多是针对初步筛选后抗性/耐性相对较好的少量材料，可以发现极端胁迫条件下的强抗性、稳定抗性材料，进而挖掘抗性基因。例如，小麦抗锈病基因、水稻抗条纹叶枯病基因、玉米抗镰孢茎腐病基因、水稻耐旱耐冷基因、玉米抗旱基因等的克隆与功能研究中的表型鉴定都采用了高强度胁迫条件。

（四）作物表型的环境适应性

作物种质资源表型性状在不同环境下表达的适应性程度反映出不同种质对环境适应性的强弱，重要表型在不同环境下表达的稳定性直接影响育种家对该性状的选择与利用。作物种质资源具备大量从外表到内部性状的表型，在多年多点多环境下鉴定时，一些种质的表型会表现为环境表达稳定或环境适应性较强，也有一些表现出环境表达不稳定、变异较大的特征，这种差异是作物种质在不同环境下长期进化的结果。不同环境下的性状适应性水平主要受到作物种质基因型的控制，也受到表型鉴定中人为因素的影响，如鉴定群体种植密度直接影响植株形态性状、抗倒伏能力、群体产量等表型的表达。因此，多年多点的鉴定可以准确揭示种质性状的适应性水平，若鉴定性状在多个环境下波动小，表明所鉴定表型具有环境表达稳定的特点。

对作物表型的环境表达稳定性和适应性评判需要采用适宜的鉴定方式，通过对检测性状的多年多点多重复鉴定结果进行系统分析才可获得。一般来讲，多环境下表达稳定的性状具有以下特点：第一，这类性状多在各种环境下并不显示为全部优异；第二，这类性状的总体表现值为中等或偏低，这是由这类表型在变化的环境中具有较强调节与适应能力所决定的。例如，对稻瘟病病原的多数小种都表现强抗性或免疫的水稻材料，其产量水平表型值普遍偏低（Wang and Valent，2017）。这种作物自身发育过程中的性状平衡，也是育种家培育新品种时经常考虑的选择中等抗性亲本同时保证产量水平的原因。作物育种具有较明显的区域特征，可从种质资源表型鉴定中选择在部分环境中性状表现优良和稳定的材料用于育种。

三、作物种质资源表型的主要鉴定方式

作物种质资源研究中的表型性状鉴定方式与内容都有别于作物育种过程中的品种表型性状鉴定和植物学研究中的一般表型鉴定。作物种质资源的表型鉴定具有材料数量大、单一群体小、生育期多样、株高变异大、部分性状（包括产量）表达受种植密度影响的特征。作物种质资源的各类主要表型性状鉴定应在与生产条件相近的鉴定圃中进行，在种子萌发期和苗期的一些性状及能够采用植株离体组织进行鉴定的性状可在环境可控设施中开展鉴定，品质性状、抗性相关物质成分则需要通过仪器进行测定。

（一）田间条件下的表型鉴定

单一或多个环境下的田间表型鉴定是作物种质资源表型鉴定的主要方式。

田间鉴定的表型涉及各类农艺性状（包括植物学性状、植株生长性状、产量性状、群体生育期性状等）、生物胁迫抗性性状（包括抗病性、抗虫性、与杂草的竞争性等）、

非生物胁迫抗性性状（包括抗旱性、耐渍性/耐涝性、耐热性、耐寒性、抗冻性、耐盐碱性、耐荫性、耐铝酸性、耐重金属、除草剂抗性、各类养分元素缺乏/过量敏感性等）、环境资源利用性状（包括氮磷钾素等养分、水分、光照、温度等利用效率）、适宜机收性状（早熟性、茎秆抗倒折性、果荚抗裂角性、籽粒脱水性、棉花落叶性等）。

田间鉴定并非在完全自然条件下的对作物种质进行相关表型鉴定，可分为正常生产环境下的农艺性状表型鉴定和半控制环境下的生物与非生物逆境抗性表型鉴定。鉴定者需要通过各种栽培措施保证鉴定种质或作为对照组种质的正常生长，对施加的胁迫逆境强度予以人为调控。例如，鉴定者通过施肥、浇灌、施药等栽培措施的调控保证鉴定作物种质的正常生长并获得相应的农艺性状等表型；在半控制环境下，鉴定者需要人为对鉴定的作物种质施加一定程度的逆境胁迫或控制土壤中养分与水分水平，以获得鉴定种质对生物与非生物抗性的表型或土壤养分与水分利用的表型。

进行作物表型性状田间鉴定时，以下要素是获得可靠表型的关键：适于该鉴定作物生长的性状鉴定圃选址、合理的种植设计及田间管理方案制定、科学的性状描述规范与数据采集标准制定或选用、实用准确的鉴定性状调查方法和性状分级与评判标准确定等。

（二）设施条件下的表型鉴定

作物种质资源的一些性状能够在温度、光照、大气湿度、土壤水分和盐分等环境条件可控的设施（温室、人工气候室、培养箱、旱棚、盐池、冷水池等）中进行鉴定。设施鉴定内容主要涉及生物与非生物胁迫抗性性状及部分农艺性状的表型，如苗期或离体组织的抗病性和抗虫性，种子萌发期和苗期的耐旱性、耐盐性、耐冷性、耐热性，矮秆作物全生育期的耐旱性、耐盐性和开花期耐冷性，成熟期的抗穗发芽，稻米、果蔬、薯块等的耐储性等。

（三）仪器分析条件下的表型鉴定

仪器分析是获得作物种质资源相关性状表型的重要技术手段之一。作物种质资源中谷类、油料、糖料作物的果实和食用籽粒的重要性状（营养品质、加工品质、碾磨品质、重要功能因子、部分挥发性风味品质成分）、植株中工业加工用成分性状（棉花和麻类的纤维等）和饲料用成分性状（可青贮作物的品质等）、植株抗倒性、叶片光合能力、生物/非生物抗性相关生化物质等的表型需要采用仪器的测定获得。

随着表型鉴定技术的发展，与品质相关的蛋白/酶成分表型已能够采用仪器进行分子检测，进而对营养和加工品质进行快速评价，如影响小麦面粉不同加工用途的谷蛋白亚基构成、与大豆利用相关的特异蛋白等的鉴定，低谷蛋白含量水稻种质鉴定，具有过敏性的大豆胰蛋白酶抑制剂和菜豆凝集素等的检测。

（四）利用味觉和嗅觉感官的表型鉴定

许多作物种质资源的果实是人类主要食用的部分。作物不同种质的果实风味是否具有较好的大众消费市场前景，除了采用仪器对相关物质成分含量进行检测，也需要通过人感官鉴定方式进行相关表型性状鉴定与综合评价，如各种水果（包含西瓜与甜瓜）色泽、香气和味道鉴定，鲜食玉米的甜度、糯性、皮渣感和口感等品质鉴定。感官鉴定是人们利用味觉、嗅觉，以及视觉的综合分析能力，并根据市场对品质的需求判断该作物种质风味品质的市场适合度。目前，一些风味品质正逐渐采用仪器鉴定，以减少人为判断的误差。

第二节　作物种质资源农艺性状鉴定与评价

农艺性状是指能够代表农作物种质特点的形态学特征、生物学特征，以及与农事活动相关的物候期性状。通过鉴定农艺性状明确种质资源的表型特征，不仅为辨别不同种质资源提供参考，而且是筛选高产、广适优异种质资源的基本途径。

一、作物种质资源农艺性状鉴定概况

（一）作物种质资源农艺性状鉴定特点

不同作物的农艺性状鉴定内容按照鉴定性状用途可分为两类：一类是与种质特征相关性状，包括根系、茎秆、叶片、花器官及果实特征等；另一类是与经济产量直接相关的，主要为经济器官的性状。按照农艺性状的属性可分为组织器官形态与色泽、生物学特征、植物生理指标和生育期等；按照农艺性状的数据类型可以分为：颜色、数量（百分比）、长度（高度）、面积、体积、形状、质量、时间及生物学特征等类型；按照农艺性状的组织器官可以分为根、茎、叶、花（育性和配合力）、果实、种子等性状。

作物种质资源农艺性状鉴定内容既有共性性状，也有因作物种类不同的特异性性状。作物农艺性状鉴定往往强调全面性，因此不同作物鉴定内容具有共性。通常，作物种质评价既包括粒重、穗数（荚数）、单株产量等与产量密切相关的性状，也涵盖花色、茸毛色等基本农艺性状，这些基本农艺性状往往对产量影响不大，但对于辨别大量的种质资源具有重要的意义（图 5-1）。另外，由于作物种质资源农艺性状鉴定是面向生产，因此侧重于对经济器官的性状鉴定，但不同作物的经济器官又各不相同：以根系（块根）为经济器官的作物如甜菜、甘薯、萝卜、姜等；以茎秆为经济器官的作物如芹菜、甘蔗等，还包括以变态茎为经济器官的洋葱、莲藕和马铃薯等；茶树和叶菜类蔬菜的叶片是重要的经济器官；粮食作物多以果实或种子为经济器官，如小麦、玉米的果实和大豆的种子等；花生、向日葵等经济作物和苹果、葡萄等果树作物的果实或种子也是主要的经济器官。在上述作物中，表型特征鉴定中对经济器官的侧重不同导致农艺性状鉴定具有显著的特异性。例如，叶片茸毛特征在小麦、玉米等粮食作物中主要作为基本农艺性状进行鉴定，而茶树中茸毛因含有大量代谢物、茸毛量对口感影响明显，所以茸毛量多少是茶树表型性状鉴定的重要指标。

除作物组织器官特征外，播种、开花和收获时间等物候期相关特征，以及育性、倍型等生物学特征也是农艺性状的重要鉴定内容。然而产量和物候期等农艺性状通常

图 5-1 作物种质资源的农艺性状鉴定

A. 水稻种质资源农艺性状鉴定；B. 玉米种质资源农艺性状鉴定；C. 大豆种质资源农艺性状鉴定；D. 小麦的不同穗型；E. 玉米籽粒的不同颜色（A. 王晓鸣摄影；B. 李春辉摄影；C. 邱红梅摄影；D. 李秀田摄影；E. 石云素摄影）

是受多基因调控的复杂性状，同时受到光照、温度、水分及土壤条件的影响，因此在不同环境条件下表现差异较大。准确评价作物的农艺性状需要通过多年多点的鉴定，而这种时序性鉴定也是评价作物种质资源抗逆性和环境适应性的重要方式。此外，作物的产量形成是以群体为基础，因此在对作物种质资源进行农艺性状评价时应从群体的角度评价个体的表现。

在中国，农艺性状鉴定是作物种质资源编目工作重要内容之一，所有种质在入国家种质库之前均需完成相关农艺性状的鉴定。按照农艺性状的性质及其对种质描述和育种的重要性可以分为必选性状（所有种质必须鉴定评价的描述符）、可选性状（可选择鉴定评价的描述符）和条件性状（只对特定种质进行鉴定评价的描述符），必选性状一般是作物种质资源编目所必需的。除农艺性状外，作物种质编目鉴定内容还包括基本信息、种质类型和品质特性等。基本信息包括统一编号、种质名称、学名、原产地（采集地）、保存单位和生态类型等。种质类型通常包括野生资源、地方品种、选育品种、自交系、遗传材料和国外引进种质等。部分作物种质编目性状包括品质特性，如大豆的蛋白质含量和脂肪含量。值得注意的是，由于产量和物候期相关农艺性状易受到环境因素影响，因此评价编目性状时应在原产地或相似生态环境下进行鉴定。

农艺性状鉴定是作物种质资源评价中的基础性工作。生物胁迫或非生物胁迫等性状因不同地区环境存在差异，导致农业生产中面临的主要胁迫类型不同，而农艺性状由于涉及种质资源辨别且与产量息息相关，因此在不同国家鉴定内容中具有较大共性。以大豆为例，美国作为世界上大豆主要生产国，保存数量 2 万余份，农艺性状鉴定较为完备，鉴定性状分为物候期、生长状态和形态学 3 种类型。物候期包括开花时间、成熟期、生育期组，以及针对野生大豆和地方品种的缠绕日期；生长状态包括株高和结荚习性；形态学包括叶形、叶片大小、花色、荚色、荚长、种皮色、脐色、粒形、种皮光泽、百粒重、茸毛色、茸毛密度、茸毛状态、分枝数、结荚习性、炸荚性和倒伏性等。除缠绕日期外，其他性状在中国大豆种质资源农艺性状鉴定中均有涉及。因此，在重要农作物种质资源农艺鉴定方面，不同国家鉴定性状内容存在较高的共性。

（二）作物种质资源的农艺性状鉴定

不同类型作物的形态和经济器官各异，农艺性状鉴定内容也存在较大差异。粮食作物作为人类和畜禽的主要食物，包括小麦、水稻、玉米等谷类作物，马铃薯、甘薯、木薯等薯类作物，以及大豆、蚕豆等豆类作物。谷类作物和薯类作物富含淀粉、植物蛋白等，而豆类是植物蛋白最丰富的作物。不同类型作物的经济性状鉴定具有一定相似性，以粮食作物为主介绍作物的农艺性状表型鉴定。

作物主要农艺性状鉴定内容可区分为根、茎、叶、花、果实、种子组织器官及生物学特性（表 5-1）。根系是植物重要的组织器官，为地上部组织提供水分、矿质元素等营养和支撑，是作物产量形成的基础。此外，甘薯、萝卜等作物的经济器官即为根。不同粮食作物的根系有较大差别，水稻、小麦等禾本科作物的根系为须根系，而豆科作物的根系为直根系。根系的鉴定性状通常包括根系的长度、面积、体积和根系分支角度等。在玉米、高粱和甘蔗等禾本科作物中，支持根对植株抗倒伏能力具有重要影响，因此支持根的发达程度作为这些作物根系鉴定评价性状之一。大豆等豆科作物能与根瘤菌形成具有共生固氮作用的根瘤，因此根瘤有无和多少是大豆根系评价的重要性状之一。在以根作为经济器官的甘薯和萝卜等作物中，根部性状的鉴定内容更为丰富，根皮色、表面光滑度等指标是影响商品性的感官品质的重要性状。

表 5-1　不同类型粮食作物农艺性状表型鉴定内容比较

类别	农艺性状
根系	根系的长度、面积、体积，根系分支角度，支持根的发达程度（玉米）和根瘤有无及多少（大豆）等
茎	小麦：株高、株型、分蘖数、有效分蘖数、倒伏性、茎秆颜色
	水稻：株高、株型、分蘖数、倒伏性、茎粗、茎秆颜色、茎秆长、主茎叶片数
	玉米：株高、株型、分蘖性、有效分蘖数、倒伏性、倒折率、茎粗
	大豆：株高、株型、有效分枝数、倒伏性、主茎节数、茎粗、茎形状、茎秆强度、生长习性、结荚习性、下胚轴颜色
	马铃薯：株高、株型、分枝多少、主茎数、茎粗、茎翼形状、茎横断面形状、茎色、幼芽基部形状、颜色及茸毛密度、幼芽顶部形状、颜色及茸毛密度
块茎	马铃薯：薯形、皮色、肉色、芽眼深浅、芽眼色、芽眼多少、薯皮光滑度、结薯集中性、块茎整齐度、块茎大小、块茎产量
叶片	小麦：叶色、叶耳色、旗叶特征、叶姿
	水稻：叶色、叶耳色、叶舌形状和颜色、叶鞘色、剑叶特征、倒二叶形状
	玉米：叶色、叶鞘色、上位穗位叶数、上位穗上叶特征
	大豆：叶色、叶形、叶柄长短、小叶数目、小叶大小、落叶性
	马铃薯：叶色、叶表面光泽度、叶缘、叶片茸毛多少、小叶着生密集度、顶小叶宽度、顶小叶形状、顶小叶基部形状、托叶形状

续表

类别	农艺性状
花器官	小麦：花药色 水稻：花药色、花药形状、花药长度、柱头色、柱头外露率 玉米：雄穗长、雄穗一级分枝数、雄穗护颖颜色、花药颜色、花丝颜色 大豆：花色、花序长短 马铃薯：花冠颜色、花冠形状、花冠大小、重瓣花、柱头形状、柱头颜色、柱头长短、花药形状、花药颜色、花柄节颜色、开花繁茂性
果实/种子	小麦：芒形、芒色、颖壳的颜色和形状、穗型、穗长、小穗着生密度、每穗小穗数、小穗粒数、穗粒数、千粒重、落粒性、粒形、粒色及腹沟和冠毛等特征 水稻：芒长、芒色、颖壳的颜色和性状、穗型、穗长、穗粒数、二次枝梗特征、籽粒形状、落粒性、糙米形状、千粒重、种皮色 玉米：穗位高、双穗率、空秆率、穗柄长度、穗柄角度、穗型、穗长、雌穗包被完整性、秃尖长、穗粗、穗行数、行粒数、轴色、轴粗、粒型、籽粒性状、籽粒大小、千粒重、籽粒容重、粒色、单株粒重、成熟水分含水量 大豆：荚色、荚大小、荚形、底荚高度、裂荚性、百粒重、粒形、种皮颜色、种皮光泽、脐色、子叶色、荚粒数、单株荚数、单株粒数、单株粒重
生育期	小麦：播种期、出苗期、返青期、拔节期、抽穗期、开花期、成熟期、全生育期 水稻：播种期、始穗期、抽穗期、齐穗期、成熟期、全生育期 玉米：播种期、出苗期、抽雄期、开花散粉期、吐丝期、成熟期、生育日数、有效积温 大豆：播种期、出苗期、开花期、结荚期、鼓粒期、成熟期、生育月份、生育日数 马铃薯：播种期、出苗期、现蕾期、始花期、开花期、盛花期、生育期、熟性、成熟期、收获期
生物学特性	育性相关性状：天然结实率、育性、不育类型、不育株率、花粉育性、花粉不育度、核型、染色体倍性、不育系的异交结实率和可恢复力、保持系保持力、恢复系恢复力等 亲和性、亲和谱、一般配合力及休眠性等
生理指标	叶片光合（呼吸）速率和叶片蒸腾速率等

茎是根和叶之间起输导和支持作用的营养器官，主茎的高度即株高和侧枝（分蘖），以及茎秆的强度（抗倒性）都是影响产量的重要因素。作物茎秆的鉴定性状通常包括株高、株型、分蘖数（分枝数）、倒伏性、茎粗等性状。另外，茎秆颜色或下胚轴颜色是区分不同作物种质资源的有用特征。不同于小麦、水稻等禾本科作物，大豆、豌豆等豆科作物的豆荚分布于各个节位，因此主茎节数是豆科作物种质资源鉴定的重要农艺性状之一。

马铃薯的食用部位虽位于地下，但是属于变态茎，因呈块状被称为块茎。块茎作为马铃薯的经济器官，鉴定性状除了营养成分含量，还包括薯形、皮色、肉色、芽眼深浅、芽眼色、芽眼多少、薯皮光滑度、块茎整齐度等外观品质相关性状，以及与产量相关的结薯集中性、块茎大小等性状。

叶片和叶柄共同构成植物的叶器官。叶片是作物进行光合和蒸腾作用的主要器官，因此光合（呼吸）速率和蒸腾速率，以及冠层覆盖度等生理指标的测定通常是针对叶片。小麦、水稻、玉米和大豆等作物的叶器官相关鉴定性状包括叶色、叶耳色、叶形、叶柄长短及叶片大小等。由于小麦、水稻和玉米产量集中于单个果穗中，因此与穗相近的旗叶（剑叶）或上位穗上叶的形态特征是叶器官性状鉴定的重要内容。

花是植物的生殖器官，是形成种子的基础。在粮食作物中，花器官的鉴定性状主要包括花冠颜色（花色）、花药色、花药长度、柱头色和柱头性状等。按照花器官结构，作物的花器官分为单性花和双性花。双性花中同时具有雌蕊和雄蕊，如小麦、大豆、苹果等作物。单性花中只有雄蕊或只有雌蕊，依据同一植株上单性花的分布，雄花和雌花生在同一植株上的为雌雄同株，雌花与雄花分别生长在不同植株上的则为雌雄异株。常见的雌雄同株作物包括玉米、黄瓜、西瓜等。玉米作为典型的单性花作物，其花器官发达，鉴定性状包括雄穗长、雄穗一级分枝数、雄穗护颖颜色和花丝颜色等性状。黄瓜为单性花作物，性型即植株着生雄花、雌花和两性花的状况与比例是影响果实产量的重要因素，通过对核心种质资源的性型进行鉴定，发现不同种质间存在丰富变异（Dou et al.，2015）。常见的雌雄异株作物如猕猴桃和菠菜，这类作物不同性别植株果实或形态特征具有明显差异，因此在生产中需要区分雌雄株。

谷类粮食作物、豆类粮食作物、果树和油料作物的经济器官通常为果实和种子，其性状与产量的形成直接相关，因此果实和种子是生产中最为关注的器官，也是作物鉴定评价的重点。谷类和豆类粮食作物的产量鉴定指标通常包括千粒重（百粒重）、穗粒数（穗行数、行粒数、籽粒大小、荚粒数和单株粒数等均为相似性状）、小穗数、穗长和单株粒重等重要农艺性状。不同于其他粮食作物，玉米的单株产量集中在1～2个穗中，穗器官鉴定性状还包括穗位高、双穗率、空秆率、穗柄长度、穗柄角度、秃尖长和穗粗等。小麦、水稻的落粒性和大豆裂荚性是造成产量损失的因素之一，因此也是鉴定性状之一。

作物果实和种子具有丰富的遗传多样性，相关表型特征不仅影响商品性，同时也是鉴别不同种质的重要依据。例如，小麦的芒形、芒色、颖壳颜色、颖壳形状、穗型、粒形、粒色及腹沟和冠毛等性状，玉米的穗型、轴色、轴粗、粒型和粒色等性状，水稻的芒长、芒色、颖壳颜色、穗型、二次枝梗特征、籽粒形状、糙米形状和种皮色等性状，大豆的荚色、荚形、粒形、种皮颜色、种皮光泽、脐色和子叶色等性状。种子或果实的部分特征虽然与产量无关，但是作为重要食用器官，同样受到关注。例如，在不同生态区大豆品种的荚色和脐色具有明显的倾向性。由于马铃薯生产中主要采用种薯无性繁殖延续种植，种子性状的鉴定评价较少。随着二倍体马铃薯自交系的创制和杂交马铃薯的成功培育，马铃薯种子性状将得到更广泛的鉴定与评价。

除粮食作物外，油菜、花生等经济作物，以及苹果、桃等果树作物中果实和种子也是最为重要的经济器官，可以直接食用，因此相关鉴定内容更为丰富，除果实表型性状外，还包括果实风味、肉质、固形物含量、可滴定酸含量等内在品质性状，以及维生素C、类胡萝卜素、花色苷等营养品质性状，同时也包括果形、单果重、着色程度等果实外观品质性状。

粮食作物多为一年生，且经济器官多为种子，因此须在合适的时期内完成从播种至种子收获整个生长发育过程，生育期相关性状也成为作物种质资源鉴定评价和育种利用的首要考虑性状。不同类型粮食作物的生育期性状通常包括播种期、出苗期、抽穗期（开花期、现蕾期、抽雄期或吐丝期）、成熟期和生育日数等重要性状。冬季小麦生长较慢，春天生长速度加快，相关返青期和拔节期等性状均是小麦种质鉴定评价的范畴。值得注意的是，粮食作物的生育期与光照和温度条件密切相关，开展生育期鉴定时首先要明确鉴定环境条件。另外，在黑龙江等高寒地区，由于温度资源有限，有效积温也是评价作物生育期的重要指标。

作物的生物学特性相关鉴定性状主要包括配合力、育性和休眠性等。在玉米、水稻等作物杂交种创制过程中，配合力是评估自交系必不可少的重要指标。水稻和小麦及大豆等作物为双性花，但人工去雄和杂交授粉困难限制了杂交优势的利用，具有雄性不育等性状的种质能够大幅提高杂交种生产效率。因此，天然结实率、育性、不育类型、不育株率、花粉育性、花粉不育度、核型、染色体倍性、不育系异交结实率、不育系可恢复力、保持系保持力和恢复系恢复力等育性相关指标是重要鉴定评价性状，尤其是水稻种质资源的鉴定。此外，光合作用、呼吸作用及冠层覆盖度等生理指标也是作物鉴定评价的常见性状，这些指标与作物产量密切相关，并且随着表型组技术的发展受到越来越多的关注。

二、作物种质资源农艺性状鉴定评价的主要方法及指标

作物的农艺性状包括颜色、数量（百分比）、长度（高度、厚度）、角度、面积、形状（形态）、质量、时间及生物学特征等多种类型指标，鉴定方法包括田间记录、工具或仪器测量及生物学方法等。颜色测定方法主要包括目测和比色卡比对两种方式，颜色性状多为分类性状，按照最大相似原则确定原则分类，比色卡比对方式多适用于颜色呈连续变化的性状，如辣椒果色和萝卜花色等。数量或百分比类型的性状鉴定方式主要靠人工测量，如小麦穗粒数、大豆分枝数、番茄茎叶茸毛疏密程度、水稻柱头外露率、向日葵空壳率等性状。作物种质资源器官或组织的长度或高度及厚度相关性状主要通过直尺或游标卡尺测量，对于水稻株高、小麦旗叶宽度、向日葵花盘直径等性状可通过直尺测量，而水稻谷粒宽度、大豆茎粗、萝卜肉质根皮厚等较小的器官或组织需要借助游标卡尺测定。水稻穗型、玉米株型、大豆倒伏性等角度相关性状主要依靠量角器或者目测估算。面积相关性状可通过网格法或者计算机软件对图像进行测量，如常见的叶片大小等性状；对于规则的形状可以通过测量长度计算，例如，以测量直径的方法评价向日葵花盘大小。形状和形态相关性状主要依靠观察并参考模式图进行评价，如小麦穗型、水稻糙米形状、大豆叶形、大白菜叶球抱合类型和番茄果顶形状等。质量相关性状通过电子天平或电子秤进行鉴定，例如，种子或果实的质量，以及大白菜等叶菜作物的叶球质量。物候期等相关性状以记录时间为主，主要通过田间调查记录的方法进行鉴定。生物学特征相关性状鉴定主要依靠专业仪器和生物学方法进行鉴定，例如，玉米、马铃薯等作物种质的核型鉴定需要借助显微镜，光合效率需要通过光合仪进行测定，水稻种质的亲和性和恢复系的恢复力则需要进行测交，以测交后代的结实率进行评价。在农艺性状鉴定过程中，应根据性状值的分布范围，采用测量范围和精度不同的工具和仪器进行测量，具体性状的观测时期、测量方法、小数点保留位数等信息可参考相应作物种质资源描述规范和数据标准。

上述传统的农艺性状鉴定方法可概括为“一把尺子一杆秤，用牙咬、用眼瞪”，随着科技的不断发展和诸多自动化设备的诞生，如自动数种机、粒重仪和根系扫描仪等设备，极大提高了农艺性状鉴定效率。近年来，随着表型组技术的发展，不仅实现了基于图像对株高、穗粒数等农艺性状的自动提取，并且结合多光谱成像技术，为生物量、冠

层结构、叶绿素含量及病虫害发生状况等生理指标高通量测定提供了可靠手段。

无论传统的鉴定方法还是新兴技术，鉴定评价的规范性是决定农艺性状鉴定是否准确的最主要因素。农艺性状的鉴定规范性包括播种时间、生长条件和鉴定时期、性状采集时间和部位及群体量等方面。

首先是作物种质资源的播种时间和环境条件。种植时间决定了作物生长阶段的日照时长、温度、降水分布及成熟度，进而影响株高、产量及品质等诸多重要性状。通常，播种过早会遭遇低温，播种过晚会延长生育期。种植地点不仅决定了鉴定时的温度和水分，同时不同地点土壤类型和土壤肥力存在差异，土壤质地、酸碱性和铝离子含量等因素均会影响作物生长。此外，播种时间和种植条件往往会导致病虫害发生的不同，偏重的病虫害胁迫会干扰鉴定种质农艺性状的正常表达。因此，在鉴定农艺性状时需充分考虑种植时间和种植环境条件的影响。除物候期等相关研究外，建议作物农艺性状鉴定的播种时间以当地农时为标准，以便研究结果与生产相结合。

鉴于环境条件对农艺性状表现的影响，为了准确评价农作物表型，应开展多点的田间鉴定。另外，相同地点不同年份间的环境条件也存在较大差异，因而多年多点的鉴定数据是准确评价作物种质性状的基础。通过对 809 份大豆种质在黑龙江、北京和河南等 3 个地点的百粒重、株高等 84 个农艺性状的连续两年鉴定，检测到 245 个显著性关联位点，其中包括 *Dt1*、*E2*、*E1*、*Ln*、*Dt2* 等重要农艺性状调控基因（Fang et al.，2017）。通过 1938 份大豆地方品种在北京和湖北武汉 2 个地点的开花期鉴定，鉴定到开花期相关位点 17 个，以及日照长度、温度和降水量等物候性状相关位点 27 个（Li et al.，2020b），进一步克隆了控制开花期和成熟期的关键驯化基因 *GmPRR3b*。该基因协同外界光温环境，不仅参与调控开花时间，而且影响主茎节数和单株产量（Li et al.，2020a）。

作物的生长发育是一个连续变化的过程，且对光周期具有节律反应，因此不同时期及一天中的不同时间段的数据采集都会影响鉴定结果的准确性。例如，小麦的株型是在植株抽穗后对主茎和分蘖茎的集散程度进行评价，而大豆的株型是在植株成熟时进行鉴定。光合效率是决定产量性状的重要因素，光合作用与光照条件和植物代谢密切相关，因而具有很强的昼夜节律性。因此，对于光合特性等生理指标不仅要掌握好调查的作物生长时期，调查具体时间和天气因素也应予以注意和记载。大豆叶片角度能影响植株透光性，多数大豆种质不同生育时期和不同时间段的叶片角度存在差异，在生育后期和中午光照充足时叶片角度较小呈直立型，而开花前和早晨、傍晚等弱光条件下叶片角度较大，呈铺张或下垂状。

作物的组织器官往往呈不规则形状，同时也会随植株生长发生变化，因此不同部位的器官表型具有一定差异，应按照统一的鉴定部位进行调查。例如，玉米的穗和穗轴呈梭形，而穗粗和轴粗的鉴定部位为雌穗中部；小麦护颖形状鉴定是以主穗中部护颖为准。在无限结荚习性或者亚有限结荚习性的大豆种质中，叶片面积随发育的先后顺序呈先变大后逐渐变小的趋势，且部分种质下部叶片为卵圆叶而上部叶片为披针叶，因此大豆种质的叶形和叶片大小均以主茎中上部叶片为准。

值得注意的是，不同于植物分类学（基于模式标本进行鉴定），作物鉴定的目的是面向生产，作物农艺性状的鉴定均需要一定的群体量。以群体为对象进行农艺性状鉴定，不仅能够降低个体对鉴定结果准确性的影响，更重要的是能够真实反映种质的生产应用潜力。种植密度是影响产量的重要因素，只有在适宜密度条件下才能获得较高的群体产量。密度过小时，个体植株因光照、水、肥充足而发育较好，单株产量较高，但单位面积内群体量小且易出现缺苗断垄现象，限制群体产量的提升；另外，密度过大易造成植株徒长和倒伏。因此，在对株高、分枝数和单株粒重等与产量相关农艺性状进行鉴定时应充分考虑适合的群体密度。

第三节　作物种质资源生物胁迫抗性鉴定与评价

作物具有种植的广泛性，因此不同种植区的气候和土壤条件导致与作物相伴相生的各类有害生物在环境适宜时形成局部发生的地域性病虫害、作物特定生长期发生的阶段性病虫害、特殊环境下发生的暴发性病虫害、持续稳定发生的常发性病虫害、特定作物上发生的寄主选择性病虫害，对作物生产构成重大威胁。随着全球气候的改变，许多次要病虫害逐渐升级为主要病虫害，一些病虫害的发生区域扩大，使作物生产不断受到新的挑战。在生产中，施用农药以控制病虫害是最常用的技术，但农药对环境、食品和饲料安全性的负面影响也是不言而喻的。生产中病虫害的暴发与流行常常与特定环境的形成有关，而环境条件的不确定性导致以药剂防控病虫害在选择施药时期时具有一定困难性。因此，充分利用作物自身对病虫害的抗性是有效抵御病虫害、确保产量稳定的重要措施，也是发展现代农业所需要，而从大量种质资源中鉴定筛选可利用的抗病虫种质则成为培育抗性品种的重要基础环节。

作物种质资源抗病虫性状鉴定原则：在给予作物正常生长条件的同时，创造适宜病虫害发生的环境，使作物能够在中等偏高的病虫压力下，充分表达出基因型所控制的抗病虫表型，以有效筛选出育种或深入研究可利用的抗病虫种质。

一、作物种质资源生物胁迫抗性鉴定概况

作物生产中，主要生物胁迫分为病害、虫害、草害和鼠害，但病害与虫害是作物对生物胁迫抗性鉴定与研究的核心。

作物病害是指由各类微生物引起的作物伤害与生产损失，根据病原的不同区分为真菌病害、卵菌病害、细菌病害、病毒病害、植原体病害和线虫病害。作物虫害主要是指由有害昆虫（节肢动物门昆虫纲）引起的作物生产损失，但广义的虫害还包括由螨类（节肢动物门蛛形纲）及蜗牛、螺、蛞蝓（软体动物门腹足纲）造成的危害，一般根据对作物的危害方式区分为地下害虫、刺吸害虫、食叶害虫和蛀食害虫。

（一）世界作物种质资源的抗病虫性鉴定

开展作物种质资源对病虫害的抗性鉴定是源于应对作物生产中病虫害暴发与流行的需求，通过对抗性种质的筛选，培育抗病虫性强的品种，以保护作物生产。因此，世界各国或国际农业研究机构长期以来针对不同作物、不同区域的病虫害开展作物种

质资源的抗病虫性鉴定工作和相关研究。例如，欧洲自 19 世纪中期因马铃薯晚疫病暴发而引起的爱尔兰大饥荒后，迄今一直在不断地从各类马铃薯种质中鉴定新的晚疫病抗源，从发掘 *R* 基因控制的小种专化性抗性种质，到鉴定由多基因控制的田间抗病性种质，从鉴定马铃薯栽培种质到对近缘种和野生种种质的鉴定。1975 年以来，国际水稻研究所（IRRI）通过水稻遗传评价国际网络（the international network for genetic evaluation of rice，INGER）持续开展了 50 000 余份水稻种质的鉴定评价，包括抗白叶枯病、稻瘟病、纹枯病、褐飞虱、稻瘿蚊等病虫害的表型鉴定和新抗源挖掘研究。国际玉米小麦改良中心（CIMMYT）利用全球试验网络针对条锈病、叶锈病、秆锈病和赤霉病进行了长期的小麦种质抗性鉴定工作和玉米种质抗致死性坏死病、靶斑病、霜霉病及抗虫性鉴定。国际热带农业中心（Centro Internacional de Agricultura Tropical，CIAT）对全球广泛收集的普通菜豆种质资源进行了抗细菌性疫病、炭疽病、角斑病和花叶病毒病的表型及抗炭疽病基因型鉴定。美国自 20 世纪 50 年代发生大豆胞囊线虫病后，通过对大量种质的抗性鉴定，发掘出 3 个不同类型的大豆胞囊线虫抗源：‘PI 88788’‘Peking’‘PI 437654’。针对 2002 年以来在美洲监测到的大豆锈病孢子，美国和巴西分别对 16 500 余份和 10 000 余份大豆种质进行了抗锈病鉴定，发掘抗锈种质并培育抗病新品种，有效防止了大豆锈病的流行。

作物种质资源抗病虫表型性状的鉴定是一项长期性的工作。宏观生态环境的改变能够导致病虫害发生种类的改变，而抗病虫品种的推广既可以改变区域内病虫害的种类，也可以改变病菌的致病基因型和害虫的致害生物型。因此，作物种质资源抗病虫鉴定的内容也要在不同的时期进行调整，同时根据病原基因型和害虫致害生物型的改变不断鉴定新的抗性种质，挖掘新的抗源基因。而随着分子生物学研究技术的发展，当前在进行目标明确的规模化抗病虫表型鉴定的同时，采用抗性基因功能标记和抗性基因等位性鉴定技术，能够对发掘出的抗病虫种质进行准确的抗性基因型鉴定。

（二）中国作物种质资源抗病虫性鉴定

中国开展作物抗病虫鉴定有较长的历史。20 世纪 50 年代，伴随着小麦品种‘碧蚂 1 号’对条锈病抗性的丧失，即开展了对选育和生产推广品种的抗条锈病人工接种鉴定。同时期，中国科学家利用重病田，开展了棉花品种抗枯萎病和黄萎病鉴定与抗病品种选育。

第六个“五年计划”期间（1981～1985 年），在国家项目支持下，首次对水稻、小麦、大麦、玉米、高粱、谷子、甘薯、大豆、绿豆、花生、棉花、麻类、白菜、菜豆、芜菁、黄瓜、辣椒等作物种质资源开展了规模化抗病性、抗虫性鉴定。从 1986 年开始，依托国家项目和国家基础性工作任务的长期支持，围绕粮食作物、经济作物、蔬菜作物、果树作物、绿肥作物种质资源研究，系统开展了各类作物种质对病虫害的抗性鉴定。据不完全统计，至 2020 年，中国完成了 105 种作物对 541 种病虫害 185 万份次种质的抗性鉴定，初步掌握了各类作物种质资源抗病虫性本底水平，也为各种作物培育抗病虫新品种提供了重要的基础信息和抗性材料。

1. 粮食作物抗病虫性状鉴定

粮食作物种质资源包括禾谷类、粒用豆类和薯类等作物，生产中许多病虫害会造成严重的产量损失。近年来，小麦条锈病和赤霉病连续大流行，水稻稻瘟病、褐飞虱及稻纵卷叶螟不断暴发，马铃薯晚疫病持续偏重发生，表明生产推广品种的抗病性和抗虫性面临新挑战；新发茎基腐病及其扩散威胁小麦生产，茎腐病和穗腐病成为培育籽粒机收玉米品种的重大障碍，昆虫传播的病毒病对多种作物威胁快速上升。

自新中国成立以来，针对田间病虫害发生实际，中国累计开展了 22 种粮食作物种质资源及其野生和近缘种对 143 种病虫害的抗性鉴定，完成 141 万份次种质的抗性评价（表 5-2，图 5-2），其中由国家作物种质资源项目完成的鉴定份次占 55.5%，涉及 100 种病虫害。

表 5-2 中国粮食作物种质资源抗病虫性鉴定

作物	病虫害数量	病虫害种类	国家种质资源项目（份次）	其他项目与报道（份次）
水稻/野生稻	15	稻瘟病*，白叶枯病*，细菌性条斑病*，纹枯病*，黑条矮缩病*，南方水稻黑条矮缩病，条纹叶枯病，黄矮病，褐飞虱*，白背飞虱*，稻瘿蚊*，三化螟，二化螟*，稻纵卷叶螟，稻蓟马	273 095	287 610
小麦/野生近缘植物	18	条锈病*，叶锈病*，秆锈病*，白粉病*，赤霉病*，纹枯病*，根腐病*，叶枯病，全蚀病，茎基腐病，黄矮病*，黄花叶病，胞囊线虫病，根结线虫病，长管蚜*，二叉蚜*，禾缢管蚜，吸浆虫	196 102	193 958
大麦	8	黄花叶病*，黄矮病*，白粉病*，赤霉病*，条纹病*，云纹病，条锈病，叶斑病	36 986	26 806
玉米	21	大斑病*，小斑病*，弯孢叶斑病*，南方锈病*，普通锈病*，灰斑病*，纹枯病*，丝黑穗病*，瘤黑粉病*，根腐病*，苗枯病，鞘腐病，腐霉茎腐病*，镰孢茎腐病*，拟轮枝镰孢穗腐病*，禾谷镰孢穗腐病*，矮花叶病*，粗缩病*，玉米螟*，红蜘蛛，蚜虫	69 254	68 652
高粱	6	丝黑穗病*，靶斑病*，炭疽病，黑束病，高粱蚜*，玉米螟*	32 750	8 838
粒用豆类	36	豌豆：白粉病*，枯萎病*，锈病*，黄花叶病，潜叶蝇*，蚕豆蚜* 菜豆：炭疽病*，角斑病*，细菌疫病*，枯萎病，菌核病*，花叶病毒病*，豆蚜* 蚕豆：赤斑病*，褐斑病*，锈病*，黄花叶病 豇豆：尾孢叶斑病*，锈病*，豆蚜* 绿豆：尾孢叶斑病*，丝核根腐病*，白粉病*，枯萎病*，豆蚜*，豌豆蚜*，绿豆象*，茶黄螨*，潜叶蝇* 小豆：尾孢叶斑病*，锈病*，花叶病毒病，豆蚜*，绿豆象* 鹰嘴豆：叶枯病 饭豆：绿豆象	40 496	4 373
燕麦	7	坚黑穗病*，秆锈病*，红叶病*，白粉病，叶斑病，蚜虫*，黏虫*	12 187	4 925
谷子	7	粟瘟病*，白发病*，锈病*，黑穗病*，线虫病*，玉米螟*，粟芒蝇*	105 180	10 051
黍稷糜	1	黑穗病*	8 333	2 257
荞麦	1	轮纹病*	50	0
甘薯	11	黑斑病*，根腐病*，薯瘟病*，茎腐病*，蔓割病，茎线虫病*，根结线虫病，疮痂病，白绢病，软腐病，蚁象*	7 379	18 102
马铃薯	10	晚疫病*，早疫病，疮痂病，癌肿病，黄萎病，粉痂病，环腐病，黑胫病，青枯病*，病毒病*	1 735	2 706
木薯	2	细菌性枯萎病*，朱砂叶螨*	1 200	383

*为国家种质资源项目组织鉴定的病虫害

图 5-2　作物种质资源抗病虫表型鉴定

A. 水稻抗纹枯病鉴定；B. 玉米抗粗缩病鉴定；C. 小麦抗赤霉病鉴定；D. 玉米抗茎腐病鉴定；E. 小麦抗白粉病鉴定；F. 大豆抗疫病鉴定（A. 杨保军摄影；B. 王晓鸣摄影；C. 陈怀谷摄影；D. 段灿星摄影；E、F. 朱振东摄影）

2. 经济作物抗病虫性状鉴定

经济作物种质资源主要包括油料、纤维、糖料、烟、茶、桑及橡胶树、胡椒等作物。胞囊线虫病、灰斑病、食心虫是中国北方大豆产区重要病虫害；菌核病、霜霉病及根肿病对油菜生产影响极大；荚果黄曲霉病是威胁花生食用安全的突出问题。在纤维作物中，棉花黄萎病、棉铃虫对生产持续影响，麻类作物炭疽病广泛发生。茶树病虫害多样，对绿色产业影响大。发掘抗病虫种质、培育抗病虫品种、减少田间农药用量是提高经济作物品质、减少产品中农药残留的关键措施。

据不完全统计，中国已对 23 种经济作物及其野生种开展了涉及 135 种病虫害约 35 万份次种质的抗性鉴定（表 5-3），其中国家作物种质资源项目组织的鉴定份额占 66.1%，涉及病虫害种类 96 种。

表 5-3　中国经济作物种质资源抗病虫性鉴定

作物	病虫害数量	病虫害种类	国家种质资源项目（份次）	其他项目与报道（份次）
大豆/野生大豆	16	胞囊线虫病*，花叶病毒病*，霜霉病，灰斑病*，疫霉根腐病*，锈病*，紫斑病，菌核病*，镰孢根腐病*，炭腐病*，细菌性斑点病，轻斑驳病毒病，矮化病毒病，食心虫，蚜虫，豆秆黑潜蝇	118 999	67 840
油菜	7	花叶病毒病*，霜霉病*，菌核病*，根肿病*，白锈病，黑胫病，小菜蛾	18 742	7 038
花生/野生花生	13	青枯病*，锈病*，根结线虫病*，轻斑驳病毒病*，网斑病*，早斑病*，晚斑病*，黄曲霉病*，果腐病*，焦斑病，黄花叶病，矮化病毒病，条纹病毒病*	39 455	15 765
芝麻	2	茎点枯病*，枯萎病*	9 103	3 097
蓖麻	7	枯萎病*，灰霉病*，疫病*，细菌叶斑病*，棉铃虫*，潜叶蝇*，蓖麻夜蛾*	1 010	23
向日葵	10	菌核病*，黑斑病*，霜霉病*，拟茎点病*，黄萎病*，锈病*，黑胫病，白锈病，向日葵螟虫*，列当*	840	1 480
红花	14	根腐病*，锈病*，白粉病*，炭疽病*，黄萎病*，叶斑病*，蚜虫*，棉铃虫*，红铃虫*，棉红蜘蛛*，潜叶蝇*，夜蛾*，红花蝇*，金针虫*	5 193	12
棉花/野生棉	12	枯萎病*，黄萎病*，黑根腐病，根结线虫病，曲叶病毒病，棉蚜，棉铃虫*，红铃虫，棉叶螨，棉大卷叶螟，棉盲蝽，斜纹夜蛾	17 662	6 375
苎麻	4	花叶病毒病*，根腐线虫病*，炭疽病，苎麻夜蛾*	1 581	2 720
黄麻	3	炭疽病*，黑点炭疽病*，茎斑病	1 201	1 157
大麻	1	大麻叶跳甲*	134	0
红麻	2	炭疽病*，根结线虫病*	1 159	603
亚麻	4	立枯病*，枯萎病*，炭疽病，白粉病	2 662	1 879
剑麻	1	斑马纹病*	4	96
甘蔗	5	黑穗病*，眼斑病*，锈病*，宿根矮化病，花叶病毒病*	222	946
甜菜	5	根腐病*，白粉病*，褐斑病*，黄化病毒病*，丛根病	2 322	1 325
烟草	9	黑胫病*，花叶病毒病-TMV*，花叶病毒病-CMV*，斑驳病毒病*，蚀纹病毒病，赤星病*，青枯病*，根结线虫病*，蚜虫*	10 625	7 824
茶/野生茶树	9	云纹叶枯病*，轮斑病*，根结线虫病*，茶饼病，茶赤叶斑病，假眼小绿叶蝉*，茶尺蠖*，斯氏尖叶瘿螨*，咖啡小爪螨	774	559
桑	5	萎缩病*，青枯病*，菌核病，赤锈病，细菌性疫病*	841	750
橡胶树	2	白粉病*，死皮病*	707	28
胡椒	1	瘟病*	7	22
可可	1	黑果病	0	3
咖啡	2	锈病*，褐斑病	56	114

*为国家种质资源项目组织鉴定的病虫害

3. 蔬菜作物抗病虫性状鉴定

蔬菜作物种质资源包括叶用类、瓜类（含西瓜、甜瓜）、菜用豆类、葱韭类和水生类蔬菜，作物种类多，病虫害复杂。随着设施生产发展，多种粉虱、根结线虫、灰霉病、根肿病等日趋严重。蔬菜生长期短，对病虫害防控要求高，农药残留控制严格，更需积极发掘抗病虫种质。

蔬菜抗病虫鉴定主要采用人工接种鉴定方式。迄今，中国已对 28 种蔬菜作物开展了 139 种病虫害的抗性鉴定 6.9 万份次（表 5-4），国家项目鉴定占 55.2%，涉及 43 种病虫害。

表 5-4　中国蔬菜作物种质资源抗病虫性鉴定

作物	病虫害数量	病虫害种类	国家种质资源项目（份次）	其他项目与报道（份次）
大白菜	8	芜菁花叶病毒病*，霜霉病*，黑腐病*，菌核病，根肿病，软腐病，黑斑病，小菜蛾*	4761	2683
小白菜	5	芜菁花叶病毒病*，根肿病，黑腐病，软腐病，小菜蛾*	1613	160
芥菜	2	芜菁花叶病毒病，根肿病	0	827
萝卜	4	黑腐病*，芜菁花叶病毒病*，霜霉病，根肿病*	2564	792
胡萝卜	2	黑腐病，黑斑病	0	171
结球甘蓝	5	芜菁花叶病毒病，根肿病，黑腐病，黄瓜花叶病毒病，菌核病	0	4795
花椰菜	3	根肿病，菌核病，黑腐病	0	779
黄瓜	16	霜霉病*，白粉病*，枯萎病*，褐斑病，菌核病*，黄瓜绿斑驳花叶病毒病，疫病*，黑星病，炭疽病，黄瓜病毒病-ZYMV，黄瓜病毒病-CMV，黄瓜病毒病-WMV，灰霉病*，根结线虫病*，细菌软腐病，瓜蚜	8749	3794
莴笋	2	菌核病*，霜霉病*	267	0
番茄/野生番茄	18	花叶病毒病*，番茄蕨叶病毒病，白粉病*，叶霉病，晚疫病*，青枯病，黄化曲叶病毒病*，枯萎病，黄萎病，芝麻斑病*，细菌性斑点病*，根结线虫病，细菌溃疡病，番茄斑萎病毒病*，灰叶斑病，早疫病，根腐病，烟粉虱	1950	3669
茄子/野生茄	9	黄萎病*，青枯病*，根结线虫病，褐纹病，绵疫病，灰霉病，侧多食跗线螨，蓟马，二十八星瓢虫	1317	1611
辣椒	12	花叶病毒病-TMV*，花叶病毒病-CMV*，炭疽病*，疫病*，根腐病，早疫病，灰霉病，白粉病，疮痂病，青枯病，侧多食跗线螨，桃蚜	5049	4402
菜豆	5	炭疽病*，枯萎病*，锈病*，根腐病，花叶病毒病	6990	525
豇豆	7	锈病*，黑眼豇豆花叶病毒病*，枯萎病，煤污病，豇豆蚜传花叶病毒病，疫病，细菌斑点病	3202	276
瓜类	6	根结线虫病*，疫病，白粉病，花叶病毒病-PRSV-W*，花叶病毒病 WMV，枯萎病	413	687
芹菜	1	尾孢叶斑病	0	475
韭菜	1	迟眼蕈蚊	0	60
葱	3	病毒病，锈病，紫斑病	0	232
大蒜	3	紫斑病，白腐病，蒜蛆	0	141
洋葱	1	鳞茎腐烂病	0	37
莲	1	腐败病	0	114

续表

作物	病虫害数量	病虫害种类	国家种质资源项目（份次）	其他项目与报道（份次）
茭白	4	胡麻斑病，锈病，二化螟，长绿飞虱	0	120
芋	1	疫病	0	95
荸荠	1	秆枯病	0	60
慈姑	1	黑粉病	0	119
水芹	1	斑枯病	0	9
西瓜	9	病毒病-ZYMV*，病毒病-WMV，白粉病，枯萎病*，蔓枯病*，根结线虫病*，炭疽病，细菌性果斑病，瓜绢螟	1110	2155
甜瓜	8	病毒病-ZYMV，白粉病*，枯萎病，蔓枯病，根结线虫病，霜霉病，细菌性果斑病，列当	150	2208

*为国家种质资源项目组织鉴定的病虫害

4. 果树作物抗病虫性状鉴定

果树作物种质资源包括核果类、浆果类、坚果类、热带水果果树及各类砧木。中国是水果生产与消费大国，果品质量安全离不开抗病虫品种的推广。苹果腐烂病一直是困扰苹果生产的重要病害，被称为苹果的“癌症”；梨黑斑病曾一度影响中国梨的对外贸易；根癌病对许多蔷薇科果树生产影响极大；香蕉枯萎病曾对中国香蕉生产形成巨大冲击。果树类作物主要为多年生乔木、灌木和藤本，危害果实的病虫害防治困难，从栽培种质、野生资源和各类砧木中发现和利用抗病虫种质更具重要生产意义。

果树较为高大，采用田间人工接种方法进行抗病虫鉴定难度大、环境不易控制，因此许多鉴定是利用病虫害重度发生年份对大量种质进行田间自然鉴定，也采用离体叶片、离体枝条的室内接种方法进行抗病虫鉴定。目前，中国已对 28 种果树作物及砧木对 118 种病虫害开展了约 2.3 万份次的抗病虫鉴定（表 5-5），其中国家项目鉴定涉及 56 种病虫害。

表 5-5　中国果树作物种质资源抗病虫性鉴定

作物	病虫害数量	病虫害种类	国家种质资源项目（份次）	其他项目与报道（份次）
苹果/野生苹果	11	腐烂病*，黑星病*，轮纹病*，斑点落叶病*，白粉病，灰霉病，霉心病，火疫病，阿太菌果腐病，小吉丁虫*，苹果绵蚜	2045	1882
梨/砂梨/野生梨	8	黑星病*，黑斑病*，腐烂病，轮纹病*，炭疽病，锈病，火疫病，阿太菌果腐病	1180	1904
山楂	1	桃小食心虫*	277	164
桃	5	根结线虫病*，根癌病*，流胶病*，蚜虫*，黄斑椿象*	2398	125
李	3	细菌性穿孔病*，根癌病，蚜虫*	583	1
杏	3	疮痂病*，果实斑点病，杏芽瘿	22	27
樱桃	3	根癌病*，根结线虫病，褐斑病	95	133
枣	4	枣疯病，缩果病*，黑顶病，炭疽病	268	158

续表

作物	病虫害数量	病虫害种类	国家种质资源项目（份次）	其他项目与报道（份次）
葡萄/野生葡萄	11	霜霉病*，白腐病*，根癌病*，黑痘病，白粉病，褐斑病，炭疽病*，溃疡病，根结线虫病*，根瘤蚜*，东方盔蚧*	2023	1969
柿	3	炭疽病，圆斑病*，角斑病	433	55
猕猴桃	4	软腐病*，细菌溃疡病*，青霉病，褐斑病	137	134
核桃	6	黑斑病*，白粉病，溃疡病，炭疽病，褐斑病，叶枯病	50	246
板栗	6	栗疫病*，炭疽病，红蜘蛛，栗瘿蜂，桃蛀螟，栗实象鼻虫	50	125
银杏	1	疫病	0	5
榛	1	白粉病	0	4
柑橘类	11	衰退病*，褐斑病*，根结线虫病*，炭疽病*，脚腐病*，溃疡病*，蒂腐病，黄龙病，煤污病，橘全爪螨，潜叶蛾	1188	375
枇杷	6	锈斑病*，裂果病*，日灼病*，皱果病*，叶斑病*，灰斑病	1632	689
草莓/野生草莓	9	灰霉病*，蛇眼病*，白粉病*，炭疽病*，叶斑病，叶枯病，黄萎病，红蜘蛛*，蚜虫	598	242
杨梅	1	凋萎病*	32	0
穗醋栗	1	白粉病*	46	5
香蕉/野生香蕉	3	枯萎病*，软腐病，根结线虫病	15	282
荔枝	2	霜疫病，荔枝蝽	0	61
龙眼	1	鬼帚病*	173	0
杧果	9	炭疽病*，蒂腐病，细菌性角斑病*，疮痂病，杧果切叶象甲，横线尾夜蛾，杧果叶瘿蚊，蓟马，脊胸天牛	650	515
澳洲坚果	1	蓟马	0	9
菠萝	1	心腐病	0	117
椰子	2	灰斑病*，泻血病*	100	16
油棕	1	叶斑病*	24	0

*为国家种质资源项目组织鉴定的病虫害

5. 绿肥牧草作物抗病虫性状鉴定

对绿肥与牧草种质的抗病虫性鉴定开展较少，在国家项目中尚未涉及。已报道对4种绿肥与牧草作物开展了5种病虫害220份次的鉴定，包括绿肥作物红萍抗椎实螺、牧草作物红豆草抗黑斑病和轮纹病、银合欢属抗异木虱、柱花草属抗炭疽病等鉴定。

二、作物种质资源抗病虫性鉴定评价的主要方法及指标

作物种质资源抗病虫性鉴定涉及一年生和多年生作物、野生种和近缘植物。在病虫害方面，既有可以在作物种植当地越冬、完成全部生活史的病虫害，也有许多迁移性病虫害。因此，开展作物种质资源的抗病虫性鉴定，需要依据各种作物特点、相关病虫害发生规律和病菌培养及害虫繁殖难易程度，确定抗性鉴定技术方法、鉴定指标和抗性评价标准。

作物种质资源抗病虫性鉴定具有鉴定材料数量大的特点，常常为数百份，甚至数千份材料同时进行鉴定。人工接种条件下的田间抗性鉴定是首选，辅之自然发病和感虫条件下的田间鉴定，室内设施鉴定为重要补充，仪器鉴定为辅助形式。

（一）人工接种条件下种质抗病虫性田间鉴定

人工接种鉴定方式可控制病原与害虫接种强度，能够对鉴定环境进行适当调控，因此鉴定结果具有相对稳定性和重演性。

1. 抗病虫性田间鉴定圃设置原则

抗性鉴定圃应设立在所鉴定病虫害常发区，以使鉴定作物在接种后与适宜病虫害发生的环境相遇，胁迫强度达到可鉴别作物种质抗性差异的水平。

2. 病原或害虫接种体培养与繁殖

对于病害和虫害抗性鉴定，首要的是实现病原接种物和害虫接种体的大量繁殖。随着鉴定需求的不断增加，一些病原及害虫繁殖技术获得突破，如适于不同真菌分生孢子大量诱生的培养基创制；玉米瘤黑粉病病菌的培养技术使得来自病菌不同遗传型菌系的单倍体担孢子能够进行培养并混合接种，接种后在玉米组织中形成双核菌丝完成正常发育和致病过程；侵染性克隆技术使得原本只能在植物活体中增殖的病毒能够在农杆菌中完成培养增殖，极大促进了作物种质资源抗病毒病的鉴定发展和抗源的发掘；一些以往无法人工繁殖的害虫也随着饲料配方的突破成为可饲养的虫源。

人工接种鉴定中的多数真菌/卵菌病原采用合成培养基进行培养和繁殖，或在培养后再在多种谷粒基质上繁殖接种体；病原细菌通过营养琼脂培养基培养并可在营养肉汤培养液中繁殖接种体；玉米螟、棉铃虫、蚜虫、褐飞虱、豆象等害虫在人工合成饲料/寄主幼苗/豆粒等基质上生长并大量繁殖接种用虫卵或幼虫。

对于仅能在寄主上存活的病原，多种技术可以繁殖接种体，如通过感染感病寄主获得足量接种体（小麦抗白粉病鉴定、橡胶树抗白粉病鉴定、萝卜抗霜霉病鉴定等），霜霉菌可通过保湿自然发病种质叶片形成接种体（黄瓜抗霜霉病鉴定、葡萄抗霜霉病鉴定等），或从感病材料上采集接种体（谷子抗白发病鉴定、豌豆/花生抗锈病鉴定、玉米抗丝黑穗病鉴定、燕麦抗坚黑穗病鉴定等）；病毒可在敏感寄主/传毒介体上繁殖（水稻抗黑条矮缩病鉴定、玉米抗矮花叶病鉴定、大豆抗花叶病毒病鉴定等）或制备病毒的侵染性克隆获得接种体（番茄抗黄化曲叶病毒病鉴定、小麦抗黄矮病毒病鉴定、黄瓜抗黄瓜绿斑驳病毒病鉴定等）；对植原体引起的枣疯病，可将待测健康枣枝条嫁接在病枣植株组织上进行抗病性鉴定。在抗虫性鉴定时，可直接从虫害发生田采集大量成虫在室内产卵并孵化幼虫而获得接种虫源（水稻抗三化螟鉴定、棉花抗红铃虫鉴定、茶树抗假眼小绿叶蝉鉴定等）。

3. 接种病原或害虫数量水平控制

为使鉴定种质达到适宜的病虫害发生强度，不同作物对接种病原浓度或害虫密度有相应规定。若接种强度偏低，多数种质呈现抗病或抗虫表型，无法筛选出真实的抗性种质；若接种强度过高，多数种质严重感病或被害过重而掩盖了种质间抗性水平的差异性。

抗真菌病害鉴定时，喷雾或注射用病菌接种体（孢子）浓度控制在 1×10^5～1×10^6cfu/mL；鉴定对土传病害抗性时，应设定每株材料相对定量的病菌接种水平。细菌病害抗性鉴定接种时，接种体浓度控制在 1×10^8cfu/mL，如采用剪叶法接种的水稻抗白叶枯病鉴定、采用针刺法接种的菜豆抗细菌疫病鉴定、采用浸根法接种的番茄抗青枯病鉴定。

害虫接种密度需根据不同作物进行控制，如玉米种质抗玉米螟鉴定时，在小喇叭口期每株接种玉米螟卵约 60 粒；水稻抗褐飞虱鉴定中，采用国际水稻研究所的标准苗盘鉴定技术（standard seed box screening technique，SSST），在罩有防虫网的育苗盘中以每株 8～10 头的密度接入褐飞虱 2 龄幼虫；以叶盘法测定十字花科作物种质对小菜蛾抗性时，每个叶盘接入 5 头 3 龄幼虫。

（二）依托自然病圃/虫圃的种质抗病虫性鉴定

当所鉴定病害的病原或虫害的虫源无法进行人工培养和繁殖时，或鉴定单位不具备病原和虫源繁殖条件时，或鉴定作物（如果树）较难进行人工接种时，自然病圃或虫圃可作为作物种质资源抗性鉴定的方法。

自然病圃和虫圃应设置在所鉴定病害和虫害常发区，以使抗性鉴定能大概率遇到病害或虫害的较强胁迫。在自然病圃或虫圃中鉴定，由于受病原、虫源迁入鉴定圃方向及时期影响，病虫害在鉴定圃中发生和分布不均匀、发生强度可能偏低。因此，自然病圃和虫圃条件下的抗性鉴定，对鉴定病虫表现高度敏感、抗性低表型种质能够获得确认，但需要通过多年病虫害偏重发生条件下的重复鉴定才能准确识别出抗性水平高、抗性稳定的种质。

部分作物种质的抗病虫鉴定采用田间自然条件下的鉴定方式，如小麦抗黄花叶病毒病、胞囊线虫病和吸浆虫鉴定、玉米抗粗缩病鉴定、大豆抗食心虫鉴定、油菜抗根肿病鉴定、苹果抗炭疽叶枯病鉴定、山楂抗食心虫鉴定、红麻抗根结线虫初鉴定、杧果抗切叶象甲鉴定等。

（三）温室等设施中的种质抗病虫性鉴定

设施条件下可以精准控制鉴定环境、病虫害胁迫强度。

在苗期发病或被害虫为害的作物，以及成株期抗性与苗期抗性密切相关的作物可选择在温室、生长箱、人工气候室等设施中进行苗期抗病虫性鉴定，如小麦种质抗条锈病和白粉病鉴定、玉米抗矮花叶病鉴定、大豆抗疫霉根腐病鉴定、多种蔬菜抗根肿病鉴定、水稻抗灰飞虱鉴定等。

离体组织接种技术的发展极大促进了鉴定群体数量大或植株株型较大或多年生果树的抗病虫性鉴定，选取植株离体叶片、茎秆、枝梢、果实等组织在室内或设施中完成对抗性的筛选与评价。例如，以离体茎秆进行水稻抗二化螟鉴定，采用离体叶片开展小麦抗白粉病、水稻抗稻纵卷叶螟、大豆抗斜纹夜蛾、葡萄抗霜霉病与白腐病、猕猴桃抗细菌溃疡病、杧果抗炭疽病等鉴定；采用离体枝条/嫩梢进行苹果抗腐烂病、茶抗假眼小绿叶蝉鉴定；选取离体果实进行梨抗火疫病、枣抗缩果病等鉴定。

（四）仪器辅助的抗性鉴定

1. 抗病性抗虫性相关生化物质检测

作物不同种质抗病性表型与体内抵御病原入侵和扩展相关酶（如苯丙氨酸解氨酶、超氧化物歧化酶、多酚氧化酶）活性水平改变呈显著正相关关系，可以通过测定酶活水平判断抗病性，如大豆对灰斑病的抗性、苜蓿对根颈腐烂病的抗性、薏苡对黑粉病的抗性等。

作物中一些组成性元素和生化物质与抗虫性密切相关，可以在作物未受到虫害时，通过仪器检测初步判断种质的抗虫性水平。例如，水稻叶鞘二氧化硅含量和叶片草酸含量与灰飞虱抗性正相关；水稻叶片中硅与抗稻纵卷叶螟、稻瘿蚊正相关；玉米和小麦中丁布含量分别与玉米螟、蚜虫抗性水平相关。诱导性苯丙氨酸解氨酶也与棉花抗蚜性、水稻抗褐飞虱相关。

2. 已克隆抗病抗虫基因的功能标记检测

至 2017 年，已有 314 个植物抗病基因被克隆（Kourelis and Hoorn，2018），部分抗虫基因也已被克隆，如 38 个抗水稻褐飞虱基因中有 8 个（*Bph3*、*Bph6*、*Bph9*、*Bph14*、*Bph18*、*Bph26*、*Bph29*、*Bph32*）被克隆。利用多个已被克隆的抗稻瘟病基因功能标记检测大量水稻种质中抗病基因，为水稻种质的抗稻瘟病育种利用提供了清晰的信息。对抗褐飞虱基因 *BHP9* 等位变异的鉴定为抗虫水稻种质利用奠定了基础。利用抗赤霉病基因 *Fhb1* 序列信息清晰揭示了中国抗赤霉病小麦品种的抗性基因来源。利用抗晚疫病 *R* 基因的分子标记检测明确了马铃薯野生种质和现代品种中抗病基因分布特征。对抗大豆胞囊线虫病 *rhg1*、*Rhg4*、*GmSNAP11* 抗病等位变异的鉴定阐明了大豆种质资源抗性遗传基础，为抗病种质的有效利用提供了理论基础和必要信息（Tian et al.，2019）。抗病虫基因功能标记鉴定利于明晰种质抗病虫基因型构成与抗性应用选择。

3. 与抗病抗虫基因紧密连锁标记检测

作物中大量的抗病抗虫基因被鉴定、定位和标记。中国利用紧密连锁基因标记在多种作物种质资源中开展了抗病虫基因携带状况检测，如小麦抗条锈病基因标记、玉米抗茎腐病基因标记、甘蔗抗褐锈病基因标记、大豆抗花叶病毒病基因标记、辣椒抗烟草花叶病毒病基因标记、番茄抗黄化曲叶病毒病基因标记等，为初步确定种质抗性基因构成、发现新抗性基因奠定了基础。

（五）作物对病虫害抗性鉴定指标

作物种质抗病虫性鉴定存在作物种类和生育期、病虫害种类、植株受害部位、抗性类型方面的差异，因而在鉴定方法、对病虫害反应调查指标和抗性评判标准方面都有所不同。

始于 1986 年的国家作物种质资源项目为中国作物种质资源抗病虫鉴定工作首次

建立规范性技术方法、病情及虫害分级指标及抗性评价标准，并出版《粮食作物种质资源抗病虫鉴定方法》（吴全安，1991）。自 2006 年国家农业行业标准《玉米抗病虫性鉴定技术规范 第 1 部分：玉米抗大斑病鉴定技术规范》（NY/T 1248.1—2006）发布后，已有玉米、小麦、大麦、棉花、大豆、番茄、辣椒、苹果等多种作物抗病虫鉴定技术规范或技术规程作为国家标准或行业标准颁布，涉及病虫害 80 余种；在不同作物的“农作物优异种质资源评价规范”和“农作物种质资源鉴定技术规程”等行业标准中也制定了针对部分病虫害抗性鉴定的方法和评价标准。这些已颁布的国家及行业标准为规范不同作物对病虫害的抗性鉴定操作和抗性评价标准提供了依据。

1. 作物抗性反应级别划分

作物对病虫害反应类型揭示了不同的抗性机制，亦与抗性基因表达相关。在理论上，病虫害为害越重，作物的损失越大。在抗病虫鉴定中，病虫害为害严重程度的划分多采用从轻到重，在数值上则为从小至大，如“1”代表无危害或发生极轻，“9”代表发生极重。部分作物抗病性鉴定中对病害级别或虫害级别的划分是以其所对应的产量损失水平相关参数为依据，不同级别间的产量损失水平达到显著或极显著，如玉米纹枯病、粗缩病、茎腐病、弯孢叶斑病和穗腐病的病情分级与产量损失间的关系呈显著正相关。根据中国发表的相关标准及各国多数鉴定者采用的方法，对不同作物与病原或害虫互作后反应类型及等级划分方式归纳如下。

（1）以作物组织相对受害面积/比率为分级依据。叶片、根系、枝条、果实等植株组织被病原侵害后出现不同颜色与形状的斑块；刺吸性害虫对叶片为害形成大量细小白斑或局部变色，食叶性害虫食叶后造成缺刻或孔洞。进行抗性鉴定时，可将被害组织受害面积与总面积比值作为表型分级的依据，包括叶斑病（稻瘟病、小麦条锈病、玉米大斑病、大豆灰斑病、花生褐斑病、黄瓜白粉病、菜豆细菌疫病等），叶部虫害（玉米螟、小菜蛾等），根茎部病害（小麦纹枯病、辣椒根腐病、番茄根腐病等），果实病害（小麦赤霉病、玉米穗腐病、荔枝霜疫病），果实虫害（桃黄斑椿象），枝干病害（苹果轮纹斑病、柿炭疽病等）抗性鉴定。

（2）以幼苗枯死为分级依据。幼苗期鉴定时，采用植株死亡率作为分级依据，如大豆抗疫霉根腐病、水稻抗褐飞虱和灰飞虱鉴定。

（3）以幼虫死亡率或发育影响程度为分级依据。采用离体叶片、叶碟、茎段、嫩梢进行抗虫性鉴定时，选择幼虫死亡率或幼虫发育受阻程度作为虫害分级依据，如水稻抗螟虫、棉花抗棉铃虫、茶树抗茶尺蠖鉴定等。

（4）以受害率（发病株率/为害株率）为分级依据。对为害作物茎秆、枝条和果实/籽粒的病虫害，采用鉴定材料发病株率、害虫为害株率或组织被害率作为受害等级划分指标，如玉米抗茎腐病、谷子抗黑穗病、水稻抗稻瘿蚊、大豆抗食心虫、豆类抗豆象鉴定等。

（5）以综合指标为分级依据。一些抗病虫性鉴定中的为害等级划分采用 2 项或更多的综合指标，如番茄抗黄瓜花叶病毒鉴定中采用花叶叶片畸形程度、植株矮缩程度为等级划分依据；葡萄对根瘤蚜抗性鉴定采用计数根段上各龄期蚜虫数量、产卵量及根瘤根结形成数量，以根瘤量和蚜虫种群倍增时间作为抗性反应分级依据。

（6）受害等级的其他划分方法。小麦抗蚜虫鉴定以全株蚜虫数量为分级指标；苹果抗腐烂病鉴定以枝干上病斑长度分级；茶树抗假眼小绿叶蝉鉴定采用百叶虫口密度划分为害级别。

2. 作物抗病虫性评价标准

在完成对作物种质抗性鉴定的表型调查后，需根据获得的表型数据对种质对病虫害的抗性水平予以定性描述，即抗性评价。目前，较广泛采用的抗病虫性评价标准分为 5 级，为高抗（highly resistant，HR）、抗（resistant，R）、中抗（moderately resistant，MR）、感（susceptible，S）、高感（highly susceptible，HS），也有增设免疫（immune，I）、中感（moderately susceptible，MS）等级别的。抗性评价依据的指标在不同鉴定中各异，主要为以下几类。

（1）以病情或虫害级别直接对应于抗性水平。每份鉴定种质的群体病情/虫害级别或依单株计算的平均病情/虫害级别直接对应不同的抗性水平描述，如小麦抗黄矮病、玉米抗叶斑病、高粱抗丝黑穗病、水稻抗灰飞虱、茶树抗假眼小绿叶蝉、山楂抗食心虫鉴定等。

（2）以病情指数或受害指数对应于抗性水平。基于鉴定材料单株病情或虫害级别调查，计算每份种质病情指数或虫害指数并划分种质抗性水平，如水稻抗稻瘟病、小麦抗赤霉病、梨抗黑星病、番茄抗病毒病、食用豆抗蚜虫、白菜抗小菜蛾、桃抗黄斑椿象鉴定等。

（3）基于多种指标的综合评价。部分抗病虫鉴定以多性状判断种质抗性水平，如小麦抗锈病鉴定中依据侵染型和病情指数形成抗性评价指标；香蕉抗枯萎病鉴定综合植株根、茎、叶症状进行抗性分类；苹果抗小吉丁虫鉴定以枯枝率、总虫口数、羽化孔数形成抗性评价标准。

直接将受害症状数值指标对应于抗性水平。为简化操作，一些鉴定采用将调查数据直接对应抗性水平的方法，如水稻抗白叶枯病鉴定中取每份鉴定群体中单株叶片病斑长度平均值对应不同抗性水平；梨和苹果抗阿太菌果腐病鉴定以果实病斑扩展直径平均值对应抗性水平。

三、作物种质资源生物胁迫抗性类型与机制

作物种质资源在与环境中病害、虫害、草害等有害生物的互作中产生不同形式的抵抗表型，这些不同的抗性表型反映出由不同基因控制的抵御机制。了解作物抗病性与抗虫性类型和抗性机制是选择作物种质资源抗病虫性状鉴定方法和病虫为害分级指标、科学分析抗性鉴定结果、合理利用抗性种质的基础。

（一）作物抗病性类型与抗性机制

1. 作物的抗病类型

根据作物与病原互作过程，将抗病类型分为抗侵染、抗扩展、抗繁殖、抗毒素

四类。

1）抗侵染

抗侵染是指与病原接触后作物识别机制被激发，通过信号转导引发免疫反应，在细胞水平快速形成抵御病原入侵的结构。作物与锈菌、白粉菌等专性寄生病原互作中普遍具有“基因对基因”方式的抗侵染表型（Wang et al.，2020），表现为植株叶片等组织表面在接种病原物后无明显的病斑或仅有小型的褪绿斑点和小点状的组织坏死，通常评价为“高抗”，多为少数基因控制的质量抗病性。

2）抗扩展

在病原突破表层组织后，作物通过激活特定代谢途径合成抗菌物质，抑制病菌在寄主组织中快速生长，或改变侵染点周围组织中细胞壁成分形成病菌扩展屏障，减轻病害症状。作物与兼性寄生，以及死体营养型真菌、卵菌和细菌互作中广泛存在抗扩展表型（Balint-Kurti and Holland，2015），与敏感型种质相比，表现为病斑长度或面积较小，病斑周围有褐色的边缘。这类表型通常评价为“抗”或“中抗”，为多个基因调控的数量抗病性。

3）抗繁殖

被病原侵染后，作物通过调整代谢活动干扰病原繁殖，导致病原在病斑上不产生或少产生繁殖器官（Murithi et al.，2021），或在寄主体内增殖受到限制，例如，在小麦抗白粉病鉴定中一些种质叶片上的白粉菌菌丝稀薄、孢子少。抗病原繁殖的特性对于罹病植株自身保护作用有限，却对减缓病害流行贡献很大。在表型上由于病斑较大，常常会评价为“感”，需要认真识别。抗病原繁殖是个复杂的生理过程，受到多基因的调控。

4）抗毒素

真菌或细菌病原产生的毒素既影响作物生长或加重病害发生，也通过污染籽粒、果实而对人畜构成食物或饲料中毒风险。一些作物种质具有较特殊的酶代谢途径，对病原毒素具有抑制产生或破坏结构的解毒能力（Chen et al.，2019；Munkvold，2003）。抗毒素的表型肉眼不可见，需要通过仪器进行测定，其可由少数主效基因调控，也可能由多个基因共同调控。

2. 作物的抗病机制

根据作物对病害的反应方式，将抗病性机制分为被动抗病性与主动抗病性。

1）被动抗病性

被动抗病性是指作物种质利用自身遗传形成的固有、非专化的特殊细胞结构或代谢物质对病原入侵、扩展、繁殖、产毒过程的抵御。作物被动抗病性的表型及功能包括：与抵抗病原萌发和侵染相关的植株表皮细胞蜡质层和角质层厚度；具有抵抗病原入侵功能的植株特殊气孔结构和木栓化皮孔；与抵抗病原果胶水解酶相关的植株表皮层细胞壁钙化和硅化程度；具有抵御病原在植株细胞间扩展的高木质素成分细胞壁；对病原发育有抑制作用的植株自身生物碱、醌类和抗性酶等化合物；不利于病原生长的低养分含量种质。

2）主动抗病性

主动抗病性是指当病原侵染作物或在作物组织中扩展、繁殖、产毒时引发的寄主主动通过与病原互作中产生的信号转导而激发的一系列抵御病原活动的生理生化反应，形成不同的抗性代谢表型。例如，强化细胞壁结构物质的合成，形成细胞壁乳突、木栓层、离层限制病原扩展；引发侵染点细胞启动过敏性坏死程序，使病原同步死亡；激活寄主防御酶系统，生成抵御病原的解毒酶，如过氧化物歧化酶、苯丙氨酸解氨酶、多酚氧化酶、过氧化物酶及植保素。

（二）作物抗虫性类型与抗性机制

1. 作物的抗虫类型

根据作物对害虫的反应方式，将抗虫性分为忌避性、抗生性、耐害性。

1）忌避性

忌避性是指作物通过特殊外部形态、挥发性化学因素或其他物理障碍对害虫具有拒降落、拒产卵、拒取食的特性。例如，一些水稻种质叶片被飞虱为害后产生多种对害虫具有驱避作用的挥发物；叶片茸毛长且密的茶树种质抗螨性强，而叶片下表皮角质化程度高的种质对刺吸性害虫抗性强；番茄表皮毛密度高的种质干扰二斑叶螨的刺吸取食和产卵。作物对害虫的忌避性与形态和特定化学成分密切相关，因此主要受到少数基因的调控，其抗性表型特征为害虫不选择该种质或种质上害虫很少且无明显被害迹象。

2）抗生性

抗生性是指作物含有对害虫有毒的化学物质或对害虫发育所需营养物质含量很低，从而引起害虫取食后发育紊乱甚至死亡的特性。例如，水稻中总酚和总黄酮含量与白背飞虱抗生性显著相关；棉花中棉酚、单宁含量高种质对棉铃虫、红铃虫抗生性较高；小麦种质对麦蚜、野生大豆对斜纹夜蛾、玉米种质对朱砂叶螨也具有抗生性差异。由于作物抗生性主要与植株中某些生化物质有关，因此抗性主要由少数基因所调控，其表型特征表现为田间植株上害虫活体数量无显著减少，但在用离体组织进行抗生性测定时可见害虫发育迟滞或害虫死亡。

3）耐害性

耐害性是指作物被害虫取食后所存留器官具有增殖或补偿能力，从而减少害虫为害对产量引发损失的特性。例如，不同水稻种质具有对白背飞虱忌避性、抗生性和耐害性的差异；小麦种质‘郑麦 9023’‘烟农 19’‘邯 6172’对长管蚜具有较高耐害性。作物对害虫的耐害性是植株的综合反应过程，其补偿机制较复杂，因此是由多个基因共同调控的。耐害性的表型特征为植株显著被害，但与敏感种质相比较，产量损失较低或幼苗死亡率较低。

2. 作物的抗虫机制

作物的抗虫性分为被动抗虫性和主动抗虫性。

1）被动抗虫性

作物在与害虫长期互作中进化出一些特殊外部形态、内部组织结构及不利于害虫发育的化学物质，这些特定的形态与物质不论作物是否受到害虫侵袭都是存在的，因而称被动抗虫性。抗虫的外部结构包括有较厚蜡质和角质层的表皮、紫红色叶片、叶表无茸毛或具长而密的茸毛。抗虫的化合物包括具驱避性的挥发性代谢物和具抗生性的非挥发性物质，如含氮化合物（十字花科的芥子油苷、豆科的非蛋白氨基酸）、酚类化合物（棉花中的棉酚和半棉酚酮、其他作物中的单宁）、苯并噁唑嗪酮类化合物（玉米和小麦中的丁布）等。

2）主动抗虫性

作物在受到害虫侵袭后一些代谢途径被激发，产生出对害虫具毒害作用的次生代谢物或能够补偿调节受损组织以挽回部分产量损失，由于这些代谢过程只发生在被害虫侵袭后，因此称主动抗虫性。作物主动抗虫性相关代谢物有葫芦素等萜烯类、单宁等酚类、蛋白酶抑制剂和植保素。

（三）作物抗病虫种质主要来源

1. 作物种质资源起源地的原始种类及后代中蕴藏着抗病虫种质

现代商业化育种使得生产品种的遗传多样性急剧下降，其中也包括对病虫害的抗性多样性，因此新品种在推广数年后即面临遗传来源较为单一的抗性“丧失”问题，即抗性基因失去其功能。多样性的抗性是培育持久抗性品种的基础。作物种质资源在起源地与病虫害胁迫环境长期互作中进化出各类抗性种质。如果抗性鉴定所涉及病虫害与该作物起源地病虫害相同，可较大概率在起源地保存种质鉴定中获得抗性材料。例如，玉米起源于拉丁美洲热带地区，由于没有严寒，自然界中病虫害种类多，生物胁迫压力大，在长期互作中玉米种质进化出各异的抗病虫类型，成为玉米育种和种质研究中重要的抗病虫材料来源。例如，在中国曾获得大面积推广的玉米品种‘农大108’‘鲁单50’‘沈单10号’，其主要亲本‘X178’‘齐319’‘沈137’遗传组成中均含有种质‘PN78599’的热带血缘，3个自交系具有相似的兼抗多种病害的优异表型，形成了品种大范围推广种植的重要基础。

2. 作物种质资源驯化地区的地方品种中蕴藏着抗病虫种质

在世界不同区域的野生植物驯化活动是该类作物种质资源适应当地环境并与该地病虫害互作的历史。在驯化中形成的大量地方品种可能有携带良好的、目前育种家所希望获得的对一些病虫害具有抗性的种质。白粉病是小麦生产中的重要病害，利用抗病基因是控制该病害的重要手段。近年在中国丰富的小麦地方品种中鉴定出许多抗白粉病材料，并对部分地方品种抗病基因进行了克隆或精细定位，如‘复壮30’（*Pm5e*）、‘小白冬麦’（*mlxbd*/*Pm5*）、‘齿牙糙’（*Pm24*）、‘葫芦头’（*Pm24*）、‘红芒麦’（*Pm24*）、‘白葫芦’（*Pm24b*）、‘红洋辣子’（*Pm47*）、‘须须三月黄’（*Pm61*）、‘红蜷芒’（*PmH*）、‘蚂蚱麦’（*Mlmz*）、‘唐麦4号’（*PmTm4*）、‘小红皮’（*PmX*）、‘红蚰麦’（*PmHYM*）、‘青心麦’（*PmQ*）、‘大红头’（*PmDHT*）、‘短秆芒’（*PmDGM*）、‘白蚰蜒条’（*PmBYYT*）、

‘贵资 1’（*PmGZ1*）等。

3. 作物野生与近缘种质资源中的抗病虫源

作物野生或近缘种质资源具有较强的对生物与非生物环境的抵抗能力，抵御病虫害的方式与遗传控制更复杂，有利于挖掘出对当今生产面临的许多新病虫害的抗性，是抗病虫材料的重要基因源（Egorova et al.，2022；Zhou et al.，2021；Lenne and Wood，2003）。例如，在已正式命名的 77 个小麦抗白粉病基因中，49 个基因来自普通小麦近缘种和野生种。对各类作物种质的鉴定结果也表明，野生稻、玉米野生种大刍草、马铃薯野生种、野生小扁豆、番茄野生种，以及西瓜、葡萄、猕猴桃、草莓等的野生种中有许多对特定病虫害具有突出抗性的种质，是改良育种亲本、培育抗病虫品种的重要抗源。科学家已将普通野生稻、药用野生稻、紧穗野生稻、小粒野生稻中抗褐飞虱基因导入常规稻中并加以育种利用。

第四节　作物种质资源非生物胁迫抗性鉴定与评价

干旱、高温、低温、盐渍、重金属等不利于作物生长发育甚至导致植物器官损伤和死亡的非生物因素统称为非生物胁迫，即逆境。非生物胁迫在作物生长发育的各个阶段都会发生，严重影响作物生产。为了适应非生物胁迫，作物进化出相互关联的形态、生理、分子调节途径以使自身能够及时响应和适应环境，这种通过自身调节以耐受和抵抗非生物胁迫的能力称为非生物胁迫抗性。改良对非生物胁迫的抗性是提高作物生产潜力和稳产能力的生物学基础，因此，也是作物种质资源鉴定评价的重要内容。

一、作物种质资源非生物胁迫抗性鉴定概况

（一）自然界中非生物胁迫种类

非生物胁迫包括干旱、渍涝、高温、低温、盐碱、铝酸、养分亏缺、遮阴、强光、辐射、大风、电磁及环境污染（重金属、农药、臭氧和二氧化硫污染）等。不同胁迫可能同时发生，形成多重胁迫，如旱热、旱盐、紫外线与重金属共胁迫等。另外，同一种胁迫根据发生原因、程度等特征又可分为不同类型，例如，干旱胁迫可分为大气干旱（空气湿度低）、土壤干旱（土壤缺水）和生理干旱（土壤溶液浓度高）；低温胁迫可分为冷害（零度以上低温）和冻害（零度以下低温）。根据作物受害特征可以对胁迫类型进行判断。例如，温度方面，低温冷害往往导致烂种，种子发芽和出苗延迟，植株生长缓慢，叶组织变为褐色或深褐色，根尖变黄；冻害可导致叶绿素解体，植物体出现水渍状斑块，叶片萎蔫、失绿，甚至枯死，严重冻害导致植株自上而下发生萎蔫，出现“歪头”或者“秃顶”现象；高温使作物叶片卷曲、枯黄，花芽分化受阻，花果小、畸形，甚至落花落果。水分方面，干旱影响作物出苗，抑制生长，叶片变黄，严重时枯萎死亡；渍涝可导致作物扎根不稳，遇风倒伏，严重时根系腐坏，叶片萎蔫，植株坏死。土壤方面，高盐使得作物不易立苗，生长迟缓，叶面积小，叶色暗绿；强

酸导致植株矮小，叶窄色暗，生长停滞，枯萎死亡。

（二）作物抗逆性鉴定

非生物胁迫抗性又习惯简称为抗逆性。不同作物地理分布不同，种植环境差异大，逆境胁迫发生的时间亦不同，因此各种作物抗逆性鉴定评价的侧重点不同。例如，冻害主要发生在秋播越冬、晚秋收获或早春播种的作物，如小麦、大麦、马铃薯、油菜等；高温主要危害麦类、豆类、向日葵等北方干热风易发区种植的作物；干旱主要发生在中国西北、华北的干旱和半干旱地区，以及东北、西南等季节性干旱区，受旱作物包括小麦、玉米、谷子、高粱等，如北方冬麦区主要受冬季和春季干旱影响，而南方冬麦区的干旱则多发生在秋季至入冬时节；渍涝灾害发生在长江流域及其以南的旱作区，以及北方平原低洼地区，影响各类旱地作物；北方滨海及内陆地区的盐土，南方各湖荡及南海沿岸地区的酸性土，以及存在于各大工矿区、电离辐射区的粉尘、污水、电磁等因素对当地各类作物生产均能造成危害。冷害影响水稻生产，在东北地区发生在分蘖前和开花后，南方双季稻地区主要发生在早稻芽期和苗期，以及晚稻开花期和灌浆期，而南方地区的五月寒、倒春寒对水稻花粉母细胞减数分裂造成严重影响。因此，水稻抗冷性鉴定可在萌发期、苗期、分蘖期、减数分裂期、开花期和灌浆期分别开展。因此，不同作物抗逆性鉴定策略需根据其种植环境及种质特征制定。

二、作物种质资源非生物胁迫抗性鉴定评价的主要方法及指标

作物对各类非生物胁迫的抗性鉴定一般分为田间环境鉴定与人工控制环境鉴定两大类，前者进行作物全生育期的抗性鉴定，而后者则主要是针对作物发芽至苗期及部分成株期的抗性鉴定（图 5-3）。

（一）田间环境的抗逆性鉴定

田间环境下的抗逆性鉴定在作物的自然生境中进行，能够准确表征供试材料在田间生态环境下的实际表现。目前，中国已分别针对各类作物建立了抗旱性、抗寒性及

A

B

图 5-3　作物种质资源非生物胁迫抗性鉴定

A. 水稻田间自然耐冷性鉴定；B. 水稻孕穗期冷水浇灌下耐冷性鉴定；C. 小麦抗旱性鉴定；D. 小麦耐热性鉴定；E. 玉米耐低氮鉴定；F. 玉米抗旱性鉴定；G. 小麦耐渍性鉴定；H. 大豆耐盐性鉴定（A、B. 韩龙植摄影；C、D. 李龙和景蕊莲摄影；E. 刘京宝摄影；F. 刘成摄影；G. 吴纪中摄影；H. 张辉摄影）

耐盐性等多种抗逆性鉴定技术规范，如国家标准《小麦抗旱性鉴定评价技术规范》（GB/T 21127—2007）、农业行业标准《节水抗旱稻抗旱性鉴定技术规范》（NY/T 2863—2015）和《棉花耐盐性鉴定技术规程》（NY/T 3535—2020）等。抗逆性鉴定规范的共性技术要点包括以下几个方面。

（1）试验设计。非生物胁迫抗性鉴定试验宜在供试种质适宜的生态区实施，试验前需对当地土壤养分含量及土壤质地进行检测，避免胁迫处理与当地土壤条件产生冲突；开展多年多点试验，各年点设置三次以上重复，随机区组设计。

（2）胁迫及对照处理。播种前检测土壤墒情及种子活力，保证出苗整齐；在邻近胁迫处理的试验地设置非胁迫处理的对照试验，胁迫及对照试验地内除目标胁迫因素以外的其他环境条件尽可能相同；除特殊试验需求外，胁迫程度应参考不同作物生长季的农业气象资料等相关胁迫因素来确定。

（3）表型鉴定。鉴定性状包括植株形态、生理及产量等（图 5-4），根据作物种质资源描述规范对表型数据进行量化，用于数据采集的种质材料应严防混杂，同时注意记录各种质的生育时期；针对环境敏感性表型，如叶片卷曲度、冠层温度及气孔导度等，应遵守“一同一优”原则进行鉴定，即同时对处理组和对照组进行鉴定，优先完成单个重复内的数据采集，从而减少组内或组间环境差异所引起的试验误差。

（4）抗逆性评价。根据鉴定目的，应充分权衡鉴定过程的可行性及鉴定结果的准确性，选取适宜的评价指标；在进行大批量种质非生物胁迫抗性鉴定时，一般选用单指标评价方法，常用的单指标评价参数包括：抗逆指数、胁迫敏感指数及表型适应性

A

B

C

D

图 5-4　小麦非生物胁迫抗性表型精准鉴定

A. 冠层温度测定；B. 叶绿素含量测定；C. 植被指数测定；D. 光谱参数测定；E、F. 根系形态测定
（李龙、景蕊莲摄影）

指数等（Sahar et al.，2016）；对于优异亲本材料选择或小批量种质资源研究，建议尽可能丰富性状种类，通过隶属函数、主成分分析或灰色关联度分析等方法对多性状进行有效聚合，形成综合抗逆参数进行评价，从而提高鉴定结果的全面性和准确性，常用的综合抗逆参数包括：综合抗逆指数、隶属函数值及加权抗逆系数等（王兴荣等，2021；李龙等，2018）。总之，非生物胁迫抗性鉴定圃选址、试验设计及田间管理方案、性状描述规范与数据采集标准、鉴定性状的调查方法、性状分级与评判标准等要素是获得田间鉴定可靠结果的关键，需要全面考虑，制定出适宜作物非生物胁迫抗性表型及基因型的鉴定方案与评价标准。

（二）人工控制环境的抗逆性鉴定

人工控制环境下的鉴定是将作物种植于人工设施内，如温室、人工气候室、培养箱、旱棚、热棚、盐池、冷水池等，人工设施可以控制白昼与夜间的温度、湿度、光照强度与长度等，以满足不同作物不同生育期表型鉴定的特殊需求。人工控制环境下的抗逆性鉴定具有占地面积小、环境可控及重复性好等优点，是田间环境抗逆性鉴定的必要补充和完善。人工气候室及培养箱等小型设施多用于作物芽期和苗期的抗性鉴定，一般使用聚乙二醇（PEG-6000）、氯化钠及重金属离子溶液，或者极端温度或湿度等模拟胁迫条件，通过调查种子发芽率、发芽势、发芽指数、活力指数，以及幼苗生物量等指标评价芽期和苗期的抗旱性、耐盐性、耐重金属离子、耐高/低温及耐渍等非生物胁迫抗性（Li et al.，2021）。可移动旱棚、日光温室及可控温室等大（中）型设施通常用于鉴定不同种质的苗期或成株期非生物胁迫抗性。例如，利用旱棚模拟持续干旱环境，通过干旱-复水的反复干旱处理，根据不同种质材料的幼苗最终存活率，可以筛选强抗旱种质（李龙等，2018）；利用旱棚阻隔降水影响，同时结合土壤注射法对不同小麦种质幼苗进行盐胁迫处理，通过检测幼苗的钠、钾离子含量及生物量等指标筛选出苗期强耐盐种质（彭智等，2017）。近年来，机器视觉技术及智能图像处理系统的快速发展极大地提高了设施条件下非生物胁迫抗性鉴定的通量和精度（Yang et al.，2020b），一些研究机构相继建立了以自动观测温室系统为支撑的作物表型研究中心。表型鉴定系统包括传送带、成像模块、暗房、运输车、灌溉装置、称重装置及控制台等。核心成像模块包括可见光、近红外光和荧光成像系统，通过可见光能够测量作物株高、叶面积和叶角度等形态指标，通过近红外成像可以分析作物和土壤中的水分分布情况，从而研究作物蒸腾和逆境响应，通过荧光成像可以分析作物光合性能等。对供试材料进行条形码标记，由计算机软件控制其在传送带上的动态分布，可避免光、温、湿分布不均造成的试验误差，同时可对各生长发育阶段的植株进行定期测量。人工控制环境下的抗逆性鉴定具有高通量、精准等特性，鉴定结果重现性好，在现代农业中具有良好的应用前景。

三、作物种质资源非生物胁迫抗性类型与机制

（一）作物非生物胁迫抗性类型

作物对非生物胁迫的抗性类型包括避逆性、御逆性和耐逆性。避逆性是指作物在时间或空间上完全或部分避开逆境的影响，在相对适宜的环境下完成生活史的能力。例如，小麦在生长发育后期遭遇干旱、高温胁迫时会提早成熟。御逆性是指作物通过形态、生理等适应性变化，使自身条件适应逆境，从而少受或免受逆境影响的能力。例如，玉米通过增加侧根密度适应土壤低磷环境，水稻通过叶片卷曲减少受光及蒸腾面积以抵御强日照或干旱胁迫。耐逆性则是指作物在逆境中，通过代谢的变化降低或修复逆境损伤来维持生长发育的能力。例如，干旱或盐胁迫下，植物保护酶活力升高，通过清除自由基降低膜脂过氧化水平，维持细胞稳态，保持植株的生存和生长。

（二）作物非生物胁迫抗性机制

作物对非生物胁迫的抗性机制可以分为形态机制和生理机制。形态机制一方面是依靠作物自身的固有形态，如矮秆作物重心低因而抗倒伏能力较强；另一方面表现为适应性形态，如小麦、水稻、玉米、谷子等作物通过调整冠层结构（分蘖数、茎节长度、叶夹角、叶片大小及萎蔫程度等）、根系构型（根角度、根数、根深、根直径等）、植物体表面的表皮毛密度和蜡质厚度、气孔密度和大小等形态特征适应干旱或高温环境（Monforte，2020）。生理机制包括渗透调节能力、活性氧代谢、蛋白应答等。渗透作用是植物吸收水分的主要方式，水分从高水势部位流向低水势部位，在干旱、高盐等土壤环境中，土壤水势较低，植物通过在体内积累有机溶质（如脯氨酸、甜菜碱、可溶性糖）及无机离子（如 K^+）等渗透调节物质，增加细胞液中的渗透调节物质浓度，降低细胞水势，从而提高植物吸水和保水能力。非生物胁迫还会造成植物体内活性氧物质积累，从而破坏膜系统，导致质膜透性增加造成脱水等伤害。植物可以通过保护酶系统（超氧化物歧化酶、过氧化物酶、过氧化氢酶等）清除体内的活性氧物质，防止自由基伤害，增强抗逆性。例如，超氧化物歧化酶可以催化超氧阴离子自由基生成过氧化氢和分子氧，过氧化氢酶则进一步催化过氧化氢分解为水和分子氧。此外，植

物在非生物胁迫诱导下可以合成特异蛋白，对于增强其非生物胁迫抗性至关重要。这些特异蛋白按其功能分为两大类：一类是具有直接保护作用的蛋白质，主要包括 LEA 蛋白、热激蛋白、抗冻蛋白、蛋白分子伴侣、mRNA 结合蛋白、水通道蛋白、转运蛋白、蛋白酶抑制因子等。例如，植物体受高温胁迫后体内蛋白质变性剧增，热激蛋白可与某些蛋白质结合，维持它们的空间构象和生物活性，增加耐热性。另一类是调节蛋白，参与非生物胁迫信号转导或基因表达调控，包括蛋白激酶、蛋白磷酸酶、钙调素、G 蛋白、转录因子和一些信号分子等。例如，DREB 转录因子通过与抗逆基因启动子区的 DRE/CRT 顺式作用元件结合，调控下游基因表达，广泛参与植物对干旱、热、冷、盐等多种非生物胁迫的应答，提高抗逆性。

（三）作物非生物胁迫抗性遗传

非生物胁迫抗性遗传包括基因和表观遗传。抗性基因分为两类：一类是在植物抗性中发挥直接作用的基因，如渗透调节物质（如脯氨酸、甜菜碱、可溶性糖等）的合成酶基因，以及毒性降解酶（谷胱甘肽过氧化物酶、谷胱甘肽还原酶、抗坏血酸过氧化物酶）基因；另一类是在抗性过程中起调节作用的基因，如调控基因表达的转录因子基因（*bZIP*、*MYB*、*bHLH* 等）、感应或转导胁迫信号的蛋白激酶基因（*MAP*、*CDP*、*SnRK* 等）和蛋白酶（磷酸酯酶、磷脂酶 C 等）基因。基因序列差异是导致不同作物种质抗逆性差异的主要原因，目前已通过连锁作图、全基因组关联分析或选择性清除分析等方法发掘到大量非生物胁迫抗性基因及其等位变异（Juliana et al.，2019）。表观遗传不涉及基因序列差异，是可遗传的染色质修饰，主要包括 DNA 甲基化、组蛋白修饰（甲基化、乙酰化、磷酸化、泛素化、腺苷酸化、ADP 核糖基化等）和 miRNA 调节等（Varotto et al.，2020）。表观遗传可以通过改变染色质构象调节非生物胁迫抗性相关转录因子与基因的结合效率，或者通过改变核糖体和 mRNA 的相互作用调节抗性基因的表达。例如，染色质重塑蛋白 SWI/SNF 复合物参与对干旱、高温及高盐等胁迫的应答（Yang et al.，2020a），miR160 通过调节生长素响应分子 ARF10 表达参与禾本科作物的逆境应答（Singroha et al.，2021）。

第五节　作物种质资源品质性状鉴定与评价

品质性状是作物种质资源鉴定的重要内容之一，也是优质种质创新和新品种选育的基础。随着经济的发展，以及人们对多元化、个性化营养膳食需求的不断增加，作物种质资源的品质性状鉴定与评价愈发重要，鉴定内容愈加多样。作物种质资源的品质鉴定涵盖了营养品质、功能品质、加工品质和感官品质等方面的主要内容。

一、作物种质资源品质性状鉴定概况

2000 年前，中国作物种质资源品质性状鉴定主要围绕粮油作物的蛋白质、脂肪和淀粉等营养品质开展。近年来，根据消费者对食品多元化、个性化和口感的需求，以

及保健功能型食品和专业化加工发展的要求，作物育种目标在向优质、专用品种培育方向调整。随着近红外光谱、气相色谱、液相色谱、质谱技术和分子生物学技术的发展，作物种质资源品质性状鉴定内容已从单一的营养品质测定逐渐扩展到功能品质（膳食纤维、生物活性物质等及其功能活性评价）、加工品质（磨粉品质、碾米品质、食品加工品质等）和感官品质（外部感官品质、食味品质）等方面。

作物种质资源营养品质性状鉴定评价的主要内容是作物以籽粒、果实为主的目标器官中淀粉、蛋白质和氨基酸、脂肪和脂肪酸、矿质元素和维生素等必需营养成分的含量、组成、化学结构及其营养价值等方面的测定分析；功能品质性状鉴定评价的主要内容是目标器官中具有一定生理功能活性的非营养素成分或化合物的组成、含量、化学结构及其功能活性等方面的测定分析，主要包括糖类（寡糖和多糖类）、氨基酸和多肽类、脂肪酸和磷脂类、有机碱类、有机酸类、黄酮类、酚类、萜类等物质；加工品质性状鉴定评价的主要内容是目标器官的初级加工品质（磨粉、碾米）、食品加工品质等方面的测定分析，如小麦一次加工品质（磨粉品质）和二次加工品质（食品加工品质），其中磨粉品质以籽粒容重、硬度、出粉率、面粉白度等为主要指标，食品加工品质以面团流变学特性和淀粉糊化特性等为主要指标；感官品质性状鉴定评价的主要内容是通过人的视觉、嗅觉、触觉和味觉或借助仪器模拟对种质目标器官或加工产品的颜色、大小、形状、新鲜程度、整齐度等外部感官品质，以及风味、质构特性等内在感官品质（食味品质）进行综合评价。

（一）作物种质资源品质性状鉴定的国际概况

各国际农业研究中心和各国的种质资源研究机构一直重视作物种质资源品质性状鉴定评价工作，鉴定评价的内容也从常规的营养品质性状转向了功能、加工和感官品质。现代计算机视觉技术，以及光谱、色谱和质谱等多元化、快速、无损、高通量、自动化和信息化的鉴定评价技术和模型快速发展并应用于作物种质资源品质性状鉴定工作中，极大地提高了鉴定工作的水平和效率。

国际干旱地区农业研究中心（International Center for Agricultural Research in the Dry Areas，ICARDA）早在1992年就完成了近4万份麦类种质资源蛋白质、氨基酸、籽粒硬度和千粒重等品质性状鉴定评价，占该中心资源保存量的80%以上（刘浩等，2014）。美国关于弱筋小麦的品质性状鉴定评价内容主要包括籽粒品质（容重、籽粒硬度、单粒重、籽粒直径、蛋白质含量、多酚氧化酶含量）、磨粉品质（皮磨出粉率、统粉出粉率、灰分含量、磨粉得分、面粉蛋白质含量）、烘焙品质［面粉膨胀体积、峰值黏度、微量面粉的十二烷基硫酸钠（sodium dodecyl sulfate，SDS）、沉降值、溶剂保持能力（水、碳酸钠、蔗糖、乳酸、饼干直径）］和生化特性（总阿拉伯木聚糖含量、水溶性阿拉伯木聚糖含量、总阿拉伯木聚糖中阿拉伯糖/木聚糖、水溶性阿拉伯木聚糖含量中阿拉伯糖/木聚糖）4个方面共23项指标（Kiszonas et al.，2015）。在日本，20世纪末至21世纪初，已将水稻、小麦、大豆等作物种质创新与品种选育的目标转向品质改良，以满足加工及人们对营养健康的需求。例如，分别筛选出蒸煮食味品质好的低直链淀粉含量水稻种质（品种）、适宜肾病人群食用的低谷蛋白含量水稻种质（品种）、富含γ-氨基丁酸活性物质的巨大胚水稻种质（品种），并利用引进种质资源筛选创制有色稻和香稻材料（Okuno，2005）。国际玉米小麦改良中心（CIMMYT）对1400个改良玉米品种和400个地方品种进行了微量元素铁、锌的鉴定（Bänziger and Long，2000）。

蔬菜、果树等种质资源品质鉴定评价内容因品种和食用、加工用途不同而有所差异。例如，针对白菜、甘蓝等蔬菜作物的纤维素、干物质和微量元素含量等性状，甜椒中的辣椒素含量，番茄中的番茄红素含量，葡萄中的花青素含量，苹果、草莓、桃、杏等鲜食水果中的可溶性固形物、可溶性糖、可滴定酸度、维生素、风味物质、质构特性等开展不同的测定（刘浩等，2014；Ruiz and Egea，2008）。利用无损检测技术对新鲜果蔬的品质性状进行评价是近20年来国际上的研究热点，表5-6总结了近年来发展和建立的主要无损检测技术（Nicolai et al.，2014）。

表5-6 用于蔬菜和水果品质性状鉴定的无损检测技术（Nicolai et al.，2014）

分类	技术	可分析品质指标	分析速度	成本	应用场景/模式
光学技术	近红外光谱	可溶性固形物含量、成熟度、内部褐变、硬度	快速	中等	实验室、商业上产品分拣线、便携式设备
	时间分辨光谱	可溶性固形物含量、成熟度、内部褐变	中等	中等到高	实验室
	空间分辨光谱	可溶性固形物含量、硬度	慢到中等	中等到高	实验室
	计算机视觉	颜色、大小、形状、表面缺陷	快	低到中等	实验室、商业上产品分拣线、便携式设备
	多光谱和高光谱成像	可溶性固形物含量、硬度、表面缺陷	慢到中等	中等到高	实验室
机械技术	碰撞	硬度	快	低到中等	实验室、商业上产品分拣线
	共振	硬度	快	低到中等	实验室、商业上产品分拣线
	超声	硬度、粉质化	慢	中等	实验室
X射线照相和断层摄影术	X射线照相	内部品质	快	中等	实验室、商业上产品分拣线
	X射线计算机断层扫描	内部品质	慢到很慢	很高	实验室
核磁共振成像技术		内部品质、化学成分	慢到很慢	很高	实验室
质谱	气相色谱-质谱联用	风味	慢到很慢	高	实验室
	直接进样质谱技术（顶空指纹质谱、大气压化学电离质谱等）	风味	快到中等	很高	实验室
气体传感器和电子鼻技术		风味	中等	低到中等	实验室、低成本封装一次性传感器

（二）作物种质资源品质性状鉴定的国内现状

在“七五”至“九五”期间（1986～2000年），中国对收集保存的11.1万余份20余种粮食作物种质资源进行了品质性状的初步鉴定（董玉琛和曹永生，2003）。2001年以来，在国家项目支持下，开展了粮食作物、经济作物、蔬菜作物、果树作物种质资源品质性状鉴定。据不完全统计，截至 2017 年，已经完成 100 余种作物种质资源 30 余万份次的品质性状鉴定。

1. 粮食作物品质性状鉴定

中国的粮食作物有 30 多种，主要为禾谷类、豆类和薯类作物，此外还有荞麦、籽粒苋和藜。根据粮食作物的主要用途，其籽粒品质成为鉴定的主要内容。截至 2017 年，通过国家项目支持，共完成了 16.7 万份粮食作物种质资源的品质性状鉴定评价，鉴定内容涉及籽粒蛋白质、粗脂肪、赖氨酸、总淀粉、直链淀粉、支链淀粉等性状（表 5-7）（刘旭和张延秋，2016；刘浩等，2014；中国农业科学院作物科学研究所，2012；董玉琛和曹永生，2003）。

表 5-7　主要粮食作物种质资源品质性状鉴定内容（1986～2017 年）

作物	鉴定内容
水稻	蛋白质、直链淀粉、胶稠度、糊化温度、糙米率、精米率
小麦	蛋白质、沉降值、湿面筋、稳定时间、谷蛋白亚基
玉米	蛋白质、粗脂肪、总淀粉、赖氨酸
大麦	蛋白质、总淀粉、直链淀粉、支链淀粉、胚乳糯性、淀粉酶活性、多酚氧化酶活性、爆裂特性
燕麦	蛋白质、粗脂肪、β-葡聚糖
荞麦	蛋白质、总黄酮
谷子	蛋白质、粗脂肪、赖氨酸、硒
黍稷	蛋白质
高粱	蛋白质、总淀粉、赖氨酸、单宁
食用豆	蛋白质、总淀粉、直链淀粉、支链淀粉、氨基酸

水稻的品质性状主要包括外观品质、加工品质、蒸煮食用品质、营养品质等 4 个方面。外观品质是指脱壳后米粒外表的物理特性，如籽粒大小、形状、色泽、垩白度、透明度和裂纹等。加工品质又称为碾磨品质，主要包括糙米率、精米率和整精米率。蒸煮食用品质直接决定米饭的口感，是最受关注的品质性状之一，其直链淀粉含量、糊化温度、胶稠度和淀粉黏度值等是评价稻米蒸煮和食用品质的关键指标。水稻营养品质主要包括淀粉、蛋白质和氨基酸、脂肪和脂肪酸、微量元素、维生素等营养成分的含量和组成，其中蛋白质既是评价稻米营养品质的重要指标，也是影响稻米蒸煮和食用品质的重要因素，直链淀粉和蛋白质含量均较低水稻种质的食味品质更优。截至 2017 年，国家种质资源项目已完成 3.2 万余份水稻种质的品质性状鉴定。国家农业行业标准《食用稻品种品质》（NY/T 593—2021）将食用稻品种分为四类，即籼稻、粳稻、籼糯稻和粳糯稻，依据其精米粒长短将籼稻和籼糯稻分别分为长粒、中粒和短粒 3 种。其中，籼稻和粳稻的品质性状包括整精米率、垩白度、透明度和蒸煮食用品质（感官评价、碱消值、胶稠度和直链淀粉含量）；籼糯稻和粳糯稻品质性状包括整精米率、阴糯米率、白度和蒸煮食用品质（感官评价、碱消值、胶稠度和直链淀粉含量）。

20 世纪 80 年代中后期，中国的小麦品质改良开始受到重视，现已成为小麦育种和生产的重要目标性状之一。中国小麦种质资源的品质鉴定主要围绕蛋白质、沉降值、湿面筋、稳定时间、谷蛋白亚基等营养和加工性状的测定开展，截至 2017 年，已完成 2.4 万余份小麦种质的品质性状鉴定。随着国民营养膳食需求提升及面粉加工专用化发展，对小麦品质育种和加工产业发展提出了更高更细的要求，需要筛选和培育产量高、食品（馒头、面条、面包、糕点、饼干等）加工专用品质优的小麦品种。为此小麦种质资源的品质性状鉴定也转向了系统化和多样化。通过对中国 230 多份主要小麦品种（系）的磨粉品质与颜色相关性状、蛋白质与面团流变学特性、淀粉品质、软质小麦品质参数、微量元素和食品品质等 6 类共 49 个品质性状进行深入系统研究，建立了中国小麦品种品质评价体系（何中虎等，2006）。

玉米作为粮、经、饲兼用作物，针对品种的用途确立不同的品质性状鉴定与评价标准（表 5-8）。截至 2017 年，通过国家项目已完成 1 万余份玉米种质资源总淀粉、粗脂肪、蛋白质、赖氨酸等品质性状的鉴定评价。

表 5-8　不同用途玉米主要品质指标

<table>
<tr><th>标准类别和编号</th><th colspan="2">类型</th><th>主要品质指标</th></tr>
<tr><td>国家标准 GB 1353—2018</td><td colspan="2">玉米</td><td>容重</td></tr>
<tr><td>国家标准 GB/T 8613—1999</td><td colspan="2">淀粉发酵工业用玉米</td><td>淀粉（干基）</td></tr>
<tr><td>国家标准 GB/T 17890—2008</td><td colspan="2">饲料用玉米</td><td>粗蛋白质（干基），容重</td></tr>
<tr><td>国家标准 GB/T 22326—2008</td><td colspan="2">糯玉米</td><td>直链淀粉（占淀粉总量），容重</td></tr>
<tr><td>国家标准 GB/T 22503—2008</td><td colspan="2">高油玉米</td><td>粗脂肪（干基）</td></tr>
<tr><td>国家标准 GB/T 25882—2010</td><td colspan="2">青贮玉米</td><td>中性洗涤纤维（干基），酸性洗涤纤维（干基），淀粉（干基），粗蛋白质（干基）</td></tr>
<tr><td rowspan="12">国家农业行业标准 NY/T 523—2020</td><td rowspan="8">专用籽粒玉米</td><td>高淀粉玉米</td><td>淀粉（干基），容重</td></tr>
<tr><td>优质蛋白玉米</td><td>蛋白质（干基），赖氨酸（干基），容重</td></tr>
<tr><td>高蛋白玉米</td><td>蛋白质（干基），容重</td></tr>
<tr><td>高油玉米</td><td>脂肪（干基），容重</td></tr>
<tr><td>蝶形花爆裂玉米</td><td>膨爆倍数，爆花率</td></tr>
<tr><td>球形花爆裂玉米</td><td>膨爆倍数，爆花率</td></tr>
<tr><td>混合型爆裂玉米</td><td>膨爆倍数，爆花率</td></tr>
<tr><td>籽粒糯玉米</td><td>直链淀粉（占淀粉总量），容重</td></tr>
<tr><td rowspan="4">鲜食玉米</td><td>甜玉米</td><td>可溶性糖（鲜样），品质评分</td></tr>
<tr><td>鲜食糯玉米</td><td>直链淀粉（占淀粉总量），品质评分</td></tr>
<tr><td>甜加糯玉米</td><td>直链淀粉（占淀粉总量），品质评分</td></tr>
<tr><td>笋玉米</td><td>口感</td></tr>
<tr><td>国家农业行业标准 NY/T 519—2002</td><td colspan="2">食用玉米</td><td>粗蛋白质（干基），粗脂肪（干基），赖氨酸（干基），脂肪酸值</td></tr>
</table>

2. 经济作物品质性状鉴定

经济作物的品质性状对其商品价值具有直接的影响，发掘品质优异的种质资源是培育优良经济作物品种的关键。“农作物种质资源技术规范丛书”对 21 种经济作物种质资源品质性状鉴定内容和方法进行了规范与描述。油料作物品质性状鉴定内容主要包括含油量、不同脂肪酸含量及比例、蛋白质和氨基酸含量等。例如，大豆的品质性状鉴定包括蛋白质、粗脂肪、氨基酸、脂肪酸、异黄酮、脂肪氧化酶、维生素 E、叶酸、糖分、胰蛋白酶抑制剂、香味等。作为纺织等工业的原材料，棉麻类纤维作物的品质性状鉴定工作主要围绕纤维品质开展，还对棉花种质资源的脂肪和蛋白质含量、脂肪酸成分（油酸、亚油酸等）进行了鉴定，以期为高油、高蛋白质棉花品种的遗传改良提供材料和支撑（杜雄明等，2017）。

中国对主要经济作物种质资源的系统性品质鉴定工作始于 1986 年。至 2000 年共完成 7 种油料作物 21 991 份种质的品质性状鉴定（段乃雄和姜慧芳，2002）。2011～2017 年完成了 1.5 万余份经济作物品质性状鉴定和评价，其中油料作物 2898 份、纤维作物 8282 份（棉花 3753 份、麻类 4529 份）、甘蔗 600 余份、甜菜 185 份、香料饮料作物 400 余份、烟草 2000 余份、茶树 714 份、桑树 349 份、橡胶树 120 份。

3. 蔬菜作物品质性状鉴定

随着国民生活水平的不断提高，人们对蔬菜多样化、优质化的需求也越来越高。1996 年以来，在开展种质资源基本农艺性状鉴定的同时，对 18 种蔬菜 4.5 万份次种质进行了多性状特性鉴定评价，获得了约 3000 份优异种质，其中涉及 10 种蔬菜的 10 项品质性状、14 种蔬菜的 33 种病虫害、4 种蔬菜的 6 项抗逆性状（阳文龙和李锡香，2019）。为实现蔬菜种质资源鉴定评价工作的标准化，行业出版了 45 种蔬菜作物种质资源描述规范和数据标准，其中对品质性状鉴定的内容和方法等进行了规范。近年还开展了部分蔬菜作物特有品质性状的鉴定评价，如萝卜中的莱菔子素，大蒜中的大蒜辣素和大蒜素，莲、芋和慈姑中的淀粉、可溶性糖、干物质和蛋白质含量，以及瓜类种质资源的商品性状、口感和风味等食用性状。

4. 果树作物品质性状鉴定

中国是世界上最大的水果生产国和消费国，其中苹果、柑橘、梨、桃等种植面积和产量均居世界第一，优异的品质性状决定了果品的市场价值。果树种质资源的品质性状鉴定内容非常丰富，除了可溶性固形物、可溶性糖、可滴定酸、风味口感等共性品质性状指标，针对不同果树作物的食用和加工用途，国家作物种质资源项目组织开展了 28 种果树种质资源的 157 项特异品质性状的鉴定评价工作（表 5-9）（刘旭和张延秋，2016）。据不完全统计，2011～2017 年累计完成约 9000 份次果树种质资源的品质性状鉴定评价。

5. 绿肥牧草作物品质性状鉴定

中国具有绿肥种植的悠久历史，种质资源丰富。现代农业中一类作物多种用途的现象较为普遍，特别是兼用型绿肥作物越来越多。绿肥作物主要包括绿豆、豌豆、山黧豆、苕子、紫云英、草木樨、箭筈豌豆、决明等。绿肥作物种质资源的品质性状鉴定内容主要包括肥料养分价值及饲用、食用和粮用等营养价值，其中肥料养分性状包括氮、磷、钾、碳氮比等，饲用养分性状包括水分、粗蛋白质、粗脂肪、粗纤维、无氮浸出物、灰分等。2011～2017 年，在国家项目中，对 663 份国家库和不同来源收集的绿肥种质资源开展了养分含量等品质特性鉴定评价。

表 5-9　果树种质资源特异品质性状鉴定内容

作物	特异品质性状鉴定内容
苹果（含野生苹果）	果实外观品质、果肉颜色、果实肉质、果肉汁液、果实硬度、风味、香气、维生素 C、多酚、果胶酸
梨（含野生梨、砂梨）	果实：外观品质、多酚 成熟叶片：多酚
山楂	果实：外观品质、果肉颜色、果实肉质、果肉汁液、果实硬度、风味、香气、维生素 C、糖酸单体化合物 叶片：黄酮、黄酮单体化合物（芦丁、槲皮素、牡荆素、牡荆素鼠李糖苷、金丝桃苷）
桃	果实均重、果面彩色、果肉颜色、肉质、汁液、花色苷、风味
李	果实外观品质、果肉颜色、果实肉质、果肉汁液、果实硬度、风味、香味、香气组分、维生素 C
杏	果实外观品质、香气组分、鲜食品质、加工品质
樱桃	风味、维生素 C、可食率
枣	鲜食品质、果肉质地、果实风味、黄酮
葡萄（含野生葡萄）	花色苷、口感和风味
柿	维生素 C、缩合单宁
猕猴桃	果肉颜色、果肉质地、维生素 C、风味、总糖、总酸、糖酸成分、香气成分
核桃	坚果风味和口感、淀粉、蛋白质、脂肪、脂肪酸、氨基酸、维生素 E
板栗	坚果风味和口感、淀粉、蛋白质、脂肪
柑橘	香气、黄酮、类黄酮、柠檬苦素、皮苷、呋喃香豆素
枇杷	果实：固酸比、糖酸比、维生素 C、可食率 花：黄酮、科罗索酸、熊果酸和齐墩果酸等三萜类物质
草莓	平均单果重、果形、光泽、果面颜色、果肉颜色、质地、汁液、酚类、风味、香气
果梅	果肉质地、风味、可食率
杨梅	口感、色泽、蛋白质、维生素 C、花色苷、矿质元素、可食率
穗醋栗	果实形状、颜色、硬度、肉质、汁液、风味、香气
香蕉	熟果皮色、熟果肉色、果肉质地、果肉香味、品质
荔枝	可食率、风味
龙眼	单果重、果形、果肉厚度、糖组分和含量、黄酮、香气成分、可食率
杧果	可食率、总糖、还原糖、维生素 C、类胡萝卜素、总酚、抗氧化能力、微量元素
澳洲坚果	果仁颜色、出仁率、一级果仁率、蛋白质、含油率
菠萝	糖酸组分、有机酸、香气
槟榔	酚类、生物碱
椰子	椰子水：风味、固酸比、总糖总酸比 椰子肉：蛋白质、脂肪
油棕	含油率

中国牧草种质资源种类丰富，包括野生牧草、栽培牧草和饲料作物资源。牧草种质资源品质性状鉴定内容主要包括牧草的营养成分含量（粗蛋白质、粗脂肪、粗纤维、粗灰分、磷、钙、氨基酸和水分含量等）、茎叶质地和适口性等。目前，牧草种质资源的鉴定评价工作主要围绕全生育期田间农艺性状鉴定和抗逆性鉴定，未来围绕饲用

品质性状的鉴定评价将进一步加强。

二、作物种质资源品质性状鉴定评价的主要方法及指标

品质性状鉴定是作物种质资源研究的重要内容，其涉及作物种类和评价指标多、数量大、结果变异性大、多样性丰富。与基本农艺性状、产量性状鉴定和抗性鉴定相比，品质性状鉴定主要是采用仪器分析、人的感官鉴定等评价技术方法开展，对仪器设备条件平台、评价人员的专业技术水平要求较高。

（一）依托仪器分析条件的品质鉴定

作物种质资源的果实、籽粒和茎叶等目标器官的营养品质、加工品质、碾磨品质、营养功能因子的鉴定需要采用相应仪器的测定获得（图 5-5）。此外，与品质相关蛋白质/酶表型也可采用基于仪器分析的分子检测技术予以测定，如豆类籽粒中的特异蛋白、胰蛋白酶抑制剂、小麦谷蛋白亚基等。随着仪器分析技术的不断进步，涉及营养功能元素组分和含量的检测方法从传统的比色法、滴定法逐渐发展至光谱、色谱、质谱、核磁等现代检测技术，如原子吸收光谱法、高效液相色谱法、高效液相色谱-质谱法、电感耦合等离子体质谱法等，检测灵敏度和精密度均有很大提升，并实现了多元素、痕量元素的检测。然而，这些品质性状鉴定技术常常具有鉴定过程烦琐、操作技术要求严格、鉴定空间环境条件管理成本高的特点，寻找和建立简单易行、快速、精确、高灵敏度、高通量的鉴定方法一直是规模化种质资源品质性状鉴定技术发展的重要方向。

近红外光谱法（near infrared spectrometry，NIRS）是利用有机化学物质在近红外光谱区具有特定光学特性，采用化学计量方法，对扫描测试样品光谱数据作相关的分析处理，建立被测组分的近红外分析模型，从而达到相关组分定性和定量分析的技术。该技术具有不破坏样品、分析速度快、多组分同时测定、分析成本低等优点，被广泛应用于作物种质资源的品质性状鉴定评价和育种材料的筛选。利用近红外光谱法，对全国 20 余省份的 17 种作物共 7240 份种质资源材料的粗淀粉、粗蛋白质、粗脂肪、赖氨酸、单宁、沉淀值和硬度等品质性状指标进行测定，建立了 41 个定标模型，获得了较高的预测决定系数和较小的标准偏差，并筛选出 645 份品质优异作物种质资源（朱志华等，2006）。

X 射线荧光光谱法（X-ray fluorescence spectrometry，XRF）是利用样品对 X 射线的吸收随样品成分和含量而变化的特征定性或定量测定样品中成分的方法，该方法同样具有不破坏样品、分析前准备简便、检测快速、低成本、高通量等优点。利用 X 射线荧光光谱法检测谷子、水稻中磷、硫、钾、钙、镁、锰、锌、铁等 8 种微量元素含量，结果的准确度和精密度较高，证明该方法适用于谷物中矿质元素的快速检测（陆金鑫等，2016）。

核磁共振（nuclear magnetic resonance，NMR）是一种新型的无损检测技术，20 世纪 70 年代初开始在农业科学领域应用。该技术具有以下优点：可以快速定量分析

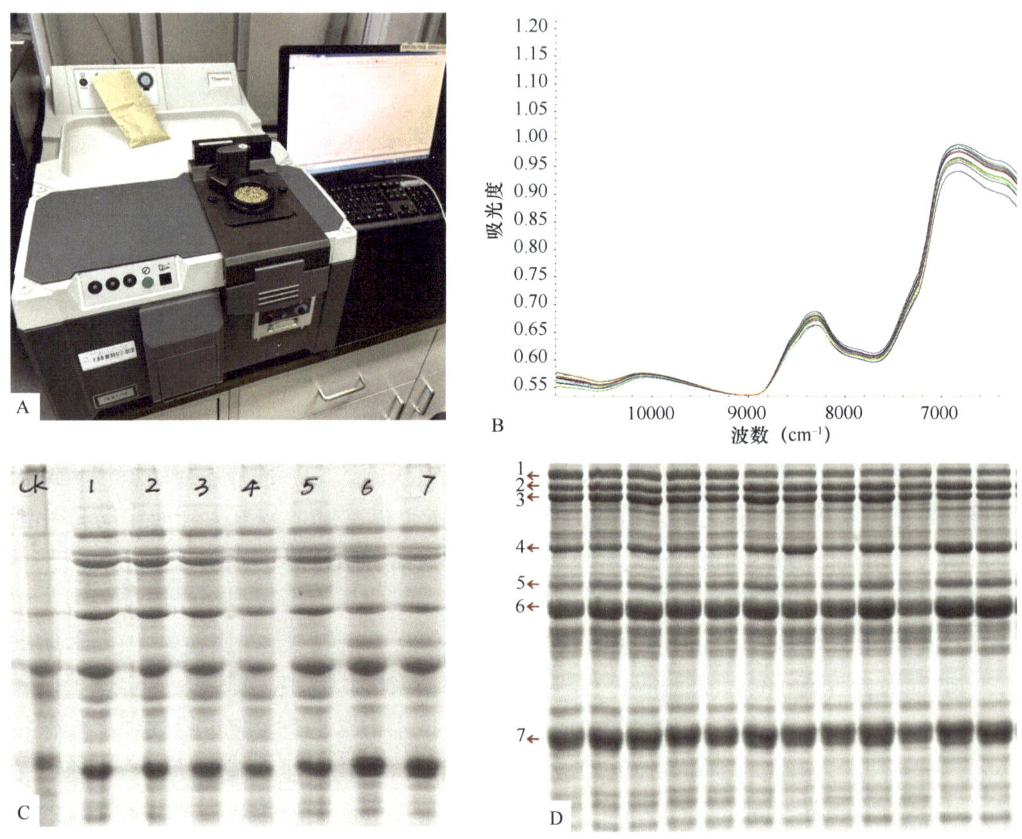

图 5-5　作物种质资源品质表型鉴定

A. 利用近红外技术进行小麦品质检测；B. 燕麦种质功能成分检测；C. 小麦谷蛋白亚基检测；D. 大豆种子特异蛋白检测（A、B. 秦培友摄影；C. 杨欣明摄影；D. 谷勇哲摄影）

检测样品；操作简单快速，测量准确，可重复性高；测定结果受材料样本影响较小，且不受测试人员技术和判断影响；无须添加标样，可以保持样品的完整性，是一种非破坏性的检测手段。根据射频场频率的高低，核磁共振可分为低分辨率核磁共振法和高分辨率核磁共振法，前者被应用于农作物中水分、糖分、脂肪和蛋白质含量等测定（陈文玉等，2020；李浩川等，2018），后者主要被应用于化合物的分子结构分析，如植物多糖（Teng et al.，2021）。

气相色谱法（gas chromatography，GC）是利用气体作流动相的色层分离分析方法，色谱系统由盛在管柱内的吸附剂或惰性固体上涂着液体的固定相和不断通过管柱的气体的流动相组成，根据待测组分在固定相和流动相之间分配系数的差异实现分离检测。气相色谱-质谱法（gas chromatography-mass spectrometry，GC-MS）则结合了气相色谱和质谱的特性，实现不同物质的分析，该法具有极强的分离能力，可获得作物中化合物准确的定性、定量结果数据。目前，气相色谱法和气相色谱-质谱法广泛应用于作物种质资源中脂肪酸、香气物质等挥发性物质的检测分析中（Qin et al.，2014；李洪波等，2013）。

高效液相色谱法（high performance liquid chromatography，HPLC）是采用高压输

液系统，将具有不同极性的流动相泵入装有固定相的色谱柱，在柱内各成分被分离后，进入不同种类的检测器（紫外检测器、二极管阵列检测器、荧光检测器、示差折光检测器、蒸发光散射检测器等）进行检测，从而实现对各种作物种质资源中糖类、氨基酸、维生素等营养成分，以及黄酮、多酚等次生代谢产物的分析。该方法具有分离效率高、选择性好、检测灵敏度高和操作自动化等优点。近年来，一种新型液相色谱技术——超高效液相色谱法（ultra performance liquid chromatography，UPLC）得到了快速发展，与高效液相色谱法相比，超高效液相色谱法具有柱效更高、分析速度更快、灵敏度更高的优点，已逐渐应用于作物种质资源品质性状鉴定领域。液相色谱-质谱法（liquid chromatography/mass spectrometry，LC/MS）是液相色谱与质谱联用，结合了液相色谱仪有效分离热不稳性及高沸点化合物的能力与质谱仪强大的组分鉴定能力，是一种快速分析作物中复杂化合物的有效手段，该方法不仅可以对痕量物质进行定量检测，还可通过碎片结构对没有对照品的化合物进行定性检测，在作物种质资源未知化合物的定性定量分析中应用越来越广泛（Gao et al.，2010）。

（二）利用味觉和嗅觉的感官评价

感官评价被定义为一种科学的方法，用来唤起、测量、分析和解释通过视觉、嗅觉、触觉、味觉和听觉感知到的对产品的反应。一些作物种质资源的风味品质需采用人感官鉴定方式予以确认，如水稻的蒸煮食用品质、小麦面粉加工制品食用品质、各种水果色香味鉴定、鲜食玉米品质鉴定、茶叶风味、烟草感官质量和香气成分等。感官评价是一种主观评价方法，主观性较强，重复性差，受到评价人员身体状况、情绪及外部环境等多种因素影响；此外，评价人员对大量样品的鉴定通常会因其感官疲劳降低评价准确性。随着传感技术的发展，一类使用传感器模拟人类感官的智能感官技术应运而生，这种智能感官技术操作简单快速、分析高效准确，能有效克服感官评价和仪器测量的不足，因而受到关注。目前，国内外在智能感官技术领域已有较多研究和应用，主要技术包括电子鼻、电子舌和质构分析技术等（冯建英等，2020）。

（三）作物种质资源品质鉴定标准

在“农作物种质资源技术规范丛书”中，对 29 种（项）粮食作物、20 种（项）经济作物、45 种（项）蔬菜、27 种（项）果树、5 种（7 项）牧草绿肥的品质特性鉴定内容、描述规范、数据标准、数据质量控制等进行了统一规范。此外，在分别涉及野生稻、甘薯、马铃薯、橄榄、龙舌兰麻、苎麻、桃、甘蔗、草莓、柑橘、葡萄、香蕉、苹果、柿、梨、杏、龙眼、李、枇杷、橡胶树、桑树、茶树、茭白、莲、豆科牧草等 25 种作物的“农作物种质资源鉴定技术规程”中也对品质性状做了明确的鉴定技术要求；在野生稻、甘薯、马铃薯、亚麻、苎麻、枇杷、梨、龙眼、柑橘、苹果、杏、李、桃、香蕉、柿、葡萄、草莓、甜瓜、西瓜、橡胶树、茭白、莲藕、桑树、茶树、甘蔗、豆科牧草等作物的“农作物优异种质资源评价规范”中，重要的品质性状列入优异种质资源评价内容，规定了明确的鉴定方法标准和量化的评价指标。由此可见，中国作物种质资源品质性状鉴定评价的技术体系已经形成。

第六节　作物种质资源环境资源利用效率鉴定与评价

土壤养分和水分资源、光能等环境资源的可持续利用是农业健康发展的基础，作物生产日益注重绿色高效和对生态环境的保护，化肥投入逐渐减少，灌溉用水更为科学，光温等环境资源高效利用。养分是作物生长发育的必要条件，氮、磷、钾是最主要的养分元素。在生产中，主要通过向土壤中追施各种肥料，特别是化肥，而实现向作物的养分供给，其中氮元素占化肥成分的60%以上，是粮食持续增产的主要支撑。农田土壤中的氮素主要以地表径流、反硝化作用、挥发等形式损失，造成环境污染、资源浪费，如果每年氮利用效率可提高1%则能节约大约11亿美元的投入（Kant et al.，2011）。在中国，即使是具有黑土地之称的黑龙江省也有约70%的耕地处于轻度及以上土壤养分贫瘠状况。中国是水资源短缺国家，农业生产用水占全国水资源消耗总量的50%以上，农业用水过度使华北平原地下水位每年下降1.5m，导致小麦生产面积急剧压缩。光合作用是作物产量形成的物质基础，然而作物实际光能利用率仅为理论推算的20%。因此，除采取相关耕作、栽培措施进行调控外，通过挖掘养分、水分和光能等环境资源高效利用的作物种质资源，培育节肥、节水、高光效新品种是实现作物生产可持续性的最有效途径。

一、作物种质资源环境资源利用效率鉴定概况

（一）土壤养分利用效率鉴定概况

过去几十年中，在全球农业生产取得巨大发展的同时，化学肥料需求增大，过量使用严重。1966～2016年，全球氮肥施用量增加约5倍，磷肥和钾肥施用量增加约3倍。中国用大约占世界9%的耕地生产了占世界21%的粮食，但生产和施用了占全球35%的化肥，导致资源浪费、环境污染和农产品质量安全隐患等重大问题。据研究，全球禾谷类作物氮利用效率为30%～50%，磷肥利用效率低于30%。现代农业发展更注重高产、资源节约和环境友好，提高农作物养分利用效率不仅是保障粮食安全的需求，也是保障农业可持续发展的需求。养分利用效率是评估农作物生产系统的一个重要指标，受养分管理、土壤-水分关系、植物-水分关系等因素影响。不同学科领域对养分利用效率的定义有所不同，本书中养分利用效率重点指农田土壤环境下单位资源消耗量所获得的经济产量或生物产量。

开展土壤环境下农作物种质养分利用效率性状鉴定时，应全面考虑鉴定参数的设定或控制。

（1）鉴定压力的确定：养分利用效率的鉴定压力水平设定是鉴定能否获得可靠结果的关键。在土壤栽培方式下鉴定，选择适宜的氮、磷、钾养分含量及梯度有利于不同种质资源基因型得到充分表现，提高鉴定效率。

（2）鉴定时期的选择：作物生长发育被划分为不同时期，在不同发育阶段作物对养分的吸收和利用存在较大差异，选择最佳的鉴定时期是提高鉴定效率、发掘可利用

种质的基础。以产量作为养分利用效率评价指标时，应选择作物成熟期鉴定（Wu et al.，2021）；采用株高、叶片数量、植株鲜/干重等指标时，则可选择苗期至成株期进行鉴定（Sharma et al.，2021a）；而采用生化指标，也可选择苗期进行鉴定（Lu et al.，2018）。

（3）鉴定性状指标的选择：评价养分利用效率的性状指标有多种，尚无统一的标准。评价作物养分利用效率的指标主要有养分吸收利用效率、生理利用效率、农学利用效率、偏生产力等（米国华，2017）。养分吸收利用效率是指施肥区作物养分积累量与空白区作物养分积累量的差占施用养分总量的百分率；养分生理利用率是作物因施用养分而增加的产量与相应的养分积累量的增加量的比值；养分农学利用率则是作物养分吸收利用率与生理利用率的乘积，指作物施用养分后增加的产量与施用的养分量之比值；养分偏生产力则反映了作物吸收肥料中养分和土壤养分后所产生的边际效应，定义为作物施肥后的产量与养分施用量的比值。因此，应根据鉴定作物的发育阶段和目标性状科学选择不同的评价指标。

围绕农作物养分利用效率鉴定评价，主要开展了氮、磷、钾等养分元素利用的鉴定。20 世纪 30 年代，国外首次报道了不同玉米种质对氮素的吸收利用效率存在较大差异，随后在其他作物中也得到了证明。过去几十年，在温室或人工气候箱条件下，国内外主要利用水培或营养土开展少量农作物种质资源的养分利用效率鉴定评价，而且鉴定的性状主要以人工采集为主。随着传感器、数字成像、5G 等技术发展，国外已建立了高通量、智能化养分利用效率鉴定技术，例如，澳大利亚科学家利用数字和高光谱技术建立了自动化采集作物生物量、叶绿素含量等反映植株不同氮素水平的指标，并获得了地上部生物量和生长参数，有效地促进了营养生长期间氮利用效率（nitrogen use efficiency，NUE）的表型鉴定，并有望在大规模小麦群体中开展高通量的氮利用效率表型鉴定。尽管中国已建成了不同类型的性状表型高通量鉴定平台，然而目前针对养分利用效率鉴定的高通量平台还未完善。2016 年以来，养分利用效率相关性状在不同作物种质资源鉴定评价时已作为一个重要的目标性状，在大田环境下已完成了水稻、小麦、玉米等作物 1 万余份种质资源氮、磷利用效率的鉴定评价，并以籽粒产量性状作为评价指标，筛选出一批氮、磷高效利用的优异种质资源。

（二）土壤水分利用效率鉴定概况

随着全球人口数量急剧增加、工农业生产规模迅速扩大及水土流失日益严重，淡水资源短缺已成为世界难题。华北地区是中国缺水最为严重的地区之一，地下水过度开采，严重制约了该区域农业的生产。据统计，农业用水占到人类用水总量的 70%以上，因此提高农作物水分利用效率、发展节水农业生产、高效利用水资源是保障农业可持续发展的重要战略措施，也是缓解水资源短缺等问题的关键途径之一。

近年来，作物的水分利用效率（water use efficiency，WUE）已成为节水农业研究的焦点。作物水分利用效率鉴定主要参数包括以下几方面。

（1）鉴定作物的确定：不同作物之间、同一作物不同种质之间水分利用效率差异较大，同一作物不同生长发育时期水分利用效率也存在差异，这些差异是受到遗传控制的。因此，针对不同作物的生产和育种需求，选择适宜的发育时期开展水分利用效率鉴定，能够为节水品种选育提供重要的亲本或基础材料。

（2）鉴定条件的选择：大气环境因素（温度、湿度、降水、光照和CO_2浓度等）对作物水分利用效率存在不同程度的影响，而土壤作为农作物生长的介质，土壤类型、质地、有机质含量、土壤水分和矿质营养等对作物水分利用效率测定影响较大。研究表明：气温与植物水分利用效率之间具有较高相关性，而降水与植物水分利用效率呈负相关。因此，鉴定环境的选择与控制对作物水分利用效率鉴定的准确性至关重要。

（3）鉴定时期的选择：水分是作物生长发育的重要物质基础，然而作物不同发育时期对水分需求量也不尽相同。例如，大豆在生殖生长期对水分变化最敏感，冬小麦在灌浆前期水分利用效率较高，玉米在拔节期对水分较为敏感。作物的水分利用效率随生长发育的改变而变化，因此鉴定时期的选择也至关重要。

国内外作物水分利用效率研究都经历了从宏观到微观不断发展的过程。国外开展作物水分利用效率研究较早，从大田水平的水分利用效率到叶片水平上的水分利用效率研究，再到生理水平、气孔水平等，并形成了比较成熟的^{13}C同位素测定水分利用效率的理论，然而开展大规模作物种质资源水分利用效率研究应用较少。国外已有研究表明，在保持水分总用量不变的条件下，不断提高玉米品种水分利用效率可提高籽粒产量；与美国1980年释放的玉米杂交种相比，2004年新释放的玉米杂交种的水分利用效率提高了8.6%。中国作物水分利用效率的研究起步于20世纪80年代，初期多注重大田水平的作物水分利用效率研究，随着节水农业的发展，启动了不同作物需水量、耗水量与水分利用效率的研究项目，并在作物群体和叶片水平上开展了一系列研究。目前，中国已利用热成像、CT等技术开展作物水分利用效率的研究，然而还没有开展大规模作物种质资源的水分利用效率鉴定与评价。

（三）光能利用率鉴定概况

作物产量的形成主要通过植物叶片的光合作用，光能利用率的高低决定着农业生产系统产量的多少。据研究，农作物全部干重的约95%来自叶片光合作用产生的有机物，仅5%左右来自根系吸收无机物质。理论上，作物光能利用率可达4%～5%，然而在自然栽培条件下，光能利用率仅为0.5%～1.0%。已有研究表明，提高光合效率可提高作物产量。随着农作物种植密度增加、阴雨寡照天气频发等，除了栽培措施，通过提高农作物自身光能利用率以增加作物产量具有很大的潜力。

光能利用率是指单位土地面积上作物群体通过光合作用合成的有机物中所含的化学能与该时段内截获的光合有效辐射的比值，是衡量作物光合生产能力的重要指标。光能利用率鉴定时应考虑的主要影响因素包括以下几方面。

（1）种植密度：研究表明种植密度与叶面积指数呈显著正相关，叶面积指数的大小和动态直接影响作物冠层光的截获，从而影响光能利用率，通过合理密植塑造适宜群体结构和叶面积是作物高产稳产的基础。同时，宽窄行和宽行窄株种植方式也影响光能利用率。因此，在比较作物光能利用率时，应设置相同的种植密度和相同的种植方式，或者比较不同种植密度下相同种质的光能利用率。

（2）环境温度：光合作用过程中包含着一系列的酶促反应，而温度直接影响着酶活性。光合作用的最适温度因不同作物而异，C4 植物最适温度一般高于 C3 植物。

（3）土壤水分和养分：水分对光合作用的影响是直接的，植物体内水分缺乏时，会导致叶片气孔关闭，影响光合作用。氮和镁等养分元素是叶绿素的组成元素，其他一些养分元素参与叶绿素的合成过程及光合产物的转运过程。因此，充足的水分和合理施肥是保障光合作用正常进行的基础。

（4）不同发育时期及叶片年龄：作物全生育期的光合作用存在较大差异，一般花期光合作用较强，随着叶片衰老，光合作用下降。同一植株不同部位叶片的光合作用也不尽相同，例如，玉米穗位叶片的光合作用较强，穗下叶片光合能力较弱。总而言之，在开展作物光能利用率鉴定评价时，选择适宜的鉴定环境、适宜的栽培方式、合理的鉴定时期等条件是准确鉴定作物光能利用率的保障。

国内外已开展了大量作物控制环境下光能利用率的研究，20 世纪 80 年代国外科学家开展了小麦不同材料的叶片光合效率研究，结果表明不同小麦种质在光合效率性状方面存在较大差异，并发现现代小麦品种的光合效率高于老品种。随后，在水稻、玉米、棉花、大麦等作物中开展了光合利用效率研究。中国开展作物光合效率研究起步晚，进展也相对缓慢，主要在栽培上开展了一些品种的光合效率鉴定评价。鉴于光合效率鉴定评价困难，易受环境影响，目前还没有开展大规模种质资源大田环境下的光能利用率鉴定评价。

二、作物种质资源环境资源利用效率鉴定技术方法与指标

（一）土壤养分利用效率鉴定技术方法与指标

1. 土壤环境下养分利用效率的鉴定技术

在田间土壤环境下开展作物种质资源养分利用效率鉴定评价时，要求土壤中主要养分水平相对稳定，并保证不同年份不同高中低养分地块养分水平维持稳定。因此，主要选择作物养分长期定位试验站开展多年多点的作物养分利用效率精准鉴定，以达到科学、客观地评价每份种质资源（基因型）的养分利用效率的目的。作物对养分利用效率鉴定的技术要点如下。

（1）土壤基础养分测定。确定养分利用效率鉴定用试验地后，采用 5 点法取耕层 0～20cm 土壤样品，将 5 点的土壤混匀后按四分法保留 1000g 并进行预处理，风干、磨细、过筛后混匀，利用电位法、重铬酸钾容量法、半微量凯氏法、碱解扩散法等方法测定土壤 pH、有机质、全氮、碱解氮、有效磷和速效钾。

（2）土壤养分分级。依据《中国土壤普查技术》（全国土壤普查办公室，1992）和《中国主要作物施肥指南》（张福锁等，2009），将土壤养分的测定结果分为极高、高、中等、低、很低、极低 6 个等级。

（3）土壤养分控制。按照养分利用效率鉴定的要求，进行养分高、中、低试验地的划分。低养分试验地在前茬作物收获后，主要养分含量的检测结果应达到“很低”等级。以玉米氮利用效率鉴定为例，低氮地块全氮含量应低于 0.75g/kg；随着全氮含

量的减少，碱解氮含量一般小于 60mg/kg，具体需参照当地试验栽培水平。如果试验地养分测定结果较高，需连续多个种植季种植目标鉴定作物作为前茬，并减少或完全不施含待鉴定养分肥料，收获后及时将作物秸秆清理出试验地，有利于迅速降低土壤中待鉴定养分含量。中等养分含量地块的养分水平一般同当地优良农田水平，而高养分含量地块通过施入适量肥料进行调控。

（4）土壤施肥确定。在鉴定材料播种前取土样测量试验地土壤中养分含量，以便确定材料鉴定时需要的肥料种类和数量。一般不施用复合肥，而以单独形态肥料施入，例如，尿素主要用作氮肥、过磷酸钙主要用作磷肥、氯化钾或硫酸钾主要用作钾肥。

2. 评价作物种质资源养分利用效率的指标

尽管评价养分利用效率的标准无统一规范，但针对主要作物种质资源的养分利用效率评价已开始制定了地方标准，如《玉米氮利用和耐低氮鉴定评价技术规程》（DB41/T 1816—2019）河南省地方标准、《寒地水稻耐低氮品种筛选》（DB23/T 2000—2017）黑龙江省地方标准等。在评价粮食作物种质资源氮、磷等养分利用效率时，主要以生物产量或籽粒产量性状为主，农艺性状、根系特性和生理指标等为辅，评价氮/磷利用效率高低一般用低氮或低磷生产力系数（如低氮条件下的产量/正常氮条件下的产量）、耐低氮或耐低磷系数［如（正常氮条件下的产量–低氮条件下的产量）/低氮条件下的产量］等。在此基础上，利用聚类分析、综合评价 *D* 值、等级划分等方法，将鉴定的种质资源养分利用效率评价为不同的类型。

（二）土壤水分利用效率鉴定技术方法与指标

1. 土壤环境下水分利用效率的鉴定技术

在田间或盆栽条件下，测定作物水分利用效率的方法主要包括以下几种。

（1）直接测定法。直接用烘干法测定作物在某一阶段内产生干物质/产量所消耗的水分。通常以每千克水分产生干物质/产量（g）来表示水分利用效率。这种测定方法较准确，但工作量较大。

（2）气体交换法。便携式光合测定系统的广泛应用为叶片水分利用效率测定提供了便捷方法。通常以叶片光合速率与蒸腾速率之比表示，但是只能测定某一时刻的瞬时值，测定的部位也较单一。

（3）碳稳定同位素技术。该技术可定量研究植物水分利用效率，并在国际上得到了广泛应用，其分析仪器也得到不断改进。激光光谱同位素分析仪的使用使得植物组织中短期内的同位素组成得到原位、实时、高效的测定。碳稳定同位素技术已经在小麦、大麦、番茄等作物上利用，是测定植物水分利用效率的重要方法。

2. 评价作物种质资源水分利用效率的指标

农作物的水分利用效率是指作物消耗单位质量的水分所合成的干物质量，可以比较不同作物或同一作物不同条件下的水分利用效率。对于农作物种质资源水分利用效率的评价标准，较早阶段是采用蒸腾系数（植物光合作用固定每摩尔的二氧化碳所需蒸腾散失水的量）表示；20 世纪 70 年代末，作物水分利用效率采用消耗单位水分生产的光合产物的量（净 CO_2 同化量）描述，并建立水分利用效率模型。国内科学家也从光合器官、群体、产量等水平上对作物水分利用效率进行评价。光合器官叶片水平的水分利用效率是指水分的生理利用效率或蒸腾效率，定义为单位水量通过叶片蒸腾散失时光合作用所形成的有机物量，它取决于光合速率与蒸腾速率的比值，是植物消耗水分形成干物质的基本效率，也就是水分利用效率的理论值。作物群体水平的水分利用效率是指作物群体 CO_2 净同化量与蒸腾量之比，也即群体 CO_2 通量和作物蒸腾的水汽通量之比。产量水平上水分利用效率是指单位耗水量的产量，产量可表示为经济产量，耗水量考虑到土壤表面的无效蒸发，对节水更有实际意义。产量水平上水分利用效率是作物品种或种质资源节水研究的重要评价标准，对农业节水利用具有重要的实践意义。

（三）光能利用率鉴定技术方法与指标

1. 光能利用率的鉴定技术

1）生物量调查法

收获和测定作物生长季内地上部全部干物质质量，再测定干物质的热能值，计算所含能量，然后与当地的太阳辐射相比就可以得出光能利用率。该方法虽然操作简单，但工作量和破坏性强、不能反映短时间尺度的光能利用率，并且没有考虑根系生物量，存在一定误差。

2）涡度相关测定技术

首先采用开路式涡度相关系统昼夜连续自动采集 10Hz、30min 一组的原始数据并储存于数据储存器内，该系统主要由 CO_2/H_2O 近红外气体分析仪（LI-7500，Li-Cor，USA）、三维超声风速仪（CSAT3，Campbell，USA）、数据储存器（CR3000，Campbell，USA）组成。环境因子采集通过各环境因子传感器每 10min 采集一次数据，主要包括空气温度（air temperature，Ta）、土壤温度（soil temperature，Ts）、光合有效辐射（photosynthetically active radiation，PAR）、降水（precipitation，P）、饱和水汽压差（vapor pressure deficit，VPD）和相对湿度（relative humidity，RH）等。然后，针对以上获得的原始数据，利用 EddyPro 7.0.6 软件进行预处理，软件自动进行数据质量控制和校正。采用 TOVI 软件对 EddyPro 7.0.6 软件输出的数据进一步处理，包括数据质量控制、数据异常值剔除、数据插补及数据各组分的分解。为了便于后续进行相关性分析，将 10min 尺度的环境因子数据整理为 30min 尺度。由于涡度相关法只能获得生态系统净交换（net ecosystem exchange，NEE），无法直接测定冠层尺度的总初级生产力（gross primary productivity，GPP）和生态系统呼吸（ecosystem respiration，Reco），为计算光能利用效率，需要对数据进行拆分：

$$\mathrm{GPP}=\mathrm{NEP}+\mathrm{Reco}=\mathrm{Reco}-\mathrm{NEE} \tag{5-1}$$

式中，NEP 为净生态系统生产力（net ecosystem productivity）。NEE、NEP、GPP 和 Reco 的单位均为μmol/($m^2\cdot$s)。

$$\text{光能利用率}=(\mathrm{GPP}/\mathrm{PAR})\times(12/44)\times100\% \tag{5-2}$$

式中，PAR 为光合有效辐射为相应时间段作物冠层接收到的光合有效辐射量，单位为 $\mu mol/(m^2 \cdot s)$；光能利用率单位为 $\mu mol\ CO_2/\mu mol$。

2. 评价作物种质资源光能利用率的指标

开展大田环境下作物光能利用率评价时，光能利用率是指植物将一年中投射到该土地上的光能转化成化学能的效率，是指植物光合作用所累积的有机物所含能量占照射在同一地面上的日光能量的比率。光能利用率高低取决于土地上植物的多少、光合作用时间的长短及植物吸收利用光能的能力，即光能利用率=光合作用面积×光合作用时间×光合速率。由于研究方法不同，光能利用率可以有很多种表示方法，如按时间段可划分为日、生长季、年光能利用率；按辐射光光质不同可以分为以总辐射为基础的光能利用率和以光合有效辐射为基础的光能利用率；如按作物经济产量计算光能利用率，经济产量=生物产量×收获指数=净光合产物×收获指数=(光合速率×光合面积×光合时间–光呼吸消耗)×收获指数，因此作物光能利用率与产量应是正相关的。此外，表观量子效率也可以评价光能利用率，表观量子效率是在光合器官水平上对光能利用率进行评价。

第七节　作物种质资源表型鉴定进展与发展趋势

一、中国作物种质资源表型鉴定进展

1980 年以来，中国作物种质资源在国家项目的长期支持下，历时 40 余年，围绕农艺性状、抗病虫性状、抗逆性状、品质性状等开展了全面的表型鉴定，同时也根据不同阶段作物生产与育种需求，对表型鉴定涉及的内容不断进行调整补充。目前保存在中国农作物种质资源库和种质资源圃中的 52 万份各类种质资源均有较完整的农艺性状表型，约 20 万份种质进行了部分其他性状表型的鉴定。

（一）作物种质资源农艺性状鉴定重要进展与基础信息利用

中国围绕资源本底信息收集、育种利用性状需求开展了各类作物种质资源农艺性状的鉴定评价，为作物种质资源的深入研究与利用及各类作物的品种改良提供了原始动力和技术支撑。

1. 获得了中国各类农作物种质资源以农艺性状为重点的重要基础信息

历时 40 年，对粮食作物、经济作物、蔬菜作物和果树作物等 52 万份种质进行了涵盖植物形态学性状、生物学特性、产量性状、物候特征等农艺性状的表型鉴定。通过对农艺性状的初步分析，揭示了各类作物种质资源的基本特性、重要性状的分布特点，完成了中国农作物种质资源本底信息的采集与基础数据库构建，形成了作物种质资源研究和资源育种利用的重要基础。通过对以农艺性状表型为重点，辅以品质、抗性等表型的鉴定，制定和出版了涵盖各种性状鉴定的、不同作物种质资源的描述规范和数据标准，构成了目前中国各类作物种质资源性状鉴定、表型和遗传多样性研究的

重要基础。

各类作物种质资源基础表型的鉴定促进了相关研究。采用表型性状变异分析和主成分分析方法，提出了适于不同作物种质资源综合评价的指标，如将植株生育日数、株高、单株粒数、单株粒重、蛋白质含量等 5 个表型性状作为黄淮海大豆种质表型综合评价的主要指标。通过对谷子株高、穗长、茎长、茎粗、穗粗、节数、码数、码粒数、单穗重、穗粒重、千粒重、直链淀粉/支链淀粉比、粒色变异、淀粉和蛋白质等 15 个表型性状的鉴定，证明山西谷子地方品种具有显著的地域性特征，可分为南部、中部和北部地方品种三类。玉米表型性状鉴定表明，重要的植株表型性状、果穗性状及品质性状在华南、华东和西南玉米地方品种中的多样性水平明显高于其他地区的地方品种，南方玉米地方品种是未来发掘和利用的重要种质材料。

2. 以农艺性状多样性为基础构建了适于各种作物种质资源研究与利用的核心种质

核心种质是研究作物种质资源的重要群体。基于对不同作物种质资源以农艺和产量性状为主的多样性及其变异水平的深入分析，各种作物分别构建了初级核心种质群体，并进一步结合分子标记的多样性研究，最终创制了国家种质群体层面的核心种质，有些作物还形成了微核心种质群体或地域性的核心种质群体。例如，小麦核心种质构建是基于对 23 090 份小麦种质的生态分区、21 个表型性状数据（包括农艺性状、抗病性、品质性状）的遗传多样性指数和遗传丰富度计算与分析，结合对候选种质田间性状观察和性状统计分析，组成了由 5029 份种质构成的初选核心种质。通过选取覆盖小麦 21 个连锁群的 78 个微卫星标记（SSR）对初选核心种质进行基因型分析，最终构建了由 1160 份种质组成的小麦核心种质，包括地方品种 762 份、育成品种 348 份、国外引进品种 50 份，其遗传代表性高达 91.5%。在核心种质群体基础上，构建了遗传代表性接近 70%、涵盖 231 份种质的小麦微核心种质群体。不同比例大豆核心种质的构建在大豆种质资源研究与利用中也发挥了重要作用。

3. 农艺性状的鉴定为开展作物种质资源精准鉴定奠定了基础

2011 年以来，为解决作物种质资源的育种利用问题，中国围绕主要粮食作物和经济作物开展了种质资源的精准鉴定研究。精准鉴定的基础是鉴定群体的构建，而数十年积累的以农艺性状为主的基础数据为精准鉴定群体构建提供了重要信息。同时，作物种质资源精准鉴定的主要内容之一是开展多年多点的重要农艺性状鉴定，分析不同环境下农艺性状表型变异水平，对农艺性状表型的多样性和丰富度进行评价，并结合对病虫害抗性鉴定、逆境抗性鉴定、品质特性鉴定等数据，获得育种家可以直接利用的、综合性状优异种质或广适性种质。

（二）作物种质资源抗病虫性状鉴定重要进展与优异种质利用

1. 初步掌握了中国各类作物种质的抗病虫性特征并发掘一批抗性优异种质

在国家支持下，通过长期、系统、规模化地对各类农作物种质资源约 107 万份次 300 种病虫害的抗性进行鉴定，初步掌握了中国作物种质资源对各类病虫害抗性水平、分布特征等本底信息，为作物种质资源中抗病虫种质的高效鉴定奠定了基础。持续性的鉴定，发掘出一批值得深入研究与利用的种质，如 2001～2019 年通过表型鉴定，获得水稻对稻瘟病、白叶枯病、纹枯病、褐飞虱和二化螟抗性优异种质 4693 份次，小麦对条锈病、叶锈病、白粉病、赤霉病、纹枯病和长管蚜抗性优异种质 2114 份次，玉米对大斑病、弯孢叶斑病、灰斑病、纹枯病、丝黑穗病、腐霉茎腐病、瘤黑粉病、拟轮枝镰孢穗腐病和粗缩病抗性优异种质 2909 份次。一些抗性优异种质得到育种利用，如农艺性状好、抗稻瘟病强的水稻种质‘密阳 46’培育出‘协优’‘Ⅱ优’‘威优’‘D 优’等系列新品种；小麦抗赤霉病种质‘苏麦 3 号’成为国内外小麦抗赤霉病育种的骨干亲本；以抗黄花叶病大麦种质‘尺八大麦’为亲本育成数十个品种；具有广谱大豆胞囊线虫小种抗病性的半野生种质‘灰布支黑豆’成为大豆抗胞囊线虫病育种重要抗源，配置了数百个大豆组合。

2. 明确了各类作物病虫抗源的主要来源

通过对各种类型种质的鉴定与抗性分析，初步阐明抗性水平优异的抗源的主要来源。例如，野生稻中有较好的抗稻瘟病、白叶枯病、细菌性条斑病、纹枯病、草丛矮缩病、褐飞虱、白背飞虱、稻瘿蚊、稻纵卷叶螟材料，是水稻抗病虫新基因的重要库源；在中国小麦地方品种中存在大量对条锈病表现成株期抗性、全生育期抗性和持久抗性的种质，是改良小麦品种对条锈病抗性的重要基因源；小麦近缘植物中蕴含着丰富的抗锈病、白粉病、黄矮病、纹枯病、赤霉病、根腐病、多种蚜虫材料；中国本土高粱种质资源中抗病虫材料极少，需要从国外引进更多的抗源；在大白菜、小白菜、甘蓝、萝卜、芥菜中几乎没有高水平抗根肿病种质，但近缘野生植物欧洲山芥和甘蓝近缘野生种具有对根肿病免疫和高抗的表型。

对小麦 5807 份种质抗白粉病鉴定结果的分析表明，在 3069 份中国普通种质、706 份中国地方品种、1901 份引进种质、131 份有小麦近缘和远缘材料遗传背景种质中，对强致病性白粉菌菌株表现高抗的种质比率分别为 3.32%、3.68%、6.84%和 15.27%。因此，充分利用现代技术手段，从小麦近缘物种中获得良好的抗病虫、抗逆性基因应该成为未来小麦研究的重要方向。

对水稻 2812 份种质资源抗南方水稻黑条矮缩病的鉴定结果表明，抗病材料稀缺，占比仅为 0.46%；湖北水稻种质中有较丰富的南方水稻黑条矮缩病抗性材料；在总体上，水稻育成品种（系）对南方水稻黑条矮缩病的抗源较地方品种更丰富，籼稻种质的抗源较粳稻更丰富。

在 2004～2020 年共对 4855 份玉米种质进行了对腐霉茎腐病的抗性鉴定，涵盖中国自交系 2261 份、中国地方品种 1201 份、引进自交系 884 份、引进地方品种 477 份和群体材料 32 份。在总体上，自交系的抗病性明显好于地方品种，两类种质中高抗类型分别占 42.7%和 12.9%，表明育种过程对抗性选择的效果；在中国种质中，河北、山西、内蒙古、辽宁、吉林、陕西和广东自交系的总体抗性较好，来自西南地区的广西、云南和贵州地方品种的抗性好于其他地区的地方品种；在北美洲和南美洲的玉米自交系及地方品种中蕴藏丰富的抗腐霉茎腐病种质。对 1536 份大豆种质抗疫病鉴定结果分析表明，总体上中国种质较国外种质的抗性更为丰富，在 1267 份中国种质中（东北种质 482 份，黄淮种质 293 份，南方种质 492 份），抗疫病种质为 298 份（23.5%），其中东北、黄淮和南方的种质分别占 10.1%、23.1%和 66.8%。

3. 发掘出生产上可直接利用的优异抗病虫种质

一些抗性突出、综合性状优异种质在生产中得到快速利用。抗黑穗病黍稷种质‘紫穗糜’‘韩府红燃’等的直接推广种植有效控制了病害的发生；抗晚疫病、高产、高淀粉马铃薯种质‘LT-5’成为淀粉加工原料薯并得到推广种植，产生了明显的经济效益；抗豆象绿豆种质‘VC2719A’中的系选品种‘中绿 2 号’的推广有效控制了豆象为害；抗香蕉枯萎病种质‘粉杂 1 号’和‘广粉 1 号’的推广种植对于解决香蕉生产中的“癌症”病害贡献巨大。

4. 为育种提供抗病虫材料与信息

通过鉴定，在引进小麦品种‘南大 2419’‘阿夫’‘阿勃’‘欧柔’中发现良好的条锈病抗性和丰产性，培育出的 400 多个品种对控制小麦条锈病流行做出重要贡献；利用抗赤霉病、纹枯病、梭条花叶病的日本小麦种质‘西风’（含有抗赤霉病基因 *Fhb1*）培育出‘宁麦 9 号’‘宁麦 13’等抗赤霉病新品种；利用兼抗多种病害小麦近缘植物冰草构建的‘普冰’种质作为亲本培育出抗锈病、白粉病的系列小麦新品种。

利用抗白叶枯病水稻种质‘72-11’培育出‘鄂早 6 号’等多个抗病品种并大面积推广；从 800 余份野生稻中发掘出广谱抗白叶枯病种质‘RBB16’，将抗病新基因 *Xa23* 转入普通水稻并在生产上推广。

经人工接种鉴定，玉米种质‘X178’‘齐 319’‘沈 137’‘昌 7-2’可兼抗 7～10 种病害，优良的抗病性使得这些自交系作为亲本培育出许多综合性状优异、抗病性稳定的品种并成为全国或区域的长期主要推广品种。

在其他作物中也有许多经鉴定发现的抗病虫种质成为育种亲本：高粱丝黑穗病抗源‘421B’及抗蚜种质‘TAM428’组配选育出兼抗丝黑穗病和高粱蚜的雄性不育系，在育种上得到广泛利用；利用大豆抗灰斑病种质‘虎林 1 号’‘小青豆’等育成‘合丰 34’‘黑农 36’等高抗灰斑病品种；以‘齐头毛谷子’为亲本选育出抗谷瘟病的‘张杂谷 8 号’和‘张杂谷 10 号’；利用高抗茎线虫病和根腐病种质‘苏薯 7 号’为父本培育出全国大面积推广的甘薯品种‘徐薯 22’；利用抗白腐病和炭疽病葡萄种质‘巨峰’培育出早熟、大粒、抗病品种‘贵园’。

5. 为抗病虫基因发掘及深入研究提供基础材料

系统对作物种质进行抗病虫鉴定为寻找抗源和挖掘抗病虫新基因奠定了材料基础。例如，从 1 万余份水稻种质中筛选获得 212 份抗条纹叶斑病材料，鉴定出多个抗病基因，并克隆了 *STV11* 基因；在小麦地方品种中鉴定发现了许多抗白粉病新基因；对大豆抗疫霉根腐病种质的研究表明存在多个抗病新基因。

经过严格表型鉴定的抗病和抗虫种质为作物抗性基因克隆、基因源分析、抗性机制及其调控网络解析提供了重要材料，如水稻抗稻瘟病基因克隆（Zhao et al.，2018）、小麦抗白粉病基因克隆（Lu et al.，2020）、玉米抗镰孢茎腐病基因克隆（Ye et al.，2019；Wang et al.，2017）。

（三）作物种质资源抗逆性状鉴定重要进展与优异种质利用

中国对作物种质资源大规模的非生物胁迫抗性鉴定工作起步较晚，始于 20 世纪 80 年代，在 21 世纪得到快速发展。根据不同作物的生产区域特点，在粮食、经济、蔬菜、果树、牧草与绿肥等作物中分别开展了抗旱性、耐涝/渍性、耐热性、耐冷（寒）/抗冻性、耐盐碱性、耐铝毒性、耐氟性、耐瘠性、耐荫性、抗倒性等抗逆性鉴定（刘旭和张延秋，2016）。迄今为止，已对近 100 种作物的 27.8 万份次种质材料进行了抗逆性鉴定。在玉米、水稻、小麦、棉花、大豆等主要作物的抗逆性鉴定方面取得了显著成果。

中国小麦工作者历时近 40 年对 2.4 万份小麦种质进行抗旱性鉴定，遴选出抗旱耐热种质 110 多份，并培育出‘晋麦 47’‘长 6878’‘洛旱 7 号’及‘中麦 36’等一批抗旱节水小麦新品种，大幅提高了小麦中低产田的生产水平。对 2004～2020 年 4432 份小麦种质全生育期抗旱性鉴定结果的分析表明，中国小麦种质的抗旱性强于国外引进的种质，中国的育成种质较地方品种抗旱性更强，不同省份的育成种质抗旱性也存在差异，其中新疆、青海、山西、河北、河南及山东等降水量较少或灌溉条件不足的地区选育的小麦种质抗旱性较强。对 1325 份小麦种质资源耐热性鉴定结果表明，中国南方麦区的冬小麦种质耐热性总体上强于北方麦区种质的耐热性；在中国春小麦种质中，来自新疆的材料耐热性最好；国际干旱地区农业研究中心（ICARDA）的春小麦种质耐热性也较强，而 CIMMYT 的人工合成六倍体材料耐热性最弱。在 2007～2020 年共对 2603 份小麦种质进行了耐渍性鉴定。鉴定结果表明，耐渍性极强、强、中等、弱和极弱种质分别为 38 份（1.5%）、227 份（8.7%）、792 份（30.4%）、929 份（35.7%）和 617 份（23.7%）。在 1757 份中国小麦种质和 846 份引进小麦种质中，分别有 11.1%（195 份）、8.3%（70 份）为耐渍性极强和强种质，两类种质的耐渍性水平相近。在 241 份中国小麦地方品种中，表现耐渍性极强和强的分别有 5 份（陕西的‘山红麦’和‘葫芦头’，黑龙江的‘河波小麦’，浙江的‘白蒲穗’及 1 份上海种质）和 23 份，其中山东的地方品种耐渍性水平总体较强；而在选育形成的中国小麦种质中，分别有 23 份和 143 份种质表现为耐渍性极强和强，河北、山西、江苏、山东和河南材料中耐渍性极强和强的种质占比超过 10%。结合小麦种质资源耐旱性鉴定结果，发现一些小麦种质能够同时对土壤缺水导致的干旱和土壤水分过多形成的渍害表现较好的抗性，如意大利的‘St2422/464’（‘郑引 4 号’，统一编号 MY002776）、澳大利亚的‘Bindawarra’（统一编号 MY004534）、美国的‘Scout Nebred’（统一编号 MY008028）、阿根廷的‘Trigo Klein Cometa’（统一编号 MY008491）和中国的‘淮核 0862’（统一编号 ZM027325）种质同时对干旱和渍害表现出极强的抵御水平；19 份小麦种质表现为耐旱性极强和耐渍性强的表型，如引进种质‘ISENGRAIN’和‘GK CSUROS’，江苏的‘淮核 0723’‘淮核 0838’‘淮麦 26’‘连 0756’‘连 629’‘神农 SM06’，河南的‘郑州 17’‘偃大

24’‘内乡 19’‘信阳 1 号’，山西的‘太原 566’和‘晋麦 11’，江西的‘万年 2 号’，北京的‘中作 83-50003’和‘品冬 904017-9’，陕西的‘小偃 5 号’，山东地方品种‘半截芒’；6 份表现为耐渍性极强和耐旱性强，如‘中作 50020’‘中安 7904-13-2-14-2’‘品冬 4615-5’‘品冬 904024-6’‘泰安 814527’‘济宁 5 号’；35 份小麦种质对干旱和渍害均表现为强耐性。

在水稻种质资源中，近 20 年在吉林省公主岭冷水灌溉鉴定（18.5℃/40 天）和云南省嵩明高海拔（1.92km）自然低温鉴定条件下累计完成了 4520 份国内外水稻选育品种（品系）的孕穗期耐冷性鉴定，发掘出两种低温环境下空壳率均小于 20%的‘14H002’‘14H039’‘06-2405’‘松粳 21’‘松粳 16’‘吉粳 87’‘滇靖 8 号’‘云粳 12 号’‘山形 80’‘岁华’等耐冷性极强种质 30 份，发掘出在两种低温环境下空壳率为 20%～40%的‘14H015’‘14H035’‘06-1196’‘通禾 833’‘通禾 839’‘铁粳 9 号’‘楚粳 22 号’‘安星稻’‘望娘’‘梦清’等强耐冷种质 140 份。在云南水稻地方品种中存在丰富的发芽期、芽期、幼苗期、孕穗开花期耐冷性极强的种质，而耐冷性水平表现为来源于高海拔地区种质耐冷性强于低海拔地区的种质。云南水稻中蕴藏的耐冷性优异种质是水稻耐冷亲本材料改良或新耐冷基因源利用的基础，也是耐冷水稻育种和新基因发掘研究的重要材料。此外，中国从 20 世纪 70 年代就开始对水稻种质资源进行耐盐性鉴定评价，从 10 000 多份国内外种质中获得 100 余份耐盐种质；培育出‘长白 6 号’‘盐粳 68’‘松辽 6 号’等一批耐盐水稻品种，大幅提高了盐碱土地的利用率和经济效益。

2001～2020 年，在国家种质资源保护项目实施中，对 5084 份入国家长期库的玉米种质资源开展了开花期和全生育期耐旱性鉴定。对鉴定结果的分析表明，现代选育的自交系的抗旱性要强于农民选择保留的地方品种的抗旱性；来自山西、内蒙古、河北、辽宁、山东和新疆的自交系与地方品种中表现耐旱性极强的种质占比较高，说明无论是现代育种的自交系选择，还是农民对地方品种的选择，在这些自然干旱较严重的地区，育种家及农户都更注重种质的耐旱特性，以适应雨养农业的发展；而来自玉米生育期降雨较充沛区域和具有较好灌溉条件地区的玉米种质，其耐旱性水平总体偏低。在国外种质中，美国与俄罗斯的自交系和地方品种表现出更好的耐旱性。

在耐氮和磷胁迫表型鉴定中，发掘出了一些分别在土壤低氮与低磷水平下仍能维持稳定产量的水稻、小麦、玉米、棉花、油菜等作物种质，以及耐高氮胁迫的小麦种质和耐低磷的大豆种质。

此外，深入分析也揭示了一些作物种质资源抗逆性的特点，如大豆种质资源芽期、苗期和全生育期的抗旱性状间无显著相关性，晚熟大豆种质的抗旱性强于早熟材料；比较了大豆种质资源出苗期、苗期耐盐性，明确两个时期的耐盐性无相关性（刘谢香等，2020）；已建立大豆苗期耐盐性分子标记辅助检测技术体系，检测效率高达 98%（Guan et al.，2021）；小麦种质芽期与苗期的耐盐性不相关；小麦野生近缘植物中存在较好的耐盐性状，导入小麦后可显著提高小麦种质的耐盐性。

随着高通量、高分辨率的表型分析技术和平台的快速发展，未来抗逆种质资源鉴定评价的效率和准确性将大幅提升，有望实现广适性优异种质的精准鉴定，从而为作物高产稳产的遗传改良提供更多优良亲本材料，使作物种质资源在现代育种中发挥更大作用。

（四）作物种质资源品质性状鉴定重要进展与优异种质利用

作物种质资源的品质性状是决定种质利用方向、品种消费预期、深加工潜力评估的重要依据。据不完全统计，在国家和地方项目的长期支持下，中国已对 30 余万份各类作物种质进行了品质鉴定，许多品质优异的种质或作为育种亲本利用，或直接进行生产推广。例如，利用‘宁麦资 25’为亲本育成的‘扬麦 13’成为全国推广面积最大的弱筋小麦品种；优质纤维棉花种质‘锦 444’作为亲本材料选育出大面积推广品种‘中棉所 49’；以高油抗病芝麻种质‘安徽宿县芝麻’为父本培育出高油、抗病、大粒芝麻新品种‘中芝 15’；高淀粉、抗性好的马铃薯种质‘AMYLEX’作为母本培育出大面积推广的早熟、高产、抗病、适于淀粉加工的马铃薯品种‘克新 22 号’；从美国引进的丰产、优质、晚熟柑橘品种‘少核默科特’在重庆三峡库区大面积种植。

通过规模化的品质鉴定，发现了一些具有利用前途的品质特异种质。例如，在对 1206 份水稻种质资源的鉴定中，发掘出 3 份抗性淀粉含量高于 10%的特异种质。通过对大麦地方品种的广泛鉴定，获得 8 份大麦脂肪氧化酶 1（LOX-1）活性缺失的新种质，有望通过啤酒大麦品质育种，提升啤酒风味稳定性和延长啤酒货架期。

通过对作物种质资源相关营养成分的检测与研究，获得了一些对资源深入研究有指导作用的基本结论。鉴定发现，大豆异黄酮含量在不同生态区来源育成品种间存在显著差异，来自南方的大豆品种中异黄酮总含量最高，黄淮品种含量次之，北方大豆品种的含量最低，呈现由南向北异黄酮含量逐渐降低的趋势，同时栽培品种的异黄酮总量低于野生大豆。630 份棉花种质相关性状分析表明，在引进的棉花种质中，非洲种质的植株最高，欧洲种质植株最矮和短绒率最高，南美洲种质单铃重与纤维伸长率较高，来自俄罗斯的棉花种质与纺织品质相关的纤维长度、纤维强度和纺纱均匀性指数均较差，澳大利亚的种质具有生育期较长的特点；在中国棉花种质中，北部地区的种质生育期短、产量低，黄河流域的种质结铃性突出，而长江流域种质在纤维品质相关性状（纤维长度、纤维整齐度、纤维强度、马克隆值、纺纱均匀性指数）方面表现优异。对 6 个不同生态品种群桃种质的研究表明，果实中糖酸组分含量的高低与生态区有关，云贵高原桃区和华南亚热带桃区品种表现为可溶性糖、山梨醇、蔗糖、总糖含量高的特征，西北高旱桃区品种表现为可滴定酸、柠檬酸、奎宁酸、苹果酸、总酸高的特征。谷子种质资源中粗蛋白质和粗脂肪的含量与种质来源地具有相关性，新疆和黑龙江东北部种质粗蛋白质含量高，而粗蛋白质高的种质主要分布在中部地区。

（五）作物种质资源环境资源利用性状鉴定与研究进展

围绕中国现代农业绿色高效发展，不同作物新品种培育筛选更加注重绿色高效性状。2016 年以来，养分高效利用相关性状已成为不同作物种质资源鉴定评价的重要目标性状。目前，已完成了水稻、小麦、玉米等作物 1 万余份种质资源氮、磷利用效率的鉴定评价，筛选出一批氮、磷高效利用的优异种质资源。通过鉴定评价，在水稻中发掘出‘米粳 199’‘秀水 48’‘4007’‘云粳 38’等氮高效利用品种；在减氮鉴定条件下，‘晶两优华占’‘国优 9113’‘荃香优 6 号’‘深优 513’‘聚两优 751’等属于高产并具有氮利用效率高的特征的水稻品种；玉米自交系‘郑 58’‘铁 7922’‘四-287’等种质的氮利用效率较高；小麦品种‘郑麦 7698’具有氮利用效率高的特征。研究也表明，氮利用效率在不同年代水稻品种间存在显著差异，随品种应用年代的演进，籼稻品种的氮利用效率获得较大提升。此外，在种质资源氮磷利用效率鉴定评价基础上，结合多组学数据，利用数量性状作图、全基因组关联分析、候选基因关联分析、精细定位、图位克隆等技术，开展了氮磷利用效率基因定位、克隆和优异等位基因挖掘。例如，基于氮高效的籼稻种质资源‘IR24’构建的作图群体，利用图位克隆技术完成了氮利用效率基因 *NRT1.1B* 的克隆，其编码一个硝酸盐转运蛋白，而籼粳稻之间氮利用效率的差异则是由 *NRT1.1B* 基因的一个碱基自然变异引起的，该基因的优异等位基因可显著提高籽粒产量和氮利用效率（Hu et al.，2015）。以全球不同地理区域的 110 份早期水稻地方品种为材料，开展了氮利用效率鉴定评价，发现水稻分蘖氮响应能力与氮利用效率变异间存在高度关联，利用群体遗传学和分子生物学等手段克隆了水稻氮高效基因 *OsTCP19*，并揭示了氮素调控水稻分蘖发育过程的分子基础，为水稻减肥不减产绿色生产提供了重要基因源（Liu et al.，2021）。通过对 110 份小麦种质的筛选，明确了小麦性状与钾吸收效率之间的关系，鉴定出在土壤正常钾浓度下钾高效利用种质‘旱选 H28’和‘品 3483’，以及 5 份低钾环境下钾高效利用种质。

20 世纪初，布里格斯（Briggs）和尚茨（Shantz）就开展了作物水分利用效率的研究，通过盆栽试验对 6 种 C3 作物进行研究，发现不同作物需水量有明显差别，低需水量作物与其耐旱性有一定相关性。21 世纪以来，在作物水分利用效率的分子调控方面也开展了相关研究，如利用 114 个小麦重组近交系和 RFLP 遗传图谱进行了水分利用效率性状的 QTL 分析，发现有 2 个控制叶片水分利用效率的 QTL 位于 1A 和 6D 染色体上（张正斌等，2006）。尽管在不同作物上开展了大量的水分利用效率相关研究，但是在作物种质资源水分利用效率鉴定评价方面报道仍较少，鉴定规模也较小，如美国科学家对 10 份棉花种质资源进行了根系性状与植株水分利用效率关联性研究（St Aime et al.，2021），不同国家对小麦、大豆、酿酒葡萄的小规模种质也进行了水分利用效率差异性鉴定。中国已报道了一些水分高效利用的作物种质资源，如小麦种质‘运旱 23-35’‘临旱 51329’‘晋麦 47’，玉米自交系‘444’‘海 268’‘C8605’等叶片水分利用效率较高。面对农业生产的重大需求，急需加强作物种质资源的水分利用效率精准鉴定评价，以期为节水品种培育、水分高效利用基因资源的挖掘奠定基础。

（六）多抗性兼优异品质的作物种质将在未来得到重要利用

农作物品种培育不仅需要单一性状优异的种质作为支撑，也需要对各类逆境具有广谱抗性的材料作为育种亲本性状改良的基础，以适应未来各类逆境频发和不同区域育种的新需求。在长期系统化的中国作物种质资源鉴定中，发掘出一批在多病虫害抗性、多逆境抗性、重要品质性状方面综合表现优异的种质，为育种利用、抗性基因研究提供了材料与信息。

1. 兼抗不同病虫害的种质

能够兼抗不同的病虫害，以及对特定病害致病菌小种具有广谱抗性是培育在生产中具有稳定或持久抗病虫性品种的基础。水稻种质‘IR68333-R-R-B-22’兼抗褐飞虱和二化螟；‘品 03130’抗 3 个白叶枯病菌小种、兼抗纹枯病与褐飞虱；‘IR2035-225-2-3-1’和‘IR1109-4’高抗纹枯病和褐飞虱。小麦种质‘GA-Fleming’对 4 个白粉病菌小种免疫并对叶锈病菌 2 个致病型近免疫。玉米种质‘塘四平头’‘2044’‘京 05’兼抗大斑病、灰斑病、茎腐病、瘤黑粉病；‘472-3’兼抗大斑病、茎腐病、纹枯病、丝黑穗病、穗腐病；‘赤 L311’兼抗腐霉茎腐病、丝黑穗病、拟轮枝镰孢穗腐病和粗缩病；‘黄包谷’抗腐霉茎腐、灰斑病和粗缩病。大豆种质‘华春 18’对 5 个疫霉菌小种和 2 个花叶病毒株系免疫并抗灰斑病 2 个小种；‘中黄 23’抗疫病、花叶病、灰斑病 3 种病害病原中多个小种或株系；在野生大豆中发现 31 份对菌核病表现抗病性，其中 11 份兼抗疫病，从中可进一步发掘抗大豆菌核病的基因源。

2. 兼抗病虫害和逆境及品质优异种质

一些种质不但抗病虫害，也对逆境胁迫具有较强的抗性，如水稻种质‘铁 9868’抗白叶枯病强致病力小种、抗稻瘟病北方 3 个小种并具有孕穗期耐冷性强的特性；‘WY16’抗稻瘟病菌、纹枯病和二化螟，耐冷性极强；‘IR3380-13’高抗纹枯病、高抗稻瘟病，直链淀粉含量低；‘黑壳粘’具有耐冷性强、苗期耐盐性极强和籽粒中蛋白质含量达 14.0%的优良特性；引进的印度尼西亚种质‘Sipulut M’孕穗期耐冷强、苗期耐盐性极强、籽粒蛋白质含量达 14.2%，同时兼抗北方稻瘟病的多个小种；云南地方品种‘冷水掉’和日本种质‘京都旭’孕穗期耐低温、幼苗期耐盐性极强；源于科特迪瓦的种质‘IRAT 656’不仅蛋白质含量高（15.0%），并且对北方 3 个稻瘟病菌小种均为高抗。小麦种质‘兴资 9108’抗 3 个条锈菌小种、5 个白粉菌小种并表现强抗旱性；‘90022-1 S’抗 2 个条锈菌小种、5 个白粉菌小种、芽期耐盐并有优异品质所需的谷蛋白亚基 7+9 和 5+10；‘YW243’抗 4 个条锈菌小种、7 个白粉菌小种、芽期和苗期耐盐并具有全生育期强抗旱的特性；‘丰优 2 号’抗 3 个条锈菌小种、2 个白粉菌小种、中抗麦二叉蚜并有优异谷蛋白亚基 7+8 和 5+10；从意大利引进的‘St2422/464’不但抗旱性和耐渍性均达到极强并且对赤霉病也表现为抗病；‘新冬 22’抗旱性极强并具有优异谷蛋白亚基 7+8 和 5+10。玉米种质‘张 5’兼抗大斑病、灰斑病、瘤黑粉病并具有极强的抗旱性；‘W432’抗灰斑病、茎腐病、纹枯病、瘤黑粉病并兼具强抗旱性；‘B07152’抗腐霉茎腐病、丝黑穗病并且全生育期抗旱性极强。大豆种质‘汾豆 57’对疫病耐病性强、抗花叶病毒病和灰斑病、苗期中度耐盐、全生育期抗旱性极强；‘九农 23 号’抗疫病、花叶病毒病、灰斑病并表现全生育期耐旱性极强；‘114-4’不但耐酸铝性强，同时对盐和干旱都表现为高耐，还对疫病表现突出的抗性，综合抗逆能力突出；‘绥无腥豆 2 号’兼抗疫病、炭腐病和灰斑病，抗旱性和耐盐性均强；‘16M2764-67’和‘16M2768-71’抗灰斑病，耐盐性和抗旱性极强，同时籽粒中储藏蛋白的 11S/7S 比值大于 3；‘16M3329-32’抗灰斑病，抗旱性极强且为缺失 28K 过敏蛋白基因型种质。

二、全球作物种质资源表型鉴定进展

作物各类性状的鉴定是为了其生产利用，因此作物表型鉴定是永无止境的工作。分子生物学的快速发展赋予了科学家对作物发育基础的微观认识，但探究这些遗传基因及其网络是如何调控作物的发育过程及在不同环境下的表达仍离不开准确的表型鉴定。同时，近年各类技术的发展为作物种质资源表型鉴定提供了大量的技术方法，促进了作物表型鉴定的精准化和高通量。

（一）作物表型精准鉴定有效促进了种质资源研究与利用

美国在1994年启动的“玉米种质创新计划”（Germplasm Enhancement of Maize，GEM），以19个私人育种公司与39个公共育种机构合作的方式，将LAMP计划获得的260份拉美优异种质中选出的前51份并加入来自7个热带杂交种玉米的亲本，与上述58个育种机构的优异自交系组配，将外来种质的有益性状导入美国玉米自交系，并通过多年多点的规模化表型性状鉴定，精准评价以产量、饲用营养品质和对重要病虫害抗性为主的表型。20年间，GEM项目将30个玉米地方品种种族的优异性状导入到自交系中，培育并发放了268份新自交系和育种群体及200余个DH系，有效拓宽了美国玉米的遗传基础，促进了生产品种特性的改良。

在墨西哥政府支持下，国际玉米小麦改良中心（CIMMYT）牵头组织国际上多家单位，2014年启动实施了“发现种子计划”（SeeD），构建了一个以材料、技术、方法和信息共享的研究网络。通过与墨西哥、印度、伊朗、巴基斯坦、肯尼亚等国的合作开展重要性状的多年多点鉴定，完成了10万份小麦种质资源产量、耐热、抗旱、抗病、籽粒品质、土壤磷利用效率等性状的表型鉴定，以及对5000余份玉米地方品种进行产量、抗旱性、耐热性、耐低氮、抗病性、抗倒性等表型鉴定，同时对12万份小麦及近缘种和2.8万份玉米种质进行了基于测序的基因型鉴定。通过精准表型与基因型的联合分析，获得了小麦和玉米丰富的遗传多样性信息、8000份小麦地方品种等位变异的信息，构建了不同地域的小麦核心种质，将鉴定获得优异性状的种质通过前育种途径创制出一批育种家可用的小麦与玉米新种质。

针对作物种质资源基础性鉴定中群体小、环境单一、综合评价缺乏等影响种质利用的问题，中国科学家提出作物种质资源“精准鉴定”的新概念，即“精”挑细选在产量、品质、抗病虫、抗逆、资源利用高效等方面至少具有1个突出优异性状的种质资源，以骨干亲本和主栽品种为对照，建立大群体、多个生态区种植模式，综合集成表型与基因型鉴定技术，系统鉴定相关表型与基因型，揭示遗传构成与综合性状间的协调表达，并依据育种与生产需求“准”确评判各材料的可利用性及如何有效利用。2016年，以国家项目的方式开展了15 000份水稻、小麦、玉米、大豆等主要农作物种质资源重要性状和基因型精准鉴定与创新利用研究。至2020年，完成了3000份水稻种质在7个生态点（吉林公主岭、河北唐海、安徽合肥、湖北武汉、浙江杭州、广西南宁、贵州惠水）三年的主要农艺性状鉴定；3000份小麦种质在6

个生态点（山东泰安、河北石家庄、河南郑州、陕西杨凌、四川成都、江苏南京）三年的重要农艺性状鉴定；2000 份玉米种质在 6 个生态点（黑龙江哈尔滨、辽宁沈阳、北京顺义、山东济南、河南郑州、新疆乌鲁木齐）进行了三年农艺性状、田间抗病性精准鉴定。在经济作物中，对 2000 份大豆、1650 份油菜、1650 份棉花、1750 份蔬菜进行了相关性状的多年多点精准鉴定。对以上作物的其他性状，如抗病性、抗旱性、耐低氮性等也进行了多年多点多环境下的精准鉴定。这种科学的时序性鉴定充分利用具有区域代表性的环境条件，明确了各类表型性状的变异水平、稳定性和表达特点，为选择光温非敏感广适性种质、特定区域适应性种质、对生物胁迫和非生物胁迫抗性稳定种质、品质优异/特异种质提供了可能。基于多年多点表型和基因型精准鉴定与研究结果，为育种提供了遗传背景清晰、目标性状突出的优异种质 1469 份，其中水稻 312 份，小麦 320 份，玉米 207 份，大豆 176 份，油菜、棉花和蔬菜等作物 454 份。水稻鉴定获得抗病虫（稻瘟病、稻曲病、纹枯病、黑条矮缩病、南方水稻黑条矮缩病、褐飞虱）、抗逆（旱、盐、冷、热）、耐低氮、耐直播、镉低积累、高光效特异种质 453 份；小麦鉴定获得抗病虫（赤霉病、叶锈病、长管蚜）、抗旱耐热、优质强筋种质 442 份；玉米鉴定获得抗旱、抗病（腐霉茎腐病、镰孢茎腐病、禾谷镰孢穗腐病、拟轮枝镰孢穗腐病）、耐低氮、耐高温热害、抗倒伏、籽粒灌浆脱水快特异种质 293 份；大豆鉴定获得矮秆、抗病虫（胞囊线虫病、花叶病毒病、疫霉根腐病、细菌性斑点病、大豆蚜、烟粉虱）、耐逆（旱、盐碱、荫、涝）、优质（高蛋白、高脂肪、高油酸、高异黄酮）特异种质 176 份。结合基因型精准鉴定，发掘出与重要性状显著关联的大量 SNP 位点，获得一些调控重要表型性状的优异等位变异和优异单倍型种质。

此外，在作物种质资源抗病性鉴定中，通过采用病菌多小种/多毒力型分别接种鉴定的策略，可以精确地判断作物种质的抗谱和多抗性水平。在鉴定用病菌小种/毒力型的致病基因明确时，可以对作物种质的抗病基因背景进行分析，有助于抗病新基因的挖掘。例如，在大豆种质抗疫病鉴定中，对 534 份大豆种质与 8 个大豆疫霉毒力型互作结果的分析表明，共产生 129 种反应类型，‘中品 12585’‘黑农 57’‘吉育 35’‘豫豆 19’‘苏乌青皮豆’等 20 份材料对 8 个大豆疫霉毒力型具有广谱抗性，推导出 93 份种质的抗病基因背景，发现一些可能携带抗病新基因或抗病基因新组合的种质。在小麦种质抗白粉病鉴定中，对 400 份小麦种质用 6 个田间流行的白粉病菌株接种鉴定，产生 50 种反应表型，其中 320 份种质对 6 个菌株表现一致的高感反应，仅有种质‘龙 90-05634’和‘高优 512’对 6 个菌株表现广谱抗性。为筛选抗稻瘟病菌多菌株的水稻种质，选择 300 份水稻种质分别接种来源广泛的 15 个稻瘟病菌菌株，共产生了 300 种反应型，表明随着接种菌株的增多，两者互作所产生的表型组合极其复杂，每份种质对 15 个病菌菌株的抗性调控水平都不一致；在 300 份水稻种质中，‘中旱 372’‘双七占’‘源珍 116’‘7-377’‘97A3-F3-5’等 5 份的抗谱百分率达到 93%，即能够兼抗 14 个菌株，表明其具有对稻瘟病菌的广谱抗病性，这为病菌致病力极易变异的稻瘟病抗病育种提供了重要材料和信息。

（二）高通量精准化鉴定已从设施走向田间，从分析植株外部性状走向内部性状鉴定

有效地对数量庞大的作物种质资源开展高通量、精准性的表型性状鉴定是充分利用种质遗传多样性战胜人类当前面临气候变化所带来的对作物生产严峻挑战的需要，是从大量资源中获得解决育种瓶颈问题的特异性种质的关键。

1. 作物性状表型图像近程和远程采集技术的发展

高通量作物种质资源表型性状鉴定依赖于新型鉴定工具的发展。近年来，针对不同作物、不同场景、不同性状的表型图像采集技术发展迅速，包括高空远距离表型图像采集技术，如卫星图像采集（satellite imaging）、飞机航拍图像采集（manned aerial vehicle）、无人机图像采集（unmanned aerial vehicle，UAV）；地面近距离表型性状图像采集技术，如车辆图像采集（Phenomobile）、固定台架或高架缆索图像采集（stationary towers and cable suspension）、近距离图像采集（phenopoles）、微 CT 图像采集（high-throughput micro-CT-RGB imaging system）（Jin et al.，2021；Wu et al.，2019）。针对不同场景中平面性状采集的光学传感器方案也日臻完善（Jin et al.，2021），而植株组织的三维性状采集技术亦开始投入应用（Teramoto et al.，2020）。

2. 表型鉴定数据高通量处理技术的发展

作物种质资源表型鉴定产生数量巨大和高度多维的数据。基于信息化的计算机处理技术的快速发展对支撑作物种质资源表型的高通量快速采集、非文字数据化记录、多维统计分析至关重要（Gkoutos et al.，2018），大量以图像为信息的表型还需要有传输与分析处理能力强大的系统做支撑。在图像分析过程中，机器学习等技术极大提升了科学家对作物发育过程中表型性状变化的全面认识（Singh et al.，2018）。在作物性状表型鉴定中，各种模型、算法的发展给予科学分析表型数据以重要支撑（Liu et al.，2019），是表型鉴定数据处理中不可或缺的一环。

3. 可控环境下作物表型鉴定技术被广泛应用

可控环境下作物表型性状规模化鉴定主要是基于表型组学研究技术平台。在该平台，作物生长的各环境因素可控，通过自动传输系统为鉴定的每个植株进行个体图像信息采集，形成自动化的高通量表型平台（high-throughput phenotyping platform，HTPP）。通过大量图像的解析，结合基因组学信息，获得植株发育表型的控制基因。利用表型组学研究平台，已对水稻、小麦、玉米、高粱、油菜等作物的相关性状及基因做了大量研究（Yang et al.，2020b）。

近年来，机器视觉技术及智能图像处理系统的快速发展极大提高了设施条件下非生物胁迫抗性鉴定的通量和精度（Yang et al.，2020b）。例如，法国农业科学院、澳大利亚植物功能基因组中心，以及中国华中农业大学作物表型中心均建立了自动观测温室系统，通过该系统已经完成多种作物的抗旱性鉴定，发掘出一批抗旱种质及基因资源。可控逆境的表型组学鉴定技术作为未来高通量抗逆性鉴定的关键推动力，在现代

农业中具有不可替代的重要作用。

4. 田间环境下作物表型组学鉴定技术逐渐成熟

作物表型性状主要依赖于田间环境下的规模化鉴定，适应高通量、精准化的田间鉴定技术发展迅速。近五年来，田间模式下的高通量表型组学平台已经从理念发展至实际应用，各类地面与空中自动移动与信号传感设施和信息传输技术研发与应用初步实现了田间条件下智能化作物外观表型的自动采集（Jin et al.，2021）。高通量田间表型鉴定技术的发展推动了水稻、小麦、玉米、大豆等作物种质资源农艺性状、生物与非生物胁迫抗性、氮养分利用等表型的规模化高效鉴定，为作物种质的基因型分析、重要基因克隆与优异性状快速转育利用创造了可能。

5. 显微环境下表型鉴定技术使得作物微观特征得以呈现

作物内部的一些特定生理表型无法直接通过植株表面成像技术获得。新近发展的多光谱显微表型成像技术将显微镜融入多光谱成像系统，能够对植物组织内单细胞、单器官/组织（如单叶绿体）特定表型进行荧光及其他成像技术分析，揭示作物代谢、光合调控的表型特征。该技术已在大麦抗感白粉病的细胞学表型、大麦与黑麦草根系表型特征、水稻种质叶绿体叶片时空分布表型研究中进行了应用。利用拉曼光谱仪能够对植物组织中的营养成分进行快速测定。采用显微观察技术能够对作物微观结构的表型特征得以更清晰的认识，如玉米茎秆抗倒性表型、维管束特征表型、玉米籽粒内部结构表型等，而超便携显微镜和手持高分辨率数码显微镜组合技术成功应用于玉米不同种质气孔表型特征的解析。

6. 标准化成为表型鉴定信息交流的重要条件

性状标准化鉴定与通用性描述是作物种质资源信息有效交流的基础。2006 年以来，中国开始实施作物种质资源表型鉴定标准化工作，在国际上率先建立了 296 类农作物种质资源描述规范和数据标准；制定了以作物种质资源基本农艺性状鉴定、抗病虫性状鉴定、抗旱耐盐耐渍性鉴定为主要内容的中国国家标准和农业行业标准 100 余个；水稻、小麦、玉米、大豆、棉花、油菜、蔬菜等作物还制定了种质资源重要性状精准鉴定技术规程。这些标准制定为统一中国作物种质资源性状鉴定奠定了良好基础，也为未来拓展鉴定内容构建了技术方法。国际生物多样性中心联合相关国际农业研究机构制定了 96 种作物的性状描述规范，国际农业研究磋商组织（CGIAR）下属各主要农业研究机构也建立了各类作物种质资源性状鉴定标准，如国际水稻研究所出版的《水稻标准化评价手册》（Standard Evaluation System for Rice）已经修订至第五版，国际干旱农业研究中心制定了多种豆类作物种质资源性状标准化鉴定指南。但国际统一与通用的作物种质资源表型性状鉴定技术体系与性状描述标准尚需完善（Pieruschka and Schurr，2019）。

三、作物种质资源表型鉴定展望

作物种质资源表型鉴定是为了种质的利用。当前，以气温快速上升为代表的全球环境改变导致极端气候事件频发、病虫害加剧、紫外线辐射增强等作物生产逆境加剧，人们对食物源特定营养需求越来越多、越来越细化和对作物产品品质需求不断提升，作物生产过程中机械化和智能化的快速发展对生育期短、宜机管机收、耐储藏品种培育需求加大。因此，需要从大量的作物种质资源中鉴定获得满足未来重大需求的各类基础种质，并通过相关技术将特异性状转入育种材料中，培育出适应环境变化、社会和生产发展的新品种。

作物表型鉴定已经从单一外部形态性状扩展至抗性、品质成分、细胞特征、生理与代谢特征等多方面的性状。作物表型鉴定正快速走向多学科合作，通过与作物表型相关的多组学、多平台联合研究实现对大数据采集、传输、储存、解读与利用，实现从作物表型鉴定到表型调控机制与基因发掘的相互联动，最终实现作物表型鉴定与作物育种的紧密有效结合（Jia et al.，2017）。未来，表型组学、基因组学、蛋白质组学、代谢组学、转录组学及新近提出的有机挥发物组学（Majchrzak et al.，2020）的多组学联合鉴定将极大促进人们对作物从表型向基因更进一步的认知，形成下一代作物研究与育种的新发展（Sharma et al.，2021b；Furbank et al.，2019）。

（本章作者：王晓鸣　邱丽娟　景蕊莲　谷勇哲　秦培友　李春辉　李　龙
伍晓明　王力荣　李锡香　任贵兴　王晓波　闫　龙）

参考文献

陈文玉, 穆宏磊, 吴伟杰, 等. 2020. 利用低场核磁共振技术无损检测澳洲坚果含水率. 农业工程学报, 36(11): 303-309.

董玉琛, 曹永生. 2003. 粮食作物种质资源的品质特性及其利用. 中国农业科学, 36(1): 111-114.

董玉琛, 郑殿升. 2006. 中国作物及其野生近缘植物 粮食作物卷. 北京: 中国农业出版社: 1-29.

杜雄明, 刘方, 王坤波, 等. 2017. 棉花种质资源收集鉴定与创新利用. 棉花学报, 29(增刊): 51-61.

段乃雄, 姜慧芳. 2002. 油料作物种质资源的研究现状与发展对策. 中国农业科技导报, 4(3): 14-17.

冯建英, 李鑫, 原变鱼, 等. 2020. 智能感官技术在水果检测中的应用进展及趋势. 南方农业学报, 51(3): 636-644.

何中虎, 晏月明, 庄巧生, 等. 2006. 中国小麦品种品质评价体系建立与分子改良技术研究. 中国农业科学, 39(6): 1091-1101.

胡荣海, 昌小平. 1996. 反复干旱法的生理基础及其应用. 华北农学报, 11(3): 51-56.

李浩川, 曲彦志, 杨继伟, 等. 2018. 基于核磁共振的玉米不同籽粒类型单粒质量和含油率分析. 农业工程学报, 34(20): 183-188.

李洪波, 刘胜辉, 李映志, 等. 2013. 顶空固相微萃取和气相色谱-质谱法测定菠萝蜜果肉中的香气成分. 热带作物学报, 34(4): 755-763.

李龙, 毛新国, 王景一, 等. 2018. 小麦种质资源抗旱性鉴定评价. 作物学报, 44(7): 988-999.

刘浩, 周闲容, 于晓娜, 等. 2014. 作物种质资源品质性状鉴定评价现状与展望. 植物遗传资源学报, 15(1): 215-221.

刘谢香, 常汝镇, 关荣霞, 等. 2020. 大豆出苗期耐盐性鉴定方法建立及耐盐种质筛选. 作物学报, 46(1): 1-8.

刘旭. 2012. 中国作物栽培历史的阶段划分和传统农业形成与发展. 中国农史, (2): 3-16.

刘旭, 张延秋. 2016. 中国作物种质资源保护与利用“十二五”进展. 北京: 中国农业科学技术出版社: 1-583.

陆金鑫, 贾明哲, 时超, 等. 2016. 基于无标样定量分析的 X 射线荧光光谱法快速测定谷物中多种营养元素. 中国粮油学报, 31(7): 138-141.

米国华. 2017. 论作物养分效率及其遗传改良. 植物营养与肥料学报, 23(6): 1525-1535.

彭智, 李龙, 柳玉平, 等. 2017. 小麦芽期和苗期耐盐性综合评价. 植物遗传资源学报, 18(4): 638-645.

全国土壤普查办公室. 1992. 中国土壤普查技术. 北京: 农业出版社.

王兴荣, 刘章雄, 张彦军, 等. 2021. 大豆种质资源不同生育时期抗旱性鉴定评价. 植物遗传资源学报, 22(6): 1582-1594.

吴全安. 1991. 粮食作物种质资源抗病虫鉴定方法. 北京: 农业出版社.

阳文龙, 李锡香. 2019. 我国蔬菜种质资源工作 70 年回顾与展望. 蔬菜, (12): 1-9.

张福锁, 陈新平, 陈清. 2009. 中国主要作物施肥指南. 北京: 中国农业大学出版社.

张正斌, 徐萍, 周晓果, 等. 2006. 作物水分利用效率的遗传改良研究进展. 中国农业科学, 39(2): 289-294.

中国农业科学院作物科学研究所. 2012. 中国作物种质资源保护与利用 10 年进展. 北京: 中国农业出版社: 1-392.

朱志华, 王文真, 刘三才, 等. 2006. 近红外漫反射光谱分析技术在作物种质资源品质性状鉴定中的应用. 现代科学仪器, (1): 63-66.

Balint-Kurti P J, Holland J B. 2015. New insight into a complex plant-fungal pathogen interaction. Nature Genetics, 47(2): 101-103.

Bänziger M, Long J. 2000. The potential for increasing the iron and zinc density of maize through plant-breeding. Food and Nutrition Bulletin, 21(4): 397-400.

Chen Y, Kistler H C, Ma Z H. 2019. *Fusarium graminearum* trichothecene mycotoxins: biosynthesis, regulation, and management. Annual Review of Phytopathology, 57(1): 15-39.

Cortinovis G, Vittori V D, Bellucci E, et al. 2020. Adaptation to novel environments during crop diversification. Current Opinion in Plant Biology, 56: 203-217.

Dou X, Shen D, Zhang X, et al. 2015. Diversity of sex types and seasonal sexual plasticity in a cucumber germplasm collection. Horticultural Plant Journal, 1(2): 61-69.

Egorova A A, Chalaya N A, Fomin I N, et al. 2022. *De novo* domestication concept for potato germplasm enhancement. Agronomy, 12(2): 462.

Fang C, Ma Y, Wu S, et al. 2017. Genome-wide association studies dissect the genetic networks underlying agronomical traits in soybean. Genome Biology, 18(1): 161.

Fernie A R, Yan J B. 2019. *De novo* domestication: an alternative route toward new crops for the future. Molecular Plant, 12(5): 615-631.

Furbank R T, Jimenez-Berni J A, George-Jaeggli B, et al. 2019. Field crop phenomics: enabling breeding for radiation use efficiency and biomass in cereal crops. New Phytologist, 223(4): 1714-1727.

Gao L Y, Ma W J, Chen J, et al. 2010. Characterization and comparative analysis of wheat high molecular weight glutenin subunits by SDS-PAGE, RP-HPLC, HPCE, and MALDI-TOF-MS. Journal of Agricultural and Food Chemistry, 58(5): 2777-2786.

Gkoutos G V, Schofield P N, Hoehndorf R. 2018. The anatomy of phenotype ontologies: principles, properties and applications. Briefings in Bioinformatics, 19(5): 1008-1021.

Guan R X, Yu L L, Liu X X, et al. 2021. Selection of the salt tolerance gene *GmSALT3* during six decades of soybean breeding in China. Frontiers in Plant Science, 12: 794241.

Hu B, Wang W, Ou S J, et al. 2015. Variation in *NRT1.1B* contributes to nitrate-use divergence between rice subspecies. Nature Genetics, 47(7): 834-838.

Jia J Z, Li H J, Zhang X Y, et al. 2017. Genomics-based plant germplasm research (GPGR). The Crop Journal, 5(2): 166-174.

Jin X L, Zarco-Tejada P J, Schmidhalter U, et al. 2021. High-throughput estimation of crop traits: a review of ground and aerial phenotyping platforms. IEEE Geoscience and Remote Sensing Magazine, 9(1): 200-231.

Juliana P, Poland J, Huerta-espino J, et al. 2019. Improving grain yield, stress resilience and quality of bread wheat using large-scale genomics. Nature Genetics, 51(7): 1530-1539.

Kant S, Bi Y M, Rothstein S. 2011. Understanding plant response to nitrogen limitation for the improvement of crop nitrogen use efficiency. Journal of Experimental Botany, 62(4): 1499-1509.

Kiszonas A, Fuerst E, Morris C. 2015. Modeling end-use quality in U.S. soft wheat germplasm. Cereal Chemistry, 92(1): 57-64.

Kourelis J, Van der Hoorn R A L. 2018. Defended to the nines: 25 years of resistance gene cloning identifies nine mechanisms for R protein function. The Plant Cell, 30(2): 285-299.

Krattinger S G, Keller B. 2016. Molecular genetics and evolution of disease resistance in cereals. New Phytologist, 212(2): 320-332.

Laitinen R A E, Nikoloski Z. 2019. Genetic basis of plasticity in plants. Journal of Experimental Botany, 70(3): 739-745.

Lenne J M, Wood D. 2003. Plant diseases and the use of wild germplasm. Annual Review of Phytopathology, 29(1): 35-63.

Li C, Li Y H, Li Y F, et al. 2020a. A domestication-associated gene *GmPRR3b* regulates circadian clock and flowering time in soybean. Molecular Plant, 13(5): 745-759.

Li L, Peng Z, Mao X G, et al. 2021. Genetic insights into natural variation underlying salt tolerance in wheat. Journal of Experimental Botany, 72(4): 1135-1150.

Li S, Tian Y H, Wu K, et al. 2018. Modulating plant growth-metabolism coordination for sustainable agriculture. Nature, 560(7720): 595-600.

Li Y H, Li D L, Jiao Y Q, et al. 2020b. Identification of loci controlling adaptation in Chinese soybean landraces via a combination of conventional and bioclimatic GWAS. Plant Biotechnology Journal, 18(2): 389-401.

Liu S Y, Martre P, Buis S, et al. 2019. Estimation of plant and canopy architectural traits using the digital plant phenotyping platform. Plant Physiology, 181(3): 881-890.

Liu Y Q, Wang H R, Jiang Z M, et al. 2021. Genomic basis of geographical adaptation to soil nitrogen in rice. Nature, 590(7847): 600-605.

Lu H Y, Yang Y M, Li H W, et al. 2018. Genome-wide association studies of photosynthetic traits related to phosphorus efficiency in soybean. Frontiers in Plant Science, 9: 1226.

Lu P, Guo L, Wang Z Z, et al. 2020. A rare gain of function mutation in a wheat tandem kinase confers resistance to powdery mildew. Nature Communications, 11(1): 680.

Majchrzak T, Wojnowski W, Rutkowska M, et al. 2020. Real-time volatilomics: a novel approach for analyzing biological samples. Trends in Plant Science, 25(3): 302-312.

Matsuoka Y. 2011. Evolution of polyploid *Triticum* wheats under cultivation: the role of domestication, natural hybridization and allopolyploid speciation in their diversification. Plant and Cell Physiology, 52(5): 750-764.

Millet E J, Kruijer W, Coupel-Ledru A, et al. 2019. Genomic prediction of maize yield across European environmental conditions. Nature Genetics, 51(6): 952-956.

Moeljopawiro S, Ikehashi H. 1981. Inheritance of salt tolerance in rice. Euphytica, 30(2): 291-300.

Monforte A J. 2020. Time to exploit phenotypic plasticity. Journal of Experimental Botany, 71(18): 5295-5297.

Munkvold G P. 2003. Cultural and genetic approaches to managing mycotoxins in maize. Annual Review of Phytopathology, 41(1): 99-116.

Murithi H M, Namara M, Tamba M, et al. 2021. Evaluation of soybean genotypes for resistance against the rust-causing fungus *Phakopsora pachyrhizi* in East Africa. Plant Pathology, 70(4): 841-852.

Nicolai B M, Defraeye T, De Ketelaere B, et al. 2014. Nondestructive measurement of fruit and vegetable quality. Annual Review of Food Science and Technology, 5(1): 285-312.

Okuno K. 2005. Germplasm enhancement and breeding strategies for crop quality in Japan. Plant

Production Science, 8(3): 320-325.

Pareek A, Dhankher O P, Foyer C H. 2020. Mitigating the impact of climate change on plant productivity and ecosystem sustainability. Journal of Experimental Botany, 71(2): 451-456.

Pieruschka R, Schurr U. 2019. Plant phenotyping: past, present, and future. Plant Phenomics, 1(3): 1-6.

Pollak L M. 2003. The history and success of the public-private project on Germplasm Enhancement of Maize (GEM). Advances in Agronomy, 78: 45-87.

Qin P Y, Song W W, Yang X S, et al. 2014. Regional distribution of the protein and oil compositions of soybean cultivars in China. Crop Science, 54(3): 1139-1146.

Resende R T, Piepho H P, Rosa G J M, et al. 2021. Enviromics in breeding: applications and perspectives on envirotypic-assisted selection. Theoretical and Applied Genetics, 134(6): 95-112.

Ruiz D, Egea J. 2008. Phenotypic diversity and relationships of fruit quality traits in apricot (*Prunus armeniaca* L.) germplasm. Euphytica, 163(1): 143-158.

Sahar B, Ahmed B, Naserelhaq N, et al. 2016. Efficiency of selection indices in screening bread wheat lines combining drought tolerance and high yield potential. Journal of Plant Breeding and Crop Science, 8(5): 72-86.

Sedivy E J, Wu F Q, Hanzawa Y. 2017. Soybean domestication: the origin, genetic architecture and molecular bases. New Phytologist, 214(2): 539-553.

Sharma N, Sinha V B, Prem Kumar N A, et al. 2021a. Nitrogen use efficiency phenotype and associated genes: roles of germination, flowering, root/shoot length and biomass. Frontiers in Plant Science, 11: 587464.

Sharma V, Gupta P, Priscilla K, et al. 2021b. Metabolomics intervention towards better understanding of plant traits. Cells, 10(2): 346.

Singh A K, Ganapathysubramanian B, Sarkar S, et al. 2018. Deep learning for plant stress phenotyping: trends and future perspectives. Trends in Plant Science, 23(10): 883-898.

Singroha G, Sharma P, Sunkur R. 2021. Current status of microRNA-mediated regulation of drought stress responses in cereals. Physiologia Plantarum, 172(3): 1808-1821.

St Aime R, Rhodes G, Jones M, et al. 2021. Evaluation of root traits and water use efficiency of different cotton genotypes in the presence or absence of a soil-hardpan. The Crop Journal, 9(4): 945-953.

Tardieu F, Simonneau T, Muller B. 2018. The physiological basis of drought tolerance in crop plants: a scenario-dependent probabilistic approach. Annual Review of Plant Biology, 69: 733-759.

Teng C, Qin P Y, Shi Z X, et al. 2021. Structural characterization and antioxidant activity of alkali-extracted polysaccharides from quinoa. Food Hydrocolloids, 113: 106392.

Teramoto S, Takayasu S, Kitomi Y, et al. 2020. High-throughput three-dimensional visualization of root system architecture of rice using X-ray computed tomography. Plant Methods, 16: 66.

Tian Y, Liu B, Reif J C, et al. 2019. Deep genotyping of the gene *GmSNAP* facilitates pyramiding resistance to cyst nematode in soybean. The Crop Journal, 7: 677-684.

Varotto S, Tani E, Abraham E, et al. 2020. Epigenetics: possible applications in climate-smart crop breeding. Journal of Experimental Botany, 71(17): 5223-5236.

Wang C, Yang Q, Wang W X, et al. 2017. A transposon-directed epigenetic change in *ZmCCT* underlies quantitative resistance to *Gibberella* stalk rot in maize. New Phytologist, 215(4): 1503-1515.

Wang F, Yuan S T, Wu W Y, et al. 2020. TaTLP1 interacts with TaPR1 to contribute to wheat defense responses to leaf rust fungus. PLoS Genetics, 16(7): e1008713.

Wang G L, Valent B. 2017. Durable resistance to rice blast. Science, 355(6328): 906-907.

Wu D, Guo Z L, Ye J L, et al. 2019. Combining high-throughput micro-CT-RGB phenotyping and genome-wide association study to dissect the genetic architecture of tiller growth in rice. Journal of Experimental Botany, 70(2): 545-561.

Wu J, Zhang Z S, Xia J Q, et al. 2021. Rice NIN-LIKE PROTEIN 4 plays a pivotal role in nitrogen use efficiency. Plant Biotechnology Journal, 19(3): 448-461.

Xu G H, Wang X F, Huang C, et al. 2017. Complex genetic architecture underlies maize tassel domestication. New Phytologist, 214(2): 852-864.

Xu Y B. 2016. Envirotyping for deciphering environmental impacts on crop plants. Theoretical and Applied Genetics, 129(4): 653-673.

Yang J, Chang Y, Qin Y H, et al. 2020a. A lamin-like protein OsNMCP1 regulates drought resistance and root growth through chromatin accessibility modulation by interacting with a chromatin remodeller OsSWI3C in rice. New Phytologist, 227(1): 65-83.

Yang W N, Feng H, Zhang X H, et al. 2020b. Crop phenomics and high-throughput phenotyping: past decades, current challenges, and future perspectives. Molecular Plant, 13(2): 187-214.

Ye J R, Zhong T, Zhang D F, et al. 2019. The auxin-regulated protein ZmAuxRP1 coordinates the balance between root growth and stalk rot disease resistance in maize. Molecular Plant, 12(3): 360-373.

Zhang L X, Liu W, Mesfin T, et al. 2020. Principles and practices of the photo-thermal adaptability improvement in soybean. Journal of Integrative Agriculture, 19(2): 295-310.

Zhao H J, Wang X Y, Jia Y L, et al. 2018. The rice blast resistance gene *Ptr* encodes an atypical protein required for broad-spectrum disease resistance. Nature Communications, 9: 2039.

Zhou C, Zhang Q, Chen Y, et al. 2021. Balancing selection and wild gene pool contribute to resistance in global rice germplasm against planthopper. Journal of Integrative Plant Biology, 63(10): 1695-1711.

第六章　作物种质资源基因型鉴定与基因资源挖掘

第一节　基因型鉴定的内涵与方法

一、基因型鉴定的内涵

（一）基因型鉴定的概念

作物的基因型（genotype）是指某一生物个体全部基因组合的总称，它反映生物体的遗传构成，即从双亲获得的全部基因的总和，也指个体在特定位点上的DNA序列的变化情况，包括基因和调控序列的组成和变异。基因型的概念由孟德尔的“遗传因子”概念衍生而来，基因与环境互作形成个体和群体的表型，如高/矮、早熟/晚熟、果实大小、种皮颜色、抗病/感病等。随着基因组测序技术的迅猛发展，科学家已完成大多数农作物（如水稻、小麦、玉米、大豆、棉花、油菜等）的基因组测序和重测序，基本明确了每个物种的基因总数及品种间变异情况。每份种质资源拥有一套独特的基因集合，是决定其表型的内因。因此，有时也笼统地将一个品种称为一个基因型。

基因型鉴定（genotyping）是利用核酸序列差异为基础的分子标记分析不同种质资源的基因型组成和分布，其理论基础是DNA序列在种质资源之间存在多样性，并且多样性与表型性状之间存在相关性。基因型鉴定主要利用具有可遗传性和可识别性等基本特征的遗传标记，包括形态学标记、细胞学标记、生化标记、免疫学标记和DNA分子标记。DNA分子标记直接反映DNA水平上的遗传变异，能稳定遗传，信息量大，可靠性高，不受环境影响，在种质资源基因型鉴定中得到广泛应用，成为基因型鉴定的核心。

（二）基因型鉴定的内容

如何从广泛的种质资源中高效、精准地发掘并利用优异的遗传变异，是目前植物育种基础理论研究和应用研究最重要的内容之一。基因型鉴定的内容包括不同种质资源之间的全部核苷酸序列差异，不局限于基因本身，还包括基因间序列、重复序列等其他基因组序列。从基因型鉴定的对象来看，总体上可以分为单基因、靶向区段和全基因组水平三个层次。单基因是指针对单一重要基因在不同的种质资源之间的核苷酸序列变异进行鉴定；靶向区段是基于靶向区段测序技术针对感兴趣的目标区段定向分析核苷酸序列变异；全基因组水平是基于二代测序技术在全基因组水平鉴定核苷酸序列差异，具有准确性高、通量高、效率高等特点。

（三）基因型鉴定的意义

基因型鉴定是种质资源研究的重要工作之一，是深度发掘优异种质和优异基因的前提条件，通过对种质资源进行基因型鉴定，可以在分子水平全面了解种质资源的遗传本底，加速种质资源的开发利用。基因型鉴定已经应用于种质资源研究的各个方面，首先，对种质资源进行基因型鉴定可以开展种质资源的遗传多样性评价，特别是近年来测序技术的发展，在全基因组水平对种质资源进行系统的基因型鉴定，更加深入、全面地了解种质资源的遗传多样性和群体结构，为种质资源的创新利用提供科技支撑。其次，对种质资源进行基因型鉴定是挖掘优异基因的基础，特别是在大多数作物的参考基因组序列公布后，标记的数量和质量大幅提升，极大地促进了种质资源中优异基因的挖掘和利用。例如，通过对群体进行全基因组重测序，可以快速、高效、高通量地挖掘全基因组水平的大多数优异等位变异。此外，基因型鉴定也是构建核心种质、DNA 指纹图谱等的关键步骤，相比利用表型数据、蛋白质数据等信息更加准确和便捷，也提高了工作效率。总而言之，种质资源基因型鉴定贯穿于种质资源研究的几乎所有环节，特别是进入基因组时代后，高通量地对种质库种质资源进行系统的基因型鉴定，将是今后种质资源研究的重点任务。

二、基因型鉴定的主要技术方法

早期常用一些形态标记（如株高、花色）、生化标记（如同工酶等电聚焦电泳谱带、种子醇溶蛋白电泳谱带）等相对稳定的标记反映不同种质资源间基因结构上的差异。随着遗传学的发展，能够直接反映个体或群体间基因组中 DNA 片段差异的分子标记应运而生。DNA 分子标记多态性形成的基础是不同个体间出现插入、缺失、倒位、易位、重排和置换等造成的核苷酸差异。与传统形态标记和生化标记相比，其具有分布广、多态性高、准确性高、不受外界环境影响等优点。目前，DNA 分子标记已经发展成为种质资源基因型鉴定的有力工具。

（一）标记的类型

DNA 分子标记的发展大体上经历了几个过程，第一代分子标记是以 DNA 印迹（又称 Southern 印迹，Southern blotting）杂交为基础的限制性片段长度多态性（restriction fragment length polymorphism，RFLP）标记，第二代分子标记是以聚合酶链反应（polymerase chain reaction，PCR）为基础的随机扩增多态性 DNA（random amplified polymorphic DNA，RAPD）、扩增片段长度多态性（amplified fragment length polymorphism，AFLP）、简单重复序列（simple sequence repeat，SSR）等，第三代是以基因组测序为基础的单核苷酸多态性（single nucleotide polymorphism，SNP）等。代表性 DNA 分子标记的介绍见表 6-1。

1. RFLP 标记

RFLP 是用限制性内切酶处理不同个体的基因组 DNA 产生的大分子片段的大小差

表 6-1 主要的分子标记类型

标记	遗传特性	多态性	检测技术	优点	缺点
RFLP	共显性	高	酶切+核酸杂交	稳定性、重复性好	需要 DNA 序列做探针；需要放射性同位素标记；检测灵敏度不高
RAPD	显性	高	酶切+PCR	操作简便、灵敏度高、DNA 用量少、安全性好	稳定性和重复性较差
AFLP	显性或共显性	高	酶切+PCR	无须预先知道 DNA 序列；稳定性好、操作简便	对基因组纯度和反应条件要求较高；费用高
SSR	共显性	较高	PCR	数量丰富、操作简便、稳定性和重复性好	开发新标记时需要知道重复序列两端的序列信息，因此开发有一定困难
SNP	共显性	较高	PCR	数量丰富、遗传稳定性高、易于自动化、高通量检测	检测成本高、易出现假阳性
SV		极高	全基因组测序	准确性、完整性、重复性好；易于自动化、高通量检测	检测成本高

异。其基本原理是不同个体间同源 DNA 序列上的限制性内切酶识别位点由于物种进化等原因产生核苷酸的替换、插入或缺失等，利用限制性内切酶识别并切割基因组 DNA，经聚丙烯酰胺凝胶电泳（polyacrylamide gel electrophoresis，PAGE），应用互补 DNA（complementary DNA，cDNA）探针进行 Southern 印迹杂交，最后通过放射自显影获得 RFLP 图谱。RFLP 标记具有稳定性高和共线性强等优点，但其所需设备较多，技术较复杂，周期较长，随着 PCR 技术的诞生和发展，已逐渐被淘汰。

2. RAPD 标记

RAPD 是基于随机引物进行 PCR 扩增寻找多态性 DNA 片段的分子标记。其基本原理是基于 PCR 技术，利用一系列（通常数百个）不同的随机排列碱基顺序的寡聚核苷酸单链（通常为 10 聚体）为引物，对目标基因组 DNA 进行 PCR 扩增，在引物结合位点存在单个碱基变化、缺失、重复、易位等而导致扩增片段的大小差异或无法扩增，形成多态性 DNA 片段。RAPD 标记克服了 RFLP 标记的缺点，但其位点多数为显性，不能够提供完整的遗传信息，而且结果稳定性较差，也逐步被其他分子标记取代。

3. AFLP 标记

AFLP 是 RFLP 与 PCR 相结合的产物，对基因组 DNA 双酶切，形成分子量大小不同的片段。其基本原理是利用限制性内切酶酶切基因组 DNA 产生不同大小的 DNA 片段，再使双链人工接头的酶切片段相连接，作为扩增反应的模板 DNA，然后以人工接头的互补链为引物进行预扩增，最后在接头互补链的基础上添加 1～3 个选择性核苷酸作为引物对模板 DNA 扩增，根据扩增片段长度检测多态性。AFLP 结合了 RFLP 和 RAPD 两种技术的优点，具有分辨率高、稳定性好、效率高等优点，但其费用昂贵，对 DNA 的纯度和内切酶的质量要求很高。

4. SSR 标记

SSR 也称为微卫星序列，是以 1～6 个碱基为基序，经过串联重组而形成的 DNA 序列，广泛存在于植物基因组。其基本原理是利用其两端保守的单拷贝序列，设计特异引物，通过 PCR 技术扩增引物间的微卫星 DNA 序列，检测由微卫星序列串联重复单元差异而引起的扩增片段序列长度多态性。SSR 标记是共显性标记，既有 RFLP 标记的遗传学优点，又较 RAPD 标记准确性高，还比 AFLP 标记操作简单、稳定性好，被广泛应用于作物种质资源研究。

5. SNP 标记

SNP 是在基因组水平上由单个核苷酸变异引起的 DNA 序列多态性，一般由 2 种碱基组成，具有二态性，包括单个碱基的转换、颠换、插入或缺失，既存在于基因序列，也存在于基因以外的非编码序列。其基本原理是利用特异性的引物对序列片段进行 PCR 扩增，检测 SNP 位点信息。SNP 标记是基于全基因组测序数据发展起来的一种标记，具有遗传稳定性高、分布均匀、数量多、通量高、检测迅速和易于大规模标准化操作等优点，缺点是易出现假阳性、成本高。

6. 结构变异

结构变异（structural variation，SV）是在基因组上大片段的核苷酸序列重排性变化，一般包括长度大于 50bp 的插入、缺失、倒位、重复、易位等。结构变异主要包括非平衡性的 SV，其基因组 DNA 发生量的改变，如核苷酸的缺失、重复、插入及拷贝数变异；平衡性的 SV，其基因组 DNA 不发生量的改变，如染色体的倒位、易位及转座子的插入等。SV 在植物基因组中广泛分布，对生长发育、性状形成等都具有重要的影响。随着全基因组测序和 SV 检测技术的不断发展，SV 的鉴定将是未来基因型鉴定的重要内容之一。

（二）标记检测的方法

1. 基于 PCR 的检测方法

1）常规 PCR 检测

针对不同的遗传变异类型，PCR 检测变异的方法也不同，针对插入或缺失引起的遗传变异，可以在差异位点两侧设计特异引物，不同基因型扩增产物的长度不同，最后依据片段大小选择琼脂糖凝胶或聚丙烯酰胺凝胶电泳进行基因型检测。

针对单碱基核苷酸变异，常用酶切扩增多态性序列（derived cleaved amplified polymorphic sequence，dCAPS）技术，其是特异引物 PCR 与限制性酶切结合而产生的一种检测技术。dCAPS 技术的基本原理是根据 SNP 位点的碱基变化，在 SNP 位点处设计引物，在引物序列中人为引入 1～2 个错配碱基，形成限制性内切酶的酶切位点，然后对 PCR 扩增产物酶切，再通过琼脂糖或聚丙烯酰胺凝胶电泳对相应的多态性进行检测。该技术的缺点是需要结合使用限制性内切酶，而且并非所有 SNP 位点都能形成常用的限制性内切酶酶切位点，成本较高。

2）荧光标记检测技术检测

荧光 PCR 检测的前提条件是首先要对 PCR 的引物进行荧光标记。荧光标记检测技术具有准确、灵敏、高效等优点，适宜对大量的种质资源进行基因型鉴定。应用较多的有 SSR 荧光标记和竞争性等位基因特异性 PCR（kompetitive allele specific PCR，

KASP）分型技术。

SSR 荧光标记技术是将不同颜色的荧光标记、扩增片段差异较大的 PCR 产物和标准分子量样品进行毛细管电泳，然后通过 GeneScan 等软件进行图像收集和基因型分析。其中，引物的荧光标记包括两种方法：第一种采用羟基荧光素（fluorescein，FAM）、绿色荧光（victuriA，VIC）和 *N*-(1-萘基)乙二胺盐酸盐［*N*-(1-naphthyl) ethylenediamine dihydrochloride，NED］三种不同颜色的荧光染料对 SSR 标记的其中一条引物进行标记；第二种是在 SSR 标记的正向引物序列上引入 M13 接头，在 PCR 扩增时加入带有 FAM（蓝色）、VIC（绿色）和 NED（黄色）三种不同颜色荧光的 M13 引物，导致 PCR 产物带有荧光。

KASP 基因分型技术是通过引物末端碱基的特异匹配对 SNP 分型及检测插入/缺失（insertion/deletion，InDel）。PCR 使用的探针和引物是该技术的关键，包括 2 个通用荧光探针、2 个通用猝灭探针、2 个与目标位点特异结合的引物及共同的反向引物。不同的位点荧光信号不同，最终通过仪器检测荧光强度进行基因分型。同时，该技术可以通过设计两个引物对等位基因特异性单核苷酸多态性位点进行不同方向的扩增，将单核苷酸多态性转化为长度多态性。

2. 基于芯片的检测方法

基因芯片又被称为 DNA 芯片，是指在基片表面固定了大量序列信息已知的核苷酸的探针所形成的 DNA 微阵列，其基本原理是杂交测序，基于 A 和 T、G 和 C 的互补关系。基因芯片进行基因型鉴定的基本流程为：①芯片制备，首先针对基因型设计一对探针将其固定在基片上，制作成 DNA 芯片；②被检测材料 DNA 样品的制备，使用合适的方法提取样本中的 DNA，设计特异或通用的引物进行 PCR 扩增，使样品标记上可以检测的荧光分子；③杂交反应，被检测材料处理后的 DNA 与芯片进行杂交，被检测核酸片段只与其序列完全互补配对的探针杂交，不与含有单个错配碱基的序列杂交，从而将目标序列固定下来，杂交结束通过清洗去除非目标片段；④信号检测与结果分析，杂交反应后的芯片上各个反应点的荧光位置、荧光强弱经过芯片扫描仪和相关软件可以分析图像，将荧光信号转换成数据，即可确定被检测材料的基因型。基因芯片具有快速、高通量、准确性高等优点，但是也存在芯片制作复杂且费用高，以及 DNA 的 GC 含量也会影响杂交结果，这些因素也限制了它的应用范围。

3. 基于测序技术的检测方法

二代测序技术的快速发展，将基因型鉴定推向一个前所未有的发展速度，其基本原理是：将测序读长（reads）比对到参考基因组上，然后根据比对结果，分析与参考基因组的变异位点。此种方法进行基因型鉴定优势显著，效率高、通量高、数量大，可以快速获取全基因组水平的遗传变异。基于新一代测序的全基因组水平基因型鉴定技术主要包括全基因组重测序、简化基因组测序、RNA 测序等，近年来，也开发出一系列低成本、高通量的基于简化基因组测序的新型方法。简化基因组测序（reduced-representation genome sequencing，RRGS）是在二代测序技术上发展起来的使用酶切技术、序列捕获技术或其他技术手段来降低物种基因组复杂度、对特定区域进行测序，从而获得部分基因组序列信息的技术。该技术主要包括基于酶切的测序技术，如简化代表文库测序（reduced-representation libraries sequencing，RRL-seq）、简化多态序列复杂度测序（complexity reduction of polymorphic sequence，CRoPS）、限制性酶切位点相关 DNA 测序（restriction-site associated DNA sequencing，RAD-seq）；低覆盖度的基因分型技术包括基于测序的基因分型（genotyping-by-sequencing，GBS）和多元鸟枪法基因分型（multiplexed shotgun genotyping，MSG）；特定区域进行基因分型的靶向测序基因型检测（genotyping by target sequencing，GBTS）等。

第二节　基因型鉴定在作物种质资源研究中的应用

一、遗传多样性评估

（一）遗传多样性及其形成

遗传多样性是一个物种内变异丰富度和变异类型分布均衡度的总称，是物种在不同环境下长期生存、繁衍，产生的变异积累的结果，一个种群多样性越高，对环境变化的适应能力就越强；整体而论，在一个大的生态系统中，一个物种的生态位越低，多样性越丰富。

多样性与一个物种所处生态环境的复杂程度呈正相关，也与人类的干预，特别是驯化和育种选择密切相关，一般而言，野生祖先种的多样性高于农家品种，而后者又高于现代育成品种。驯化只是保留了野生群体中的个别突变个体及相关基因型，现代育种淘汰了绝大部分基因型，只是保留了极个别的基因型，因此常引起作物或家养动物遗传多样性的下降。现代育种工作经常将来自不同生态区、不同国家的品种（系）进行杂交，促进了不同群体间基因的交流，创制出一些所在生态区之前没有的基因型，这就会提高现代品种在某个基因或单元型区段上的遗传多样性，对非本土起源的物种往往更为明显（Li et al.，2022；Hao et al.，2020）。

（二）遗传多样性的度量

遗传多样性的度量方法主要有形态学、细胞遗传学、蛋白质检测、分子生物学等方法。形态学评价方法主要是观察测量农作物种质资源的农艺性状、地理分布等多样性，农艺性状易受环境影响，并不能够真实准确地反映农作物的多态性；细胞遗传学主要是对物种的染色体数目、形态及带型等多态性进行研究；而蛋白质检测主要是对基因表达的产物如酶、蛋白质等多样性进行分析；分子生物学技术则主要是利用 RFLP、RAPD、SSR 等分子标记在 DNA 分子水平上对物种的遗传结构差异、起源演化、地理分布差异等多样性进行分析。随着基因组技术的发展和广泛应用，多样性趋于主要以 DNA 分子核苷酸序列变异信息进行评估。

遗传多样性的度量指标最常用的有遗传丰富度（genetic richness）、遗传多样性指数（genetic diversity index）、香农-维纳指数（Shannon-Wiener index）和核苷酸多样性

（nucleotide diversity，π）等。

对于简单的属性性状，如花的颜色、果皮颜色等，可用辛普森指数（Simpson index）表示其遗传丰富度和遗传离散度，用多个性状的平均离散度表示一个种群遗传多样性的高低。而对于连续变异的数量性状（如植株的高矮、穗粒数、千粒重、蛋白质含量）则应该用香农-韦弗指数（Shannon-Weaver index）更为合理。

$$\text{遗传丰富度：} \sum A_{ij} \tag{6-1}$$

k 个位点的遗传离散度（辛普森指数）：

$$H_t = \sum_{i=1}^{k} h_i / k \tag{6-2}$$

单一数量性状（香农-韦弗指数）：

$$H' = -\sum_{j=1}^{l} \left(P_{ij} \log_2 P_{ij} \right) \tag{6-3}$$

多个数量性状即用其平均值表示：

$$\text{Hav}' = -\sum_{i=1}^{k} \sum_{j=1}^{l} \left(P_{ij} \log_2 P_{ij} \right) \Big/ k \tag{6-4}$$

式中，i 表示位点，j 表示等位变异，h_i 表示单个位点的多样性，H_t 表示 k 个位点的平均多样性，P_{ij} 表示每个等位变异的频率，H'表示单个性状的多样性指数，Hav′表示 k 个性状的平均多样性指数。

核苷酸多样性是一个分子遗传学的概念，最早是 1979 年根井正利（Masatoshi Nei）和李文雄（Wen-Hsiung Li）提出的，是将所研究群体的所有核酸序列中任意两条不同序列的碱基差异数取平均值，这个数值主要受等位基因频率的影响，一般用 π 表示。其计算公式为

$$\pi = \sum_{ij} x_i x_j \pi_{ij} = 2 \times \sum_{i=2}^{n} \sum_{j=1}^{i-1} x_i x_j \pi_{ij} \tag{6-5}$$

式中，x_i 和 x_j 分别为第 i 和 j 个等位基因的群体频率，π_{ij} 是第 i 和 j 个序列之间每个位点的核苷酸差异数，n 是样本中的序列数目。

核苷酸多样性主要是用来衡量遗传变异的，它通常与种群多样性的其他统计数据相关，与预期的杂合度相似。

（三）遗传多样性形成和演变的基本规律

遗传多样性是物种在自然界生存的基础，也是作物遗传改良的基础要素。影响作物遗传多样性的因素是多种多样的，但基本可以归纳为以下几类：①作物的授粉习性，异花授粉作物高于自花授粉作物。②与起源中心的距离，一般而言，越靠近起源中心，多样性越高，这与物种的传播规律和种群之间的基因交流密切相关。③驯化和栽培的历史及种植环境，一般而言栽培历史越悠久，环境越复杂，越容易形成丰富多样的生态类型，例如，中国尽管不是小麦的起源中心，但是世界公认的小麦次生多样性中心，一些很有价值的基因都是从中国资源中发现的，如杂交亲和性基因最早在‘中国春’

中发现，‘苏麦 3 号’‘望水白’等携带的 *Fhb1* 是全球抗赤霉病育种的首选基因。④育种选择多会引起多样性的下降，近年来利用重测序分析方法对水稻、玉米、大豆、黄瓜等栽培作物及其野生近缘种进行群体基因组学分析发现，栽培作物在驯化过程中遗传多样性大量丢失、连锁不平衡水平增高，人工选择对栽培作物的种质资源构成产生了重要影响。例如，在玉米中，与其野生种‘大刍草’相比较，早期驯化的玉米约有 1200 个基因受到选择，而现代栽培种的遗传多样性只有野生种的 57%（Wright et al.，2005）。但也有例外，特别是不同地理来源的品种间相互杂交，会促进基因交流，提高多样性，如中国的小麦即是如此（Li et al.，2022；Hao et al.，2020）。⑤人类生活饮食习惯对作物的多样性也有较强的影响，如中国西南地区普遍喜欢糯性类食品，因此在西南地区收集的水稻、玉米、高粱等作物中保留了比较丰富的糯性变异；美洲居民普遍喜欢偏甜的食品，因此来源于这些地区的玉米、高粱、甘薯中存在较多的甜味变异，目前市场上甜玉米种质资源大多来源于中美洲和北美洲国家（刘旭等，2022）。

（四）遗传多样性的基因组分布规律

最近 20 年，随着水稻、小麦、玉米、大豆、油菜、棉花等作物代表性品种基因组草图和精细基因图谱的完成，作物多样性研究和基因发掘全面进入基因组学时代。

1. 作物单倍型图谱

对作物种质资源完成规模化的全基因组重测序，可产生百万、千万甚至上亿级 SNP、InDel 和 SV 等变异位点，将这些变异以图谱的形式展现出来，可以全面地反映作物全基因组水平的遗传变异和多样性分布情况。随着测序群体规模的增大和测序技术的发展，变异图谱的质量越来越高。例如，玉米单倍型图谱已经经历了一代、二代到三代的更新换代（Bukowski et al.，2018；Chia et al.，2012；Gore et al.，2009）。构建单倍型图谱的材料从第一代的 27 个自交系到第二代的驯化前和驯化后的 103 个自交系，再到第三代基于涵盖了世界各地的 1218 个玉米自交系。由于测序技术的发展，遗传单倍型图谱所包含的遗传变异数量也逐步增加，第一代单倍型图谱包含 330 万个 SNP 和 InDel，第二代单倍型图谱包含 5500 万个 SNP，第三代单倍型图谱包含 8300 多万个变异。单倍型图谱的质量得到了大幅提升，为研究玉米基因组的遗传多样性奠定了基础。

2. 多倍体物种中多样性的亚基因组分布

许多重要农作物是多倍体，如小麦、甘蓝型油菜、棉花，玉米是古四倍体（paleotetraploid）。亚基因组间通过协同进化，形成协调一致的细胞核，实现亚基因组在细胞分裂过程的一致性，基因表达的偏向性及对控制性状的合理分工，是形成多倍体优势的基础。多倍体亚基因组的合理分工和减数分裂的二倍体化，也影响着其多样性形成和以亚基因组为基本单元的分化。甘蓝型油菜的基本基因组为 AACC，就亚基因组大小而言，C 显著大于 A，但后者的多样性显著高于前者；棉花的基本基因组为 AADD，D 亚组较小，但其多样性显著高于 A 亚组；小麦的基本基因组为 AABBDD，B 亚组多样性最高、A 亚组其次、D 亚组最低，对产量的贡献 A 亚组最高，对适应性而言 D 亚组贡献最大。在 500 万～1200 万年前，玉米基因组发生了一次全基因组染色体加倍事件，形成含有两个高度相似的亚基因组（M1 和 M2）的四倍体玉米，然后通过染色体融合、重排后形成由 10 条染色体组成的基因组，M1 保持相对完整，基因表达丰度要高于 M2，M2 中则发生大量基因和重复序列删减，呈现出基因组碎片化趋势，其删除的基因总量是 M1 的两倍，这就为玉米丰富的遗传多样性形成奠定了重要基础（Schnable et al.，2009）。

3. 多样性的染色体分布

几乎所有的作物染色体结构变异主要发生在着丝粒区和染色体端部，倒位现象在着丝粒区比较常见，而存在/缺失变异（presence/absence variant，PAV）则主要分布于染色体两端。法国农科院根据小麦染色体上重组率发生频率、单倍型区段的长度变化，将小麦的每一条染色体大致划分为高重组区（R1、R3）、低重组区（R2a、R2b）和着丝粒区（C）（图 6-1），得到普遍接受和认可（Balfourier et al.，2019；IWGSC，2018）。

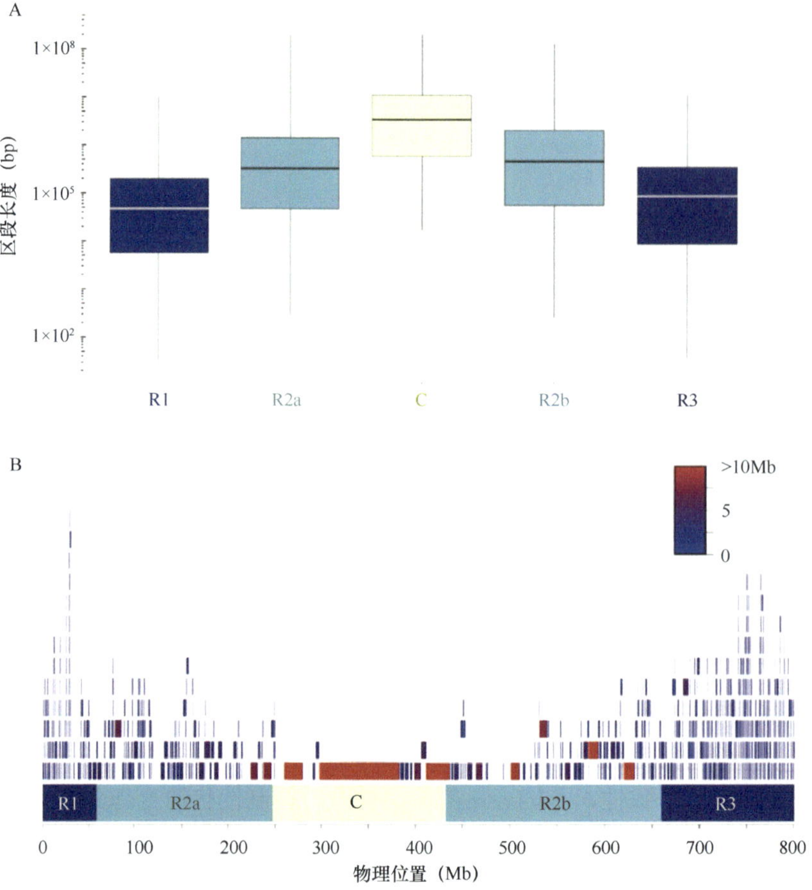

图 6-1　全球小麦 2B 染色体多样性变异特点（Balfourier et al.，2019）

A. 五大单倍型区段的长度分布；B. 各区段在全球小麦中的单倍型变化情况。从基因组的角度看小麦的基因组多样性，一条染色体可人为划分为 R1、R2a、C、R2b 和 R3 五个区段，其中 R1 和 R3 为高重组区，拥有大量的小区段；C 区段为着丝粒区段，区段很大，但类型很少，重组率很低；R2a 和 R2b 为低重组区，重组发生频率较低，区段大小居中

二、驯化与改良选择分析

（一）驯化与改良的概念

物种从野生种到地方品种，再到现代育成品种经历了长期且强烈的人工选择。物种从野生种转变为栽培种的过程，称为驯化，这一过程选择的目标性状相对简单，以提高产量和可食性为主要目标，落粒性、籽粒大小、株型等是主要的驯化性状。地方品种向育成品种的转变称为改良，是人类有目的、有计划地根据需求采用人工杂交、化学诱变、基因编辑等手段，对作物进行定向改良。

物种在驯化过程中，人工选择的目标性状都是针对人类需要的，对人类有益的性状，多数与果实数量、质量、结果习性、生长习性、籽粒硬度等相关，使得驯化后的作物产量大幅增加，便于栽培管理和田间收获。例如，水稻和小麦的野生祖先种匍匐于地面，籽粒易于脱粒，而在驯化改良后直立生长，籽粒也不易脱落，产量显著提高，也便于人工管理和收获。但与此同时，在驯化过程中也有不利因素的产生，首先就是遗传多样性逐渐降低，产生严重的驯化“瓶颈效应”。在作物的驯化过程中，野生种群中只有少量个体被采集，用于人工种植和驯化，驯化群体的数量较野生群体要小得多，基因组水平的多样性急剧降低，而承受选择的基因在群体中的多样性降低更为明显，同时这些基因附近区域的遗传多样性也随之下降，这就是选择牵连效应（hitchhiking effect），亦称选择谷或选择清除（selection sweep）（张学勇等，2006）。此外，在人类对产量和品质等与人类密切相关的性状的强烈选择下，忽略了对抗性性状的选择，导致大量的抗性相关基因在驯化过程中丢失，这也就是为什么有的野生种的抗性要比栽培种、育成品种强的原因之一。

（二）驯化与改良分析的基本方法

自然选择、群体扩张或分化等都会作用于驯化物种并在基因组中留下“印迹”。了解这些因素对驯化物种的作用和影响，对阐明驯化物种的进化历史具有重要意义。对栽培种（特别是古老的地方品种）与野生种、半野生种进行基因组重测序分析，通过选择清除作图（selection sweep mapping），就可确定受选择的基因组区段，甚至关键基因。

目前，主要采用高密度的 SNP 芯片或以参考基因组为基础的重测序，分析的样品多以野生、半野生、地方品种及不同单位不同时期的育成品种为主要对象，以亚群为基本单位，染色体（连锁群）为基础，比较亚群间多样性的变化，发现在驯化、适应性进化和育种中选择的基因组区段、关键基因及其调控因子。常用的评价指标有：核苷酸多样性（π 值）、F-统计（F-statistics，F_{st}）、连锁不平衡（linkage disequilibrium，LD）等。

遗传多样性降低是检测驯化改良区段的重要依据，基本思路就是比较野生群体和栽培群体间地方品种与育成品种间群体的遗传多样性，栽培群体或是育成品种的遗传多样性显著降低的基因组区段，就是驯化或改良区段。因此，通过比较不同群体间的核苷酸序列多态性就可以识别鉴定驯化或改良过程中受选择的基因组区段。

通过检测两个不同群体间分化程度也是鉴定受选择区段的重要方法，主要指标是

F_{st}，F_{st}值越大说明两个群体间的遗传分化越大。两个群体之间的遗传分化程度变大的可能原因有两个：第一是由于该区段在一个群体中受到强烈的正向选择，而在另一个群体中是中性进化或选择较弱；第二是由于某一区段在两个群体中的选择方向不同。

此外，LD 衰减速度也是检测驯化选择区段的方法之一。驯化选择会导致群体遗传多样性下降，位点间的相关性（连锁程度）加强。所以，通常驯化程度越高，选择强度越大的群体，LD 衰减速度越慢。为了提高检测区段的准确性，一般在实际应用中往往是多种方法综合应用来判断受驯化选择的区段。

（三）驯化与改良分析实例

鉴定物种在驯化或改良过程中，受选择的基因或基因组区段一直是研究人员所关注的方向，特别是全基因组重测序技术的发展，为全基因组水平的群体遗传学研究提供了强有力的技术支撑。下面以利用小麦微核心种质挖掘小麦育种过程中的相关基因或基因组区段为例介绍其基本研究思路（Li et al.，2022）。

1. 供试材料全基因组基因型鉴定

小麦微核心种质是在梳理过去近百年的中国小麦育种历史，结合分子标记鉴定，完成遗传多样性分析的基础上构建。微核心种质共计 262 份种质资源，包括 17 份国外材料，157 份地方品种，88 份现代育成品种。本实验的供试材料共计 287 份，是在微核心种质的基础上增加 25 份近年来育成品种。全基因组基因型鉴定是采用基因组外显子捕获技术，测序深度为 10.2×并且能够覆盖每份材料 80.5%的外显子区段，通过与参考基因组的比对，共鉴定出 983 262 个 SNP 和 76 952 个 InDel。

2. 改良区段的鉴定

通过分析地方品种和育成品种群体间 π（$\pi_{landrace}/\pi_{cultivar}$）、$F_{st}$和跨群体复合似然比（cross-population composite likelihood ratio，XP-CLR）3 个指标鉴定选择区段，共鉴定出 975.4Mb 的基因组选择区段，该区段包含 7298 个候选基因。其中，554.9Mb 区段（3978 个基因）属于 A 亚基因组，351.0Mb 区段（2525 个基因）属于 B 亚基因组，69.5Mb 区段（795 个基因）属于 D 亚基因组。通过对候选区段内的基因分析，发现 175 个已报道的株高、籽粒性状等数量性状基因座（quantitative trait loci，QTL）位于选择区段内，还有 37 个抽穗期、株高、千粒重、穗粒数等基因在水稻中的同源基因中已经明确功能，如 *OsBZR1*、*D2* 和 *d35* 等（图 6-2）。研究结果表明，A 和 B 亚基因组上存在更多的选择信号，此外，*Triplet* 基因也存在 A>B>D 的亚基因组非对称性选择趋势。

三、核心种质构建

（一）核心种质的概念及其演变

“核心种质”一词最早由澳大利亚的科学家 Frankel 和 Brown（1984）提出，是在

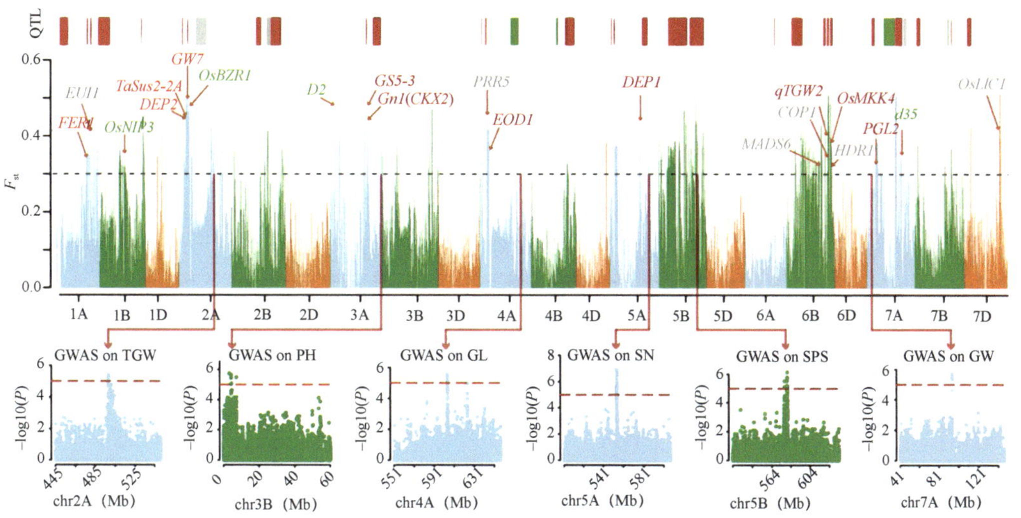

图 6-2　小麦育种选择区段鉴定（Li et al.，2022）

TGW. thousand grain weight，千粒重；PH. plant height，株高；GL. grain length，粒长；SN. seed number per spike，穗粒数；SPS. spikelet No. per spike，小穗数；GW. grain width，粒宽；GWAS. genome-wide association study，全基因组关联分析；chr. chromosome，染色体

应对大量作物种质资源收集样本的整理、繁殖、储存、发放和应用难题中提出的，即如何用最小的样本数代表最大的遗传多样性，以实现便于管理、便于应用、便于研究的目的，一般认为其总量不应超过基础种质的 10%，代表至少 70%的遗传变异。核心种质是从现存种质资源中遴选而来，代表了现存资源的遗传类型，包含尽可能多的遗传多样性。同时，核心种质是一套动态而非静止的材料，为了使核心种质的遗传多样性最优化，可以改变核心种质的大小和组成。

微核心种质（mini core collection），由核心种质一词衍生而来，表示用更小的样本量来代表一个群体的多样性，其样本来源于核心种质，更看重入选者的代表性、稀缺性和育种价值和产出。例如，中国小麦微核心种质总样本数为 262 份，仅为基础种质资源的 1%，代表了其 71%的遗传变异，被广泛应用于基础研究和育种（图 6-3）。

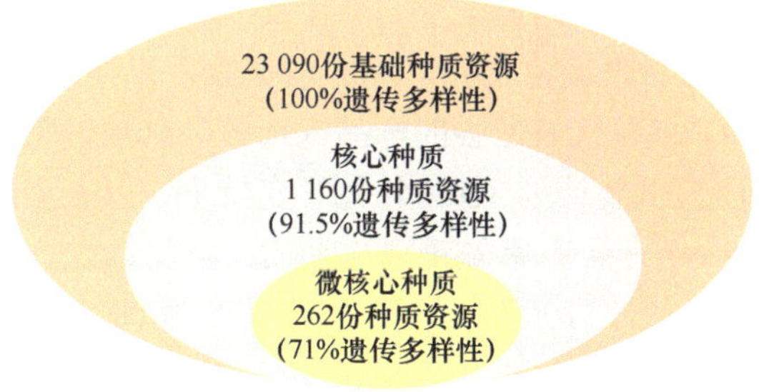

图 6-3　中国小麦核心种质、微核心种质的产生和多样性代表性示意图

核心种质和微核心种质已成为研究基因多样性、群体间基因交流，发掘重要功能基因变异的重要材料平台。

（二）核心种质构建的基本方法

核心种质构建主要包括以下主要步骤：①基本数据的收集和整理；②基本数据的分组与核心代表性样品数量的确定；③初选核心样品的确定；④核心种质代表性的检测；⑤核心种质的管理、分发与有效利用（图 6-4）。

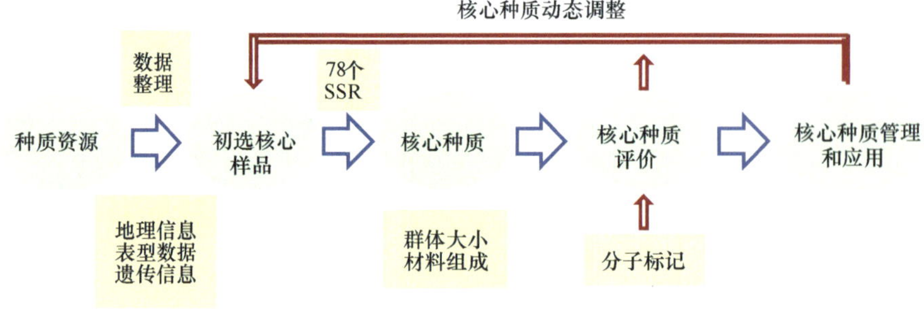

图 6-4　核心种质构建一般流程

核心种质代表性样品的总数应小于基础样品总数的 10%，基础样品量越大，越需严格把控；取样方法主要有完全随机和分组取样两种方法。对基础资源数目比较庞大的作物如水稻、小麦、玉米、大豆等，采用后一种方法则更为有效；分组的主要依据有地方品种/育成品种、国内品种/引进品种、品种的生态区信息。组内代表指标的确定可以是按比例随机抽样（适合组间基础样品数目相当）、对数取样、平方根取样（适合组间基础样品数目差异比较大的情况）；为了更好地服务于育种理论研究，代表性材料的确定以遗传距离为基础，并采取一定的优先原则。例如，在中国小麦核心种质建立中采用三个优先原则：即大品种优先、育种贡献突出者（骨干亲本）优先、特色突出的材料优先，以确保所建立的核心种质资源既满足了基础生物学研究的要求，又与种质资源创新和育种需求相衔接。

（三）核心种质构建实例

20 世纪末，DNA 序列变异标记技术的迅速发展和成熟，推动了大作物（如小麦、水稻、玉米、大豆）核心种质建立的技术和方法探索，以样品的 DNA 分子指纹数据为基础，通过聚类分析，提取代表性强的样品入选核心种质，受到学术界的广泛认可。中国在国家重点基础研究发展计划（973 计划）支持下，以表型数据为基础，DNA 分子标记为主导，于 2003 年在全球率先建立了水稻、小麦、大豆三大作物的核心种质，分别用 5%的核心样品（水稻 3100 份、小麦 1160 份、大豆 1400 份）囊括了基础样品（水稻 61 500 份、小麦 23 090 份、大豆 28 800 份）约 90%的遗传变异，达到了“浓缩遗传变异，明确多样性地理分布的特点，实现了方便管理、研究与应用”的目的，成为三大作物深入研究的重要材料平台（Li et al.，2022），也为其他作物建立核心种质起到了很好的示范带头作用，引领了全国乃至全球的种质资源研究（郝晨阳等，2008；董玉琛等，2003；Zhang et al.，2011；Qiu et al.，2009）。

下文以小麦为例具体说明核心种质的构建过程。首先通过对小麦种质资源来源地、类型、农艺性状、特性评价等基础数据的分析，构建包含 4967 份种质的初选核心种质（图 6-5），在此基础上，通过 SSR 标记与农艺性状等数据的综合分析，构建了包含 1160 份种质的核心种质，遗传代表性估计值为 91.5%，同时构建了包含 231 份材料的微核心种质，遗传代表性估计值接近 70%（郝晨阳等，2008；董玉琛等，2003）。

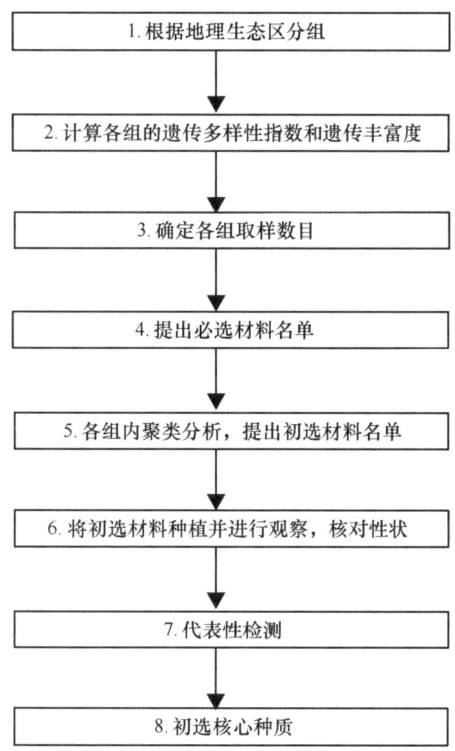

图 6-5　小麦初选核心种质构建流程图（董玉琛等，2003）

1. 初选核心种质构建

1）种质资源分组

小麦核心种质的构建是基于 23 090 份小麦种质资源，采用的方法是多层分组法。地方品种和选育品种分别构建，按栽培区（地理生态区）分组，地方品种按亚区分为 28 组，选育品种按大区分为 10 组。

2）确定取样数目

初选样本数目的确定采用平方根法，同时依据国家作物种质资源数据库中株高、穗长、穗粒数、千粒重等 7 个数量性状和粒色、抗旱性、黄矮病抗性等 14 个质量性状的数据进行多样性指数和遗传丰富度的分析，进而调整样本数目，同时，将曾在生产上或育种中起过较大作用或具有突出特点的品种（系），纳入初选核心样品。最终，共选出 3283 份地方品种、1684 份育成品种和 62 份国外引进品种作为备选初选核心样品。

3）初选核心种质代表性检验

将备选初选核心种质在田间种植，并调查表型性状，与原有数据进行比较核对，删除或更换问题材料。同时，对材料的各性状进行分析，是否包含了性状的全部级别，若有不足，补充相应材料，使性状代表性达 100%。对初选核心样品表型的多样性进行分析，可以看出，各性状的变异范围还是比较大，例如，壳色及颖壳毛 11 级，穗粒数 10 级，千粒重 10 级，赖氨酸含量 10 级，黄矮病抗性 10 级。此外，显著性检验结果也表明初选核心种质在表型性状上具有广泛代表性。

2. 核心种质构建

在初选核心种质材料确定后，为了进一步验证核心种质的遗传多样性，选取多态性较高、覆盖小麦 21 个连锁群的 78 个 SSR 标记对初选核心种质进行多态性检验。共计获得 40 余万条标记数据，在此基础上再次采用分层分组代表性取样法（原则与初选核心种质取样测量一致）。最终，构建了由 1160 份材料组成的小麦核心种质（库），其中地方品种 762 份、育成品种 348 份、国外引进品种 50 份。核心种质占初选核心种质的 23.1%，占整体种质（23 090 份）的 5%，遗传代表性估计值为 91.5%（郝晨阳等，2008）。

四、DNA 指纹数据库建立

（一）DNA 指纹数据库内涵及构建方法

目前，国家种质库保存种质资源的编目仍然是以调查收集过程中的农民认知和传统方式鉴定获取的形态特征等信息为主，而这些信息受环境影响较大，准确性不高，利用表型等信息尚不能确定种质资源身份的唯一性。此外，不同的种质资源之间在形态上相似而仅在个别性状或基因具有差异，传统形态学方法是无法分辨的，因此加大了种质资源收集、整理和保护的难度。而 DNA 指纹数据能够在分子水平上识别种质资源之间的差异，不易受环境的影响，弥补了传统表型鉴定精度不够、受环境影响大等缺点，是确定种质资源唯一身份、减少库存资源的遗传冗余、开展种质资源登记和提高种质资源保存和利用效率的基础，也是实现种质资源分子编目的必要前提。

DNA 指纹图谱是指能够分辨不同个体之间差异的 DNA 电泳图谱，换句话说就是基于 DNA 分子标记建立的资源特异指纹。其基本原理是利用分子标记在不同种质资源间的多态性，通过筛选获得多个标记的组合，能够使每一个种质资源都有独特的、唯一的分子数据信息，进而区分种质资源。DNA 指纹图谱具有多态性丰富、高度的个体特异性和环境稳定性等特点。

（二）DNA 指纹数据库构建方法

DNA 指纹数据库建立一般涉及标记类型、标记检测方法、核心样品和核心标记的选定等关键因素。关于分子标记的类型及检测方法等已有详细的介绍，在此不再赘述。目前，在小麦、玉米、大豆等作物中建立的指纹图谱多以荧光 SSR 标记为主，近年来，随着基因组测序技术及多个物种的参考基因组图谱建立，SNP 标记将逐渐成为 DNA 指纹数据库的主流标记。基于基因组测序技术的库存种质资源 DNA 指纹数据库构建的流程包括：①对库存种质资源进行全基因组的基因型鉴定，不同的作物选用不同的基因型鉴定方法，基因组较小的作物采用全基因组重测序的方法，基因组较大的作物采用简化基因组测序或基因芯片的方法；②比较分析不同种质资源的基因型鉴定数据，筛选获得质量高、代表性强、特异性强的 SNP 标记作为 DNA 指纹图谱的候选核心标记；③利用候选核心标记进行遗传多样性评估，筛选多态性强、标记（组合）对资源的区分度高、基因组上分布均匀的标记作为 DNA 指纹图谱的核心标记；④利用筛选得到的核心 SNP 标记对种质资源进行变异类型的鉴定，获得每份资源的分子身份证，建立库存种质资源的 DNA 指纹数据库，实现种质资源的电子编目（图 6-6）。

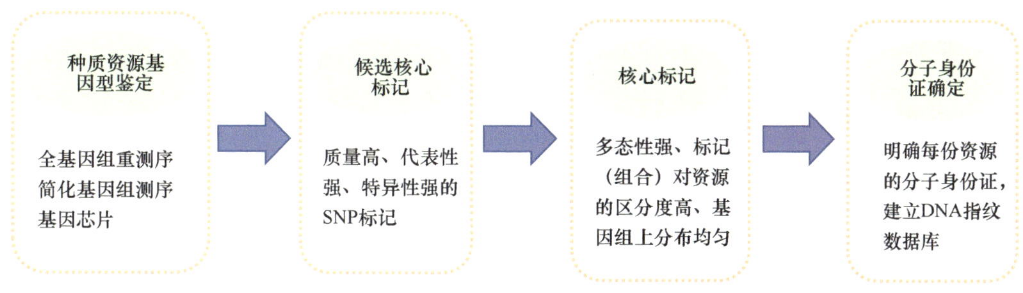

图 6-6　DNA 指纹数据库构建的一般流程

（三）DNA 指纹数据库构建实例

品种 DNA 指纹图谱绘制技术流程，不同的技术差异较大，以 SSR 标记技术为例：从全部样品中选取有代表性的样品数量提取 DNA（如小麦自花授粉作物包括 30 个以上的个体，蚕豆包括 45 个以上的个体），将 DNA 均一化；将 42 对 SSR 引物分别配制 PCR 反应体系进行扩增，利用片段分析仪对 42 对引物的实际扩增片段大小进行分析，按照小麦品种真实性 SSR 分子标记检测标准中的位点顺序排列，即构建了品种的 DNA 指纹（图 6-7）（Wang et al.，2014）。而利用 SNP 标记技术则需要 96 个 SNP 位点，每个品种的 96 个 SNP 位点的等位变异碱基顺序排列就构成了该品种的指纹。在 DNA 指纹鉴定技术研发过程中，主要满足技术的科学性、高效性、经济、简单、快速等需求，还需要考虑不同检测平台兼容性问题，确保不同层级如国家、省、市、区、县，

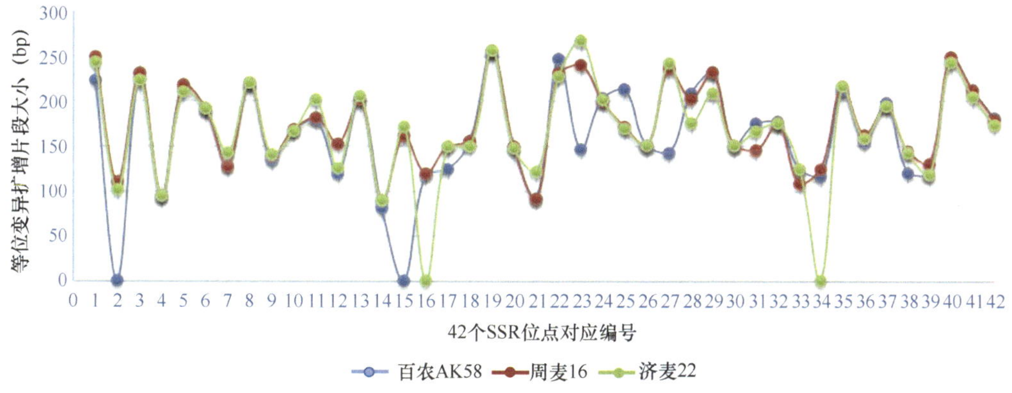

图 6-7　42 个 SSR 位点变异构成的‘百农 AK58’‘周麦 16’‘济麦 22’的指纹

横坐标为 42 个标准位点编号，纵坐标为三个品种中的扩增片段长度（bp），“0”表示无扩增

不同单位如企业、科研、教学、管理依据自身平台条件能够使用该技术，同时还必须兼顾农作物品种身份证制度需求，利用最少的 DNA 位点来区分最多的品种，因此要求位点越少越好。对于亲缘关系较近的品种，如实质派生品种，利用少量位点无法满足鉴定需求时，则需要利用覆盖农作物全基因组的高密度 DNA 位点来区分亲缘关系较近的品种，如小麦用 5 万个 SNP 位点鉴定血缘较近品种或实质派生品种。

第三节　基因资源挖掘的内涵与方法

一、基因资源挖掘的内涵

（一）基因资源挖掘的概念

基因的内涵从最初孟德尔通过离散型表型抽象出的遗传因子(genetic factor)开始，基因内涵也在不断发生变化。基因是遗传的基本单位，是一段连续的脱氧核糖核苷酸序列，从结构上来讲，基因包括编码区、非编码区、启动子区和终止区等。基因发掘主要是指控制某一性状的基因的定位、分离及作用机制的解析。基因资源是指基因组中主要目标性状的控制基因、基因内和基因间序列多样性信息及携带遗传变异的载体。基因资源挖掘是指基因的发掘及等位变异的挖掘，等位变异不仅仅是指基因本身的变异，还应包括基因间序列的变异。

（二）基因资源挖掘的内容

基因资源挖掘是对种质资源在分子水平鉴定评价的重要内容。广义的基因资源挖掘主要包括基因发掘和等位变异挖掘，其中等位变异的分布、遗传规律、演化及其优异等位变异的应用是核心内容。

基因发掘是在特异种质资源中找到控制目标性状基因，确定基因组中或 DNA 序列中哪一个或哪几个是拥有特定蛋白质表达功能的 DNA 片段（基因）。基因发掘主要包括基因定位和基因分离两个基本内容。基因定位是基因资源发掘的首要步骤，指测定基因所属连锁群或染色体，以及基因在染色体上的位置。基因分离是指在明确基因位置后，获取目标基因的 DNA 序列，还应包括基因的功能分析、机制解析等。

等位变异是位于同源染色体的相同位置上 DNA 序列的差异。等位变异挖掘是在不同的种质资源中发现变异，并对其功能和效应进行评估，具体来讲是基于基因或基因组序列，利用分子生物学手段从种质资源中鉴定等位变异，分析等位变异的大小、分布、遗传规律等，并评估其育种利用价值，明确优异等位变异并提出育种利用途径。等位变异的挖掘既包括基因上的变异，也包括基因间的序列变异，进一步而言，基因上的变异挖掘不仅仅限于挖掘基因编码区序列的变异，还包括对基因的非编码区、启动子，以及可能的调控区序列的变异。

单倍型（haplotype）在遗传学上是指单一基因或多个基因序列及其相邻序列的等位变异的不同组合，也称单元型或单体型，是对等位基因（allele）概念的拓展，其目的就是将大量的核苷酸变异信息简单化，便于跟踪和应用。单倍型挖掘是在等位变异鉴定基础上展开，明确单倍型类型，评估不同单倍型的发生频率、单倍型的进化过程及不同单倍型的育种利用价值等。

单元型区段（haplotype block）：染色体上紧密连锁的基因或标记，经自然和人工选择之后形成不同等位变异的组合体，它们之间几乎不发生重组，其遗传表现类似于单个基因，称为单元型区段或单倍型区段，是发挥基因组合效应并综合表达重要性状的关键。单元型及其区段分析已成为农作物重要性状形成和解析的核心内容，因为核酸的变异主要发生在起始密码子“ATG”上游 2.5kb 左右的启动子区内，其变异往往调控编码区转录水平的高低。

（三）基因资源挖掘的意义

1. 基因资源挖掘是农业生产进步的根本动力

“一个物种可以左右一个国家的经济命脉，一个基因可以影响一个民族的兴衰”，重要基因的发现与利用可以对世界农业产生巨大的推进作用。纵观农业发展历史，许多农业生产上的重大进展都与新基因的挖掘和利用紧密相关。矮秆基因的挖掘和利用引发了举世闻名的第一次“绿色革命”，在 20 世纪 50～60 年代世界粮食危机爆发之际，中国的水稻地方品种‘低脚乌尖’中的 *sd1* 矮秆隐性基因，日本小麦品种‘农林 10 号’中的 *Rht1* 和 *Rht2* 矮秆基因，以及其他一些基因的广泛利用，使水稻和小麦的株高降低，收获指数提高到 50%左右，产量增加一倍以上，解决了全球特别是发展中国家众多人口的吃饭问题，对全球农业生产、社会和经济的发展产生了极其深远的影响与深刻的变革，其成就是史无前例的、震撼世界的。

2. 基因资源挖掘是保护种质资源的有效方法

种质资源保护和利用的国际公约及知识产权法规明确了各国对其拥有的作物种质资源虽然具有主权，但没有知识产权，种质资源拥有国难以从利用国获取利益。种质资源是基因资源的载体，只有从种质资源中分离出的基因才受知识产权保护，基因的知识产权已经成为世界各国发展生物经济全力争夺的焦点。20 世纪 90 年代，美国研究人员从中国野生大豆中分离出高产基因，并申请了专利，专利中提到“所有含有这些 DNA 序列的大豆（野生大豆或栽培大豆）及其后代，甚至被转入这一基因的其他植物，都将受到专利保护”，那么，中国要想利用这一基因开展生物育种，就都必须缴纳高额的专利费。因此，只有积极开展基因资源挖掘，才能保护中国丰富的种质资源。

3. 基因资源挖掘是利用种质资源的必要途径

作物种质资源中蕴含着许多未知基因，种质资源只是把优异基因资源保存起来，要真正地了解和利用种质资源，首先就需要明确种质资源中蕴含有控制哪个农艺性状的基因。如果能从种质资源中挖掘出优异基因资源，并应用于育种生产，就能对中国甚至全球的农业生产产生巨大影响。20 世纪 50 年代中期，美国 14 个州发生大豆胞囊线虫病，使得大豆生产濒临毁灭。而美国农业部在采自中国的‘北京小黑豆’中找到抗病基因，并将其转到当地栽培大豆的基因序列中，培育出高产抗病的新品种，这才使美国大豆生产迅速复苏。因此，种质资源里究竟蕴含着哪些有价值的基因，需要科研工作者去挖掘，才能使种质资源的潜在优势转变为产业优势。

二、基因发掘的主要方法

现代分子生物学特别是基因组学和生物信息学的迅猛发展对基因发掘的新理论与新方法产生了巨大的促进作用，推动了基因发掘策略与方法的发展。作物基因发掘的主要策略有正向遗传学和反向遗传学两种（图 6-8）。正向遗传学是从表型到基因型的策略，图位克隆和关联分析是两个具有代表性的方法。反向遗传学方法是基因型到表型的策略，同源克隆是最具有代表性的方法。目前，整合多种方法已成为基因发掘的基本思路。例如，连锁分析和关联分析的有机结合已经应用于基因发掘，二者结合使用可以有效地避免各自的缺点，发挥各自的优点，使得基因的定位、克隆更加高效、准确。下面将主要介绍以上三种具有代表性的方法。

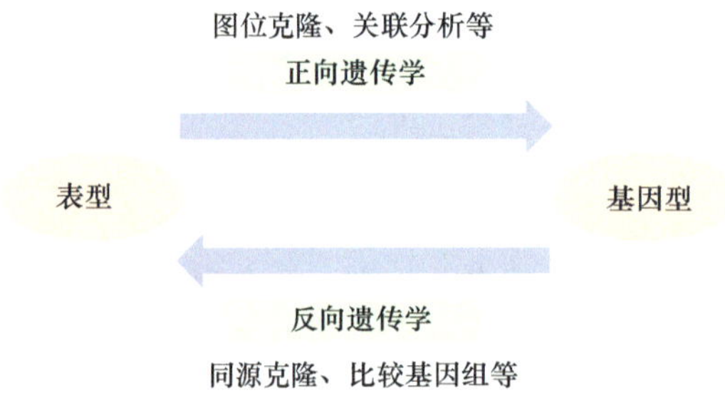

图 6-8　基因发掘思路框架图

（一）连锁分析和图位克隆

染色体是细胞内遗传物质的主要载体，由于每个物种的染色体是相对固定的，而且是非常有限的，因此大量基因总处于同一条染色体上，形成连锁关系。每个物种所有基因在染色体上的排列次序、基因之间的遗传距离（用交换率表示，单位：cM）就是该物种的遗传图谱，确定一个基因与两侧连锁标记之间的遗传距离称为基因作图（gene mapping）。随着主要物种或代表性品种基因组参考序列的完成，确定基因在染色体上的准确位置成为现实，因此目前基因定位已从遗传交换率估计逐步向更准确的物理作图（physical mapping）过渡，在水稻、小麦、玉米、大麦、大豆、番茄等拥有高质量参考基因组序列的作物中，几乎所有基因的连锁关系均逐步用物理距离（Mb）来表示。

基于连锁分析的 QTL 定位是进行复杂性状基因定位的基本方法，即是以遗传连锁图谱为基础，通过目标性状的表型值与分子标记间的连锁分析，当标记与目标性状连锁时，不同基因型个体的表型值间存在显著性差异来确定各个性状基因座位在染色体上的位置和效应，以及各个 QTL 间、与环境之间的互作效应。其基本流程为：通过双亲配置组合，构建作图群体［如加倍单倍体（doubled haploid，DH）群体、重组自交系（recombinant inbred line，RIL）等］（图 6-9）；然后基于作物群体利用分子标记（SSR、

SNP 等）构建遗传连锁图谱，同时对作图群体进行目标性状的多年、多点鉴定；最后利用软件进行连锁分析，将控制性状的基因/QTL 定位在特定的遗传连锁区段内。基因定位的准确性依赖于定位的统计模型和方法，常见的方法有单标记分析法、区间作图法、复合区间作图法、完备区间作图法等。

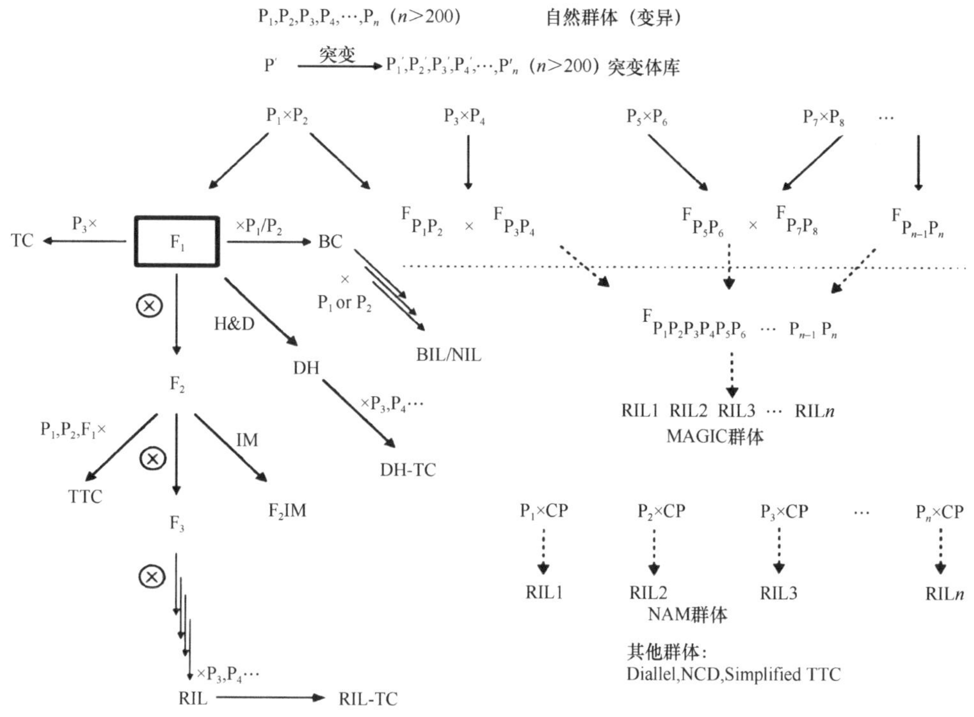

图 6-9　常规遗传群体构建示意图（Zou et al.，2016）

H&D. chromosome haploidization and doubling，染色体单倍体化和加倍；BC. backcross，回交；BIL. backcross inbred line，回交自交系；DH. doubled haploid，加倍单倍体；IM. intermating，互交；MAGIC. multiparent advance generation intercross，多亲本高世代互交系；CP. common parent，共同亲本；NAM. nested association mapping，巢式关联作图；NIL. near-isogenic line，近等基因系；RIL. recombinant inbred line，重组自交系；TC. testcross，测交；TTC. triple testcross，三系测交；Simplified TTC. simplified triple testcross，简单三系测交；Diallel. 双列；NCD. north Carolina design，北卡罗来纳设计

在对基因初步定位的基础上，进一步分离目的基因，常用的方法就是图位克隆（map-based cloning）技术。图位克隆技术是在 1986 年由库尔森（A. Coulson）首次提出，该技术是在已知目的基因在染色体上的初步区间的基础上，对其进行精细定位，最终分离该基因。技术的基本流程包括：①构建用于图位克隆的次级分离群体，常见的有初级分离群体衍生系群体［如近等基因系（near-isogenic line，NIL）、剩余杂合体（residual heterozygous line，RHL）衍生群体等］、导入系（introgression line，IL）、染色体片段代换系（chromosome segment substitution line，CSSL）群体等；②针对连锁分析确定的候选区段加密分子标记，目前常用的是 SSR 和 SNP，现在的主流方法是基于二代测序技术，可获得大量的 SNP 和 InDel 位点；③在此基础上依据参考基因组序列构建目标基因所在区域的物理图谱，在没有参考基因组的物种中，用与目标基因紧密连锁的分子标记筛选 DNA 文库［如细菌人工染色体（bacterial artificial chromosome，

BAC)、酵母人工染色体（yeast artificial chromosome，YAC）和黏粒（cosmid）文库等]，利用阳性克隆构建物理图谱；④通过染色体步移逐步靠近候选基因，最终克隆该基因（图 6-10）。图位克隆技术对于基因组比较大、重复序列多的物种具有一定的局限性。随着基因组学理论和技术取得巨大进步，特别是在新一代测序技术和高密度芯片技术广泛应用之后，以图位克隆基因为基础，混池转录组测序（bulked segregant RNA-sequencing，BSR-seq）、数量性状位点测序（quantitative trait locus-sequencing，QTL-seq）、快速多数量性状位点作图（rapid multi-QTL mapping，RapMap）、远程组装的靶向染色体克隆（targeted chromosome-based cloning via long-range assembly，TACCA）、突变体定位（mutation mapping，MutMap）、突变体结合 *de novo* 组装（mutation mapping-gap，MutMap-Gap）、突变染色体测序（mutant chromosome sequencing，MutChromSeq）、突变抗病基因富集测序（mutational resistance gene enrichment sequencing，MutRenSeq）、抗病基因富集测序（association genetics with resistance gene enrichment sequencing，AgRenSeq）等多种基因精细作图和克隆方法问世，作物基因发掘效率和速度大幅度提高。

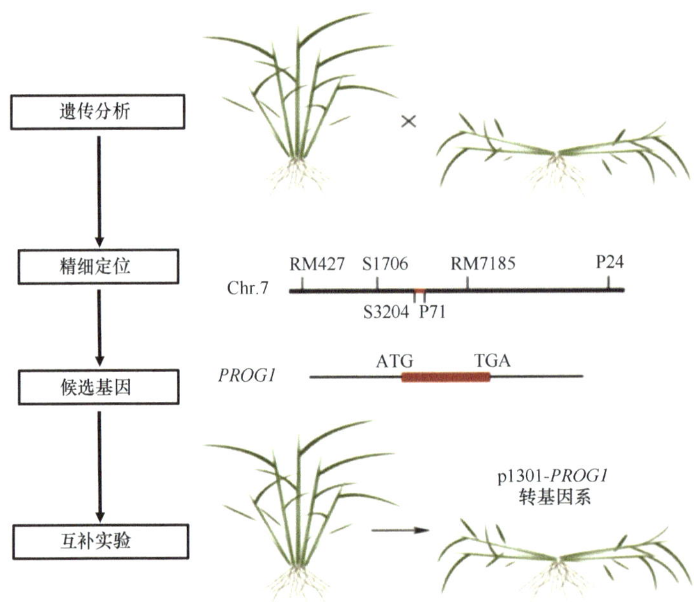

图 6-10 精细遗传定位和克隆重要基因的基本流程（Jin et al.，2008）

Chr.7 表示第 7 号染色体

（二）关联分析

关联分析（association study）是以连锁不平衡为理论基础，采用统计分析，检测自然群体中目标性状与基因组变异（标记）之间相关性的一种方法。根据显著性 P 值筛选出最有可能影响性状的基因或邻近区域的标记，挖掘与性状变异相关的基因，是种质资源中发掘基因的重要途径。

连锁不平衡是指不同基因座等位基因间的非随机组合。当位于某一基因座的特定等位基因与同一条染色体另一基因座的某一等位基因同时出现的概率大于群体中因随机分布而同时出现的概率时，这两个基因就处于 LD 状态。简单地说，只要两个基因不是完全独立遗传的就会表现出某种程度的连锁。

假定有两个紧密连锁的基因：基因 1 的两个等位基因用 A 和 a 表示，基因 2 的两个等位基因用 B 和 b 表示，这两个基因间总共有 4 种可能的组合，即 AB、Ab、aB 和 ab。假定等位基因 A 的频率为 P_A，B 的频率为 P_B，在连锁平衡（位于两个基因上的不同等位基因间随机组合）时，后代中 AB 出现的频率 $P_{(AB)}$应该是 $P_A \times P_B$；如果存在连锁不平衡（即两个基因位点彼此关联，非随机组合），则 AB 出现的频率 $P_{(AB)}$大于 $P_A \times P_B$，此时不同基因座的等位基因出现连锁现象。

后代中连锁不平衡 LD 的程度以 D 表示，即 $D=P_{(AB)}-P_A \times P_B$。$D$ 绝对值大小直接反映了两个基因之间的连锁程度的大小，绝对值越大，连锁程度越大。由于 D 值是根据每个基因座不同等位基因的频率计算出来的，因此无法比较不同基因座之间连锁程度的大小。为此，提出了归一化之后的 D 值，用来比较不同基因座连锁程度的大小，其计算公式如下：

$$D' = D/D_{\max} \tag{6-6}$$

$D_{\max}$ 的计算方式如下：

$$D_{\max} = \begin{cases} \max\left\{-P_A P_B, -(1-P_A)(1-P_B)\right\} & \text{当} D<0 \\ \min\left\{P_A(1-P_B), (1-P_A)P_B\right\} & \text{当} D>0 \end{cases} \tag{6-7}$$

D'的取值范围为 0～1，$D'=0$ 表示完全连锁平衡，独立遗传；$D'=1$ 表示完全连锁不平衡。当样本较小时，低频率等位基因组合可能无法观测到，导致 LD 强度被高估，所以 D'不适合小样本群体研究。

除 D'值之外，还有一个衡量连锁不平衡程度的标准，就是 r 值，计算公式如下：

$$r = \frac{D}{\sqrt{P_A(1-P_A)P_B(1-P_B)}} \tag{6-8}$$

通常情况下，通过 r 值的平方表示连锁不平衡的程度，r^2 等于 0 时，表示完全连锁平衡，独立遗传；r^2 等于 1 时，表示完全连锁不平衡。

在进化、驯化和育种过程中，由于受突变、重组和选择等因素的影响，以及基因组中连锁的存在，不同位点的等位变异间存在广泛的 LD，形成了一系列的单元型区段。因此，区段的大小取决于 LD 的衰减水平，衰减越高，形成的单元型区段越小。LD 衰减受作物生殖方式的影响较大，研究表明自花授粉作物高粱中 LD 长度为 50～100kb，水稻中 LD 长度为 70～150kb，小麦平均 1.5Mb，而异花授粉的玉米中 LD 长度为 2.5kb。

就一个物种或作物而言，同一套基因组中，不同的染色体上 LD 也存在较大的差异，同一染色体不同区域 LD 值也可能差异很大，一般而言，受驯化或育种强烈选择的基因周围，容易形成较强的 LD。此外，作物中一些外源导入染色体片段如小麦中的 1RS/1BL 易位系，大的染色体结构变异如倒位、易位也容易造成大的 LD，科学家常用一条染色体上 LD 值的变化，结合关联分析，来发现控制重要性状的基因。

根据研究策略的不同，关联分析可分为基于候选基因的关联分析（candidate gene-based association analysis）和全基因组关联分析（genome-wide association study，GWAS）两种。基于候选基因的关联分析是种质资源研究中等位变异挖掘的主要途径，是指在一定的信息（同源功能基因、候选基因或 QTL 定位等）基础上，在自然群体中检测某基因或者染色体片段与目标性状的相关性，找出功能变异位点。GWAS 是指利用全基因组分布的多态性位点，通过统计分析找出控制目标性状的 QTL 位置，确定其效应大小，可以检测到大量与目标性状相关的基因。关联分析的一般步骤如下。①构建关联分析群体：入选材料可以是野生种、地方品种、育成品种，也可以是分离群体后代材料，群体要有广泛的遗传变异才能保证关联分析的准确性，而群体大小则影响群体遗传变异是否有足够的代表性，一般要求数百个以上。②基因型鉴定：选择合适的标记和方法对群体进行基因型分型，利用全基因组重测序技术挖掘全基因组范围内的 SNP、SV 等标记，高密度（上万个以上）的 SNP 分子标记可以准确指示群体基因组的变异，检测效果好、效率高。此外，LD 决定关联分析的精度和所选用标记的数量、密度及实验方案，如果 LD 程度高，所用的标记数目会比较少，检测的精度低；反之，如果 LD 程度低，就需要大量的 SNP 标记，相应的检测精度也提高。③表型鉴定：对关联群体开展目标性状的多点评价，表型鉴定的准确性直接影响关联分析结果的可靠性。④关联分析：利用一般线性模型、混合线性模型等运算模型进行关联分析，发掘与目标性状相关的位点或基因（图 6-11）。

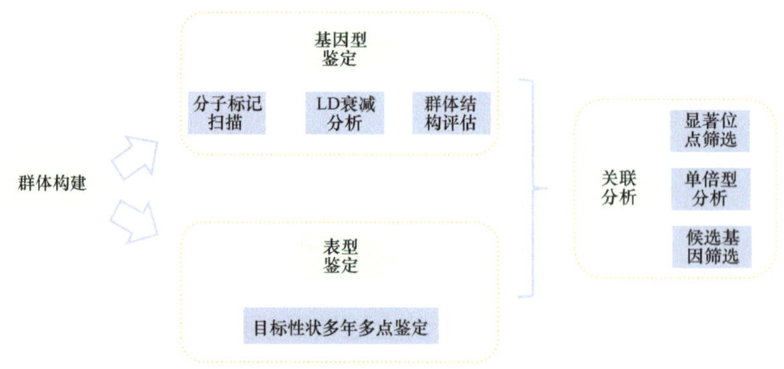

图 6-11　关联分析的技术流程示意图

关联分析的优势在于：①利用自然群体，不必组配分离群体，省时省力；②检测范围大，可同时检测多个等位基因；③检测精度高，利用广泛的自然变异和染色体重组，精度可达到单基因水平。但这些优势也反衬了关联分析的局限性：①自然群体的结构复杂，难以有效控制；②稀有等位基因难以检测；③检测广泛的自然重组需要大量分子标记。

（三）同源克隆

同源克隆是基因发掘的经典技术之一，即根据已克隆的某一物种的基因序列进行其他物种的基因克隆。其基本原理是不同物种同源基因序列的同源性要高于非编码区序列，利用基因间的这种同源性进行克隆基因。同源克隆的前提条件是其他物种的同源基因已经被克隆，基本思路是根据基因家族保守氨基酸序列设计简并引物，一种策略是利用简并引物对目标物种 DNA、cDNA 等文库进行扩增，进而筛选阳性克隆；另一种策略是利用高保守序列制备同源探针，从相应的文库中筛选阳性克隆，获得阳性克隆后进行序列测定，并对其进行功能验证。在使用该技术克隆基因的时候要注意以下三点：①简并引物的设计得当，保证引物的特异性；②基因家族中不同基因的序列同源性较高，克隆的基因片段是否是目的基因尚需通过其他手段进行进一步的判断；③不同物种间基因的保守性差，多样性丰富的时候该技术受到限制。

除了以上介绍的图位克隆、关联分析和同源克隆，还有基于表达序列标签、差异表达基因和转座子标签等基因分离技术。随着基因组学、生物信息学、合成生物学等新兴学科的兴起和发展，基因发掘技术也将逐步完善，种类越来越多，基因挖掘的速度将越来越快，挖掘效率越来越高，但是每一种技术都有它自身的优势和劣势，必须根据实际条件选择一种合适的技术或多种技术联合使用。

三、等位变异挖掘的基本策略

（一）EcoTILLING 技术

生态型定向诱导基因组局部突变（ecotype targeting induced local lesions in genomes，EcoTILLING）技术是在 TILLING（targeting-induced local lesions in genomes，定向诱导基因组局部突变）技术的基础上发展而来的开发和鉴定种质资源等位变异的方法。与 TILLING 技术的主要差异之处在于检测对象不同，TILLING 技术主要针对的是由化学诱变引起的基因多态性，而 EcoTILLING 技术检测的是由种质资源构建的自然群体中个体间的等位变异，检测的内容包括 SNP、小片段 InDel、SSR 等。EcoTILLING 技术的基本流程为：①提取被检测对象的单株 DNA，并将合格的 DNA 与标准样品 DNA 混合；②将混合后的 DNA 置于 PCR 板中，用荧光染料标记后的目的基因的特异引物或是两端加接头后的特异引物进行 PCR 扩增；③将 PCR 扩增产物变性后用特异的切割错配碱基的内切酶酶切；④酶切产物经测序仪，检测不同错配位置切断的 DNA 片段；⑤测序分析序列，验证错配碱基及其位置，判断等位基因的多态性（图 6-12）。EcoTILLING 的关键环节是目标基因序列的选择，一般选择目标基因和设计引物的工具为 CODDLe。

（二）基于测序技术的等位变异挖掘

近年来，测序技术在基因资源挖掘中得到了广泛应用。在等位变异挖掘中，应用测序技术可在全基因组水平、靶向区段水平和单一基因水平实现不同层次的基因型鉴定，阐明等位变异的大小和分布。其技术路线见图 6-13。

1. 全基因组水平鉴定等位变异

如何从大量的种质资源中高效、精准地发掘并利用优异的等位变异，是目前作物

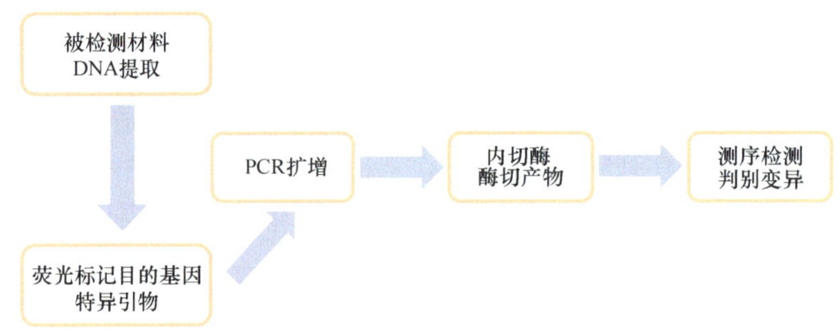

图 6-12 EcoTILLING 技术检测等位变异的基本流程

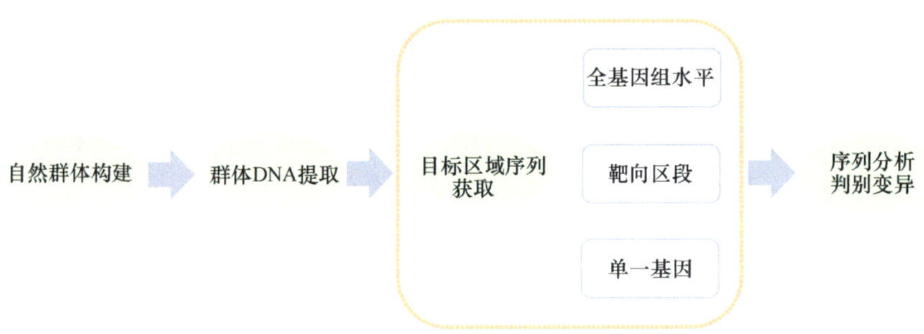

图 6-13 基于测序技术的等位变异挖掘基本流程

育种基础理论研究和应用研究最重要的课题之一。高质量参考基因组是全基因组水平鉴定等位变异的前提，泛基因组技术的出现促进了全基因组水平鉴定等位变异的发展，已经逐步成为挖掘种质资源中等位变异的高效途径。泛基因组技术可捕获、呈现群体中全部的包括功能基因和基因间序列在内的基因组序列。目前，泛基因组的组装主要有两种策略：第一种是对所有材料进行基因组从头组装，通过从头组装的基因组，进行相互比较来构建泛基因组，鉴定遗传变异；这种策略的优点是鉴定等位变异完整性好，缺点是基因组从头组装费用较高，对计算要求较高，难以大规模实施。第二种是以高质量参考基因组为基础，通过“比对-组装”的迭代过程或者通过类似“宏基因组”的混池组装进行构建；这种策略的优点是成本低、易于实现，缺点是组装效果较差，特别是难于对大结构变异进行识别和鉴定。目前，两种策略结合使用可能是最好的选择，选取具有典型性的材料进行基因组从头组装，以此为框架构建泛基因组，结合大规模多样性材料的二代测序数据（达到一定的测序深度）进行比对和迭代组装，提高稀有变异和结构变异捕获的效率和准确性。

2. 靶向区段的等位变异挖掘

针对靶向区段的等位变异的挖掘，基本思路是利用 PCR 扩增或探针杂交对目标基因组区域进行捕获和富集并进行高通量测序，然后针对目的基因组区域进行遗传变异位点检测，获得指定目标区域的变异信息。靶向测序能够获得更高的覆盖度和数据准确性，提高了对目标区域的检测效率，缩短了研究周期，降低了测序成本，适合对大量样本进行研究。其中，PCR 扩增捕获是针对目标区域，设计多重引物进行扩增、富集并测序，适用于检测较小目标区域的变异。探针杂交捕获测序基于碱基互补配对原理，根据目标区域序列设计合成核酸探针，对 DNA 文库进行基于液相环境的杂交富集，然后进行测序，可以捕获几千碱基对到上百兆碱基对的基因组目标区域。目前，在人类疾病相关控制基因研究中应用较为广泛，低成本、高读取长度和高通量测序平台等优点，会促使基于靶向区段的测序技术成为作物靶向区段等位基因挖掘的重要技术之一。

3. 单一基因的等位变异挖掘

针对单一基因进行等位变异的挖掘，基本思路是对不同种质资源中的目标基因进行扩增，然后进行片段测序，以识别等位基因中的核苷酸变异位点，分析不同材料间的变异多样性。该技术的基本流程为：①从种质资源中遴选材料构建自然群体；②自然群体单株的 DNA 提取；③针对目标基因（包括基因的启动子、编码区和非编码区）设计特异引物；④利用 PCR 技术在自然群体中扩增目标基因，并利用桑格（Sanger）测序法进行序列测定；⑤依据测序结果进行序列分析，确定等位变异。利用这一技术可以识别目标基因的 SNP、InDel 及结构变异，并且可以进一步进行基因单倍型的分析。该方法实验操作简单、可检测的变异类型多样、时间较短、费用也较低，但是通量低、检测效率不高。

（三）等位变异遗传效应和育种效应的评估

在获得目标基因的等位基因的类型、分布规律等信息后，主要的任务是要阐明不同等位基因之间的功能差异，这是进一步在育种中利用等位基因的基础。首先，通过不同等位变异类型在种质资源的分布，明确等位变异是属于普遍等位基因还是稀有等位基因，接下来就是判别哪一种类型是具有重要育种价值的优异等位基因。目前，等位基因的育种效应评估常用的方法是基于候选基因的关联分析，其基本流程为：①候选基因在群体中的序列分析，确定等位变异类型；②开发不同类型的等位变异的特异标记；③对自然群体进行基因控制性状的表型鉴定评价；④利用特异标记在自然群体中进行等位变异的检测，明确群体中单个个体的目标基因的变异类型；⑤结合基因型鉴定和表型鉴定结果开展关联分析，分析每个变异类型与表型的关系，进而明确优异等位变异并提出育种利用途径。

第四节　作物重要性状基因资源挖掘

一、产量性状基因资源挖掘

高产是优良品种的基本条件，也是作物育种的主要目标，因此，产量性状一直是科学家所关注的重点性状。作物产量可以分解为几个构成因子，并依作物种类而异，禾谷类作物的三个重要产量因子为穗数、单穗粒数和穗粒重；豆类作物的重要产量因子为株数、单株荚数、单荚粒数和粒重；薯类作物的重要产量因子为株数、单株薯块数和单薯重等。此外，株高、株型等性状对产量也具有积极的作用。长期以来，研究人员对产量性状相关基因资源的发掘非常重视，水稻、番茄是最早完成基因组测序的两个作物，在产量基因的研究中发挥了积极的引领作用。水稻中已经克隆了籽粒相关基因 *GW5*、*GW2*、*GL7*、*GLW7* 等（Liu et al.，2017；Si et al.，2016；Wang et al.，2015；Shomura et al.，2008），株型相关基因 *SD1*、*MOC1*、*IPA1*、*APO1* 等（Jiao et al.，2010；Ookawa et al.，2010；Li et al.，2003；Sasaki et al.，2002）；玉米中已经克隆了行粒数基因 *KNR6*、穗长基因 *ACO2*、株型基因 *UPA1* 和 *UPA2* 等（Ning et al.，2021；Jia et al.，2020；Tian et al.，2019）；小麦中克隆了株高基因 *Rht-B1*、*Rht-D1*，小麦粒重 *TGW1* 等基因（Chen et al.，2020；Peng et al.，1999）。

下面以调控小麦分蘖角度基因 *TaHST1L* 为例介绍产量基因分离、机制解析及优异等位变异的挖掘（Zhao et al.，2023）。

1. *TaHST1L* 基因的定位及分离

关联分析和连锁分析综合应用定位 *TaHST1L* 基因，首先，对 349 份小麦种质资源田间分蘖角度进行多年多点的调查，并利用小麦 660K SNP 芯片完成了基因型鉴定，在此基础上开展全基因组关联分析，在小麦 5A 染色体上 520～528Mb 区段内检测到一个调控小麦分蘖角度的遗传位点。同时，利用分蘖角度极端材料配置组合，构建遗传群体，并且采用混合分组分析（bulked segregant analysis，BSA）混池的方法定位分蘖角度相关基因，将候选基因定位于小麦 5A 染色体 520～530Mb 的区段内，与关联分析结果相吻合。进一步，利用混池转录组测序（bulked segregant RNA-seq，BSR-seq）技术，通过差异表达基因与序列分析确定 TraesCS5A02G316400 为候选基因，该基因注释为 NAD 依赖性脱乙酰酶 HST1-like 基因，将其命名为 *TaHST1L*。

2. *TaHST1L* 基因分子机制解析

通过 EMS 突变体库中该基因的 A 亚基因组突变体 aaBB 和双突变体 aabb 与野生型相比，分蘖角度显著减小，同时分蘖数也显著降低，表明 *TaHST1L* 可能参与调控小麦分蘖角度。进一步通过候选基因的过表达植株和沉默植株的表型，证实该基因控制小麦分蘖角度。最后，采用酵母杂交实验、免疫印迹分析等手段对 *TaHST1L* 的作用机制进行研究，推测 *TaHST1L* 通过与 *TaIAA17* 相互作用介导生长素信号转导通路，在调节内源生长素水平方面发挥了关键作用，从而影响小麦分蘖模式。

3. *TaHST1L-A1* 基因优异等位变异挖掘

在种质资源中对该基因的编码区序列和启动子区域序列进行分析，分析结果表明在启动子区域存在 242bp 的 InDel，在第一内含子处存在 SNP 变异（T/C），在第三外显子处有 2bp 的 InDel（GC/--），根据序列变异信息可以划分为三种单倍型。进一步结合分蘖角度数据，对单倍型的遗传效应分析可以看出，携带 *TaHST1L-A1b* 单倍型的品种较携带 *TaHST1L-A1a* 单倍型的品种拥有更大的分蘖角度（图 6-14）。通过烟草系统中的启动子活性测定，以及转基因水稻表型鉴定证实启动子上的 242bp 的插入片段显著影响 *TaHST1L-A1* 的表达，并影响小麦植株的分蘖角度。同时，对不同单倍型对产量的影响也做了分析，表明过表达 *TaHST1L-A1* 基因能够显著增加产量，且

TaHST1L-A1b 单倍型的品种具有更高产量，因此，*TaHST1L-A1b* 为优异单倍型。通过分析 *TaHST1L-A1* 单倍型在 1140 份小麦种质资源中的地理分布，表明 *TaHST1L-A1b* 单倍型在小麦育种中已被强烈选择，进化分析显示该类型可能来源于野生二粒小麦，并在栽培二粒小麦和圆锥小麦中经过人工驯化得以保留。

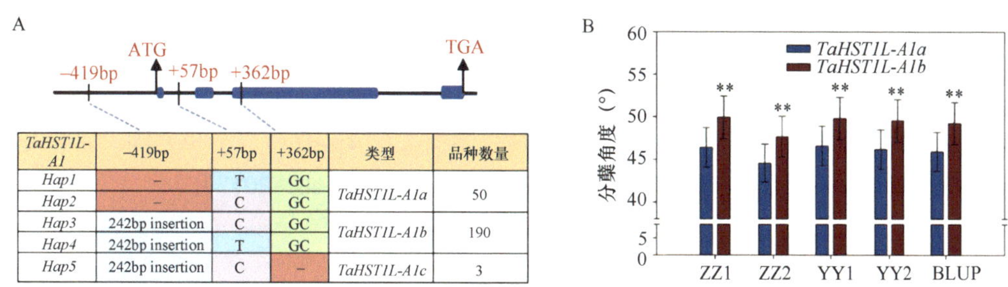

TaHST1L-A1	−419bp	+57bp	+362bp	类型	品种数量
Hap1	−	T	GC	*TaHST1L-A1a*	50
Hap2	−	C	GC		
Hap3	242bp insertion	C	GC	*TaHST1L-A1b*	190
Hap4	242bp insertion	T	GC		
Hap5	242bp insertion	C	−	*TaHST1L-A1c*	3

图 6-14　*TaHST1L-A1* 基因的单倍型分析（A）及育种效应评估（B）（Zhao et al.，2023）

insertion. 插入；**表示差异极显著（$P<0.01$）

二、生物和非生物逆境抗性相关基因资源的挖掘

植物逆境分为生物胁迫和非生物胁迫两大类，其中生物胁迫是病害、虫害、杂草危害等引起的胁迫，而非生物胁迫主要是指干旱、盐碱和低温等逆境对植物引起的胁迫。这两类基因一直是科学家所关注的重点，基因资源研究取得突出的成绩也主要集中在这类性状相关的基因。例如，水稻白叶枯抗性基因 *Xa4*、*Xa21* 等（Hu et al.，2017；Song et al.，1995），水稻稻瘟病抗性基因 *Bsr-d1*、*IPA1* 和 *Pi21* 等（Wang et al.，2018a；Li et al.，2017；Fukuoka et al.，2009），小麦锈病抗性基因 *Sr22*、*Sr45* 和 *Yr36* 等（Steuernagel et al.，2016；Fu et al.，2009），小麦白粉病抗性基因 *Pm4*、*Pm24* 等（Sánchez-Martín et al.，2021；Lu et al.，2020），小麦赤霉病抗性基因 *Fhb1* 和 *Fhb7* 等（Wang et al.，2020；Rawat et al.，2016），玉米纹枯病抗性基因 *ZmFBL41*（Li et al.，2019），大豆胞囊线虫抗性基因 *Rhg1* 和 *Rhg4* 等（Cook et al.，2012；Liu et al.，2012），此外还有兼抗多种病害的抗性基因，如 *Lr67* 和 *Lr34* 兼抗小麦锈病和白粉病（Moore et al.，2015；Krattinger et al.，2009）。在非生物胁迫方面主要集中在耐淹、耐旱、耐盐和耐低温等方面，如水稻抗旱基因 *DRO1*、玉米抗旱基因 *NAC111* 和 *VPP1*（Wang et al.，2016；Mao et al.，2015；Uga et al.，2013）、水稻耐冷基因 *COLD1* 和 *bZIP73*（Liu et al.，2018；Ma et al.，2015），此外，还有大麦耐铝基因 *HvAACT1*，水稻耐镉基因 *CAL1* 等（Luo et al.，2018；Fujii ct al.，2012）。

1. 稻瘟病抗性基因 *Bsr-d1* 的克隆及其等位变异分析

基于随机选取的 66 份无广谱抗性的水稻材料进行全基因组关联分析，定位水稻稻瘟病抗性基因，分析发现了 2576 个‘地谷’抗病材料所特有的 SNP。其中，30 个非同义 SNP 位于 25 个基因的外显子上，6 个 SNP 位于 6 个基因起始密码子上游 1.5kb 的区段内。进一步，利用抗病的‘地谷’材料和感病材料杂交，构建了包含 3685 个株系的 RIL 群体，通过对隐性株系进行 SNP 分析，LOC_Os03g32230 基因（*Bsr-d1*）

被确定为抗性候选基因。进一步通过基因沉默、过表达，以及利用 CRISPR 进行基因敲除技术证实了 *Bsr-d1* 基因是抗性基因。通过多种试验手段对该基因的抗性机制进行了解析，发现稻瘟菌侵染感病材料后，能够促进 *Bsr-d1* 的表达，从而促进下游 H_2O_2 降解酶基因的表达，抑制了过敏性坏死反应中重要的环节——活性氧（reactive oxygen species，ROS）迸发，最终导致寄主丧失抗性，病原物侵染；而当稻瘟菌侵染抗病株系时，MYBS1 的存在抑制了 *Bsr-d1* 的表达，从而提高了抗性。抗、感材料间仅在启动子区存在 1 个 SNP 的差异，形成抗、感等位变异，对不同国家 3000 份水稻种质资源进行等位变异的鉴定，发现分布于 26 个国家的 313 份种质资源携带有 *Bsr-d1* 优异等位基因，说明人类在育种选择过程中已经选择并利用了该优异等位变异（Li et al.，2017）。

2. 耐冷基因 *CTB4a* 的克隆及其等位变异分析

以耐冷的地方品种‘昆明小白谷’与冷敏感的日本品种‘十和田’杂交，通过精细定位，克隆了耐冷关键基因 *CTB4a*。*CTB4a* 基因可分为 9 种单倍型，其中 Hap 1、Hap 7、Hap 8 和 Hap 9 只存在于粳稻亚群体中，Hap 3、Hap 4 和 Hap 6 只存在于籼稻亚群体中，Hap 2 和 Hap 5 同时存在于粳稻和籼稻亚群体中。双亲单倍型 Hap 1（Hap-KMXBG）和 Hap 9（Hap-Towada）都是存在于粳稻亚群体中的。此外，系统发育分析显示，9 种单倍型可分为 3 个群，A 组（只有 Hap 1）的耐寒性明显强于 B 组和 C 组。因此水稻的耐寒单倍型 *CTB4a* 可能起源于粳稻，并且只存在于粳稻中。在 Hap-KMXBG 中，所有具有 5 个共同的 SNP（SNP-2536、SNP-2511、SNP-1930、SNP-780 和 SNP-2063）的单倍型均表现出明显高于其他单倍型的耐寒性，且 SNP-2536、SNP-2511 和 SNP-1930 的启动子片段相对活性显著降低。这些结果表明，在启动子区包含所有 5 个共同 SNP 的 Hap-KMXBG（Hap 1）是耐寒单倍型，SNP-2536、SNP-2511 和 SNP-1930 是导致 *CTB4a* 等位基因之间表达水平差异的功能性 SNP（Zhang et al.，2017），如图 6-15 所示。

3. 耐盐基因 *GmSALT3* 的克隆及其等位变异分析

利用高度耐盐的大豆‘铁丰 8 号’与盐敏感品系‘85-140’配置杂交组合，利用图位克隆技术鉴定了耐盐基因 *GmSALT3*，该基因编码一个定位于内质网的离子转运蛋白，敏感亲本‘85-140’中，一段 3.78kb 反转录转座子序列插入第三外显子中，导致翻译提前终止。在栽培大豆微核心种质和代表性野生大豆群体中分析 *GmSALT3* 的编码序列，发现 *GmSALT3* 基因至少存在 9 种单倍型，其中栽培大豆和野生大豆中分别有 5 种和 8 种不同的单倍型，‘铁丰 8 号’类型（Hap 1）和野生大豆的 Hap 7 为耐盐型，其他 7 种为盐敏感单倍型。Hap 1 的分布与中国盐碱地的分布相吻合，在进化过程中受到强烈选择。根据 *GmSALT3* 基因变异位点，开发了 5 个功能标记，对中国育成大豆品种进行检测，发现育成品种中苗期耐盐资源占 35%左右，分子标记对耐盐资源的选择效率为 98.9%，对盐敏感材料的鉴定效率为 100%。利用功能标记辅助创制了 3 个近等基因系，在唐海盐碱地种植（土壤盐浓度 0.3%左右），耐盐近等基因系较回交亲本增产 30%～57%（Guan et al.，2014）。

A

CTB4a

亚群	Hap.	启动子 −2536	−2511	−2357	−1930	−1163	−886	−854	−803	−780	−151	外显子 +55	+425	+2063	Tej	Trj	Ind	拷贝数变异	结实率
亚群-J	Hap 1	A	T	G	G	G	T	C	C	A	—	CTC	T	T	27			27	0.801^{a}
	Hap 2	G	C	G	C	G	C	C	C	G	—	CTC	C	C	4			4	0.566^{b}
	Hap 5	G	C	G	C	G	C	C	C	G	GAGAGAGAGAGAGAGA	CTC	C	C	1	1		2	0.511^{b}
	Hap 7	G	C	G	C	G	C	C	C	G	GAGAGAGAGAGAGAGA	—	C	C	2			2	0.565^{b}
	Hap 8	G	C	T	C	A	G	T	T	G	—	CTC	C	C	2			2	0.421^{b}
	Hap 9	G	C	T	C	A	G	T	T	G	GAGAGAGAGAGAGAGA	—	C	C	9			9	0.485^{b}
亚群-I	Hap 2	G	C	G	C	G	C	C	C	G	—	CTC	C	C			48	48	0.492^{b}
	Hap 3	G	C	G	C	G	T	C	C	G	—	CTC	C	C			2	2	0.468^{b}
	Hap 4	G	C	G	C	G	C	C	C	G	—	CTC	T	C			3	3	0.304^{b}
	Hap 5	G	C	G	C	G	C	C	C	G	GAGAGAGAGAGAGAGA	CTC	C	C			18	18	0.577^{b}
	Hap 6	G	C	G	C	G	C	C	C	G	GAGAGAGAGAGAGAGA	CTC	T	C			2	2	0.476^{b}
野生水稻		G/A	C/T	G	C	G/A	G/C	T/C	T/C	A/G	GAGAGAGAGAGAGAGA/—	CTC/−	C/T	C/T				18	

B

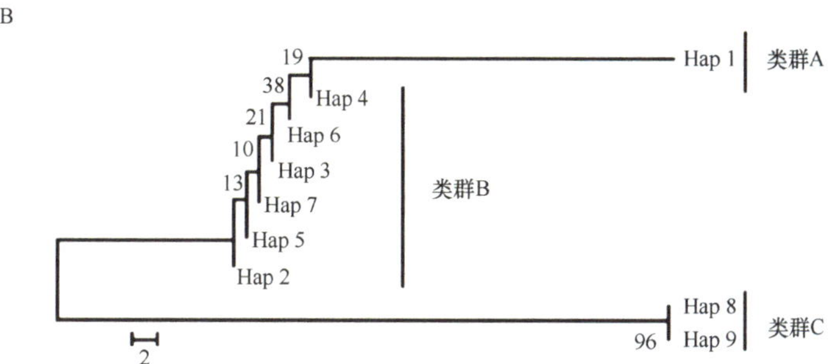

图 6-15 耐冷基因 *CTB4a* 的等位变异类型（Zhang et al.，2017）

A. *CTB4a* 基因的单倍型类型，小写字母 a 和 b 表示差异性显著水平 $P<0.05$；B. *CTB4a* 基因的单倍型系统发育树

三、养分利用效率基因资源挖掘

养分高效利用基因资源挖掘也是近年来的热点之一，传统的植物营养学研究大多以各种模式植物为材料，偏重生理学现象的描述，随着分子生物学的快速发展，特别是基因组学及新的技术手段的涌现，养分吸收转运蛋白、同化及营养信号感知与调控的分子机制等也逐渐被解析，近年来，在水稻中研究成果较为突出，先后克隆了水稻氮利用效率基因 *OsTCP19*、*NGR5*、*NRT1.1B*、*NR2* 等，水稻磷利用基因 *PSTOL1*、*OsAUX1* 和 *OsPHO1;2* 等（Liu et al.，2021b；Ma et al.，2021；Wu et al.，2020；Gao et al.，2019；Giri et al.，2018；Hu et al.，2015；Gamuyao et al.，2012），为培育养分高效利用农作物提供了重要的基因资源。

水稻氮利用效率基因 *OsTCP19* 克隆及其等位变异分析：研究人员克隆了关键基因 *OsTCP19*，其通过调节分蘖促进基因的表达，介导氮触发的发育过程。*OsTCP19* 检测到两种单倍型，通过对 110 份水稻微核心种质的基因型检测发现，*OsTCP19-L* 主要存在于粳稻和籼稻中，而 *OsTCP19-H* 主要存在于‘Aus’稻（一种主要产于孟加拉国的水稻）和香稻（Aromatic）中。通过对水稻资源来源地土壤含氮量数据的分析，发现不同等位变异对土壤中氮的吸收利用率显著不同，在土壤越贫瘠的地方，*OsTCP19* 氮高效变异越常见，并随着土壤氮含量的增加，氮高效类型品种逐步减少，中国现代水稻品种中氮高效变异几乎全部丢失，但野生稻中 *OsTCP19-H* 的等位基因频率却很高，表明 *OsTCP19-H* 在氮含量较低的自然土壤中经历了自然正向选择。将这一氮高效变异重新引入现代水稻品种，在氮素减少的条件下，水稻氮利用效率可提高 20%～30%，即使用较少的化肥，也能达到相同的产量（Liu et al.，2021b）。

四、品质性状基因资源挖掘

随着人民生活质量和水平的不断提高，对高品质农产品的需求日益增加，因此品质性状越来越受到大家的关注和重视。品质性状是数量性状，受环境等影响较大，不同的作物所关注的品质性状也有所差异。例如，水稻的品质性状可以分为加工碾磨品质、外观品质、蒸煮食味品质、营养品质和卫生品质等，性状之间既有区别又相互联系，共同决定了稻米的品质优劣。目前，品质性状转基因资源的挖掘在水稻和玉米中研究较多，如水稻籽粒蛋白含量控制基因 *OsGluA2*、*OsAAP6* 和 *GW7*，水稻外观品质基因 *GS9*，玉米油分含量和组分控制基因 *qHO6*，玉米胡萝卜含量控制基因 *LCYE*，小麦籽粒蛋白质含量控制基因 *Gpc-B1* 等（Yang et al.，2019；Zhao et al.，2018；Wang et al.，2015；Peng et al.，2014；Harjes et al.，2008；Zheng et al.，2008）。

水稻香味基因（*Badh2*）是比较典型的等位基因鉴定并开发为特异标记的实例，早在 1992 年发现控制水稻香味的隐性基因位于第 8 号染色体，距离分子标记 RG28 的遗传距离为 4.5cM，之后经过 13 年的精细定位，最终在 2005 年克隆到控制水稻香味的基因 *Badh2*，并利用转基因和基因沉默手段证实了该基因的功能。之后，对 *Badh2* 基因的等位变异进行了深入的研究，目前已经发掘到至少 17 个变异位点，分布于基因的 5′UTR 区、不同外显子区及内含子区。不同等位变异对水稻香味的影响效应也存在差异，第 7 外显子 8bp 的缺失和 3 个 SNP，或者是第 2 外显子 7bp 的缺失对水稻的香味影响较大。针对上述变异位点，进一步开发了水稻香味基因的功能标记，可以有效地检测种质资源中是否含有控制香味的等位变异，为新品种的培育带来了极大的便利（He and Park，2015；Kovach et al.，2009；Shi et al.，2008；Bradbury et al.，2005）。

五、适应性基因资源挖掘

植物不能像动物一样自由地移动或迁徙，以躲避酷暑、严寒等极端环境，需自身进化形成与日月、季节、气候变化相适应的生长、发育、开花、结果的生命过程节奏，以确保在自然界生存和繁衍。因此，适应性是作物驯化育种的重要内容，也是决定一个品种能否大面积推广应用的关键。对冬季及早春低温反应（春化反应），以及春夏季节对日照长度的响应（光周期响应），是作物中最重要的两类适应性性状。目前，在作物中已经克隆并且进行了深入研究的适应性相关基因有水稻 *Ghd7* 基因、小麦 *VRN* 基因、大豆 *J* 基因、大麦 *CEN* 基因和小麦 *Ppd* 基因等（Lu et al.，2017；Xue et al.，2008；Turner et al.，2005；Yan et al.，2004）。下面以小麦 *Ppd* 基因及其等位变异研究为例说明如何在种质资源中挖掘优异等位变异（Guo et al.，2010）。

小麦是严格的长日照作物，光周期反应决定着小麦的适应性。科学家利用比较基因组方法，依据小麦2D和大麦2H的共线性关系，在小麦染色体2A、2B和2D上鉴定到三个重要的光周期基因*Ppd-A1*、*Ppd-B1*和*Ppd-D1*。利用普通小麦、人工合成种和粗山羊草组成的自然群体对*Ppd-D1*基因的等位变异进行研究，发现共有6种单倍型Hap1～Hap6，其中Hap2、Hap5和Hap6在人工合成种和粗山羊草中检测到，是比较古老的类型，并且在小麦驯化的过程中Hap5和Hap6没有被选择下来，只有Hap2被选择下来。同时，不同的单倍型与主要农艺性状进行相关性分析，结果表明*Ppd-D1*的不同单倍型之间的抽穗期、千粒重和株高等3个农艺性状都存在显著差异，存在Hap3的小麦资源材料的抽穗期最长，存在Hap1的材料的抽穗期最短；存在Hap2的小麦资源的平均株高最高，而存在Hap5的小麦资源的千粒重较高。最后，还对不同单倍型材料的地理来源进行了分析，Hap1主要分布在亚洲、大洋洲和北美洲低纬度国家，Hap2大多数分布在亚洲，Hap3主要分布在欧洲和北美洲的高纬度国家，而Hap4分布较为广泛，没有明显的地域特点。

第五节 作物骨干亲本形成的基因组学基础

以上各节主要就单个基因或位点的定位、克隆和等位变异发掘和利用进行了比较系统的介绍，也就是说更多的是从单个基因的变异对种质资源的形成和演变进行了解析；但任何一份种质资源或品种都是整套基因的集合体，如何从基因群和基因组层面，解析和认识一份重要资源或重大品种形成的基础，是基因组育种的基础，也是未来种质资源学发展的重要方向。下面以骨干亲本问题的探索为例，做一简要介绍。

一、骨干亲本概念的形成过程简介

“育种骨干亲本”一词最早由庄巧生先生提出，其基础是在分析此前中国近千个小麦育成品种系谱时，发现它们的形成在血缘上可主要归功于11个亲本，称其为骨干亲本（金善宝，1983）；在2003年出版的《中国小麦品种改良及系谱分析》中骨干亲本总数增加到14个，后来进一步增加到20个左右（庄巧生，2003）。骨干亲本的概念和认识也陆续延伸到水稻、棉花、油菜等作物的育种工作中，并取得共识。这是中国作物育种学家对世界育种理论发展的重要贡献，直到2000年，英文文献中还未形成对应的名词；2002年，张学勇等曾用“cornerstone breeding parent”，后来逐步用“founder parent”来表示“骨干亲本”（Hao et al.，2020；Zhang et al.，2002）。作为从育种实践中总结和凝练而成的概念，如何从遗传学、基因组学等层面去破解“骨干亲本”本质，是人们一直在思考和探索的问题。

二、骨干亲本研究的基本思路和方法

2009年，盖红梅等用481个SSR位点对13个骨干亲本和66个大面积推广小麦

品种进行了扫描分析，发现这些品种基本可以聚为 6 个亚组，每个亚组中至少有一份公认的骨干亲本，与这些重大品种的育种系谱基本相吻合，从全基因分子标记水平比较客观地评价了骨干亲本的作用和贡献；对‘碧蚂 4 号’/‘碧蚂 1 号’‘郑引 4 号’/‘郑引 1 号’（‘碧蚂 4 号’和‘郑引 4 号’为两个骨干亲本）等位变异组成分析，发现骨干亲本的遗传距离大于与大面积推广品种的遗传距离，骨干亲本之间的遗传关系较远，意味着成就一份骨干亲本需要对原有骨干亲本进行突破性的改造，而成就一份超千万亩品种需做的改造则相对较弱（图 6-16）。在此基础上，与“选择清除”相结合，形成了解析骨干亲本的基本思路：以参考基因组为基础，通过代表性地方品种、现代品种的基因组重测序，再通过育种品种亚群和地方品种亚群多样性比较（π 值、F_{st} 值和 XP-CLR 值），确认育种中选择的基因组区段；最后以代表性品种血缘系谱为基础，对骨干亲本形成前后这些区段在相关材料中的多样性变化情况进行比较分析，以确定骨干亲本中这些区段的优劣；对一份材料育种值可以根据其拥有优良区段的数目和关键基因做出判断，在育种群体中进行检验和修正。

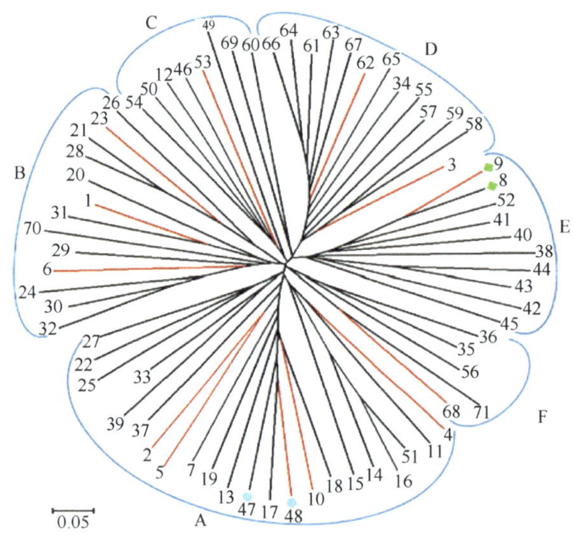

图 6-16　骨干亲本对中国大面积推广品种的遗传贡献（盖红梅等，2009）

红色表示骨干亲本，黑色表示大面积推广品种，9 为‘碧蚂 4 号’，8 为‘碧蚂 1 号’，48 为‘郑引 4 号’，47 为‘郑引 1 号’

三、重要骨干亲本研究进展

以‘矮孟牛’和‘小偃 6 号’及其衍生品种为例，系统研究了杂交选育过程中强连锁单倍型区段的形成和演化规律，明确了一些单倍型区段所控制的性状。发现在骨干亲本‘矮孟牛’和‘小偃 6 号’形成前、后的系谱相关材料中，这些单倍型区段虽然重组率偏低，但仍有重组发生，但在其衍生的新品种中，优良区段迅速固定。因此这些区段中基因及调控序列整体组成的优劣，对一个材料能否成为骨干亲本、衍生大批新品种起着决定性作用（图 6-17，图 6-18）（Hao et al.，2020）。水稻、油菜和棉花中采用类似的思路开展了骨干亲本对新品种基因组贡献的分析和评估工作，也发现了保守传递的大的基因组区段，但在玉米中，由于异交习性，交换重组比较频繁，基因组大区段保守传递现象不太明显。这些研究说明育种的历史不仅是发现和利用个别重要基因的过程，也是基因组整体优化和提升的过程，也说明了种质资源创新和育种工作的长期性和传承的必要性。

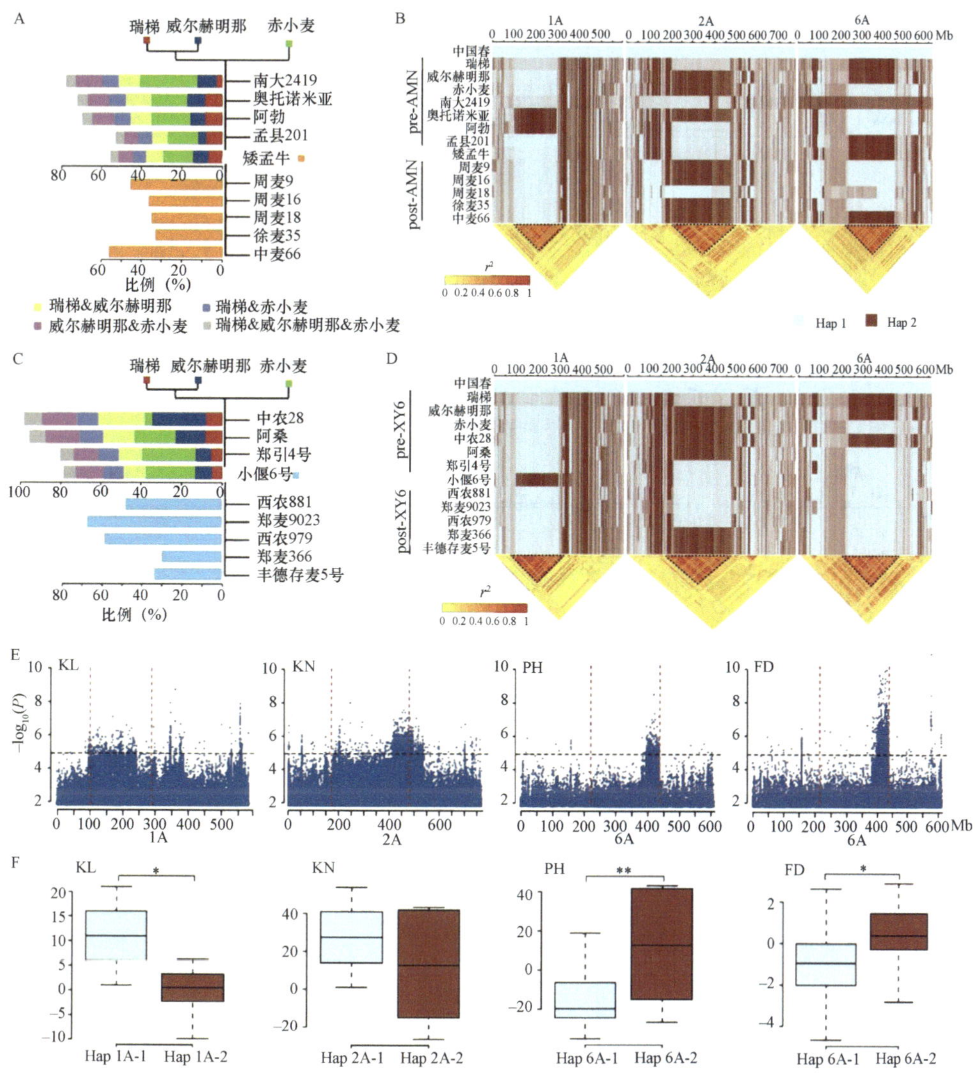

图 6-17　小麦骨干亲本‘矮孟牛’和‘小偃 6 号’的形成及其对衍生品种的基因组贡献评价（Hao et al.，2020）

A. ‘瑞梯’‘威尔赫明那’‘赤小麦’对‘南大 2419’‘奥托诺米亚’‘阿勃’‘矮孟牛’的贡献，‘矮孟牛’对‘周麦 9’‘周麦 16’‘周麦 18’及‘徐麦 35’‘中麦 66’的贡献；B. ‘矮孟牛’衍生品种 1A、2A 和 6A 染色体上大区段的形成与演变；C. ‘瑞梯’‘威尔赫明那’‘赤小麦’对‘中农 28（Villa Glori）’‘阿桑’/‘郑引 4 号（St2422/464）’‘小偃 6 号’的贡献及‘小偃 6 号’对‘西农 881’‘郑麦 9023’‘西农 979’‘郑麦 366’‘丰德存麦 5 号’的贡献；D. ‘小偃 6 号’系谱品种 1A、2A 和 6A 染色体上大区段的形成与演变；E、F. 1A、2A 和 6A 染色体上大区段与重要性状的关联分析；KL. kernel length，粒长；KN. kernel number per spike，穗粒数；PH. plant height，株高；FD. flowering date，开花期。*表示显著性差异（$P<0.05$）；**表示极显著性差异（$P<0.01$）

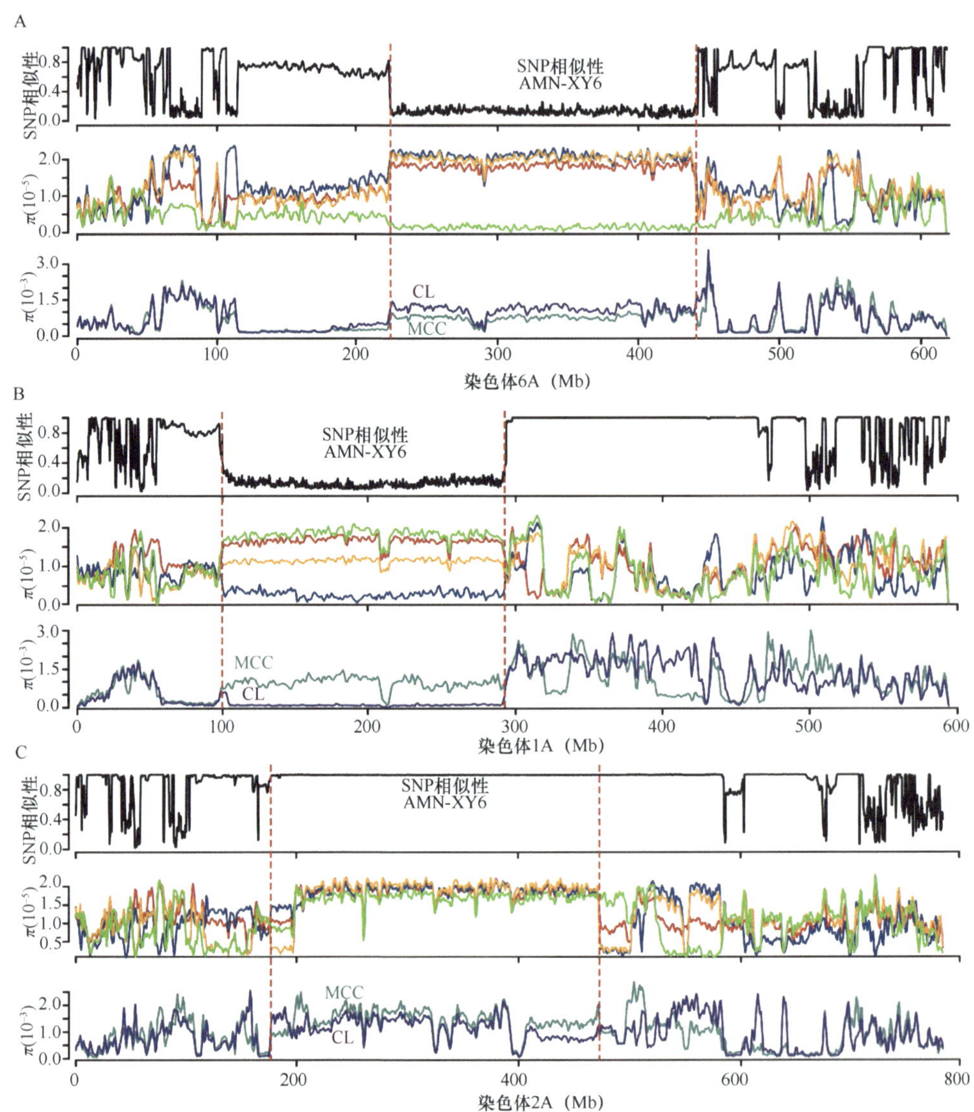

图 6-18　骨干亲本‘矮孟牛’和‘小偃 6 号’形成前后 1A、2A 和 6A 染色体上大区段的基因组多样性变化（Hao et al.，2020）

pre-AMN. ‘矮孟牛’形成前材料；pre-XY6. ‘小偃 6 号’形成前材料；MCC. 中国育成品种；post-AMN. ‘矮孟牛’衍生材料；post-XY6. ‘小偃 6 号’衍生品种；CL. 中国地方品种；A. 6A 染色体上大区段在‘小偃 6 号’衍生品种中基本被固定，但在‘矮孟牛’衍生品种中，仍在变化调整；B. 1A 染色体上大区段在‘矮孟牛’衍生品种中被固定，而在‘小偃 6 号’衍生品种中继续在调整；C. 2A 染色体上大区段在‘矮孟牛’和‘小偃 6 号’衍生品种中均处于变化调整中

第六节　基因型鉴定和基因资源挖掘发展趋势

一、基因型鉴定向精准化规模化方向发展

基因型鉴定是作物种质资源高效利用的基础。受限于标记类型和检测技术，基因

型鉴定数量和质量都不高。近年来，基因组测序技术的快速发展，SNP、SV 等标记类型的检测日益便捷，全基因组重测序、基因芯片等技术手段的出现，也使得开展大规模的基因型鉴定成为可能。因此，种质资源基因型鉴定从少数分子标记鉴定向全基因组水平鉴定的方向发展，鉴定规模也越来越大，上万份种质资源的鉴定已经成为可能（表 6-2）。CIMMYT 和墨西哥于 2012 年启动了为期 7 年的“发现种子计划”（SeeD），利用多样性序列芯片测序技术（diversity arrays technology sequencing，DArTseq）完成 6 万份小麦和 2.8 万份玉米种质资源的高通量基因型鉴定；美国科学家用基因芯片对来自 84 个国家的 18 480 份栽培大豆种质资源和 1168 份野生大豆材料进行了全基因组水平的基因型鉴定（Song et al.，2015）。Sansaloni 等（2020）利用 DArTseq 技术完成了近 8 万份小麦种质资源的基因型鉴定，并系统分析其遗传多样性，鉴定出一批经过选择的新的遗传变异或基因组区域。德国莱布尼茨植物遗传与作物学研究所完成了 22 621 份库存大麦种质资源基因型鉴定，是全球首次开展基于基因组学的单个作物遗传多样性的全景式展示，并依托种质资源编目性状数据实现了质量性状新基因发掘（Jayakodi et al.，2020）。“十三五”期间，中国科技部“七大农作物”育种重点专项资助开展了水稻、玉米、小麦、大豆、棉花、油菜、蔬菜等七大作物依据自身基因组大小，以及有无参考基因组等情况开展了数量不等的基因型鉴定，如采用全基因组重测

表 6-2　国际上规模化开展基因型鉴定实例

物种	基因型鉴定		参考文献
	鉴定规模	鉴定方法	
小麦	44 624 份	简化基因组测序	Juliana et al.，2019
	79 191 份	DArTseq 技术	Sansaloni et al.，2020
	12 858 份	90K 和 15K SNP 芯片	Zhao et al.，2021
	1 739 份	90K SNP 芯片基因分型	Jiang et al.，2017
	3 990 份	90K 芯片和外显子测序技术	He et al.，2019
	2 300 份	90K 芯片	Joukhadar et al.，2020
	4 506 份	113 457 个 SNP 标记	Balfourier et al.，2019
水稻	3 010 份	重测序	Wang et al.，2018b
	1 953 份全球种质	70 万个 SNP 标记	McCouch et al.，2016
	1 143 个籼稻杂交种亲本	重测序，386 万个 SNP 标记+71.7 万个 InDel 标记	Lv et al.，2020
	446 份野生稻+1 083 份栽培稻	重测序	Huang et al.，2012
大豆	18 480 份	SoySNP50K BeadChip 芯片基因分型	Song et al.，2015
	1 007 份	全基因组重测序	Torkamaneh et al.，2021
玉米	2 815 份	简化基因组测序，68 万个 SNP 标记	Romay et al.，2013
	1 218 份	全基因组重测序	Bukowski et al.，2018
	5 000 份	GBS 技术	Kump et al.，2011
	1 191 份欧洲硬粒玉米自交系	简化基因组测序，95 万个 SNP 标记	Gouesnard et al.，2017
	4 471 份地方品种	GBS	Navarro et al.，2017
高粱	1 943 个地方品种	404 627 个 SNP 标记（GBS）	Lasky et al.，2015

序技术完成了 3000 份水稻种质资源的基因型鉴定、2000 份玉米种质资源的基因型鉴定和 2003 份大豆种质资源的基因型鉴定，以及基于 660K 芯片完成了 3037 份小麦种质资源的基因型鉴定。

二、基因资源挖掘向智能化方向发展

随着表型组、基因组、泛基因组等技术的快速发展，表型和基因型的鉴定规模也日益扩大，数据的产生也越来越快、越来越多，对大数据存储、管理和统计分析提出新的更高的要求和挑战。在数字化的大潮下，智能化将为基因资源的挖掘赋能，通过对海量的数据进行分析，与生物信息分析软件、数据库与人工智能技术结合在一起，实现自动化数据分析和智能决策，高通量挖掘种质资源中的优异等位变异，促进基因资源挖掘向智能化方向发展。深度学习技术已经被广泛用于人类疾病和畜禽品质等遗传变异研究中，从自然变异中发掘功能变异，功能变异通过影响不同层次的分子表型（如基因表达量或蛋白质的生化活性）最终影响表型（汪海等，2022）。未来，可以建立从基因组序列预测分子表型的深度学习模型，基于学习模型在种质资源中的扫描鉴定，预测哪一种变异可能会影响表型并为优异等位变异。利用深度学习模型扫描种质资源群体中的自然变异，可实现高通量发掘功能变异。

三、基因资源创制向定向化方向发展

新型基因资源创制是未来高效挖掘利用优异种质资源的重要途径。首先，种质资源中的自然变异的智能聚合，通过分子标记辅助选择、全基因组选择等技术手段将种质资源中的优异等位基因聚合到优良遗传背景中，创造出集众多优异基因和调控模块于一身、目标性状得到显著改良的新基因资源，进而实现多个优异变异的聚合。同时，利用基因编辑、转基因和生物合成等技术在已有等位变异调控规律清楚的基础上，依据需求精准定向设计创制新的基因资源。通过基因编辑技术对控制关键驯化基因的等位基因进行聚合，可实现野生植物的从头驯化，为创制新的栽培物种提供新的策略。中国科学院研究人员利用基因编辑体系，对控制落粒性、芒长、株高、粒长、茎秆粗度及生育期等基因进行了基因敲除和单碱基替换等，成功创制了落粒性下降、芒长变短、株高降低、粒长变长、茎秆变粗、抽穗时间不同程度缩短的各种基因编辑材料（Yu et al.，2021）。中国农业科学院采用合成生物学策略设计了虾青素代谢途径，通过增加番茄红素的合成，使用特定技术引导番茄红素向 β-胡萝卜素的转化，在玉米籽粒里将类胡萝卜素合成途径延伸至虾青素合成，创制的高虾青素玉米种质含量达到 47.76～111.82mg/kg 干重，是已有虾青素基因工程谷物中报道的 6 倍（Liu et al.，2021a）。华南农业大学利用代谢工程创制‘赤晶米’新种质，获得了富含黄色 β-胡萝卜素的黄金大米、橙红色的角黄素大米和富含高抗氧化活性虾青素的虾青素大米（Zhu et al.，2018）。最后，深度学习技术也逐步渗透到种质资源利用中，应用人工智能模拟的方法，人工设计聚合优势基因，建立具有“理想基因型”的虚拟基因组，进而采用机器学习算法模型设计优异等位变异和基因组元件。例如，生成模型（generative model）

技术通过从已知的生物学序列中学习并总结规律，设计具有优异生化特性的、全新的生物学序列，比如通过学习已有的启动子 DNA 序列，设计不存在的启动子；通过学习已知蛋白质序列，生成模型可以设计自然界不存在的蛋白质（汪海等，2022）。预期基于深度学习的合成生物学将为基因挖掘带来颠覆性技术变革，依据人类和农业发展的需求，对关键的基因和基因组元件进行从头设计，产生新型基因资源。

（本章作者：张学勇　郝晨阳　李　甜）

参考文献

董玉琛, 曹永生, 张学勇, 等. 2003. 中国普通小麦初选核心种质的产生. 植物遗传资源学报, 4(1): 1-8.

盖红梅, 王兰芬, 游光霞, 等. 2009. 基于 SSR 标记的小麦骨干亲本育种重要性研究. 中国农业科学, 42(5): 1503-1511.

郝晨阳, 董玉琛, 王兰芬, 等. 2008. 我国普通小麦核心种质的构建及遗传多样性分析. 科学通报, 53(8): 908-915.

金善宝. 1983. 中国小麦品种及其系谱. 北京: 农业出版社.

刘旭, 李立会, 黎裕, 等. 2022. 作物及其种质资源与人文环境的协同演变学说. 植物遗传资源学报, 23(1): 1-11.

汪海, 赖锦盛, 王海洋, 等. 2022. 作物智能设计育种-自然变异的智能组合和人工变异的智能创制. 中国农业科技导报, 24(6): 1-8.

张学勇, 童依平, 游光霞, 等. 2006. 选择牵连效应分析: 发掘重要基因的新思路. 中国农业科学, 39(8): 1526-1535.

庄巧生. 2003. 中国小麦品种改良及系谱分析. 北京: 中国农业出版社.

Balfourier F, Bouchet S, Robert S, et al. 2019. Worldwide phylogeography and history of wheat genetic diversity. Science Advances, 5(5): eaav0536.

Bradbury L M T, Fitzgerald T L, Henry R J, et al. 2005. The gene for fragrance in rice. Plant Biotechnology Journal, 3(3): 363-370.

Bukowski R, Guo X S, Lu Y L, et al. 2018. Construction of the third-generation *Zea mays* haplotype map. Gigascience, 7(4): 1-12.

Chen Y, Yan Y, Wu T T, et al. 2020. Cloning of wheat *keto-acyl thiolase 2B* reveals a role of jasmonic acid in grain weight determination. Nature Communications, 11(1): 6266.

Chia J M, Song C, Bradbury P J, et al. 2012. Maize HapMap2 identifies extant variation from a genome in flux. Nature Genetics, 44(7): 803-807.

Cook D E, Lee T G, Guo X L, et al. 2012. Copy number variation of multiple genes at *Rhg1* mediates nematode resistance in soybean. Science, 338(6111): 1206-1209.

Coulson A, Sulston J, Brenner S, et al. 1986. Toward a physical map of the genome of the nematode *Caenorhabditis elegans*. Proceedings of the National Academy of Sciences of the United States of America, 83(20): 7821-7825.

Frankel O H, Brown A H D. 1984. Current Plant Genetic Resources-A Critical Appraisal, Genetics: New Frontiers. Vol. IV. New Delhi, India: Oxford and IBH Publishing.

Fu D L, Uauy C, Distelfeld A, et al. 2009. A kinase-START gene confers temperature-dependent resistance to wheat stripe rust. Science, 323(5919): 1357-1360.

Fujii M, Yokosho K, Yamaji N, et al. 2012. Acquisition of aluminium tolerance by modification of a single gene in barley. Nature Communications, 3(3): 713.

Fukuoka S, Saka N, Koga H, et al. 2009. Loss of function of a proline-containing protein confers durable disease resistance in rice. Science, 325(5943): 998-1001.

Gamuyao R, Chin J H, Pariasca-Tanaka J, et al. 2012. The protein kinase Pstol1 from traditional rice confers tolerance of phosphorus deficiency. Nature, 488(7412): 535-539.

Gao Z Y, Wang Y F, Chen G, et al. 2019. The indica nitrate reductase gene *OsNR2* allele enhances rice yield potential and nitrogen use efficiency. Nature Communications, 10(1): 5207.

Giri J, Bhosale R, Huang G Q, et al. 2018. Rice auxin influx carrier *OsAUX1* facilitates root hair elongation in response to low external phosphate. Nature Communications, 9(1): 1408.

Gore M A, Chia J M, Elshire R J, et al. 2009. A first-generation haplotype map of maize. Science, 326(5956): 1115-1117.

Gouesnard B, Negro S, Laffray A, et al. 2017. Genotyping-by-sequencing highlights original diversity patterns within a European collection of 1191 maize flint lines, as compared to the maize USDA genebank. Theoretical and Applied Genetics, 130(10): 2165-2189.

Guan R X, Qu Y, Guo Y, et al. 2014. Salinity tolerance in soybean is modulated by natural variation in *GmSALT3*. The Plant Journal, 80(6): 937-950.

Guo Z A, Song Y X, Zhou R H, et al. 2010. Discovery, evaluation and distribution of haplotypes of the wheat *Ppd-D1* gene. New Phytologist, 185(3): 841-851.

Hao C Y, Jiao C Z, Hou J, et al. 2020. Resequencing of 145 landmark cultivars reveals asymmetric sub-genome selection and strong founder genotype effects on wheat breeding in China. Molecular Plant, 13(12): 1733-1751.

Harjes C E, Rocheford T R, Bai L, et al. 2008. Natural genetic variation in lycopene epsilon cyclase tapped for maize biofortification. Science, 319(5861): 330-333.

He F, Pasam R, Shi F, et al. 2019. Exome sequencing highlights the role of wild-relative introgression in shaping the adaptive landscape of the wheat genome. Nature Genetics, 51(5): 896-904.

He Q, Park Y J. 2015. Discovery of a novel fragrant allele and development of functional markers for fragrance in rice. Molecular Breeding, 35(11): 217.

Hu B, Wang W, Ou S J, et al. 2015. Variation in *NRT1.1B* contributes to nitrate-use divergence between rice subspecies. Nature Genetics, 47(7): 834-838.

Hu K M, Cao J B, Zhang J, et al. 2017. Improvement of multiple agronomic traits by a disease resistance gene via cell wall reinforcement. Nature Plants, 3: 17009.

Huang X H, Kurata N, Wei X H, et al. 2012. A map of rice genome variation reveals the origin of cultivated rice. Nature, 490: 497-501.

IWGSC. 2018. Shifting the limits in wheat research and breeding using a fully annotated reference genome. Science, 361(6403): eaar7191.

Jayakodi M, Padmarasu S, Haberer G, et al. 2020. The barley pan-genome reveals the hidden legacy of mutation breeding. Nature, 588(7837): 284-289.

Jia H T, Li M F, Li W Y, et al. 2020. A serine/threonine protein kinase encoding gene *KERNEL NUMBER PER ROW6* regulates maize grain yield. Nature Communications, 11(1): 988.

Jiang Y, Schmidt R H, Zhao Y S, et al. 2017. A quantitative genetic framework highlights the role of epistatic effects for grain-yield heterosis in bread wheat. Nature Genetics, 49(12): 1741-1746.

Jiao Y Q, Wang Y H, Xue D W, et al. 2010. Regulation of *OsSPL14* by OsmiR156 defines ideal plant architecture in rice. Nature Genetics, 42(6): 541-544.

Jin J, Huang W, Gao J P, et al. 2008. Genetic control of rice plant architecture under domestication. Nature Genetics, 40(11): 1365-1369.

Joukhadar R, Hollaway G, Shi F, et al. 2020. Genome-wide association reveals a complex architecture for rust resistance in 2300 worldwide bread wheat accessions screened under various Australian conditions. Theoretical and Applied Genetics, 133(9): 2695-2712.

Juliana P, Poland J, Huerta-Espino J, et al. 2019. Improving grain yield, stress resilience and quality of bread wheat using large-scale genomics. Nature Genetics, 51(10): 1530-1539.

Kovach M J, Calingacion M N, Fitzgerald M A, et al. 2009. The origin and evolution of fragrance in rice (*Oryza sativa* L.). Proceedings of the National Academy of Sciences of the United States of America,

106(34): 14444-14449.

Krattinger S G, Lagudah E S, Spielmeyer W, et al. 2009. A putative ABC transporter confers durable resistance to multiple fungal pathogens in wheat. Science, 323(5919): 1360-1363.

Kump K L, Bradbury P J, Wisser R J, et al. 2011. Genome-wide association study of quantitative resistance to southern leaf blight in the maize nested association mapping population. Nature Genetics, 43(2): 163-168.

Lasky J R, Upadhyaya H D, Ramu P, et al. 2015. Genome-environment associations in sorghum landraces predict adaptive traits. Science Advances, 1(6): e1400218.

Li A L, Hao C Y, Wang Z Y, et al. 2022. Wheat breeding history reveals synergistic selection of pleiotropic genomic sites for plant architecture and grain yield. Molecular Plant, 15(3): 504-519.

Li N, Lin B, Wang H, et al. 2019. Natural variation in *ZmFBL41* confers banded leaf and sheath blight resistance in maize. Nature Genetics, 51(10): 1540-1548.

Li W T, Zhu Z W, Chern M, et al. 2017. A natural allele of a transcription factor in rice confers broad-spectrum blast resistance. Cell, 170(1): 114-126.

Li X Y, Qian Q, Fu Z M, et al. 2003. Control of tillering in rice. Nature, 422(6932): 618-621.

Liu C T, Ou S J, Mao B G, et al. 2018. Early selection of *bZIP73* facilitated adaptation of japonica rice to cold climates. Nature Communications, 9(1): 3302.

Liu J F, Chen J, Zheng X M, et al. 2017. *GW5* acts in the brassinosteroid signalling pathway to regulate grain width and weight in rice. Nature Plants, 3: 17043.

Liu S M, Kandoth P K, Warren S D, et al. 2012. A soybean cyst nematode resistance gene points to a new mechanism of plant resistance to pathogens. Nature, 492(7428): 256-260.

Liu X Q, Ma X H, Wang H, et al. 2021a. Metabolic engineering of astaxanthin-rich maize and its use in the production of biofortified eggs. Plant Biotechnology Journal, 19(9): 1812-1823.

Liu Y Q, Wang H R, Jiang Z M, et al. 2021b. Genomic basis of geographical adaptation to soil nitrogen in rice. Nature, 590(7847): 600-605.

Lu P, Guo L, Wang Z Z, et al. 2020. A rare gain of function mutation in a wheat tandem kinase confers resistance to powdery mildew. Nature Communications, 11(1): 680.

Lu S J, Zhao X H, Hu Y L, et al. 2017. Natural variation at the soybean *J* locus improves adaptation to the tropics and enhances yield. Nature Genetics, 49(5): 773-779.

Luo J S, Huang J, Zeng D L, et al. 2018. A defensin-like protein drives cadmium efflux and allocation in rice. Nature Communications, 9(1): 645.

Lv Q M, Li W G, Sun Z Z, et al. 2020. Resequencing of 1,143 *indica* rice accessions reveals important genetic variations and different heterosis patterns. Nature Communications, 11: 4778.

Ma B, Zhang L, Gao Q F, et al. 2021. A plasma membrane transporter coordinates phosphate reallocation and grain filling in cereals. Nature Genetics, 53(6): 906-915.

Ma Y, Dai X Y, Xu Y Y, et al. 2015. *COLD1* confers chilling tolerance in rice. Cell, 160(6): 1209-1221.

Mao H D, Wang H W, Liu S X, et al. 2015. A transposable element in a *NAC* gene is associated with drought tolerance in maize seedlings. Nature Communications, 6: 8326.

McCouch S R, Wright M H, Tung C W, et al. 2016. Open access resources for genome-wide association mapping in rice. Nature Communications, 7: 10532.

Moore J W, Herrera-Foessel S, Lan C X, et al. 2015. A recently evolved hexose transporter variant confers resistance to multiple pathogens in wheat. Nature Genetics, 47(12): 1494-1498.

Navarro J A R, Willcox M, Burgueño J, et al. 2017. A study of allelic diversity underlying flowering-time adaptation in maize landraces. Nature Genetics, 49(3): 476-480.

Ning Q, Jian Y N, Du Y F, et al. 2021. An ethylene biosynthesis enzyme controls quantitative variation in maize ear length and kernel yield. Nature Communications, 12(1): 5832.

Ookawa T, Hobo T, Yano M, et al. 2010. New approach for rice improvement using a pleiotropic QTL gene for lodging resistance and yield. Nature Communications, 1: 132.

Peng B, Kong H L, Li Y B, et al. 2014. *OsAAP6* functions as an important regulator of grain protein content and nutritional quality in rice. Nature Communications, 5: 4847.

Peng J R, Richards D E, Hartley N M, et al. 1999. 'Green revolution' genes encode mutant gibberellin response modulators. Nature, 400(6741): 256-261.

Qiu L J, Li Y H, Guan R X, et al. 2009. Establishment, representative testing and research progress of soybean core collection and mini core collection. Acta Agronomica Sinica, 35(4): 571-579.

Rawat N, Pumphrey M O, Liu S X, et al. 2016. Wheat *Fhb1* encodes a chimeric lectin with agglutinin domains and a pore-forming toxin-like domain conferring resistance to *Fusarium* head blight. Nature Genetics, 48(12): 1576-1580.

Romay M C, Millard M J, Glaubitz J C, et al. 2013. Comprehensive genotyping of the USA national maize inbred seed bank. Genome Biology, 14(6): R55.

Sánchez-Martín J, Widrig V, Herren G, et al. 2021. Wheat *Pm4* resistance to powdery mildew is controlled by alternative splice variants encoding chimeric proteins. Nature Plants, 7(3): 327-341.

Sansaloni C, Franco J, Santos B, et al. 2020. Diversity analysis of 80, 000 wheat accessions reveals consequences and opportunities of selection footprints. Nature Communications, 11(1): 4572.

Sasaki A, Ashikari M, Ueguchi-Tanaka M, et al. 2002. Green revolution: a mutant gibberellin-synthesis gene in rice. Nature, 416(6882): 701-702.

Schnable P S, Ware D, Fulton R S, et al. 2009. The *B73* maize genome: complexity, diversity, and dynamics. Science, 326(5956): 1112-1115.

Shi W W, Yang Y, Chen S H, et al. 2008. Discovery of a new fragrance allele and the development of functional markers for the breeding of fragrant rice varieties. Molecular Breeding, 22(2): 185-192.

Shomura A, Izawa T, Ebana K, et al. 2008. Deletion in a gene associated with grain size increased yields during rice domestication. Nature Genetics, 40(8): 1023-1028.

Si L Z, Chen J Y, Huang X H, et al. 2016. *OsSPL13* controls grain size in cultivated rice. Nature Genetics, 48(4): 447-456.

Song Q J, Hyten D L, Jia G F, et al. 2015. Fingerprinting soybean germplasm and its utility in genomic research. G3 (Bethesda), 5(10): 1999-2006.

Song W Y, Wang G L, Chen L L, et al. 1995. A receptor kinase-like protein encoded by the rice disease resistance gene, *Xa21*. Science, 270(5243): 1804-1806.

Steuernagel B, Periyannan S K, Hernández-Pinzón I, et al. 2016. Rapid cloning of disease-resistance genes in plants using mutagenesis and sequence capture. Nature Biotechnology, 34(6): 652-655.

Tian J G, Wang C L, Xia J L, et al. 2019. *Teosinte ligule* allele narrows plant architecture and enhances high-density maize yields. Science, 365(6454): 658-664.

Torkamaneh D, Laroche J, Valliyodan B, et al. 2021. Soybean (*Glycine max*) Haplotype Map (GmHapMap): a universal resource for soybean translational and functional genomics. Plant Biotechnology Journal, 19(2): 324-334.

Turner A, Beales J, Faure S, et al. 2005. The pseudo-response regulator *Ppd-H1* provides adaptation to photoperiod in barley. Science, 310(5750): 1031-1034.

Uga Y, Sugimoto K, Ogawa S, et al. 2013. Control of root system architecture by *DEEPER ROOTING1* increases rice yield under drought conditions. Nature Genetics, 45(9): 1097-1102.

Wang H W, Sun S L, Ge W Y, et al. 2020. Horizontal gene transfer of *Fhb7* from fungus underlies *Fusarium* head blight resistance in wheat. Science, 368(6493): eaba5435.

Wang J, Zhou L, Shi H, et al. 2018a. A single transcription factor promotes both yield and immunity in rice. Science, 361(6406): 1026-1028.

Wang L X, Liu L H, Zhang F T, et al. 2014. Detecting seed purity of wheat varieties using microsatellite markers based on eliminating the influence of non-homozygous loci. Seed Sci & Technol, 42: 1-21.

Wang W S, Mauleon R, Hu Z Q, et al. 2018b. Genomic variation in 3,010 diverse accessions of Asian cultivated rice. Nature, 557(7703): 43-49.

Wang S K, Li S, Liu Q, et al. 2015. The *OsSPL16-GW7* regulatory module determines grain shape and simultaneously improves rice yield and grain quality. Nature Genetics, 47(8): 949-954.

Wang X L, Wang H W, Liu S X, et al. 2016. Genetic variation in *ZmVPP1* contributes to drought tolerance in maize seedlings. Nature Genetics, 48(10): 1233-1241.

Wright S I, Bi I V, Schroeder S G, et al. 2005. The effects of artificial selection on the maize genome. Science, 308(5726): 1310-1314.

Wu K, Wang S S, Song W Z, et al. 2020. Enhanced sustainable green revolution yield *via* nitrogen-responsive chromatin modulation in rice. Science, 367(6478): eaaz2046.

Xue W Y, Xing Y Z, Weng X Y, et al. 2008. Natural variation in *Ghd7* is an important regulator of heading date and yield potential in rice. Nature Genetics, 40(6): 761-767.

Yan L L, Loukoianov A, Blechl A, et al. 2004. The wheat *VRN2* gene is a flowering repressor down-regulated by vernalization. Science, 303(5664): 1640-1644.

Yang Y H, Guo M, Sun S Y, et al. 2019. Natural variation of *OsGluA2* is involved in grain protein content regulation in rice. Nature Communications, 10(1): 1949.

Yu H, Lin T, Meng X B, et al. 2021. A route to *de novo* domestication of wild allotetraploid rice. Cell, 184(5): 1156-1170.

Zhang H L, Zhang D L, Wang M X, et al. 2011. A core collection and mini core collection of *Oryza sativa* L. in China. Theoretical and Applied Genetics, 122(1): 49-61.

Zhang X Y, Li C W, Wang L F, et al. 2002. An estimation of the minimum number of SSR alleles needed to reveal genetic relationships in wheat varieties I. Information from large-scale planted varieties and cornerstone breeding parents in Chinese wheat improvement and production. Theoretical and Applied Genetics, 106: 112-117.

Zhang Z Y, Li J J, Pan Y H, et al. 2017. Natural variation in *CTB4a* enhances rice adaptation to cold habitats. Nature Communications, 8: 14788.

Zhao D S, Li Q F, Zhang C Q, et al. 2018. *GS9* acts as a transcriptional activator to regulate rice grain shape and appearance quality. Nature Communications, 9(1): 1240.

Zhao L, Zheng Y T, Wang Y, et al. 2023. A HST1-like gene controls tiller angle through regulating endogenous auxin in common wheat. Plant Biotechnology Journal, 21: 122-135.

Zhao Y S, Thorwarth P, Jiang Y, et al. 2021. Unlocking big data doubled the accuracy in predicting the grain yield in hybrid wheat. Science Advances, 7(24): eabf9106.

Zheng P Z, Allen W B, Roesler K, et al. 2008. A phenylalanine in DGAT is a key determinant of oil content and composition in maize. Nature Genetics, 40(3): 367-372.

Zhu Q L, Zeng D C, Yu S Z, et al. 2018. From golden rice to aSTARice: bioengineering astaxanthin biosynthesis in rice endosperm. Molecular Plant, 11(12): 1440-1448.

Zou C, Wang P X, Xu Y B. 2016. Bulked sample analysis in genetics, genomics and crop improvement. Plant Biotechnology Journal, 14(10): 1941-1955.

第七章　作物种质创新

随着现代农业的不断发展，传统农业生态系统中高度多样化的地方品种逐步被遗传单一化的栽培品种取代。栽培品种遗传同质化程度高，导致对病虫害、气候变化等引起的灾害防御能力减弱，遗传多样性下降的问题已经对作物的生物多样性和粮食安全构成严重威胁。近年来，国民生活水平提高使得人们对营养健康的需求逐步增加，个性化、专用型的作物新品种也逐渐受到市场青睐。为了拓宽育种家可利用的新基因源（gene pool），从地方品种、野生近缘物种中挖掘和创制育种家想用、育种上好用的优良资源/基因，促进主推品种产量、株型、营养品质、生物和非生物胁迫耐受性等重要性状的遗传改良，确保国家粮食高产稳产、满足人民营养健康需求，是开展作物种质创新工作的落脚点。

第一节　基本理论与方法

一、作物种质创新的含义

作物种质创新（germplasm enhancement，pre-breeding）是指人们利用各种变异（自然的或人工的），通过人工选择的方法，根据不同目的而创造出的新作物、新品种、新类型、新材料（刘旭，1999）。种质创新的目的是从无法直接用于作物育种亲本的种质资源中鉴定出所需的性状或目标基因，并将其转移到中间材料中，以便育种家可以用于培育新品种；从不被育种家利用的材料中分离出所需的遗传特性（如丰产性、抗病性、抗逆性），并将其引入到现代优良品种中，通过重新捕获失去的有益遗传变异，拓宽现代主栽品种的遗传多样性。作物种质创新不同于常规品种间杂交的育种工作，其仅限于利用遗传多样性丰富的地方品种、野生近缘物种和其他未经改良的材料为研究对象产生遗传多样性的过程，适用于未被充分利用的种质库存古老材料、地方品种、作物的野生近缘物种，以及亲缘关系较远且难以杂交的野生种。

作物种质创新主要应用于四个方面：①鉴定出遗传多样性丰富的种质资源；②发掘出种质资源携带的优异基因；③创制出携带优异基因的创新种质；④筛选出育种好用的新材料。

作物种质创新的周期长、见效慢、挑战大，种质创新的成败依赖于以下 5 个方面的因素：①供体种质资源的表型鉴定及其数据的挖掘程度；②供体种质资源的遗传多样性本底情况；③解决跨物种间重要基因转移面临的远缘杂交不亲和问题；④摒弃外缘基因导入带来的不良连锁累赘（linkage drag）；⑤保障种质创新长期稳定的资金资助等。

二、作物种质创新的基因源

基因源是指与作物遗传关系较近、通过遗传操作可以向作物转移基因的一类植物及其基因所编码的遗传信息。这类植物包括该作物的各类品种和品系、野生种、杂草种、野生近缘植物等全部种质资源（董玉琛和郑殿升，2000）。作物种质创新可利用的基因源，特指系统发育上与改良作物相近，通过遗传操作有可能向作物转移基因的那些植物及其基因编码的遗传信息。按照遗传关系的远近和在作物改良过程中对基因源的利用难易程度，可以分为一级、二级和三级基因源。一级基因源（primary gene pool）包括作物本身的各类变种、品种、高代品系，以及具有与作物染色体组相同的原始种、野生种和杂草种，彼此杂交亲和、可育。二级基因源（second gene pool）包括与作物具有相近染色体组的物种，或与多倍体作物具有一至数个相同染色体组的物种，它们与改良作物杂交产生部分结实的后代，通过杂种后代的自交或回交能够向目标作物转移基因。三级基因源（tertiary gene pool）包括与作物系统发育关系较近，但具有与作物完全不同的染色体组，与作物杂交不亲和的物种，通常杂交不结实、杂种 F_1 甚至 BC_1 需经幼胚拯救，杂种 F_1 再生植株一般完全不育，向目标作物转移遗传信息极其困难。不同作物的基因源范围是有差异的，多倍体作物如普通小麦的基因源范围较宽，二倍体作物的基因源范围较窄。在系统发育上形成时间短的物种基因源范围较宽，比较古老的物种基因源范围较窄。比如，普通小麦最近的一次多倍体化事件发生在约 1 万年前，这在物种形成的历史长河中，是一个非常年轻的物种，因而它不仅能够与整个小麦属、山羊草属杂交，也可以与小麦族内许多属的部分物种杂交，实现外源基因的转移和育种利用。与之形成对比的是，普通野生稻形成时间已经长达 1 亿年，由此驯化而成的亚洲栽培稻，其可利用的基因源相对较窄。

按照遗传多样性的来源，基因源还可分为育成品种、地方品种、野生近缘物种和其他基因源（Able et al.，2007）。育成品种和地方品种中各种资源间很容易通过常规杂交、同源染色体重组、回交进行基因交换，通常无需特殊的细胞遗传学操作。野生近缘物种与受体物种通常存在生殖隔离，基因转移不能通过同源重组实现，需借助特殊的细胞遗传学技术、电离辐射或组织培养诱导染色体易位来实现（图 7-1）。其他基因库包括任何其他生物，不能通过杂交导入，只能凭借现代遗传工程技术导入受体物种中。

三、作物种质创新的基本理论

（一）遗传多样性理论

遗传多样性（genetic diversity）是指某物种内总的遗传组成及其变异，亦指物种内基因频率与基因型频率变化导致基因和基因型的多样性。通常情况下，作物种质资源遗传多样性指物种内品种或变种的多样性，每一品种或变种都可以看成一个基因型，由一个品种或变种的所有基因类型叠加而成。作物的遗传多样性对维持作物生态

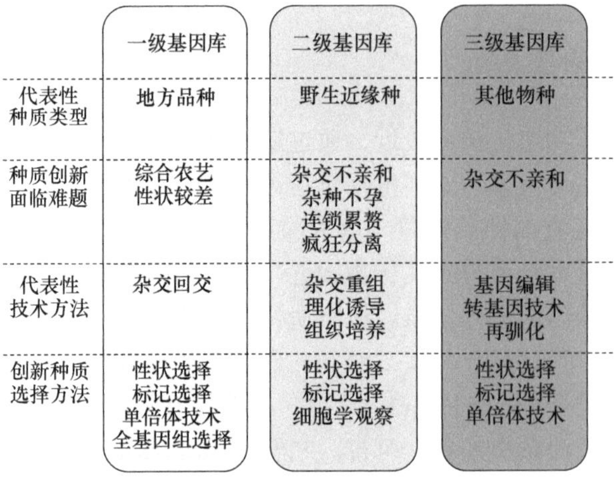

	一级基因库	二级基因库	三级基因库
代表性种质类型	地方品种	野生近缘种	其他物种
种质创新面临难题	综合农艺 性状较差	杂交不亲和 杂种不孕 连锁累赘 疯狂分离	杂交不亲和
代表性技术方法	杂交回交	杂交重组 理化诱导 组织培养	基因编辑 转基因技术 再驯化
创新种质选择方法	性状选择 标记选择 单倍体技术 全基因组选择	性状选择 标记选择 细胞学观察	性状选择 标记选择 单倍体技术

图 7-1　作物种质资源一级、二级、三级基因库分类和在种质创新中面临的难题及其解决方法

系统、应对生物和非生物逆境灾害等意义重大（Hajjar et al.，2008）。比如在我国的水稻栽培中，已经通过混合种植遗传异质性的品种，成功降低稻瘟病的危害程度和提高水稻的产量（Zhu et al.，2000）。

作物在进化过程中，由于对目标性状的人为选择带来的“瓶颈”效应，而导致遗传多样性丧失。普遍认为，作物野生种和地方种的遗传多样性远高于现在的栽培种。对玉米地方品种、自交系及其野生种大刍草进行分析发现，现代玉米仅包含大刍草 88%的遗传多样性和 76%的等位基因（Vigouroux et al.，2005）。但是，驯化过程中作物在丢失大量遗传多样性的同时，因为自然突变、基因渐渗等又产生或富集了新的遗传多样性。利用群体基因组学理论和方法，对栽培作物及其近缘野生种的序列进行对比分析，可以鉴定出符合分化系数（F_{st}）高、多样性差异显著和不符合中性检验等特点的染色体区间及其包含的重要功能基因，这些区段或基因可能是驯化过程中人工选择的目标区间（黎裕等，2015）。通过基因渐渗的方法，将现代品种与地方种、古老品种、野生种杂交，随后对杂交后代进行连续的回交和选择，消除连锁累赘，培育携带目标基因或染色体区段的优良导入系，再通过导入系之间相互杂交，可以实现重要基因和优良背景的高效组装，既能提高群体遗传多样性，又可以实现目标性状的定向改良，促进种质创新，支撑培育有实用价值的品种（张学勇等，2017）。

（二）遗传特异性理论

遗传特异性是指基因源具有的特有等位变异，通常为某群体特有而其他各群体都没有的变异类型。在野生近缘物种和地方品种中，常常携带了区别于栽培种的特异基因，对特定环境或者对特定性状改良，具有重要的潜在应用价值。作物野生近缘物种在进化过程中，由于受到长期的自然选择而进化出适应各种生态类型的居群。同样，地方品种因当地农民的爱好和饮食习惯，被长期保留种植，在抗病性、食味性或对当地气候变化的适应性等方面具有特异性。大豆泛基因组测序比较分析发现，野生大豆较栽培品种存在 363 万～472 万个 SNP 和 50 万～77 万个 InDel 的差异，具有相对多的杂合位点，在编码区发现有1764个提前终止密码子的突变，有1978个拷贝数变异（copy number variation，CNV）和2.3～3.9Mb获得与缺失变异（PAV），表明野生大豆中存在大量的未被利用变异可供栽培大豆改良利用（Li et al.，2014）。在小麦中，通过对全球收集的10个代表性育成品种的基因组测序，发现12%的基因在品种间存在/缺失变异（Walkowiak et al.，2020）。以上结果说明，作物种质资源不同材料之间存在着特异性，携带丰富的基因源可供种质创新利用。值得注意的是，区别于现代栽培种的特异性种质，常常伴随诸如丰产性差、抗倒伏弱等不利性状，导致野生物种和地方品种很难直接成为育种家使用的杂交亲本。

（三）遗传瓶颈理论

遗传瓶颈（genetic bottleneck）是指作物在长期的人为选择过程中，在保留后代中遗传多样性逐渐降低的现象。在人类施加的强大选择压力下，会导致野生植物原有的遗传特性在栽培作物中发生快速而彻底的变化，如经过长期人工选择后使得种子由落粒向不落粒改变（Pourkheirandish et al.，2015）、匍匐植株形态向紧凑型变化（Tan et al.，2008）、种子成熟后休眠特性丧失等。在现代植物育种体系下，品种多样性丧失正变得越发严重，这是由于在生产上广泛使用的现代育成品种，通常由品种间杂交而成，其遗传基础更窄，使祖先种的多样性基因被排除在现代育成品种外。以大豆和小麦为例，当前美国几乎所有的现代大豆栽培品种，都可以追溯到我国东北地区的十几个品系，在美国种植的大多数籽粒红色硬质的冬小麦品种，都来自从波兰和俄罗斯进口的两个品系（Yeatman，1985；Duvick，1977）。栽培品种的同质化问题严重，使其更容易受到流行性病虫害的危害，影响作物高产稳产。比如，黄花叶病感病的大麦品种‘早熟3号’和衍生品种‘盐辐矮早三’的大面积推广种植，导致20世纪70～90年代该病害在我国长江中下游大麦种植区域的大面积流行；在美国1970年暴发的南方玉米叶枯病，是由于生产上广泛使用了携带单个雄性不育因子的玉米品种，该不育因子与叶枯病感病性紧密关联（Tanksley and McCouch，1997）。值得庆幸的是，在物种驯化和现代植物育种实践中导致丢失的基因，可以通过种质创新从种质资源库中保存的地方品种、野生种中重新获得，利用其具有的遗传多样性，可以克服栽培作物的遗传瓶颈效应，拓宽栽培作物遗传多样性。

（四）基因互作理论

在作物种质创新过程中，外源基因或者染色体的导入使得作物表型发生变化，这种现象并非外源遗传物质孤立表达的结果，而是由外源遗传物质与受体作物发生复杂互作产生的。比如，外源染色体的导入会导致作物受体基因组的基因表达模式发生改变，甚至发生染色体级别的结构重排。在人工或者自然进化的异源多倍体过程中，常伴随着DNA甲基化、组蛋白修饰、编码蛋白基因沉默、休眠转座子元件的重新激活等表观遗传的变化，这些表观遗传的变化由染色质重建和表观修饰造成。通过比较小麦中附加大麦7HL端体系、大麦供体、小麦受体的基因表达差异，发现在大麦7HL端体系中42%的大麦基因出现差异表达，而在小麦中3%的基因发生表达变化，同时发现小麦 7A 染色体长臂末端发生了 36Mb 的缺失，这些现象说明导入外源染色体后不同基因组间存在互作（Rey et al.，2018）。在燕麦中导入玉米染色体后，约 25%的玉米基因表达水平发生变化，发现高度保守的直系同源基因显示出更显著的差异表达变化，在玉米-燕麦附加系中，玉米中下调表达基因数量更多，同时发现玉米基因组的着丝粒区发生改变，近着丝粒区的基因被激活表达；组蛋白修饰实验证实，发生 H3K4me3、H3K9ac 和 H3K27me3 修饰的基因与差异表达基因结果基本一致，玉米外源染色体上的差异表达基因受表观遗传调控（Dong et al.，2018）。

四、作物种质创新的基本方法

（一）基于常规杂交遗传重组的基因转移

对于地方品种，因与栽培作物杂交容易且具有亲和性，所以采用常规的杂交和遗传重组的方法，就可以转入目标性状基因到现代品种中。而对于作物的野生近缘种，由于远缘杂交的不亲和性、杂种不育和疯狂分离的难题，获得外源优异基因就变得困难起来。但是，实践表明，基于常规杂交遗传重组的方法是转移外源基因的有效方法。利用该方法转移野生种的基因到栽培品种中，尽管频率比较低，但是自发易位产生的后代已经在生产中显示出应用价值，获得的小片段渗入系或者大片段外源染色体易位系，具有遗传平衡、补偿效应好的特点。由于同源群之间具有遗传补偿效应，是诱发易位的一个有效方法，因此在小麦中，可利用断裂-融合机制诱导罗伯逊整臂易位系，在部分同源群之间发生易位。著名的小麦黑麦 T1BL.1RS 易位系就是利用融合-断裂机制创制出来的（Zeller，1973；Sears，1950）。此外，在小麦染色体工程中，位于 5B 染色体的抑制部分同源染色体配对基因 *Ph1* 突变体，也被作为遗传工具材料诱导和创制野生种的小片段易位系，广泛使用的抑制同源染色体配对基因 *ph1b* 突变体，具有诱导部分同源染色体间的重组能力，诱导重组频率达到 1%～15%。

人工合成种的产生，也加快了野生近缘植物基因的转移。比如，中国农业科学院作物科学研究所利用六倍体小麦和二倍体黑麦杂交、染色体融合，培育出了我国特有的八倍体小黑麦；欧洲科学家利用四倍体硬粒小麦与二倍体黑麦杂交，培育出了欧洲种植的六倍体小黑麦。国际玉米小麦改良中心采用了相同的策略，利用四倍体小麦和二倍体粗山羊草杂交，创制了人工合成六倍体小麦优质种质资源。以此为材料，四川省农业科学院小麦研究团队成功选育出我国西南麦区广泛种植的‘川麦 42’等系列高产、优质的人工合成小麦。在小麦中杀配子基因的应用也可以诱导外源染色体与小麦染色体发生易位，但由于易位是随机发生的，被用得越来越少（Endo，1988）。

（二）基于理化处理诱导的变异创制和基因转移

利用射线辐照、化学诱变剂处理、组织培养、原生质体融合细胞工程等方法，也可以诱导受体材料发生遗传变异或辅助外源基因转移到受体作物中。据联合国粮食及农业组织和国际原子能机构官方数据显示，1950～2019 年通过理化诱变支撑选育出 3283 个品种，涉及 214 种不同植物物种，其中包括禾本科粮食作物品种 1593 个，油料作物 68 个，蔬菜作物 77 个，水果坚果作物 77 个。例如，山东农业科学院原子能农业应用研究所与中国农业科学院作物科学研究所合作，以航天突变系 9940168 为母本，采用诱变育种技术育成了小麦突变品种‘鲁原 502’，解决了重穗型品种易倒伏的生产难题，连续多年实打单产超过 12 000kg/hm^2，成为中国第二大的小麦推广品种。

但是，这些方式诱变获得的后代常常是随机的，遗传平衡、补偿性好的后代可以作为创新资源用于后续的遗传改良，同时产生的大量随机易位是无法利用的。此外，山东大学相关研究团队创立了小麦体细胞杂交转移异源染色体小片段的新技术，成功培育了小麦耐盐抗旱新品种‘山融 3 号’和耐盐碱新品系‘盐鉴 14 号’。

（三）基于现代生物技术的种质创新

现代分子生物技术的不断发展使得技术门槛和技术成本持续降低，生物技术和传统种质创新方法相结合，加速了作物种质创新的进程，特别是单倍体技术、分子标记辅助选择技术、全基因组选择技术、转基因技术和基因编辑技术等在作物种质创新中发挥着重要的作用。单倍体技术的优势在于能够快速获得稳定的纯系，大幅度缩短种质创新的年限，提高种质创新的效率。转基因技术可以将目的基因整合到受体基因组中，使受体品种产生优异的目标性状，其优势在于可以突破生殖隔离，将利用二级或三级基因源的优异基因转移到栽培种中。

以 CRISPR/Cas9 为代表的基因编辑技术可以进行基因定点敲除、单碱基编辑、等位基因替换或外源基因定点插入等，通过对目标基因的精准操作实现对目标性状的精准改良，是种质创制的新兴生物育种技术。该技术具备便捷高效、靶向精准等突出优势，在不改变受体种质基因组结构情况下定向创制基因的遗传变异，打破了传统杂交选育种质创新面临的连锁累赘、杂交不亲和、外源片段追踪困难等技术瓶颈。目前该技术方法在粮食作物、经济作物和油料作物等的重要功能基因分析和遗传改良中得以应用。

基因编辑技术可以充分利用不同物种中功能基因研究的成果，实现在物种自身或者近缘物种中创制目标性状明确的创新种质。小麦、大麦是当今世界第二和第四大禾本科粮食作物，彼此互为小麦族内的近缘植物。在大麦中，隐性抗病基因 *mlo* 和 *rym1/11* 分别对大麦白粉病和大麦黄花叶病具有完全抗病性，由感病因子 *HvMLO* 和 *HvPDIL5-1* 基因功能丧失导致（Yang et al.，2014；Buschges et al.，1997）。借助基因编辑技术，中国科学院遗传与发育生物学研究所和中国农业科学院作物科学研究所的相关研究团队，在小麦中对同源基因 *TaMLO* 和 *TaPDIL5-1* 进行定点敲除，从而创制出高抗小麦白粉病和小麦黄花叶病的小麦创新种质（Kan et al.，2022；Wang et al.，2014）。

（四）作物种质创新基本策略

在明确研究目标的前提下，作物种质创新的基本策略大致可以分为 5 个步骤。

（1）制订明确的创新目标。需要有作物相关的基础研究支撑、育种家掌握的育种材料和商业品种的遗传组成、紧盯育种所遇到的问题和育种对外源基因的需求，制订明确的创新目标。

（2）选择恰当的研究材料或基因载体。研究供体材料的遗传构成和表型特征，明确供体材料是否具有解决目标问题的优良性状和优异基因，并尽可能清楚受体与供体种的遗传背景，供体种要携带尽可能多的目标基因。

（3）选择恰当的创新方法和途径。依据供体材料类型制定技术方案，通过相应的技术方法向供体材料中导入决定目标性状的关键基因。比如，地方品种可以采用与优良栽培受体品种杂交、多代回交的方法，向栽培品种中导入目标性状基因；野生种可以采用理化诱变、幼胚拯救等方法克服远缘杂交过程中的杂交不亲和、杂种不育等难题，将外源片段导入栽培品种中。

（4）外源片段的检测和追踪。在受体背景下检测外源基因，采用的方法可以包括形态学标记、生化标记、细胞遗传学技术、分子标记技术等。

（5）评价创新种质的育种利用价值。明确最终的利用目的，进一步将导入染色体区段或者基因杂交到不同优良背景的受体品种中，剔除不利的遗传累赘。对于创制的附加系、代换系遗传工具材料，可以间接利用，对于创制的易位系、核-质融合体等可以直接利用。

第二节　基于地方品种的作物种质创新

一、地方品种的特性与利用价值

地方品种（landrace），又称农家品种，是指在自然经济农业时期，在某地种植数十年、百年甚至更长时间的品种。由于世界各地的生态条件千差万别，各地各族农民的耕地习惯、生活喜好相异，因此地方品种是长期自然选择和人工选择形成的综合体，遗传多样性丰富，是适应特殊地形和气候环境的高度本土化的品种。地方品种通常为遗传异质化群体，即 1 个地方品种是由多个不同的基因型组成的 1 个混合群体，个体间存在一定程度的遗传差异。地方品种对气候变化、非生物胁迫等方面具有较高的适应性，为创制广适性种质提供了重要的资源。

在现代农业生产模式下，尽管地方品种通常表现出产量低、高秆、易倒伏等缺点，但是由于其丰富的遗传多样性、广泛的环境适应性，通常携带了对特定性状改良具有重要价值的优异基因，使得它们具有重要的潜在利用价值，各国的育种历史都充分说明了地方品种的重要性。在水稻中，国际水稻研究所（IRRI）利用我国的地方品种‘低脚乌尖’‘矮脚南特’育成系列矮秆、多抗、高产水稻品种，在全球许多国家得以大面积种植，实现了水稻的第一次“绿色革命”。我国对地方品种‘矮仔占’携带的矮秆基因的育种利用，开创了水稻矮化育种的新局面。在大麦中，来自巴尔干半岛的大麦地方品种‘Ragusa b’、我国长江中下游地区的地方品种‘木石港 3 号’‘尺八大麦’等，是欧洲和东亚抗黄花叶病育种中使用最为广泛的抗源，支撑选育出 200 余个抗黄花叶病大麦品种，解决了啤酒大麦优质不抗病的难题。

地方品种的可利用价值在于可能携带现代栽培品种不具备的优异基因，比如高温适应性，水肥利用效率，耐受淹水、霜冻或病原菌等抵抗生物和非生物胁迫的基因。

现代品种最初是以地方品种为起始材料选育出来的，但是现代品种的选育与地方品种的被取代几乎同步发生。据不完全统计，1997 年仅有不到 3%的小麦地方品种仍然被种植。现代品种的选育过程导致遗传侵蚀（genetic erosion），后果是品种之间的多样性严重降低。20 世纪 30 年代英国剑桥大学农学院沃特金斯（Watkins）博士从伦敦贸易委员会的官方渠道获得了普通小麦的地方品种，这些品种来源于亚洲、欧洲、非洲的 32 个国家农贸市场，后经证实其包含了 826 个地方品种，这些材料又称为 Watkins 收集品种。群体结构分析发现，Watkins 收集品种的遗传多样性水平远远高于 1945～2000 年新育成的欧洲冬小麦品种，因此 Watkins 收集品种也被认为是增加栽培小麦遗传多样性的一个重要育种资源（Wingen et al.，2014）。

二、基于地方品种的种质创新策略

地方品种与现代栽培品种可杂交，其杂种可育，通过杂交、回交可以将优异性状/基因导入到现代栽培品种中。结合目标性状或分子标记的定向选择，可以从群体中筛选出携带目标性状，且其他性状表现优异的个体，直接用于新品种审定或者作为中间材料创新培育新品种。基于地方品种的种质创新，依据方法不同可以采用多种策略。

（一）基于地方品种的聚合复合杂交群体创制

聚合复合杂交群体通常也被称为多亲本群体，是指利用来源地不同、遗传背景不同或者表型性状不同的地方品种，通过多次杂交、自交及其他分子标记辅助选择等相关技术方法构建而成的遗传群体。多亲本群体的构建过程实际上是人工干预条件下重构种质资源多样性的过程，以地方品种与现代主栽品种杂交构建的多亲本群体，可以导入地方品种携带的外源优异基因构建育种桥梁材料，因而采用聚合复合杂交构建多亲本群体是作物种质创制的重要策略之一。常见的多亲本群体包括巢式关联群体（nested association mapping population，NAM）、多亲本高世代互交群体（multi-parent advanced generation inter-cross population，MAGIC）和随机开放亲本关联群体（random-open-parent association mapping population，ROAM）。相对于常规连锁群体完全依赖于双亲的遗传物质，以及单次杂交后 F_1 自交引入的低重组率、连锁累赘，多亲本群体具有更高的群体内重组频率和更加丰富的遗传多样性。

以地方品种为供体，以现代育成优异品种为共同受体，建立巢式关联群体（NAM）利于鉴定地方品种的优异基因。比如，英国科学家用 120 份核心小麦地方品种与同一优良小麦品种‘Paragon’杂交，建立的巢式关联群体由大于 9000 个单株后代组成，通过基因分型产生超过 300 万个基因型数据。通过开展氮利用效率和生物量积累的表型鉴定，在小麦染色体上定位到 130 个遗传变异，其中携带优异性状的 40 个创新种质被分发利用，成为小麦育种创新的重要资源材料（Moore，2015）。

自 2008 年玉米中首个多亲本群体被报道以来，该技术已经应用于玉米、水稻、小麦、大麦、高粱、蚕豆、豇豆等粮食作物，大豆、棉花、油菜等经济作物，以及番茄、草莓等。借助新开发的与多亲本群体研究配套的 mpMap、spclust、mpwgaim、

AlphaMPSim 等分析软件包，发掘出了一批与农艺、产量、品质、抗病、抗逆等性状关联的优异基因。截至 2018 年底，利用聚合复合杂交群体创制的新资源和发掘的新基因等，在 *Science*、*Nature Genetics*、*PNAS* 等主流学术期刊上，发表研究和综述论文近 100 篇，成为未来种质创新的重要方向和技术手段。

（二）基于地方品种的单倍体育种技术应用

单倍体育种技术的优势在于可以有效缩短育种周期，因而在作物种质创新过程中得以大量应用。上海市农业科学院相关研究团队建立了大麦、小麦小孢子高效培养技术体系，以地方品种和现代栽培品种杂交 F_1 植株上分离的小孢子为对象，通过组织培养和秋水仙碱（又称秋水仙素）加倍诱导产生双单倍体幼苗，从而快速实现地方品种的优异性状成功导入现代栽培品种，从中挑选出综合性状良好的创新种质材料。同时，在小孢子培养阶段加入物理或化学处理，也可以诱导创制人工诱变种质。在玉米中，将地方品种的遗传多样性杂交导入育成品种后，可以借助双单倍体技术创制纯合遗传材料，通过高密度分子标记鉴定和关联分析技术可以挖掘出地方品种的优异等位变异，在双单倍体品系中绘制高分辨率的单倍体-性状关联图，使玉米地方品种的遗传多样性可用于数量性状的遗传改良，如耐寒性和早熟性等（Mayer et al.，2020）。中国农业科学院作物科学研究所联合国内外多个研究团队提出了 GS4.0 杂交育种概念，倡导将玉米双单倍体技术和全基因组选择技术整合，从而有效缩短玉米新品种的选育周期。

（三）基于地方品种的优异等位基因定向导入

地方品种与栽培品种杂交、多代杂交或回交，从中选择出目标性状明确、无不良性状的优异材料，是地方品种种质创新利用使用最为广泛的方法。针对少数性状表现出的遗传累加现象，可以通过反复杂交、目标性状选择的策略，定向创制针对特定性状的优异种质资源。通过与栽培品种的连续回交，可以减少地方品种基因组在创新种质中所占的比例，降低了不良性状出现的概率，确保在目标性状成功导入的基础上，尽可能保留栽培品种原有的丰产性、营养品质、耐逆性等。在利用玉米地方品种进行种质创新中，Meseka 等（2013）将 6 个抗旱玉米地方品种分别与优异自交系作轮回亲本进行回交构建 BC_1F_2 群体，在干旱和正常灌溉条件下评价回交群体的籽粒产量和农艺性状，从中挑选出 3 个回交后代具有更高的籽粒产量，同时保留了地方品种约 25% 的基因组片段。

三、地方品种在作物种质创新中的应用

适应性强、抗逆性好等特性决定了地方品种是种质创新的重要基因源。各国对地方品种的利用非常重视，如墨西哥依托国际玉米小麦改良中心启动了“发现种子计划”（SeeD），其目的是鉴定和利用地方品种中的有利等位基因，培育携带地方品种基因组的前育种材料。地方品种种质创新支撑了农业科学原始创新、骨干亲本创制和重大品种培育、重要功能基因发掘，我们将从以下几个方面阐述地方品种在种质创新

中的应用。

（一）支撑骨干亲本创制和重大新品种培育

1. 水稻

从地方品种中发掘的矮秆基因及其育种应用，实现了第一次“绿色革命”。中国具有数千年的水稻栽培历史，新中国成立之前生产上使用的均为高秆水稻品种，在种子成熟前后通常会倒伏，导致粮食减产。20 世纪 50～60 年代，台湾发现了矮秆水稻地方品种‘低脚乌尖’，广东发现了‘矮仔占’‘矮脚南特’等矮秆地方品种，这些地方品种具有耐肥抗倒、叶挺穗多、收获指数高等优点。国际水稻研究所以‘低脚乌尖’和印度尼西亚高秆品种‘皮泰’杂交，1966 年选育出矮秆抗倒、丰产性好的水稻品种‘国际稻 8 号’（IR8）。我国科学家从地方品种‘矮仔占’中系选出‘矮仔占 4 号’，并和‘广场 13 号’‘惠阳珍珠早’等杂交选育出高产早籼稻品种‘广场矮’‘珍珠矮’等多个矮秆品种。浙江省农业科学院从‘矮脚南特’中系选或杂交选育出‘矮南早’‘二九青’‘圭陆矮’等长江中下游大面积推广的早籼良种。矮秆品种的推广种植使水稻单产提高了 20%，为世界粮食安全做出了重大贡献。研究发现，水稻地方品种‘低脚乌尖’‘矮脚南特’等优异种质资源携带有重要的矮秆基因 *sd1*。这些优异水稻地方品种和优异基因的创新利用，拉开了水稻第一次绿色革命的序幕，对全球粮食高产稳产发挥了重要贡献。

水稻地方品种较育成品种具有较高的遗传变异，为培育现代优质高产多抗水稻新品种做出了重要贡献。中国水稻种质资源的调查和收集始于 20 世纪初，水稻育种工作始于 20 世纪 20 年代。早期主要进行地方品种的征集和比较试验，从群体中选择优异变异单株或单穗（程式华，2021）。例如，1924 年南京高等师范学校原颂周、周拾禄、金善宝等从地方品种中系选出‘改良江宁洋籼’‘改良东莞白’等我国第一代水稻良种。1929 年从安徽当涂农家品种‘帽子头’中选育出‘大帽子头’，成为我国第一个大面积推广良种。30 年代，中央农业实验所（现江苏省农业科学院）从国内外征得 2120 个水稻地方品种，在全国开展品种比较试验；同期在台湾和广东已经开始利用地方品种从事水稻杂交育种工作，如台中农业改良场 1929 年从‘龟治’/‘神力’组合中选育了‘台中 65’。对地方品种直接利用其遗传多样性改良水稻栽培品种，推动了中国水稻产业的发展。

2. 小麦

在小麦上，从地方品种‘达摩小麦’和‘赤小麦’种质资源中发掘出的 *Rht1* 和 *Rht8* 矮秆基因及其创新利用，实现了小麦第一次“绿色革命”。在 20 世纪 60～70 年代，小麦矮秆基因等位基因 *Rht-B1b* 和 *Rht-D1b* 的利用显著提高了抗倒伏能力和收获指数，从而大幅度提高了粮食产量。*Rht-B1b* 和 *Rht-D1b* 为赤霉素不敏感型，造成胚芽鞘变短，影响种子顶土出芽能力和幼苗活力等，限制了其进一步育种利用。来源于日本地方品种‘赤小麦’的赤霉素敏感型矮秆基因 *Rht8*，在欧洲南部和中部地区被广泛利用。携带 *Rht8* 矮秆基因的小麦苗期胚芽鞘较长且生长活力较高，适用于在高温干燥环境中生长，因而有效弥补了绿色革命矮秆基因源的不足。中国农业科学院和中国农业大学相关研究团队克隆了这个重要的小麦矮秆基因 *Rht8*，这个重要基因的克隆将对小麦矮化育种发挥更加重要的推动作用（Xiong et al.，2022），也为指导挖掘大麦地方品种中新的矮秆基因或等位变异提供了理论指导。在大麦中，地方品种来源的两个矮秆基因 *uzu* 和 *sdw1* 及其在育种中的广泛使用，成功实现了大麦的矮化育种。在我国，20 世纪 50 年代以来培育的 350 多个矮秆、半矮秆大麦品种，其中 68.4%品种的矮秆基因来源可以追溯到‘尺八大麦’‘萧山立夏黄’‘沧州裸大麦’‘矮秆齐’‘浙皮 1 号’等地方大麦品种。这些来自地方品种的矮秆基因及其育种应用，提高了栽培品种在灌浆成熟期的抗倒伏能力。

小麦优良地方品种的直接推广种植或以其为亲本对现在品种进行遗传改良，促进了小麦育种的快速发展，对小麦的生产做出了巨大贡献。20 世纪 50 年代初期，经过评选的优良地方品种推广种植，同时引进国外品种‘早洋麦’。随后，推广品种主要以地方品种与国外抗锈良种进行杂交育成的新品种和以地方品种的改良推广种为基础衍生的新品种，如西北农学院（现为西北农林科技大学）赵洪璋院士等利用陕西关中地方品种‘蚂蚱麦’与外来品种‘碧玉麦’杂交育成的骨干亲本‘碧蚂 1 号’和‘碧蚂 4 号’（黎建华，1981）；四川农业大学严济教授等将包括地方品种‘成都光头’在内的 11 个亲本聚敛杂交而培育出骨干亲本‘繁六’及其姊妹系（周跃东，2017）；山东农业大学李晴祺教授等利用携带有地方品种‘蚂蚱麦’‘关中老麦’‘小佛手’等血缘的‘矮丰 3 号’，培育出小麦骨干亲本‘矮孟牛’（李晴祺等，2001）等，并由这些骨干亲本衍生出了大量的新品种。西班牙小麦品种‘Aragon 03’选育自‘Catalan de Monte’地方品种群体，由于其抗寒性强，在 1960～1976 年成为西班牙的主导品种（Royo and Briceño-Félix，2011）。日本小麦地方品种‘Aka Komugi’在降低株高的同时不影响胚芽鞘长度，改善了干旱条件下的出苗情况（Korzun et al.，1998）。目前，尽管小麦地方品种在生产上直接应用越来越少，但是其依然是种质创新和育种利用的重要基因源，为特定性状的发掘、导入和育种应用提供了资源保障。

3. 玉米

中国玉米育种初期对地方品种系选，形成了玉米育种的骨干亲本，如从地方品种‘旅大红骨’中选育出优良种质‘旅 9’‘旅 28’及其衍生系，于 2000 年以前在玉米生产上发挥着重要的作用；从地方品种‘塘四平头’中选育出骨干亲本‘黄早四’，并衍生出‘昌 7-2’‘吉 853’‘Lx9801’等优良自交系，形成了中国独特的‘黄改系’种质，其主要特性为雄穗发达、花粉量大、生育期适中、灌浆速度快、结实性好、适应性好、配合力高等，是黄淮海地区一个不可或缺的核心种质。丹东市农业科学院利用‘黄改系’和旅系构建的黄旅群体，经一个轮回的改良后，克服了原自交系的缺点，抗倒伏和耐密植能力得到提高（谢志涛和景希强，2014）。北京市农林科学院利用欧洲早熟种质对黄改种质进行改良创制出早熟、脱水快等宜机化新种质（王元东等，2020）。

玉米按照种植环境可以分为热带亚热带玉米和温带玉米，由于环境和人为的定向选择使得两个类群存在较大的遗传差异，但是热带亚热带玉米地方品种遗传变异丰富，且根系发达、抗病虫、耐高温、耐阴雨、持绿性好等，是改良温带玉米品种的重要基因源。例如，广西农业科学院将热带亚热带玉米地方品种‘Tuxpeno’的优异性状导入杂交种‘登海 3 号’自交分离后代的温带种质中，创制出配合力高、品质好、适应性广等性状优良的系列自交系，并培育出‘桂单 688’‘桂单 901’‘桂单 1125’等玉米新品种。贵州农业科学院将热带亚热带玉米种质‘Suwan’抗锈病强、籽粒性状好的优异性状导入温带自交系‘Mo17’，培育出抗病自交系‘QB446’和杂交品种‘黔青 446’，以及结实封顶性好、硬粒自交系‘QB408’和杂交品种‘黔单 88’。四川农业大学从亚热带玉米种质‘苏湾 1 号’中系统选育出优良自交系‘S37’，与温带自交系杂交育成了多个杂交种应用于生产。这些实例表明，利用热带亚热带玉米地方品种是改良温带玉米材料的重要基因源。

4. 大豆

大豆是中国的原生作物且栽种历史悠久，大豆地方品种在农业生产上占据着重要地位。中国是保存大豆地方品种最多的国家，特有的地方品种在世界大豆主产国的育种和生产中发挥了重要作用。从地方品种的自然变异群体中分离选育纯系材料，形成了东北地区的‘黄宝珠’‘紫花 1 号’‘小金黄 1 号’，江南地区的‘金大 323’等早期大豆品种。大豆品种培育过程中的突破性进展，往往得益于携带特异性基因的优异地方品种发掘和利用，如获得过国家技术发明奖一等奖的大豆品种‘铁丰 18’，就是以‘丰地黄’和‘熊岳小粒黄’两个地方品种杂交所创制的优异大豆种质‘铁 5621’作为直接亲本培育而成，该品种使得东北地区大豆产量突飞猛进，平均增产 20%以上，之后以‘铁 5621’作为骨干亲本选育出近 20 个大豆品种。熊冬金等（2007）分析 1923～2005 年的全国 1300 个大豆育成品种系谱发现，这些育成品种来源于 670 个终端亲本，其中 346 个亲本为地方品种，占比超过了 51%，且相应的核遗传贡献率为 76.29%。

综上所述不难总结出地方品种利用的两个阶段。第一阶段主要以地方品种的系统鉴定和优异材料的直接推广利用为主。但是，近些年地方品种由于丰产性、抗病性和适应性等整体表现欠佳，生产上绝大多数地方品种已经被栽培品种取代。第二阶段以地方品种的创新利用为主，目标是为品种改良提供优异基因源。地方品种由于其在特定条件下表现出更好的环境适应性、携带了对性状改良的特异基因，所以这些种质资源依然是当今品种改良的重要基因源。因此，通过种质创新工作将这些优异性状或基因导入栽培品种或者创制育种中间材料，将为骨干亲本创制和重大新品种培育提供资源保障。

（二）利用地方品种改良作物的抗病虫特性

1. 水稻

水稻地方品种蕴藏着丰富的优异基因，是水稻育种的重要物质基础。以抗病虫为例，大多数抗性基因都来源于地方品种，在中国和日本、东南亚国家水稻地方品种中发现了诸多抗稻瘟病、抗白叶枯病、抗褐飞虱等基因（表 7-1）。比如，水稻地方品种

表 7-1 水稻地方品种中发掘的部分重要抗病虫基因

基因名	功能	来源	参考文献
Pi64	抗稻瘟病	羊毛谷	Ma et al.，2015
Pid3	抗稻瘟病	地谷	Shang et al.，2009
bsr-d1	抗稻瘟病	地谷	Li et al.，2017
Pigm	抗稻瘟病	谷梅 4 号	Deng et al.，2017
Pik	抗稻瘟病	Kusabue	Zhai et al.，2011
Pb1	抗稻瘟病	Modan	Hayashi et al.，2010
Xa3/Xa26	抗白叶枯病	早生爱国 3 号	Xiang et al.，2006
Xa10	抗白叶枯病	Cas209	Tian et al.，2014
xa13	抗白叶枯病	BJ1	Antony et al.，2010
xa24(t)	抗白叶枯病	DV86	Wu et al.，2008
Bph1	抗褐飞虱	Mudgo	Athwal et al.，1971
bph2	抗褐飞虱	ASD7	Athwal et al.，1971
Bph3/Bph17	抗褐飞虱	Rathu Heenati	Liu et al.，2015
bph4	抗褐飞虱	Babawe	Jairin et al.，2010
Bph6	抗褐飞虱	Swaranalatha	Guo et al.，2018
bph8	抗褐飞虱	Thai.col.11/Chin Saba	Zhao et al.，2016
Bph9	抗褐飞虱	Pokkali/Balamavee/Aharamana	Zhao et al.，2016

中克隆出的抗稻瘟病基因 *Pi64*、*Pid3*、*bsr-d1*、*Pigm*、*Pik*、*Pb1* 等。在抗白叶枯病基因克隆方面，*Xa3/Xa26* 来自日本的地方品种‘早生爱国 3 号’、*Xa10* 来自地方品种‘Cas209’、*xa13* 来自地方品种‘BJ1’、*xa24(t)*来自孟加拉国的水稻地方品种‘DV86’。抗褐飞虱基因大多来源于南亚地方品种，如‘Mudgo’中鉴定出的抗褐飞虱基因 *Bph1*、‘ASD7’中获得的 *bph2*、‘Rathu Heenati’中发现的 *Bph3/Bph17*、‘Babawe’中发现的 *bph4*，以及从地方品种‘ARC10550’、‘Swaranalatha’和‘T12’中分别鉴定出基因 *bph5*、*Bph6* 和 *bph7*。抗褐飞虱基因 *bph8* 和 *Bph9* 也是从南亚地区的水稻地方品种中发掘出来的。由此可见，从水稻地方品种中鉴定优异抗病虫基因并将其导入栽培品种，拓宽了栽培品种的抗病虫遗传基础。

2. 小麦和大麦

赤霉病是威胁小麦、大麦生产的全球性重要病害，该病害主要发生于穗期多雨、气候湿润的地方，常常造成产量重大损失，同时病菌感染后产生的呕吐毒素也会显著降低籽粒品质。但是，现代栽培品种对赤霉病普遍感病，如何防治赤霉病对麦类作物生产的危害是抗病性育种改良的一个重大关键问题。我国长江中下游麦区的小麦地方品种‘望水白’和栽培品种‘苏麦 3 号’，对赤霉病具有很好的抗病性，其携带的抗源在国内外小麦育种中得以广泛使用。‘望水白’是中国江苏溧阳地区的高抗赤霉病地方品种，在系谱上与‘苏麦 3 号’没有明确的亲缘关系，后经证实其携带了 *Fhb1*、*Fhb2*、*Fhb4* 和 *Fhb5* 等 4 个抗病 QTL 位点（Xue et al.，2011，2010）。2019 年南京农业大学研究团队和美国农业部研究团队分别从‘望水白’和‘苏麦 3 号’中克隆了首

个抗赤霉病基因 *Fhb1*（Li et al.，2019）。利用分子标记辅助选择的连续回交策略，将来自地方品种‘望水白’的 *Fhb1*、*Fhb2*、*Fhb4* 和 *Fhb5* 抗赤霉病基因导入到不同麦区的 40 个优良小麦品种中，培育出 70 多个含不同 QTL 组合的可供育种利用的抗赤霉病新种质，部分中间材料与‘济麦 22’杂交，通过分子标记辅助选择选育出抗赤霉病的优良品系‘济麦 8681’和‘济麦 8775’。

小麦地方品种中除了抗赤霉病基因，还蕴藏着丰富的其他抗病虫基因资源，已被正式命名的抗条锈病基因包括（不限于）*Yr10*（Liu et al.，2014）、*Yr18*/*Lr34*（Lagudah et al.，2006）、*Yr46*/*Lr67*（Herrera-Foessel et al.，2014）、*Yr65*（Cheng et al.，2014）、*Yr80*（Nsabiyera et al.，2018）和 *Yr81*（Gessese et al.，2019）等；抗白粉病基因 *Pm2c*（Xu et al.，2015）、*Pm3b*（Yahiaoui et al.，2004）、*Pm4e*（Ullah et al.，2018）、*Pm24b*（Xue et al.，2012）、*Pm45*（Ma et al.，2011）、*Pm47*（Xiao et al.，2013）、*Pm59*（Tan et al.，2018）、*Pm61*（Sun et al.，2018）、*Pm63*（Tan et al.，2019）等。除已被命名的抗性基因外，研究人员在地方品种中还发掘出大量优异种质和优异 QTL。例如，英国利用 Watkins 小麦地方品种资源，成功发掘出抗叶锈病、抗条锈病和抗根结线虫病等新基因。伊朗小麦地方品种‘PI 626580’对俄罗斯小麦蚜虫表现出了较高水平的抗性，在 7D 染色体上鉴定出 3 个标记与抗性基因 *Dn626580* 连锁。此外，通过小麦地方品种和群体遗传学研究手段结合，批量发掘优异抗性基因。例如，美国农业部农业研究局（United States Department of Agriculture-Agricultural Research Service，USDA-ARS）对美国国家小粒禾谷类作物种质库（The National Small Grains Collection，NSGC）保存的 2509 个小麦地方品种对秆锈病生理小种 Ug99 进行了抗性鉴定，发掘出 276 份抗 Ug99 的地方品种（Newcomb et al.，2013）。北达科他州立大学从 566 份春小麦地方品种中，发掘出 5 个抗细菌性条斑病 QTL、4 个抗蠕孢叶枯病 QTL 和 7 个抗颖枯病 QTL（Adhikari et al.，2011）。

地方品种创新利用的另一典型案例是改良栽培品种对土传病毒病害的抗病性。病毒病是导致小麦、大麦等麦类作物粮食减产的三大病害之一，年均减产约占全球麦类作物总产量的 2.43%，折合产量损失约为 0.24 亿 t。黄花叶病是通过土壤传播的病毒病害，由禾谷多黏菌（*Polymyxa graminis*）介导的植物病毒引起，携带的致病病毒可以感染小麦、大麦等麦类作物。黄花叶病在全球均有发生，尤其以大麦黄花叶病和小麦黄花叶病的危害最为严重，在历史上曾经引起大面积的粮食减产，感病后通常减产 10%～50%。在大麦中，大麦黄花叶病曾经是东亚和欧洲秋播大麦种植区域的主要病害，由土壤中的禾谷多黏菌介导传播的大麦黄花叶病毒（BaYMV）和大麦温和花叶病毒（BaMMV）单一或者复合感染引起。在欧洲，20 世纪 80 年代广受青睐的大麦主栽品种‘Maris Otter’‘Golden Promise’等高度感病，使得该病害在德国、英国、法国等大麦主产国大面积暴发。在中国，高感品种‘早熟 3 号’及其衍生品种‘盐辐矮早三’等品种的大面积推广种植，20 世纪 70～90 年代该病害在长江中下游地区普遍发生。抗黄花叶病大麦育种能够取得成功，得益于地方品种中抗病基因的发掘、回交转育和抗病新品种推广种植。当今主栽大麦品种携带的抗病基因，如 *rym4* 是欧洲地区大麦品种的主要抗源，来源于巴尔干半岛地区的大麦地方品种‘Ragusa b’；*rym5* 是东亚地区的主要抗源，其来源于我国湖北阳新地区的地方品种‘木石港 3 号’（Jiang et al.，2020）。‘木石港 3 号’是国内外大麦抗病育种广泛使用的广谱持久抗病种质，其携带 2 个隐性抗病基因 *rym1/11* 和 *rym5*，对所有已报道的毒性株系免疫。在我国，抗大麦黄花叶病的核心抗源还包括‘尺八大麦’‘御岛裸’‘鹿岛麦’等地方品种，这些优异资源表现为免疫，通过利用地方品种携带的抗病基因，选育出‘单二’‘苏啤 3 号’‘花 30’‘扬农啤 7 号’‘浙皮 10 号’等数十个抗病大麦品种，并在长江中下游地区得以大面积推广种植。在小麦中，小麦黄花叶病是中国年均发病面积最大的病毒病害，目前发掘了多个抗病遗传位点，其中 *YmYF* 来源于辐射诱变产生的创新种质‘扬辐 9311’，*YmIb* 来源于荷兰地方小麦‘Ibis’，*Qym1* 和 *Qym2* 来源于美国地方品种‘Madsen’，*Qym.njau-3B.1* 和 *Qym.njau-5A.1* 来源于日本小麦资源‘Xifeng’。

3. 玉米

玉米地方品种蕴藏着丰富的抗病虫基因资源，这些抗性基因的转育拓宽了玉米商业品种的抗性遗传基础。以玉米大斑病为例，该病害是全球玉米种植区域的重要病害，2010～2015 年北美地区大斑病导致玉米减产约 2790 万 t，该病害也是我国东北、西北、华北玉米种植区域的主要病害，常年发病面积超过 400 万 hm^2。目前已报道的主效抗大斑病基因均来源于玉米地方品种，其中包括 *Ht1*、*Ht2/Ht3*、*Htn1* 和 *Htm1*，分别来源于秘鲁地方品种‘Ladyfinger’、澳大利亚地方品种‘NN14’、墨西哥地方品种‘Pepitilla’和波多黎各地方品种‘Mayorbela’，这些来源于热带亚热带玉米种质是改良玉米抗大斑病的重要资源。*Ht2/Ht3* 和 *Htn1* 被证实互为等位基因，编码细胞壁相关受体蛋白激酶（ZmWAK-RLK1）（Yang et al.，2021）。这些抗病基因导入到玉米自交系中显著提高了玉米对大斑病的抗病性（图 7-2）。‘旅大红骨’和‘塘四平头’是利用得最为成功的中国玉米地方品种，从中选育出了‘旅 9’‘旅 28’等一批旅系品种，由于玉米大小斑病的大流行，旅系组配的杂交种抗病性丧失。地方品种‘有稃玉米’抗病性强，其携带的抗病基因被导入玉米自交系‘旅 9’中，再通过辐射处理，创制

图 7-2　澳大利亚地方品种‘NN14’来源的 *Ht2/Ht3* 基因改良玉米大斑病抗病性

从左到右依次为：玉米自交系 RP6（+*Ht2/Ht3*）和 RP6

出抗多种病害（大斑病、小斑病、丝黑穗病）、适应性强、配合力高的优异自交系‘丹340’，利用其培育出有重要应用价值的新品种 40 多个，社会经济效益极显著。利用中国玉米地方品种‘黄早四’和玉米自交系‘Mo17’杂交，中国农业大学研究团队克隆了一个玉米丝黑穗病抗性主效位点 *qHSR1*，首次在禾本科作物中证实细胞壁激酶相关基因 *ZmWAK* 对真菌病害的抗病性，导入商业品种中显著提高了玉米对丝黑穗病的抗病性（Zuo et al.，2015）。由此可见，对玉米地方品种优异基因的挖掘和种质创新，不仅可以改良现代商业品种的遗传抗病性，而且可以支撑重大基础科学问题研究工作。

4. 大豆

美国大豆品种很多核心亲本均为中国地方品种，如‘Mandarin’（黑龙江绥化四粒黄）、‘A. K’（东北大豆）、‘Mukedn’（沈阳小黄金）等。美国大豆育种成就以抗病育种最为突出。20 世纪 50 年代美国暴发大规模的大豆胞囊线虫病，给美国的大豆生产带来了致命性打击，而来自中国的抗性资源起着决定因素。利用从 2000 多份材料中筛选出的抗胞囊线虫的‘北京小黑豆’（Peking）作为杂交亲本，育成了丰产抗病的品种‘Custer’‘Dyer’‘Pickett’，挽救了美国南部的大豆生产。在我国，以地方品种‘大方猫耳灰’为母本改良育种材料‘黔豆 08001’，选育出了抗大豆花叶病毒病的大豆新品种‘黔豆 11 号’。

（三）利用地方品种改良作物的非生物逆境耐受性

非生物胁迫，比如干旱、高温、冷害、盐碱、淹涝、重金属毒害、营养元素缺乏等，是影响全球禾谷类作物产量的主要因素之一。地方品种在长期的人工栽培和环境选择过程中，更好地适应了特定非生物胁迫环境，提高了对非生物胁迫的抵抗力。比如，与现代栽培品种相比，地方品种在极端的非生物胁迫环境下往往具有更强的生存力和更高的产量。

1. 水稻耐淹涝地方品种

雨养低地水稻和深水稻约占全球水稻种植面积的 30%，淹涝已然成为影响雨养低地水稻和深水稻生产的主要非生物胁迫之一。水稻地方品种中有一些较好的耐淹涝特性，比如国际水稻研究所鉴定出的地方品种‘FR13A’具有极强的耐淹能力，植株经过 10～14 天没顶淹涝后，仍能恢复正常生长。利用该地方品种构建作图群体定位到一个控制耐淹性的主效 QTL，命名为 *SUBMERGENCE1*（*Sub1*），后经证实 *Sub1* 遗传位点包含 ERF 亚家族蛋白的 3 个基因，分别为 *Sub1A*、*Sub1B* 和 *Sub1C*，其中 *Sub1B* 和 *Sub1C* 可以在几乎所有的籼稻与粳稻品种中检测到，但是 *Sub1A* 仅仅存在于‘FR13A’等少数籼稻中，*Sub1A* 有 *Sub1A-1* 和 *Sub1A-2* 两个等位基因，其中 *Sub1A-1* 为耐淹等位基因（Xu et al.，2006）。通过分子标记辅助选择育种将 *Sub1* 位点导入到不同的水稻遗传背景‘Swarna’‘IR64’‘TDK1’‘BR11’等品种中，发现其耐淹能力均得到了显著的提高，例如‘Swarna-Sub1’和‘Swarna’在正常生长环境下产量和品质没有显著差异，但在短时间的淹涝后，导入 *Sub1* 基因可以增产约 45%。水稻地方品种中有一些材料具备较好的耐盐性，为改良栽培水稻的耐盐性提供了基础材料。比如，地方品种‘Nona Bokra’作为亲本已定位到一个耐盐主效位点 *QTL-qSKC-1*（Ren et al.，2005），利用‘Pokkai’作为亲本定位到一个耐盐主效位点 *QTLSaltol1*。

2. 玉米抗旱、耐贫瘠地方品种

地方品种是玉米抗旱、耐贫瘠种质创新的重要资源。Meseka 等（2013）从 400 份玉米地方品种的抗旱性鉴定评价筛选出 6 个抗旱优异地方品种，随后分别与优异自交系‘AK9443-DMRSR’作轮回亲本进行杂交、回交构建 BC_1F_2 群体，导入了约 25%地方品种的基因组片段的三个回交群体，比对照商业杂交种和改良品种具有更高的产量。Van Deynze 等（2018）报道了一种固氮玉米地方品种，来源于墨西哥瓦哈卡山脉田间氮贫瘠的地区，该地方品种在地上部形成大量分泌碳水化合物黏液的气生根，黏液微生物群落包含了许多已知的固氮菌、富集了编码固氮酶亚基的同源基因及活跃的固氮酶活性，大田试验表明该地方品种的大气固氮作用贡献了 29%～82%的氮肥。该地方品种作为耐低氮种质改良的重要资源，为解决贫瘠地区种植玉米氮肥不足提供了有效方法。

3. 大豆抗逆地方品种

针对浙江省特殊的气候环境，通过采用地方品种‘黄村青豆’和‘九月黄’配置杂交组合，经过多代筛选选育出耐瘠、耐旱、耐涝，适宜浙江省及气候相似地区的秋大豆‘丽秋 3 号’。以地方品种‘20-86’和‘99231’为父母本，选育出双高多抗的春大豆新品种‘衡春豆 8 号’，该品种综合性状优、抗逆性强；以地方品种‘敦化中粒’和‘公野 0220F3’杂交选育出芽菜用的小粒豆新品种‘吉育 109’，因其突出的抗逆性特点具有广阔的推广前景。

4. 养分高效利用地方品种

氮、磷、钾等是植物生长发育的必需元素，对农作物产量的形成具有重要的贡献。地方品种长期生长在土壤瘠薄的地区，在养分胁迫条件下形成了丰富的养分高效利用种质，为新品种培育提供了种质基础。磷是植物的必需元素，也是不可再生的元素，在世界热带和亚热带地区的土壤一般缺乏磷元素。通过比较 13 个巴西玉米地方品种和 5 个改良品种的磷利用效率，发现产量与磷利用效率呈显著的正相关，其中两个玉米地方品种‘Amarelao’和‘Caiano’在磷利用效率上表现尤为突出，可以作为改良玉米磷利用效率的重要种质。水稻地方品种‘Kasalath’具有较强的耐低磷胁迫特性，利用该地方品种构建的作图群体定位到一个提高磷利用效率的主效 QTL 位点 *Pup1*，将 *Pup1* 等位基因导入到不同的遗传背景后发现，包含 *Pup1* 等位基因的导入系可以显著提高低磷条件下籽粒产量，为水稻磷高效利用提供了优异的等位基因（Chin et al.，2011）。在小麦中，利用骨干亲本‘洛夫林 10 号’和地方品种‘中国春’构建的 DH 群体进行了耐低磷 QTL 定位，在小麦染色体 4B、5A、5D 上定位了耐低磷 QTL 位点。四川农业大学利用 700 多份中国小麦地方品种，通过 GWAS 鉴定出 34 个与耐低磷相关的 QTL（Lin et al.，2020）。

（四）利用地方品种改良作物的农艺产量性状

1. 水稻地方品种

Fujita 等（2013）利用热带粳稻地方品种‘Daringan’和现代栽培种构建的近等基因系，图位克隆了一个增产基因 *SPIKELET NUMBER*（*SPIKE*），该基因对产量和株型具有一因多效的作用，含 *SPIKE* 等位基因的近等基因系可以显著增加小穗数、叶片大小、根系和维管束数目，并可以提高13%～36%的籽粒产量且无产量负效应；在IRRI146遗传背景中，携带 *SPIKE* 等位基因的近等基因系可以提高产量约 18%，在其他籼稻遗传背景下，*SPIKE* 等位基因可以增加小穗数。

2. 小麦地方品种

四川农业大学利用来自我国 10 个农业生态区的 723 个小麦地方品种为材料，在 6 个环境下对采集的 23 种农艺性状进行全基因组关联分析，鉴定出 15 个性状的 29 个 QTL 位点，并根据标记信息筛选出 25 个候选基因（Liu et al.，2017）。中国农业科学院和中国农业大学分别利用我国北方多小穗地方品种‘YM44’和我国西藏地区特有的三联小穗小麦地方品种‘藏 734’为材料，克隆了控制小麦穗粒数、小穗数、粒重及芒长的重要结点基因 *FRIZZY PANICLE*（*WFZP*），研究了其在小麦中的功能并解析了分子调控网络，为小麦高产育种提供了重要基因资源和理论基础（Li et al.，2021；Du et al.，2021）。西班牙粮食和农业技术研究所及意大利博洛尼亚大学利用来自 24 个国家的 170 份地中海小麦地方品种进行根系相关性状的全基因组关联分析，发掘出与根系性状相关的 15 个 QTL 热点区域（Rufo et al.，2020）。

3. 玉米地方品种

我国西南川渝地区雨水丰富，但是光照资源不足、病虫害危害严重，玉米新种质创制过程中需要特别注重利用当地地方品种的适应性和株型结构，从而提高创新自交系的产量。基于重庆地方品种‘云阳小黄早’，经辐射处理后代创制出早熟、长势强、抗逆性好、适应性强的玉米优异自交系‘095’；利用西南地方种质‘交麻二黄早’，创制出长势强、适应性强、抗逆性好自交系‘交 51’；自交系‘交 51’和‘095’相互改良，创制出早熟、矮秆、抗病自交系‘B603’；利用自交系‘095’的早熟性，改良了自交系‘561’，育成株型紧凑、耐阴湿能力强、抗逆性好、适应性强的自交系‘渝9537’。这些创制出的优良自交系在西南区玉米育种中发挥了重要的作用，培育出了高产玉米新品种‘渝单 5 号’‘渝单 8 号’‘渝单 30’‘渝单 18’‘渝单 19’等，成为重庆市及西南地区推广面积较大的品种。

4. 大豆地方品种

以贵州省不同生态区域的地方品种资源材料为亲本，按系谱选育法选育出高产、广适的春大豆新品种‘黔豆 12’。以地方品种‘应县小黑豆’为母本和‘H586’杂交，采用系谱法选育出早熟、优质的大豆新品种‘晋豆 46 号’，较对照‘晋豆 25 号’增产 7.0%。以‘开豆四号’为母本与地方品种‘东北大豆’杂交，成功选育出耐密的大豆新品种‘开豆 49’，该品种耐密、优质、丰产性好、稳产性强，适宜在河南省及其周边地区大面积生产应用。以‘徐豆 9 号’与地方品种‘翠扇大豆’杂交选育出了大豆高产新品种‘徐豆 25’，该品种具有较好的抗倒性。

5. 大麦地方品种

‘肚里黄’是甘肃省甘南地区的六棱裸大麦（青稞）地方品种，其穗下节间短，成熟时穗被旗叶叶鞘完全或部分包裹，故名肚里黄。相对于青藏高原地区种植的青稞品种，该地方品种株高仅为 90cm，植株变矮显著提高了青稞成熟期的抗倒伏性，幼穗包裹在叶鞘中利于保护幼穗发育，免于紫外线、雨水或冰雹等复杂气候影响，提高授粉成功率和结实率。最重要的是，地方品种成熟时植株直立，单位面积穗数比常规品种（指成熟时穗子抽出的品种）提高 30%～40%，但是穗粒数和千粒重没有显著变化，从而实现了青稞产量的显著提升。通过地方品种及其衍生品种与栽培青稞品种杂交，选育出了‘昆仑 15’‘甘青 4 号’等为代表的高产青稞品种，其中‘昆仑 15’在青海省海西州的试验田亩产量连续多年大于 600kg，成为当前青海省、甘肃省等青藏高原周边地区的主推青稞品种。

（五）利用地方品种改良作物的品质性状

禾谷类作物籽粒蛋白质含量是重要的品质指标之一。水稻和玉米的籽粒蛋白质含量较低，通常为 6%～10%，小麦籽粒蛋白质含量比较高，一般为 12%～15%。大麦是世界第四大禾本科粮食作物，其中 75%的产能用作动物饲料，优质饲用大麦的蛋白质含量通常高于 15%，其蛋白质含量比玉米高 5%～10%，可消化蛋白质含量高，赖氨酸含量高；而用于酿造啤酒的大麦要求籽粒蛋白质含量低于 12%。

1. 大麦地方品种

大麦地方品种的籽粒蛋白质含量变异范围较大，一般为 9%～23%，为改良饲用大麦和啤酒大麦提供了丰富的种质资源。例如，扬州大学采用来源于墨西哥的高蛋白大麦地方品种‘Hiproly’与‘泾大 1 号’杂交，选育出了优质高蛋白大麦品种‘扬饲麦 3 号’，其蛋白质含量为 15.56%。中国农业大学以地方品种‘紫光芒裸二棱’和‘澳选 3 号’杂交获得的 RIL 群体为研究材料，鉴定出 6 个多环境稳定的 QTL 位点，其中完成了 *QGpc.ZiSc-6H.3* 位点的精细定位和候选基因分析（Fan et al.，2017）。

2. 小麦地方品种

高分子量麦谷蛋白（HMW-GS）约占小麦籽粒蛋白质含量的 10%，但其决定了生面团的黏弹特性。小麦中 HWM-GS 编码基因被定位于 1A、1B 和 1D 染色体的长臂上，分别命名为 *Glu-A1*、*Glu-B1* 和 *Glu-D1*，每个位点含有两个编码不同类型且紧密连锁的高分子量谷蛋白基因（x 型和 y 型），同一位点编码的 x 型高分子量谷蛋白亚基比 y 型亚基的迁移速度低。小麦地方品种及其近缘物种中 *Glu-1* 位点等位变异丰富，比如

Glu-D1 位点报道了 x5+y10、x2+y12，x2+y10 等多种变异。小麦不同的高分子量麦谷蛋白亚基及其组合对面包的烘烤品种具有不同的效应，比如 1Ax1、1Bx7OE、1Bx14、1Dx5、1Dx5+1Dy5 被认为是优质亚基，对烘烤加工品种起促进作用，而 1AxNull、1Bx20、1Bx6+1By8、1Dx2+1Dy12 对小麦加工品种有负效应。西北农林科技大学以小麦地方品种‘半截芒’为材料，克隆了高分子量谷蛋白亚基 *Glu-B1* 位点上 x 型和 y 型优质亚基 1Bx23.1 和 1By15.1（Shao et al.，2015）。伊朗赞詹大学从 158 份伊朗小麦地方品种发掘出 57 种已知高分子量谷蛋白亚基的组合类型，并发现了 5 个新高分子量谷蛋白亚基等位基因（Zahra et al.，2020）。

3. 玉米地方品种

糯玉米起源于我国，我国丰富的糯玉米地方种质资源为鲜食玉米育种提供了重要的种质资源。我国糯玉米育种工作起步较晚，新中国成立前所用品种都是农家种。在糯玉米地方种质中，蕴含特殊优良品质、抗逆性等性状的优良基因，如‘衡白 522’甜度口味优良，‘通系 5’黏度性状优良（陈国清等，2013）。20 世纪 90 年代初育成了一批糯玉米杂交种，主要得益于我国丰富的地方糯玉米种质资源，但大都是从糯质自然授粉品种中选育糯质一环系，组配杂交种，如‘苏玉糯 1 号’‘渝糯 1 号’‘渝糯 2 号’‘遵糯 1 号’‘筑糯 1 号’等，此时是利用地方品种选育优良糯玉米品种的阶段。从 20 世纪末开始利用糯玉米杂交种选育二环系和通过普通玉米优良基因改良糯玉米种质一起成为我国糯玉米育种的主要方法，而使用从糯玉米农家种直接选育自交系的比例大幅下降。江苏省农业科学院苏玉糯、苏科糯鲜食玉米系列品种的选育也是对地方种质挖掘改良的成功案例。

我国第三次全国农作物种质资源普查与收集行动收集了一大批珍稀、特色的玉米地方优异资源，其中山西省翼城县中卫乡石佛村的老地方品种‘珍珠玉米’入选了农作物十大优异种质资源，该地方品种含钙量高、爆花率达 99%以上、品相好，预计将在爆裂玉米育种中发挥重要作用。此外，玉米含有丰富的人体健康所需的次生代谢物，研究表明玉米地方品种可以合成大量的次生代谢物，是类胡萝卜素、酚类物质、花青素等次生代谢物重要的原料来源，在次生代谢物直接应用于食品、医疗和化妆品工业方面，玉米地方品种是改良或增加这些次生代谢物的前景性种质资源。

4. 大豆地方品种

使用大豆地方品种资源进行大豆品质改良也取得诸多进展。例如，以地方品种‘沛县小油豆’为父本，以‘周豆 11 号’作为轮回亲本母本，选育出了高蛋白的夏大豆新品种‘周豆 29’；以地方品种‘早绿皮’为父本、‘青酥五号’为母本，选育出夏播菜用大豆新品种‘青酥七号’，该品种的突出特点是易烧煮，吃口糯性，微甜；以地方品种‘金坛苏州青’与‘苏早 1 号’杂交，选育出菜用大豆新品种‘苏豆 16 号’，具有较好的丰产性和食用品质；以‘衢 9902’为母本，以地方品种‘六月半’为父本进行人工杂交，选育出品质优、商品性上佳的鲜食大豆新品种‘衢鲜 9 号’；以‘淮豆 10 号’为母本，晚熟大粒地方品种‘金湖大青豆’为父本，选育出鲜食夏大豆新品种

‘淮鲜豆 6 号’，品质好，口感甜糯，适宜在江苏省淮河以南地区夏播种植。由此说明，大豆地方品种的有效利用，促进了专用型优质大豆新品种的选育。

第三节　基于野生近缘植物的作物种质创新

一、野生近缘植物的特性与利用价值

作物野生近缘植物（crop wild relatives，CWR）是十分重要的种质资源，在各种自然环境中自生自灭，如果不能抵抗各种病虫害的袭击，或不能抵御各种自然灾害逆境，便被自然淘汰。因此，栽培作物的野生近缘植物多具有抗病虫、抗非生物逆境特性。

从野生种向栽培种导入抗病抗逆基因的事例，在许多作物中都有发生。在小麦中，约 40%的抗病基因来自野生近缘植物。在马铃薯中，已有 20 多个野生种的抗病虫害基因被转移到栽培种中来。20 世纪 70 年代在东南亚严重危害水稻的草丛矮缩病也是利用野生稻资源才得以解决。番茄的抗螨虫基因、抗温室白粉虱基因、耐盐基因都是从野生种转移到栽培种的。野生种也是优良品质改良的主要基因来源，如野生棉的纤维拉力强、野生大豆蛋白质含量达到 55%以上，已被转入栽培种中利用。普通野生稻来源的野败型细胞质雄性不育基因，在我国杂交水稻育种中被广泛利用。此外，野生种也存在丰产基因，比如野生稻中发现 2 个 QTL，可以提高水稻 17%的产量，野生番茄的 QTL 导入栽培种中可以提高 48%的产量。因此，存在于野生种中的多样性遗传基因，仍然是今后作物种质创新的主要基因源和供体库。

二、基于野生近缘植物的作物种质创新策略

（一）基于常规杂交遗传重组转移外源染色体片段

与地方品种不同，野生近缘植物与受体作物的染色体结构差异大，导致远缘杂交染色体不亲和、杂交可结实率低、杂种不育、杂交后代疯狂分离等难题，使得转移野生近缘植物的优异基因到栽培作物中异常困难且成功率低。但是，外源染色体或者染色体片段导入受体作物后也能产生自发易位或小片段渗入，从中可以鉴定出遗传平衡、补偿效应好的小片段渗入系或者外源染色体易位系，并成为利用野生近缘植物改良栽培作物的有效利用途径。

在远缘杂交中，基于常规杂交遗传重组的自发易位通常具有补偿性好、遗传稳定的优点，但易位频率较低。自发易位主要是利用染色体的中心断裂-融合机制，从而产生罗伯逊易位，其原理是减数分裂 I 期两个单价染色体在着丝粒处同时发生断裂并移向同一极，并在减数分裂Ⅱ期发生融合（Friebe et al.，2005）。由于遗传背景和环境条件差异，罗伯逊易位产生的频率一般在 4%～20%（Lukaszewski，1993，1997）。罗伯逊易位的产生一般发生在部分同源染色体间，补偿性较好，更容易在小麦育种中利用。例如，著名的小麦-黑麦 T1BL.1RS 易位系就是利用这种方法转移外源染色体的典型例子，Rahmatov 等（2016）以小麦-黑麦 2R（2D）代换系为基础材料获得了携带高抗条

锈病 *Sr59* 的 T2DS.2RL 罗伯逊易位系，Qi 等（2021）从小麦-冰草 6P（6D）代换系后代鉴定出增加粒重的 T6DS.6PL 和 T6PS.6DL 易位系。

在诱导小麦与野生近缘植物间转移外源基因的研究中，使用最广泛的遗传工具材料是 *Ph1* 基因突变体。抑制部分同源染色体配对基因 *Ph1* 具有保证六倍体小麦按照二倍体行为完成减数分裂的染色体配对的能力，以维持小麦基因组的完整性和稳定性（Sears，1977）。位于小麦 5B 染色体长臂上的 *Ph1* 基因座的作用最强，当 *Ph* 基因发生突变时，解除了抑制部分同源染色体配对机制，使得小麦染色体有机会与外源染色体间发生重组和交换，从而诱导易位系的产生。其中，*ph1b* 基因是应用最为广泛的一个基因，是诱导小麦减数分裂同源配对/重组最有效的等位基因，广泛应用于小麦野生近缘植物基因的导入。可是，'中国春' *ph1b* 突变体的农艺性状较差，导致其应用受到限制。近年，各国都通过杂交和连续回交方式将来自'中国春'突变体的 *ph1b* 基因转移到具有优良农艺性状的推广品种中。另外，有一些小麦地方品种和小麦野生近缘植物中存在 *Ph1* 基因的互作基因，具有促进部分同源染色体配对和重组能力。例如，地方品种'开县罗汉麦' 3AL 上位点能促进部分同源染色体配对（Fan et al.，2019），卵穗山羊草（*Aegilops geniculata*）5Mg 染色体上的部分同源染色体配对促进基因 *Hpp-5Mgph1b* 具有提高 *ph1b* 基因诱导重组频率的能力（Koo et al.，2020）。

杀配子基因的应用也可以诱导外源染色体与小麦染色体发生随机易位（Endo，1988）。杀配子染色体在诱导染色体缺失、构建染色体物理图谱和外源优异基因转移方面应用广泛。杀配子染色体是一类在杂合状态下可以引起不含该染色体的配子中的小麦染色体发生结构变异，从而导致配子败育，并表现该染色体的优先传递的一类特殊染色体。在远缘杂交方面利用杀配子染色体实现了大麦、黑麦、冰草、长穗偃麦草、簇毛麦和大赖草（*Leymus racemosus*）等外源优异基因的转移和易位系的创制。

人工合成多倍体物种也是利用野生外源植物的重要方式。六倍体小麦由四倍体祖先种野生二粒小麦（BBAA）和二倍体野生粗山羊草（DD）天然杂交产生。因而，通过四倍体小麦与粗山羊草杂交，通过秋水仙碱加倍，可以人工合成六倍体小麦。该策略同样适用于四倍体或六倍体小麦与黑麦杂交，从而成功创制出了新的物种小黑麦。

此外，少数作物的野生种和栽培种几乎没有杂交障碍，通过常规杂交的基因渐渗是利用野生近缘植物最重要的途径。比如，栽培大麦由野生大麦驯化而来，两者杂交几乎完全可育，许多野生大麦的抗病、耐逆基因已经用于栽培大麦的遗传改良。二倍体大刍草与玉米染色体数相同，所以两者之间杂交几乎没有杂交障碍，但二者杂交属于远缘杂交，也往往由于亲缘关系远而出现亲本杂交不亲和、结实率低等问题。玉米和大刍草之间的天然基因渐渗也是存在的，但频率较低（Doebley et al.，1990）。

（二）基于理化诱变方法转移外源染色体片段

面对野生近缘植物与栽培作物存在杂交障碍的问题，需要利用人工干扰才能转移野生种基因到作物中。目前最常用的是射线辐照、化学诱变剂处理等方法，诱导外源基因转移到受体作物中。电离辐照能引起染色体随机断裂，片段以新的方式重接产生包括易位在内的染色体结构变异。小麦的细胞遗传学研究中，Sears（1956）首先利用

X 射线辐照，选育出了携带小伞山羊草抗叶锈基因的易位系。自此以后，电离辐照广泛用于创制小麦异源易位系，如簇毛麦（Chen et al.，1995）、黑麦（Zhuang et al.，2015）、冰草（Song et al.，2013）、百萨偃麦草（Pu et al.，2015）等已将抗白粉、叶锈、条锈、秆锈等基因导入到小麦中。电离辐射诱导的染色体断裂位置存在不确定性，这些方式诱变获得的后代常常是随机的，需要进行大量的筛选以获得遗传平衡、补偿性好的后代加以利用。

（三）基于花粉管通道法和细胞工程的方法转移外源染色体片段

通过花粉管通道法导入外源遗传物质，也是野生近缘植物种质创新的重要方法，在野生大豆生物技术育种中得以广泛使用。自 1985 年以来，杨光宇等（2005）报道利用花粉管将野生大豆的总 DNA 导入栽培大豆，并将部分野生大豆 DNA 片段重组到栽培大豆细胞的 DNA 中，实现了花粉管导入野生大豆基因，创建的优良品系比供体品种‘吉林 20 号’抗大豆蚜虫特性提高了 15%以上，同时创制选育了高油大豆品种‘吉科豆 1 号’。此外，山东大学夏光敏教授创立了小麦体细胞杂交转移异源染色体小片段的新技术，成功培育了小麦耐盐抗旱新品种‘山融 3 号’和耐盐碱新品系‘盐鉴 14 号’（夏光敏，2009）。利用无融合生殖，可以永久固定杂交种的杂种优势，保持杂交种后代性状不发生分离，将大幅降低制种成本，且可以更加广泛地利用杂种优势。中国科学家团队首次在杂交稻中创建了无融合生殖体系，获得了杂交稻的克隆种子，实现了杂交水稻无融合生殖从无到有的突破（Wang et al.，2019）。无融合生殖技术很可能是第二次绿色革命，将大幅度降低杂交种生产成本，保证粮食安全。

三、作物野生近缘植物外源遗传成分的检测和追踪

作物野生近缘植物外源基因的转移与利用依赖于有效的检测手段才能保证高效、准确地获得携带外源基因的新种质。在实践中，已经形成以形态学标记、染色体核型分析、细胞遗传学鉴定、分子标记鉴定和测序技术等多种方法的综合鉴定技术体系，保障了利用野生种多样化的基因源进行作物种质创新工作。

（一）形态学标记鉴定

依据野生供体物种携带的典型外观特征特性如株高、穗型、叶被毛、颖壳绒毛、籽粒、芽鞘和叶耳颜色，芒的有无或长短等来鉴定作物远缘杂交后代，是否含有外源遗传物质是一个简易好用的方法。典型的形态标记用肉眼即可识别和观察，简单直观易于进行，不依赖于复杂的仪器设备，曾经是科学家判断远缘杂交后代是否携带外源染色质成分的有效手段。比如，在鉴定小麦和冰草、小麦和簇毛麦的远缘杂交后代中，发现冰草 1P 染色体和簇毛麦的 2V 染色体，均表现出颖壳带有绒毛的外源染色体显性形态学标记（图 7-3），这样的标记区别于小麦受体材料，非常容易鉴别后代是否携带相应的外源染色体（Pan et al.，2017；Zhang et al.，2015），还有长穗偃麦草 4E 染色体上携带的蓝色糊粉粒基因，可被用于形态学标记鉴定外源染色体的导入（李振声等，1982）。

Fukuho　　Ⅱ-3-1　　Ⅱ-3-1a　　Ⅱ-3-1c

图 7-3　小麦 1P 附加系和代换系具有典型的颖脊毛表型特征（Pan et al.，2017）

（二）染色体核型分析

染色体核型分析是指通过对根尖体细胞染色体的计数、形态特征观察和花粉母细胞减数分裂染色体配对行为分析等，判定衍生后代是否是双二倍体、附加系、代换系的染色体数目变异和结构变异等，是传统的细胞遗传学鉴定方法。作物花粉母细胞减数分裂时期的染色体配对分析，包括单价体、二价体、多价体的有无及出现的频率，可进一步探究外源染色体的同源性。核型分析方法虽比形态标记鉴定准确性高，但不能区分开染色体，只能作为外源染色体鉴定的初步判定。

随着显微操作技术的进步，染色体显带技术包括 C 分带、N 分带、G 分带、R 分带、Q 分带，基于不同个体间的染色体带型的差异，揭示了染色体的内部结构分化，用于区分和鉴别外源染色体片段。对于染色体形态无较大差异，但带纹明显的近缘物种的染色体区分十分有效。其中，C 分带技术对那些易于显带且带纹清晰的外源染色体及其异源易位而言，是经典和有效的检测手段。该技术在原位杂交方法产生之前，一度成为主要检测识别外源染色体的技术。比如，在小麦染色体鉴别中，Gill 等（1991）建立了普通小麦的标准带型。随后，染色体 C 分带分别被应用于对簇毛麦、披碱草及其二倍体后代、小黑麦异附加系中的外源染色体的鉴定。C 分带技术的局限性在于，并非所有外源物种的染色体之间都显示清晰而多态的带，同时不同作物品种遗传背景差异造成带纹的多态性也带来了干扰。

（三）细胞遗传学技术

基因组原位杂交（genomic *in situ* hybridization，GISH）技术是细胞学和现代分子生物学成功结合的产物，目前在外源遗传物质鉴定上是应用最为广泛的方法，它是根据核酸碱基互补配对原则，将标记的外源核酸探针与染色体制片上的特异染色体进行杂交，通过荧光显微镜进行检测，以确定是否携带外源染色体或片段。通常用生物素、地高辛等标记的 DNA 探针与染色体制片上的染色体 DNA 杂交，在荧光显微镜下显示探针与其互补配对的染色体结合的区间位置。利用 GISH 技术可以方便地对植物基因组中异源染色体或片段进行鉴别，用于判断是否含有异源易位，显示易位的断裂点和外源染色体易位长度。

荧光原位杂交（fluorescence *in situ* hybridization，FISH）技术是 20 世纪 80 年代末产生的荧光素标记的原位 DNA 杂交技术，传统采用缺刻平移法将荧光素标记的核酸探针与待测样本中的核酸序列按照碱基互补配对的原则进行杂交，通过荧光杂交信号来检测 DNA 序列在染色体或拉长染色体上定位的技术。常以重复序列标记的探针实施 FISH 检测，可以区分和识别不同染色体，以及它们的排列顺序和相互距离。比如，Lapitan（1986）成功应用来自黑麦 120bp 的重复序列 pSC119 探针分析了小黑麦 1B/1R 易位系，发现在着丝粒处断裂的 1R 染色体的整个短臂被易位到了小麦 1B 长臂上。

Oligo-FISH 技术是近年发展起来的，较传统的缺刻平移法标记探针简化了步骤，随着 DNA 人工合成的便利，研究者可以利用任意合成的寡核苷酸直接在末端加上荧光修饰标记（比如 FAM、HEX、TAMRA、cy5 等）。与传统的 GISH 技术相比，Oligo-FISH 技术省去了探针制备过程，探针和染色体不需要变性过程，杂交时间短、成本低，克服了 GISH 技术步骤烦琐和成本高的缺点。同时制片方法也获得改进，由过去的手动压片改为酶解结合 N_2O 处理滴片的办法，大大提高了鉴定效率。近年，Oligo-FISH 技术被大量地应用于作物外源特异染色体区段的检测上。Cuadrado 等（2009）开发了非变性荧光原位杂交技术（non-denaturing FISH，ND-FISH），该技术显著缩短了杂交时间，提高了材料鉴定效率，因此得到了广泛应用 Tang 等（2014）、Fu 第（2015）先后开发了一系列的寡核苷酸探针，在 FISH 分析中很好地替代了 pAs1、pSc119.2、pTa-535、pTa71、CCS1 和 pAWRC.1 等这些常用探针，为小麦及其近缘物种染色体的鉴定提供了一种简单、廉价、高通量的方法。Lou 等（2014）成功开发基于单拷贝基因库的染色体涂染技术，在黄瓜中通过设计基因组中低拷贝序列引物，分别扩增后混合作为探针进行涂染，进行种内及种间的染色体重排等结构变异研究。

（四）分子标记检测

分子标记技术具有高通量，检测方法简单、快速的优点，在检测外源染色质成分中是主要的技术途径。随着分子标记技术的发展，检测外源染色质成分的分子标记逐渐由早期的 RFLP、AFLP、RAPD 标记，过渡为微卫星 SSR 标记、EST-STS（expressed sequence tags-sequence tagged sites，表达序列标签-序列标签位点）标记，近年又出现了内含子长度多态性标记（intron length polymorphism，ILP）、InDel 和 SNP 标记等。比如，朱东旭等（2014）对位于芸薹属结球甘蓝 C 基因组 9 个连锁群的 458 个 InDel 标记进行 PCR 筛选，筛选出 286 个结球甘蓝相对于大白菜的特异 InDel 标记，明确了外源甘蓝染色体片段的物理位置。Ma 等（2019）首次基于 SNP 标记技术开发了小麦背景下的冰草 P 基因组特异分子标记，分别鉴定出携带多花多粒性状和高抗白粉病性状的小麦-冰草渐渗系。Wang 等（2017a）报道利用染色体分拣技术和基因组测序技术相结合，开发簇毛麦在小麦背景下的内含子多态性标记，通过比较簇毛麦与小麦同源基因插入内含子的大小不同，有效区分外源导入染色体。

（五）基于基因组测序技术鉴定外源染色质成分

简化基因组测序技术是通过限制性内切酶切开基因组 DNA，经过高通量测序后得到大量遗传多态性标签序列的方法［SLAF-seq（specific-locus amplified fragment sequencing，特异位点扩增片段测序）；RAD-seq（restriction-site associated DNA sequencing，基于酶切的简化基因组测序)]，具有减少基因组的复杂度、实施过程简便、费用少，同时不依靠参考基因组也能得到全基因组中的遗传多态性标签的优点。近年，基于简化基因组测序技术鉴定外源染色质成分的研究被大量报道，在小麦野生近缘植物、油菜、野生稻、热带玉米种质、南瓜、野生葡萄的外源渗入检测中被广泛应用（Maggie et al.，2021；Martínez-González et al.，2021；Qiao et al.，2021）。

随着测序成本的下降，重测序和基因组测序从头组装，加快了外源遗传物质渗入的检测精度，并提高了分辨率。比如，Zhang 等（2021）报道了通过全基因组从头测序 11 个萝卜属的栽培种、野生种和渗入系的基因组，揭示了存在的易位和串联重复片段。Coombes 等（2023）完成了供体种无芒山羊草从头基因组组装测序，然后对小麦/无芒山羊草后代渗入系进行重测序，准确揭示了衍生系后代外源渗入片段的边界和位置。

四、野生近缘植物在作物种质创新中的应用

（一）利用野生近缘植物改良作物的杂种优势利用

野生稻是水稻改良的重要基因源，在杂交水稻雄性不育系的利用中发挥了非常重要的作用。1970 年，在收集野生稻资源过程中，李必湖先生在海南岛发现了一株雄性不育的野生稻，后被命名为‘野败’，选育出了我国第一批野败型雄性不育系和保持系。到目前为止，已有 200 多个来自野败质源的雄性不育系，比如在生产上普遍采用的‘珍汕 97A’和‘V20A’，在不同的环境条件下始终保持雄性不育（袁隆平，1986）。通过广泛测交筛选，从东南亚籼稻品种中选育出‘IR24’‘IR61’‘泰引 1 号’‘IR26’等优良恢复系，于 1973 年 10 月完成雄性不育系、保持系、恢复系‘三系’配套，配置出‘南优 2 号’‘南优 3 号’‘汕优 2 号’‘汕优 3 号’‘V 优 6 号’等杂交组合。从 1976 年起，野败型杂交水稻开始迅速向全国推广。利用野生稻雄性不育基因，转育出了一大批不育系与相应的保持系，配置的杂交组合在水稻生产中发挥了极其重要的作用。

从野生大豆群体中发掘雄性不育基因，特别是具有良好雌性育性、高度雄性不育和异交率的材料，为杂交大豆育种开辟了广阔的前景。通过对野生大豆的细胞质雄性不育系研究，我国获得了世界上第一个具有野生表型的大豆细胞质雄性不育和保持系，在不同的环境条件下具有正常的雄性不育和稳定的不育性（孙寰等，1993）。世界上第一个大豆杂交种‘杂交豆 1 号’于 2002 年 12 月获得吉林省作物品种审定委员会批准，产量比对照提高 20%以上。通过筛选潜在的新细胞质雄性不育材料，从 71 个栽培大豆和 17 个一年生野生大豆种质杂交获得的 103 个杂交种中，筛选出 8 个雄性不育植株。

油菜的远缘杂交包括种间杂交和属间杂交，利用远缘杂交获得的新种质在油菜育种中发挥着重要作用。先后报道了油菜与芸薹属内种间和其近缘属间的杂交优势利用，包括油菜与白菜、甘蓝、黑芥等近缘种，以及萝卜、菘蓝、诸葛菜等近缘属间的杂交均获得成功（Kang et al.，2014；Heneen et al.，2012；Budahn et al.，2008；Peterka et al.，2004）。把油菜近缘植物中的细胞质雄性不育基因导入到栽培品种中，可以有效地改良育种和发挥油菜杂种优势。Ogu CMS 是在萝卜中发现的细胞质雄性不育型（Ogura，1968），利用 Ogu CMS 创制的甘蓝型油菜不育系不育性稳定、彻底，不易受环境影响，在生产中被广泛使用（Bannerot et al.，1977）。Pelletier 等（1983）利用原生质体融合技术将萝卜中的细胞质雄性不育基因（*CMS*）导入到甘蓝型油菜中，创制了可用于杂种优势利用的不育系新种质。

（二）利用野生近缘植物改良作物的抗病虫特性

1. 小麦野生近缘植物

野生近缘植物是作物抗病虫遗传改良主要的三级基因源。在小麦中，自从 McFadden（1930）首次将栽培二粒小麦中的抗秆锈病基因转移到小麦中以来，已成功地将大量外源优异基因导入了小麦。目前小麦族中的所有属均与小麦杂交成功，涉及所有 23 个基因组，转入小麦并定名的外源基因已有 100 余个（Mujeeb-Kazi et al.，2013），其中部分基因由于具有良好补偿效应且无遗传连锁累赘，在小麦育种中发挥了重要作用，比如来源于长穗偃麦草的 *Lr24*、*Sr24*、*Sr26*，提莫菲维小麦的 *Sr36*、*Pm6*，黑麦 1B/1R 易位系的 *Lr26*、*Sr31*、*Yr9*、*Pm8* 和 1A/1R 易位系的 *Gb2*、*Pm17*（Friebe et al.，1996）。除了以上在农业生产上发挥重要作用的基因，还有拟斯卑尔脱山羊草的 *Lr9*，偏凸山羊草的 *Pch1*、*Yr17*、*Lr37*、*Sr38*、*Cre5*，长穗偃麦草的 *Lr19*、*Sr25*，以及簇毛麦的 *Pm21*、*Cmc* 等。其中 *Yr17*、*Lr37*、*Sr38*、*Cre5* 已经广泛应用到欧洲、澳大利亚和北美的小麦育种中（Helguera et al.，2003；Jahier et al.，2001）。在中国，2002～2011 年有 12 个小麦品种中含有 *Pm21*，总种植面积超过 340 万 hm^2（Xing et al.，2018），这主要与 *Pm21* 对白粉病具有广谱抗性和持久性有关。来自长穗偃麦草的主效抗赤霉病基因 *Fhb7* 已导入到主栽小麦品种背景下，有望对小麦的抗赤霉病育种发挥重要作用。中国农业科学院作物科学研究所李立会研究员团队成功导入了冰草 2P 染色体，创制出的小麦-冰草易位系对我国 13 省 102 个地点的 50 个叶锈菌小种均表现免疫，有望在未来小麦育种中发挥重要作用（Jiang et al.，2018）。

2. 野生稻

野生稻携带有栽培水稻不具有的抗病基因，可用于水稻的抗病性遗传改良。稻瘟病抗性基因 *Pi9*、*Pi40(t)*均来自野生稻，*Pi9* 基因来源于小粒野生稻（*O. minuta*），是已被克隆的稻瘟病抗性基因中抗谱最广的基因，对来自 13 个国家的 43 个稻瘟病小种表现广谱抗性（Amante-Bordeos，1992）。*Pi40(t)*来源于澳洲野生稻（*O. australiensis*），由国际水稻研究所（IRRI）鉴定并定位于第 6 号染色体上（Jeung，2007）。国际水稻研究所（IRRI）从尼瓦拉野生稻（*O. nivara*）中发现了抗草丛矮缩病的唯一抗源，培育出 IR 系列品种，解决了水稻抗草丛矮缩病的难题（鄂志国和王磊，2008）。我国利用广东野生稻培育出高产、抗病品种桂野占系列品种，利用广西普通野生稻创制出高抗白叶枯病新种质（冯锐等，2014）。1990 年，将长雄蕊野生稻中抗白叶枯基因 *Xa21*

导入栽培稻，创制了世界上第一个高抗白叶枯的水稻品种（Khush et al.，1990），随后源自野生稻的有 6 个白叶枯病抗性基因 *Xa21*、*Xa23*、*Xa27(t)*、*Xa29(t)*、*Xa30(t)*和 *Xa32(t)* 陆续被转入水稻中，解决了稻种资源缺少白叶枯病抗源的问题（金杰等，2013）。其中，中国农业科学院作物科学研究所赵开军团队针对我国栽培稻中缺乏广谱高抗白叶枯病基因资源的问题，建立了野生稻抗病基因资源挖掘技术体系，从 2000 份野生稻中筛选出了广谱高抗白叶枯病的野生稻种质‘RBB16’（图 7-4），并将其抗性转入栽培稻，创制出了具有国际标杆性的广谱抗白叶枯病栽培稻新种质‘CBB23’；通过创新抗病基因分离技术，克隆了目前世界上抗谱最广的白叶枯病抗性基因 *Xa23* 并阐明其广谱抗病分子机制，为科学利用 *Xa23* 基因资源提供了理论基础；建立了 DNA 标记辅助选择 *Xa23* 基因的分子育种技术，有效解决了野生稻抗病种质很难直接用于栽培稻育种实践的难题。

图 7-4　广谱高抗白叶枯病的野生稻种质‘RBB16’

3. 玉米野生种

大刍草是玉米的野生种，两者几乎没有杂交障碍。二倍体多年生大刍草对玉米褪绿斑驳病毒（MCMV）、玉米褪绿矮缩病毒（MCDV）、玉米条纹病毒（MSV）及玉米粗缩病毒都是免疫的。陈云霄等（2018）从大刍草基因组中筛选出显著表达且表达量较高的基因 *CA*、*WRKY6*、*ODD*、*GAD*、*GDH* 和 *PYL4*，在抗病害及各种非生物胁迫中起关键的合成或调节作用。

4. 番茄野生种

利用番茄近缘野生种基因改良番茄抗病性取得大量成果。早在 1939 年，从野生种醋栗番茄‘PI79532’中鉴定出番茄第一个抗病基因，即抗枯萎病的 *I* 基因（Bohn and Tucker，1939）。随后从野生醋栗番茄中相继鉴定出了抗真菌、细菌、病毒等不同类型病害的基因，如抗枯萎病的 *I2* 基因（Stall and Walter，1965）、抗灰叶斑病的 *Sm* 基因

（Bashi et al.，1973）和抗晚疫病的 *Ph-1*、*Ph-2*、*Ph-3*、*Ph-5* 基因（Merk et al.，2012；Chunwongse et al.，2002；Moreau et al.，1998；Gallegly and Marvel，1955），以及抗细菌性斑点病的 *Pto* 和 *Prf* 基因（Pitblado et al.，1984）、抗细菌性疮痂病的 *Rx-4* 基因（Robbins et al.，2009）。研究发现醋栗番茄对二斑叶螨表现一定的抗性（Fernández-Muñoz et al.，2000），其抗性也主要是由类型Ⅳ刺毛和高酰基蔗糖含量引起的（Alba et al.，2009），由位于第 2 号染色体上的 2 个 QTL 控制（Salinas et al.，2013）。

5. 马铃薯野生种

马铃薯野生种 *S. acaule* 在病毒抗性育种中得以广泛使用。利用四倍体的普通栽培种和野生种 *S. acaule* 杂交，授粉第 2 天再用 *S. phureja* 进行二次授粉，通过胚拯救方法成功地获得了 3 个可育具有马铃薯纺锤形块茎类病毒抗性的四倍体杂种（Watanabe et al.，1994；Iwanaga et al.，1991）。Watanabe 等（1992）通过染色体加倍和多次回交的方式，获得了含有野生种 *S. acaule* 血缘的四倍体杂种，部分植株检测到了 PLRV（potato leaf roll virus，马铃薯卷叶病毒）和 PSTVd（potato spindle tuber viroid，马铃薯纺锤块茎类病毒）抗性。此外，波兰科学家利用染色体加倍将 *S. acaule* 的一个基因型变成同源八倍体后与普通栽培种杂交后进行多次回交，成功地获得回交杂种‘MPI44.106/0’，该杂种被用于抗病育种亲本，并用其选育出了多个抗马铃薯 X 花叶病毒的品种，典型的如‘Barbara’（Huang et al.，2021）。中国黑龙江省农业科学院马铃薯研究所通过加倍的方法将野生种 *S. acaule* 的马铃薯 X 花叶病毒抗性导入到了普通栽培种当中，通过 3～4 代轮回选择后成功获得了多份抗马铃薯 X 花叶病毒的育种亲本（夏平，2000）。

6. 油菜、棉花野生种

此外，野生种抗病基因在油菜和棉花种质改良中获得成功。Chevre 等（2010）将黑芥的抗黑胫病基因通过种间杂交将其导入甘蓝型油菜，创制了新的抗黑胫病油菜种质。Peterka 等（2004）利用创制甘蓝型油菜-萝卜单体附加系，将抗线虫基因从萝卜导入到甘蓝型油菜中。赵合句和黄永菊（1995）在甘蓝型油菜与崧蓝、芥菜远缘杂交材料的基础上，培育出了抗菌核病的油菜新品种。夏威夷棉（*Gossypium tomentosum*）是夏威夷群岛特有的不含蜜腺的一个野生种，Meredith 等（1973）将夏威夷棉野生种不含蜜腺这一特性从野生物种转移到栽培棉花中，可使田间美国牧草盲蝽数量减少约 50%，在田间存在大量美国牧草盲蝽条件下，无蜜源的创新种质产生的皮棉（215kg/hm^2）比有蜜源的轮回亲本高出 34%，在利用野生种抗虫性状方面取得突出的效果。

（三）利用野生近缘植物改良作物的非生物胁迫耐受性

1. 大豆野生种

土壤盐渍化是影响全球农业生产最主要的因子之一，我国次生盐渍地超过 $6\times10^6hm^2$，占全国耕地面积的 25%（蔡晓锋等，2015）。Qi 等（2014）利用对盐胁迫敏感的栽培大豆‘C08’和耐盐野生大豆‘W05’构建的重组自交系群体进行全基因组测序和表型分析，并结合大豆种质资源的重测序数据，从野生大豆中克隆了一个耐盐基因 *GmCHX1* 可供栽培大豆改良利用。王克晶和李福山（2000）通过与野生大豆杂交培育出具有代表性的野生大豆新种质‘中野 1 号’和‘中野 2 号’，具有较好的耐盐碱性和抗旱性。杜莉莉和於丙军（2010）利用大豆与野生大豆群体进行杂交，经过连续几代的人工耐盐筛选，获得了理想的耐盐杂交种。

耐寒性遗传改良在一些夏季作物中显得尤为关键。野生稻具有很强的适应环境的能力，对不利环境具有很强的抵抗力。陈大洲等（2003）应用‘协青早 B’/‘东乡普野’BC_1F_1 群体的 213 个株系，从普通野生稻中定位出了耐寒基因，并成功将‘东乡普野’的抗寒基因转移到栽培稻中并育成一批强耐冷的粳稻品系，均可在我国南昌地区自然越冬，如 4913-2、4789-1、4788 等。

2. 马铃薯野生种

在马铃薯中，从野生种 *S. acaule* 培育出了具有抗寒能力的品种‘Alaska Frostless’，它是从包括无霜冻野生马铃薯和商业品种的杂交后代中选出的，通过加倍后的野生种 *S. acaule* 无性系经过驯化后，抗寒性 LT50 可以达到–4.6℃（Dearborn，1969）。Caidi 等（1993）利用二倍体的马铃薯野生种 *S. commersonii* 和四倍体栽培种进行体细胞融合后，得到了雄性不育杂种后代‘cmm1’，其耐受能力达到了–6℃。Nyman 和 Waara（1997）利用二倍体栽培种和马铃薯野生种 *S. commersonii* 体细胞融合得到杂种，某些种间杂种驯化后能够忍受–9℃左右的低温。

3. 小麦野生近缘植物

最近，日本研究人员对野生种与栽培小麦杂交产生的衍生系进行了硝化抑制作用研究，发现滨麦（*Leymus mollis*）和大赖草（*L. racemosus*）是具有较高的生物硝化抑制活性的野生种（biological nitrification inhibitor，BNI），是提高栽培小麦根系 BNI 能力的重要遗传来源。进一步对控制 BNI 能力的染色体区域进行鉴定，发现将大赖草中的 3NsbS 短臂染色体替代‘中国春’小麦中的 3B 染色体的短臂获得 T3BL.3NsbS 易位系，可以显著提高小麦的 BNI 能力，同时提高了氮利用效率、生物量及籽粒产量，同时对籽粒的蛋白质含量及面包加工品质没有显著影响，T3BL.3NsbS 易位系还可以显著提高低氮条件下的氮吸收效率，表明小麦野生近缘植物携带着丰富的多样性基因可供利用（Subbarao et al.，2021）。

（四）利用野生近缘植物改良作物的产量性状

作物野生种除了携带抗病、抗逆基因，还具有提高栽培品种产量效应的突出性状可供利用，比如以提高结实性的多穗粒数、改善株型结构的小叶片等典型性状。

1. 水稻野生种

Xiao 等（1996）研究表明，在马来西亚普通野生稻中存在影响产量性状的两个 QTL，即 yld1.1 和 yld2.1，yld1.1 可以使产量提高 18%，yld2.1 可使产量提高 17%，还能明显提高每穗粒数。Li 等（2002）以‘东乡普野’为供体亲本，以‘桂朝 2 号’为轮回亲本构建群体，对株高、产量及产量构成因素共定位了 52 个 QTL，其中在第 2 和 11 号染色体上分别发现 1 个来自野生稻的高产 QTL，即 qGY2-1 和 qGY11-2，贡献率高达 16%和 11%，分别能使‘桂朝 2 号’单株产量增加 25.9%和 23.2%。此外，来自普通野生稻的多样性基因已经被广泛应用于水稻产量改良中，并取得了可喜的成绩（Thalapati et al.，2012；Luo et al.，2011；Fu et al.，2010）。

2. 小麦野生近缘植物

小麦野生近缘植物携带有提高产量性状的基因，可用于小麦高产新种质的创制和改良。中国农业科学院作物科学研究所李立会等（1998）以具有多花多粒的四倍体冰草为最佳供体种（图 7-5），通过授精蛋白识别免疫系统建成初期的幼龄授粉、75ppm[①]赤霉素与小麦母本花粉混合液预处理、授精 12 天盾片退化前的幼胚拯救杂交技术成功获得小麦-冰草远缘杂交后代。Wu 等（2006）进一步鉴定出冰草 6P 染色体携带提高小麦穗粒数主效基因，发现携带冰草 6P 染色体的附加系（4844-12）和缺失 1 对 6D 染色体的 6P 代换系（4844-2、4844-8）都有突出的多粒特性。Zhang 等（2019b）利用 5 个小麦-冰草 6P 缺失系、5 个小麦-冰草 6P 易位系及这些易位系的遗传群体，发现携带冰草 6PL 染色体长臂的易位系表现出较高的穗粒数、小穗数和小穗粒数，进一步将冰草 6P 染色体上的提高穗粒数的区段定位在 6PL（0.27～0.51）上；在附加系 4844-12 辐照后代中鉴定出一个新的易位系 WAT650a（T5BL.5BS-6PL）携带 6PL（0.35～0.42）染色体片段，表现出多小穗数优异性状。李立会研究员团队进一步利用小麦-冰草多粒渐渗系选育出较对照增产 15.3%～22.8%及以上的新品系，调查表明增产是在产量三要素协调提高的基础上，主要依赖穗粒数产量因子的提高，穗粒数提高 20%，这些原创新的高产新品系突破了中国黄淮麦区主产区小麦产量提升的瓶颈问题，为提高小麦产量潜力提供了优异的创新种质资源。此外，带有长穗偃麦草外源染色质片段的 7Ag.7DL 易位系在不同小麦背景下可以显著增加产量和生物量（Reynolds et al.，2001）。携带黑麦染色体片段的 1B/1R 易位系由于其对环境的广泛适应性和稳产性能在小麦育种中做出了巨大贡献（Wang，2009）。周口市农业科学院利用小黑麦‘广麦 74’创制出‘周 8425B’骨干亲本，属于新的 1BL.1RS 易位系，以‘周 8425B’骨干亲本进一步选育出‘周麦 16’‘百农矮抗 58’，成为我国黄淮麦区的主栽品种被大面积推广应用。

图 7-5　将冰草野生种多花多粒基因导入小麦创制获得多穗粒数渐渗系普冰 3504

① 1 ppm=1×10^{-6}

3. 玉米野生种

玉米的野生近缘种大刍草群体中存在驯化和选择过程中丢失的大量有利等位变异，比如大刍草具有分蘖多、可再生能力强、生长繁茂等特点，用其培育饲草玉米，应用潜力很大。Doebley 等（1990，1997）通过构建玉米-大刍草分离群体，利用连锁分析将大刍草野生种导入玉米的重要基因陆续克隆，包括控制分支和侧支花序性别的 *tb1* 基因、影响分支长度和小穗数目的 *gt1* 基因、控制颖壳由坚硬变短变柔软的 *tga1* 基因及影响开花期的 *ZmCCT* 基因等。中国农业大学国家玉米改良中心利用大刍草和玉米构建的遗传连锁群体对叶夹角性状进行了 QTL 定位，对位于玉米第 1、2 号染色体上的两个主效 QTL（*UPA1*、*UPA2*）进行了精细定位和克隆，发现来源于大刍草的 *UPA2* 等位基因导致叶夹角减小，相反则能够增加叶倾角度。减少叶片夹角的 *UPA2* 等位基因仅存于玉米野生祖先种大刍草中，而且是稀有等位变异，在玉米驯化过程中已经丢失，没有被选择进入到栽培玉米中（Tian et al.，2019），进一步将大刍草的 *UPA2* 等位基因导入到栽培玉米中，表明在密植条件下可以显著提高玉米产量。Zhang 等（2019a）对甜玉米的主效分蘖 QTL 位点 *tin1* 进行深入的分子遗传机制解析，发现甜玉米 *tin1* 基因的剪接位点变异来自大刍草，*tin1* 基因控制了一个复杂基因网络而促进玉米分蘖芽的不断伸长，最终形成分蘖，该基因上调表达后分蘖增加，同时雌穗数相应增加。

4. 大豆野生种

利用野生资源辅助大豆分子育种方面取得了一系列成果。Lu 等（2017）通过对野生大豆‘ZYD7’和栽培大豆‘HN44’衍生的重组自交系群体进行全基因组测序，识别到控制种子大小的基因 *PP2C-1*，进一步研究发现野生大豆的 *PP2C-1* 等位基因通过与 *GmBZR1* 的结合来增加种子大小，提高大豆产量。野生大豆具有多豆荚的高产特性，种子繁殖系数高，每株野生大豆的豆荚数量通常为 400～500 或更多，最多可达 4000（林红，1997）。Zhang 等（2018）发现了控制野生大豆种皮泥膜的基因 *Bloom1*，其编码一个跨膜转运蛋白，该基因突变不仅使种子表面有光泽，而且提高了栽培大豆的种子含油量。杨光宇等（1996）选择百粒重大、株高低、单株荚数多、花序早熟的野生大豆作为父本进行 1～2 次“广义选择回交”，获得了吉林小粒 1～7 号系列品种，其中‘吉林小粒 1 号’成为吉林省农作物品种审定委员会审定的第一个由野生大豆直接选育而成的大豆新品种。

5. 番茄野生种

番茄从野生种驯化为栽培种，由小果实驯化为大果实，已被证实由 1 个主效 QTL 位点 *fw2.2* 所控制，结构上与人类致癌基因 *c-H-rasp21* 相似（Frary et al.，2000）。*fw2.2* 基因是细胞数目调控因子基因家族的一个成员，定位于番茄 2 号染色体上的 1 个控制果实大小的 QTL，也是第一个被克隆的与数量性状相关的基因，该 QTL 对于野生和栽培番茄鲜果质量差异贡献率高达 30%。Cong 等（2002）通过比较基因表达情况，发现 *fw2.2* 在小果实的野生番茄中比大果实的栽培番茄具有更高和更持久的表达量，证实该基因在影响细胞数目变化过程中起着负调控作用。此外，李红等（2007）以野生多毛番茄（*Lycopersicon hirsutum*）近等基因系为材料，将高产基因通过杂交、回交和分子标记辅助选择方法导入，获得 16 个渐渗系为高产番茄材料，并检测到了一个影响番茄成熟果实平均质量的 QTL，将其定位于标记 TG53 和 TG158 之间。

（五）利用野生近缘植物改良作物的品质性状

随着人们生活质量的不断提高，营养和健康已成为现代社会生活的主要追求。作物的品质性状是作物多层级品质特性的总称，包括营养品质、加工品质、外观品质、食味品质、特殊功能成分和储藏品质等性状。作物野生种常携带高蛋白、籽粒色素、高含油量和淀粉特性等多样性基因，可供作物品质性状改良利用。

1. 玉米野生种

在玉米品质改良中，利用大刍草和栽培玉米构建的遗传群体开展了油分和类胡萝卜素含量的 QTL 定位研究，结果表明籽粒的这些品质性状在驯化和改良过程中受到了选择（Fang et al.，2020）。深入研究发现，在 *DXS2* 基因的内含子中发现一个转座子，它在甲基赤藓糖醇磷酸途径中编码一种限速酶，通过增强 *DXS2* 的表达来增加类胡萝卜素的生物合成。序列信息分析表明，该转座子也存在于大刍草中，在玉米驯化和改良过程中受到了选择，进而固定在黄色籽粒的栽培玉米中。

2. 野生稻

野生稻拥有许多优良品质基因，大部分野生稻的稻米米粒细长、坚硬不易断裂，无腹白或腹白少，赖氨酸和蛋白质含量高，尤其是药用野生稻蛋白质含量高达 22.3%，可用于水稻高蛋白质含量改良（陈成斌，2006）。

3. 大豆野生种

野生大豆具有高蛋白质含量等优良性状，为栽培大豆的遗传育种和种质改良提供了重要的基因资源（陈小芳等，2017）。野生大豆的蛋白质含量最高可以达到 55.70%，平均 44.90%，明显高于栽培大豆平均值的 40%（张煜等，2012）。姚振纯和林红（1996）利用黑龙江省合江地区野生大豆种质‘ZYD00355’和优质栽培大豆‘黑农 35’进行种间杂交和回交选育，选育出蛋白质含量在 48%以上、蛋白质和脂肪含量高达 66%的新品系‘龙品 8807’。

4. 油菜和番茄野生种

油菜近缘植物同样含有提高含油量和改良油质的优异基因。通过甘蓝型油菜与海甘蓝杂交，创制出高芥酸的甘蓝型油菜新资源（Wang et al.，2003），甘蓝型油菜与诸葛菜属间杂交获得的 F_{12} 代群体中也有部分植株表现出高含油量、低硫苷含量的特点（徐传远和李再云，2011）。绿果野生番茄（*S. chmielewskii*）种质资源‘LA1028’携带一个调节成熟果实中蔗糖含量的主效 QTL 位点 *Sucr*，该位点可以提高成熟果实中的蔗糖、总糖和可溶性固形物含量，可用于改良番茄的风味品质。

第四节　作物种质创新的研究热点与动态

种质创新本质是创造变异和聚合优异等位变异的过程。在传统种质创新过程中，主要是应用远缘杂交或种内杂交等方法，引入自然形成的或人工诱导产生的遗传变异，在剔除遗传累赘负效应后获得育种可利用的、性状优异的新种质。值得注意的是，通过远源杂交得到的创新种质通常遗传重组率低，即便采用了多个遗传世代回交、大群体筛选回交育种等策略，仍难以克服连锁累赘等问题，因而采用该策略开展新种质创制不仅耗时长且工作量大，新种质创制的效率较低。

一、中国在作物种质创新中取得的成就

我国积极开展各种作物的种质创新基础研究，对于落实“藏粮于技”战略、保障粮食稳产和农产品供给稳定做出了极大的贡献。在新中国成立后，我国早期主要是对地方品种的系统育种和杂交育种，实现了第一次品种更新。比如 1951～1954 年，大面积推广了‘碧蚂 1 号’和‘碧蚂 4 号’小麦品种，其中‘碧蚂 1 号’在 1959 年推广面积达 600 多万 hm^2，是当时国内推广面积最大的品种；1958 年，‘南大 2419’小麦品种全国种植面积达 466.7 万 hm^2，是国内分布最广的品种。1957 年用系统选育法首次育成的早籼矮秆良种‘矮脚南特’，1959 年选育出的半矮秆籼稻新品种‘广场矮’比菲律宾国际水稻研究所育出的矮秆品种‘IR8’提前 7 年时间，矮秆水稻在南方稻区得到了大面积的推广应用。随后，中国利用作物杂种优势提高产量成为 20 世纪农业科学的重大创举。河南省农业科学院相关研究团队创建了以耐密为核心的高产育种技术体系，在玉米种质材料创新和新品种选育等方面实现了重大突破，培育出高产稳产广适紧凑型玉米单交种‘郑单 958’，2004 年以来已经连续 15 年为全国推广面积最大的玉米品种。

利用野生种改良农作物在中国小麦和水稻育种中发挥了重要作用。我国的小麦育种利用引进的 1B/1R 易位系资源，将黑麦的 *Lr26*/*Sr31*/*Yr9*/*Pm8* 多个外源抗病基因和丰产基因导入小麦，估计近 50%的冬小麦品种携带有 1BL/1RS 易位染色体。比如对我国小麦育种具有重要贡献的种质包括小麦-黑麦 1B/1R 代换系‘牛朱特’（‘Neuzucht’，德国）、1BL/1RS 易位系‘洛夫林 10 号’（‘Lovin 10’，罗马尼亚）、‘洛夫林 13 号’（‘Lovin 13’，罗马尼亚）和‘山前麦’（苏联）。以‘牛朱特’为抗源，从 1970 年开始山东农业大学通过聚合杂交，成功地将‘矮丰 3 号’‘孟县 201’‘牛朱特’三个种质的优异性状聚合在一起，创制出‘矮孟牛’新种质。中国科学院开展了以长穗偃麦草为主的远缘杂交研究，成功实现小麦与偃麦草远缘杂交并育成了小偃系列品种，其中‘小偃 6 号’因其具有抗条锈病、优质强筋特点累计推广达 1.5 亿亩，作为骨干亲本衍生品种有 40 余个，开创了小麦远缘杂交品种在生产上大面积推广的先例，李振声院士也因此突出成就获得国家最高科技奖。袁隆平 1970 年在野生稻中发现不育株后，育成第一批不育系，随后测配出强优势杂交组合并在 1974 年和 1975 年的试种中表现增产

显著。从 1976 年起，杂交水稻开始迅速向全国推广。其主要品种（组合）为：‘南优’‘矮优’‘汕优’‘威优’‘冈优’‘D 优’‘Ⅱ优’‘协优’等系统。近年来，利用广东野生稻培育出高产、抗病品种‘桂野占’系列品种，利用广西普通野生稻创制出高抗白叶枯病、南方黑条矮缩病新种质，被有效应用于我国南方病害严重的地区。从 1978 年开始，周口市农业科学院利用小黑麦‘广麦 74’创制出‘周 8425B’骨干亲本，属于新的 1BL/1RS 易位系，也是以远缘杂交技术创造的对我国黄淮南片麦区育种影响巨大的中间亲本，该品系矮秆、抗倒力强、高抗三锈和白粉病等主要病害，大穗大粒、不早衰，以‘周 8425B’骨干亲本进一步选育出‘周麦 16’‘百农矮抗 58’，成为我国黄淮麦区的主栽品种。从 1982 年开始，南京农业大学利用染色体工程技术创造了一批携有簇毛麦优异性状的新种质，高抗白粉病和条锈病的小簇麦易位系 T6VS/6AL 无偿发放给育种单位用作杂交亲本，已育成‘石麦 15’等 18 个小麦抗病新品种，累计推广 6223 万亩，小簇麦易位系 T6VS/6AL 现在成为我国西南麦区和长江中下游麦区的主要抗源。从 1988 年开始，中国农业科学院作物科学研究所历时 30 年首次获得小麦与冰草属间杂种，攻克了小麦与冰草属间杂交的国际难题，将冰草携带的多花多实、高千粒重、广谱抗白粉、条锈和叶锈病基因，以及株型改良的小旗叶性状、氮素高效利用等基因转入小麦，为引领小麦育种发展新方向奠定了坚实的物质和技术基础。

二、作物种质创新的未来发展方向和展望

在新技术的应用下使得利用远缘杂交与染色体工程技术创制作物新种质的周期越来越短。我国拥有丰富的地方品种、野生种等作物种质资源，蕴藏着许多现代品种缺乏的优异基因，未来将继续立足于地方品种、野生种优异基因快速检测、转移新技术，开展主要作物的种质创新研究，促进育种水平的持续提升。得益于现代生物技术的不断发展，各类新型、定向、高效的变异创制和聚合技术，也开始被应用到种质创新过程中，将有助于提高种质创新的效率，未来可能成为作物种质创新的重要方向和研究热点。

（一）基因编辑与种质创新

2020 年诺贝尔化学奖授予法国女科学家埃玛纽埃勒-沙尔庞捷（Emmanuelle Charpentier）和美国女科学家珍妮弗-杜德纳（Jennifer A. Doudna），以表彰她们在 CRISPR/Cas9 基因组编辑方法研究领域做出的卓越贡献。CRISPR（clustered regularly interspaced short palindromic repeats），即成簇规律间隔短回文重复序列，最早是 1987 年日本生物学家石野良纯（Yoshizumi Ishino）在大肠杆菌中发现的。西班牙微生物学家弗朗西斯科-莫伊察（Francisco Mojica）在研究一种嗜盐古细菌时发现，大约 30 个碱基被 36 个碱基间隔序列隔开从而形成了多拷贝重复序列，发现大多数间隔序列与已知病毒的序列相匹配，猜测其可能与细菌的获得性免疫有关（Mojica et al.，1995）。研究人员进一步发现，CRISPR 通过 crRNA 识别入侵的病毒 DNA 序列，从而保护古细菌免受病毒的侵害。此后，科学家在化脓性链球菌中发现了一些新型的小 RNA 分

子，后来被称为反式激活 RNA（tracrRNA），可以帮助基因组中的 CRISPR 序列转录产生的长 RNA 分子加工为成熟的、具有活性的 RNA（crRNA）。2012 年，杜德纳和沙尔庞捷合作，发现使用重组 Cas9 蛋白和体外转录的 crRNA 及 tracrRNA 可以在体外切割 DNA，并在大肠杆菌中获得成功，证实 CRISPR/Cas9 技术可以实现基因组序列的精准切割（Jinek et al.，2012）。在哺乳动物和人类细胞上的基因编辑工作，促进了这一技术的迅猛发展，研究人员可以通过设计不同的导向 RNA，使得 sgRNA 可以引导 Cas9 核酸酶对特定的基因进行编辑，可以高效、精确地改变、编辑或者替换植物、动物甚至是人类基因。随后，CRISPR 技术经历了爆发式发展，该技术也被称为基因“魔剪”。

我国科学家的研究水平居于世界前列，建立了植物引导编辑系统（plant prime editing，PPE）。

1. 水稻基因编辑

在水稻上，通过基因编辑技术创制了对多种乙酰乳酸合酶抑制剂类除草剂具有广谱抗性的水稻新种质，为稻田杂草防控提供了育种新材料；通过同时编辑水稻粒型基因（*GS3* 和 *GS9*）及香味基因 *Badh2* 三个靶基因，将普通圆粒品种改良为长粒香型品种，加快了长粒香米种质的创新进程；对调控减数分裂的 4 个关键基因进行了定点敲除，实现了水稻利用无融合生殖固定杂种优势（Khanday et al.，2019; Wang et al.，2019）。

2. 小麦基因编辑

普通小麦是异源六倍体作物，>95%的编码基因含有 2～3 个序列高度相似且功能冗余的同源拷贝，从而掩盖了隐性基因的遗传效应。通过采用 CRISPR/Cas9 基因编辑技术，中国科学院研究团队敲除了小麦 *TaMLO* 基因，在小麦中创制了抗小麦白粉病的基因编辑材料（Wang et al.，2014），中国农业科学院研究团队敲除了小麦 *TaPDIL5-1* 基因（图 7-6），在小麦中创制了首个小麦病毒病抗病基因的遗传材料（Kan et al.，2022）。*TaMLO* 和 *TaPDIL5-1* 是大麦 *HvMLO* 和 *HvPDIL5-1* 的同源基因，在大麦中之前被证实对大麦白粉病和大麦黄花叶病具有隐性抗病性，通过 CRISPR/Cas9 基因编辑技术可以快速将大麦研究成果应用于小麦的种质创新。

太谷核不育小麦是完全显性遗传，其杂交后代中表现为一半可育、一半不育，后经证实是由小麦 4D 短臂上的不育基因 *Ms2* 导致。由于没有可用的恢复系材料，给制种带来困难，中国农业科学院作物科学研究所刘秉华先生将位于小麦 4D 短臂上的不育基因 *Ms2* 与矮秆基因 *Rht10* 连锁，育成了矮败小麦，并利用其育出了多个优良小麦品种。由于该选育方法仅限于在矮败群体衍生的优良可育材料中选择，优良矮败群体自身由于育性分离不能选育为新品种。中国科学家通过利用 CRISPR/Cas9 技术编辑太谷核不育小麦 *Ms2* 基因，彻底恢复了小麦育性，为从优良矮败小麦群体和太谷核不育小麦群体中培育小麦新品种奠定了基础（Tang et al.，2021）。在小麦品质改良方面，定点敲除冬麦品种‘郑麦 7698’和春小麦品种‘Bobwhite’的淀粉分支酶基因 *SBEIIa*，获得了高抗性淀粉的冬、春小麦新种质。

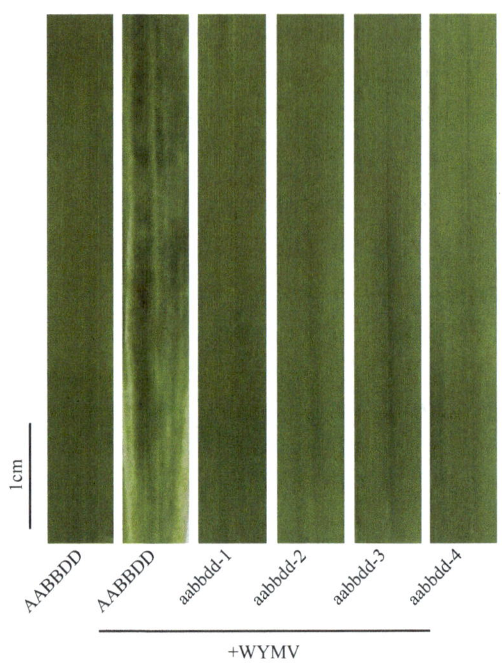

图 7-6　基因编辑小麦 *TaPDIL5-1* 创制抗小麦黄花叶病的新种质

AABBDD. 未编辑材料；aabbdd. 在小麦 A、B、D 基因组上同时编辑 *TaPDIL5-1* 的材料，1～4 为 4 个不同的编辑材料

3. 玉米基因编辑

我国玉米年播种面积超过 0.4 亿 hm^2，大田生产上几乎全都是杂交品种，而创制不育系和利用不育系制种是杂种优势利用的关键技术。传统育种方法步骤多，进程慢，制种成本高。中国农业科学院利用基因编辑技术对玉米育性基因的功能结构域进行了定点定向删除，从而创制了核不育系，并巧妙地利用基因编辑技术的精确性使之与保持系技术兼容，从而创制出操控型核不育保持系，在进行制种时不再需要人工或机械去雄，可以实现“一步法”制种，降低了生产成本（Qi et al.，2020）。甜糯玉米兼有超甜与糯性复合风味，在鲜食玉米消费市场备受青睐，但是甜糯玉米品种育种受限于利用自然突变基因回交育种效率低、超甜基因隐性上位效应导致育种选择困难。玉米通过光合同化机制将太阳能转化成化学能合成的单糖与寡糖运输到籽粒胚乳细胞质，在酶催化作用下水解形成 1-磷酸葡萄糖，之后在腺苷二磷酸葡萄糖焦磷酸化酶（AGPase）作用下生成淀粉合成的主要底物腺苷二磷酸葡萄糖。*SH2* 基因编码 AGPase 大亚基，该基因突变导致籽粒胚中可溶性糖积累，表现为超甜；*WX* 基因编码颗粒结合型淀粉合成酶，该酶失活将导致直链淀粉合成途径受阻，在籽粒胚乳与花粉中主要生成支链淀粉，表现为糯性。利用 CRISPR/Cas9 基因编辑技术编辑、聚合两个基因的突变类型，实现超甜玉米与糯玉米材料的高效创制（Dong et al.，2019）。

4. 大豆基因编辑

在大豆中，CRISPR/Cas9 基因编辑技术在子叶节遗传转化、毛状根遗传转化中均取得成功。在子叶节遗传转化中突变率为 10%～20%，而在毛状根中的转化效率最多可达 77%。利用 CRISPR/Cas9 系统对大豆 *GmALS1* 基因进行编辑，获得了抗氯磺隆大豆（Li et al.，2015）；利用基因组编辑技术对大豆开花关键基因 *GmFT2a* 和 *GmFT5a* 进行突变，创制出更适合在低纬度地区种植的突变体材料（Cai et al.，2018），在 *GmFT2a* 突变体中，删除片段的长度在 599～1618bp 时的效率为 15.6%，在 *GmFT5a* 突变体中，删除片段长度在 1069～1161bp 时效率为 15.8%；通过 CRISPR/Cas9 系统介导的 *GmSPL9* 基因靶向突变改变了植株结构（Bao et al.，2019）。研究人员在 *GmSPL9a* 和 *GmSPL9b* 靶位点分别检测到 1bp 的缺失，在稳定遗传的突变后代中发现主茎和分支节数增加，导致植株结构改变。通过 CRISPR/Cas9 基因编辑技术，对 *ms1* 基因进行靶向敲除，使栽培大豆品种‘中品 661’产生了与 *ms1* 不育系相同的不育表型，成功创制了一系列不育系材料（Jiang et al.，2021）。基因编辑技术由于本身所具有的优势，能够对植物体内的重要基因进行敲除、插入或替换，实现对植物性状或品种的精确改良，将会成为未来作物种质创新的重要手段。

（二）全基因组选择与种质创新

基因组选择（genomic selection，GS）是分子标记辅助选择（marker assisted selection，MAS）技术的一种类型。相对于传统的依赖于与 QTL 紧密连锁的标记开展 MAS，GS 是通过估计分布于全基因组上所有标记或单倍型的遗传效应，从而筛选特性性状或综合性状表现优异的创新种质。该方法是基于连锁不平衡的原理，即假设目标性状所在染色体片段/区域至少与一个基因组上的分子标记处于连锁不平衡状态，根据统计模型计算出各个分子标记的效应值，进而推算出个体的基因组估算育种值，来对后代进行筛选（Meuwissen et al.，2001）。过去 20 年，分型标记数量及相关统计计算分析方法的不断完善，以及基因组学技术的发展、全基因组分子标记开发鉴定效率的不断提高，才使得通过获得高密度的分子标记预测作物复杂性状表现，广泛开展全基因选择成为可能。

与传统的标记辅助选择相比，全基因组选择不仅仅依赖于一组显著的分子标记，而是联合分析群体中的所有标记，以进行个体表现型预测，更适合于改良遗传效应较小的、由多基因控制的数量性状。全基因组选择通过设计特定的训练群体（trainning population，TP）收集基因型数据、表型数据，以及与之相关的环境因子（地域差异、试验处理和季节等），使用特定的建模算法构建训练模型，通过模型可以计算出个体的育种值或者每个标记对目标性状的贡献/效应值。随后，利用测试群体的基因型鉴定数据，结合已获得的分子标记贡献值，计算待测群体中各个体的估计育种值（Heffner et al.，2010）。

在 GS 统计模型选择方面，由于可获得的标记（自变量）远大于表型数据的样本数量，被称为典型的“大变量、小样本”问题，线性预测模型、贝叶斯（Bayes）模型和机器学习等多种不同的统计模型均可用于 GS 研究。相对于表型选择来说，全基因组选择每轮选择的遗传进度低于表型选择，但是在后续的测试群体中只进行基因型鉴定，而不进行表型鉴定，可以缩短育种周期，提高年平均遗传进度。单位遗传进度的花费较传统表型选择低 26%～65%（Bernardo and Yu，2007）。

全基因组选择方法具有很高的灵活性，不仅能应用于双亲群体，多亲群体、轮回选择群体和杂交种育种也同样适用。Bernardo 和 Yu 等（2007）以玉米为例研究如何在不降低预测模型准确性的前提下减少表型测试数据，增加基因型测试数据，结果表明在当单个标记的花费降低到 2 美分的时候，这一方案是可行的。Manickavelu 等（2017）比较了 GS 方法在小麦农家种产量和营养物质中的预测精度，发现 GS 方法对产量的预测能力比较低，而对遗传力较高的营养物质预测准确性较高。国际玉米小麦改良中心对玉米抗旱性状的 GS 研究表明，在考虑抗旱和非抗旱两种情况下玉米性状表现的相关性时，利用 GS 方法能显著提高抗旱性的遗传增益（Shikha et al.，2017）。Guo 等（2012）利用巢式关联群体验证了不同选择方法的效果，发现 RR-BLUP（ridge regression best linear unbiased prediction，岭回归-最佳线性无偏预测）模型优于 Bayes A 和 Bayes B 模型，并且 GS 方法的选择效果要高于 MAS 方法。Zhao 等（2013）利用 GS 方法预测杂交小麦的表现，在预测的杂交小麦表现中，双亲都被测验过的杂交种预测精度最高，其次为有一个亲本被测验过的杂交种，双亲都没有被测验过的杂交种的预测精度最低。Wang 等（2017b）利用 GBLUP（genomic best linear unbiased prediction，基因组最佳线性无偏预测）预测了杂交水稻在单株产量、千粒重、穗粒数等性状上的表现。以油棕为研究对象的模拟结果表明，全基因组选择策略的遗传进度高于传统表型选择 4%～25%。同时，全基因组选择已应用于水稻、小麦、玉米、大麦、大豆、豌豆等作物的产量、品质、抗性、养分利用等多个领域的研究中。GS 方法还可以结合其他育种方法，例如，双单倍体技术、基因编辑技术及快速育种技术等实现更高的遗传增益（Gao，2021；Watson et al.，2018）。

全基因组选择同样受益于基因组和泛基因组资源的不断完善。以大豆为例，随着栽培大豆和野生大豆基因组的基因组序列发布（Lam et al.，2010；Schmutz et al.，2010），将有助于找出彼此有差异遗传标记的 SNP 位点，为大豆连锁不平衡和基因组选择提供重要依据。野生大豆的遗传多样性高于栽培大豆，野生大豆保留了栽培大豆丢失的等位基因多样性。例如，通过对 7 个具有系统发育和地理代表性的大豆种质进行测序和重新组装，建立了大豆泛基因组，并在全基因组水平上分析了野生大豆和栽培大豆的种间遗传变异，找出了野生大豆/栽培大豆特有的和驯化的性状，建立了相关基因/遗传变异，为阐明野生大豆品系在人工选择过程中的基因突变及野生大豆的利用提供了重要依据（Li et al.，2014）。这些数据有望从野生大豆这一宝贵资源中鉴定出有用的新基因，从而指导种质创新。

（三）野生资源从头驯化与种质创新

众所周知，栽培作物都是人类祖先对野生植物驯化而来的。目前，仅有不到 100 种野生植物被成功驯化成可栽培的作物，其中，人类从粮食中获取能量的 70%，来自 15 种主要作物，其中玉米、水稻和小麦三大粮食作物占比 50%（Liu et al.，2019）。

作物驯化和改良的历史悠久，经过先民和农业育种家对优势性状的长期“定向”选择，今天的栽培作物与其野生祖先种在形态上发生了巨大变化。但是，从基因组水平看，实际上仅是改变了少数几个关键基因。已知的研究结果证实，玉米野生种大刍草驯化成为当今的玉米地方品种，其中 5～6 个基因起了非常关键的作用，包括控制分蘖数目的 *tb1*（Wang et al.，1999）、控制雌穗数的 *gt1*（Wills et al.，2013）、籽粒稃壳有无的 *tga1*（Wang et al.，2005）、控制籽粒行数的 *ub2* 和 *ub3*（Chuck et al.，2014）、籽粒灌浆的 *ZmSWEET4c*（Sosso et al.，2015）等；数千年对产量、品质等性状的持续改良，1000 多个基因受到选择，占玉米基因总量的 3%左右（Hufford et al.，2012）。在大麦中，易落粒的野生大麦驯化成为不易落粒的栽培大麦，2 个基因 *Btr1* 和 *Btr2* 发挥了关键作用（Pourkheirandish et al.，2015）。叶夹角是决定玉米植株紧凑程度的主要因素。中国农业大学田丰教授发现，部分大刍草材料的叶夹角较其他大刍草材料和栽培玉米小，但是携带调控叶夹角的等位变异在玉米驯化过程中丢失，将等位基因导入现代栽培玉米中可以明显降低玉米的叶夹角，实现玉米增产（Tian et al.，2019）。这一研究成果也暗示，作物的野生祖先种存在未利用的优异基因资源，可以通过作物再驯化和遗传导入作物中，定向改良栽培作物的特定农艺性状。

如何利用科学理论开展作物种质创新？近来，“从头驯化”和“再驯化”成为农业科技创新领域的研究热点。前者的优势在于可以直接利用已经适应种植环境的、处于半驯化状态的野生或半野生物种，“从头驯化”可通过传统人为选择、基因编辑等技术，创制之前未有的、新的作物。在生物信息学和生物技术驱动下，可大大缩短作物的驯化周期，产生适应未来农业生产挑战的、具有革命性的新种质或者新的作物。

得益于作物驯化基因的克隆和基因组编辑技术的不断发展，对具有发展潜力的野生材料进行基因组编辑或修饰，可以实现作物的快速驯化。例如，在番茄中驯化基因 *SP*、*SP5G*、*SlSLV3*、*SlWUS*、*SlGGP1*、*OVATE*、*MULT*、*CycB* 等在调控番茄的株型、生育期、果实数量、果实大小、营养品质等方面发挥着重要作用。中国和巴西的研究人员以耐逆性和抗病性优良的野生种醋栗番茄（*Solanum pimpinellifolium*）为材料，通过采用多重基因组编辑手段对野生番茄的基因编码区或调控元件进行修饰，实现了对野生种番茄重要农艺性状的改良，使得改良后的番茄具有野生种的抗逆和抗病性，同时引入了栽培番茄的优良性状，如株型、生育期和产量品质等（Li et al.，2018；Zsögön et al.，2018）。与现代栽培番茄品种比较，新创制的番茄遗传背景迥异、多样性丰富。

中国科学家联合国内外多家单位，在异源四倍体野生稻（基因组 CCDD）中，通过对控制水稻落粒性基因 *Qsh1* 和芒性基因 *An-1* 进行编辑，获得了落粒性降低、芒长缩短的水稻材料；对抽穗期调控基因 *Ghd7-CC*、*Ghd7-DD*、*TH7-CC* 和 *TH7-DD* 同时进行编辑，获得了生育期缩短、在长日照下正常结实的水稻材料；对株高（绿色革命）基因 *sd1*、粒型基因 *GS3* 进行基因编辑，获得了株高降低、籽粒变大的异源四倍体材料（Yu et al.，2021）。这一突破性成果，一方面证明了水稻快速从头驯化的可行性，为开发和利用异源四倍体野生稻提供了科学依据，另一方面也证实积累的野生植物驯化机制，可以利用现代遗传学手段创制满足人类未来需求的新型作物。

未来，随着高效、精准和定向种质创新技术的不断成熟和规模化应用，从头驯化作物、高效创制新种质将逐渐成为种质创新工作的重要方式。如何将新技术方法与传统种质创新方法融合，充分发挥二者的优势，从而提高种质创新效率，缩短优异种质创新周期，从创制育种家能用到好用、想用的新种质，是未来作物种质资源创新的重要方向。

（本章作者：李立会　张锦鹏　杨　平　郭刚刚　韩海明　周升辉　吴纪中）

参考文献

蔡晓锋, 胡体旭, 叶杰, 等. 2015. 植物盐胁迫抗性的分子机制研究进展. 华中农业大学学报, 34(3): 134-141.

陈成斌. 2006. 试论野生稻高蛋白种质在水稻育种中的应用. 亚热带植物科学, 35(1): 46-51.

陈大洲, 肖叶青, 皮勇华, 等. 2003. 东乡野生稻耐冷性的遗传改良初步研究. 江西农业大学学报(自然科学版), 25(1): 8-11.

陈国清, 程玉静, 孙权星, 等. 2013. 地方种质在我国糯玉米育种中的应用. 江西农业学报, 25(3): 7-11.

陈小芳, 宁凯, 徐化凌, 等. 2017. 野生大豆种质资源及开发利用研究进展. 农业科学与技术(英文版), 18(5): 812-817.

陈云霄, 高晶, 田婧芸, 等. 2018. 转录组分析玉米和大刍草对粘虫取食诱导的响应. 植物生理学报, 54(12): 1875-1883.

程式华. 2021. 中国水稻育种百年发展与展望. 中国稻米, 27(4): 1-6.

董玉琛, 郑殿升. 2000. 中国小麦遗传资源. 北京: 中国农业出版社.

杜莉莉, 於丙军. 2010. 栽培大豆和滩涂野大豆及其杂交后代耐盐性、农艺性状与籽粒品质分析. 中国油料作物学报, 32(1): 77-82.

鄂志国, 王磊. 2008. 野生稻有利基因的发掘和利用. 遗传, 30(11): 1397-1405.

冯锐, 郭辉, 秦学毅, 等. 2014. 利用广西普通野生稻创新选育抗白叶枯病优质水稻三系不育系. 作物杂志, (4): 64-67.

金杰, 李绍清, 谢红卫, 等. 2013. 野生稻优良基因资源的发掘、种质创新及利用. 武汉大学学报(理学版), 59(1): 10-16.

黎建华. 1981. 从我省小麦系谱看地方品种及其改良推广种在育种中的作用. 华北农学报, 6(4): 9-11.

黎裕, 李英慧, 杨庆文, 等. 2015. 基于基因组学的作物种质资源研究: 现状与展望. 中国农业科学, 48(17): 3333-3353.

李红, 杜永臣, 王孝宣, 等. 2007. 利用 CAPS 标记转育野生番茄的高产基因. 中国农业科学, 40(8): 1738-1745.

李立会, 杨欣明, 李秀全, 等. 1998. 通过属间杂交向小麦转移冰草优异基因的研究. 中国农业科学, 31(6): 1-6.

李晴祺, 李安飞, 包文翊, 等. 2001. 冬小麦新种质“矮孟牛”的创造及研究利用的进展//21 世纪小麦遗传育种展望——小麦遗传育种国际学术讨论会文集. 北京: 中国农业科技出版社.

李振声, 穆素梅, 蒋立训, 等. 1982. 蓝粒单体小麦研究(一). 遗传学报, 9(6): 431-506.

林红. 1997. 野生大豆特异资源的鉴定和利用. 黑龙江农业科学, (1): 40-42.

刘旭. 1999. 种质创新的由来与发展. 作物品种资源, (2): 2-5.

孙寰, 赵丽梅, 黄梅. 1993. 大豆质-核互作不育系研究. 科学通报, (16): 1535-1536.

王克晶, 李福山. 2000. 我国野生大豆(*G. soja*)种质资源及其种质创新利用. 中国农业科技导报, 2(6): 69-72.

王元东, 赵久然, 付修义, 等. 2020. 黄欧系玉米育种应用探索与分析. 植物遗传资源学报, 21(4): 866-874.

夏光敏. 2009. 山融 3 号. 中国农业信息, 8: 38.

夏平. 2000. 国外种质资源在我国马铃薯生产中的应用. 中国马铃薯, 14(1): 41-43.

谢志涛, 景希强. 2014. 黄旅群体的建立和利用研究. 玉米科学, 22(2): 11-14.

熊冬金, 赵团结, 盖钧镒. 2007. 1923～2005 年中国大豆育成品种的核心祖先亲本分析. 大豆科学, 26(5): 641-647.

徐传远, 李再云. 2011. 甘蓝型油菜与诸葛菜属间杂交 F_{12} 群体的品质及遗传分析. 中国油料作物学报, 33(1): 20-24.

杨光宇, 王洋, 马晓萍, 等. 2005. 野生大豆种质资源评价与利用研究进展. 吉林农业科学, 30(2): 61-63.

杨光宇, 郑惠玉, 韩春凤, 等. 1996. 大豆种间杂交育种技术的研究与应用. 吉林农业科学, (2): 4-9.

姚振纯, 林红. 1996. 蛋白、脂肪含量 66%以上的大豆新种质龙品 8807. 作物品种资源, (2): 29.

袁隆平. 1986. 中国的杂交水稻. 杂交水稻, (1): 5-10.

张学勇, 马琳, 郑军. 2017. 作物驯化和品种改良所选择的关键基因及其特点. 作物学报, 43(2): 157-170.

张煜, 李娜娜, 丁汉凤, 等. 2012. 野生大豆种质资源及创新应用研究进展. 山东农业科学, 44(4): 31-35.

赵合句, 黄永菊. 1995. 油菜与菘蓝和荠菜属间杂交新品系比较试验. 湖北农业科学, (1): 8-11.

周跃东. 2017. 小麦优良种质资源繁六及姊妹系的选育和应用分析. 四川农业大学学报, 10(4): 682-688.

朱东旭, 王彦华, 赵建军, 等. 2014. 结球甘蓝相对于大白菜连锁群特异 InDel 标记的建立及应用. 园艺学报, 41(8): 1699-1706.

Able J A, Langridge P, Milligan A S. 2007. Capturing diversity in the cereals: many options but little promiscuity. Trends in Plant Science, 12(2): 71-79.

Adhikari T B, Hansen J M, Gurung S, et al. 2011. Identification of new sources of resistance in winter wheat to multiple strains of *Xanthomonas translucens* pv. Undulosa. Plant Disease, 95(5): 582-588.

Alba J M, Montserrat M, Fernández-Muñoz R. 2009. Resistance to the two-spotted spider mite (*Tetranychus urticae*) by acylsucroses of wild tomato (*Solanum pimpinellifolium*) trichomes studied in a recombinant inbred line population. Experimental and Applied Acarology, 47: 35-47.

Amante-Bordeos A, Sitch L A, Nelson R, et al. 1992. Transfer of bacterial blight and blast resistance from the tetraploid wild rice *Oryza minuta* to cultivated rice, *Oryza sativa*. Theoretical and Applied Genetics, 84: 345-354.

Antony G, Zhou J, Huang S, et al. 2010. Rice *xa13* recessive resistance to bacterial blight is defeated by induction of the disease susceptibility gene *Os-11N3*. The Plant Cell, 22(11): 3864-3876.

Athwal D S, Pathak M D, Bacalangco E H, et al. 1971. Genetics of resistance to brown planthoppers and green leafhoppers in *Oryza sativa* L. Crop Science, 11: 747-750.

Bannerot H, Boudidard L, Cbupeau Y. 1977. Unexpected difficulties met with the radish cytoplasm in *B. oleracea*. Eucarpia Cruciferae Newsletter, 2: 16.

Bao A, Chen H, Chen L, et al. 2019. CRISPR/Cas9-mediated targeted mutagenesis of *GmSPL9* genes alters plant architecture in soybean. BMC Plant Biology, 19(1): 131.

Bashi E, Pilowsky M, Rotem J. 1973. Resistance in tomatoes to *Stemphylium floridanum* and *S. botryosum* f. sp. *lycopersici*. Phytopathology, 63: 1542-1544.

Bernardo R, Yu J. 2007. Prospects for genome wide selection for quantitative traits in maize. Crop Science, 47(5/6): 1082-1090.

Bohn G W, Tucker C M. 1939. Immunity to *Fusarium* wilt in the tomato. Science, 89: 603-604.

Budahn H, Schrader O, Peterka H. 2008. Development of a complete set of disomic rape-radish chromosome-addition lines. Euphytica, 162: 117-128.

Buschges R, Hollricher K, Panstruga R, et al. 1997. The barley *Mlo* gene: a novel control element of plant pathogen resistance. Cell, 88(5): 695-705.

Cai Y, Chen L, Sun S, et al. 2018. CRISPR/Cas9-mediated deletion of large genomic fragments in soybean. International Journal of Molecular Sciences, 19(12): 3835.

Caidi T, Ambrosio F D, Consoli D, et al. 1993. Production of somatic hybrids between frost-tolerant *Solanum commersonii* and *S. tuberosum*: characterization of hybrid plants. Theoretical and Applied Genetics, 87(1): 193-200.

Chen P, Qi L, Zhou B, et al. 1995. Development and molecular cytogenetic analysis of wheat-*Haynaldia villosa* 6VS/6AL translocation lines specifying resistance to powdery mildew. Theoretical and Applied Genetics, 91: 1125-1128.

Cheng P, Xu L S, Wang M N, et al. 2014. Molecular mapping of genes *Yr64* and *Yr65* for stripe rust resistance in hexaploid derivatives of durum wheat accessions PI 331260 and PI 480016. Theoretical and Applied Genetics, 127(10): 2267-2277.

Chevre A M, Eber F, This P, et al. 2010. Characterization of *Brassica nigra* chromosomes and of blackleg resistance in *B. napus-B. nigra* addition lines. Plant Breeding, 115(2): 113-118.

Chin J H, Gamuyao R, Dalid C, et al. 2011. Developing rice with high yield under phosphorus deficiency: Pup1 sequence to application. Plant Physiology, 156(3): 1202-1216.

Chuck G S, Brown P J, Meeley R, et al. 2014. Maize SBP-box transcription factors unbranched2 and unbranched3 affect yield traits by regulating the rate of lateral primordia initiation. Proceedings of the National Academy of Sciences of the United States of America, 111(52): 18775-18780.

Chunwongse J, Chunwongse C, Black L, et al. 2002. Molecular mapping of the *Ph-3* gene for late blight resistance in tomato. Journal of Horticultural Science and Biotechnology, 77: 281-286.

Cong B, Liu J, Tanksley S D. 2002. Natural alleles at a tomato fruit size quantitative trait locus differ by heterochronic regulatory mutations. Proceedings of the National Academy of Sciences of the United States of America, 99(21): 13606-13611.

Coombes B, Fellers J P, Grewal S, et al. 2023. Whole-genome sequencing uncovers the structural and transcriptomic landscape of hexaploid wheat/*Ambylopyrum muticum* introgression lines. Plant Biotechnology Journal, 21(3): 482-496.

Cuadrado A, Golczyk H, Jouve N. 2009. A novel, simple and rapid nondenaturing FISH (ND-FISH) technique for the detection of plant telomeres. Potential used and possible target structures detected. Chromosome Research, 17(6): 755-762.

Dearborn C H. 1969. Alaska frostless, an inherently frost resistant potato variety. American Journal of Potato Research, 46(1): 1-4.

Deng Y, Zhai K, Xie Z, et al. 2017. Epigenetic regulation of antagonistic receptors confers rice blast resistance with yield balance. Science, 355(6328): 962-965.

Doebley J, Stec A, Hubbard L. 1997. The evolution of apical dominance in maize. Nature, 386: 485-488.

Doebley J, Stec A, Wendel J, et al. 1990. Genetic and morphological analysis of a maize-teosinte F_2 population: implications for the origin of maize. Proceedings of the National Academy of Sciences of the United States of America, 87(24): 9888-9892.

Dong L, Qi X, Zhu J, et al. 2019. Supersweet and waxy: meeting the diverse demands for specialty maize by genome editing. Plant Biotechnol Journal, 17(10): 1853-1855.

Dong Z, Yu J, Li H, et al. 2018. Transcriptional and epigenetic adaptation of maize chromosomes in Oat-Maize addition lines. Nucleic Acids Research, 46: 5012-5028.

Du D, Zhang D, Yuan J, et al. 2021. FRIZZY PANICLE defines a regulatory hub for simultaneously controlling spikelet formation and awn elongation in bread wheat. New Phytologist, 231(2): 814-833.

Duvick D N. 1977. Major United States crops in 1976. Annals of the New York Academy of Sciences, 287: 86-96.

Endo T R. 1988. Induction of chromosomal structural changes by a chromosome of *Aegilops cylindrica* L. in common wheat. Hereditas, 79: 366-370.

Fan C, Luo J, Zhang S, et al. 2019. Genetic mapping of a major QTL promoting homoeologous chromosome pairing in a wheat landrace. Theoretical and Applied Genetics, 132(7): 2155-2166.

Fan C, Zhai H, Wang H, et al. 2017. Identification of QTLs controlling grain protein concentration using a high-density SNP and SSR linkage map in barley (*Hordeum vulgare* L.). BMC Plant Biology, 17(1): 122.

Fang H, Fu X Y, Wang Y B, et al. 2020. Genetic basis of kernel nutritional traits during maize domestication and improvement. Plant Journal, 101(2): 278-292.

Fernández-muñoz R, Domínguez, Cuartero J. 2000. A novel source of the resistance to the two-spotted spider mite in *Lycopersicon pimpinellifolium* (Jusl.) Mill.: its genetics as affected by the interplot interference. Euphytica, 111: 169-173.

Frary A, Nesbitt T C, Grandillo S, et al. 2000. *fw2. 2*: a quantitative trait locus key to the evolution of tomato fruit size. Science, 289(5476): 85-88.

Friebe B, Jiang J, Raupp W, et al. 1996. Characterization of wheat-alien translocations conferring resistance to diseases and pests: current status. Euphytica, 91: 59-87.

Friebe B, Zhang P, Linc G. 2005. Robertsonian translocations in wheat arise by centric misdivision of univalents at anaphase I and rejoining of broken centromeres during interkinesis of meiosis II. Cytogenetic and Genome Research, 109(1): 293-297.

Fu Q, Zhang P, Tan L, et al. 2010. Analysis of QTLs for yield-related traits in Yuanjiang common wild rice (*Oryza rufipogon* Griff.). Journal of Genetics and Genomics, 37: 147-157.

Fu S L, Chen L, Wang Y Y, et al. 2015. Oligonucleotide probes for ND-FISH analysis to identify rye and wheat chromosomes. Scientific Reports, 5: 10552.

Fujita D, Trijatmiko K R, Tagle A G, et al. 2013. *NAL1* allele from a rice landrace greatly increases yield in modern indica cultivars. Proceedings of the National Academy of Sciences of the United States of America, 110(51): 20431-20436.

Gallegly M E, Marvel M E. 1955. Inheritance of resistance to tomato race-0 of *Phytophthora infestans*. Phytopathology, 45: 103-109.

Gao C. 2021. Genome engineering for crop improvement and future agriculture. Cell, 184(6): 1621-1635.

Gessese M, Bariana H, Wong D, et al. 2019. Molecular mapping of stripe rust resistance gene *Yr81* in a common wheat landrace Aus27430. Plant Disease, 103(6): 1166-1171.

Gill B S, Friebe B, Endo T R. 1991. Standard karyotype and nomenclature system for description of chromosome bands and structural aberrations in wheat (*Triticum aestivum*). Genome, 34(5): 830-839.

Guo J, Xu C, Wu D, et al. 2018. *Bph6* encodes an exocyst-localized protein and confers broad resistance to planthoppers in rice. Nature Genetics, 50(2): 297-306.

Guo Z, Tucker D M, Lu J, et al. 2012. Evaluation of genome-wide selection efficiency in maize nested association mapping populations. Theoretical and Applied Genetics, 124(2): 261-275.

Hajjar R, Jarvis D I, Gemmill-Herren B. 2008. The utility of crop genetic diversity in maintaining ecosystem services. Agriculture, Ecosystems & Environment, 123(4): 261-270.

Hayashi N, Inoue H, Kato T, et al. 2010. Durable panicle blast-resistance gene *Pb1* encodes an atypical CC-NBS-LRR protein and was generated by acquiring a promoter through local genome duplication. The Plant Journal, 64(3): 498-510.

Heffner E L, Lorenz A J, Jannink J L, et al. 2010. Plant breeding with genomic selection: gain per unit time and cost. Crop Science, 50(5): 1681-1690.

Helguera M, Khan I A, Kolmer J, et al. 2003. PCR assays for the Lr37-Yr17-Sr38 cluster of rust resistance genes and their use to develop isogenic hard red spring wheat lines. Crop Science, 43: 1839-1847.

Heneen W K, Geleta M, Brismar K, et al. 2012. Seed colour loci, homoeology and linkage groups of the C genome chromosomes revealed in *Brassica rapa-B. oleracea* monosomic alien addition lines. Annals of Botany, 109(7): 1227-1242.

Herrera-Foessel S A, Singh R P, Lillemo M, et al. 2014. *Lr67/Yr46* confers adult plant resistance to stem rust and powdery mildew in wheat. Theoretical and Applied Genetics, 127(4): 781-789.

Huang W, Nie B, Tu Z, et al. 2021. Extreme resistance to Potato Virus A in potato cultivar Barbara is independently mediated by Ra and Rysto. Plant Disease, 105(11): 3344-3348.

Hufford M B, Xu X, Van Heerwaarden J, et al. 2012. Comparative population genomics of maize domestication and improvement. Nature Genetics, 44(7): 808-811.

Iwanaga M, Freyre R, Watanabe K. 1991. Breaking the crossability barriers between disomic tetraploid *Solanum acaule*, and tetrasomic tetraploid *S. tuberosum*. Euphytica, 52(3): 183-191.

Jahier J, Abelard P A M, Tanguy F, et al. 2001. The *Aegilops ventricosa* segment on chromosome 2AS of the wheat cultivar VPM1 carries the cereal cyst nematode resistance gene *Cre5*. Plant Breeding, 120: 125-128.

Jairin J, Sansen K, Wongboon W, et al. 2010. Detection of a brown planthopper resistance gene *bph4* at the same chromosomal position of *Bph3* using two different genetic backgrounds of rice. Breeding Science, 60(1): 71-75.

Jeung J U, Kim B R, Cho Y C, et al. 2007. A novel gene, *Pi40(t)*, linked to the DNA markers derived from NBS-LRR motifs confers broad spectrum of blast resistance in rice. Theoretical and Applied Genetics, 115(8): 1163-1177.

Jiang B, Chen L, Yang C, et al. 2021. The cloning and CRISPR/Cas9-mediated mutagenesis of a male sterility gene *MS1* of soybean. Plant Biotechnology Journal, 19(6): 1098-1100.

Jiang B, Liu T, Li H, et al. 2018. Physical mapping of a novel locus conferring leaf rust resistance on the long arm of *Agropyron cristatum* Chromosome 2P. Frontiers in Plant Science, 9: 817.

Jiang C, Kan J, Ordon F, et al. 2020. Bymovirus-induced yellow mosaic diseases in barley and wheat: viruses, genetic resistances and functional aspects. Theoretical and Applied Genetics, 133(5): 1623-1640.

Jinek M, Chylinski K, Fonfara I, et al. 2012. A programmable dual-RNA-guided DNA endonuclease in adaptive bacterial immunity. Science, 337(6096): 816-821.

Kan J, Cai Y, Cheng C, et al. 2022. Simultaneous editing of host factor gene *TaPDIL5-1* homoeoalleles confers wheat yellow mosaic virus resistance in hexaploid wheat. New Phytologist, 234: 340-344.

Kang L, Du X, Zhou Y, et al. 2014. Development of a complete set of monosomic alien addition lines between *Brassica napus* and *Isatis indigotica* (Chinese woad). Plant Cell Reports, 33(8): 1355-1364.

Khanday I, Skinner D, Yang B, et al. 2019. A male-expressed rice embryogenic trigger redirected for asexual propagation through seeds. Nature, 565(7737): 91-95.

Khush G S, Bacalangco E, Ogawa T. 1990. A new gene for resistance to bacterial blight from *O. longistaminata*. Rice Genetics Newsletter, 7: 121-122.

Koo D H, Friebe B, Gill B S. 2020. Homoeologous recombination: a novel and efficient system for broadening the genetic variability in wheat. Agronomy, 10(8): 1059.

Korzun V, Röder M, Ganal M, et al. 1998. Genetic analysis of the dwarfing gene (*Rht8*) in wheat. Part I. Molecular mapping of *Rht8* on the short arm of chromosome 2D of bread wheat (*Triticum aestivum* L.). Theoretical and Applied Genetics, 96(8): 1104-1109.

Lagudah E S, McFadden H, Singh R P, et al. 2006. Molecular genetic characterization of the *Lr34*/*Yr18* slow rusting resistance gene region in wheat. Theoretical and Applied Genetics, 114(1): 21-30.

Lam H M, Xu X, Liu X, et al. 2010. Resequencing of 31 wild and cultivated soybean genomes identifies patterns of genetic diversity and selection. Nature Genetics, 42(12): 1053-1059.

Lapitan N L V, Sears R G, Rayburn A L, et al. l986. Wheat-rye translocations-detection of chromosome breakpoints by *in situ* hybridization with a biotin-labeled DNA probe. Journal of Heredity, 77: 415-419.

Li D J, Sun C Q, Fu Y C, et al. 2002. Identification and mapping of genes for improving yield from Chinese common wild rice (*O. rufipogon* Griff.) using advanced backcross QTL analysis. Chinese Science Bulletin, 47(18): 1533-1577.

Li G, Zhou J, Jia H, et al. 2019. Mutation of a histidine-rich calcium-binding-protein gene in wheat confers resistance to *Fusarium* head blight. Nature Genetics, 51(7): 1106-1112.

Li T, Yang X, Yu Y, et al. 2018. Domestication of wild tomato is accelerated by genome editing. Nature Biotechnology, 36: 1160-1163.

Li W, Zhu Z, Chern M, et al. 2017. A natural allele of a transcription factor in rice confers broad-spectrum blast resistance. Cell, 170(1): 114-126.

Li Y, Li L, Zhao M, et al. 2021. Wheat FRIZZY PANICLE activates VERNALIZATION1-A and HOMEOBOX4-A to regulate spike development in wheat. Plant Biotechnology Journal, 19(6): 1141-1154.

Li Y, Zhou G, Ma J, et al. 2014. De novo assembly of soybean wild relatives for pan-genome analysis of diversity and agronomic traits. Nature Biotechnology, 32(10): 1045-1052.

Li Z, Liu Z, Xing A, et al. 2015. Cas9-guide RNA directed genome editing in soybean. Plant Physiology, 169(2): 960-970.

Lin Y, Chen G, Hu H, et al. 2020. Phenotypic and genetic variation in phosphorus-deficiency-tolerance traits in Chinese wheat landraces. BMC Plant Biology, 20(1): 330.

Liu J, Fernie A R, Yan J. 2019. The past, present, and future of maize improvement: domestication, genomics, and functional genomic routes toward crop enhancement. Plant Communications, 1(1): 100010.

Liu W, Frick M, Huel R, et al. 2014. The stripe rust resistance gene *Yr10* encodes an evolutionary-conserved and unique CC-NBS-LRR sequence in wheat. Molecular Plant, 7(12): 1740-1755.

Liu Y, Lin Y, Gao S, et al. 2017. A genome-wide association study of 23 agronomic traits in Chinese wheat landraces. The Plant Journal, 91(5): 861-873.

Liu Y, Wu H, Chen H, et al. 2015. A gene cluster encoding lectin receptor kinases confers broad-spectrum and durable insect resistance in rice. Nature Biotechnology, 33(3): 301-305.

Lou Q F, Zhang Y X, He Y H, et al. 2014. Single-copy gene-based chromosome painting in cucumber and its application for chromosome rearrangement analysis in *Cucumis*. The Plant Journal, 78: 169-179.

Lu X, Xiong Q, Cheng T, et al. 2017. A *PP2C-1* allele underlying a quantitative trait locus enhances soybean 100-seed weight. Molecular Plant, 10(5): 15.

Lukaszewski A J. 1993. Reconstruction in wheat of complete chromosomes 1B and 1R from the 1RS. 1BL translocation of 'Kavkaz' origin. Genome, 36(5): 821-824.

Lukaszewski A J. 1997. Further manipulation by centric misdivision of the 1RS.1BL translocation in wheat. Euphytica, 94(3): 257-261.

Luo X, Wu S, Tian F, et al. 2011. Identification of heterotic loci associated with yield-related traits in Chinese common wild rice (*Oryza rufipogon* Griff.). Plant Science, 181: 14-22.

Ma H, Kong Z, Fu B, et al. 2011. Identification and mapping of a new powdery mildew resistance gene on chromosome 6D of common wheat. Theoretical and Applied Genetics, 123(7): 1099-1106.

Ma H H, Zhang J P, Zhang J, et al. 2019. Development of P genome-specific SNPs and their application in tracing *Agropyron cristatum* introgressions in common wheat. The Crop Journal, 7(2): 151-162.

Ma J, Lei C, Xu X, et al. 2015. *Pi64*, encoding a novel CC-NBS-LRR protein, confers resistance to leaf and neck blast in rice. Molecular Plant-Microbe Interactions, 28(5): 558-568.

Maggie P S S, Rupini Y, Ting X N, et al. 2021. The details are in the genome-wide SNPs: fine scale evolution of the Malaysian weedy rice. Plant Science, 310: 110985.

Manickavelu A, Hattori T, Yamaoka S, et al. 2017. Genetic nature of elemental contents in wheat grains and its genomic prediction: toward the effective use of wheat landraces from Afghanistan. PLoS One, 12(1): e0169416.

Martínez-González C, Castellanos-Morales G, Barrera-Redondo J, et al. 2021. Recent and historical gene flow in cultivars, landraces, and a wild taxon of *Cucurbita pepo* in Mexico. Frontiers in Ecology and Evolution, 9: 656051.

Mayer M, Holker A C, Gonzalez-Segovia E, et al. 2020. Discovery of beneficial haplotypes for complex traits in maize landraces. Nature Communications, 11(1): 4954.

McFadden E S. 1930. A successful transfer of emmer characters to vulgare wheat. Journal of the American Society of Agronomy, 22: 1020-1034.

Meredith W R, Ranney J C D, Laster M L, et al. 1973. Agronomic potential of nectariless cotton (*G. hirsutum* L.). Journal of Environmental Quality, 2: 141-144.

Merk H L, Ashrafi H, Foolad M R. 2012. Selective genotyping to identify late blight resistance genes in an accession of the tomato wild species *Solanum pimpinellifolium*. Euphytica, 187: 63-75.

Meseka S, Fakorede M, Ajala S, et al. 2013. Introgression of alleles from maize landraces to improve drought tolerance in an adapted germplasm. Journal of Crop Improvement, 27(1): 96-112.

Meuwissen T H E, Hayes B J, Goddard M E. 2001. Prediction of total genetic value using genome-wide dense marker maps. Genetics, 157(4): 1819-1829.

Mojica F J, Ferrer C, Juez G, et al. 1995. Long stretches of short tandem repeats are present in the largest replicons of the Archaea *Haloferax mediterranei* and *Haloferax volcanii* and could be involved in replicon partitioning. Molecular Microbiology, 17(1): 85-93.

Moore G. 2015. Strategic pre-breeding for wheat improvement. Nature Plants, 1: 15018.

Moreau P, Thoquet P, Olivier J, et al. 1998. Genetic mapping of *Ph-2*, a single locus controlling partial resistance to *Phytophthora* infestans in tomato. Molecular Plant-Microbe Interactions, 11: 259-269.

Mujeeb-Kazi A, Kazi A G, Dundas I S, et al. 2013. Genetic diversity for wheat improvement as a conduit to food security. Advances in Agronomy, 122: 179-257.

Newcomb M, Acevedo M, Bockelman H E, et al. 2013. Field resistance to the Ug99 race group of the stem rust pathogen in spring wheat landraces. Plant Disease, 97(7): 882-890.

Nsabiyera V, Bariana H S, Qureshi N, et al. 2018. Characterisation and mapping of adult plant stripe rust resistance in wheat accession Aus27284. Theoretical and Applied Genetics, 131(7): 1459-1467.

Nyman M, Waara S. 1997. Characterisation of somatic hybrids between *Solanum tuberosum* and its frost-tolerant relative *Solanum commersonii*. Theoretical and Applied Genetics, 95(7): 1127-1132.

Ogura H. 1968. Studies on the new male-sterility in Japanese radish, with special reference to the utilization of this sterility towards the practical raising of hybrid seeds. Mem Fac Agric Kagoshima University, 6: 39-78.

Pan C, Li Q, Lu Y, et al. 2017. Chromosomal localization of genes conferring desirable agronomic traits from *Agropyron cristatum* chromosome 1P. PLoS One, 12: e0175265.

Pelletier G, Primard C, Vedel F, et al. 1983. Intergeneric cytoplasmic hybridization in Cruciferae by protoplast fusion. Molecular and General Genetics, 191(2): 244-250.

Peterka H, Budahn H, Schrader O, et al. 2004. Transfer of resistance against the beet cyst nematode from radish (*Raphanus sativus*) to rape (*Brassica napus*) by monosomic chromosome addition. Theoretical and Applied Genetics, 109(1): 30-41.

Pitblado R E, Macneil B H, Kerr E A. 1984. Chromosomal identity and linkage relationships of *Pto*, a gene for resistance to *Pseudomonas syringae* pv. tomato in tomato. Canadian Journal of Plant Pathology, 6: 48-53.

Pourkheirandish M, Hensel G, Kilian B, et al. 2015. Evolution of the grain dispersal system in barley. Cell, 162(3): 527-539.

Pu J, Wang Q, Shen Y, et al. 2015. Physical mapping of chromosome 4J of *Thinopyrum bessarabicum* using gamma radiation-induced aberrations. Theoretical and Applied Genetics, 128: 1319-1328.

Qi K, Han H, Zhang J, et al. 2021. Development and characterization of novel *Triticum aestivum-Agropyron cristatum* 6P Robertsonian translocation lines. Molecular Breeding, 41: 59.

Qi X P, Li M, Xie M, et al. 2014. Identification of a novel salt tolerance gene in wild soybean by whole-genome sequencing. Nature Communications, 5: 4340.

Qi X, Zhang C, Zhu J, et al. 2020. Genome editing enables next-generation hybrid seed production technology. Molecular Plant, 13(9): 1262-1269.

Qiao L, Liu S, Li J, et al. 2021. Development of sequence-tagged site marker set for identification of J, JS, and St sub-genomes of *Thinopyrum intermedium* in wheat background. Frontiers in Plant Science, 12: 685216.

Rahmatov M, Rouse M N, Nirmala J, et al. 2016. A new 2DS.2RL Robertsonian translocation transfers stem rust resistance gene *Sr59* into wheat. Theoretical and Applied Genetics, 129: 1383-1392.

Ren Z, Gao J, Li L, et al. 2005. A rice quantitative trait locus for salt tolerance encodes a sodium transporter. Nature Genetics, 37(10): 1141-1146.

Rey E, Abrouk M, Keeble-Gagnère G, et al. 2018. Transcriptome reprogramming due to the introduction of a barley telosome into bread wheat affects more barley genes than wheat. Plant Biotechnology Journal, 16: 1767-1777.

Reynolds M P, Calderini D F, Condon A G, et al. 2001. Physiological basis of yield gains in wheat associated with the *Lr19* translocation from *Agropyron elongatum*. Euphytica, 119: 137-141.

Robbins M D, Darrigues A, Sim S C, et al. 2009. Characterization of hypersensitive resistance to bacterial spot race T3 (*Xanthomonas perforans*) from tomato accession PI128216. Phytopathology, 99(9): 1037-1044.

Royo C, Briceño-Félix G A. 2011. Spanish wheat pool. The World Wheat Book, 2: 121-154.

Rufo R, Salvi S, Royo C, et al. 2020. Exploring the genetic architecture of root-related traits in Mediterranean bread wheat landraces by genome-wide association analysis. Agronomy, 10(5): 613.

Salinas M, Capel C, Alba J M, et al. 2013. Genetic mapping of two QTL from the wild tomato *Solanum pimpinellifolium* L. controlling resistance against two-spotted spider mite (*Tetranychus urticae* Koch). Theoretical and Applied Genetics, 126(1): 83-92.

Schmutz J, Cannon S B, Schlueter J, et al. 2010. Genome sequence of the palaeopolyploid soybean. Nature, 463(7278): 178-183.

Sears E R. 1950. Misdivision of univalents in common wheat. Chromosoma, 4(1): 535-550.

Sears E R. 1956. The transfer of leaf-rust resistance from *Aegilops umbellulata* to wheat. Brookhaven Symposium Biologic, 9: 1-22.

Sears E R. 1977. An induced mutant with homoeologous pairing in common wheat. Canadian Journal of Genetics and Cytology, 19(4): 585-593.

Shang J, Tao Y, Chen X, et al. 2009. Identification of a new rice blast resistance gene, *Pid3*, by genomewide comparison of paired nucleotide-binding site-leucine-rich repeat genes and their pseudogene alleles between the two sequenced rice genomes. Genetics, 182(4): 1303-1311.

Shao H, Liu T, Ran C, et al. 2015. Isolation and molecular characterization of two novel HMW-GS genes from Chinese wheat (*Triticum aestivum* L.) landrace Banjiemang. Genes & Genomics, 37(1): 45-53.

Shikha M, Kanika A, Rao A R, et al. 2017. Genomic selection for drought tolerance using genome-wide SNPs in maize. Frontiers in Plant Science, 8: 550.

Song L, Jiang L, Han H, et al. 2013. Efficient induction of Wheat-*Agropyron cristatum* 6P translocation lines and GISH detection. PLoS One, 8: e69501.

Sosso D, Luo D, Li Q, et al. 2015. Seed filling in domesticated maize and rice depends on SWEET-mediated hexose transport. Nature Genetics, 47(12): 1489-1493.

Stall R E, Walter J M. 1965. Selection and inheritance of resistance in tomato to isolates of race 1 and 2 of the *Fusarium* wilt organism. Phytopathology, 55: 1213-1215.

Subbarao G V, Kishii M, Bozal-Leorri A, et al. 2021. Enlisting wild grass genes to combat nitrification in wheat farming: a nature-based solution. Proceedings of the National Academy of Sciences of the United States of America, 118(35): e2106595118.

Sun H, Hu J, Song W, et al. 2018. *Pm61*: a recessive gene for resistance to powdery mildew in wheat landrace Xuxusanyuehuang identified by comparative genomics analysis. Theoretical and Applied Genetics, 131(10): 2085-2097.

Tan C, Li G, Cowger C, et al. 2018. Characterization of *Pm59*, a novel powdery mildew resistance gene in Afghanistan wheat landrace PI 181356. Theoretical and Applied Genetics, 131(5): 1145-1152.

Tan C, Li G, Cowger C, et al. 2019. Characterization of *Pm63*, a powdery mildew resistance gene in Iranian landrace PI 628024. Theoretical and Applied Genetics, 132(4): 1137-1144.

Tan L, Li X, Liu F, et al. 2008. Control of a key transition from prostrate to erect growth in rice domestication. Nature Genetics, 40: 1360-1364.

Tang H, Liu H, Zhou Y, et al. 2021. Fertility recovery of wheat male sterility controlled by *Ms2* using CRISPR/Cas9. Plant Biotechnology Journal, 19(2): 224-226.

Tang Z X, Yang Z J, Fu S L. 2014. Oligonucleotides replacing the roles of repetitive sequences pAs1, pSc119. 2, pTa-535, pTa71, CCS1, and pAWRC. 1 for FISH analysis. Journal of Applied Genetics, 55:

313-318.

Tanksley S D, McCouch S R. 1997. Seed banks and molecular maps: unlocking genetic potential from the wild. Science, 277: 1063-1066.

Thalapati S, Batchu A, Neelamraju S, et al. 2012. *Os11Gsk* gene from a wild rice, *Oryza rufipogon* improves yield in rice. Functional & Integrative Genomics, 12: 277-289.

Tian D, Wang J, Zeng X, et al. 2014. The rice TAL effector-dependent resistance protein XA10 triggers cell death and calcium depletion in the endoplasmic reticulum. The Plant Cell, 26(1): 497-515.

Tian J, Wang C L, Xia J L, et al. 2019. Teosinte ligule allele narrows plant architecture and enhances high-density maize yields. Science, 365(6454): 658-664.

Ullah K N, Li N, Shen T, et al. 2018. Fine mapping of powdery mildew resistance gene *Pm4e* in bread wheat (*Triticum aestivum* L.). Planta, 248(5): 1319-1328.

Van Deynze A, Zamora P, Delaux P M, et al. 2018. Nitrogen fixation in a landrace of maize is supported by a mucilage-associated diazotrophic microbiota. PLoS Biology, 16(8): e2006352.

Vigouroux Y, Mitchell S, Matsuoka Y, et al. 2005. An analysis of genetic diversity across the maize genome using microsatellites. Genetics, 169(3): 1617-1630.

Walkowiak S, Gao L, Monat C, et al. 2020. Multiple wheat genomes reveal global variation in modern breeding. Nature, 588: 277-283.

Wang C, Liu Q, Shen Y, et al. 2019. Clonal seeds from hybrid rice by simultaneous genome engineering of meiosis and fertilization genes. Nature Biotechnology, 37(3): 283-286.

Wang D W. 2009. Wide hybridization: engineering the next leap in wheat yield. Journal of Genetics Genomics, 36: 509-510.

Wang H, Dai K, Xiao J, et al. 2017a. Development of intron targeting (IT) markers specific for chromosome arm 4VS of *Haynaldia villosa* by chromosome sorting and next-generation sequencing. BMC Genomics, 18: 167.

Wang H, Nussbaum-Wagler T, Li B, et al. 2005. The origin of the naked grains of maize. Nature, 436(7051): 714-719.

Wang R L, Stec A, Hey J, et al. 1999. The limits of selection during maize domestication. Nature, 398(6724): 236-239.

Wang X, Li L, Yang Z, et al. 2017b. Predicting rice hybrid performance using univariate and multivariate GBLUP models based on North Carolina mating design II. Heredity, 118(3): 302-310.

Wang Y, Cheng X, Shan Q, et al. 2014. Simultaneous editing of three homoeoalleles in hexaploid bread wheat confers heritable resistance to powdery mildew. Nature Biotechnology, 32(9): 947-951.

Wang Y P, Sonntag K, Rudloff E. 2003. Development of rapeseed with high erucic acid content by asymmetric somatic hybridization between *Brassica napus* and *Crambe abyssinica*. Theoretical and Applied Genetics, 106(7): 1147-1155.

Watanabe K N, Orrillo M, Vega S, et al. 1994. Potato germplasm enhancement with disomic tetraploid *Solanum acaule*. II. Assessment of breeding value of tetraploid F_1 hybrids between tetrasomic tetraploid *S. tuberosum* and *S. acaule*. Theoretical and Applied Genetics, 88(2): 135.

Watanabe K, Arbizu C, Schmiediche P E. 1992. Potato germplasm enhancement with disomic tetraploid *Solanum acaule*. I. Efficiency of introgression. Genome, 35(1): 53-57.

Watson A, Ghosh S, Williams M J, et al. 2018. Speed breeding is a powerful tool to accelerate crop research and breeding. Nature Plants, 4(1): 23-29.

Wills D M, Whipple C J, Takuno S, et al. 2013. From many, one: genetic control of prolificacy during maize domestication. PLoS Genetics, 9(6): e1003604.

Wingen L U, Orford S, Goram R, et al. 2014. Establishing the A. E. Watkins landrace cultivar collection as a resource for systematic gene discovery in bread wheat. Theoretical and Applied Genetics, 127(8): 1831-1842.

Wu J, Yang X M, Wang H, et al. 2006. The introgression of chromosome 6P specifying for increased numbers of florets and kernels from *Agropyron cristatum* into wheat. Theoretical and Applied Genetics, 114: 13-20.

Wu X, Li X, Xu C, et al. 2008. Fine genetic mapping of *xa24*, a recessive gene for resistance against *Xanthomonas oryzae* pv. Oryzae in rice. Theoretical and Applied Genetics, 118(1): 185-191.

Xiang Y, Cao Y, Xu C, et al. 2006. *Xa3*, conferring resistance for rice bacterial blight and encoding a receptor kinase-like protein, is the same as *Xa26*. Theoretical and Applied Genetics, 113(7): 1347-1355.

Xiao J H, Grandillo S, Ahn S N, et al. 1996. Genes from wild rice improve yield. Nature, 384: 223-224.

Xiao M, Song F, Jiao J, et al. 2013. Identification of the gene *Pm47* on chromosome 7BS conferring resistance to powdery mildew in the Chinese wheat landrace Hongyanglazi. Theoretical and Applied Genetics, 126(5): 1397-1403.

Xing L, Hu P, Liu J, et al. 2018. *Pm21* from *Haynaldia villosa* encodes a CC-NBS-LRR protein conferring powdery mildew resistance in wheat. Molecular Plant, 11(6): 874-878.

Xiong H, Zhou C, Fu M, et al. 2022. Cloning and functional characterization of *Rht8*, a "Green Revolution" replacement gene in wheat. Molecular Plant, 15(3): 373-376.

Xu H, Yi Y, Ma P, et al. 2015. Molecular tagging of a new broad-spectrum powdery mildew resistance allele *Pm2c* in Chinese wheat landrace Niaomai. Theoretical and Applied Genetics, 128(10): 2077-2084.

Xu K, Xu X, Fukao T, et al. 2006. *Sub1A* is an ethylene-response-factor-like gene that confers submergence tolerance to rice. Nature, 442(7103): 705-708.

Xue F, Wang C, Li C, et al. 2012. Molecular mapping of a powdery mildew resistance gene in common wheat landrace Baihulu and its allelism with *Pm24*. Theoretical and Applied Genetics, 125(7): 1425-1432.

Xue S, Li G Q, Jia H Y, et al. 2010. Fine mapping *Fhb4*, a major QTL conditioning resistance to *Fusarium* infection in bread wheat (*Triticum aestivum* L.). Theoretical and Applied Genetics, 121(1): 147-156.

Xue S, Xu F, Tang M, et al. 2011. Precise mapping *Fhb5*, a major QTL conditioning resistance to *Fusarium* infection in bread wheat (*Triticum aestivum* L.). Theoretical and Applied Genetics, 123(6): 1055-1063.

Yahiaoui N, Srichumpa P, Dudler R, et al. 2004. Genome analysis at different ploidy levels allows cloning of the powdery mildew resistance gene *Pm3b* from hexaploid wheat. The Plant Journal, 37(4): 528-538.

Yang P, Lupken T, Habekuss A, et al. 2014. PROTEIN DISULFIDE ISOMERASE LIKE 5-1 is a susceptibility factor to plant viruses. Proceedings of the National Academy of Sciences of the United States of America, 111(6): 2104-2109.

Yang P, Scheuermann D, Kessel B, et al. 2021. Alleles of a wall-associated kinase gene account for three of the major northern corn leaf blight resistance loci in maize. The Plant Journal, 106(2): 526-535.

Yeatman C W, Kafton D, Wilkes G. 1985. Plant Genetic Resources: A Conservation Imperative. Westview: Boulder, Co.: 111-129.

Yu H, Lin T, Meng X, et al. 2021. A route to *de novo* domestication of wild allotetraploid rice. Cell, 184(5): 1156-1170.

Zahra M, Ana Belén H, Reza A M, et al. 2020. Variability for glutenins, gluten quality, iron, zinc and phytic acid in a set of one hundred and fifty-eight common wheat landraces from Iran. Agronomy, 10(11): 1797.

Zeller F J. 1973. 1B/1R wheat-rye chromosome substitutions and translocations. Columbia, MO: Proc 4th Int Wheat Genet Symp: 209-221.

Zhai C, Lin F, Dong Z, et al. 2011. The isolation and characterization of *Pik*, a rice blast resistance gene which emerged after rice domestication. New Phytologist, 189(1): 321-334.

Zhang D J, Sun L J, Li S, et al. 2018. Elevation of soybean seed oil content through selection for seed coat shininess. Nature Plants, 4(1): 30-35.

Zhang R, Hou F, Feng Y, et al. 2015. Characterization of a *Triticum aestivum–Dasypyrum villosum* T2VS·2DL translocation line expressing a longer spike and more kernels traits. Theoretical and Applied Genetics, 128: 2415-2425.

Zhang X, Lin Z L, Wang J, et al. 2019a. The *tin1* gene retains the function of promoting tillering in maize. Nature Communications, 10: 5608.

Zhang X H, Liu T J, Wang J L, et al. 2021. Pan-genome of Raphanus highlights genetic variation and introgression among domesticated, wild, and weedy radishes. Molecular Plant, 14(12): 2032-2055.

Zhang Z, Han H M, Liu W H, et al. 2019b. Deletion mapping and verification of an enhanced-grain number per spike locus from the 6PL chromosome arm of *Agropyron cristatum* in common wheat. Theoretical and Applied Genetics, 132: 2815-2827.

Zhao Y, Huang J, Wang Z, et al. 2016. Allelic diversity in an NLR gene *BPH9* enables rice to combat planthopper variation. Proceedings of the National Academy of Sciences of the United States of America, 113(45): 12850-12855.

Zhao Y, Zeng J, Fernando R, et al. 2013. Genomic prediction of hybrid wheat performance. Crop Science, 53(5/6): 802-810.

Zhu Y, Chen H, Fan J, et al. 2000. Genetic diversity and disease control in rice. Nature, 406(6797): 718-722.

Zhuang L, Liu P, Liu Z, et al. 2015. Multiple structural aberrations and physical mapping of rye chromosome 2R introgressed into wheat. Molecular Breeding, 35: 1-11.

Zsögön A, Čermák T, Naves E R, et al. 2018. De novo domestication of wild tomato using genome editing. Nature Biotechnology, 36: 1211-1216.

Zuo W, Chao Q, Zhang N, et al. 2015. A maize wall-associated kinase confers quantitative resistance to head smut. Nature Genetics, 47(2): 151-157.

第八章　作物种质资源多组学研究

自 20 世纪末，基因组测序技术的高速发展，催生了一个新兴学科——基因组学（genomics）。在基因组学的促进下，与之相关的表观基因组学（epigenomics）、转录组学（transcriptomics）、蛋白质组学（proteomics）、代谢组学（metabonomics）与表型组学（phenomics）等一系列组学也相继应运而生。与此同时，生物领域的细胞学、育种学、生态学等传统学科与上述组学相结合，产生了一系列以组学（-omics）为特征的新兴学科。作物种质资源组学（crop germplasomics，CG）或作物种质资源多组学（crop germplasm multi-omics，CGM）研究是种质资源学与组学研究相结合产生的一个新兴领域。它是依据基因组学、表观基因组学、转录组学、蛋白质组学、代谢组学与表型组学等一系列组学的理论、原理与方法，在组学水平上研究种质资源多样性的检测与分布、起源与演化、收集与保护、开发与利用的一门新兴学科。作物种质资源组学研究是新时期生物科学发展的必然产物，它的出现与发展把种质资源研究推向一个全新的发展阶段。

多样性是种质资源研究的核心。CGM 就是在各类组学水平上研究与开发利用种质资源多样性。各类组学研究内容与方法不同，但相互关联（图 8-1）。作物种质资源基因组学（crop germplasm genomics，CGG）研究在基因组水平上揭示种质资源的多样性，特别是基因及其相关调控因子的多样性。CGG 是各类种质资源组学的核心与基础，各类组学的多样性均来自基因组学的多样性。作物种质资源表观基因组学（crop germplasm epigenomics，CGE）主要是研究材料间表观修饰（DNA 与组蛋白甲基化、乙酰化，染色体开放等）的多样性及其对基因表达的影响及表型效应。作物种质资源转录组学（crop germplasm transcriptomics，CGT）从基因转录水平分析种质资源的多样性，即材料间基因的表达差异及其对蛋白多样性的影响。作物种质资源蛋白质组学（crop germplasm proteomics，CGP）侧重蛋白质多样性及其对表型与代谢的影响。作物种质资源代谢组学（crop germplasm metabonomics，CGM）研究材料间代谢产物的多样性及其相关基因，许多性状如发育、品质、抗病、抗逆等直接与代谢相关。上述的表观基因组学、转录组学、蛋白质组学与代谢组学的多样性均与环境关系密切，是基因型与环境互作的结果，最终产生了种质资源表型多样性。作物种质资源表型组学（crop germplasm phenomics，CGPH）就是检测、研究与开发利用种质资源的表型多样性，并用于农艺性状的改良。由此可见，作物种质资源组学研究也可称为变异组学研究（variomics）。各类组学既有各自的特点，又相互联系，构成一个整体，相互促进，相互印证，协同发展。本章将简要介绍作物种质资源组学研究的基本方法，总结近年来取得的主要研究进展与存在的问题，展望未来的研究方向，以期进一步促进作物种质资源组学研究的发展。

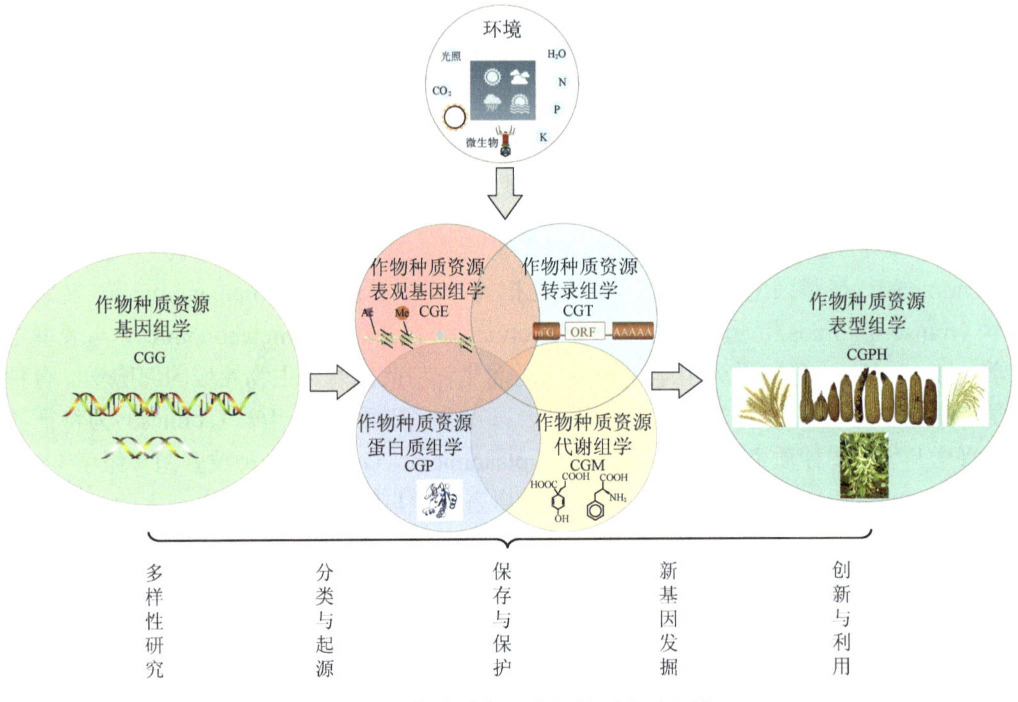

图 8-1　作物种质资源多组学研究示意图

第一节　作物种质资源基因组学研究

自 20 世纪 90 年代开始，由于基因组测序技术的高速发展，促进了作物基因组图谱的构建，并随之催生了一个新兴学科——基因组学。基因组学研究促进了全基因组分子标记的开发。种质资源及其相关研究者很快将其拓展到种质资源多样性、遗传进化与分子育种等研究领域（贾继增，1996）。在此基础上，贾继增研究员定义了作物种质资源基因组学的概念，即利用作物基因组学的原理、方法与相关信息，在全基因组水平上进行作物种质资源研究、保护、发掘与创新。2005 年，由中国农业科学院作物科学研究所主办了首届“国际基于基因组学的植物种质资源研究会议”（Genomics-based Plant Germplasm Research，GPGR）（图 8-2），交流该新兴研究领域的进展，讨论存在的问题，并开展广泛的国际合作。GPGR 的召开标志着研究者对于这一新兴学科的认可，因此 GPGR 成为每四年一届的种质资源国际学术研讨例会。此外，每年一届的国际动植物基因组学大会（Plant and Animal Genome Conference，PAG）还增设了种质资源分会。Milner 等（2019）也提出了基因库基因组学（genebank genomics）的概念，与贾继增定义的种质资源组学的概念颇为相似。相关论文发表的数量增长趋势是一个新兴学科诞生与发展的一个重要标志。统计分析 30 余年来 12 种主要农作物种质资源发表论文数量发现：①基因组时代以前（20 世纪 90 年代前），主要作物种质资源涉及的论文数量极其少，每年发表不足 4 篇，物种间没有太大差异，且多年几乎没有明显变化。②在进入基因组时代之后，主要作物种质资源的论文数量急剧增加。年

图 8-2　第一届国际基于基因组学的植物种质资源研究会议（GPGR 1）于 2005 年 4 月在北京召开

发表论文的数量已达数百篇，较基因组时代之前增长了数百倍，且仍以年 10%以上的速度增长。③不同作物发表论文的数量差异显著，基因组研究开展较早、进展较快的作物（如水稻）显著多于基因组研究进展较慢的作物。④这些论文大多以基因组学理论为基础，以种质资源为材料开展研究（图 8-3）。每一次基因组研究技术或研究进展取得重大突破都会触发作物种质资源论文急剧增长。例如，各类作物论文的第一个高峰期出现在分子标记技术开发与遗传图谱构建之后；第二个高峰期出现在基因组测序（框架图、精细图）完成之后。这些都表明 CGG 作为一个新生学科的特点与优势。近年来，不仅主要粮食作物水稻、小麦、玉米等种质资源组学研究取得了许多重要进展，大豆、油菜、棉花、番茄、苹果等油料、纤维、蔬菜、果树等经济作物也取得了前所未有的骄人成绩。这些作物跨越了数量遗传、细胞遗传等发展阶段，大大缩小了与大作物的研究差距。不仅如此，研究者还根据一些小作物各自的基因组或性状特色，在某些领域率先取得突破性进展（Wu et al.，2020b；Yang et al.，2020b；Jia et al.，2013）。例如，与水稻、小麦相比，番茄的种植面积不足这些大作物的十分之一，但因其基因组较小，可作为茄科的模式植物，所以在多样性、起源演化与驯化、重要农艺性状基

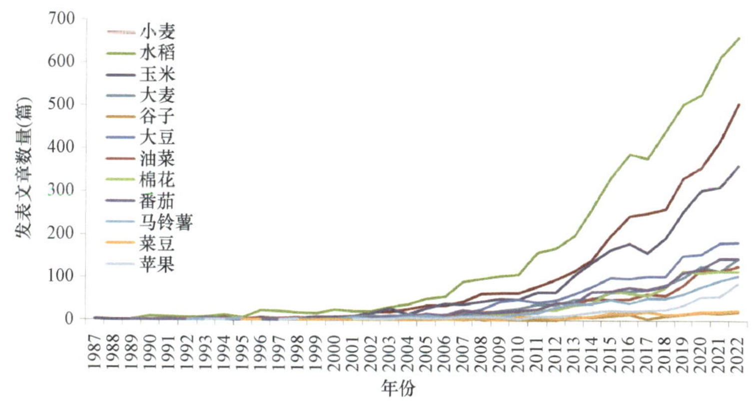

图 8-3　1988～2021 年 12 种作物基因组种质资源研究相关论文统计
数据来源于国家生物技术信息中心（National Center for Biotechnology Information，NCBI）

因克隆等方面都取得了重要进展。近 10 年来，种质资源基因组学研究进入一个高速发展时期，并随着技术的进步，各类组学的相互促进，发展速度还在加快。目前，各种作物都已构建了核心种质，为后续的组学研究奠定了材料基础。各类组学的研究技术与分析方法平台已基本构建，这大大提高了种质资源组学的研究效率。利用这些研究平台，一批重要的农艺性状功能基因已被发掘；多样性研究、分类与进化取得前所未有的重要进展；种质创新效率大大提高。所有这些都表明，作物种质资源研究已全面进入基因组学研究的新时代。本章将重点对上述研究领域的进展进行回顾与总结，并对目前存在的问题及解决途径进行讨论。

一、作物种质资源基因组学原理

作物种质资源基因组学的核心是种质资源基因组多样性。基因组多样性包括基因组结构变异、基因序列变异与基因间序列变异。与人类相比，植物基因组（特别是多倍体）的“可塑性”更大，染色体允许有大片段丢失、插入、易位、倒位，产生较大的结构变异（图 8-4A）。这些变异对基因组的重组与交换会产生较大的影响，同时也可能会影响基因的表达。基因是基因组的核心，也是产生转录组变异、代谢组变异、蛋白质组变异与表型组变异的关键。基因变异涉及基因拷贝数、编码区与非编码区序列变异（图 8-4B）。第一类基因变异是基因拷贝数变异包括基因存在/缺失变异（present and absent variation，PAV）与拷贝数变异（copy number variation，CNV）（图 8-4C）。拷贝数的变化会直接影响作物的农艺性状，例如，我国著名的小麦种质资源‘矮变 1 号’就是由于矮秆基因 *Rht1* 的拷贝数增加引起的（Li et al.，2012）。发生拷贝数变异的主要原因是在减数分裂时发生了不对等交换，即非法重组，造成一些材料的拷贝数增加，而另一些材料的拷贝数减少或缺失。拷贝数变异的基因主要发生在染色体重组率高的区段，即近末端。在基因分类上，抗病、抗逆及环境适应类基因的拷贝数变异最大，材料间分布也最广。第二类基因变异是编码区的序列变异。编码区的有义突变会造成编码蛋白的改变，从而影响基因功能。许多重要的功能基因都是由于基因编码区突变造成功能改变。例如，著名的绿色革命基因 *Rht1* 编码区的单碱基突变引起翻译提前终止，产生了新的、不同于野生型的蛋白质，导致突变株的株高显著降低。第三类基因变异是非编码区的序列变异，包括含顺式作用元件（启动子、增强子）、3′非翻译编码区（3′UTR）、内含子区变异（图 8-4D）。基因启动子区发生变异可能会影响其表达量，例如，著名的小麦春化基因 *Vrn-D1* 启动子区缺失突变引起其在小麦幼穗中表达量升高（Zhang et al.，2015a）。基因内含子发生变异可能会影响可变剪接模式，产生不同的转录本。例如，分蘖调控基因 *tin1* 内含子，在甜玉米材料‘P51’中发生 G/GT 到 C/GT 变化，导致内含子保留，提高了 *tin1* 转录水平，从而增加分蘖数（Zhang et al.，2019b）。3′UTR 具有调节 mRNA 稳定性、mRNA 的定位保存、翻译调控与蛋白质互作等功能。材料间广泛存在基因 3′UTR 变异，例如，Liu 等（2021a）发现小麦抗穗发芽基因 *TaPHS1* 3′UTR 发生 C 到 T 变异，导致小麦抗穗发芽能力降低，并且发现 T 等位基因在小麦野生二倍体和四倍体祖先种中频率较低，但在现代小麦品种和品系中频率非常高，暗示现代育种对抗穗发芽单倍型的定向选择。

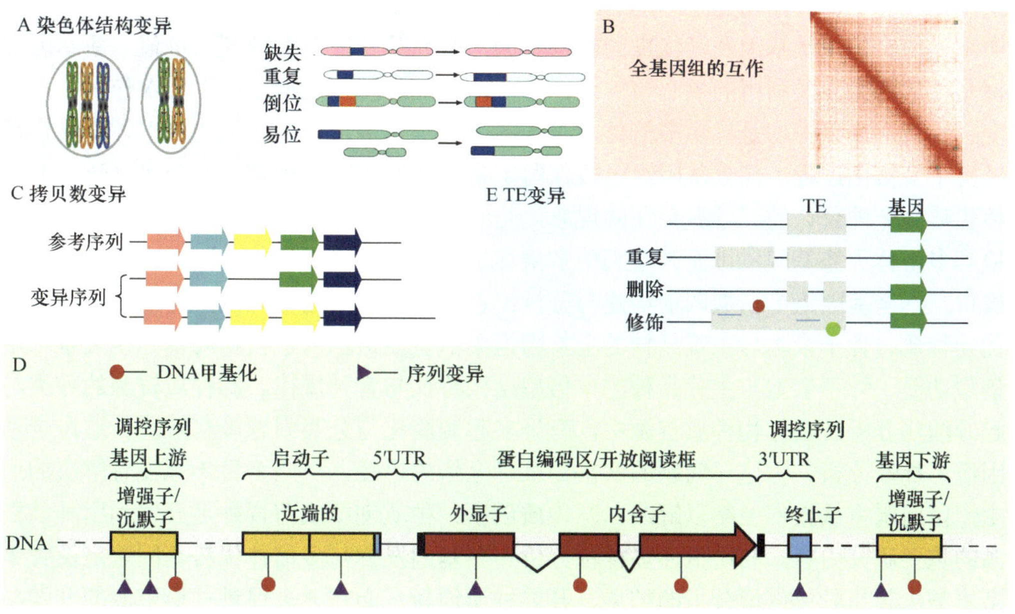

图 8-4　作物种质资源基因组变异原理

除了基因，基因间区对于作物的表型也有直接或间接的影响。作物基因组基因间区占基因组的 80%～90%及以上。基因间区主要由转座子（transposable element，TE）组成。大部分基因的 5′非翻译编码区（5′UTR）与 3′UTR 区都有 TE 存在，相当一部分基因的内含子区与少数基因的编码区也有转座子插入（图 8-4E）。TE 的特点是序列重复性高，可移动性强，因此容易产生变异，从而引起基因位置、活性与功能变异，产生新的等位基因。TE 对基因功能的影响主要通过以下四个途径：第一，TE 上有转录因子的结合域，TE 的变异会影响转录因子的结合，从而影响基因的转录；第二，基因的表达调控不仅与启动子有关，还存在着远程调控，且与基因组的三维结构有关，TE 的插入与缺失会影响基因组的三维结构的变异，也会影响基因的活性与基因表达；第三，TE 与表观修饰关系密切，而表观修饰又与基因的转录调控关系密切；第四，TE 的插入会造成假基因化，基因组中大量存在的假基因主要就是由 TE 的插入造成的。研究发现，不同材料间假基因的数量存在明显差异。

二、作物种质资源基因组学研究内容、策略与技术

（一）研究内容

作物种质资源基因组学研究可用于种质资源的全部研究，主要包括以下 8 项内容。①多样性检测、分析与核心种质构建：在全基因组水平检测种质资源的多样性，分析种质资源的群体结构、多样性的基因组分布与地理分布，进行种质资源单倍型分析、选择位点分析，并在此基础上构建核心种质与微核心种质。这项研究是作物种质资源

基因组学的基础。②泛基因组构建：利用微核心种质或筛选微核心种质，构建泛基因组，建立健全各种作物完整的基因组结构与组成数据信息。③新基因发掘：即发掘各类重要的农艺性状基因及其优良的等位基因，研究其功能与育种利用价值。新基因发掘是种质资源开发利用的核心与关键。④多倍体优势基因发掘：在主要农作物中，小麦、棉花、油菜等均是异源多倍体，玉米、大豆是古多倍体，其他的二倍体作物也都经历了多倍化过程，部分基因组区段保留了多倍体的特征，可称为部分多倍体。多倍体优势是一种公认的、普遍存在的现象，是一种自然存在的杂种优势。全基因组水平检测多倍体优势基因，进而开发利用多倍体优势，是新的绿色革命取得成功的重要突破口。⑤全基因组单倍型图谱构建与分析：在单倍型分析的基础上，建立核心种质、优异种质、骨干亲本与主栽品种的全基因组单倍型图谱，分析材料间基因组关系、单倍型功能、骨干亲本与主栽品种的单倍型结构特征与育种规律。⑥种质资源的分类与起源演化分析：在作物种质资源中，有许多起源演化与分类问题没有解决。通过全基因组多样性分析，为这一问题的解决提供了全新的途径，一些上百年来没有解决的历史遗留问题将从根本上得以解决。⑦种质创新：种质创新或前育种是开发利用种质资源的重要研究内容。利用上述多样性分析、新基因发掘与多倍体优势基因鉴定及骨干亲本与主栽品种单倍型分析的结果，开展种质创新，必将大大促进种质资源的开发与利用。⑧作物种质资源考察、收集与保护：种质资源保存与保护实际上是多样性的保存与保护。明确种质资源多样性的地理分布，可以为资源考察规划提供分子依据。研究各种保存条件下的 DNA 变异，应成为种质资源遗传完整性的重要内容。

（二）研究策略与方法

1. 研究策略与技术路线

总体来说，种质资源基因组研究大致可分为以下 5 步（图 8-5）：①根据种质资源（含野生种、地方种与育成种）的原产地，并结合育成品种的系谱、农艺性状及育种

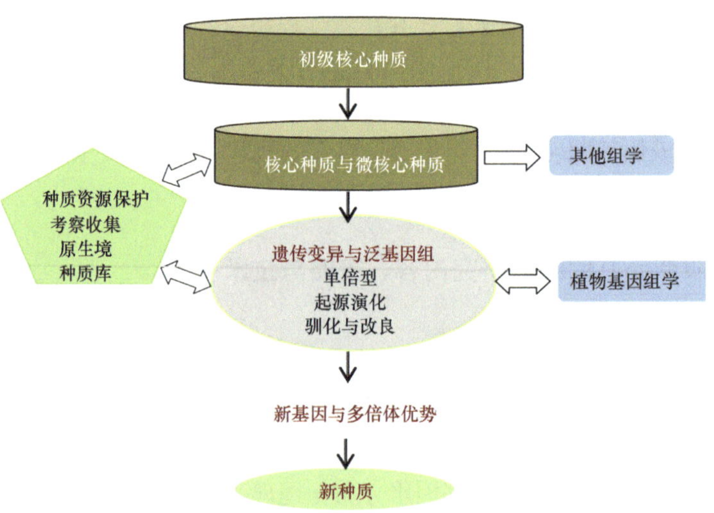

图 8-5　种质资源基因组研究技术路线

价值（不同时期的骨干亲本、主栽品种），建立初级核心种质（primary core collection，PCC）；对 PCC 进行全基因组多样性检测初步检测，在此基础上建立核心种质（core collection，CC）与微核心种质（mini core collection，MCC）。②利用 MCC，深入开展多样性研究与泛基因组构建、单倍型图谱构建、驯化与品种改良及起源演化分析。③新基因、基因组合，特别是多倍体优势基因发掘。④种质资源收集与保护。⑤种质创新。在执行过程中，由于种质资源研究内容较多，具体策略与技术路线是建立在研究目标的基础上的。

2. 研究方法

1）多样性检测、分析与核心种质构建

尽管目前基因型检测的方法很多，但归纳起来主要有两种：固定位点基因型检测与开放位点基因型检测。固定位点基因型检测方法主要包括高密度芯片检测与靶向测序（如外显子捕获测序），而开放位点基因型检测主要是全基因组重测序（简化基因组测序效率较低，不建议使用）。这两种方法各有优缺点，不可相互替代。固定位点基因型检测的主要优点是由于检测位点固定，因此富集的信息量较大，且便于不同研究者、不同批次结果比较。同时，检测结果便于分析、无须专门的生信人员与设备、分析周期短、检测与分析成本低。其缺点是不能检测靶向以外的位点。全基因组重测序的优点是标记密度高、能够检测靶向位点；缺点是成本较高、周期较长、需专门的生信人员且结果不便于比较。目前我国自行开发了有自主知识产权的 SNP（single nucleotide polymorphism，单核苷酸多态性）芯片，如小麦的 660K 与 55K 芯片，水稻的 6K 芯片（Yu et al.，2013），玉米的 60K 与 56K 芯片（Tian et al.，2021；Zhou et al.，2021a），大豆的 618K 芯片（Li et al.，2022c）、200K 芯片（Sun et al.，2022）等，效果均较好。以芯片检测为主，辅以对少数材料进行较高覆盖度的重测序，不失为一种好的选择。

分子水平检测群体的遗传多样性可以用等位基因频率（allele frequency）、核苷酸多样性（nucleotide diversity，π）、多态性信息含量（polymorphic information content，PIC）等指标来描述。核苷酸多样性是指一个群体中任意两个核苷酸序列在每个位点的核苷酸差异的平均值；多态性信息含量用来衡量基因位点多态性的程度，其值等于 1 减去所有等位基因频率的平方的总和。SNP 是基因组中变异最多的标记类型，是目前分析高通量标记最常用的分子标记。许多软件如 vcftools（Danecek et al.，2011）可以处理高通量 SNP 数据。vcftools 计算每个 SNP 位点的频率和多样性 π，同时也可以设定窗口大小计算窗口中的核酸多样性值。

单倍型（haplotype）是单倍体基因型（haploid genotype）的简称，在遗传学上是指在同一染色单体上某一区域进行共同遗传的多个基因座上等位基因的组合。在目前高通量 SNP 芯片和重测序时代，通常被定义为一组存在连锁不平衡的多样性 SNP 标记。基于数以百万计的 SNP 数据分析单倍型的软件通常有 Haploview、Plink、R package、ggCome 等，而 R package 中的 GHap 程序可以输出每份种质的单倍型基因型。ggCome 还可以分析种质资源间的网络关系。

2）泛基因组构建

由于种质资源材料间的多样性，任何一个参照基因组都不能完全反映一个物种的全部基因组信息。因此，构建泛基因组的研究就应运而生。选取全部或部分 MCC 作为材料，构建泛基因组。泛基因组可分为两类，即基于基因的泛基因组与基于全基因组序列的泛基因组。其构建方法主要有以下 5 种：泛转录组测序法（pan-transcriptomic approach）（Hirsch et al.，2014）、低覆盖度宏基因组测序法（shotgun metagenomic approach）（Yao et al.，2015）、迭代作图与组装法（iterative mapping and assembly）（Golicz et al.，2016）、比对作图法（map-to-pan approach）（Wang et al.，2018a）及图形法（graph-based pangenome approach）（Liu et al.，2020c）。前 4 种泛基因组主要是基于基因，只有图形法是基于全基因组序列。

3）新基因发掘

新基因发掘的方法较多，此处重点介绍基于种质资源自然群体进行全基因组关联分析（genome-wide association study，GWAS）发掘新基因。该方法可以分为两类，一类是候选基因完全未知，全基因组水平开展基因型-表型关联分析，峰值 SNP 所在区间为与性状显著相关的候选基因区间。目前发表的文章主要采用这种思路寻找新基因，如玉米调控抗旱基因 *ZmVPP1*（Wang et al.，2016b）。另一类是针对某类基因或基因家族开展关联分析，进而根据表型-基因型关联峰值，锁定候选基因成员。这类方法应用也比较广泛，主要用于同源基因克隆或等位基因功能发掘，如玉米 *ZmDREB2.7* 基因（Liu et al.，2013）。

上面提到的 GWAS 只涉及基因型和农艺性状关联，此外，转录组关联分析（transcriptome-wide association study，TWAS）引入转录组数据，从基因表达水平挖掘与性状相关的基因；表观组关联分析（epigenome-wide association study，EWAS）从 DNA 或染色质修饰水平揭示影响性状显著变化的表观等位变异；蛋白质组关联分析（proteome-wide association study，PWAS）从编码蛋白基因功能变异角度发掘影响性状的功能基因；代谢组关联分析（metabolite genome-wide association，mGWAS）则将代谢物作为性状进行 GWAS，发掘与代谢物显著相关的位点。综合应用多组学 GWAS，将极大地提高新基因发掘和克隆效率。

4）品种全基因组单倍型图谱构建与分析

单倍型图谱（haplotype map，HapMap）最初是在人类基因组计划中提出的，旨在通过开发人类基因组的单倍型图谱，描述常见的遗传变异模式，以加速寻找人类疾病的遗传原因（The International HapMap Consortium，2007）。HapMap 通过对某个物种数百甚至数千份品种/品系进行重测序或者 SNP 芯片扫描获得基因型、基于序列或 SNP 变异间的连锁不平衡确定单倍型，在全基因组水平展示单倍型分布、群体和个体单倍型组成，具体方法参见玉米 3 个单倍型图谱（Bukowski et al.，2018；Chia et al.，2012；Gore et al.，2009）。

5）种质资源的分类与起源演化分析

种质资源基因组分类，主要依据基因组水平遗传差异分析种质资源之间的亲缘关系。常用树形图、主成分分析法（principal component analysis，PCA）和群体结构

（population structure）图来展示具有共同祖先的物种间进化关系和演化历程，或者同一物种内不同群体之间的亲缘关系。构建系统进化树的软件很多，如 PHYLIP、MEGA、TASSEL、R package。目前利用高通量的 SNP 数据进行主成分分析的软件有 R package、TASSEL、Plink 等。群体结构常用的分析软件有 STRUCTURE 和 ADMIXTURE，基于不存在连锁不平衡关系的位点计算材料间的遗传距离。

种质资源起源演化揭示了物种间的分类与亲缘关系。方法之一是基于序列分析物种起源演化。首先筛选物种间共有的单拷贝直系同源集群（orthologous group），然后计算每个同义位点的同义替换率（synonymous substitutions per synonymous site，Ks），推测物种分化时间，详见 Chalhoub 等（2014）方法。

6）种质创新

种质创新主要指基于基因组设计种质创新与远缘杂交的种质创新。基因组设计种质创新是根据创新目标基于基因组基因型与表型信息选配亲本。利用携带目标基因的供体亲本与一个主栽品种杂交，并用主栽品种回交，将种质创新与育种有效结合，是创制新种质的一个有效途径。利用一个主栽品种与多个供体品种甚至与微核心种质杂交，然后用主栽品种回交，可建立全基因组多等位变异导入系（genome-wide multiple allele introgression lines，GMAIL）群体。远缘杂交可根据物种间亲缘关系远近选配杂交组合，在杂交分离世代选取部分同源基因补偿最好的材料。结合一年多代、快速加代与分离世代的基因型与表型的选择，能够将选育周期由原来的 6～8 年缩短到 2～3 年。

7）作物种质资源考察、收集、引种与保护

根据各物种的多样性分布规律，制定考察、收集与引种计划。检测同一材料，分析其异质性，确定保存一份种子（组织、植株）遗传完整性所需的最小数量。检测不同的入库前处理方法、保存条件、保存时间对 DNA 的损伤，选择最优处理与保存方案。

三、种质资源基因组学主要进展

基因型鉴定技术的飞速发展、鉴定成本的大幅度降低，加之表型鉴定方法与分析算法的更新，推动了全基因组水平的作物种质资源解析。作物资源多样性、泛基因组构建、资源分类与进化、新基因发掘、资源创新及种质资源保存与保护等方面的研究取得前所未有的飞速进展。概括起来，种质资源基因组学研究近年来主要取得以下进展。

（一）首次在全基因组水平明确了多样性的基因组分布、群体（亚群体）分布与地理分布

多样性是种质资源的核心与基础。多样性可以从 DNA、表观修饰、转录、代谢物与蛋白质多角度进行描述。此处只重点分析 DNA 多样性，其余部分在其他相关章节介绍。种质资源基因组多样性分析在以下三方面取得了重大进展：①基因组的不同亚基因组、不同染色体及染色体不同区段的多样性存在差异。例如，小麦的三个亚基因组（A、B、D），亚基因组 B 多样性最高、D 最低。B 亚基因组丰富的多样性是由六

倍体小麦能够与野生二粒小麦发生天然杂交、野生二粒基因组导入栽培小麦所致。导入的野生二粒小麦基因组携带重要优良农艺性状基因，从而提高了栽培小麦的适应性。由于D亚基因组的供体粗山羊草不能（或很难）与普通小麦发生天然杂交，且受到多倍体形成过程中的瓶颈效应影响，因而普通小麦D亚基因组多样性明显偏低。在一条染色体上，多样性的分布呈U字形，即端部的多样性高、以着丝粒为中心的中部多样性低。这一趋势与重组率、基因分布相一致。②种质资源野生种、农家种与现代育成品种：总体来说，野生种的多样性最高，现代育成品种的多样性相对低。但在现代育成品种个别位点也有相反的例证，甚至有野生种没有的（或没有检测到的）新的等位变异。这些多样性升高或降低的位点，有可能与重要农艺性状有关。③种质遗传多样性与其地理分布关系密切，通常来自相同地域的材料会形成一个亚群，大量遗传变异存在于群体内。Balfourier 等（2019）利用 SNP 芯片单倍型多样性将来自全球的 4506 份普通小麦分成了 11 个亚群，来自亚洲与西欧的小麦资源遗传关系较远，东南亚、印度、巴基斯坦小麦和中国、日本小麦分属两个亚群；主坐标映射反映多样性峰值一个位于欧洲，一个位于亚洲，集中于地中海地区。

（二）初步完成了主要农作物泛基因组构建与分析

人们越来越认识到，单一的参考基因组不足以捕捉一个物种遗传多样性的全部信息。“泛基因组”是指存在于一个物种中的全部基因组序列，是一种更为全面、更为完整的参照基因组，或者说是新一代参照基因组。泛基因组概念最初由 Tettelin 等（2005）提出。随后，泛基因组被广泛应用于高等生物研究，并且逐渐成为种质资源基因组学研究的重要组成部分。目前已构建了小麦（Montenegro et al.，2017）、水稻（Singh et al.，2022；Shang et al.，2022；Zhang et al.，2022；Wang et al.，2018a；Zhao et al.，2018；Yao et al.，2015）、玉米（Hufford et al.，2021；Hirsch et al.，2014）、大麦（Jayakodi et al.，2020）、大豆（Zhuang et al.，2022；Bayer et al.，2021；Torkamaneh et al.，2021；Liu et al.，2020c；Li et al.，2014）、油菜（Song et al.，2020；Hurgobin et al.，2017；Golicz et al.，2016）、棉花（Li et al.，2021）、番茄（Gao et al.，2019）等作物的泛基因组（表 8-1）。泛基因组已经开始显现它在种质资源、作物育种、功能基因组与作物进化研究方面的作用。通过泛基因组，发现了一大批新基因或基因组成分。例如，Hirsch 等（2014）从 503 份玉米种质资源中鉴定出 8681 个参照基因组中没有的新基因；Golicz 等（2016）构建的油菜泛基因组比参照基因组大 20%、基因数多 2154 个；Liu 等（2020a）用 27 个大豆品种构建了世界上第一个基于图形的大豆泛基因组，并发现了 124 222 个非重复的结构变异（structure variation，SV）。

（三）GWAS 发现了一批重要的新基因/位点

新基因发掘是作物种质资源基因组学最重要的任务之一，也是研究者最感兴趣的研究内容。发掘新基因的方法主要有两个：基于自然群体的 GWAS 与人工群体的连锁分析。无论哪种方法均是建立在多样性分析的基础之上。GWAS 不需要构建特殊的作图群体，因此大大加快了新基因发掘的速度。目前各主要农作物都已发现了数以

表 8-1　泛基因组构建概况

物种	栽培材料	野生材料	单基因组大小	泛基因组大小	单基因组注释基因（个）	泛基因组注释基因（个）	参考文献
水稻	810[d]		（*O. nipponbare* L.）384Mb	+52 976bp[f]	31 708	NA	Yao et al.，2015
水稻	550[e]		（*O. nipponbare* L.）384Mb	+30 349bp[f]	31 708	NA	Yao et al.，2015
水稻	53	13	（*O. nipponbare* L.）384Mb	NA	31 708	42 580	Zhao et al.，2018
水稻	3 010		（*O. nipponbare* L.）384Mb	约 652Mb	31 708	44 173	Wang et al.，2018a
水稻	251		（*O. nipponbare* L.）384Mb	1.52Gb	31 708	51 359	Shang et al.，2022
水稻	105	6	NA	+879Mb	55 986	75 305	Zhang et al.，2022
水稻	108		（*O. nipponbare* L.）384Mb	493Mb	31 708	136 539	Singh et al.，2022
小麦	19		（Chinese Spring）10.7Gb	约 11Gb	10 7005	140 500	Montenegro et al.，2017
玉米	503		（B73 V4）2.107Gb	NA	22 354[f]	31 035[f]	Hirsch et al.，2014
玉米	26		（B73 V4）2.107Gb	2.102～2.162Gb	39 324	103 538	Hufford et al.，2021
大麦	19	1	（Morex V2）478Mb	638.6Mb	33 114	40 176	Jayakodi et al.，2020
高粱	176		（Moench）732.2Mb	883.3Mb	34 211	35 719	Ruperao et al.，2021
大豆		7	（GsojaD，Shandong）985Mb	986.3Mb	57 051	59 080	Li et al.，2014
大豆	23	3	（Zhonghuang 13）1.025Gb	992.3Mb～1.060Gb	52 051	57 492	Liu et al.，2020c
大豆	951	157	1014.6Mb	1 213Mb	47 649	51 414	Bayer et al.，2021
大豆	204		（Wm82.a4.v1）978Mb	1 086Mb	52 872	54 531	Torkamaneh et al.，2021
大豆（多年生）	5[b]		NA	941Mb～1.374Gb	NA	55 376～58 312	Zhuang et al.，2022
大豆（多年生）	1[c]		NA	1 948Mb	NA	113 697	Zhuang et al.，2022
甘蓝型油菜	53		（Darmor-bzh v8.1）850Mb	1 044Mb	80 382	94 013	Hurgobin et al.，2017
甘蓝型油菜	8		（Zs11）960.8Mb	1.8Gb	100 919	152 185	Song et al.，2020
甘蓝	9	1	（Bo TO1000）488Mb	587Mb	59 225	61 379	Golicz et al.，2016
棉花（陆地棉）	1581		（TM-1）2347Mb	3388Mb	70 199	102 768	Li et al.，2021
棉花（海岛棉）	226		（3-79）2266Mb	2575Mb	71 297	80 148	Li et al.，2021
向日葵	304	189	（HA412-HO.v.1.1）3.6Gb	NA	52 232	61 205	Hübner et al.，2019
芝麻	5		（Zhongzhi13）272.7Mb	554.05Mb	36 189	42 362	Yu et al.，2019
辣椒	383		（Ca Zunla 1）3.35Gb	4.316Gb	35 336[a]	51 757[a]	Ou et al.，2018
番茄	639	86	（Sl Heinz 1706，v ITAG3.2）900Mb	1179Mb	35 496	40 369	Gao et al.，2019
黄瓜	9	3	（Chinese long inbred line 9930）243.5Mb	1.7～5.3Mb	24 714	26 822	Li et al.，2022a

[a] 高可信度基因；[b] 二倍体；[c] 多倍体；[d]indica；[e]japonica；[f]可变基因序列。

注：NA 表示未报道

百计的农艺性状基因位点。例如，Wang 等（2020a）利用 GWAS 发现玉米 160 个与适应性相关的位点。Lv 等（2020）通过对 1143 份杂交稻亲本重测序分析，发现杂种优势位点参与水稻重要农艺性状调控，如抽穗期基因 *hd3a*、*Ehd2* 和 *Ehd4*，一因多效基因 *Ghd7*，单株粒数基因 *Gn1a*，花序发育基因 *LAX1*，以及矮秆基因 *Sd1* 等。GWAS 结合其他基因组手段，可促进新基因发现与克隆。Wang 等（2016a）对 367 份玉米自交系进行 GWAS，结合单倍型解析、生信分析与转基因验证，克隆了一个玉米苗期抗旱基因 *ZmVPP1*。该基因编码焦磷酸激酶，启动子区的 366bp 插入片段上有 3 个 MYB 的顺式元件，能够诱导该基因在干旱条件下表达。氮肥有效利用也是人们关注的研究方向。利用 GWAS 结合比较基因组分析，Tang 等（2019）发现了一个硝酸盐转运体优异单倍型 $OsNPF6.1^{HapB}$ 能提高氮利用效率和产量，该单倍型来自野生稻，在大面积推广品种中为稀有等位基因，因此具有很好的应用前景。此外，突变体库结合其他方法，也是高效发掘新基因的有效途径。特别需要指出的是，主要农作物中多数为多倍体或部分多倍体，随着多倍体优势位点检测方法的开发与改进，将有一大批多倍体优势基因被发掘、开发与利用。

（四）为种质资源分类与起源进化研究提供了科学依据

种质资源遗传分类的实质就是基因组多样性分类。普通品种的分类一直是个比较困难的问题。依据多样性进行分类较好地解决了这一问题。水稻、小麦等作物基于多样性的分类，与品种原产地的地理位置较为一致。这一结果表明影响生态性的位点较多。多样性也是物种进化的依据。分析亲缘物种间的基因同义突变速率（Ks），可预测其分化时间与形成时间。比较现代品种与野生种基因组，可揭示植物的起源地与驯化历史。例如，Huang 等（2012）基于 446 个地理上不同的野生稻品种（栽培稻的直系祖先）和 1083 个栽培籼稻和粳稻品种测序数据构建水稻基因组变异图谱，通过深入分析驯化选择区段的全基因组分布模式，揭示水稻首次驯化发生于中国南方珠江中游地区的一个特定种群，随后粳稻和当地野生稻杂交形成籼稻，然后籼稻作为起始栽培种扩展到东南亚和南亚。Li 等（2023）分析了 2214 个大豆的基因组序列，指出了黄河中游是大豆的驯化中心，并提出了野生大豆和栽培大豆的进化路线包括四个阶段：野生大豆从中国南方向北方的扩张；野生大豆在中国中部的驯化；大豆地方品种从中国中部向北方和南方的扩张，以及大豆改良过程。基于 SSR 标记和考古记录，Matsuoka 等（2002）提出大刍草（teosinte）是玉米祖先种，现代玉米是 6000～9000 年前发生于墨西哥南部的单次驯化进化而来。Chen 等（2019）比较了非洲稻与其亲缘野生稻 *Oryza barthii* A. Chev.，支持非洲栽培稻独立驯化的观点。比较油菜栽培种与野生种基因组，发现四倍体油菜 *Brassica napus* L.（$2n=4x=38$，AACC）的 A 亚基因组来自欧洲萝卜，而 C 亚基因组来自大头菜、花椰菜与我国的甘蓝（Lu et al.，2019）。小麦为异源多倍体，有 A、B、D 三个亚基因组。其中 A 与 D 亚基因组分别来自乌拉尔图（*T. urartu* L.）与粗山羊草（*Ae. tauschii* L.），B 亚基因组此前多数人认为来自拟斯卑尔脱山羊草（*Ae. speltoides* L.），但最近的全基因组测序分析发现，虽然拟斯卑尔脱山羊草 S 基因组与小麦 B 亚基因组关系较近，但并不是其直接供体种（Avni et al.，

2022；Li et al.，2022b）。相信随着研究的深入，这一历史“悬案”将很快得到解决。

（五）在理论与技术方法上全面促进了种质创新

种质创新的实质是种质资源多样性的开发与利用。杂交选择是资源创新的主要手段。根据物种间的亲缘关系与可杂交性，种质资源可分为 3 类基因库（池）（gene pool）（Harlan and de Wet，1971）：基因库 1 是指杂交亲本的基因组相同，染色体在减数分裂时能正常配对；基因库 2 是指材料间的基因组部分相同，有部分染色体能够正常配对；基因库 3 是指材料间的基因组不相同，但存在部分同源关系，染色体通常不能正常配对，但通过特殊措施（如辐射、特殊基因作用等）可以促进染色体配对与重组。种质资源基因组学对这 3 类基因库多样性进行了有效的开发与利用。首先，种质资源新基因的鉴定与克隆促进了精准的基因组设计种质创新。其次，亲缘种的基因组解析在全基因组水平明确了材料间的关系，大大促进了外源物种多样性的开发利用。例如，在小麦上，由于发现了自然加倍材料与基因（Xu and Joppa，2000），大大加快了人工合成小麦的创制，目前已创制出数百个人工合成小麦新品种（Mirzaghaderi et al.，2020；Rosyara et al.，2019；Yang et al.，2009）。利用人工合成小麦培育的新品种能够提高小麦产量 10%以上，如四川省农业科学院作物研究所杨武云团队培育的‘川麦 42’‘川麦 47’。赤霉病是对小麦危害最严重的病害，普通小麦的抗源贫乏。Wang 等（2020b）对抗病供体材料二倍体长穗偃麦草基因组进行了测序，进而克隆了抗赤霉病基因 *Fhb7*。进一步研究发现，抗赤霉病基因 *Fhb7* 是从内生菌水平转移到长穗偃麦草的。该基因的克隆不仅加快了抗赤霉病的机制研究，更重要的是加快了抗病资源的创新与品种培育。小麦远缘杂交用得较多的是抗病基因，外源物种中也存在丰富的高产相关基因。Li 等（1991）成功杂交冰草与小麦，将冰草的多粒性状转移到小麦上，育成‘普冰’系列小麦。利用小麦 660K SNP 芯片构建了冰草遗传连锁图，明确了冰草与小麦基因组的共线性关系，发现了冰草基因组的重组（Zhou et al.，2018）。此外，人工诱变、基因编辑也都是种质创新的有效手段。特别需要指出，利用作物的光温特点，可以实现冬小麦一年 5～7 代繁育，该项技术可以推广到其他作物。快速加代技术结合分子标记选择，必将大大加快种质创新的进展。

（六）促进了种质资源的保存与保护

种质资源保存与保护的实质是多样性的保存与保护，即对多样性的完整性与稳定性的保存与保护。资源保存主要分为种子（组织）保存与植株保存，未来也可能包括 DNA 保存。种子保存即种质库保存。由于不同作物的异交率不同，因此同一份材料实际上存在一定的异质性或多样性。此外，种子在保存期内还会有一部分丧失活性。因此，每种作物的每份材料需要保存的数量足以代表其遗传完整性，是种质资源保存与保护需要考虑的问题。其中，种子寿命是关键因素之一。大量研究发现，种子的寿命不仅与物种有关，而且同一物种不同材料的寿命也存在显著差异。Lee 等（2019）在水稻上鉴定出 8 个主效种子寿命相关位点。多样性稳定性是指种子在保存过程中遗传物质保持不变。种子在入库时要经过干燥，此后长期保存在超低温条件下。这些逆境条件对 DNA 有没有损伤？高温、低温、干燥等逆境条件一定会使种子产生表观变异，所产生的表观变异是否可以遗传？对性状有没有影响？这些都需要进一步研究。对于原位与异位保存的活体材料，则需动态鉴定其多样性的变化。此外，DNA 保存也是种质资源的一种新的保存方式，特别是对于古 DNA，更为珍贵。

四、问题与展望

种质资源基因组学研究是一门新兴学科，虽然取得了显著的成就，但仍存在以下重要问题。①用于各组学研究的材料不统一，大大影响了分析和利用效率。基于一套统一的材料（如微核心种质）进行各项研究，是一条经济高效的技术路线。但是目前由于各方面的原因，尚未实现或尚未完全实现。因此，亟待多组学种质资源学协同攻关。②基于图形的泛基因组需要高质量的 3 代基因组图谱。但目前 3 代测序费用还较高，因此大规模地构建基于 3 代的基因组图谱还较为困难。随着 3 代测序的成本进一步降低，或者新的泛基因组技术的出现，基于图形的泛基因组将会进一步取得重要进展。③基于 GWAS 的新基因发掘存在严重的假阴性问题，漏掉了大量的重要农艺性状基因。目前一些研究者正在着力解决这一问题。另外，也可将该方法与基于人工群体的基因发掘等方法结合，特别是与 GMAIL 群体结合，或将是解决这一问题的有效途径。随着规模化的作物种质资源新基因的发掘，新基因及优良等位基因的发掘将进入一个持续高速发展阶段。④多倍体优势是一个普遍的自然现象。由于之前没有检测方法，影响了它的开发与利用。多倍体优势检测方法的提出将大大促进多倍体优势基因的开发与应用，取得突破性进展，并成为新的绿色革命的突破口。⑤目前基于基因组的种质资源考察收集与保存研究得较少，今后应加强该方面的研究。

第二节　作物种质资源表观基因组学研究

表观遗传学（epigenetics）一词起源于胚胎发育生物学研究中的后成说（epigenesis），指动物的各个结构和组织是在胚胎发育的过程中逐渐形成的，而非生殖细胞或受精卵中预先存有的（Van Speybroeck，2002）。随着遗传学和分子生物学的发展，表观遗传逐渐代指在不改变生命体 DNA、RNA 或蛋白质序列的情况下，发生的一系列 DNA 修饰、组蛋白修饰、转录后修饰及三维结构的变化。这种变化可以在细胞分裂的过程中，甚至是在隔代遗传中保持稳定，但不涉及 DNA 序列的改变（Bird，2007）。一些产生了优异表观遗传修饰变异的种质资源可能在生产上发挥巨大作用，且表观遗传的多样性可以显著提高作物群体的竞争优势。有研究表明，当群体内存在较大表观遗传修饰变异时，群体的生物量高出表观遗传一致性群体 40%，极大地提高了群体对生物和非生物胁迫，尤其是对病虫害的环境适应性（Latzel et al.，2013）。

染色体（质）作为真核生物遗传物质或基因的主要载体，为表观遗传提供了丰富的物质基础。沃丁顿（Waddington）在 1957 年提出了表观遗传景观（landscape）概念，象征细胞的小球可以在崎岖的表面（代表内外环境的影响）沿不同的路径行进

（Goldberg et al.，2007）（图 8-6）。染色质的修饰为塑造细胞表观遗传景观特征提供了强有力的候选物，可以被视为基因型和表型之间的“路障”或者是“桥梁”，能够通过影响染色质状态的改变，对基因的表达水平、表达模式、转录起始和可变剪接等产生重要影响（Goldberg et al.，2007）。

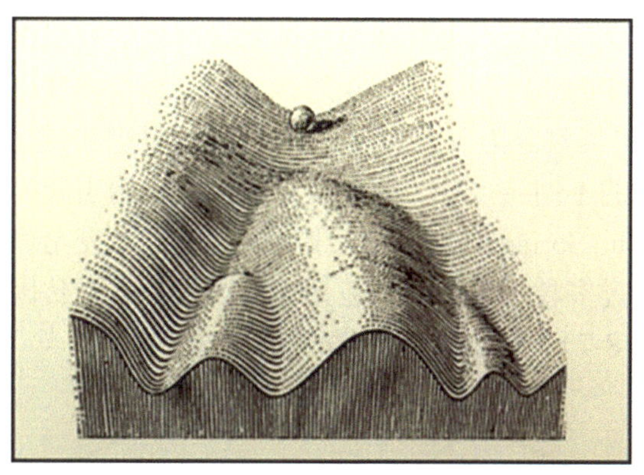

图 8-6　沃丁顿的经典表观遗传蓝图（Goldberg et al.，2007）

表观遗传修饰对于维持植物基因组的结构和稳定性具有重要意义。DNA 甲基化、组蛋白修饰和非编码 RNA 的变化可以引起染色质的构象，以及开放程度的改变；表观沉默修饰可以使转座子发生沉默，抑制其在基因组中的跳跃，以及影响其由此产生的染色体断裂、重排和基因重组等事件。除与基因组序列相关外，RNA 水平上小 RNA，包括 siRNA、miRNA 等，都是表观修饰通路中的重要组分，可以直接影响 DNA 甲基化和组蛋白修饰等；一些蛋白质水平的改变尤其是组蛋白修饰酶类等的变化也可以反作用于表观修饰（Xie and Yu，2015）。

目前已知的表观遗传修饰类型包括 DNA 甲基化、组蛋白修饰、组蛋白变体、染色质重塑、染色质折叠结构、染色质开放性和非编码 RNA 等。DNA 甲基化是植物中研究最广泛的表观遗传修饰，提供了表观遗传中稳定、可遗传的组成部分，有 5-甲基胞嘧啶（m^5C）、6-甲基腺嘌呤（m^6A）等多种形式。植物中 m^5C 发生在所有胞嘧啶的序列环境中：CG、CHG 和 CHH（H 代表 A、T 或 C）。相比于 DNA 修饰，组蛋白修饰的种类更加丰富，有甲基化、乙酰化、泛素化、磷酸化、ADP 糖基化等。此外，组蛋白存在某些特殊的变体，如在转录起始中发挥作用的 H2A.Z 和着丝粒中特异的 CENH3。

伴随高通量测序技术和新型表观基因组学测定方法的发展，作物中不同材料的表观基因组得到了解析，群体水平表观基因组学正逐渐发展为种质资源表观基因组学（CGE）的研究。作物种质资源表观基因组学是作物种质资源研究与表观基因组学相结合，在表观修饰层面研究种质资源多样性及其在种质资源起源演化、收集保护与开发利用的一门新兴学科。作物种质资源表观基因组学与基因组学、转录组学、表型组学等数据进行联合分析发掘控制重要性状的关键基因和功能元件，尤其是非 DNA 序列变异的遗传等位，对解析种质资源的形成和演变规律、重要农艺性状基因的克隆、种质资源发掘利用和新品种培育具有重要意义。

一、作物种质资源表观基因组学的基本原理

表观遗传修饰变异的产生、多样性，以及在群体中的稳定遗传是作物种质资源表观基因组学研究的基础和前提。表观遗传修饰变异产生的表型变异受到遗传变异、环境变化，以及随机突变的综合影响。表观遗传修饰变异根据其序列上的自主性，即依赖遗传变异的程度，可以划分为三种类型：强制型、促进型和纯变异（Richards，2006）。此外，根据变异来源的不同又可分为局部变异（顺式作用引起）和其他变异（反式作用等引起）（Noshay and Springer，2021）。染色质状态的改变是表观遗传修饰变异产生的根本原因，可以通过多种机制产生，包括遗传因素和非遗传因素，也包括自然因素或人为诱导因素（图 8-7）（Springer and Schmitz，2017）。

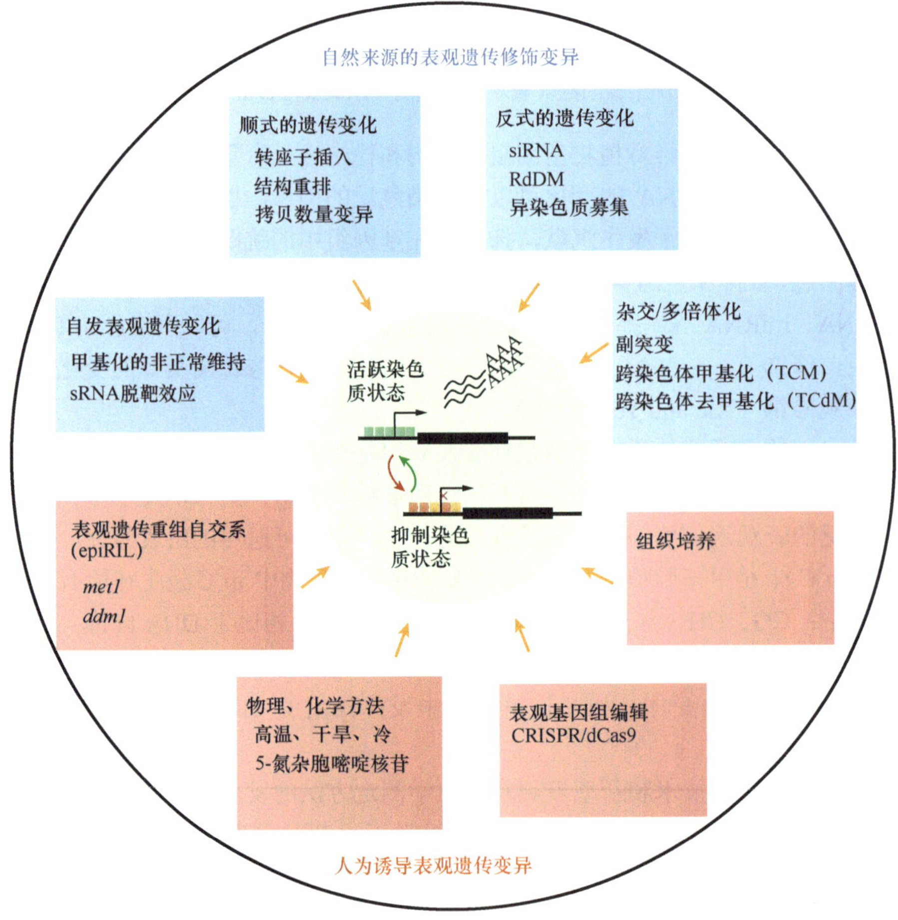

图 8-7　表观遗传修饰变异产生的来源

DNA 甲基化变异是表观遗传修饰变异的一个重要组成部分。植物中 DNA 甲基化的状态是从头甲基化、甲基化维持和活性去甲基化进行动态调控的结果，由不同调控

途径靶向的各种酶催化（Zhang et al.，2018）。DNA 甲基化修饰通路酶的功能改变、丧失，或者相关过程出错，都会影响甲基化的形成，产生 DNA 甲基化变异。例如，拟南芥中 DNA 甲基转移酶 1（MET1）负责维持对称 CG 位点的 DNA 甲基化，其突变体表现为 CG 甲基化的消除，而突变体中缺失的 DNA 甲基化区域在与野生型植株回交后，仍然继续保持，并可以高代数的稳定。此外，转座子的跳跃和基因组结构的重排导致的基因失活或异常激活也往往与 DNA 的甲基化修饰密切相关。例如，小麦中光周期基因 *Ppd-1* 的高甲基化单倍型与 *Ppd-1* 基因的增加拷贝数、高表达水平、早抽穗和光周期不敏感有关（Sun et al.，2014）；玉米耐旱基因 *ZmNAC111* 启动子中 MITE 转座子的插入通过 RdDM 途径和 H3K9me2 修饰抑制 *ZmNAC111* 的表达（Mao et al.，2015）。

自然界中存在自发产生的表观等位变异，如柳穿鱼（*Linaria vulgaris*）的花由于控制背腹不对称的 *Lcyc* 基因遭受甲基化，而在花朵两侧对称的自然群体中出现了新的辐射对称的花朵类型（Cubas et al.，1999），这也是植物中第一个被发现的天然表观等位基因。田志喜等对 45 个大豆品种的 DNA 甲基化测序证明了 DNA 甲基化修饰可以独立于 DNA 序列变化，存在于不同种质资源中（Shen et al.，2018）。Kitavi 等（2020）在 90 种东非高地香蕉中检测 724 个甲基化位点的多样性变化，明确了表观遗传修饰变异对表型多样性的贡献，还发现无性生殖的香蕉 DNA 甲基化位点变化高于有性繁殖，暗示表观变异在无性繁殖作物多样性形成中的重要性。表观遗传修饰尤其是 DNA 甲基化这类稳定和可隔代遗传的修饰，在自然群体中存在丰富的变异，对于植物适应自然环境，以及物种演化发挥着重要作用，是物种遗传多样性产生的一大来源。因此，表观遗传修饰变异是作物种质资源表观基因组学研究的重要基础。

此外，还可以通过人为诱导表观遗传修饰变异创制新的作物种质资源。利用物理、化学和生物的方法可以实现作物表观遗传修饰变异的产生，如 DNA 甲基化的抑制剂 5-氮杂胞嘧啶核苷等化学物质可以诱导基于表观遗传突变的新表型突变（Xu et al.，2016）。在拟南芥中对 *met1* 和 *ddm1* 等突变体重新引入相应的野生型基因后，可以部分恢复甲基化位点缺失，得到可诱导和稳定遗传的表观等位变异群体（Reinders et al.，2009）。CRISPR/dCas9 编辑技术可用于对表观遗传标记直接修改，通过内切酶活性无功能的 Cas9 蛋白结合 DNA 甲基转移酶或 DNA 去甲基化酶等定向改变基因或者调控元件（启动子、增强子）的染色质状态，调控重要农艺性状基因的表达（Moradpour and Abdulah，2020）。这些研究都表明了表观修饰改造可成为种质资源创新的重要来源。

二、作物种质资源表观基因组学研究实验设计与测定和分析方法

（一）作物种质资源表观基因组学研究实验设计

表观基因组学技术可以用来系统研究作物的不同生长发育时期、不同生物胁迫和非生物胁迫等重要生物过程中的表观变异（图 8-8）。在实验设计时，由于大多数的表观修饰都存在组织和环境差异，在实验设计中应根据研究目的，合理设计实验，选取与实验目的最相关的时期的组织。实验证明，进行表观基因组学检测时选用幼嫩且状

态良好的新鲜材料，实验成功率远高于选用胁迫或者衰老状态的组织材料。因为表观修饰与基因表达调控密切相关，且其效应主要反映在转录水平的变化上，所以宜同时进行转录组学的测定。此外，因为不同材料或者种质资源的生长发育速率存在较大的不同，实验设计时对照样品必不可少，并应尽可能地选取对表型最重要的细胞群，排除细胞群组分不同所造成的影响。

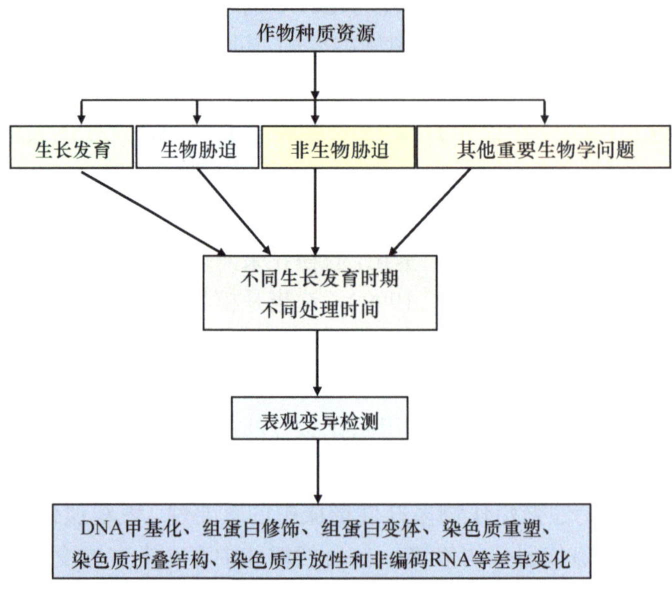

图 8-8 作物种质资源表观基因组研究实验设计

（二）作物种质资源表观基因组学检测技术和分析方法

近年来，已有多种表观基因组学研究方法被开发出来以满足不同类型研究的需要。根据测定表观修饰种类的不同大致包括以下几个方面。

1. DNA 甲基化检测

高效液相色谱法（HPLC）是一种出现较早的 DNA 甲基化检测技术，广泛用于检测植物的全基因组 DNA 甲基化水平。该方法的优点是在不需要参考基因组的条件下，就能对植物进行全基因组 DNA 甲基化测定；缺点是操作体系较为复杂。随着高通量测序技术的发展，该方法已很少使用。甲基化敏感扩增多态性法（MSAP）和甲基化 DNA 免疫共沉淀测序技术（methylated DNA immunoprecipitation sequencing，MeDIP-seq）分别基于限制性内切酶和抗体富集的原理进行，检测位点侧重于基因组中的高 CG 区域（Fouse et al.，2010）。全基因组亚硫酸盐测序（whole genome bisulfite sequencing，WGBS），是将高通量测序技术与亚硫酸盐转化方法相结合，通过对基因组中的 DNA 甲基化进行单碱基解析和全基因组分布分析，识别可能受到 DNA 甲基化和脱甲基化动态变化控制的基因，是目前甲基化测序应用最为广泛的技术。现在新出现的酶法甲基化测序（enzymatic methyl-seq，EM-seq）应用 TET2 和 APOBEC3A 酶进行甲基化 C 的转换，其反应所需的 DNA 量更少，条件更为温和，也在逐渐被人们使用。在人类疾病诊断和研究中，出于成本的考虑往往仅检测部分区域的 DNA 甲基化变化，主要用到甲基化芯片和液相芯片捕获，如 Illumina Infinium Human Methylation 450（450K）和 27K 等 DNA 甲基化芯片等。

2. 组蛋白修饰的检测

染色质免疫沉淀测序（chromatin immunoprecipitation followed by sequencing，ChIP-seq）是研究目的蛋白与 DNA 相互作用的重要方法，被广泛应用于转录因子、组蛋白修饰等分布与功能的研究。但由于 ChIP-seq 难以在低起始细胞量和单细胞样本上实施，因此限制了其应用范围。近年来发展迅速的核酸酶靶向切割和释放（cleavage under targets and release using nuclease，CUT&RUN）及转座酶目标切割与标记（cleavage under targets and tagmentation，CUT&Tag）技术，具有操作简单、背景低、可重复性高和要求的细胞起始量低等优点，并且已经实现了与 10×Genomics 联用检测单细胞的组蛋白修饰。但 CUT&Tag 技术存在游离的 pA/G-Tn5 切割基因组可开放区的问题，会带来 10%左右的假阳性（Kaya-Okur et al.，2019），准确性相对于 ChIP-seq 仍有一定的差距。此外，鉴定二价修饰的串联 ChIP（sequential ChIP）技术也较为成熟，对于研究核小体的动态改变等具有重要应用价值。

3. 染色质开放性鉴定

目前常见技术主要有脱氧核糖核酸酶 I 超敏位点测序（DNase-seq）、微球菌核酸酶测序（MNase-seq）、甲醛辅助分离调控元件测序（FAIRE-seq）及转座酶可及性测序（ATAC-seq）。DNase-seq 是使用限制性内切酶（DNase Ⅰ）对样品进行了片段化处理；MNase-seq 在 MNase 低浓度时，可以检测基因组中的开放区域，高浓度时可以检测核小体的分布；FAIRE-seq 不依赖于酶活性，使用超声波剪切染色质，避免了酶切割存在的偏好性；ATAC-seq 技术是基于转座酶和高通量测序的一种表观基因组学技术，是近年来分析全基因组染色质可及性最有效的方法之一。它是在全基因组水平上探测 Tn5 转座酶敏感的 DNA 序列来定位染色质的可及性（Shashikant and Ettensohn，2019）。

4. 染色质三维结构检测

染色质构象捕获（chromosome conformation capture，3C）技术是最早开发的捕获染色质远距离相互作用的技术方法，但其通量低，主要针对一对一或一对多位点的检测；高通量染色质构象捕获（high-throughput chromosome conformation capture，Hi-C）是在 3C 技术的基础上发展而来的全基因组检测染色体高级结构的技术，现在多用于基因组的拼接，以及染色体高级结构和远距离互作的研究。配对末端标签测序分析染色质相互作用技术（chromatin interaction analysis by paired end tag sequencing，ChIA-PET）常用于检测远距离的互作。此外，还有一些与其他标记共同检测的技术，包括开放染色质富集和网络 OCEAN-C（open chromatin enrichment and network Hi-C，OCEAN-C）技术用来研究染色质三维空间结构和开放情况，高通量染色质构象捕获结合染色质免疫共沉淀（HiChIP）用来检测染色体三维结构和组蛋白修饰等。

5. 全表观基因组关联分析（EWAS）

考虑到标记或分子的稳定性是高通量分析的影响因素，现在 DNA 甲基化（特别是 CpG 甲基化）是 EWAS 最合适的标记。现在 EWAS 的主要分析方法，包括回溯性研究（retrospective case-control），是对不同表型分类的两组材料进行差异表观修饰的鉴定；线性回归（linear regression）和 GWAS 策略类似，是对差异表观修饰区域与表型的相关性进行研究，主要难点在收集足够多的群体和数据上。另外还有 DNA 甲基化的定量线性关联分析的方法，通过对区域或者位点的甲基化水平进行定量，然后与表型进行关联分析。DNA 甲基化与基因组一起分析可以鉴定差异甲基化修饰位点或区域关联的序列变异；DNA 甲基化组、基因组和转录组一起分析，可以鉴定与表型关联的差异甲基化修饰位点和区域；综合这些多组学数据，协同进行关联分析也可以增加关联分析的准确性（图 8-9）。EWAS 在人类疾病研究中已经有较多应用，但在植物中的应用还较为有限，在种质资源研究中有个别的报道，包括咖啡和茶、水稻甲基化组等。（Xiong et al.，2022；Karabegović et al.，2021；Zhao et al.，2020），但通过 EWAS 发掘出重要基因位点的报道还非常少。然而表观组学数据存在组织时期特异性，远不如基因组学数据稳定，且获取成本高，还需技术进步以克服这些困难。

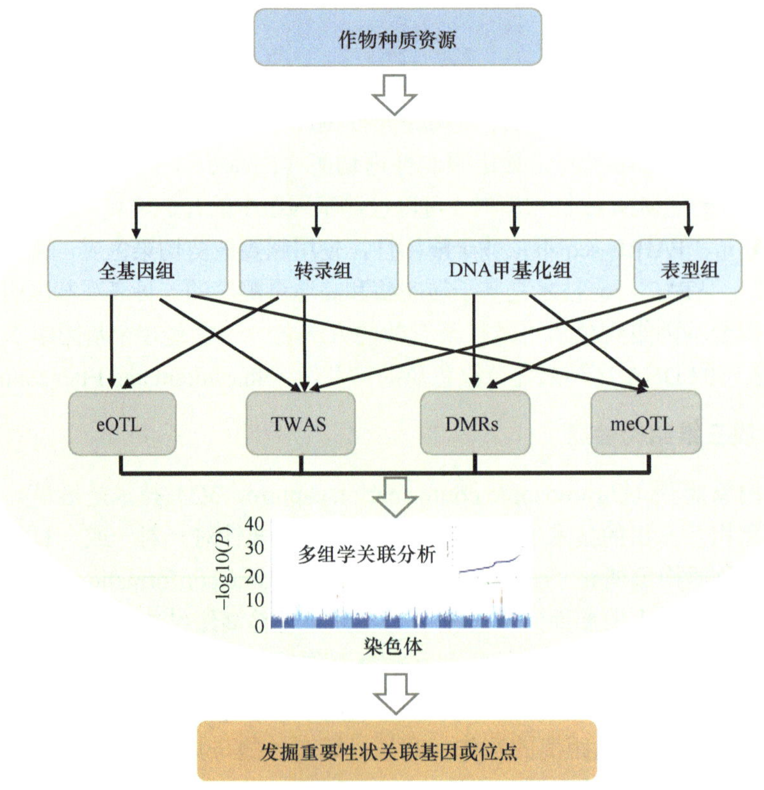

图 8-9　综合全基因组、DNA 甲基化组、转录组、表型组的多组学关联分析

三、作物种质资源表观基因组学研究进展

近年来随着作物基因组测序的完成，以及各种表观基因组学技术的发展，作物不同材料、组织和环境下的表观基因组学数据逐渐涌现，多组学数据的联合应用为解析作物表型及调控机制提供了部分基础（表 8-2）。概括起来，表观基因组学在种质资源组学方面主要取得了以下进展。

表 8-2　部分近年发表作物表观基因组学研究

物种	表观修饰类型	数据类型	文献	作者和年份
小麦	DNA 甲基化组	小麦 DNA 甲基化组图谱	A genome-wide survey of DNA methylation in hexaploid wheat	Gardiner et al.，2015
小麦	多组蛋白修饰	小麦的多组蛋白修饰图谱	The bread wheat epigenomic map reveals distinct chromatin architectural and evolutionary features of functional genetic elements	Li et al.，2019
小麦	组蛋白修饰、DNA 甲基化、开放基因组及 3D 基因组等	小麦多表观基因组学图谱	Wheat chromatin architecture is organized in genome territories and transcription factories	Concia et al.，2020
小麦	3D 基因组	小麦矮抗 58 的 3D 基因组	Homology-mediated inter-chromosomal interactions in hexaploid wheat lead to specific subgenome territories following polyploidization and introgression	Jia et al.，2021
小麦	组蛋白修饰	小麦及祖先种的多组蛋白修饰图谱	Histone H3K27 dimethylation landscapes contribute to genome stability and genetic recombination during wheat polyploidization	Liu et al.，2021c
玉米	组蛋白修饰、DNA 甲基化、开放基因组及 3D 基因组等	玉米雌雄蕊多表观基因组学图谱	3D genome architecture coordinates trans and *cis* regulation of differentially expressed ear and tassel genes in maize	Sun et al.，2020
玉米	DNA 甲基化组	263 份玉米自交系的 DNA 甲基化组图谱	Population-level analysis reveals the widespread occurrence and phenotypic consequence of DNA methylation variation not tagged by genetic variation in maize	Xu et al.，2019
水稻	组蛋白修饰、DNA 甲基化、开放基因组等	20个水稻4个组织多表观基因组图谱	Integrative analysis of reference epigenomes in 20 rice varieties	Zhao et al.，2020
大豆	DNA 甲基化组	45 份大豆 DNA 甲基化组	DNA methylation footprints during soybean domestication and improvement	Shen et al.，2018
棉花	DNA 甲基化组	美国陆地棉与野生棉的 DNA 甲基化图谱	Epigenomic and functional analyses reveal roles of epialleles in the loss of photoperiod sensitivity during domestication of allotetraploid cottons	Song et al.，2017
油菜	组蛋白修饰、DNA 甲基化等	2 种油菜 4 个组织多表观基因组	Asymmetric epigenome maps of subgenomes reveal imbalanced transcription and distinct evolutionary trends in *Brassica napus*	Zhang et al.，2021

（一）建立种质资源表观多样性检测方法，初步开展表观等位鉴定与解析

表观遗传修饰变异丰富了种质资源的变异类型，同样也是优异等位基因的重要来源。利用前文介绍的一些测定和分析方法，目前已经在全基因组水平和一些重要农艺性状基因的水平上进行了表观遗传多样性的检测和初步解析。

在全基因组水平搜寻表观修饰的差异可以系统研究表观基因组变异的类型、特点与地理分布、表型等之间的相关性，加深对种质资源遗传多样性的理解。埃克（Ecker）

与其合作者对全球1000余份拟南芥材料进行DNA甲基化测序并鉴定到大量的变异位点，发现DNA甲基化的修饰变异与气候和地理位置之间具有相关性（Kawakatsu et al.，2016）。Xu等（2019）通过263份玉米自交系的DNA甲基化测序证实了大量DNA甲基化差异区段的存在，其变异对基因表达和表型产生了重要影响，可用于解释消失的非基因组变异的遗传力。Zhao等（2020）通过分析20个水稻品系的表观图谱发现籼稻和粳稻存在的表观差异区域对于籼粳稻分化起了重要作用。这些表观变异组学的研究证明了作物种群内存在与作物表型多样性关联的差异表观修饰位点，并且可形成稳定的多样性遗传资源。

发掘更多的等位变异，尤其是非序列变异的位点，对于解析调控元件与重要基因间的关系具有重要意义。作物种质资源中发生表观遗传修饰变异的基因，其功能差异位点往往处在启动子、增强子等调控序列上。调控序列主要位于基因间区，与基因表达调控密切相关，但没有明确的序列特征，因此不容易从序列上直接被鉴定出来。但这些调控元件往往富集特定的表观修饰，如DNA甲基化和组蛋白修饰等，因此可以利用表观修饰特征上的差异开展相关表观等位的鉴定。目前在主要作物中已经鉴定了少数的表观等位基因（专栏8-1）。其中，一些重要农艺性状基因的表观修饰可直接通过影响转录因子、DNA结合蛋白等的结合来调控基因表达，在植物应对环境变化、作物的生长发育、抗逆境胁迫等方面发挥着重要作用。这种修饰的变化往往会导致调控元件的失活或者异常激活，影响基因的表达，产生多样性表型。例如，理想株型基因*IPA1*的一个生态型*ipa1-2D*，其启动子的甲基化水平发生改变激活了基因表达，产生了分蘖适中、穗增大的表型（Zhang et al.，2017a）；棉花*Constans*（*CO*）和*CO-like*（*COL*）的去DNA甲基化使棉花从热带植物变为能够在世界多数地区“安家”的普适性农作物（Song et al.，2017）。

专栏8-1　主要作物中鉴定到的表观等位基因（epiallele）

在水稻中，日本三浦（Miura）实验室鉴定到*Epi-d1*，该变异源于*DWARF1*（*D1*）的表观遗传沉默，产生亚稳定可遗传的矮秆突变体类型（Miura et al.，2009）。

万建民实验室鉴定的降秆相关的*Epi-df*，对应*OsFIE1*，为功能获得型株高降低的突变体（Zhang et al.，2012）。

曹晓风团队鉴定了影响叶夹角、籽粒大小的*OsAK1*和影响光合性能的*RAV6*的表观等位基因（Wei et al.，2017；Zhang et al.，2015b）。

李家洋团队在超级稻YY12中发现一个与启动子处DNA甲基化减少和染色质开放有关的理想株型基因新的表观等位基因*ipa1-2D*，可以促进水稻高产（Zhang et al.，2017a）。

麦类作物中，小麦增产光周期调控基因*Photoperiod-B1a*（*Ppd-B1a*）的甲基化修饰和拷贝数变异影响其表达，对春化和产量都产生重要影响（Sun et al.，2014）。

大麦 *cly1* 的一个表观等位基因可促进浆片膨胀，使小花开放从而允许花粉传播和异花授粉（Ding and Wang，2015）。

棉花“安家”基因 *COL2* 从野生棉到栽培棉的驯化过程中发生了表观等位变异，不同 DNA 甲基化导致了不同光周期敏感性和适合种植区域（Song et al.，2017）。

番茄中也发现一些与果实成熟、维生素 E 积累等有关的表观等位基因（Quadrana et al.，2014；Manning et al.，2006）。

这些结果都表明多样性的差异表观修饰位点是非常重要的遗传育种资源，通过合理制定检测标准和检测体系，在作物种质资源中鉴定此类变异并进行解析，将是作物种质资源表观基因组学工作的重中之重。

（二）建立解析复杂农艺性状的表观基因组学研究方法

在作物种质资源的研究中，通过对表观基因组数据的大规模分析有助于将遗传和环境影响与重要生物学过程联系起来。表观遗传学的变异在复杂性状的产生中也起到很重要的作用，EWAS 就是利用 GWAS 的思路，建立的用于鉴定基因组中与重要性状关联的基因位点和其他功能位点表观变异的新策略（图 8-10）。EWAS 技术与 GWAS 互补，将表观遗传学变异和复杂性状进行关联，在表观遗传学层面对复杂性状产生的原因进行解读，找到与优异性状相关的表观遗传学变异位点。EWAS 的大多数策略是基于 GWAS 数据寻找与差异表观修饰位点关联的 SNP 变异，即 emQTL，然后和 GWAS 相关联共同寻找表型关联位点或者基因。EWAS 研究主要集中在 DNA 甲基化修饰、组蛋白修饰等，但由于只有 DNA 甲基化类的修饰更为稳定，目前研究较多的还是 DNA 甲基化的关联分析。EWAS 与 TWAS 等也可以与 GWAS 互补共同进行多组学关联定位表型关联基因，提高关联的准确性。此外，表观基因组与基因表达密切相关，将种质资源表观基因组学与转录组学相结合，也可应用于解析重要调控元件或者其他染色体区段的表观修饰与基因表达之间的关系。Lan 等（2021）发表了拟南芥多组学关联分析的数据库 AtMAD，其中就包含了 eQTL、emQTL、TWAS、EWAS 及多组学联合分析等结构，是作物表观基因组关联分析研究的重要范式。

（三）解析种质资源的形成和演变规律

表观遗传修饰变异除了以等位基因形式发挥功能，在物种进化和形成中还可能对等位基因的同源基因（homologous gene）或部分同源基因（homoeologous gene）产生影响。副突变（paramutation）是在玉米上发现的一种非孟德尔式遗传，指杂合子的等位基因或不同染色体上同源基因间相互作用，并可以通过减数分裂在后代中遗传（Brink，1973）。副突变被证明是一种表观遗传变化，受 sRNA 和 RNAi 等的调控（Arteaga-Vazquez and Chandler，2010）。多倍化和多倍体优势是作物起源和驯化的重要一环，多倍体在不同亚基因组上还存在着部分同源基因，其表观遗传上的相互调控被陆续证明。例如，在普通六倍体小麦由二倍体祖先种经历两轮的杂交和基因组加倍形

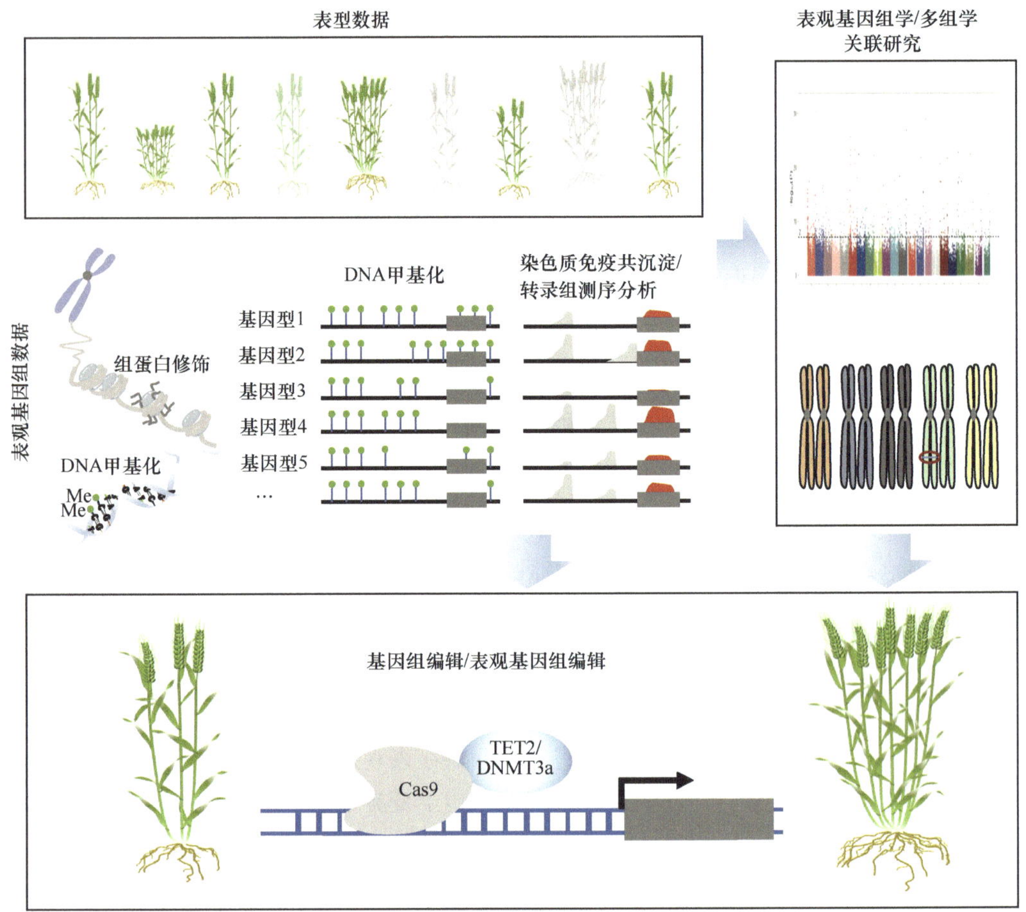

图 8-10 表观基因组学关联分析发掘重要农艺性状关联位点

成异源多倍体的过程中，不仅基因组序列发生了大的变异，DNA 甲基化和组蛋白修饰也发生了巨大变化（Yuan et al.，2020），直接影响转录组的重新平衡，是小麦多倍体优势产生的重要来源之一；同时，一些重要的组蛋白修饰如 H3K27me3 在小麦基因组 DTC 转座子区域显著富集，抑制其活性，具有稳定基因组的作用（Liu et al.，2021c）。在四倍体甘蓝型油菜亚基因组表达不平衡的形成中，表观修饰也被证明发挥了重要的作用（Zhang et al.，2021）。此外，通过比较野生大豆、栽培大豆和菜豆等豆类，研究人员还发现染色体高级结构在大豆基因组重复发生后基因表达调控的演变中扮演了重要角色（Wang et al.，2021a）。调控区的高 DNA 甲基化尤其是 CG 类的甲基化，往往会导致启动子失活，基因表达量下降，甚至成为假基因，这可能是基因重复发生之后基因丢失或者亚功能化的主要方式（Tong et al.，2021；Shen et al.，2018）。以上这些结果证明了表观遗传修饰变异在杂交和基因拷贝数倍性扩增之后的演化中发挥了作用，是种质资源形成和演变的重要理论支撑之一。

（四）指导种质资源的收集、保护

在种质资源异地保护的情况下，收集的样本必须代表自然种群且需要维持物种的多样性。以往的种质资源的收集和评价中往往忽略了可稳定遗传的表观修饰的变异。表观基因组学研究表明这些非 DNA 的表观修饰变异在种质资源多样性和应用方面都具有非常重要的潜力，这就要求在种质资源收集过程中应注意对表观遗传多样性的鉴定。表观基因组学的测定将成为种质资源评价的一个重要环节，然而表观检测的成本较高，发掘重要差异修饰位点并开发相应的表观遗传分子标记可能是未来一段时间内种质资源鉴定和评价的可行手段。

另外，表观遗传研究也对种质资源的正确长期保存与利用提出了新的要求。例如，异地植物保护的材料在面对种子库、体外缓慢生长和冷冻保存时 DNA 甲基化模式会发生变化，其中的一些经历跨代遗传可能也无法复位，需要对其进行评估。目前，甲基化敏感扩增多态性（methylation-sensitive amplified polymorphism，MSAP）和甲基化敏感扩增片段长度多态性（methylation-sensitive amplified fragment length polymorphism，metAFLP）等方法被应用于检测长期保存之后种子甲基化修饰的差异。例如，黑麦存储过程中虽然表现出遗传稳定性，但与对照种子的幼苗相比，储存种子的表观遗传变化在 15%～30%（从头甲基化和去甲基化）（Pirredda et al.，2020）。此外，组织培养或无性繁殖保护可能带来绕过与减数分裂相关的表观遗传重编程机制，导致表观遗传修饰变异积累的问题。这些对种质资源的存放条件、异地保存等带来了新的挑战。

（五）种质资源的创新与利用

相对于 DNA 变异，表观变异发现相对较晚，因此人们主动地开发利用表观变异进行种质创新尚鲜有报道。概括起来，通过开发利用表观变异进行种质创新的方法主要有以下 3 种。①通过精准编辑对表观修饰区域进行操作，改变其中的调控元件，创制新的种质资源是新的研究热点。比如，通过编辑表观基因组学鉴定的 *CLV3* 和 *WOX* 等重要基因的启动子，创制一系列重要农艺性状发生改变的番茄（Rodriguez-Leal et al.，2017）。在玉米中通过编辑表观基因组学预测的 *CLE* 关联的调控元件，实现了对玉米产量相关性状的精准控制（Liu et al.，2021a）。利用表观修饰酶类（如 TET2、DNMT3a 等）进行表观编辑（Nunez et al.，2021；Ji et al.，2018），沉默、激活或改变重要的功能调控元件及其关联基因的时空表达模式，可以在不改变 DNA 序列的情况下获取新的种质资源，也是该植物研究领域的研究热点。②去甲基化突变体。建立突变体库的方法通常是用甲基磺酸乙酯（ethylmethanesulfonate，EMS）诱变剂处理。这类突变体库一般是基因失活的突变，绝大多数突变性状都是不利突变。甲基化特别是 CG 与 CHG 甲基化通常都是抑制基因表达，而去甲基化则可促进基因的表达。贾继增团队用甲基化转移抑制剂 5-氮杂胞嘧啶核苷（5-azacytidine，5-azaC）处理小麦种子，建立了去甲基化突变体库。与 EMS 突变体库相比，去甲基化突变体库中优良突变体的比例大大提高，并从中选出了大穗、大粒、早熟、矮秆等优良农艺性状的突变体。由于这些突变体遗传背景基本相同，因此通过聚合杂交，更能培育出综合农艺性状优良的新种质甚至新品种。此外，在组培过程中发现的一些无性系变异，有许多可能是表观遗传修饰变异突变体，其中不乏优良农艺性状材料。例如，有不少生产上大面积推广的优良品种来自远缘杂交后代，但迄今未能从中检测到外源遗传物质，这些材料也很可能是表观遗传修饰变异突变体。

四、问题与展望

表观遗传修饰是物种多样性的重要组成部分。过去由于缺少检测技术，在种质资源研究中往往被忽视。表观遗传修饰的丰富多样性在新的层面发掘了大量的功能元件信息，拓展了种质资源研究的内容。而表观遗传修饰的多变性和不稳定性也限制了其自身的研究。DNA 甲基化因其高稳定性可能是未来一段时间内作物种质资源表观基因组学的研究重点。将表观基因组学应用于作物种质资源研究面临的另一重要问题就是技术和成本的限制。表观修饰检测的技术要求大都较高，各种实验周期较长、稳定性较低，实验成功率与基因组学数据的获取方法相差甚远，而且实验的成功与否与质量直接影响后续的分析，对大规模测序数据的质量评估及分析提出更高要求，这些都极大限制了相关研究的发展。因此，该领域还需要在检测技术方面进行探索，降低操作难度和实验成本，并提出规范化的质控与分析标准。未来随着测序成本的下降，有望在基因组较小的作物（如水稻、谷子等）中大规模开展 DNA 甲基化相关的资源表观基因组学研究。人类研究中应用较多的 DNA 甲基化芯片和液体捕获探针可以降低部分检测成本，有可能在大基因组作物（如小麦族作物）中获得应用。在表观基因组学数据的应用方面，表观基因组学尤其是组蛋白修饰等表观标记与基因表达调控的关系更为紧密，可以应用于与 GWAS、TWAS 等联合分析发掘重要的调控元件，也是该领域值得关注的方向。总体来说，进一步解析种群的表观变异组，必将有利于发掘更多的基因和功能元件，促进种质资源组学研究，为遗传育种提供优异遗传资源。

第三节　作物种质资源转录组学研究

对于真核生物来说，DNA 是生物体内重要的遗传物质。根据中心法则，在生物体遗传发育过程中，其中一项重要的过程就是以 DNA 的一条链为模板转录生成 RNA，生成的 RNA 经过剪接加工后，翻译成具有功能的蛋白质，参与细胞代谢活动。因此，转录是基因组调控生命活动的重要途径，基因表达量的变化影响着生物体的表型变异，基因表达调控在性状变异和物种进化中起着重要，甚至是主导作用。将基因表达量作为性状，并将这些性状与基因组变异联合分析已经被广泛应用于人类、动物和植物中，通过数量性状位点（QTL）进行候选基因鉴定的结果表明转录调控和基因表达的变化在物种形成及驯化中具有重要作用。

转录组是指细胞内所有转录产物的集合，包括信使 RNA、核糖体 RNA、转运 RNA 及非编码 RNA 等。转录组学是绘制基因转录图谱揭示性状形成分子遗传机制的学科，通过对转录组学的研究可以展示基因表达调控模式，进而帮助注释基因功能及探索基因整体的表达协调趋势。正如一份材料不能代表一个物种的基因组一样，一份材料的转录组也不能代表一个物种的转录组。随着测序技术的提高与成本的降低，涌现出了越来越多的种质资源转录组数据，对这些数据的深入分析和研究逐渐促成了一门新的学科——种质资源转录组学（crop germplasm transcriptomics）研究。种质资源转录组学研究就是利用转录组学的原理、方法与相关信息，在转录组水平研究种质资源转录多样性，并进行种质资源的新基因发掘、起源演化、收集保护与开发利用等研究。种质资源转录组学是种质资源多组学的重要组成部分，它将与种质资源基因组学、表观基因组学、蛋白质组学、代谢组学和表型组学相互促进，共同促进种质资源研究与开发利用进入一个全新的发展时期。

一、作物种质资源转录组学研究原理

种质资源转录组多样性是源于种质资源基因转录调控和转录后调控的变异。转录调控（transcriptional regulation）是真核生物基因表达调控的重要环节，主要通过调节转录开关和速率来改变基因表达水平。在漫长的演化与环境适应过程中，植物进化出了迄今为止所有真核生物分类群中最多样的转录调节机制。基因转录一方面受顺式调控元件与反式作用因子调控，同时也受多种表观遗传修饰调控，包括 DNA 甲基化、组蛋白修饰、非编码 RNA 及染色质重塑等。转录后调控（post-transcriptional regulation）是真核生物基因表达调控的重要组成部分，可变剪接调控是其中的主要过程。

参与基因表达调控包括顺式调控和反式调控两种方式。顺式调控的调控元件与其控制的基因位于同一个 DNA 异源双链上，包括核心启动子上的 DNA 基序、距离启动子较远的增强子和抑制子等。随着三维基因组技术的发展，人们发现数量可观的 DNA 序列，在染色体上的距离较远（大于几百万个碱基对）甚至在不同的染色体上，但是在三维空间结构相互接近，其中部分 DNA 基序起到远程调控基因表达的作用。反式作用因子遍布于全基因组，与顺式调控元件结合，作用于目标基因影响基因表达的调控因子（RNA 或蛋白质），包括转录因子和非编码 RNA 等。顺式调控元件的 DNA 基序和反式作用因子的蛋白质序列在种质资源中均含有丰富的遗传变异，这些变异将对目标基因的表达量产生影响，甚至是改变基因的组织表达模式（图 8-11A）。

DNA 甲基化和组蛋白修饰是目前研究得最多的与基因表达有关的表观遗传之一。DNA 的 5-甲基胞嘧啶甲基化过程主要由 DNA 甲基转移酶参与催化，用 *S*-腺苷甲硫氨酸为甲基供体，对 DNA 双链中特定区域内的胞嘧啶特异性地添加上 CH_3 基团，将胞嘧啶替换为 5-甲基胞嘧啶。在植物中，胞嘧啶可以在所有存在可能的序列中发生甲基化。研究表明 DNA 甲基化不仅与植物发育和防御功能相关，还与基因沉默存在一定关系（Berger，2007）。组蛋白 N 端有从核小体中心向外延伸的肽段，会受到翻译后修饰（post-translational modification，PTM），组蛋白核心区也可以被修饰。一般对于转录调控来说，组蛋白修饰的乙酰化和磷酸化与基因激活相关，泛素化和甲基化与基因激活和抑制都相关。一些组蛋白的翻译后修饰直接影响染色质的压缩松紧程度和组蛋白与 DNA 的相互作用，影响 DNA 特异序列与调控蛋白的结合，从而调控基因的表达。组蛋白的乙酰化更多发生在富含编码 DNA 的区域，因为乙酰化中和组蛋白尾部赖氨酸的正电荷，所以会对染色质折叠产生负面影响。组蛋白乙酰转移酶（histone acetyltransferase，HAT）和组蛋白去乙酰化酶（histone deacetylase，HDAC）可以影响特定基因的乙酰化状态，通过控制该类酶的活性，可以使特定基因的乙酰化状态达到一个平衡。组蛋白甲基化是组蛋白修饰的重要方式，它既可以与抑制相关，也可以与

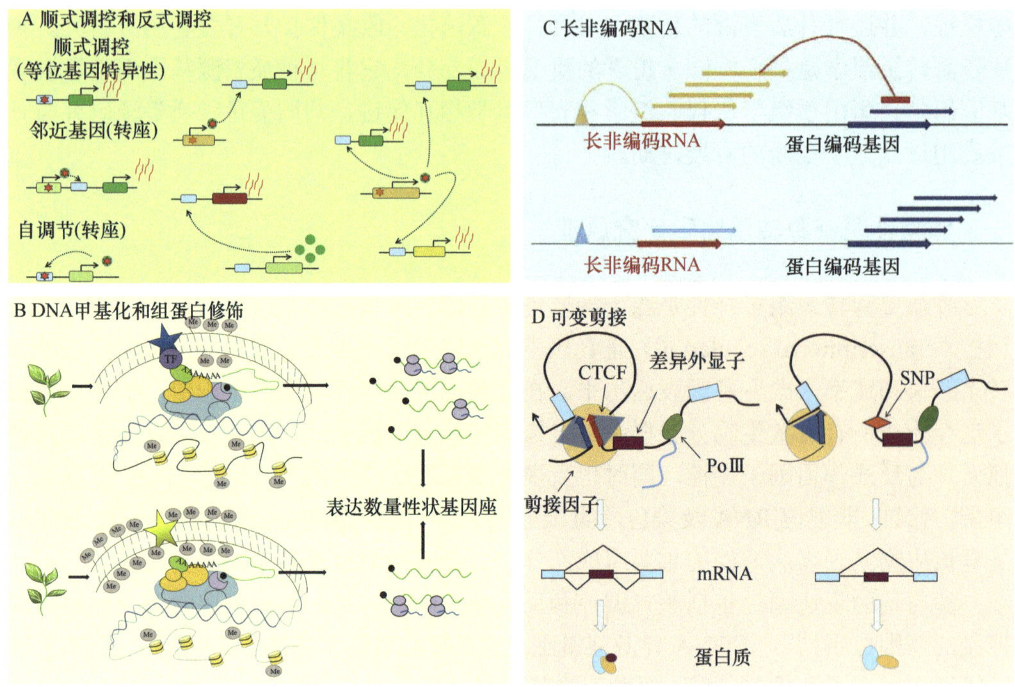

图 8-11 作物种质资源转录组多样性原理图

A：eQTL 可以通过顺式和反式的作用方式调控基因的表达。B. 不同个体中，相同基因不同的遗传变异导致 DNA 甲基化水平和组蛋白修饰水平的差异，进而影响基因表达水平。五角星号表示两个体之间的核苷酸序列差异位点。C. 分子表型数量性状位点可以通过调控 lincRNA 基因的表达水平进而调控其附近蛋白质编码基因的表达。D. CTCF 在启动子和基因之间介导的染色质环能够改变外显子的使用情况。同时，影响 CTCF 环的基因组变异会导致剪接异构体的变异

转录激活相关。与组蛋白乙酰转移酶不同，组蛋白甲基转移酶具有高度特异性，可能仅限于修饰单个组蛋白中的一个赖氨酸。虽然顺式调控元件的 DNA 变异和反式作用因子变异为表达调控变异的基本形式，但 DNA 甲基化和组蛋白修饰形成了辅助的调控变异，其主要通过染色质的压缩松紧程度的变化影响 DNA 元件与调控蛋白的结合，进而调控基因表达的水平（图 8-11B）。

非编码 RNA（ncRNA）主要通过三种类型来影响基因的表达调控，分别是长非编码 RNA（lncRNA）、微 RNA（microRNA）和干扰小 RNA（small interfering RNA，siRNA）。其中，lncRNA 是指长度大于 200 个核苷酸的非编码 RNA（Mercer et al.，2009），一般通过影响编码基因的表达和蛋白质功能来行使其生物学功能（图 8-11C）。一些 lncRNA 通过招募各种蛋白质复合体到特定染色体区域来影响染色质的状态从而调控基因表达（Rinn et al.，2007）。染色质重塑复合体是其中一类 lncRNA 招募的蛋白质复合体，通过重定位核小体、常染色质和异染色质的转化等染色质高层次结构，进而调控许多基因的表达。有些 lncRNA 通过参与基因印记来调控基因表达，即父源染色体与母源染色体因为表观遗传不同，所以表达量也不相同。

在基因转录过程中，前体 mRNA 的剪接过程由剪接体执行。剪接体由多类核小核糖核蛋白（small nuclear ribonucleoprotein，snRNP）组成，剪接体结合到待切除内含子上发生催化反应，切除内含子后将外显子拼接起来。内含子和外显子上的剪接增强

子及沉默子等称为顺式调控剪接元件，剪接体复合物的 RNA 结合蛋白称为剪接因子。剪接因子在剪接位点选择和剪接活性中也发挥重要作用，这些蛋白质可分为三类：SR 蛋白、典型核内不均一核糖核蛋白（hnRNP）和组织特异性 RNA 结合蛋白。剪接元件和相应的剪接因子共同作用完成剪接过程，剪接元件 DNA 序列的变异、剪接元件与剪接位点的相对距离变异，以及剪接因子序列变异，都会影响剪接发生和剪接速率（图 8-11D）。越来越多的证据表明表观调控因子在可变剪接方面起着关键的调节作用。种质资源材料的基因组和表观基因组变异，将会影响基因的剪接过程，进而引起资源材料间的可变剪接变异。

基因组中的变异主要包括单核苷酸突变、插入/缺失、拷贝数变异、结构变异等。随着高通量短读长测序技术的发展，人们对主要农作物的不同种质进行了遗传变异的研究，发现了基因组中的变异位点可以通过影响 mRNA 的 3′UTR 中腺嘌呤到次黄嘌呤 RNA 编辑位点的编辑水平，来调控 microRNA 对 mRNA 的降解效率，从而影响基因的表达量和生物体的表型差异。同样，转录组中也存在一定的变异，如基因的异常超表达（overexpression）、可变剪接（alternative splicing）、融合基因（fusion gene）等。但现今人们对于作物种质资源转录组变异的研究仍处于初级阶段。目前，人们在人体癌细胞中发现体细胞拷贝数变异、单核苷酸突变，包括种系表达数量性状基因变异和体细胞突变，是导致等位基因表达不平衡的决定因素。同时，单核苷酸突变还可能导致基因内含子区域中新外显子的形成，从而发生新的可变剪接事件，相当一部分融合基因需要由一系列结构变异事件共同造成。转录组的变异特征在各种不同的癌症变异中有所区别，且与 DNA 的突变特征有关。这一研究为今后对作物种质资源转录组变异的研究提供了新的思路。

二、作物种质资源转录组学研究内容

种质资源转录组学研究主要包括以下 6 项研究内容。①泛转录组测序与泛转录组数据库建立：对多样性种质资源开展深度转录组测序，进行从头（*de novo*）转录组拼接，构建特定作物种质资源的泛转录组，并建立相应的数据库，为多样性解析和演化研究提供更全面的参考基因。②种质资源转录组多样性分析：研究刻画基因转录在资源材料中的多样性，既包括基因表达量的变异也包括可变剪接的变异，可以同时反映基因组变异和表观基因组变异的叠加效果，为更精细地对资源材料进行区分和归类提供了可能性。③种质资源转录组起源演化分析：转录变化在作物表型演化和环境适应性中起关键作用，利用转录组研究种质资源驯化与分化中转录调控的变化，分析相关的分子调控机制。④全转录组关联分析（TWAS）与新基因发掘：以基因转录为分子表型，借助表达数量性状位点（expression quantitative trait locus，eQTL）定位，规模化定位和发掘目标性状位点中的候选因果基因。⑤重要农艺性状基因转录多样性及其成因分析：转录多样性是表型多样性的关键基础之一，结合转录组调控网络分析和其他多组学技术，分析重要农艺性状基因的转录调控基础。⑥转录组在种质资源保护上的应用：通过转录组分析不同种质资源在特定环境中的差异相应基因，研究种质资源适宜的地理分布，为种质资源的原位保存提供指导依据。

三、作物种质资源转录组学研究方案与方法

种质资源转录组学是种质资源学的分支，研究设计遵循种质资源学本身的设计原则，构建表型多样性丰富的核心或微核心种质资源。种质是指生物体亲代传递给子代的遗传物质，它往往存在于特定品种之中。例如，古老的地方品种、新培育的推广品种、重要的遗传材料，以及野生近缘植物，都属于种质资源的范围。转录组广义上指某一生理条件下，细胞内所有转录产物的集合，包括信使 RNA、核糖体 RNA、转运 RNA 及非编码 RNA 等。种质资源转录组顾名思义即是对这些遗传资源的所有转录产物集合进行统筹分析和总结。目前，种质资源转录组数据的应用主要体现在对种质资源目标性状的解析、预测和演化研究中。如果以性状改良为目标，还需补充收集含有目标性状的多样性材料，形成种质资源转录组学的研究群体。田间表型获取往往需要严谨的田间试验设计，同时也要考虑到方便取材（如格子设计）。

种质资源转录组数据主要应用于对种质资源目标性状的解析、预测和演化研究。通常，不同的性状需要不同的组织来分析基因表达。此外，很难为许多性状找到合适的组织。例如，作物产量与不同生长阶段的不同组织有关，不同处理条件下的转录组对于耐旱等逆境性状的研究也是必需的。目前 RNA-seq 种质资源转录组研究的技术成本还较高，常规转录组差异表达分析通常需要重复，对于种质资源转录组研究将会成倍地增加成本，因此种质资源转录组多样性分析往往将多个生物学重复样本合并在一起进行测序来降低成本。

转录组变异及其调控分析在种质资源基因解析和演化机制研究中扮演着重要角色。目前分析主要有三种：差异表达基因（differentially expressed gene）分析、等位基因特异性表达（allele-specific expression）分析和 eQTL 定位。差异表达基因分析是基于少量样品间的比较，目标是分析获得特色种质资源之间的差异表达基因，推测不同种质资源间表型差异的可能分子机制。等位基因特异性表达分析是利用杂合子、F_1 杂交种或异源多倍体等种质资源材料分析等位基因特异性表达，可用于区分顺式（*cis*）或反式（*trans*）调控对基因表达变异的影响。该方法所用材料少、成本低、检测效率高，但不足之处是只能明确基因表达受到反式调控，没办法获得基因的反式调控位点和数目，无法建立基因/位点之间的调控关系和调控网络。基于种质资源群体的表达数量性状位点定位有助于明确基因表达的反式调控位点及其效应。

随着转录组检测技术的发展，eQTL 作为辅助工具已被大量用于复杂性状的遗传研究。在 eQTL 定位中，群体内基因表达变异被视为一种分子表型，借助连锁或关联分析获得与基因表达变异相关的 DNA 分子标记（可能在编码区也可能在非编码区），根据 eQTL 和目标基因之间的相对距离推断顺式或反式调控。因此，可将 eQTL 分为两类：本地 eQTL（靠近目标基因）和远程 eQTL（基因组中的其他位置）。原则上，远程 eQTL 通常被认为是潜在反式作用 eQTL，而本地 eQTL 通常与由顺式作用 DNA 序列变异决定的基因表达有关。在此基础上，作物种质资源 eQTL 研究将主要是通过

整合反式调控热点（hotspot）、动态/响应 eQTL 和调控网络分析等，理解特定的种质资源科学问题和相关性状的调控机制。

作物种质资源来源广泛，群体结构是导致基因表达变异的主要因素之一。针对复杂性状的解析，出现了一种混合模型方法，该方法通过包括利用多基因随机效应来控制亲缘关系的影响。与复杂性状的全基因组关联分析相比，在全基因组 eQTL 定位中包含有数万个基因和数百万个标记，应用混合模型可以有效控制假阳性结果，但同时需要更多的计算时间和资源（Lee，2018）。随着算法效率的提高，用于混合模型分析的计算资源将大大减少。除群体结构之外，实验条件、样本处理、来源历史、发育阶段之间的差异和材料异质性也可能导致表达差异和诱导材料间基因表达异质性。这些干扰因素对大规模基因表达分析的输出结果有很大的干扰。因此，通过在 eQTL 定位混合模型中包含干扰协变量，可以减少可能的影响。在实践中，这些隐藏的干扰因素可以通过基因表达的贝叶斯因子分析或者 PCA 分析进行估计（图 8-12）。

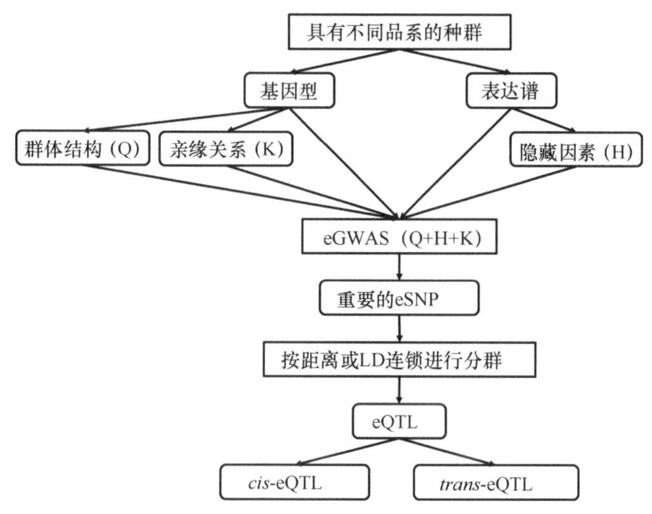

图 8-12　基于 GWAS 策略的 eQTL 技术路线图（Fu et al.，2022）

挖掘复杂性状的候选基因，GWAS 和 eQTL 信号的共定位分析是一种常用的策略。然而，由于控制复杂性状的位点效应通常较小，很难检测出超出全基因组显著性水平的重要标记，这限制了共定位分析的应用。2016 年，开发出的 TWAS 用以识别基因表达和性状之间的直接关联，通过利用 *cis*-eQTL 帮助识别与性状相关的候选基因（Gusev et al.，2016）。与共定位分析相比，该方法用于检测基因与性状的直接关联，减少了对显著关联进行多重校正的负担，并提高了检测能力（图 8-13）。

目前，主要有两类转录组检测方法：一是 DNA 微阵列（DNA microarray）技术，这项技术基于核酸互补杂交；二是高通量 RNA 测序技术（RNA-seq）等（图 8-14）。DNA 微阵列技术通过预制探针能够同时检测成千上万个基因转录，但该方法只能检测预制探针对应的基因表达，存在杂交干扰难以区分、高度同源基因难以区分等缺点，目前已很少使用。相比微阵列，RNA-seq 具有很大优势：并不局限于已有参考基因组物种的转录本检测、分辨率可以达到单碱基的程度（Morin et al.，2008）、对

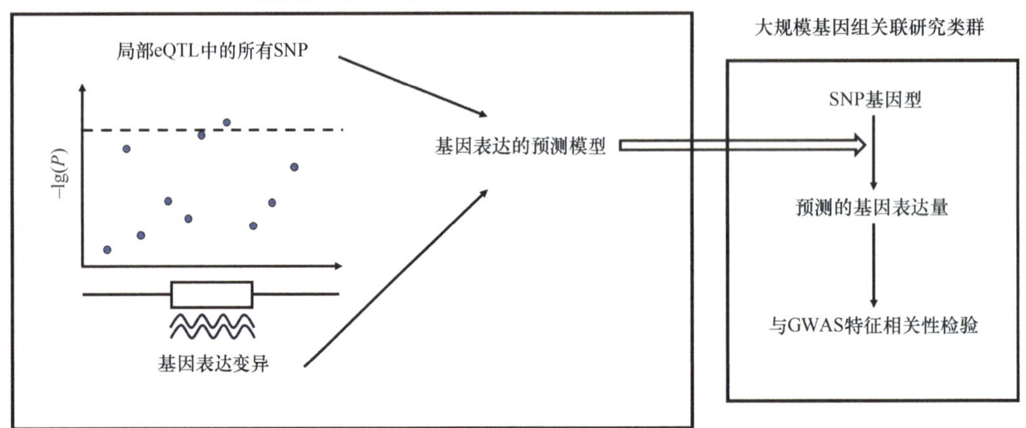

图 8-13　TWAS 的技术路线图（Fu et al.，2022）

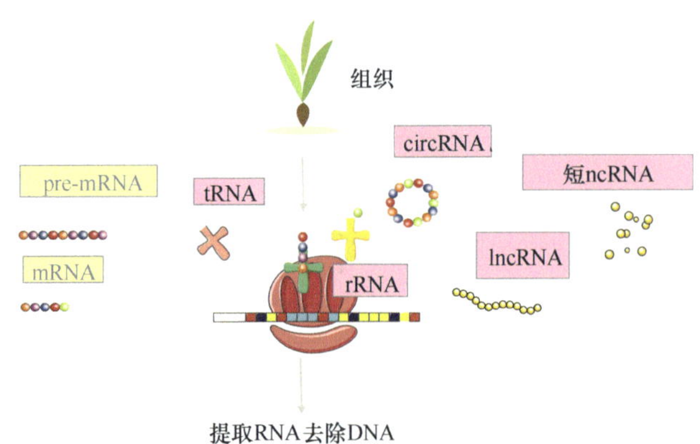

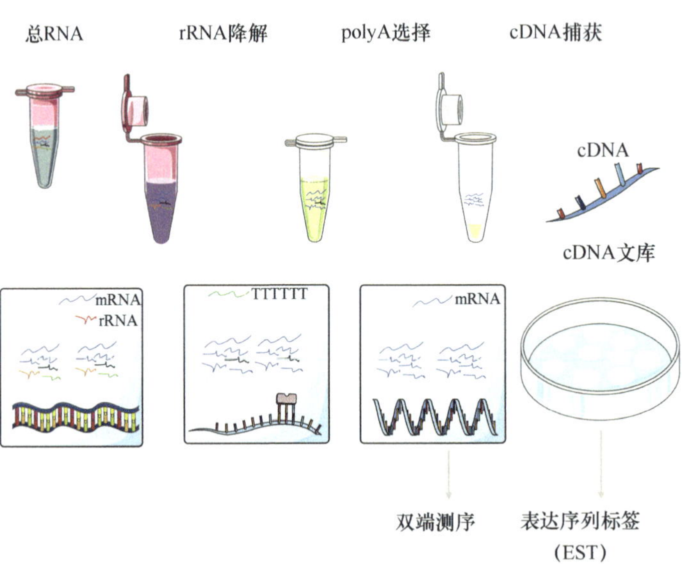

图 8-14　转录组测序的不同策略及其转录本获得情况

基因表达量的变化有高度的敏感性，以及量化准确，因此成为目前较为常用的基因表达分析技术。

随着二代测序技术的发展，RNA-seq 已经被广泛运用到动植物转录组的研究中。在过去的十年中，RNA-seq 已经成为在全转录组范围内分析差异基因表达（differential gene expression，DGE）和 RNA 可变剪接（alternative splicing）的重要工具。提取组织样品的 RNA 后，利用 Illumina 等平台进行高通量测序获取海量短序列（reads），进而利用短序列比对软件将其定位到参考基因组上，计算每个基因中比对上的短序列数（reads count），统计分析差异表达基因。通过 RNA-seq 数据研究可变剪接主流方法以往是借助于可变剪接 RNA 异构体的比率（isoform ratio）和外显子包含水平（exon inclusion level）。此类方法直接对 RNA 异构体和外显子进行定量分析，优点是非常直观，但是由于 RNA 异构体间通常有很大部分重叠，测序获得短序列很大一部分难以推测其来源的异构体，同时通过短序列鉴定的可变剪接位点往往不够准确，与测序深度和表达量密切相关，因此对基于异构体的丰度和外显子表达水平的可变剪接鉴定方法提出了巨大的挑战。新发展的三代长读长测序技术为可变剪接的准确定量提供了可能性，随着三代测序技术测序通量和准确性的不断提升，全长转录组测序将会广泛应用于可变剪接定量与变异研究。

现在，RNA-seq 用于研究 RNA 生物学的许多方面，其中包括单细胞基因表达、翻译和 RNA 结构。研究 RNA-seq 的其他应用也在开发中，如空间转录学。将新的长读长（long-read）RNA-seq 技术与数据分析算法工具整合，RNA-seq 技术的创新有助于人们更全面地理解 RNA 生物学，例如，从何时何地转录发生到控制 RNA 功能的折叠和分子间相互作用等问题。通过转录组测序，可以解决各种生物学问题，包括寻找研究对象重要性状、表型的生物标志物或关键调控基因，寻找不同处理条件下与差异性状相关联的功能基因，寻找研究对象时序性变化的主控因素，以及寻找研究对象空间差异性变化的主控因素等。

四、作物种质资源转录组学研究进展

作物种质资源材料间表型差异主要是由基因的有无变异、编码区的功能变异、可变剪接变异与表达量变异等引起的，因此通过表达量变异与表型变异的关联，可检测重要农艺性状基因位点，进而高效克隆性状重要基因。在种质资源的创新与利用上，从最早的芯片技术开始，直到近年来高通量转录组技术的发展，研究者对玉米、水稻、小麦等作物开展了大量种质资源研究。

（一）基于转录组的种质资源多样性研究

种质资源的多样性和群体结构不仅可以用基因组遗传标记进行解析，也可以用组学数据进行分析呈现。其中转录组是获取种质资源遗传多样性和群体数据的一个有效途径。例如，Frisch 等（2010）利用 21 个由马齿玉米（Dent）和硬质玉米（Flint）材料组成的玉米群体基因芯片表达数据，其一是直接利用群体基因表达水平计算，其二是根据基因表达与否转化为分子标记（用 0 和 1 表示）计算遗传距离。结果发现相较于基于遗传标记分析群体结构，基于基因表达有无计算遗传距离能够更好地划分资源材料。另外，Frisch 等（2010）利用 RNA-seq 技术获取了玉米 F_1 杂交种及其亲本（96 个母本自交系×4 个父本自交系）的群体转录组，筛选表达变异系数较高的基因进行主成分分析，结果发现基于表达量的聚类能有效反映该群体的群体结构（图 8-15）。总体来说，种质资源转录组数据应用于种质资源多样性和群体结构研究具有很大潜力。与单纯基于 DNA 遗传标记相比，基因表达变异还能反映表观遗传和调控网络变异，能够更精细地对资源材料进行区分和归类，为种质资源精准保护提供依据。

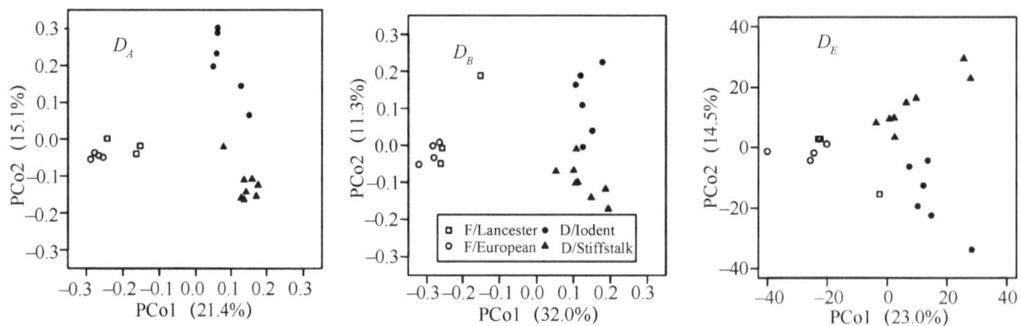

图 8-15　基于基因表达数据和遗传标记的玉米种质资源群体结构（主坐标，PCoA）分析（Frisch et al.，2010）

D_A. 基于分子标记；D_B. 基因表达有无；D_E. 基于表达量

（二）基于转录组的种质资源新基因发掘

全基因组关联分析（GWAS）可以快速获得影响目标性状表型变异的遗传标记或候选基因，已广泛应用于植物相关性状的研究，并取得了巨大的成就。尽管 GWAS 能够将成百上千个基因组位点与复杂性状关联起来，但是通常 GWAS 位点难以解释连锁不平衡（linkage disequilibrium，LD），经常掩盖驱动关联的因果变异，并且仅从 GWAS 数据中很难确定变异对性状影响的因果基因。这一挑战推动了对 GWAS 位点进行优先选择因果基因（prioritize causal gene）算法的开发（Wainberg et al.，2019）。

性状 GWAS 和 eQTL 的共定位分析是一种筛选候选基因的常用方法。许多植物已经开展了全基因组的 eQTL 研究。例如，拟南芥（Zan et al.，2016）、水稻（Wang et al.，2014）、玉米（Liu et al.，2020b，2017；Yang et al.，2019；Kremling et al.，2018；Wang et al.，2018b；Fu et al.，2013）、棉花（Ma et al.，2021；Li et al.，2020a）、甜瓜（Galpaz et al.，2018）、甘薯（Zhang et al.，2020）、油菜（Tang et al.，2021b）等。这些研究为鉴定相应性状形成的因果基因提供了丰富的遗传数据，联合 GWAS 和 eQTL 数据，通过共定位分析找出调控某一性状的关键基因，并结合共表达和 eQTL 调控网络分析，进而绘制特定生物学问题相关的表达调控网络图。

对于大多数农艺性状，控制性状的位点通常效应较小。GWAS 鉴定到性状遗传位点，单个位点效应相对较大，但所有位点有时只能解释部分表型变异，需要新的数据和研究手段找回丢失的遗传力和功能基因。从转录层面入手，将 RNA-seq 测定的基因表达数据作为变量，利用贝叶斯分析方法计算表达量与变异位点相关性，由此建立了一项基于全转录组关联分析方法 TWAS（Shabalin et al.，2012）。与共定位分析相比，该方法直接鉴定基因表达变异与表型变异的关联性，显著关联的多重校正往往面对的是几万个基因，而不是动辄几百万的 SNP 标记，提高了统计检验的功效。Kremling 等（2019）基于单组织和多组织 TWAS 方法，利用大规模（299 个基因型和 7 个组织数据）基因表达资源，发现大约一半的功能变异通过改变玉米籽粒性状的转录丰度起作用，包括 30 个籽粒类胡萝卜素丰度性状、20 个籽粒丰度性状和 22 个田间测定的农艺性状。Li 等（2020a）研究发现 TWAS 与传统的 GWAS 相比，能够检测出新的功能位点。另外，TWAS 受 LD 的影响比 GWAS 小，这表明其不仅适合玉米等异花授粉作物进行关联研究，也适合在 LD 衰变率缓慢的基因组如小麦、大豆和水稻等作物进行关联研究。

可变剪接变异是转录后变异的一种主要形式。人们经常通过深度测序鉴定与阿尔茨海默病相关的异常前体 mRNA 可变剪接。基于关联研究确定了由基因序列变异驱动的 mRNA 剪接失调与阿尔茨海默病相关（Raj et al.，2018）。利用玉米自然群体 AM368 的转录组数据，获得了大量可变剪接变异位点，通过全基因组关联研究鉴定到籽粒发育中的剪接数量性状位点（sQTL），确定了 214 个候选剪接因子。敲除其中 *ZmGRP1* 改变了许多下游基因的剪接，同时发现上百个 sQTL 与已发表的农艺性状关联位点共定位，该研究揭示了可变剪接在基因功能多样化和调节表型变异方面的重要性（Chen et al.，2018）。

（三）基于转录组的种质资源演化机制研究

作物驯化是种质资源的重要研究内容。许多作物的驯化与驯化相关基因的转录变异关系密切。大量驯化基因的研究结果表明，野生性状的丢失和栽培性状的获得往往是野生个体的基因发生突变，基因功能丧失、歧化或是新功能获得后产生的结果。这些性状之所以被选择，是因为它们符合早期人类的需要。从基因本身来看，与驯化密切相关的基因大多为转录因子和激酶调控过程中的关键基因。这类基因在生长、发育、结实和成熟过程中起着重要调控作用。研究者统计了 23 个物种中共 60 个与驯化相关的基因，其中 37 个基因编码转录因子，3 个基因编码转录共调节因子，约占所有统计基因的 67%。其余 20 个基因中有 14 个酶编码基因，6 个基因编码转运蛋白和泛素连接酶（表 8-3）（Meyer and Purugganan，2013）。可以看出，大多数驯化基因的改变都是调控基因的突变，影响下游功能基因的表达。基因表达的变化可能在表型变异和物种适应性进化中起关键作用（Wang et al.，2018b）。

Bao 等（2019）比较了野生与栽培棉花（陆地棉）和它们的 F_1 杂交种之间的纤维转录组，揭示了在分化与驯化下的全基因组（约 15%）和通常补偿性的顺式及反式调节变化。结果表明，转录调控变异与序列进化、亲本表达模式的遗传、共表达基因网络特性和负责驯化性状的基因组位点显著相关。Pang 等（2021）对栽培稻近缘野生种（*Oryza rufipogon* 和 *O. nivara*）的 3 个生殖相关的组织进行转录组测

表 8-3 部分近年发表作物转录组学研究

物种	测序类型	材料份数	文献	作者及年份
水稻	Microarray	110	A global analysis of QTLs for expression variations in rice shoots at the early seedling stage	Wang et al.，2010
玉米及大刍草	Microarray	62	Reshaping of the maize transcriptome by domestication	Swanson-Wagner et al.，2012
玉米	RNA-seq	368	RNA sequencing reveals the complex regulatory network in the maize kernel	Fu et al.，2013
番茄	RNA-seq		Comparative transcriptomics reveals patterns of selection in domesticated and wild tomato	Koenig et al.，2013
玉米	RNA-seq	540	Distant eQTLs and Non-coding Sequences Play Critical Roles in Regulating Gene Expression and Quantitative Trait variation in maize Variation in Maize	Liu et al.，2017
水稻	RNA-seq	85	eQTLs regulating transcript variations associated with rapid internode elongation in deepwater rice	Kuroha et al.，2017
小麦	RNA-seq	90	Transcriptome association identifies regulators of wheat spike architecture	Wang et al.，2017
甜瓜	RNA-seq	96	Deciphering genetic factors that determine melon fruit-quality traits using RNA-Seq-based high-resolution QTL and eQTL mapping	Galpaz et al.，2018
玉米及大刍草	RNA-seq	866	Genome-wide analysis of transcriptional variability in a large maize-teosinte population	Wang et al.，2018b
水稻	RNA-seq	305	Integrating a genome-wide association study with a large-scale transcriptome analysis to predict genetic regions influencing the glycaemic index and texture in rice	Anacleto et al.，2019
开心果	RNA-seq	142	Whole genomes and transcriptomes reveal adaptation and domestication of pistachio	Zeng et al.，2019
番茄	RNA-seq	399	Domestication and breeding changed tomato fruit transcriptome	Liu et al.，2020a
玉米	RNA-seq	224	Mapping regulatory variants controlling gene expression in drought response and tolerance in maize	Liu et al.，2020b

序分析，发现约有 8%的基因在种间发生了显著的表达分化（FDR<0.05），分化区段在基因组中随机分布，且明显高于两个野生种在 DNA 序列上的分化水平（<1%），并表现出组织表达特异性，说明基因表达调控在物种分化及适应性进化中起到了关键作用。

在全基因组水平上剖析基因间的调控关系对于理解特定的生物学过程非常重要（Wang et al.，2018b；Zhang et al.，2017a）。玉米（*Zea mays* subsp. *mays*）驯化自野生祖先大刍草（*Z. mays* subsp. *parviglumis*）（Matsuoka et al.，2002），不管是在形态上还是在适应性上二者都存在较大差异。经过多年的研究，研究者发现了控制这些差异的一些关键基因，如调控花序、分蘖的 *tb1* 基因（Clark et al.，2006），调控光周期的 *ZmCCT* 基因（Hung et al.，2012）等。这些基因绝大部分是由于基因的调控区产生了变异从而影响基因表达量的变化，而非基因本身的变异导致驯化上的表型变异。研究者通过基因芯片和 RNA-seq 研究了玉米群体和大刍草群体的基因表达谱，得到了大量显著差异基因和二者在顺式（*cis*）及反式（*trans*）调控中的表达差异，进一步揭示了表达调控在玉米驯化中的重要作用（Wang et al.，2018b；Swanson-Wagner et al.，2012）。

水稻作为禾本科模式作物，其重要农艺性状形成的分子机制研究也已取得了很大的进展。基因功能解析发现，大部分变异存在于基因组非编码区，因此利用转录组学将有助于揭示驯化过程中农艺性状形成的分子调控机制。Zheng 等（2019）利用多重组学方法对水稻 lncRNA 进行分析发现，与其祖先种普通野生稻相比，亚洲栽培稻中 95%的 lncRNA 表达量下调，且下调的 lncRNA 在进化过程中具有与受定向选择的基因组区段一致的群体遗传学特征。这些差异表达的 lncRNA 的靶基因富集于与碳固定能力和碳水化合物代谢相关的位点（图 8-16）。

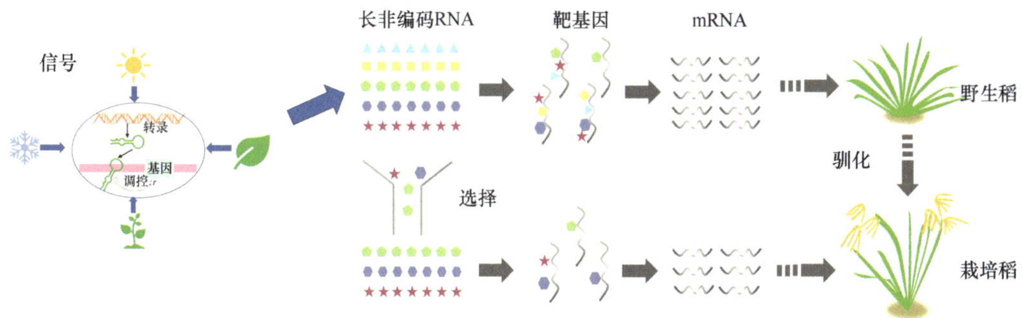

图 8-16　水稻驯化过程中 lncRNA 进化的模型（Zheng et al.，2019）

五、问题与展望

随着测序成本的下降及转录组学的发展，研究者对重要农作物均开展了大规模的重测序工作。但基于植物转录调控的复杂多样性，从转录组层面开展种质资源的利用仍然是有必要的。把传统的种质资源保护、利用与现在转录组学、基因组学理论结合起来，研究者将会更高效地开展种质资源创新与利用、提高优异种质资源利用率，以及为遗传育种提供优异遗传资源。

特别是随着三代长读长测序技术的发展，建立大型复杂基因组的完成图成为可能。参考基因组从头组装的成本大幅降低，这将把作物泛基因组研究推向一个新时代。与单一参考基因组相比，泛基因组目标是包含物种的全部基因，从而有效避免基因偏倚，提高 eQTL 定位的基因范围和准确性。

作物组织具有高度的异质性，拥有不同类型的细胞，但通常只有某些类型的细胞与性状直接相关，批量测序的表达将削弱这种关联。随着单细胞测序技术的快速发展、成本降低及其在作物中的成功应用，转录组研究的精度将被大大提高。

不同品种的发育阶段往往不一致，这就导致采样和测序的困难。对于每种作物，研究者应选择核心品种，研究发育阶段的判别标准，以避免不同步发育带来的影响。基因表达在作物生长过程和环境适应中具有高度的动态性，取样的代表性问题、组织高度异质性，以及引入的干扰因子，都会影响对群体结构的解析和多样性研究，导致差异分析和关联分析呈假阳性，这些问题和困难尚需进一步深入研究和探索。目前通过统计方法控制隐藏的干扰因素可以部分解决这一问题。

与人类的研究不同，有许多作物的基因资源是有限的转录差异和分析的应用需要在平衡投入资源和科学产出方面仔细衡量。它在大规模分析中的应用受到 RNA 测序的限制，即成本和劳动力。由于这个原因，研究者已经开发了许多3′mRNA测序方法，例如，大规模平行的3′RNA-seq可以在一个实验中管理数百个样本。但考虑到文库构建和测序，仍需进一步降低每个样本的成本，规模化分析种质资源转录组才有可能实现。

最后，可变剪接是产生种质资源多样性与重要功能基因差异的重要原因。目前这方面的研究才刚刚开始，而且由于二代测序读长较短，存在不少假阳性。随着三代测序成本的降低，它在未来作物种质资源可变剪接研究中将具有巨大的应用潜力。总之，转录组的研究为种质资源农艺性状变异研究提供了新思路和新手段，为作物基因组设计与遗传改良提供了理论支撑。

第四节　作物种质资源蛋白质组学

蛋白质是细胞中重要的生物大分子，几乎参与生命活动的所有过程，是生物功能的直接执行者。某个生物体、细胞、组织或器官在特定时期所表达的全部蛋白质构成蛋白质组（proteome）。与相对稳定的基因组不同的是，蛋白质组在时间和空间尺度上呈现动态变化且更具复杂多样性。因此，蛋白质组学的研究目标是从蛋白质水平上探索和发现生命活动的规律和重要生理现象的本质，揭示蛋白质的功能和作用模式，进一步解释生命的本质。随着科技的发展，蛋白质组学研究已经成为生物学研究的重点领域，但植物蛋白质组的研究起步稍晚。早期蛋白质组学技术主要是应用于酵母和动物细胞的研究。2000年后，随着多种模式植物基因组测序工作的完成，以及高分辨率质谱技术和大数据处理软件的开发，植物蛋白质组学得到了飞速发展。目前，蛋白质组技术已广泛应用于植物蛋白质表达模式（定性与定量）、蛋白质复合体鉴定及蛋白质相互作用研究等方面，在植物生长发育、信号转导等研究领域发挥了重要作用（Uhrig et al.，2019；Reiland et al.，2011）。此外，蛋白质组学也广泛应用在磷酸化、糖基化、泛素化和乙酰化等蛋白翻译后修饰的研究中。近期发展的新型质谱技术，如捕集离子淌度质谱（trapped ion mobility spectrometry，TIMS）和同步累积连续碎裂（parallel accumulation serial fragmentation，PASEF）技术从多个维度检测多肽的离子信息，能够进行蛋白质的深度测序和定量分析，应用到植物蛋白质组学研究领域可实现蛋白质精准定量，并提供蛋白质间相互作用的信息，为深入研究蛋白质分子功能、揭示植物生命过程本质奠定坚实的基础。

种质资源作为作物遗传改良和培育新品种的物质基础，基因资源的深度挖掘是从源头上实现种业创新、保障粮食安全的关键。作物种质资源蛋白质组学（crop germplasm proteomics，CGP）研究是将蛋白质组学技术应用于作物种质资源研究中，在蛋白质组成和相互作用层面对作物种间和种内的蛋白质遗传变异性进行鉴定，分析蛋白质多样性的形成机制、分布、进化与演变及相互关系，是深入解析作物生长发育、遗传变异及响应环境变化等生命活动规律的一门新兴学科，对作物种质资源的鉴别、评价、保存和利用等研究有重要的支撑作用。本节简要介绍蛋白质组学的基本概念和技术方法，以及与作物种质资源相关的蛋白质组学研究现状和新进展，希望以此助推作物种质资源蛋白质组学的发展及种质资源保护、发掘与创新研究。

一、作物种质资源蛋白质组学研究原理

基因组、表观基因组、转录组、蛋白质组与代谢组水平的多样性是构成作物种质资源表型多样性的重要基础，也是现代作物学中作物遗传改良的重要研究内容。种质资源蛋白质组学利用蛋白质组学技术、方法与相关信息，在蛋白质组水平研究种质资源蛋白质多样性及其在种质资源起源演化、收集保护与开发利用等方面的应用。作物种质资源蛋白质组学研究通常从蛋白质多样性展开，包括蛋白质结构的多样性、蛋白质丰度的多样性及蛋白质亚细胞定位的时空多样性等方面。不同的种质资源所固有的蛋白质存在多样性，而这些蛋白质多样性也可以反映种质资源的多样性。

（一）蛋白质结构多样性

蛋白质合成是高度复杂的过程，包括氨基酸活化、肽链的起始、伸长、终止，以及新合成多肽链的折叠和加工，因而导致其结构也高度多样。通常可以将蛋白质的结构分为四级，一级结构是蛋白质多肽链中通过肽键连接起来的氨基酸的排列顺序；二级结构是蛋白质分子中多肽链本身的折叠方式；三级结构是蛋白质分子或亚基内所有原子的空间排布，即一条多肽链的完整的三维结构；四级结构是蛋白质的亚基聚合成大分子蛋白质的方式。蛋白质结构多样性形成的根本原因是组成蛋白质的氨基酸的种类、数目、排列顺序不同，以致组成肽链的折叠方式存在差异，因此在肽链基础上形成的蛋白质空间结构具有多样性。另外，在真核生物中普遍存在的转录后调控机制——可变剪接，也称选择性剪接，也是形成蛋白质多样性的重要机制之一。通过可变剪接一个基因可产生多个转录异构体，从而编码结构和功能不同的蛋白质。再经过不同翻译后修饰能改变其空间结构，蛋白质三维结构的变化使得特异性底物的多样化及调节能力增强。可变剪接极大地增加了转录组和蛋白质组的多样性，有研究表明植物在胁迫条件下，会产生更多的可变剪接来调节其基因表达及蛋白质的多样性，增强植物对逆境的调节能力。在面对非生物胁迫时，可变剪接能够系统地分析植物在胁迫下的响应机制，进一步加深人们对植物响应非生物胁迫的认知（Dong et al.，2018）。

（二）蛋白质丰度多样性

蛋白质的丰度受到许多因素的影响，主要决定因素包括其 mRNA 的丰度和翻译效率等。有研究表明蛋白质丰度与其相应 mRNA 的丰度存在一定的相关性，特别是在细胞群体水平上，但在细菌单细胞中蛋白质丰度与 mRNA 丰度不具有直接相关性。此外，核糖体的翻译合成效率及周转率也是影响蛋白质丰度的一个重要因素。对不同物种蛋白质组的研究表明蛋白质丰度与进化水平也存在相关性，丰度较高的蛋白质进化得更缓慢（Drummond et al.，2005）。不同功能的蛋白质在不同条件下的丰度也不同，参与维持基础功能的蛋白质丰度更高，且更稳定。植物蛋白质在不同生长时期、不同组织

器官及不同环境条件下，其表达丰度是动态变化的，且具有时空多样性。在玉米中，玉米组织蛋白质丰度与mRNA呈正相关关系，并且组织中结构或功能相关的关键蛋白质丰度在转录水平上受到时空调节（Jia et al.，2018）。

（三）蛋白质亚细胞定位时空多样性

决定蛋白质亚细胞定位多样性的主要因素是由基因组编码的不同细胞类型特定基因的不同时空表达模式所调控。另外，还包括转录和转录后调控，如mRNA的加工及蛋白质的翻译后修饰。其中翻译后修饰是影响蛋白质定位的复杂多样性和决定其生物功能的一个重要过程，常见的翻译后修饰过程包括磷酸化、糖基化、乙酰化和泛素化等。通过对蛋白质的一个或多个氨基酸残基加上修饰基团，可以改变蛋白质的理化性质，进而影响蛋白质的空间构象和活性状态、亚细胞定位及蛋白质间相互作用等。许多重要的生命过程不仅受蛋白质丰度的影响，更重要的是受到蛋白质亚细胞定位的时空特异性和翻译后修饰过程的精密调控。利用磷酸化蛋白质组学技术，可以观察到在水稻种子萌发过程中，胚胎里磷酸化蛋白修饰程度会随萌发进程变化而不断地发生改变（Han et al.，2014）。

二、作物种质资源蛋白质组学研究内容

蛋白质组学已经在作物育种、分子遗传、逆境胁迫应答、品质改良和农作物-微生物相互作用等领域研究中得到了广泛应用，其在作物种质资源研究领域也将会越来越受到重视。作物种质资源蛋白质组学研究主要包括作物种质资源蛋白质组学表达谱构建及应用、蛋白质多样性、蛋白质相互作用网络构建及解析、蛋白质功能分析、比较蛋白质组学、种质资源起源演化等方面，将成为未来植物科学研究的新前沿。种质资源蛋白质组学未来重点在蛋白质组多样性分析与应用、全蛋白质组关联研究（PWAS）及基于蛋白质组学的多组学整合分析方面。蛋白质组多样性分析与应用研究包括种质资源起源与进化分析、检测遗传多样性及物种进化关系进行比较分析等；全蛋白质组关联研究主要应用在鉴定和发掘重要性状形成的新基因方面；基于蛋白质组学的多组学整合分析可以在解析植物对生物或者非生物胁迫的适应机制、生物互作机制及揭示一些植物生理生态过程机制方面发挥重要作用。

三、作物种质资源蛋白质组学研究实验设计与主要研究技术

蛋白质组研究主要包括实验研究技术体系和生物信息学分析两个方面的内容。蛋白质组实验研究技术体系包括蛋白质样品制备技术、蛋白质组分离技术和蛋白质组鉴定技术等步骤，蛋白质组研究的核心实验技术是双向电泳和质谱技术。生物信息学分析主要由数据库、计算机网络和应用软件组成，一般是经过蛋白质分离和计算机图像技术系统分析比较得到差异蛋白质，然后通过质谱技术、搜库分析鉴定蛋白质，再结合多种方法、软件和数据分析，对蛋白质组研究的实验数据进行获取、加工、存储、检索和分析，以及阐明蛋白质功能及其相互作用网络等。

（一）作物种质资源蛋白质组学检测技术

目前常用的蛋白质组学技术主要是使用液质联用串联质谱（liquid chromatography/mass spectrometry，LC-MS/MS）。LC-MS/MS 既可利用肽段的碎片离子峰确定肽段序列，又能得到肽段分子质谱峰的积分面积，因此可以用来进行定性和定量分析。常用的基于质谱的定量技术有标记和非标记定量技术，这两类技术各有优势。标记技术定量精确度高，灵敏度高；而非标记定量技术应用范围广，花费较少。标记定量技术主要分为化学标记和代谢标记两类，化学标记是将肽段引入化学基团的一种标记方法，常用的技术主要有稳定同位素双甲基化标记（stable isotope dimethyl labeling）、同位素标记相对和绝对定量（isobaric tags for relative and absolute quantification，iTRAQ）及串联质量标签（tandem mass tag™，TMT™）标记；代谢标记是利用植物吸收营养的特点，将 ^{14}N 和 ^{15}N 作为氮（N）素营养提供的唯一来源，对植物蛋白质进行同位素标记。非标记定量则是不对蛋白质进行任何标记，而是将实验材料与对照材料分别进行检测，之后对得到的谱图进行相对定量分析。

在得到蛋白质组数据后，通常使用生物信息学来对数据进行分析处理。蛋白质组学研究具有数据量大、信息量高的特点，需要利用生物信息学的方法和技术来进行数据的处理、加工、存储、检索及分析，并阐明蛋白质功能及其互作网络解析等。生物信息学原理是利用统计学、数学及计算机科学，将蛋白质作为研究对象，对蛋白质组数据进行存储、管理和注释，并转化为生物信息（马骏骏等，2021）。蛋白质组学研究数据库是基础，目前国际上建立了很多蛋白质分析数据库（表 8-4）。通过生物信

表 8-4　常用的蛋白质组学分析数据库

数据库名称	主要功能简介	网址
UniProt	世界领先的高质量、全面和免费获取的蛋白质序列和功能信息资源	https://www.uniprot.org/
InterPro	将蛋白质进行家族分类，提供蛋白质的功能分析，预测结构域和重要位点	http://www.ebi.ac.uk/interpro/
CDD（conserved domain database）	蛋白质保守结构域数据库，提供蛋白质序列中所含的保守结构域信息，以及蛋白质的功能分析	https://www.ncbi.nlm.nih.gov/Structure/cdd/cdd.shtml
IUPHAR-DB	G 蛋白偶联受体、离子通道数据库，提供这些蛋白质的基因、功能、结构、配体、表达图谱、信号转导机制、多样性等数据，也是一个可搜索药物靶点和作用于这些靶点的处方药和实验药物等信息的数据库	https://www.guidetopharmacology.org/about.jsp
SWISS-2DPAGE	提供各种双向电泳和 SDS-PAGE 图，以及参考图谱上识别的蛋白质的数据，其中包含人类、小鼠、拟南芥、盘基霉属、大肠杆菌、酿酒酵母和金黄色葡萄球菌等	https://world-2dpage.expasy.org/swiss-2dpage/
IPSA	在线的质谱可视化平台，通过导入数据及填写相关方法信息，从而生成可交互的图形	http://www.interactivepeptidespectralannotator.com/PeptideAnnotator.html
Utils	一个综合网站，包含了质谱常用软件、网站及数据库	https://ms-utils.org/
BRENDA（enzyme database）	提供酶的命名法、分类、结构、细胞定位、相关文献、提取方法、生化反应及其应用等数据，是一个酶数据库	https://www.brenda-enzymes.org/

续表

数据库名称	主要功能简介	网址
GO（gene ontology）	世界上最大的基因功能信息来源，能够对各个物种的基因和蛋白质功能进行限定和描述	http://geneontology.org/
KEGG（Kyoto encyclopedia of genes and genomes）	一个从分子水平，由基因组测序和其他高通量实验技术生成的大规模分子数据集，系统分析生物系统（如细胞、有机体和生态系统）的高级功能和用途的数据库资源	https://www.genome.jp/kegg/
STRING	查询基因、蛋白质相互作用关系，覆盖物种广，互作信息较全面的检索工具	https://cn.string-db.org/
STITCH	提供已知的及被预测的蛋白质和化合物之间互作关系的数据库	http://stitch.embl.de/
3DID（3D interacting domains）	提供 3D 结构已知的蛋白质的互作信息的网站	http://3did.irbbarcelona.org/
PiSite（database of protein interaction sites）	一个基于网络的蛋白质相互作用网站数据库，不仅提供单个 PDB 条目中蛋白质的相互作用位点信息，还提供包含类似蛋白质的多个 PDB 条目中蛋白质的相互作用位点信息	https://pisite.sb.ecei.tohoku.ac.jp/cgi-bin/top.cgi
PhosphoSitePlus	为蛋白质翻译后修饰（PTM）的研究提供全面的信息和工具，其中包括科学研究发现的蛋白质修饰位点，如磷酸化、甲基化、乙酰化、泛素化等，也包括一些细胞信号技术公司（Cell Signaling Technology，CST）发现但未发表的蛋白质修饰位点，是一个免费资源数据库	https://www.phosphosite.org/homeAction.action
UNIMOD	较为全面地查询翻译后修饰及翻译后修饰的精确分子量，是一个常用的蛋白质翻译后修饰数据库	http://www.unimod.org/login.php?message=expired
dbPTM	蛋白质翻译后修饰（PTM）的综合资源库，集成了来自多个数据库的经过实验验证的 PTM，并对所有 UniProtKB 蛋白质条目的潜在 PTM 进行注释	https://awi.cuhk.edu.cn/dbPTM/index.php
CPLM/PLMD	专门为蛋白质赖氨酸修饰（PLM）设计的在线数据资源，通过查询可以获取蛋白质信息、PTM-疾病关联、疾病交叉注释、PTM 位点、蛋白质-蛋白质互作等信息，也可以用于富集分析及通路分析	http://cplm.biocuckoo.cn/
Delta Mass	主要查询翻译后修饰的平均分子量，能够可视化	https://www.abrf.org/delta-mass
PDB（protein data bank）	提供蛋白质、多糖、核酸及病毒等生物大分子的三维结构的蛋白质结构数据库	https://www.rcsb.org/pdb
SARST（structural similarity search aided by ramachandran sequential transformation）	进行蛋白质结构相似性相互比对的数据库	http://10.life.nctu.edu.tw/iSARST/

息分析和处理，不仅能够对蛋白质的性质和结构进行预测，还能够通过识别特定的序列或结构，在其蛋白质数据库中进行比较，从而预测已知或者未知的基因产物的功能。除了生物信息学，蛋白质组常用数据分析软件还有 MaxQuant，它能够有效和准确地

从原始质谱数据中提取信息，是专门为高分辨率、定量质谱数据开发的集成算法（Cox et al.，2014）。MaxQuant 主要是利用相关分析和图论技术，在 *m/z*、洗脱时间和信号强度空间中，将峰、同位素簇和稳定氨基酸同位素标记多肽作为三维对象进行检测，能够对大批量的蛋白质进行统计上的鉴定和定量，具有精确度高的优点（Cox and Mann，2008）。图 8-17 总结了蛋白质组技术分析路径。

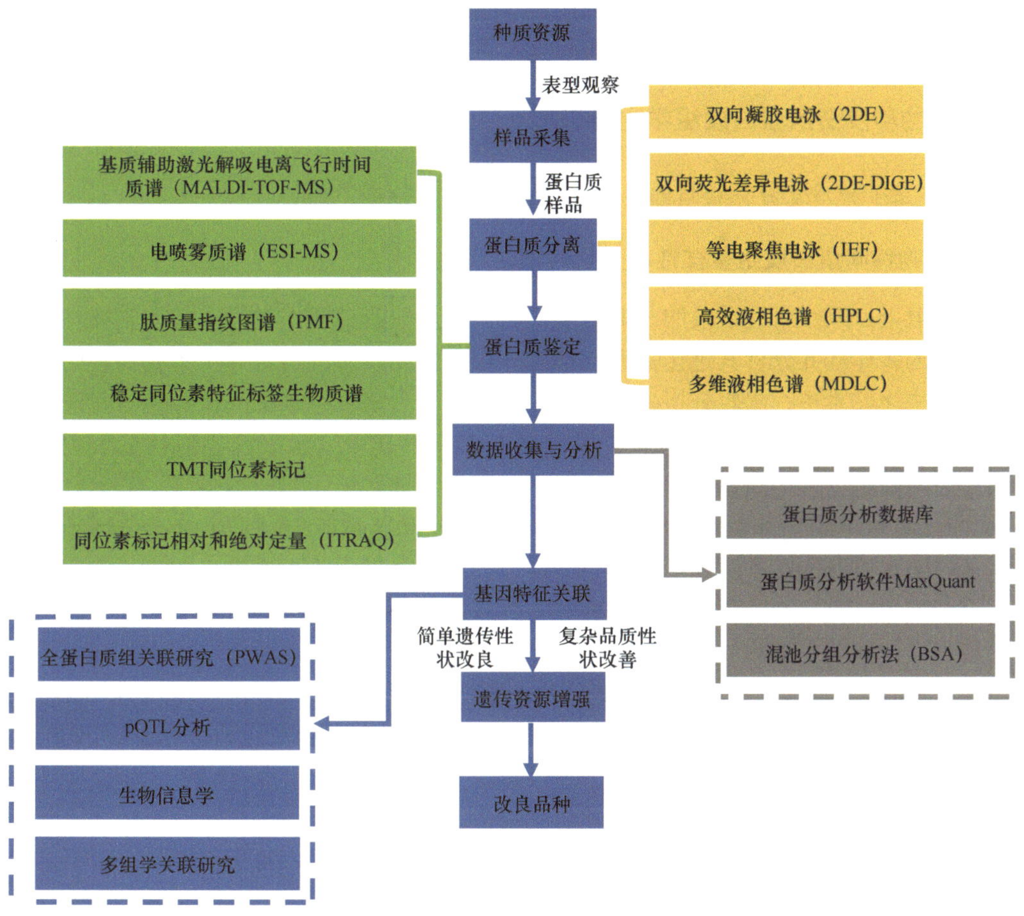

图 8-17　种质资源蛋白质组研究分析技术路径

（二）作物种质资源蛋白质组学主要分析方法

全蛋白质组关联研究（PWAS）是一种检测蛋白质功能变化介导的基因和表型关联的方法，是新型的以蛋白质为中心的遗传关联研究方法。它结合蛋白组学与基因组学，聚合分析影响蛋白质表达的基因，对它们在蛋白质功能中的整体影响进行评估；之后测试这些基因是否在个体间表现出与表型相关的功能变异，通过蛋白质的功能变化将基因和表型联系起来，在功能与机制研究领域表现出广泛的应用前景。蛋白质数量性状位点分析（protein quantitative trait loci，pQTL）主要是对基因组上有显著差异的 SNP 位点进行分析，能够进行大样本的分析，是识别候选基因和 QTL 机制基础的有效工具。

在基因定位中，混池分组分析法（bulked segregant analysis，BSA）是定位目标性状相关联候选基因区域的高效方法。该方法是根据目标性状表型对分离群体中的个体分别进行分组混合，依据目标性状的相对差异选择表型极端的个体分成两组，然后将两组的个体或株系 DNA 混合，形成相对的 DNA 混合池，通过在亲本和子代混池之间的多态性标记筛选即可完成对目标性状的定位。BSA 技术不仅可以应用在双亲群体的基因定位中，也可以在多亲群体、自然群体或者一些特殊组配的群体中应用。由于目前对大量样本进行蛋白质组分析成本较高，BSA 不失为一种较好的策略。

四、作物种质资源蛋白质组学主要进展

（一）建立了种质资源蛋白质组多样性检测方法，并初步开展了多样性分析

1. 物种间蛋白质组多样性——比较蛋白质组学

随着蛋白质组研究手段的不断发展，新兴的比较蛋白质组学可用于研究物种间蛋白质组的多样性并分析其进化关系。最近一项研究中，研究者对 6 个不同物种的蛋白质组与进化关系进行比较分析，通过两两物种间蛋白质表达水平的相似性与其遗传距离进行相关性分析，发现物种间遗传距离与其蛋白质表达水平的相似性呈负相关关系，表明两个物种之间亲缘关系越相近，其蛋白质表达模式相似性越高（Shin et al.，2020）。虽然不同物种中转录组和蛋白质组均与遗传距离具有负相关性，但物种间蛋白质组的相似性均高于转录组，说明蛋白质水平较转录水平具有更大的进化限制，这与之前在三种灵长类动物中的研究结论是一致的（Khan et al.，2013）。另外，高丰度的蛋白质在基因水平也更为保守，主要集中在植物共有的重要代谢过程中（如光合作用等）；而低丰度蛋白质则在不同物种间具有更高的多样性，主要包括翻译后修饰和信号转导等方面，共同调控不同品种、器官及不同生境下的特异蛋白质组水平（Shin et al.，2020）。

另外一项具有里程碑意义的种质资源蛋白质组研究，是通过使用大规模蛋白质组测序手段，对跨越 11 亿年进化历史的 13 种代表性植物的蛋白质组进行分析，一共鉴定到 141 910 个差异表达蛋白质及 23 896 个蛋白质同源群（clusters of orthologous groups of protein，COG）（McWhite et al.，2020）。该研究发现在近半数包括 3 个或以上蛋白质的同源群中，均有 1 个高丰度的蛋白质占主导地位，其他蛋白质的表达丰度则处于平均水平。同时蛋白质丰度也可以直接反映其上游 mRNA 的水平，尽管二者之间并不存在显著相关性。主要是由于转录后修饰、翻译及降解等过程影响相对稳定的蛋白质水平，其中典型代表是植物中含量最丰富的蛋白质 Rubisco，研究发现其蛋白质水平的丰度远超过转录水平（McWhite et al.，2020）。该研究还发现一些在植物进化过程中新的蛋白质复合体（RZ1B/C-VRN1、CHIB-OSM34、PIP-NUDT3）参与春化作用、病原体防御等对作物至关重要的生理过程。这些研究将为植物种质资源研究提供重要的理论指导。

2. 物种内蛋白质组多样性及其在起源演化上的应用

物种内蛋白质组多样性的研究对于提高育种技术和探讨物种进化具有重要的指导意义。在玉米中使用 iTRAQ/TMT 标记定量蛋白质组学技术，定量分析了 98 个玉米自交系样本中约 3000 个蛋白质的表达丰度，发现 mRNA 的表达与群体蛋白质的表达并不一致。蛋白质及 mRNA 共表达网络相对独立，并且很多鉴定到的蛋白质数量性状位点（pQTL）并没有相对应的表达数量性状位点（eQTL）。该研究分析了玉米从热带到温带区域性适应过程中 mRNA 及蛋白质水平的变化规律，对比了其与基因组亚种群的相互依赖关系，比较了在从热带向温带的适应性进化过程中蛋白质组比转录组经历了更明显的进化约束，进一步揭示了现代玉米在育种过程中的蛋白质组演变特征（Jiang et al.，2019）。在水稻中利用靶标蛋白质组学分析技术（multiple reaction monitoring，MRM），发现粳稻中至少有 175 个 *de novo* 基因，其中 57%可翻译成新的蛋白质，之后人工合成多肽进一步验证了新蛋白质的可靠性，这个发现为蛋白质和生物演化提供了方向与证据（Zhang et al.，2019a）。

（二）发展了蛋白质组关联分析方法，在作物新基因鉴定与发掘方面发挥了重要作用

随着蛋白质组学分析方法的不断发展与完善，后全基因组关联分析（post-genome-wide association studies，pGWAS）/蛋白质数量性状基因位点（protein quantitative trait loci，pQTL）分析及其在种质资源蛋白质组多样性和新基因发掘上的应用也越来越广泛。有研究对大麦进行干旱处理，对根和叶进行蛋白质组学分析，发现叶绿体中的 Rubisco 活化酶、内质网中的腔结合蛋白、磷酸甘油酸变位酶、谷胱甘肽 *S*-转移酶、热激蛋白和参与苯丙烷生物合成的酶表现出明显的基因型与环境相互作用。对这些数据进行遗传连锁分析和蛋白质组 QTL 鉴定，发现其在育种中的潜在价值。麦芽是酿造和蒸馏工业的重要原料，利用蛋白质组学，能够进一步研究大麦 1H 和 4H 染色体上影响品质的 QTL 位点生化功能（March et al.，2012）。玉米是蛋白质组学研究最多的作物之一，穗部发育是影响玉米产量和品质的一个重要的农艺性状。利用 TMT 技术对亲本和杂交系的幼穗的全基因组蛋白质组学进行分析，共鉴定到 9713 个蛋白质，其中 265 个候选蛋白质和 179 个候选蛋白质分别定位于表型穗和籽粒性状区域，进一步确定了穗和籽粒性状的蛋白质调节因子（Hu et al.，2017）。

目前研究者已经在多种作物，如水稻（Wang et al.，2018a）、大豆（Li et al.，2015）、大麦（Rodziewicz et al.，2019）、马铃薯（Acharjee et al.，2016）、豌豆（Bourgeois et al.，2011）、油菜籽（Gan et al.，2013）和鹰嘴豆（Kale et al.，2015）中，利用组学技术对种质资源中的部分基因和蛋白质进行了分析，发现了一些与农业性状相关的有潜在价值的候选基因和蛋白质。种质资源对农业的生产和优异品种的培育有着重要的作用，而利用多组学分析助力发掘优异种质资源及种质创新对作物育种具有重要的指导意义。

（三）基于蛋白质组学的多组学整合分析

随着研究技术的不断完善，对蛋白质组学研究已经日趋完善，而基于蛋白质组学的多组学整合分析逐渐成为植物复杂机制研究的重点。植物多组学整合分析是指对植

物进行不同组学的测定（基因组学、蛋白质组学、转录组学、代谢组学和表型组学），对得到的不同组学的数据进行归一化处理，利用统计学分析方法对数据进行分析，建立不同组学间分子间的数据关系，同时与分子互作、蛋白质功能及代谢物和代谢通路富集等生物功能分析手段相结合，从而对植物某一分子功能及其调控机制进行系统全面地阐述。

目前已有基于蛋白质组的多组学整合分析的研究，并且取得了一些进展。植物对病原真菌和细菌的防御机制主要分为两种，病原相关分子模式触发的免疫（PTI）和效应子触发的免疫（ETI），但其中的机制还并不清楚。在水稻中通过整合代谢组、转录组、蛋白质组、泛素化组和乙酰化组数据，能够进一步清楚地阐述水稻对真菌几丁质和细菌多肽产生的病原相关分子的 PTI 免疫响应机制（Tang et al.，2021a）；在拟南芥中，通过转录组分析和（磷酸）蛋白质组学数据，能够重建拟南芥对茉莉酸（jasmonic acid，JA）反应的基因调控网络模型，新的基因调控网络模型能够预测 JA 与其他信号通路的先前未知的交叉点，并发现了 JA 在响应基因组调控中的一些新的组件，这些结果也是对植物激素如何重塑细胞功能知识的完善（Mark et al.，2020）。基于蛋白质组学的多组学整合分析的常见思路主要分为三步，首先是分析目的蛋白质的功能，对多组学数据进行整合分析；其次是根据多组学分析结果，筛选出与目标蛋白质相关的蛋白质、基因、代谢物及代谢通路，从而进行后续的分析和验证；最后提出分子生物学变化机制模型。

五、问题与展望

蛋白质组是一个生命有机体所表达的全部蛋白质成分。蛋白质组是动态变化的，具有时空性和可调节性。蛋白质是基因功能的直接执行者，也是代谢的主要工作模块，因此，随着大量作物种质资源全基因组序列的破译和功能基因组研究的开展，将来会有越来越多的科学家关注蛋白质组学的研究。目前，种质资源蛋白质组学研究刚刚起步，其理论与方法还不够完善，研究的深度和广度不够深入和全面，未来应该加强以下几个方面的研究。

泛基因组（pan-genome）指的是同一物种的全部基因，包括在所有个体中都存在的核心基因组（core genome）和个体特有的可变基因组（variable genome），在揭示丰富的基因遗传变异、发掘新基因及解析相关物种遗传多样性方面发挥了重要的作用，也是近年来研究的热点。随着蛋白质组学技术的发展，在泛基因组研究的基础上，也会催生泛蛋白质组（pan-proteome）研究的应用。泛蛋白质组是从蛋白质水平来研究物种内的差异及多样性的形成，将在阐明作物种质资源多样性及作物育种中发挥重要的作用。

利用蛋白质组学技术研究植物对环境胁迫的适应是当前研究的热点之一，蛋白质翻译后修饰在其中扮演着重要的角色。蛋白质翻译后修饰包括磷酸化、糖基化、泛素化和乙酰化等，植物在适应外界环境的变化过程中需要通过调节这些蛋白质翻译后修饰和蛋白质表达来完成。例如，蛋白质磷酸化修饰，作为分子开关，与细胞生长相关的发育路径和应激反应密切相关；而蛋白质泛素化修饰，对于控制蛋白质的稳定性、定位和构象至关重要。通过运用质谱定量分析技术，可以鉴定不同种质资源在不同时期/不同组织响应外界环境变化的修饰表达谱多样性。对于进一步理解不同种质资源应对环境胁迫的差异性机制有重要的作用。

随着基因组、转录组、代谢组和蛋白质组等不同组学技术的不断发展与日趋完善，种质资源蛋白质组学与其他组学技术的联合研究也逐渐增多，成为种质资源研究领域的重点发展方向。首先可以将蛋白质与表型进行关联分析，找到候选蛋白；再与转录组、GWAS 结果相结合分析；最后锚定功能蛋白质及其功能基因进行实验验证。通过开展种质资源全方位多组学研究，可以建立不同层次分子间的相互关系，结合生物功能分析，系统全面地解析种质资源遗传变异间复杂生物过程的机制，即表型性状、重点代谢通路、蛋白质功能、目标基因等相互之间的因果关系，从而更好地辅助生物学家建立可验证的分子通路假设，对挖掘获得的候选基因开展下游的实验验证。多组学整合分析能够综合了解植物复杂机制过程，但也面临一些困难和挑战。多组学数据的集成、挖掘所需投入的资源可能高于数据的采集，当组学数据的类型增加，所需投入的资源，如人力、物力、经费等明显增加。另外从事多种组学数据处理和集成的人才需要既熟悉多组学数据产生的过程又具有专业技术知识，而这样的人才目前十分匮乏。相信随着多组学研究的进一步深入，以及多组学技术的进一步成熟，这些困难和挑战也会逐步得到解决。

第五节　作物种质资源代谢组学研究

代谢是生命活动中所有化学物质变化的总称，代谢物是生命的物质基础。代谢组学旨在研究生物体、组织器官甚至单个细胞中全部小分子代谢物的变化规律。据估计，每一种植物都能产生至少 10 000 种代谢物。它们中有维持植物生命活动和生长发育所必需的初生代谢物，如氨基酸、脂肪酸和激素等；也有组织特异性或者物种特异性的次生代谢物，如黄酮、萜类和酚类等，而这些代谢产物往往与植物生长过程的逆境应答相关。因此，研究作物代谢组学可以系统解析代谢物在作物中的变化规律。而代谢物往往通过多步生化反应进行合成或者分解产生，且参与生化反应的基因同时也会受到多个转录因子的调控，从而形成一个复杂而又精细的调控网络，因此，解析代谢物产生的调控网络并加以改造和利用则是作物种质资源代谢组学研究最重要的目标。

作物种质资源代谢组学就是在组学的水平上，研究代谢产物在资源材料间的多样性及其分布规律、对重要农艺性状的影响及与其相关的关键基因。已有研究表明，代谢物在种质资源间变异丰富，组织特异性和物种特异性都非常明显，且其合成还特别容易受到各种逆境的诱导或者抑制。因此，利用收集到的极其丰富的种质资源，通过高通量的代谢物检测技术手段，研究代谢物在这些种质资源中的变异规律，并进一步结合其他组学，如基因组、转录组、蛋白质组和表型组等技术，鉴定控制代谢物合成的关键基因或者酶，全面系统地解析代谢物变化的遗传和生化基础及其调控网络，从而促进人类对作物生长发育过程和环境适应性的理解。更重要的是通过对代谢变异的遗传和生化基础的认识和理解，有助于搭建基因组和表型组之间的桥梁，为作物遗传改良提供一个强有力的工具，从而进一步应用于作物产量和品质的遗传改良。

一、作物种质资源产生代谢变异的机制

代谢物种类多、数量庞大，主要通过各种各样的酶促反应进行合成（或者分解）来产生，而生物体内的合成（或者分解）和调控途径极其复杂，因此其多样性非常丰富，而其多样性和变异的基础则是代谢物在合成过程中不同维度的修饰多样性（图 8-18A），种质资源的基因组变异（如驯化或进化过程中因选择压而带来的序列变化）、转录组变异（如基因的表达量会因为逆境而产生不同程度的变化）、蛋白质组变异（如蛋白质的翻译后修饰）均会产生代谢组变异。任何一种代谢物在合成过程中都需要多步实现，而在这些步骤中，有直接进行修饰的酶，如糖基化酶、羟基化酶、甲基化酶和酰基化酶等，它们基因型的各种变异直接影响了代谢物的多样性；也有通过对酶进行调控而间接参与代谢物合成的转录因子，如 MYB 家族往往对苯丙烷途径的相关合成基因进行调控，而 bHLH 则更倾向于调控萜类合成基因；还有部分转运蛋白也会直接或者间接地参与各种代谢物的运输与合成。此外，有大量的基因在正常条件下不表达，特别是基因组中“冗余”的基因，往往只有其中的某一个在正常环境条件下表达并发挥功能，而其他的则处于“休眠”状态，但一旦出现逆境条件，这些“休眠”的基因迅速受到诱导表达，从而直接或间接参与各种逆境应答代谢物的合成，使得作物能够适应环境（图 8-18B）。这些都是作物产生代谢变异的关键机制，而产生这些多样性的本质仍然是 DNA 序列变异。

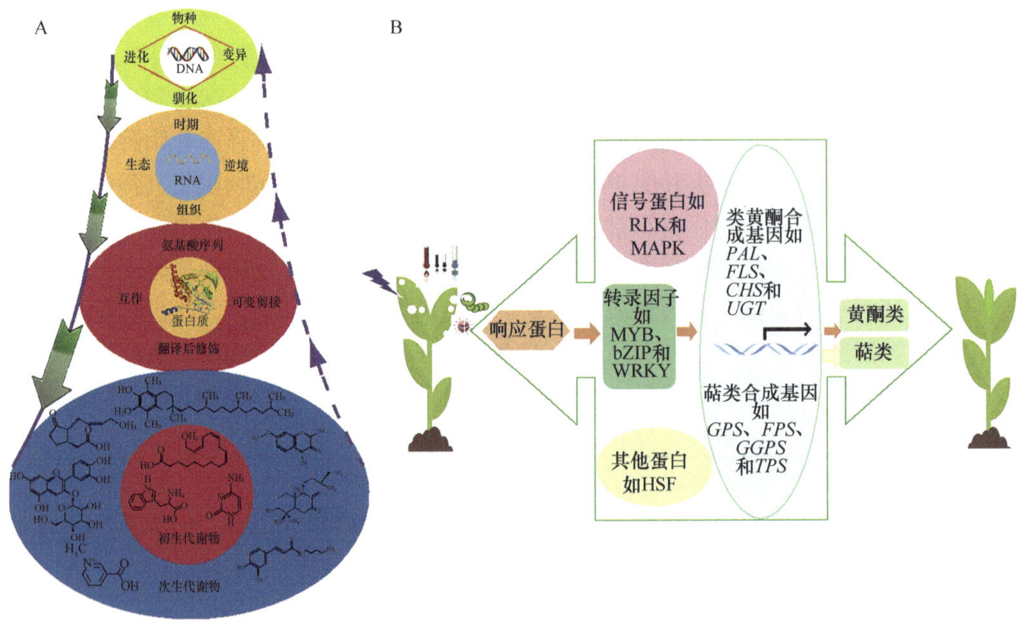

图 8-18　作物种质资源代谢物的主要机制

A. 基因组、转录组和蛋白质组的多样性决定了代谢物变异的多样性；B. 代谢物变异受到各种逆境的多层次影响和调控

二、作物种质资源代谢组学研究内容

（一）种质资源代谢组多样性分析与数据库构建

（1）系统的代谢组多样性分析：对一套核心种质在其不同发育时期、不同环境条件的不同组织进行系统的、全面的代谢组检测，获得尽可能多的代谢组数据，建立目标作物的代谢组多样性数据库；依据材料分类、组织、发育时期、栽培环境等因素进行代谢组多样性分析。

（2）特定目标代谢组多样性分析：对一组特定的自然群体与人工群体，根据实验目的，对目标组织进行代谢组多样性分析。

（二）种质资源代谢组关键基因克隆

利用代谢物全基因组关联分析（mGWAS）定位控制代谢物的关键位点，并结合基因组信息、代谢物结构和代谢途径进行候选基因的预测，克隆候选基因，同时进一步利用体外验证或者遗传转化进行验证。mGWAS 优点如下：①高通量和高稳定性的代谢物检测方法可以为 GWAS 提供全面可靠的表型数据；②根据质谱信息，部分代谢物可能包含已知的化学基团甚至是化学结构，更容易准确地预测候选基因；③代谢物的自然变异显著大于农艺性状，其定位结果往往效应值高，确定候选基因的可能性更大；④多候选基因的系统分析更有利于快速高效解析代谢调控网络。

（三）关键基因代谢机制解析

代谢物是基因型和表型之间的桥梁，因此将代谢物与农艺性状相结合，研究代谢物及对应代谢途径的关键基因对农艺性状的影响是种质资源代谢组研究的重要内容，也是研究基因功能机制的重要内容。例如，Xia 等（2021）通过研究首次发现了烟粉虱通过水平基因转移方式获得植物源解毒酶基因 *BtPMaT1*，并利用该基因分解植物中对自身有毒的黄酮类物质。该研究为绿色高效防治烟粉虱的技术研发提供了全新途径。

三、作物种质资源代谢组学实验设计、策略与方法

（一）实验设计

根据实验目标，选取多样性丰富的种质资源，通过重测序、芯片等手段得到基因型信息。获得目标组织的群体代谢样品，通过质谱或核磁共振等技术手段对代谢物进行定性定量检测，获得代谢谱的数据。将代谢谱与标记进行结合，展开代谢物全基因组关联分析（mGWAS）。结合代谢物结构、可能的合成途径等信息，对定位位点 LD 内的基因进行筛选并获得候选基因。进一步利用体外酶活、遗传转化等手段进行基因功能的验证，以及代谢途径和调控网络的解析。最后，通过对代谢途径或者调控网络加以改造和利用，培育出具有抗逆功能或者能产生高营养物质的新种质或者新品种（图 8-19）。

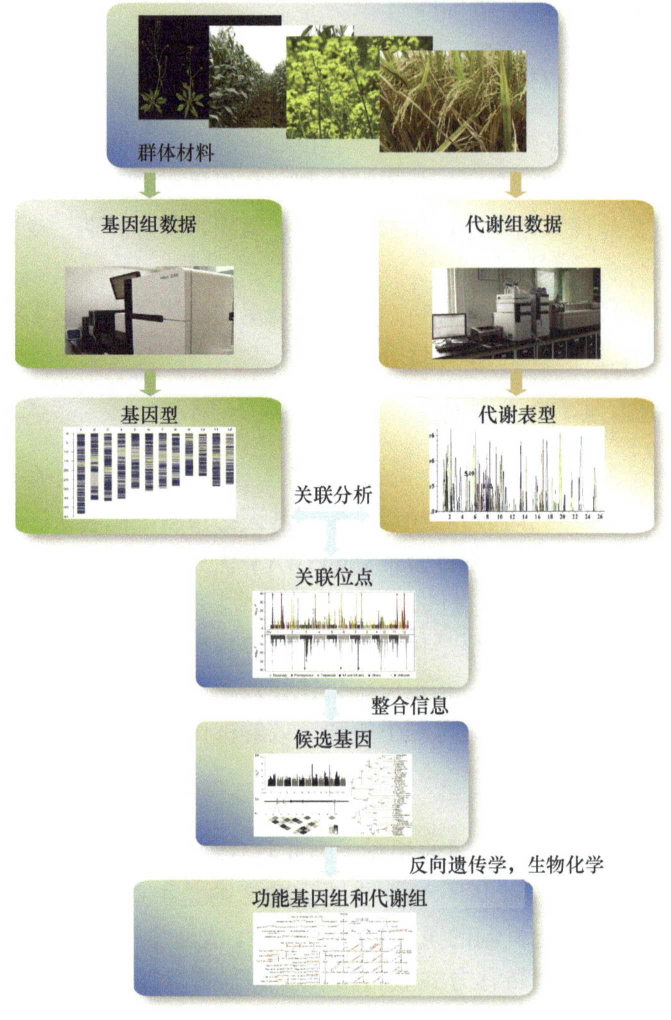

图 8-19　作物种质资源代谢组学研究的一般流程（Luo，2015）

（二）取材

取材可以是作物的叶片、茎秆、果实或种子等，但需要注意的是取样过程中要严格保持时期和生长状态的一致性；研究群体一般包括自然群体和人工群体，如突变体库、重组自交系和大片段染色体代换系群体等。

（三）检测方法与数据前处理

利用各种技术获得不同种质资源目标组织的代谢谱数据。技术手段主要包括气相色谱-质谱联用技术（gas chromatography-mass spectrometry，GC-MS）、高效液相色谱-质谱联用技术（high performance liquid chromatography-mass spectrometry，HPLC-MS）和核磁共振技术（nuclear magnetic resonance，NMR）等，目前常见的研究方法包括靶向代谢组学研究方法、非靶向代谢组学研究方法和广泛靶向代谢组学研究方法。近年来，广泛靶向代谢组学研究方法因兼具高通量和高灵敏度的优点，成为作物代谢组学研究中适用性最好、应用最广的方法（Chen et al.，2013），并且先后应用于玉米、水稻、小麦和番茄等作物的代谢组学研究，也都获得了突出的进展（Chen et al.，2020，2014；Zhu et al.，2018；Wen et al.，2014）。

对获得的代谢谱数据进行前处理。主要包括原始数据文件格式的转换或者直接提取、平滑处理、去卷积、峰形筛查、对齐处理、定量分析和归一化等，这些处理不仅可以使得代谢谱数据更加准确可靠，同时也更符合后期关联分析或者连锁分析过程中对数据本身的要求。

（四）数据分析

将获得的代谢谱数据与基因组、转录组或者蛋白质组等数据进行结合，通过mGWAS、mTWAS或者mPWAS等算法进行分析，获得影响代谢物含量的功能位点。目前来说，mGWAS是研究种质资源代谢物自然变异最有效的技术手段，由于代谢物变异大、检测的通量高，往往可以定位到大量的高效应染色体位点（Chen et al.，2014）。而对于已知代谢物来说，可以根据其结构信息、可能的合成途径，快速确定候选基因，从而大大提高研究效率。

（五）候选基因功能验证

候选基因功能验证可利用体外酶活、遗传转化（如超量表达和CRISPR）等手段。在验证代谢相关基因的过程中，超量表达往往更容易获得具有表型的植株，特别是结构修饰的相关基因，而CRISPR则由于其具有大量的冗余而难以获得具有对应表型的植株。

（六）解析代谢途径

综合代谢物的结构和验证的候选基因，结合已报道的相关途径，对新的代谢途径进行解析，从而进一步完善整个作物的代谢物合成网络。

（七）代谢组学研究的结果应用

在作物种质资源代谢组学研究中，可以充分利用代谢物丰富的变异，挖掘其合成过程中的关键基因和功能位点，进一步分析功能基因的单倍型，筛选基因优异等位变异，评价不同等位变异对代谢物积累的效应。进一步开发功能标记，利用分子设计育种，聚合优异等位变异，精准创制营养物质含量高的作物新种质，服务于功能作物的高效培育。

四、作物种质资源代谢组学研究的应用与主要进展

（一）种质资源代谢物多样性分析

基于广泛靶向代谢组学研究方法，研究人员获得了多种作物种质资源不同组织的

高通量代谢谱数据。分析表明，相比于农艺性状，代谢物整体具有更丰富、更明显的自然变异。相对来说，初生代谢产物（如氨基酸、核苷酸等）因为更多地参与到植物本身的重要生命过程，如生长、发育和繁殖，其自然变异相对较小。而次生代谢产物（如酚类、黄酮、萜类等）因更多地参与到植物对各种逆境的适应性中，其自然变异更大，甚至有部分代谢物在不同品种中（特别是在经过逆境处理后）呈现出有和无的差异（Wen et al.，2015；Gong et al.，2013）。

通过分析水稻（502 份）、玉米（461 份）和小麦（442 份）种质资源中共同检测到的近 400 种代谢物含量的变异系数分布情况（图 8-20A），发现近 30%的代谢物变异系数都大于 1.0，最高值为水稻中的花青素类物质飞燕草素葡萄糖苷（delphinidin 3-*O*-glucoside），可以达到 10.0。研究表明，花青素的含量可以决定水稻种皮的颜色，黑米中可以达到 1.0mg/g，而白米中几乎无法检测到。这一数据表明 Delphinidin 3-*O*-glucoside 在黑米中具有完整的合成途径，而在白米中则不能合成，因此，可以通过研究其在黑米中的遗传基础来解析完整的合成途径，从而应用于水稻甚至是其他粮食作物的营养品质改良中。同一代谢物在不同代谢作物中的含量变化也具有明显差异，如游离色氨酸（tryptophan）在小麦中的平均含量差异不是特别显著，但是在水稻中的变异大且明显高于小麦和玉米（图 8-20B），而维生素 B6（pyridoxine）在小麦群体中的平均含量和变异都明显高于玉米和水稻（图 8-20C），表明色氨酸的合成在水稻中可能具有更关键的功能基因或者调控位点，而小麦中的维生素 B6 合成途径则更加完善。因此，获得种质资源代谢物含量和分布多样性的代谢谱数据，可以为作物营养品质的遗传改良和育种利用提供更准确、更丰富的基础数据，也是研究代谢物变异遗传和生化基础的前提。

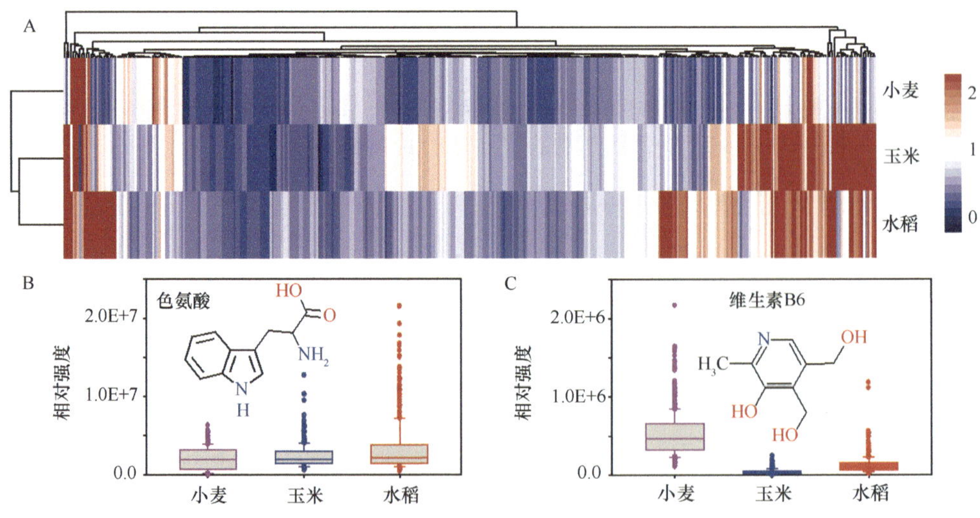

图 8-20　代谢物变异系数分析

A. 近 400 种代谢物在水稻（502 份）、玉米（461 份）和小麦（442 份）种质资源中含量的变异系数分布热图；B. 游离色氨酸在三种作物群体的含量分布；C. 维生素 B6 在 3 种作物群体的含量分布

（二）作物种质资源代谢组在重要代谢途径基因克隆上的应用

mGWAS（代谢物全基因组关联分析）是基于代谢多样性和自然变异从而进行代谢相关基因的定位和克隆的重要手段，在主要作物中都有相应的研究论文发表（表 8-5）。

表 8-5　主要作物中 mGWAS 研究汇总

作物	组织	代谢物数目（种）	群体大小（份）	标记数目	关联位点	参考文献
玉米	叶片	118	289	56K	NA	Riedelsheimer et al.，2012
玉米	种子	983	368	56K	1459	Wen et al.，2014
水稻	叶片	840	529	6.4M	6821	Chen et al.，2014
水稻	种子	342	175	3.2K	323	Matsuda et al.，2015
水稻	种子	840	502	6.4M	1489	Chen et al.，2016
番茄	果实	980	442	14.7M	3526	Zhu et al.，2018
大豆	种子	非靶向	200	29K	87	Wu et al.，2020a
小麦	种子	805	182	90K	1098	Chen et al.，2020
土豆	块茎	42	258	29K	844	Toubiana et al.，2020

注：NA 表示原文没有统计结果

在作物研究中，最早将高通量代谢组学数据与 GWAS 结合起来的研究是 Riedelsheimer 等（2012），他们利用一个 289 份玉米种质资源，在叶片中高通量检测了 118 种代谢物，mGWAS 结果分析发现有 26 个代谢物和相应的 SNP 有很强关联，其中最高可以解释 32%的遗传变异。作者还进一步发现香豆酸和咖啡酸这两个木质素途径的前体物质与植物的生物量有着显著的相关性，且共同定位到 9 号染色体的同一个位点，进一步推测出候选基因为肉桂酰辅酶 A 还原酶（cinnamoyl-CoA reductase）。该报道为 mGWAS 研究的实施提供了一个非常好的例证，但缺陷是没有进一步对候选基因进行功能验证。Chen 等（2014）利用广泛靶向代谢组学技术手段在水稻叶片中检测到 840 种代谢物，并通过 mGWAS 的分析方法，确定了数百个显著的染色体位点（图 8-21A）。进一步结合定位位点的参考基因组信息、代谢物的结构和生物信息学等手段，确定了 36 个高可信度的候选基因，并通过遗传转化和体外酶活实验验证了其中的 5 个基因的生化功能。例如，葫芦巴碱是通过烟酸氮甲基化后形成的一种化合物，并且有研究发现其具有多种生物学功能，特别是在非生物逆境方面。然而，烟酸生成葫芦巴碱过程的关键酶一直没有确定。在该研究中，葫芦巴碱的含量显著（P=2.1E–36）和 2 号染色体上的 SNP sf0235317720 相关联，在这个 SNP 的附近，有一个基因 *Os02g57760* 编码一个氧甲基转移酶，提示这个基因很有可能是葫芦巴碱合成途径的关键基因（图 8-21B、C）。为了验证该基因，作者首先做了体外实验，在大肠杆菌（*Escherichia coli* BL-21）中进行了蛋白质表达，将正确的表达蛋白和烟酸为底物进行体外反应，在产物中明确地检测到了葫芦巴碱这个物质（图 8-21D）；同时作者也做了转基因验证，在 ZH11 中超量表达 *Os02g57760* 后，葫芦巴碱的含量明显上升，且其底物烟酸的含量明显下降（图 8-21E），这些结果表明 *Os02g57760* 的确是葫芦巴碱合成过程的关键基因，从而首次鉴定了葫芦巴碱合成途径的关键基因。作者也定位到黄酮

5 号位糖基化修饰关键基因 *Os07g32020* 并验证功能，同时也进一步验证多个黄酮和酚胺途径合成的新基因，从而实现对复杂代谢通路的高效解析。这些结果充分证明了 mGWAS 研究作物种质资源代谢组具有快速高效的优势，为种质资源代谢组变异多样性的遗传生化基础解析提供了强有力的研究方法和研究策略。

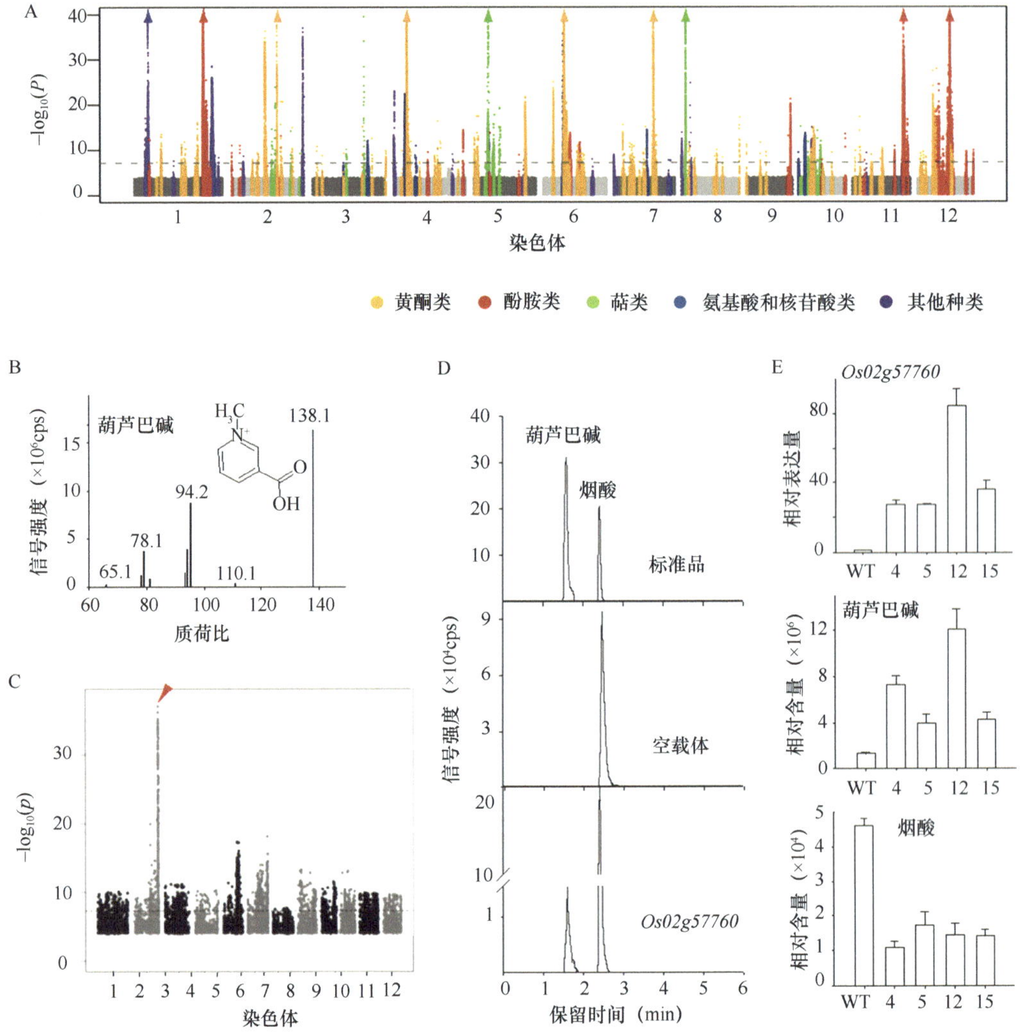

图 8-21　利用 mGWAS 定位代谢物 QTL 并验证基因功能

A. 水稻中定位近 200 个与多种代谢物显著关联的高效应染色体位点；B. 葫芦巴碱的二级质谱图和结构；C. 葫芦巴碱的 mGWAS 定位结果；D. 候选基因 *Os02g57760* 功能的体外验证；E. 候选基因 *Os02g57760* 功能的体内验证。WT 代表野生型水稻，4、5、12、15 为过表达 *Os02g57760* 转基因株系

（三）种质资源代谢组在解析作物重要农艺性状基因分子机制上的应用

1. 产量性状

长期以来，解析复杂农艺性状的生物学机制是研究者的主要目标。代谢产物作为基因表达的终产物，被认为是基因组和表型组之间的桥梁，在一定的条件下还被认为

是复杂性状的标志物。结合代谢组与复杂性状的 QTL 来解析表型变异的遗传基础，可以为农艺性状的研究找到代谢标志物，为解析其复杂的生物学机制提供重要的信息。

Chen 等（2016）首先是对水稻成熟种子进行了 mGWAS 的研究，利用 800 多个代谢产物定位到 300 个代谢物相关的位点。然后对六个常规农艺性状（粒长、粒宽、粒厚、千粒重、种皮颜色和果皮颜色）进行了 GWAS，通过平行 GWAS 的方法找到了多个同时和代谢物含量相关且影响农艺性状的基因并进行验证。他们发现基因 *NOMT*（*Os02g57760*）参与维生素 B3（VB3）分解的同时调控水稻粒宽这一新途径。进一步研究其机制表明，*NOMT* 通过控制其下游代谢物葫芦巴碱的含量变化进而影响细胞周期从而改变水稻粒宽（图 8-22）。这一研究成果既为代谢物和农艺性状之间的关联提供了直接证据，也为通过代谢组学的手段研究水稻复杂性状提供了新的方法（Chen et al.，2016）。

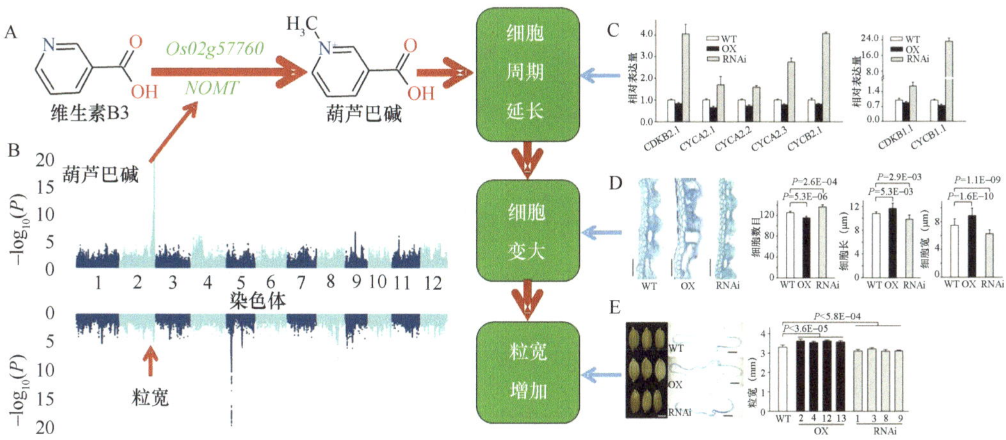

图 8-22　葫芦巴碱合成关键基因 *NOMT*（*Os02g57760*）分解 VB3 的同时影响水稻粒宽的生物学机制
A. 通过维生素 B3 产生葫芦巴碱的代谢通路；B. 葫芦巴碱和水稻粒宽 GWAS 定位结果曼哈顿图，它们在 2 号染色体有明显的共定位；C. 葫芦巴碱合成关键基因 *NOMT* 超表达（OX）植株细胞周期相关基因表达量降低，RNAi 植株则表达量升高；D. 葫芦巴碱合成关键基因 *NOMT* 超表达植株细胞数目变少，长度和宽度变大，RNAi 植株出现相反表型；E. 葫芦巴碱合成关键基因 *NOMT* 超表达植株籽粒变大，RNAi 植株出现相反表型

作物的产量与品质性状存在着平衡关系，导致生产中新品种的培育长期存在“高产难优质、优质难高产”的困境。这项研究成果的创新性在于通过代谢组、表型组和基因组的结合，定位并克隆到同时控制代谢性状和农艺性状的多效应位点，深入研究了两个性状之间的遗传互作关系，为产量和品质的协同遗传改良提供了新思路。

2. 品质性状

我国已经迈入营养健康新阶段，国民不仅需要吃得健康，更需要吃出健康。功能农业是继高产农业、绿色农业之后我国农业的第三个发展阶段，即从“吃饱”到“安全”再到“健康”，其基础是营养强化功能作物新品种的培育与高效利用。近年来，代谢组学的快速发展为高通量定位控制代谢物关键位点（基因）和系统解析作物代谢途径提供了新方法，为培育富含营养成分的作物新品种奠定了实践基础，从而成为作物营养品质改良最重要的技术手段。

为了探究人类育种行为对番茄代谢组的影响，解析番茄营养品质相关的重要代谢途径及其调控网络，Zhu 等（2018）对 610 份世界各地不同类型的番茄资源进行基因组、转录组和代谢组分析，从而全面解读了番茄育种过程中营养物质的变异规律。他们从不同组学的层次共获得 2600 万个基因组变异位点、3 万多个基因的表达量和 980 种代谢物的含量，并进一步通过 mGWAS、eQTL 和共表达等分析方法发现了调控 514 种物质的 3526 个信号位点、9 万多个 eQTL 位点及 23 万组物质含量与基因表达量显著相关的数据，为番茄代谢的分子机制研究提供了源头大数据（图 8-23）。

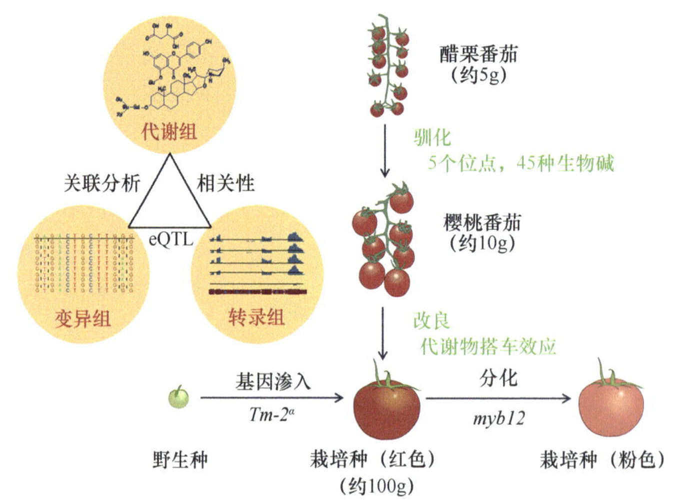

图 8-23　多组学解析番茄的风味品质育种过程（Zhu et al.，2018）

番茄的味道在驯化中发生了明显的变化，该项研究结果表明从野生番茄到栽培番茄的育种过程中，具有涩味的毒性抗营养因子茄碱的含量逐渐降低，进一步分析发现茄碱的自然变异受到 5 个主要遗传位点控制，且这些位点在驯化及改良过程中受到强烈选择，也验证了茄碱合成过程中关键基因糖基转移酶 Solyc10g085230 的生物学功能。作者还进一步发现类黄酮的积累因与细腻口感相矛盾而被负向选择，导致其含量大幅度下降（图 8-23）。

该研究通过多组学手段对育种过程进行全景式的分析。通过资源代谢组结合分子标记的“代谢组辅助育种”手段，对番茄的抗营养因子与营养因子进行定向改良，为培育番茄新品种提供理论基础。以上结果表明，通过解析营养物质自然变异的遗传基础，可以为作物品质的遗传调控和全基因组设计育种提供技术路线图。

五、问题与展望

首先，在种质资源代谢组学研究中，高通量检测代谢物是其最大的优势，随着仪器检测灵敏度和扫描速率的不断提升，通量也随之得到大幅度的提高。然而，如何提升所检测代谢物中已知物质的比例是代谢组学研究要解决的关键问题，也是将代谢组学技术应用到种质资源研究中的限速步骤。目前，大部分报道的研究中已知代谢物的比例都在40%以下，有标准品确定的比例则不到20%。因此，利用生物信息学结合机器学习等方法开发高效准确鉴定代谢物的新方法是代谢组学研究的关键。鉴定的可靠物质越多，研究者越容易根据鉴定的结果去购买或者通过化学合成的办法获得新的标准品；而进一步将这些已知代谢物应用于种质资源研究中，则可以更深入地解决复杂的生物学问题。近年来，各地的研究者开发出了多种自动鉴定代谢物的软件，如CSI: FingerID（Duhrkop et al.，2015）、GNPS（Wang et al.，2016a）、SIRIUS（Duhrkop et al.，2019）、MetDNA（Shen et al.，2019）等，初步实现了自动化鉴定代谢物的功能。但是准确率仍然有很大的提升空间，需要开发更多新的有创造性的算法来有效提高鉴定的准确率。

大部分代谢物都具有明显的物种特异性。例如，水稻种子中可以特异积累谷维素，而小麦和玉米种子中则不能检测到。玉米能合成大量的维生素A，而水稻和小麦种子中则几乎不积累。将玉米中维生素A合成的关键的八氢番茄红素合成酶（phytoene synthase，PSY）基因导入到水稻中，则可以完善水稻中维生素A的合成途径，从而培育出具有极高应用价值的黄金大米（Paine et al.，2005）。因此，充分挖掘不同作物种质资源甚至是野生资源的基因和代谢物的多样性并用于作物特殊营养品质改良将是一种非常有效的策略。通过获取不同作物同一组织（如成熟种子、幼嫩叶片等）的资源代谢组数据，并对不同作物代谢组和基因组进行比较分析，使趋同性的基因和代谢物富集，趋异性的基因和代谢物相互补充，然后将这些基因或者途径整合起来，则可以解析多条完整的营养物质合成途径，从而更高效地应用于功能作物的培育中。

结合多组学系统解析作物种质资源代谢物变异的遗传基础则是未来研究的重点。在已有报道中，代谢组结合基因组、转录组和蛋白质组来克隆候选基因、解析代谢途径已经比较成熟（Li et al.，2020b；Zhu et al.，2018；Chen et al.，2014），但是将代谢组与表观基因组结合起来研究表观修饰对代谢物变异多样性分子机制的报道还非常少。而大量研究表明，表观修饰在各种表型变异中发挥着重要作用。此外，代谢物也决定了植物许多关键的难以手动测量的生理和农艺性状相关的表型。随着高通量表型组学技术的快速发展，越来越多的肉眼无法观测到的重要表型数据都可以高效获取。将高通量表型组学技术与代谢组学技术结合起来，可能会成为解析更复杂表型变异分子机制的重要研究手段。

第六节 作物种质资源表型组学研究

在生物学和遗传学领域，作物表型相关研究最早可追溯至1866年“遗传学之父”孟德尔（Mendel）发表的植物杂交实验研究（胡伟娟等，2019a）。作物表型是指在作物基因型和生长环境综合作用下形成的可以区分不同作物体形态、结构、大小、颜色，以及其他可以被度量或描述的作物特征和性状。根据不同的标准，可以将作物表型性状进行归类，如图8-24所示。自20世纪90年代初以来，伴随各种“组学”的不断兴起和发展，科学家提出了作物表型组和作物表型组学的概念。为全面系统揭示作物基因型和环境互作效应及基因型和环境对表型性状的影响，作物表型组学研究逐渐兴

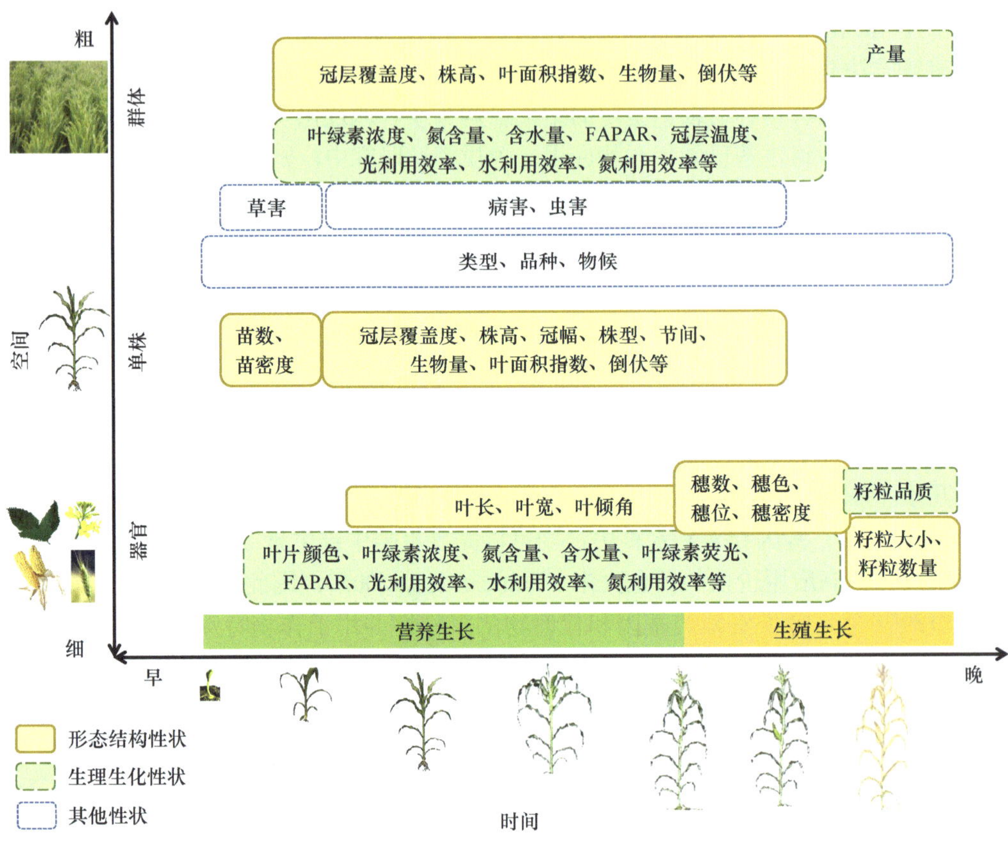

图 8-24 作物表型性状分类

图中示例图片来自不同作物，时间轴示例图片以玉米为例。FAPAR. 植被光合有效辐射吸收系数（fraction of absorbed photosynthetically active radiation）

起。作物表型组是指某一作物的全部性状特征。作物表型组学是集农学、生命科学、信息科学、数学和工程科学于一体，将高性能计算技术和人工智能技术相结合，探索复杂环境下作物生长的多种表型信息的研究。作物表型组学研究旨在通过各种设备和手段获取高质量的海量表型性状数据，并结合基因组学、生物信息学和大数据分析等最新理论技术与方法，量化分析基因型和环境因素的互作效应，以及基因型和环境因素对表型性状的影响，以揭示植物多尺度结构和功能特征对遗传信息和环境变化的响应与调控机制。比利时作物设计公司（Crop Design）在 1998 年研制成功的 Trait Mill 是最早的高通量表型组学研究平台，已应用于水稻基因及其功能的评价和筛选。2008 年澳大利亚植物表型组学实验室建立高通量表型组学平台，已经成功应用于谷物胁迫研究。此后，国内外的科研机构及跨国种业公司相继建立了高通量的表型组学分析平台（如孟山都、先正达、巴斯夫、拜耳、先锋、中国科学院遗传与发育生物学研究所、中国农业科学院生物技术研究所、北大荒垦丰种业股份有限公司），用于精准采集分析作物表型组学信息，将作物表型组学研究作为其良种选育的重要技术。

作物种质资源表型组学研究是在组学时代出现的一个新的研究领域。它是利用表型组学的原理、理论、技术与方法，在表型组水平研究作物种质资源表型多样性检测方法、分类与分布、产生原因、变化规律，以及在种质创新、精准鉴定、新基因发掘、收集保护与种质创新等研究中的利用。作物种质资源表型组学研究是种质资源多组学研究的重要组成部分。通过获取多种不同环境条件下批量作物种质资源的多尺度、多生境、多个来源不同数据结构的海量表型数据，研究其表型多样性及其与环境关系的一门新兴学科。它与种质资源基因组、表观基因组、蛋白质组、代谢组与转录组等研究紧密联系，有效促进了作物种质资源研究与开发利用，是突破未来作物科学研究和应用的一门重要的新兴交叉学科。作物表型组学研究是作物科学发展的一个重要的前沿分支，对我国开发作物种质资源、培育突破性作物品种、精准化作物栽培管理、保障国家粮食安全具有重要意义。本节将重点对上述研究领域的原理、研究内容、研究方案与方法、进展进行回顾与总结，并对目前存在的问题及解决途径进行讨论。

一、作物种质资源表型组学的基本原理

基因（内因）与环境（外因）经过复杂的信号网络，在表观基因组学、转录组学、蛋白质组学、代谢组学等层面产生复杂的变化，最终体现在表型上（Talbot et al.，2017）。作物的产量、品质、抗逆性等重要性状表现都是基因型和环境共同作用的结果。表型是种质资源研究的基础和目标。种质资源表型组学研究主要是结合表型组学技术，在表型层面对种质资源的多样性进行研究，对种质资源进行分类评价、收集和保护，并与其他组学数据共同联合分析，发掘重要的农艺性状基因。

种质资源表型变异的基础是基因型变异及其与环境的互作。基因型变异包括基因组变异、转录组变异、表观基因组变异与代谢组变异及其这些变异与环境的互作，均会产生表型变异，形成表型变异组。

种质资源表型组学研究可以促进科研工作者从全新的角度去分析作物性状。表型性状的观察记录一直存在通量低、不易精准量化的问题。表型组学技术的发展，使得部分新的指标测定得以实现大规模、高精度、低成本获得。例如，基于无人机搭载多传感器平台，能够在田间解析作物株高、叶绿素含量、冠层温度、亩穗数、病害易感性、干旱胁迫敏感性、含氮量和产量等信息。在种质资源中规模化开展类似研究，通过大规模的表型采集和深入发掘，可以促进从表型到产量的准确评估，理解作物高产、稳产、抗逆等优良性状的形成机制，为新品种培育提出新的思路。

目前直接通过基因型预测表型仍然存在巨大挑战。从基因型到表型之间重要的一环就是环境。基因型与环境的互作效应目前实际上是一个巨大的黑箱，人们常常把一切基因型无法准确解释的表现型变异不得已都归结于基因型与环境互作。种质资源表型组学研究可以通过引入更多的表型指标特别是环境效应指标，实现更精细的基因型、环境和表型的关联分析来鉴定重要的基因或者位点。同时，通过种质资源基因组-表观基因组-转录组-蛋白质组-代谢组等与表型组分别或者共同进行关联分析，可使得关联分析结果更加准确，并且可以深入解析基因型与环境互作产生表型的深层分子机制和调控网络（Can et al.，2021）。

此外，种质资源表型组学为种质资源的发掘、利用和保护提供了新的技术保障和

工具。尽管现在新一代测序技术的发展使基因型的检测成本更低，但其深入的解析与验证仍有赖于表型。而表型组学的鉴定，可以实现批量遗传材料的大规模、低成本、高通量、高精度评估，并因此可以广泛应用于种质资源的野外采集，不同类型资源的评估，长期保存材料的表型再评估、纠错等。

二、作物种质资源表型组学研究内容

①种质资源表型组研究平台的建立：研究建立高通量精准鉴定各类种质资源、各类性状、在各种状态下表型组的研究方法与技术体系，研发、购置相应设备。②种质资源表型多样性鉴定：利用上述平台，高通量获取多尺度（细胞、器官、个体和群体）、多生境（生物胁迫和非生物胁迫）、多源异构（不同传感器、不同存储格式数据）作物表型性状海量数据；分析表型变化规律和多样性与其地理空间分布的内在联系与空间动态变化趋势。③表型组数据库构建：基于多源光学传感（RGB 数码相机、多光谱、高光谱、热红外、激光雷达等）、计算机图形算法和遥感技术等获取的海量表型组学数据，经过数据的预处理和标准化分析，构建各类种质资源的表型组学查询与分析数据库，为各类相关研究提供精准的表型数据。④表型组学的多组学解析：与其他组学及环境因素相结合，系统分析表型组多样性的成因。基于获取的作物种质资源的表型组数据、基因组数据和生长环境数据，利用全基因组关联分析或数量性状定位方法，通过深入挖掘作物“基因型-表型-环境型”的内在关系，全面揭示特定表型性状的形成机制，在此基础上开展构建基于基因组数据或多组学数据结合环境信息的作物表型性状预测模型开发研究，为智慧育种提供强大的数据与理论方法支撑。⑤作物种质资源考察、收集与保护：基于卫星影像获取区域尺度的温度、降雨和光照等环境数据，通过表型组学分析技术与方法，确定不同作物种质资源考察和收集目标区域，提高作物种质资源考察与收集效率。通过光学传感器和表型组学分析技术与方法，实现作物种质资源保护区生境和作物生长动态的精准监测与种质资源库种子活力的精准鉴定，加强作物种质资源的有效保护。

三、作物种质资源表型组学研究方案与技术

总体研究方案与技术路线如图 8-25 所示，大致可以分为以下几步：①首先建立种质资源表型组平台，包括利用卫星平台、低空飞行平台、地面平台、室内平台等多种表型平台，实现不同层次（群体、单株、器官或组织）表型指标高通量精准提取，数据的存储与分析，为后续的作物种质资源研究提供数据与方法支撑。②对种质资源材料（自然群体、人工群体）利用表型组平台进行鉴定。③结合其他组学信息与环境因素信息，进行相关分析研究。

具体技术方法如下。

（一）基于多源遥感数据的表型信息高通量精准提取及分析

作物表型性状较多，根据表型性状特点大致可分为四类。①物理形态指标：包括

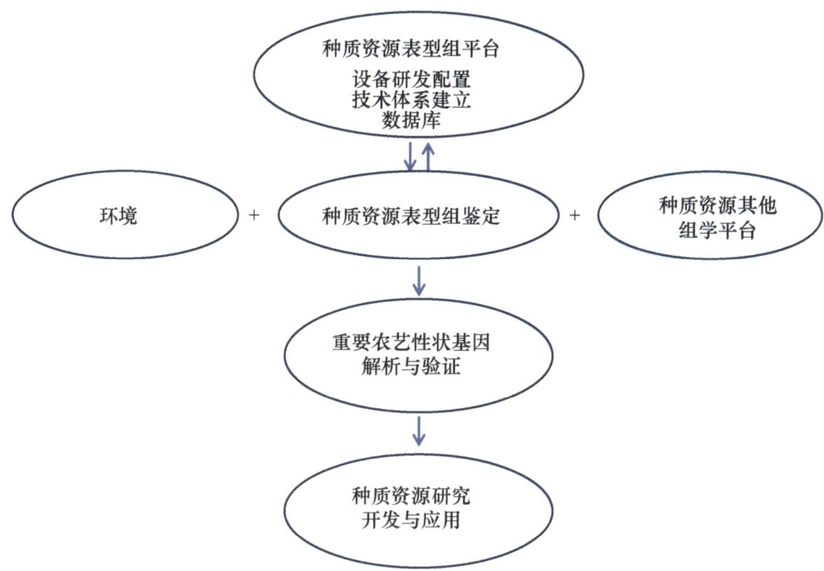

图 8-25　种质资源表型组学的研究总体方案

覆盖度、植株高度、植株数量、植株形状、器官形状等外在物理性状。②理化指标：包括叶绿素含量、氮素含量、蛋白质含量、水分含量、生物量等生理生化组分。③功能性指标：包括光能截获有效分量、光能利用率、光合速率、水肥利用效率等。④其他指标：包括胁迫类型、胁迫程度、生育时期等。由于不同传感器的特点和原理不同，不同传感器可用于鉴定的表型指标存在差异。可见光成像传感器（数码相机）数据由于具有较高的空间分辨率，通常用来提取作物物理形态性状（如株高、植株/器官数量、覆盖度、器官形状等），也有部分研究利用可见光成像数据提取作物叶绿素含量、叶面积指数等参数。光谱传感器由于可获取可见光-近红外范围的光谱影像，通常用来提取作物叶绿素、氮素、蛋白质、水分、生物量、产量等理化参数及胁迫发生状况（Jin et al.，2021b）。激光雷达（light detection and ranging，LiDAR）可获取三维点云数据，通常用来提取作物形态指标和部分理化参数（如叶面积指数、生物量等）。多个波段的 LiDAR 数据（即多光谱 LiDAR）可用于提取理化参数和胁迫状况。深度相机综合了可见光成像与 LiDAR 的特点，可见光成像和 LiDAR 提取的表型性状均可用深度相机提取，但由于深度相机易受太阳光影响，通常只在近地面和室内应用。热红外传感器可提取作物群体、植株或器官的表面温度，通常用于鉴定与温度相关的表型性状，如作物的冠层温度、水分含量、水分蒸发量、干旱、冷害、冻害、病害等（Jin et al.，2021b）。叶绿素荧光数据通常用来鉴定作物光合性能指标和胁迫状况。CT 由于具有穿透性能和三维成像特点，通常用来鉴定作物器官或组织的表型指标，如籽粒形态、籽粒内部结构、根系表型等（Cuneo et al.，2021）。

作物种质资源数据采集、表型提取及多维数据关联分析技术路线见图 8-26。

（二）表型组学数据库构建

表型组学数据库大致包含表型性状数据、传感器数据、环境指标数据等，也可包

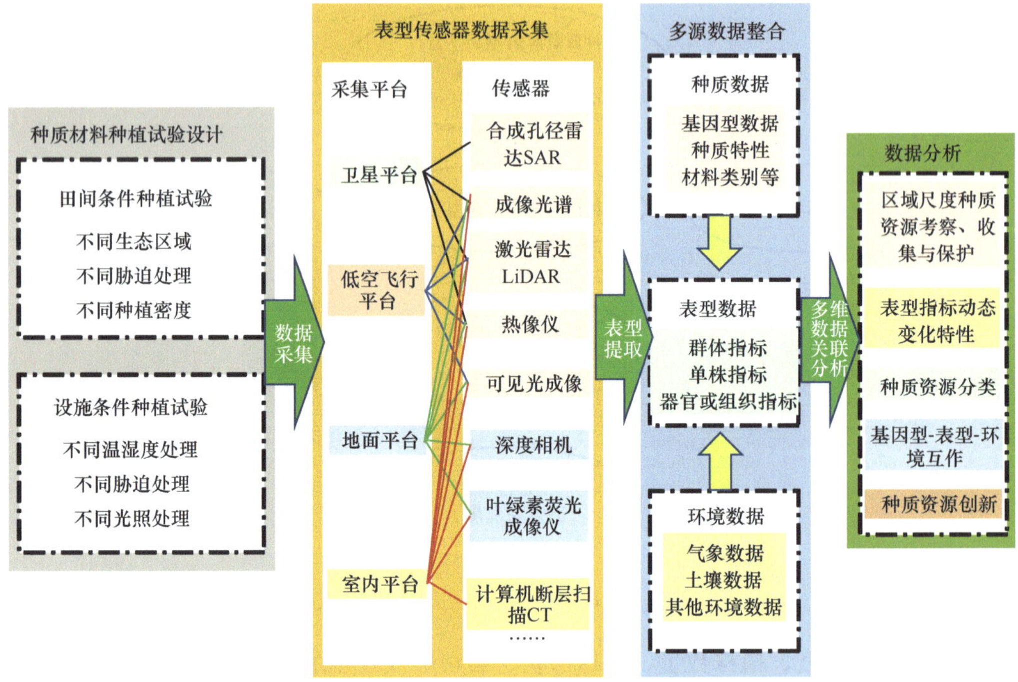

图 8-26 作物种质资源数据采集、表型提取及多维数据关联分析技术路线

括部分必要的基因组与其他组学数据。数据库基本功能应包括数据标准化和存储、数据管理、数据共享等。其中数据标准化和存储模块包括传感器数据检验、多传感器数据匹配和同类数据校准；数据管理模块需考虑对提取的表型数据、环境数据和基因型数据等多维数据集整合，以及表型数据、环境数据、基因型-表型-环境互作等结果的对比分析和可视化等。此外还需考虑数据存储的安全性和功能的可扩展性。数据共享模块包括共享方法说明、数据说明、传输效率、用户上传分析结果方式与数据格式等。目前国内外已建成多种表型组数据及管理系统，如植物基因组和表型组数据共享平台（Planteome）（Cooper et al.，2018），植物表型和基因组学数据发布平台（plant genomics and phenomics research data repository，PGP 知识库）（Arend et al.，2016），玉米的转录组学、代谢组学、蛋白质组学和表型组学综合数据资源库（OPTIMAS data warehouse）（Colmsee et al.，2012），华中农业大学作物表型中心的 Crop Phenotyping Center（Zhang et al.，2017b）。研发作物表型组学数据库需要图像处理、数据挖掘、软件/硬件开发、生命信息、数据库开发等多种专业背景专业研究人员长期合作。

（三）种质资源表型多样性研究

多样性是种质资源研究的核心。作物种质资源表型性状丰富，通过表型性状多样性研究分析有助于种质资源分类、核心种质资源库构建、优异种质资源挖掘等后续研究。当前种质资源表型性状多样性研究主要通过统计分析方法，评价指标包括平均值、极值、变异系数、多样性信息指数等。表型组学的开展将大大增加表型鉴定的深度、广度与精度。高通量表型组学技术、大数据技术及人工智能技术的发展，将为全面动态分析种质资源表型多样性提供新的机遇，提高作物种质资源表型多样性分析效率。

（四）种质资源分类研究

种质资源分类较为复杂，分为基于表型的分类与基于基因型的分类。基于表型的分类又分为种以上的分类与种以下的分类。种以下的分类此前多以单个性状为依据进行分类，而以综合性状为依据进行分类较少。可能的主要原因是性状较少、准确性与精度较低。高通量表型组学技术的出现，为全生育期各表型指标全面动态分析提供了可能性。随着数据量的大量增加，原有方法的适用性有待探索，大数据技术、人工智能等数据挖掘与分析技术的出现，为基于高通量表型组学技术的作物种质资源精准分类研究提供了技术与方法支撑。

（五）“基因型-表型-环境”关联分析

当前的研究主要通过表型平台（如田间自动化表型平台和无人机表型平台等）采集相同基因型在不同生态区、不同基因型在相同生态区及不同基因型在多生态区多年的表型性状数据集，并结合测序技术获取的种质资源材料基因组数据集，采用全基因组关联分析和连锁分析方法开展“基因型-表型-环境”互作关联分析，挖掘关键功能基因位点。随着高通量表型组学、人工智能和大数据技术的发展，为“基因型-表型-环境”互作机制的挖掘提供了技术基础，可实现利用基因型和环境数据精准预测表型性状，通过解析预测模型的中间过程实现“基因型-表型-环境”之间的互作机制，有助于加快优异种质资源挖掘利用和种质资源创新，提高育种效率（潘映红，2015）。

（六）种质资源收集与保护

当前种质资源收集与调查主要依靠经验进行实地调查，工作强度和难度均较大，尤其是对于野生种质资源的收集与保护，通常需要调查人员依靠经验选择大致区域进行调查与收集。利用遥感技术提取目标作物种质资源适宜生长区域，可有效缩小种质资源收集与保护区域范围，提高种质资源收集与调查的效率。目前，遥感技术可实现多种气象要素（地表温度、水分含量、水分蒸发量、太阳辐射）、地形、生态指标（植被覆盖度、叶面积指数、叶绿素含量）监测及地物分类（Carlson，2007）。结合栅格气象产品，理论上可实现不同种质资源的适宜生长区域的确定，但目前相关研究较少，其实用性有待深入研究。

四、作物种质资源表型组学研究主要进展

（一）初步建立了种质资源表型鉴定平台

种质资源的表型多样性是资源中不同个体基因多样性与其所处生态环境多样性的综合表现。总体来说，作物种质资源表型性状可分为数量性状和质量性状两大类。表型多样性研究可以通过大量的性状数据来揭示种质资源表型变异规律，是种质资源研究的基础，对于资源分类及多样性评价、核心种质构建、群体的遗传变异规律研究、

重要性状的基因位点挖掘及作物新品种培育都具有重要意义。在种质资源研究领域，鉴定评价作为作物种质资源研究的重要组成部分，一直受到广泛关注。中国、美国、澳大利亚、英国、法国、德国等国，以及孟山都、先正达、巴斯夫、拜耳、先锋等跨国农业集团都将表型组学鉴定平台作为种质资源和育种材料精准鉴定评价的核心技术，在此基础上进行了深入研究（刘旭等，2018；Nguyen and Norton，2020）。种质资源表型组学研究发展的关键在于建立表型采集技术及集成各项表型采集技术的表型组鉴定平台。种质资源表型研究由于受到人工调查的限制，在农作物表型研究的规模、广度和深度上均无法有效拓展。近年来，表型组学在作物研究领域中逐步兴起，作物表型组研究正成为种质资源深度解析的重要支撑。通过多源光学传感、计算机图形算法和遥感技术等能够高效地对大规模的种质资源产出海量表型数据。同时结合卫星影像获取种植环境的温度、降雨和光照等环境数据，经过数据的预处理、整合和标准化分析，能够更加精准、合理及全面地完成种质资源的表型多样性分析。①植株整体株型评价。平台通过高光谱成像单元获取的光谱数据及图像数据，建立起植物整体株型包括株高、叶片数、分蘖数、种植密度等株型相关数据的无损检测分析的技术平台。②植物穗部性状表型分析平台。穗部性状决定了植物尤其是禾本科作物产量形成，因此关于穗部性状表型鉴定平台的研究也较为重要。通过光谱信息和红外成像的温度信息整合平台，可对植物穗数量、大小形态等表型数据进行无损测定。通过扫描成像技术结合生物信息分析平台，可以对作物穗长、穗粗、穗粒数、穗一级分枝密度乃至小花的形态和大小等完成精准鉴定。③植物根系表型分析平台。根系对水分和营养物质的吸收与转运、有机物储藏及植物与微生物互作均具有重要功能。研究人员在自然生长条件下对植物的根系进行无损和可视化检测的表型组平台建立方面开展了深入研究。目前已经建立了通过整合植物根窗培养、CT 成像等技术对根系结构、根冠面积和根长等数据进行无损伤、高通量和全自动根系表型分析的平台。④植物非生物胁迫表型鉴定平台。植物在应对干旱、极端温度、盐碱胁迫和重金属胁迫等非生物胁迫下会发生复杂的表型变化。因此研究人员也建立了对应的复杂性状解析需要的多维度的表型信息分析平台。该平台通过整合植物在多个光谱下的光谱反射值，建立特定的图像分析算法流程，可以对植株在非生物胁迫下表现出的生物量变化、叶片黄化面积、枯萎面积、叶片含水量的动态变化、叶表温度的变化等复杂性状进行动态无损定量分析（胡伟娟等，2019b）。

杨万能团队（Yang et al.，2014）研制了全生育期高通量的水稻表型组研究平台，该平台可连续 24h 自动获取超过 5000 盆水稻植株的株高、叶面积、分蘖数等 15 个表型性状，以此为基础开展表型多样性研究及基因定位，其精度远高于传统手段。中国农业科学院作物科学研究所金秀良团队利用无人机搭载多光谱传感器，提取玉米植被指数与植被纹理特征，结合相关算法的开发，得到了比传统表型调查更加精确的玉米冠层光合有效辐射吸收分量表型信息（王思宇等，2021）。同时，该团队还对作物表型鉴定的起源、定义，以及当前作物表型鉴定所用传感器类型和对应的表型性状鉴定方法进行整理和总结，提出了作物种质资源表型鉴定研究的发展方向（Jin et al.，2021a）。美国密苏里大学研究团队对大豆对水涝的耐受力进行了表型组研究，团队基于无人机不同飞行高度拍摄并提取了冠层温度、归一化差分植被指数、冠层面积、冠层宽度、冠层长度等五个图像特征，并通过深度学习模型对大豆耐涝表型进行精准分级，该研究在大豆表型多样性评估和大豆分子育种中均有较大应用前景（Zhou et al.，2021b）。

（二）基于图像的花卉识别普及取得重要进展

作物种质资源分类是植物分类的一部分，植物的识别和分类是保护与研究植物的基础。植物种类的自动识别是利用数字图像处理技术，首先对于采集到的图像进行预处理，然后从图像中提取准确的纹理、颜色、形状等特征，用机器学习或者人工智能算法，建立相对应的分类器，实现植物物种的智能识别（Wäldchen et al.，2018）。早期的植物识别软件主要安装在台式计算机端，有携带不方便、费用高、难以普及等局限性。随着智能手机的快速普及，基于深度学习的新一代植物识别算法不断完善，国内外开发出一系列植物识别的手机应用程序（application，简称 APP）。例如，Pl@ntNet 可识别大约 20 000 种有花植物和蕨类植物，同时支持 Web 端和手机端（Joly et al.，2016）。国内也有花帮主、百度识图、花伴侣、形色、花卉识别、植物识别、发现识花、微软识花等多个手机 APP。借鉴植物识别软件的开发策略，实现移动端作物种质资源的自动识别具有广阔的应用前景。

（三）高通量表型鉴定取得重要进展

目前，国内外学者围绕作物高通量表型鉴定开展了大量研究，根据表型指标特性，可将基于高通量表型组学技术的作物种质资源表型鉴定研究分为形态结构特征、花果特征、种子特征、物候特征及生理与农艺性状 5 类（Jin et al.，2021b；Marsh et al.，2021；Yang et al.，2020a；Furbank et al.，2019）。

（1）形态结构特征：包括植株结构、高度、叶片形状、叶片角度等。高通量表型技术具有高度灵活、性能稳定且能够搭载多种传感器的优势，可以在大田、温室等多种环境精准提取多种作物的形态结构特征，例如，群体大小（小麦、玉米、棉花、水稻等）、植株高度（玉米、小麦、大豆等）（Tao et al.，2020）、叶片数量（水稻、玉米、番茄等）（Crowell et al.，2014）、节间长度（番茄）（Yamamoto et al.，2016）等。其中，植株高度是生长率、生物量、抗倒伏能力及潜在产量的重要指示因子（Nguyen and Norton，2020），因此将提取的植株高度信息与种质资源库结合，对于挖掘调控株高的等位基因及抗倒伏品种选育具有重要意义。目前，用于提取植株高度的传感器类型主要有 LiDAR、RGB 相机和深度相机三种。其中 LiDAR 通过发射和接收目标物反射的特定波长的激光脉冲获取目标物的三维点云数据，受光照环境影响较小，是估算植被高度最准确的方法，已被广泛用于作物植株高度监测研究（Walter et al.，2019）。使用 RGB 影像提取作物植株高度的研究主要是利用通过多个角度拍摄的目标物影像数据构建作物高度模型（crop height model，CHM），然后计算最高点和最低点的高度差来计算作物高度，或是基于提取的图谱特征，利用机器学习等方法构建作物植株高度监测模型。深度相机兼具 LiDAR 和 RGB 相机的优点，利用深度相机监测作物植株高度的原理与 LiDAR 或多角度 RGB 影像相似，具体与所用深度相机的工作原理有关。

（2）花果特征：花和果穗是作物用于确认和区分基因序列的重要植物学特征。目前，在种质资源繁殖实验中，已有相关研究利用高通量表型平台开展上述指标信息提取研究。例如，Grillo 等（2017）基于三维计算机断层扫描数据提取的颖花大小、形态、颜色及纹理等信息构建了一种用于区分小麦地方品种的方法；Makanza 等（2018）基于简易低成本 RGB 影像构建了一种在田间提取完整雌穗上籽粒大小、数量及质量的方法。上述研究表明，利用高通量表型平台可以提取与花和果穗相关的特征。此外，将提取的表型数据与基因组数据库整合可以用于基因分析和育种。

（3）种子特征：包括形状、大小、种皮颜色等，与基因关联密切，且在商品贸易市场上是决定贸易价值的重要指标。传统的种子特征鉴定方法主要是通过人工视觉判定，容易产生误差且效率低。基于高通量影像数据的表型技术可以高效、准确地提取形状、大小和表皮颜色等外在特征及化学特性。目前，高通量表型技术已被用于提取不同作物籽粒的品质、活力检测等多种特性（Nguyen and Norton，2020；Feng et al.，2019）。在新种质或者原有种质繁种时，为避免种质污染、保证遗传特性的完整性，可将利用高通量表型技术提取的特征作为种质库的常规检测方法。同时，基于高通量表型技术提取的籽粒表型特征也可用于基因筛选。

（4）物候特征：作物关键生理生长阶段（如萌芽期、抽穗期、开花期等）的时间及其差异是影响产量的重要因素，同时也是新品种培育的重要参考指标。传统的物候特征主要是基于视觉信息依靠经验进行判定。基于高通量影像数据的表型技术为物候特征的高效精准提取提供了新的途径，已有多位学者围绕作物物候特征的高通量表型鉴定开展相关研究（Yang et al.，2022）。上述研究表明，基于高通量表型技术可以精准提取作物物候特征，有助于提升种质资源鉴定效率。

（5）生理与农艺性状：包括产量、倒伏、生物胁迫、非生物胁迫、冠层温度、叶绿素含量、光合作用等。其中，产量是新品种培育的重要参考指标之一。但产量是其他形态与生理性状共同作用的结果，提高产量必须同时改善其他表型指标，而这些指标通常依靠人工测量，效率低、成本高。高通量表型平台可同时搭载多种传感器，可同步、精准提取众多生理与农艺性状，已被用于多种主粮作物育种。此外，一些重要的二级表型特征也可直接用于环境适应性良好品种的选育，或间接用于基因克隆与挖掘。例如，持绿性是表征作物抗旱能力与氮利用效率的指标，通过延长灌浆时间来增加产量，也可以提高产量稳定性（Borrell et al.，2014）。因此，基于高通量表型技术快速、高效、准确提取众多表型性状正逐步应用到育种领域。

（四）促进了新基因的发掘

传统的表型调查方法已经在表型组到基因组（phenomics to genomics，P2G）研究中发挥了巨大的作用，但是由于其调查通量低、耗时费力、精度不高等缺点，已经不能匹配当前飞速发展的基因型数据产出效率，制约了种质资源高通量规模化深度研究。近年来，随着高光谱技术、传感器、计算平台、机器学习等方面的技术进展，高通量植物表型组鉴定正逐渐被应用于作物种质资源的研究中，有望缓解表型组研究滞后于基因组研究的现状。2021 年 7 月，华中农业大学科研团队通过高光谱、微型 CT、RGB 多光学成像技术对 368 份玉米自然群体材料，在多个生长时期、正常浇水和干旱胁迫下的玉米表型进行了连续无损检测，获得了 10 080 个与玉米响应干旱胁迫相关的表型性状数据（图 8-27）。结合该群体的基因型数据和 GWAS，研究人员鉴定到 2318 个与干旱胁迫相关的候选基因，极大地丰富了玉米耐旱遗传育种研究的基因资源（Wu et al.，2021）。

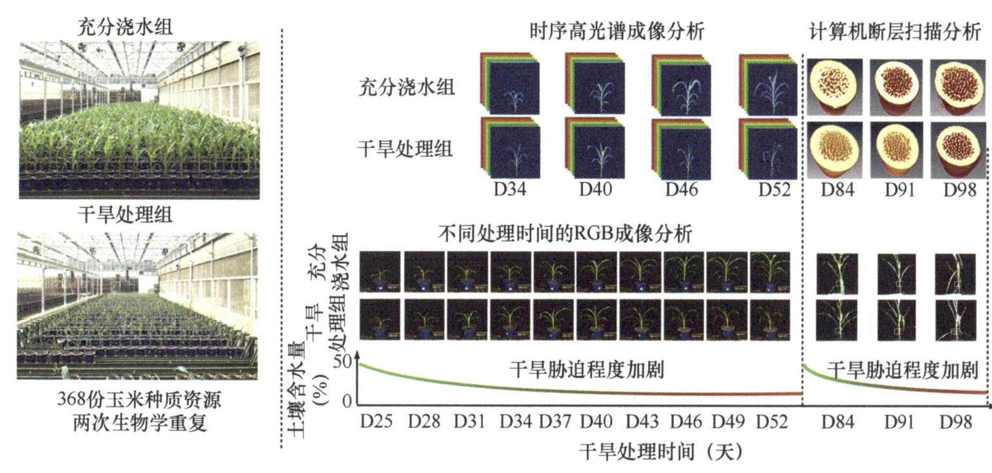

图 8-27　高通量表型组技术助力玉米抗旱基因挖掘（华中农业大学杨万能供图）

南京农业大学作物表型组学交叉研究中心，通过由植株传送系统、成像单元、灌溉称重单元、控制和分析系统、数据库系统等组成的高通量植物表型光合成像平台，对 341 份大豆种质资源的归一化植被指数（normalized difference vegetation index，NDVI）和叶绿素指数（cholorophyll index）开展了精准鉴定。结合高通量测序和 QTL 分析，研究人员鉴定到了 38 个调控大豆 NDVI 及 32 个调控大豆 CHL 的关键 QTL，其中有两个关键的新 QTL 位点之前未被鉴定到，再次证明高通量表型组学技术能够提高种质资源基因挖掘的效率和精度（Wang et al.，2021b）。

（五）促进种质资源 G2P

全基因组选择是通过设计特定的训练群体收集基因型数据、表型数据、环境因子数据（包括实验处理、地域差异、季节等），使用特定的建模算法构建训练模型，通过模型可以计算出个体的育种值或者每个标记对目标性状的贡献值，以及待测群体中表型预测值。目前主要的模型构建方法主要是：岭回归和最小绝对收缩和选择算子（LASSO）、贝叶斯方法、基因组最佳线性无偏预测（GBLUP）和岭回归最佳线性无偏预测（RR-BLUP）模型、偏最小二乘法、支持向量机等。另外，梯度提升（gradient boosting）算法最近取得了明显成效，作物基因组育种机器（CropGBM）主要以 Microsoft LightGBM（light gradient boosting machine）实现基因型到表型（G2P，genotype-to-phenotype）预测（Yan et al.，2021）。Crossa 等（2017）提出全基因组选择发展的方向是整合多环境的基因组选择（genome selection，GS）数据与高通量表型数据。Rutkoski

等（2016）使用高通量平台获得多源数据，将作为二级表型特征的生长指数作为预测性状添加到GS模型中，显著增加了预测产量的精准度。Reynolds 和 Langridge（2016）认为高通量表型技术对于评估作物种质资源的复杂性状具有较好的效果。Rakotondramanana等（2022）通过GBLUP模型成功预测了3000份水稻的籽粒锌浓度。预测浓度为17.1～40.2ppm时的预测精准度达到0.51。虽然结合高通量表型技术和作物种质资源进行全基因组选择的研究目前还比较少，但这是一个非常有前途的研究方向。

五、问题与展望

种质资源表型组学研究是一个刚刚兴起的研究领域，虽然有广阔的发展与应用前景，但目前才刚刚开始，仍然存在着一些大的问题有待解决。

（1）关键目标农艺性状的精准鉴定。不同作物有不同的关键目标农艺性状，目前有许多关键的目标农艺性状的表型组鉴定尚未完全解决，如精准的产量与产量组成性状、抗病性、根系等。

（2）接近生产条件下的田间鉴定。目前的许多鉴定是在室内的盆栽条件下进行，与生产条件的结果会有较大的差距。多生态区域作物表型组学研究的布局相对较少，使得作物表型研究在作物育种和农业生产精准化、可持续性等方面的应用受限。

（3）环境组与表型组及其他组学的有机结合问题目前尚没有解决。

（4）不同科研团队之间缺乏协调，种质资源材料不统一，重复浪费。

在具体研究细节上存在着以下问题：①如何对获取到的作物表型数据进行预处理、多源数据融合和数据信息充分挖掘，把海量数据转化为能在“细胞-组织-器官-个体-群体”等多层次使用的综合表型性状信息尚未突破，仍是表型组学研究团队需要攻克的难题。②目前表型数据的标准不统一、重复性低、稳定性差的缺陷与高时效、高稳定、高精度要求之间的矛盾与日俱增，尚未形成国际通用的表型组学技术标准化管理体系，对于数据整合和存储系统，各国表型研究团队的解决方案千差万别。③我国各类表型平台设施设备主要依赖进口，国内相关研发力量和研发资金投入不足。现有设备与实际应用需求不匹配，缺乏稳定性高、低成本的作物表型适配光学传感器，缺乏适用于不同研究领域和生产需求的多源数据采集和实时分析集成平台。

为了解决上述问题，提出以下建议：①开展多源和多维度表型数据分析方法的构建，既可以为作物表型组学技术标准化管理体系的建立提供理论和方法的支撑，也可以为未来作物育种、精准栽培和农业生产实践提供大数据支持，建议加大对作物表型组学关键技术攻关的政府资金支持力度，聚焦提升作物表型组学重大项目组织水平和重大成果培育能力；②统筹各级科研院所、高校和企业的表型平台设施，以国家作物种质库和中国农作物基因资源与基因改良国家重大科学工程为依托，以粮食生产核心区种子生产基地为支撑的国家作物表型协同创新中心，提高作物表型研究的可靠性和延续性，打造全国共享的作物表型平台系统服务，减少重复研发和重复投资，建立协同创新机制，为加快推进农业现代化提供国家战略科技力量；③作物表型组学研究作为支撑作物育种和智慧农业的关键核心技术，应主动与需求企业建立紧密的利益联结关系，前置技术转移节点，使科研优质创新资源向企业流动，强化科企融合发展，从而推动科技成果应用落地，提高企业创新能力，吸引社会资本投入农业科技，发挥社会资本延长农业创新链的作用，实现“市场-商业性科研-开发-市场”的良性循环；④作物表型关键技术攻关需要具备交叉学科复合型人才的引领，鼓励交叉学科创新人才的培养，完善交叉学科人才评价机制，注重不同学科背景、开放性创新团队的建设，建立优势互补、紧密合作的创新团队协同机制，为我国作物表型组学技术引领世界提供人才支撑。

未来，基于新型开发的传感器、表型平台及图像处理技术和数据管理与分析方法将提高测量作物表型性状的估算精度，并进一步加快作物育种计划中新的作物表型性状的识别效率。预测未来 10 年作物表型组学技术将与智慧农业、农业保险、高通量种质资源鉴定、智慧育种模型、互联网技术、大数据、机器学习算法、计算机图像算法、遥感大数据技术、地理信息技术、无人机驾驶技术等方面的有效整合，最终促进作物优异种质资源的高通量精准筛选、高效育种技术和精细化作物栽培管理理论与技术的发展与完善。

（本章作者：贾继增　高丽锋　路则府　郑晓明　周文彬　陈　伟　金秀良　付俊杰　潘映红　李　霞）

参 考 文 献

胡伟娟, 傅向东, 陈凡, 等. 2019a. 新一代植物表型组学的发展之路. 植物学报, 54(5): 558-568.

胡伟娟, 凌宏清, 傅向东. 2019b. 植物表型组学研究平台建设及技术应用. 遗传, 41(11): 7.

贾继增. 1996. 分子标记种质资源鉴定和分子标记育种. 中国农业科学, 29(4): 1-10.

刘旭, 李立会, 黎裕, 等. 2018. 作物种质资源研究回顾与发展趋势. 农学学报, 8(1): 1-6.

马骏骏, 王旭初, 聂小军. 2021. 生物信息学在蛋白质组学研究中的应用进展. 生物信息学, 19(2): 85-91.

潘映红. 2015. 论植物表型组和植物表型组学的概念与范畴. 作物学报, 41(2): 175-186.

王思宇, 聂臣巍, 余汛, 等. 2021. 结合植被指数与纹理特征的玉米冠层 FAPAR 遥感估算研究. 作物杂志, (2): 183-190.

Acharjee A, Kloosterman B, Visser R G F, et al. 2016. Integration of multi-omics data for prediction of phenotypic traits using random forest. BMC Bioinformatics, 17(5): 180.

Anacleto R, Badoni S, Parween S, et al. 2019. Integrating a genome-wide association study with a large-scale transcriptome analysis to predict genetic regions influencing the glycaemic index and texture in rice. Plant Biotechnology Journal, 17(7): 1261-1275.

Arend D, Junker A, Scholz U, et al. 2016. PGP repository: a plant phenomics and genomics data publication infrastructure. Database (Oxford), 2016: baw033.

Arteaga-Vazquez M A, Chandler V L. 2010. Paramutation in maize: RNA mediated trans-generational gene silencing. Current Opinion in Genetics & Development, 20: 156-163.

Avni R, Lux T, Minz-Dub A, et al. 2022. Genome sequences of three *Aegilops* species of the section *Sitopsis* reveal phylogenetic relationships and provide resources for wheat improvement. The Plant Journal, 110(1): 179-192.

Balfourier F, Bouchet S, Robert S, et al. 2019. Worldwide phylogeography and history of wheat genetic diversity. Science Advances, 5(5): eaav0536.

Bao Y, Hu G, Grover C E, et al. 2019. Unraveling *cis* and *trans* regulatory evolution during cotton domestication. Nature Communications, 10(1): 1-12.

Bayer P E, Valliyodan B, Hu H, et al. 2021. Sequencing the USDA core soybean collection reveals gene loss during domestication and breeding. Plant Genome, 15(1): e20109.

Berger S L. 2007. The complex language of chromatin regulation during transcription. Nature, 447(7143): 407-412.

Bird A. 2007. Perceptions of epigenetics. Nature, 447: 396-398.

Borrell A K, Mullet J E, Barbara G J, et al. 2014. Drought adaptation of stay-green sorghum is associated with canopy development, leaf anatomy, root growth, and water uptake. Journal of Experimental Botany, 65(21): 6251-6263.

Bourgeois M, Jacquin F, Cassecuelle F, et al. 2011. A PQL (protein quantity loci) analysis of mature pea seed proteins identifies loci determining seed protein composition. Proteomics, 11(9): 1581-1594.

Brink R A. 1973. Paramutation. Annual Review of Genetics, 7: 129-152.

Bukowski R, Guo X, Lu Y, et al. 2018. Construction of the third-generation *Zea mays* haplotype map. Gigascience, 7(4): 1-12.

Can S N, Nunn A, Galanti D, et al. 2021. The Epidiverse plant epigenome-wide association studies (EWAS) pipeline. Epigenomes, 5(2): 12.

Carlson T. 2007. An overview of the "triangle method" for estimating surface evapotranspiration and soil moisture from satellite imagery. Sensors, 7(8): 17.

Chalhoub B, Denoeud F, Liu S, et al. 2014. Early allopolyploid evolution in the post-neolithic *Brassica napus* oilseed genome. Science, 345(6199): 950-953.

Chen E, Huang X, Tian Z, et al. 2019. The genomics of *Oryza* species provides insights into rice domestication and heterosis. Annual Review of Plant Biology, 70: 639-665.

Chen J, Hu X, Shi T, et al. 2020. Metabolite-based genome-wide association study enables dissection of the flavonoid decoration pathway of wheat kernels. Plant Biotechnology Journal, 18: 1722-1735.

Chen Q, Han Y, Liu H, et al. 2018. Genome-wide association analyses reveal the importance of alternative splicing in diversifying gene function and regulating phenotypic variation in maize. The Plant Cell, 30(7): 1404-1423.

Chen W, Gao Y, Xie W, et al. 2014. Genome-wide association analyses provide genetic and biochemical insights into natural variation in rice metabolism. Nature Genetics, 46: 714-721.

Chen W, Gong L, Guo Z L, et al. 2013. A novel integrated method for large-scale detection, identification, and quantification of widely targeted metabolites: application in the study of rice metabolomics. Molecular Plant, 6: 1769-1780.

Chen W, Wang W, Peng M, et al. 2016. Comparative and parallel genome-wide association studies for metabolic and agronomic traits in cereals. Nature Communications, 7: 12767.

Chia J M, Song C, Bradbury P J, et al. 2012. Maize HapMap2 identifies extant variation from a genome in flux. Nature Genetics, 44(7): 803-807.

Clark R M, Wagler T N, Quijada P, et al. 2006. A distant upstream enhancer at the maize domestication gene *tb1* has pleiotropic effects on plant and inflorescent architecture. Nature Genetics, 38(5): 594-597.

Colmsee C, Mascher M, Czauderna T, et al. 2012. OPTIMAS-DW: a comprehensive transcriptomics, metabolomics, ionomics, proteomics and phenomics data resource for maize. BMC Plant Biology, 12: 245.

Concia L, Veluchamy A, Ramirez-Prado J S, et al. 2020. Wheat chromatin architecture is organized in genome territories and transcription factories. Genome Biology, 21(1): 104.

Cooper L, Meier A, Laporte M A, et al. 2018. The Planteome database: an integrated resource for reference ontologies, plant genomics and phenomics. Nucleic Acids Research, 46(D1): D1168-D1180.

Cox J, Hein M Y, Luber C A, et al. 2014. Accurate proteome-wide label-free quantification by delayed normalization and maximal peptide ratio extraction, termed MaxLFQ. Molecular & Cellular Proteomics, 13(9): 2513-2526.

Cox J, Mann M. 2008. MaxQuant enables high peptide identification rates, individualized p.p.b.-range mass accuracies and proteome-wide protein quantification. Nature Biotechnology, 26(12): 1367-1372.

Crossa J, Pérez-Rodríguez P, Cuevas J, et al. 2017. Genomic selection in plant breeding: methods, models, and perspectives. Trends Plant Science, 22(11): 961-975.

Crowell S, Falcao A X, Shah A, et al. 2014. High-resolution inflorescence phenotyping using a novel image-analysis pipeline, PANorama. Plant Physiology, 165: 479-495.

Cubas P, Vincent C, Coen E. 1999. An epigenetic mutation responsible for natural variation in floral symmetry. Nature, 401: 157-161.

Cuneo I F, Barrios-Masias F, Knipfer T, et al. 2021. Differences in grapevine rootstock sensitivity and recovery from drought are linked to fine root cortical lacunae and root tip function. New Phytologist, 229(1): 272-283.

Danecek P, Auton A, Abecasis G, et al. 2011. The variant call format and VCFtools. Bioinformatics, 27(15): 2156-2158.

Ding B, Wang G L. 2015. Chromatin versus pathogens: the function of epigenetics in plant immunity. Frontiers in Plant Science, 6: 675.

Dong C, He F, Berkowitz O, et al. 2018. Alternative splicing plays a critical role in maintaining mineral nutrient homeostasis in rice (*Oryza sativa*). The Plant Cell, 30(10): 2267-2285.

Drummond D A, Bloom J D, Adami C, et al. 2005. Why highly expressed proteins evolve slowly. Proceedings of the National Academy of Sciences of the United States of America, 102(40): 14338-14343.

Duhrkop K, Fleischauer M, Ludwig M, et al. 2019. SIRIUS 4: a rapid tool for turning tandem mass spectra into metabolite structure information. Nature Methods, 16: 299-302.

Duhrkop K, Shen H, Meusel M, et al. 2015. Searching molecular structure databases with tandem mass spectra using CSI: FingerID. Proceedings of the National Academy of Sciences of the United States of America, 112: 12580-12585.

Feng L, Zhu S, Liu F, et al. 2019. Hyperspectral imaging for seed quality and safety inspection: a review. Plant Methods, 15: 91

Fouse S D, Nagarajan R O, Costello J F. 2010. Genome-scale DNA methylation analysis. Epigenomics, 2: 105-117.

Frisch M, Thiemann A, Fu J, et al. 2010. Transcriptome-based distance measures for grouping of germplasm and prediction of hybrid performance in maize. Theoretical and applied genetics, 120(2): 441-450.

Fu J, Cheng Y, Linghu J, et al. 2013. RNA sequencing reveals the complex regulatory network in the maize kernel. Nature communications, 4(1): 1-12.

Fu J, Leng P, Wang G, et al. 2022. The promise of eQTL studies in dissecting crop genetic basis and evolution. Annual Plant Reviews, 5: 1-32.

Furbank R T, Jimenez-Berni J A, George-Jaeggli B, et al. 2019. Field crop phenomics: enabling breeding for radiation use efficiency and biomass in cereal crops. New Phytologist, 223: 1714-1727.

Galpaz N, Gonda I, Shem-Tov D, et al. 2018. Deciphering genetic factors that determine melon fruit-quality traits using RNA-Seq-based high-resolution QTL and eQTL mapping. The Plant Journal, 94(1): 169-191.

Gan L, Zhang C, Wang X, et al. 2013. Proteomic and comparative genomic analysis of two *Brassica napus* lines differing in oil content. Journal of Proteome Research, 12(11): 4965-4978.

Gao L, Gonda I, Sun H, et al. 2019. The tomato pan-genome uncovers new genes and a rare allele regulating fruit flavor. Nature Genetics, 51: 1044-1051.

Gardiner L J, Quinton-Tulloch M, Olohan L, et al. 2015. A genome-wide survey of DNA methylation in hexaploid wheat. Genome Biology, 16: 273.

Goldberg A D, Allis C D, Bernstein E. 2007. Epigenetics: a landscape takes shape. Cell, 128(4): 635-638.

Golicz A A, Bayer P E, Barker G C, et al. 2016. The pangenome of an agronomically important crop plant *Brassica oleracea*. Nature Communications, 7: 13390.

Gong L, Chen W, Gao Y, et al. 2013. Genetic analysis of the metabolome exemplified using a rice population. Proceedings of the National Academy of Sciences of the United States of America, 110: 20320-20325.

Gore M A, Chia J M, Elshire R J, et al. 2009. A first-generation haplotype map of maize. Science, 326(5956): 1115-1117.

Grillo O, Blangiforti S, Venora G. 2017. Wheat landraces identification through glumes image analysis. Computers & Electronics in Agriculture, 141: 223-231.

Gusev A, Ko A, Shi H, et al. 2016. Integrative approaches for large-scale transcriptome-wide association studies. Nature Genetics, 48: 245-252.

Han C, Wang K, Yang P. 2014. Gel-based comparative phosphoproteomic analysis on rice embryo during germination. Plant and Cell Physiology, 55(8): 1376-1394.

Harlan J R, de Wet J M J. 1971. Towards a rational classification of cultivated plants. Taxon, 20: 509-517.

Hirsch C N, Foerster J M, Johnson J M, et al. 2014. Insights into the maize pan-genome and pan-transcriptome. The Plant Cell, 26(1): 121-135.

Hu X, Wang H, Li K, et al. 2017. Genome-wide proteomic profiling reveals the role of dominance protein expression in heterosis in immature maize ears. Scientific Reports, 7(1): 16130.

Huang X, Kurata N, Wei X, et al. 2012. A map of rice genome variation reveals the origin of cultivated rice. Nature, 490(7421): 497-501.

Hübner S, Bercovich N, Todesco M, et al. 2019. Sunflower pan-genome analysis shows that hybridization altered gene content and disease resistance. Nature Plants, 5: 54-62.

Hufford M B, Seetharam A S, Woodhouse M R, et al. 2021. *De novo* assembly, annotation, and comparative analysis of 26 diverse maize genomes. Science, 373(6555): 655-662.

Hung H Y, Shannon L M, Tian F, et al. 2012. *ZmCCT* and the genetic basis of day-length adaptation underlying the postdomestication spread of maize. Proceedings of the National Academy of Sciences of the United States of America, 109(28): 1913-1921.

Hurgobin B, Golicz A A, Bayer P E, et al. 2017. Homoeologous exchange is a major cause of gene presence/absence variation in the amphidiploid *Brassica napus*. Plant Biotechnology Journal, 16: 1265-1274.

Jayakodi M, Padmarasu S, Haberer G, et al. 2020. The barley pan-genome reveals the hidden legacy of mutation breeding. Nature, 588: 284-289.

Ji L, Jordan W T, Shi X, et al. 2018. TET-mediated epimutagenesis of the *Arabidopsis thaliana* methylome. Nature Communications, 9: 895.

Jia G, Huang X, Zhi H, et al. 2013. A haplotype map of genomic variations and genome-wide association studies of agronomic traits in foxtail millet (*Setaria italica*). Nature Genetics, 45(8): 957-961.

Jia H, Sun W, Li M, et al. 2018. Integrated analysis of protein abundance, transcript level, and tissue diversity to reveal developmental regulation of maize. Journal of Proteome Research, 17(2): 822-833.

Jia J, Xie Y, Cheng J, et al. 2021. Homology-mediated inter-chromosomal interactions in hexaploid wheat lead to specific subgenome territories following polyploidization and introgression. Genome Biology, 22(1): 26.

Jiang L G, Li B, Liu S X, et al. 2019. Characterization of proteome variation during modern maize breeding. Molecular & Cellular Proteomics, 18(2): 263-276.

Jin S, Sun X, Wu F, et al. 2021a. Lidar sheds new light on plant phenomics for plant breeding and management: recent advances and future prospects. ISPRS Journal of Photogrammetry and Remote Sensing, 171: 202-223.

Jin X, Zarco-Tejada P J, Schmidhalter U, et al. 2021b. High-throughput estimation of crop traits: a review of ground and aerial phenotyping platforms. IEEE Geoscience and Remote Sensing Magazine, 9(1): 200-231.

Joly A, Bonnet P, Goeau H, et al. 2016. A look inside the Pl@ntNet experience. Multimedia Systems, 22:

751-766.

Kale S M, Jaganathan D, Ruperao P, et al. 2015. Prioritization of candidate genes in "QTL-hotspot" region for drought tolerance in chickpea (*Cicer arietinum* L.). Scientific Reports, 5(1): 15296.

Karabegović I, Portilla-Fernandez E, Li Y, et al. 2021. Epigenome-wide association meta-analysis of DNA methylation with coffee and tea consumption. Nature Communications, 12(1): 2830.

Kawakatsu T, Huang S C, Jupe F, et al. 2016. Epigenomic diversity in a global collection of Arabidopsis thaliana accessions. Cell, 166(2): 492-505.

Kaya-Okur H S, Wu S J, Codomo C A, et al. 2019. CUT & Tag for efficient epigenomic profiling of small samples and single cells. Nature Communications, 10(1): 1930.

Khan Z, Ford M J, Cusanovich D A, et al. 2013. Primate transcript and protein expression levels evolve under compensatory selection pressures. Science, 342(6162): 1100-1104.

Kitavi M, Cashell R, Ferguson M, et al. 2020. Heritable epigenetic diversity for conservation and utilization of epigenetic germplasm resources of clonal East African *Highland banana* (EAHB) accessions. Theoretical and Applied Genetics, 133(9): 2605-2625.

Koenig D, Jiménez-Gómez J M, Kimura S, et al. 2013. Comparative transcriptomics reveals patterns of selection in domesticated and wild tomato. Proceedings of the National Academy of Sciences of the United States of America, 110(28): E2655-E2662.

Kremling K A G, Chen S Y, Su M H, et al. 2018. Dysregulation of expression correlates with rare-allele burden and fitness loss in maize. Nature, 555(7697): 520-523.

Kremling K A G, Diepenbrock C H, Gore M A, et al. 2019. Transcriptome-wide association supplements genome-wide association in *Zea mays*. G3 Bethesda, 9: 3023-3033.

Lan Y, Sun R, Ouyang J, et al. 2021. AtMAD: *Arabidopsis thaliana* multi-omics association database. Nucleic Acids Research, 49(D1): D1445-D1451.

Latzel V, Allan E, Silveira A B, et al. 2013. Epigenetic diversity increases the productivity and stability of plant populations. Nature Communications, 4: 2875.

Lee C. 2018. Genome-wide expression quantitative trait loci analysis using mixed models. Frontiers in Genetics, 9: 341.

Lee J S, Velasco-Punzalan M, Pacleb M, et al. 2019. Variation in seed longevity among diverse *indica* rice varieties. Annals of Botany, 124: 447-460.

Li H, Wang S, Chai S, et al. 2022a. Graph-based pan-genome reveals structural and sequence variations related to agronomic traits and domestication in cucumber. Nature Communications, 13(1): 682.

Li J, Yuan D, Wang P, et al. 2021. Cotton pan-genome retrieves the lost sequences and genes during domestication and selection. Genome Biology, 22: 119.

Li L F, Zhang Z B, Wang Z H, et al. 2022b. Genome sequences of five *Sitopsis* species of *Aegilops* and the origin of polyploid wheat B subgenome. Molecular Plant, 15(3): 488-503.

Li L H, Dong Y S. 1991. Hybridization between *Triticum aestivum* L. and *Agropyron michnoi* Roshev.: 1. Production and cytogenetic study of F_1 hybrids. Theoretical and Applied Genetics, 81(3): 312-316.

Li Y F, Li Y H, Su S S, et al. 2022c. SoySNP618K array: a high-resolution single nucleotide polymorphism platform as a valuable genomic resource for soybean genetics and breeding. Journal of Integrative Plant Biology, 64(3): 632-648.

Li Y H, Zhou G, Ma J, et al. 2014. *De novo* assembly of soybean wild relatives for pan-genome analysis of diversity and agronomic traits. Nature Biotechnology, 32(10): 1045-1052.

Li Y, Reif J C, Ma Y, et al. 2015. Targeted association mapping demonstrating the complex molecular genetics of fatty acid formation in soybean. BMC Genomics, 16(1): 841.

Li Y, Xiao J, Wu J, et al. 2012. A tandem segmental duplication (TSD) in green revolution gene *Rht-D1b* region underlies plant height variation. New Phytologist, 196(1): 282-291.

Li Y H, Qin C, Wang L, et al. 2023. Genome-wide signatures of the geographic expansion and breeding of soybean. Science China Life Sciences, 66(2): 350-365.

Li Z, Wang M, Lin K, et al. 2019. The bread wheat epigenomic map reveals distinct chromatin architectural and evolutionary features of functional genetic elements. Genome Biology, 20(1): 139.

Li Z, Wang P, You C, et al. 2020a. Combined GWAS and eQTL analysis uncovers a genetic regulatory network orchestrating the initiation of secondary cell wall development in cotton. New Phytologist, 226(6): 1738-1752.

Li Z, Zhu A, Song Q, et al. 2020b. Temporal regulation of the metabolome and proteome in photosynthetic and photorespiratory pathways contributes to maize heterosis. The Plant Cell, 32: 3706-3722.

Liu D, Yang L, Zhang J, et al. 2020a. Domestication and breeding changed tomato fruit transcriptome. Journal of Integrative Agriculture, 19(1): 120-132.

Liu H, Luo X, Niu L, et al. 2017. Distant eQTLs and non-coding sequences play critical roles in regulating gene expression and quantitative trait variation in maize. Molecular Plant, 10(3): 414-426.

Liu L, Gallagher J, Arevalo E D, et al. 2021a. Enhancing grain-yield-related traits by CRISPR-Cas9 promoter editing of maize *CLE* genes. Nature Plants, 7: 287-294.

Liu S, Li C, Wang H, et al. 2020b. Mapping regulatory variants controlling gene expression in drought response and tolerance in maize. Genome Biology, 21(1): 1-22.

Liu S, Wang D, Lin M, et al. 2021b. Artificial selection in breeding extensively enriched a functional allelic variation in *TaPHS1* for pre-harvest sprouting resistance in wheat. Theoretical and Applied Genetics, 134(1): 339-350.

Liu S, Wang X, Wang H, et al. 2013. Genome-wide analysis of *ZmDREB* genes and their association with natural variation in drought tolerance at seedling stage of *Zea mays* L. PLoS Genetics, 9(9): e1003790.

Liu Y, Du H, Li P, et al. 2020c. Pan-genome of wild and cultivated soybeans. Cell, 182: 162-176.

Liu Y, Yuan J, Jia G, et al. 2021c. Histone H3K27 dimethylation landscapes contribute to genome stability and genetic recombination during wheat polyploidization. The Plant Journal, 105: 678-690.

Lu K, Wei L, Li X, et al. 2019. Whole-genome resequencing reveals *Brassica napus* origin and genetic loci involved in its improvement. Nature Communications, 10(1): 1154.

Luo J. 2015. Metabolite-based genome-wide association studies in plants. Current Opinion in Plant Biology, 24: 31-38.

Lv Q, Li W, Sun Z, et al. 2020. Resequencing of 1,143 indica rice accessions reveals important genetic variations and different heterosis patterns. Nature Communications, 11(1): 4778.

Ma Y, Min L, Wang J, et al. 2021. A combination of genome-wide and transcriptome-wide association studies reveals genetic elements leading to male sterility during high temperature stress in cotton. New Phytologist, 231(1): 165-181.

Makanza R, Zaman-Allah M, Cairns J E, et al. 2018. High-throughput phenotyping of canopy cover and senescence in maize field trials using aerial digital canopy imaging. Remote Sensing, 10(2): 330.

Manning K, Tor M, Poole M, et al. 2006. A naturally occurring epigenetic mutation in a gene encoding an SBP-box transcription factor inhibits tomato fruit ripening. Nature Genetics, 38: 948-952.

Mao H D, Wang H W, Liu S X, et al. 2015. A transposable element in a NAC gene is associated with drought tolerance in maize seedlings. Nature Communications, 6: 8326

March T J, Richter D, Colby T, et al. 2012. Identification of proteins associated with malting quality in a subset of wild barley introgression lines. Proteomics, 12(18): 2843-2851.

Mark Z, Mathew G L, Natalie M C, et al. 2020. Integrated multi-omics framework of the plant response to jasmonic acid. Nature Plants, 6(3): 290-302.

Marsh J I, Hu H F, Gill M, et al. 2021. Crop breeding for a changing climate: integrating phenomics and genomics with bioinformatics. Theoretical and Applied Genetics, 134: 1677-1690.

Matsuda F, Nakabayashi R, Yang Z, et al. 2015. Metabolome-genome-wide association study dissects genetic architecture for generating natural variation in rice secondary metabolism. The Plant Journal, 81: 13-23.

Matsuoka Y, Vigouroux Y, Goodman M M, et al. 2002. A single domestication for maize shown by multilocus microsatellite genotyping. Proceedings of the National Academy of Sciences of the United States of America, 99(9): 6080-6084.

McWhite C D, Papoulas O, Drew K, et al. 2020. A pan-plant protein complex map reveals deep conservation and novel assemblies. Cell, 181(2): 460-474.

Mercer T R, Dinger M E, Mattick J S. 2009. Long non-coding RNAs: insights into functions. Nature Reviews Genetics, 10(3): 155-159.

Meyer R S, Purugganan M D. 2013. Evolution of crop species: genetics of domestication and diversification. Nature Reviews Genetics, 14(12): 840-852.

Milner S G, Jost M, Taketa S, et al. 2019. Genebank genomics highlights the diversity of a global barley collection. Nature Genetics, 51(2): 319-326.

Mirzaghaderi G, Abdolmalaki Z, Ebrahimzadegan R, et al. 2020. Production of synthetic wheat lines to exploit the genetic diversity of emmer wheat and D genome containing *Aegilops* species in wheat breeding. Scientific Reports, 10(1): 19698.

Miura K, Agetsuma M, Kitano H, et al. 2009. A metastable DWARF1 epigenetic mutant affecting plant stature in rice. Proceedings of the National Academy of Sciences of the United States of America, 106: 11218-11223.

Montenegro J D, Golicz A A, Bayer P E, et al. 2017. The pangenome of hexaploid bread wheat. The Plant Journal, 90(5): 1007-1013.

Moradpour M, Abdulah S N A. 2020. CRISPR/dCas9 platforms in plants: strategies and applications beyond genome editing. Plant Biotechnology Journal, 18: 32-44.

Morin R, Bainbridge M, Fejes A, et al. 2008. Profiling the HeLa S3 transcriptome using randomly primed cDNA and massively parallel short-read sequencing. Biotechniques, 45(1): 81-94.

Nelson D, Albert L L, Cox M M. 2004. Lehninger principles of biochemistry. Oxidative Phosphorylation & Photophosphorylation, 32(10): 947-948.

Nguyen G N, Norton S L. 2020. Genebank Phenomics: a strategic approach to enhance value and utilization of crop germplasm. Plants (Basel), 9(7): 817.

Noshay J M, Springer N M. 2021. Stories that can't be told by SNPs；DNA methylation variation in plant populations. Current Opinion in Plant Biology, 61: 101989.

Nunez J K, Chen J, Pommier G C, et al. 2021. Genome-wide programmable transcriptional memory by CRISPR-based epigenome editing. Cell, 184: 2503-2519.

Ou L, Li D, Lv J, et al. 2018. Pan-genome of cultivated pepper (*Capsicum*) and its use in gene presence-absence variation analyses. New Phytologist, 220: 360-363.

Paine J A, Shipton C A, Chaggar S, et al. 2005. Improving the nutritional value of Golden Rice through increased pro-vitamin A content. Nature Biotechnology, 23: 482-487.

Pang H, Chen Q, Li Y, et al. 2021. Comparative analysis of the transcriptomes of two rice subspecies during domestication. Scientific Reports, 11(1): 1-11.

Pirredda M, Gonzalez-Benito M E, Martin C, et al. 2020. Genetic and epigenetic stability in rye seeds under different storage conditions: ageing and oxygen effect. Plants (Basel), 9(3): 393.

Quadrana L, Almeida J, Asis R, et al. 2014. Natural occurring epialleles determine vitamin E accumulation in tomato fruits. Nature Communications, 5: 3027.

Raj T, Li Y I, Wong G, et al. 2018. Integrative transcriptome analyses of the aging brain implicate altered splicing in Alzheimer's disease susceptibility. Nature Genetics, 50: 1584-1592.

Rakotondramanana M, Tanaka R, Pariasca-Tanaka J, et al. 2022. Genomic prediction of zinc-biofortification potential in rice gene bank accessions. Theoretical and Applied Genetics, 135(7): 2265-2278.

Reiland S, Finazzi G, Endler A, et al. 2011. Comparative phosphoproteome profiling reveals a function of the STN8 kinase in fine-tuning of cyclic electron flow (CEF). Proceedings of the National Academy of Sciences of the United States of America, 108(31): 12955.

Reinders J, Wulff B B, Mirouze M, et al. 2009. Compromised stability of DNA methylation and transposon immobilization in mosaic *Arabidopsis* epigenomes. Genes and Development, 23: 939-950.

Reynolds M, Langridge P. 2016. Physiological breeding. Current Opinion in Plant Biology, 31: 162-171.

Richards E J. 2006. Inherited epigenetic variation-revisiting soft inheritance. Nature Reviews Genetics, 7: 395-401.

Riedelsheimer C, Lisec J, Czedik-Eysenberg A, et al. 2012. Genome-wide association mapping of leaf metabolic profiles for dissecting complex traits in maize. Proceedings of the National Academy of Sciences of the United States of America, 109: 8872-8877.

Rinn J L, Kertesz M, Wang J K, et al. 2007. Functional demarcation of active and silent chromatin domains in human HOX loci by noncoding RNAs. Cell, 129(7): 1311-1323.

Rodriguez-Leal D, Lemmon Z H, Man J, et al. 2017. Engineering quantitative trait variation for crop improvement by genome editing. Cell, 171: 470-480.

Rodziewicz P, Chmielewska K, Sawikowska A, et al. 2019. Identification of drought responsive proteins and related proteomic QTLs in barley. Journal of Experimental Botany, 70(10): 2823-2837.

Rosyara U, Kishii M, Payne T, et al. 2019. Genetic contribution of synthetic hexaploid wheat to CIMMYT's spring bread wheat breeding germplasm. Scientific Reports, 9(1): 12355.

Ruperao P, Thirunavukkarasu N, Gandham P, et al. 2021. Sorghum pan-genome explores the functional utility to accelerate the genetic gain. Frontiers in Plant Science, 12: 666342.

Rutkoski J, Poland J, Mondal S, et al. 2016. Canopy temperature and vegetation indices from high-throughput phenotyping improve accuracy of pedigree and genomic selection for grain yield in wheat. G3 (Bethesda), 6(9): 2799-2808.

Shabalin A A. 2012. Matrix eQTL: ultra fast eQTL analysis via large matrix operations. Bioinformatics, 28(10): 1353-1358.

Shang L, Li X, He H, et al. 2022. A super pan-genomic landscape of rice. Cell Research, 32(10): 878-896.

Shashikant T, Ettensohn C A. 2019. Genome-wide analysis of chromatin accessibility using ATAC-seq. Methods in Cell Biology, 151: 219-235.

Shen X, Wang, R, Xiong X, et al. 2019. Metabolic reaction network-based recursive metabolite annotation for untargeted metabolomics. Nature Communications, 10: 1516.

Shen Y, Zhang J, Liu Y, et al. 2018. DNA methylation footprints during soybean domestication and improvement. Genome Biology, 19: 128.

Shin J, Marx H, Richards A, et al. 2020. A network-based comparative framework to study conservation and divergence of proteomes in plant phylogenies. Nucleic Acids Research, 49(1): e3.

Singh P K, Rawal H C, Panda A K, et al. 2022. Pan-genomic, transcriptomic, and miRNA analyses to decipher genetic diversity and anthocyanin pathway genes among the traditional rice landraces. Genomics, 114(5): 110436.

Song J M, Guan Z, Hu J, et al. 2020. Eight high-quality genomes reveal pan-genome architecture and ecotype differentiation of *Brassica napus*. Nature Plants, 6: 34-45.

Song Q, Zhang T, Stelly D M, et al. 2017. Epigenomic and functional analyses reveal roles of epialleles in the loss of photoperiod sensitivity during domestication of allotetraploid cottons. Genome Biology, 18: 99.

Springer N M, Schmitz R J. 2017. Exploiting induced and natural epigenetic variation for crop improvement. Nature Reviews Genetics, 18: 563-575.

Sun H, Guo Z A, Gao L F, et al. 2014. DNA methylation pattern of *Photoperiod-B1* is associated with photoperiod insensitivity in wheat (*Triticum aestivum*). New Phytologist, 204: 682-692.

Sun R, Sun B, Tian Y, et al. 2022. Dissection of the practical soybean breeding pipeline by developing ZDX1, a high-throughput functional array. Theoretical and Applied Genetics, 135(4): 1413-1427.

Sun Y, Dong L, Zhang Y, et al. 2020. 3D genome architecture coordinates *trans* and *cis* regulation of differentially expressed ear and tassel genes in maize. Genome Biology, 21(1): 143.

Swanson-Wagner R, Briskine R, Schaefer R, et al. 2012. Reshaping of the maize transcriptome by domestication. Proceedings of the National Academy of Sciences of the United States of America, 109(29): 11878-11883.

Talbot B, Chen T W, Zimmerman S, et al. 2017. Combining genotype, phenotype, and environment to infer potential candidate genes. Journal of Heredity, 108: 207-216.

Tang B, Liu C, Li Z, et al. 2021a. Multilayer regulatory landscape during pattern-triggered immunity in rice. Plant Biotechnology Journal, 19(12): 2629-2645.

Tang S, Zhao H, Lu S, et al. 2021b. Genome-and transcriptome-wide association studies provide insights into the genetic basis of natural variation of seed oil content in *Brassica napus*. Molecular Plant, 14(3): 470-487.

Tang W, Ye J, Yao X, et al. 2019. Genome-wide associated study identifies NAC42-activated nitrate transporter conferring high nitrogen use efficiency in rice. Nature Communications, 10(1): 5279.

Tao H, Feng H, Xu L, et al. 2020. Estimation of the yield and plant height of winter wheat using uav-based hyperspectral images. Sensors (Basel, Switzerland), 20(4): 1231.

Tettelin H, Masignani V, Cieslewicz M J, et al. 2005. Genome analysis of multiple pathogenic isolates of *Streptococcus agalactiae*: implications for the microbial "pan-genome". Proceedings of the National Academy of Sciences of the United States of America, 102: 13950-13955.

The International HapMap Consortium. 2007. A second generation human haplotype map of over 3. 1 million SNPs. Nature, 449: 851-861.

Tian H, Yang Y, Yi H, et al. 2021. New resources for genetic studies in maize (*Zea mays* L.): a genome-wide Maize6H-60K single nucleotide polymorphism array and its application. The Plant Journal, 105(4): 1113-1122.

Tong W, Li R, Huang J, et al. 2021. Divergent DNA methylation contributes to duplicated gene evolution and chilling response in tea plants. The Plant Journal, 106: 1312-1327.

Torkamaneh D, Lemay M A, Belzile F. 2021. The pan-genome of the cultivated soybean (PanSoy) reveals an extraordinarily conserved gene content. Plant Biotechnology Journal, 19(9): 1852-1862.

Toubiana D, Cabrera R, Salas E, et al. 2020. Morphological and metabolic profiling of a tropical-adapted potato association panel subjected to water recovery treatment reveals new insights into plant vigor. The Plant Journal, 103: 2193-2210.

Uhrig R G, Schläpfer P, Roschitzki B, et al. 2019. Diurnal changes in concerted plant protein phosphorylation and acetylation in *Arabidopsis* organs and seedlings. The Plant Journal, 99(1): 176-194.

Van Speybroeck L. 2002. From epigenesis to epigenetics: the case of C. H. Waddington. Annals of the New York Academy of Sciences, 981: 61-81.

Wainberg M, Sinnott-Armstrong N, Mancuso N, et al. 2019. Opportunities and challenges for transcriptome-wide association studies. Nature Genetics, 51: 592-599.

Wäldchen J, Rzanny M, Seeland M, et al. 2018. Automated plant species identification-trends and future directions. PLoS Computational Biology, 14(4): e1005993.

Walter J D C, Edwards J, McDonald G, et al. 2019. Estimating biomass and canopy height with LiDAR for field crop breeding. Frontiers in Plant Science, 10: 1145.

Wang B, Lin Z, Li X, et al. 2020a. Genome-wide selection and genetic improvement during modern maize breeding. Nature Genetics, 52(6): 565-571.

Wang H, Sun S, Ge W, et al. 2020b. Horizontal gene transfer of *Fhb7* from fungus underlies *Fusarium* head blight resistance in wheat. Science, 368(6493): caba5435.

Wang J, Yu H, Weng X, et al. 2014. An expression quantitative trait loci-guided co-expression analysis for constructing regulatory network using a rice recombinant inbred line population. Journal of Experimental Botany, 65: 1069-1079.

Wang J, Yu H, Xie W, et al. 2010. A global analysis of QTLs for expression variations in rice shoots at the early seedling stage. The Plant Journal, 63(6): 1063-1074.

Wang L, Jia G, Jiang X, et al. 2021a. Altered chromatin architecture and gene expression during polyploidization and domestication of soybean. The Plant Cell, 33: 1430-1446.

Wang L, Liu F, Hao X, et al. 2021b. Identification of the QTL-allele system underlying two high-throughput physiological traits in the Chinese soybean germplasm population. Frontiers in Genetics, 12: 600444.

Wang M, Carver J J, Phelan V V, et al. 2016a. Sharing and community curation of mass spectrometry data with global natural products social molecular networking. Nature Biotechnology, 34: 828-837.

Wang W, Mauleon R, Hu Z, et al. 2018a. Genomic variation in 3,010 diverse accessions of Asian cultivated rice. Nature, 557(7703): 43-49.

Wang X, Chen Q, Wu Y, et al. 2018b. Genome-wide analysis of transcriptional variability in a large maize-teosinte population. Molecular Plant, 11(3): 443-459.

Wang X, Wang H, Liu S, et al. 2016b. Genetic variation in *ZmVPP1* contributes to drought tolerance in maize seedlings. Nature Genetics, 48: 1233-1241.

Wang Y, Yu H, Tian C, et al. 2017. Transcriptome association identifies regulators of wheat spike architecture. Plant Physiology, 175(2): 746-757.

Wei X, Song X, Wei L, et al. 2017. An epiallele of rice *AK1* affects photosynthetic capacity. Journal of Integrative Plant Biology, 59: 158-163.

Wen W, Li D, Li X, et al. 2014. Metabolome-based genome-wide association study of maize kernel leads to novel biochemical insights. Nature Communications, 5: 3438.

Wen W, Li K, Alseekh S, et al. 2015. Genetic determinants of the network of primary metabolism and their relationships to plant performance in a maize recombinant inbred line population. The Plant Cell, 27: 1839-1856.

Wu D, Li D, Zhao X, et al. 2020a. Identification of a candidate gene associated with isoflavone content in soybean seeds using genome-wide association and linkage mapping. The Plant Journal, 104: 950-963.

Wu J, Wang L, Fu J, et al. 2020b. Resequencing of 683 common bean genotypes identifies yield component trait associations across a north-south cline. Nature Genetics, 52(1): 118-125.

Wu X, Feng H, Wu D, et al. 2021. Using high-throughput multiple optical phenotyping to decipher the genetic architecture of maize drought tolerance. Genome Biology, 22: 185.

Xia J X, Guo Z J, Yang Z Z, et al. 2021. Whitefly hijacks a plant detoxification gene that neutralizes plant toxins. Cell, 184: 1693.

Xie M, Yu B. 2015. siRNA-directed DNA Methylation in Plants. Current Genomics, 16: 23-31.

Xiong Z, Yang F, Li M, et al. 2022. EWAS Open Platform: integrated data, knowledge and toolkit for epigenome-wide association study. Nucleic Acids Research, 50: D1004-D1009.

Xu J, Chen G, Hermanson P J, et al. 2019. Population-level analysis reveals the widespread occurrence and phenotypic consequence of DNA methylation variation not tagged by genetic variation in maize. Genome Biology, 20: 243.

Xu J, Tanino K K, and Robinson S J. 2016. Stable epigenetic variants selected from an induced hypomethylated fragaria vesca population. Frontiers in Plant Science, 7: 1768.

Xu S J, Joppa L R. 2000. First-division restitution in hybrids of Langdon durum disomic substitution lines with rye and *Aegilops squarrosa*. Plant Breeding, 119: 233-241.

Yamamoto K, Guo W, Ninomiya S. 2016. Node detection and internode length estimation of tomato seedlings based on image analysis and machine learning. Sensors, 16(7): 1044.

Yan J, Xu Y, Cheng Q, et al. 2021. LightGBM: accelerated genomically designed crop breeding through ensemble learning. Genome Biology, 22(1): 271.

Yang N, Liu J, Gao Q, et al. 2019. Genome assembly of a tropical maize inbred line provides insights into structural variation and crop improvement. Nature Genetics, 51: 1052-1059.

Yang Q, Shi L, Han J, et al. 2022. A VI-based phenology adaptation approach for rice crop monitoring using UAV multispectral images. Field Crops Research, 277: 108419.

Yang W N, Feng H, Zhang X H, et al. 2020a. Crop phenomics and high-throughput phenotyping: past decades, current challenges, and future perspectives. Molecular Plant, 13: 187-214.

Yang W, Guo Z, Huang C, et al. 2014. Combining high-throughput phenotyping and genome-wide association studies to reveal natural genetic variation in rice. Nature Communications, 5: 5087.

Yang W, Liu D, Li J, et al. 2009. Synthetic hexaploid wheat and its utilization for wheat genetic improvement in China. Journal of Genetics and Genomics, 36(9): 539-546.

Yang Z, Zhang H, Li X, et al. 2020b. A mini foxtail millet with an *Arabidopsis*-like life cycle as a C4 model system. Nature Plants, 6(9): 1167-1178.

Yao W, Li G, Zhao H, et al. 2015. Exploring the rice dispensable genome using a metagenome-like assembly strategy. Genome Biology, 16: 187.

Yu H H, Xie W B, Li J, et al. 2013. A whole-genome SNP array (RICE6K) for genomic breeding in rice.

Plant Biotechnology Journal, 12: 8-37.

Yu J, Golicz A A, Lu K, et al. 2019. Insight into the evolution and functional characteristics of the pan-genome assembly from sesame landraces and modern cultivars. Plant Biotechnology Journal, 17: 881-892.

Yuan J, Jiao W, Liu Y, et al. 2020. Dynamic and reversible DNA methylation changes induced by genome separation and merger of polyploid wheat. BMC Biology, 18: 171.

Zan Y, Shen X, Forsberg S K, et al. 2016. Genetic regulation of transcriptional variation in natural *Arabidopsis thaliana* accessions. Genes Genomes Genetics, 6: 2319-2328.

Zeng L, Tu X L, Dai H, et al. 2019. Whole genomes and transcriptomes reveal adaptation and domestication of pistachio. Genome biology, 20(1): 1-13.

Zhang F, Xue H, Dong X, et al. 2022. Long-read sequencing of 111 rice genomes reveals significantly larger pan-genomes. Genome Research, 32(5): 853-863.

Zhang H, Lang Z, Zhu J K. 2018. Dynamics and function of DNA methylation in plants. Nat Rev Mol Cell Biol, 19: 489-506.

Zhang L, Cheng Z, Qin R, et al. 2012. Identification and characterization of an epi-allele of FIE1 reveals a regulatory linkage between two epigenetic marks in rice. The Plant Cell, 24: 4407-4421.

Zhang L, Ren Y, Yang T, et al. 2019a. Rapid evolution of protein diversity by *de novo* origination in *Oryza*. Nature Ecology & Evolution, 3(4): 679-690.

Zhang L, Yu H, Ma B, et al. 2017a. A natural tandem array alleviates epigenetic repression of IPA1 and leads to superior yielding rice. Nature Communications, 8: 14789.

Zhang L, Yu Y, Shi T, et al. 2020. Genome-wide analysis of expression quantitative trait loci (eQTLs) reveals the regulatory architecture of gene expression variation in the storage roots of sweet potato. Horticulture Research, 7: 1-12.

Zhang Q, Guan P, Zhao L, et al. 2021. Asymmetric epigenome maps of subgenomes reveal imbalanced transcription and distinct evolutionary trends in *Brassica napus*. Molecular Plant, 14: 604-619.

Zhang X, Gao M, Wang S, et al. 2015a. Allelic variation at the vernalization and photoperiod sensitivity loci in Chinese winter wheat cultivars (*Triticum aestivum* L.). Frontiers in Plant Science, 6: 470.

Zhang X, Huang C, Wu D, et al. 2017b. High-throughput phenotyping and QTL mapping reveals the genetic architecture of maize plant growth. Plant Physiology, 173(3): 1554-1564.

Zhang X, Lin Z, Wang J, et al. 2019b. The *tin1* gene retains the function of promoting tillering in maize. Nature Communications, 10(1): 5608.

Zhang X Q, Sun J, Cao X F, et al. 2015b. Epigenetic mutation of RAV6 affects leaf angle and seed size in rice. Plant Physiology, 169: 2118-2128.

Zhao L, Xie L, Zhang Q, et al. 2020. Integrative analysis of reference epigenomes in 20 rice varieties. Nature Communications, 11: 2658.

Zhao Q, Feng Q, Lu H, et al. 2018. Pan genome analysis highlights the extent of genomic variation in cultivated and wild rice. Nature Genetics, 50: 278-284.

Zheng X M, Chen J, Pang H B, et al. 2019. Genome-wide analyses reveal the role of noncoding variation in complex traits during rice domestication. Science Advances, 5(12): eaax3619.

Zhou G, Zhu Q, Mao Y, et al. 2021a. Multi-locus genome-wide association study and genomic selection of kernel moisture content at the harvest stage in maize. Frontiers in Plant Science, 12: 697688.

Zhou J, Mou H, Zhou J, et al. 2021b. Qualification of soybean responses to flooding stress using UAV-based imagery and deep learning. Plant Phenomics, 2021: 9892570.

Zhou S, Zhang J, Che Y, et al. 2018. Construction of *Agropyron* Gaertn. genetic linkage maps using a wheat 660K SNP array reveals a homoeologous relationship with the wheat genome. Plant Biotechnology Journal, 16(3): 818-827.

Zhu G, Wang S, Huang Z, et al. 2018. Rewiring of the fruit metabolome in tomato breeding. Cell, 172: 249-261.

Zhuang Y, Wang X, Li X, et al. 2022. Phylogenomics of the genus *Glycine* sheds light on polyploid evolution and life-strategy transition. Nature Plants, 8: 233-244.

第九章　作物种质资源大数据

20 世纪 80 年代之前，作物种质资源信息主要以纸质形式记录保存，作物种质资源数量的不断增加和工作的不断开展，使得资源相关档案材料大量累积。随着计算机技术的兴起，我国作物种质资源信息化建设也被提上日程，中国农业科学院作物科学研究所（原品种资源研究所）依托“七五”国家科技攻关“国家农作物种质资源数据库系统”专项，对 141 种作物、27 万余份种质资源的 1259 万个数据项进行标准化、规范化处理，完成了所有纸质档案的电子化工作，建立了国家种质库管理数据库、农作物种质特性评价数据库、国内外农作物种质交换数据库，并开发了相应的数据库管理系统，研究制定了我国第一部农作物种质资源信息处理规范《农作物品种资源信息处理规范》（张贤珍，1990）。该项工作的开展标志着我国作物种质资源正式进入信息管理时代，为后期作物种质资源信息化建设奠定了坚实的理论和数据基础，但由于当时网络技术的限制，在资源信息共享方式和方法方面尚未得到大的改观。

20 世纪末到 21 世纪初，计算机各类技术迅速发展，为作物种质资源信息化建设提供了条件和机会。1998 年 12 月 25 日，中国作物种质信息网正式开通，开始向国内外广大用户提供种质资源信息服务，实现了种质资源信息的网络共享。同期构建了中国作物种质信息网（Chinese Crop Germplasm Resources Information System，CGRIS），整合了约 37 万份资源、2000 万个数据项的种质资源信息。在往后的十余年时间内，随着种质资源数据数量的迅速增加，种质资源信息工作者研发了多种种质资源相关软件和应用系统，如植物指纹图谱自动识别系统、作物种质资源系谱分析系统、种质资源统计分析系统等，种质资源数据分析能力得到大大提升。另外，自 2003 年开始，经过 5 年左右时间，在我国众多作物种质资源工作者的努力下，陆续编制出版了“农作物种质资源技术规范丛书”，该丛书对于提高农作物种质资源数据整合效率，实现种质资源的充分共享和利用，促进种质资源工作信息化进程具有重大意义。

2011 年，国家农作物种质资源平台经过 8 年的建设，正式通过科技部、财政部认定转入运行服务阶段（方沩和曹永生，2018），标志着以平台运行服务支撑作物种质资源信息与实物共享利用机制已经成熟，真正实现了信息整合带动实物整合，信息共享带动实物共享，共享效率和速度得到巨大提升。该时期作物种质资源数据另一个重要特点是多源化，为更好地支撑资源工作管理与研究，多源异构数据整合成为该阶段数据治理的重点；此外，2015 年“云之稻”项目启动（Wang et al.，2018b），通过阿里云向全球共享数据。数据的有效整合和云上服务均为后期作物种质资源大数据建设进程推动打下了基础。

总体来看，经过多年的作物种质资源信息化建设，在数据库建设、标准规范制定、信息系统研发、信息共享服务、数据分析挖掘等方面取得了一系列显著成效，作物种质资源数据得到有效整合，数据共享与服务水平逐级提升，数据分析与挖掘能力显著增强，大大推动了作物种质资源工作的标准化、信息化和现代化。随着基因组学、表观组学、蛋白质组学、代谢组学、表型组学等学科的飞速发展和高通量数据获取技术方法的迭代更新，作物种质资源数据呈几何级数增长，数据关系复杂多变，传统的数据存储技术、加工技术、分析挖掘方法已无法满足数据的存储、处理和分析挖掘等需求，作物种质资源的大数据时代正式开启，大数据的思维、技术和方法将与作物种质资源学、生物信息学等结合碰撞，产生以作物种质资源研究为目标的新思路、新技术、新方法。

第一节 概念与范畴

信息时代的今天，每时每刻都在产生海量的数据。大数据作为信息革命的延伸，引起了人们越来越多的关注，正以前所未有的速度融入并影响着国家治理、经济发展、社会生产、人民生活等方方面面。在大数据不断渗透乃至融合的各行各业中，作物种质资源领域便是其中之一。

一、作物种质资源大数据概述

（一）作物种质资源大数据概念

大数据是信息化发展的新阶段。最初为了描述在数据量、输入/输出速率和数据类型多样化这三个维度上快速拓展的数据，加特纳集团（Gartner Group）的分析师莱尼（D. Laney）于 2001 年定义并推广大数据（big data）概念（马占山，2017）。随后，由于互联网和信息行业的迅速发展，基于大数据的科学研究成为继实验、理论和计算之后的第四范式。

大数据是一个宽泛的概念，目前仍然没有一个对大数据权威的定义。咨询公司麦肯锡认为大数据是一种规模大到在获取、存储、管理、分析方面大大超出了传统数据库软件工具能力范围的数据集合（Manyika，2011）；数据科学家维克托·迈尔-舍恩伯格认为大数据是不以随机采样的方式进行相关性分析的数据全集（Mayer-Schönberger et al.，2013）。无论是从数据体量、结构还是价值的角度定义大数据，大数据的定义必然随着时代的不断发展而改变。作物种质资源大数据作为作物种质资源发展的战略性资源，是大数据理念、技术和方法在作物种质资源研究领域的延伸与实践，是作物种质资源新要素、新技术和新模式的结合体。通过将大数据技术与作物种质资源业务环节紧密结合，开展以数据为导向的作物种质资源科学研究，支撑作物种质资源的高效利用与共享。

（1）从新要素角度来说，作物种质资源大数据是和试验场地、仪器设备同等重要的要素。作物种质资源大数据来源多、数据类型丰富，涵盖了作物种质资源科学研究全过程。随着大规模测序、精准鉴定等工作的开展，产生了大量的科研数据，促使作物种质资源科学研究从以资源为导向转变为以数据为导向。

（2）从新技术角度来说，作物种质资源大数据是新一代数据处理和分析技术在作物种质资源研究领域的应用。传统的作物种质资源数据处理和分析主要以结构化数据为对象，而作物种质资源大数据的应用使得资源文本描述、图片等非结构化数据的处理和分析成为可能。大数据挖掘分析算法的使用，如全基因组关联分析、表观基因组关联分析等，加快了优异种质基因的发掘和种质创新的进度。

（3）从新模式角度来说，作物种质资源大数据是作物种质资源基于大数据的科学研究第四范式，驱动了作物种质资源的研究和管理。通过形成涵盖资源收集到共享利用各个环节在内的数据闭环，从而不断优化业务流程，突破现有“数据孤岛”的影响，形成作物种质资源大数据体系。除此之外，作物种质资源科学研究中的大数据安全等一些非技术问题也是新模式的关注重点。

（二）作物种质资源大数据特征

大数据特征随着人们对大数据认识的变化而不断改变。2001 年 Gartner Group 的研究人员对那些运用传统的数据采集与分析模式难以应对的数量巨大、类别繁多且高速运行的数据，提出了 3 个特性：规模化（volume）、多样化（variety）、高速性（velocity），简称 3V。之后国际数据公司 IDC 认为大数据的价值性是不可忽视的，在 3V 的基础上增加了价值性（value），扩充到 4V。随着大数据采集、存储和处理成本的下降，数据的来源越来越多及复杂程度越来越高，对于数据的准确性要求也越来越高。因此，学者在 4V 特征的基础上又增加了准确性（veracity），发展到 5V（Lee and Sohn，2015），也是目前大家普遍接受的大数据特征（图 9-1）。作物种质资源大数据除具备以上 5V 特征外，还包含作物种质资源所独有的特征：生命力（vitality）。

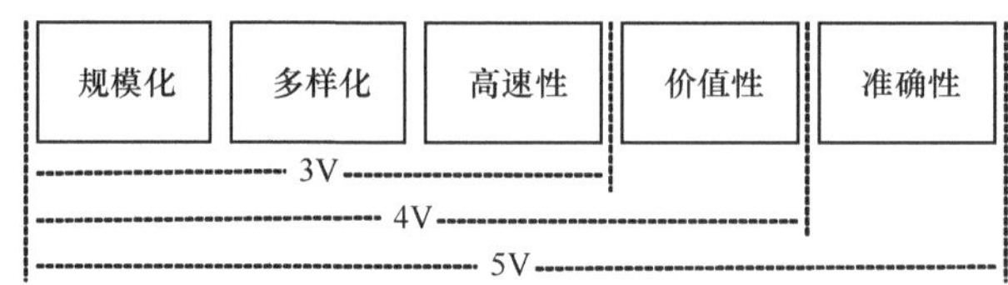

图 9-1　大数据 5V 特征

1. 规模化

作物种质资源大数据的“大”首先体现在数据量巨大。随着高通量测序仪、表型设施等数据采集手段的运用，数据获取能力不断增强，时刻都在产生新数据，数据采集、计算、存储的规模都非常庞大。尽管没有特定的规模阈值来定义作物种质资源大数据，但通常来说，其数据集一般在 TB 级以上，甚至可达 PB、EB 级别。

2. 多样化

作物种质资源大数据多样化主要体现在数据来源多和数据类型多。从数据来源上看，包括资源收集、整理编目、鉴定评价、保存监测和共享利用等各环节产生的专业数据和管理数据，还包括与资源相关的环境、文献和社会经济等外延数据。从数据类型上看，包括结构化数据，文本、图片和多媒体等非结构化数据及半结构化数据。

3. 高速性

高速性体现在数据实时、快速地采集、传输、存储和分析。新一代测序、传感器等技术推动了数据的大规模、高通量获取；高速互联网络、5G 等技术保障了数据的高速传输；云计算、大规模并行计算等技术支撑了海量数据的存储和快速分析。这些先进仪器设备、网络和计算技术的广泛应用，改变了作物种质资源数据传统的获取和处理模式，实现了数据全生命周期的“高速性”。

4. 价值性

作物种质大数据具有数据价值密度低但总价值大的特点，数据可反复利用，价值不因使用而减少。作物种质资源大数据承载的知识大多以隐式存在，更多有价值的信息隐藏在数据的表面之下，需要联用多种分析方法、融合领域特征进行深度分析和提炼，从中挖掘出所承载的隐式知识以支撑作物种质资源保护、研究与利用。

5. 准确性

随着数据量增大，数据来源变多，保障数据准确性的难度不断增加。一方面，通过严格实施标准规范及运用标准化的仪器设备，可最大程度地保障数据的质量；另一方面，大数据强调的是“数据的全体”，对于少量存在错误和缺陷等问题的数据，可以通过多种统计学手段降低其对整体准确性的影响。

6. 生命力

种质资源是生命遗传信息的载体，是一种生命形态，是具有生命力的。作物种质资源大数据是作物种质资源数字化的映射，反映的是作物种质资源在其生命周期中各个阶段、各个维度生命活动的特征和特性，是种质资源生命力在数据层面的体现。同时，作物种质资源大数据还随技术发展、数据增长和分析利用，不断进行自我丰富和完善，具有“活的”特征，亦是有生命力的。

（三）作物种质资源数据类型

按照数据结构分类，作物种质资源大数据可以分为结构化数据、非结构化数据和半结构化数据。结构化数据主要是指可以使用关系型数据库表示和存储，可以用二维表来逻辑表达数据，数据的存储和排列是很有规律的（袁汉宁等，2015）。非结构化数据是没有固定结构的数据，通常以二进制的数据格式保存为不同类型的文件，如文本、图片和多媒体等数据。半结构化数据是指以自描述文本模式记录的数据，与非结构化数据相比，半结构化数据具有一定的结构，但本质上不具备相关性。数据的结构和内容混在一起，没有明显的区分。

按照数据产生环节分类，作物种质资源数据可分为考察收集、普查征集、国外引种、资源登记、资源编目、鉴定评价、资源保存、繁殖更新、监测预警、种质创新、共享利用等业务流程数据。各类数据分别来自作物种质资源各业务环节。

按照数据格式分类，作物种质资源数据可分为表格、文本、图片等。例如，一份作物种质资源数据，可以包含各类监测检测数据表、资源描述性文本文件、拍照图片等。

按照数据内容分类，作物种质资源大数据可分为依赖作物种质资源实体产生的数据和其他相关数据两类。依赖作物种质资源实体产生的数据可分为管理型数据、研究型数据、交互型数据及其衍生数据。管理型数据是指在各业务管理中产生的数据，如库管数据；研究型数据是指通过调查统计、田间试验、检验检测等产生的数据，如鉴定评价数据、基因检测数据；交互型数据是指用户利用资源实体或数据过程中产生的数据，如资源利用反馈数据、共享网站日志数据；衍生数据是指通过二次加工或分析挖掘产生的衍生数据。其他相关数据包括环境、文献、社会经济等数据，如气象数据、地形地貌数据等。

二、作物种质资源大数据体系框架

从作物种质资源研究的业务逻辑出发，将大数据技术与作物种质资源业务流程紧密结合，构建起以基础设施体系、标准规范体系、数据管理体系和数据安全体系为一体的作物种质资源大数据体系框架，采用层级结构表示作物种质资源大数据的组成部分，描述了作物种质资源大数据从获取到应用的完整过程。作物种质资源大数据体系框架是由四个在不同层级上的子体系组成（图 9-2）。其中，底层基础设施为作物种质资源大数据管理提供技术支撑服务，数据管理与作物种质资源业务流程进行紧密数据交互，标准规范和数据安全则为另外两个子体系提供标准与安全服务。

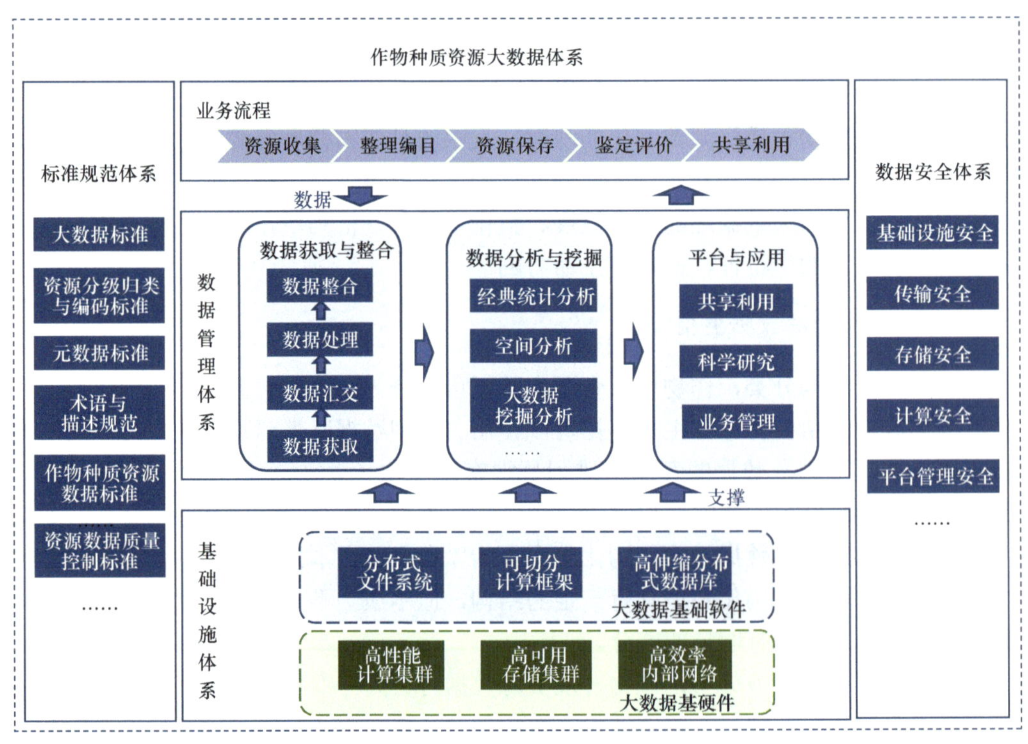

图 9-2　作物种质资源大数据体系

（一）基础设施体系

基础设施体系是作物种质资源大数据发展的基石。基础设施的范围涵盖计算、存储、网络等领域，通过汇聚各业务流程数据，为数据管理提供全生命周期的支撑能力，让数据存得了、流得动、用得好，将数据资源转换为数据资产。

基础设施由大数据基石硬件和大数据基础软件组成。大数据基石硬件主要包括高性能计算集群、高可用存储集群和高效率内部网络。区别于传统的 IT 硬件设施，大数据基石硬件使用高性能计算，从单一算力到大规模并行算力，适应基因型、高通量组学等多样化数据，让计算更高效；高可用存储，从单一存储走向多样化融合存储，构建数据融合处理基础，保证数据存储高实时性和高可靠性；高效率内部网络，实现数据节点之间高速吞吐要求。大数据基础软件由分布式文件系统、可切分计算框架和高伸缩分布式数据库组成。

大数据基础软件与大数据基石硬件相结合，实现单一处理向多源异构数据智能融合处理发展，应对实时、高速的数据应用需求，加速实现数据价值。

（二）标准规范体系

标准规范体系是作物种质资源大数据生产、研究、管理和共享等需遵循的标准规范和行为准则的集合。完备的标准规范体系应能够满足作物种质资源大数据从建设到应用全生命周期关键资源数据的标准化和规范化需求，一般认为，作物种质资源标准规范体系可分为大数据建设、管理、应用及运行维护中需遵循的一般性大数据标准规范和作物种质资源领域信息化建设涉及的专业标准规范等。

（三）数据管理体系

数据管理体系是针对作物种质资源大数据管理和使用而研制的技术方法与应用平台的综合体系，是大数据体系的核心内容。基础设施体系和标准规范体系均需满足数据管理体系的需要，如基石硬件应根据数据整理分析的需求配备，标准规范应根据数据管理需求适时制定和完善。数据管理体系包括数据获取与整合、数据分析与挖掘及平台与应用。

数据获取与整合是数据管理的第一步。作物种质资源数据来源多，类型丰富，涉及基础性工作数据、表型数据、基因型数据、高通量多组学数据等各类数据，只有对各类资源数据进行标准化整理与整合，才能实现资源价值最大化。作物种质资源数据经过数据获取、数据汇交、数据处理和数据整合，最终形成体系化的，可供数据分析与挖掘的数据资产。

数据分析与挖掘是实现数据价值的核心步骤，主要包括经典统计分析、空间分析和大数据挖掘分析等。作物种质资源常用的统计分析方法有基本统计量计算、相关性分析、主成分分析、聚类分析等。结合作物种质资源数据的空间特点，适用于进行作物种质资源空间分析的方法主要有空间统计分析和地统计分析。数据挖掘分析方法丰富多样，在作物种质资源方面主要体现在关联规则、多组学融合数据挖掘等。

平台与应用是提供数据服务的窗口，包括作物种质资源业务管理、科学研究和共享利用平台。作物种质资源管理平台贯穿作物种质资源收集到共享利用各业务环节，包括种质资源业务管理信息系统、种质库管理系统等。作物种质资源研究平台主要为开展作物种质资源科学研究提供系统支撑，包括数据存储和分析系统、自动化挖掘分析平台等。作物种质资源共享平台负责对外提供作物种质资源检索、查询、分析和获取一站式服务。

（四）数据安全体系

大数据促使数据生命周期由传统的单链条逐渐演变成为复杂多链条形态，数据应用场景和参与角色愈加多样化，在复杂的应用环境下，数据安全始终贯穿资源收集到共享利用各个业务环节。应在保障作物种质资源大数据安全的前提下，进行作物种质资源管理和共享。因此，需要面向大数据构建全方位的安全体系，保障数据端到端的安全，实现作物种质资源数据在全生命周期过程中的永不丢失、不泄露、不被篡改、业务永远在线、可追溯等。作物种质资源数据安全体系包括数据基础设施安全（如网络安全、主机安全）、传输安全（如数据加密）、存储安全（如备份容灾）、计算安全（如身份鉴别和认证）及平台管理安全（如访问控制）等。

第二节　数据标准规范

数据标准规范是作物种质资源大数据体系正常运行的重要保障，是规范作物种质资源各项业务工作、保障数据高质量收集与整合、提高数据可比性与可靠性、促进数据分析与挖掘、带动实物与信息共享的前提和基础。在大数据体系框架下，作物种质资源标准规范可分为大数据建设、管理、应用及运行维护中需遵循的一般性大数据标准规范和作物种质资源领域信息化建设涉及的专业标准规范。

一、大数据标准概述

大数据标准规范是各行各业大数据建设需遵循的标准规范和行为准则。为了规范大数据的建设，国际和国内近年分别制定了多项大数据标准，如国际标准化组织/国际电工委员会第一联合技术委员会（ISO/IEC JTC1）组建了大数据工作组用于制定大数据各项标准，国际电信联盟电信标准分局（ITU-T）也制定了与大数据基础设施有关的云计算需求、大数据元数据规范和数据溯源等大数据相关标准；国内研究机构对大数据标准体系开展了充分研究。2015 年，全国信息技术标准化技术委员会（简称信标委）成立了大数据标准工作组负责制订我国大数据领域的标准体系，开展了 24 项大数据国家标准研制，其中《信息技术　大数据　术语》（GB/T 35295—2017）、《信息技术　大数据　技术参考模型》（GB/T 35589—2017）、《多媒体数据语义描述要求》（GB/T 34952—2017）、《信息技术　科学数据引用》（GB/T 35294—2017）、《信息技术　数据溯源描述模型》（GB/T 34945—2017）等 5 项已经发布；2018 年，中国电子技术标准化研究院在国标委、工信部的指导下，研究发布了《大数据标准化白皮书（2018 版）》，并在两年后更新发布了 2020 版；2019 年，由国家多个部门联合主编和企事业单位成员参编的《工业大数据白皮书（2019 版）》发布，进一步优化了工业大数据标准体系，为大数据领域的发展提供了标准化的研究支撑。

参考国内外对大数据标准的研究进展，归纳出我国作物种质资源大数据标准体系可由基础、数据、技术、管理、安全等五部分组成。其中，基础标准主要由总则、术语和参考模型等部分组成，是大数据标准体系的基础，通过《信息技术 大数据 术语》（GB/T 35295－2017）、《非结构化数据表示规范》（GB/T 32909－2016）等标准及资源分级归类与编码标准、共性描述标准与术语等规范术语和参考模型，解决了不同大数据系统之间的互操作问题；数据标准从不同角度对数据进行规范，如元数据标准、数据采集标准、数据存储标准、数据交换标准、数据管理标准等；技术标准主要指大数据模型构建、数据挖掘等涉及的标准；管理标准主要包括各类的业务管理标准、系统运维和管理要求等；安全标准指对作物种质资源大数据的安全技术、安全管理及安全共享等方面的标准。

对于通用型大数据标准可直接参考现有标准或草案，本书不予赘述，主要针对现有的作物种质资源重要标准规范进行逐一介绍。

二、资源分级归类与编码标准

我国制定了自然科技资源的分级归类和编码标准，其中对各类型作物种质资源进行了详细的分级和归类，并赋予分级归类编码，用于指导其他相关标准的制定。编码分别为大类码、小类码、一级码、二级码和三级码。大类码、小类码、一级码和二级码分别用两位数字表示，取值 11～99，三级码用 3 位数字表示，取值 101～999，由此组成总代码，总代码由 11 位数字码组成。作物种质资源的大类为植物遗传资源，对应代码 11；小类为农作物，对应代码 11；一级分类按照作物类型划分，包括粮食作物（代码 11）、纤维作物（代码 13）、油料作物（代码 15）、蔬菜（代码 17）、果树（代码 19）、花卉（代码 21）、糖烟茶桑（代码 23）、牧草绿肥（代码 25）、热带作物（代码 27）、其他作物（代码 99）。栽培稻属于农作物中的粮食作物，其二级类别为稻类，对应代码 11，三级代码对应 101，栽培稻的代码全称即为 11111111101（表 9-1）。

表 9-1　分级归类与编码表格式

大类	小类	一级	二级	三级	代码全称
植物遗传资源					11000000000
	农作物				11110000000
		粮食作物			11111100000
			稻类		11111111000
				栽培稻	11111111101
				……	
		纤维作物			11111300000
			……		

三、元数据标准

元数据的本义为“关于数据的数据”，作为描述信息资源的特征和属性的结构化数据，具有定位、发现、证明、评估、选择信息资源等功能。作物种质资源数据的元数据可分为两类：针对作物种质资源数据集的元数据和针对作物种质资源实体描述的元数据。为了实现与其他农业领域数据的交互与共享利用，作物种质资源数据集元数据一般按照农业科学数据领域通用的元数据标准制定。针对种质资源实体描述方面，我国参照 Darwin Core 元数据标准和多作物护照信息描述符（multi-crop passport descriptors，MCPD）制定了作物种质资源核心元数据标准。

（一）作物种质资源数据集元数据标准

作物种质资源数据集元数据标准主要用于作物种质资源数据的共享、编目、元数据交换和网络查询服务，也是数据集元数据整理、建库、汇编、发布的标准格式。按照一般的元数据标准内容，作物种质资源数据集元数据标准规定了元数据实体集信息和数据集引用信息两类元数据格式。元数据实体集信息分为标识信息、内容信息、分发信息、数据质量信息、数据表现信息、参照系信息、图示表达目录信息、扩展信息、应用模式信息、限制信息、维护信息等。标识信息是指唯一标识数据的信息，包括有关资源的引用、数据集摘要、目的、可信度、状态和联系办法等信息；内容信息提供数据内容特征的描述信息；分发信息包含有关资源分发者的信息及用户获取资源的途径；数据质量信息包含数据集质量的评价信息；数据表现信息包含数据集信息的数据表示；参照系信息包含数据集中数据所依赖的空间和时间参照信息的说明；图示表达目录信息包含标识使用的图示表达目录的信息；扩展信息包含有关领域定义的元数据的扩展信息；应用模式信息包含有关数据集概念模式的信息；限制信息包含访问和使用资源的限制信息；维护信息包含有关资源的更新频率及更新范围的信息。

数据集引用信息由于元数据实体集信息众多，在实际应用中不利于操作，因此在此基础上又规定了核心元数据标准。相较于元数据实体集信息，核心元数据标准更为轻便，规定了数据集最基本的信息，便于应用，且不会对数据集基本特征和属性的理解造成影响。核心元数据标准包括数据内容、数据分类、数据存储与访问信息、数据提供单位信息及数据更新等信息，可用于数据集编目、数据交换网站活动和对数据集的描述。

核心元数据标准采用标准化的方式对核心元数据元素进行描述，即采用摘要表示的方式定义和描述元数据元素，描述项目包括定义、英文名称、数据类型、值域、短名、注解等。

（1）定义：规定元数据元素的名称和基本内容。

（2）英文名称：规定元数据元素名称的英文全称。

（3）数据类型：规定元数据元素可取的有效值域和允许对该值域内的值进行有效操作。

（4）值域：规定元数据元素的取值范围。

（5）短名：规定元数据元素的英文缩写名称，短名在本标准范围内应唯一。

（6）注解：对元数据元素的含义进行详细说明，包括该元数据元素的约束条件（必选、可选或条件必选），以及最大出现次数。当该元数据为条件必选时，应注明其约束条件。约束条件规定元数据元素是否出现在元数据当中，包括必选、可选。必选是指该元数据元素必须出现在元数据中，可选是指根据实际情况该元数据元素既可以出现，也可以不出现在元数据当中。最大出现次数是指元数据元素是否可以在元数据中多次出现，且最多可以出现的次数。“1”表示只出现一次，“*N*”表示重复出现。固定出现的次数用相应的数字表示，如“2”“3”“4”等。

核心元数据包括22个元数据元素，具体可见表9-2。

表9-2 作物种质资源数据集核心元数据描述表

序号	元素名	定义	英文名称	数据类型	值域	短名	注解
1	元数据标识符	元数据的唯一标识	Metadata Identifier	字符串	自由文本	mdid	必选，最大出现次数为1
2	元数据语种	元数据使用的语言	language	字符串	ISO 639-2	mdLang	条件必选，最大出现次数为1
3	元数据字符集	元数据集使用的字符编码标准的全名	Character set	字符串	自由文本	mdChar	条件必选，最大出现次数为1
4	元数据联系方	对元数据负责的人或单位的名称和地址信息	Metadata Responsible Party	复合型	自由文本	mdRespParty	可选，最大出现次数为*N*
5	元数据创建日期	创建元数据的日期	Metadatadate Stamp	字符串	日期	mdDateSt	必选，最大出现次数为1
6	元数据标准名称	执行的元数据标准名称	Metadata Standard Name	字符串	自由文本	mdStanName	可选，最大出现次数为1
7	元数据标准版本	执行的元数据标准（专用标准）版本	Metadata Standard Version	字符串	自由文本	mdStanVer	可选，最大出现次数为1
8	数据集名称	已知的引用资源名称	Title	字符串	自由文本	resTitle	必选，最大出现次数为1
9	数据集日期	引用资源的参照日期	Date	复合型	日期	refDate	必选，最大出现次数为1
10	数据集摘要	数据资源内容的简单说明	Abstract	字符串	自由文本	abstract	必选，最大出现次数为1
11	数据集负责方	对引用资源负责的人或单位的名称和地址信息	Cited Responsible Party	复合型	自由文本	citRespParty	可选，最大出现次数为1
12	数据集格式名称	数据传送格式名称	Name	字符串	自由文本	formatName	可选，最大出现次数为1
13	数据集格式版本	数据集格式版本（日期、版本号等）	Version	字符串	自由文本	formatVer	必选，最大出现次数为1
14	关键字说明	关键字种类、类型和参考资料	Descriprive Keywords	复合型	自由文本	descKeyes	必选，最大出现次数为1
15	数据集访问限制	对获取资源或元数据施加的访问限制	Access Constraints	字符串	自由文本	accessConsts	可选，最大出现次数为*N*
16	数据集使用限制	对使用资源或元数据施加的使用限制	Use Constraints	字符串	自由文本	useConsts	可选，最大出现次数为*N*
17	数据集安全限制分级	对资源或元数据处理限制的名称	Classification	字符串	自由文本	class	必选，最大出现次数为1
18	数据集语种	数据集采用的语言	Language	字符串	ISO 639_2.	dataLang	必选，最大出现次数为*N*
19	数据集字符集	数据集使用的字符编码标准全称	Character Set	字符串	自由文本	dataChar	条件必选，最大出现次数为*N*
20	数据集分类	数据集的分类信息	Topic Category	字符串	自由文本	tpCat	条件必选，最大出现次数为*N*
21	数据志说明	数据生产者有关数据集数据志信息的一般说明	Statement	字符串	自由文本	statement	条件必选，最大出现次数为1
22	数据集在线资源链接地址	可以获取资源的在线资源信息	Online Source	复合型	自由文本	onLineSrc	可选，最大出现次数为*N*

（二）Darwin Core 数据标准

Darwin Core（简称 DwC）数据标准是生物多样性领域中目前应用最为广泛，也是最为重要的标准之一。它是一套用于描述生物有机体分布及其相关采集信息的规范，目前由生物多样性信息标准（Biodiversity Information Standards，TDWG）来维护和管理，其中有专门的 DwC 任务组及专门的网页（http://www.tdwg.org/standards/450/）来记录该标准形成的过程、与它相关的电子资源、文件、用户的评论、对标准的修改意见等。

DwC 的提出主要是促进不同研究机构和数据库间有效地交换生物有机体分布和相关的采集信息。例如，有两个研究组织通过数据库管理着同样一份采集的多个复份标本，这两个组织会在它们各自的数据库中存储非常相似或者几乎完全相同的信息，但是这些信息可能以不同的格式进行存储，当这种情况发生在众多研究项目和数据库的时候，在数据交换和信息共享过程中将会面临巨大困难。因此 DwC 的基本目的就是来解决这些相同数据项或信息内容在不同研究机构的数据库中应用不同表达方式的问题。该标准由一个预先定义的词汇集组成，其中包括了描述生物有机体的学名、分布的地点、标本采集事件（包括采集人、采集时间和地点）等信息。

DwC 在具体实践应用中包括三个主要的版本：简单 DwC、标准 DwC 和 DwC 扩展。简单 DwC 是 DwC 的简化版本，它以简化的方式来处理生物类群在自然界的分布信息。通过简单 DwC，每一个数据记录可以用一个二维的平面表或电子表格文件（如 XLS、CSV 格式）来表示，并且它不要求每一个字段都是必需的。因此可根据自身数据的情况来选择性地使用简单 DwC 所预先界定的数据项。标准 DwC 是大部分在线应用系统所广泛采用的，具有以下特点：①标准 DwC 的基本目的是对所有生物学数据具有更广泛的适用性，主要涵盖的数据是生物学尤其是标本数据；②基础是一系列可以重复使用的概念，而不是一系列的 XML 模式设计；③概念列表是通过规范的 RDF（resource description framework，资源描述框架）来维护。由于 DwC 标准本质是关注生物采集信息的共性，因此当面临要处理研究机构特定或某些与采集相关的研究活动时，就需要在 DwC 标准词汇的基础上添加新的词汇来描述和管理这些信息，即 DwC 扩展，它允许标准的实践者在“核心”信息表达方式“统一”的前提下的灵活性。一般来说，在提出一个新词汇之前，需要考虑这个新词汇是否与已经有的那些词汇相互冲突，是否相互兼容。

（三）多作物护照信息描述符

多作物护照信息描述符（MCPD）是国际上应用最广泛的作物种质资源基本描述符标准，主要包括作物种质资源保存信息、收集信息、植物学分类信息、资源类型信息和亲本信息等，具体见表 9-3。

（四）作物种质资源核心元数据标准

根据我国作物种质资源工作特点，并参照 MCPD 标准，制定我国作物种质资源核心元数据标准，具体如表 9-4 所示。作物种质资源核心元数据是对作物种质资源实体

表 9-3 MCPD 描述符标准表

编号	描述符（英文）	描述符（中文）	说明
1	Institute code	保存机构代码	种质资源保存机构的代码，依据 FAO WIEWS 机构代码
2	Accession number	种质编号	保存单位赋予资源的种质编号
3	Collecting number	收集编号	种质资源收集时的编号
4	Collecting institute code	收集机构代码	收集种质资源的机构，依据 FAO WIEWS 机构代码
5	Genus	属名	植物分类学的属名
6	Species	种名	植物分类学的种名
7	Species authority	定名人	种名的定名人
8	Subtaxon	亚分类	其他补充的植物分类学名称
9	Subtaxon authority	亚分类定名人	其他补充的植物分类学名称的定名人
10	Common crop name	作物俗名	种质资源所属作物类别的通用名称
11	Accession name	种质名称	种质资源的名称
12	Acquisition date	入库（圃）保存日期	种质资源入库（圃）保存的日期
13	Country of origin	原产国	种质资源原产国家，依据 ISO-3166-1 标准 3 位代码
14	Location of collecting site	收集地点	种质资源收集的地点
15	Geographical coordinates	地理坐标	收集地点的经纬度坐标
16	Elevation of collecting site	海拔	收集地点的海拔
17	Collecting date of sample	样品收集日期	种质资源收集的日期
18	Breeding institute code	选育单位	种质资源选育单位代码
19	Biological status of accession	种质类型	种质资源的类型，包括野生种、杂草、地方品种、育种材料、育成品种、转基因材料和其他
20	Ancestral data	亲本信息	种质资源亲本的信息，在农作物种质资源基本描述规范中使用
21	Collecting/acquisition source	收集/采集源	收集或采集的种质来源，包括野外、农田、市场、研究所、实验站、研究机构、种质库、种子公司、田边地头、其他
22	Donor institute code	捐赠机构代码	标准参考保存机构代码
23	Donor accession number	捐赠机构资源编号	标准参考种质编号
24	Other identifiers associated with the accession	其他与资源有关的标识符	与该资源有关的其他标识符，记录格式如下：保存机构代码：种质编号；保存机构代码：标识符……当保存机构代码未知时在标识符前用"："代替保存机构代码
25	Location of safety duplicates	备份保存位置	备份保存机构的代码，代码标准参考保存机构代码，多个代码之间用分号隔开
26	Type of germplasm storage	种质保存类型	包括种质库、种质圃、超低温、DNA、其他，多种保存方式之间用分号隔开
27	MLS status of the accession	加入多边体系情况	加入《粮食和农业植物遗传资源国际条约》多边体系的情况。如果状态未知，请将该值保留为空
28	Remarks	备注	其他需要说明的情况，格式为：字段名：字段值。多个字段用分号隔开

注：WIEWS. World Information and Early Warning System on Plant Genetic Resources for Food and Agriculture，世界粮食和农业植物遗传资源信息和早期预警系统

本身最基本的描述，包括资源的保存信息、植物学分类信息、来源信息和共享信息等。我国的作物种质资源核心元数据标准与 MCPD 相比，侧重点略有不同，MCPD 属于全球通用标准，目的在于规范全球作物种质资源的基本描述，而我国作物种质资源核心元数据标准面向国内，目的偏向资源的分发共享利用，所以更加侧重资源保存和共享信息的描述。

表 9-4　作物种质资源核心元数据描述表

序号	元素名	定义	英文名称	数据类型	值域	短名	注解
1	RI 号	资源统一标识符	Resource Identifier	字符串	自由文本	riCode	必选，最大出现次数为 1
2	提交时间	元数据的提交时间	Submit Time	日期/时间	日期/时间	riTime	必选，最大出现次数为 1
3	作物名称	种质资源所属作物的类别名称	Crop Name	字符串	自由文本	cropName	必选，最大出现次数为 1
4	种质名称	种质资源的名称	Accession Name	字符串	自由文本	acceName	必选，最大出现次数为 1
5	其他编号	种质资源的其他编号，如统一编号、保存编号等	Other Number	字符串	自由文本	OtherNum	必选，最大出现次数为 1
6	种质外文名	种质资源的外文名称	Foreign Name	字符串	自由文本	forName	必选，最大出现次数为 1
7	科名	种质资源的植物学分类科名	Family	字符串	自由文本	Family	必选，最大出现次数为 1
8	属名	种质资源的植物学分类属名	Genus	字符串	自由文本	Genus	必选，最大出现次数为 1
9	种名	种质资源的植物学分类种名	Species	字符串	自由文本	Species	可选，最大出现次数为 1
10	学名	种质资源的植物学分类学名	Science Name	字符串	自由文本	sciName	可选，最大出现次数为 1
11	原产地	种质资源的原产地	Place of Origin	字符串	自由文本	Origin	可选，最大出现次数为 1
12	来源地	种质资源的来源（收集）地	Place of Source	字符串	自由文本	source	可选，最大出现次数为 1
13	种质类型	种质资源的类型	Accession Type	字符串	野生资源；地方品种；选育品种；品系；遗传材料；其他	acceType	必选，最大出现次数为 1
14	保存单位	种质资源的保存单位名称	Institute Name	字符串	自由文本	instName	必选，最大出现次数为 1
15	单位地址	种质资源保存单位的地址	Institute Address	字符串	自由文本	instAddress	可选，最大出现次数为 N
16	单位电话	种质资源保存单位的联系电话	Institute Telephone Number	字符串	自由文本	instTelNum	可选，最大出现次数为 N
17	Email	种质资源保存单位的 email 地址	Email	字符串	自由文本	email	可选，最大出现次数为 N
18	单位联系人	种质资源保存单位的联系人	Institute Contact Person	字符串	自由文本	instContact	必选，最大出现次数为 N
19	资源权属	种质资源的权属状况	Resource Property	字符串	自由文本	ResProperty	必选，最大出现次数为 N
20	共享状态	种质资源是否可以提供共享	Share Status	字符串	可共享；不可共享	shrStatus	必选，最大出现次数为 N
21	资源地址	种质资源对应的详细信息的网页或网络数据库地址	Resource Link	字符串	自由文本	Link	可选，最大出现次数为 N
22	备注	描述资源的其他补充信息	Note	字符串	自由文本	Note	可选，最大出现次数为 N

四、术语与描述规范

作物种质资源术语是对作物种质资源领域常用的基本术语进行定义和解释，是从事作物种质资源工作的人员所必须掌握的基础知识。作物种质资源描述规范则是对资源的保存供应状态、性状和质量状况等信息进行全面描述。执行统一的描述规范对资源的共享利用具有重要的实际意义，也是保证资源数据标准化整理整合的前提。作物种质资源描述规范可分为共性描述规范和特性描述规范，共性描述规范是对作物种质资源的共性及身份进行描述，特性描述规范则是针对不同作物特点制定得更为详尽的、具体的特征和特性的描述。

（一）作物种质资源基本术语

作物种质资源术语规定了农作物种质资源的基本术语及其定义，以保证作物种质资源术语概念的统一性和一致性，方便相关研究和交流。《农作物种质资源基本描述规范和术语》中将相关术语分为 6 个部分：总论、考察与收集、鉴定与评价、保存与更新、创新与利用、有关国际公约及组织。总论对生物多样性、作物起源、作物进化、种质资源等最为基础的概念进行了规定；其他 5 部分主要对各工作环节中出现的相关概念进行定义和说明，如考察与收集部分定义了考察、收集、征集、引种等概念，鉴定与评价部分定义了鉴定、评价、基因型分类、多样性指数等概念，具体见图 9-3。

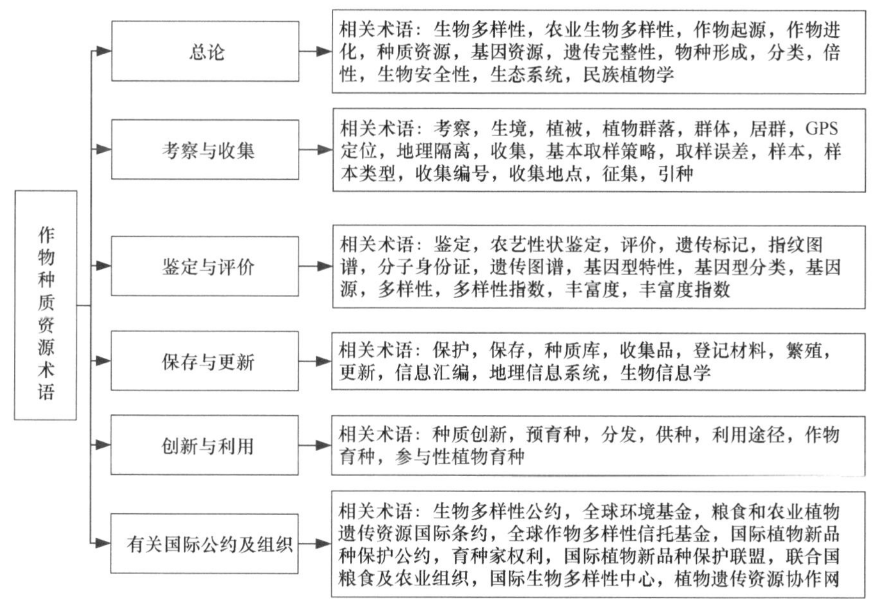

图 9-3 作物种质资源术语

（二）作物种质资源共性描述规范

作物种质资源共性描述规范规定了作物种质资源统一的共性描述符及其分级标准，

适用于作物种质资源的收集、整理与保存，数据标准和数据质量控制规范的制定，以及数据库和信息系统的建立。共性描述标准的描述符类别分为6类：护照信息、标记信息、基本特征特性描述信息、其他描述信息、收藏单位信息、共享信息。描述符编码由描述符类别加两位顺序号组成，如101、202等。《农作物种质资源基本描述规范和术语》中规定了46项基本描述符。其中护照信息11项，标记信息5项，基本特征特性描述信息15项，其他描述信息2项，收藏单位信息9项，共享信息4项，详见表9-5。

表9-5 共性描述示例表

护照信息					
平台资源号（1）		资源编号（2）	ZM010082		
种质名称（3）	青春4号	种质外文名（4）	Qing Chun 4 Hao		
科名（5）	Gramineae（禾本科）	属名（6）	*Triticum* L.（小麦属）		
种名（7）	*Triticum aestivum* L.（普通小麦）	原产地（8）	西宁		
省（9）	青海	国家（10）	中国	来源地（11）	青海
标记信息					
资源归类代码（12）	11111113101				
资源类型（13）	1：野生资源（群体） 2：野生资源（家系） 3：野生资源（个体） 4：地方品种 5：选育品种 6：品系 7：遗传材料 8：其他				
主要特性（14）	1：高产 2：优质 3：抗病 4：抗虫 5：抗逆 6：高效 7：其他				
主要用途（15）	1：食用 2：纤维 3：嗜好 4：药用 5：生态 6：观赏 7：材用 8：其他				
气候带（16）	1：热带 2：亚热带 3：温带 4：寒温带 5：寒带				
基本特征特性描述信息					
生长习性（17）	弱冬、中熟、直立	生育周期（18）	越冬生		
特征特性（19）	抗条锈、抗旱、高蛋白				
具体用途（20）	面条	观测地点（21）	西宁		
系谱（22）	阿勃/欧柔				
选育单位（23）	青海省农业科学院	选育年份（24）	1978		
海拔（25）	2441m	经度（26）	10202	纬度（27）	3643
土壤类型（28）	棕钙土	生态系统类型（29）	西北农田		
年均温度（30）	6.2℃	年均降水量（31）	285.8mm		
其他描述信息					
图像（32）		记录地址（33）			
收藏单位信息					
保存单位（34）	青海省农业科学院	单位编号（35）	青4		
库编号（36）	IIB11088	圃编号（37）	无		
引种号（38）	无	采集号（39）	无		
保存资源类型（40）	1：植株 2：种子 3：种茎 4：块根（茎） 5：花粉 6：培养物 7：DNA 8：其他				
保存方式（41）	种质库				
实物状态（42）	1：好 2：中 3：差 4：无实物				
共享信息					
共享方式（43）	1：公益性共享 2：公益性借用共享 3：合作研究共享 4：知识产权性交易共享 5：资源纯交易共享 6：资源租赁性共享 7：资源交换性共享 8：收藏地共享 9：行政许可性共享				
获取途径（44）	1：邮件 2：现场获取 3：网上订购 4：其他				
联系方式（45）					
源数据主键（46）	ZM010082				

（三）作物种质资源特性描述规范

作物种质资源特性描述规范规定了作物种质资源各小类、一级、二级或三级分类单元的基本描述符、特性描述符和其他分级标准，适用于各类作物种质资源的收集、整理和保存，数据标准和数据质量控制规范的制定，以及数据库的信息共享网络系统的建立，指导各类资源的标准化整理。特性描述符编码由描述符类别和两位顺序号组成。描述符性质包括三种：必选（M 表示）、可选（O 标识）和条件必选（C 表示）。描述符类别一般分为 6 类：基本信息、形态特征和生物学特性、品质特性、抗逆性、抗病虫性、其他特征特性。描述符的代码是有序的，如数量性状从细到粗、从低到高、从小到大、从少到多排列，颜色从浅到深，抗性从强到弱等。每个描述符对应基本的定义或说明，数量性状标明单位，质量性状有对应的评价标准和等级划分（表 9-6），重要数量性状以数值表示形态描述符附模式图。如图 9-4 中大麦的穗姿，描述规范中定义穗姿是穗子成熟时在茎秆上的着生姿势，分为直立、水平、下垂三种类型，并附对应的模式图，使用者参照模式图即可判断某一份大麦资源的穗姿类型。

表 9-6　大麦描述规范简表示例表

序号	代号	描述符	描述符性质	单位或代码
1	101	全国统一编号	M	
2	102	种质库编号	M	
3	103	引种号	C/国外大麦	
4	104	采集号	C/野生大麦	
			……	
23	123	种质类型	M	1：野生资源　2：地方品种　3：选育品种　4：品系　5：遗传材料　6：其他
24	124	图像	O	
31	206	冬春性	M	1：冬性　2：半冬性　3：春性
			……	
53	228	侧小穗	C/二棱大麦	1：有侧　2：无侧
			……	
63	301	籽粒饱满度	M	%
64	302	籽粒皮壳率	C/皮大麦	%
			……	
73	401	抗寒性	C/冬大麦	1：高抗　3：抗　5：中抗　7：不抗　9：极不抗
74	402	抗旱性	M	1：高度耐旱　3：耐旱　5：中度耐旱　7：不耐旱　9：极不耐旱
			……	
79	502	黄矮病抗性	M	1：抗　3：耐　5：中感　7：感病　9：高感
80	503	赤霉病抗性	M	0：免疫　1：抗病　3：中抗　5：中感　7：感病　9：高感
			……	
86	601	主要用途	O	1：粮食　2：饲料　3：啤酒　4：其他
87	602	突变体	O	

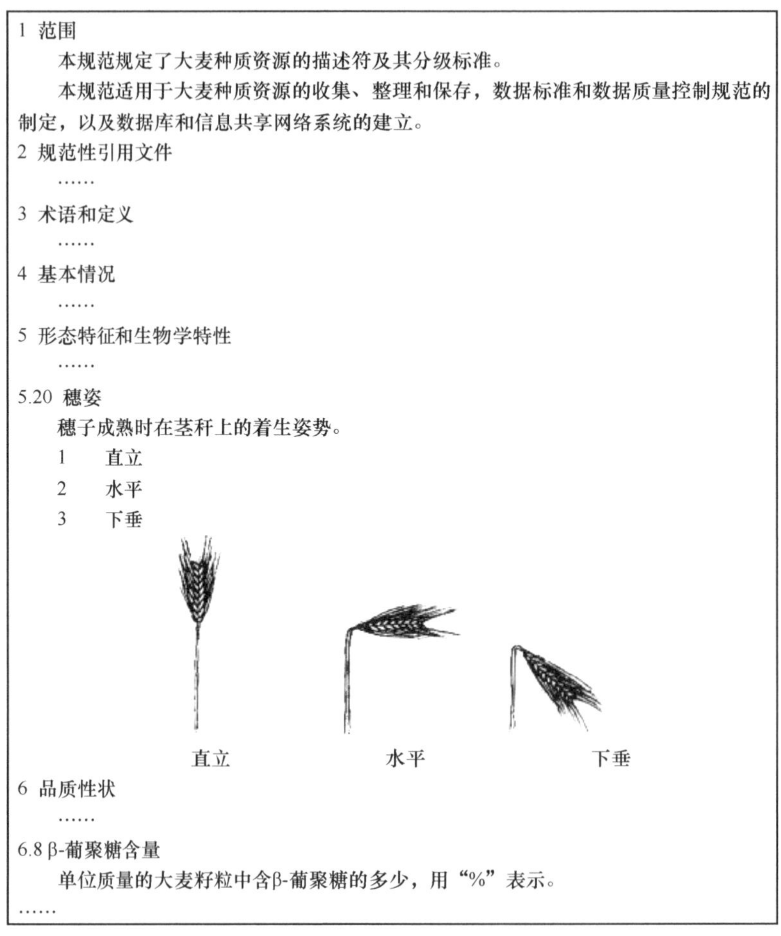

1 范围

本规范规定了大麦种质资源的描述符及其分级标准。

本规范适用于大麦种质资源的收集、整理和保存，数据标准和数据质量控制规范的制定，以及数据库和信息共享网络系统的建立。

2 规范性引用文件

……

3 术语和定义

……

4 基本情况

……

5 形态特征和生物学特性

……

5.20 穗姿

穗子成熟时在茎秆上的着生姿势。

1 直立

2 水平

3 下垂

直立　　水平　　下垂

6 品质性状

……

6.8 β-葡聚糖含量

单位质量的大麦籽粒中含β-葡聚糖的多少，用“%”表示。

……

图 9-4　大麦种质资源描述规范示例

五、作物种质资源数据标准

作物种质资源数据标准是对特性描述规范中各描述符数据填写的规范，其中的描述符和代号与特性描述规范中一致。除了描述符名称和代号，数据标准还规定了字段名、字段英文名、字段类型、字段长度、字段小数位、单位、代码、代码英文名和数据填写示例。数据标准规定，字段名最长 12 位，字段类型分为字符型（C）、数值型（N）和日期型（D）。日期型格式为 YYYYMMDD。经纬度类型为 N，经度格式为 DDDFF，纬度格式为 DDFF，如“12142”表示东经 121°42′。表 9-7 是大麦数据标准中的部分字段示例。

六、作物种质资源数据质量控制规范

数据质量控制规范规定了种质资源在数据采集过程中的质量控制内容和方法，适用于资源的整理、整合和共享。数据质量控制规范重点在于数据采集过程的控制，兼顾结果控制。通过数据质量控制规范，增强采集数据的系统性、可比性和可靠性。其

表 9-7　大麦数据标准示例

代号	字段名	字段英文名	字段类型	字段长度	字段小数位	单位	代码	代码英文名	例子
101	统一编号	Accession number	C	8					ZDM00001 ZYM00001 WDM00001 WYM00001
102	库编号	National gene bank number	C	8					I1E00001
123	种质类型	Biological status of accession	C	12			1：野生资源 2：地方品种 3：选育品种 4：品系 5：特殊遗传材料 6：其他	1：Wild 2：Landrace 3：Cultivar 4：Breeding entry 5：Genetic stocks 6：Others	野生
124	图像	Image file name	C	30					ZDM1159-1.jpg
206	冬春性	Growth class	C	6			1：冬性 2：半冬性 3：春性	1：Winter 2：Intermediate 3：Spring	冬性
207	光周期反应	Photoperiod sensitivity	C	6			1：迟钝 2：中等 3：敏感	1：Low sensitive 2：Intermediate 3：Highly sensitive	迟钝
301	饱满度	Kernel plumpness	N	4	0	%			80
302	皮壳率	Hull percentage	N	5	1	%			10.2
402	抗旱性	Drought tolerance	C	8			1：高度耐旱 3：耐旱 5：中度耐旱 7：不耐旱 9：极不耐旱	1：Very tolerant 3：Tolerant 5：Intermediate 7：Intolerant 9：Very intolerant	高度耐旱
502	黄矮病抗性	Resistance to BYDV	C	8			1：抗 3：耐 5：中感 7：感病 9：高感	1：R 3：T 5：MS 7：S 9：HS	高抗
601	用途	Usage	C	4			1：粮食 2：饲料 3：啤酒 4：其他	1：Food 2：Feed 3：Beer 4：Others	粮食
602	突变体	Mutant	C	20					多节

中规定的方法应具有可操作性，并以现行的国家标准和行业标准为首选依据，如无对应的国家标准和行业标准，则以国际标准或国内较公认的先进方法为依据。每个描述符的质量控制方法各不相同，根据每个描述符的特点和具体情况，其质量控制包括下列 10 个方面的部分或全部内容：实验设计、样本数或群体大小、时间或时期、取样数和取样方法、计量单位、精度和允许误差、采用的鉴定评价规范和标准、采用的仪器设备、性状观测和等级划分方法、数据校验和数据分析。如图 9-5 中描述了大麦β-葡聚糖含量的测定方法，其中详细规定了测定样品要求、遵循标准、标记方法、计量方法等。

1 范围

本规范规定了大麦种质资源数据采集过程中的质量控制内容和方法。

本规范适用于大麦种质资源的整理、整合和共享。

2 规范性引用文件

……

3 数据质量控制的基本方法

……

4 基本信息

……

5 形态特征和生物学特性

……

5.20 穗姿

成熟期，以整个小区的植株为调查对象，目测鉴定。观察穗子在茎秆上的着生姿势。参照模式图进行以下分类。

1　　直立

2　　水平

3　　下垂

6 品质性状

……

6.8 β-葡聚糖含量

以人工手搓脱粒的大麦种子为样品来源，参照欧洲啤酒工业协会的标准Analytic/EBC—1998，采用β-葡聚糖酶法或荧光标记法，或按照美国谷物化学家协会的AACC Method 32-22标准方法和程序进行测定。以绝干计，用%表示，精确到0.01%。

……

图 9-5　大麦种质资源数据质量控制规范示例

第三节　数据获取与整合

一、数据获取

（一）数据获取技术方法

作物种质资源工作在考察收集、鉴定评价、资源保存、监测预警、共享利用等各个环节上均会产生相应的数据，将这些数据按照规定标准或规则进行收集整理，即为作物种质资源数据获取。

1. 数据获取途径

按照数据获取途径划分，作物种质资源数据获取可分为直接获取和间接获取两种。直接获取是指通过调查、观察、试验等方式获取数据，直接获取的数据称为直接数据或一手数据；间接获取是指通过各种媒介和方法，如统计年鉴、重采样、插值、数据汇交等获取数据，间接获取的数据称为间接数据或二手数据。需要注意的是，部分数据的直接获取和间接获取不是绝对的，与数据所处的生命周期有一定的相关性。在具体业务表现中，如考察收集、鉴定评价、监测预警等环节的数据，对于一线数据收集者来说，通过直接获取方式采集，为直接数据；当数据处于汇交阶段时，对于上层数据汇交者来说，这些数据主要通过汇交方式获取，属于间接获取的间接数据。

2. 数据获取方式

按照数据获取方式划分，作物种质资源数据获取可分为调查统计、观测记录、检验检测、高通量采集等方式。调查统计获取的数据主要产生于作物种质资源采集环节，通过调查统计的方式对所采集资源涉及的基本情况等信息进行深入调查研究；观测记录获取的数据一般指田间观测数据，针对作物种质资源不同生育期内的田间表现进行观察测定，与鉴定评价相对应；检验检测数据一般指实验室仪器检测、化验等产生的数据，如品质相关性状、指纹图谱数据等；高通量平台或方法的数据获取方式一般针对组学数据，如通过高通量测序技术获取基因组学数据，通过搭载各类传感器的高通量表型测定平台获取表型组学数据，通过质谱类仪器测定蛋白质组数据等。

3. 数据获取环节

按照业务流程划分，作物种质资源数据获取环节可分为考察收集、普查征集、国外引种、资源登记、资源编目、鉴定评价、资源保存、繁殖更新、监测预警、种质创新、共享利用等类型的数据获取。其中，考察收集、普查征集、国外引种和资源登记属于资源收集的不同途径，可将其对应的数据统称为种质资源采集数据，其他业务环节产生的数据可理解为对作物种质资源不断管理、研究和利用的数据。

（二）作物种质资源主要业务数据

1. 考察收集信息

考察收集是指科技人员到资源的原生境，实地调查资源的分布、丰富程度、利用和濒危情况，采集资源样本和标本，记录相关信息。

考察收集信息包括资源的基本信息、地理信息、环境信息、利用信息、特征特性信息、图像信息、采集者/提供者信息、其他相关信息等（图 9-6）。

基本信息主要用于描述资源的基本情况，用于区分不同资源，包括资源的采集编号、采集日期、作物名称、种质名称、种质类型、学名、种质来源、收集数量、选育单位、选育方法、育成年份、亲本组合、推广面积等信息。

地理信息是指资源采集地的信息，包括海拔、经度、纬度等；环境信息包括采集地的年均温度、年均降水、年均日照、气候带、地形、地势、坡向、小环境、生态系统类型、植被覆盖类型、伴生植物、土壤类型、土壤酸碱度等。地理信息和环境信息有利于分析资源与环境的互作关系，是考察收集重要的信息之一。

利用信息包括资源的利用部位、被种植原因、主要用途等。

特征特性信息包括资源的生长习性、主要生育期、形态特征、农艺性状、抗逆性、抗病虫性、品质特性等信息。

图像信息有助于人们直观地了解资源的形态特性和生境情况，图像中需包含植株、花/穗、果实、特异性状、生境、标签、标尺等信息，拍摄背景尽量简单。

采集者/提供者信息主要用于资源的来源追溯、资源与民族的关系、资源的确权等工作，一般包括姓名、年龄、民族、联系方式等信息。

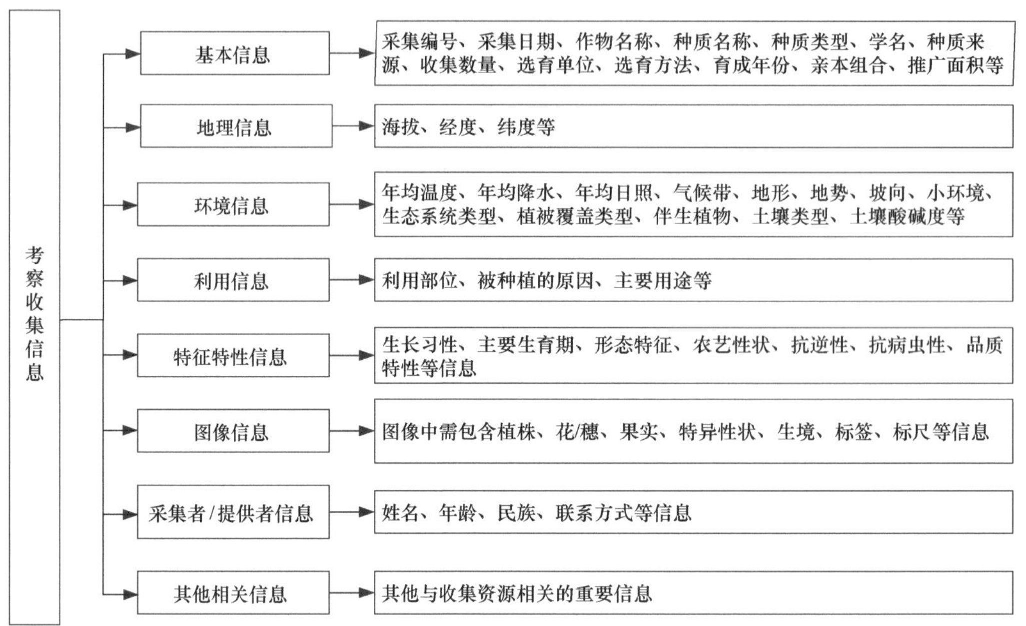

图 9-6　考察收集信息

2. 普查征集信息

以上大部分信息在考察收集过程中随实物资源一同获取，主要通过离线方式进行采集，也可通过手持设备实时采集，一些无法确定的生物学分类信息和特征特性信息还需经过种植后进行详细的鉴定，另外还可通过咨询相关专家、查阅相关材料等形式补充其他相关信息。

普查一般以县为单位，收集对农作物种质资源多样性及利用有影响的相关信息，包括社会、经济、文化、民族、宗教、环境、种植业结构等数据。以第三次全国农作物种质资源普查与收集行动为例，普查信息分为两个部分：基本信息和种植业结构信息（图 9-7）。

基本信息包括普查县所在省份、县历史沿革情况、行政区划、填报人信息、地理及环境信息、人口及民族信息、土地利用信息、经济状况、受教育情况、特有资源及利用情况、当前农业生产存在的主要问题、总体生态环境自评、总体生活状况自评及其他信息。

种植业结构信息涵盖粮食作物种植信息和油料、蔬菜、果树、茶、桑、棉麻等主要经济作物种植信息，包括作物名称、种植面积、地方品种总数、培育品种总数、代表性品种名称、面积及单产、特殊用途品种名称、用途及单产等。

普查信息采集主要通过查阅县志、农史、档案、统计年鉴等有关资料，走访长期下乡的老干部老专家，召开农业相关部门座谈会等方式。

征集信息包括基本信息、特定信息和主要特征特性信息三类。基本信息包括征集号、作物名称、种质名称、种质类型、学名、种质来源、收集资源数量及质量、收集地点信息、收集地环境信息、采集者信息、采集日期等；特定信息包括选育单位、选育方法、育成年份、亲本组合、推广面积等，主要针对选育品种设置；主要特征特性信息包括生长习性、生育期、形态特征、农艺性状、抗逆性、抗病虫性、品质特性等（图 9-8）。

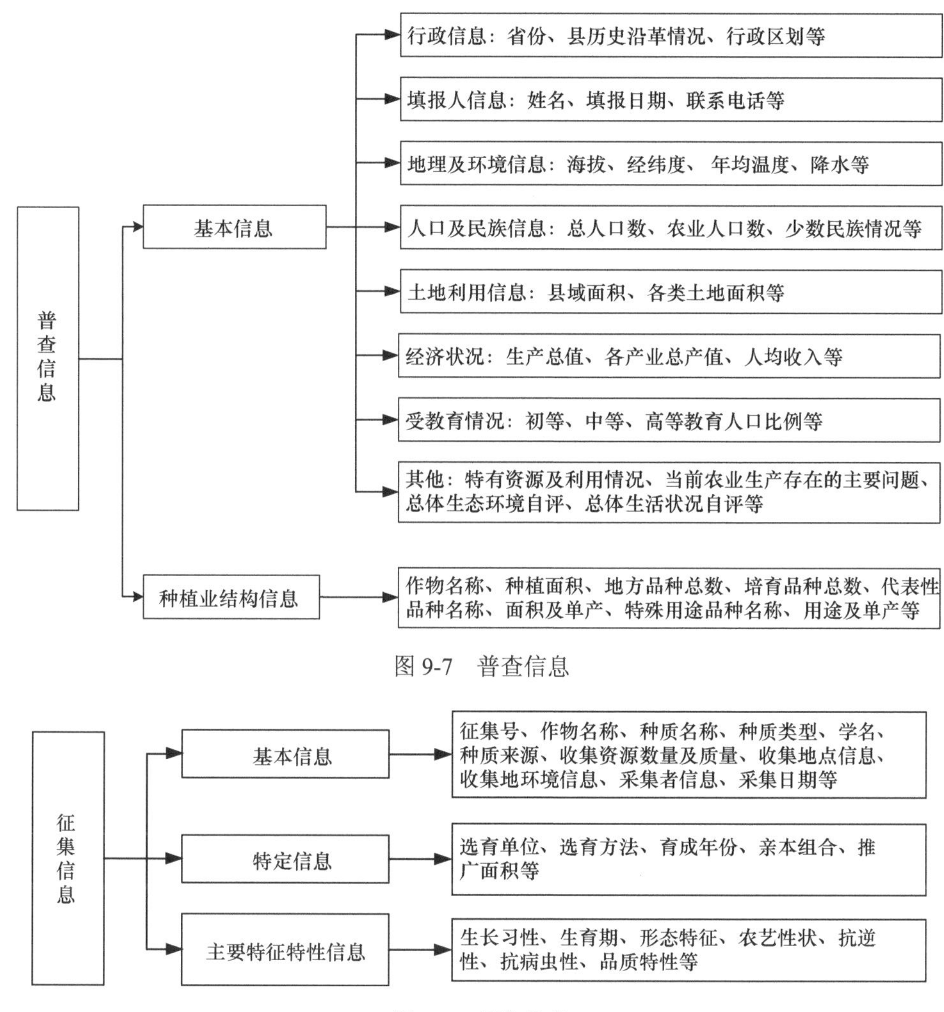

图 9-7　普查信息

图 9-8　征集信息

3. 国外引种信息

国外引种是指从一个国家或地区引入资源（种子、苗木或营养体等），通过检疫、试种，在本国种植的过程。国外引种信息分为基本信息、来源及产地信息、引入信息三个部分（图 9-9）。其中，基本信息包括资源的引种号、种质名称、种质类型、亲本组合、主要特征特性等；来源及产地信息包括来源国、原产国、原产地等；引入信息包括引入途径、引种单位、引进数量等信息。

4. 资源登记信息

资源登记信息包括登记主体信息、资源信息、共享信息及其他相关信息（图 9-10）。登记主体是指进行资源登记工作的单位或个人，登记主体信息包括登记主体类别、联

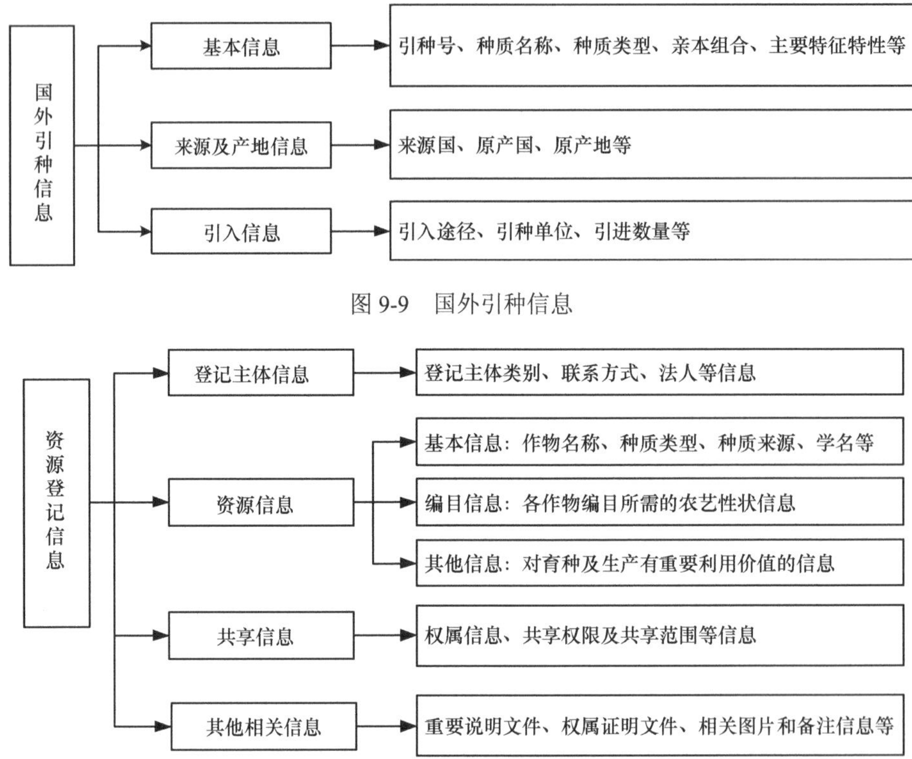

图 9-9　国外引种信息

图 9-10　资源登记信息

系方式、法人等信息；资源信息包括作物名称、种质类型、种质来源、学名等基本信息和编目所需的农艺性状信息，以及对育种及生产具有重要利用价值的信息；共享信息包括种质资源的权属信息、共享权限及共享范围等信息；其他相关信息包括对该资源的重要说明文件、权属证明文件、相关图片和备注信息等，用以辅助资源登记审核。

5. 资源编目信息

编目是指作物种质资源在初步整理、鉴定的基础上，将每份资源的基本信息和鉴定信息汇总成“国家目录”，并按一定规范为每份资源分配一个“统一编号”，作为该资源的唯一识别号。

资源编目信息可分为基本信息、鉴定信息和其他信息（图 9-11）。基本信息包括统一编号、种质名称、保存单位、保存单位编号、种质类型、原产地、来源地等信息；鉴定信息以植物学特征和农艺性状信息为主，也可以列入品质、抗病虫、抗逆等其他信息。

6. 鉴定评价信息

鉴定评价信息主要包括表型和基因型鉴定评价信息。表型鉴定评价信息包括形态特征、生物学特性、产量性状、品质特性、抗逆性、抗病虫性等信息。基因型鉴定评价信息包括指纹图谱、基因/QTL、分子标记等信息（图 9-12）。

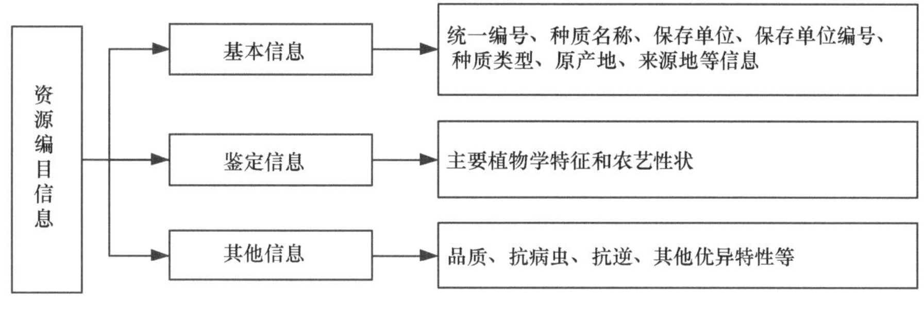

图 9-11　资源编目信息

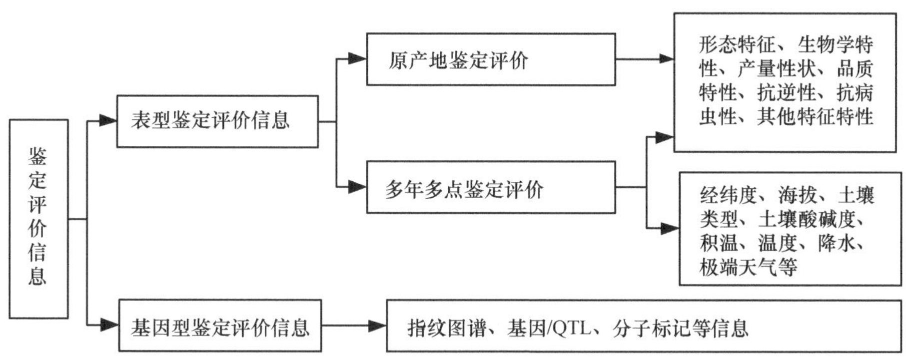

图 9-12　鉴定评价信息

表型鉴定评价主要指原产地的鉴定评价，随着人们对表型与环境关系的关注，多年多点鉴定评价已成为研究表型与环境互作影响的重要途径。多年多点鉴定评价除了鉴定数据，还包含鉴定地点的环境信息，重要的环境信息包括鉴定地点经纬度、海拔、土壤类型、土壤酸碱度、积温、温度、降水、极端天气等。

7. 资源保存信息

根据资源保存的不同类型，图 9-13 列出了种质库保存、种质圃保存、试管苗库保存、超低温保存和原生境保存对应的保存信息。

（1）种质库保存信息：包括统一编号、原保存单位编号、种质名称、学名、提供者、原产地等基本信息。管理信息包括入库初始信息、监测信息、更新信息、利用信息等。

（2）种质圃保存信息：包括种质名称、作物名称、统一编号、原保存单位编号、学名、获得日期、种质类型、采集号或引种号、原产地、经度、纬度、海拔、提供者、种质材料类型和数量、病害检疫数据等基本信息。管理信息包括入圃初始信息、监测信息、更新信息、利用信息等。

（3）试管苗库保存信息：包括统一编号、原保存单位编号、种质名称、学名、提供者、原产地等基本信息。管理信息包括入库初始信息、监测信息、更新信息和利用信息等。其中入库初始信息包括入库保存日期、库编号、库位号、保存量、种质典型性状、培养基污染情况等。

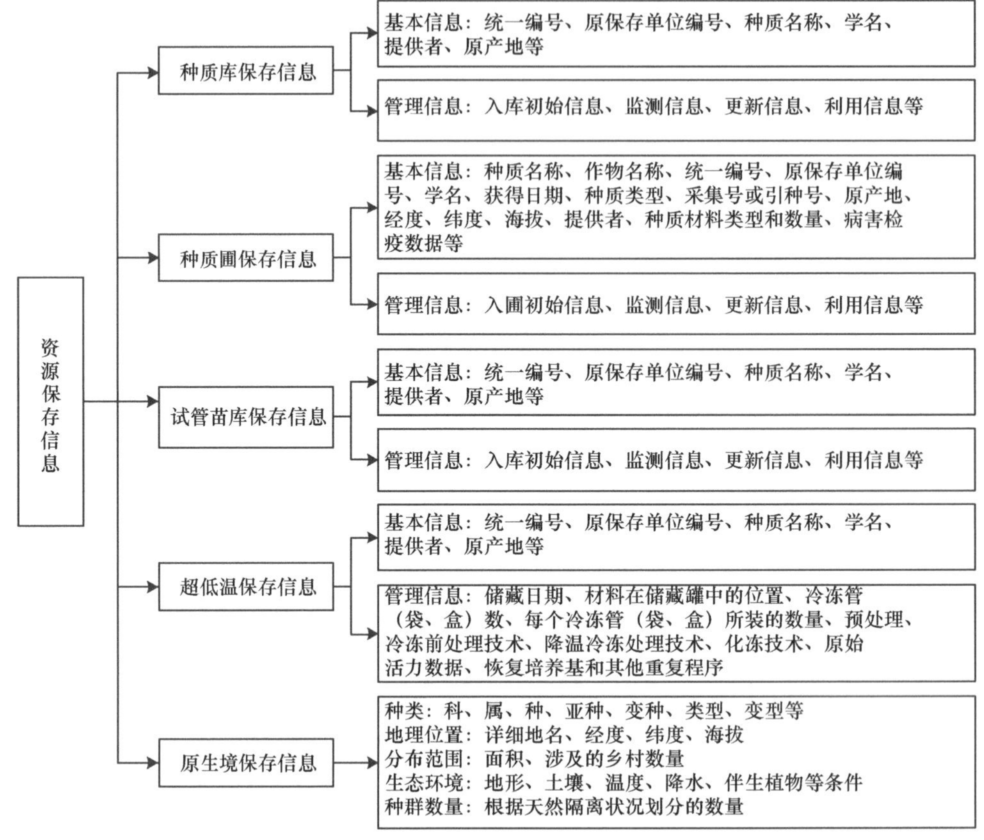

图 9-13　资源保存信息

（4）超低温保存信息：包括统一编号、原保存单位编号、种质名称、学名、提供者、原产地等基本信息。管理信息包括储藏日期、材料在储藏罐中的位置、冷冻管（袋、盒）数、每个冷冻管（袋、盒）所装的数量、预处理、冷冻前处理技术、降温冷冻处理技术、化冻技术、原始活力数据、恢复培养基和其他重复程序。

（5）原生境保存信息：原生境保存的资源至少需掌握资源的种类、地理位置、分布范围、生态环境和种群数量。其中，种类包括资源的科、属、种、亚种、变种、类型、变型等，地理位置包括详细地名、经度、纬度、海拔，分布范围包括面积、涉及的乡村数量，生态环境包括地形、土壤、温度、降水、伴生植物等条件，种群数量是指根据天然隔离状况划分的数量。

8. 繁殖更新信息

繁殖更新信息包括基本信息、繁殖信息和其他信息（图 9-14）。基本信息包括作物名称、种质名称、统一编号、单位编号、种质类型等；繁殖信息包括繁殖材料、保存库（圃）、提供单位、繁殖单位、繁殖年份、繁殖地点、繁殖方式、特殊管理、花期隔离方式等；其他信息如灾害性天气、重要病虫害、主要性状核查、核查结果评价、繁殖有效株数、合格种子质量等与繁殖更新直接相关的重要信息。

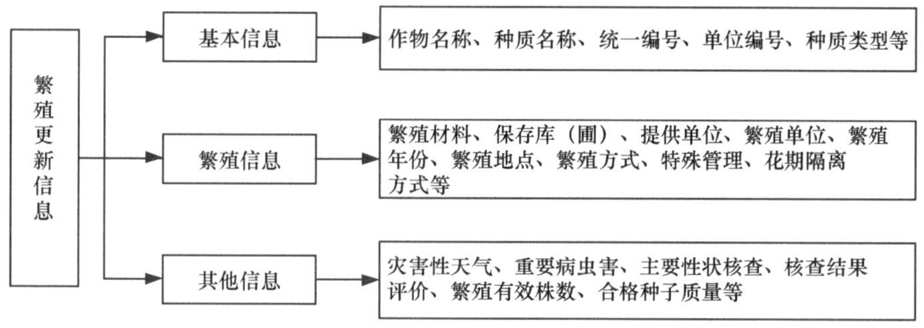

图 9-14　繁殖更新信息

9. 监测预警信息

根据资源保存的不同类型，图 9-15 列出了种质库保存、种质圃保存、试管苗库保存、超低温库保存和原生境保护点保存对应的监测预警信息。

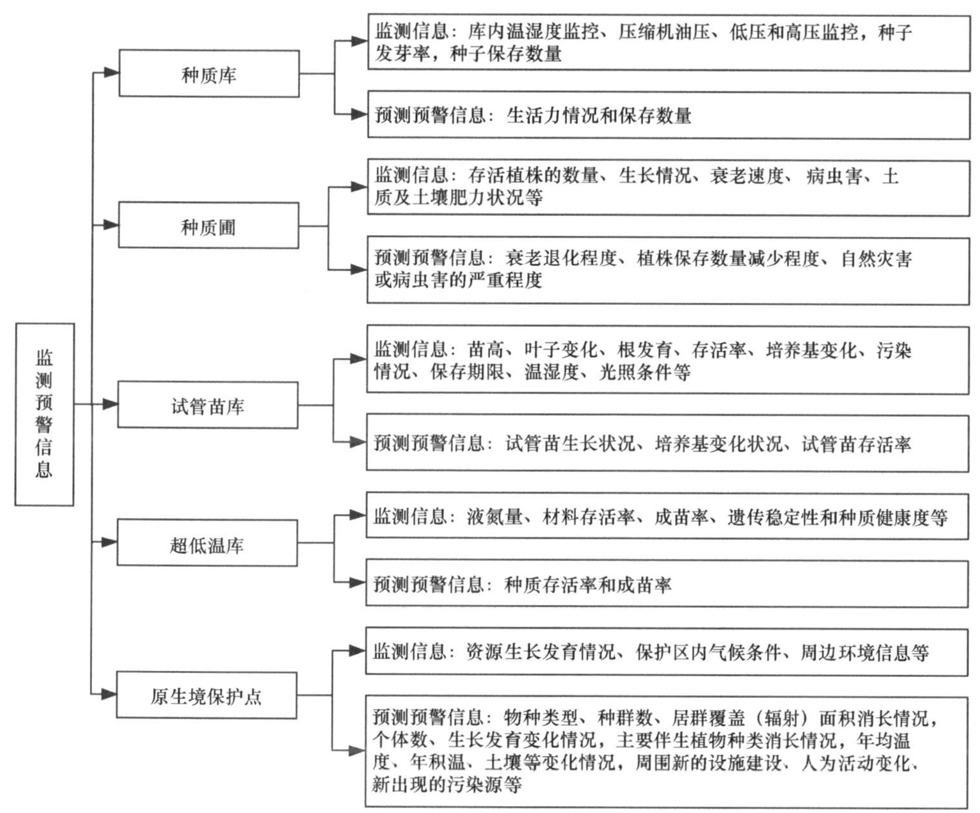

图 9-15　监测预警信息

1）种质库监测预警信息

种质库日常要对维持保存条件的仪器设备运转情况、种子生活力和种子保存数量进行监测。仪器运转情况监测信息包括库内温湿度监控、压缩机油压、低压和高压监控等；种子生活力监测指标为种子发芽率，种子发芽率下降趋势是资源保存状态预测的重要依据，发芽率下降到一定程度或保存数量低于规定保存量将触发预警机制，提示管理者启动繁殖更新。

2）种质圃监测预警信息

监测信息包括存活植株的数量、生长情况、衰老速度、病虫害、土质及土壤肥力状况等。植株的衰老退化程度、植株保存数量减少程度和自然灾害或病虫害的严重程度作为植株更新复壮的预警指标。

3）试管苗库监测预警信息

试管苗库日常要对库内保存条件维持情况和洁净度，以及保存材料的遗传稳定性进行监测，监测信息包括苗高、叶子变化、根发育、存活率、培养基变化、污染情况、保存期限、温湿度、光照条件等。根据试管苗生长状况、培养基变化状况和试管苗存活率开展预警。

4）超低温监测预警信息

监测信息包括液氮量、材料存活率、成苗率、遗传稳定性和种质健康度等指标。根据种质存活率和成苗率开展预警。

5）原生境监测预警信息

监测信息包括资源生长发育情况、保护区内气候条件和周边环境信息等。资源生长发育情况信息包括物种、变种、类型、种群数、个体数、种群面积、生长发育、伴生植物种类及其变化。气候条件信息包括降水量、光照、年均温度、最高温度、最低温度、土壤类型及其 pH 等。周边环境信息包括周边设施建设、污水和气体排放情况等。通过分析物种类型、种群数、居群覆盖（辐射）面积消长情况，个体数、生长发育变化情况，主要伴生植物种类消长情况，年均温度、年积温、土壤等变化情况，周围新的设施建设、人为活动变化、新出现的污染源等进行预测预警。

10. 种质创新信息

种质创新信息包括种质名称、种质类型、种质来源、保存单位、创制方法、系谱、目标性状等信息（图 9-16）。

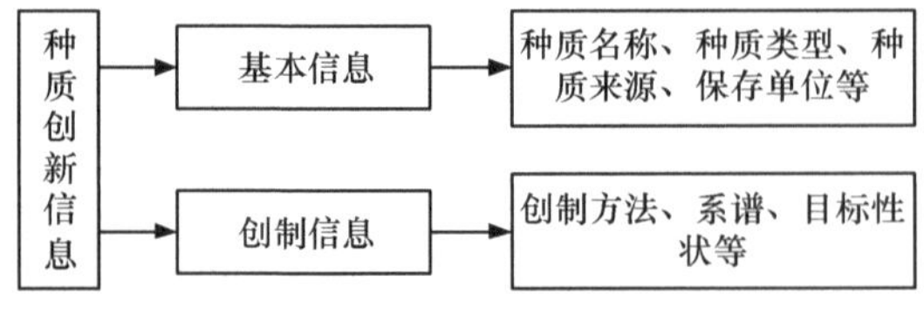

图 9-16　种质创新信息

11. 共享利用信息

共享利用信息分为资源分发利用数据、信息数据的利用数据、共享利用过程中产生的日志数据等三类（图 9-17）。

资源分发利用数据包括申请使用者提供的数据和用户反馈数据两部分。资源分发利用通过使用者提交申请的方式进行，申请数据包括利用者姓名、利用者单位、利用

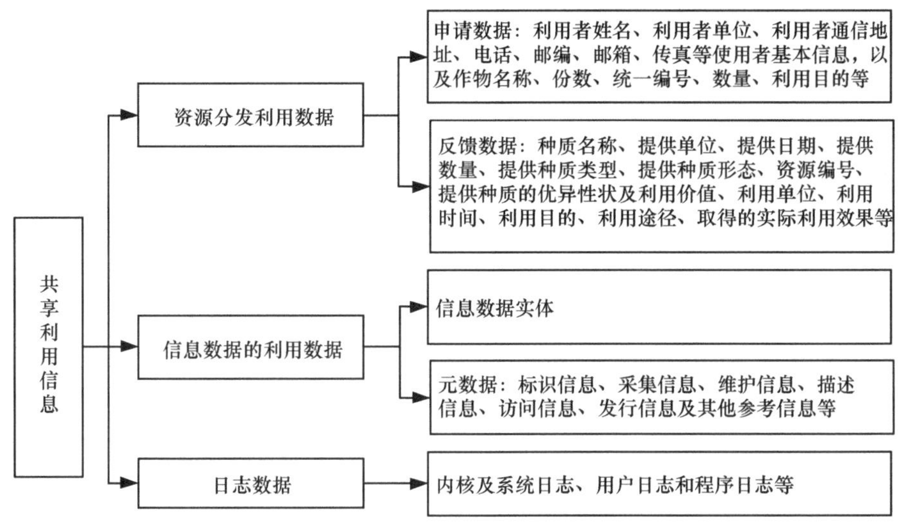

图 9-17　共享利用信息

者通信地址、电话、邮编、邮箱、传真等信息，以及作物名称、份数、统一编号、数量、利用目的等信息。用户反馈数据主要是对资源的利用情况进行反馈说明，并提供给供种单位，反馈的数据包括种质名称、提供单位、提供日期、提供数量、提供种质类型、提供种质形态、统一编号、国家中期库编号、国家种质圃编号、保存单位编号（以上几个编号根据资源提供单位进行选择填写）、提供种质的优异性状及利用价值、利用单位、利用时间、利用目的、利用途径、取得的实际利用效果等信息。

信息数据的利用数据包括制作的专题数据库或数据集，数据共享分为线上和线下两种途径，共享方式根据数据的安全等级分为完全共享、部分共享、协议共享等。每个数据库或数据集需具有对应的元数据信息，元数据信息包括标识信息、采集信息、维护信息、描述信息、访问信息、发行信息及其他参考信息等。

共享服务主要通过共享网站对外进行共享，共享网站会产生对应的日志文件，日志文件是用于记录网站各种运行信息的文件，相当于系统日记。日志数据是网站运维和用户行为分析不可缺少的重要数据，通过查看服务日志文件可以及时掌握网站的运行情况，根据情况采取相应措施保证网站正常运行；通过用户访问时间可以判断用户访问网站的习惯，开展用户心理行为分析等。不同日志文件记载了不同类型的信息，一般来说日志数据可分为三大类：内核及系统日志、用户日志和程序日志。内核及系统日志记录系统内核消息及各种应用程序的公共日志消息等，包括启动、I/O 错误、网络错误、程序故障等信息；用户日志用于记录系统用户登录及退出系统的相关信息，包括用户名、登录终端、登录时间、来源主机、登录地区、正在使用的进程操作等；有些应用程序会选择由自己独立管理一份日志文件，用于记录本程序运行过程中的各种事件信息。

（三）多组学数据

过去，在种质资源研究中，针对分子水平的数据获取往往依赖于采用免疫组化、荧光定量 PCR 等实验所产生的单一数据。随着科学的发展，在种质资源研究的数据产生阶段，发生了一场“工业革命”。自动测序仪、批量表型观测系统、高精度质谱等仪器的大规模应用，使得组学技术快速应用于种质资源研究，组学数据逐渐丰富。

1. 基因组学数据

种质资源研究中的基因组学数据主要通过测序仪或基因芯片获取。一般数据量以TB计算，主流格式包括fastq（Fq）、fasta（Fa）、bam、sam、vcf、bed、gbff、gff等。

fasta（Fa）：fasta格式又称Person格式，是存储基因组、基因、蛋白序列信息最通用的数据格式。可以直接用于blast等多种软件进行序列检索或加工。

fasta格式首先被FASTA软件包应用，本质属于一种文本格式，以单字符（single-letter code）储存核酸或者蛋白序列信息，允许在序列前加注释信息。由两部分信息组成，第一部分以“>”开始，紧接着是序列的标识符，随后是序列的描述信息；第二部分存储序列本身信息，使用既定的核苷酸或氨基酸编码符号，不区分大小写。直至换行符和下一个“>”之前结束。水稻*OBGC1*基因部分序列的fasta格式表示示例可见图9-18。

```
> OBGC1| 4344232
atggcgccggccgtcgccgtcgtcgccgccgccgccgccttccccttccgcctcttctccgccgagg
ctcgccgaaacaccaagggctcccggagcaagcgaggctcagccaggcccctcaagccatcccct
cctccccgcccatccgcgtcgtcgtccgccgctggcggcggcggcgccaccaccttcaccaggctg
ccgctccgcaacgcccccgcgtccgtggaggtgacgctggaccgcttccccaccgccaatcccgag
```

图9-18　fasta格式文件示意图

fastq（Fq）：fastq格式是一个文本格式，用于储存序列（以核酸为主）及其相应质量值。fastq是最通用的原始测序格式，因美纳（Illumina）等多个公司的测序仪产出的下机数据即为fastq格式，一般会经过质量控制后处理为Fa格式以便后续使用。fastq格式最初由桑格（Sanger）开发，目的是将fasta序列与质量数据放到一起，以便后续处理。fastq格式以四行为一个单元。第一行为序列标识，以“@”开头。格式比较自由，可以选择添加或不添加注释等相关的描述信息，描述信息以空格分开。第二行表示序列信息，与Fa格式的第二行含义相同。第三行用于将测序序列和质量值内容分离开来，用“+”表示。第四行表示质量值，每个字符与第二行的碱基一一对应，按照一定规则转换为碱基质量得分，进而反映该碱基的错误率，因此字符数必须和第二行保持一致。对于每个碱基的质量编码标示，不同测序平台采用不同的方案，但一般都是使用ASCII码进行字符到质量值的映射。在后续质量控制中，可以将第四行的质量值计算获得数据的质量。图9-19为一个fastq文件的示例。

```
@AOEIMS02CQLO1
AACCTTGGACACCCTGGGTCAGTCATACAACCCTGGGGCCCAAAGGCGGTAA
+
AAAAAAAAAAAAAAAAAAAAAAAA:8@:FFFB#CCEEA?87AA22Q8A9OD
```

图9-19　fastq文件示意图

sam/bam：sam 格式是使用纯文本表示基因组 alignment 数据的格式，bam 是对 sam 的二进制压缩。sam 格式最初由冷泉港实验室提出，目前是基因组数据分析软件所支持的通用格式。sam 文件主要由两部分组成，前列为 header 行，允许单行或多行，每行统一以@开头，标记了 sam 文件的元数据信息，后列为内容行，每行记录了一条测序 reads 的 alignment 信息，通过 tab 符分割为多列，用于记录 alignment 的不同信息。图 9-20 是一个 sam 文件的示例。

```
@HD VN:1 . 6 SO:coordinate
@SQ SN:ref LN:45
r001 99 ref 7 30 8M2I4M1D3M = 37 39 TTAGATAAAGGATACTG *
r002 0 ref 9 30 3S6M1P1I4M * 0 0 AAAAGATAAGGATA *
```

图 9-20　sam 文件示意图

vcf：vcf 是用于描述 SNP（单个碱基上的变异）、InDel（插入缺失标记）和 SV（结构变异位点）数据的文本文件。目前已经成为主流的基因型变异信息记录格式，可直接在基因组浏览器中进行加载和可视化。vcf 格式一般分为两部分，前列为 header 行，每行统一以##开头，标记了 vcf 文件的元数据信息。后列为内容行，首行以#开头进行提醒，后面每行代表一个突变位点的具体信息。图 9-21 是一个 vcf 文件的简单示例。

```
##fileformat=VCFv4 . 2
##…
#CHROM POS  ID      REF     ALT     QUAL FILTER INFO       FORMAT
        NA00001       NA00002        NA00003
1110696         rs6040355       A        G,T      67        PASS
        NS=2;DP=10;AF=0 . 333,0 . 667;AA=T;DB GT:GQ:DP:HQ
1|2:21:6:23,27 2|1:2:0:18,2        2/2:35:4
17330   T       A       3       q10     NS=3;DP=11;AF=0 . 017
        GT:GQ:DP:HQ 0|0:49:3:58,50 0|1:3:5:65,3         0/0:41:3
```

图 9-21　vcf 文件示意图

bed：bed 是 PLINK 推出存储基因型数据的格式，一般用于群体基因型的表示，常服务基因型和表型的关联分析。开头三个字节为 0x6c、0x1b、0x01，下面是 V 组 $N/4$ 个字节的序列。V 是遗传变异的个数，N 是样本数。

gbff：gbff 是同时容纳基因型数据和注释数据的文本格式。由 GenBank 进行开发，目前是多个数据库共用的数据格式。文件主要包括描述部分、注释部分、序列部分，描述部分包括整个记录的相关信息：位置（LOCUS）、定义（DEFINITION）、检索号（ACCESSION）、版本（VERSION）、关键词（KEYWORDS）、来源（SOURCE）、参考文献（REFERENCE）等。注释部分（FEATURES）描述基因和基因产物，以及与序列相关的生物学特征。序列部分（ORIGIN）即核苷酸序列。

gff：gff 格式的适用场景和 gbff 基本一致，都是基因型数据和注释数据的载体，但比 gbff 格式更为紧凑，然而由于存在多种版本标准，因此影响了其应用效果。目前最常见的是 gff3 格式。gff3 文件中每一行为基因组的一个属性，分为 9 列，以 tab 符分开。

基因组学数据特征如下。

（1）稳定。由于基因组比较稳定，而且不受环境影响变化，因此对同一个实验样本，任何方法在理想情况下获得的基因组数据都应一致或接近。

（2）精确。基因组是组学技术中最早发展的，技术最成熟、方法最可靠，因此基因组学数据的精确程度也最高，目前主流的测序技术能够保证 99%以上的准确率。

2. 转录组学数据

按照所研究的种质资源材料是否有近源参考基因组序列的差异，转录组学数据可分为有参转录组数据和无参转录组数据。两者原始数据都与基因组数据类似，是测序仪产出的 fastq 文件，数据量基本都在 100G/sample 以内，大多为 5～10G/sample。在后续处理中，有参转录组一般通过将测序数据与参考基因组数据进行比对，进而获取转录本序列，并进行表达量计算，进而获取参考基因组数据、转录本序列数据、表达量数据等；无参转录组直接使用测序数据进行 *de novo* 组装获取转录本序列，进行表达量计算，进而获取转录本序列数据和表达量数据。在获得表达量数据后，两者一般都需要计算差异基因，并进行通路富集分析以明确通路水平的差异表达数据。

转录组数据的载体，除基因组中常用的 fastq、Fa 等，一般还有以表格形式表示的表达量数据（表 9-8）。在表格中，表达量一般通过 FPKM 及 RPKM 来表述。FPKM 是 fragments per kilobase of exon model per million mapped fragments 的缩写，即每千个碱基的转录每百万映射读取的片段。RPKM 是 reads per kilobase per million mapped reads 的缩写，即每百万 reads 中来自某基因每千个碱基长度的 reads 数。两者大多趋势一致，但在大多数种质资源精准鉴定和创新相关研究中，以 FPKM 衡量表达量更有生物学价值。

表 9-8　转录组表达量数据表样例

ID	FPKM_Sample1	FPKM_Sample2	RPKM_Sample1	RPKM_Sample2
110109478	1900	3478	2402	5133
……	……	……	……	……

转录组学数据特征如下。

（1）数据量大。对同一个实验样本，在不同的时间、不同的环境下，使用不同的处理方式，对不同的器官组织材料进行测序，产生的数据都不同，因此转录组数据量综合起来数量巨大。

（2）自身误差大。因为 RNA 反转成 cDNA 过程易出错，序列读长较短、RNA-seq 设备错误率较高等，转录组测序数据需要更多的数据清洗和质量控制工作。

3. 表观组学数据

目前表观组学数据中最常见的为甲基化数据、磷酸化数据、ChIP-seq 数据和 ATAC-seq 数据等，数据量变化较大，但一般都不超过 100G/sample。甲基化数据主要是通过 bisulfite-seq（重亚硫酸氢盐测序）、甲基化芯片等方式获取的核酸甲基化位点的数据，一般以文本格式表示。磷酸化数据主要是结合蛋白质组学技术获取的蛋白质，尤其是组蛋白磷酸化位点的数据，一般表示方法类似于蛋白质组。ChIP-seq 数据主要是对通过免疫共沉淀技术获取的与组蛋白、TF 等有相互作用的核酸片段进行测序获取的数据，一般表示方法类似于基因组数据。ATAC-seq 数据是通过对转座酶切割后的单细胞核染色质进行切割后进行测序而获取的开放染色质数据，一般表示方法包括序列数据和分布密度数据。

表观组学数据特征如下。

（1）类型多。表观组不同于基因组和转录组，其包含多种不同方式的表观调控数据，并随技术不断发展，类型也不断丰富。

（2）不独立。表观组学数据难以脱离基因组、蛋白质组等数据独立存在。不同于转录组可以在没有参考基因组的情况下使用无参转录组，表观组数据对参考基因组等数据依赖更高。

4. 蛋白质组学数据

蛋白质组学数据主要包括二维凝胶数据和质谱数据，一般用于在蛋白质水平分析种质资源的亲缘关系，或从蛋白质水平阐述关键性状的遗传表达原理。二维凝胶数据是传统蛋白质组研究技术（2D-SDS-PAGE，二维十二烷基硫酸钠-聚丙烯酰胺凝胶电泳）产出的电泳图像数据，成本、精度、仪器设备依赖程度都较低，一般小于 1GB，后续可通过人工或图像识别的方式分析图像中各位点的位置信息，进而识别蛋白质。图 9-22 是一个二维凝胶的原理示例。质谱数据的格式、大小等依质谱仪器设备厂商和是否采用同位素标记而有较大区别，但最终一般经过处理、归一化和注释后产出以表格形式记录的蛋白质表达水平表（表 9-9）。在获取表达水平表后，同转录组一样，一般也需要进行通路富集以鉴定关键差异通路。

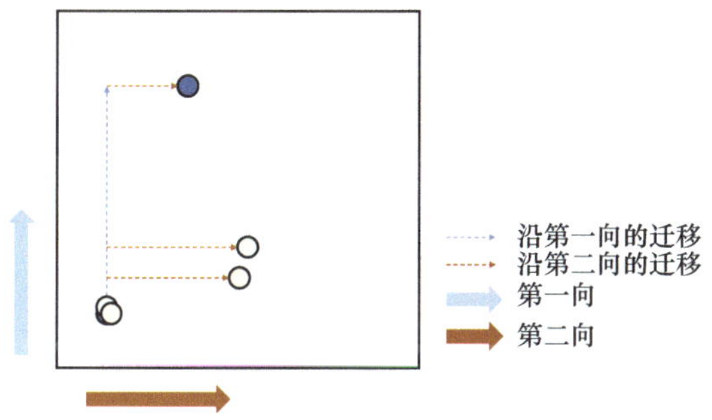

图 9-22 2D 电泳示意图

表 9-9 蛋白质表达水平表示例

Name	Fold change	*P*-value	Coverage（%）	其他字段
Fructose-bisphosphate aldolase	0.514	0.007	60.33	……
Phosphoglycerate kinase	3.248	0.041	59.98	……
……	……	……	……	……

蛋白质组学数据特征如下。

（1）数据覆盖度低。受限于技术，蛋白质组学数据往往并不能完整覆盖样本所有蛋白质谱，正常覆盖率往往仅有不足30%，这大大限制了蛋白质组的实际应用。

（2）精确度不一。蛋白质组的定量依赖于碎片注释，不同实验手段和数据处理方法，无法保证数据的精确度始终保持稳定。

5. 代谢组学数据

代谢组学数据一般依据仪器设备不同可分为质谱类数据和核磁类数据。质谱类数据主要用于种质资源品质性状的差异比较，又分为GC-MS类数据和LC-MS类数据，但都需要后续通过与数据库进行比对，从而获得化合物含量表。GC-MS类数据包含气相谱图和质谱图数据，一般用于种质资源中挥发性或衍生化处理后挥发性组分的鉴定；LC-MS类数据则包含液相谱图和质谱图数据，一般用于非挥发性组分的鉴定。核磁数据能够服务未知新化合物的鉴定，分为碳谱数据和氢谱数据两种。

代谢组学数据特征如下。

（1）变量数目少。由于内源性小分子代谢物种类远远小于基因和蛋白质数目，而且各种检测仪器可见“视窗”的局限性，代谢组学数据的变量较基因组和蛋白质组要少很多。因此，很多情况下，样本数目等于或者大于变量数目，在一定程度上降低了数据整合的难度。

（2）受外界因素影响大。作物代谢物受环境影响较为明显，对同一样本在不同时间、不同环境下的检测数据都不同，因此数据结构组织复杂，存在高变异性的特点，给数据组织带来了繁重的工作。

（3）数据维度高。对代谢组数据而言，一张色谱图可能含有几千或几万张质谱图。如果一个实验需要完成批量样品，以及多仪器平台信息的整合处理，那么实验数据的收集、组织和管理也十分复杂。

6. 表型组学数据

表型组学数据囊括了作物种质材料整个生长发育和繁殖传代过程中形态特征、功能、行为及生物学分子组成的所有生物学性状的集合，是基因与环境，以及二者互相作用产生的所有生物性状的数据总和。目前的表型组技术，一般仅包含使用传感器或其他手段获取的一部分目标性状。表型组数据往往不仅包括单株数据，还包括了群体数据，格式包括图像、表格等多种，是最复杂的组学数据。

表型组学数据特征如下。

（1）多态性。作物表型数据覆盖作物从一个细胞到一个群体的性状信息，数据类型多样并且数据结构各异。例如，对一株小麦来说，它的地下根系、地上叶子的相关表型信息，都是表型组学数据，甚至包括地面到天空的遥感数据。因此数据类型不仅包括文本数据，还涉及图像和光谱数据、三维点云数据等。

（2）数据量大。近年来，人工智能技术飞速发展，各种智能化装备不断被研发，作物表型组学也利用这些先进的技术，研发使用智能表型技术设备，得到的表型组学数据迅速增加，呈现指数级增长。同时，作物表型组学数据存在来源众多、数据处理和分析方法多、数据获取标准不一等，导致表型组学数据呈现出重复性低的特点，并且数据量极大。

二、数据汇交

（一）各业务环节数据汇交

作物种质资源在各工作环节上产生的数据最后将统一汇交到国家作物种质信息中心。数据汇交流程包括数据采集、整理、上报、审核、入库等步骤，每个环节因其工作特点，数据汇交流程也有所差异。

考察收集一般以考察队为单位对数据进行采集与整理，上报数据一般经过一级或多级审核后汇交到指定数据中心进行存储和对外共享；普查征集以县为单位，一般通过市—省—国家不同行政级别的单位进行审核入库。具体流程如图 9-23 所示。

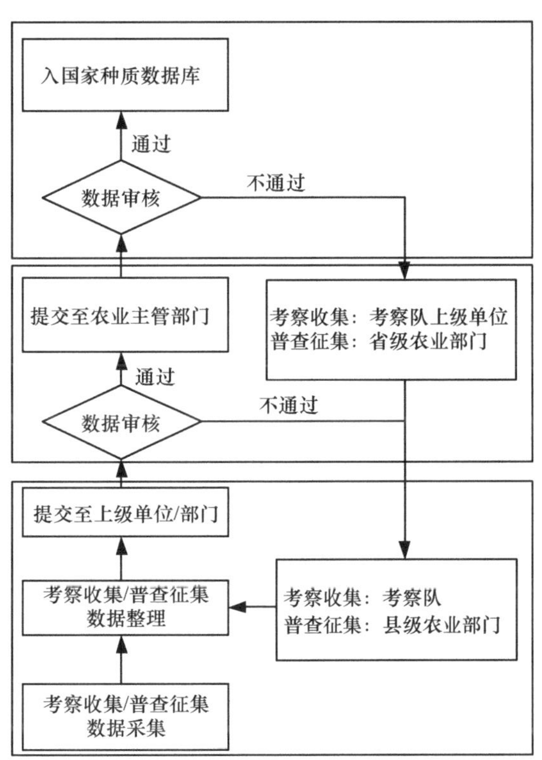

图 9-23　考察收集和普查征集数据汇交

国外引种需要经过隔离检疫试种、鉴定和繁种、编目、发布信息和供种、入库保存等流程，由专人进行汇总审核和入数据库（图 9-24）。

资源登记大体可分为数据提交、审核和共享三个阶段，对于有知识产权的资源信息，由农业主管部门统一审核，其他资源登记信息则由农业主管部门、国家作物种质信息中心、各作物专家三方达成共识后审核通过（图 9-25）。

鉴定评价可分为编目前的编目性状鉴定评价和编目入库后的专题鉴定评价，编目性状鉴定评价的数据随编目信息一同上报审核，编目入库后的专题鉴定评价数据由鉴定评价单位上报数据，上级审核后入数据库；各作物编目负责人根据资源的来源地、性状等信息与已入库资源进行比对，判断该资源是否已经入库，筛除重复，最后整理编目，并将编目数据汇交到国家作物种质信息中心；库（圃）保存和繁种更新数据主要由库（圃）保存人员对数据进行汇总并更新保存数据库，对应流程如图 9-26 所示。

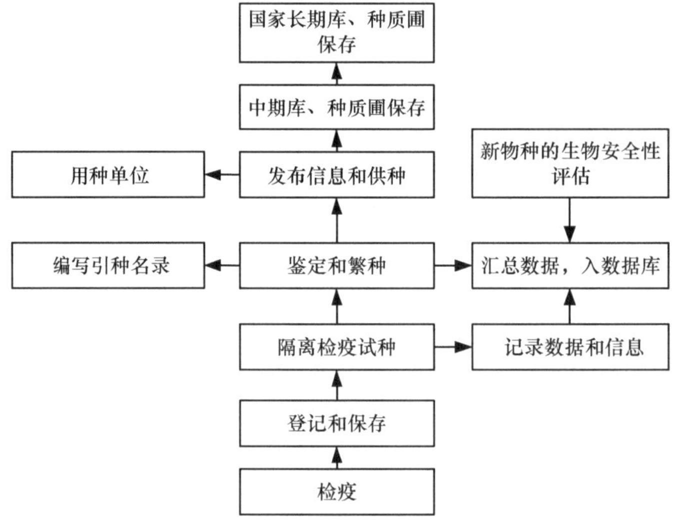

图 9-24　国外引种数据汇交

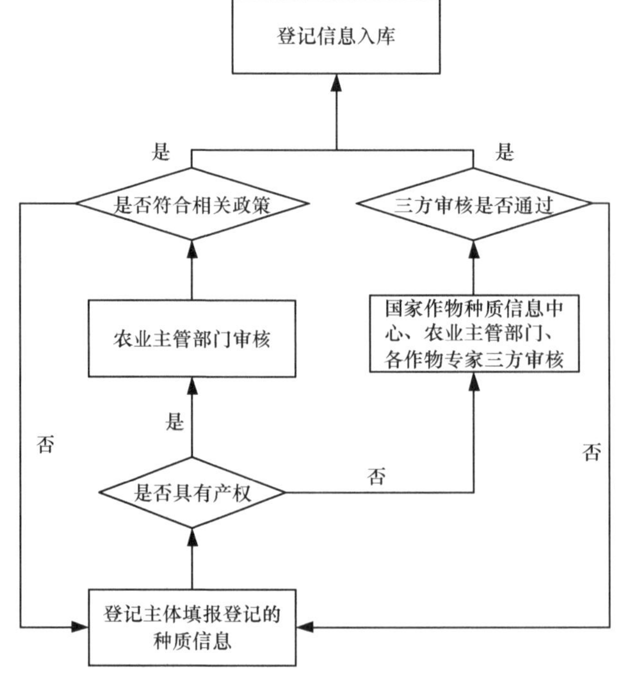

图 9-25　资源登记数据汇交

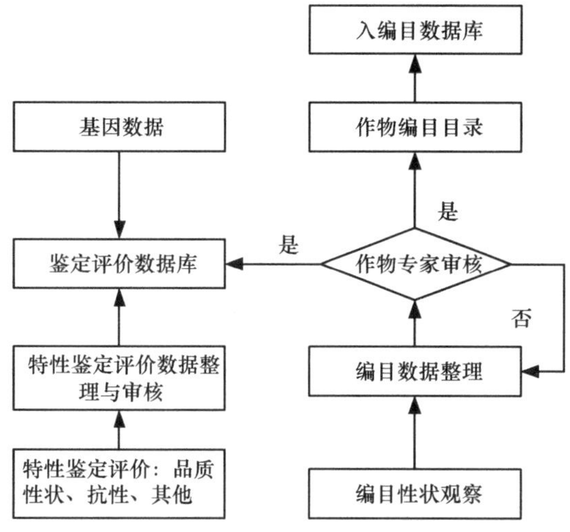

图 9-26　编目与鉴定评价数据汇交

（二）科学数据汇交

根据《科学数据管理办法》（国办发〔2018〕17 号文）规定，政府预算资金资助的各级科技计划（专项、基金等）项目所形成的科学数据，应由项目牵头单位汇交到相关科学数据中心。目前我国科技计划（专项、基金等）项目产生的作物种质资源相关数据主要汇交到国家农业科学数据中心。根据国家农业科学数据中心要求，科学数据汇交的流程如图 9-27 所示。科学数据汇交主要包括 4 个阶段：数据汇交计划的制订与审核、汇交内容质量自查、科学数据汇交与审核、科学数据共享。数据汇交计划的制订对于数据汇交至关重要，汇交计划经业务科学家、数据中心科学家和项目管理方三方审核通过后，由项目承担单位对汇交文件的完整性和实体数据进行质量自查，自查后进行实体数据的汇交。

科学数据汇交计划具体内容包括以下几方面。

（1）数据的概述：何时何地何人，按照何种方法以何种仪器设备，获得了所汇交的数据，说明数据资源的时空范围、数据资源的格式、数据资源量、总体的共享方式等。

（2）数据资源清单：准备上交的数据列表清单，该清单应与任务书的考核指标相一致，以表格的方式列出所有待汇交的数据资源，包括数据集名称、数据类型、数据记录条数、数据格式、共享方式、公开时间。

（3）数据质量控制说明：在数据采集、加工、保存和分析过程中，为确保数据质量采取的措施的说明。

（4）软件工具说明：说明使用数据文件的配套软件。

（5）衍生数据使用规则：对数据引用者使用数据提出要求，以及对引用数据的规范说明。

（6）数据使用期限和长期保存：说明数据的保护期限和长期保存的数据中心名称。

（7）数据汇交技术方案：项目牵头承担单位必须按照给定的数据组织方式组织数据，数据集命名应含有时间、地点和主题 3 个要素，空间数据应含有比例尺/精度信息。

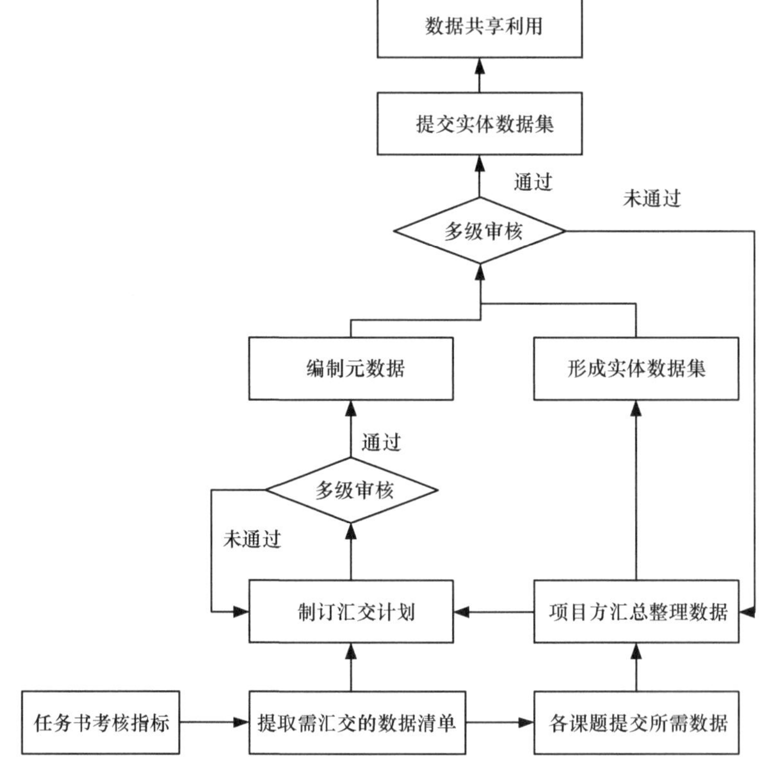

图 9-27　作物种质资源科学数据汇交流程

三、数据处理

作物种质资源数据来源丰富，通过数据汇交等途径获得的原始资源数据通常存在不正确、不完整、不一致等问题，无法为后续的数据挖掘分析工作提供可靠和高质量的数据。数据处理是指对原始资源数据进行数据校验、数据清洗和数据转换一系列操作。通过填补缺失的数据，纠正错误的数据，去除冗余的数据，汇集所需的数据，消除多余的数据属性，转换相应的数据格式，使数据类型同化、数据格式一致化和数据信息精炼化。经过数据处理过程，最终将数据转换成有利用价值的数据存储到数据库中，为后续数据整合提供准确、完整且有针对性的数据。

（一）数据校验

数据校验是数据处理的第一步，是数据质量的重要保障。为了便于后期数据的整合与分析，作物种质资源数据校验都应在标准规范体系的范围内进行。首先，对于提交的数据集必须有元数据说明。其次，根据元数据标准对元数据进行校验。元数据是数据标准的基础，做好元数据校验，确保元数据的完整性与正确性，更容易对数据进行检索、定位、管理和分析。数据集元数据通常包括对数据采集的方式方法、数据集类型、数据内容的描述性语言等。最后，需要根据元数据描述及数据标准对数据集本身进行校验，这一步要确保所提交的数据符合标准规范要求，如必填的资源字段是否存在遗漏等。

（二）数据清洗

数据清洗是数据处理不可或缺的一环，主要是对数据中存在的缺失值、重复值和异常值进行处理，通常包括补全缺失值、更正异常值和删除重复值，要求清洗后的数据是准确、合理及规范的。数据清洗的结果直接决定数据质量的好坏。数据清洗方式一般分为手工清洗和自动清洗。手工清洗是通过人工校对进行数据清洗。这种方式比较简单，但效率低下，在数据量大的情况下，手工清洗几乎不可行。自动清洗是通过编写专门的计算机应用程序来进行数据清洗。这种方式对于解决某个特定的问题比较高效，但不够灵活，一个程序一般只能解决一个问题，清理多个问题时，程序复杂，工作量大（林子雨，2022）。实际工作中，一般采用手工清洗和自动清洗相结合的方式，对于个别错误直接手工清洗，而大量相同错误则采用自动清洗。

作物种质资源数据清洗的对象主要包括数值型、字符型和日期型数据。对这三种类型的数据，首先要对以下数据内容进行检验。①数值型数据：数据中是否存在缺失值；检查数据的最大值与最小值是否在合理的区间内（如作物生长海拔）；数据中是否存在负值，其存在是否合理；数据中是否存在重复值等。②字符型数据：数据中是否存在错误或意义不明的数据（如种质名称错误）；数据位数长度是否符合规范（如全国统一编号）；数据中是否存在意义不明的特殊符号（如描述符代码之外的符号）等。③日期型数据：检查日期的最大值与最小值是否在合理的区间内（如播种期、始花期等）；日期格式是否正确（如定义为“YYYY-MM-DD”还是“DD/MM/YYYY”）等。

经过数据内容检验后，接下来需要对缺失值、异常值和重复值进行相应处理。①缺失值处理：由于作物种质资源数据大多通过手工采集，数据中可能存在一些漏采漏记的缺失值，需要对其进行适当的处理。常用的处理方法有：填充、变量删除（元数据可选）等。②异常值处理：根据每个变量的合理取值范围和相互关系，检查数据是否合乎要求。如果存在超出正常范围、逻辑上不合理或者相互矛盾的数据，对其进行修改或删除。③重复值处理：重复值的存在会影响后期数据整合与分析挖掘的结果，所以，数据清洗需要对数据进行重复性检验。如果存在重复值，需要直接进行重复值的删除。

在进行数据清洗时，优先进行缺失值和异常值的处理，最后进行重复值的处理。在对缺失值和异常值进行处理时，要根据业务的需求进行灵活处理，常见的填充包括：统计值填充（常用的统计值有均值、中位数、众数）、前/后值填充（一般使用在前后数据存在关联的情况下，比如数据是按照时间进行记录的）、零值填充等。

（三）数据转换

数据转换是将数据变换为适合数据整合与分析挖掘的描述形式，包括一致性处理、规范化处理和属性构造处理等方式。①一致性处理：数据转换最重要的步骤是要将数据值进行一致性处理，即相同含义的值应具有统一的形式。例如，某一作物种质资源的经度为东经 114°30′，有“114 度 30 分”“114.50°”“114°30′E”等多种写法；资源的花色属性，有的表示为“白色”，有的表示为“白”，类似情况需统一成一种表示方法，按照标准规范应写成“11430”“白色”（图 9-28）。标准化的另一个问题是数据类型的不一致，如资源育成年份“2012”，在一个数据集中是数值型，而在另一个数据集中可能是字符型，在明确每个字段的数据类型的前提下，数据转换的时候就需要对二者的数据类型进行统一处理。②规范化处理：规格化处理是指将有关属性值按比例投射到特定小范围之中（如对一批资源的株高映射到 0～1 范围内，能够非常直观地比较出其中一份资源株高在这批资源中所处的位置），常用的数据规范化方法包括 Min-Max 规范化、Z-Score 规范化和小数定标规范化等。③属性构造处理：根据已有属性集构造新的属性，后续数据分析直接使用新增的属性（如根据单产量和总面积计算总产量）。

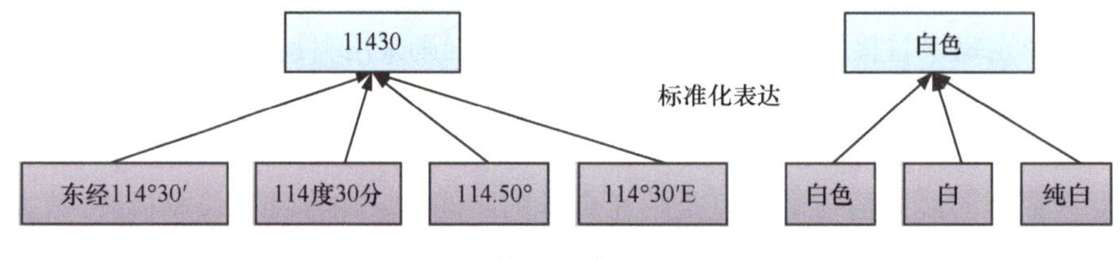

图 9-28 数据一致性处理示例

四、数据整合

数据整合是按照一定策略和数据规范把需要的数据资源汇集到一个数据中心，使数据之间产生关联，并进行挖掘分析以产生更大价值或提供更优服务的过程。首先，数据整合是打通数据孤岛，将散乱的海量种质资源数据铸造为统一大数据体系的关键，不同单位、不同格式、不同语义的种质资源数据孤岛只有通过数据整合联系起来，形成统一完整的海量数据仓库，才能为后续分析工具奠定数据基础。其次，数据整合是深挖数据价值，开展大空间尺度比较、多组学联合分析的基础；大量种质资源数据都基于单一环境条件、少量材料，只有通过数据整合，形成跨越多个地理区域的整合数据集或多组学数据集，才能开展大尺度多生态区的比较研究和 GWAS、EWAS 等多组学的联合分析，深入挖掘特殊优良性状材料的科研价值，服务种质资源的精准鉴定。最后，数据整合是实现领域融合，为种质资源各领域研究专家提供跨领域数据服务的关键；只有对数据进行整合，才能实现跨领域数据的统一检索、推荐和共享，从而服务种质资源科学家回答交叉领域的重大问题。

对作物种质资源大数据进行数据整合，不仅需要借助于相对成熟的大数据 IT 技术，而且需要结合种质资源学科自身特征，融入多源异构种质资源数据的个性化整合技术，在种质资源标识符的引导下形成完整体系（图 9-29）。

（一）多源数据整合技术

多源数据是指不同来源或者渠道，但是表达的内容相似，以不同形式、不同来源、

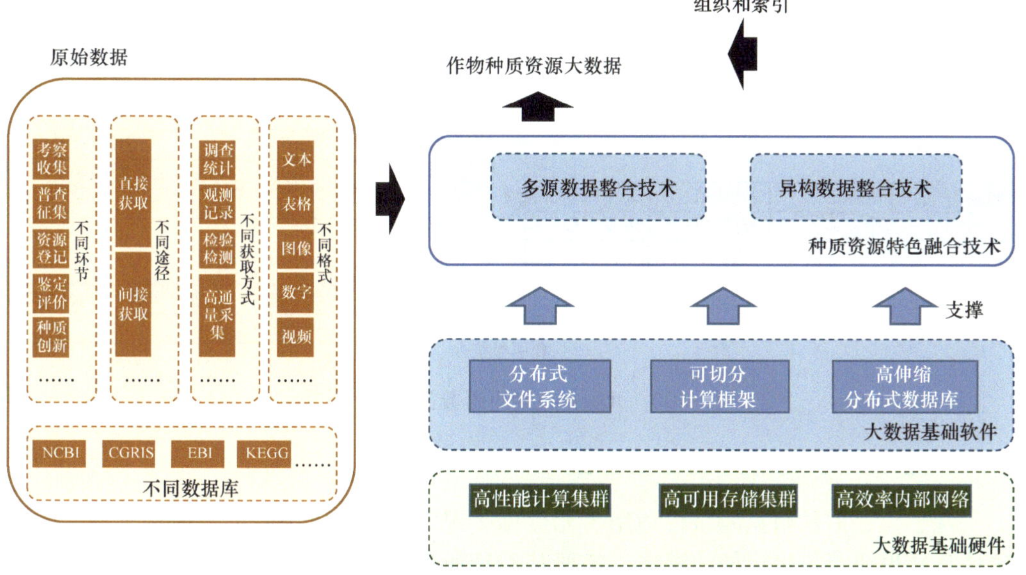

图 9-29　作物种质资源大数据整合逻辑

不同视角和不同背景等多种样式出现的数据。由于种质资源工作相对复杂，这样的多源数据存在明显多样性，需要进行融合以服务后续分析。例如，针对同一份重要骨干亲本材料不同农艺性状的鉴定，可能由不同研究者在不同时间、不同地点，采用不同实验方法和仪器设备完成，对这些数据的整合有助于种质资源工作者更好地了解研究全貌。

1. 基于元数据的多源数据整合

利用元数据，可以获得种质资源数据中的材料名称、生成时间、采集地点、实验手段的内容的信息；基于元数据，可以实现跨越数据集的数据融合。例如，通过元数据中的材料名称，将同一份材料的基因型数据进行融合。

1）元数据的转换

多源组学数据的元数据，按照其来源、组学分类的差异，所含有的元数据标准不统一，所含有字段也差异较大，主要可以分为通用性字段和个性化字段。通用性字段在不同源头的元数据中普遍存在，如材料名称、数据采集时间、数据生产者/录入者等；个性化字段则为不同数据库自有的字段，如 NCBI 在 Sample 级独有的 Project 字段等。只有将元数据进行统一整合和映射后，才能进一步推进工作。元数据转换一般包括抽取、映射、插补三步。抽取是指对种质资源数据和数据集的元数据进行提取，形成细粒度的元数据信息；映射是指统一按照种质资源元数据相关规范，对元数据进行重标注，形成统一的元数据格式；插补是指针对部分数据集中缺失的元数据信息，按照信息来源、项目背景等信息，进行估计和补充，以尽量保证元数据信息的丰富。

2）元数据驱动下多源数据整合

根据元数据中的时间、地点、材料名称等关键字段，构建数据项之间的相互对应关系，进行跨数据集的提取，并为其统一分配编号，进而可以实现多源种质资源数据的整合（图 9-30）。

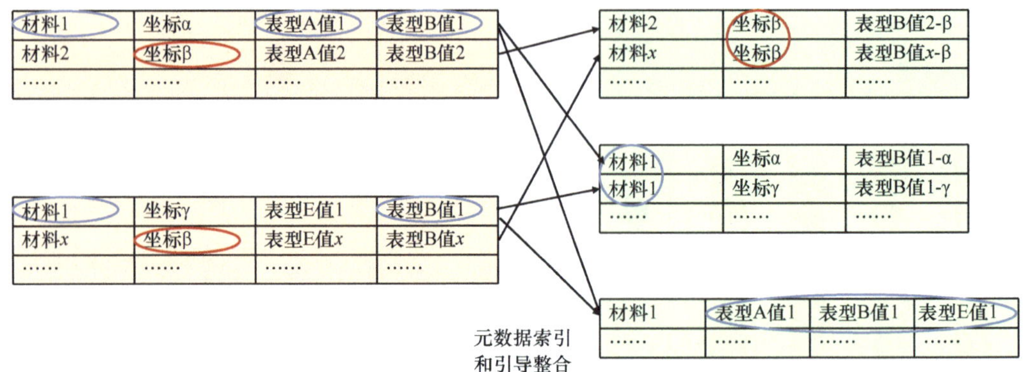

图 9-30 元数据驱动下跨数据集提取数据

2. 基于数据特征的多源数据整合

基于元数据的数据融合仅适用于元数据关键字段完整可用的部分情况。在关键字段信息缺失或者不可用的情况下，需要基于种质资源数据自身的内部特征，即数据特征进行识别和匹配，进而驱动多源数据整合。例如，元数据中材料名仅提供分组编号的基因组和转录组数据，可以提取其序列特征，与数据库中其他材料数据进行比对和匹配；又如缺失试验信息和类型的精准鉴定数据，可以提取其结果中的关键字段特征进行预测。

1）数据特征的提取

数据特征的提取主要包括种质资源数据的特征选择和特征抽取。特征选择是根据数据自身特征和元数据缺失的关键字段，选择易识别、有区分度的特征，例如，基因组数据可直接选择高可变区域的序列作为特征，表型组数据可以选择植株图像作为特征，抗病等实验数据可以直接选择体现实验内容的结果字段作为特征。在选定特征后，即可从数据中通过抽提、计算等方式获得数据特征。

2）基于数据特征的异源数据整合

整合阶段主要包括特征库构建和匹配。特征库构建，即针对已有完整元数据的数据进行特征提取，形成元数据—数据—数据特征的对应关系，从而形成特征库。匹配，即使用数据特征，采用序列比对、图像识别、表格分析等方法，将目标数据的数据特征，在特征库中进行检索和匹配。在完成匹配后，即可根据数据格式选取合适方法，将匹配的数据进行文本合并、图像库扩容、表格整合或整体关联。

（二）异构数据整合技术

在作物种质资源工作中，不同媒介、存储方式、处理方法产出的数据在形态、格式和结构上存在差异，从而产生了大量异构数据。为了获取更准确更有价值的信息，作物种质资源异构数据整合工作必不可少。目前种质资源的异构数据可以在以下方面体现差异。在数据结构上，既有基于关系型数据库的结构化数据，也有半结构化、非结构化的数据，如文本、多媒体数据等；在存储方式上，不同信息系统之间相互独立，系统数据单独管理，数据无法流通共享，另外，数据存储模型有关系型模型和非关系型模型。不同的存储方式，即使是同一种模型，模型结构也有可能不同，如 DB2 和 MySQL，同为关系模型，但结构也有差异；在数据处理方式上，数据类型和结构等不同带来不同的数据处理方式和不同的处理平台。

1. 数据统计和降噪

生产方式和生产部门的差异造成的数据异构，主要影响数据的可比性，针对这种情况，可采用相应的数理统计方法对数据进行降噪处理，例如，选择合适的数据统计方法对不同传感器产生的数据进行处理，降低因传感器不同带来的数据差异。

2. 数据格式转换

数据结构不一致则无法整合到一起进行分析利用，进行数据格式转换是最直接的整合方式。例如，资源调查数据有的为统计表格形式，而有的为文本形式，为了便于统计分析，文本形式的调查数据需按照一定格式标准转换成统计表格形式。又如，基因组数据，有些为 vcf 格式，有些为 bed 格式，有些为 Fa 格式，为了便于后续比对和可视化，需要统一转换为 Fa+vcf 格式。

3. 异构数据库集成

针对信息系统数据相互独立问题，可采用异构数据库集成技术实现系统间部分数据的共享。异构数据库集成技术为分布式数据提供一个输出模式以供其他数据库共享，如以联合数据库系统为主的多数据库系统，可以容纳多个异构数据库，在已存在的局部数据库上为用户提供统一的存取数据的环境，提供集中、透明的操作，又保持各个异构数据库自制。例如，可以采用类似于 biomart 的方式构建不同数据库 primary key 之间的映射关系，进而在不同数据库之上形成统一的转换和汇聚接口。

第四节　数据分析与挖掘

数据分析和挖掘是作物种质资源大数据体系中连接数据和应用的关键环节。首先，任何未经过分析和挖掘的种质资源数据都仅能提供最基本的检索、输出等功能，不能直接发挥对种质资源鉴定评价、种质创新、共享利用的支撑作用，只有经过挖掘，才能从海量数据中提取有效信息。其次，作物种质资源大数据相较于传统数据，具有 6V 特征，这虽然使得其中蕴藏的知识更加丰富，但也增加了提取知识的难度，必须通过专业的分析和挖掘手段，才能实现从数据到信息，再到知识的飞跃。

一、经典统计分析

经典统计分析法是指通过对研究对象的规模、范围、程度等数量关系的分析研究，认识和揭示事物间的相互关系、变化规律和发展趋势，借以达到对事物的正确解释和预测的一种研究方法。同时，经典统计分析方法是其他统计分析的基础，了解和掌握经典统计分析方法的原理与应用场景，对于学习和理解其他统计学方法至关重要。

经典统计分析是作物种质资源遗传多样性分析、核心种质库构建等常用的分析方法之一，主要应用的方法有基本统计量计算、相关性分析、主成分分析、聚类分析等。

1. 基本统计量计算

平均值、极值、变化范围、中位数、标准差、变异系数等统计量常常出现在作物种质资源数值型性状统计分析的第一位，用于反映某一性状的基本特点，是最为简单实用的统计方法。例如，变化范围可反映性状的总体水平，变异系数可说明性状的离散程度，中位数和平均值组合可反映性状的离群点多少。董玉琛等（2006）对欧洲 18 个国家 20 世纪育成的 358 个小麦代表性品种进行相关农艺性状分析，计算了来自不同国家、不同时期材料的株高、有效分蘖、穗粒数、千粒重等性状的平均值、标准差、变幅、变异系数，来分析这些材料的变异情况。

2. 相关性分析

相关性分析方法在作物种质资源领域一般用于研究和探索不同性状之间的影响与联系。相关性分析是通过对大量数字资料的观察，消除偶然因素的影响，探求性状之间相关关系的密切程度和表现形式，性状之间是否相关、相关的方向、密切程度等。密切程度即为显著相关程度，利用相关系数表示，相关系数越接近 1，相关程度越显著，相关系数为正值表示正相关，反之表示负相关。王述民等（2001）对小豆的部分性状表现与其来源地纬度进行了相关性分析，得出来源于高纬度地区的小豆株高表现较矮，单荚粒数较少；来源于低纬度地区的小豆株高表现较高，单荚粒数较多；来源于高纬度地区的小豆开花较早，来源于低纬度地区的小豆开花较迟。

3. 主成分分析

主成分分析是一种降维方法，可以将主成分分析描述为从大量变量中导出低维特征集的方法，用少数变量尽可能多地反映原来变量的信息，保证原信息损失小且变量数目尽可能少。陈红霖等（2020）对 481 份参试的绿豆种质 12 个数量性状进行主成分分析得出，前 6 个主成分对表型变异的累计贡献率达到 83.41%，包含了 12 个性状的绝大部分信息。

4. 聚类分析

聚类分析是指将相似的对象集合划分到相同的类或簇的过程，在对象的同一个划分中，对象之间有高的相似度，而不同的划分中有高的差异。魏兴华等（1999）利用聚类分析辅助了浙江地方籼稻资源核心样品的构建；于跃等（2021）通过欧式距离聚类方法对 198 份大麻资源划分为 3 类，每类间具有显著的性状差异性。

二、空间分析

虽然经典统计分析方法基本能够满足作物种质资源的常规分析，但对于资源的空间分布的分析和描述上则显得力所不及，而掌握作物种质资源空间分布特征，分析作物种质资源个体或居群遗传变异在地理空间上的非随机分布特点，探索资源表型与环境相关性，对于作物种质资源遗传多样性研究、资源的有效保护和高效利用等均具有重要意义。因此，应用空间分析方法对作物种质资源数据进行分析和挖掘，探索潜在空间规律与特征十分重要。

空间分析是通过建立分析的目的和标准，选择适当的空间分析方法，结合分析的目的和任务，对空间数据进行空间操作和分析，并对结果进行评价和解释，最后产生相应的结果图和报表的过程。空间分析方法众多，本节结合作物种质资源数据特点，分别对基本空间分析、空间统计分析和地统计分析进行介绍。

（一）基本空间分析

1. 空间量算

空间量算可分为几何量算、形状量算和质心量算。几何量算对于不同的点线面有着不同的含义，点状地物主要量算其地理坐标，如一份种质资源的采集地经纬度；线状地物主要量算其长度、方向和曲率，如量算两份资源之间的距离；面状地物主要量算其面积、周长、形状等，如量算一块种质资源原生境保护点的面积。形状量算主要针对面状地物，一般利用面积和周长计算形状系数，从而判断多边形是膨胀型还是紧凑型，在作物种质资源中应用较少。质心是描述地理现象空间分布的一个重要指标，质心量算可用于对地物地理分布变化的跟踪，也可用于描述地物分布是否平衡。该方法对于分析作物种质资源地理分布中心情况较为适用，如可对某一区域不同时期的作物种质资源分布质心进行计算，对比分布质心的移动情况，分析造成分布质心变化的因素。十年前后该区域种质资源分布质心向东偏北方向有一定距离的移动，说明经过十年的变化，该区域东北部地区的资源相较于其他地区相对增幅更大；也可对该区域的地理质心和作物种质资源地理分布质心进行对比，分析该区域内种质资源分布是否平衡，是否存在方向偏重性等。作物种质资源分布质心偏离区域地理分布质心，说明该区域种质资源分布各方向上不平衡，东北部资源密度更大（图 9-31）。

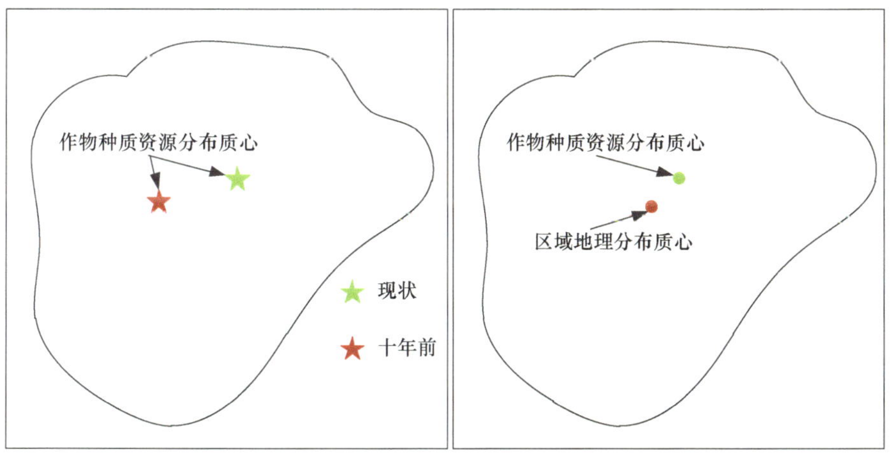

图 9-31　空间量算示意图

2. 信息复合分析

信息复合分析可分为视觉信息复合、叠加分析和栅格数据的信息复合分析。视觉信息复合是将不同专题的内容叠加显示在结果图件上，以便系统使用者判断不同专题地理实体的相互空间关系，获得更为丰富的信息。视觉信息的叠加不产生新的数据，只是将多层信息复合显示，便于分析。例如，将遥感影像与作物种质资源分布数据复合，便于观察了解资源分布的地理环境，将行政区划数据与资源分布数据复合，便于了解不同行政区域内资源分布差异情况；叠加分析则是根据参加复合的数据层各类别的空间关系重新划分空间区域，使每个空间区域内各空间点的属性组合一致。与视觉信息复合最大的区别在于，叠加分析会生成新的数据层，该数据层图形数据记录了因叠加而重新划分的区域，并且新生成的数据层属性数据库结构中包括参加复合的数据层的所有属性数据项。栅格数据的信息复合分析是对多个栅格数据根据公式进行计算生成目标栅格数据的过程，假设资源分布主要受温度（T）、降水（P）、日照（S）、海拔（A）影响，并根据这 4 个指标计算资源分布环境系数：$\gamma=aT+bP+cS+dA$，如图 9-32 所示。

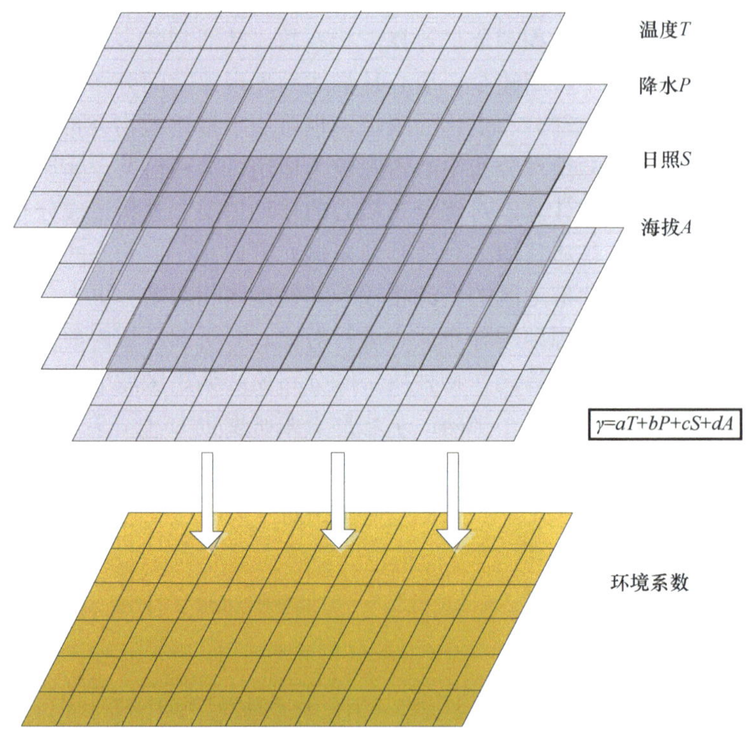

图 9-32　栅格数据信息复合分析示意图

3. 缓冲区分析

缓冲区分析是根据点、线、面地理实体，建立起周围一定宽度范围内的扩展距离图，主要用来限定所需处理的专题数据的空间范围，一般认为缓冲区以内的信息均是与构成缓冲区的核实实体相关的，即具有邻接或关联关系，而缓冲区以外的数据与分析无关。在作物种质资源研究中，缓冲区分析可对不同资源的空间关系建立关联，也可将一份资源与周边环境关联起来进行分析，如图 9-33 所示，为某一区域某一作物种质资源的分布情况，以 1km 距离建立各资源的缓冲区，资源 A 和 B 的 1km 缓冲区内无其他资源，而资源 C 的 1km 缓冲区内具有多份资源，说明 C 所在区域的资源富集度高于 A 和 B，且该范围内的资源可能存在某种联系和规律需要探寻；A 和 B 缓冲区也可用来辅助分析 A 和 B 资源周边环境情况。

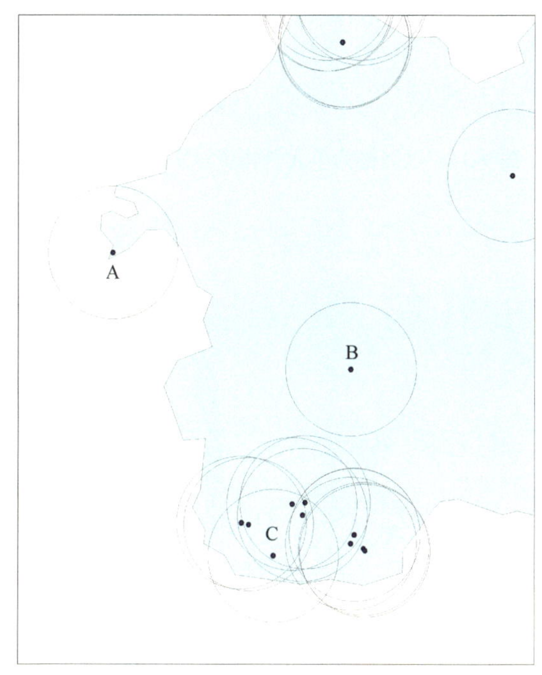

图 9-33　缓冲区分析

4. 空间分布密度制图

作物种质资源在空间上以点的形式表示，很难直观表达出资源的分布密度状况，一般情况下将点统计到面上，计算单位面积上种质资源数据量，从而制作资源空间分布密度图。空间分布密度图可直观地描述出作物种质资源空间分布的疏密情况，在面域选择问题上，可以利用同等大小的网格或者行政区为单元制作作物种质资源空间分布密度图。以网格制作密度图时，首先通过区域统计方法统计出每个网格内具有的资源数量，然后根据每个网格内所具有的资源数量多少制作密度分级图，如图 9-34 所示；以行政区为面域制作密度图时，由于行政区面积大小不一，因此在统计完每个行政区域内资源数量后，需根据行政区面积计算出单位面积上资源分布数量，最后进行密度分级制图，如图 9-35 所示。

（二）空间统计分析

空间统计分析方法将空间信息整合到经典统计分析中，研究与空间位置相关的事物和现象的空间关联和空间关系，从而揭示要素的空间分布规律。空间统计分析可分

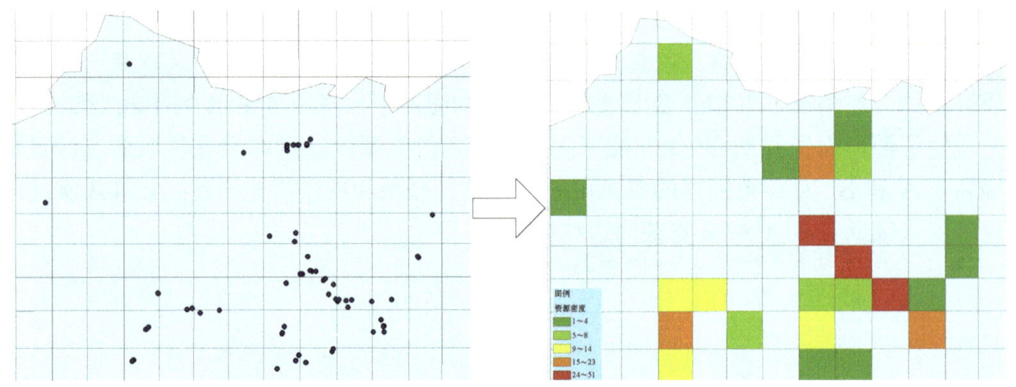

图 9-34　以网格为单元制作资源空间密度分布图

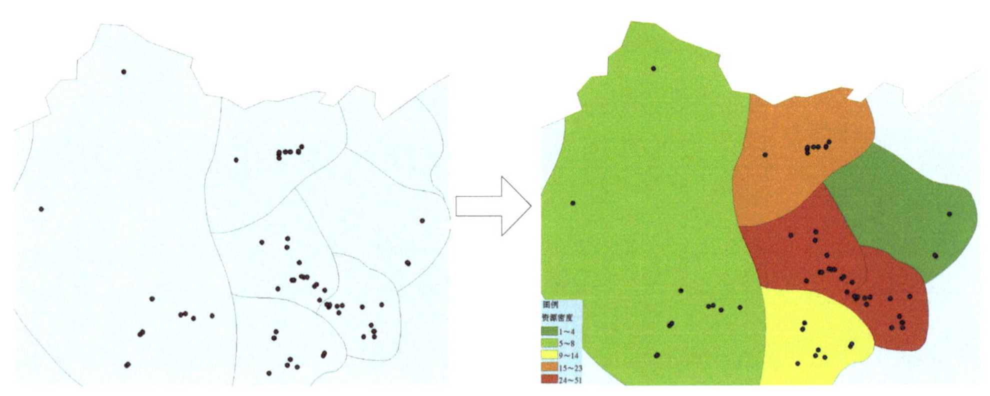

图 9-35　以行政区划为单元制作资源空间密度分布图

为分布特征分析、分布模式分析、空间关系建模三大部分内容。分布特征分析主要利用系列指标来度量资源的地理分布的集中或离散分布，如中位数中心、中心要素、平均中心、方向分布、标准距离、线性方向平均值等；分布模式分析主要利用空间自相关理论进行系列分析，空间自相关分析是研究遗传变异空间结构的一种有效方法；空间关系建模能够对空间分布、空间模式进行定量化的描述和分析，对空间关系（位置关系和属性关系）进行建模，从而更好地理解空间分布产生的规律。将空间统计分析方法应用到作物种质资源相关研究中，能够更深入、定量化地了解资源的空间分布、空间聚散程度及空间关系。

标准差椭圆是分布特征分析的重要方法之一，对于空间散点的方向和分布分析具有一定优势。标准差椭圆的重要指标有覆盖面积、方向角度、长轴、短轴、扁率，如图 9-36 所示。标准差覆盖区域能够概略地反映作物种质资源分布的空间范围，方向角度可定量描述资源的主趋势分布方向，长短轴差异可反映资源分布的方向趋势性，长半轴表示资源分布的方向，短半轴表示资源分布的向心力，短半轴越短，表示资源呈现的向心力越强，反之则表示资源的离散程度越大，长短半轴的值差距越大（扁率越大），表示资源分布的方向性越显著，反之，表示方向性越不显著。

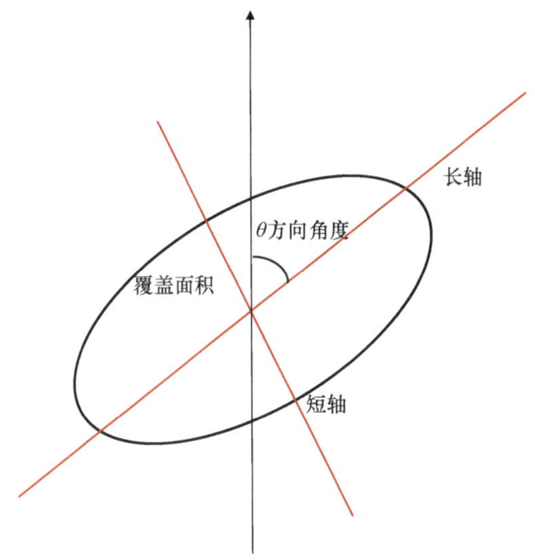

图 9-36 标准差椭圆三要素示意图

利用标准差椭圆对我国不同种植业区域的作物种质资源方位分布进行分析，结果如表 9-10 所示。华南双季稻热带作物甘蔗区的扁率最大，黄淮海棉麦油烟果区的扁率最小，说明前者作物种质资源分布的方向趋势性最强，后者作物种质资源分布方向趋势性最弱；除了西北绿洲麦棉甜菜葡萄区，其他分区的方向角度均小于 90°。椭圆扁率和方向角度结合考虑能够更好地分析资源的方向分布特性，如长江中下游稻棉油桑茶区的椭圆扁率为 0.522，方向角度为 73.26°，比较全国其他区域，该区作物种质资源的分布方向趋势性属于中下等水平，资源的分布方向呈北偏东 73.26°。

表 9-10 各种植业分区标准差椭圆长短轴、扁率及方向角度（陈彦清等，2017b）

种植业区划名称	短轴标准差距离（m）	长轴标准差距离（m）	扁率	方向角度（°）
华南双季稻热带作物甘蔗区	221 221	813 953	0.728	85.78
西北绿洲麦棉甜菜葡萄区	359 814	1 179 873	0.695	109.1
青藏高原青稞小麦油菜区	199 418	590 554	0.662	85.76
北部高原小杂粮甜菜区	225 016	621 073	0.638	53.05
南方丘陵双季稻茶柑橘区	230 811	573 503	0.598	64.42
川陕盆地稻玉米甘薯柑橘桑区	172 228	367 451	0.531	74.92
长江中下游稻棉油桑茶区	193 111	403 958	0.522	73.26
东北大豆春麦玉米甜菜区	209 459	436 072	0.520	16.84
云贵高原稻玉米烟草区	208 596	399 255	0.478	79.54
黄淮海棉麦油烟果区	293 828	427 092	0.312	47.79

（三）地统计分析

从空间上看一份资源仅为一个具有属性信息的点数据，而尚未进行资源调查的空间位置则不具备资源属性信息。地统计分析方法可根据已知的种质资源点数据估计未进行资源采集的空间上的资源属性信息，从而帮助人们更好地分析和了解区域内资源属性的分布和趋势。

地统计分析必须满足三条前提假设：随机过程、正态分布和平稳性。以谷子资源为例，作物种质资源的分布与雨热条件、经纬度、海拔等自然环境密切相关，所以资源生育期的分布不是相互独立的，满足随机过程假设；根据谷子种质资源的数据和地统计中的探索性分析，粗蛋白质含量、粗脂肪含量、生育期、单株粒重 4 个性状的分布接近于正态分布；利用协方差函数和变异函数判断是否满足平稳假设，并选择出最适宜的函数模型进行空间插值。选择球面函数、高斯函数和四球 3 种半变异函数模型对 4 个性状进行空间插值，利用平均值预测误差、平均标准误差、均方根预测误差、均方根标准化误差进行交叉检验，检验结果如表 9-11 所示。在交叉检验中，如果预测误差具有无偏性，平均值预测误差应接近于 0；如果正确估计了预测中的变异性，平均标准误差与均方根预测误差应接近，并且均方根标准化误差应接近于 1。经过综合分析，这 4 个性状均在利用高斯函数模型时预测效果最优，即选择高斯函数作为空间插值的半变异函数模型对性状进行插值分析，以此获取无谷子数据区域谷子相关性状的分布情况。

表 9-11　不同半变异函数模型的插值误差值对比（陈彦清等，2017a）

4 个性状的半变异函数模型	平均值预测误差	平均标准误差	均方根预测误差	均方根标准化误差
粗蛋白质含量				
球面函数	–0.0334	1.6018	1.5008	0.9376
高斯函数	–0.0317	1.5588	1.5034	0.9652
四球	–0.0336	1.5919	1.5001	0.9430
粗脂肪含量				
球面函数	0.0253	0.7170	0.6797	0.9471
高斯函数	0.0244	0.7169	0.6810	0.9492
四球	0.0252	0.7174	0.6796	0.9465
单株粒重				
球面函数	0.0607	5.2316	5.4249	1.0362
高斯函数	0.0378	5.3691	5.4644	1.0178
四球	0.0611	5.2132	5.4245	1.0398
生育期				
球面函数	0.0167	12.1834	11.2528	0.9254
高斯函数	0.0244	12.1207	11.3770	0.9413
四球	0.0133	12.0128	11.2472	0.9380

三、大数据挖掘

作物种质资源大数据挖掘一般采用共性或学科特色手段，从大量的、不完全的、有噪声的、模糊的、随机的种质资源数据中提取隐含在其中的、人们事先不知道的，但又是潜在有用的信息和知识的过程。无论是从泛基因组学数据中挖掘优势性状背后的关键基因，还是从遍及全球的种质资源分布数据中探索种质传播和变异的线索等，都是作物种质资源大数据挖掘的应用范畴。

（一）大数据IT技术

1. 大数据基石硬件

大数据的5V核心特征中，强调了数据的规模化和高速处理化，为此IT技术发展出了一系列硬件设施设备，这些硬件设施设备是大数据体系的基石。这些硬件主要可以分为三大类，即高性能计算集群、高可用存储集群和高效率内部网络。

高性能计算集群是指能够以大规模并行方式处理大量计算需求的计算机集群，能够以每秒上万亿次的速度处理数据，主要解决大数据体系中的计算问题。高可用存储集群指具有高实时性、高存储能力和高可靠性的存储集群，一般能够保证永不下线、数据可靠和抗灾减灾，是大数据体系的存储基石。高效率内部网络，是指在集群内部节点之间进行数据交换的特殊网络，常常使用传输能力超过100GB的IB网络，以满足大数据高速吞吐的需求。

2. 大数据基础软件

一般认为，大数据时代到来的标志是谷歌在2003～2006年发布的三大论文（Ghemawat et al.，2003；Dean and Ghemawat，2008；Chang，2006）。文章中提出的分布式文件系统、可切分计算框架和高伸缩分布式数据库被视为大数据体系的三大类基础软件。

分布式文件系统是指通过计算机网络与节点相连而形成的网络化物理存储资源或是若干不同的逻辑磁盘分区或卷标组合在一起而形成的完整的有层次的文件系统，常用的如根据谷歌GFS系统开源实现的HDFS文件系统。通过分布式文件系统，大数据体系才真正具有了不受单机限制存储数据的能力（Ghemawat et al.，2003）。

可切分计算框架是指将程序分布到多个计算节点合作完成的计算框架和编程模型。目前业内最常用的是根据谷歌MapReduce体系而开源实现的Hadoop MapReduce和Spark。通过可切分计算框架，可以调度多个节点的算力共同处理计算任务，大数据体系因此得以发挥高性能计算集群的硬件能力，满足高速实时处理的需求（Dean and Ghemawat，2008）。

高伸缩分布式数据库是指具备高伸缩特征，能够适应分布式文件系统，实时高效读写数据的分布式数据库。目前业内最常用的是根据谷歌BigTable技术开源实现的Hbase、Kudu等。基于高伸缩分布式数据库，可以有效存储非结构化数据，并快速从分布式文件系统中读写数据，提供给MapReduce计算框架使用，真正满足了大数据体系对海量数据高速吞吐的需求（Chang，2006）。

（二）多组学融合数据挖掘

1. 基于关联分析的多组学融合挖掘

GWAS（genome-wide association study，全基因组关联分析）是指对多个个体在全基因组范围的遗传变异（标记）多态性进行检测，获得基因型，将基因型与表型进行群体水平的统计学分析。GWAS 根据统计量或显著性 *P* 值筛选出最有可能影响该性状的遗传变异（标记），挖掘与性状变异相关的基因。例如，科学家利用 GWAS 技术挖掘了 809 份大豆资源组成的自然群体，对 84 个性状展开了分析，发现了 11 个与油脂含量显著相关的基因（Fang et al.，2017）。

EWAS（epigenome-wide association study，表观基因组关联分析）是指利用表观数据进行关联分析，如利用 m^5C、m^6A 等作为基因型进行分析。目前，EWAS 已经成为解析表观修饰与复杂表型关系的重要手段。利用 EWAS 分析，可以挖掘有价值的甲基化 QTL（epiQTL），服务关键性状表观水平的遗传机制挖掘。例如，科学家利用 EWAS 技术挖掘了油棕农艺性状相关的 epiQTL 位点，为油棕种质资源创新利用提供了依据（Meilina et al.，2015）。

TWAS（transcriptome-wide association study，转录组关联分析）是指利用转录组表达量数据进行关联分析，以确定显著的表达-性状关联。相对于 GWAS 来说，TWAS 结果与连锁不平衡分析结果互补，且受连锁不平衡的影响更小，在挖掘基因和调控机制方面可以与 GWAS 结果互补，具有巨大的应用潜力。例如，科学家联合使用 GWAS 和 TWAS 对 505 份油菜种质资源进行分析，挖掘了欧洲油菜种质资源中种子含油率的遗传基础（Tang et al.，2021）。

2. 基于通路分析的多组学融合挖掘

通路分析是利用整合了生物反应、化合物关系等知识的数据集（通路），将分子水平的表达差异转化为多分子（通路）水平表达差异的方法。大多数通路数据集，包含了一类或者一个完整的生物学过程（图 9-37），如 KEGG 数据库中的 osa00020 通路（https://www.kegg.jp/pathway/osa00020），包含了水稻三羧酸循环中的蛋白质/基因、化合物和反应（图 9-38）；假如通过统计方法确定该通路整体表达水平上调，那么可以推断样本资源中的呼吸作用可能加强，材料可能体现出类似于抗逆性加强、产量波动等表型。

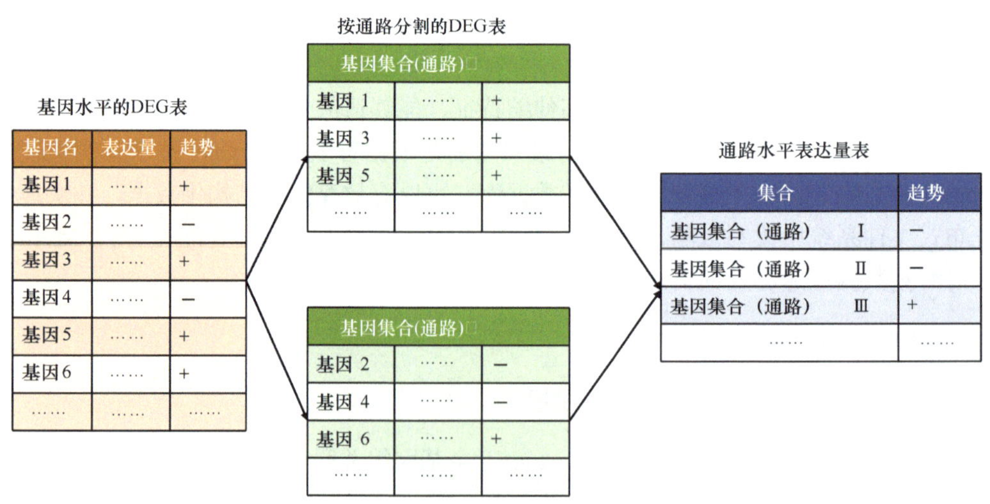

图 9-37　通路分析原理示意图

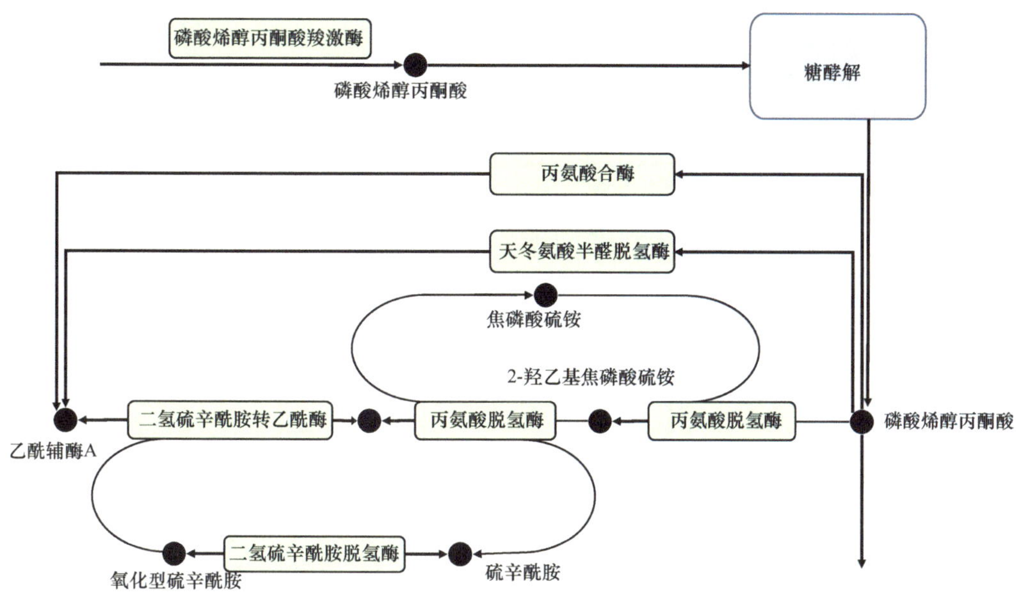

图 9-38　KEGG 通路的部分内容示意图

由于通路中往往同时体现了基因、蛋白质、化合物等多种信息，因此，可以通过通路分析，将转录组、蛋白质组、代谢组等多组学数据，统一转换为通路水平的差异，从而实现多组学数据的联合挖掘。

3. 基于复杂知识库的多组学融合挖掘

随着技术的发展，出现了类似于 IPA（ingenuity pathway analysis）这种整合了蛋白质、基因、化合物、细胞、组织、个体、群体、疾病等多种维度数据、文献和模型的知识库。利用这些知识库，可以自动化地从组学数据中提取关键模式并进行匹配。目前，该方法在人类中已经得到广泛应用，但在作物种质资源中的应用才刚刚开始。未来，可以预期，在未来该方法的应用前景将更加广阔。

第五节　大数据平台与应用

一、大数据平台总体架构

作物种质资源大数据平台是一个集作物种质资源管理、研究和共享为一体的以数据为导向的全新作物种质资源数字化工作体系（图 9-39）。通过利用大数据技术突破作物种质资源信息化阶段发展瓶颈，使作物种质资源业务由传统信息技术支撑转变为大数据引领，开启作物种质资源科学研究第四范式，实现作物种质资源共享共用共创。借助作物种质资源大数据平台，打通各业务环节“壁垒”，实现系统之间数据交互，保障数据的实时性、完整性和准确性，并形成有效的数据反馈机制。通过数据整合将数据资源转变为可量化的数据资产，最大限度挖掘作物种质资源数据价值。

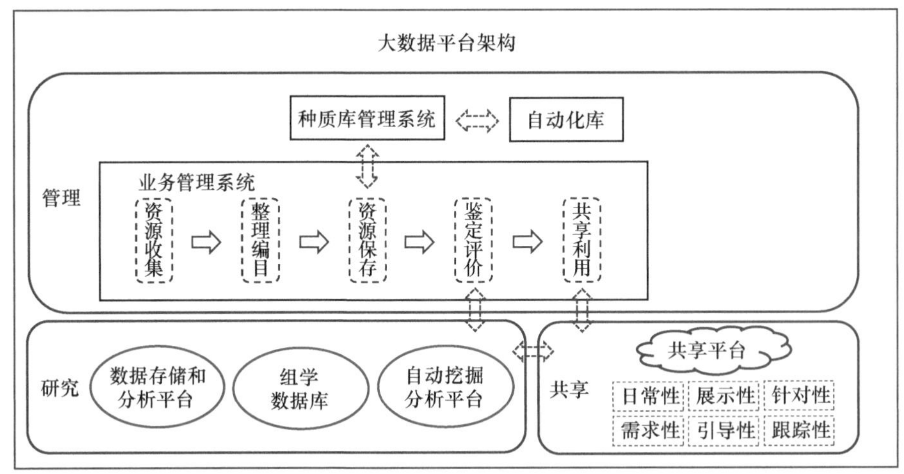

图 9-39 大数据平台架构

管理平台主要负责作物种质资源收集、编目、保存等常规工作管理，包括作物种质资源业务管理系统、种质库管理系统、自动化库管理等。通过构建管理平台，将各业务环节串接起来，打破了作物种质资源工作地域限制，使各系统由局部封闭状态转变为全局开放状态，进而为研究和共享提供支撑。研究平台主要为作物种质资源鉴定评价、优异种质发掘和种质创新等提供平台技术支撑，包括数据存储和分析平台、组学数据库和自动化挖掘分析平台等。利用大数据技术，研究平台将大大提高作物种质资源数据的挖掘分析能力。共享平台主要通过信息共享网站，提供作物种质资源信息与实物共享服务。

二、大数据管理应用

（一）业务管理系统

业务管理系统是涵盖作物种质资源工作各业务场景，提供作物种质资源业务数字化管理的支撑系统。通过将各业务逻辑集成到一个系统中，实时掌握各业务环节进展。系统功能模块包括资源收集、整理编目、资源保存、鉴定评价、共享利用和系统管理。系统总体逻辑架构如图 9-40 所示。

（1）资源收集。资源收集模块主要进行作物种质资源普查、考察收集、国外引种交换和平台汇交的数据填报。系统通过作物种质资源数据标准规范对作物种质资源信息进行了规范化的数据模型定义，支持作物种质资源基本信息的逐条添加、编辑、查询和审核，以及表格、文本文件、图片和自定义附件的批量上传。系统同时具有丰富的应用程序接口（application program interface，API）功能，可以对接作物种质资源普查征集系统等诸多资源收集系统，实现资源数据实时传输。

（2）整理编目。整理编目模块主要负责作物种质资源的整理、全国统一编号的编制等工作。通过资源收集得到的大量来源不同的数据需要经过统一整理才能进行资源编目。资源收集工作参与角色众多，结构复杂，不同角色均可发起资源编目请求，而

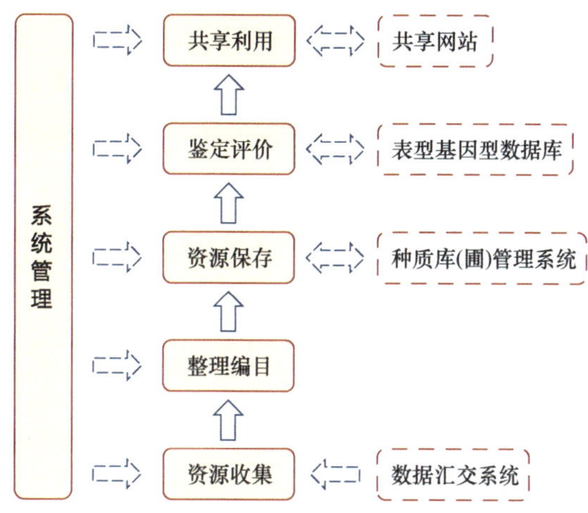

图 9-40　业务管理系统总体逻辑架构

资源编目则只需交由作物负责人（唯一）完成。作物负责人接收编目请求并对资源进行审核，审核通过后进行资源编目工作，并将资源编目结果反馈回系统。

（3）资源保存。资源保存模块主要记录保存作物种质资源的基本情况。整理编目完成后，作物种质资源通过资源保存模块实现入库保存，系统具有与长期库、中期库和资源圃管理系统实现信息交互的 API 功能，各库（圃）管理系统可以将资源保存、繁殖更新等数据实时传输到业务管理系统中。系统支持对各项数据进行聚合统计分析，在管理后台通过图形、图表等方式进行可视化展示，可直观地呈现作物种质资源收集保存总量、年度保存新增数量等趋势数据，精确掌握资源保存情况。

（4）鉴定评价。鉴定评价模块主要开展作物种质资源的鉴定评价工作和鉴定评价数据的汇总，包括表型、基因型、优异种质发掘和种质创新数据等。表型数据包括观测性状信息、相关图片、观测数据表等附件材料信息等；基因型数据包括基因数据、关联分析数据等；优异种质发掘数据包括发掘出的基因、遗传信息、相关附件材料信息等；种质创新数据包括创新种质的类别、物种、特征图片、利用种质的基本信息等（杨欣等，2021）。

（5）共享利用。共享利用模块主要与作物种质资源共享信息网互联，通过将可共享实物资源信息、共享方式、共享数量等信息实时传输到对外共享网站上，提供检索、查询、分析和获取一站式服务，并对共享资源利用情况进行阶段性跟踪和反馈，及时对共享利用成效做出评价。

（6）系统管理。系统管理模块主要包括用户管理、系统日志、API 管理、系统配置等。用户管理可为不同角色的用户编辑基本信息并设置相应的权限，如为作物负责人设置资源编目的权限等；系统日志记录系统中所有关键性的历史操作日志；API 管理为系统对外提供 API 接口，实现系统与外部系统进行信息交互；系统配置为系统不同模块配置相关功能。

（二）种质库管理系统

种质库管理系统是作物种质资源入库保存流程的内部业务管理系统，可实现各业务工作流数据的统一管理，能直观地展示种质库的运行情况，为种质库的高效、稳定和安全运转提供保障。种质库管理系统主要包括资源接收、资源取样、资源成像、资源检测、干燥包装、入库保存、资源取种、数据统计和系统设置模块，系统总体逻辑如图 9-41 所示。

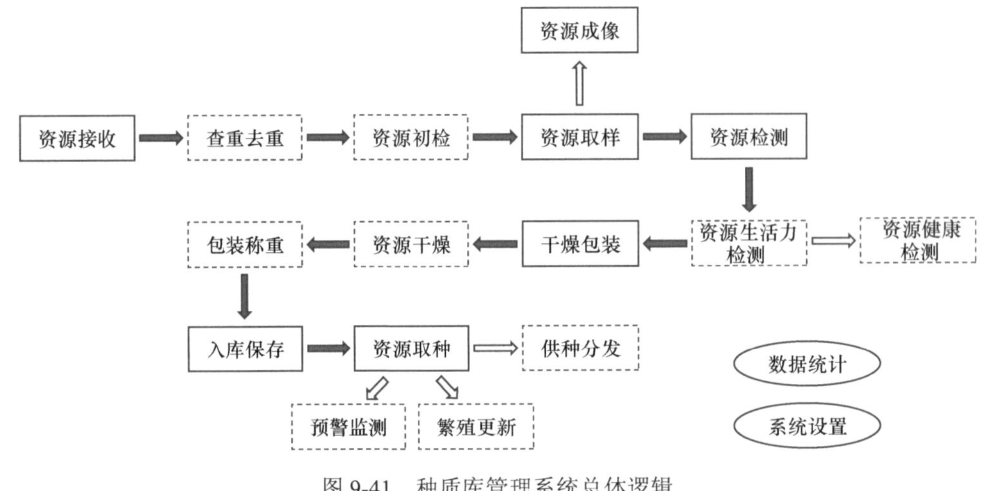

图 9-41 种质库管理系统总体逻辑

（1）资源接收。资源接收主要负责接收寄送的作物种质资源，并对作物种质资源进行查重、去重和资源初检。对接收的资源清单根据种子统一编号不允许重复的原则，在前端数据系统进行查重，查重通过后接收实物资源并进入下一步资源初检。若查重发现信息有重复，及时反馈送种单位，等待再次提交。资源初检主要对资源份数、编号等基本信息，以及有无如破损、发霉等明显问题进行检查，并在系统反馈。

（2）资源取样。资源接收完成后，系统生成流水号标签，开始对资源进行取样操作。将样品分成两份，一份用于资源图像采集，另一份用于资源生活力检测。系统应根据不同作物要求提示具体取样数量。

（3）资源成像。资源成像包括普通图像采集和 X 射线图像采集。普通图像采集主要对样品进行成像；X 射线图像采集主要对不合格的资源，以及样品中比较有特点的资源进行成像，并根据流水号自动上传图像数据。

（4）资源检测。资源检测包括资源生活力检测和资源健康检测。资源生活力检测主要对资源进行发芽率和发芽势检测，并将记录结果上传系统。确认发芽检测数据全部填写完毕后，系统将自动判定发芽率是否合格。资源健康检测主要针对发霉、虫蛀、发芽不合格等不合格种子进行检测，明确病变原因收集相关数据，同时对合格的种子进行抽样检测，确保合格种子的安全保存。

（5）干燥包装。干燥包装包括资源干燥和包装称重。资源干燥根据干燥时间、干燥间库存情况等信息，为待干燥资源分配干燥位置，记录干燥资源的流水号信息和位置信息（架、列、层）并自动生成预计干燥完成时间。干燥时间到后进行抽样检测含水量，若含水量达到入库保存标准，则将数据录入系统等待编库位号和包装称重；若含水量没有达到入库标准，继续干燥，并根据当前含水量估算剩余干燥时间。包装称重前系统应根据库存情况分配库位号。包装称重主要负责打印资源入库标签和记录称重信息等。

（6）入库保存。入库保存主要记录在库资源数量、位置、出入库信息等。

（7）资源取种。资源取种包括资源预警监测、繁殖更新和供种分发。资源监测预警负责在库资源定期监测数据的记录；资源繁殖更新负责对库内种子数量、活力不够或有特殊原因如年限较长等情况提供资源繁殖更新预警，便于及时对不满足在库要求的资源繁殖更新；资源供种分发负责取种分发信息的记录。

（8）数据统计。数据统计主要包括业务流程中各类数据的汇总、分析、可视化展示和统计表打印等。

（9）系统设置。系统设置包括用户权限管理、日志管理、系统功能配置、作物基础信息对照表（如资源入库含水量标准等）等。

（三）种质库自动化系统

我国国家农作物种质资源库（以下简称国家作物种质库）建于 20 世纪 80 年代中期，2019 年重新扩建，采用自动化立体仓库存储作物种质资源。种质库自动化立体仓库主要由存放设备、存取和输送设备，以及管理和控制系统三大核心部分组成，如图 9-42 所示。存放设备包括高层种子架、种子箱和种子容器；存取和输送设备包括巷道堆垛机、外围输送机和抓取机器人；管理和控制系统包括仓库管理系统 WMS 和仓库控制系统 WCS。与现有种质库相比，采用自动化立体仓库存储作物种质资源可以实现资源存取自动化、存储立体化和管理数字化。自动化立体仓库在存储方面的优势，使其成为未来种质库建设的发展趋势。

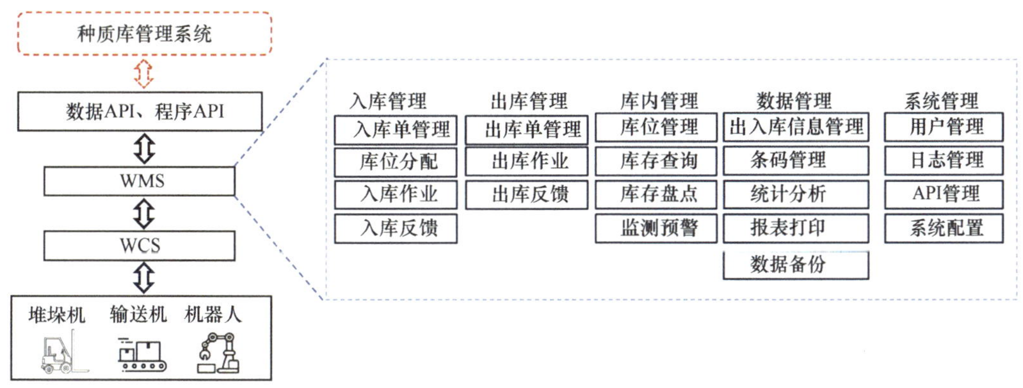

图 9-42 自动化库组成

种质库自动化库区的建设是一个系统性工程，面对庞大数量的作物种质资源，库区的布局规划要科学合理，硬件设备的选择要安全可靠，软件系统的开发要适配功能需求。仓库管理系统 WMS 作为种质库自动化运行的神经中枢，负责库内的资源信息化管理、出入库作业指令下发等，可以精确跟踪作物种质资源从入库到出库的整个过程，实现作物种质资源出入库信息登记、作物种质资源库位分配、作物种质资源库存查询及数据实时分析等功能，提升出入库作业效率。结合种质库日常运行需求，系统应包括入库管理、出库管理、库内管理、数据管理、系统管理五个基本功能模块。入库管理模块应包括入库单管理、库位分配、入库作业、入库反馈等功能；出库管理模块应包括出库单管理、出库作业、出库反馈等功能；库存管理模块应包括库位管理、库存查询、库存盘点、监测预警等功能；数据管理模块应包括出入库信息管理、条码管理、统计分析、报表打印、数据备份等功能；系统管理模块应包括用户管理、日志管理、API 管理、系统配置等功能。同时，库存管理系统应提供数据接口和程序接口两类 API 接口，数据接口对外与种质库管理系统进行数据交互，接收出入库单或导出系统内数据等，实现作物种质资源库内与库外的对接；程序接口可用于二次开发等系统功能扩展，开发人员可利用提供的 API 实现新的系统功能而无须改动原有系统结构和代码。

三、大数据研究应用

（一）经典的数据存储和分析平台

NCBI：NCBI 是美国国家生物技术信息中心（National Center for Biotechnology Information）下美国国家医学图书馆（National Library of Medicine，NLM）的一部分，是世界上最大的动植物和人类数据中心，也是种质资源基因型数据，尤其是基因组数据的核心存储平台。NCBI 中的 GenBank、SRA 等数据库汇聚了全世界研究者自发提供的基因序列、测序 RawData 等数据，支撑了全世界种质资源科学家从基因水平进行种质资源的鉴定评价、繁殖更新、种质创新和共享利用。与 NCBI 类似的数据平台还包括 EBI、中国国家生物信息中心等。通过这些数据存储平台，科学家可以获得大量种质资源的基因型等数据，进而低成本展开研究。

KEGG：KEGG（京都基因与基因组百科全书）是基因组破译方面的数据库，是世界上最权威的通路分析平台，构建了解释种质资源基因型和表型关系的关键桥梁。KEGG 的 PATHWAY 数据库整合当前在分子互动网络（如通道、联合体）的知识，KEGG 的 GENES/SSDB/KO 数据库提供关于在基因组计划中发现的基因和蛋白质的相关知识，KEGG 的 COMPOUND/GLYCAN/REACTION 数据库提供生化复合物及反应方面的知识。类似于 KEGG 的数据平台还包括 Wikipathways 等。

（二）品种资源组学数据库

经典的数据存储和分析平台虽然数据量大、内容综合，但是种质资源领域多、门类细，需要结合领域知识背景和不同品种的特性，构建专精的单一作物数据平台，通过提供基因型、表型等数据，服务种质资源精准鉴定等具体工作。下面介绍几种目前应用较为广泛的单一作物数据库。

1. IRRI 3k 数据库

IRRI 3k 数据库收集了 3000 多份水稻品种（来自全球 89 个国家和地区），代表了全球水稻种质约 95%多样性的核心种质的 SNP 和表型数据，不仅从分子水平阐述了水稻种质资源的遗传多样性，服务了水稻资源的分类整理，而且帮助科学家挖掘出了大约 12 000 个新基因，在水稻种质资源精准鉴定和创新中意义重大（Wang et al.，2018a）。

2. 玉米属综合数据库 ZEAMAP

ZEAMAP 在整合了基因组、代谢组和表达数据的 MODEM 数据库的基础上增加了转录组、表型组、表观组多组学数据资源，其中还包括进行了详细功能注释的 4 个玉米基因组和 1 个大刍草基因组；同时收录了玉米多种复杂性状的遗传定位的结果。该数据库提供了检索功能以获取多组学数据，并内嵌基因组浏览器，实现对比较基因组、基因共线性区块、表达模式聚类、遗传变异基因型、连锁图谱、遗传定位结果、染色质交互、组蛋白修饰，以及群体水平的 DNA 甲基化等多组学数据的可视化和分析，并在此基础上对不同组学数据之间进行交互，旨在通过整合多组学数据助力玉米遗传改良。

3. 瓠瓜多组学数据库 GourdBase

GourdBase 以基因组数据为中心整合了表型组、转录组、多种类型的分子标记、品种信息及遗传图谱。GourdBase 数据库主要由 6 个模块构成，包括基因组信息模块、表型信息模块、标记/QTL 信息模块、遗传图谱模块、品种信息模块和文献信息模块。这 6 个模块用于存储和内联多组学数据，能够更好地浏览、搜索和获取目标数据（Wang et al.，2018b）。

4. 芝麻多组学数据库 Sinbase

Sinbase 不仅提供了种内和种间的比较基因组、转录组、蛋白质组数据，并且整合了遗传图谱、功能标记和重要农艺性状的 QTL 数据（Wang et al.，2021）。

（三）自动化挖掘分析平台

1. 高通量表型自动化挖掘平台

高通量表型自动化挖掘平台主要通过运行定制开发的各类标准化的分析流程，对表型数据执行自动化的分析处理，产生分析报告。而目前尚不能标准化的个性化分析则一般由分析人员在高性能计算集群上人工完成。后期待这些个性化分析方法成熟后，可再开发形成自动化分析流程，发布至平台，实现自动化处理，降低分析人员的参与程度，提高平台通量。例如，SeedGerm 种子发芽表型分析监测平台，涵盖了对小麦、大麦、玉米、番茄、辣椒和油菜等不同作物类型的种子发芽试验、发芽时序图像，泛化图像处理、实时训练和基于机器学习的表型性状分析，最终生成可靠的发芽性状分析数据集以供量化分析。利用 SeedGerm 平台，我国科学家分析了幼根突破种皮的时间和评价标准，利用平台预测与种子专家人工评价的相关性分析结果、动态发芽曲线以及多个发芽率梯度等，对 88 份油菜资源进行基因型-表型关联分析，并定位到了一个关于脱落酸信号转导的相关基因（Colmer et al.，2020）。

2. 多组学联合分析系统

多组学联合分析系统能够自动关联基因组、转录组、蛋白质组等多种数据，并进行深入分析，直接满足自动化设计分子标记、直系同源基因搜索、SNP 位点分析等研究需求。例如，我国科学家开发的 WheatOmics 系统，能够自动化整合和分析小麦的基因组、转录组、变异组、表观组等数据，支撑小麦资源的基因鉴定、基因表达分析、分子网络搭建、调控元件分析、优异单倍型鉴定等工作（Ma et al.，2021）。

四、大数据共享服务

（一）主要的国际作物种质资源共享信息系统

目前国际上在植物种质资源数据应用中的发展趋势是充分发挥计算机和通信网络的功能，在共同遵循的数据共享原则下建立全球性的和区域性的数据网络，真正实现基础数据的共享。具有代表性的共享信息系统有美国和相关组织一同研发的 GRIN-Global 信息系统，国际生物多样性中心、FAO 和全球作物多样性信托基金（Global Crop Diversity Trust，GCDT）共同建立的 Genesys 信息系统，国际农业研究磋商组织（CGIAR）建立的 GeneBank 信息系统等。

1. GRIN-Global

1990 年美国国会立法批准实施国家植物种质资源系统（national plant germplasm system，NPGS），NPGS 由美国联邦、州政府、研究机构及私人组织和研究机构等组成，是个广泛合作的体系，是农作物种质资源收集、保存、评价、鉴定和分发的平台，并在随后建立了包括植物、动物、微生物的种质资源信息网络平台（germplasm resources information network，GRIN）。2008 年美国农业部农业研究局（USDA-ARS）、国际生物多样性中心（International Bioversity Center，IBC）和全球作物多样性信托基金（GCDT）共同发起了“全球农作物种质资源信息网络系统（GRIN-Global）”项目，建立了以 GRIN 为基本原型的全球农作物种质资源信息网络系统 GRIN-Global（http://www.grin-global.org/），面向全球开展作物种质数据共享利用。

2. Genesys

Genesys 信息系统（https://www.genesys-pgr.org/）是在联合国《粮食和农业植物遗传资源国际条约》（ITPGRFA）框架下建立的农作物种质资源信息系统，由国际生物多样性中心、FAO 和全球作物多样性信托基金（GCDT）共同建立。Genesys 于 2011 年开通了门户网站，率先整合了包括 EURISCO（欧洲植物遗传资源信息检索系统）、CGIAR 和 NPGS 等在内的种质资源数据信息。Genesys 按照统一的 MCPD 标准开展数据的整理与整合，实现了资源基本信息的标准化和规范化的存储、查询与检索，但在作物个性化的描述信息如鉴定评价数据等方面仍有较大不足。

3. GeneBank

GeneBank 平台（https://www.genebanks.org/）存储了 11 个 CGIAR 组织基因库的 73 万多份种质资源，包括谷类、豆类、牧草、树种、块根作物和香蕉，并且这些材料中大部分属于作物野生近缘种。该平台由作物信托基金会负责监督，日常实施和运行由 CGIAR 组织相关人员负责。

（二）国内共享信息系统建设情况

通过建立国家农作物种质资源数据管理系统，可以全面掌握和了解我国农作物种质资源的情况，促进种质资源的保护、共享和利用，为科学研究和农业生产提供优良种质信息，为社会公众提供科普信息，为国家提供资源保护和持续利用的决策信息。中国作物种质资源信息系统研究始于 20 世纪 80 年代，到目前为止已经发展成集数据信息、工具和服务为一体的网络信息系统，是世界上最大的种质信息系统之一，包括国家作物种质库管理、青海复份库管理、国家种质圃管理、中期库管理、农作物特性评价鉴定、优异资源综合评价和国内外种质交换等子系统，面向的服务对象主要有决策部门和管理人员、育种家、科研和教学单位、种质资源和生物技术研究人员、农技推广人员、农民和学生、种子和饲料等企业。从技术上看，该系统整合了全国的作物种质资源信息并开放共享服务，实现了用一套系统管理多种作物多个数据库的目标，可存取数值、文本和图像信息，具有检索查询、分类统计、数据挖掘、图像显示等功能。该信息系统为农业科学工作者和生产者提供了全面快速的作物种质资源信息服务，拓宽了优异资源和遗传基因的使用范围，可有效管理作物种质资源各类型数据，为培育高产、优质、抗病虫、抗不良环境新品种提供了基础材料，为作物遗传多样性的保护和持续利用提供了重要依据。

第六节　总结与展望

一、取得的主要成效

（一）建立了相对完善的作物种质资源标准规范体系

作物种质资源标准规范体系建设是实现作物种质资源工作标准化、信息化和现代化，促进作物种质资源事业跨越式发展的重要任务和基本保障。随着作物种质资源信息化工作的推进，一系列重要的共性标准和个性标准得到制定和完善。到目前为止，我国已经制定了近 300 种作物的 800 多个标准规范，并在全国各类作物种质资源工作和信息系统建设中得到推广和应用，已成为业内公认的权威标准，对于规范全国作物种质资源工作、推动作物种质资源数据共享利用等具有重要意义。

（二）整合了作物种质资源全流程数据

作物种质资源信息化工作从最开始的档案电子化阶段发展到现在的大数据阶段，积累了大量的数据，并遵照标准规范整理整合出作物种质资源全流程数据，形成了作物种质资源大数据建设和研究的核心内容。作物种质资源全流程数据详细记录了作物种质资源从考察收集到鉴定评价，再到最后的入库保存和共享利用过程中每个环节的状态，是实现资源实时管理和追踪溯源、共享利用和挖掘分析的重要依据，是系统建设的原动力，是决策制定的重要参考。

（三）建成了一批作物种质资源信息系统

自作物种质资源信息化工作开展以来，针对不同业务研发了一批作物种质资源信息系统，如针对考察收集研发了种质资源野外考察系统，针对管理建立了国家种质库管理系统，针对鉴定评价建立了作物种质资源鉴定评价数据汇交系统，针对共享利用开发了中国作物种质信息网等，这些信息系统的建设和使用有效推动了数据的标准化采集、规范化管理和网络化共享。

（四）开展了网络化信息共享利用

作物种质资源共享利用以“信息整合带动实物综合，信息共享带动实物共享”的思路，依托国家农作物种质资源共享服务平台，在统一的标准规范约束下，运用网络技术开展了资源信息和实物共享，有力地支撑了我国科技原始创新、现代种业发展、农业供给侧结构性改革和农业可持续发展。

二、存在的主要不足

（一）数据整合力度有待增强

我国作物种质资源工作虽然通过各种方式产生了大量的数据，并通过各种方式和手段不断促进数据整合与共享，但仍有一部分数据无法实现整合入库。数据整合过程中面临着各式各样的困难，除了数据整合技术问题，更多的是机制和制度的不完善带来的一系列技术无法解决的问题，以及未按照标准规范生产和加工带来的数据质量问题。例如，部分数据因权属界定尚未清晰，无法开放共享利用；部分通过国家库（圃）资源产生的数据并未使用资源统一编号进行标明，无法对应到具体的资源上，无法进行数据追溯和整合；缺乏相应的数据整合激励与合作机制，部分数据生产者不愿提供给他人使用等。

（二）平台建设有待提高

我国作物种质资源平台建设方面虽然已经研发和建设了多个管理系统和应用系统，实现了主要环节的系统管理，但仍面临一定不足：业务管理系统方面，缺少涵盖作物种质资源全流程的统一的业务管理平台，各业务环节之间还未实现真正意义上的互联互通；数据管理平台方面，各类数据库之间缺少有效的平台综合管控，“数据孤岛”现象依然存在；对外共享网站方面，与国际领先国家相比较，我国作物种质资源门户网站建设相对落后，用户交互效果有待提升。

（三）数据挖掘有待深入

作物种质资源数据挖掘方面目前存在以下几方面不足：在挖掘方法选择方面，偏重传统挖掘分析方法，对大数据挖掘方法利用不足，如机器学习、神经网络等方法在种质资源数据挖掘上应用较少；在数据综合挖掘方面，多数挖掘分析局限在一类数据上，对于多类数据间综合利用挖掘不够，如表型数据、环境数据和基因型数据的综合分析缺乏；在数据挖掘深度方面，部分挖掘停留在数据表层，对于数据潜在的价值挖掘不够充分。

三、未来发展重点

（一）完善作物种质资源大数据标准规范体系

目前已有标准主要集中在大数据共性标准和作物种质资源行业标准上，缺少专门面向作物种质资源大数据的标准规范。随着作物种质资源大数据的不断建设与研究，作物种质资源大数据标准规范的制定势在必行。未来将面向作物种质资源大数据平台建设、系统运维和管理、数据安全、数据开发共享等方面研制相关标准规范，并针对现有的数据采集、存储等方面的标准规范进行完善，以适应作物种质资源大数据发展需求。

（二）加大数据整合与挖掘力度

针对数据整合问题，第一，利用先进的数据整合技术和方法，尽可能地收集整合作物种质资源相关数据，丰富作物种质资源数据库，从而更好地提供共享服务；第二，加强源头质量控制，大力推行相关标准规范在具体工作中的应用，标准化规范化各类资源数据；第三，推动相关机制和制定的实施与落地，规范资源衍生数据，激励数据生产者贡献数据。

针对数据挖掘问题，一方面紧跟技术前沿，掌握各类大数据挖掘分析方法特点，研究方法如何在作物种质资源数据挖掘中发挥作用；另一方面注重多学科的交叉融合，通过交叉研究深入挖掘作物种质资源数据的潜在价值和规律。

（三）加强平台建设

作物种质资源大数据平台建设核心在于数据的组织、业务的管理和对外的共享服务。在数据组织方面，完善数据库管理平台，实现多种数据库的综合管理；在业务管理方面，建立全流程的作物种质资源管理系统，实现重要业务系统化管理，加快作物种质资源业务数字化转型；在门户网站建设方面，借鉴国际相关资源网站模式和方法，建设适宜我国国情的作物种质资源对外开放共享的门户网站，以带动数据和实物的进一步共享利用。

（四）完善数据安全体系

数据安全贯穿于作物种质资源大数据体系的每个部分，也是每个发展阶段都必须重视的部分。在未来发展中，将以现有的作物种质资源数据安全相关内容为基础，进一步完善数据安全体系，主要从技术安全、数据安全和管理安全等部分逐一实施和建设。技术安全方面，重点关注平台安全、系统安全和运维安全；数据安全方面，从管理数据、业务数据、用户数据等内容分别研制安全策略；管理安全方面，将数据安全治理、交互共享安全、安全制度保障等方面将作为重点进一步探讨研究。

（本章作者：曹永生　方　沩　陈彦清　闫　燊）

参考文献

陈红霖, 胡亮亮, 杨勇, 等. 2020. 481 份国内外绿豆种质农艺性状及豆象抗性鉴定评价及遗传多样性分析. 植物遗传资源学报, 21(3): 549-559.

陈彦清, 曹永生, 陈丽娜, 等. 2017a. 基于地统计分析方法的谷子种质资源品质与农艺相关性状的空间分区研究. 中国农业科学, 50(14): 2658-2669.

陈彦清, 曹永生, 吴彦澎, 等. 2017b. 基于空间统计学分析农作物种质资源的空间分布特征. 生物多样性, 25 (11): 1213-1222.

董玉琛, 郝晨阳, 王兰芬, 等. 2006. 358 个欧洲小麦品种的农艺性状鉴定与评价. 植物遗传资源学报, 7(2): 129-135.

方沩, 曹永生. 2012. 中国作物种质资源信息系统. 科研信息化技术与应用, 3(6): 66-73.

方沩, 曹永生. 2018. 国家农作物种质资源平台发展报告(2011-2016). 北京: 中国农业科学技术出版社.

林子雨. 2022. 数据采集与预处理. 北京: 人民邮电出版社.

马占山. 2017. 生物信息学计算技术和软件导论. 北京: 科学出版社.

王述民, 胡家蓬, 曹永生, 等. 2001. 中国小豆部分种质资源的综合评价与遗传多样性初步研究. 植物遗传资源学报, (1): 6-11.

魏兴华, 应存山, 颜启传, 等. 1999. 浙江地方籼稻资源核心样品的构建方法研究. 浙江农业学报, 11(5): 7-12.

杨欣, 朱银, 狄佳春, 等. 2021. 江苏农业种质资源平台运行管理信息系统建设. 植物遗传资源学报, 22(2): 309-316.

于跃, 孙健, 张静, 等. 2021. 198 份大麻种质资源农艺及品质性状综合评价. 植物遗传资源学报, 22(4): 1021-1030.

袁汉宁, 王树良, 程永, 等. 2015. 数据仓库与数据挖掘. 北京: 人民邮电出版社.

张贤珍. 1990. 农作物品种资源信息处理规范. 北京: 农业出版社.

张贤珍, 曹永生, 杨克钦. 1991. 国家农作物种质资源数据库系统. 作物品种资源, (2): 1-2.

Chang F. 2006. Bigtable: a distributed storage system for structured data. Berkeley: 7th USENIX Symposium on Operating Systems Design and Implementation (OSDI).

Colmer J, O'Neill C M, Wells R, et al. 2020. SeedGerm: a cost-effective phenotyping platform for automated seed imaging and machine-learning based phenotypic analysis of crop seed germination. New Phytologist, 228(2): 778-793.

Dean J, Ghemawat S. 2008. MapReduce: simplified data processing on large clusters. Communications of the ACM, 51(1): 107-113.

Fang C, Ma Y M, Wu S W, et al. 2017. Genome-wide association studies dissect the genetic networks underlying agronomical traits in soybean. Genome Biology, 18(1): 161.

Ghemawat S, Gobioff H, Leung S T. 2003. The Google file system. Acm Sigops Operating Systems Review, 37(5): 29-43.

Lee H, Sohn I I. 2015. Fundamentals of Big Data Network Analysis for Research and Industry. Hoboken, New Jersey: Wiley.

Manyika J, Chui M, Brown B, et al. 2011. Big Data: the Next Frontier for Innovation, Competition, and Productivity. Newyork: McKinsey Global Institute.

Mayer-Schönberger V, Cukier K. 2013. Big Data: A Revolution That Will Transform How We Live, Work, and Think. Boston: Houghton Mifflin Harcourt.

Meilina O A, Ordway J M, Nan J, et al. 2015. Loss of Karma transposon methylation underlies the mantled somaclonal variant of oil palm. Nature, 525: 533-537.

Ma S, Wang M, Wu J, et al. 2021. WheatOmics: a platform combining multiple omics data to accelerate functional genomics studies in wheat. Molecular Plant, 14(12): 1965-1968.

Tang S, Zhao H, Lu S, et al. 2021. Genome-and transcriptome-wide association studies provide insights into the genetic basis of natural variation of seed oil content in *Brassica napus*. Molecular Plant, 14(3): 470-487.

Wang J R, Fu W W, Wang R, et al. 2020. WGVD: an integrated web-database for wheat genome variation and selective signatures. Database The Journal of Biological Databases and Curation. Database, 2020 (2020): baaa090.

Wang L, Yu J, Zhang Y, et al. 2021. Sinbase 2.0: an updated database to study multi-omics in *Sesamum indicum*. Plants, 10(2): 272.

Wang W, Mauleon R, Hu Z, et al. 2018a. Genomic variation in 3,010 diverse accessions of Asian cultivated rice. Nature, 557(7703): 43-49.

Wang Y, Xu P, Wu X, et al. 2018b. GourdBase: a genome-centered multi-omics database for the bottle gourd (*Lagenaria siceraria*), an economically important cucurbit crop. Scientific Reports, 8(1): 306.

第十章　作物种质资源应用

作物种质资源经历了长期的自然进化和人工驯化，在漫长的形成过程中，积累了丰富的遗传变异，其中不仅蕴藏着能够适应复杂多变的自然环境条件、抵御各种生物和非生物胁迫的适应性基因资源，还拥有满足人类多方面需求的品质和产量等优异基因资源，在经典遗传学、细胞遗传学、基因组学等基础科学研究，高产稳产优质高效农作物新品种培育，保障人类粮食安全与重要农产品供给等方面都发挥了重要的支柱作用。本章主要介绍作物种质资源对于基础研究、作物育种与生产的贡献，作物种质资源共享利用平台建设及其共享服务成效，简要分析作物种质资源应用方面存在的问题，并探讨未来加强作物种质资源应用的发展方向。

第一节　作物种质资源在基础研究中的应用

生命科学基础研究的重要成果大多是基于对大量生物样本研究所获得的。例如，达尔文在对世界各地生物多样性考察分析的基础上建立了物种起源学说。植物学、动物学与微生物学也都是基于对动植物与微生物大量样本考察、收集与研究而建立的。在作物科学研究领域，这些大量的生物学样本就是作物种质资源。瓦维洛夫在对世界各地作物种质资源考察收集的基础上，提出了作物起源中心理论。本节重点介绍种质资源对经典遗传学、细胞遗传学、基因组学等基础科学方面的贡献。

一、作物种质资源对经典遗传学的贡献

特殊的种质资源是遗传学研究的关键材料。例如，豌豆（*Pisum sativum*）的种质资源为经典遗传学发展做出了巨大贡献，是早期经典遗传学的模式植物和世界各国当代遗传学教科书里的实验模式植物。

现代遗传学之父、奥地利人孟德尔（G. J. Mendel）于 1854 年夏天开始用 34 个豌豆株系进行了一系列观察实验，他选出 22 种豌豆株系，它们具有 7 对显隐性不同的性状：即种子的形状（圆粒、皱粒；前者为显性基因控制性状，后者为隐性基因控制性状，后同）、茎的高度（高茎、矮茎）、子叶的颜色（黄色、绿色）、种皮的颜色（灰色、白色）、豆荚的形状（饱满、不饱满）、未成熟豆荚的颜色（绿色、黄色），以及花的着生位置（腋生、顶生）。孟德尔针对这 7 对特殊性状进行了一系列杂交实验，并利用测交、单因子分析和数学统计分析等方法，提出了著名的遗传因子（基因）分离定律、遗传因子独立分配（也称为基因自由组合）定律，奠定了经典遗传学的基础。

经典遗传学基因分离和基因自由组合两大定律的发现，一是得益于豌豆是严格的自花授粉植物，因此在自然状态下获得的后代均为纯种（纯合子），杂交实验结果可

靠。二是豌豆种质资源的不同性状之间差异明显易于区别，如高茎和矮茎，而不存在介于两者之间的第三种高度。三是孟德尔还发现，豌豆的这些性状能够稳定地遗传给后代。用这些易于区分且稳定的性状进行豌豆品种间的杂交，实验结果容易观察和分析。四是因为豌豆具有花朵大、生长周期短和产生籽粒较多等特点，便于进行去雄和人工授粉、缩短实验周期，使实验更易进行和便于统计分析。

随着分子生物学技术的发展，已有豌豆种子形状、茎高度、子叶颜色和花的颜色 4 个性状的基因（*R*、*Le*、*I* 与 *A*）分别被克隆；未成熟豆荚的颜色、花的着生位置和豆荚形状的基因已被定位在各自的连锁群上（何风华等，2013）。这些最新研究进展在分子水平验证了经典遗传学的基因分离和基因自由组合定律。

在育种实践中，豌豆表型的分化依赖于不同野生种之间的杂交与渐渗，且豌豆属的物种或者亚种之间的生殖隔离是很微弱的。这样有利于提高远缘杂交的结实率。对于一组豌豆来说，核苷酸分化就代表了个体相互之间的差异程度。结果显示，野生物种的核苷酸分化最高，地方种次之，而栽培种最少。这也说明人工选择在某些程度上降低了豌豆的遗传多样性。豌豆相对于其他豆科植物的基因组来说，有着更多的重复序列和进化速率，这两个特性也造就了豌豆基因组大小的扩张；再加上豌豆的 7 个形态性状差异明显且能够稳定遗传；如此“巧合”也使得豌豆能够荣登遗传学验证模式物种的宝座，这也就是当初孟德尔选择豌豆作为杂交遗传研究的原因（Kreplak et al.，2019）。

综上可见，经典遗传学是建立在种质资源表型变异材料的基础之上。利用特殊的种质资源发现特殊的遗传变异现象和解析遗传普遍规律是经典遗传学的学科发展目标。摩尔根的连锁定律也是建立在大批量筛选果蝇突变体的基础之上。孟德尔-摩尔根遗传学定律的发现不仅为日后的遗传学奠定了理论基础，也为现代作物育种学奠定了理论基础。从此作物育种由系统选育进入现代杂交育种的新阶段，并一直延续至今。目前世界上大多数国家主要还是通过常规杂交育种来选育作物优良品种，这是一种利用优异种质资源简单、有效、低成本选育后代广适性的育种方法，为世界粮食安全做出了巨大的贡献。

二、作物种质资源对细胞遗传学的贡献

细胞遗传学是遗传学的一个分支，主要研究与遗传、基因组结构、功能和进化有关的细胞成分，尤其是染色体。利用现代细胞遗传学方法和最新显微镜，以及图像采集和处理系统，可以同时对植物基因组中的单拷贝和高度重复序列进行二维或三维、多色可视化。在系统发育背景下使用细胞遗传学方法收集的数据能够追踪涉及植物基因组的进化，包括基因组大小、染色体数目和形态、重复序列的内容和倍性水平等。如今，现代细胞遗传学（分子细胞遗传学）补充了细胞生物学其他领域的研究，构成了遗传学、分子生物学和基因组学之间的联系（Borowska-Zuchowska et al.，2022）。

（一）玉米种质资源对细胞遗传学的贡献

玉米粒色与叶片色斑经常出现变异。美国女遗传学家芭芭拉·麦克林托克（Barbara

McClintock）在玉米种质资源中发现这些变异受基因或“异变基因”的控制。1938 年她在彩色玉米里发现了染色体的“断裂-融合-桥循环”（breakage-fusion-bridge cycle）现象，1950 年提出了调控玉米籽粒颜色斑形成的“激活-解离系统”（activator-dissociation system，Ac-Ds system）理论，几十年后，用分子遗传学方法发现了“可遗传因子”。虽然她本人曾遭遇学术成果不被学术界认可、工作不稳定等苦难，但是 1983 年 81 岁高龄的麦克林托克，终因她发现玉米“跳跃基因”（jumping gene，现在称为转座因子，transposable element，TE）的工作而获得诺贝尔生理学或医学奖。转座因子的发现与 DNA 双螺旋结构的发现，一并被公认为 20 世纪遗传学史上两项最重要的发现。

发现转座因子的科学意义是极其重大的。麦克林托克的转座子控制系统是生物学史上首次提出的基因调控模型，也为后来莫诺（J. Monod）等提出操纵子学说提供了启示。转座因子的跳动控制着基因的活性，造成不同组织内基因活性状态的差异，有可能为发育和分化的研究提供新线索，也为认识远缘杂交后代及组织培养中出现大量不稳定的变异类型提供了新途径。现在越来越多的研究表明，转座因子在生物进化中发挥了重要作用。

（二）‘中国春’对小麦细胞遗传学和染色体工程的贡献

来自中国四川的小麦地方品种‘中国春’（Chinese Spring，简称 CS）为世界小麦细胞遗传学的发展做出了巨大贡献。作为小麦细胞遗传学的模式品种‘中国春’，在 20 世纪初期可能是由英国传教士从中国四川带到了英国剑桥植物育种研究所，在那里被称为‘中国白小麦’，比芬（Biffen）博士的学生巴克豪斯（Backhous）于 1916 年将这份材料带到阿根廷，在那里他发现‘中国白小麦’很容易与黑麦杂交。1924 年‘中国白小麦’被引入美国的北达科他州，大约在 1932 年这份材料又经过加拿大的萨斯卡通传到美国密苏里州的哥伦比亚，在加拿大这份材料就被称为现在这个名字——‘中国春’。

由于‘中国春’（CS）中有远缘杂交亲和基因 *Kr*，很容易和黑麦杂交，这也是美国小麦细胞遗传学家西尔斯（Sears）选择其作为研制小麦遗传工具材料的重要原因。1936 年西尔斯在做染色体加倍实验时，就用其与黑麦杂交并获得了小麦-黑麦杂种。在这些杂种中，又获得了两份小麦单倍体，将其中一份与小麦杂交，在后代中出现了单体和三体材料。西尔斯等应用 CS 成功研制出单体（缺 1 条染色体）、单端体（1 条染色体上缺一个臂）、双端体（1 对染色体都缺一个臂）、缺体-三体、缺体-四体等一系列非整倍体材料。之后各国相继以 CS 非整倍体为材料，转育出适合各国生态环境的非整倍体材料，而其核心仍然是 CS。这些材料成为小麦细胞遗传学研究、染色体工程材料创制、远缘杂交育种、基因定位等方面的特殊有效的遗传工具材料，极大地推动了小麦遗传学研究领域的发展。

从现在的农艺学角度来看，‘中国春’有其严重的缺点，譬如易落粒、感染多种病虫害，在世界大部分小麦种植区都不太适应等，作为商业生产品种其价值并不理想。但‘中国春’在细胞遗传研究方面具有明显优势：①它是春性品种，休眠程度中等偏上，是研究休眠的好材料；②能够一年二代或一年多代种植，在适宜条件下（包括温室栽培）育性高；③相对国外品种，表现为早熟、小穗多花多实和耐旱；④颖壳较松易于脱粒、无芒，便于杂交和获得籽粒；⑤远缘杂交容易结实；⑥其单价染色体错分裂的频率相对较高，易于获得端体和等臂染色体；⑦由于其感染多种小麦病虫害，与其他抗病品种杂交，容易鉴定出抗病基因。利用 CS 的 *Kr* 基因，促进了小麦远缘杂交的研究。后来研究者又以人工诱变的方式使 CS 突变，得到能够诱导部分同源染色体配对的基因突变体 *ph1b*，并广泛地应用于远缘杂交进行小麦外源基因转移。'中国春'系列材料成了众所周知的小麦遗传学和外源基因转移等研究的工具和对照材料。小麦'中国春'种质资源极大地推动了小麦细胞遗传学的发展，其研究结果进一步为染色体工程的建立提供理论依据和技术支撑，为远缘杂交育种和染色体工程育种提供了高效简洁的染色体操作工具（张正斌，2001）。

综上可以看出，我国小麦地方品种'中国春'为小麦细胞遗传学的发生和发展做出了重要贡献。

三、作物种质资源对基因组学研究的贡献

在经历了经典遗传学与细胞遗传学之后，自 20 世纪末以来，遗传学进入了以基因组学为代表的"组学"时代。基因组学研究的主要内容为结构基因组与功能基因组。作物种质资源对这两个领域均做出了重要的贡献。

（一）种质资源对结构基因组研究的贡献

结构基因组是各类组学的基础。结构基因组学研究的最主要方法是构建精细的基因组图谱。研究发现，由于遗传材料的多样性，一个参照基因组图谱难以覆盖该物种的全部基因组信息，于是产生了后来的泛基因组（pan-genome）。构建泛基因组需要一组多样性丰富的种质资源，尽可能地代表该物种的遗传变异。目前，主要粮食作物玉米、水稻、小麦，主要油料作物大豆、油菜，以及蔬菜作物番茄和黄瓜等都建立了泛基因组（表 10-1）。泛基因组能够完整地捕获和描述种质资源的遗传变异，从而为高效鉴定和解析基因组结构变异提供参考。因此，泛基因组在植物功能基因组学、分子育种等领域具有重要的应用价值。

表 10-1　主要作物泛基因组研究汇总

物种	栽培材料	野生材料	单基因组注释基因（个数）	泛基因组注释基因（个数）	参考文献
水稻	1 483		31 708	NA	Yao et al.，2015
水稻	53	13	31 708	42 580	Zhao et al.，2018
水稻	3 010		31 708	44 173	Wang et al.，2018
小麦	19		107 005	140 500	Montenegro et al.，2017
玉米	503		22 354[d]	31 035[d]	Hirsch et al.，2014
玉米	26		39 324	103 538	Hufford et al.，2021
大麦	19	1	33 114	40 176	Jayakodi et al.，2020

续表

物种	栽培材料	野生材料	单基因组注释基因（个数）	泛基因组注释基因（个数）	参考文献
高粱	176		34 211	35 719	Ruperao et al.，2021
大豆		7	57 051	59 080	Li et al.，2014b
大豆	23	3	52 051	57 492	Liu et al.，2020
大豆	951	157	47 649	51 414	Bayer et al.，2022
大豆	5[a]		NA	58 312	Zhuang et al.，2022
大豆	1[b]		NA	113 697	Zhuang et al.，2022
棉花（陆地棉）	1 581		70 199	102 768	Li et al.，2021b
棉花（海岛棉）	226		71 297	80 148	Li et al.，2021b
甘蓝型油菜	53		80 382	94 013	Hurgobin et al.，2018
甘蓝型油菜	8		100 919	152 185	Song et al.，2020
向日葵	304	189	52 232	61 205	Hübner et al.，2019
芝麻	5		36 189	42 362	Yu et al.，2019
甘蓝	9	1	59 225	61 379	Golicz et al.，2016
芜菁	3		41 052	43 882	Lin et al.，2014
辣椒	383		35 336[c]	51 757[c]	Ou et al.，2018
番茄	639	86	35 496	40 369	Gao et al.，2019
黄瓜	9	3	24 714	26 822	Li et al.，2022

[a] 多年生二倍体大豆；[b] 多年生异源四倍体大豆；[c] 高可信度基因；[d] 转录本。
注：NA 表示相应文献中未报道

（二）种质资源对功能基因组研究的贡献

基因功能研究首先需克隆目标基因，进而对候选目标基因进行功能验证与机制解析。在这些研究中，都需要种质资源为依托材料。

1. 基于 GWAS 基因克隆的种质资源自然群体

全基因组关联分析（genome-wide association study，GWAS）是将基因型与表型进行统计分析，寻找与目标性状显著相关基因位点，是目前克隆基因的主要方法之一。GWAS 具有分辨率高、能同时检测多个等位基因的优势，而丰富的表型变异是 GWAS 的基础，这就要求所分析的自然群体样本要足够多、表型变异和遗传变异丰富、不存在明显的群体结构。当然，在进行 GWAS 时，可以通过控制群体结构和遗传背景来降低关联结果的假阳性。种质资源包括不同历史年代、不同生态环境、不同育种目标培育的品种、品系，或者农家种，为 GWAS 提供了丰富的遗传和表型多样性。这样的自然群体以核心种质和微核心种质为代表。

利用 GWAS 从作物种质资源中发掘重要农艺性状位点的报道非常多，特别是近年来随着 SNP 芯片开发和测序成本的降低，产生了大规模的作物全基因组的基因型数据，极大地推动了 GWAS 克隆基因的进展。Mao 等（2015）利用 368 份包括野生大刍草、热带/亚热带和温带玉米自交系构成的自然群体，结合 560K SNP 信息的基因型，在玉米染色体 10 定位到一个与苗期旱胁迫下存活率显著相关的位点，该位点为 *NAC* 基因。进一步分析发现，82bp MITE 转座子影响 *ZmNAC111* 的表达，玉米种质携带含有该 MITE 转座子基因 *ZmNAC111* 抗旱性差，进而提出玉米抗旱育种选择不携带 MITE 的 *ZmNAC111* 基因的品系。Kou 等（2022）利用包括了野生种、农家种和现代育成种的 349 份大豆种质和 3.7Mb SNP 基因型，在两个环境中检测到影响大豆开花时间的新基因 *Tof18*，主要单倍型 *Tof18H2* 与早花习性显著相关，且翻译起始密码子 ATG 上游 816bp 处 *Tof18G* 是调控早花的关键等位变异。利用 GWAS 方法从种质资源中发现和克隆新基因、发掘新等位变异，将会极大提升种质资源对育种的贡献。

2. 基于基因克隆的突变体库

遗传变异是植物改良的基础，为新性状培育提供了遗传基础。在现有作物种质资源基础上，突变技术包括物理诱变（如伽马射线、X 射线、重离子和质子等）、化学诱变［如甲基磺酸乙酯（EMS）、*N*-亚硝基-*N*-甲基脲和秋水仙碱］和生物技术（如转基因、基因编辑），能够在短期内批量创制新种质。理化诱变方法可以大量诱发染色体数量、结构和基因变异，在植物育种、遗传学和基因组学研究中起着至关重要的作用。相比于物理和化学诱变的随机性，生物技术突变则可以针对目标基因创造变异，定向改变目标性状，实现精准的材料创制。利用 CRISPR/Cas9 技术，Li 等（2021a）编辑 *TaSBEIIa* 创制了抗性淀粉含量不同的‘郑麦 7698’株系，Zhou 等（2015）通过编辑基因 *OsSWEET13* 获得了抗白叶枯病的水稻材料，Shi 等（2017）编辑 *ARGOS8* 获得了干旱条件下高产的玉米材料。根据联合国粮食及农业组织（FAO）/国际原子能机构突变品种数据库的资料（https://nucleus.iaea.org/sites/mvd/SitePages/Home.aspx#!Home），截至 2021 年 11 月 15 日，已有涉及数百个物种的 3365 个突变新品种登记注册（Du et al.，2022）。例如，通过物理诱变培育了小麦新品种‘山农辐 63’‘鲁原 502’‘航麦 247’等，水稻品种‘原丰早’‘东稻 122’，大豆品种‘铁丰 18’‘黑农 5 号’等，以及玉米品种‘鲁原 4 号’。EMS 是目前最常用于诱变育种的化学试剂，主要引起全基因组随机产生 G/C 到 A/T 的转换，具有突变频率高、范围广和染色体畸变少的优点，但有利突变也相对较少。目前，许多物种都建立了 EMS 突变体库，创制了大量的突变体株系，除了用作品种改良，更多地用于基因克隆和功能验证。基于测序和重测序，小麦（Krasileva et al.，2017）、水稻（Yan et al.，2021）、大麦（Jiang et al.，2022）、油菜（Tang et al.，2020）、棉花（Lian et al.，2020）、芜菁（Sun et al.，2022）等作物已经完成了 EMS 突变体库的基因型分析，结合突变体表型，这些种质资源 EMS 突变体库将成为基因功能鉴定的有效材料。例如，调控小麦小穗数基因 *WAPO-A1* 在 EMS 突变体中存在提前终止突变，导致编码蛋白仅有野生型的 51%长度，小穗数减少 14%（Kuzay et al.，2022）。

利用突变技术创制的大量遗传材料是种质资源的有益补充，优良的突变材料可以作为品种直接释放，同时还可以作为杂交亲本用于作物改良。可遗传的优异变异一经获得便可用于品种选育或种质创新。

3. 种质资源对基因功能验证与基因编辑的贡献

基因功能验证是功能基因组研究的重要组成部分。功能验证通常是通过目标基因过表达或基因编辑来实施的，这些都需转基因。此外，基因编辑还可精准调控基因的表达，由于基因编辑是调控作物本身基因的表达，不涉及外来物种的遗传物质，因此更容易被消费者接受。对于多数物种来说，转基因的成功率都存在基因型限制，只有少数资源材料转化效率较高。通过对大批量种质资源进行筛选，在主要农作物中筛选出了一些宝贵的高转化效率资源（表 10-2）。利用成熟胚，水稻、棉花、大豆、谷子转化效率可分别达到 100%、60%、35%和 27%。这些高遗传转化效率材料是新基因功能验证、创制新遗传材料的基础和保障。

表 10-2 主要作物高转化效率材料信息

物种	品种	转化效率（%）	转化组织	转化方法	参考文献
水稻	Chaling	87～94	成熟种子	农杆菌介导	Xiang et al.，2022
水稻	粳稻	约 100	成熟种子	农杆菌介导	Ozawa，2012
水稻	中花 11	52	成熟种子	农杆菌介导	苏益等，2008
小麦	Fielder	40～90	未成熟胚	农杆菌介导	Ishida et al.，2015
玉米	PHR03	57	未成熟胚	农杆菌介导	Cho et al.，2014
玉米	Hi-II	30	未成熟胚	农杆菌介导	Du et al.，2019
大麦	Golden Promise	25	未成熟胚	农杆菌介导	Hinchliffe and Harwood，2019
谷子	IC-41	27	成熟种子	农杆菌介导	Sood et al.，2020
谷子	Xiaomi	23	成熟种子	农杆菌介导	Yang et al.，2020
高粱	Tx430	33	未成熟胚	农杆菌介导	Wu et al.，2014
大豆	PUSA 9712	35	成熟种子	农杆菌介导	Karthik et al.，2020
棉花	BRS372-Embrapa	60	成熟种子	农杆菌-基因枪	Ribeiro et al.，2021
油菜	Jia 9709 等	59	下胚轴	农杆菌介导	Zhang et al.，2020
番茄	Arka Vikas	65	子叶、下胚轴和叶	农杆菌介导	Sandhya et al.，2022
马铃薯	Desiree	50～60	叶	农杆菌介导	Craze et al.，2018

四、作物种质资源对新物种合成的贡献

通过有性杂交，人工合成新物种或新材料，既是研究作物进化与驯化的重要途径，也是创造与开发利用新的遗传变异的重要途径。在相关研究中，特殊的种质资源发挥了重要的作用。

例如，20 世纪 80 年代，中国农业科学院董玉琛团队在合成小麦-山羊草双二倍体的过程中，发现两份四倍体小麦（波斯小麦 PS5 和硬粒小麦 DR147）与山羊草的杂种染色体不经秋水仙碱处理能自然加倍结实，直接形成双二倍体（董玉琛等，1990）。由于利用这些种质合成双二倍体简便，因此在短短的几年里就合成了 22 个小麦-山羊草双二倍体。其中，钩刺山羊草-波斯小麦和普通小麦-东方山羊草两种双二倍体为世界首次合成。对 11 个双二倍体进行抗病性鉴定，其中 4 个抗叶锈病和白粉病，6 个抗

白粉病。用小麦优良品种与双二倍体回交，育成5个抗白粉病品系，供小麦育种利用。对小麦-山羊草属间杂种染色体自然加倍的细胞机制进行研究，发现杂种花粉母细胞通过两种途径形成了未减数配子，一种是第一次分裂消失，另一种是细胞质提前分裂，后一种途径在小麦中首次观察到。研究证明未减数配子形成特性为显性。此种质与黑麦的杂种也能形成未减数配子。利用这些种质可以合成多种小麦异源双二倍体，为小麦品种改良提供大量种质资源。

小黑麦（triticale）是一个典型的利用种质资源人工创制的新物种，由小麦属（*Triticum*）和黑麦属（*Secale*）物种经属间有性杂交和杂种染色体数加倍而人工合成，主要有六倍体小黑麦与八倍体小黑麦。邓可京和小野一（1996）发现硬粒小麦 *T. durum* cv. Stewart 可以与2个黑麦种，即黑麦（*S. cereale*）和山地黑麦（*S. montanum*）杂交，染色体自然加倍形成双二倍体。六倍体小黑麦因其染色体相对稳定成为目前全球种植最广的小黑麦（Cao et al.，2022）。新创制的物种通常具有显著的杂种优势，比如小黑麦既表现出普通小麦的丰产性和优良品质，同时又保留了黑麦抗逆性强的特点，成为粮食和饲料兼用的作物。

除了利用传统的杂交和染色体加倍技术创制新物种，通过外植体嫁接也是一种产生新物种的方式，该技术早在中国的战国时期就已经被发明和应用。Fuentes 等（2014）以野生木本烟草——光烟草（*Nicotiana glauca*）（二倍体）和普通草本烟草——烟草（*N. tabacum*）（四倍体）为例，证明嫁接后整个核基因组可以在植物细胞之间转移，而且新物种 *N. tabauca* 是可育的，并产生可育的后代。该研究从染色体和分子水平阐明了自然嫁接作为一种潜在的无性物种形成的机制，为创制新的异源多倍体作物物种提供了理论依据。利用种质资源合成新物种，是拓展种质遗传多样性的有效途径，其利用价值正逐渐在生产中显现。

五、问题与展望

随着一系列组学研究的深入开展，作物种质资源对于各类组学的贡献越来越明显。多组学的协同与融合是促进各类组学深入发展的必然趋势。共享分析材料是种质资源多组学研究深入协同发展的必要条件。由文献查阅可见，目前研究所用种质资源材料均较为分散，这不仅造成了人力物力资源的极大浪费，还制约了种质资源多组学的深入研究。这种现象国内国外普遍存在，其原因较为复杂，还需多方协商，统筹解决。此外，许多之前的基础研究与应用研究所用的材料也不统一，导致基础研究所取得的成果转移到应用研究上不仅需要时间，而且还存在转换效率较低的问题。因此，如何将基础研究与应用研究材料统一起来，是未来研究需要着重考虑和解决的问题。

第二节　作物种质资源在育种与生产中的应用

作物种质资源直接或间接地应用于育种与生产，为种业发展做出了重要贡献。我国作物种质资源应用具有明显的时代特征，大致可分为三个阶段。第一个阶段（20世纪 50～70 年代），作物种质资源征集与利用阶段。新中国成立之初，全国开展了群众性的主要粮食作物种质资源征集和良种评选活动，鉴评出大批适应不同地区生态条件、产量性状较好的良种，以地方品种为主。这些地方品种的直接应用为恢复和促进农业生产发展做出了突出贡献。同时，一些地方品种还被用作育种亲本，培育出一大批新品种，在农业生产中发挥了重要作用。第二阶段（20 世纪 80～90 年代），作物种质资源系统鉴定与分发利用阶段。这一时期作物种质资源研究取得了长足发展，尤其在国家“七五”和“八五”计划期间，作物种质资源研究均被列入国家重点科技攻关项目，在科研人员的共同努力下，基本摸清了主要农作物种质资源的种类、数量，并对主要农艺性状、抗病性、抗逆性和品质性状进行了系统全面的鉴定评价，建立了主要性状数据库，筛选出一大批性状优异的材料，并提供育种和生产应用。第三阶段（21 世纪初至今），作物种质资源助力精准脱贫和乡村振兴阶段。随着社会发展，人民生活水平提高，以及乡村振兴计划的实施，农作物种质资源作为绿色、健康和特色产业发展的基石越来越受重视，一批“沉睡”的特色种质资源重新被发掘利用，在产业发展、精准脱贫、美丽乡村建设和环境治理等方面发挥了重要的支撑作用。

一、地方品种的应用

地方品种（landrace）亦称农家品种，是指在自然经济农业时期，在某地长期种植的品种。地方品种生长在特定的地理、气候、土壤和栽培条件下，经历了长期的自然选择和人工选择，积累了丰富的遗传变异，如抗病、抗虫、抗旱、耐寒、耐涝、优质、早熟等特性。地方品种土生土长，久经考验，具备了对当地自然环境和生产条件的最佳适应性和生产潜力，是品种改良的基础材料，在作物育种和生产中均发挥了极其重要的作用。

（一）小麦地方品种在育种中的应用

小麦是人类最早利用与栽培的谷类作物之一，距今至少有一万年的栽培历史。普通小麦在中亚有 8000 年左右的栽培历史，先后从中东传播到世界各地。在东半球，它经历了漫长的原始公社、奴隶社会和封建社会等自然经济岁月。由于各地的自然条件和人类生活习惯不同，形成了数以万计的地方品种。地方品种中积累和选择保存了上万年的遗传变异，具有丰富的遗传多样性，是小麦育种初期阶段的首选材料。

我国小麦育种始于 20 世纪 20 年代初，最早育成的一批优良小麦品种，如‘燕大 1817’‘中大 2905’‘南宿州 61’‘中大江东门’‘开封 124’‘泾阳 302’‘徐州 438’等都是从地方品种中通过系统选择育成的。其中一些地方品种因为优良特性突出，成为现代小麦育种的骨干亲本，如‘平遥小白麦’‘蚂蚱麦’‘成都光头’‘中大江东门’‘蚰子麦’等，衍生出一大批小麦品种。以地方品种为基础，用早期引入的国外品种作为抗（病）源，杂交育成了我国的“第一轮”改良品种。

‘燕大 1817’是原燕京大学作物改进场从山西地方品种‘平遥小白麦’中系统选

择得到的，该品种抗寒、耐旱、耐瘠，适应性强，长势繁茂，成穗多，多花多粒，但不抗锈病，秆软易倒伏。以‘燕大 1817’作为骨干亲本，育成品种 53 个，其后代分布于北方冬麦区，尤其是北部冬麦区（韩俊等，2009）。北京大学农学院将其与从美国引进的抗病小麦品种‘胜利麦’（Triumph，又名‘农大 2 号’）杂交，育成了一批兼具两亲之长的优良品种，包括‘农大 36’‘农大 183’‘农大 311’等，为北部冬麦区小麦育种工作奠定了基础。‘农大 36’抗寒、耐旱性突出，在河北东部、山西中部、陕北、陇东等地大面积种植，成为当地的主推品种。‘农大 183’适应性广，在北京、天津、河北中北部和山西中部大面积推广，成为当时的主体品种。原华北农业科学研究所（中国农业科学院的前身）利用‘燕大 1817/胜利麦’组合选育出‘华北 187’和‘华北 672’两个品种。‘华北 187’早熟、茎秆强韧、抗倒伏、抗条锈、穗大粒大、丰产性好、品质佳，曾在北京、晋中、渭北高原、新疆等地广泛种植。随后，从‘华北 187’中系选出‘北京 5 号’‘北京 6 号’‘北京 7 号’等多个品种。山西利用‘华北 187’作为亲本选育出‘晋中 849’和‘旱选 10 号’等品种，前者在晋中地区水浇地大面积种植，后者抗旱性突出，在晋中旱地大面积推广应用。山西农学院（现为山西农业大学）和山西农业科学院从‘燕大 1817/胜利麦’组合中选育出‘太谷 49’和‘太原 556’，二者曾在山西中部、陕北、陇东地区搭配种植。河北利用该组合选育出抗锈、抗黑粉病、丰产、适应性强的‘石家庄 407’，随后衍生出‘石家庄 34’‘黑芒麦’‘衡水 6404’‘邢选 2 号’‘向阳 1 号’‘向阳 2 号’等品种。

‘蚂蚱麦’是黄河中下游广泛种植的一个地方品种，曾经在陕西关中、陇东、晋、豫、鲁、冀中南等地大面积种植，在陕西关中地区其播种面积曾占当地小麦面积的 1/3（约 33.3 万 hm^2），直到 20 世纪 50 年代仍有较大种植面积。‘蚂蚱麦’作为骨干亲本，衍生了上百个小麦品种，为我国小麦育种和生产发展做出了突出贡献。1942 年，西北农学院赵洪璋教授以‘蚂蚱麦’为母本，与从美国引入的春麦品种‘碧玉麦’（Quality）杂交，选育出‘碧蚂 1 号’‘碧蚂 2 号’‘碧蚂 3 号’‘碧蚂 4 号’‘碧蚂 5 号’‘碧蚂 6 号’等一系列碧蚂号品种。其中‘碧蚂 1 号’苗壮株健、大穗多花、粒白质优、抗锈病、早熟丰产、适应性广，20 世纪 50～60 年代在河南、河北、山西、山东、陕西、甘肃、安徽等省大面积推广应用，最大年种植面积超 600 万 hm^2（1959 年），是黄淮麦区推广面积最大的小麦品种，也因此获得 1978 年全国科学大会奖。以‘碧蚂 1 号’作亲本育成了‘石家庄 40’和‘衡水 714’。‘碧蚂 4 号’半冬性、喜肥水、综合性状好、遗传基础丰富，被广泛用作育种亲本材料，选育出一系列优良品种，如‘济南 2 号’‘北京 8 号’‘石家庄 54’‘陕农 1 号’‘陕农 17’‘郑州 24’‘郑州 683’‘徐州 1 号’‘徐州 8 号’‘青春 1 号’等。据不完全统计，‘碧蚂 4 号’共衍生出品种 76 个，其中子一代品种 14 个，子二代品种 35 个，子三代品种 20 个，子四代 7 个（袁园园等，2010）。大面积推广品种‘泰山 1 号’和‘北京 14’等就是在‘碧蚂 4 号’和‘北京 8 号’的基础上选育出来的。

‘成都光头’是四川成都、华阳等地广泛种植的地方品种，也是重要的骨干亲本。该品种丰产、早熟、适应性强，适宜与水稻轮作。20 世纪 40 年代，四川省农业科学院以‘成都光头’为复合杂交亲本之一，于 1951 年育成了‘五一麦’。该品种继承了

‘成都光头’适应性强、早熟、多花多实的特性，同时株高降低，抗病、耐肥、抗倒性增强，在生产上大面积推广应用，最大年种植面积超过 6.7 万 hm^2。同时，‘五一麦’也成为重要的骨干亲本，衍生了 25 个优良品种（金善宝，1983）。甘肃省农业科学院利用‘五一麦’育成了‘甘麦 8 号’‘甘麦 11’‘甘麦 23’等优良品种，在甘肃省大面积推广，其中‘甘麦 8 号’‘甘麦 11’适应性强、穗大粒大、产量高，20 世纪 70 年代中期推广超过 6.67 万 hm^2。20 世纪 60 年代初，汉中地区农业科学研究所利用‘五一麦’育成了综合性状优良，适宜平坝和丘陵中等肥力条件种植的品种‘汉麦 1 号’。四川省农业科学院也用‘五一麦’与‘南大 2419’‘玛拉’等品种杂交，育成了‘川麦 4 号’‘川麦 5 号’‘川麦 8 号’‘62-31’等品种。

四川农学院进一步利用‘五一麦’‘成都光头分枝麦’等，通过多亲本复合杂交，于 1969 年育成了著名的小麦品种‘繁 6’（IB01828/NP824/3/五一麦//成都光头分枝麦/中农 483 分枝麦/4/中农 28B 分枝麦/IB01828//NP824/阿夫）。该品种为春性，幼苗直立，分蘖力弱，但成穗率高，株高 80～90cm，茎秆弹性较好，多花多实，对光照反应不敏感，适应性广，耐迟播，早熟；抗条中 18、19、28、29 号条锈菌生理小种，抗根腐病，耐土传花叶病，但不抗叶锈病、秆锈病，感染白粉病，赤霉病较重。‘繁 6’在生产上迅速取代‘阿勃’，1979 年推广面积达到 80 万 hm^2，实现了四川省第四次品种大面积更换，使四川小麦产量上了一个新台阶。‘繁 7’是‘繁 6’的姊妹系，与‘繁 6’相比，其植株稍矮，抗倒伏性较强，但赤霉病更重，其他性状基本与‘繁 6’相同，1979 年种植 22.7 万 hm^2。

‘繁 6’‘繁 7’不仅是生产上的良种，也是西南麦区重要的骨干亲本。直接利用它们育成了‘绵阳 11’‘绵阳 12’‘川麦 18’‘川育 6 号’‘巴麦 18’‘蜀万 831’‘80-8’等 12 个新品种，间接利用育成了‘川麦 21’‘川农麦 1 号’‘绵阳 25’‘绵阳 26’‘绵农 4 号’等 13 个新品种。这些品种有力地促成了当地第五次、第六次品种更换。含‘繁 6’血缘的绵阳号品种在 1981～1990 年累计推广超过 1466 万 hm^2，川麦号品种在 1981～1991 年累计种植超过 333 万 hm^2。‘繁 6’‘繁 7’是西南麦区历史上利用成效最突出的小麦种质资源（庄巧生，2003）。

（二）水稻地方品种在育种中的应用

水稻地方品种是我国水稻种质资源的主要组成部分，蕴含着大量的抗病、耐逆、优质、高产等优异基因，且具有丰富的遗传多样性。‘矮仔占’‘低脚乌尖’等地方品种作为骨干亲本在我国水稻育种中广为应用，促进了水稻育种的快速发展。新中国成立以来，国内水稻杂交育种上使用最广、育成品种最多的杂交亲本有三个：‘矮仔占’‘矮脚南特’‘胜利籼’，其中‘矮仔占’居三大亲本之首，是我国水稻矮化育种中的杰出矮源。

‘矮仔占’原是广西容县的地方品种，1941 年由华侨从东南亚引进，开始小面积种植。1952 年，容县农业农村部门对该品种进行穗选提纯复壮，次年开始试种，增产非常显著。随后在玉林地区推广，平均单产 4125～4500kg/hm^2，比当地品种增产 30% 以上，最高产量超过 7500kg/hm^2，创造了我国水稻栽培史上的新纪录。20 世纪 50 年代中后期，‘矮仔占’已推广至长江流域。1973 年，‘矮仔占’在我国南方稻区的 12 个省（自治区、直辖市）种植面积超 73.3 万 hm^2。该品种表型优良，苗期耐寒性强、根系发达、长势旺盛、分蘖力强、植株矮、耐肥抗倒、丰产性好，主要丰产性状遗传力高，是我国最早应用的优秀矮源。

1956 年，广东省农业科学院引种‘矮仔占’并开展育种工作，系选出‘矮仔占 4 号’，随后用其作母本，将半矮秆基因导入到大穗多粒的高秆品种‘广场 13’中，育成了著名的矮秆品种‘广场矮’，显著提高了抗倒性和产量，而且生育期也比‘矮仔占’缩短了 10～15 天。‘广场矮’是我国第一个通过有性杂交育成的矮秆品种。同期台湾台中区农业试验场以‘低脚乌尖’为母本、‘菜园种’为父本育成了‘台中在来 1 号’。上述事件引发了中国水稻生产的第一次革命，标志着中国水稻育种进入“矮秆时代”（https://www.ricedata.cn/）。20 世纪 60 年代又育成了‘珍珠矮’（‘矮仔占 4 号’×‘惠阳珍珠早’）和‘二九矮’（‘广场矮 5 号’×‘泗沱 2930’），这两个品种与‘广场矮’合称“三矮”。‘广场矮’较‘珍珠矮’的生育期长，推广面积略逊于‘珍珠矮’，但利用‘广场矮’及其衍生品种作亲本育成品种的数量和推广面积均超过‘珍珠矮’。‘广场矮’姊妹系中的‘广场矮 5 号’‘广场矮 6 号’‘广场矮 98 号’‘广场矮 3784’‘广场矮 3785’‘广场矮 4183’都是优秀的杂交亲本，衍生了一大批优良品种。‘广场矮 5 号’衍生的‘二九青’‘南京 11 号’‘泸南早 1 号’，‘广场矮 6 号’衍生的‘湘矮早 4 号’‘湘矮早 9 号’，以及‘广场矮 98 号’衍生的‘广解 9 号’等先后成为南方稻区主栽品种。‘广场矮 3784’衍生了‘广陆矮 4 号’‘竹莲矮’等 25 个品种，同时‘广陆矮 4 号’和‘竹莲矮’也是优良的亲本。以‘广陆矮 4 号’作亲本育成了‘青秆黄’等 16 个品种，以‘竹莲矮’作亲本育成了‘竹系 26’等 18 个品种。‘广陆矮 4 号’‘青秆黄’‘竹系 26’均是南方稻区主栽品种。‘广场矮 3785’衍生了‘青二矮 1 号’‘广二矮 104’等 9 个品种，‘青二矮 1 号’和‘广二矮 104’都是南方稻区主栽品种。‘广场矮 4183’衍生了‘桂朝 2 号’‘桂朝 13 号’‘双桂 1 号’等 9 个品种，其中‘桂朝 2 号’‘桂朝 13 号’‘双桂 1 号’都是南方稻区主栽品种。

‘珍珠矮’及衍生系比‘广场矮’及衍生系抗稻瘟病。‘珍珠矮’衍生了‘军协’等 34 个品种，其中‘红 410’‘73-07’‘7005’是南方稻区主栽品种。‘红 410’同时也是一个优良亲本，由它衍生了‘泸红早 1 号’等 9 个品种。此外，杂交水稻优良组合汕优系列，以及一些粳稻、糯稻品种都有‘矮仔占’的血缘，如‘珍汕 97A’‘二九南 A’‘军协 A’‘矮粳 23’‘苏粳 7 号’‘台山糯’‘开平糯’‘荆糯 6 号’等。

（三）玉米地方品种在育种中的应用

我国玉米地方品种资源遗传变异丰富，适应性强，抗逆性好，食味品质佳，是玉米种质创新、群体改良的重要基础材料。20 世纪 50 年代，我国的玉米主推品种基本上都是地方品种。其中一些地方品种在玉米改良中发挥了关键作用，例如‘旅大红骨’‘塘四平头’等是我国玉米育种的骨干种质，在推动玉米育种和产量水平提高、产业升级等方面发挥了关键作用。

‘旅大红骨’是旅顺地区的地方品种，由地方品种‘大金顶’和引进品种‘大红骨’天然杂交而成，该品种配合力高，抗多种病害，高抗倒伏，适应性广。20 世纪 50 年代由辽宁省原丹东农业科学研究所收集。目前已选育出‘旅 9’‘旅 9 宽’‘旅 28’‘E28’‘丹 337’‘丹 340’‘丹黄 02’‘丹 341’‘丹黄 34’‘丹 598’‘丹 99 长’等 40 多个优良自交系，形成了‘旅大红骨’优势群，是我国生产上大面积应用的四大核心种质（‘旅大红骨’‘塘四平头’‘Lancaster’和改良 Reid 种质）之一。利用旅系种质直接组配育出了多个优良杂交种，如‘丹玉 6 号’（1978 年获全国科学大会奖）、‘丹玉 11 号’（辽宁省农牧厅二等奖）、‘丹玉 13 号’（1989 年获国家科技进步奖一等奖）、‘沈单 7 号’（1992 年获国家科技进步奖一等奖）、‘吉单 159’（1999 年获国家科技进步奖二等奖）、‘豫玉 18’（2000 年获国家科技进步奖二等奖）、‘掖单 13 号’（2003 年获国家科技进步奖一等奖）、‘丹玉 15 号’（1992 年获云南省科技进步奖二等奖）、‘东单 60’‘吉东 2 号’‘豫玉 11’‘冀单 27’‘铁单 10’‘丹玉 39’‘丹玉 69’等，为促进我国玉米生产发展做出了突出贡献（王秀凤等，2015）。

‘塘四平头’是玉米地方品种的另一个典型代表。20 世纪 70 年代，中国农业科学院和北京市农林科学院从‘塘四平头’中系选出配合力高、适应性强、抗病、早熟、灌浆快、株型紧凑的自交系‘黄早四’，开创了我国紧凑型玉米育种的新局面。‘黄早四’作为骨干亲本在育种中得到了广泛应用，培育出数以百计的优良自交系，形成了我国特有的黄改群（亦称‘塘四平头’群）。利用‘黄早四’直接选育的玉米品种有上百个，其中最有代表性的品种有‘京黄 417’‘烟单 14’‘户单 1 号’‘黄莫’‘掖单 2 号’等，累计推广面积均超过 2000 万 hm^2（黎裕和王天宇，2010）。利用‘黄早四’衍生系组配的大面积推广杂交种已达数百个，其中包括当前生产上广泛应用的主导品种‘郑单 958’和‘京科 968’等。‘郑单 958’是河南省农业科学院利用‘黄早四’衍生系‘昌 7-2’与‘郑 58’杂交选育出来的高产、稳产、多抗玉米品种，自 2004 年起，种植面积稳居全国第一，累计种植面积超过 4000 万 hm^2，创造了中国玉米育种的奇迹，2007 年荣获国家科技进步奖一等奖。‘京科 968’是北京市农林科学院以自选系‘京 724’为母本、‘京 92’（‘昌 7-2’的衍生品种）为父本杂交育成的高淀粉玉米品种，是我国审定区域最广的玉米品种，也是第一个同时通过籽粒和青贮玉米国家审定的粮饲通用型品种。‘京科 968’具有高产、优质、多抗、广适、易制种等五大特点，抗大斑病、丝黑穗病、茎腐病、玉米螟、黏虫、蚜虫、红蜘蛛等多种病虫害，同时抗旱、耐瘠薄，品质达到一级高淀粉玉米和一级饲料玉米的标准。从‘塘四平头’中系选的自交系‘黄早四’衍生了一系列的杂交种，其突出特点是适应性广，可在我国 60% 以上的玉米种植区推广，目前已累计应用数十亿亩（Li et al.，2019a；赵久然等，2021），在我国玉米育种史上发挥了极其重要的作用。

（四）油菜地方品种在育种中的应用

油菜是十字花科（Cruciferae）芸薹属（*Brassica*）中多个以取籽榨油为主要种植目的的草本植物的统称。芸薹属油菜有 6 个主要的栽培种，包括白菜（*Brassica rapa*，2*n*=20，AA）、甘蓝（*B. oleracea*，2*n*=18，CC）和黑芥（*B. nigra*，2*n*=16，BB）3 个二倍体基本种，以及甘蓝型油菜（*B. napus*，2*n*=38，AACC）、芥菜型油菜（*B. juncea*，2*n*=36，AABB）

和埃塞俄比亚芥（*B. carinata*，2*n*=34，BBCC）3 个四倍体复合种（刘后利，1984）。

油菜是我国第一大油料作物，在我国已有数千年栽培历史（刘后利，1984）。我国传统种植的是白菜型和芥菜型油菜，它适应性广、早熟，能与水稻等作物完美轮作。在不同生态环境和栽培制度下，历经先民长期选育，形成了丰富多彩、特色鲜明的地方品种。20 世纪 50 年代初期，全国开展了大规模地方品种的调查征集工作，收集到大量油菜地方品种。通过鉴定，筛选出一批适宜在不同环境种植，特色鲜明的地方品种，如抗寒的上党（山西）油菜，耐旱的永寿（陕西）油菜，植株丛生、矮秆、抗寒、抗风的‘姜黄种’和‘灯笼种’（浙江）、‘小叶芥油菜’（甘肃）和秆硬抗倒的‘遵义蛮菜籽’，耐迟播的‘雅安油菜’和浙江‘长秆油白菜’等。截至 2019 年，国家种质库中保存了来自全国 28 个省（自治区）的白菜型和芥菜型油菜地方品种 4204 份（李利霞等，2020）。

我国原产白菜型和芥菜型油菜虽然种植历史悠久，但产量水平低、综合抗性不强，新中国成立初期油菜单产水平仅为 487.5kg/hm^2，不及现在育成品种的四分之一。为提高油菜产量，我国从欧洲和日本引进了产量高、抗性强的甘蓝型油菜，并利用地方品种进行遗传改良，选育出适应我国轮作制度的优良品种。四川省农业科学院作物研究所利用高产抗病的甘蓝型‘胜利油菜’与白菜型地方品种‘成都矮油菜’进行杂交，于 1960 年育成我国第一个型间远缘杂交甘蓝型油菜品种‘川农长角’，该品种高产、抗病，在四川、江苏、浙江、上海等地大面积、长时间种植（蒋梁材等，1998）。‘川农长角’果粒性状为甘蓝型油菜中所罕见，对丰富油菜育种基因库具重要意义。随后，又从‘川农长角’中系选出早熟、抗病、适应性强、稳产性好的‘川油 9 号’，该品种曾在四川、贵州、湖南、陕西、河南等地大面积种植，并于 1978 年荣获全国科学大会奖（蒋梁材等，1998）。此外，利用‘胜利油菜’和‘成都矮油菜’杂交组合还选育出早熟、抗病、高产的‘川油 2 号’和‘川油 7 号’，两者均在生产上大范围推广应用。

二、引进种质的应用

国外引进种质对于丰富种质资源的遗传多样性，防止遗传脆弱性，保障作物安全生产方面具有重要战略意义，在推动农业生产、作物育种和科学研究等方面均发挥了重要作用。我国种质资源工作者对部分国外引进种质资源进行了较为全面的观察和鉴定，并向育种单位提供利用，取得了显著成效。20 世纪上半叶，国内主要作物育种水平较低，部分国外种质在引进试种之后直接用于农业生产；另有一部分种质则因拥有国内种质缺少的优良特性，被作为杂交亲本在育种中应用，少数引进种质甚至成为骨干亲本，衍生出众多新品种，有力推动了我国农业生产的发展。

（一）小麦引进种质的应用

在我国小麦育种历史上，1949 年之前曾有两次大批量引进国外种质资源的活动。第一次是在 1932 年，中央农业实验所与中央大学、金陵大学两校的农学院合资从英国小麦专家潘希维尔氏（John Percival）手中购得一套其收集的世界小麦，共计 1700 余份。这是我国第一次有计划、大规模地引进国外小麦种质资源。第二次是在 1946 年，我国著名小麦育种家、北京大学农学院蔡旭教授从美国堪萨斯州（Kansas）引进 3000 余份国外小麦品种（系），为各地开展小麦育种工作打下良好的材料基础（庄巧生，2003）。

新中国成立初期，由于与欧美国家交往少，小麦品种资源主要通过苏联间接引入，但数量不多。1978 年以前，我国国际种质资源交换主要由中国农业科学院作物育种栽培研究所统筹办理，1978 年以后改为中国农业科学院作物品种资源研究所负责，各单位则通过这一渠道引进国外种质资源。例如，蔡旭、李竞雄等于 1965 年赴罗马尼亚、匈牙利访问时曾带回 59 份小麦材料，其中包括 1BL/1RS 衍生系‘阿芙乐尔’‘高加索’‘山前麦’‘牛朱特’‘洛夫林 10 号’‘洛夫林 13’等，但是这些种质当时未能受到重视和利用。直到 20 世纪 70 年代初，中国农业科学院许运天和任志等访问东欧时，又从罗马尼亚二次引进了 1BL/1RS 衍生系，至此 1BL/1RS 种质材料才在我国得到广泛应用。党的十一届三中全会以后，随着国际交流逐渐恢复，各单位科研人员通过出国学习、访问、参加国际会议及国际合作等方式引入了大量小麦种质资源。国外种源引进也呈现多样化趋势，美国、英国、西欧、CIMMYT 等的种质资源先后被引入国内，尤其是 CIMMYT 的小麦种质资源被大量引入。

早期从国外引入的小麦种质资源被直接用于生产的有 80 多个，到 20 世纪 80 年代仍然在生产上应用的还有 20 多个，90 年代还有 10 余个。最早推广应用的国外品种是 1920 年引自美国的‘碧玉麦’（Quality，亦称‘玉皮’）。20 世纪 40 年代初直接推广应用的品种有‘中农 28’（Villa Glori）、‘矮立多’（Ardito）、‘南大 2419’（Mentana），随后是‘武功 774’（Minster）等；50 年代推广的品种有‘松花江 1 号’‘松花江 2 号’（Minn2761）、‘麦粒多’（Merit）、‘前交麦’（Cheyenne × Early Blackhull）、‘早洋麦’（Early Premium，亦称‘农大 1 号’）、‘甘肃 96’（CI 12203，Merit/Thatcher）等；60 年代推广的品种有‘阿夫’（Funo）、‘阿勃’（Abbondanza）、‘欧柔’（Orofen）等；70～80 年代推广的品种主要有‘郑引 1 号’（St1472/506）、‘山前麦’（Predgornia 2）、‘拜尼莫 62’（Penjamo 62）、‘里勃留拉’（Libellula）等，其中年推广面积超 66.7 万 hm^2 的品种有 6 个：‘南大 2419’‘阿勃’‘阿夫’‘郑引 1 号’‘甘肃 96’‘碧玉麦’。

系谱分析发现，国外引进的两类种质材料在我国小麦育种中受到了普遍重视。一类是以‘洛夫林 10 号’为代表携带了 1BL/1RS 易位的“洛类”品种，作为 20 世纪 70 年代的主要抗（病）源被利用，这类种质抗条锈、叶锈、白粉病，而且丰产性、茎秆强度及熟相好，缺点是晚熟。因此，不论南方或北方、冬麦区或春麦区，各地育种工作者都乐于用它们作杂交亲本，且取得了显著成效。另一类是墨西哥半矮秆品种，其植株较矮、穗头较大、丰产性较好、熟期适中，但易早衰、熟相不好、不抗寒，在北方冬麦区较少用作亲本，但在南方冬麦区和北方春麦区，特别是边远地区，如宁夏、新疆、云南等地，或作亲本或直接种植，被广泛利用。在“洛类”品种中以‘洛夫林 10 号’作亲本育成的品种最多，累计超过百个，‘山前麦’次之，育成品种 46 个；在墨西哥小麦中以‘墨巴 66’的育成品种最多，共计 41 个，其次是‘墨巴 65’，育成品种 15 个。

‘南大 2419’是长江中下游麦区第一次品种大更替的主推品种，是原中央大学农学院从潘希维尔氏世界小麦品种中混合选择而来的，其原始名称为‘Mentana’，是意大利中部和北部地区著名的早熟良种，由意大利著名育种家 N. 斯特兰佩利（N. Strampelli）用原产意大利的抗锈病地方品种‘瑞梯’（Rieti）、荷兰高产品种‘威尔赫明那’（Wilhelmina）和日本早熟抗倒伏品种‘赤小麦’（Akagomughi）复合杂交选育而成。‘南大 2419’于 1932 年引入我国，因其在中央大学试验中编号为III-23-2419 而得名‘中大 2419’（新中国成立后称为‘南大 2419’），1939 年被确定为适宜长江流域种植的优良品种。该品种适应性广、较早熟、抗条锈病和吸浆虫、穗大粒多丰产，种植面积迅速扩大，20 世纪 50 年代后半期由长江中游迅速向下游和南方、北方麦区扩大。据 1958 年不完全统计，该品种在全国的种植面积达 466.7 万 hm^2，是我国春小麦中分布最广、面积最大的品种。‘南大 2419’广泛分布于湖北、河南（南部）、江苏、安徽、四川等省，同时在陕西（南部）、云南、贵州等省亦有较大面积，在江西、湖南、广西、青海、甘肃等地也有种植。

小麦 1BL/1RS 类品种在育种中的广泛应用始于 20 世纪 60～70 年代华北北部的小麦叶锈病大流行。1969 年，华北北部叶锈病大流行，生产上应用的品种无一幸免，1973 年、1975 年和 1979 年又三次中度流行，对小麦生产造成严重危害。此外，由于水肥条件的改善，麦田群体密度增大，白粉病危害加剧，倒伏问题突出，生产上急需兼抗锈病、白粉病和倒伏的新品种。1971 年我国从罗马尼亚引入了一些欧洲国家和苏联的品种，如‘洛夫林 10 号’（Lovrin 10）、‘洛夫林 13’（Lovrin 13）、‘洛夫林 18’（Lovrin 18）、‘牛朱特’（Neuzucht）、‘F49-70’‘F16-71’‘山前麦’（Predgornia 2）、‘高加索’（Kavkaz）、‘阿芙乐尔’（Avrora）、‘PKBL-16’等，其中大部分是小麦-黑麦 1BL/1RS 易位系或代换系。‘洛夫林 10 号’‘洛夫林 13’最早在育种上利用，故这类品种又被称为洛类品种。洛类品种为冬性，株高中等，秆强抗倒，穗粒较大，丰产性好，晚熟，耐后期高温，落黄好，更重要的是这类品种携带了由黑麦转移至小麦的锈病和白粉病抗性基因，多呈显性或偏显性遗传，具有一定程度的连锁关系。20 世纪 80 年代初，以洛类品种为抗源育成的第一批丰抗号品种投入生产应用，‘丰抗 8 号’是这一时期京、津和冀中北部的主推品种。随后，利用同类抗源或在改良丰抗号的基础上，育成了一批又一批在生产上大面积推广的新品种。洛类品种的引进与应用，为北部冬麦区特别是东部平原地区抗病和丰（高）产育种揭开了新的篇章。

1972 年中国农业科学院作物育种栽培研究所与北京市农林科学院作物研究所合作以‘洛夫林 10 号’为父本，分别与新品系‘有芒红 7 号’和‘有芒白 4 号’杂交，育成了兼抗条锈病和叶锈病、轻感白粉病、丰产性好、适应性广的‘丰抗 2 号’‘丰抗 4 号’‘丰抗 7 号’‘丰抗 8 号’‘丰抗 9 号’‘丰抗 10 号’‘丰抗 15’等丰抗号系列品种。这些品种的推广应用减轻了病害流行，提高了生育后期抗倒伏和抗早衰能力，提升了小麦单产。此外，北京市双桥农场科技站与北京市农林科学院作物研究所合作，1981 年从‘洛夫林 10 号’/‘有芒红 7 号’组合中选育出早熟、抗寒、丰产，且抗条锈、抗倒伏的品种‘京双 16’，成为 20 世纪 80 年代稻茬麦及河北省中北部两茬平播的主推品种。‘北京 837’是中国农业科学院作物育种栽培研究所改良丰抗号品种选育的高产品种，其母本为‘有芒红 7 号’/‘洛夫林 10 号’第 5 代选系 5189。‘北京 837’是粒多、粒重、高产型品种的代表，对条锈病的中 28、29 号及稀有小种洛 10 类型III、水原 11 类型 I 表现免疫至高抗。‘京农 79-1’是‘丰抗 7 号’的姊妹系，以‘京农 79-1’为母本育成的中早熟品种‘京冬 6 号’兼抗条锈病和叶锈病、千粒重高、灌浆快、落黄好、高产稳产，在北京、天津、河北中北部和山西中部、东南部推广种植。

‘牛朱特’是另一个被成功利用的 1BL/1RS 类品种。‘牛朱特’来自德国，抗 3 种锈病和白粉病、丰产，但极晚熟，且植株高，通过简单杂交很难育出品种。针对‘牛朱特’的特点，山东农业大学李晴祺教授将其与中早熟品种‘孟县 201’杂交，其 F_1 代与矮秆品种‘矮丰 3 号’杂交，经多次选择，成功选育出‘矮孟牛’I～Ⅶ系（王珊珊等，2007）。‘矮孟牛’名称源自 3 个亲本的首字，它聚合了 9 个国家种质的优良基因，是一个遗传多样性特别丰富的中间亲本，集矮秆、抗病、适期成熟和高产于一身，在我国小麦育种中被广泛应用，成效显著。山东农业大学从‘矮孟牛 V’系选出‘鲁麦 1 号’，用‘矮孟牛 V’与‘山农辐 66’杂交选育出‘鲁麦 5 号’‘鲁麦 8 号’‘鲁麦 11’‘鲁 215953’等多个品种。这些品种株高 80cm 左右，高抗条锈病，中抗叶锈病、秆锈病和白粉病，落黄好，中晚熟，丰产稳产，从 20 世纪 80 年代前期开始，先后在生产上大面积应用，年推广面积均在 33.3 万 hm^2 以上，其中‘鲁麦 1 号’超过 66.6 万 hm^2。郑州市农业科学研究所以‘矮孟牛 V’的选系‘775-1’为母本，与‘豫麦 2 号’杂交育成了优质品种‘豫麦 34’（‘郑农 7 号’），2000 年仅在河南省推广面积就达 36.6 万 hm^2。江苏省徐州地区农业科学研究所利用‘矮孟牛’选育的‘徐州 24’，大粒高产，抗叶锈病、秆锈病，熟相好，1995～2000 年累计种植 235.7 万 hm^2。此外，山东农业大学利用‘矮孟牛’系选品种‘鲁麦 1 号’育成了‘鲁麦 15 号’，该品种半矮秆，兼抗 3 种锈病，轻感白粉病，耐晚播，早熟高产，是 20 世纪 90 年代当地的主体品种，1992～1994 年秋播面积均超过 66.6 万 hm^2。河南省周口地区农业科学研究所利用‘鲁麦 1 号’选育出了半矮秆、丰产、兼抗条锈病、叶锈病的‘豫麦 21’（‘周麦 9’），20 世纪 90 年代成为当地的主体品种。1994～1998 年播种面积均超过 66.6 万 hm^2，年最大面积达 151.8 万 hm^2。据不完全统计，‘矮孟牛’共衍生品种 26 个（王珊珊等，2007），其中年推广面积超过 66.7 万 hm^2 的小麦品种有 5 个，包括‘鲁麦 1 号’‘鲁麦 15 号’‘鲁麦 23 号’‘济南 16’‘豫麦 21’（庄巧生，2003）。‘矮孟牛’也因此获得 1997 年国家技术发明奖一等奖。

据报道，20 世纪后期我国约 70%小麦品种都含有 1BL/1RS 类品种的血缘（陈静和任正隆，1996），其中为我国小麦育种做出突出贡献的骨干亲本，如‘矮孟牛’‘周麦 22’‘周 8425B’‘石 4185’等均含有 1RS 染色体（刘成等，2020）。1BL/1RS 易位系种质的广泛应用，极大地推动了我国小麦品种的更新换代。

（二）水稻引进种质的应用

水稻的国外引进种质为我国提供了稀缺、急用种质资源，包括高产、优质、抗病虫、耐逆等特性，直接和间接利用引进种质选育出一大批优良的常规、杂交水稻品种，促进了我国水稻产量和品质的大幅提升。

自 20 世纪 50 年代以来，我国先后从国外引进了一大批水稻种质。例如，50 年代中期到 60 年代中期，从日本引进了一批粳稻种质，包括‘农垦 58’‘农垦 57’‘京引

127’等；60 年代后期到 80 年代，从国际水稻研究所（IRRI）、韩国、越南、斯里兰卡等引入了一批籼稻种质，如‘IR661’‘IR26’‘IR30’‘密阳 46’‘Tetep’‘BG902’‘Basmatis 370’等；90 年代，从 IRRI、国际热带农业研究所（IITA）、巴西等引进了具有新株型、抗病虫的野生稻、陆稻等各类种质。据中国农业科学院国家种质库统计，1994～2005 年，我国从世界多个国家和国际组织引入的正式编目的水稻品种、品系、中间材料及遗传测试材料等共计 9963 份（韩龙植和曹桂兰，2005）。1980～2002 年通过“水稻遗传评价国际网络（INGER）”项目引入的水稻品种（系）达到 26 500 份次（包括复份）（Tang et al.，2004）。

自 1958 年以来，连续 2～3 年年推广面积超过 6.7 万 hm^2 的国外品种有 22 个。其中 1957 年从日本引进的高产、抗稻瘟病粳稻品种‘世界一’（在我国被称为‘农垦 58’）于 20 世纪 60～80 年代在长江流域广泛种植，累计种植面积超过 1100 万 hm^2。1967 年从 IRRI 引入的高产、耐肥、矮秆、抗倒籼稻品种‘IR8’，在我国华南、华中稻区大面积推广，1971 年种植面积达到 91 万 hm^2。1976 年从日本引入的高产优质粳稻品种‘秋光’，20 世纪 80～90 年代在东北、华北累计推广 205 万 hm^2。20 世纪 80 年代末从日本引入的早粳品种‘空育 131’高产、优质、耐冷，在东北大面积种植，2000～2007 年累计种植面积达到 539 万 hm^2，连续 8 年居全国常规稻品种种植面积之首。除年种植面积超过 6.7 万 hm^2 的品种外，年种植面积在 0.7 万～6.7 万 hm^2 的国外品种有 81 个，其中粳稻 54 个、籼稻 23 个、陆稻 4 个。这些国外品种，在不同时期推动了我国水稻生产的发展，有的还成为骨干亲本和（或）杂交稻的恢复系亲本。

国外引进水稻种质作为恢复系或不育系广泛用于我国杂交水稻育种，在三系配套杂交水稻创制中发挥了重要作用。20 世纪 70 年代以来，从国外引进的稻种资源中发现了一大批强恢复系/源，如‘IR24’‘IR26’‘IR30’‘IR36’‘泰引 1 号’‘古 154’‘密阳 46’等。据统计，我国杂交稻的强恢复源大部分来自国外，具有国外强恢复源种质、年种植面积超过 40 万 hm^2 的杂交稻组合超过 33 个（魏兴华等，2010）。利用来自 IRRI 的野败核质互作不育恢复系‘IR24’和‘IR26’等育成的‘南优 2 号’‘汕优 2 号’‘汕优 6 号’‘威优 6 号’是 20 世纪 70～80 年代生产推广面积最大的杂交稻组合。‘汕优 6 号’于 1981～1994 年全国累计种植面积达 930 多万公顷。利用从 IRRI 引入的‘IR30’与‘圭 630’杂交育成的强恢复系‘明恢 63’，具有广谱胞质不育恢复性和极强的配合力，育成了‘汕优 63’‘协优 63’‘Ⅱ优 63’‘D 优 63’等“63”系列杂交组合 31 个，累计推广面积超过 8090 万 hm^2。其中，‘汕优 63’曾在华南、华中、华东地区 16 个省（自治区、直辖市）大面积推广种植，年最大种植面积达 681 万 hm^2，1983～2007 年累计种植 6200 多万公顷。利用从韩国引进的‘密阳 46’作恢复系组配的‘汕优 46’‘威优 46’‘协优 46’，累计种植面积超 1255 万 hm^2。

利用国外不育种质资源育成多种不育系类型，包括 BT 型、冈型、D 型和印水型，约占我国不育系类型的 45%。利用日本的 BT 型 Boro 台中 65A 的配子体不育基因，育成了粳型不育系‘黎明 A’‘秀岭 A’‘寒丰 A’等。在籼粳亚种间杂交稻中，广亲和基因的利用是关键环节之一。我国引进和筛选了一批籼粳稻杂交亲和性高、经济性状好的国外品种，用于广亲和光（温）敏核不育系的选育，如‘Aus373’‘Dular’

‘CPSLO17’‘Ketan Nangka’‘Paddy’‘Bellomont’等。这些拥有广亲和基因种质资源的发掘和利用，推动了两系籼粳亚种间杂种优势的利用。著名两系杂交稻两优培九的母本‘培矮64S’含有‘Paddy’‘农垦58’‘IR30’‘IR36’血缘，父本‘扬稻6号’（9311）含有‘BG902’血缘，1999～2007年累计种植面积达537万hm^2。

部分国外种质，如‘矮仔占’‘农垦58’‘IR8’‘石狩白毛’‘BG902’‘IRBB21’等，由于携带有高产、优质、抗病虫、耐冷、耐旱等优异基因，已被作为骨干亲本广泛用于杂交、辐射、组培、花培等常规和杂交水稻育种，衍生出2000余个新品种，其中‘矮仔占’作为矮源衍生品种156个，‘农垦58’作为高产优质源衍生品种132个，‘IR8’作为高产抗病虫源衍生品种120多个（林世成和闵绍楷，1991）。

此外，从国外引进的普通野生稻、药用野生稻材料也是我国水稻抗病虫、耐逆育种的重要抗性资源。从IRRI引入的‘IRBB21’‘IRBB60’含有来自非洲长雄蕊野生稻的广谱抗白叶枯基因 *Xa21*。中国水稻研究所利用‘IRBB21’‘IRBB60’育成了含有 *Xa21* 基因的强恢复系‘中恢218’‘中恢8006’‘中恢133’等，组配出‘国稻1号’‘国稻3号’‘内2优6号’‘中百优1号’等一系列超级杂交水稻，在生产中大面积推广应用（魏兴华等，2010）。

（三）玉米引进种质的应用

我国不是玉米起源地，因此玉米育种对国外种质资源有相当大的依赖性。从国外引进杂交种中直接选育自交系是比较常用的方法，且成效显著。国外玉米种质在我国玉米品种改良和生产中发挥了重要作用。我国四大核心种质群中‘Lancaster’和‘Reid’种质最初均来自国外。

农业部于1978年从美国先锋公司引进24个玉米杂交种，从其中的‘3147’‘3382’选育出‘沈5003’‘U8112’‘铁7922’‘郑32’等优良自交系。以此为基础分离出了大量的二环系并选育出一批新品种，例如，以‘沈5003’为亲本选育出著名的自交系‘掖478’‘铁C8605-2’‘丹9046’，具有株型紧凑、茎秆坚硬、籽粒偏马齿型、配合力高、制种产量高等特点，且表型多与Reid类群相似，故被称为改良Reid种质。

我国的‘Lancaster’玉米种质主要来自‘Mo17’‘Oh43’‘C103’‘A619Ht’‘Va35’这5个自交系，其中‘Mo17’和‘Oh43’的衍生系占77.1%，利用‘C103’培育了20个衍生系，也在生产中发挥了作用。从‘Oh43’×‘可利67’杂交后代中选育出‘自330’，其衍生系的应用在20世纪80年代达到高峰。据统计，1978～1998年种植面积66.7万hm^2以上，含‘自330’血缘的杂交种有15个，其中‘中单2号’‘丹玉6号’‘77×自330’（七三交单）、‘京杂6号’‘铁单4号’‘鲁原单4号’‘四单16’‘沈单3号’‘成单14’‘农大108’等对我国玉米生产做出了重要贡献。‘中单2号’于1984年获国家技术发明奖一等奖；用‘自330’衍生系黄C组配的‘农大108’于2003年获国家科技进步奖一等奖。20世纪80～90年代，我国育种单位从遗传多样性丰富的美国商业杂交种中选育了一大批优良自交系，如‘齐319’、‘X178’、‘P138’、‘18-599’、‘丹598’等，这些自交系属于中间类型种质，能与国内种质杂交产生较强的杂种优势。

玉米骨干亲本‘Mo17’由中国农业科学院作物育种栽培研究所李竞雄院士于1973

年从美国引进，其配合力高，抗病性好，高抗大、小斑病，中抗青枯病和弯孢菌叶斑病，特别是抗丝黑穗病，产量潜力大，在我国玉米育种和生产上发挥了重要作用。自引进以来，利用其选育出衍生系 55 个，组配杂交种上百个，20 世纪 90 年代推广面积在 67 万 hm^2 以上的杂交种有 5 个，包括‘中单 2 号’‘丹玉 13’‘四单 19’‘烟单 14’‘本玉 9 号’，其中‘中单 2 号’获国家技术发明奖一等奖，‘丹玉 13’和‘烟单 14’分别获国家科技进步奖一等奖和二等奖（黎裕和王天宇，2010）。骨干亲本‘Mo17’的引进和广泛利用有力提升了我国的玉米育种水平和产业发展。

（四）大豆引进种质的应用

我国是大豆的起源中心，但大豆单产和品质与美国等大豆主产国还有较大差距。引进国外品种直接用于生产或作为亲本，弥补了我国大豆种质资源的不足，促进了大豆产业的发展。据统计，1923～2005 年中国育成了 1300 个大豆品种，其中具有国外种质血缘的品种 738 个，占总数的 56.8%（盖钧镒等，2016）。

通过对国家库中保存的 2156 份国外大豆种质主要农艺性状、蛋白质及脂肪含量的全面系统分析，发现国外引进种质多表现为生育期较长、无限结荚习性、紫花、棕毛、种皮黄、多深色脐、百粒重中等、蛋白质含量多为 40%～45%、油分含量多为 18%～22%、株高的变异系数最高、蛋白质和脂肪含量的变异系数较低；7 个质量性状（花色、茸毛色、子叶色、粒色、脐色、生长习性、结荚习性）遗传多样性平均值低于国内微核心种质（刘章雄等，2009）。鉴于国外种质的特点，在育种中常用于改良我国大豆的某一特性。

大豆引进种质在生产上直接利用的相对较少，‘中品 661’（‘William 82’×‘Bufallo’）是为数不多的代表。该种质由中国农业科学院作物品种资源研究所从美国引入，表现高产、高抗大豆花叶病毒（SMV）、优质、抗倒伏，分别于 1994 年、1999 年通过北京、云南品种审定。‘中品 661’在北京创造了单产超 4500kg/hm^2 的高产纪录，比对照品种‘中黄 4 号’增产 787.5kg/hm^2。该品种在云南的文山、红河、德宏、思茅等地作为冬大豆主栽品种，而在保山、大理、楚雄、昆明等地适合于夏播，尤其适于间作套种。‘中品 661’累计种植 11.1 万 hm^2，直至 2006 年仍是云南推荐的主导品种，在我国大豆生产中发挥了重要作用。

我国先后从美国与日本等 25 个国家和地区引进大豆近等基因系、特殊遗传材料及育成品种等 3218 份，其中从美国引进了不含胰蛋白酶抑制剂的‘Kunitz’，抗多个胞囊线虫小种的‘Hartwig’，适于窄行密植的‘Hobbit 87’，株型结构好的‘Amsoy’等；从日本引进了中高产的‘十胜长叶’，以食用为主、大粒且口感极佳的鲜食大豆，脂肪氧化酶缺失的‘Yumeyutaka_1’等。利用这些优异种质资源，培育出我国的多种性状第一号品种，如抗胞囊线虫品种‘抗线 1 号’，首个脂肪氧化酶单缺失品种‘中黄 18’和双缺失品种‘五星 1 号’，高异黄酮品种‘中豆 27’，无胰蛋白抑制剂品种‘中豆 28’，以及第一个适于密植的半矮秆高油（23%）品种‘合丰 42’等（邱丽娟等，2006）。

以来自日本的‘十胜长叶’为亲本育成了‘吉林 18’‘吉林 19’‘绥农 6 号’‘通

农5号’‘通农6号’‘通农7号’‘黑农28’‘九农4号’等早期的品种，以‘十胜长叶’衍生系‘克4430-20’等优异种质间接育成了‘合丰25’‘合丰26’‘红丰5号’等重要品种，这些早期品种又被作为亲本材料，直接或间接育成了大量现代品种。通过对2005年前利用‘十胜长叶’育成的195个大豆品种进行分析，发现‘十胜长叶’的遗传贡献率范围为0.8%～50.0%，其中以遗传贡献率为6.3%、12.5%和25.0%的衍生品种数量居多，占衍生品种总数的77.3%（郭娟娟等，2007）。据统计，‘十胜长叶’在1976～1985年、1986～1995年、1996～2005年3个阶段分别衍生了11个、54个和222个品种，为中国大豆育种发展做出了重要贡献（盖钧镒等，2016）。

‘Williams’是来自美国的育成品种。1986～2005年，从‘Williams’衍生的大豆品种有57个，包括‘中品661’（盖钧镒等，2016）。国内不同单位以‘中品661’为亲本，选育大豆品种25个，如第一个高油国审品种‘冀黄13’。此外，利用‘中品661’创造了高抗SMV东北3号强毒株系的新种质‘中品95-5383’，其携带的抗SMV基因已经定位，可用于分子标记辅助选择。

（五）油菜引进种质的应用

国外油菜种质在丰富我国种质资源、加速育种进程、促进油菜产业发展方面发挥了积极的推动作用，且成效显著。国家种质库中保存着来自全球7大洲61个国家（地区）的2145份国外油菜种质资源，其中甘蓝型油菜种质资源1188份。中国农业科学院油料作物研究所从欧洲引进了6种145份抗菌核病和黑腐病的原始野生甘蓝，填补了我国野生甘蓝遗传资源空白，在甘蓝型油菜改良中具有重大应用价值。

我国引进甘蓝型油菜始于20世纪30年代，最早引入的是朝鲜的‘早生朝鲜’，40年代从欧洲引入了波兰油菜‘芸苔’和苏联‘洋油菜’等。‘胜利油菜’是20世纪50年代从日本引进的，其枝多、果多、粒大，高抗花叶病毒病，对霜霉病也有较强抗性，虽然熟期偏晚，但适当早播基本能满足两熟制地区利用。该品种适应性广，高产稳产，是我国甘蓝型油菜种植的先锋品种。‘胜利油菜’首先在四川鉴定试种，取得了成功。1956年开始在全国油菜种植区推广，最大年推广面积超过油菜种植总面积的四分之一，应用超过15年，有力推动了我国油菜产业发展。同时，‘胜利油菜’还作为骨干亲本在育种中广泛应用。据不完全统计，截至1982年，选育的255个甘蓝型油菜品种/系中，带有‘胜利油菜’血缘的品种/系219个，其中推广面积较大的有‘川农长角’‘川油2号’‘川油9号’‘华油8号’‘秀油1号’‘黔油9号’等。‘胜利油菜’的引进利用对推动我国油菜品种类型变革、大面积推广甘蓝型油菜、大幅度提高油菜产量具有开创意义。

20世纪70年代末，我国油菜育种目标由高产向优质转变，一批低芥酸、低硫苷优质资源，如‘奥罗’（Oro）、‘托尔’（Tower）、‘米达斯’（Midas）、‘马努’（Marnoo）、‘里金特’（Regent）等在育种中得到广泛应用，成功突破品质与产量、品质与抗性之间的矛盾，培育出一批高产、多抗、双低品种，产量水平显著提高，使油菜由单一的油料作物变成油脂和蛋白质兼用作物，经济效益成倍提高。由德国地方品种‘Liho’选育的世界上第一个低芥酸品种‘奥罗’于1974年引入青海，成为我国低芥酸油菜育种的基因源；而来自波兰的品种‘Bronowski’则是我国低硫苷基因的供体，为我国油菜品质实现“双低”提供了基因资源（芥酸含量<1%，硫苷含量<30μmol/g 饼粕）（钱秀珍等，1990）。‘马努’是从澳大利亚引进的“双低”油菜品种，产量高，综合性状好，芥酸含量低至 0.3%，硫苷含量仅有 21.37μmol/g。用它转育的‘波里马’细胞质雄性不育系对温度不敏感，克服了普通保持系在低温下多存在微量花粉的问题，是选育三系杂交种的优异亲本。湖南省农业科学院作物研究所利用‘马努’转育出优良不育系‘湘 5A’，并用它育成系列杂交种‘沣油 701’‘沣油 730’‘沣油 737’‘湘杂油 2 号’‘湘杂油 4 号’。青海省农林科学院利用‘马努’转育出优良不育系‘MS105A’，育成杂交种‘青杂 5 号’。华中农业大学利用‘马努’育成双低优质常规品种‘华双 3 号’和‘华双 5 号’。浙江省农业科学院利用‘马努’育成双低优质常规品种‘浙双 72’和‘浙油 18’。上述品种中有 3 个品种应用面积超 66.7 万 hm^2，‘沣油 737’和‘青杂 5 号’近 5 年累计推广面积分别在冬、春油菜区排名第一（资料由中国农业科学院油料作物研究所陈碧云提供）。

（六）棉花引进种质的应用

国外引进的棉花种质在我国棉花生产中发挥了重要作用。1950 年，原华东农林部将美国密西西比州松滩种子公司育成的优良品种‘岱字棉 15’引入我国，1950～1953 年在长江和黄河流域推广种植，面积逐年扩大。1958 年‘岱字棉 15’种植面积达 350 万 hm^2，是我国年种植面积最大的品种。此外，从苏联引进的陆地棉‘克克 1543’‘24-21’‘108 夫’、海岛棉‘8763 依’‘5904 依’等也曾在新疆大面积推广（中国农业科学院棉花研究所，2003）。

国外种质在我国棉花遗传育种中的作用也功不可没。追溯系谱来源，我国培育的许多品种都有国外种质的血缘，例如，来自美国的岱字棉和斯字棉。从早期引进的‘岱字棉 15’系选出一系列棉花品种，如‘洞庭 1 号’‘洞庭 3 号’‘沪棉 204’‘南通棉 5 号’‘鄂棉 4 号’‘鄂棉 6 号’‘鄂棉 9 号’‘鄂棉 10 号’‘中棉所 2 号’‘宁棉 12’‘泗棉 1 号’‘浙棉 1 号’‘鸭棚棉’‘商丘 17’‘商丘 24’‘彭泽 3 号’等。其中‘洞庭 1 号’20 世纪 60 年代年均推广面积约 47 万 hm^2（中国农业科学院棉花研究所，2003）。从斯字棉系统选育的‘徐州 1818’在 20 世纪 70 年代年均种植面积达 60 力 hm^2。此外，在利用国外种质进行系选过程中还得到了一些有重要价值的突变材料，例如，从‘洞庭 1 号’中选出了隐性雄性不育系‘洞 A’，利用‘洞 A’育成了‘川杂 4 号’等杂交棉组合（黄观武和施尚泽，1988）。

山东省农业科学院棉花研究所以‘岱字棉 15’选系 1195 为父本育成‘鲁棉 1 号’，1982 年其最大种植面积达 210 万 hm^2，是我国自育品种中年种植面积最大的品种。中国农业科学院棉花研究所以‘乌干达 4 号’作为亲本育成了‘中棉所 12 号’，年最大种植面积达 170 多万 hm^2，至 1993 年累计推广面积 733 万 hm^2，是我国自育品种中种植年限最长、面积最大的品种（谭联望和刘正德，1990）。江苏泗阳棉花原种场用‘墨西哥 910’与‘泗阳 437’杂交育成‘泗棉 2 号’。此外，江苏徐州农业科学研究所、河北石家庄地区农业科学研究所等也利用国外引进种质培育出一系列棉花品种。据统计，1986～2000 年，利用从国外引进的‘PD 系’‘乌干达 3 号’‘乌干达 4 号’‘兰布莱特 GL-5’等种质作亲本，培育棉花品种 91 个，占育成品种总数（206 个）的 44.2%（中国农业科学院棉花研究所，2003）。因此，国外种质的引进和利用极大地促进了我国棉花育种和产业的发展。

三、作物野生近缘种的应用

随着全球气候、农作物生态环境与生产条件的变化，以及人们对作物产品需求的改变，人类对农作物品种多样化的需要日趋明显。与此同时，长期驯化和高强度人工选择使主要农作物的遗传多样性急剧降低，遗传脆弱性（genetic vulnerability）加剧（Cox，1998）。尤其是“绿色革命”以来，由于片面追求高产，加重了作物品种的单一化趋势，作物遗传基础进一步收窄。育种新材料匮乏，导致品种高度相似、单产提升缓慢、抗病抗逆性显著降低，增加了农业生产的风险（Reif et al.，2005；Dubcovsky and Dvorak，2007；Smýkal et al.，2018；Li et al.，2019b）。作物野生近缘种（wild relative）长期处于野生状态，经受了各种自然灾害和不良环境的洗礼，积累了栽培作物所不具备的，或者在人工栽培与选择条件下已经丢失的对生物和非生物胁迫的抗性表型/遗传变异，蕴含大量的优异基因，如抗病、抗虫、抗逆等基因，是种质创新、品种改良的天然基因库，也是保障作物安全生产的战略资源。

（一）小麦野生近缘种应用

小麦的野生近缘植物具有抗病、抗虫、抗旱、抗寒、耐盐等优良性状，是小麦遗传改良的宝贵基因资源库，在我国小麦育种和生产发展中发挥了极其重要的作用（董玉琛和刘旭，2006）。我国科学家先后将偃麦草（李振声，1980；孙善澄，1981）、黑麦（刘登才等，2002；李爱霞等，2007；Lei et al.，2012）、簇毛麦（Yang et al.，2006）和冰草（Han et al.，2014；Ye et al.，2015）等野生近缘植物的优良基因转移到小麦中，创制一系列中间材料，培育了一大批小麦新品种，取得了举世瞩目的成就。

长穗偃麦草［*Elytrigia elongata* (Host) Nevski］抗病和抗逆性状突出。为应对小麦条锈病大流行带来的危害，1956 年中国科学院西北农业生物研究所李振声研究员利用长穗偃麦草改良小麦抗病性，选育具有持久抗病性的小麦品种。经过多年的努力，克服了小麦远缘杂交不亲和、杂种后代不育、后代疯狂分离等困难，将偃麦草的抗病和抗逆基因转移到小麦中，育成了‘小偃 4 号’‘小偃 5 号’‘小偃 6 号’‘小偃 54 号’‘小偃 81 号’等“小偃”系列小麦新品种，这些品种抗病抗逆高产优质，其中仅‘小偃 6 号’在 20 世纪 80 年代末就累计推广 1000 万 hm^2，增产粮食 30 亿 kg，‘小偃 6 号’也因此于 1985 年获国家技术发明奖一等奖（李振声，1980；李万隆等，1990；Li et al.，2008）。据不完全统计，“小偃”系列衍生优良品种 80 多个，累计推广超过 2000 万 hm^2，增产小麦超过 75 亿 kg（亓佳佳等，2015）。

冰草属（*Agropyron* Gaertn.）是多年生小麦野生近缘植物，多花多粒，抗病、抗逆性状突出，是小麦遗传改良的优良外源供体。中国农业科学院作物科学研究所利用冰草创制小麦异源附加系、代换系和缺失系等遗传工具材料 90 份，创制异源易位系等育种中间材料 211 份，创制多粒、优质、抗病、抗旱、营养高效等各类育种新材料 91 份，培育出‘普冰 143’‘普冰 9946’‘普冰 701’‘新冬 49’（普冰 696）、‘普冰 151’‘晋麦 80’‘科农 2011’等小麦新品种 7 个，新品种（系）的适种区域包括我国北部、黄淮、长江中下游、西南和新疆冬麦区及青藏春冬麦区等多种生态环境，该成果于 2018 年获国家技术发明奖二等奖。

人工合成小麦（synthetic hexaploid wheat，SHW）是人工模拟普通小麦形成过程，将四倍体小麦和粗山羊草杂交，创制的新型小麦种质资源。其遗传多样性丰富（贾继增等，2001；Ogbonnaya et al.，2013；Bhatta et al.，2018），能与普通小麦正常杂交，避免了直接利用野生种产生的杂交不亲和问题，是利用小麦近缘种二粒小麦和粗山羊草改良普通小麦的桥梁（Mujeeb-Kazi et al.，2008；Trethowan and Mujeeb-Kazi，2008；Yang et al.，2009；Hao et al.，2019）。四川省农业科学院作物研究所利用从 CIMMYT 引进的人工合成小麦‘Syn769’和‘Syn786’培育出多个高产抗病小麦品种，如‘川麦 38’‘川麦 42’‘川麦 43’‘川麦 47’等，其中‘川麦 42’比对照品种增产 16.4%～22.7%，创造了当地的高产纪录（Yang et al.，2009）。又以‘川麦 42’‘川麦 43’为亲本，育成了 12 个高产抗病新品种，如‘川麦 51’‘川麦 104’‘绵麦 51’‘蜀麦 969’等（Li et al.，2014a）。‘川麦 42’等系列品种抗病高产，且遗传力强，已经成为国内抗病、高产育种的骨干亲本，衍生出小麦新品种 46 个，其中国审品种 6 个。

除此之外，山东农业大学将来自长穗偃麦草[*Thinopyrum ponticum* (Podp.) Barkworth et D. R. Dewey]抗赤霉病基因 *Fhb7* 转移到小麦中（Wang et al.，2020a），创制了一批小麦-偃麦草染色体易位系，并将其导入我国的主栽小麦品种，培育出一批赤霉病抗性达中抗以上水平的新品系，其中，‘山农 48’已于 2021 年审定并大面积推广种植，其他多个新品系正在参加区域试验或生产试验，有望在小麦抗赤霉病育种中发挥重要作用。

（二）野生稻在育种中的应用

我国是最早利用野生稻资源进行水稻杂交育种的国家。早在 1926 年，我国著名的水稻科学家丁颖教授就开始利用普通野生稻与栽培稻杂交。1929～1933 年从广州市东郊犀牛尾野生稻自然杂交的变异株中选出抗性好、米质优、省肥的第一个携带野生稻血缘的晚稻品种‘中山 1 号’。随后又系选出‘中山占’‘中山白’‘中山红’‘包胎矮’‘包选 2 号’等品种。其中‘包选 2 号’具有明显的野生稻优异特性，抗病虫、抗逆性强，适应性广，优质、高产稳产，成为 20 世纪 60～70 年代中国南方稻区晚稻的主栽品种之一。‘中山 1 号’及其衍生品种在水稻育种与生产上的利用达半个多世纪之久。随后，丁颖教授又用‘银台’‘竹占’‘东莞白’与印度普通野生稻杂交育成了‘晚选竹印 14’等品种。

1973 年上海市青浦县农业科学研究所用海南岛的藤桥日兰野生稻育成了早熟、高产的粳稻品种‘崖农早’。1982 年广东省农业科学院水稻研究所利用普通野生稻通过复合杂交育成了高产抗病品种‘古今洋’，在广东省推广面积达 46 万 hm^2。1985 年广东增城县农业局利用野生稻（‘增城 9 号’）育成了抗白叶枯病、优质、高产的品种‘桂野占 2 号’。随后，用‘桂野占 2 号’与澳大利亚‘袋鼠丝苗’杂交，育成高产优质品种‘野澳丝苗’，比优质稻‘713’增产 24.1%。20 世纪 80 年代，广西百色地区农科所利用田东普通野生稻育成晚籼品种‘小野团’，比对照品种增产并早熟。广西农业科学院作物品种资源研究所将药用野生稻 DNA 导入栽培稻‘中铁 31’，育成‘糯稻桂 D1 号’，比亲本‘中铁 31’增产 25.8%，被当地农民誉称糯谷王。随后又育成了高产品种‘桂 D2 号’。

1987 年中国农业科学院作物育种栽培研究所与广西农业科学院合作，从我国的普通野生稻（*O. rufipogon*）中鉴定出一个全生育期高抗侵染的白叶枯病抗性新基因 *Xa23*。通过杂交转育，创制出广谱高抗白叶枯病新种质 CBB23。中国农业科学院作物科学研究所克服重重困难，成功克隆了抗病基因 *Xa23*，揭示其广谱高抗白叶枯病的分子机制，并开发了功能分子标记（Wang et al.，2015，2020b）。*Xa23* 基因及其分子标记被全国 47 个单位利用，先后培育出抗白叶枯病水稻新品种 63 个，其中国审品种 16 个，累计推广应用 546 万 hm^2。该成果于 2021 年获中华农业科技奖一等奖。

1970 年袁隆平研究员团队在海南岛发现了天然雄性不育野生稻，花粉完全败育，命名为“野败”。“野败”的发现为籼型杂交稻“三系”配套打开了突破口，开启了中国杂交水稻事业的新篇章。由袁隆平研究员主持完成的杂交水稻项目于 1981 年获得了新中国成立以来的第一个国家级特等发明奖，同时该项成果还 4 次获得国际性科学大奖。袁隆平院士也因为在杂交水稻领域做出的开创性贡献而被国际同行誉为“杂交水稻之父”。发现并利用野生稻雄性不育资源是中国三系杂交稻成功应用的关键，最突出的进展是利用野败型的普通野生稻育成了杂交水稻的不育系和保持系。利用“野败”先后育成了水稻野败型雄性不育系‘珍汕 97A’、‘野败’‘二九南 A’、‘V20A’（熊振民，1991），以及‘协青早 A’等。又以‘珍汕 97’为亲本育成了‘汕优 2 号’‘汕优 6 号’‘汕优 63’‘汕优 64’等汕优系列品种，以‘V20A’配组育成了‘V 优 35’‘V 优 64’‘V 优 77’等，以‘协青早 A’配组育成了‘协优 64’等，这些杂交组合在中国杂交水稻生产上发挥了巨大的支撑作用。此后，各地陆续利用野生稻不育资源培育了一大批不育系，如‘红莲 A’、‘国际油粘 A’、‘藤青 A’等（王金英和江川，2005）。总之，野生稻雄性不育种质的发现和利用为水稻杂种优势应用及常规育种奠定了坚实的材料基础，随着研究的不断深入，野生稻优异种质将发挥更大的作用。

（三）野生大豆在育种中的应用

一年生野生大豆（*Glycine soja*）是栽培大豆（*Glycine max*）的野生近缘种，其地理分布仅限于东亚北部地区，包括中国、朝鲜半岛和俄罗斯远东地区。我国先后进行了 4 次野生大豆考察和收集工作，除新疆、青海和海南三省（自治区）外，均发现有野生大豆分布。目前国家种质库中共保存了 8518 份野生大豆，经过多年的鉴定评价，发现了一批抗逆、高产、优质的优异野生大豆种质。野生大豆具有蛋白质含量高、多荚、抗逆性强等特点，对于大豆育种有很大的利用价值。但是野生大豆蔓生、色杂、粒小等不良性状与有利基因紧密连锁，严重影响了其优异基因的有效利用。我国大豆育种工作者研究出一套野生大豆利用技术，选育出一批适应市场需求的大豆新品种。

1979 年吉林省农业科学院以‘平顶四’为母本，以长花絮、高蛋白的野生大豆‘GD50477’为父本杂交，选育出小粒大豆品种‘吉林小粒 1 号’，该品种为亚有限结荚习性，每荚粒数多，蛋白质含量 44.9%，脂肪含量 16.1%，耐瘠薄，比我国原小粒大豆出口品种‘白山 1 号’增产 5.6%，蛋白质含量高 2.3%，国际市场售价高 20%。‘吉林小粒 1 号’是我国利用野生大豆育成的第一个大豆品种，黑龙江省农业科学院绥化分院以其作母本，育成了‘绥农小粒 1 号’。随后，黑龙江省农业科学院和吉林省农业科学院又利用野生大豆培育出‘吉林小粒 4 号’‘东农小粒豆 1 号’‘吉林小粒 7 号’‘吉育 101’‘吉育 102’等小粒大豆品种。

中国农业科学院作物科学研究所利用一个百粒重较大的野生大豆‘ZYD3576’选育出大粒品种‘中野 1 号’和‘中野 2 号’。‘中野 1 号’1999 年通过北京市农作物品种审定委员会审定，圆粒，亚有限结荚习性，蛋白质含量 43.7%，脂肪含量 20.1%，最高产量达 4350kg/hm^2，同时表现耐旱、耐盐碱。‘中野 2 号’2001 年通过审定，其蛋白质含量 42.5%，脂肪含量 21.0%。

吉林省农业科学院以野生大豆‘035’为父本，于 1993 年选育出世界上第一个具有野生大豆表型的大豆质核互作雄性不育系和保持系，并找到恢复系，实现了“三系”配套。在此基础上，他们以野生大豆育成的细胞质雄性不育系为母本，选育出栽培型的细胞质雄性不育系。2002 年育成世界上首个利用三系法生产的、可商业化应用的大豆杂交种——‘杂交豆 1 号’，在吉林省进行生产示范，平均产量 3689kg/hm^2。该品种产量高，品质好，蛋白质含量 40.4%，脂肪含量 20.1%。随后，吉林省农业科学院又陆续选育出‘杂交豆 2 号’等 7 个大豆杂交种（董英山和杨光宇，2015）。

（四）油菜近缘种在育种中的应用

我国生产上大面积推广应用的主要是甘蓝型油菜。甘蓝型油菜大约起源于 7500 年前，由白菜和甘蓝自然杂交、染色体自然加倍形成，至今尚未发现其野生群体。由于起源、驯化和引进时间短，甘蓝型油菜种内遗传多样性低，可利用的优异变异贫乏。我国原产的白菜和白菜型油菜、芥菜与芥菜型油菜变异类型丰富，可作为供体以拓宽甘蓝型油菜的遗传基础，提供生产所需的性状和基因资源，远缘杂交已经成为油菜种质创新的重要途径。

人工合成甘蓝型油菜是模拟甘蓝型油菜形成过程，利用自然界两个祖先种的丰富遗传变异，从头合成的油菜新种质。人工合成甘蓝型油菜遗传多样性丰富，开辟了一条甘蓝型油菜育种新途径。青海省农业科学院利用青海特有的大粒、黄籽且自交亲和的白菜型油菜地方品种‘大黄油菜’（AA，2n=20）与几种不同的甘蓝（CC，2n=18）正反杂交，得到了粒重显著高于地方品种的人工合成甘蓝型油菜新种质（富贵等，2012）。河南省农业科学院园艺研究所用黄籽白菜型油菜和甘蓝合成了黄籽甘蓝型油菜，并利用白菜型油菜雄性不育亲本与甘蓝杂交合成了甘蓝型油菜雄性不育植株（栗根义等，1993）。四川农业大学用人工合成甘蓝型油菜与普通甘蓝型油菜杂交，培育出新甘蓝型油菜胞质雄性不育系‘Bro CMS’，并利用该不育系选育出一系列具有长角、大粒等性状的新甘蓝型油菜胞质雄性不育系（牛应泽等，2003）。

芸薹属种间杂交创建甘蓝型油菜新种质。白菜型油菜（AA）是甘蓝型油菜（AACC）的一个祖先种。我国白菜型油菜具有遗传多样性丰富、早熟、广适、生长迅速等特点，是改良晚熟甘蓝型油菜的优异基因供体。中国农业科学院油料作物研究所利用优异白菜型油菜‘白油 1 号’与多个甘蓝型油菜品种复合杂交，于 1987 年育成丰产、多抗、广适优良品种‘中油 821’，该品种通过鄂、湘、川、皖和黔东南自治州，以及国家农作物品种审定委员会审（认）定，在长江流域、黄淮流域和华南地区大面积推广，连续 10 年种植面积占全国油菜播种面积的三分之一，并成为育种骨干亲本，先后育成了中双、华双和油研系列多个高产优质新品种（贺源辉和陈秀芳，1989），1992 年获国家技术发明奖三等奖。华中农业大学利用甘蓝型与黄籽白菜型种间杂交，育成黄籽甘蓝型油菜‘华黄 1 号’，探索出通过培育黄籽甘蓝型油菜提升含油量和油品质的新路径（刘后利，1984）。

科研人员也通过属间和族间远缘杂交创制油菜新种质。细胞和组织培养技术的发展为开展属间、族间远缘杂交，引入芸薹属以外的有利基因和性状，改良油菜、创造新物种提供了强有力的技术支撑。通过跨属、跨族远缘杂交，创制了新物种。科研人员将油菜与我国特有的植物诸葛菜（*Orychophragmus violaceus*）、菘蓝（*Isatis indigotica*）、荠（*Capsella bursa-pastoris*）、新疆野油菜、白芥（*Sinapis alba*）、萝卜（*Raphanus sativus*）等杂交，获得了有性或体细胞杂种后代，创制了许多供育种利用和遗传研究的新材料，培育出多个甘蓝型油菜细胞质不育系，如‘Nsa CMS’、‘SaNa-1A CMS’和‘inap CMS’（王爱凡等，2016）。

（五）棉花野生种在育种中的应用

从 20 世纪 50 年代开始，中国农业科学院棉花研究所、中国科学院遗传与发育生物学研究所、江苏省农业科学院经济作物研究所、山西省农业科学院棉花研究所等 10 余家单位对野生棉及陆地棉种系的有益性状及育种潜力进行评估，选育出一批具有野生棉优良特性的材料和品种。例如，江苏省农业科学院经济作物研究所以‘岱字棉 14’为母本，以亚洲棉‘常紫 1 号’为父本，杂交后用‘岱字棉 14’‘岱字棉 15’及‘宁棉 13 号’多次回交和选择，培育出‘江苏棉 1 号’（1970）和‘江苏棉 3 号’（1971）（中国农业科学院棉花研究所，2003）。陕西省大荔棉花远缘杂交协会、中国科学院遗传与发育生物学研究所和陕西省农业科学院棉花研究所等开展协作，从陆地棉和亚洲棉（‘遗棉 2 号’×‘皖紫中棉’）杂交后代中选育出抗枯萎病、耐黄萎病的新品种‘秦荔 514’（‘远 2’）和‘秦荔 534’（‘远 3’）（梁理民等，1994）。中国科学院遗传与发育生物学研究所和石家庄市农业科学院利用瑟伯氏棉、海岛棉与陆地棉杂交，育成了丰产优质、抗病抗虫的‘石远 321’（李爱国等，2006）。山西省农业科学院棉花研究所利用野生棉异常棉、瑟伯氏棉与陆地棉杂交育成‘晋棉 21 号’，该品种 1997 年通过国家审定，高抗黄萎病、优质、丰产、早熟，同时对棉蚜虫、棉铃虫和枯萎病也有一定的抗性（黄穗兰等，2003）；以‘晋棉 6 号’为母本，与野生种异常棉杂交，采用幼胚拯救和回交转育的方法，培育出抗蚜虫、抗枯萎病、抗黄萎病、早熟、高产的棉花新品种‘晋棉 51 号’（郭宝德等，2010）。

玉米作为世界第一大粮食作物，异花授粉，遗传变异非常丰富，因此，野生近缘种的利用相对较少，但也取得了一些进展。例如，中国科学院遗传研究所利用远缘杂交方法将大刍草基因导入自交系‘自 330’，选育出‘遗单 6 号’，其茎秆强度和抗倒性得到提高，兼抗大、小斑病和青枯病，具有持绿性好等特点。河南省农业科学院将大刍草基因导入‘掖 478’等优良自交系，选育出强抗逆新品系‘郑远 36’‘郑远 37’等（黎裕等，2015）。然而，迄今为止尚未见到利用玉米野生近缘种成功培育出大面积推广品种的报道。

种质资源是培育优质、抗逆、高产、稳产农作物品种的基础，地方品种、国外种质及野生近缘种在主要农作物新品种培育和产业发展中发挥了举足轻重的作用。随着全球气候变化、人口增长、耕地资源减少，以及生活水平的提高，人们对农作物产品的数量和质量要求将会进一步提高。为满足人类社会不断增长的需求，一方面要下大力气保护生态环境，保护好农作物种质资源的遗传多样性，充分利用好现有的各种种质资源，尤其是野生近缘植物；另一方面，要利用现代生物技术，尤其是基因编辑等技术，设计、创造此前地球上没有的新型种质资源，以提高作物生产力，造福人类。

第三节　作物种质资源共享利用平台

作物种质资源在基础研究、育种和生产等方面被广泛利用，21 世纪前的资源利用者主要通过线下交流、现场索取等方式获取资源，资源利用尚未形成体系，随着时代的发展和技术手段的进步，作物种质资源的利用方式和获取途径也随之发生了改变，共享的思想和理念逐渐形成。将作物种质资源通过一定方式方法高效共享到真正需要的人手中，才能使资源达到有效利用的效果。为了提升资源共享效率，我国按照集中力量办大事的思路，自 2003 年以来，组织全国作物种质资源的主要研究单位，建立了国家作物种质资源共享服务平台，也标志着我国制度化、信息化和网络化的共享阶段正式开启。

一、共享利用的概念与意义

（一）概念

作物种质资源价值的体现是通过广泛而深入的利用，为人类可持续发展、农业科技原始创新、新品种培育和现代种业发展提供物质基础支撑作用。任何单位和个人所拥有的作物种质资源的类型和数量都是有限的，且往往存在时空的局限性。要广泛深入利用资源，需要从更多的资源拥有者手中获取自己所未掌握的资源。也就是说，只有资源拥有者将自己所拥有的资源提供给其他更多的使用者，即共享，资源才可能得到广泛利用并发挥其最大的价值。可以说共享是资源得到广泛深入利用的前提，也是资源价值体现的根本途径。资源共享程度越高，利用则越充分，资源增值就越大。因此，作物种质资源共享可定义为：依据一定的政策、法律法规和规则，开展作物种质资源的交流与共用，从而提高种质资源的利用效率，推动其价值的发挥。狭义的作物种质资源共享，仅指种质资源实物的共享；而广义的共享则包括了作物种质资源及相关信息的共享，尤其是特性鉴定评价等研究信息的共享；更广义的共享则可延伸到作物种质资源库（圃）的开放共享，如利用库（圃）的场地和保存的资源向社会提供科学普及和教学活动等。本书探讨的作物种质资源共享范畴主要还是指由政府投资建设的作物种质资源库（圃）向社会提供种质资源实物和信息的共享。

（二）意义

开展作物种质资源的共享，其根本目的是最大限度地实现作物种质资源的利用价值，提升利用效率。

1. 推动科技和产业发展

作物种质资源是开展农业科技原始创新和推动现代种业发展的基础物质材料，在科学研究、新品种培育、生产利用中发挥着不可替代的重要作用。来源更多、多样性更丰富、遗传背景更清晰的种质资源得到充分共享，将直接推动作物科技和产业的发展。

2. 减少国家重复性投入

作物种质资源是国家战略性资源，具有可繁殖、扩增的特点，开展共享可减少国家重复性投入，避免重复收集保存、评价鉴定等过程中的人力、财力和物力的浪费，最大限度地发挥其研究和利用价值，获得经济效益和社会效益。

3. 支撑政府科学决策

作物种质资源及其相关信息的共享，可为政府制定作物种质资源保护政策，指导种质资源开发利用，加入并履行相关国际条约等提供科学依据和数据支撑。

4. 提高全民科学素质

作物种质资源是提高全民科学素质的优质素材，通过共享，尤其是作物种质资源库（圃）的开放共享，向社会提供科普和教学活动，可有效提升全社会对作物种质资源重要性的认识，增强公众对作物种质资源的保护和利用意识。

二、共享的原则与方式

（一）共享的原则

1. 依法原则

作物种质资源的共享利用活动必须符合国家的《中华人民共和国种子法》（以下简称《种子法》）、《中华人民共和国生物安全法》和《农作物种质资源管理办法》等相关法律法规的要求，要坚决防止在共享利用中造成我国重要资源的流失，以及威胁国家安全、生物安全等不良后果，对于共享利用过程中的不当行为和违法行为要予以坚决制止，并使行为人承担相关法律责任。

2. 统一原则

作物种质资源的共享应当统一、有序，要建立规范的实物和信息共享管理制度，制定统一标准规范，对共享的信息进行标准化的整理、整合和发布。

3. 平等原则

作为公共资源的作物种质资源，是全社会的共同财富，不具有排他性，自然应当向社会开放，被社会所共享共用，所有人都具有平等获取种质资源实物和信息的权利。

4. 互惠原则

共享是建立在互惠互利的基础上，必须尊重相关各方的合法利益，尊重共享者的知识产权和智力投入，要有成果反馈和获益分享机制。同时对于大批量“搬库式”的恶意共享请求，共享方有权拒绝向其共享。

（二）共享的法律规定

我国的《种子法》对作物种质资源的共享做出了明确的规定。

公共的作物种质资源需要向社会开放共享利用。《种子法》第十条规定“种质资源库、种质资源保护区、种质资源保护地的种质资源属公共资源，依法开放利用”。首先界定了属于公共资源的种质资源范围，限定在中央和省级农业农村、林业草原主管部门建立的种质资源库、种质资源保护区、种质资源保护地的种质资源，也就是国家通过普查、收集、整理、登记、保存的各种植物野生种、野生近缘种等天然种质资源，以及通过研究获得的各种植物栽培种等种质资源。企业和育种者收集、整理、保存，以及在育种过程中获得的繁殖材料、遗传材料等种质资源，不属于公共资源。

明确种质资源库、种质资源保护区、种质资源保护地的种质资源的公共资源属性，推动种质资源向社会有序开放，有利于提高种质资源利用效率。种质资源一旦向社会提供，便有众多受益者，公众共同使用种质资源，很难将其中的某个或某些人排斥在外，这就使得种质资源的使用具有非排他性。同时，由于种质资源存量是有限的，一旦使用超过了其所能承受的范围，就会造成使用者之间的竞争，即每增加一个使用者将影响其他使用者同样有效利用种质资源的效用，这就使得种质资源的使用具有竞争性。

作为公共资源的种质资源应当向社会开放，但由于种质资源是国家的重要战略资源，且使用具有竞争性，种质资源的开放利用必须遵循一定的规范要求。《种子法》强调，应当“依法开放利用”。“依法”主要包括以下两个方面：一是依照《种子法》关于种质资源管理的相关规定。根据《种子法》第九条，依法向社会开放的种质资源，应当是纳入可供利用的种质资源目录中的种质资源。二是依照国务院主管部门的相关规定。《种子法》第九条做出了授权性规定，对于种质资源的交流和利用，以及可供利用种质资源目录的公布，授权由国务院农业农村、林业草原主管部门进行规定。根据该授权性规定，依法开放利用种质资源，除了依照《种子法》的规定，还必须符合国务院主管部门的相关规定。

在面向境外进行作物种质资源共享时，还需考虑防止资源流失的问题。因此，《种子法》第十一条规定“国家对种质资源享有主权。任何单位和个人向境外提供种质资源，或者与境外机构、个人开展合作研究利用种质资源的，应当报国务院农业农村、林业草原主管部门批准，并同时提交国家共享惠益的方案。”在国际上，因育种水平发达程度的不同和拥有种质资源的多寡，不同国家对种质资源的主权问题有不同的立场。一些发达国家认为，种质资源是世界共有财富，各国可自由使用；一些发展中国家认为，各国对其种质资源拥有主权，获得资源必须是有条件的。1999 年，联合国粮食及农业组织粮食与农业遗传资源委员会第八届会议就种质资源的主权问题达成共识，明确各缔约方承认各国对本国粮食和农业植物遗传资源拥有主权，但前提是资源拥有国的法律必须对此做出规定。《生物多样性公约》也确定了以资源提供国同意为条件，经双方商定后才能获得植物遗传资源的基本原则。当前，越来越多的国家将种质资源纳入国家主权范围，明确对本国种质资源享有主权，通过法律手段加大对本国特有种质资源的保护，禁止或限制向他国提供独特的、具有潜在价值的未开发种质资源。随着国际交流的日益增多，我国面临种质资源流失到国外，导致利益受到损害的问题。因此，需要规范种质资源国际交流活动，明确国家对种质资源享有的主权，依法严格履行审批程序，防止国内种质资源流失。

依据《种子法》这个上位法，国务院农业农村主管部门出台了《农作物种质资源管理办法》，对作物种质资源共享信息发布、共享流程、费用、使用限制等做出了补充规定。

（三）共享的方式

作物种质资源的信息主要通过共享网站、资源目录等方式进行共享，用户还可通过文献、著作等途径获取种质资源相关信息，因此，此处探讨的共享方式主要是指种质资源实物的共享方式。按照主被动关系，可将共享方式分为被动索取共享和主动展示共享；按照利益关系，可分为无偿共享和有偿共享。

1. 被动索取共享与主动展示共享

被动索取共享，属于一般意义上的共享，即“你要我给”的共享。用户通过查询和检索资源信息，向作物种质资源保存单位，即向各作物种质资源库（圃）提出种质资源的索取请求，通过库（圃）管理部门审核，且资源符合分发共享条件，再由库（圃）向用户提供资源实物的寄送。

主动展示共享，即通过将筛选或创制的优异资源，尤其是针对高产、抗病等重要育种目标的资源，进行集中种植展示，在其生长发育的关键时期，主动邀请科研人员、育种家和企业等用户现场观摩，用户对感兴趣的资源可以现场提出共享请求。相比被动索取共享，由于可以看到种质资源在田间的实际表现，且都是具有优异性状的资源，更能吸引用户的兴趣和参与。

2. 无偿共享与有偿共享

作物种质资源的共享，从权益上来看，实际是对作物种质资源相关利益的让渡和交换。由于目前我国法律法规尚未对作物种质资源的权属及其相关的权利与权益做出明确的界定，还难以从根本上讨论清楚种质资源共享过程中收费的依据，以及如何作价和收费，因此在此仅对其做浅显的探讨。

首先要将种质资源分类对待。根据资源的来源和可用性，以及种质资源工作者付出智力劳动的程度，可将作物种质资源分为三类：一般公共种质资源、鉴定优异种质和改良创新种质。一般公共种质资源主要指国家（包括地方）种质库（圃）保存的天然种质资源，以及新收集、引进、汇交的种质资源等；鉴定优异种质主要指在一般公共种质资源基础上，通过鉴定评价发现的具有突出性状或携带新基因/等位基因的优异种质；改良创新种质主要指通过远缘杂交、理化诱变、杂交改良等途径获得的新种质等。

对于第一类资源，一般采取免费，即无偿共享的方式。根据《农作物种质资源管理办法》规定，如需收费，不得超过繁种等所需的最低费用。对于第二、三类资源，由于种质资源工作者对其贡献了创造性劳动，发现了其蕴含的价值或创造了新的价值，因此，一般认为在共享时应该收取费用，采取有偿共享的方式。但目前尚缺乏对作物种质资源进行评估作价的参考依据，具体收费可采取双方协商的方式进行。同时，可建立国家农作物种质资源共享利用交易平台，鼓励将发掘的新基因、创新改良种质上市公开交易、作价到企业投资入股，并依法保护其合法权益，增强作物种质资源自身的造血功能，推动事业的良性发展。

（四）共享流程与要求

1. 共享流程

在国家作物种质资源保护与利用体系中，国家农作物种质资源库（长期库）负责种质资源的长期战略保存，因此，负责开展共享的库（圃）主要是国家中期种质库和国家种质圃（包括试管苗库、超低温库和 DNA 库等）。根据《农作物种质资源管理办法》的规定，由国务院农业农村主管部门定期公布可供利用的农作物种质资源目录，因科研和育种需要目录中农作物种质资源的单位和个人，可以向国家中期种质库、种质圃提出申请。对符合国家中期种质库、种质圃提供作物种质资源条件的，国家中期种质库、种质圃应当迅速、免费向申请者提供适量种质材料。向国家级农作物种质资源库（圃）申请作物种质资源共享的具体流程（图 10-1）如下。

（1）申请者通过在线服务系统“中国作物种质信息网”获取资源相关信息。

（2）线上或线下提出资源获取申请，并填写申请表格。

（3）资源库管理办公室审查申请者资格，以及被申请资源是否满足分发条件，并于 5 个工作日内给予答复。

（4）通过审查的申请，负责分发的库（圃）将于 20 个工作日内向申请者寄送资源，无性繁殖作物或特殊情况除外。

（5）申请者向资源库管理办公室反馈利用和服务信息。

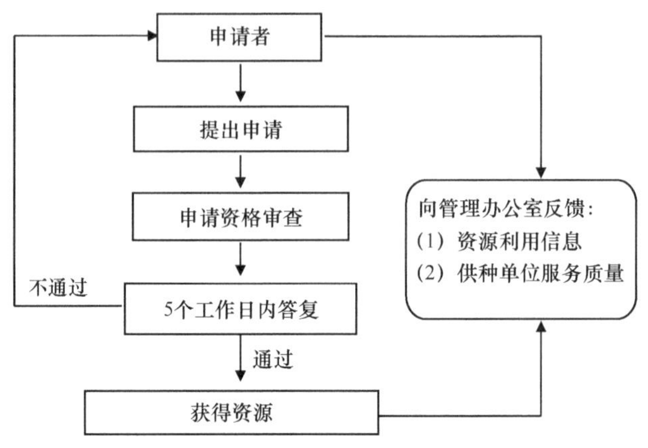

图 10-1 作物种质资源共享流程

2. 限制性要求

从国家库（圃）申请获取种质资源，申请者应签订种质资源获取与共享协议，所获取的作物种质资源不得直接申请新品种保护及其他知识产权。对具有知识产权及有相关约定的种质资源，双方应当遵守相关法规或约定，对未经授权的，任何单位、个人不得利用其实物及信息进行基础理论研究，以及新品种培育等商业行为。

为防止大批量“搬库式”恶意申请造成资源浪费，对申请获取种质资源做出相应的数量限制：同一单位或个人每年向国家中期种质库、种质圃、试管苗库等索取同一作物的份数小宗作物最多不得超过 50 份，大宗作物最多不得超过 300 份；特殊情况年取种数量累计超过规定的，需经上级管理部门批准。

三、共享利用反馈

共享利用反馈是指作物种质资源的使用者向共享者反馈资源利用和再研究情况的信息，这也是资源使用者的责任和义务。作物种质资源共享利用反馈是资源共享的重要环节，也是资源利用成果的体现方式。通过共享利用反馈可增加全体共享者和使用者对资源的了解，是提升资源利用价值的重要方式，可以促进种质资源共享利用效率的提升。同时，共享利用反馈也是公平互惠的体现，是对资源共享者的尊重。因此，在《农作物种质资源管理办法》中也对共享利用反馈做出约束性规定，即从国家中期种质库、种质圃获取种质资源的单位和个人应当及时向国家中期种质库、种质圃反馈种质资源利用信息，对不反馈信息者，国家中期种质库、种质圃有权不再向其提供种质资源。共享利用反馈的途径主要有直接反馈、引用标注和成果共享等。

四、共享服务平台建设与运行

（一）平台发展与定位

国家农作物种质资源共享服务平台（以下简称“平台”）于 2003 年开始组建，是国家科技基础条件平台的重要组成部分，是服务于农业科技原始创新和现代种业发展的基础支撑体系，由相互关联、相辅相成的农作物种质资源实物与信息系统、以共享机制为核心的制度体系和专业化人才队伍构成的有机统一体。平台是国家科技创新体系的重要组成部分，其建设的初衷是改革科技管理体制，加快国家创新体系建设，促进全社会科技资源的高效配置和综合集成，提高科技创新能力（杜占元和刘旭，2007）。平台按照“以用为主，重在服务”的原则，进一步强化服务工作，瞄准我国粮食安全、生态安全、人类健康、农民增收和国际竞争力提高等方向，不断完善服务体系，加强服务能力建设，加强资源收集引进，强化资源深度挖掘，探索并创新多种共享服务模式，使服务数量、质量、效率和效益得到同步提高，为我国科技原始创新、现代种业发展、农业供给侧结构性改革和农业可持续发展提供支撑。

（二）平台建设的必要性

1. 国家科技创新体系的重要内容

共享服务平台建设为基础研究、战略高技术研究和重要公益性研究提供物质和信息支持，不仅能够带动高新技术及其产业化的发展，而且也是进行原始创新和创造性人才培养的重要载体，有利于提升国家创新体系的整体实力和水平，也有利于提高创新绩效。

2. 支撑国民生产、生活和社会科技活动的物质基础

平台具有社会公益性、基础性等特点，通过对全社会的开放共享，提供普遍的公共服务，使更多的从事科技活动的人员共同受益。平台不仅能够为科学家和科技工作者提供资源和信息，而且为培养新人、培育新的学科生长点提供基础条件，同时为社会公众特别是青少年从事相关科技活动提供服务，提高公众的科技素养，推动全社会的科技进步。

3. 增强种质资源国际竞争力的重要手段

作物种质资源研究开发水平的高低及其成果转化为生产力的多少，在很大程度上取决于科技研发部门及全社会对资源的占有及共享利用的广度与深度，美国大豆产业的发展就是一个典型例证。美国先后从我国大豆种质资源中发现了高产基因、抗胞囊线虫基因、抗根腐病基因和耐湿基因，并利用这些基因培育出新品种，由原来的大豆进口国变为世界上最大的大豆出口国，大大提升了其大豆生产的国际竞争力。而我国虽是大豆种质资源最丰富的国家，由于资源的开发利用不力，反而成为大豆的进口大国。这一实例说明，建设资源共享服务平台，有利于增强国际竞争力。

4. 实现粮食安全、生态安全与国家稳定的重要保障

作物种质资源作为我国重要的战略性资源，在保障粮食安全等方面具有不可替代的重要地位和意义。有序、合理、高效地开展共享平台建设，能够强化全国种质资源的高效整合、提升种质资源共享利用的效率，为国家立法和作物种质资源管理提供决

策支撑，为粮食安全、生态安全与国家稳定提供重要保障。

（三）平台结构与功能

1. 平台结构组成

平台由国家农作物种质资源库（长期库）、国家农作物种质资源复份库、11 个国家中期种质库、43 个国家种质圃、16 个省级中期种质库和国家作物种质信息中心组成（方沩和曹永生，2018）（图 10-2）。平台通过科学分类，制定统一的技术规范和标准，实现对现存农作物种质资源的数字化，建立农作物种质资源数据库。以国家种质库（圃）、数据库和信息网络为依托，以标准、政策、管理和机构、人才为保障，建立农作物种质资源信息网络系统，形成作物种质资源实物共享和信息共享同步进行的平台体系，为政府和管理部门提供农作物种质资源保护和持续利用的决策信息，为科学研究和农业生产提供农作物种质资源及信息，为社会公众提供生物多样性等方面的科普信息。

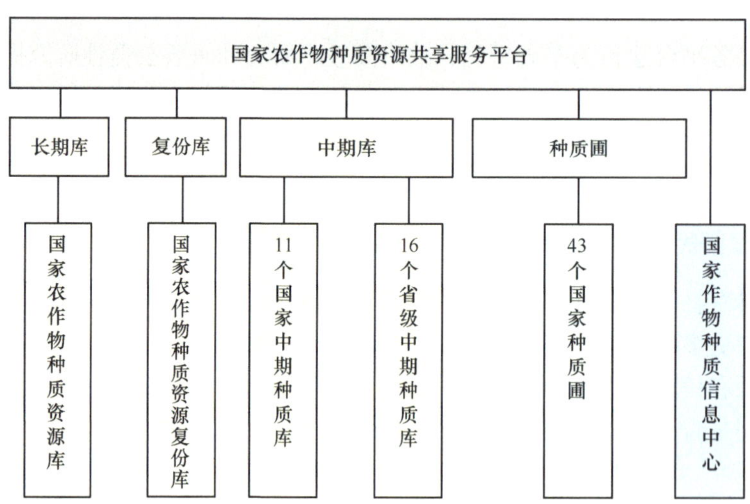

图 10-2　国家农作物种质资源共享服务平台组成

从逻辑结构上，平台可划分为三个层次：实物层、数据库层和应用网络层。实物层即为各类作物种质资源实物，如种子、植株、试管苗等，主要依托长期库、中期库和种质圃；数据库层包括各类作物种质资源相关数据，如特征特性鉴定评价数据、空间分布数据、各类组学数据等，由国家作物种质信息中心建设和管理；应用网络层是平台对外展示的窗口，由国家作物种质信息中心负责研发和运行维护，通过应用网络层，公众能够了解平台的实物及数据情况，并通过中国作物种质信息网实现数据和种质获取，从而实现作物种质资源共享利用的目标。

2. 平台主要功能

共享服务平台是面向科技工作者、政府决策者及宏观管理者，以及社会公众，开放和动态发展的多功能系统服务平台。其可为科技工作者提供快捷、有效的实物与信息资源共享服务，向政府决策与宏观管理者提供可靠的分析数据和报告，向社会大众传播准确真实生动的科普教育知识。综合来看，平台主要功能定位可总结为以下几点。

（1）全面掌握全国农作物种质资源情况。系统调查我国农作物种质资源分布与保存的种类组成、数量及其变化规律、生存状况与可利用性，尤其是各类资源的濒危状况和由量变引起质变的资源阈值，全面掌握和了解我国农作物种质资源情况。

（2）促进农作物种质资源整合、保护、共享和利用。为资源的整合、保护、共享和利用提供实物资源和数据信息，促进资源有效整合和高效利用。

（3）形成农作物种质资源社会共享的新机制。综合运用数据库技术、多媒体技术和网络技术，按照统一规范，建立资源共享网络系统，实现资源信息共享。

（4）为社会各界从事相关科研活动和科普活动服务。对外开放共享相关资源信息，为社会各界从事科研活动服务，为科技创新与人才培养服务，为公众从事科学普及活动服务。

（5）为国家立法、管理农作物种质资源决策服务。为国民经济和社会发展提供资源和信息支撑，为国家立法和决策提供服务。

（四）平台服务模式

1. 平台共享服务模式

平台现有六种服务模式，分别为日常性服务、展示性服务、针对性服务、需求性服务、引导性服务和跟踪性服务。随着社会需求的不断提升，平台在以上服务模式基础上又探索创新了数据服务模式，提升数据服务效率和质量。

（1）日常性服务。根据用户需要，及时提供农作物种质资源信息与实物。主要通过信息共享网站为用户提供日常性的信息检索、查询、下载和实物资源索取等服务。

（2）展示性服务。主动邀请用户，征求用户需求，通过农作物种质资源田间展示，向用户提供信息与实物共享。例如，针对各类科技计划实施的需要及作物育种和科学研究对高产、优质、多抗、高效等种质资源的需求，筛选优异种质资源，并在田间集中种植和展示，主动邀请用户参加现场展示活动，用户可根据自己的需要选取种质资源。

（3）针对性服务。按作物梳理服务重点对象，针对重点科研基地及研发团队等重点服务对象开展优质服务。例如，为国家重点实验室提供针对性服务，提供所需资源和数据。

（4）需求性服务。针对国家需要、突发事件、重点科研项目、重大建设工程等提供一站式全方位的农作物种质资源服务。

（5）引导性服务。围绕国家粮食安全、生态安全、农民增收、人类健康等重大需求，引导用户利用具有特异性状的农作物种质资源，提供超前服务。

（6）跟踪性服务。跟踪已提供作物种质资源的利用情况，根据用户的反馈信息，提供新的、更符合用户需求的种质资源。例如，通过电话随访、问卷调查等方式，了解用户对资源的利用情况，根据用户的新需求提供新资源。

2. 创新型数据服务模式

（1）集成查询服务模式。对多个作物种质资源数据库进行高度集成，提高用户通过查询所获得的信息量。

（2）个性化服务模式。通过推荐和用户定制等方式，针对不同用户提供不同的服务。例如，基于用户关注的资源类别构建用户模型，基于用户模型设计符合资源特点的推荐算法，从而实现个性化信息的推荐和定制。

（3）数据分析服务模式。基于用户对资源数据分析的需求，使用多种数据分析技术帮助用户理解不同种类的资源数据。例如，提供给用户多种工具软件或技术方法，用户根据不同分析目的选择合适的工具和技术，辅助用户更好地分析挖掘和理解相应的数据。

（4）追踪性服务模式。将资源分发和后期利用的信息反馈挂钩，结合相关技术方法实现追踪自动化服务。例如，在资源分发时制定编码方案，使得分发的资源按照规定编码，自动生成订单，服务开始后，根据服务协议，在规定时间内，用户利用服务系统填报资源利用情况，完成对应的订单信息补充。

（5）合作创新服务模式。从专题服务的特征入手，深入分析合作创新服务各主体关系，制定规范化的合作创新服务流程及数据服务管理机制。

（五）平台共享机制

作物种质资源实物和信息的共享是一个复杂的系统工程，涉及资源保存单位、资源众多用户、政府各级部门等多个主体，存在整合、评价、共享、利用、监督、服务等多种共享行为，关系个人利益、社会利益和国家利益等多方利益，需要建立一套相对完善的共享机制来规范不同主体之间的共享行为、协调不同主体之间的利益冲突，从而营造出有利于可持续共享的环境和平台。

在“资源整合是核心，组织机构是基础，共享安全是前提，绩效考核是保障”的指导思想下研制平台共享机制框架，为全面构建公益性、基础性、战略性的共享服务平台提供机制保障。根据指导思想和平台建设定位，平台共享机制框架主要包括决策机制、运行机制、服务机制和保障机制四大类。

（1）决策机制。由平台理事会、专家咨询委员会和用户委员会构成。平台理事会把握共享机制的运行方向，讨论决策资源共享的重大事项，处于共享机制核心地位；专家咨询委员会负责向理事会提供决策建议和咨询；用户委员会负责对参与平台建设的部门、单位和个人行为进行监督，并规范平台建设决策层和执行层的权力运作，确保平台建设正常运行。

（2）运行机制。主要由组织管理体系、资源评价体系和共享方式构成。通过组织管理体系对平台各参与单位进行组织协调，共同营造良好的资源整合与共享环境；资源评价体系规定新纳入平台的资源和信息的准入评估标准，确保共享资源和信息的权威性、真实性和可靠性；共享方式是资源共享双方通过相应形式、手段、程序进行资源交流的具体操作方式。

（3）服务机制。服务机制主要由平台管理中心实施。平台管理中心是沟通上下关系的咽喉，是传递信息的中枢，负责建章立制、管理和考核，同时也为理事会、专家咨询委员会和用户委员会的工作提供服务等。

（4）保障机制。主要指政策法规的保障体系，对诸如作物种质资源的所有权、使用权，以及获益分享等做出规定，同时也对实物与信息资源共享中各相关主体的行为建立约束。

（六）平台“十三五”期间共享服务成效与案例

1. 平台整合规模与数量

平台实现了跨部门、跨领域、跨地区资源整合，目前已整合全国各类农作物种质资源 350 多种，共 47 万份，种质信息 243GB，整合作物种质资源的生活力≥85%，实现资源的安全保存。已整合的资源类别包括粮食作物、纤维作物、油料作物、蔬菜、果树、糖烟茶桑、牧草绿肥等，这些资源代表了国家农作物种质资源的水平，涵盖了我国名特优、珍稀、濒危资源，具有重要或潜在应用价值，能够基本满足我国当前和今后农业科研和生产发展的需要。今后要更多地引进国外作物种质资源，更好地满足我国现代种业和农业可持续发展的需要。

从资源整合规模上看，平台已整合农作物种质资源约占国内资源总数的 86.3%，约占全世界农作物种质资源保存总量的 14%，位居世界第二。从资源结构来看，整合的资源以本土资源为主，但广泛且大量地保存国外资源对于丰富种质资源多样性，为育种提供更多的基因来源具有非常重要的意义。美国收集自国外的资源占 72%，本土资源占 28%，俄罗斯、日本、韩国等也是以国外资源为主，而我国则相反，本土资源占 79%，国外资源仅占 21%。

2. 资源整合模式与质量

根据《农作物种质资源管理办法》规定，“单位和个人持有国家尚未登记保存的种质资源的，有义务送交国家种质库登记保存。”

具体整合模式如下。

（1）持有者将种质资源送交当地农业农村主管部门或者农业科研机构，地方农业农村主管部门或者农业科研机构将收到的种质资源送交国家种质库登记保存。

（2）考察收集的种质资源、国家科研项目产生的种质资源、国外引进的种质资源直接送交国家种质库登记保存。

（3）送交的农作物种质资源的登记实行统一编号制度。

（4）所有农作物种质资源信息统一送交到国家作物种质信息中心。

通过上述资源模式，整合了全国农作物种质资源实物和信息，实现了国家对农作物种质资源与信息的集中管理和共享服务，克服了资源和数据的个人或单位占有，以及互相保密封锁的状态，使分散在全国各地的种质和数据变成可供迅速查询共享的资源，为农业科学工作者和生产者提供全面快速的作物种质资源实物和信息服务，拓宽了优异资源和遗传基因的使用范围，为培育高产、优质、抗病虫、抗不良环境新品种提供了基础材料，为作物遗传多样性的保护和持续利用提供了重要依据。

资源的整合和鉴定评价严格按照国家农作物种质资源平台建立的农作物种质资源技术规范体系和全程质量控制体系进行，对农作物种质资源收集、整理、保存、鉴定、评价、利用全过程进行了质量控制，保证了资源实物和信息的质量。

3. 平台共享服务总体成效

平台按照“以用为主、重在服务”的原则，进一步强化服务工作，重点瞄准我国粮食安全、生态安全、人类健康、农民增收、国际竞争力提高等 5 个服务方向，主要面向现代种业发展、科技创新、大众创业万众创新和农业可持续发展 4 个服务重点，不断完善平台制度机制体系、组织管理体系、技术标准体系、安全保存体系、资源汇交体系、质量控制体系、人才队伍和评价体系等 7 个服务体系，重点加强种质库（圃）安全、种质信息网络、人才队伍，以及信息和实物数量等 4 个服务能力，加强资源收集引进，强化资源深度挖掘，转变常规服务为跟踪服务、被动服务为主动服务、一般服务为专题服务、科研教学单位服务为科研教学单位和企业服务并重，重点扩大服务范围，增加服务数量，提高服务质量，提高服务效率，提升服务对象满意度，提升服务效益。

平台自 2011 年以来开始向全国科研院所、大专院校、企业、政府部门、生产单位和社会公众提供农作物种质资源实物共享和信息共享服务，用户主要包括决策部门、管理人员、新品种保护和品种审定机构、科研和教学单位、种质资源和生物技术研究人员、育种家、种质库管理、引种和考察人员、农技推广人员、农民、学生，以及种子、饲料、酿酒、制药、食品、饮料、烟草、轻纺和环保等企业。

“十三五”期间，平台共整合全国 350 多种作物的 52 万份种质资源，开展一系列的农作物种质资源共享服务，向全国提供了 53.06 万份次的资源实物，向 273.98 万人次提供了资源信息共享服务，共享数据 785GB，累计服务用户单位达 14 982 个次，服务企业达 2070 家，支撑国家重大工程和科技重大专项 30 多个，服务各级各类科技计划（项目/课题）2000 多个，有力地支撑了我国科技原始创新、现代种业发展、农业供给侧结构性改革和农业可持续发展。

4. 平台共享服务案例

1）专题服务案例

平台正式运行以来，开展了“面向东北粮食主产区的联合专题服务”“玉米种质资源高效利用联合专题服务”“西藏农牧科技联合专题服务”等联合专题服务，开展了以面向种子企业的定向服务、作物种质资源推广展示服务和作物种质资源针对性服务为重点的专题服务，并取得了显著成效。

针对企业对优异种质资源，特别是对育种亲本（自交系）等的迫切需求，经过调查分析，确定 8 家国内规模较大、有研发团队和创新能力的种子企业为主要服务对象。围绕种子企业需求，提供农作物种质资源和科学数据等的定向服务，通过收集、整理、鉴定和深度挖掘农作物种质资源和科学数据，提供相应种质、科学数据和技术服务；

帮助企业培养资源、育种、信息人才，开展人员培训；协助企业解决发展中的共性问题，帮助企业建立科学的数据管理和分析体系，实现开放共享，促进资源有效利用；面向种子行业促进技术扩散和转移，引领产业走向国际化。在东北和黄淮海粮食主产区设立展示区，提供优异种质资源，用于企业的品种选育，已配置出比‘郑单 958’‘先玉 335’增产 5%以上的玉米新组合 18 个，计划通过 3～5 年的定向服务，培育出 1～2 个突破性的新品种。

2）支撑科技计划项目及产出服务案例

平台重点针对各作物相关重大科技计划、重点实验室及创新团队在其科技创新活动中，对于各类作物种质资源及其相关数据信息存在较大的需求，尤其是来源清晰、目标性状突出、性状数据准确完整的种质资源，加强了面向转基因重大专项、重点研发计划、农作物基因资源与基因改良国家重大科学工程、科技资源调查专项等在内的一批国家重大科技计划项目，以及地方相关科技计划项目提供包括基础资源与数据支撑、优异资源挖掘、保存与鉴定技术服务等一系列资源和技术的支撑服务。

此外，通过平台服务提供的种质资源在支撑重要科技论文、论著、新品种和各类科技奖项产出中发挥着重要作用，取得了一系列成果。以 2019 年为例，支撑在 *Nature Genetics*、*Nature Communications*、*Cell Research*、*Plant Biotechnology Journal*、*The Plant Journal* 等国际期刊发表重要研究论文 254 篇，支撑出版论著 36 部，支撑耐密高产广适新品种‘中单 808’和‘中单 909’的培育与应用等国家科学技术进步奖二等奖 2 项，支撑神农中华农业科技奖、河北省科学技术进步奖、江苏省科学技术进步奖、广东省农业技术推广奖等其他级别/类型科技奖 23 项，支撑新品种培育 164 个。支撑重要论文中，中国农业科学院作物科学研究所利用平台提供的普通菜豆种质资源完成了 683 份普通菜豆资源的全基因组重测序工作，构建了国际首张精细的普通菜豆单倍型图谱，阐明了普通菜豆种质资源遗传多样性和群体结构特点；开展了多年多点主要农艺性状表型鉴定，为培育高产与抗病的普通菜豆提供了宝贵的遗传资源；采用全基因组关联分析系统鉴定出 505 个与产量、花期、籽粒特性、抗病性等主要农艺性状紧密相关的遗传位点，为普通菜豆的基因发掘与遗传改良研究提供了海量的表型数据和基因型数据，促进了普通菜豆育种水平的跃升，推动了普通菜豆全基因组选择育种的发展。

3）支撑区域经济发展服务案例

针对全国各地发展特色产业、精准脱贫和实施乡村振兴战略的需求，通过梳理、筛选和挖掘适合这些地区发展的低成本、种植管理简单、市场销路较好的优质、特色资源，尤其是库存的传统地方品种，编制特色资源目录，并通过中国作物种质信息网向社会发布。同时与地方政府、农业科研机构、企业、合作社等合作，为其提供资源实物与信息，开展技术培训，进行示范推广，以打造地方特色农产品、扶持地方特色产业、推动乡村观光旅游和三产融合，从而推动当地脱贫，助力实现乡村振兴。以支撑“遮放贡米”产业发展为例，‘毫秕’是云南德宏遮放的一个水稻地方品种，该品种在当地生产的稻米粒大、油亮、香软、冷不回生，属于传统的“软米”类型，古为贡米。但由于其株高通常可达 2.8m，易倒伏、单产不足 2250kg/hm^2，后逐渐退出生产种植，在当地已经绝种 40 年。2008 年当地企业家从国家农作物种质资源库引回该品种重新推广种植，发展成为“遮放贡米”品牌，居云南十大贡米之首，年产值4.62亿元，农民年增收2.88亿元。

4）面向公众开放与开展科普服务案例

作为公众科普教育基地，平台借助“国际生物多样性日”“农民丰收节”等时机举办科普开放活动。同时，以系列科技开放日、开放周等形式开展作物种质资源多样性展示观摩、种质资源与人类生产生活关系等主题科普宣传。每年科普服务达3万人次以上，向中小学、大专院校学生和广大市民宣讲种质资源基础知识及资源保护重要性，引导全社会保护种质资源，科学合理开发利用种质资源。讲解员浅显易懂的通俗化语言讲解和参观者的现场体验，使公众了解作物种质资源工作的内容、意义、发展历程和取得的成绩，增强公众参与作物种质资源保护与利用的意识。

第四节　作物种质资源应用展望

历史实践证明，从作物生产对于维系人类社会生存和发展的重要性角度出发，人类社会的发展史就是对作物种质资源的发现、创新和应用史。为了满足人们日益增长的多元化消费需求，选育的作物品种要适应自然、经济、社会和时代的发展变化。长期以来，作物种质资源工作者和相关研究人员前赴后继，为作物种质资源的研究、创新和利用做出了重大贡献。各类作物种质资源，包括古老的地方品种、育成品种、野生近缘植物，以及人类创造的特殊遗传材料或人工合成种等，都在作物的基础研究或应用中发挥了重要的支撑作用，优异种质资源的发现和应用促进了突破性新品种的选育，推动种业升级，取得了显著成效。未来仍需进一步合理高效地管好用好作物种质资源，加强综合研发利用，充分发挥其在人类社会可持续发展中的作用，为保障粮食安全、重要农产品供给和科技进步做出更大贡献。

一、强化公众认知，提升作物种质资源保护和应用水平

作物种质资源在促进作物科学研究和保障农业可持续发展中都发挥了重大作用，成效显著。但是近年来，受内部和外部环境变化的叠加影响，作物种质资源保护与利用工作面临着严峻挑战，例如，特有作物种质资源丧失现象严重；随着工业化、城镇化、现代化进程加快，地方品种和野生种生存空间越来越受到挤压，保护难度不断加大。同时，公众对作物种质资源保护与应用的重要性认识不足，限制了作物种质资源的利用效率。

农民是作物种质资源的直接管理者，也是地方品种的守护者，尤其在自然生态条件比较特殊的地区，农民往往持续种植、保护着很多古老的地方品种。因此，在种质资源保护和利用中应充分调动农民的积极性，发挥农民的主动作用，增强对特异种质资源的保护意识，提高保护力度（刘旭等，2022）。同时，在未来的作物种质资源研发过程中，应更加重视作物种质资源工作的公益性定位，通过大众媒体宣传、信息网络、田间示范展示等多种方式，强化公众对作物种质资源的认知度，提高保护意识，

吸引更多作物研究工作者和育种家主动索取和利用优异种质资源的积极性，提高作物种质资源的利用水平。

二、从被动服务转向主动服务，加速作物种质资源有效利用

近一个世纪以来，我国的作物种质资源工作经历了从无到有、发展壮大、为种业和社会发展做出较大贡献的发展历程，在种质资源的收集、保存、研究和利用方面取得了长足的进步。但是，由于我们以往的工作以作物种质资源收集、保存和鉴定评价为重心，在作物种质资源应用方面多数是根据用户的索取清单提供服务，即“你要我给”；同时，在现有的研究条件下，能够共享的作物种质资源信息资料有限，影响了用户对作物种质资源的了解和需求范围，极大地制约着作物种质资源的高效利用。

未来应加强对作物种质资源的深度鉴定评价和信息共享，转变社会化服务观念，增强服务意识，从被动满足用户索取需求转向主动向公众展示种质资源实物和信息，从被动服务转向主动服务，拓展用户群体，加速作物种质资源有效利用。首先，搭建专业化、智能化作物种质资源鉴定评价平台，开展规模化的种质资源表型与基因型精准鉴定评价，明确优良种质资源及其优异基因资源家底。其次，进一步完善国家作物种质资源共享服务平台，筑牢作物种质资源研究与分享利用之间的桥梁，提升种质资源共享的社会化服务能力。建立健全作物种质资源信息网络系统，形成作物种质资源实物和信息同步共享的平台体系，通过田间展示，以及网络、媒体宣传等途径，实时发布作物种质资源及其研究信息，提高共享服务的数量和质量，最大限度地发挥作物种质资源的利用价值，为我国科技原始创新、现代种业发展和农业可持续发展提供支撑。

三、提高种质创新能力，从支撑种业向引领种业发展转变

我国是种质资源大国，但依然不是种质资源强国。尽管我国已经进入数据智能时代，但我们对作物种质资源的主要研究仍停留在表型性状鉴定评价上，极大地限制了优异基因资源的发掘和利用效率。同时，种质创新滞后，不能满足种业和社会发展对作物种质资源的需求。

未来的作物种质资源研究和应用将根据国家的重大战略需求，以保障粮食安全、绿色发展、健康安全、产业发展、人民对美好生活的向往、美丽乡村建设和科学发展的需求为导向，增强前瞻性，提升研究和创新能力，发掘和创制育种家想用、育种中好用的突破性新种质，实现作物种质资源从支撑种业发展向引领种业发展的转变。首先，建立系统完整、科学高效的优异基因资源挖掘和种质创新技术体系，包括高通量表型和基因型鉴定技术、规模化基因发掘和优异等位基因鉴定技术、基因聚合设计技术、目标性状基因与综合性状协调表达的检测与追踪技术等。其次，加强种质创新基础研究，深化重要性状形成机制、群体协同进化规律、基因功能多样性等研究，深度发掘优异种质及其优异基因，强化种质创新基础。最后，传统技术与分子生物学技术相结合创新种质，综合利用分子标记、基因编辑和各种组学技术等分子生物学技术，设计并规模化创制遗传稳定、目标性状突出、综合性状优良的突破性新种质。同时，

推动建立生物技术、信息技术与智能技术深度融合的“智慧前育种”平台，提升作物种质创新水平，促进种业加速发展，为建设现代种业强国、保障国家粮食安全和重要农产品供给、实施乡村振兴战略做出更大的贡献。

（本章作者：景蕊莲　贾继增　方　沩　张正斌　高丽锋　毛新国　陈彦清）

参考文献

陈静, 任正隆. 1996. 四川栽培小麦新品种(系)中的1RS/1BL染色体易位. 四川大学学报(自然科学版), 33(增刊): 16-20.

邓可京, 小野一. 1996. 小麦与黑麦属间杂种的染色体自然加倍的研究. 武汉植物学研究, 14(2): 117-121.

董英山, 杨光宇. 2015. 中国野生大豆资源的研究与利用. 上海: 上海科技教育出版社.

董玉琛, 刘旭. 2006. 中国作物及其野生近缘植物. 北京: 中国农业出版社.

董玉琛, 许树军, 周荣华, 等. 1990. 小麦属间杂种染色体自然加倍种质的发现和研究//胡含, 王恒立. 植物细胞工程与育种. 北京: 北京工业大学出版社: 171-177.

杜占元, 刘旭. 2007. 自然科技资源共享平台建设的理论与实践. 北京: 科学出版社.

方沩, 曹永生. 2018. 国家农作物种质资源平台发展报告(2011-2016). 北京: 中国农业科学技术出版社.

富贵, 赵志刚, 杜德志. 2012. 利用青海大黄油菜和芥蓝合成大粒甘蓝型油菜. 中国油料作物学报, 34(2): 136-141.

盖钧镒, 熊冬金, 赵团结. 2016. 中国大豆育成品种系谱与种质基础(1923-2005). 北京: 中国农业出版社.

郭宝德, 姜艳丽, 冀丽霞, 等. 2010. 利用远缘杂交与半配合法选育抗蚜棉花新品种. 山西农业科学, 38(3): 3-5.

郭娟娟, 常汝镇, 章建新, 等. 2007. 日本大豆种质十胜长叶对我国大豆育成品种的遗传贡献分析. 大豆科学, 26(6): 807-812, 819.

韩俊, 张连松, 李静婷, 等. 2009. 小麦骨干亲本“胜利麦/燕大1817”杂交组合后代衍生品种遗传构成解析. 作物学报, 35(8): 1395-1404.

韩龙植, 曹桂兰. 2005. 中国稻种资源收集、保存和更新现状. 植物遗传资源学报, 6(3): 359-3664.

何风华, 朱碧岩, 高峰, 等. 2013. 孟德尔豌豆基因克隆的研究进展及其在遗传学教学中的应用. 遗传, 35(7): 931-938.

贺源辉, 陈秀芳. 1989. 多抗(耐)性油菜新品种中油821的推广应用和前景. 中国油料, (3): 1-5.

黄观武, 施尚泽. 1988. 棉花核雄性不育杂交种——川杂4号. 中国棉花, (3): 19, 33.

黄穗兰, 郭宝德, 冀丽霞, 等. 2003. 优质特早熟新品种晋棉21号的选育. 中国棉花, 30(1): 30-30.

贾继增, 张正斌, Devos K, 等. 2001. 小麦21条染色体RFLP作图位点遗传多样性分析. 中国科学, 31(1): 13-21.

蒋梁材, 张德发, 张启行, 等. 1998. 我院油菜育种四十八年之回顾. 西南农业学报, (11): 89-95.

金善宝. 1983. 中国小麦品种及其系谱. 北京: 农业出版社.

黎裕, 李英慧, 杨庆文, 等. 2015. 基于基因组学的作物种质资源研究: 现状与展望. 中国农业科学, 48(17): 3333-3353.

黎裕, 王天宇. 2010. 我国玉米育种种质基础与骨干亲本的形成. 玉米科学, 18(5): 1-8.

李爱国, 赵丽芬, 赵国忠. 2006. 远缘杂交棉花品种石远321的选育研究. 安徽农业科学, 34(9): 1812-1813, 1815.

李爱霞, 亓增军, 裴自友, 等. 2007. 普通小麦辉县红-荆州黑麦异染色体系的选育及其梭条花叶病抗性鉴定. 作物学报, 33(4): 639-645.
李利霞, 陈碧云, 闫贵欣, 等. 2020. 中国油菜种质资源研究利用策略与进展. 植物遗传资源学报, 21(1): 1-19.
李万隆, 李振声, 穆素梅. 1990. 小麦品种小偃 6 号染色体结构变异的细胞学研究. 遗传学报, 17(6): 430-437.
李振声. 1980. 植物远缘杂交概说. 西安: 陕西人民出版社.
栗根义, 高睦枪, 杨建平. 1993. 利用人工合成甘蓝型油菜建立白菜-甘蓝附加系. 华北农学报, (4): 43-47.
梁理民, 王增信, 党银侠, 等. 1994. 棉花种间杂交品种秦荔 514 和秦荔 534. 作物品种资源, (1): 53.
林世成, 闵绍楷. 1991. 中国水稻品种及其系谱. 上海: 上海科学技术出版社.
刘成, 韩冉, 汪晓璐, 等. 2020. 小麦远缘杂交现状、抗病基因转移及利用研究进展. 中国农业科学, 53(7): 1287-1308.
刘登才, 郑有良, 魏育明, 等. 2002. 将秦岭黑麦遗传物质导入普通小麦的研究. 四川农业大学学报, 20(2): 75-77.
刘后利. 1984. 几种芸薹属油菜的起源和进化. 作物学报, 10(1): 9-18.
刘旭, 李立会, 黎裕, 等. 2022. 作物及其种质资源与人文环境的协同演变学说. 植物遗传资源学报, 23(1): 1-11.
刘章雄, 常汝镇, 邱丽娟. 2009. 国家种质库保存国外大豆种质的分析研究. 植物遗传资源学报, 10(1): 68-72.
牛应泽, 汪良中, 刘玉贞, 等. 2003. 利用人工合成甘蓝型油菜创建油菜新种质. 中国油料作物学报, 25(4): 11-15.
亓佳佳, 韩芳, 马守才, 等. 2015. 小麦骨干亲本小偃 6 号及其衍生品种(系)的遗传解析. 西北农林科技大学学报(自然科学版), 43(11): 45-53.
钱秀珍, 胡琼, 伍晓明. 1990. 国外油菜种质资源在我国的表现和利用. 作物品种资源, (3): 29-31.
邱丽娟, 常汝镇, 袁翠平, 等. 2006. 国外大豆种质资源的基因挖掘利用现状与展望. 植物遗传资源学报, 7(1): 1-6.
苏益, 黄善金, 蔺万煌, 等. 2008. 根癌农杆菌介导的水稻快速转化方法研究. 中国农学通报, 24(5): 83-86.
孙善澄. 1981. 小偃麦新品种与中间类型的选育途径、程序和方法. 作物学报, 7(1): 51-58.
谭联望, 刘正德. 1990. 中棉所 12 的选育及其种性研究. 中国农业科学, 23(3): 12-20.
王爱凡, 康雷, 李鹏飞, 等. 2016. 我国甘蓝型油菜远缘杂交和种质创新研究进展. 中国油料作物学报, 38(5): 691-698.
王金英, 江川. 2005. 野生稻资源研究及其在水稻育种上利用现状. 福建稻麦科技, 23(2): 1-4.
王珊珊, 李秀全, 田纪春. 2007. 利用 SSR 标记分析小麦骨干亲本“矮孟牛”及衍生品种(系)的遗传多样性. 分子植物育种, 5(4): 485-490.
王秀凤, 景希强, 王孝杰, 等. 2015. 旅大红骨种质在我国玉米育种中的利用潜力分析. 辽宁农业科学, 25(2): 36-39.
魏兴华, 汤圣祥, 余汉勇, 等. 2010. 中国水稻国外引种概况及效益分析. 中国水稻科学, 24(1): 5-11.
熊振民. 1991. 南方水稻品种改良的回顾与展望. 作物杂志, (4): 8-10.
袁园园, 王庆专, 崔法, 等. 2010. 小麦骨干亲本碧蚂 4 号的基因组特异位点及其在衍生后代中的传递. 作物学报, 36(1): 9-16.
张正斌. 2001. 小麦遗传学. 北京: 中国农业出版社.
赵久然, 李春辉, 张如养, 等. 2021. 玉米骨干自交系黄早四的来源探究. 植物遗传资源学报, 22(1): 1-6.

中国农业科学院棉花研究所. 2003. 中国棉花遗传育种学. 济南: 山东科学技术出版社.

庄巧生. 2003. 中国小麦品种改良及系谱分析. 北京: 中国农业出版社.

Bayer P E, Valliyodan B, Hu H, et al. 2022. Sequencing the USDA core soybean collection reveals gene loss during domestication and breeding. Plant Genome, 15(1): e20109.

Bhatta M, Morgounov A, Belamkar V, et al. 2018. Unlocking the novel genetic diversity and population structure of synthetic hexaploid wheat. BMC Genomics, 19(1): 591.

Borowska-Zuchowska N, Senderowicz M, Trunova D, et al. 2022. Tracing the evolution of the angiosperm genome from the cytogenetic point of view. Plants(Basel), 11(6): 784.

Cao D, Wang D, Li S, et al. 2022. Genotyping-by-sequencing and genome-wide association study reveal genetic diversity and loci controlling agronomic traits in triticale. Theoretical and Applied Genetics, 135(5): 1705-1715.

Cho M J, Wu E, Kwan J, et al. 2014. *Agrobacterium*-mediated high-frequency transformation of an elite commercial maize (*Zea mays* L.) inbred line. Plant Cell Reports, 33: 1767-1777.

Cox T S. 1998. Deepening the wheat gene pool. Journal of Crop Production, 1(1): 1-25.

Craze M, Bates R, Bowden S, et al. 2018. Highly efficient *Agrobacterium*-mediated transformation of potato (*Solanum tuberosum*) and production of transgenic microtubers. Current Protocols in Plant Biology, 3(1): 33-41.

Du D, Jin R, Guo J, et al. 2019. Infection of embryonic callus with *Agrobacterium* enables high-speed transformation of maize. International Journal of Molecular Sciences, 20(2): 279.

Du Y, Feng Z, Wang J, et al. 2022. Frequency and spectrum of mutations induced by gamma rays revealed by phenotype screening and whole-genome re-sequencing in *Arabidopsis thaliana*. International Journal of Molecular Sciences, 23(2): 654.

Dubcovsky J, Dvorak J. 2007. Genome plasticity a key factor in the success of polyploid wheat under domestication. Science, 316(5833): 1862-1866.

Fuentes I, Stegemann S, Golczyk H, et al. 2014. Horizontal genome transfer as an asexual path to the formation of new species. Nature, 511(7508): 232-235.

Gao L, Gonda I, Sun H, et al. 2019. The tomato pan-genome uncovers new genes and a rare allele regulating fruit flavor. Nature Genetics, 51: 1044-1051.

Golicz A A, Bayer P E, Barker G C, et al. 2016. The pangenome of an agronomically important crop plant *Brassica oleracea*. Nature Communications, 7: 13390.

Han H, Bai L, Su J, et al. 2014. Genetic rearrangements of six wheat-agropyron cristatum 6P addition lines revealed by molecular markers. PLoS One, 9(3): e91066.

Hao M, Zhang L, Zhao L, et al. 2019. A breeding strategy targeting the secondary gene pool of bread wheat: introgression from a synthetic hexaploid wheat. Theoretical and Applied Genetics, 132(8): 2285-2294.

Hinchliffe A, Harwood W A. 2019. *Agrobacterium*-mediated transformation of barley immature embryos. Methods in Molecular Biology, 1900: 115-126.

Hirsch C N, Foerster J M, Johnson J M, et al. 2014. Insights into the maize pan-genome and pan-transcriptome. The Plant Cell, 26(1): 121-135.

Hübner S, Bercovich N, Todesco M, et al. 2019. Sunflower pan-genome analysis shows that hybridization altered gene content and disease resistance. Nature Plants, 5: 54-62.

Hufford M B, Seetharam A S, Woodhouse M R, et al. 2021. *De novo* assembly, annotation, and comparative analysis of 26 diverse maize genomes. Science, 373: 6555.

Hurgobin B, Golicz A A, Bayer P E, et al. 2018. Homoeologous exchange is a major cause of gene presence/absence variation in the amphidiploid *Brassica napus*. Plant Biotechnology Journal, 16: 1265-1274.

Ishida Y, Tsunashima M, Hiei Y, et al. 2015. Wheat (*Triticum aestivum* L.) transformation using immature embryos. Methods in Molecular Biology, 1223: 189-198.

Jayakodi M, Padmarasu S, Haberer G, et al. 2020. The barley pan-genome reveals the hidden legacy of mutation breeding. Nature, 588: 284-289.

Jiang C, Lei M, Guo Y, et al. 2022. A reference-guided TILLING by amplicon-seq platform supports forward and reverse genetics in barley. Plant Communications, 3(4): 100317.

Karthik S, Pavan G, Manickavasagam M. 2020. Nitric oxide donor regulates *Agrobacterium*-mediated genetic transformation efficiency in soybean [*Glycine max* (L.) Merrill]. Plant Cell, Tissue and Organ Culture, 141: 655-660.

Kou K, Yang H, Li H, et al. 2022. A functionally divergent SOC1 homolog improves soybean yield and latitudinal adaptation. Current Biology, 32(8): 1728-1742. e6.

Krasileva K V, Vasquez-Gross H A, Howell T, et al. 2017. Uncovering hidden variation in polyploid wheat. Proceedings of the National Academy of Sciences of the United States of America, 114(6): E913-E921.

Kreplak J, Madoui M A, Cápal P, et al. 2019. A reference genome for pea provides insight into legume genome evolution. Nature Genetics, 51(9): 1411-1422.

Kuzay S, Lin H, Li C, et al. 2022. WAPO-A1 is the causal gene of the 7AL QTL for spikelet number per spike in wheat. PLoS Genetics, 18(1): e1009747.

Lei M P, Li G R, Liu C, et al. 2012. Characterization of wheat: secale africanum introgression lines reveals evolutionary aspects of chromosome 1R in rye. Genome, 55(11): 765-774.

Li C, Song W, Luo Y, et al. 2019a. The Huangzaosi maize genome provides insights into genomic variation and improvement history of maize. Molecular Plant, 12(3): 402-409.

Li H, Wang S, Chai S, et al. 2022. Graph-based pan-genome reveals structural and sequence variations related to agronomic traits and domestication in cucumber. Nature Communications, 13(1): 682.

Li J, Jiao G, Sun Y, et al. 2021a. Modification of starch composition, structure and properties through editing of TaSBEIIa in both winter and spring wheat varieties by CRISPR/Cas9. Plant Biotechnology Journal, 19(5): 937-951.

Li J, Wan H, Yang W. 2014a. Synthetic hexaploid wheat enhances variation and adaptive evolution of bread wheat in breeding processes. Journal of Systematics and Evolution, 52: 735-742.

Li J, Yuan D, Wang P, et al. 2021b. Cotton pan-genome retrieves the lost sequences and genes during domestication and selection. Genome Biology, 22: 119.

Li L, Mao X, Wang J, et al. 2019b. Genetic dissection of drought and heat-responsive agronomic traits in wheat. Plant Cell and Environment, 42(9): 2540-2553.

Li Y, Zhou G, Ma J, et al. 2014b. *De novo* assembly of soybean wild relatives for pan-genome analysis of diversity and agronomic traits. Nature Biotechnology, 32: 1045-1052.

Li Z S, Li B, Tong Y P. 2008. The contribution of distant hybridization with decaploid *Agropyron elongatum* to wheat improvement in China. Journal of Genetics and Genomics, 35(8): 451-456.

Lian X, Liu Y, Guo H, et al. 2020. Ethyl methanesulfonate mutant library construction in *Gossypium hirsutum* L. for allotetraploid functional genomics and germplasm innovation. The Plant Journal, 103(2): 858-868.

Lin K, Zhang N, Severing E I, et al. 2014. Beyond genomic variation—Comparison and functional annotation of three *Brassica rapa* genomes: a turnip, a rapid cycling and a Chinese cabbage. BMC Genomics, 15: 250.

Liu Y, Du H, Li P, et al. 2020. Pan-genome of wild and cultivated soybeans. Cell, 182: 162-176.

Mao H, Wang H, Liu S, et al. 2015. A transposable element in a *NAC* gene is associated with drought tolerance in maize seedlings. Nature Communications, 6: 8326.

Montenegro J D, Golicz A A, Bayer P E, et al. 2017. The pangenome of hexaploid bread wheat. The Plant Journal, 90(5): 1007-1013.

Mujeeb-Kazi A, Gul A, Farooq M R, et al. 2008. Rebirth of synthetic hexaploids with global implications for wheat improvement. Australian Journal of Agricultural, 59: 391-398.

Ogbonnaya F C, Abdul Mujeeb-Kazi A, Kazi A G, et al. 2013. Synthetic hexaploids: harnessing species of the primary gene pool for wheat improvement. Plant Breeding Reviews, 37: 35-122.

Ou L, Li D, Lv J, et al. 2018. Pan-genome of cultivated pepper (*Capsicum*) and its use in gene presence-absence variation analyses. New Phytologist, 220: 360-363.

Ozawa K. 2012. A high-efficiency *Agrobacterium*-mediated transformation system of rice (*Oryza sativa* L.). Methods in Molecular Biology, 847: 51-57.

Reif J C, Zhang P, Dreisigacker S, et al. 2005. Wheat genetic diversity trends during domestication and breeding. Theoretical and Applied Genetics, 110(5): 859-864.

Ribeiro T P, Lourenço-Tessutti I T, de Melo B P, et al. 2021. Improved cotton transformation protocol mediated by *Agrobacterium* and biolistic combined-methods. Planta, 254: 20.

Ruperao P, Thirunavukkarasu N, Gandham P, et al. 2021. Sorghum pan-genome explores the functional utility to accelerate the genetic gain. Frontiers in Plant Science, 12: 666342.

Sandhya D, Jogam P, Venkatapuram A K, et al. 2022. Highly efficient *Agrobacterium*-mediated transformation and plant regeneration system for genome engineering in tomato. Saudi Journal of Biological Sciences, 29(6): 103292.

Shi J, Gao H, Wang H, et al. 2017. ARGOS 8 variants generated by CRISPR-Cas9 improve maize grain yield under field drought stress conditions. Plant Biotechnology Journal, 15: 207-216.

Smýkal P, Nelson M N, Berger J D, et al. 2018. The impact of genetic changes during crop domestication. Agronomy, 8: 119.

Song J M, Guan Z, Hu J, et al. 2020. Eight high-quality genomes reveal pan-genome architecture and ecotype differentiation of *Brassica napus*. Nature Plants, 6: 34-45.

Sood P, Singh R K, Prasad M. 2020. An efficient *Agrobacterium*-mediated genetic transformation method for foxtail millet (*Setaria italica* L.). Plant Cell Reports, 39(4): 511-525.

Sun X, Li X, Lu Y, et al. 2022. Construction of a high-density mutant population of Chinese cabbage facilitates the genetic dissection of agronomic traits. Molecular Plant, 15(5): 913-924.

Tang S, Liu D X, Lu S, et al. 2020. Development and screening of EMS mutants with altered seed oil content or fatty acid composition in *Brassica napus*. The Plant Journal, 104(5): 1410-1422.

Tang S, Wei X, Javier E L. 2004. Introduction and utilization of INGER rice germplasm in China. Agricultral Sciences in China, 3(8): 561-567.

Trethowan R M, Mujeeb-Kazi A. 2008. Novel germplasm resources for improving environmental stress tolerance of hexaploid wheat. Crop Science, 48(4): 1255-1265.

Wang C, Zhang X, Fan Y, et al. 2015. XA23 is an executor R protein and confers broad-spectrum disease resistance in rice. Molecular Plant, 8(2): 290-302.

Wang H, Sun S, Ge W, et al. 2020a. Horizontal gene transfer of Fhb7 from fungus underlies *Fusarium* head blight resistance in wheat. Science, 368(6493): eaba5435.

Wang S, Liu W, Lu D, et al. 2020b. Distribution of bacterial blight resistance genes in the main cultivars and application of *Xa23* in rice breeding. Frontiers in Plant Science, 11: 555228.

Wang W, Mauleon R, Hu Z, et al. 2018. Genomic variation in 3,010 diverse accessions of Asian cultivated rice. Nature, 557: 43-49.

Wu E, Lenderts B, Glassman K, et al. 2014. Optimized *Agrobacterium*-mediated sorghum transformation protocol and molecular data of transgenic sorghum plants. *In vitro* Cellular and Developmental Biology Plant, 50: 9-18.

Xiang Z, Chen Y, Chen Y, et al. 2022. *Agrobacterium*-mediated high-efficiency genetic transformation and genome editing of chaling common wild rice (*Oryza rufipogon* Griff.) using scutellum tissue of embryos in mature seeds. Frontiers in Plant Science, 13: 849666.

Yan W, Deng X W, Yang C, et al. 2021. The genome-wide EMS mutagenesis bias correlates with sequence context and chromatin structure in rice. Frontier in Plant Science, 12: 579675.

Yang W, Liu D, Li J, et al. 2009. Synthetic hexaploid wheat and its utilization for wheat genetic improvement in China. Journal of Genetics and Genomics, 36(9): 539-546.

Yang Z J, Liu C, Feng J, et al. 2006. Studies on genome relationship and species-specific PCR marker for *Dasypyrum breviaristatum* in Triticeae. Hereditas, 143(2006): 47-54.

Yang Z, Zhang H, Li X, et al. 2020. A mini foxtail millet with an *Arabidopsis*-like life cycle as a C4 model system. Nature Plants, 6(9): 1167-1178.

Yao W, Li G, Zhao H, et al. 2015. Exploring the rice dispensable genome using a metagenome-like assembly strategy. Genome Biology, 16: 187.

Ye X, Lu Y, Liu W, et al. 2015. The effects of chromosome 6P on fertile tiller number of wheat as revealed in wheat-*Agropyron cristatum* chromosome 5A/6P translocation lines. Theoretical and Applied Genetics, 128(5): 797-811.

Yu J, Golicz A A, Lu K, et al. 2019. Insight into the evolution and functional characteristics of the pan-genome assembly from sesame landraces and modern cultivars. Plant Biotechnology Journal, 17: 881-892.

Zhang K, He J, Liu L, et al. 2020. A convenient, rapid and efficient method for establishing transgenic lines of *Brassica napus*. Plant Methods, 16: 43.

Zhao Q, Feng Q, Lu H, et al. 2018. Pan-genome analysis highlights the extent of genomic variation in cultivated and wild rice. Nature Genetics, 50: 278-284.

Zhou J, Peng Z, Long J, et al. 2015. Gene targeting by the TAL effector PthXo2 reveals cryptic resistance gene for bacterial blight of rice. Plant Journal, 82(4): 632-643.

Zhuang Y, Wang X, Li X, et al. 2022. Phylogenomics of the genus *Glycine* sheds light on polyploid evolution and life-strategy transition. Nature Plants, 8(3): 233-244.

第十一章　作物种质资源价值评估与产权保护

作物种质资源是人类长期劳动创造、积累和传承的产物，是保障人类未来粮食安全和农业可持续发展的战略资源。我国作物种质资源极其丰富，经过几代人的不懈努力，已经收集保存 50 多万份，包括众多作物育成品种和品系、地方品种及其野生近缘种居群，它们蕴含着各种各样的特征特性，具有极其重要的经济、文化和生态价值。如何评估和挖掘作物种质资源的各种价值，是发挥其利用潜力的关键。随着作物种质资源使用价值和效益越来越高，研究和保护投入力度不断增加，关于加强其产权界定和保护的呼声也越来越高。价值评估是作物种质资源产权保护的前提条件，产权保护是实现其价值的根本保障。作物种质资源价值评估方法欠缺和产权保护力度不够是影响种质资源利用效率的主要问题之一。因此，应加强作物种质资源价值评估理论和方法研究，加大其产权确认和保护力度，把价值评估作为种质资源产权确认的必要条件，创新种质资源产权登记制度，建立以种质资源价值为核心的产权保护体系，建立和落实种质资源获取与惠益分享机制，以保障对种质资源鉴定、挖掘和创新投入的积极性。加强作物种质资源价值评估、产权保护，以及获取与利益分享研究，对保障粮食安全和农业可持续发展有重要意义。

第一节　价值评估与产权保护的重要性

一、价值评估为种质资源保护和利用决策提供重要依据

作物种质资源是人类生存与现代文明的基础。当前由于对作物种质资源缺乏价值观，造成种质资源重要但无法体现经济价值的不合理现象，从而严重影响作物种质资源的保护和可持续利用。由于全球粮食安全和农业可持续发展面临的各种挑战，人们越来越重视作物种质资源的多种功能价值。很多国家都不同程度地开展了作物种质资源保护行动，尽管投入的大量财力和物力是作物种质资源重要性的一个佐证，但尚不能完全体现其经济价值，以及保护这些种质资源的真正成本（Brush，1996）。作物种质资源保护不仅是国家行为，企业和其他机构都有责任参与相关保护工作。为使更多机构参与作物种质资源保护工作，以及确保公平公正、利益共享，人们必须对作物种质资源价值有一个正确认识，特别是要对优异种质资源价值做出合理评估，这也将有助于政府、企业和其他机构确定作物种质资源工作重点（Ahtiainen and Pouta，2011），增强保护和研究投入的支持力度。作物种质资源价值化运营是社会主义市场经济发展的需要，通过市场可以有效地配置各种优异资源，提升其使用价值和效率。

二、产权保护是激励种质资源保护和创新利用的重要手段

国家对作物种质资源拥有主权是毋庸置疑的，但在实际管理中，由于缺乏有效的产权保护制度，国家主权事实上难以得到有效保障。在国际交往中，缺乏产权保护意识和机制，不但会导致种质资源流失十分严重，而且受制于国外知识产权。例如，美国孟山都公司从中国拿走一份野生大豆资源，从中发现了大豆高产基因，在世界范围内申请专利，试图限制包括中国在内的100多个国家对该材料的使用（庞瑞锋，2001）。一些发达国家在不断强化种质资源知识产权保护，利用技术优势和知识产权规则，在“名正言顺”地掠夺他国作物种质资源。我国作物种质资源财产权的缺失，导致很多问题，不但管理上缺乏法律依据，而且非常不利于作物种质资源保护和可持续利用。为此，迫切需要研究和建立符合我国国情的作物种质资源产权保护制度。一方面，通过自主创新、开发和转化研究，使我国的作物种质资源数量优势转变为现代科技优势和种业发展竞争优势，形成自己拥有知识产权的产品；另一方面，应完善国家作物种质资源产权制度，确保国家作物种质资源安全，为国家粮食安全和农业可持续发展提供保障。

三、惠益分享是维护国家主权和保护者利益的有效机制

各国都认识到仅依靠本国的种质资源不能满足需要，交换和获取其他国家种质资源是非常必要的（FAO，2019）。育种家、研究人员都认识到如果缺乏有价值的优异种质资源，就无法在创新研究包括育种上有大的突破，因此需要不断进行种质资源交换和引进，由此产生了遗传资源获取与惠益分享问题，已经引起国内外高度重视。随着改革开放的进一步深入，以及种质资源国内外交流不断增加的需要，加入和利用国际种质资源获取与惠益分享机制是十分必要的。通过深入剖析《生物多样性公约》（CBD）和《粮食和农业植物遗传资源国际条约》（ITPGRFA）的获取与惠益分享机制内涵，探索我国作物种质资源获取与惠益分享模式，对激励作物种质资源保护和高效利用有重要作用。

四、价值评估与产权保护将极大加强作物种质资源对粮食安全的保障作用

自20世纪50年代以来，我国在作物种质资源考察、收集、鉴定、保存和利用方面做了大量的工作，建立了现代化的种质库（圃），保存300多种作物50多万份种质资源。然而，至今尚未对这些种质资源的价值做出确切评估，因而制约了国家对作物种质资源研究、开发和决策。过去人们对种质资源无价的长期错误认识，造成公众对种质资源产权意识的落后，导致种质资源利用效率低，流失严重。加强作物种质资源价值评估的理论和方法研究，推行价值化运营，完善产权制度和获取与惠益分享机制，将极大提升作物种质资源保障国家粮食安全和社会经济服务功能。

第二节　作物种质资源价值评估

作物种质资源具有重要的经济、社会文化和生态价值。随着现代农业的发展，作物种质资源的作用越来越大，其各种功能价值也日益受到人们的关注。对作物种质资源缺乏足够的价值观，造成“资源无价、原料低价、产品高价”的不合理现象，从而严重影响作物种质资源保护和可持续利用。随着全球环境和人口问题越来越突出，种质资源在保障粮食安全和农业可持续发展方面的作用也越来越显著，作物种质资源价值评估可以起到两方面的作用，一是提供决策依据，政府为确定种质资源保护行为的合理性，就必须对种质资源价值有一个正确认识，价值评估能真切反映作物种质资源的各种使用价值，可成为保护投入决策的重要依据；二是为价值化运营提供依据，价值评估能真实反映具有各种优良特性的种质资源的经济价值，可以为这些种质材料的交易提供依据。作物种质资源产生的价值，无论是使用价值还是非使用价值，一般在市场上是很难显现的（Pearce and Moran，1994）。本节将系统阐述作物种质资源价值评估理论和方法，通过其价值构成分析和实现途径探索，提出作物种质资源价值化运营模式，旨在促进政府、企业和其他机构对作物种质资源保护的投入力度，提升种质资源的经济、社会文化和生态价值，为种质资源产权保护、获取与惠益分享奠定基础。

一、基本概念和理论

（一）基本概念

1. 价值

价值泛称物品的价格，是以各种等值标准或交换标准所表示的，如成本、重置成本、市价等。价值也是表示客体的属性和功能与主体需要间的一种效用、效益或效应关系，是构成商品的因素之一，是商品经济特有的范畴。价值来源于自然界和人类劳动，并随着人类的发展、社会进步、信息和技术积累而不断产生和增值。

2. 作物种质资源价值

作物种质资源是指携带遗传物质的各种栽培植物及其野生近缘植物的材料，既是自然赋予人类的财富，也是人类在长期的农业生产实践中对各种植物进行改良、创新和传承的劳动成果。作物种质资源通常包括地方品种、育成品种、育种品系、创新种质、特殊遗传材料和野生居群材料。作物种质资源价值包括使用价值和非使用价值。使用价值是可以在市场上以货币衡量的经济价值，包括本身固有价值和赋予价值两部分。固有价值是指人类劳动创造的价值，是全部社会的平均价值，不是个别材料价值，主要体现在作物种质资源对社会经济发展的贡献值，也是农业可持续发展的保障值。赋予价值是指种质材料的稀缺性、特异性和优异性而产生的增值价值，这个价值不是市场的平均价，往往高出市场的平均价格，是由需求通过市场赋予的价值。非使用价值是指种质资源在未来可能实现的价值，没有市场价格，通常由当代人为子孙后代能够得到这种福利的支付意愿来衡量。作物种质资源是人类劳动的结晶，人类的劳动决定着作物种质资源的价值量。正是人类持续不断对植物的选择、培育，才有了丰富多彩的作物种质资源，因此作物种质资源价值是伴随着人类的劳动出现的，人类的主观需求决定着作物种质资源的价值取向，充分体现了人类与作物种质资源的相互作用、密不可分的关系，由此形成了能够满足不同需求、应对来自自然的各种威胁、可持续保障人类粮食和营养安全，以及其他生活来源的作物种质资源财富。

3. 价值评估

价值评估是指采用经济学方法对标的物的使用价值和非使用价值进行核算，反映的是在某一特定时期内为获得某一财产以取得未来收益或好处的权利所支付的货币总额。价值评估是体现财产的商品价值的手段，由于被评估的财产类型各异，选择的评估方法也不同。因此在财产价值评估中，评估方法的选择和运用不仅关系到评估质量，而且决定评估结果和风险。

4. 作物种质资源价值评估

作物种质资源价值评估是指对作物种质资源的使用价值和非使用价值进行市场化价格估算。就种质资源类型而言，被评估对象可能是地方品种、育成品种或品系、创新种质、野生居群，或者是携带特殊基因的遗传材料，如抗病、抗旱、耐热、优质等特性材料；就种质资源数量而言，被评估对象可能是某一作物的某一份材料，某一作物的一组具有特定用途的材料，也可能是该作物的某一组收集品，或者是一座种质库保存的全部收集品。因此评估不同形式的种质资源价值，应采用与之相适应的评估方法，才能获得科学的评估结果。在作物种质资源价值评估中，通常采用市场法、成本法、收益法等一般价值评估方法，评估的结果具有现实市场价值意义。

（二）作物种质资源价值理论

1. 作物种质资源价值观形成与发展

自古代人类采集植物种子用作食物开始，人类就已经认识到自然资源的价值，也就是提供食物、维持生命的价值。大约 1 万年前，人类开始定居，并开始了种植、选择和培育各种作物，以满足人类各种需求，从而形成了今天丰富多彩的作物种质资源，支撑了人类社会的进步与发展。也就是从那时起，人类开始认识到种质资源的价值，并在社会活动的各个方面得以体现，包括祭祀、宗教、婚嫁等。

20 世纪初，以瓦维洛夫为代表的科学家认识到作物种质资源的价值及其重要性，在全球范围内开始了作物种质资源考察收集和引种试验研究，并提出作物起源中心理论。随着现代农业的发展和大规模单一化种植，大批作物地方品种丢失，从而引起了全球科学界的高度重视。地方品种的持续减少，也使得作物种质资源，特别是富含各种优良基因的地方品种变为稀缺资源，其价值凸显。因此，开始了全球性作物种质资源调查、收集和保护工作，各国政府为开展种质资源收集和保护投入了大量人力物力。育种家也深刻体会到种质资源的价值，利用好的种质资源能够培育出好的品种，从而实现更高的价值。为此，在一系列与种质资源相关的活动中，人们逐步形成了作物种质资源价值观，认识到种质资源价值不但体现在支撑农业和人类可持续发展方面，而且更多地体现在现实的经济活动中，如培育新品种、生产特色和有机产品、改善生活环境、开发营养和健康食品等。

作物种质资源作为一种生物资源，是生物多样性的重要组成部分。自 CBD 生效以来，人们的观念随着种质资源的不断消失发生着巨大的改变，传统的主流经济学也受到了前所未有的严峻挑战，因为作物种质资源不仅为人类社会提供衣食等基础物质和良好生态环境，还可为高产、抗病、节水、环保等优质新品种选育提供丰富的遗传材料，为疾病防治前沿研究、新药物与疫苗开发提供丰富的基因资源，为认识和研究生物物种提供最基本的原始材料，已成为原始创新、获得知识产权的重要来源和人类认识自我、认识自然的重要战略资源。显然，作物种质资源并不像传统经济学认为的那样，将其和其他自然资源一起划分为一般公共物品，认为是没有经济价值的，相反，作物种质资源中蕴藏着巨大的经济价值。所以，有必要用货币形式来表现其价值，因为货币是人们常用的表达效用、福利和价值的标尺，它便于公众理解种质资源的价值，并且使政府在制定有关保护和持续利用种质资源政策时，能够将其纳入到整个国民经济体系中。事实上，在现行作物种质资源的维护和管理成本核算中，也是采用货币表示的（郭中伟和李典谟，1999）。

2. 作物种质资源劳动价值论

马克思在《资本论》中阐述生产劳动创造价值，包括科技、知识、创新等抽象劳动。马克思劳动价值论是作物种质资源价值的坚实理论基础。劳动是价值的源泉，也是价值论的核心观点。作物种质资源是人类长期劳动的结果，人们在创造和利用种质资源过程中，通过占有这些资源并以一定的方式改变或改造其物质形态或性质的劳动过程，包括体力劳动和脑力劳动，由此凝结形成了作物种质资源的价值，包括流通和交换价值，这完全符合马克思劳动创造价值的基本原理和实质。作物种质资源的价值包括资源本身的价值和社会对其进行的人、财、物投入的价值，种质资源本身的价值是固有的，也是人类劳动创造的结果，包含所有遗传物质，是发挥其功能作用的物质基础，也是其使用价值的核心。社会投入价值主要是为了保护和可持续利用这些资源所开展各项活动的成本，如开展鉴定、保存、创新研究的投入。当然，不同的种质资源材料有不同的使用价值，不同时期也表现出不同的价值，需求也影响其价值趋势和走向，有需求才能更好地评估和实现其价值。因此，作物种质资源作为人类劳动与自然资源结合的产物，具有价值属性，可以在市场上流通，满足人们的不同需求，也可以交换，获取满足人们不同需求的种质资源。

3. 作物种质资源效用价值论

效用价值论是自然资源价值理论的基础，也是作物种质资源价值理论的基础。效用价值论认为，人的欲望及满足是一切经济活动的出发点，也是包括价值论在内的一切经济分析的出发点。效用是物品满足人的欲望的能力，价值则是人对物品满足自己欲望能力的一种主观评价。效用功能越多或者越强，满足人类需要的可能性就越大，也就具有更高的价值。稀缺性也决定价值的高低，稀缺的物品更能引起人们的重视，价值也就越高。因此，效用是价值的源泉，是效用价值论的核心观点之一。根据效用价值论的观点，作物种质资源显然具有能够满足人的欲望的能力，其数量的有限性相对于人类需要的无限性是稀缺的，其蕴含的大量有用遗传物质和信息成就了其高价值。在现实生活中，作物种质资源的效用主要包括改良品种、粮食生产、营养来源、娱乐、旅游等需要，优异种质资源的稀缺性、地方品种遗传丰富性、创新种质的新颖性都属于高效种质资源，使用这样的种质资源能给人们带来更大效益。

（三）作物种质资源价值类型

作物种质资源用途广泛，价值类型众多。在作物种质资源价值类型研究时通常参考自然资源价值和生物多样性价值分类。生物多样性的总经济价值，包括直接使用价值、间接使用价值、潜在使用价值和存在价值（中国生物多样性国情研究报告编写组，1998），而遗传资源分为历史价值、现代价值及未来价值（徐海根等，2004）。作物种质资源的价值应根据使用目的来分类，即使用价值和非使用价值，使用价值又可以分为直接使用价值和间接使用价值，而非使用价值也可以分为选择价值、遗赠价值和存在价值（图 11-1），这样既能有效反映作物种质资源的价值构成，也能反映其具备的价值特点（朱彩梅和张宗文，2005），与国际上一些学者的观点基本一致（Drucker and Caracciolo，2013；Smale and Koo，2003），不同的是国外有些学者把选择价值划归为使用价值，而我们认为使用价值是正在被人们直接或间接利用而产生的价值，选择价值是未来利用，主要是通过保护等措施来实现的，与遗赠价值和存在价值有相似之处，因此，选择价值应归为非使用价值。

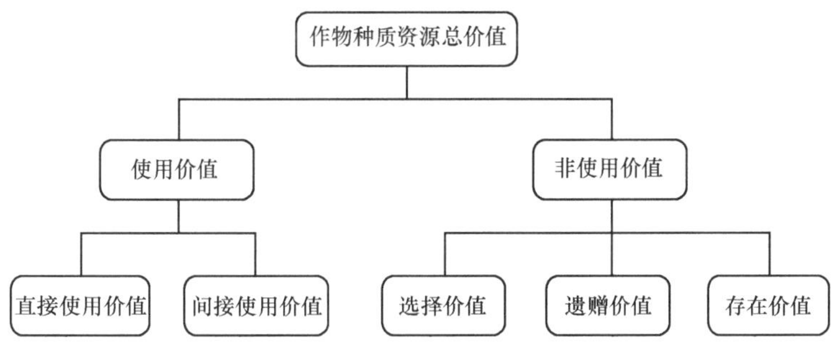

图 11-1　作物种质资源价值分类（朱彩梅和张宗文，2005）

1. 使用价值

1）直接使用价值

直接使用价值是指由作物种质资源直接提供食物、纤维、药物等消费物品，以及提供文化和景观服务方面的价值。种质资源直接应用的典型例子是地方品种在生产中的应用。地方品种是当地农民世代培育和流传下来的优异种质资源，一般在当地形成良好的社会和经济影响，不但被当地人普遍认可，并形成种植习惯，而且在市场上也越来越受欢迎。由于受到地域性的限制，一般产量很少，稀缺性明显。由于气候差异性、土壤养分的独特性，产生的特色作物地方品种往往具备丰富营养和功能特性，受到消费者的广泛认可和喜爱，很多地方品种形成了品牌，如“沁州黄小米”“五常大米”“莱阳梨”等品牌都是来自当地的特色地方品种形成的产品，产生了巨大的经济效益。

作物种质资源在育种中的利用也是直接利用的一种方式。作物种质资源可以为选育高产优良品种提供高产、抗病、优质、适应性强的优良基因。种质资源在作物育种中发挥极其重要的作用，自 1950 年以来，中国主要作物品种已更换 4～6 次，良种覆盖率达到 85%以上。每次品种更新换代都使产量增加 10%（王述民等，2011）。例如，在水稻育种中，利用光周期敏感核不育水稻种质，开展籼粳亚种间杂种优势利用的高产育种，培育出‘两优培九’‘培两优 288’‘香两优 68’‘培杂双七’等一批优良两系组合，使我国单产大幅提高。从中可以看出，种质资源在育种中的使用价值对保障粮食安全是极为重要的。

作物种质资源还广泛用于人类医药、纤维、住所等方面。很多作物可用于药物生产，很多作物也是药食同源，这得益于丰富的种质资源。据报道我国有 100 多种作物可以直接药用或用于药物生产，创造了极其可观的经济价值。我国纤维作物种质资源丰富，提供了大量天然纤维，价值越来越高。过去，稻草、谷草等一直是人们用来覆盖屋顶的材料，既能挡雨也能保暖，所以，作物种质资源的使用价值无所不在，并且新的价值还在不断挖掘和利用。

作物种质资源民族文化价值是各族人民在长期农业生产中创造的，包括物质文化和精神文化价值。作物种质资源为民族饮食文化提供了丰富的食材来源，在很多少数民族聚居的地方分布有不同作物、野生植物、野生菌等，这些生物资源都是重要的食物来源。不同的民族具有不同的饮食特色，与当地作物种质资源的多样性和丰富性有密切关系。例如，在特定的季节、特定的地点才会出现的饮食，在某种仪式活动，或者在特定时间段吃的食物，都是约定俗成的。在过节、祭祀或者有喜庆的时候才做某些饮食，同时又要与季节和谐地融合在一块，就构成了特定民族的一种饮食文化。例如，壮族的花米饭，当地人会在花开的季节采集和保存花朵，在重大节日的时候取出来，烹制成五颜六色的花米饭，以示节日庆贺。再如，蒙古族的牛奶+炒糜子的饮食习俗是蒙古族在长期的游牧业生产实践中逐渐形成的具有民族特色的饮食文化。

农作物和植物资源也是民族服饰的大部分原料来源，常见的有棉、麻、丝等原料。以棉、麻、丝为主要布料生产服饰的南方少数民族，几乎都有自种棉花、纺纱织布、印染制衣的历史，有的甚至将这一传统保持到今天。只有好的原料才能纺出好线，做出各种各样的服饰。例如，布朗族、佤族等，采用竹针纺棉线，手工织布，用来做裙子。不同的少数民族服饰，是不同的生产力发展水平的标志，也是利用作物和植物种质资源装饰自己的发展过程，如黎族的棉制锦裙、维吾尔族的爱得丽丝绸等，均来自当地生产的棉花或者丝绸。

作物种质资源与民族语言、文学、艺术等有密切关系。考古发现，很多古墓壁画反映了当时的作物种植、收获等农耕活动。在现实的民族戏剧、舞蹈中，也都融入种植、田间管理、收获等农耕活动。不同作物的种植产生不同的方法和习俗，蕴藏着丰富的农业信仰、仪式、节日、舞蹈、农谚歌谣等民俗内容，如对五谷神等的神灵崇拜敬仰。各地产生的农耕谚语可以解释四季气象、指导农业生产、反映耕田技巧和耕作经验。各民族习俗、信仰等与作物种质资源保护和利用息息相关。例如，中国南方稻作区信仰鸟带来了稻谷，认为稻秧、稻花、稻谷、稻草、稻米中均存在神灵。许多作物是民族节日、祭祀等活动必备的食物。例如，荞麦是彝族火把节必备食物，高山植物、蝴蝶和牛等是独龙族的图腾和崇拜对象（周国雁等，2011）。

2）间接使用价值

间接使用价值是指作物种质资源提供的生态服务价值，不需要收获产品、不消耗资源就能体现的价值。作物种质资源多样性维持了生态平衡和安全，打造了独特农业生态景观系统，蕴藏着巨大的生态服务价值。中国是世界上农业种质资源最丰富的国家之一，特有的物种与品种众多，地方特色十分突出，配合多样化的生产方式，构成了各种独特的农业生态系统和景观系统，形成丰富多彩的生态产品，从而产生巨大的生态价值。因此，作物遗传多样性对农业生态系统生态功能的维持是必不可少的，其结构与过程支撑了食物生产与食物安全。作物种质资源原生境保护和可持续利用有助于提升其生态产品价值和品质。加强作物种质资源多样性利用，能够促进农业生态系统的韧性，也能提升农业生态景观的吸引力。只有使丰富的种质资源多样性与多样化生产方式相结合，才能将种质资源优势和生态景观优势转化为生态农业、生态旅游和健康休闲产业等经济优势，真正实现作物种质资源的生态价值，促进农业绿色发展和可持续发展。

2. 非使用价值

1）选择价值

选择价值又称期权价值，是指个人和社会对某种物质潜在用途的未来利用，如果用货币来计量选择价值，则相当于人们为确保自己或别人将来能利用某种物质或资源而预先支付的一笔保险金。即使目前没有被利用，种质资源也是有经济价值的，现在对种质资源进行保护，当它们将来在农业、医药、生态或者工业应用上变得重要时，我们就有了利用它们的选择（Kaplan，1998）。任何一种作物种质资源都可能具有选择价值，我们在利用这些种质资源时，并不希望其功能很快消耗殆尽，也许会设想在未来的某一天，该种质资源的使用价值会更大，或者由于不确定性的原因，如果不选择该种质资源，例如，不进行保护就可能丢失，将来就不可能获得该资源，因此要对其做出进行保护的选择。

2）遗赠价值

遗赠价值是指为后代遗留下来的某种物质的使用和非使用价值，是当代人将作物种质资源保留给子孙后代而自愿支付的费用，这种价值还体现在当代人为他们的后代将来能受益于某种作物种质资源而自愿支付的保护费用。作物种质资源遗产是一个国家和民族农耕文明的重要标志，我们的祖先为保留至今的丰富作物种质资源遗产而付出了辛勤劳动，由此产生巨大的遗赠价值。同时，我们的祖先还创造和保留很多以作物种质资源和多样性著称的重要农业文化遗产，如“稻鱼生产系统”“万年稻作文化系统”等都是祖先遗留给我们的以种质资源为核心的农业文化遗产，是人类创造的物质和精神财富，具有独特的社会和经济价值。今天，为把丰富的作物种质资源和农业文化遗产留给子孙后代，我们需要投入大量人力、物力和财力，由此增加了现代作物种质资源遗赠价值。

3）存在价值

存在价值是指为了确保某种物质继续存在而自愿支付的费用。作物种质资源存在价值是指为确保其继续存在（包括其相关知识的存在），人们自愿支付的费用。存在价值是物质本身具有的一种经济价值，是与人类利用无关的经济价值，但与背后的动机有关，也与人类社会可持续发展有关。即使多样化的种质资源永远不被利用，它们也会被一些人赋予存在价值（Barbier et al.，1995）。作物种质资源不完全是自然存在的，是人类与自然共同作用的结果，因此作物种质资源存在价值关乎人类的未来，关乎社会经济的可持续发展。

二、作物种质资源价值评估方法

种质资源评估方法很多，主要是借鉴自然资源价值评估方法，探索和建立了一些基本的计算方法和模型，为作物种质资源保护决策提供科学依据，为优异种质资源市场交易提供指导。评估方法的选择体现种质资源财产的价值属性，不同价值类型表现在价值量上存在很大差异，评估方法是实现种质资源财产价值属性或价值类型的具体途径，反映其属性与人类需求之间的价值关系。根据价值载体的市场有无，主要采用直接市场法和替代市场法对作物种质资源价值进行评估。

（一）市场法

1. 直接市场法

直接市场法是指把作物种质资源的质量看作一个生产要素，其质量的好坏直接影响生产效率和生产成本，从而导致生产利润和产量变化，而产品的价值、利润是可以用市场价格来计量的，市场价值法就是利用作物种质资源开发利用的变化所引起的产品、产量和利润的变化来估算价值的评估方法。

直接市场法的一般计算公式如下：

$$W=P\times\Delta Q$$

式中，W 为种质资源的经济价值，P 为产品价格，ΔQ 为因种质资源利用特性变化而引起的产量变化。

直接市场法是使用最广、最易于理解的估值手段，大多数自然资源的估值研究主要依赖于这种方法。该方法考虑了种质资源利用导致的产量和质量的变化情况，以所观察到的市场价格为依据，估算出种质资源在该产品的边际效用，容易被社会大众和决策人员所理解，结果也是比较可靠的。例如，在一定区域内，我们会发现某些品种的产量是不同的，如果把品种产量与育种家所用的育种材料即种质资源联系起来，就可以估算出不同种质资源育成的品种的产值是不同的。用这种方法，可以评估作物种质资源在创制新品种中的直接使用价值。小麦优异种质‘矮孟牛’具备矮秆、多抗、高产等特性，育种家利用该种质培育出了系列小麦新品种 16 个，其中国家级推广品种 6 个、年推广面积 33.3 万 hm^2 以上的品种 7 个、66.7 万 hm^2 以上的品种 5 个，在山东、河南、江苏、河北、安徽等省推广，取得了巨大的社会经济效益；将含有‘矮孟牛’骨干亲本的品种与非‘矮孟牛’品种的当时产量进行对照，并根据产值的变化，利用市场法计算出该种质在 1983～1992 年创造的直接使用价值为 2.81 亿元（朱彩梅，2006）。把直接市场法应用到该种质的价值评估假设了两个基本前提，第一是假设不同年份的产品品质不变；第二是假设所有品种生长条件相同，因此该评估结果基本能够反映‘矮孟牛’种质的市场效用价值。

由于种质资源特性变化及其对产出和费用的经济影响之间的实际联系常常很模糊，在应用直接市场法时需要建立可信的因果关系，评估的结果才能被市场所接受。另外，已发生的种质资源特性变化可能是源于一个或多个原因，而很难把其中一种原因同其他原因区别开，在这种情况下需要采取更复杂的方法来观察和分析市场结构、作用系数和供求反应等因素。当市场不是很有效时，市场价格是不准确的，种质资源的价值可能会被低估。

2. 完全成本法

完全成本法亦称“归纳成本法”或“吸收成本法”。完全成本法把一定时间内在生产过程中所消耗的直接材料、直接人工、变动生产或制造费用和固定制造费用的全部成本都归纳到产品成本和存货成本中去。这样单位产品成本受产量的直接影响，产量越大，单位产品成本越低。在作物种质资源价值评估中，可采用完全成本法评估可直接开发成为市场销售产品的单一物种或品种资源的价值，通过对其产品开发和资源保护过程中的资本投入、劳动成本、土地成本等推算出该物种或品种资源的价值。完全成本法的计算模型如下：

$$C=C_{\mathrm{m}}+C_{\mathrm{p}}$$

式中，C 为完全成本，C_{m} 为生产或制造成本，C_{p} 为过程费用。

3. 机会成本法

机会成本法是指选定资源的某种特定利用方式，而必须放弃可获得的最大效益的其他利用方式即为该方法的机会成本。任何一种资源的使用都存在许多相互排斥的备选方案。为了做出最有效的选择，必须找出综合效益最大的方案。作物种质资源的利用是有多种选择的，选择了某一种资源就可能会放弃其他资源的使用机会，也就失去了后一种得到效益的机会。把能够获得最大经济效益的那个选择方案称为已选方案的机会成本。机会成本法可以用来评估保护某一种资源导致的产量损失（Singh et al., 2012）。例如，某一品种在一种适合的农业气候条件下是高产的，农民为控制风险，种植了适当面积的该品种，另外又种植了其他可能低产的品种，虽然可能损失了全部种植高产品种的一部分收益，但这样可以避免在不利于高产品种的气候条件下可能带来的巨大损失。这种平衡的办法可以预计出损失的产量，这种损失的产量就可以作为农民为保护收入而产生的机会成本。利用这种方法也可以评估农民种植保护地方品种的机会成本，在评估时应考虑农民种植地方品种所花费的财务成本、可能得到的利润，以及可能给他人带来的更多选择机会，即反映出某些地方品种的稀缺性及其潜在效用。

（二）替代市场法

替代市场法，也称间接市场法，就是使用替代物的市场价格来衡量没有市场价格的种质资源材料价值的一种方法。它通过考察人们与市场相关的行为，特别是在与作物种质资源利用联系紧密的市场中所支付的价格或获得的利益，间接推断出人们对某一作物种质资源的偏好，以此来估算种质资源质量变化的经济价值。例如，为了阻止作物种质资源丢失对农业可持续发展造成损害的情况发生，可以采用两类办法：一是通过继续利用行动来防止丢失以保证农业可持续发展，但当丢失仍然无法避免时，往往采取另一类办法，即通过增加其他的投入或支出来减轻或抵消种质资源丢失带来的后果，认为这样的投入或支出的变动额就反映了种质资源价值的变动。

替代市场法主要包括享乐价格法、旅行费用法、支付意愿法、后果阻止法等。

1. 享乐价格法

享乐价格法是指对种质资源给消费者带来的福利享受和收益的价值评估方法，它是指从某种财产总价值中分离出体现种质资源贡献给质量提升的那部分价值，是通过观察人们的市场行为来推测他们显示出的偏好，从而估测种质资源质量的价值。享乐价格法将种质资源的特殊类型与质量水平联系起来，为种质资源价值评估提供了最令人信服的方法和重要的证据（Gollin and Evenson，1998）。享乐价格法的缺点是不直接，必须有广泛的数据，由此限制了该法的广泛应用。

2. 旅行费用法

旅行费用法是一种运用于成本效益分析的显示偏好类估值方法，可以用来评估环境或者环境中关键因素质量发生变化后给旅游景点带来效益上的变化。不同成本导致访问路线不同，因而可以做出访问需求曲线。通过分析有高访问成本的人的访问频率，在对群体间需求决定因子的其他差异进行控制之后，就可以估计出有低访问成本的消费者的剩余利润或净利润。把旅行直接费用（交通费、时间成本等）加上消费者剩余就形成该环境产品的价格，反映了消费者对该旅游景点的支付意愿。

旅行费用估算的一般模型为

$$C=C_j+C_s$$

式中，C 为旅行费用，C_j 出行费用，C_s 为时间费用。

出行费用包括交通、住宿、膳食、门票等费用；时间费用包括旅游期间的相应工资和其他机会成本。

该方法的使用假设人们可以按不同的居住区或居住地相对于拟评价景点的距离进行分组，而每个组中的居民都有着类似的偏好；人们对旅行费用增加的反应，基本与他们对景点或公园门票涨价的反应相同。具体评估步骤比较复杂，需要定义和划分旅游者的出发地区，对旅游者进行抽样调查，计算每一区域内到此地点旅游的人次（旅游率），分析出旅行费用对旅游率的影响，估计实际旅游需求曲线，计算每个区域的消费者剩余价值和总价值。就作物种质资源而言，常常利用旅游成本法对国家保护区和农业观光地的作物种质资源的价值进行评估。

3. 支付意愿法

支付意愿法就是将没有市场化的物品假设在市场条件下，通过直接调查人们对该物品的支付意愿的情况，或者通过人们的某些行为给出的一些信息而得到它们的价值（Gollin and Evenson，2003）。意愿调查价值评估法（contingent valuation method，CVM），是一种基于调查的评估非市场物品和服务价值的方法，利用调查问卷直接引导相关物品或服务的价值，所得到的价值依赖于构建（假想或模拟）市场和调查方案所描述的物品或服务的性质。这种方法被普遍用于公共品的定价，公共品具有非排他性和非竞争性的特点，可在保护行动中对种质资源的价值进行评估。比如，在一些地区或国家，特别是贫穷地区或国家，当地的农民更愿意种植一种作物的多个品种，这样，如果一种品种对某种病害是不抗性的，那么其他的品种可能是抗性的，这样，品种的多样性可以在市场上形成一种价格。但是，这种为了确保利益损失较少采取的折中措施，可能会损失一些产量，损失的产量就是农民愿意支付的价格。通过直接调查，确定人们在市场条件下为保护种质资源而愿意支付的价格，可以估计种质资源的价值。用该法对巴基斯坦的小麦种质资源价值进行评估，结果表明当地农民为保护小麦遗传多样性每年大约损失 2840 万美元（Gollin and Evenson，1998）。另外，还有一种情况就是人们为了保存某种作物种质资源而愿意投资相关保存、研究等活动，所花费的时间、金钱也能提供该资源的相关价值信息。然而，利用支付意愿法评估种质资源价值也存在很多不足。因为被调查者可能对种质资源收集保护工作了解很少，难以对其价值做出判断，有时调查所反馈的信息可能是矛盾的，甚至是无意义的（Evenson et al.，1998；Gollin and Evenson，1998）。因此，支付意愿法必须建立在几个假设前提下：环境要素要具有“可支付性”和“投标竞争”的特征，被调查者知道自己的个人偏好，有能力对环境物品或服务进行估价，并且愿意诚实地说出自己的支付意愿或受偿意愿。因此，支付意愿法的主要缺点是依赖于人们的主观观点，而不是以市场行为作为依据，存在许多偏差。

4. 后果阻止法

当作物种质资源在生产系统中不断丢失又难以阻止时，可以采用投入资金开展收集保护行动，在这种情况下，就可以采用替代市场法中的后果阻止法对作物种质资源价值进行评估，收集保护行动的人力、物力等投入，就可以反映所保护的作物种质资源的价值。由于收集保护行动与防止种质资源丢失的因果关系是客观存在的，这一事实是公认的，信息本身是可靠的，因此利用该方法评估的作物种质资源价值很容易得到认可。当然，利用收集保护行动的投入来评估作物种质资源的价值也只能反映其一般价值。

三、作物种质资源价值构成分析

当前作物种质资源主要用于作物育种等创新研究，形成育成品种等产品，另外就是人们也非常关心种质资源在人类生产活动中直接发挥的作用及其价值，最常见的是地方品种可以直接在生产中利用，产生直接经济价值；现代育成品种来自种质资源的创新利用，其价值包含了种质资源的价值。

（一）直接使用价值构成模式

地方品种是作物种质资源中多样性最丰富的类型，也是直接利用最多的资源类型，可以直接用于产业开发，产生直接使用价值。根据产业链特点，种质资源将经历三个步骤，第一步是鉴定挖掘，筛选优异地方品种，从而产生种质资源成本；第二步是生产过程，形成生产成本，与种质资源成本一起构成其产品价值；第三步是市场交易过程，产生交易成本，与种质资源成本和生产成本一起构成其商品价值（图 11-2）。从图 11-2 可以看出，如果均等看待地方品种利用过程形成的成本，种质资源则占 1/4，如果考虑种质资源在生产过程中的增值作用，则所占比例应更大。当然，这只是一种直观分析，各步骤中的价值构成因素占比不可能是均等的，这也是种质资源使用价值评估的难点。

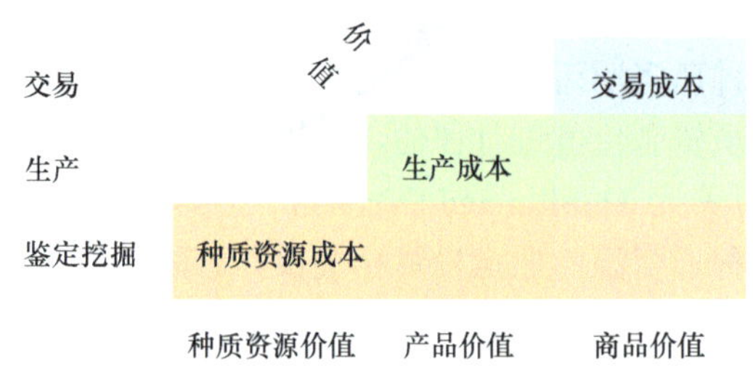

图 11-2　地方品种使用价值构成模式

地方品种使用价值实现模式相对简单，容易理解。韩坤（2007）采用市场价格法评估了江苏省宜兴市在 2000～2005 年生产上利用的水稻种质资源的经济价值，结果表明，粳稻品种创造的年平均价值为 4.37 亿元，糯稻品种创造的年平均价值为 1.38 亿元。

（二）创新使用价值构成模式

现代品种模式的价值构成较复杂一些，与地方品种模式相比，它多出了品种选育过程，即需要经历四个阶段。第一阶段也是种质资源阶段挖掘，筛选优异种质作为亲本材料，从而产生种质资源成本；第二阶段是品种选育，产生育种成本，共同构成育种过程形成的品种价值；第三阶段是生产过程，产生生产成本，与种质资源、育种共同构成生产过程形成的产品价值；第四阶段是市场销售过程，产生交易成本，与种质资源、育种和生产成本共同构成这一过程形成的商品价值（图 11-3）。从图 11-3 可以看出，种质资源在总价值中仍然占有较高比例。

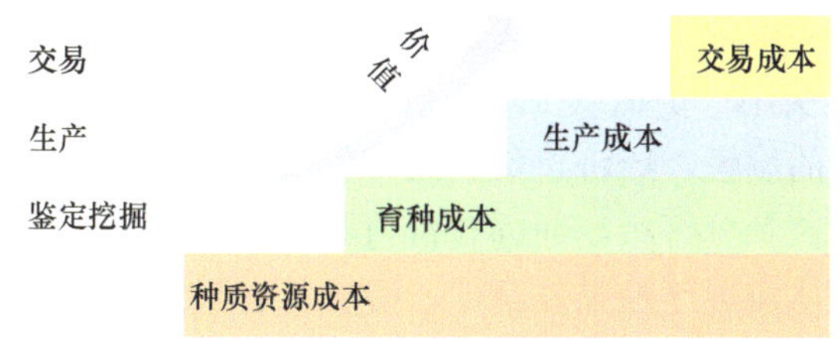

图 11-3　种质资源在育种中创新利用的价值构成模式

种质资源在育种中创新使用价值构成模式已经成为主要模式。作物育种骨干亲本具备优良性状和配合力高的特点，极易与其他亲本杂交育成优良品种。作物育种亲本中骨干亲本之外的亲本则称为非骨干亲本。以小麦骨干亲本在育种中利用为例，刘旭等（2008）构建了小麦种质资源使用价值评估模型，将小麦优良品种的单产增长效益中做出贡献的投入分为两个部分，一部分是种质资源的贡献，另一部分是种质资源之外的育种过程的人力资本、物质与技术投入的贡献。根据这一分析，做出了小麦骨干亲本育成品种和非骨干亲本育成品种对单产增长贡献的模式图（图 11-4），据此评估了小麦种质资源对单产的贡献。

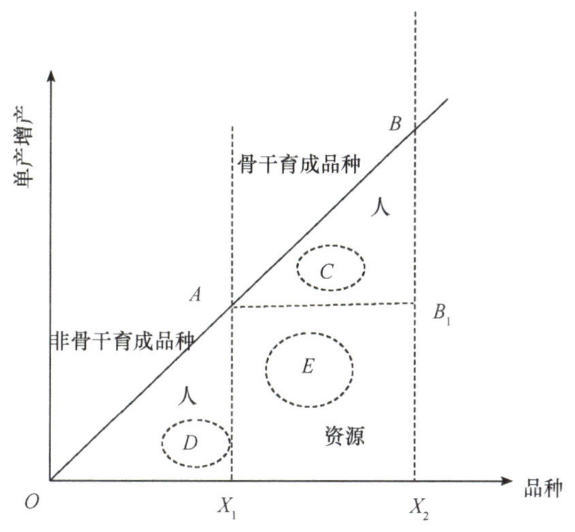

图 11-4　小麦骨干亲本使用价值模式图（刘旭等，2008）

四、作物种质资源价值实现途径

在对作物种质资源经济价值进行评估时，主要考虑作物种质资源的三个功能：第一个是实利性功能，考虑的是作物种质资源给消费者带来的满足程度或因遗传改良带来的生产力提高程度；第二个要考虑的是为将来利用而保留或保存的作物种质资源的潜在价值，将来如何利用这些种质资源目前尚不清楚，但作物种质资源蕴藏着巨大的价值，是抗病性、高产性等优良性状的源泉；第三，消失的作物种质资源表现出种质资源具有功利性的一面，因为作物种质资源消失表现出生物多样性的降低，同时也意味着潜在的库存价值的降低。再者，人们已经认识到作物种质资源存在固有价值，经济学家把它称为“非实用”价值（又称存在价值），这种价值反映的是人们从种质资源的纯粹存在中获取的愉悦。经济价值和固有价值之间的主要差别在于，经济价值可以被度量或至少可以被划分等级，而固有价值不能被度量。

作物种质资源价值实现途径是复杂的，而且具有时效性。根据作物种质资源在当前人类生产活动中的作用和特点，我们构建了作物种质资源价值实现途径示意图，揭示了使用价值和非使用价值的实现途径（图 11-5）。

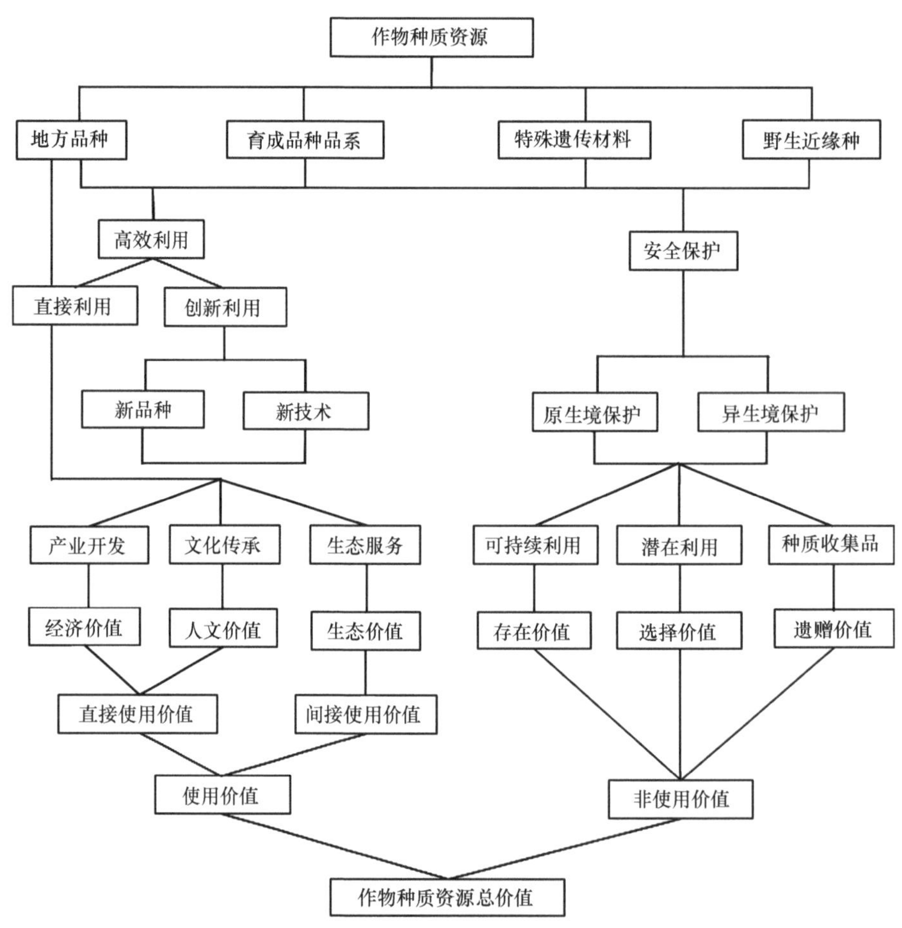

图 11-5　作物种质资源价值实现途径

（一）使用价值的实现途径

使用价值的实现主要通过种质资源直接利用和创新利用来实现，每种资源的使用价值实现过程基本相同，首先通过创新利用，形成新品种和新产品，用于产业开发、生态服务和文化传承，从而产生直接使用价值和间接使用价值。唯一不同的是地方品种除了与其他资源价值实现途径相同，还可以直接用于产业开发、生态服务和文化活动而实现其价值，这也凸显了地方品种的直接使用价值。

经济价值、生态价值和人文价值，构成种质资源的使用价值。

1. 直接使用价值的实现

作物种质资源经创新利用研究，形成新品种和新产品，包括新技术，再对这些产品和技术进行产业化开发，直接提供食物、药物、原料等消费物品，以及提供景观、娱乐等环境物品方面的服务，能够以价格的形式体现，从而产生直接使用价值（朱彩梅和张宗文，2005）。作物种质资源直接应用的典型例子是地方品种在生产中的应用，世界上很多发展中国家的农民仍然直接种植大量地方品种。地方品种使用价值实现模式相对简单，容易理解。韩坤（2007）采用市场价格法评估了江苏省宜兴市在2000～2005年生产上利用的水稻种质资源的经济价值，结果表明，粳稻品种创造的年平均价值为4.37亿元，糯稻品种创造的年平均价值为1.38亿元。

作物种质资源在育种上的利用，促进了品种的更新换代，在粮、棉、油单产和总产的提高中发挥了巨大作用。Brennan 和 Malabayabas（2011）的研究表明，自1985年以来，IRRI的种质资源对菲律宾、印度尼西亚和越南的水稻品种产量的贡献：越南北部为1.8%，越南南部为9.8%，菲律宾为6.7%，印度尼西亚为13.0%，其中2009年平均为11.2%，每年为这3个国家带来的经济效益约为14.6亿美元。水稻“野败”型资源的发现和利用在我国实现了杂交籼稻三系配套并大面积推广利用，产生了巨大的经济效益和社会效益。利用小麦骨干亲本资源培育出了很多优良品种，突出显示了小麦种质资源的直接使用价值。小麦骨干亲本除本身具备优良性状之外，还具有高配合力的特点，极易与其他亲本杂交育成优良品种，1981～2005年（即“六五”至“十五”期间），我国小麦育种中采用骨干亲本育成的小麦品种数量占推广的全部小麦育成新品种的一半，播种面积达到了小麦良种推广总面积的80%，采用2006年我国小麦市场单价数据，计算得出1981～2005年小麦骨干亲本种质资源价值在评估基准年的价值，即“六五”期间（1981～1985年）为51.99亿元；“七五”期间（1986～1990年）为84.83亿元；“八五”期间（1991～1995年）为91.84亿元；“九五”期间（1996～2000年）为44.56亿元；“十五”期间（2001～2005年）为23.12亿元（刘旭，2009）。

作物种质资源的文化价值源于对文化的传承作用。作物种质资源特别是地方品种蕴含着丰富的传统文化，都是各族人民在长期的农业生产实践过程中创造和传承下来的，由于很多传统文化不具有文字记录，极易随着作物种质资源的丢失而消亡。因此，作物种质资源是传统文化的重要载体，通过种质资源的利用能够反映特定民族及其传统文化的价值。王艳杰等（2015）研究发现，贵州黎平县内丰富的香禾糯稻资源不但是侗族人民赖以生活的物质基础，而且孕育了侗族特有的生产生活方式和文化习俗，至今仍保留了45个不同品质特征和用途的香禾糯稻品种，这些香禾糯稻遗传多样性的利用与侗族的饮食文化、节日庆典、宗教信仰、传统农作方式等方面有密切关系，由此产生极其重要的社会文化价值。

2. 间接使用价值的实现

间接使用价值的实现途径主要包括生态价值的实现途径，是种质资源及其新品种和新产品在维持生态服务功能方面的价值实现。作物种质资源对维持整个农业生态系统有着决定性的意义，对生态系统中种间基因流动和协同进化具有巨大的贡献。当人类开发利用作物种质资源时，使自然生态系统变成了人类作用的农业生态系统。作物种质资源对农业生态系统的服务功能的维持是必不可少的，其结构与过程支撑了食物生产与食物安全。云南元阳哈尼稻作梯田系统是重要的农业文化遗产，也是典型的农业生态景观系统，当地红米水稻种质资源是哈尼稻作梯田系统的核心组成部分，不但是哈尼梯田的直接产品来源，也在维护哈尼梯田生态景观系统功能方面发挥着重要作用，蕴含着极高的生态价值（王红崧等，2019）。

（二）非使用价值的实现途径

作物种质资源的非使用价值实现途径主要是通过持续保护行动实现的，包括原生境保护和异生境保护。各种类型的种质资源的非使用价值实现过程相同，通过收集保护行动，建立异生境保护设施，如种质库、种质圃、试管苗库等，使种质资源在异生境得到安全保护；通过建立作物野生近缘种原生境保护点、农民持续利用地方品种的农场保护等，使种质资源在原生境得到持续保育和可持续利用，由此实现其存在价值、选择价值和遗赠价值。

1. 存在价值的实现

存在价值是为了确保作物种质资源继续存在而自愿支付的费用。当代人为了不使作物种质资源消失，愿意投入资金和劳力开展保护工作，包括在原生境保护作物野生近缘种，利用种质库和种质圃保护栽培品种，从而保障作物种质资源的可持续利用，实现其存在价值。作物种质资源不是自然存在的，是人类与自然共同作用的结果，因此作物种质资源存在价值关乎人类的未来，关乎社会经济的可持续发展。

2. 选择价值的实现

作物种质资源有各种各样的特征特性，尽管目前可能不知道怎么利用这些种质资源，但相信它们将来一定会有用，所以我们可以通过保护行动使作物种质资源的这种潜在利用或者未来利用潜力保留下来，可能在未来的某一天就被利用上，故当代人愿意投入财力和物力，把拥有各种特征特性的作物种质资源保护下来，为未来人的粮食安全和农业可持续发展提供保障，从而实现其选择价值。

3. 遗赠价值的实现

遗赠价值是指为后代遗留下来的作物种质资源的使用价值和非使用价值的全部。通过自愿支付费用，开展作物种质资源的收集保护活动，积累成千上万的种质资源实物，如我国已经开展了三次全国性作物种质资源收集，建立国家作物种质库，已经保存各类作物种质资源 50 多万份，可以长期安全地保持其活力，既是国家的战略资源，也是人类的巨大遗产。此外，通过对重要农业文化遗产进行保护，也使与之密不可分的作物种质资源保留下来。通过这些保护行动，使作物种质资源以遗产的形式保留下来，由此产生的遗赠价值是无限大的。

五、作物种质资源价值化运营

作物种质资源价值化可以定义对所收集和保护的种质资源进行市场交易、作为资本入股投资、作为技术产品进行市场开发的过程。实现种质资源价值化，能够进一步强化种质资源的存量、价值，以及对其鉴定评价和挖掘的能力，进而极大提升国家种业的核心竞争力。实现种质资源价值化，也能够使种质资源的所有权问题越来越清晰，法律制度越来越完善，以种质资源价值为核心的商业模式，也将会在资本市场中越来越受到青睐。

（一）作物种质资源登记

2019 年，国务院办公厅发布了《关于加强农业种质资源保护与利用的意见》，强调“农业农村部和省级农业农村部门分别确定国家和省级农业种质资源保护单位，并相应组织开展农业种质资源登记，实行统一身份信息管理。”2020 年，农业农村部发出了《关于落实农业种质资源保护主体责任 开展农业种质资源登记工作的通知》，强调开展农业种质资源登记，实行统一身份信息管理，是保障农业种质资源安全、推进共享交流与创新利用的基础性工作，提出农业种质资源登记要坚持统分结合、分级分类、共享交流、推进利用的原则，以加快建立健全国家、省级两级农业种质资源登记制度，并明确了国家作物种质资源登记工作由中国农业科学院作物科学研究所组织实施。省级作物种质资源登记工作由其委托的相关单位牵头组织实施，登记主体包括国家、省级农业种质资源保护单位，以及相关科研院所、高等院校、企业、社会组织和个人等。登记信息要求如下。

（1）登记主体信息。包括登记主体类型、保护单位（个人）、依托单位名称、地址、联系人、联系方式等。

（2）种质资源信息。包括编号、种质名称、资源类型、生物学分类信息、产地或来源地信息、来源或系谱、特征特性、照片、保存途径（原位保存、设施保存）、保存方式（活体、组织培养、超低温）、研究利用情况、相关链接等。畜禽种质资源还应提供群体数量及变化情况、濒危程度等。

（3）种质资源共享信息。包括是否共享、共享方式（公益性共享、有偿共享）、可共享数量、可利用范围等。

（4）其他相关信息。汇交资源还应包括支撑项目名称、项目主管部门、农业种质资源相关研究情况、共享利用相关规定等。

主要登记流程如下。

（1）注册。登记主体在全国统一的农业种质资源大数据平台上实名申请注册。

（2）信息录入。依据登记总则、分物种登记细则，录入农业种质资源信息。

（3）技术审核。省级以上农业农村部门委托作物、畜禽、水产、农业微生物种质资源登记牵头组织实施单位对登记内容进行审核。

（4）统一编号。对通过技术审核，不存在重复登记的，赋予全国统一登记编号。

（5）变更登记。对登记内容发生变化、登记记载事项出现错误、因不可抗力等因素导致种质资源灭失的，要在 6 个月内变更登记。

（6）撤销登记。对于提供非法或虚假信息登记的，予以撤销登记。

（二）作物种质资源财产确权

财产确权是依照相关法律、政策的规定，在对目标资源登记的基础上，再经过财产申报、权属调查、实物核实、审核批准、登记注册、发放证书等登记规定程序，确认其所有权、使用权的隶属关系和权利，包括排他性、收益性、可让渡性等，这就构成了财产产权的核心工作。作物种质资源确权是一项非常复杂的工作，前期的财产登记工作正在进行，这对全面了解和掌握我国作物种质资源财产的数量和持有单位类型，以及区域分布有重要作用，具体确权工作应在登记的基础上逐步展开。因此，国家应开展作物种质资源确权研究，探索出一套可行的作物种质资源确权工作流程、技术方法、标准规范，并开展试点工作，验证作物种质资源确权工作的可行性和可操作性。在此基础上，出台《作物种质资源确权办法》，对种质资源类型划分、确权管辖、权利主体、权利功能做出规定。随着研究和试验示范的深入，相关政策法规的出台，逐步建立作物种质资源确权管理机制，以全面开展我国作物种质资源确权工作。

（三）种质资源财产定价原则

价值评估是优异种质资源定价的重要依据。对于在育种和产品开发有极大优势的种质资源，在没有知识产权的情况下，应对其进行价值评估，根据不同用途的种质资源采用不同的方法进行评估，评估结果可用于定价依据。对于具有不同特性的种质资源应该采用不同的方法进行价值评估。

市场需求是稀缺种质资源的定价依据。一些稀缺资源如具有抗病性、优质等特性的种质资源有很多重要的市场需求，所以可以根据市场需求对其进行定价，反映这些稀缺资源的使用价值，故稀缺资源的定价应该高于普通资源也是市场化的必然规律。受产权保护的种质资源可根据产权的预期收益进行定价。

（四）作物种质价值化运营模式

种质资源价值化目标是以价值评估为基础，通过交易（流动）、转让等途径，实现优异资源利用，以最大限度提高种质资源利用效率和效益。目前，作物种质资源还缺乏交易规则和定价标准，即使能够进行交易，双方承担的交易成本都较高（刘旭霞和胡小伟，2008），制约了作物种质资源的交流。但随着价值评估和交易体系的建立与完善，必然能促进作物种质资源价值化运营进程。现有作物种质资源交易模式都是自发的，取决于保存者和利用者之间达成的协议，主要有三种模式，即市场现价、惠益分享和入股投资交易模式。

1. 市场现价交易模式

以市场接受的价格即时交易。根据市场需求，提供方给出拟交易的一份或者多份种质材料的价格，如果利用方认可提供者给出的价格，则即可进行交易；供需双方也可以讨价还价，达成一致价格后即时交易。

2. 惠益分享交易模式

利用者向提供者提出拟需要的作物种质资源材料，提供者根据该种质材料的价值和市场稀缺性，与利用者商定惠益分享条款，包括信息和成果共享、技术转让、能力建设及货币分享，双方需要签署合同，明确惠益分享的形式、比例、年限等。合同一旦签署，供需双方应根据《民法典》合同编等法律法规，履行相关法律责任和义务，提供者应保证及时提供种质材料和相关基本信息，利用者应确保在利用该种质资源产生效益时，兑现惠益分享承诺。

3. 入股投资交易模式

作物种质资源以无形资产或者技术成果的形式入股投资，可以通过合同规定种质资源入股投资单位或者个人相应的权利义务，享有按股份比例对企业所有权和按股分红的权利，同时必须按照其所入股投资的技术权能承担法律规定或约定范围的义务。《中华人民共和国公司法》和《关于以高新技术成果出资入股若干问题的规定》等法律、政策，为作物种质资源作为技术成果入股投资提供了保障，将有效促进种质资源技术成果的转化。

在种质资源财产交易和流转过程中，政府起着监督和规范的作用。在明晰权利、价值评估的基础上，种质资源各经营主体根据国家规定和市场原则，采取不同的有偿交易流转机制，但国家相关部门必须做好相应认证、仲裁工作，维护产权交易市场的有序运行。

（五）种质财产交易平台建设

作物种质资源财产交易平台建设的目标是通过引入开放市场机制，活跃种质财产交易和流转，增强种质财产的流动性和可用性，实现种质财产与资本市场的有机结合，促进种质科研成果转化，增强种质资源对种业和农业可持续发展的支撑作用。通过种质财产实物交易平台，实践种质资源财产交易模式，并不断完善和创新公益化管理与价值化运营的种质财产交易和转化机制。

种质财产交易平台可以采取先试点，再推广，不断完善的方式推进。在试点过程中，可以依托种质资源、技术和设备条件较好的国家级研究机构，先行建立种质财产交易平台，首先对原创性、权属清晰的创新种质进行交易和流转，再逐步扩大至地方品种、野生资源等。在试点的基础上，探索和建立种质财产的交易制度，同时探索引入资本，采取股权、债权、金融衍生品等工具手段，实现种质资源财产预期收益和价值化管理模式。

第三节　作物种质资源产权保护

中国是古老的农业国家，拥有丰富的农业生物多样性，是保障国家粮食安全和农业可持续发展的坚实物质基础。作物种质资源的产权制度对促进其保护、创新和可持续利用有重要作用，已经引起各个国家的高度重视。为此，我们应从战略高度认识种质资源产权保护与国家粮食安全之间的关系，切实加强种质资源产权保护制度建设，激励种质资源保护研究和创新投入，为国家粮食安全和农业可持续发展提供保障。本节围绕作物种质资源产权制度发展现状和趋势，将系统阐述作物种质资源产权概念和理论，揭示作物种质资源基本权和知识产权的内涵，探索作物种质资源财产权属性，对促进作物种质资源保护、提升其利用效率有极其重要的意义。

一、基本概念和理论

（一）作物种质资源产权概念

产权是经济所有制关系的法律表现形式，包括标的物的所有权、占有权、支配权、使用权、收益权和处置权等一系列权利。马克思产权理论认为产权是财产主体对财产所拥有的排他性、归属性的关系或权利，其实质是人与人之间的经济关系或经济权利。产权具有激励和约束，以及保障拥有者和利用者利益关系的功能。产权与所有制有密切关系，受到法律保护，体现一定的历史范畴。所有权是产权的法律形态，是所有制在法律上的反映，并由所有制决定（杨元海和费艳颖，2021）。

作物种质资源产权理论以马克思产权理论为基础，其产权形态取决于中国特色社会主义所有制，作物种质资源具有公共产权和市场交易产权的双重特点，是由中国特色社会主义制度决定的，是受相关法律法规保护的。作物种质资源作为公共物品，总体产权形式应为国家所有，这也是保障国家食物安全和可持续发展的必然选择。国有种质资源的供给只能通过非市场方式解决，即无偿向全社会提供利用，为社会经济可持续发展提供战略性支撑。作物种质资源的市场交易产权的确认是社会主义市场经济发展的需要，具有市场交易产权的种质资源可以通过市场方式即有偿方式向利用者提供。

随着改革开放的不断深入，作物种质资源产权问题也日益突出，既要体现种质资源保障粮食安全的战略性，也要充分考虑促进产业发展、改善民生的需要。国有产权可以保障种质资源的公共产品特性，也突出了保障粮食安全的战略性，是必须坚持保有的产权形式，与此同时，充分利用市场经济的激励作用，实现作物种质资源的市场交易产权的优势，为种业发展、优质农产品开发提供可持续支撑。

产权制度是实现作物种质资源产权化的保障，用来规范和约束相关经济行为、维护经济秩序、保障经济顺利运行的法律工具。作物种质资源产权制度就是依据国家相关法律法规建立的产权归属明确、责权利清晰、保护机制健全、交易顺畅的种质资源产权制度，这样的产权制度是中国特色社会主义制度的选择，是社会主义市场经济发展的需要，也是维护种质资源有序开发利用的重要制度保障。在当前的作物种质资源利用中，存在很多权属不明，导致纠纷的现象，建立健全种质资源产权制度非常必要，是实现种质资源深度挖掘、支撑种业发展的根本保障。

产权是一个古老的概念，也是一个发展的概念。在国际交流和市场经济高度发达的今天，这一概念已经日益深化，不再是单一的种质资源所有权概念，而是围绕所有权出现了人类生存权、国家主权、农民权利及知识产权等一系列产权概念，拓展了作物种质资源社会经济学研究空间，也为作物种质资源产权保护带来了挑战。

（二）作物种质资源产权理论框架

在长期的农业发展过程中，人类培育和积累了丰富的作物种质资源，这些种质资源在为人类提供衣食住行方面发挥着不可替代的作用。然而，随着现代农业的发展，作物种质资源丢失严重，其重要性和稀缺性凸显，世界上很多国家通过各种方式对作物种质资源进行收集和保存，企图占有更多种质资源，对作物种质资源产权的争夺变得越来越激烈。作物种质资源关系到人类生存、国家安全和农民利益，产权是保障作物种质资源安全和可持续利用的重要手段。在综合国内外学者有关作物种质资源产权及其理论研究的基础上，作者提出了由基本权、财产权和知识产权构成的作物种质资源产权理论框架（图 11-6）。

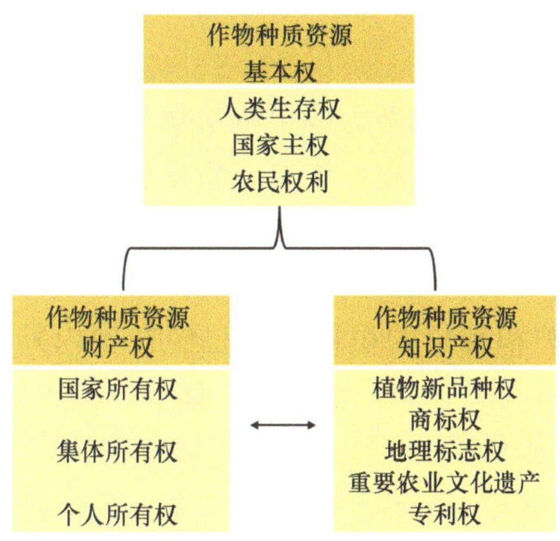

图 11-6　作物种质资源产权理论框架图

1. 基本权

基本权是指人类社会生存与发展依赖于作物种质资源保障的权利，即全人类依赖于作物种质资源保障食物来源，各个国家依赖于作物种质资源保障国家粮食安全，农民依赖于作物种质资源发展生计，由此作物种质资源基本权包括人类生存权（Larson et al.，2016）、国家主权和农民权利（FAO，2009）。作物种质资源的任何保护和利用行动都必须服务于人类需要、保障国家粮食安全和促进农民增收和乡村发展。因此，作物种质资源的保护和利用不但体现在国际水平和国家水平，也体现在社区水平，影响人类社会的过去、现在和未来，我们认为必须在各个层面积极主张作物种质资源的基本权，在促进作物种质资源共享、维护人类生存权和推动人类命运共同体建设的同时，积极维护国家主权，确保种源安全和种业可持续发展，承认农民权利，认可他们对培育和保护作物种质资源所做出的贡献。

2. 财产权

财产权是指权利主体依法对其拥有的财产占有、使用、收益和处分的权利。根据法律定义，只有客体具备必要的经济价值和公共政策选择所必需的社会价值，才有被赋予财产权的意义（李洲颜，2011）。显然，作物种质资源能满足人类在粮食、健康、环境等方面的迫切需要，是人类社会可持续发展和经济进步的基础性资源，具有巨大的现实和潜在经济价值，是不可多得的财产权客体。在国外，作物种质资源财产权通常包括共有权和私有权（Correa，1995；Sedjo，1992），对作物种质资源财产占有关系在法律上的确认，很大程度上取决于土地所有权或者谁对从特定土地上收获的作物种质资源合法拥有（Correa，1995）。缺乏财产权往往是导致作物种质资源丢失、生态恶化的主要原因（Sedjo，1992）。在《生物多样性公约》和《粮食和农业植物遗传资源国际条约》的大背景下，仅靠一般知识产权不能对本国作物种质资源进行有效保护，通过财产权对作物种质资源进行管理就显得尤为重要，中国尽管尚不具备完善的作物种质资源财产权制度，但在社会主义制度和现有法律法规体系下，作物种质资源具备全民所有、集体所有和个人所有的基础。

3. 知识产权

知识产权是指基于创造完成的智力成果依法享有的专有权利。作物种质资源包含人类智力劳动成果，如培育的新品种、创制的新种质、开发的优良特色地方品种等，具有知识产权的重要客体条件。知识产权具有非物质性、专有性和时间性的特点，利用知识产权对作物种质资源权利人的权益进行保护，可以有效激励整个社会对作物种质资源的创新研究、保护和利用的积极性，已经在国内外广泛采用（Novianto and Prastanta，2020；方健和司可，2011；张耕和辛俊峰，2017）。知识产权为作物种质资源智力成果的推广和应用提供了保护保障，为国内外种质资源交流提供了法律准则，也为实现其价值提供有效途径。知识产权种类很多，与作物种质资源相关的主要有植物新品种权、商标权、地理标志权、重要农业文化遗产、专利权等。通过这些知识产权机制，可以对创新种质、优良地方品种、具有传统文化和生态景观的特色资源进行保护，一方面防止其丢失，保护了多样性；另一方面为权益人、当地社区带来巨大的经济和社会效益。

4. 不同类型产权之间的关系

作物种质资源基本权是高尚的，体现了作物种质资源的重要性和不可替代性，贯穿于全球、国家和社区水平，是当今作物种质资源共享理念倡导和惠益分享的指导原则，是建立作物种质资源保护和利用法律框架的基础。基本权是原则性的，具体落实则依赖于财产权和知识产权的保护制度。无论是财产权还是知识产权，一旦在法律上得到确认，就成为基本权主张的有力依据。对国家主权而言，如果国外利用者要想获取拥有财产权或知识产权的种质资源，必须得到产权人的同意，并商定和签署惠益分享协议，国家则可以根据相关法律法规批准向国外利用者提供种质资源，这样既体现作物种质资源财产权或知识产权的价值，也体现国家主权的意志，同时也反映了作物种质资源基本权与财产权和知识产权之间关系（图 11-7）。财产权与知识产权具有互补性，财产权的客体是种质资源实物，而知识产权的客体是相关种质资源的智力成果，属于无形财产，其中任何一种产权的保护力度都有一定局限性，财产权保护了种质资源实物，而对其含有的遗传因子等无形财产的使用无法约束，而知识产权主要保护的是种质资源的无形财产如发现的基因等，但对其实物载体约束有限，如果能够同时取得相关种质资源的财产权和知识产权，无疑能够加大其保护力度。

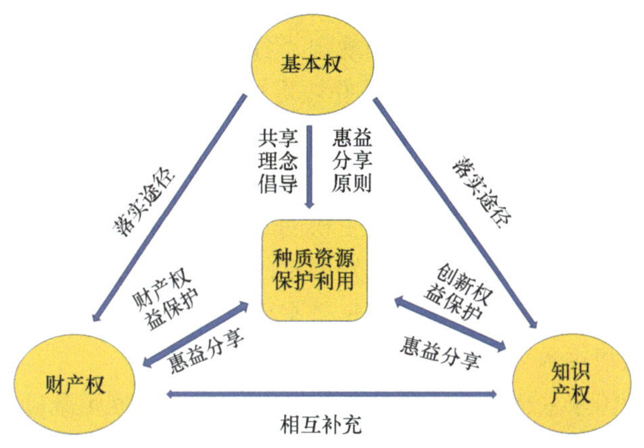

图 11-7　作物种质资源产权类型之间的关系

二、作物种质资源基本权主张

（一）人类生存权

作物种质资源已经受到全世界各个国家的高度关注，这是因为全人类的生存很大程度上都依赖于作物种质资源及其产品。在人类食物构成中，80%以上由植物产品提供，其中小麦、玉米、水稻占了植物食品的 60%（MacEvilly，2003），作物及其野生近缘植物支撑人类发展，未来也是人类生存的必需资源，保障作物及其野生种资源安全就是保障食物安全，就是保护人类的生存权利。30 年来，尽管以人类共同遗产为基础的作物种质资源人类生存权经历了巨大挑战（Roa et al.，2016），但实现人类可持续发展目标离不开作物种质资源的全球共享利用，事实也证明各个国家都相互依赖作物种质资源，无论它们是在哪里驯化的，随后都会在其他国家或地区开发利用（Ferranti，2016）。研究表明，外来作物在当前生产系统占 69%，由此使国家间更加相互依赖，以保障粮食和营养安全（Khoury et al.，2014）。然而，在现代农业发展的同时，导致了大量作物种质资源特别是地方品种的丢失，人们开始意识到作物种质资源的丢失可能会导致人类食物安全问题，因此科学界一直呼吁世界各国应加强粮农遗传资源保护和可持续利用，确保当代和子孙后代的粮食安全和农业可持续发展。联合国粮食及农业组织（FAO）自 20 世纪 50 年代开始，积极推动作物种质资源保护和可持续利用运动。最值得关注的进展是制定和实施了《粮食和农业植物遗传资源国际条约》，并特别规定在发生灾害的紧急情况下，为帮助受灾国或者社区重建农业生产系统，各缔约方应与救灾协调机构合作，提供更加方便的粮食和农业植物遗传资源获取机会，以保障受灾人群的生存权利。因此，为了人类共同生存权，每个国家、每个人都有责任与义务保护和可持续利用作物种质资源。

（二）国家主权

作物种质资源国家主权是指一个国家对本国领土内作物种质资源享有主权，即有权决定如何分发和利用本国境内的作物种质资源（Correa，1994）。国家主权概念首先在《生物多样性公约》得到确认，明确规定“各国对其生物多样性拥有主权权利，各国也有责任保护自己国家的生物多样性并以可持续的方式利用生物遗传资源”。生物多样性国家主权体现了各国特别是发展中国家的共同关切，就是防止“生物海盗”现象的发生。过去，一些发达国家凭借科技优势，不经主权国家知情同意，掠夺和盗取这些国家的生物资源。生物多样性国家主权的确认可以有效防止类似事件的发生。在主权国家责任和义务方面，公约考虑了发展中国家的能力不足，而且保护人类共同关切的生物资源的国家义务不能给贫困国家带来更大负担，所以发达国家负有对发展中国家进行资金援助和技术转让的义务。

作物种质资源国家主权是在《生物多样性公约》相关规定基础上产生，并反映在《粮食和农业植物遗传资源国际条约》中，“承认各国对本国粮食和农业植物遗传资源的主权，包括承认决定获取这些资源的权力隶属于各国政府，并符合本国法律”。作物种质资源国家主权有着深刻的含义：一方面有利于保护国家利益，植物种质资源丰富国家一般都是发展中国家，缺乏管理能力，过去发生了很多“生物海盗”事件，一些发达国家凭借科技优势，收集和盗取一些发展中国家的种质资源，对其研究并进行知识产权保护，使得这些资源的原产国家想利用这些资源还需要付专利费，从而严重损害了发展中国家的利益。国家主权的实施，可以有效防止“生物海盗”现象的发生，发达国家要想从发展中国家获取资源，必须获得相关国家知情同意，不但保护了这些国家的利益，也保护了拥有植物种质资源的社区和农民的利益。另一方面，国家主权也赋予了主权国家保护作物种质资源的责任，包括对本国作物种质资源进行保存、考察、收集、特性鉴定、评价和编目，通过政策制定、农业文化遗产研究、参与式育种、种质创新、多样化生产、农场保护等措施，促进植物遗传资源的可持续利用。与此同时，积极参与国际合作，通过转让技术等帮助发展中国家提升保护和利用能力。

我国在新修订的《中华人民共和国种子法》中明确规定，“国家对种质资源享有主权，任何单位和个人向境外提供种质资源，或者与境外机构、个人开展合作研究利用种质资源的，应当报国务院农业农村、林业草原主管部门批准，并同时提交国家共享惠益的方案。国务院农业农村、林业草原主管部门可以委托省、自治区、直辖市人民政府农业农村、林业草原主管部门接收申请材料。国务院农业农村、林业草原主管部门应当将批准情况通报国务院生态环境主管部门。”根据上述法律规定，农业部（现为农业农村部）制定了《农作物种质资源管理办法》，其中第二十七条规定，“国家对农作物种质资源享有主权，任何单位和个人向境外提供种质资源，应当经所在地省、自治区、直辖市农业行政主管部门审核，报农业部审批。”这些法律法规的实施对防止作物种质资源流失、维护国家在持有种质资源和可持续利用方面的国际竞争力上有重要的保障作用。

（三）农民权利（包括传统知识）

农民权利是指承认和回报农民为保护、培育和利用全球作物种质资源和传统知识做出的贡献（Bhadana et al.，2015）。作物种质资源特别是地方品种是农民长期选择和培育的结果，而在种质资源保护和利用过程中常常忽视农民的利益和作用。农民权利源于农民特别是起源中心的农民在过去、现在和未来为保护、改良和提供粮食和农业植物种质资源方面做出的贡献，目的是鼓励农民和农民社区继续培育、保护和可持续利用粮食和农业植物种质资源（FAO，2009）。联合国粮食及农业组织在多次会议上形成决议，支持农民权利的落实。CBD 也在积极寻求落实农民权利的一些办法，以解决与粮食和农业植物种质资源特别是原生境作物种质资源获取方面的突出问题。ITPGRFA 以法律条文形式正式确认了农民权利的地位，并强调在国际和国家层面上落实农民权利。通常情况下，农民权利主要体现在如下几个方面：①保护与粮食和农业植物遗传资源有关的传统知识；②参与公平分享由利用粮食和农业植物遗传资源所产生惠益的权利；③参与粮食和农业植物遗传资源保护和利用相关决策的权利；④保存、利用、交换和出售农场剩余种子的权利。

农民权利具有集体属性，任何一个地方品种或者相关传统知识都是特定村社的先辈集体培育、发现和传递给他们的后代的，所有有关农民权利的授予和落实，都应该能够使特定村社或地区的农民受益。在国际层面上，FAO 根据《粮食和农业植物遗传资源国际条约》的规定，利用其多边体系建立的惠益分享基金重点支持了发展中国家的农民保护和可持续利用植物遗传资源行动，包括能力建设。

中国非常重视农民利益，从政策、项目和资金等方面支持当地发展特色产业，在有效促进地方特色资源利用和保护的同时，为农民带来了巨大的经济利益。虽然农民权利已经在国际法中得到体现，但也只是一些原则性的规定，操作难度很大（刘旭霞和胡小伟，2009）。中国是发展中国家，也是农民权利的积极支持者。中国是联合国粮食及农业组织的成员国，有义务落实有关农民权利国际协议，研制有关农民权利的国家法律法规及政策框架。目前，我国落实农民权利尚处于初级阶段，很多学者都已认识到保护农民权利的重要性和必要性，也在积极研究和探索实现农民权利的可能的机制和策略，包括传统知识与农民权利保护模式（陈杨，2017）、植物新品种权与农民权利保护问题（肖君，2018），但目前还面临很多问题和障碍：一是尚未通过法律对农民权利给予确认，也就没有实施的法律依据；二是农民权利理论发展尚不成熟，对农民权利的主体、范围、内容和实现模式尚不明确。因此，应把农民权利问题纳入作物种质资源研究范畴，从法律层面加强研究，对农民权利的主体、范围、内容和实现模式做进一步的探讨，在地方品种原生境保护方面建立可行的补偿机制，切实维护农民在保护和利用作物种质资源中的权益。

三、作物种质资源财产权探析

财产权是指权利主体依法对其拥有的财产占有、使用、收益和处分的权利。根据法律定义，只有客体具备必要的经济价值和公共政策选择所必需的社会价值，才有被赋予财产法的意义（李洲颜，2011）。作物种质资源财产权是以作物种质资源为财产权益进行产权流转和经营的民事权利，包括占有、使用、收益和处分的权利。作物种质资源能满足人类在粮食、健康、环境等方面的迫切需要，是人类社会可持续发展和经济进步的基础性资源，具有巨大的现实和潜在经济价值，是不可多得的财产权客体。当作物种质资源具有可复制性、稀缺性、非物质性等特点，存在权利客体范围较为模糊，权利主体较难确定，权利性质存在争议等问题（胡小伟，2017）。有研究认为种质资源财产权是一种新型的财产权，因为种质资源作为生物材料和遗传信息的结合体，需要建立一种新型的专有权制度对其进行保护（李洲颜，2011）。国家应制定相关法律法规并建立作物种质资源财产权制度，以保护作物种质资源财产权，降低流转和交易成本，提高资源配置和利用效率。中共中央、国务院颁布的《关于完善产权保护制度依法保护产权的意见》强调，要坚持平等保护，健全以公平为核心原则的产权保护制度。

目前我国作物种质资源收集和保护单位众多，从科研机构、大专院校、企业和个人、农民、村社等，对作物种质资源所有权的确认是一项非常复杂的工作，需要认真梳理我国作物种质资源收集和保存现状，依据国家相关法律，探析我国现有作物种质资源的所有权归属，以建设和完善我国作物种质资源产权制度。

（一）权属类型分析

1. 国家所有权

根据国家《中华人民共和国宪法》、《中华人民共和国土地管理法》（以下简称《土地管理法》）等法律规定，山岭、草原、森林属于国家所有，生长在这些地方的作物野生近缘种资源属于国家所有，国家依据相关法律进行保护和开发利用。这类资源虽然归国家所有，根据《中华人民共和国野生植物资源保护条例》规定，任何单位和个人都有保护野生植物资源的义务，国家保护依法开发利用和经营管理野生植物资源的单位和个人的合法权益。采集国家一级保护野生植物的，应当按照管理权限向国务院林业行政主管部门或者其授权的机构申请采集证；或者向采集地的省、自治区、直辖市人民政府农业行政主管部门或者其授权的机构申请采集证。采集国家二级保护野生植物的，必须经采集地的县级人民政府野生植物行政主管部门签署意见后，向省、自治区、直辖市人民政府野生植物行政主管部门或者其授权的机构申请采集证。我国建立了很多作物野生近缘种原生境保护点，这些保护点的土地可能位于农村集体土地范围内，但经过了土地流转程序，形成相关政府部门持有的正式文件，保护点的建设也是由国家投资，毫无疑问，原生境保护点保存的野生资源属于国家所有，可依据相关法律法规进行管理。

依据《中华人民共和国种子法》相关规定，国家已先后组织开展了三次全国作物种质资源普查与调查，从全国各地收集了 50 多万份各类作物种质资源，包括地方品种、育成品种和品系、野生近缘种等，并保存在国家作物种质资源库、圃和试管苗库。国家通过发布政府文件、提供适当经济补偿等形式，支持对分布在全国各地的作物种质资源实施收集、繁殖和异生境保护，实质上是对收集到的作物种质资源的财产权实施了转移，实现了国有化，由国家主管部门指定相关机构统一管理，包括长期保存、更新、鉴定评价和分发利用。由于这些国有作物种质资源的原种还存在，仍然在原产地种植或保存在原培育机构，如果原农村集体组织或者原育种人对相关品种申请了任何知识产权，国家应尊重其产权人权利，相关机构分发时应只向以研究为目的的利用者提供并签署不能用于商业开发的协议。对没有任何知识产权的种质资源，相关机构在分发时应与使用者签订反馈利用信息方面的协议。利用者无论是公益研究机构、大专院校，还是企业或者个人，通过合法途径从国家保存机构获得的资源仍然属于国家所有，他们只拥有使用权和收益权。国家和地方公益机构育成大量作物新品种或品系，都是优良的种质资源，根据这些机构具有公益性的特点，这些育成品种和品系资源属于公共资源，所有权应归国家所有，申请了新品种权的除外，全体国民特别是农民对这些育成品种和品系具有使用权和受益权。

作物种质资源保护者包括国家和地方科研机构、农业院校、种子企业和农民。一些科研机构是国家指定的种质资源保存机构，如国家作物种质库、国家种质圃等，负责全国相关作物种质资源的收集和保存工作，这些机构通常投入大量人力物力，使相关作物种质材料得到安全保存，尽管国家为这些机构的保存活动提供了支持，从种质资源可持续的角度，应该赋予这些保存机构对相应种质资源进行产权化运作，允许这些保存机构对优异材料进行产权化经营，获得收益，以补充保护经费的不足，同时也能提升这些机构保存种质资源的积极性。农民是最可靠的种质资源保护者，他们毋庸置疑地拥有种质资源的经营权和收益权，这种经营权和收益权可以通过多种途径来实现，包括出售种子、出售生产优质农产品、获得的种子、生态等方面的国家补贴、联合企业共同开发等。

国家拥有财产权的作物种质资源具有公共品属性，国家授权特定公益科研机构对其进行管理，全民对这些种质资源拥有使用权和受益权。作物种质资源共享是一项基本国策，能最大限度地发挥作物种质资源使用效用。因此，必须创造公平使用的政策环境，能够使科学家有效利用种质资源开展基础研究、开发生物技术和培育新品种；使企业有效利用种质资源发展种业和开发农产品；使农民利用种质资源生产粮食、发展特色产业和提高生计。

2. 集体所有权

根据《土地管理法》相关法律法规，农村土地属于集体所有。作物地方品种产于农村土地，应属于土地的附属物，因此法理上某一有组织的村社范围内存在的地方品种应归该集体组织所有。地方品种的使用权也应归集体所有，位于某一组织形式内的所有农户有权使用这些地方品种并享有收益权。这种由农村集体组织拥有地方品种产权的方式有广泛的认可度（陈轩禹和李哲，2019）。对于依附于土地上的作物种质资源如果树和林木种质资源，应该与土地一样，除了使用权，也应具有承包权和使用权。随着土地确权，该土地承包人为该资源的使用权人，如果是土地做了进一步流转，则经营人获得该资源的使用权和收益权。然而，在农村土地确权过程中，只考虑了土地上存在的附属物，而作物种质资源往往在收获后是以种子的形态存在，可以游离于原土地存在，也可以从某一个村集体被引种到多个村集体，这也为作物地方品种的财产权确认带来了难度，可能会出现同一个品种多个村集体要求登记确认的现象，这将不可避免地会出现不同物权主体效力上的冲突（刘旭霞和胡小伟，2009）。中共中央办公厅和国务院办公厅于 2019 年发布了《关于统筹推进自然资源资产产权制度改革的指导意见》，随后农业农村部于 2020 年发出了《关于落实农业种质资源保护主体责任 开展农业种质资源登记工作的通知》，国家在积极推动对包括作物种质资源在内的农业种质资源登记和大数据平台建设工作。在全面登记的基础上，可以依据现有法律或者制定新的法律和政策，建立作物地方品种的确权程序，为作物种质资源集体产权确认探索路径。

3. 个人所有权

典型的作物种质资源个人产权是植物新品种的育种家权利。我国早在 1997 年由国务院颁布了《中华人民共和国植物新品种保护条例》，规定凡是非职务育种的品种权应属于完成育种的个人，由此形成了个人植物新品种权，育种个人对其授权品种有排他的独占权，任何单位或者个人未经品种权所有人许可，不得为商业目的生产或者销售该授权品种的繁殖材料，不得为商业目的将该授权品种的繁殖材料重复使用于生产另一品种的繁殖材料。

在现有体制下，中国也出现了很多私人育种家、农民育种家，他们通过杂交、选育等手段，创制了很多新的种质材料，这些种质材料具有了独特性状，明显不同于那些从公共领域获得的种质材料，并具备生产、科研等应用价值，在种质资源国家主权、国家所有权和集体所有权的大背景下，根据《中华人民共和国物权法》，可以对这些个人育种家创制的种质材料确认个人产权。也有学者研究认为，农民手中的地方品种是农民长期选育和保留下来的，应该赋予个人所有权。但问题是这些地方品种的选育不是哪一个农民做的，可能很多农民都参与了选育，而且经历长期的流传，所以难以实现这些传统地方品种的个人所有权确认。

目前，从事作物种质资源保护和育种的个人越来越多，创造的新种质材料也越来越多，应在种质资源登记的基础上，探索作物种质资源个人所有权的权能属性和保护方式，完善作物种质资源产权制度，对作物种质资源保护和可持续利用有重要意义。

（二）确权途径探索

1. 种质财产登记

根据国务院办公厅发布的《关于加强农业种质资源保护与利用的意见》和农业农村部发布的《关于落实农业种质资源保护主体责任 开展农业种质资源登记工作的通知》相关要求，应加强农业种质资源登记工作，实行统一身份信息管理，对保障农业种质资源安全、推进共享交流与创新利用有重要作用。登记主体包括国家、省级农业种质资源保护单位，以及相关科研院所、高等院校、企业、社会组织和个人。按照国家农业种质资源登记实施方案要求，对现有库存种质资源、创新种质、改良种质、携带新基因的优异种质、具有突出性状的优异种质，以及新收集、引进、鉴定、创制、汇交的种质资源等进行登记，登记内容包括保护单位、种质资源信息等，实现农业种质资源身份信息可查询可追溯，也可以作为种质资源确权的重要依据。

2. 种质财产确权程序

首先在完善相关法律法规的基础上，再对登记的目标种质材料进行财产申报，经权属调查、实物核实、审核批准、登记注册、发放证书等程序，确认其财产所有权、使用权和受益权的隶属关系和权利。作物种质资源确权是一项非常复杂工作，前期的种质登记工作是确权的关键，对全面了解和掌握我国作物种质资源财产的数量和持有主体类型，以及区域分布有重要作用。国家应支持开展作物种质资源确权研究，探索出一套可行的国有、集体所有和个人所有的作物种质资源确权工作流程、技术方法、标准规范，并开展试点工作，以验证作物种质资源确权工作可行性和可操作性。由于作物种质资源具有可复制性、非物质性等特点，存在权利客体范围较为模糊，权利主体较难确定，权利性质存在争议等问题（胡小伟，2017），作物种质资源的确权工作可以从权利客体和主体条件都比较清晰的创新种质做起。

在探讨作物种质资源财产权时往往只当作一个物体来考虑，可能会忽视另外一个重要特性，即种质资源含有的遗传信息，属于无形物，而正是这种无形物才是种质资源的真正价值，其产权也是最复杂和难以确认的（Correa，1995）。基因、基因型、基因组等数据和信息都是种质资源的无形物，很多这类信息通过发表文章的形式已经对外公开，形成事实上的公共品，随着合成生物学研究的深入，这些遗传信息可能用来合成新的产品或生物。因此，在对种质资源财产确权过程中，应综合考虑种质资源的实物和所包含的数字信息作为产权客体的条件和范围。

（三）种质财产权管理制度建设

为实现作物种质资源财产确权，国家应制定和完善相关法律和管理办法，对种质资源类型划分、确权管辖、权利主体、权利功能做出规定，逐步建立作物种质资源确权管理机制，以全面开展我国作物种质资源确权工作。可以考虑对《中华人民共和国种子法》进行修改，增加“种质资源财产权”一章，赋予作物种质资源财产权的法律地位。与此同时，对《农作物种质资源管理办法》进行修改，同样增加“种质资源财产权”一章，对财产权的确立、保护、权属类型、权能构成、产权转移等做出详细规定，以保障作物种质资源财产权的落实。

四、作物种质资源知识产权保护

（一）植物新品种权

植物新品种是指经过人工培育的或者对发现的野生植物加以开发，具备新颖性、特异性、一致性、稳定性，并有适当命名的植物新品种。完成育种的单位和个人对其授权的品种，享有排他的独占权，即拥有植物新品种权。植物新品种权主要保护的是育种家对授权品种的排他性占有权。植物新品种是作物种质资源的重要组成部分，是对原始资源再创新的结果，对作物种质资源保护和可持续利用有重要意义。

依据《中华人民共和国种子法》和《中华人民共和国植物新品种保护条例》，对植物新品种权人的权利做了明确规定，包括生产和销售权、使用权、标记权、许可权、转让权等。拥有这些权利，权利人可以禁止任何单位或者个人未经品种权人许可，为商业目的的生产或者销售该授权品种的繁殖材料，销售授权品种种子的，应当标注品种权号，可以依法转让品种权，当品种权受到侵害时，品种权人有权请求有关管理机关进行处理，或直接向人民法院起诉。

我国是国际植物新品种保护联盟（UPOV）的成员国，于 1999 年加入《国际植物新品种保护公约》(1978 年版本)，该版本允许农民保留种子再次种植，自繁自用和市场出售剩余少量种子，这样最大限度地保护了农民利益。植物新品种权作为一项新型知识产权，也被纳入世界贸易组织框架下的《与贸易有关的知识产权协定》体系中。我国植物新品种保护工作是由国家农业和林业两个部门负责实施的。农业部门主要负责农作物，并先后制定了《中华人民共和国植物新品种保护条例实施细则》(农业部分)、《农业部植物新品种复审委员会审理规定》《农业植物新品种权侵权案件处理规定》《农业植物新品种权代理规定》等规章制度，修改了《中华人民共和国种子法》，增加“植物新品种保护”一章，组建了植物新品种保护办公室和复审委员会，标志着我国建立和实施了较为完善的农业植物新品种保护制度，从而使品种权审批、品种权案件的查处，以及品种权中介服务做到有法可依。截至 2019 年，我国植物新品种权的申请总量达到 3.8 万件，总授权量 1.5 万件（刘镇玮和何忠伟，2021）。在保护这些植物新品种权的同时，也有效保护了众多作物新种质材料。

（二）商标权

商标权是民事主体享有的在特定的商品或服务上以区分来源为目的排他性使用特定标志的权利。为获取商标权，自然人、法人或者其他组织应当向商标局申请商标注册。两个以上的自然人、法人或者其他组织可以共同向商标局申请注册同一商标，共同享有和行使该商标专用权。商标权是受《中华人民共和国商标法》保护的。

根据《中华人民共和国商标法》相关规定，作物种质资源特别是地方品种产品可以注册自然人商标加以保护，当这些地方品种与特定村社及其生产环境密不可分时，也可以注册集体商标的方式获得商标权，该集体成员享有注册商标的专用权。在我国取得个人商标权或者集体商标权的例子非常多，这些个人、企业利用地方特色资源开发出产品，注册了商标权进行保护，获得非常好的经济效益，如安溪铁观音茶，是典型的集体商标权，安溪县从事铁观音茶生产的茶农、铁观音茶加工企业均是“安溪铁观音”商标的使用者和受益者（谢艺攀，2021）。安溪县有茶地方品种资源 60 多个，利用这些古茶资源才能生产出纯正的“安溪铁观音”茶，该商标权既保护了“安溪铁观音”品牌，也保护了安溪的茶地方品种种质资源，并大幅提高了安溪茶农的收入。

（三）地理标志权

地理标志权是指为国内法或国际条约所确认的或规定的由地理标志保护的相关权利。我国是传统农业国家，不同民族在不同地理环境种植和培育了不同的作物种类和品种，由此形成了很多与作物种质资源相关的地理标志产品。地理标志产品具有特定地域性，所具有的质量、声誉或其他特性本质上与该产地的自然因素和人文因素密切相关。地理标志权作为一种新型知识产权，具有知识产权的一般性特征，但同时又体现了其自身的独特性特点，有利于保护当地生产者的利益，增加传统食品的价值，促进可持续食物系统的发展。与原产地关联的地理标志产品通常采用当地的物种或品种，这样非常有利于保护当地地方品种和生物多样性。

地理标志产品由于其特定的品质和知名度，深受消费者欢迎，由于单个的生产者，特别是农民缺乏保护和开发这些地方特产市场的能力，所有地理标志产品的生产经营权通常授予集体。在实践中，地理标志产品经营模式多以“证明商标（集体商标）”的形式，由龙头企业组织农户生产，以集体力量参与市场竞争，如地理标志产品“沁州黄小米”，其使用范围包括山西沁县的19个乡镇的种植户和相关企业。地理标志产品保护也具有保护传统文化的作用，推销地理标志产品也是在推广当地的传统文化和知识，如元阳梯田红米的畅销也伴随着哈尼族传统文化和知识的宣传和推广，提高了哈尼族的民族地位和影响力。

地理标志权目前中国尚未颁布专门的法律法规，对地理标志权的保护散见于中国的《中华人民共和国商标法》《中华人民共和国产品质量法》《中华人民共和国反不正当竞争法》《中华人民共和国消费者权益保护法》《中华人民共和国进出口货物原产地条例》等有关法律法规，以及《农产品地理标志管理办法》等行政规章。中国与作物种质资源相关的地理标志权的受理单位主要有国家市场监督管理总局和农业农村部，到目前为止，仅农业农村部就受理和批准了2700多个地理标志产品，主要涉及各种作物的地方品种的产品开发和利用，有效地保护了各种优异特色作物种质资源。

（四）重要农业文化遗产

重要农业文化遗产是指人类与其所处环境长期协同发展中，创造并传承至今的独特的农业生产系统，这些系统具有丰富的农业生物多样性、传统知识与技术体系和独特的生态与文化景观等，对农业种质资源保护、农耕文明传承、农业可持续发展具有重要的科学价值和实践意义。中国具有悠久的农耕文明史，加上不同地区自然与人文的巨大差异，创造了种类繁多、特色明显、社会经济与生态价值高度统一的重要农业文化遗产，保护了众多极具特色的作物种质资源，是地方品种自然和人工选择的进化场所。例如，中国云南元阳哈尼稻作梯田系统是全球重要农业文化遗产，在保护了当地以梯田为基础的生态景观系统、传承当地农耕文化的同时，也保护了适合梯田生态环境的水稻地方品种（徐福荣等，2010）。

由于重要农业文化遗产保护的是整个景观系统，凸显种质资源保护与社会、经济和环境的和谐关系，为此国内外都非常重视重要农业文化遗产的保护工作。FAO 于 2002 年发起了旨在建立全球重要农业文化遗产及其有关的景观、生物多样性、知识和文化保护体系的全球行动，在世界范围内选择符合条件的传统农业系统进行动态保护与适应性管理的示范。我国积极响应 FAO 倡议，自 2005 年起已有 15 个重要农业文化遗产成功列入全球重要农业文化遗产目录，这 15 个重要农业文化遗产突出显示了我国的农耕文明、农业生物多样性保护与可持续生态景观融为一体的案例。从这些重要农业文化遗产也可以看出，作物种质资源是重要农业文化遗产的核心（表 11-1），围绕这些种质资源的可持续利用和保护实施的一系列生产技术实践、发明的传统知识等，才形成了流传至今的文化遗产。

表 11-1　中国列入全球重要农业文化遗产清单

遗产名称	种质资源种类	入选时间	所在省区
浙江青田稻鱼共生系统	水稻、鱼	2005 年	浙江
江西万年稻作文化系统	水稻	2010 年	江西
云南红河哈尼稻作梯田系统	水稻	2010 年	云南
贵州从江侗乡稻鱼鸭系统	水稻、鸭	2011 年	贵州
云南普洱古茶园与茶文化系统	茶树	2012 年	云南
内蒙古敖汉旱作农业系统	谷子、黍子	2012 年	内蒙古
浙江绍兴会稽山古香榧群	香榧	2013 年	浙江
河北宣化城市传统葡萄园	葡萄	2013 年	河北
福建福州茉莉花和茶文化系统	茶树、茉莉	2014 年	福建
江苏兴化垛田传统农业系统	蔬菜、油菜、鱼、虾、蟹	2014 年	江苏
陕西佳县古枣园	枣	2014 年	陕西
甘肃迭部扎尕那农林牧复合系统	谷子、燕麦、荞麦、牧草、家畜	2018 年	甘肃
浙江湖州桑基鱼塘系统	桑树、鱼	2018 年	浙江
中国南方稻作梯田	水稻	2018 年	广西、福建、江西、湖南
山东夏津黄河故道古桑树群	桑树	2018 年	山东

中国也非常重视重要农业文化遗产的保护工作，2012 年起，农业部（现为农业农村部）启动中国重要文化遗产发掘保护工作，制定了《重要农业文化遗产管理办法》，先后分批认定了 91 项中国重要农业文化遗产。目前，我国重要农业文化遗产保护主要依据的是《重要农业文化遗产管理办法》，该管理办法为部门规章，对重要农业文化遗产申报程序和条件等做出了规定，规定获得认定的中国重要农业文化遗产所在地县级人民政府既是该项遗产的申报主体，也是该遗产的保护、传承主体，严格按照本地已制订的保护与发展管理办法和相关规划进行保护、传承和开发、利用，任何单位和个人如使用被认定的中国重要农业文化遗产相关的名称、概念、标识等内容，应报该遗产所在地县级人民政府审核、批准，否则不得使用。被选定列入中国重要农业文化遗产项目在品牌宣传、提升价值、发展旅游和餐饮业等方面起到了显著效果（闵庆文和张碧天，2018），有效促进了与农业文化遗产相关的农业种质资源的保护和可持

续利用。

（五）专利权

专利权是发明创造人或其权利受让人，对特定的发明创造在一定期限内依法享有的独占实施权。作物种质资源专利保护主要通过两个方面来实现，一是要求那些以种质资源为材料的发明创造专利申请人必须公开所使用的种质资源来源，为种质资源提供国或者提供者参与专利权益分享奠定基础，防止种质资源“生物海盗”现象的发生，进而达到保护种质资源来源国或者提供者利益和防止种质资源流失的目的。二是种质资源拥有国或者拥有者通过申请在种质资源鉴定挖掘研究中发现的新基因、新标记、新成分和新用途申请专利保护，进而达到保护相关种质资源的目的。以前发达国家靠技术优势，从发展中国家获取资源，研究发现有用成分后申请专利，限制包括来源国在内的他人使用该资源，这严重侵害了资源来源国人民的利益。《生物多样性公约》首先提出了获取资源需要事先知情同意和惠益分享原则，已经成为发展中国家保护国家主权和国家利益的强烈主张，也为各国制定或者修改专利相关法律法规条款提供了依据。《中华人民共和国专利法》规定，依赖遗传资源完成的发明创造，申请人应该在申请文件中说明该资源的直接来源和原始来源；同时还规定对违反法律和行政法规获取或者利用遗传资源，并依赖该遗传资源完成的发明创造，不授予专利权。这些规定有利于保护遗传资源拥有者和保存者的权益，可作为惠益分享的重要依据，对保护种质资源提供者的合法权益起到了重要作用（秦天宝和董晋瑜，2020）。

我国是种质资源大国，应坚持事先知情同意和惠益分享原则，合理利用国际规则，保护国家享有的主权和利益。与此同时，国家应加大种质资源深入评价力度，对发现的新基因、新标记、新成分和新用途申请专利保护，不但能大幅提高种质资源的使用价值，还可以通过产权交易等手段，实行种质资源产权价值化运营，建立种质资源保护的激励机制。

（六）种质资源序列信息知识产权问题

前几种财产权分析都是基于种质资源实物，而越来越多的人关注种质资源非实物的产权问题。数字序列信息（digital sequence information，DSI）在环境和生物研究中起着基础性作用，有助于了解生命和进化的分子基础，以及基因的可能操纵方式，从而为新产品开发提供技术手段。数字序列信息在分类、识别和减轻受威胁物种的风险、追踪非法贸易、确定产品的地理来源和规划原生境保护方面也发挥着重要作用。

近年来，中国生物技术发展较快，产生和积累了巨量作物种质资源测序数据，由于缺乏对数字序列信息重要性的认识，在发表论文的同时把大量数字序列信息上传到某个公开的数据库，如美国国家生物技术信息中心（NCBI）的 SRA（sequence read archive）数据库，很多上传的数字序列信息可能没有进行充分挖掘和利用，他人可能利用这些数据进行合成生物学研究，由此产生的效益可能无法分享。因此，国家应加强种质资源数字序列信息的保护管理、挖掘利用和惠益分享研究，促进其在合成生物学中的应用研究。

第四节　作物种质资源获取与惠益分享机制

作物种质资源是保障粮食安全和农业可持续发展的战略性资源，各个国家都认识到仅依靠本国的种质资源不能满足需要，交换和获取其他国家种质资源是非常必要的（FAO，2019）。育种家、研究人员也都认识到，缺乏种质资源无法在创新研究包括育种上有大的突破，因此需要不断进行种质资源交换和创新。在过去，发达国家凭借资金和技术优势从发展中国家大量收集资源，用于培育新品种、开发新产品，从中获得巨额效益。而发达国家在获取种质资源时既没有征得来源国的同意，也没向来源国反馈任何利益，由此激起了拥有丰富种质资源的发展中国家的强烈不满，在国际场合强烈要求发达国家的种质资源利用者应考虑提供者的利益。经过长时间谈判，逐渐形成了种质资源获取与惠益分享概念，首先在 1992 年生效的 CBD 得到认可，随后在 2004 年生效的 ITPGRFA 得到进一步确认并建立了获取与惠益分享多边体系。2014 年，CBD 缔约方大会又通过了《名古屋议定书》，至此全球种质资源获取与惠益分享机制得到了加强，各国国家特别是缔约方纷纷采取措施，依据《名古屋议定书》和 ITPGRFA 的有关规定，制定符合自己国家需要的种质资源获取与惠益分享机制，如印度制定了《生物多样性法案》，涵盖了 CBD 和 ITPGRFA 相关的种质资源获取与惠益分享相关内容，形成了印度种质资源获取与惠益分享法律框架（Pisupati，2015）。中国已经加入了 CBD 和《名古屋议定书》，相关种质资源获取与惠益分享机制在国内引起了高度重视。随着改革开放的进一步深入，以及种质资源国内需求的不断增加，加强履行已经加入的 CBD 和《名古屋议定书》、了解并尊重尚未加入的 ITPGRFA 相关规定，建立中国的作物种质资源获取与惠益分享机制是十分必要的。本节将在深入剖析 CBD 和 ITPGRFA 的获取与惠益分享机制的基础上，深入探讨中国落实作物种质资源获取与惠益分享的机制和程序。

一、基本概念

获取与惠益分享：指能够确保种质资源提供方、利用方，以及原产者的利益最大化的有效机制。方便获取有利于激励利用方在研究和产品开发中充分利用种质资源，实现惠益分享有利于激励提供方对种质资源进行有效保护，对促进种质资源可持续利用有重要作用。

获取：指种质资源利用方通过合法途径向提供方索取种质资源材料的过程。利用方根据事先知情同意的基本国际规则，向提供方提出获取种质资源的申请，提供方根据本国相关法律规定与利用方共同商定和签署惠益分享协议，在获得主管部门批准后向利用方提供相关种质资源材料。种质资源提供方有责任公开与获取有关的信息和条件，以便为利用方提供更加方便的获取机会。如果涉及种质资源相关传统知识的获取，当地社区应作为提供方参与惠益分享谈判。

利用：指利用方对获取的种质资源进行研究和开发利用的过程。种质资源利用范围可归纳为两个方面，一是基础研究，二是产品研发。利用者的范围非常广泛，包括产品研发、植物园、种质库等研究机构，这些机构的研究和发展在很大程度上依赖于种质资源的利用。种质资源用途可分为商用和非商用。商用是指企业利用种质资源以开发农产品、园艺产品、工业产品、药品等为目的的利用过程，生物技术的快速发展为种质资源商用提供了技术手段，可以把基因导入作物以获得期望的特性如高产、稳产、抗病等，也可以生产特定用途的酶用于植物保护、医药研发、化工等。非商用是指学术和公共研究机构利用种质资源开展基础研究，探索和了解自然，包括分类学、生态学研究。

惠益分享：指利用方与提供方分享由利用种质资源产生的效益。惠益分享的关键是利用方要充分理解和尊重 CBD 等国际法，以及国内法律有关惠益分享方面的规定，按照与提供方商定和签署的惠益分享协议，确保向提供方以公平公正方式分享所取得的效益。惠益分享可以是非货币形式，也可以是货币形式。非货币分享包括种质资源交换、技术和信息共享、研究结果共享、技术转让和能力建设；货币分享包括利用种质资源形成的产品实现了商业化，利用方应根据惠益分享协议与提供方分享一定比例的现金。

二、国际作物种质资源获取与惠益分享机制的建立

目前，国际上建立了两个种质资源获取与惠益分享机制，一个是 CBD 下的《名古屋议定书》，另一个是 ITPGRFA 下的粮食和农业植物遗传资源获取与惠益分享多边体系（简称多边体系）。中国已经加入 CBD 和《名古屋议定书》，尚未加入 ITPGRFA 及其多边体系。

（一）CBD 下的《名古屋议定书》

CBD 于 1992 年在巴西举行的联合国环境与发展大会上通过，缔约方已达 196 个。CBD 不但确立了遗传资源国家主权原则，还把公平公正分享由利用遗传资源产生的惠益作为三大目标之一。为实现这一目标，CBD 制定了《名古屋议定书》，并于 2010 年正式生效。《名古屋议定书》对缔约方之间的遗传资源获取与惠益分享做了详细的规定，图 11-8 显示的是《名古屋议定书》获取与惠益分享机制的基本模式。

1. 相关参与方

《名古屋议定书》模式中的提供方和利用方是指分别来自不同缔约方的遗传资源保护和利用机构或个人，即提供方来自一个缔约方，利用方来自另一个缔约方。《名古屋议定书》中的监管方有两个，一个是各缔约方主管部门，负责依据本国法律管理相关获取与惠益分享程序；另一个是 CBD《名古屋议定书》秘书处，负责提供各缔约方联系人信息，以及有关获取条件和惠益分享商定程序方面的信息。

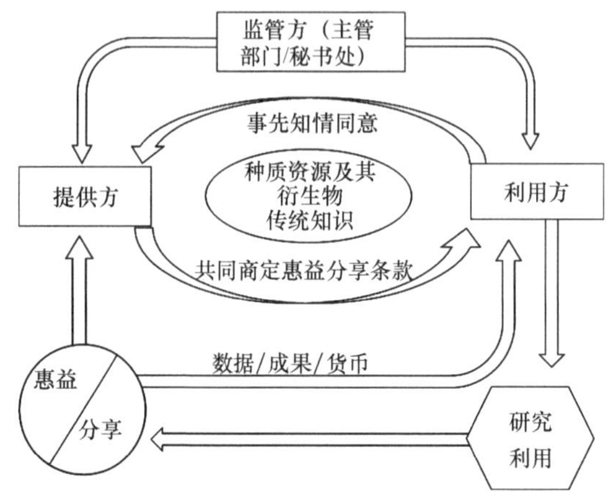

图 11-8 《名古屋议定书》获取与惠益分享的模式框架

2. 获取和提供规则

根据 CBD 和《名古屋议定书》的规定，各缔约方对本国的生物遗传资源享有主权，并对遗传资源的获取做了如下原则性规定。

事先知情同意：遵守各个缔约方国家相关法律和行政法规，在获取遗传资源时应取得该国主管部门的批准和许可；如果是获取土著社区拥有权利的遗传资源及相关传统知识，应该得到土著社区的事先知情同意或许可。

共同商定惠益分享条款：提供方和利用方之间就获取的遗传资源使用条件，以及双方共享的效益所达成的协议。

3. 惠益分享形式

《名古屋议定书》明确规定利用方应与提供方分享由利用遗传资源产生的成果，以及随后的应用和商业化产生的效益，要求每个缔约方都应采取相应的法律、行政和政策措施，确保拥有遗传资源及相关传统知识的土著社区能公平公正分享相关惠益的权利。惠益分享可以是货币形式，也可以是非货币形式。

货币形式的惠益包括支付的获取费、产权费、研究资助、合资、相关知识产权的共同所有权等，非货币惠益包括分享研究和开发成果、参与产品开发、允许使用遗传资源设施和数据库、转让知识和技术、提升能力建设。

4. 涵盖范围

《名古屋议定书》中的遗传资源包括任何含有遗传功能的动物、植物、微生物和其他来源的遗传材料及其相关传统知识，还应包括通过生物技术对遗传资源开展的遗传和生物化学组成研发的产品与工艺。《名古屋议定书》适用于所有 CBD 缔约方之间的获取与惠益分享行为，属于双边机制，但也强调了发展多边机制的重要性和必要性，特别是对已经出境无法行使事先知情同意和共同商定惠益分享条款的情况下，则多边机制更具有优势。

5. 监督与管理机制

《名古屋议定书》要求各缔约方指定遗传资源获取与惠益分享主管部门，负责依据国家法律法规审核获取申请，制定事先知情同意和惠益分享商定程序，颁发许可证明。同时还要求缔约方设立国家联络点，负责提供获取与惠益分享相关程序方面的信息，以及国家主管部门和传统知识相关土著社区方面的信息。《名古屋议定书》要求各个缔约方制定相关法律法规，加强获取与惠益分享监督和管理。

《名古屋议定书》设立秘书处，搭建信息交换平台，发布各缔约方的联络点、主管部门、事先知情同意和共同商定惠益分享程序方面的信息，以促进遗传资源的方便获取。

（二）ITPGRFA 下的多边体系

ITPGRFA 于 2004 年 6 月 29 日生效，迄今已有 152 个国家或国际组织批准和加入。ITPGRFA 建立了一个多边体系，以促进粮食和农业植物遗传资源的全球获取，并以公平、公正方式分享由使用这些资源而产生的利益。根据 ITPGRFA 与 CBD 达成的原则，全球粮食和农业植物遗传资源的获取与惠益分享将通过 ITPGRFA 的多边体系管理。

ITPGRFA 承认国家对其境内粮食和农业植物遗传资源享有主权，同时提倡事先知情同意和共同商定惠益分享条款的基本原则。ITPGRFA 建立的多边体系，涵盖了所有缔约方公共领域的 64 个属种作物及其野生近缘种的种质资源，构建了一个全球云种质库，缔约方可根据本国法律和 ITPGRFA 规定决定拟纳入多边体系的种质资源材料，并根据统一规则提供获取机会（图 11-9）。

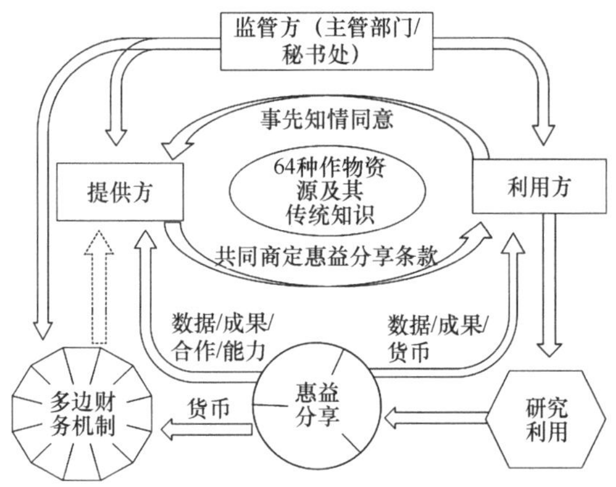

图 11-9　ITPGRFA 获取与惠益分享多边体系框架

1. 相关参与方

ITPGRFA 多边体系的提供方和利用方与《名古屋议定书》的概念一致，均指缔约方的有关研究教育机构、企业和个人，一般既是提供方，也是利用方。如果利用者继续将获取的材料提供给其他人，则随后的利用者也将受到相同的义务约束。

ITPGRFA 多边体系的监管方有两个：一是缔约方的粮农植物遗传资源主管部门，

负责依据本国法律法规向多边体系公开可获取种质资源信息、获取条件和程序，对接ITPGRFA秘书处，交换签署的“标准材料转让协议”相关信息等；二是ITPGRFA秘书处，负责汇总和提供所有缔约方纳入多边体系的种质资源数量、获取方式等信息，管理“惠益分享基金”和开展能力建设。

2. 获取和提供规则

在ITPGRFA多边体系下，利用方和提供方应遵守如下规则。

（1）用途：提供方只为开展粮食和农业研究、育种和培训用途的利用者提供获取机会，不包括开展化学、药物或其他非食用工业产品开发的用途。提供方应能够做到快速和无偿提供，如收取费用，则不得超过所涉及的最低成本，同时提供相关遗传资源的全部现有基本信息。

（2）事先知情同意：利用方应履行事先知情同意程序，在获取种质资源时应取得提供方相关主管部门的批准，不得对从多边系统获得的粮食和农业植物遗传资源或其遗传部分或成分提出任何知识产权和其他权利的要求，获取受知识产权和其他产权保护的粮食和农业植物遗传资源应符合有关的国际协定和有关国家法律。如果利用方打算保存获取的遗传资源，还必须同意应要求向其他缔约方提供。对在利用中形成的新材料或产品，利用方有权决定是否向他人提供。

（3）共同商定惠益分享条款：提供方和利用方协商惠益分享条款，并签署“标准材料转让协议”。通过该协议，在保证惠益分享的同时，允许原始利用方将获取的材料转移给第三方，并签署同样的标准材料转让协议，这样则创建了材料转让协议链，将相关责任和义务传递给后续利用者，主管部门也无须逐案追踪单个材料的使用。

3. 惠益分享形式

缔约方把能够从该多边体系获取到所需种质资源作为一项主要惠益（FAO，2009）。同时，ITPGRFA规定分享的惠益还应包括信息交流、技术获取和转让、能力建设，以及分享商业化产生的利益。ITPGRFA多边体系的最大特点是货币分享的特殊规定，即从多边体系获取遗传资源形成产品商业化的受益人应向ITPGRFA设立的“惠益分享基金”支付该产品商业化所得效益的合理份额，但如果这种产品可以不受限制地提供给其他人做进一步研究和育种的情况除外。分享份额的多少可在双方签署的“标准材料转让协议”中做出规定。ITPGRFA的“惠益分享基金”可以直接用于支持缔约方尤其是发展中国家和经济转型国家，开展粮食和农业植物种质资源保护和可持续利用行动。

评估非货币收益的方法还在研究中，因此量化多边体系的非货币惠益是很困难的。评估货币收益同样很难，一般产生稳定的货币收益需要很多年，不仅育种是一个漫长过程，推广也需要时间。此外，植物育种技术的迅猛发展及不可预测性，使得多边体系发挥的预期潜力的期限更加复杂化。为了在各种限制条件下取得尽可能好的结果，ITPGRFA选择了一种务实的方法来估计“惠益分享基金”的收入，该方法主要基于使用国际农业研究磋商组织（CGIAR）种质材料得出的数据，以及采用其他研究提供的估计的数学模型。研究认为，多边体系通过“标准材料转让协议”（SMTA）产生的货币分享金额每年最高达到 9700 万美元是合理的，当然要达到这一水平可能需要很多年，需要所有缔约方充分有效地参与，完全遵守自愿付款相关规定并在培育计划中充分使用多边系统的材料（Drucker and Caracciolo，2013）。

4. 涵盖范围

在 ITPGRFA 的多边体系下，缔约方同意将保存在公共种质库中的种质资源和相关信息纳入多边体系，目前涉及 64 种作物种属相关遗传资源，涵盖了绝大多数人类消费用栽培植物，但还有一些重要作物没包括在内，如可可、咖啡、棉花、大豆和番茄。目前为止，ITPGRFA 多边体系的缔约方已达到 152 个，其中 50 多个缔约方已经向多边体系纳入资源。根据 ITPGRFA 秘书处统计，纳入多边体系的资源总数已达 150 多万份，已经向全球 179 个国家的利用方提供了 417.6 万份次的种质样本（张小勇和王述民，2018）。

5. 监督与管理机制

ITPGRFA 设立了管理机构，由所有缔约方组成，负责提出相关政策和实施指南，并为多边体系的运作提供指导。ITPGRFA 建立了财务机制，通过筹资计划、行动计划、信息和预警系统等，支持各个缔约方特别是发展中国家缔约方对多边体系的实施工作。

管理机构设立秘书，协助管理机构履行其职能，负责多边体系的日程管理工作，包括获取与惠益分享基金管理。尽管 ITPGRFA 没有对缔约方的监督和管理机制提出要求，但通过其他方式要求缔约方指定主管部门和联系人，负责与 ITPGRFA 秘书处的联系，以及与获取和惠益分享的相关信息的发布。

ITPGRFA 建立了争端解决机制，如果有关方之间出现争端不能通过协商途径解决的，可共同寻求第三方进行斡旋或调解，如还不能解决，也可以通过仲裁或者提交国际法庭解决。

三、中国作物种质资源获取与惠益分享机制的实践

（一）主要参与方的界定

1. 国家中期库网络

国家中期库是指由农业农村部认定的国家作物种质资源保存机构，负责作物种质资源的繁殖更新和分发利用工作，由位于不同单位的 10 个作物中期库、43 个无性繁殖作物种质圃组成，现保存各类作物种质资源约 50 万份，主要任务之一就是种质资源分发利用，毫无疑问是中国最大的种质资源获取来源，是种质资源获取与惠益分享机制的重要参与方。

2. 公益科研教育机构

中国有大批从事作物种质资源保护和利用的公益研究和教育机构，这些机构都保存、利用和创制大量作物种质资源，很多都是具有各种优良性状的种质材料。这些机构也是对外合作最活跃的单位，不但涉及大量作物种质资源引进和提供，也是作物种质资源的主要利用者，由于此类机构众多，构成了种质资源获取与惠益分享的主力方。

3. 企业和个人

中国有几千家种子企业和很多个人育种家，都在从事商业化育种，保存和利用了相当多的作物种质资源。很多企业已经走出去，把育成的品种推广到国外，也有的企业在国外建立了育种基地，与国外企业或科研机构之间有非常多的种质资源交换。个人育种家在中国也在发展，很多是原科研、教育或企业的育种家，对种质资源交换需求也很多，因此这些企业和个人育种家是获取与惠益分享机制的极为重要的参与方。

4. 农民及其组织

农民是地方品种的保护者，农民组织如村级组织、合作社等往往持有相关地方品种，拥有开发和利用的权利，这些地方品种具有适用性强、营养丰富、特色明显等特点，既是直接开发特色、绿色和生态产品的种源，也是作物育种最重要的亲本材料，国内外的种质资源保护者和利用者都对地方品种感兴趣，都在积极收集和引进地方品种，因此，农民及其组织也是获取与惠益分享机制的非常重要的参与者。

（二）行业准则的建立与遵守

为了履行 CBD 和《名古屋议定书》，践行 ITPGRFA 多边体系等有关作物种质资源获取与惠益分享相关国际规则，建立和落实适合我国国情的相应机制，鼓励全国有关单位和个人合法合规开展作物种质资源获取、科学研究、商业开发、国际合作、惠益分享等活动，促进作物种质资源保护和利用，保障国家粮食安全和可持续发展。

1. 法律规范

国家有关单位和个人应熟知并遵守作物种质资源相关的国内外法律法规和政策，包括《中华人民共和国种子法》《中华人民共和国野生植物保护条例》《农作物种质资源管理办法》《农业野生植物保护办法》等，以及我国已经加入的相关双边、多边国际法律制度，包括 CBD、《名古屋议定书》《国际植物新品种保护公约》，以及我国签订的双多边贸易或者投资协定等，了解并尊重我国尚未加入的《粮食和农业植物遗传资源国际条约》等的相关规定。

2. 行业责任

国家作物种质资源相关单位在对外合作涉及作物种质资源时，应本着维护国家主权的原则，严格履行相关审批程序，提交国家惠益分享方案，努力维护国家利益。

国家各相关单位应采取措施，在国家政策和法律框架内，为以科学研究、育种、教育和培训为目的的种质资源获取提供方便。

国家各有关单位和个人应尊重作物种质资源保护者的贡献，承诺通过合法途径从国内外保存者获取种质资源，并与提供者商定惠益分享条款，签署材料标准材料转让协议，并采取措施保证其提供者的合法权益，包括与其提供者公平、公正地分享由利用这些种质资源所取得的权益和利益。

3. 风险防范

国家有关单位应具备风险防范意识，包括作物种质资源流失或者丧失的风险、提供者权益受损的风险、生物入侵的风险等。认真执行法律法规和相关管理规定，化解和应对可能发生的任何风险。

（三）运行机制的建立

1. 针对《名古屋议定书》的运行机制

中国是CBD及其《名古屋议定书》的缔约国，CBD的主管部门是生态环境部。根据现有法律法规，中国生物种质资源实行分部门管理。农业农村部负责作物及其野生近缘种种质资源的管理，具有相关种质资源对外提供的审批权，主要依据是《中华人民共和国种子法》和《农作物种质资源管理办法》。国家林业和草原局负责野生动植物种质资源的管理工作，具有相关种质资源对外提供的审批权，主要依据是《中华人民共和国森林法》和《中华人民共和国草原法》。此外，教育部、国家中医药管理局、中国科学院等部门下属很多机构与种质资源保护和利用有关。因此，这些部门有责任配合和支持生态环境部的CBD和《名古屋议定书》实施的协调与管理工作，也有责任配合和支持农业农村部对作物及其野生近缘种种质资源，以及国家林业和草原局对野生动植物种质资源的对口管理工作。在进一步健全和完善生物遗传资源获取与惠益分享机制的过程中，加强生物遗传资源保护与利用政策的体系化建设，为生物遗传资源获取与惠益分享提供更为充分的政策依据；考虑制定综合性或者专门性的生物遗传资源法律，明确生物遗传资源在法律上的权属安排，从获取与惠益分享的主体、惠益分享的形式、建立协同机制等方面健全生物遗传资源惠益分享机制（于文轩和牟桐，2021）。

2. 针对ITPGRFA多边体系的应对机制

ITPGRFA 的缔约方主要依据多边系统开展种质资源交流交换，而我国不是成员国，更多依赖于双边方式开展国际交流，严重阻碍了我国从其他国家获取所需种质资源（杨庆文等，2021）。由于ITPGRFA多边体系对全球影响特别大，对中国也产生了实质性影响，因此中国必须建立相应机制，以应对 ITPGRFA 多边体系带来的挑战。首先，农业农村部应组织开展对 ITPGRFA 及其多边体系的深入研究，明确加入ITPGRFA的优势和风险，提出规避风险的预案，并推动早日加入ITPGRFA，以充分利用从多边体系获取种质资源的机会。新修订的《中华人民共和国种子法》进一步强调了国家对种质资源享有主权，任何单位和个人向境外提供种质资源，或者与境外机构、个人开展合作研究利用种质资源的，应当报国务院农业农村、林业草原主管部门批准，并同时提交国家共享惠益的方案。这是一项非常有效的应对机制，强化了保护种质资源国家利益的意识，既符合国际法的相关规定，也能防止优异种质资源流失的风险。

其次，作为非缔约国，中国应积极参与 ITPGRFA 的相关活动，包括相关规则的讨论和制定。在国际合作中涉及从国外机构引进种质资源时，凡是提供方来自 ITPGRFA 缔约国的，一般采用多边体系规定的方式，即签署 SMTA，从这一角度讲，实际上已经将中国带入到了多边体系中，中国很多科研机构和企业已经从多边体系获取了大量种质资源，并签署了 SMTA，将履行获取与惠益分享义务。尽管中国尚未加入 ITPGRFA，但实际上已经在履行相关义务，这对中国加入 ITPGRFA 有很大的推动作用。中国加入 ITPGRFA 将是必然选择，必将在国际获取与惠益分享机制中发挥巨大作用。

第五节　趋 势 展 望

一、加强价值评估研究和应用

（一）构建和完善作物种质资源价值评估理论和方法体系

尽管对作物种质资源价值认识在提高，有关作物种质资源价值评估的研究在加强，但相关价值评估理论还不够扎实，评估方法有待进一步完善。马克思主义劳动价值论是作物种质资源的重要价值理论，如何阐明其生产方式、生产关系和交换关系层面的内在逻辑，以更加全面地反映作物种质资源劳动价值理论需要深入研究。尽管直接市场法被广泛用于种质资源价值评估，但有相当多没有市场的种质资源需要评价，这就需要加强替代市场法的研究和应用，包括如何利用后果阻止法、旅行费用法、支付意愿法的评估方法研究，以完善和优化种质资源评估方法，建立有效的种质资源评估方法体系，以满足不同类型种质资源评价需求。

（二）加强优异作物种质资源价值评估与应用

优异种质资源挖掘利用已经成为种业创新发展、农产品开发的重要需求。我国作物种质资源丰富，但鉴定挖掘深度不够，包括价值评估跟不上，大量优异种质资源得不到重视和有效利用。因此，在加强作物种质资源鉴定挖掘的同时，根据育种和其他利用需要，对具有各种优良性状的种质材料进行价值评估，包括高产、优质、抗病、抗逆、适应性强等优异材料，让更多的利用者了解各种优异种质资源的真正价值，激发利用者对优异种质资源的获取与利用。

（三）建立作物种质资源价值评估与市场交易机制

目前，一方面国家在强化作物种质资源的公益性，另一方面存在种子企业或私人育种家垄断优异资源的局面，价值评估和交易机制的缺乏已经严重阻碍了优异种质资源在育种家和利用者之间的流通和有效利用。因此，国家应出台相关政策，创新种质资源管理机制，鼓励对有价值的种质资源市场化，建立种质资源交易平台，为种质材料的拥有者和利用者之间搭建桥梁，对优异种质资源特别是创新种质实行优质优价，在保持种质资源公益性的同时，也让有价值的种质资源发挥更大的市场作用。

二、促进种质资源产权保护

（一）强化作物种质资源基本权的落实

作物种质资源直接关系到人类命运共同体建设，作物种质资源的有效共享利用，是保障整个人类的粮食安全和社会经济可持续发展的关键。依据 CBD 等国际法律和《中华人民共和国种子法》等国内法律，在涉及种质资源对外合作和交流中，应积极主张国家主权，签署国家惠益分享协议，保护国家利益，防止作物种质资源流失。开展宣传、教育活动，提升全民的种质资源国家主权安全意识。在乡村振兴建设过程中，注重各类作物原始农家品种和野生近缘种的保护和利用，促进当地作物种质资源登记注册工作。利用当地优异特色资源，开发特色产品和产业；挖掘和利用那些与原始农家品种保护和利用相关的传统知识和独特文化景观，探索农民原生态保护作物种质资源的补偿机制。

（二）加强种质资源产权理论和保护制度研究

作物种质资源产权研究尚处于初级阶段，作物种质资源产权概念和理论有待进一步完善。在基本权、知识产权、财产权的理论框架下，进一步探索各种权属的内涵及其关系，完善其权能范围和实现途径，为作物种质资源产权保护制度建设提供理论依据。加强作物种质资源产权保护机制和制度建设，探索法律保障、多方持有、共同参与的产权保护制度，确保作物种质资源安全和可持续利用。

（三）制定和完善作物种质资源产权法律法规体系

根据《中华人民共和国宪法》的相关规定，建议对《中华人民共和国物权法》《中华人民共和国土地管理法》《中华人民共和国种子法》进行适当修订，增加有关作物种质资源财产权方面的条款，明确我国作物种质资源国有、集体所有和私人所有的财产权框架，明确野生近缘种资源为国有，集体土地上的除外；明确原始农家品种为集体所有，已经国有化的除外；明确公益机构保存和创制的种质资源和育成品种为国有，具备知识产权的按相关法律执行；明确个人育种家、农民新创制和培育的种质资源为个人所有，具备知识产权的按相关法律执行。根据上述产权框架，制定各种产权形式的使用权、收益权、转移权等权能范围、时效，以及获得使用权和收益权的条件和程序；制定解决产权纠纷相关程序和法律依据。

三、促进获取与惠益分享机制的建立与实施

（一）加大种质资源国家主权保护力度

各个国家都认识到种质资源的战略价值，是粮食安全和农业可持续发展的根本保障。在 CBD 和 ITPGRFA 的框架下，各个国家都在加强种质资源主权保护。很多种质资源丰富的国家如巴西、印度等都制定了相关法律法规，一方面限制种质资源出口，

突出国家主权保护，另一方面也加大了种质资源保护和可持续利用研究力度，可以预见各个国家对种质资源的争夺将更加激烈，对种质资源的保护力度将更加严格。中国也不例外，在《中华人民共和国种子法》和《农作物种质资源管理办法》中都规定国家对作物种质资源享有主权，环境保护部（现为生态环境部）等六部门于 2014 年发出《关于加强对外合作与交流中生物遗传资源利用与惠益分享管理的通知》，强调维护遗传资源国家主权，这些法律法规和政策将极大加强作物种质资源对外合作管理，有效防止种质资源流失，维护国家利益。

（二）加入全球种质资源获取与惠益分享机制

随着我国成为 CBD 缔约方并加入了《名古屋议定书》，国内有关机构组织开展了一系列宣传和研讨活动，已经引起了政府、科研、企业等与遗传资源利用有关单位和人员的高度重视，为《名古屋议定书》在国内落实奠定了基础。与此同时，ITPGRFA 的多边体系也对我国产生了很大影响，由于我国不是 ITPGRFA 的成员国，种质资源交流方面主要依赖于双边方式，严重阻碍了我国从其他国家获取所需种质资源。ITPGRFA 的多边体系对农业和粮食植物种质资源保护和可持续利用的影响越来越大，各缔约国纳入该体系的种质资源数量越来越多，将形成名副其实的全球云种质库。中国必将加入 ITPGRFA 多边体系机制，充分利用从全球多边体系获取作物种质资源的机会，加强国际合作与交流，支撑育种和基础研究，保障国家粮食安全和农业可持续发展。

（三）建立和完善种质资源获取与惠益分享机制

中国在不断完善相关法律法规，包括制定国家种质资源获取与惠益分享管理办法。同时，国家相关部门正在研究和评估加入 ITPGRFA 的可能性，包括评估相关法律法规的适用性，所有这些努力都将促进中国加入 ITPGRFA 的步伐，促使我国的作物种质资源管理逐步与国际获取和惠益分享机制接轨，充分利用全球多边体系带来的巨大惠益。国内各有关机构应更加有序地开展种质资源国际交流和交换活动，确保在提供种质资源时签署惠益分享协议，维护作物种质资源国家利益，分享由利用种质资源获得的效益，包括技术转让、能力建设和可能的货币补偿。

（本章作者：张宗文　刘　旭　杨庆文　王述民）

参考文献

陈轩禹, 李哲. 2019. 知识产权视角下遗传资源保护探析. 兵团党校学报, 176(1): 94-100.
陈杨. 2017. ITPGRFA 中传统知识的农民权利保护模式研究. 求索, (4): 63-67.
方健, 司可. 2011. 我国农业植物遗传资源知识产权保护现状与对策研究. 安徽农业科学, 39(32): 20155-20157.
郭中伟, 李典谟. 1999. 生物多样性经济价值评估的基本方法. 生物多样性, 7(1): 60-67.
韩坤. 2007. 农作物种质资源的经济价值分析. 河海大学硕士学位论文: 72.
胡小伟. 2017. 农业遗传资源权的生成及其体系构建. 华中农业大学学报(社会科学版), 129(3): 98-104.

李洲颜. 2011. 专利法视野下的遗传资源财产权保护制度. 商品与质量, (9): 94.
刘旭. 2009. 我国小麦种质资源价值的分析. 中国资产评估, (3): 26-30.
刘旭, 王秀东, 陈孝. 2008. 我国粮食安全框架下种质资源价值评估探析——以改革开放以来小麦种质资源利用为例. 农业经济问题, (12): 14-19.
刘旭霞, 胡小伟. 2008. 我国遗传资源产权化保护过程中所面临的困境. 林业调查规划, 33(5): 120-124.
刘旭霞, 胡小伟. 2009. 我国农业植物遗传资源权利保护分析. 江淮论坛, (6): 111-116.
刘镇玮, 何忠伟. 2021. 中国植物新品种保护分析与展望. 农业展望, 17(3): 46-50.
闵庆文, 张碧天. 2018. 中国的重要农业文化遗产保护与发展研究进展. 农学学报, 8(1): 229-236.
庞瑞锋. 2001. 种中国豆侵美国"权"? 种子世界, (12): 3-6.
秦天宝, 董晋瑜. 2020. 论我国专利法框架内遗传资源来源披露制度的优化路径. 江苏行政学院学报, 114(6): 123-132.
王红崧, 毕振佳, 王云月, 等. 2019. 哈尼梯田传统稻种遗传多样性影响因素. 江苏农业科学, 47(1): 60-66.
王述民, 李立会, 黎裕, 等. 2011. 中国粮食和农业植物遗传资源状况报告(Ⅰ). 植物遗传资源学报, 12(1): 1-12.
王晓雨. 2019. 《生物多样性公约》中的国家主权原则. 中国环境管理干部学院学报, 29(1): 5-8.
王艳杰, 王艳丽, 焦爱霞, 等. 2015. 民族传统文化对农作物遗传多样性的影响——以贵州黎平县香禾糯资源为例. 自然资源学报, 30(4): 617-628.
肖君. 2018. 植物新品种保护中关于农民权利的问题研究. 北京理工大学硕士学位论文: 46.
谢艺攀. 2021. 福建省农产品区域品牌的效应研究——以安溪铁观音品牌为例. 福建茶叶, (5): 7-8.
徐福荣, 张恩来, 董超, 等. 2010. 云南元阳哈尼梯田地方稻种的主要农艺性状鉴定评价. 植物遗传资源学报, 11(4): 413-417.
徐海根, 王健民, 强胜, 等. 2004. 《生物多样性公约》热点研究: 外来物种入侵、生物安全、遗传资源. 北京: 科学出版社.
杨庆文, 王艳艳, 张小勇, 等. 2021. 我国粮食与农业植物遗传资源获取与惠益分享的现状、问题与未来工作设想. 中国食品药品监管, (2): 104-113.
杨元海, 费艳颖. 2021. 遗传资源产权制度的中国特色理论基础——马克思主义产权理论. 哈尔滨师范大学社会科学学报, 67(6): 75-81.
于文轩, 牟桐. 2021. 我国生物遗传资源获取与惠益分享的法律框架与地方实践. 中国食品药品监管, (4): 100-105.
张耕, 辛俊峰. 2017. 遗传资源知识产权保护的伦理性释义——兼评《遗传资源知识产权法律问题研究》. 时代法学, 15(3): 47-54.
张小勇, 王述民. 2018. 《粮食和农业植物遗传资源国际条约》的实施进展和改革动态——以获取和惠益分享多边系统为中心. 植物遗传资源学报, 19(6): 1019-1029.
中国生物多样性国情研究报告编写组. 1998. 中国生物多样性国情研究报告. 北京: 中国环境科学出版社.
周国雁, 伍少云, 胡忠荣, 等. 2011. 独龙族农业生物资源及其传统知识调查. 植物遗传资源学报, 12(6): 998-1003.
朱彩梅. 2006. 作物种质资源价值评估研究. 中国农业科学院硕士学位论文: 56.
朱彩梅, 张宗文. 2005. 作物种质资源的价值及其评估. 植物遗传资源学报, 6(2): 236-239.
Ahtiainen H, Pouta E. 2011. The value of genetic resources in agriculture: a meta-analysis assessing existing knowledge and future research needs. International Journal of Biodiversity Science, Ecosystems Services & Management, 7(1): 27-38.
Barbier E B, Brown G, Dalmozzone S, et al. 1995. The economic value of biodiversity//Heywood V, Watson R. Global Biodiversity Assessment. Cambridge and New York: Cambridge University Press.

Bhadana V P, Datt S, Sharma P K. 2015. Farmers' Rights to Plant Genetic Resources and Traditional Knowledge for Livelihood//Salgotra R K, Gupta B B. Plant Genetic Resources and Traditional Knowledge for Food Security. Singapore: Springer: 87-103.

Brennan J P, Malabayabas A. 2011. International Rice Research Institute's contribution to rice varietal yield improvement in South-East Asia. Canberra: Australian Centre for International Agricultural Research: ACIAR Impact Assessment Series Report No. 74: 111.

Brush S B. 1996. Valuing crop genetic resources. Journal of Environment Development, 5(4): 416-433.

Correa C M. 1994. Sovereign and Property Rights over Plant Genetic Resources. Rome: FAO.

Correa C M. 1995. Sovereign and property rights over plant genetic resources. Agriculture and Human Values, 12(4): 58-79.

Drucker A, Caracciolo F. 2013. The economic value of plant genetic resources for food and agriculture//Moeller N, Stannard C. Identifying Benefit Flows: Studies on the Potential Monetary and Nonmonetary Benefits Arising from the International Treaty on Plant Genetic Resources for Food and Agriculture, Rome: FAO.

Evenson R E, Gollin D, Santaniello V. 1998. Agricultural Values of Plant Genetic Resources. Wallingford: CABI Publishing.

FAO. 2009. International Treaty on Plant Genetic Resources for Food and Agriculture. Rome: FAO.

FAO. 2019. ABS Elements: Elements to Facilitate Domestic Implementation of Access and Benefit-Sharing for Different Subsectors of Genetic Resources for Food and Agriculture with Explanatory Notes. Rome: FAO.

Ferranti P. 2016. Preservation of Food Raw Materials. Reference Module in Food Science. http: //dx.doi.org/10.1016/B978-0-08-100596-5.03445-4[2022-10-5].

Gollin D, Evenson R E. 1998. An application of hedonic pricing methods to value rice genetic resources in India//Evenson R E, Gollin D, Santaniello V, et al. Agricultural Values of Plant Genetic Resources. New York: CAB International: 139-150.

Gollin D, Evenson R. 2003. Valuing animal genetic resources: lessons from plant genetic resources. Ecological Economics, 45(3): 353-363.

Kaplan J K. 1998. Conserving the world's plants. Agricultural Research, 46(9): 4-9.

Khoury C K, Bjorkman A D, Dempewolf H, et al. 2014. Increasing homogeneity in global food supplies and the implications for food security. Proceedings of the National Academy of Sciences of the United States of America, 111(11): 4001-4006.

Larson J, Aguilar C, González F, et al. 2016. A human rights perspective on the plant genetic resources of mesoamerica: heritage, plant breeder's rights, and geographical indications//Lira R, Casas A, Blancas J. Ethnobotany of Mexico: Interactions of People and Plants in Mesoamerica. New York: Springer: 507-552.

MacEvilly C. 2003. Cereals Contribution to the Diet//Caballero B. Encyclopedia of Food Sciences and Nutrition. Second Edition. Oxford: Academic Press: 1008-1014.

Novianto, Prastanta L D. 2020. Intellectual property right and farmer protection in accessing genetic resources. Bogor: 1st International Conference on Genetic Resources and Biotechnology. Indonesia: IOP Publishing.

Pearce D, Moran D. 1994. The Economic Value of Biodiversity. London: IUCN.

Pisupati B. 2015. Access and benefit sharing: Issues and experiences from India. Jindal Global Law Review, 6(1): 31-38.

Roa C, Hamilton R S, Wenzl P, et al. 2016. Plant genetic resources: needs, rights, and opportunities. Trends in Plant Science, 21(8): 633-636.

Sedjo R A. 1992. Property rights, genetic resources, and biotechnological change. The Journal of Law & Economics, 35(1): 199-213.

Singh A K, Varaprasad K S, Venkateswaran K. 2012. Conservation costs of plant genetic resources for food and agriculture: seed Genebanks. Agricultural Research, 1(3): 223-239.

Smale M, Koo B. 2003. Introduction: A Taxonomy of Genebank Value. Washington: International Food and Policy Research Institute.

第十二章　作物种质资源管理

作物种质资源是农业生物多样性的重要组成部分，是支撑人类生存和社会持续发展的物质基础，是农耕文明的载体，是国家乃至全世界的宝贵财富。对作物种质资源的经济价值、科学价值、社会文化价值、历史价值已有很多认识和研究，但到目前为止，仍然没能完全研究清楚。

自古以来，栽培作物与人类的衣、食、住、行密切相关，随着人类的发展而受到驯化选择和种植利用，与人和自然协同进化，从而形成了丰富的遗传多样性。一粒种子可以改变一个世界，每一种资源的开发利用都有可能对人类的生存和发展产生巨大影响。随着作物种质资源的公益性、战略性地位不断凸显，国家主权意识不断增强。加强作物种质资源管理，促进资源的合理有序利用和惠益共享逐步成为国际社会的共识。

促进资源的有效保护和合理利用是作物种质资源管理工作的两大核心。其中，保护是持续有效利用的前提和基础，利用则是资源保护的形式发展、价值体现及科学指引（武晶等，2022）。近年来，随着环境气候条件的剧烈变化、国际交流的不断加强、资源研究的不断深入，国际社会对于资源保护利用的关注和认识程度也不断加深，针对作物种质资源保护利用面临的严峻形势与新发展趋势，一方面形成了国际作物种质资源管理的广泛共识，另一方面许多国家也制定了种质资源管理的办法规则，并付诸实施。分析研究国际、国内种质资源管理体系与规范，明确其背景、目的和优势劣势，分析相关管理措施手段的有效性，对于加强我国作物种质资源管理，保护好、利用好我国的种质资源具有重要意义。

第一节　国际作物种质资源管理

作物种质资源的分布主要受环境气候条件和农业生产活动影响，因此，各个国家之间的资源禀赋差异极大。由于大多数国家的粮食和农业中使用的遗传多样性有相当一部分来源于其他国家，因此，各国在获取保障粮食安全所需的种质资源方面相互依存。国际社会针对如何加强种质资源保护，同时也使各国能够公平、有效地提供并能获取具有相关性状的适当资源，确保实现粮食安全，经过长时间的讨论，形成了目前被绝大多数国家接受和认可的共同准则、法律法规与管理体系，在促进作物种质资源保护与利用方面发挥了重要作用。

有效保护和可持续利用农业种质资源，是确保世界能够生产足量食物，养活未来不断增长的人口，实现人类可持续发展的关键。长期以来，维持粮食和农业生物多样性是一项全球性责任，一直被视为公共资源和人类社会的共同财富。然而，随着育种商业化进程的加速、知识产权保护力度的不断加大，以及现代生物技术的不断发展，种质资源日益成为现代农业和种业发展不可或缺的战略性资源，获取和占有生物遗传资源的内在动力推动了全球生物遗传资源权属制度的变迁。人们普遍认同，国家拥有开发本国资源的主权，包括控制和限制获取资源的权利。各国越来越多地对本国遗传资源的获取加以规范，并要求资源使用者履行利益分享义务。由此，生物遗传资源的国家主权属性逐步在国际社会形成广泛共识。

一、国际作物种质资源管理体系

（一）联合国粮食及农业组织与全球粮农植物遗传资源管理

联合国粮食及农业组织（FAO）属于政府间组织，是国际上最重要的粮食和农业植物遗传资源管理机构，主要通过粮食和农业遗传资源委员会（Commission on Genetic Resources for Food and Agriculture，简称粮农委员会）和《粮食和农业植物遗传资源国际条约》（ITPGRFA，简称《国际条约》）发挥管理作用（王述民和张宗文，2011）。粮农委员会是唯一的政府间咨询机构，针对粮农遗传资源，监督和指导全球定期评估、实施行动计划和落实相关准则和标准，以及与其他有关保护和可持续利用机制的关系谈判。《国际条约》是针对粮食和农业植物遗传资源的唯一国际法律工具，据此规范各个缔约方的粮农植物遗传资源保护和利用工作，促进全球粮农植物遗传资源获取与惠益分享。

早在 20 世纪 70 年代，FAO 就开始促进全球植物遗传资源系统的建立，先后制定《国际条约》、建立植物遗传资源委员会、启动设立国际植物遗传资源基金。FAO 的上述工作有力地促进了全球植物多样性的保护和利用。

1995 年，FAO 拓展了植物遗传资源委员会的职责，更名为粮食和农业遗传资源委员会，涵盖所有粮食和农业生物多样性，同时开始了《国际条约》的谈判，并于 2001 年在联合国粮食及农业组织大会上通过了该条约，使之成为第一个具有法律功能的粮食和农业植物遗传资源国际条约，缔约方同意依据条约规定建立一个遗传资源获取与惠益分享多边体系，涵盖 64 种作物属种的遗传资源，供全球利用者获取利用并分享由利用产生的惠益，同时建立了惠益分享基金，接受由利用多边体系的种质资源产生的货币惠益，用于支持发展中国家的遗传资源保护工作。为促进《国际条约》的实施，FAO 成立了《国际条约》管理机构，由所有缔约方组成，每年召开一次会议，审理和决定与《国际条约》相关的重大事项。为配合条约的实施，FAO 粮农委员会制定了《粮食和农业植物遗传资源全球行动计划》（Global Plans of Action，简称《全球行动计划》），促使各国政府承诺采取行动，加强粮食和农业生物多样性的保护和可持续利用，以应对全球粮食和农业植物遗传资源面临的挑战。2011 年发布了《第二份粮食和农业植物遗传资源全球行动计划》。FAO 建立了世界粮食和农业植物遗传资源信息和预警系统（WIEWS），通过基于指标和综合指数的监测，帮助各个国家监测《全球行动计划》的实施进展情况。

FAO 每隔 10 年对全球粮食和植物遗传资源现状进行一次评估。1996 年 FAO 发布了第一份《世界粮食和农业植物遗传资源现状报告》，2009 年发布了第二份《世界粮食和农业植物遗传资源现状报告》。

（二）联合国环境规划署与全球生物多样性管理

联合国环境规划署（UNEP）是联合国系统的政府间组织，主要通过《生物多样性公约》（CBD）及其《名古屋议定书》管理生物多样性保护和可持续利用，包括粮食和农业植物遗传资源保护和可持续利用（武建勇等，2015；徐靖等，2012）。

生物多样性公约缔约方大会（Conference of the Parties，COP）为最高决策机构，一切有关履行公约的重大决定都要经过缔约方大会讨论和通过，包括检查公约的实施进展，确定新的优先保护重点，制订工作计划，对公约进行修订。缔约方大会建立专家顾问组，负责检查成员国递交的进展报告，以及与其他组织和公约开展合作情况等。

CBD 是一项有法律约束力的公约，缔约国具有履行公约相关规定的责任和义务，政府有责任指导私营公司、土地所有者、渔民和农场主，遵守相关法律规定，从事生物多样性相关活动，保护国有土地和水域生物多样性。CBD 中与作物种质资源关系密切的有两点内容：一是缔约国对本国境内的遗传资源享有主权，可以根据本国法律决定是否可对外提供；二是对遗传资源获取与惠益分享做出了规定，即《名古屋议定书》。我国于 1992 年加入 CBD。

（三）国际植物新品种保护联盟与全球植物新品种权管理

国际植物新品种保护联盟（The International Union for the Protection of New Varieties of Plants，UPOV）作为政府间组织，总部设在瑞士日内瓦。UPOV 的使命是提供和促进有效的植物品种保护系统，旨在鼓励开发新的植物品种，造福社会。UPOV 公约通过为育种者授予知识产权即育种者权，鼓励各个成员国的植物育种工作。该联盟的主要管理机构是理事会和秘书处。联盟每年召开一次理事会，主要任务是研究和发展联盟工作的措施。联盟组建了由各成员国的相关专家组成的咨询、行政、法律和技术委员会，负责研究和指导联盟的具体业务工作（周宁和展进涛，2007）。

UPOV 管理植物新品种权主要是依据《国际植物新品种保护公约》，该公约于 1961 年在巴黎通过，并先后于 1972 年、1978 年和 1991 年进行了修订。该公约的核心内容是保护植物育种家权利，即完成育种的单位或个人对其授权的品种依法享有的排他使用权。植物新品种是指经过人工培育的或者对发现的野生植物加以开发，具备新颖性、特异性、一致性、稳定性，并有适当的命名的植物新品种。获得植物新品种权的单位和个人对其授权的品种，享有排他的独占权。尽管 UPOV 主要保护育种家权，但对作物种质资源保护有非常大的影响，特别是创新种质，可以通过申请新品种权进行保护。

二、国际作物种质资源保护与利用体系

国际作物种质资源保护与利用体系主要由国际农业研究磋商组织（CGIAR）的种质库（Dulloo et al.，2008）和斯瓦尔巴全球种子窖（SGSV）等国际保护机构组成，主要侧重非原生境种质资源保护和利用，而原生境保护和利用主要由各个国家自己

建立和管理。

（一）国际农业研究磋商组织及其全球种质库平台

CGIAR 成立于 1971 年，属于非营利性国际科学组织，由 15 个国际农业研究中心组成，其中有 11 个中心涉及作物种质资源保护和利用工作，这些中心都分别建立了种质库，负责保存本中心相关作物种质资源。经过几十年的发展，CGIAR 已经形成了全球最大的作物种质资源保护和利用体系，拥有先进的低温种子库、试管苗库和超低温库。1994 年 CGIAR 有关中心分别与 FAO 签署了委托协议，同意将各自保存的种质资源由国际法——《国际条约》管理，赋予 CGIAR 相关中心在条约相关条款下为利用者提供种质资源及其信息的责任。2017 年，建立了 CGIAR 种质库平台，由各中心的种质库组成，旨在加强 CGIAR 种质库的核心工作，促进全球作物种质资源保护和可持续利用。CGIAR 种质库平台的管理团队包括一名平台协调员、各个中心种质库负责人组成的执行委员会、一名政策协调员和一名种质健康处的代表。该平台下设保存、利用和政策三个部门，但这些种质库的日常管理仍然由各个中心的种质库自己负责。目前为止，CGIAR 种质库平台共保存各类作物种质资源 76 万余份（表 12-1）。

表 12-1　CGIAR 种质库平台保存的作物种类及其种质资源份数（截至 2021 年 12 月）

作物名称	种质库	保存份数
水稻	国际水稻研究所（IRRI） 非洲水稻中心组织（AfricaRice）	151 765
小麦	国际玉米小麦改良中心（CIMMYT） 国际干旱地区农业研究中心（ICARDA）	199 248
玉米	国际玉米小麦改良中心（CIMMYT） 国际热带农业研究所（IITA）	30 055
大麦	国际干旱地区农业研究中心（ICARDA）	32 790
谷子、龙爪稷等	国际半干旱地区热带作物研究所（ICRISAT）	11 797
珍珠粟	国际半干旱地区热带作物研究所（ICRISAT）	23 841
高粱	国际半干旱地区热带作物研究所（ICRISAT）	41 582
马铃薯	国际马铃薯中心（CIP）	7 209
甘薯	国际马铃薯中心（CIP）	8 054
木薯	国际热带农业中心（CIAT） 国际热带农业研究所（IITA）	9 339
其他块根块茎作物（雪莲果、美洲落葵、块茎旱金莲等）	国际马铃薯中心（CIP）	2 526
山药	国际热带农业研究所（IITA）	5 839
花生	国际半干旱地区热带作物研究所（ICRISAT）	15 622
菜豆	国际热带农业中心（CIAT）	37 938
鹰嘴豆	国际半干旱地区热带作物研究所（ICRISAT） 国际干旱地区农业研究中心（ICARDA）	36 513
豇豆	国际热带农业研究所（IITA）	17 051
蚕豆	国际干旱地区农业研究中心（ICARDA）	10 034
山黧豆	国际干旱地区农业研究中心（ICARDA）	4 451
小扁豆	国际干旱地区农业研究中心（ICARDA）	14 597

续表

作物名称	种质库	保存份数
豌豆	国际干旱地区农业研究中心（ICARDA）	6 132
木豆	国际半干旱地区热带作物研究所（ICRISAT）	13 783
果树	世界农用林业中心（ICRAF）	14 582
香蕉	国际生物多样性中心（IBC）	1 959
牧草	国际热带农业中心（CIAT） 国际干旱地区农业研究中心（ICARDA） 国际家畜研究所（ILRI）	70 514
总量		767 221

国际生物多样性中心（1992 年前称国际植物遗传资源委员会，1992～2006 年称国际植物遗传资源研究所）是 11 个中心中唯一一个专门从事植物遗传资源保护和利用的中心，成立于 1974 年，任务是促进和协调种质资源收集保存、鉴定评价、编目和信息管理及利用工作。1986 年，CGIAR 批准扩大该中心的职责范围，涵盖所有能够促进全球植物种质资源协作网的活动，包括 CGIAR 内和外的相关研究活动。自此该中心在促进全球种质资源收集、鉴定评价、离体保存技术研究、遗传多样性研究、种子保存研究、全球遗传资源协作网等方面发挥重要作用，并在全球建立多个办事处和区域中心，包括在中国农业科学院建立的东亚办事处。

（二）斯瓦尔巴全球种子窖

斯瓦尔巴全球种子窖位于挪威斯匹次卑尔根岛，是一个长期的种子储存设施。斯瓦尔巴全球种子窖的目标任务是为世界各国种质库保存种质资源重复样本，确保在发生大规模区域或全球危机时，这些种质库保存的资源不会丧失。斯瓦尔巴全球种子窖由挪威政府建设，通过挪威政府、全球作物多样性信托基金和北欧遗传资源中心三方协议进行管理。全球用户可以免费在该种子窖储存种子，挪威政府和全球作物多样性信托基金支付运营费用。2006 年 6 月 19 日，挪威、瑞典、芬兰、丹麦和冰岛五国总理举行了该种子窖的奠基仪式，2008 年建成并投入使用，容量达 450 万份。截至目前，该种子窖已保存超过 120 万份种质样本，分别来自 CGIAR 种质库和各个国家种质库，物种和品种多样性丰富，代表了超过 1.3 万年的农业发展史。

三、国际作物种质资源运行体系及其机制

（一）国际农业研究磋商组织运行体系及其机制

CGIAR 支持作物种质资源工作的目标是确保种质资源安全保存和可持续利用，由此建立的相关计划和项目构成了其种质资源运行体系，研制的各项操作指南和标准构成了其运行机制（Halewood et al.，2020）。

CGIAR 的有关植物遗传资源项目计划可以分为三个阶段：第一阶段始于 20 世纪 70 年代，重点开展作物种质资源收集，包括谷类作物、马铃薯、食用豆、高粱、木薯、

大豆、花生、甘薯、山药等，仅国际生物多样性中心就在全球开展了500多次作物种质资源考察收集工作（Arora and Ramanatha，1995）。大多数国际农业研究中心都建立起了长期种质库，并分别对各自中心收集的种质资源进行保存，包括编目和数据管理工作。第二阶段始于20世纪90年代，以建立CGIAR全系统种质资源计划为标志。该计划的目的是促进CGIAR各个中心在遗传资源相关活动中的合作。由国际生物多样性中心牵头，所有中心的代表组成遗传资源中心工作组，全系统遗传资源计划主要活动是促进遗传资源政策、战略和技术的研究，并为国家项目提供信息、建议和培训。第三阶段始于21世纪初，以建立CGIAR种质库平台为标志，主要工作是提高保护能力，加强分发利用。该阶段也是CGIAR种质库全面升级运行标准的阶段，不但在保护和利用方面得到加强，同时也加强政策研究，促进种质资源获取与惠益分享，促进育种和保障粮食安全。

国际生物多样性中心在CGIAR种质库运行过程中，研制了各项操作指南和标准。在种质资源收集方面，与FAO、UNEP和国际自然保护联盟（IUCN）等机构制定了《植物遗传资源收集技术指南》等；在种质保存方面，与FAO制定了《种质库标准》《遗传保存的种子保存设施设计》《种质库种子技术手册：原则和方法》《种子贮藏习性》《种质收集品有效管理指南》等；在繁殖更新方面，组织CGIAR种质库专家，制定了不同作物的繁殖更新标准，如《种子收集品材料的更新指南》等；在鉴定评价方面，和有关中心制定了100多种作物的描述符、《田间鉴定试验设计指南》《遗传资源信息汇编指南》等；在种质资源分发利用方面，制定了系列作物安全分发技术指南，防止种质资源交流中有害生物入侵。

CGIAR种质库的运行得到了高水平保障。20世纪60年代至21世纪初，经费主要来源于成员国的捐助经费，也得到了世界银行、IUCN粮食及农业组织和联合国开发计划署的支持。近年来，全球作物多样性信托基金为CGIAR种质库的运行提供了持续的资金保障；全球环境基金（GEF）也为CGIAR特别是国际生物多样性中心探索农场保护研究提供支持。

随着世界农业面临不断升级的气候和生物多样性危机，农业、食物、土地和水的研究比以往任何时候都向多学科方向发展，需要同时改善粮食安全、增加生物多样性、刺激经济增长和增强应对气候危机的恢复能力。为适应需求变化，CGIAR于2019年底开始了名为“One CGIAR”的雄心勃勃的转型，通过明确更清晰的使命，统一治理和机构整合，以及采取一种新的研究模式，汇集更多的资金，来释放其综合资源以产生更大的影响，期望形成一个统一和综合的CGIAR提升全球应对气候变化对粮食、营养和水安全威胁的能力。

（二）斯瓦尔巴全球种子窖运行机制

斯瓦尔巴全球种子窖的运行体系相对简单，主要计划就是为全球提供作物种质资源的复份安全保存，由诺丁汉遗传资源中心具体操作。任何国家或组织都可以送种质资源到斯瓦尔巴全球种子窖保存，采用黑匣子保存法，寄存者根据要求对种子进行处理、包装、装箱和密封，直接放入种子窖保存。

斯瓦尔巴全球种子窖为寄存者提供了操作指南，原则上，世界上所有种质库都可以利用全球种子窖保存复份样品，但前提条件是同意斯瓦尔巴全球种子窖的运作规则并满足储存协议上的所有要求。具体操作程序如下。

（1）寄存者可以写信给 seedvault@nordgen.org，提出储存申请，然后通过阅读“储存协议”，了解有关储存种质资源的基本要求。储存协议是挪威农业和食品部与寄存者之间，就全球种子窖储存种质资源签署的协议。

（2）寄存者与挪威农业和食品部签署“储存协议”。该协议规定了双方的权利、义务和责任。

（3）寄存者根据“储存协议”中的要求，准备拟储存的种质材料，包括干燥处理、包装、密封和标签。

（4）寄存者邮寄储存材料给斯瓦尔巴全球种子窖，费用自理。同时提供邮寄材料的目录、检疫证书，并与诺丁汉遗传资源中心商定邮寄时间。

（5）全球种子窖接到寄存者寄来材料后，不进行任何查封、检验，直接存入冷库，也不进行任何生活力监测。

（6）全球种子窖并不拥有这些寄存的种质材料。所有寄存的种质材料仍归寄存者所有。

（7）如果寄存者想要提取储存在斯瓦尔巴全球种子窖的材料，可根据协议规定的方式，随时提取所储存的种质材料。

（8）如果寄存者不希望将保存的种质材料返还给他，则应书面通知挪威农业和食品部。在这种情况下，储存的材料将由挪威农业和食品部按照斯瓦尔巴全球种子窖的操作规则和程序处理。

挪威政府和全球作物多样性信托基金共同为斯瓦尔巴全球种子窖提供运转经费，包括人员工资、设备维护、运输等费用。诺丁汉遗传资源中心为斯瓦尔巴全球种子窖运转提供技术支持，包括种质接收、储藏、信息管理等方面的支持。

四、部分国家作物种质资源管理案例

世界各国都高度重视作物种质资源管理工作，逐步建立了法律法规主导的作物种质资源管理体系。由于不同国家作物种质资源丰富度和特点不同，所采取的管理方式也不尽相同。在此以美国、日本、巴西和印度等较典型国家为例，介绍相关国家的作物种质资源管理工作状况，基本可反映全球典型的作物种质资源管理模式。

（一）美国

1. 相关法律法规

美国的法律法规很多与植物种质资源管理有关，其中最主要的是《专利法》和《植物品种保护法》。美国的《专利法》规定，植物品种也可以被授予发明专利。对专利品种的使用施加最有力的控制，可以有效保护植物品种方面的知识产权。美国于 1970 年颁布了《植物品种保护法》，1989 年和 1994 年先后对其进行了修订，1991 年加入了《国际植物新品种保护公约》。美国植物品种保护办公室要求每一个授予品种权的品种都要送样品到国家种子储藏实验室保存（黎裕和王天宇，2018；章一华和董玉琛，1990）。在美国，对植物品种取得专利权非常重视，因为品种专利权持有人可阻止他人为了育种的目的使用该品种，这与植物新品种权保护规定有显著区别。

2. 种质资源管理体系

美国农业部是植物种质资源的主管单位，设立有种质资源信息处、种质交换处等管理机构。美国成立了国家遗传资源咨询委员会，负责重大事项的决策。咨询委员会是由部门间相关人员组成，包括行政官员、科学家和基金会成员。农业部门内部成立了植物遗传资源协调委员会，由农业部农业研究局和州农业试验站相关人员组成，负责协调相关机构在粮食和农业植物遗传资源的政策和项目活动。在作物种质资源管理方面，美国成立了作物种质资源委员会，由种质资源的不同利用者组成，负责为国家种质资源体系内的种质库和种质圃提供技术支持，包括收集、鉴定和评价及保护工作的重点和技术。目前，美国共成立了 44 个作物种质资源委员会，涵盖了所有主要和次要作物。每个委员会包括 1 名主席和多名来自政府机构、大学和企业的相关专家。每个委员会都制定了自己的会议和活动计划，开展问题研究和提出建议。美国国家种质资源实验室负责人负责协调各个作物种质资源委员会的活动，提供行政方面的支持，包括秘书处方面的工作。

3. 种质资源保护和利用体系

美国国家植物种质资源体系是一个公共部门和私人机构共同参与的合作网络，由 1 个长期库、29 个中期库和相关种质资源信息系统（https://www.ars-grin.gov/npgs/collections.html）组成，其中中期库依托遍布美国各地的大学和研究机构建设，包括 3 个地区引种站、17 个特定作物种质和遗传材料种质库和 9 个无性繁殖作物种质圃。美国国家植物种质资源体系的主要任务是开展收集、保护、鉴定评价、信息汇编和种质分发研究工作，目标是向公共和私人育种家提供所需资源，用于改良作物的产量和品质。种质资源信息系统涵盖了美国保存的所有种质资源的相关数据和信息，可以检索到每一份的统一编号（plant introduction 编号，简称 PI 号）、来源及其特征特性。截至目前，美国国家植物种质资源体系共保存超过 60 万份种质资源，涵盖 2559 个属 16 290 个种。

4. 运行体系

1990 年，美国国会批准了国家遗传资源计划，由美国农业部负责实施。植物种质资源作为该计划的主要组成部分，重点开展收集、鉴定、编目、保存和分发利用工作，国家从机构组成、人员队伍、网络建立与维护，以及经费等方面给予持续支持。美国很早就建立了国外引种计划，拥有完善的种质资源引进程序。美国植物种质资源鉴定工作主要由区域引种站承担，凡是收集和引进植物种质资源，经农业部农业研究局种质交换处登记后，送不同植物引种站进行繁殖和鉴定，主要记录一些基本的表型性状，包括株高、穗型、花色、籽粒颜色等，并进行编目，包括统一编号、名称、种属名称、种质类型、系谱、主要农艺性状等信息。在种质资源分发利用方面，美国为国内外所有需要者免费提供种质资源。需要者可以通过种质资源信息系统检索感兴趣的资源，然后提交申请，也可以直接向各个中期库提出申请，索取感兴趣的种质材料。如果是合作研究所需材料，则应签署相关合作合同，如果是直接索取，则需要签署材料转移协议。

（二）日本

1. 相关法律法规

在日本，《种子和种苗法》是有关粮食和农业植物种质资源最重要的法律。日本于 1947 年颁布了第一部《种子和种苗法》，1978 年引入作物品种登记制度后对该法进行了修订，是较早采用植物新品种保护制度的国家。1979 年日本签署了《国际植物新品种保护公约》，成为亚洲第一个加入该公约的国家。此后，该法经过多次修改，现行为 2007 年版本。该法规定了作物登记制度、新品种保护制度和受保护品种的种子苗木标识制度，以促进种植和调整种子苗木分配，对促进日本农业发展有重要作用。

2. 种质资源管理体系

日本农林水产省（MAFF）是粮食和农业种质资源主管部门，主要通过日本国家遗传资源委员会统一管理日本的粮农种质资源工作。日本国家遗传资源委员会负责拟定国家粮农种质资源方针政策，指导全国种质资源保护和利用工作。为加强遗传资源管理，日本设立了专职遗传资源协调员，负责协调全国动植物和微生物遗传资源的保护和利用活动。

3. 种质资源保护和利用体系

日本的作物种质资源保护和利用体系由 1 个长期库、15 个地区种质库（圃）和 43 个科研院所组成全国植物种质资源协作网，不仅保存了日本原产植物物种，还收集保存了大量海外资源。2016 年以前，日本农林水产省下属国立农业生物资源研究所负责协调日本全国植物遗传资源保护和利用工作，2016 年国立农业生物资源研究所并入日本农业科学研究院，同时在该院成立了种质资源中心，也是日本长期种质库所在单位，成为日本生物种质资源保护和利用的研究和协调机构，共同开展与农业有关的植物种质资源收集、鉴定、保存、信息汇编和分发利用工作。保存的作物种类包括水稻、小麦和大麦、食用豆、谷子和经济作物、草地和牧草作物、蔬菜、花卉和林木、茶、桑、热带和亚热带作物，目前日本作物种质资源保护体系共保存各类植物种质资源 22 万份。

4. 运行体系

1985 年，日本启动了国家种质库项目，目标是加强粮食和农业领域的植物、微生物、动物种质资源收集、保护和利用。2001 年，国家种质库项目名称改为“农业生物种质库项目”。2006 年，对国立农业生物资源研究所进行了重组，同时创建了种质资源中心。种质库项目由植物、微生物、动物和 DNA 四个部门实施。在种质资源运行制度方面，对其本国申请者，按照《植物遗传资源分发指南》《基因资源管理规章》等规章制度进行分发。对国外共享资源实行严格控制，只能在植物和微生物遗传资源分发目录内申请，需签订协议，并承诺仅用于科学研究。日本政府对种质库项目提供强有力的财政支持，包括种质资源的收集、繁殖、鉴定和信息汇编费用，并拥有稳定的人员队伍。

（三）巴西

1. 相关法律法规

1995 年 1 月巴西颁布第一部《生物安全法》，主要是规范转基因农产品的种植和销售。2004 年 2 月巴西议会通过了第二部《生物安全法》，规范了转基因农产品的种植和销售。2005 年 11 月，巴西出台了与《生物安全法》配套实施的《生物安全法实施条例》。2001 年，巴西颁布了《遗传资源与相关传统知识获取法》，强化了种质资源国家主权，任何组织和个人要想获取遗传资源都必须事先获得有关政府部门的批准，并签署相关协议。巴西的《植物品种保护法》，规定了授予植物品种保护的条件和育种者的条件，并对保护原则做了规定。

2. 种质资源管理体系

巴西农业、牧业和食品供应部是粮农遗传资源行政主管部门。1994 年巴西国家可持续发展部际委员会（CIDES）成立，该委员会的作用是协调联邦一级的各种活动，将生物多样性保护和可持续发展纳入有关经济决策中予以保障。

3. 种质资源保护和利用体系

巴西的植物遗传资源保护体系建设始于 20 世纪 70 年代初，目前已形成了比较完善的保护和利用网络，包括 1 个长期库、383 个遍布全国的中期库（圃），其中有 140 个中期库（圃）位于巴西农业科学院系统内。该网络负责巴西作物种质资源保护和利用工作，在种质资源收集引进、特性鉴定和利用，以及信息管理方面取得了重要进展。目前，国家遗传资源与生物技术中心长期保存作物种质资源 25 万份，该中心负责协调全国粮农遗传资源网络的工作（陶梅和胡小荣，2007）。

4. 运行体系

1980 年，巴西农业科学院建立了国家种质资源研究计划，在遗传资源和生物技术研究所的协调下，该计划整合了所有动植物种质资源项目，统一开展种质资源引进交换、收集、鉴定、评价、信息处理等研究工作。巴西环境部种质资源局设立了一个多年生植物种质资源计划，内容包括保护和评估农业生物多样性、促进可持续利用具有当前或潜在经济价值的本地物种、保护地方品种和作物野生近缘物种、保护和恢复濒危动植物和微生物物种等有关工作。环境部种质资源局还支持一个农业生物多样性保护和可持续利用计划，内容包括濒危动物物种和迁徙物种的保护、外来入侵物种的监测和控制，以及转基因生物安全行动方案的实施。

（四）印度

1. 相关法律法规

印度于2001年制定了《植物品种保护和农民权利法案》，为印度保护植物品种、农民和育种家权利，鼓励培育新品种提供了有效的法律平台。2002年制定了《生物多样性法》，特别规定未经国家生物多样性主管部门批准，外国人、未登记注册的组织、有外国人参加的涉及分享资金和管理的组织不得在印度从事生物多样性活动。此外，《产品地理标志法》《国外进口植物检疫条例》《种子法》也都涉及植物遗传资源管理（Singh et al.，2020）。

2. 种质资源管理体系

印度农业部是印度植物种质资源的管理部门，主要通过国家植物遗传资源局管理全印度植物遗传资源保护和利用工作。印度设立了特定作物的咨询委员会，就不同作物的当前持有状况向印度植物遗传资源局提供咨询服务，包括种质收集的缺口和有待考察的地区、需要引进新作物/种质资源的国家、需要遵循的描述符、长期储存的优先重点、核心收集品，以及具体的研究和培训需求。

3. 种质资源保护和利用体系

印度建立了原生境与非原生境相结合的植物种质资源保护和利用体系。原生境保护体系由地方品种农场保护和野生近缘种原生境保护组成。在野生近缘种方面，一些民间社会组织与国家和国际机构合作，参与目标物种的就地保护。自1993年以来，逐步建立了54个药用植物保护区，探索了水稻等作物农家保护途径。非原生境保护和利用体系由1个长期库、28个中期库、13个短期库、5个试管苗库、25个田间种质圃、2个超低温库组成，此外还有150多个植物园。印度长期库位于新德里的国家植物遗传资源局内，共保存约35万份资源。在全国各地的中期库和短期库共保存约17万份，用于分发和利用。

4. 运行体系

早在20世纪前期，印度就已开始对植物遗传资源进行系统调查、收集和保护。1976年，印度成立了国家植物遗传资源局，由此建立全印度植物遗传资源收集、保护和利用项目。印度环境和林业部、农业部与科学和工业研究部都支持植物种质资源保护和利用方面的计划和项目。此外，通过国际合作，印度获得很多国外项目支持，包括全球环境基金项目等。为保障植物遗传资源体系的运行，印度国家植物遗传资源局制定了《植物遗传资源登记指南》，用于指导种质资源收集工作；制定了《用于研究的种子（种植材料）进出口准则》，用于规范种质资源进出口行为。

第二节 中国作物种质资源管理

植物遗传资源是生物多样性保护的主要对象之一，同时也是生物资源的重要组成部分，国家对包括种质资源在内的生物资源享有主权。在我国，由于果树、作物野生近缘种，以及药食同源野生作物等分别与林、草、药用植物资源管理工作存在一些交叉，因此，当前植物遗传资源管理涉及的部门包括生态环境部、农业农村部、自然资源部、国家卫生健康委员会等四部委相关司局，针对作物、林草和药用植物遗传资源等管理对象的不同分工负责，形成多部门协同的植物遗传资源业务管理体系（图 12-1），各部门具体职责分工见表 12-2。

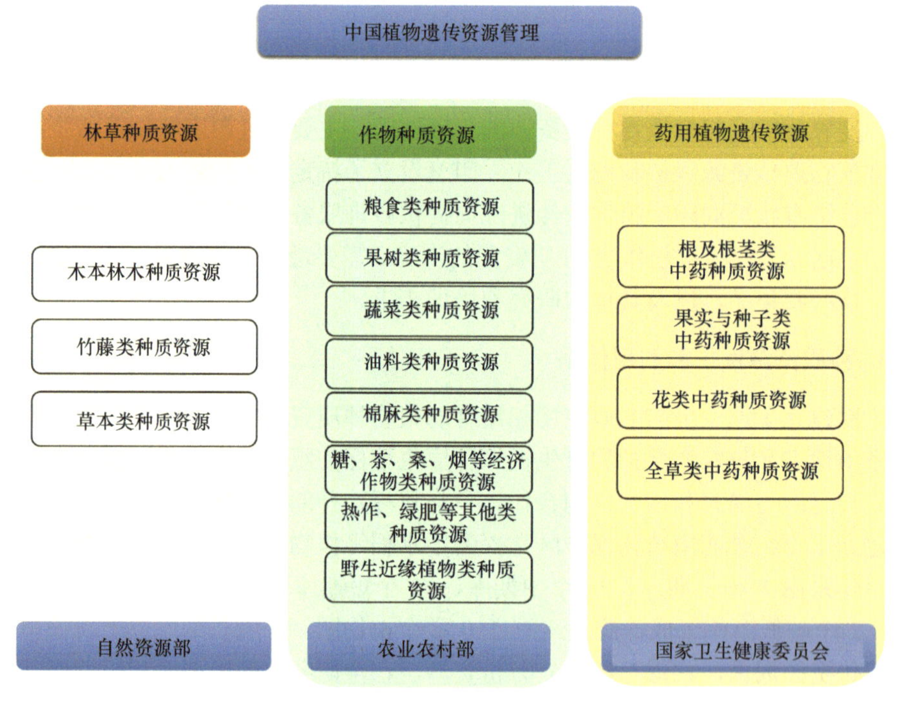

图 12-1 中国植物遗传资源业务管理体系

（1）生态环境部：涉及植物遗传资源管理的司局为自然生态保护司，具体职责内容包括：组织制定各类自然保护地监管制度并监督实施，承担自然保护地相关监管工作；监督野生动植物保护工作，湿地生态环境保护、荒漠化防治等；组织开展生物多样性保护、生物物种资源（含生物遗传资源）保护、生物安全管理工作；承担中国生物多样性保护国家委员会秘书处和国家生物安全管理办公室工作；负责有关国际公约国内履约工作。

（2）农业农村部：涉及作物和野生近缘种等植物遗传资源管理的司局有种业管理司和科技教育司。其中，种业管理司负责起草农作物和畜禽种业发展政策、规划；组织实施农作物种质资源保护和管理。科技教育司负责农业生物物种资源产地环境保护

表 12-2　植物遗传资源管理部门及职责分工

植物遗传资源类型	管理部委/局	负责部门	职责	法律依据
统筹管理	生态环境部	自然生态保护司	组织制定各类自然保护地监管制度并监督实施，承担自然保护地相关监管工作；监督野生动植物保护、湿地生态环境保护、荒漠化防治等工作；组织开展生物多样性保护、生物物种资源（含生物遗传资源）保护、生物安全管理工作；承担中国生物多样性保护国家委员会秘书处和国家生物安全管理办公室工作；负责有关国际公约国内履约工作	《中华人民共和国生物安全法》《中华人民共和国环境保护法》等
作物	农业农村部	种业管理司	负责起草农作物和畜禽种业发展政策、规划；组织实施农作物种质资源保护和管理	《中华人民共和国种子法》
		科技教育司	农业生物物种资源产地环境保护和管理；承担外来物种管理相关工作	
林草	自然资源部（国家林业和草原局）	国有林场和种苗管理司	负责林草种质资源普查、收集、评价、利用和种质资源库建设管理工作	《中华人民共和国森林法》《中华人民共和国草原法》等
		野生动植物保护司	负责组织开展陆生野生动植物资源调查，拟订及调整国家重点保护的陆生野生动物、植物名录，指导陆生野生动植物的救护繁育、栖息地恢复发展、疫源疫病监测，监督管理陆生野生动植物猎捕或采集、驯养繁殖或培植、经营利用，按分工监督管理野生动植物进出口	
		自然保护地管理司	负责监督管理各类自然保护地，拟订各类自然保护地规划和相关国家标准，以及生物多样性保护相关工作，承担《生物多样性公约》相关履约事务	
药用植物	国家卫生健康委员会（国家中医药管理局）	科技司（加挂中药创新与发展司）	负责组织开展中药资源普查，促进中药资源的保护、开发和合理利用，参与拟订中药产业发展规划和产业政策	《中华人民共和国中医药法》

和管理；承担外来物种管理相关工作。

（3）自然资源部：作为自然资源部管理的国家局——国家林业和草原局负责林草植物遗传资源的管理工作，主要包括国有林场和种苗管理司、野生动植物保护司及自然保护地管理司等。其中国有林场和种苗管理司负责林草种质资源普查、收集、评价、利用和种质资源库建设管理工作；野生动植物保护司负责组织开展陆生野生动植物资源调查，拟订及调整国家重点保护的陆生野生动物、植物名录，指导陆生野生动植物的救护繁育、栖息地恢复发展、疫源疫病监测，监督管理陆生野生动植物猎捕或采集、驯养繁殖或培植、经营利用，按分工监督管理野生动植物进出口；自然保护地管理司负责监督管理各类自然保护地，拟订各类自然保护地规划和相关国家标准，以及生物多样性保护相关工作，承担《生物多样性公约》相关履约事务。

（4）国家卫生健康委员会：作为国家卫生健康委员会管理的国家局——国家中医药管理局科技司（加挂中药创新与发展司）负责药用植物资源管理工作，具体职责内容包括：负责组织开展中药资源普查，促进中药资源的保护、开发和合理利用，参与拟订中药产业发展规划和产业政策等工作。

一、中国作物种质资源管理体系

（一）中国作物种质资源管理发展历程

随着经济社会的发展和农业生产方式的变革，我国作物种质资源事业经历了起步发展、全面发展和深入发展三个历史阶段（刘旭，2019），与之相对应的，我国作物种质资源管理也经历了三个发展阶段。

1. 政府主导阶段（1949～1977 年）

我国作物种质资源工作起步于 20 世纪 50 年代，老一辈科学家利用工作之余自发收集作物种质资源，在丁颖、金善宝、戴松恩、刘定安等老一辈科学家带领下，开始了作物种质资源的收集保护工作。随着人民公社化的推进，全国性的作物种质资源收集保护工作提上日程，在金善宝、戴松恩等老一辈科学家呼吁下，1955～1958 年，由农业部发文，华北农业科学研究所（中国农业科学院前身）组织开展了第一次全国性的作物种质资源征集工作，征集到的 40 多种作物 21 万余份资源分散保存于中国农业科学院和各省相关农业科研院所。1959 年 5 月，中国作物种质资源奠基人董玉琛先生从苏联留学归国，提出将“原始材料”改为“品种资源”（后多称“种质资源”），标志着中国作物种质资源学科初创，在这一时期，我国的作物种质资源管理工作为政府主导的发展初期。

2. 行政指导下的技术部门负责阶段（1978～2000 年）

1978 年 4 月，农林部批复同意，成立中国农业科学院作物品种资源研究所，负责统筹全国作物种质资源工作。1979 年 2 月，全国农作物品种资源科研工作会议在合肥召开，制定了《全国农作物品种资源工作暂行规定》等四个重要文件，各省份相继建立作物种质资源科研机构，首次提出了“广泛收集、妥善保存、深入评价、积极创新、共享利用”的种质资源二十字工作方针。在此期间，国家先后组织开展了第二次全国农作物种质资源补充征集、重大作物种质资源专项考察收集活动 30 余次，特别是“七五”至“九五”科技攻关计划单独设立种质资源专项启动实施，这就初步形成了行政部门指导下，由中国农业科学院作物品种资源研究所负责的，全国 310 余家科研教学单位、1100 余名科技人员参与的，全面系统地开展作物种质资源全国协作的科研和管理体系（方嘉禾和刘旭，2001；中国农业科学院作物科学研究所，2012）。

3. 依法管理阶段（2001 年至今）

20 世纪 90 年代末，为加强种质资源管理，促进我国农作物种子（苗）的对外贸易与合作交流，农业部制定出台《进出口农作物种子（苗）管理暂行办法》（1997 年 3 月 28 日公布）；为保护和合理利用种质资源，规范品种选育、种子生产经营和管理行为，推动种子产业化，发展现代种业，农业部牵头制定了《中华人民共和国种子法》（自 2000 年 12 月 1 日起施行），明确了国家对种质资源享有主权，国家农业、林业主管部门依法保护和管理种质资源；为了加强农作物种质资源的保护，促进农作物种质资源的交流和利用，农业部根据《种子法》的规定，制定了《农作物种质资源管理办法》（自 2003 年 10 月 1 日起施行，1997 年发布的《进出口农作物种子（苗）管理暂行办法》有关种质资源进出口管理的内容同时废止）。由此，我国作物种质资源管理正式进入依法管理阶段。同时，为适应新发展阶段需要，在《种子法》修订基础上，农业农村部发布了新修订的《农作物种质资源管理办法》。为满足新时期农业科技原始创新和现代种业发展的重大需求，2003 年，又对种质资源二十字工作方针进一步阐释，并明确为“广泛收集、妥善保存、全面评价、深入研究、积极创新、充分利用”的二十四字指导方针。

（二）全国农作物种质资源管理工作体系

为贯彻落实《国务院关于加快推进现代农作物种业发展的意见》（国发〔2011〕8 号）和《国务院办公厅关于深化种业体制改革提高创新能力的意见》（国办发〔2013〕109 号）精神，强化农作物种质资源对现代种业发展的支撑作用，指导全国作物种质资源保护利用工作，依据《种子法》和《国家中长期科学与技术发展规划纲要（2006—2020 年）》编制了《全国农作物种质资源保护与利用中长期发展规划（2015—2030 年）》（以下简称《规划》），该《规划》于 2015 年 2 月 28 日，由农业部会同国家发展改革委、科技部三部委联合发布。《规划》在研判作物种质资源保护与利用工作存在的问题、未来发展趋势的基础上，明确了以安全保护和高效利用为核心的总体工作思路，提出三个体系、四项主要任务和五大重点行动计划，同时提出，各地要明确农作物种质资源主管部门，强化种质资源工作的组织协调和保障。

为充分发挥市场在资源配置中的决定性作用，政府有效提供基本公共服务，推动国家治理体系和治理能力现代化。党的十八大以来，我国积极推进中央与地方财政事权和支出责任划分改革。由于种质资源的国家主权属性和基础性、公益性的战略定位，决定了种质资源管理既是中央事权，也是地方事权，需发挥中央和地方两个积极性。为适应作物种质资源保护利用工作发展的新形势新要求，2020 年 2 月 11 日，国务院办公厅发布《关于加强农业种质资源保护与利用的意见》（国办发〔2019〕56 号，以下简称《国办意见》），进一步明确了种质资源保护利用工作的基础性、公益性、战略性、长期性定位，保护优先、高效利用、政府主导、多元参与的基本原则。同时也首次明确了责任主体，即省级主管部门的管理责任、市县政府的属地责任和农业种质资源保护单位的主体责任，进一步明确了农业种质资源实施国家和省级两级管理，建立国家统筹、分级负责、有机衔接的保护机制。为进一步贯彻落实《国办意见》精神，落实种质资源保护单位主体责任，推进农业种质资源登记与大数据平台构建等工作，根据《农作物种质资源管理办法》的相关规定，农业农村部于 2020 年 6 月 19 日印发《关于落实农业种质资源保护主体责任 开展农业种质资源登记工作的通知》（农种发〔2020〕2 号），进一步明确分类分级管理的工作思路。

1. 作物种质资源管理机制

根据《农作物种质资源管理办法》的相关规定，设定如下管理机制。

（1）作物种质资源实施国家和省级两级管理，实行国家统筹、分级负责、有机衔接的保护机制。鼓励企事业单位、个人开展农作物种质资源保护工作。农业农村部构建全国统一的种质资源大数据平台，推进数字化动态监测、信息化监督管理。

（2）农业农村部设立国家农作物种质资源委员会，办公室设在农业农村部种植业管理司，负责研究提出国家农作物种质资源发展战略和方针政策，协调全国农作物种质资源管理工作。省级人民政府农业农村主管部门设立省级农作物种质资源委员会，协调省级农作物种质资源管理工作；农作物种质资源委员会由科研、教学、管理、企业等方面的专业人员组成；农作物种质资源委员会设立办公室，负责委员会的日常工作；农作物种质资源委员会按农作物种类设立专业委员会。

（3）农业农村部和省级人民政府农业农村主管部门分别确定国家和省级农作物种质资源保护单位。农作物种质资源保护单位履行单位法人负责制；实行定期绩效考核。

（4）农业农村部依托中国农业科学院作物科学研究所设立农业农村部农作物种质资源保护与利用中心，作为牵头组织实施单位，负责国家农作物种质资源保护单位确定、种质资源登记、保护、原始创新、深度发掘与分子检测、共性技术研发与标准制定、交流共享，以及作物种质资源保护与利用相关研究工作的组织管理，为全国农作物种质资源研究与管理决策等提供技术咨询、专业支撑。

（5）各省、自治区、直辖市人民政府农业农村主管部门要会同相关部门，切实落实省级主管部门的管理责任、市县政府的属地责任、保护单位的主体责任，将农作物种质资源保护与利用工作纳入相关工作考核；同时可以根据《农作物种质资源管理办法》和本地区实际情况，制定本地区的管理办法。

2. 作物种质资源收集保护

《种子法》明确规定国家依法保护种质资源，任何单位和个人不得侵占和破坏种质资源。禁止采集或者采伐国家重点保护的天然种质资源。因科研等特殊情况需要采集或者采伐的，应当经国务院或者省、自治区、直辖市人民政府的农业农村、林业草原主管部门批准。国家有计划地普查、收集、整理、鉴定、登记、保存、交流和利用种质资源，重点收集珍稀、濒危、特有资源和特色地方品种。根据《种子法》中种质资源收集保护的相关条文，在《农作物种质资源管理办法》中进行了专章规定，重点明确了各类保护主体和管理部门的责任、权利、义务。主要内容概括如下。

（1）国家和省级两级保护体系。农业农村部和省级人民政府农业农村主管部门有计划地组织农作物种质资源普查、调查、考察和收集工作。因工程建设、环境变化等情况可能造成农作物种质资源灭绝的，应当及时组织抢救收集。

（2）明确收集和保护单位责任。收集的农作物种质资源及相关档案应当送交国家或省级农作物种质资源保护单位；利用财政经费产生的农作物种质资源及其相关信息，依照相关规定向相应国家或省级农作物种质资源保护单位汇交，由保护单位出具汇交回执。

（3）地方政府的管理和属地责任。地方政府在编制国土空间规划时，应当合理安排新建、改扩建农作物种质资源保护设施用地；占用种质资源库、种质圃、保护区或者保护地，或改变其功能和地点的，需经原设立机关同意；国家和地方有关部门应当依法保障国家农作物种质资源保护设施的正常运转和种质资源安全。

（4）重要资源重点保护。禁止采集或者采伐国家重点保护的天然种质资源，包括野生种、野生近缘种、濒危稀有种，以及种质资源保护区、保护地、种质圃内的农作物种质资源；因科研等特殊情况需要采集或者采伐的，应当经省级以上人民政府农业农村主管部门批准；采集数量应当以不影响原始居群的遗传完整性及其正常生长为基本条件。

3. 作物种质资源国际交流

《种子法》规定国家对种质资源享有主权。任何单位和个人向境外提供种质资源，或者与境外机构、个人开展合作研究利用种质资源的，应当报国务院农业农村、林业草原主管部门批准，并同时提交国家共享惠益的方案。国务院农业农村、林业草原主管部门可以委托省、自治区、直辖市人民政府农业农村、林业草原主管部门接收申请材料。国务院农业农村、林业草原主管部门应当将批准情况通报国务院生态环境主管部门。在《农作物种质资源管理办法》中，对于作物种质资源国际交流也有如下相应的具体规定。

（1）明确国家主权。国家对作物种质资源享有主权，鼓励开展公平、互惠、对等的种质资源国际合作交流。

（2）申请审核制度。任何单位和个人向境外提供种质资源，或者与境外机构、个人开展合作研究利用种质资源的，应向省级人民政府农业农村主管部门提出申请，并提交国家共享惠益的方案；受理申请的农业农村主管部门经审核，报农业农村部批准；未经批准，境外人员不得在中国境内考察和收集农作物种质资源。中外科学家联合考察我国农作物种质资源的，应当提前 6 个月报农业农村部批准。

（3）规范审批程序。向境外提供作物种质资源，或者与境外机构、个人开展合作研究利用作物种质资源实行分类管理，禁止向第三方转让；联合考察采集的农作物种质资源需要带出境外的，应当按照《农作物种质资源管理办法》规定办理向境外提供农作物种质资源审批手续。具体程序：填写“对外提供农作物种质资源申请表”，提交向境外提供或合作研究利用的种质资源详细说明、与接受方或合作方签署的种质资源获取与利益分享协议、国家共享惠益方案，向所在地省级人民政府农业农村主管部门提出申请；受理申请的省级人民政府农业农村主管部门自收到申请材料之日起 20 个工作日内完成审核工作，审核通过后，报农业农村部审批；农业农村部在收到申请材料之日起 3 个月内完成专家评审，并在之后的 20 个工作日内做出审批决定；向境外提供农作物种质资源的单位和个人，持“对外提供农作物种质资源准许证”到检疫机关办理检疫审批手续，获得检疫通关证明，向海关办理出口通关手续；不予批准的，签署不批准意见，出具办结通知书，并通知申请者。

单位和个人从境外引进种质资源，应当依照有关植物检疫法律、行政法规的规定，办理植物检疫手续。

（4）严守生物安全底线。从境外引进新物种的，应当进行科学论证，采取有效措施，防止可能造成的生态环境危害。引进后隔离种植1个以上生育周期，经评估，确实安全和有利用价值的，方可分散种植；从境外引进作物种质资源，应当依照有关植物检疫法律法规的规定，办理植物检疫手续。引进的种质资源经检疫，确实不带危险性病、虫及杂草的，方可分散种植；中外科学家联合考察的农作物种质资源，对外提供的农作物种质资源，以及从境外引进的农作物种质资源，属于列入国家重点保护野生植物名录的野生种、野生近缘种、濒危稀有种的，除按本办法办理审批手续外，还应按照《野生植物保护条例》、《农业野生植物保护办法》的规定，办理相关审批手续。

（5）实行统一管理。引种单位和个人应当在引进种质资源入境之日起一年之内向国家农作物种质资源委员会办公室申报备案，并附适量种质材料供国家种质库保存。同时，引进的种质资源，由国家农作物种质资源委员会统一编号和译名，任何单位和个人不得更改国家引种编号和译名。当事人可以将引种信息和种质资源送交当地农业农村主管部门或者农业科研机构，地方农业农村主管部门或者农业科研机构应当及时向国家农作物种质资源委员会办公室申报备案，并将收到的种质资源送交国家种质库保存。

二、中国作物种质资源保护利用体系

作物种质资源是国家和社会的共同财富，同时也是促进农业和社会发展的核心种源。作物种质资源保护利用是一项兼具社会性和科学性的系统性工程。我国作物种质资源保护利用遵循“在保护中利用，在利用中保护”的总体原则。在保护方面，采取原生境保存和非原生境保存相结合的原位+异位保护方式进行有效保护；在共享利用方面，按照公益性资源、创新资源等不同资源类型开展分类共享，并探索促进高效共享的新机制。《种子法》规定国务院农业农村、林业草原主管部门应当建立种质资源库、种质资源保护区或者种质资源保护地。省、自治区、直辖市人民政府农业农村、林业草原主管部门可以根据需要建立种质资源库、种质资源保护区、种质资源保护地；国家定期公布可供利用的种质资源目录；种质资源库、种质资源保护区、种质资源保护地的种质资源属公共资源，依法开放利用。

（一）我国作物种质资源安全保存体系

在《农作物种质资源管理办法》中明确了我国作物种质资源安全保存体系的构成。农业农村部为进一步规范作物种质资源库（圃）建设，根据《种子法》和《农作物种质资源管理办法》等，又制定了《国家级农作物种质资源库（圃）管理规范》，共同对作物种质资源安全保存体系进行了规定。

（1）在农业植物多样性中心，重要农作物野生种、野生近缘植物原生地，以及其他农业野生农作物资源富集区，建立农作物种质资源保护区或者保护地，开展原生境保存。

（2）国家根据资源禀赋、生态气候类型、农作物种类及工作基础等，在农作物种质资源保护单位建立国家农作物种质资源库。国家级保护体系包括长期库、复份库、中期库、种质圃、试管苗库等，开展非原生境保存。当前，中国按照生态适应性、保护必要性、库圃功能性原则，因地制宜、科学设置、合理布局，形成了以长期库为核心，复份库、中期库、种质圃和原生境保护点为依托的国家级作物种质资源保护利用体系。

（3）明确库（圃）职责功能。长期库负责全国农作物种质资源的战略性长期保存。复份库负责长期库贮存种质资源的备份保存。中期库负责特定种类农作物及其近缘野生植物种质资源的中期保存，以及收集、整理、鉴定、登记、交流和利用。中期库保存种质资源数量不足或监测发现活力低时，应及时申请从长期库取种进行繁殖更新，补充库存的同时向长期库提交足量种子补足战略保存数量。种质圃负责无性繁殖农作物和多年生近缘野生植物种质资源的田间保存，以及收集、整理、鉴定、登记、交流和利用。试管苗库负责种质资源相关器官或组织的离体保存，以及种质资源的收集、整理、鉴定、登记、交流和利用。中期库和种质圃还承担资源收集、引进、鉴定编目、田间展示、繁殖更新及分发共享任务。原生境保护点负责对农作物野生近缘植物及具有重要经济价值的野生植物种质的原位保存。各省级农业农村部门也结合本地区资源保存实际和资源开发利用需要，统筹推进本地区农作物种质资源保护体系布局，积极依托建设在本地区的国家中期库、种质圃建设本地区种质资源保护利用体系。

目前我国已基本形成以长期库和种质资源信息中心为核心、由 1 个复份库、10 座中期库和 43 个种质圃，以及 214 个原生境保护点为支撑的较为完整的国家级作物种质资源保护体系（卢新雄等，2021），并与省级库圃密切合作，初步构建起国家和省两级相衔接，原位和异位保存相补充的全国作物种质资源保护体系（图 12-2）。据不完全统计，目前国家级和省级作物种质资源保护体系，保存资源总量达 200 余万份。

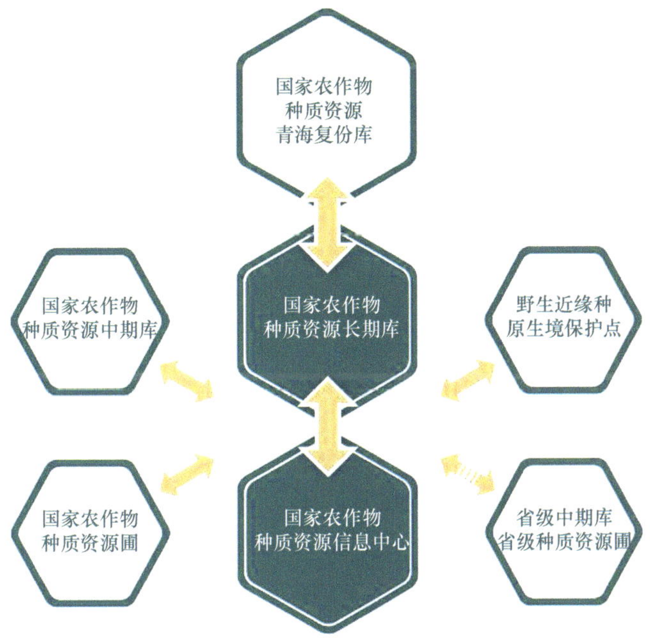

图 12-2　中国作物种质资源保护利用体系

（二）我国作物种质资源共享利用体系

（1）农业农村部、省级人民政府农业农村主管部门，分别定期发布农作物种质资源登记信息、公布可供利用的种质资源目录。需要农作物种质资源的单位和个人，可向农作物种质资源保护单位提出申请，保护单位在 20 个工作日内给予申请者答复。对可供利用种质资源目录中的种质资源，相关单位依法依规交流共享利用。

（2）从保护单位获取农作物种质资源的单位和个人，签署种质资源获取与利用协议，获取的种质资源不得直接申请品种审定、品种登记、新品种权及其他知识产权，禁止向第三方转让。

（3）从保护单位获取农作物种质资源的单位和个人，应当及时反馈种质资源研究利用信息，对不按规定反馈信息者，保护单位有权不再向其提供种质资源。

（4）对享有知识产权的创新种质、改良种质、汇交种质，以及有相关约定的种质资源等，通过签订共享协议等方式，有条件共享利用。保护单位提供时应当遵守相关法规或约定；对未经授权的，任何单位、个人不得利用其实物及信息进行基础理论研究，以及新品种培育等商业行为。

（5）建立国家农业种质资源共享利用交易平台，鼓励发掘新基因、改良种质、创新种质上市公开交易、作价到企业投资入股，并依法保护其合法权益。

（6）鼓励支持地方品种申请地理标志产品保护和重要农业文化遗产，推动资源优势转化为产业优势。

（7）依据各单位、个人向国家种质资源库、圃提供保存的种质资源数量，在同等条件下，提供保存的种质资源数量较多的单位或个人，具有优先利用权。

（8）探索推进作物种质资源登记共享。针对当前，除国家和省级体系开展作物种质资源保护与共享工作外，还有大量的资源分散在企业、科研院所、高等院校、社会组织和个人手中。为鼓励企事业单位、个人等多元化主体和全社会力量广泛参与，提高资源保护与共享利用效率，按照统分结合、分级分类、共享交流、推进利用的原则，依托国家和省级农作物种质资源保护单位等登记主体，通过种质资源大数据平台登记种质资源，有计划地推进农作物种质资源登记工作。

三、中国作物种质资源工作体系

我国作物种质资源运行体系始终围绕“广泛收集、妥善保存、全面评价、深入研究、积极创新、充分利用”的二十四字工作方针，随着我国农业生产方式和种业发展需求的变化而不断发展和完善，其运行机制不断向科学化、规范化方向发展。

（一）作物种质资源收集

我国农耕文明历史悠久、生态条件各异，不仅是水稻、大豆、谷子、柑橘等许多重要农作物的起源地，还造就了类型丰富的遗传多样性。同时，我国在世界农业发展的不同阶段，均与世界其他农业国家有着密切的人员往来和品种、种质资源的交流交换，这对于不断丰富和增加我国作物种质资源都发挥了积极促进作用。因此，我国作物种质资源收集主要包括国内收集和国外引进两个主要渠道。

1. 国内资源收集

农业农村部和省级人民政府农业农村主管部门有计划地组织农作物种质资源普查、调查、考察和收集工作。结合我国农业生产方式的重大变化，分别在20世纪50年代农业合作社时期（1956～1957年）、改革开放包产到户时期（1978～1983年），先后开展了两次全国性的种质资源普查征集工作，同期，根据区域性种质资源保护工作的需要，还开展了诸如西藏作物品种资源考察（西藏作物品种资源考察队，1987）、“三峡”库区、“京九”沿线等地区性、区域性重大作物种质资源专项考察收集活动30余次。第一次全国作物品种资源普查，受人力物力条件所限，主要是通过农业行政管理部门开展自上而下的地方品种征集活动，共征集地方品种21万余份。然而由于受保护措施条件限制，没有低温种质库，征集到的种质只能在自然条件下存放，保存寿命一般只有2～3年，且未能及时有效连续开展繁殖更新工作，导致一大批种质活力丧失；第二次全国农作物品种资源补充征集和专项考察收集活动，则由于专业科研人员的加入，收集保护的质量和效率大大提高，累计征集和收集各类作物种质资源19万份。在此基础上，我国创建了作物种质资源技术指标体系，提出粮食和农业植物种质资源概念范畴和层次结构理论，首次明确了我国110种农作物种质资源的分布规律和富集程度，基本摸清了相应作物种质资源的本底多样性。

随着我国步入农业现代化的新阶段和社会环境的快速变化，从2015年起，又开展了第三次全国农作物种质资源普查与收集行动，成为有史以来覆盖面最广的一次行动，重视程度之高、开展规模之大，在世界上也绝无仅有。首次采取了全面性的普查和重点性的系统调查相结合、行政推广人员和科技人员相结合，普查调查数据和资源实物相结合的三结合工作方式。在实施过程中，采取先普查后系统调查、先制定规范后实行实施方案、先培训后操作的三先三后工作方式，通过科学制定实施方案、规范开展技术培训和监督把关，确保了普查工作的科学性、规范性和工作质量。

2. 国外资源引进

非我国起源作物的农作物育种与产业发展上，很大程度上有赖于境外优异种质资源的引进利用。长期以来，我国高度重视种质资源引进和利用工作，引进的优异种质在农作物育种与产业发展中，直接和间接发挥了重要作用。特别是改革开放以来，针对我国农业生产和种业发展需要，加强了与国外种质资源保护利用机构，特别是重要农业国际机构的国际交流和合作研究，通过各种渠道直接和间接引进各类国外种质7万余份，到2020年底，我国累计引进和编目保存境外农作物种质资源近12万份，有效提升了资源的多样性储备和种源供给能力。

（二）资源编目与安全保存

随着资源保护工作的不断深入，我国从无到有地创建了作物种质资源科学分类、统一编目、统一描述规范的技术规范体系（卢新雄等，2008）。

1. 资源编目

《农作物种质资源管理办法》规定：农作物种质资源的鉴定实行国家统一标准制度，具体标准由农业部根据国家农作物种质资源委员会的建议制定和公布。农作物种质资源的登记实行统一编号制度，任何单位和个人不得更改国家统一编号和名称。这一规定确保了种质资源保护利用的科学规范性。在编目过程中，首先要求对每一份资源原则上应开展不少于 2 年的目录性状鉴定。一般依据物种分类、来源地信息，在相同或相近生态区开展田间种植，全生育期（从播种、出苗、开花、结果到收获）观察记录主要目录性状，如幼苗生长习性的直立性或匍匐性、花型、花色、籽粒颜色、籽粒大小、穗子密度、当地熟期早晚、分蘖力、株高、穗粒数、千粒重、叶耳颜色、叶片形态等可区分的植物学特征特性。编目鉴定的性状类别、性状多少因作物差异很大，都应严格按照各作物种质资源描述规范和数据标准操作，同时也针对不同类型作物，按照科学规范建立了相应的资源编目技术流程，如下。

（1）种子类作物：获得种子—查重—选择适宜区域种植—田间管理—全生育期性状观察—目录性状鉴定和记录—整理编目—资源收获及考种—清理清选—干燥—包装入库。

（2）苗木类作物：获得单株或繁殖器官—查重—嫁接、栽种—田间管理—全生育期性状观察—目录性状鉴定和记录—整理编目—移栽入圃。

（3）无性繁殖类作物：获得扦插用枝条、球茎、试管苗等—查重—栽种—田间管理—全生育期性状观察—目录性状鉴定和记录—整理编目—移栽入圃/制作试管苗/超低温保存。

2. 安全保存

国家农作物种质长期库和复份库保存的种质资源，未经农业农村部批准，任何单位和个人不得动用；因国家中期库保存的种质资源绝种，需要从国家长期库取种繁殖的，应当报农业农村部批准；国家长期库通过建立繁种环节的质量控制规范，确保种质初始的高质量；入库前处理环节二阶式脱水，确保适宜含水量；入库环节密封包装避免水分波动；保存过程–18℃低温低湿保存，阻断代谢消耗的、可显著延长种质寿命的综合技术体系，以及种质衰老监测预警技术的应用，实现了对库存种质资源的定期检测和安全保存。

3. 繁殖更新

当国家库库存种质资源活力降低或数量减少影响种质资源安全时，及时繁殖补充；中期库定期繁殖更新库存种质资源，保证库存种质资源活力和数量；种质圃也定期更新复壮圃存种质资源，保证圃存种质资源的生长势。

在长期的工作实践中，国家级作物种质资源保护体系逐步明确了作物种质资源繁殖更新所需的群体量、授粉方式等关键要素 17 项，研制了水稻、小麦等 65 种（类）重要作物更新技术，形成标准化、规范化的作物种质资源繁殖更新技术规程（王述民等，2014），为保持库存作物种质资源的遗传完整性提供了有力保障。

（三）作物种质资源登记

种质资源登记是鼓励多元化社会力量广泛参与作物种质资源保护利用的工作，促进资源保护与共享利用效率的探索和创新。《农作物种质资源登记细则》规定了开展作物种质资源登记的具体办法，主要内容概括如下。

1. 明确登记资源类型

依据种质资源类型及价值，登记的种质资源分为公益性种质、优异种质、改良种质和创新种质等四类。公益性种质是指野生近缘植物资源、野生种、地方品种、选育年代较早且生产上已不再利用的培育品种等；优异种质是指通过深度鉴定评价，发现具有明确优异性状或携带优异基因的种质资源；改良种质是指通过种内品种间杂交获得且具有明确优异性状的种质资源；创新种质是指通过生物技术、远缘杂交、物理或化学诱变等途径获得的目标性状突出、遗传稳定的种质资源。

2. 确定登记主体责任

各登记主体要对登记资源的来源和真实性负责。对登记内容发生变化、登记记载事项出现错误、因不可抗力等因素导致种质资源灭失的，要及时说明原因并变更登记；对于提供非法或虚假信息登记的，予以撤销登记。

3. 探索创新方式

鼓励支持企业、科研院所、高等院校、社会组织和个人等，登记其保存的种质资源。对其持有国家尚未登记保存的种质资源，鼓励送交国家农作物种质资源保护单位，保护单位应当为其颁发证书或进行表彰；鼓励有条件的单位探索开展农作物种质资源代储藏保管、代登记服务。

（四）鉴定评价与种质创新

深入开展作物种质资源鉴定评价，在发掘优异种质的基础上，进一步开展种质创新，是加速种业科技原始创新的重要方向。《关于加强农业种质资源保护与利用的意见》对于深入开展作物种质资源鉴定评价与种质创新提出了明确要求，主要内容概括如下。

（1）在国家统一规划下，农作物种质资源保护单位对保存的种质资源进行基本农艺性状鉴定，开展产量、品质、抗病虫、抗逆性等重要性状鉴定评价和种质创新；鉴定评价采用统一的标准规范，鉴定评价数据信息及时汇交至种质资源大数据平台。

（2）国家构建全国统筹、分工协作的农作物种质资源鉴定评价体系，搭建专业化、智能化资源鉴定评价与基因发掘平台，开展种质资源表型与基因型精准鉴定评价，发掘优异种质、优异基因，构建分子指纹图谱库。

（3）国家鼓励单位和个人从事农作物种质资源研究和创新，支持发掘的基因申请发明专利，支持符合条件的改良或创新种质申请植物新品种权。鼓励育繁推一体化企业逐步成为种质创新利用的主体。

（4）公益性农作物种质资源保护单位要按照职责定位要求，按照国家统一技术规范做好种质资源基本性状鉴定、信息发布及分发等服务工作。

（五）运行保障机制

《国办意见》明确了作物种质资源保护利用工作的基础性、公益性定位，以及保护优先、高效利用、政府主导、多元参与的基本原则，明确提出要完善政策支持，强化基础保障。加强对农业种质资源保护工作的政策扶持。中央和地方有关部门可按规定通过现有资金渠道，统筹支持农业种质资源保护工作；现代种业提升工程、国家重点研发计划、国家科技重大专项等加大对农业种质资源保护工作的支持力度。

《农作物种质资源管理办法》明确了农作物种质资源保护具有基础性、公益性、长期性和战略性，国家及地方政府有关部门应当采取措施，为农作物种质资源工作提供稳定经费保障，支持农作物种质资源保护与利用；国家和地方有关部门应当依法保障国家农作物种质资源保护设施的正常运转和种质资源安全。

我国在建立长期库、复份库、中期库、种质圃和原生境保护点相结合的作物种质资源安全保存设施体系，以及作物种质资源保护利用工作体系的同时，相应地也逐步形成了以财政资金投入为主，社会参与为补充的收集保护、共享分发和鉴定评价工作运行保障机制。在财政保障方面，中央和地方有关部门通过现有资金渠道，统筹支持资源保护工作。其中，农业农村部门以现代种业提升工程等专项支持国家级作物种质资源库圃的条件能力建设工作；种业管理部门以部门预算的形式设立专项支持开展作物种质资源收集保护、编目入库、安全保存及共享利用等基础性工作；科技管理部门以行业科技攻关、国家重点研发计划、国家科技重大专项等研究项目支持开展应用基础研究，通过开展各类农业种质资源的鉴定评价，筛选出一批优异资源，并通过初步建立高效种质创新技术体系，创制了一批育种或产业紧缺的新种质，为品种改良和现代种业发展提供了强有力的支撑。

第三节　作物种质资源管理发展趋势与建议

作物种质资源是农业科技原始创新、现代种业持续发展的物质基础，是国家的战略性资源和种业核心竞争力的重要组成。随着社会的发展和科技的进步，作物种质资源概念也逐步外延，从传统的种子、果实、块根块茎、扦插枝条等育种材料逐步扩展到组织、器官、遗传物质及遗传信息等。与此同时，农业科技进步和加速发展也对作物种质资源工作提出了新的需求，作物种质资源保护和利用也将步入新的发展阶段。为此，作物种质资源管理也在相应地发生变化。

一、发展趋势

作物种质资源保护与利用是一项基础性、公益性和长期性的事业，事关国家核心利益，受到世界各国政府的高度重视。随着国际形势的变化，作物种质资源工作总体呈现出考察收集全球化、保存保护多元化、鉴定评价精准化、基因发掘规模化、种质创新目标化、共享利用主动化等发展趋势和特征（刘旭等，2018）。

一是保护力度越来越大。呈现出从一般保护到依法保护、从单一方式保护到多种方式配套保护、从种质资源主权保护到基因资源产权保护的发展态势。

二是鉴定评价越来越深入。对种质资源进行规模化和精准化鉴定评价，发掘能够满足现代育种需求的优异资源和关键基因，已经成为发展方向。

三是保护和研究体系越来越完善。世界大多数国家均建立了依据生态区布局，涵盖收集、检疫、保存、鉴定、种质创新等，分工明确的农作物种质资源国家公共保护和研究体系。

四是国际交流越来越规范。随着《生物多样性公约》《国际条约》等国际公约的实施，缔约方国家间种质资源获取与交换日益频繁，已经形成规范的资源获取和利益分享机制。我国是《生物多样性公约》的缔约国，但尚未加入《国际条约》，这严重制约了我国从国外获得优异种质资源的效率。

随着社会环境新的变化，作物种质资源研究的不断深入，关于种质资源概念的定义，由选育农作物新品种的基础材料（包括农作物的栽培种、野生种和濒危稀有种的繁殖材料），以及利用这些材料人工创造的各种遗传材料，外延逐渐扩大到其携带的优异基因及遗传信息等，由此导致作物种质资源管理的范畴也相应扩大，作物种质资源管理向更安全、更科学、更规范、更高效的方向发展。

二、发展建议

针对作物种质资源工作的发展趋势，结合我国种质资源管理的实际，借鉴发达国家和国际机构的做法和经验，建议在守好生物安全和数据安全的底线基础上，进一步完善法律法规和制度，加强组织领导和科学决策管理，加强国际合作与交流，进行机制创新，通过加快鉴定研究促进保护利用，促进我国作物种质资源保护利用的高质量发展。相关具体建议如下。

（一）完善法律法规和制度

加强作物种质资源保护利用，特别是加强国际交流与合作，迫切需要修订完善种质资源管理相关制度。加快推动修订《中华人民共和国进出境动植物检疫法》《中华人民共和国动植物检疫法实施条例》《国外引种检疫审批管理办法》《进境植物繁殖材料检疫管理办法》等制度，积极研究探索加入《国际条约》的利弊和时机，推动国际种质资源的交流交换。通过上述法律法规的建立完善，保障种质资源管理依法有序推进。

（二）加强组织领导和科学决策管理

加强农业农村、自然资源、卫生健康、发展改革、科技、财政等部门的密切合作，研究决策作物种质资源保护利用中的重大问题；地方政府明确作物种质资源主管部门，强化遗传资源工作的组织协调和保障；作物种质资源保护和研究单位要明确责任主体，接受社会监督。

充分发挥国家农作物种质资源委员会的作用，强化对体系建设与运行的咨询决策和管理监督，研究制定国家种质资源中长期发展规划和政策；研究成立相应作物、相关技术的种质资源专业委员会，提出相关政策建议，制定年度工作目标和计划，指导种质库圃运行管理，确保种质安全，促进共享利用。

（三）完善种质资源信息化管理体系

一是加强作物种质资源管理信息化平台建设，加快构建基于大数据的统一平台、统一标准的网络系统，加快提升作物种质资源管理的信息化、智能化水平。二是通过加强信息管理，统筹国家和省级作物种质资源收集、保存、评价、分发等业务工作，确保信息互联互通、资源共享共用。三是建立基于信息系统的资源登记、产权保护与惠益分享管理体系。推进登记资源分类赋权，根据种质资源的知识产权属性划分开放等级，公共资源实现开放共享；推进分子身份证论证体系建设，从制度和技术两个层面为资源交流扫清障碍；依托信息管理系统建设开放共享平台，促进优异资源共享利用。

（四）加强国际合作与交流

本着安全、主导、规范的原则，加强与相关国际组织的合作，积极参加相关条约或协定谈判及规则制定，增加全球治理话语权。一是便利种质资源的国际交流。针对种质资源国际交流的自身特点，将种质资源与商业用种出入境检疫、审批区别对待，在全国布局不同类型资源的进出境快速检疫绿色通道，实现国际交流资源的高效统一管理。二是继续组织研究《国际条约》问题。目前我国仍是观察员国，尚未加入该条约，今后将制约我国参与全球作物种质资源治理和开展作物种质资源国际交流与合作。在做好与《生物多样性公约》《国际植物新品种保护公约》等国际条约衔接的基础上，研究加入《国际条约》的利弊、时机、形式等。三是建立立足全球作物种质资源保护的国际合作机制。例如，构建与 One CGIAR 互补的全球种质资源保护、交流和研究利用体系；建立以“一带一路”为基础的国际交流机制、帮助发展中国家构建资源保护体系，以及开展双边或多边种质资源调查研究国际合作等。四是加强与世界各国作物种质资源相关机构的合作，开展资源、信息与技术交流；加强与遗传资源发达国家的合作，组织实施一批重大国际合作项目，提升遗传资源安全保护与高效利用水平。

（五）建立多元投入机制，稳定经费保障

一是落实库圃运行保障经费。国家和地方各级政府要加大对作物种质资源保护与利用工作的支持力度，按照分级保障原则，在统筹已有工作资源、条件及支持政策基础上，建立资源库（圃）认定、挂牌和考核机制，将种质资源库（圃）的运行所需经费纳入部门预算，保障库（圃）安全运行。二是稳定基础性工作经费。实行常态化的

种质资源收集保护制度，同时根据安全保存、收集引进、编目入库（圃）、资源登记等农业种质资源保护基础性工作的优先级，按照财政状况给予经费支持。三是鼓励科研机构、高等院校、公益性组织、企业及国际农业研究机构等参与我国作物种质资源保护，利用社会资金开展作物种质资源开发利用。四是创新体制机制和模式，通过加强库存资源的鉴定评价研究，促进资源保护利用，明确资源遗传多样性保护的重点，与时俱进调整安全保护工作重心。五是国家通过实施工程项目，支持作物种质资源保护、鉴定评价和共享利用体系的条件能力建设。

（六）创新人才培养、评价与资源保护机制

一是鼓励农业院校设立作物种质资源学专业，培养具备作物种质资源学、植物分类学、保护生物学、遗传资源基因组学等相关专业知识的专业型的种质资源人才。二是建立科学合理的作物种质资源绩效考核和人才评价机制，稳定人才队伍，充分调动遗传资源工作者的积极性和创造性。三是推动创新种质及相关技术纳入科技成果产权交易平台挂牌交易，提高资源共享利用效率。四是建立作物种质资源保护的生态补偿机制，切实提升保护能力。

（本章作者：郭刚刚　王述民　武　晶　张宗文　马燕玲　陈朝燕）

参考文献

方嘉禾, 刘旭. 2001. 作物和林木种质资源研究进展(1996-2000). 北京: 中国农业科技出版社.

黎裕, 王天宇. 2018. 美国植物种质资源保护与研究利用. 作物杂志, 34(6): 1-9.

刘旭. 2019. 四十年改革开放几代人梦想成真——记中国作物种质资源 40 年发展巨变. 中国种业, (1): 1-7.

刘旭, 李立会, 黎裕, 等. 2018. 作物种质资源研究回顾与发展趋势. 农学学报, 8(1): 10-15.

卢新雄, 陈叔平, 刘旭, 等. 2008. 农作物种质资源保存技术规程. 北京: 中国农业出版社.

卢新雄, 辛霞, 尹广鹍, 等. 2021. 作物种质资源库、保护体系与种业振兴. 中国种业, (11): 1-5.

陶梅, 胡小荣. 2007. 巴西植物遗传资源保护与对外交流管理. 植物遗传资源学报, (4): 494-497.

王述民, 卢新雄, 李立会. 2014. 作物种质资源繁殖更新技术规程. 北京: 中国农业科学技术出版社.

王述民, 张宗文. 2011. 《粮食和农业植物遗传资源国际条约》实施进展. 植物遗传资源学报, 12(4): 493-496.

武建勇, 薛达元, 赵富伟. 2015. 《生物多样性公约》获取与惠益分享议题国际谈判动态研究. 植物遗传资源学报, 16(4): 677-683.

武晶, 郭刚刚, 张宗文, 等. 2022. 作物种质资源管理: 现状与展望. 植物遗传资源学报, 23(3): 627-635.

西藏作物品种资源考察队. 1987. 西藏作物品种资源考察文集. 北京: 中国农业科技出版社.

徐靖, 李俊生, 薛达元, 等. 2012. 《遗传资源获取与惠益分享的名古屋议定书》核心内容解读及其生效预测. 植物遗传资源学报, 13(5): 720-725.

章一华, 董玉琛. 1990. 美国植物种质资源体系和贮存状况. 作物品种资源, (4): 38-40.

中国农业科学院作物科学研究所. 2012. 中国作物种质资源保护与利用 10 年进展. 北京: 中国农业出版社.

周宁, 展进涛. 2007. 基于 UPOV 公约的国际植物新品种保护进程及其对我国的启示. 江西农业学报,

19(8): 141-144.

Arora R K, Ramanatha V R. 1995. Proceedings of Expert Consultation on Tropical Fruit Species of Asia, Malaysian Agricultural Research and Development Institute (MARDI). New Delhi: IPGRI Office for South Asia.

Dulloo M E, Hanson J, Jorge M A, et al. 2008. Regeneration guidelines: general guiding principles//Crop Specific Regeneration Guidelines. Rome: CGIAR System-wide Genetic Resource Programme (SGRP).

Halewood M, Jamora N, Noriega I L, et al. 2020. Germplasm acquisition and distribution by CGIAR Genebanks. Plants (Basel), 9(10): 1296.

Singh K, Gupta K, Tyagi V, et al. 2020. Plant genetic resources in India: management and utilization. Vavilovskii Zhurnal Genetiki Selektsii, 24(3): 306-314.

索　引

后　记

我和我的团队经过三年的努力，《作物种质资源学》专著终于完稿了，在此衷心感谢在本书编撰过程中各位顾问的真诚指导，各位编委对本书的整体框架与理论基础、技术原理、逻辑体系的深思熟虑，各位著者在百忙之中殚精竭虑的认真写作，以及出版社各位编辑的辛勤努力，没有大家共同协作，本书的出版是不可能的，因此再次对大家表示诚挚感谢！

作物种质资源学是一个相对年轻的学科，今年适逢苏联科学家瓦维洛夫的“遗传变异的同源系列定律”提出一百周年，这是作物种质资源学第一个理论。回顾学科发展，从达尔文到康多尔，从瓦维洛夫到 H. V. 哈兰，再到 J. R. 哈兰，这些前辈们一百多年来为这一学科发展做出开拓性、奠基性、创新性的卓越贡献；在我国，从金善宝、丁颖、刘定安到董玉琛、庄巧生、程侃声等一批著名科学家为此也奋斗了一生，做出了杰出成就。到了 21 世纪，由于“作物及其种质资源与人文环境的协同演变学说”的提出，以及随着多组学技术推动了作物种质资源学的深入发展，本学科逐渐趋向于成熟，在这种情况下，我们组织编撰了本专著并力图使学科得到提升完善。当然编撰《作物种质资源学》是一种新的尝试，尽管大家都进行了认真思考和写作，但成稿以后仍发现有诸多不尽如人意之处，还有一些观点、有些提法值得进一步商榷，甚至个别地方说法、结论可能还存在尚未意识到的错误。衷心希望本书出版后各位读者多提宝贵意见及批评建议，以便本书再版时以新的面貌与大家见面。

刘　旭

2022 年 8 月 31 日